31556

GUIDE PRATIQUE

DU

FABRICANT DE SUCRE

OUVRAGES DU MÊME AUTEUR

DU BÉTAIL EN FERME. } Extraits des œuvres de Jacques Bujaut.
AMENDEMENTS ET PRAIRIES. } (*Épuisés*).

TRAITÉ PRATIQUE DE LA CULTURE ET DE L'ALCOOLISATION DE LA BETTERAVE. Résumé complet des meilleurs travaux faits jusqu'à ce jour sur la betterave et son alcoolisation. Troisième édition, revue et augmentée, avec bois dans le texte.

TRAITÉ COMPLET D'ALCOOLISATION GÉNÉRALE. Cet ouvrage, dont deux éditions ont été épuisées, se trouve entièrement refondu dans la *première partie* du *Guide théorique et pratique du fabricant d'alcools et du distillateur*.

LE PAIN PAR LA VIANDE. Organisation de l'industrie agricole. 1 vol. in-8° de 178 pages, 1853.

TRAITÉ THÉORIQUE ET PRATIQUE DE LA FERMENTATION, dans ses rapports avec la science, les arts et l'industrie.

GUIDE PRATIQUE DE CHIMIE AGRICOLE. Leçons familières sur les notions de chimie élémentaire utiles aux cultivateurs, et sur les opérations chimiques les plus nécessaires à la pratique agricole. 1 vol. in-18 de 388 pages, avec bois dans le texte, 1858.

PRÉCIS DE CHIMIE PRATIQUE, ou *Éléments de chimie vulgarisée*. 1 vol. in-18 de 628 pages, avec bois dans le texte.

GUIDE THÉORIQUE ET PRATIQUE DU FABRICANT D'ALCOOLS ET DU DISTILLATEUR. L'ouvrage le plus complet qui existe sur la matière, comprenant : l'*alcoolisation*, l'*œnologie*, la *distillation*, la *rectification*, la *fabrication des vinaigres* et des *liqueurs*; 3 forts volumes in-8°, avec de nombreuses gravures dans le texte. Prix : 30 francs. Les trois volumes peuvent être achetés séparément.

LA VIGNE. Leçons familières sur la gelée et l'oïdium, leurs causes réelles et les moyens d'en prévenir ou d'en atténuer les effets.

Paris. — Imprimerie VIÉVILLE et CAPIOMONT, rue des Poitevins, 6.

GUIDE PRATIQUE

DU

FABRICANT DE SUCRE

CONTENANT

L'ÉTUDE THÉORIQUE ET TECHNIQUE
DES SUCRES DE TOUTE PROVENANCE, LA SACCHARIMÉTRIE CHIMIQUE ET OPTIQUE
LA DESCRIPTION ET L'ÉTUDE CULTURALE DES PLANTES SACCHARIFÈRES
LES PROCÉDÉS USUELS ET MANUFACTURIERS
DE L'INDUSTRIE SUCRIÈRE
ET LES MOYENS D'AMÉLIORER LES DIVERSES PARTIES DE LA FABRICATION

AVEC DE NOMBREUSES FIGURES INTERCALÉES DANS LE TEXTE

NOUVELLE ÉDITION

ENTIÈREMENT REFONDUE ET CONSIDÉRABLEMENT AUGMENTÉE

PAR

N. BASSET

auteur de plusieurs ouvrages d'agriculture et de chimie appliquée

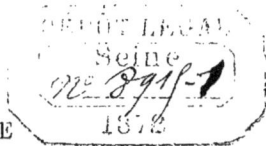

PREMIER VOLUME

Étude des sucres. — Culture des plantes sucrières

PARIS

LIBRAIRIE DU DICTIONNAIRE DES ARTS ET MANUFACTURES

40, rue de Madame, 40

—

1872

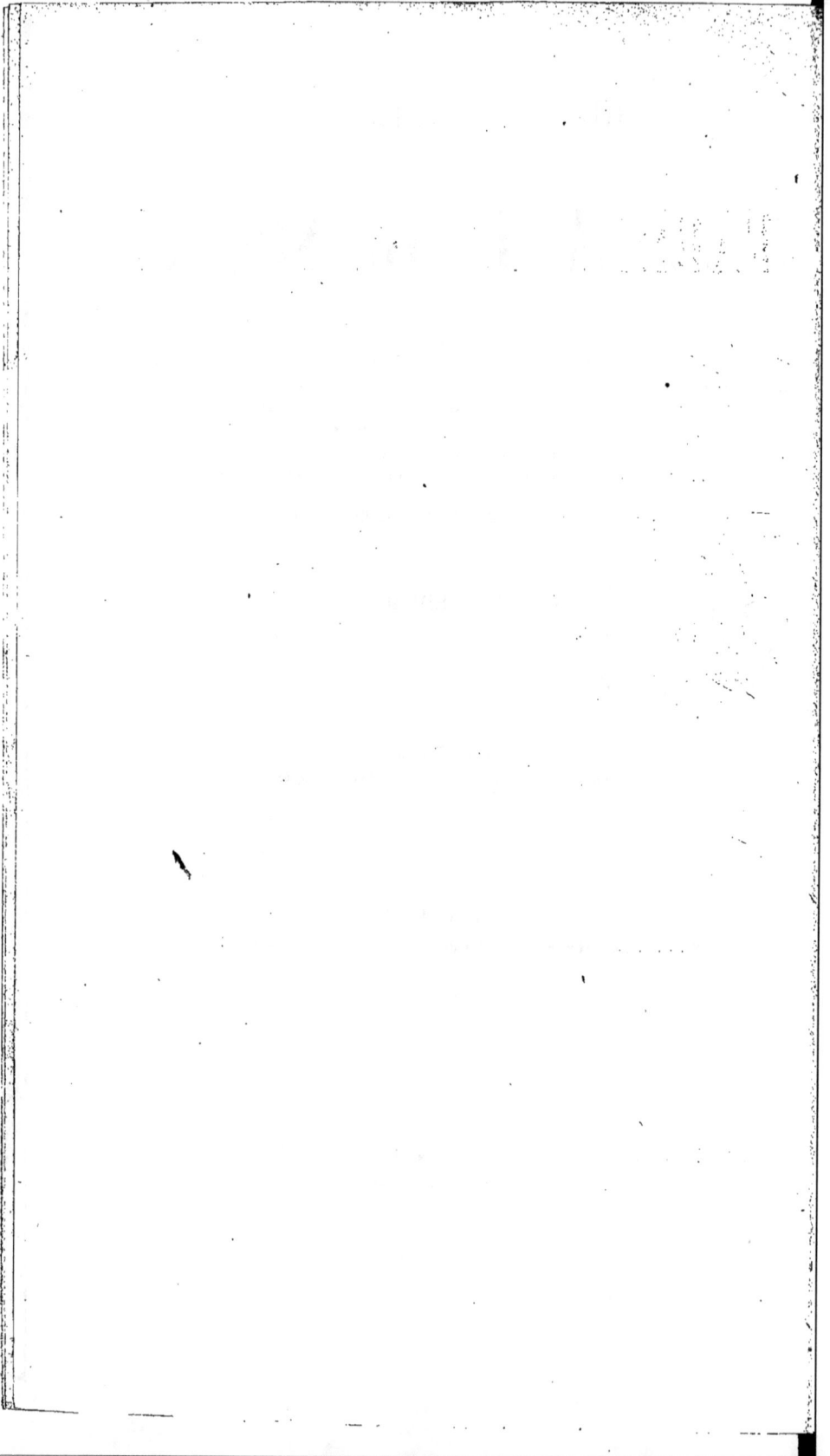

INTRODUCTION

Nous avions écrit, en tête de la première édition de cet ouvrage, un résumé de nos idées sur la sucrerie en général et sur le but que nous poursuivions dans l'accomplissement d'un labeur aussi vaste que pénible. Sauf quelques détails qui ne présentent plus aujourd'hui d'importance, ces idées sont encore l'expression de la vérité, et nous pouvons les reproduire dans leur ensemble, sans que les années soient venues les modifier sensiblement.

« De toutes les industries qui se rattachent à l'alimentation, disions-nous, celle du *fabricant de sucre* se recommande plus vivement que toutes les autres à l'attention publique. Mises à part les industries d'*alimentation directe*, comme la meunerie, la boulangerie, la boucherie, etc., aucune autre n'offre un aussi puissant intérêt, soit à la spéculation théorique, soit surtout à l'application, à la pratique manufacturière. C'est principalement de celle-ci qu'il est question dans ce livre, que nous avons écrit en vue des hommes de *pratique*, afin de réunir, pour leur usage, dans un cadre aussi complet que possible, les renseignements épars dans la science.

« Nous avons voulu grouper en un faisceau tout ce que l'on sait de plus positif sur le sucre en général, sur ses variétés, sur leurs divers modes de préparation ou d'extraction, et créer ainsi un véritable *Vade-mecum*, un *Guide pratique* pour l'industriel, induit trop souvent en erreur sur la foi des théories.

« La *sucrerie*, issue de l'agriculture et l'une des plus belles gloires de l'industrie agricole, se rattache aux besoins les plus considérables des sociétés modernes. Source de richesse pour l'homme du sol, producteur de la matière première, elle est un des éléments de la prospérité nationale, la base de fortunes honorables pour les particuliers qui en ont fait leur spéalité.

« Sans la sucrerie, la splendeur du nouveau monde n'aurait pu atteindre les colossales proportions auxquelles elle est parvenue, et l'on peut hardiment affirmer que c'est par la sucrerie que l'agriculture européenne a commencé à marcher dans la voie du progrès industriel.

« Des obstacles de tout genre ont entravé la marche de l'industrie sucrière, mais ces obstacles mêmes plaident en faveur de cette puissante industrie. Les crises alimentaires, commerciales, politiques, le vague et l'incertitude des procédés culturaux ou de fabrication, les exigences fiscales, etc., ont tour à tour lutté contre la sucrerie exotique ou indigène, et ce dont on doit le plus s'étonner aujourd'hui, c'est que cette dernière, plus maltraitée encore que l'industrie coloniale, ait pu franchir tout ce qui s'opposait à sa réussite, et qu'elle ait résisté aux éléments de destruction suscités par les hommes ou les circonstances.

« Placées, l'une vis-à-vis de l'autre, en adversaires, lorsqu'elles pouvaient se prêter un mutuel appui, la fabrication exotique et la sucrerie indigène auraient dû périr l'une par l'autre et succomber dans les luttes inconsidérées qui ont déterminé si souvent l'adoption de mesures imprudentes ou irréfléchies. Mais il y a dans cette industrie tant de force réelle, elle est tellement liée à l'existence des sociétés actuelles, qu'elle a tout surmonté et qu'on doit la regarder aujourd'hui comme indestructible. Elle peut souffrir dans beaucoup de circonstances, mais elle ne peut périr.

« Nous aurons occasion d'exposer plus loin, dans les pages de ce livre, toute notre pensée sur les mesures intempestives dont la sucrerie a été l'objet, sur les améliorations dont elle serait susceptible et qui lui permettraient d'arriver en peu d'années à un état de perfection et de grandeur tel qu'on est en droit de l'espérer. Il y a certainement beaucoup à faire pour cela; mais ce beaucoup exige surtout un bon vouloir intelligent, dont l'influence est capitale en pareille matière.

« La sucrerie conduit directement à l'amélioration agricole par la suppression de la jachère et l'adoption de rotations comprenant des cultures sarclées; elle mène à l'augmentation des nourritures pour le bétail, à la multiplication des fumiers et, par conséquent, à la suppression de ces fatales disettes périodiques qui étreignent trop fréquemment les sociétés. Elle est, avec l'*alcoolisation*, un des moyens les plus sûrs de produire le pain et la viande par le bétail, et de rétablir l'équilibre dans les productions agricoles.

« Si l'on ajoute à cela qu'elle produit une quantité considérable de déchets pour l'engrais du sol ou la nourriture du bétail ; si l'on comprend qu'elle est le fondement de l'industrie des alcools, qu'elle fournit à l'alimentation humaine un des produits les plus utiles, devenu aujourd'hui de première nécessité pour toutes les classes de la société, que le sucre est la base indispensable des boissons usuelles et des liqueurs, enfin, qu'il est le plus agréable et le plus sain des *condiments*, on sentira toute l'importance de la sucrerie, et de quelle nécessité il est de hâter les progrès de cette industrie par tous les efforts réunis de la théorie et de la pratique.

« Que le sucre devienne accessible par son prix aux plus pauvres ouvriers, on verra bientôt diminuer la tendance à l'ivrognerie, cette lèpre hideuse de notre civilisation ; un grand nombre de maladies, causées par l'atonie et le relâchement des organes, disparaîtront sous la bienfaisante influence de ce *tonique* inoffensif, qui *ne fait*, en réalité, *de mal qu'à la bourse*, selon le proverbe naïf usité dans le vulgaire.

« On doit ranger le sucre parmi les aliments excitants, respiratoires ou calorifiques ; il *tonifie* les organes, favorise la digestion, augmente la chaleur vitale et produit l'embonpoint, sans avoir les inconvénients des matières féculentes, et sans imposer, comme elles, un travail considérable aux voies digestives.

« Il serait à souhaiter que le sucre pût être livré à la consommation à un prix qui ne dépasserait pas 1 franc par kilogramme dans aucun cas, et ce problème est beaucoup moins insoluble qu'on ne le suppose généralement.

« Jamais une industrie n'a intérêt à vendre cher et à gros bénéfice, mais bien à produire et à vendre beaucoup, en se contentant d'un gain modeste. Nous reviendrons sur cette idée lorsque nous examinerons quelles seraient les mesures les plus salutaires à prendre pour hâter les progrès de l'industrie sucrière.

1*

« L'histoire du sucre est assez obscure dans l'antiquité. On sait seulement d'une manière certaine que la canne à sucre était connue de temps immémorial dans la Chine et dans les Indes. On manque de détails sur les procédés de fabrication usités dans ces temps reculés, et les opinions les plus contradictoires ont été émises à ce sujet. Les uns ont prétendu que les anciens ignoraient l'art de cuire le sucre, les autres ont affirmé le contraire; il nous semble que ces derniers sont plus près de la vérité.

« On trouve, en effet, dans les écrits de Théophraste, de Lucain et de Sénèque, la mention d'un jus *sucré et doux*, d'une sorte de *miel*, produit par les *roseaux indiens*, et Varron porte le même témoignage. Ce jus sucré et mielleux serait bien le suc de la canne; mais la description du *sel indien, blanc, sucré, cassant sous la dent*, extrait des roseaux, telle qu'elle résulte des expressions de Dioscoride, de Pline, de Paul d'Égine et de Galien, ne peut laisser aucun doute sur la connaissance qu'avaient les anciens du *sucre cristallisé*.

« Il ne reste d'ailleurs aucun vestige des méthodes suivies pour obtenir le sucre à l'état concret, et l'usage de ce produit était borné à la médecine chez les Grecs et les Romains.

« Des contrées asiatiques où la canne à sucre, le roseau indien, croissait sans culture vers les rives sacrées du Gange, en Mésopotamie, et probablement dans toute la partie méridionale, jusqu'au delà de la Chine, la connaissance de cette précieuse plante se propagea dans l'Arabie Heureuse, la Syrie et la vallée du Nil, puis, selon toute vraisemblance, dans la reste de l'Afrique. Peut-être même aurait-on de graves raisons de croire à l'existence de la canne dans toutes les contrées tropicales, bien avant l'époque moderne constatée par les historiens. Pour n'en citer qu'un seul exemple, on attribue à Henri de Portugal l'introduction de la canne à sucre à Madère (1420), tandis qu'il résulte d'un passage de Pline que les îles Fortunées (Canaries) produisaient du sucre de son temps.

« Quoi qu'il en soit, c'est aux Maures que la Sicile et l'Espagne durent la canne à sucre, et on la cultivait déjà avec avantage dans la première de ces contrées, avant 1150. Dans la seconde, la culture de la canne à sucre était florissante dans la partie soumise à la domination arabe; mais elle ne fit que décroître à partir de l'expulsion des Maures, et aujourd'hui même on ne peut compter l'Espagne comme un pays sucrier, malgré les ressources immenses que le sol et le climat de la péninsule hispanique offrent à cette riche industrie. Il en est de même de l'Italie, et ces deux pays, si florissants autrefois, dans lesquels l'agriculture était si fort en honneur, sont tombés au dernier rang sous ce rapport, en ce qui touche la production continentale.

« On peut dire que la culture de la canne a disparu à peu près complétement dans l'agriculture de l'Europe, et c'est là une véritable calamité, car il est démontré que la canne peut donner d'excellents résultats dans toute la zone européenne qui correspond au climat de notre Provence et du Languedoc. Il ne serait pas difficile de rechercher les causes auxquelles on doit attribuer cette décadence, principalement en Italie, en Sicile et en Espagne; mais ces considérations nous entraîneraient trop loin et ne sont d'ailleurs que très-accessoires pour le sujet qui nous occupe.

« Les témoignages les plus authentiques et les faits les plus irrécusables établissent que la canne à sucre existait en Amérique et y croissait naturellement avant la découverte du nouveau monde; cependant, il paraît également démontré que Christophe Colomb y transporta cet utile végétal, et que les Espagnols importèrent en Amérique l'art de fabriquer le sucre, qui était totalement inconnu des indigènes. Les conquérants s'appliquèrent à multiplier la canne dans tous les endroits où elle n'existait pas, et leurs efforts furent couronnés d'un tel succès, qu'en 1506 la sucrerie était déjà en voie de prospérité à Saint-Domingue. Enfin, de 1643 à la fin du dix-septième siècle, les colonies anglaises, françaises, espagnoles, hollandaises, etc., de l'Amérique, généralisèrent la culture de la canne et, en peu d'années, le nouveau monde se trouva en mesure de fournir à l'ancien continent des quantités considérables d'un produit qui, jusqu'alors, n'avait pas pénétré dans l'alimentation, et n'était considéré que comme une substance pharmaceutique.

« L'histoire de la betterave vient naturellement s'annexer à celle de la canne; mais nous n'en dirons qu'un mot à présent, au point de vue du sucre seulement. Margraff avait reconnu, dès 1747, l'existence du sucre prismatique dans le suc de betterave et, quarante ans plus tard, Achard et Koppi cherchèrent à utiliser la betterave pour la production du sucre; mais leurs efforts ne furent pas couronnés d'un succès assez complet pour que la découverte de Margraff eût des résultats entièrement manufacturiers.

« La gloire d'ajouter cette nouvelle industrie à la liste des travaux humains était réservée à la France. Le blocus continental, imaginé par Napoléon contre la puissance des Anglais, rivale et ennemie de la sienne, avait eu pour premier résultat d'empêcher l'arrivée des denrées d'importation dans nos ports. La science française, convoquée par le grand capitaine pour chercher à tirer de notre sol les produits dont le manque se faisait le plus vivement sentir, répondit à l'appel de l'Empereur par deux merveilles : l'industrie de la soude artificielle et celle de la sucrerie indigène furent fondées, et le 15 janvier 1812 Napoléon sanctionnait cette dernière de sa puissante autorité.

« Depuis lors, l'histoire de la sucrerie peut se traduire aisément, sans recourir à l'exposé des faits dans leur ordre chronologique. L'antagonisme antirationnel qui s'éleva entre la sucrerie indigène et la sucrerie des colonies, les luttes passionnées qui en furent la conséquence au sein des assemblées parlementaires, les mesures intempestives ou illusoires qui furent adoptées alternativement, nuisirent également à tous les intérêts; et, malgré sa puissance, la sucrerie n'est pas encore sortie de la position critique qui lui a été faite par les discoureurs de tout ordre, représentant le plus souvent des personnalités, plutôt que des idées justes et sérieuses, avides de leur intérêt particulier, mais non désireux de la prospérité commune ni soucieux du bien général.

« Tout le monde se rappelle encore les vives discussions auxquelles a donné lieu la *question des sucres* en France et en Angleterre, et il est inutile que nous insistions sur ce pénible sujet. L'homme est partout le même, sacrifiant volontiers le bien d'autrui à son intérêt propre, mais se gardant bien de la réciprocité, malgré la haute justice qu'il y aurait à l'accomplir.

« Nous n'avons pas eu en vue de tracer l'histoire de la sucrerie dans cette introduction à un livre d'application pratique; notre intention n'a été que d'esquisser à grands traits les principales phases historiques de cette industrie, sans entrer dans des détails dont l'exposé exigerait plusieurs volu-

mes ; aussi bien avons-nous hâte d'entrer en matière et d'aborder notre véritable sujet.

« Il existe déjà quelques travaux et mémoires sur le sucre,
à propos desquels nous n'avons pas à émettre de jugement absolu ; nous n'en critiquons et n'en blâmons aucun. Mais notre
but n'est pas le même, et notre tâche est complétement différente de celle que les divers auteurs qui ont écrit sur cette matière semblent s'être proposé d'accomplir... »

Après avoir exposé le plan adopté par nous dans ses divisions générales, nous ajoutions :

« C'est ici le lieu de dire un mot sur les procédés usités en
sucrerie, afin que notre idée soit comprise sans difficulté et
sans donner lieu surtout à de stériles discussions. Les procédés
décrits par les inventeurs sont si nombreux, les appareils sont
tellement multipliés, qu'il aurait été impossible de les mentionner tous. Nous avons donc fait un choix des méthodes et
des appareils les plus connus, au point de vue de la description que nous avions à en donner, et nous avons indiqué, avec
le plus de détails qu'il nous a été possible, les principes qui
doivent servir de guide au fabricant dans la série de ses opéra
tions. C'est sur l'ensemble de ces principes qu'il lui importe
de se diriger dans le choix de ses méthodes et de ses appareils,
et non point sur la futile renommée que l'on accorde aujour-
d'hui, de par la publicité, les annonces et les coteries.

« En fait, nous n'avons voulu faire le procès à rien ni à personne, soit par notre silence, soit par notre critique, et ceux
dont nous avons parlé, avec du blâme ou des éloges, n'ont à
nous en savoir aucun gré. Nous nous sommes placé, en écrivant cet ouvrage, dans une condition d'esprit telle que nous ne
nous sommes occupé ni de nous-même, ni de personne autre,
mais bien de la sucrerie seule et de ses intérêts.

« Il faudrait dix volumes pour faire connaître les bonnes
choses relatives à la sucrerie, et vingt pour reproduire les absurdités dont elle a été l'objet ; en sorte que le lecteur ne peut
s'attendre à trouver ici, même en raccourci, l'analyse des idées
qui ont pu traverser l'esprit des milliers d'inventeurs qui ont
étudié la sucrerie.

« Ce n'est nullement par esprit de parti pris que nous n'a-
vons pas même mentionné un certain nombre d'inventions plus
ou moins rationnelles, employées par l'industrie sucrière, et

nous croyons que notre tâche devait être bornée à l'exposé des principes suivis ou à suivre en cette matière. Quelques personnes trouveront, sans doute, que nous aurions dû nous étendre sur les procédés et les appareils qui leur sont propres, mais nous ne pouvions adopter une telle marche sans manquer à notre but... On comprend aisément, par exemple, qu'après avoir décrit une râpe, une presse, un monte-jus, une chaudière à évaporer, un appareil à basse pression, etc., il nous était parfaitement inutile de consacrer du temps et de l'espace à d'autres appareils du même genre, dont les avantages particuliers peuvent être contestés, ou ne sont pas suffisamment démontrés. D'un autre côté, il nous aurait répugné profondément de faire le panégyrique de tels ou tels constructeurs, chacun sachant à quoi s'arrêter à cet égard.

« Quoi qu'il en soit, notre plus ardent désir étant de faire de cet ouvrage un bon livre, digne d'être consulté avec profit, nous recevrons avec reconnaissance toutes les observations des hommes compétents, et nous ferons en sorte de maintenir ce travail à la hauteur de l'industrie sucrière. Nous ne reculerons devant aucun sacrifice de temps ni devant aucun labeur pour l'améliorer dans l'ensemble et les détails et, pour cela, nous réservons d'avance tout accueil à la critique des manufacturiers intelligents. »

La bienveillance du public nous a démontré que nous ne nous étions pas trompé dans nos appréciations ; mais cette bienveillance même nous a imposé une nouvelle obligation, celle de consacrer tous nos soins à l'amélioration de notre œuvre. Lorsqu'un ouvrage de technologie est soumis, pour la première fois, au jugement d'un public spécial, l'auteur ne peut avoir la prétention de n'avoir rien à réformer dans ses opinions et ses manières de voir. Ce serait, de sa part, une aberration d'autant plus frappante que, en matière de sciences appliquées, l'expérience apporte tous les jours le contingent de ses leçons. Nous pouvons dire hautement que nous ne sommes pas tombé dans ce travers. Les fautes, les erreurs même de notre premier travail sont devenues plus sensibles à nos yeux d'année en année, et nous avons fait tous nos efforts pour les éviter dans cette nouvelle édition.

Nous avons suivi, avec un intérêt constant, la marche de la sucrerie ; nous nous sommes tenu au courant de tout ce qui s'est produit d'important, nous avons noté les faits, enregistré les opinions, et nous avons la conviction d'avoir cherché à dégager notre parole et à maintenir cet ouvrage à la hauteur de l'industrie qui en est l'objet. C'est au lecteur qu'il appartient de décider si nous avons réussi ou si nous avons échoué dans notre labeur.

Avant d'exposer les modifications que nous avons apportées dans la distribution des matières, dans le plan et l'exécution, avant d'indiquer sommairement les additions dont l'expérience nous a appris la nécessité, nous croyons devoir répondre brièvement aux quelques reproches qui nous ont été faits par des écrivains dont nous ne pouvons suspecter les intentions ni la droiture.

Suivant les uns, nous aurions dû tenir un compte plus grand de la fabrication étrangère, et nous avons eu le tort, très-grand à leurs yeux, de ne pas avoir accordé une place notable aux méthodes et aux procédés belges ou allemands. D'autres, plus pratiques peut-être dans leurs observations, ont trouvé que nous avions trop compté sur l'instruction d'un grand nombre de fabricants, et que nous aurions dû être moins sobre de détails qui nous avaient semblé puérils. Enfin, selon une troisième observation, il aurait fallu donner plus d'importance à la construction, à la chaudronnerie...

Nous répondrons aux premiers que la sucrerie belge ne nous a rien présenté qui diffère, en quoi que ce soit, de la sucrerie française. Quant à l'industrie allemande, il nous était impossible d'en parler d'une manière pertinente. Ignorant la langue d'outre-Rhin, nous avions cru devoir nous en rapporter aux renseignements que nous avaient fournis des personnes dignes de foi. Pour nous éclairer sur ce point, malgré nos travaux, et quoique nous soyons arrivé à un âge où les études linguistiques deviennent très-difficiles, nous avons voulu lire, *par nous-même*, les meilleurs travaux allemands sur la sucrerie. Aujourd'hui, notre opinion est basée sur une étude individuelle.

La sucrerie allemande ne doit pas ses succès à des méthodes spéciales ; elle ne fait rien de plus que ce qui est connu ailleurs, que ce que nous avons décrit et indiqué. Ce n'est pas, à vrai dire, qu'en Allemagne, on ne mette pas en pratique certains procédés négligés en France ; mais ces procédés ne sont pas plus allemands qu'autre chose, ils sont européens.

Ainsi, l'emploi du phosphate acide de chaux a été conseillé par un Français en 1842; on se sert de cet agent remarquable en Allemagne, il est vrai, mais la pratique n'y est pas encore sortie de la voie des tâtonnements à ce sujet. Nous citerons encore un autre exemple. La macération est pratiquée en Allemagne, cela est exact; mais l'idée pratique de cette méthode est française; elle est due à Mathieu de Dombasle.

Nous en avons exposé les principes technologiques avant que les fabricants allemands en fissent une application sur laquelle il y a beaucoup de choses à dire.

La *diffusion* n'est autre chose que la *macération à chaud* et, sauf un appareil spécial dont se sert le fabricant de Seelowitz, il n'y a là qu'un mot employé pour un autre.

Au demeurant, le lecteur trouvera pleine satisfaction à cet égard. Nous avons donné place à toutes les idées de la sucrerie allemande qui nous ont paru neuves ou réellement pratiques, et nous avons ainsi tenu compte de l'observation faite.

Nos fabricants sont instruits pour la plupart, et nous ne pouvions guère surcharger notre travail de détails oiseux ou peu utiles. Dans plusieurs circonstances, cependant, nous avons cru nécessaire d'ajouter les renseignements technologiques applicables, dont le besoin pourrait se faire sentir en fabrique.

En ce qui touche la question chaudronnerie, nous avons à peine besoin de justification. Une des nécessités les plus sérieuses de l'industriel repose dans la connaissance de son art, dans l'habileté technique et pratique avec laquelle il peut surmonter les difficultés qui l'attendent, et non point dans l'intervention du fabricant d'engins plus ou moins bien compris. Nous croyons que le bon ouvrier produit de très-bonnes choses à l'aide de bons instruments; mais ces mêmes bons instruments ne feront jamais un artiste d'un mauvais ouvrier, tandis que le premier produira encore de bons résultats avec des outils médiocres. Dans toutes les professions où la science technique et l'intelligence sont les moyens d'action par excellence, on ne doit pas faire dépendre le succès de la forme d'un vase, à moins que cette forme même ne soit une cause d'action. Or, cela n'est pas en sucrerie. Pourvu que l'on ait satisfait à l'ensemble des conditions dont les principes exigent l'accomplissement, le reste peut être utile et profitable ou, encore, bien souvent indifférent ou nuisible.

En dehors de cela, il y a autre chose de grave. Pour qu'un fabricant de sucre s'en rapporte à l'ignorance d'un chaudronnier en matière de sucre, pour que, au lieu de faire exécuter des appareils appropriés à ses besoins, il accepte d'enthousiasme tout un système d'engins créés par des hommes qui n'ont pas la moindre notion sérieuse de la sucrerie, il faut avouer qu'il connaît peu son industrie, et cet aveu n'est pas à sa louange. C'est le cas du chimiste qui demanderait à un marchand de verrerie de lui créer les appareils nécessaires aux réactions qu'il a en vue d'accomplir.

Nous maintenons donc, pleinement et entièrement, notre manière de voir, et si nous considérons les principes comme la partie essentielle de la fabrication du sucre, nous regardons l'engin comme l'accessoire.

Il y a des instruments utiles, des appareils excellents; qu'on s'en serve, mais que l'on ne jette pas la sucrerie sous les fourches caudines des chaudronniers. Quelle que soit l'habileté des constructeurs, ils n'ont pas qualité pour créer des systèmes; leur rôle est d'exécuter selon les désirs et les besoins de l'industriel et non pas de substituer leurs fantaisies à son initiative.

D'ailleurs, quand nous aurons démontré aux fabricants de sucre que, s'ils savent bien leur *métier*, ils peuvent organiser leur travail avec une dépense six fois moindre, ils comprendront, peut-être, que les systèmes des constructeurs n'ont qu'un but, celui de faire de la sucrerie la source la plus nette de leurs revenus.

C'est assez sur ce sujet. Les machines utiles qui ont été créées depuis quelques années ont été décrites avec soin; nous avons même surmonté notre répugnance en parlant des *engins à la mode* et, sous ce rapport encore, nous avons fait le possible pour être complet.

Le plan de notre ouvrage n'a été que peu modifié dans les dispositions d'ensemble, malgré des remaniements considérables et la révision des principales parties du travail.

Le *premier livre* comprend l'ÉTUDE DES SUCRES; au point de vue de leurs *caractères physiques* et de leurs *propriétés chimiques*; le *dosage des sucres* ou la *saccharimétrie* et l'essai des matières saccharines font également partie de ce livre.

Le *deuxième livre* contient la DESCRIPTION DES principales

PLANTES SACCHARIFÈRES, et l'exposé des détails relatifs à leur CULTURE.

Le *troisième livre* traite de la FABRICATION INDUSTRIELLE du *sucre prismatique brut* de toute origine.

Le *quatrième livre* est consacré à la SUCRERIE AGRICOLE, dont l'importance ne peut être mise en question par personne en présence des besoins sociaux sans cesse croissants.

L'étude de ces différents points de l'industrie sucrière forme, dans son ensemble, un objet de la plus haute importance. Nous avons donné la première place à la fabrication du sucre de betterave par une raison fort simple et très-compréhensible. La fabrication exotique du sucre de la canne mériterait la préférence et le premier rang, par droit d'antériorité, il est vrai ; mais les travaux les plus importants, les progrès les plus sérieux ont eu le sucre de betterave pour point de départ, en sorte que la sucrerie moderne découle, en réalité, de cette branche particulière. C'est là que la sucrerie exotique puise les documents et les renseignements techniques utiles par lesquels elle peut se régénérer et atteindre, à son tour, le progrès et l'amélioration.

Nous étudions ensuite en détail les opérations du RAFFINAGE, la fabrication du CANDI, l'emploi des RÉSIDUS de la sucrerie, la fabrication, l'extraction et la purification des SUCRES DIVERS, autres que le sucre prismatique. Enfin, après l'examen consciencieux de toutes les parties de l'industrie du fabricant de sucre et du raffineur, nous exposons les mesures de LÉGISLATION et de FISCALITÉ par lesquelles la matière se trouve régie dans les principaux pays de production, et nous cherchons à en établir la valeur.

Nous avons retranché tout ce qui nous a semblé peu utile ; la coordination de l'ouvrage a été soumise à un ordre plus sévère et plus régulier ; mais, nous n'avons pas hésité à ajouter tous les faits acquis depuis notre première publication ; nous n'avons laissé dans l'ombre aucun procédé important, aucune méthode essentielle.

C'est donc avec confiance que nous présentons ce nouveau travail à la fabrication sucrière, dans la pensée qu'elle y rencontrera tous les documents et tous les renseignements utiles à l'industrie des sucres. Un sentiment profond de reconnaissance envers le public, dont la faveur nous a suivi dans tous nos travaux d'application, le désir de constituer une œuvre moins indigne du vaste objet qu'elle embrasse, l'amour de la vérité quand même, nous ont servi de guide et de soutien dans l'accomplissement de notre dessein. Aussi, la certitude d'avoir cherché constamment le bien et le vrai nous enhardit-elle à demander à nos lecteurs, pour cette nouvelle édition, l'indulgence à laquelle ils nous ont accoutumé.

Paris, 1872.

N. BASSET.

GUIDE

DU

FABRICANT DE SUCRE

L'attention la plus scrupuleuse a été apportée dans l'examen de toutes les questions théoriques relatives aux sucres, dans l'exposé des notions de pratique afférentes à la culture des plantes saccharines, et des principes fondamentaux de la fabrication. Nous avons suivi, autant que possible, l'ordre logique, le plus simple et, par conséquent, le plus utile, dans les détails mêmes de tous les objets de notre étude.

Nous croyons cependant devoir faire observer au lecteur que si nous avons donné à notre premier chapitre (livre I) une certaine étendue, ce n'est pas sans en avoir mûrement calculé les conséquences. Il arrive trop souvent que des hommes, fort honorables d'ailleurs, se laissent entraîner à fabriquer des substances dont ils n'ont qu'une notion imparfaite; nous avons voulu obvier à cet écueil pour les sucres en donnant, au sujet de ces matières, les renseignements scientifiques et techniques les plus complets et les moins contestables. Ce n'est donc pas, selon nous, un *temps perdu* que celui que l'on emploie à *étudier* la matière que l'on fabrique, et à l'apprécier sous tous les rapports; nous sommes certain que le lecteur pensera comme nous à cet égard, pour peu qu'il veuille y réfléchir sérieusement. Depuis bien des années déjà, une expérience constante nous a fait voir que les engouements irréfléchis, les discussions stériles, les procédés absurdes, prennent leur source dans l'ignorance des faits relatifs au sucre, ou dans une connaissance trop superficielle de ces mêmes faits, plus nuisible encore que l'ignorance complète. Le fléau est là tout entier et c'est contre lui que doivent être dirigés les efforts des praticiens intelligents.

LIVRE PREMIER

ÉTUDE DES SUCRES

CHAPITRE PREMIER

Du sucre en général.

Le *sucre*, envisagé d'une manière générale, est un *produit immédiat de l'organisation vivante*, caractérisé par la propriété de pouvoir *fermenter*, en se dédoublant en *alcool et acide carbonique*. Aucun autre corps ne présente ce caractère, et toutes les fois qu'un *jus de plante*, un *liquide animal*, un corps quelconque, solide ou demi-solide, produit de l'alcool et de l'acide carbonique par l'action d'un ferment, de la *levûre de bière*, par exemple, en présence de l'eau, de l'air, et à une température donnée de + 15° à + 25° *en moyenne*, on peut affirmer la présence d'un *sucre*[1].

La *fermentescibilité* est le caractère le plus saillant des sucres, celui qui leur appartient à tous sans exception; nous verrons plus loin quels sont les caractères spécifiques par lesquels on peut les distinguer les uns des autres. Dans tous les cas, le sucre, quel qu'il soit, se forme dans l'*organisation végétale* par la combinaison de l'eau avec la matière gommeuse. On le produit aussi par diverses réactions chimiques sur le bois ou ligneux, sur la cellulose, la fécule, les gommes, etc., et l'art du chimiste est parvenu à imiter la nature, en produisant plusieurs espèces de sucres à l'aide de matières qui semblent en différer essentiellement au premier coup d'œil.

L'organisation animale peut aussi produire du sucre dans

---

1. D'après une théorie nouvelle, certaines matières que nous ne rangeons pas parmi les sucres pourraient fermenter alcooliquement. Nous démontrons l'erreur de cette opinion dans la note A, à la fin du volume.

certaines conditions de maladie et même, si l'on doit en croire une haute opinion scientifique, il se formerait du sucre dans le foie, à l'état normal, chez la plupart des mammifères; mais nous n'entrons pas dans les détails que comporterait cette question, purement théorique et de simple curiosité en ce qui concerne le fabricant, le producteur de sucre.

Quant au *miel*, qui est un mélange de divers sucres, on ne peut le regarder, d'une manière absolue, comme un produit animal et, malgré le rôle important de l'abeille dans l'élaboration de ce corps, nous pourrons, sans inconvénient, le grouper à la suite des sucres végétaux, avec lesquels il se confond d'une manière sensible.

La *miellée*, ou suc sucré contenu dans les *nectaires* ou glandes saccharifères des fleurs de la plupart des plantes, et répandu sur certaines feuilles, est pompée par les abeilles à l'aide de leur trompe, et emmagasinée dans leur estomac; tous les matériaux du miel sont fournis par le végétal, en sorte que l'insecte ne joue ici qu'un rôle de collecteur, sans que la modification qu'il opère soit assez profonde pour changer complétement la nature de ce sucre. Ceci est tellement vrai, que les principes aromatiques enlevés aux fleurs et aux feuilles avec la miellée, certaines matières colorantes, des substances vénéneuses, restent dans le miel après le travail de l'abeille, en sorte que l'on peut, dans beaucoup de cas, reconnaître aisément l'origine d'un miel à l'aide de ces divers caractères. Nous aurons, du reste, à nous occuper du miel d'une manière moins sommaire, et ce que nous venons d'en dire en peu de mots n'a d'autre but que de faire connaître les raisons pour lesquelles nous le faisons entrer dans le groupe des sucres végétaux.

Au surplus, le *sucre diabétique*, contenu dans les urines, ne diffère pas d'un sucre végétal que nous aurons à étudier sous les noms de *glucose, sucre de raisin*, etc. Nous pouvons donc passer complétement sous silence le sucre produit par l'organisation animale, car, malgré le haut intérêt qu'il présente aux médecins et aux physiologistes, il n'offre à l'industriel qu'une importance très-secondaire.

La *lactine* ou *sucre de lait* est une sorte de sucre qui se trouve toujours, en proportion variable, dans le lait des femelles des animaux. Nous n'avons pas à rechercher si ce produit est formé par le foie, aux dépens de certains éléments du sang, ou bien s'il est le résultat d'un travail particulier des glandes lactifères. Dans tous les cas, cette matière sucrée diffère, par sa composition, des autres sucres et, notamment, du sucre diabétique. Il ne nous présente pas un intérêt bien marqué, pas plus que le précédent.

Avant d'entrer plus avant dans l'étude de l'origine des sucres et de leur nature particulière, nous croyons nécessaire d'exposer rapidement l'usage de quelques *équivalents* et de quelques *formules* de chimie que nous allons être forcé d'employer pour rendre notre pensée plus succincte et, en même temps, pour faciliter l'intelligence des notions générales de physique et de chimie que nous devons mettre sous les yeux du lecteur.

Équivalents chimiques. — On est convenu de représenter tous les corps connus par leurs initiales; c'est ce qu'on nomme le *symbole* des corps. Ainsi, le *carbone* se représente par la lettre C, l'*oxygène* par O, l'*hydrogène* par H, etc. Tous les corps composés s'écrivent, d'après cette règle, en plaçant, à la suite les unes des autres, les initiales de leurs éléments. L'eau, par exemple, étant formée d'hydrogène et d'oxygène, se représente par les lettres HO, et ce signe ou symbole est le caractère écrit de l'eau pure. Mais ces lettres ne désignent pas seulement le corps dont elles rappellent l'idée, elles en indiquent encore une certaine *quantité pondérale*, un certain *poids*, qu'on nomme *proportion chimique* ou *équivalent* du corps donné. Les proportions ou équivalents sont des poids tels qu'ils peuvent se remplacer mutuellement dans une combinaison de même genre. Ils ont été, pour la plupart, déterminés rigoureusement par l'expérience pour tous les corps connus. Si nous prenons pour point de départ conventionnel une quantité pondérale 100 d'oxygène, nous verrons qu'il faut un poids 12,50 d'hydrogène pour former de l'eau ou *protoxyde d'hydrogène*, sans qu'il reste de l'un ou de l'autre des deux éléments. Un poids 75 de carbone peut se combiner également avec 100 d'oxygène pour former de l'*oxyde de carbone* CO; il en est de même des poids 175 d'azote, 250 de calcium, etc.

Lors donc que l'on écrit les symboles ou formules HO, CO, AzO, CaO, on ne désigne pas seulement des composés d'hydrogène, de carbone, d'azote, de calcium avec l'oxygène, mais encore le poids des éléments qui entrent dans ces composés.

On a :

$$HO = \begin{cases} \text{Hydrogène...} & 12,50 \\ \text{Oxygène. } & 100 \end{cases} = 112,50 \text{ d'}eau \text{ (protoxyde d'hydrogène).}$$

$$CO = \begin{cases} \text{Carbone.....} & 75 \\ \text{Oxygène. } & 100 \end{cases} = 175 \quad \text{de protoxyde de carbone.}$$

$$AzO = \begin{cases} \text{Azote.......} & 175 \\ \text{Oxygène. } & 100 \end{cases} = 275 \quad \text{de protoxyde d'azote.}$$

$$CaO = \begin{cases} \text{Calcium.....} & 250 \\ \text{Oxygène. } & 100 \end{cases} = 350 \quad \text{de } chaux \text{ (protoxyde de calcium).}$$

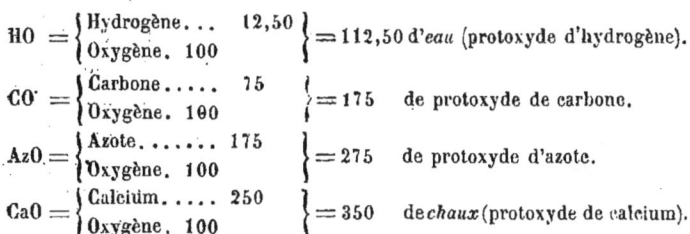

Les quantités pondérales 12, 50 d'hydrogène, 75 de carbone, 175 d'azote, 250 de calcium, sont les *équivalents* de ces corps, et elles s'unissent à une même quantité 100 d'oxygène pour former des composés analogues ; elles sont dites, chimiquement, proportionnelles entre elles.

Voici là liste des équivalents de quelques corps simples que l'on rencontre dans les plantes saccharifères comme dans les autres végétaux, soit dans les principes organiques ou les principes organisés, soit encore dans les matières salines qui sont absorbées par le végétal.

Equivalents de quelques corps simples.

Noms.	Symboles.	Équivalents.
Oxygène....................	O	100
Hydrogène................	H	12,50
Azote.	Az	175
Carbone.	C	75
Soufre....................	S	200
Chlore....................	Cl	443,20
Phosphore.................	Ph	400
Potassium..............	K	490
Sodium....................	Na	287,20
Calcium...................	Ca	250
Magnésium.................	Mg	151,30
Fer.......................	Fe	350

Un exemple fera comprendre à la fois la signification et l'utilité des formules basées sur les équivalents.

L'alcool, soumis à l'analyse, se trouve composé de *carbone*, d'*hydrogène* et d'*eau;* l'eau est elle-même formée d'*hydrogène* et d'*oxygène*. On pourra donc représenter l'alcool par les lettres C+H+HO, lesquelles indiquent un corps formé de carbone, d'hydrogène et d'eau; mais ces lettres donneraient à l'esprit une idée fausse et incomplète des quantités pondérales proportionnelles de carbone, d'hydrogène et d'eau que renferme l'alcool, si elles n'étaient accompagnées d'une indication plus satisfaisante : en effet, le chiffre proportionnel du carbone est 75 et l'on sait par l'analyse que l'alcool en renferme quatre fois plus ou 300 parties. On complétera l'indication par un exposant et l'on écrira le carbone de l'alcool C^4 ou $C \times 4 = 75 \times 4 = 300$. De même le chiffre de l'hydrogène est 12,5; mais l'alcool en contient quatre fois plus ou H^4, ou $H \times 4 = 12,5 \times 4 = 50$. Ce corps renferme également deux proportions d'eau, ou $2HO$, ou $HO \times 2 = 112,5 \times 2 = 225$.

On pourra donc écrire l'égalité suivante :

« L'alcool *égale* $C^4 H^4 + 2HO$. »

Ou bien :

« L'alcool *égale* $C^4 = 75 \times 4 = 300$, $+ H^4 = 12,5 \times 4 = 50$, $+ 2HO = 112,5 \times 2 = 225$, soit, au total, 575 parties. » Ceci revient à dire, par la formule très-abrégée $C^4 H^4 + 2HO$: Nous donnons le *signe* ou symbole distinctif $C^4 H^4 + 2HO$ à un corps nommé *alcool*, dont la plus petite quantité pondérale *peut* et *doit* être *considérée* comme *divisible* en 575 *parties égales en poids*, dont :

300 parties ou	75	$\times$ 4 de carbone.
50 — ou	12,5	$\times$ 4 d'hydrogène.
225 — ou	112,5	$\times$ 2 d'eau pure.

Tout cela est renfermé dans la formule $C^4 H^4 + 2HO$, laquelle offre l'avantage de n'exiger que quatre lettres et trois chiffres pour en exprimer autant qu'une longue phrase.

Les formules chimiques fournissent encore une autre indication précieuse. Par une règle conventionnelle, dans toute représentation symbolique d'un corps composé, on écrit les symboles dans l'ordre d'électricité des corps élémentaires ou composés qui en font partie. On écrit d'abord le signe du corps *électro-positif*, puis celui du corps *électro-négatif*. Ainsi, lorsque l'on veut écrire le symbole de la *potasse*, qui est une combinaison du *potassium*, le plus électro-positif de tous les corps connus, avec l'*oxygène*, qui est le plus électro-négatif, on a le symbole KO, qui égale, dans le langage des physiciens, le signé $\underset{+-}{\text{KO}}$. De même le *sulfate de potasse* s'écrira KO. SO³, l'acide étant toujours négatif par rapport au corps avec lequel il s'unit, etc.

Ceci posé pour l'intelligence de ce qui va suivre, examinons avec plus d'attention l'origine et la nature des sucres végétaux, et cherchons à reconnaître les principales circonstances de leur formation dans le tissu des plantes ; cette connaissance devant nous être de la plus grande utilité pour nous guider dans la préparation et l'extraction des sucres.

Si nous observons avec soin la nature, que nous cherchions à la prendre sur le fait en épiant ses actes et les transformations qu'elle fait éprouver aux végétaux, nous pourrons espérer de nous faire une idée juste de l'élaboration de la matière sucrée ; c'est là, en effet, le seul moyen d'investigation rationnelle, le seul qui puisse être suivi de résultats vrais et applicables. Suivons donc ce qui se passe dans les végétaux, depuis leur germination jusqu'à leur maturité, au point de vue seulement de la matière sucrée, afin de tirer de cette observation les notions qui nous sont indispensables.

Les graines de maïs, prises pour exemple, contiennent dans leur état normal, avant l'ensemencement :

$$\text{Fécule} \dots \dots \dots \dots \dots \dots \dots \dots \dots \dots \dots \quad 67,55$$
$$\text{Sucre de fécule (\textit{glucose}), gomme, dextrine, etc.} \dots \quad 4$$

Cette analyse est la moyenne de nos observations sur un assez grand nombre d'échantillons. Les 28,45 pour 100 restant sont composés d'eau, de graisse, de fibre végétale, d'albumine, de gluten et de matières salines.

On sait que la fécule est composée de *carbone* et d'*eau* dans les proportions suivantes :

$$\left.\begin{array}{lrlr}\text{Carbone} \dots & 75 & \times\ 12 = & 900 \\ \text{Eau} \dots & 112,5 & \times\ \ 9 = & 1012,50\end{array}\right\} = 1912,50$$

et l'on dit qu'elle est formée de 12 *équivalents* ou *proportions* de carbone et de 9 *équivalents* ou *proportions* d'eau ; lorsqu'elle est débarrassée de toute l'eau qu'elle peut retenir, qu'elle est *anhydre*. On lui donne en conséquence le signe $C^{12} H^9 O^9$ ou $C^{12} + 9HO$. Mais, dans l'état ordinaire, lorsque la fécule n'est pas unie à un oxyde métallique comme l'oxyde de plomb PbO, par exemple, elle renferme une proportion d'eau de plus ou, en tout, 112, 5 × 10 = 1125. Elle a pour signe ou symbole C^{12} H^9 O^9 + HO ou C^{12} + 10 HO, et contient 900 grammes de carbone et 1125 grammes d'eau sur 2025 grammes.

Sa constitution est donc représentée en centièmes par 44,44 de carbone et 55,56 d'eau.

La germination modifie la composition du grain de maïs, au point qu'il renferme quatre fois plus de sucre et d'autant moins de fécule à proportion, sans que cet acte physiologique ait déterminé autre chose qu'une absorption d'eau.

Le sucre qui s'est formé ne diffère absolument de la fécule qu'en ce qu'il contient 2 proportions d'eau de plus (112,50 × 2 = 225), en sorte que l'on a les chiffres et symboles comparatifs suivants :

Fécule........... C^{12} H^9 O^9 + HO = 2025.
Sucre de fécule.... C^{12} H^9 O^9 + 3 HO = 2250.

La fécule s'est transformée en sucre dans l'acte de la germination en se combinant avec 225 parties d'eau par 2025 parties; mais il est certain, comme nous le constaterons plus loin, que cette métamorphose n'a pas lieu sans transition aucune, et que la fécule, *insoluble* dans l'eau, passe d'abord à l'état de *dextrine soluble* et à l'état *gommeux*, avant de devenir du sucre. La gomme et la dextrine présentent exactement la même composition que la fécule, mais elles sont déjà douées de propriétés complétement différentes. Peu à peu, toute la fécule disparaît en subissant la même modification et se transformant en gomme, puis en sucre, et il ne reste plus de la graine primitive que les parties corticales, résineuses ou salines, qui finissent par subir une décomposition plus ou moins prononcée, plus ou moins rapide, et sont entraînées soit vers la jeune plante, soit vers d'autres êtres, selon les circonstances du milieu où elles se trouvent.

Cette transformation préalable de la fécule en dextrine ou matière gommeuse soluble, avant qu'elle passe à l'état de sucre, n'a pas lieu seulement dans les grands actes de la saccharification naturelle, mais encore dans les réactions chimiques à l'aide desquelles nous transformons artificiellement la fécule en sucre. Nous verrons, en effet, que l'action de certains agents, tels que les acides, la diastase, change la fécule en gomme ou dextrine soluble, avant de la faire passer à 'état sucré, en sorte que, si l'on arrêtait à temps l'opération, on pourrait n'obtenir que de la manière gommeuse, ne renfermant que très-peu de sucre.

Jusqu'au moment où la plante commence à offrir les *phéno-mènes de la puberté*, jusqu'à l'époque où sa fleur commence à apparaître, elle ne contient ordinairement que ce même sucre à 3 proportions d'eau ($C^{12} H^9 O^9 + 3 HO$), ou, du moins, les obser-vations les plus minutieuses n'y constatent-elles un autre sucre qu'en *proportion minime* avant cette époque. C'est un fait com-mun à la plupart des plantes sucrières, au froment, au maïs, au sorgho, etc., bien que la canne *semble* faire exception à cet égard.

Il importe cependant ici de ne pas confondre dans une idée trop générale ce que nous entendons par la puberté de la plante saccharine (*graminées*), par l'apparition de la fleur. Nous ne voulons pas dire que la fleur doit être visible au dehors, mais bien qu'elle doit être reconnaissable, en déchirant les enveloppes qui la cachent. Lorsque la fleur est *sortie*, quand son panicule se montre au grand jour, la plante renferme déjà une proportion considérable d'un sucre différent de celui dont nous venons de parler. Le *maximum* de ce sucre répond à l'époque de la fécondation, ou, tout au moins, à quelques jours après l'accomplissement de cette phase si importante de la vie de la plante.

Par un phénomène digne de remarque, et sur lequel aucune observation sérieuse n'a encore été faite jusqu'à ce jour, le sucre *très-hydraté* dont nous avons parlé s'est changé en un autre, bien défini, connu sous le nom de *sucre cristallisable* ou *sucre de canne*, *sucre prismatique*, qui ne renferme qu'*une* seule proportion d'eau de plus que la fécule ordinaire ou hydratée.

Sa composition est représentée par $C^{12} H^9 O^9 + 2HO$, c'est-à-dire qu'il renferme :

$$\left. \begin{array}{l} \text{Carbone.....} \quad 75 \ \times \ 12 \ = \ 900 \\ \text{Eau.........} \quad 112,5 \ \times \ 11 \ = \ 1237,50 \end{array} \right\} = 2137,50$$

La fécule a acquis d'abord 2 proportions d'eau, et elle est devenue du sucre de fécule, du glucose ; ce glucose perd 1 pro-portion d'eau, et il devient du sucre prismatique ; voilà le fait principal que nous offre la végétation des graminées sacchari-fères.

Si nous continuons notre investigation sur la plante qui nous occupe, entre le moment de la fécondation et l'époque de la maturité complète des graines, nous pourrons constater que le sucre diminue considérablement dans le tissu végétal à mesure que les graines approchent de leur point de maturation. Il sert à reproduire la partie féculente ou gommeuse des graines, et cet effet est encore produit par la soustraction d'une proportion d'eau : cela suffit pour le ramener au point de départ.

Il y a même des plantes qui perdent totalement leur sucre à cette époque ; mais plusieurs autres, parmi lesquelles nous compterons la *cannamelle* et le *sorgho*, continuent à produire du sucre dans une proportion telle que celui qui est absorbé par la *granification* ne peut pas être mis en ligne de compte. Ces sortes de plantes, essentiellement saccharines, contiennent d'autant plus de sucre prismatique qu'elles approchent plus de leur complète maturité et, chez elles, la graine ne produit aucun appauvrissement, ce qui tient à ce que leurs sucs propres, incessamment renouvelés, fournissent beaucoup plus de sucre qu'il n'en faut pour compenser une perte insignifiante.

Il y a des végétaux saccharifères dans lesquels on rencontre à la fois les deux sucres dont nous venons de parler, et ce fait embrasse la masse des plantes saccharines, à l'époque de leur croissance, si l'on n'envisage que celles qui sont susceptibles de produire du sucre prismatique à un temps donné de leur existence. Chez quelques-unes on ne rencontre jamais ce sucre prismatique, mais bien une autre variété solide ou liquide, cristallisable ou amorphe, différente sous beaucoup de rapports. Enfin, il est des plantes dans le tissu desquelles on ne trouve plus que le sucre prismatique à l'époque de la maturité. On range dans cette catégorie la cannamelle ou canne à sucre et la betterave, bien qu'il y ait d'assez bonnes raisons de douter de la valeur de cette affirmation.

Nous ne prétendons pas que ceci ne puisse présenter des exceptions, et même nous avouons que l'on peut nous en objecter d'assez *spécieuses*. Il est des plantes qui ne *fleurissent* pas, qui n'atteignent ni la période de *puberté*, ni celle de reproduction, soit *par accident* le plus souvent, soit sous l'empire d'autres circonstances. Et cependant ces plantes offrent encore les mêmes phénomènes relativement à la matière saccharine...

Cette objection n'est que spécieuse, car si la production de la substance sucrée suit ordinairement les phases de la vie végétale, de manière à *coïncider* avec la *croissance* pour le *sucre glucose*, avec la *puberté* pour le *sucre prismatique*, cette coïncidence est plutôt liée aux progrès de l'organisation qu'aux phénomènes de la reproduction. Cependant, tout est si bien réglé dans les choses de la nature, que tous ces faits se groupent et se corroborent. Rappelons-nous que le sucre étant l'*agent réducteur* de l'acide carbonique par excellence, sa plus grande abondance *doit* nécessairement coïncider avec les *plus grands besoins* de la plante. Et cela est, en effet. L'époque des plus grands besoins chez tous les êtres est la puberté, et l'on retrouve dans les faits généraux la preuve de ces assertions.

Nous avons exposé dans deux autres ouvrages [1] notre opinion sur l'absolue nécessité du sucre dans l'organisation végétale, où, *seul*, il peut contribuer à l'accroissement de la plante par la *réduction* de l'acide carbonique fourni par l'air et le sol; aussi, ne nous arrêterons-nous pas à ce sujet, sinon pour faire observer qu'il y a un grand nombre de plantes dans lesquelles le sucre n'est produit que dans la proportion nécessaire à cet accroissement, qu'il y est *détruit* au fur et à mesure de sa production sans jamais s'y trouver en excédant. On ne l'y rencontre jamais en quantité appréciable à l'état libre, tandis que, dans un certain nombre d'autres plantes, on le trouve toujours en quantité notable, de beaucoup supérieure à celle qui serait indispensable à la production de la trame organique; ces dernières sont les plantes saccharines ou saccharifères proprement dites, plus ou moins riches de ce principe, dont on peut l'extraire plus ou moins facilement.

En thèse générale, aucune plante ne peut vivre et s'accroître, si elle ne contient du sucre ou un agent analogue, susceptible de réduire l'acide carbonique, sous l'influence de l'air et de la lumière, dont l'action facilite cette réduction, ce dédoublement en carbone et en oxygène, qui forme, à proprement parler, la *digestion végétale*.

Cette action réductrice du sucre et de ses congénères est la seule qui puisse expliquer rationnellement l'accroissement du tissu végétal, dont la formule est la même que celle de la fécule et représente du carbone hydraté, $C^{12}+10HO...$

1. *Guide pratique du fabricant d'alcools et du distillateur.* — *Traité théorique et pratique de la fermentation.*

Un mot encore, pour clore ces généralités : c'est au ferment *acide* qui se développe pendant la germination, que l'on doit attribuer la saccharification de la fécule des graines. Dans toutes les plantes contenant des acides libres ou des sels acides solubles en proportion appréciable, la saccharification ne dépasse ce premier terme, pour produire le sucre prismatique, qu'après la neutralisation des acides. Les alcalis en excès sont également nuisibles à la production du sucre, et cela résulte des caractères mêmes de ce corps et des réactions qu'il subit sous l'influence des acides ou des alcalis.

Disons encore que les racines sucrées doivent être regardées comme des magasins, de véritables réservoirs, où s'*amoncelle* graduellement la matière saccharine, jusqu'au moment où cette provision s'épuise en totalité ou en partie pour les *besoins* de la reproduction et de la granification. Dans les plantes annuelles, cet épuisement arrive rapidement ; dans les bisannuelles, au contraire, il n'arrive qu'à la seconde année, et répond à l'époque qui suit la fécondation pour continuer graduellement jusqu'à la maturité. Il va de soi que nous supposons les racines soustraites aux influences capables de les détériorer.

On peut donc se faire une idée générale assez précise des faits en consultant le tableau comparatif suivant :

TABLEAU
des modifications subies par la matière amylacée des plantes saccharines.

A. — *Plantes à tiges sucrées.*

1er AGE. — *État ovulaire*................ Fécule, peu ou pas de sucre.

2e AGE. — *État germinatif* ou *embryonnaire*.. Dextrine, un peu de sucre, fécule

3e AGE. — *Enfance* ou *croissance*.......... Dextrine, sucre-glucose, peu de fécule.

4e AGE. — *Puberté* ou *approches de la floraison.* Peu de dextrine, très-peu de fécule, diminution du glucose, sucre prismatique.

5e AGE. — *Granification*................ Glucose, dextrine, diminution du sucre prismatique, augmentation de la fécule.

6e AGE. — *Maturité*... .... Maximum de la fécule, disparition complète ou *très-notable* du sucre prismatique, un peu de glucose.

B. — *Racines sucrées.*

1er AGE. — *Etat ovulaire*............... Fécule, peu ou pas de sucre.

2e AGE. — *Etat germinatif* ou *embryonnaire*.. Dextrine, un peu de sucre, fécule.

3e AGE. — *Croissance*.................. Amoncellement du sucre prismatique, diminution du glucose, peu de fécule[1].

4e AGE. — *Puberté*.................... Peu de dextrine, très-peu de fécule, augmentation du glucose et diminution du sucre prismatique.

5e AGE. — *Granification*.............. Glucose, dextrine, diminution du sucre prismatique, augmentation de la fécule.

6e AGE. — *Maturité*.................... Maximum de la fécule, disparition complète ou *très-notable* du sucre prismatique, un peu de glucose.

Les observations qui précèdent peuvent se réduire à trois chefs principaux :

1° Le *caractère spécial* des sucres est la *fermentescibilité*. Les *produits* de la fermentation régulière des sucres sont l'alcool et l'acide carbonique.

2° L'*eau* se combine avec la *matière gommeuse* pour former les *sucres*, et la matière gommeuse dérive de la *matière féculente* ou *amylacée* par simple changement moléculaire.

3° *En règle générale*, l'acte de la germination a pour conséquence de transformer la fécule de la graine en gomme, puis en sucre *très-hydraté* (glucose); celui-ci se change en *sucre prismatique* aux approches de la *puberté;* la reproduction ou *granification* a pour résultat caractéristique de ramener le sucre à l'état féculent, c'est-à-dire au point de départ.

Quant à notre opinion sur l'origine du sucre, dont nous rapportons le principe au corps *saccharigène*, isomère de la *fécule anhydre* et du *caramel* $C^{12}H^9O^9$ ($C^{12}+9HO$), elle offre d'autant

---

1. Nous avons toujours trouvé de la *fécule* dans les racines *sucrées* à tous les âges de leur vie végétale. Il n'en est pas ainsi dans quelques plantes où le sucre est détruit au fur et à mesure de sa formation, et dans lesquelles on ne le rencontre qu'à l'état gommeux nous citerons l'asphodèle pour exemple de cette exception.

plus de probabilités que le sucre lui-même offre cette composition dans certaines combinaisons où il existe à l'état *anhydre*, en sorte qu'on doit regarder le sucre prismatique comme un *bihydrate* de saccharigène, dont la formule réelle serait $C^{12}+9HO+2HO$.

Ainsi, dans la combinaison que forme le sucre avec le protoxyde de plomb, cette combinaison, desséchée à 160°, est représentée par la formule $2PbO, C^{12}H^9O^9$. Lorsqu'on la décompose par le sulfure d'hydrogène, on isole le plomb à l'état de sulfure, et le sucre reste non altéré. Il reprend immédiatement les 2 équivalents d'eau qu'il a perdus et conserve tous les caractères du sucre prismatique[1].

On a hasardé bien des opinions, usé bien du temps en discussions stériles... Mais les hypothèses *intéressées* ont toujours remporté la victoire dans ces matières comme dans beaucoup d'autres, et les *amoureux du vrai*, selon la sainte expression des anciens, deviennent de plus en plus rares. C'est que l'observation des faits naturels demande plus que du talent, de l'argent et des places; elle exige l'amour courageux de la vérité, et la volonté inflexible de lutter contre l'erreur, sous quelque apparence qu'elle se montre.

Quelque brillante que puisse être la supposition à laquelle on s'arrête, il sera toujours plus profitable à l'industrie de baser ses opérations sur l'imitation de la nature, que de les calquer sur des théories chimiques, nées le plus souvent *du hasard*, suivant des résultats de réactions inattendues par ceux-là mêmes qui les ont mises en lumière et les ont prises pour point de départ.

Au surplus, nous ne sommes pas en désaccord avec les données de la science admise, sous ce rapport; on lit, en effet, dans le *Précis de botanique* de M. A. Richard :

« L'amidon offre la même composition chimique que la cellulose : carbone et éléments de l'eau. Il est répandu à profusion dans presque tous les organes de la plante; *il s'y accumule pour servir à la nutrition*. Mais, comme la cellulose, l'amidon

---

1. **MM. E.** Boivin et Loiseau auraient obtenu une combinaison du sucre avec l'oxyde de plomb dans laquelle le sucre aurait perdu un équivalent d'eau de plus et serait devenu $C^{12}+8HO$.... Le sucrate renfermerait 3 équivalents d'oxyde de plomb et aurait pour formule : $3PbO.C^{12}H^8O^8$. Ce fait a besoin de confirmation.

est insoluble dans l'eau. Pour devenir assimilable, il a besoin d'éprouver un changement qui le rende soluble. Ce changement s'opère, sous l'influence d'une matière particulière, la *diastase*, observée par MM. Payen et Persoz, matière qui existe ou se forme sous certaines influences, dans tous les organes contenant de l'amidon. La *diastase*, en effet, possède la singulière propriété de transformer l'amidon en une matière *sucrée* et soluble, la *dextrine*, que l'eau peut entraîner dans tous les points du végétal. Or, *cette dextrine, en se combinant avec une molécule d'eau de plus, se change en sucre de canne*. Celui-ci, à son tour, pourra être modifié, en absorbant *trois* nouvelles molécules d'eau, et il se convertit en *glucose* ou *sucre de raisin*. Or, le sucre de canne et le sucre de raisin se trouvent plus ou moins abondamment dans les végétaux. Nous venons de voir comment le sucre de canne peut se transformer en sucre de raisin. Un changement en sens inverse peut aussi avoir lieu, c'est-à-dire que, *par les seules forces de la végétation, le sucre de raisin*, en perdant trois molécules d'eau, *peut devenir sucre de canne*. Si on analyse au premier printemps, comme l'a fait M. Biot, la séve de quelques arbres, et entre autres celle des érables, on y trouvera du sucre de raisin. *Un peu plus tard, dans le courant de l'été, le sucre de raisin a été remplacé par du sucre de canne*. Cette transformation peut même se faire quelquefois plus rapidement encore. Ainsi, la séve de la partie inférieure de la tige peut contenir du sucre de raisin, et celle qu'on extrait de ses sommités donner du sucre de canne. Ce changement s'explique facilement, en pensant que dans les feuilles la séve perd une certaine quantité d'eau, et que la différence essentielle entre ces deux sucres provient de trois molécules d'eau de plus que contient le glucose comparé au sucre de canne.

« Ainsi, un même principe immédiat, l'amidon, répandu en abondance dans tous les points du végétal, peut successivement, et par les seules forces de la nature, se transformer en dextrine [1], en sucre de canne ou en glucose, et devenir ainsi l'une des sources où le végétal puise les éléments de sa nutrition et de son accroissement. »

On doit bien penser que l'auteur dont nous venons de citer les paroles n'a jamais songé à appuyer notre doctrine, et qu'il

1. Ou matière gommeuse.

s'est borné à émettre des faits constatés : *rien n'est brutal comme un fait*, répète-t-on, selon les besoins de la cause... Nous nous emparons de ceux-ci, et nous y en ajoutons d'autres encore.

Les résultats obtenus par M. Biot présentent à l'observation les phénomènes les plus curieux; nous en empruntons le résumé à l'ouvrage de M. Orfila :

« 1° La séve du bouleau, du noyer, du sycomore et de l'érable *negundo*, recueillie à la fin de mars, contient du *sucre fermentescible* dans une proportion d'autant plus grande que cette séve a été recueillie plus loin de la racine ; le sucre de bouleau est du *sucre de raisin*, tandis que pour les autres arbres, c'est du *sucre de canne;* aucune de ces séves ne contient alors d'acide carbonique libre, en sorte que les jeunes bourgeons qui reçoivent cette séve *se nourrissent d'abord uniquement de sucre qu'ils décomposent pour s'en approprier le carbone.* Le 13 mai, le *cambium* du bouleau, c'est-à-dire le suc visqueux qui se trouve à la surface de la plupart des arbres, et qui sert à la formation des nouvelles couches corticale et ligneuse, *renfermait du sucre de canne, tandis que la séve du même arbre ne contenait plus de sucre;* d'où il suit que le sucre de canne provenait ou des feuilles dans lesquelles il existe en effet à cette époque, ou de l'écorce, qui dans ce cas aurait le pouvoir d'en former.

« 2° Les *jeunes* bourgeons de lilas, déjà découverts et sortis de leurs écailles, au commencement d'avril, par exemple, contenaient du *sucre de raisin*, tandis que le suc extrait du tronc et des branches du même arbuste, *à la même époque*, renfermait du *sucre de canne* ou *d'amidon;* d'où il semble résulter que la végétation du bourgeon a le pouvoir de changer ces sucres l'un dans l'autre. Plus tard, dans les premiers jours de mai, les mêmes bourgeons, ayant déjà développé des organes foliacés, qui décomposent l'acide carbonique de l'air en s'emparant de son carbone, ne contiennent plus que du *sucre de fécule.* Les *jeunes* bourgeons de sycomore renferment du *sucre de fécule*, tandis que la séve est très-riche en *sucre de canne.* Plus tard, lorsque les bourgeons sont changés en feuilles bien développées, on trouve dans celles-ci du sucre qui n'est pas du sucre de canne, et une matière gommeuse. Le *cambium* du sycomore contenait du *sucre de canne*, différent par conséquent de celui qui existait dans les feuilles, et un autre principe dont la nature n'a pas été indiquée.

« 3° Les tiges et les organes foliacés des jeunes pousses de seigle dont les épis étaient déjà développés, mais encore loin de la floraison, et par conséquent *avant la fécondation* (3 mai 1833), ont fourni un *mélange de sucre de raisin, de sucre de canne et de gomme*. Douze jours après, la proportion de *sucre de canne* était plus considérable ; mais les épis, examinés le même jour, ne contenaient que du *sucre d'amidon*. Ici l'on peut se demander si les épis renferment du sucre d'amidon tout formé, ou bien si l'amidon qu'ils contiennent dans les globules de leurs ovaires ne serait pas changé en sucre d'amidon par l'action d'une matière analogue à la diastase.

« 4° *Après la fécondation*, au 15 juin, les jeunes grains de seigle offraient de la fécule granuleuse *parfaitement formée* et du *sucre de fécule*, sans la moindre trace de *sucre de canne*, ni de *sucre de raisin*, ni de *gomme*. Ces deux sucres et la gomme qui existaient dans les tiges et les organes foliacés du seigle encore jeune ont donc changé de nature en traversant le collet des épis, et ont servi de matériaux à la jeune graine, qui les a transformés en fécule et en plusieurs autres produits dont le périsperme est composé.

« 5° Les tiges des jeunes pousses du blé dont l'épi n'était pas encore sorti contenaient du sucre de raisin, du sucre de canne et de la gomme (20 mai). Le 4 juin, les épis étaient sortis de la tige et fleuris ; le sucre de canne était moins abondant et avait passé dans les épis ; il y avait encore de la gomme. A cette même époque, les feuilles contenaient, au contraire, beaucoup plus de sucre de canne que de sucre de raisin, et de la *dextrine*, au lieu de gomme. *Lorsque, après la fécondation, les feuilles ont jauni*, on n'y trouve plus que des traces presque insensibles des principes sucrés et d'amidon ; d'où il semble résulter qu'à l'époque dont il s'agit les principes carbonés passent dans la tige et servent à l'alimenter ; de même que les principes analogues élaborés par les feuilles des arbres exogènes redescendent sous l'enveloppe corticale vivante et dans les premières couches externes de l'aubier, pour nourrir le jeune cylindre de bois et d'écorce qui, semblable à une tige creuse, se forme annuellement et se moule sur l'ancien squelette de bois.

« 6° *Après la fécondation*, les épis de blé contiennent beaucoup de sucre de fécule et de *canne*, et une matière analogue à l'amidon. Voici ce qui arrive : la *base de la tige*, très-riche en sucre, fournit au sommet le suc qu'elle renferme, suc qui est promptement enlevé par les épis. A mesure que ces épis fécondés grossissent, les feuilles les plus basses commencent à jaunir et à se dessécher, en transmettant leurs produits carbonés à la tige. La base de celle-ci se dessèche et jaunit à son tour, tandis que la partie supérieure, encore verte, continue de nourrir l'épi ; ainsi, quand le desséchement du bas de la tige est arrivé, si l'on coupe la céréale, quoique le grain ne soit pas mûr encore, il achève de se nourrir et de mûrir aux dépens de la tige. On peut donc, dès que les tiges sont sèches, rentrer le grain précisément au point de sa maturité. (*Journal de Chimie médicale*, juin, juillet et août 1838.)

« 7° Dès l'année 1831, M. Couverchel avait publié, sur la maturation des fruits, des expériences qui l'avaient conduit à admettre que, pendant la première période de leur développement, la sève est *probablement acidifiée* dans son passage des jeunes branches à l'ovaire, par suite de la décomposition de l'eau et de la fixation de l'oxygène de celle-ci ; il se forme, en même temps que des acides, une sorte de *fécule* qui, par l'action des acides déjà produits, se transforme en une *matière gommeuse*, appelée par les uns *gomme normale*, et par les autres *gélatine ;* pendant la seconde période, *il se forme du sucre*, probablement aux dépens de l'action des acides déjà développés sur la matière gommeuse. M. Couverchel s'est, en effet, assuré que les acides végétaux pouvaient transformer cette sorte de gomme en sucre. » (*Annales de Chimie et de Physique*, t. XLVI.)

OBSERVATIONS. — Nous ne partageons certainement pas l'avis de M. Biot sur le rôle du sucre dans les fonctions de la vie végétale, et nous avons déjà exposé dans d'autres travaux combien nous différons à ce sujet de plusieurs savants. Mais ceci est de théorie quant au sucre... Qu'importe au fabricant et au consommateur pourquoi il est, pourvu qu'il existe ?

Tous les faits indiqués par M. Biot prouvent jusqu'à l'évidence des conséquences dont nous prenons acte : 1° existence, à certaine époque, de glucose seul ; 2° existence simultanée, à une époque donnée, de glucose et de sucre de canne ; 3° existence de sucres différents dans les différents organes d'un même végétal; 4° transformation naturelle et normale des divers sucres les uns dans les autres, et même en gomme et en fécule; 5° vérification de la proposition inverse de celle-ci.

Nous nous arrêtons dans ce que nous aurions à dire encore sur le sucre en général, en rappelant au lecteur que le seul *caractère invariable du genre sucre* est de produire de l'alcool par fermentation; la saveur, la consistance, la couleur, la cristallisation, la densité, la solubilité et les réactions chimiques sont accessoires et servent à différencier les espèces.

CHAPITRE II.

Des espèces de sucres et de leurs caractères.

Il serait superflu d'entrer ici dans la discussion de quelques opinions théoriques émises, dans ces derniers temps, sur la nature des sucres. Quelques chimistes, entraînés par l'amour excessif de la formule, ont été jusqu'à vouloir assimiler les matières sucrées fermentescibles avec les substances les plus diverses; mais on nous pardonnera, sans doute, de préférer le terre-à-terre de l'observation et des faits à toutes ces conceptions brillantes, dont le mérite ne peut guère sortir des mémoires académiques. Ce qu'il nous faut, en sucrerie, ce sont des données certaines, sur lesquelles nous puissions baser des procédés et des méthodes, et non point des appréciations vagues, dont nous ne pourrions faire ressortir aucune conséquence pratique.

Les sucres appartiennent tous à la série des *corps hydrocarbonés*, de ces substances remarquables formées de *carbone* et d'*eau*, c'est-à-dire d'hydrogène et d'oxygène dans les proportions de l'eau. Leur formule générale est $C^x + H^n O^n$, bien que cette formule caractérise également quelques autres substances: mais celles-ci en diffèrent en ce qu'elles ne peuvent fermenter *alcooliquement*.

Les corps *générateurs* du sucre, ou *saccharigènes*, sont la *cellulose*, la *fécule*, l'*inuline*, la *lichénine*, la *pectosine* et les *gommes*, dont la composition est la même. On les représente par la formule $C^{12}H^{10}O^{10}$ ou $C^{12}H^9O^9 + HO$. Ils contiennent donc, quand ils sont *monohydratés* (état ordinaire) :

$$
\begin{aligned}
\text{Carbone,} \quad & C^{12} = 75,0 \times 12 = 900,00 = 44,444 \text{ p. 100.} \\
\text{Hydrogène,} \quad & H^9 = 12,5 \times 9 = 112,50 = 5,556 \quad — \\
\text{Oxygène,} \quad & O^9 = 100,0 \times 9 = 900,00 = 44,444 \quad — \\
\text{Eau,} \quad & HO = 112,5 \times 1 = 112,50 = 5,556 \quad — \\
& \overline{\phantom{HO = 112,5 \times 1 = {}} 2025,00 \quad 100,000}
\end{aligned}
$$

La série des sucres qui dérivent de ces corps présente ce fait remarquable, que les matières sucrées, directement fermentescibles, les sucres proprement dits, ne diffèrent les unes des autres que par de l'eau, et qu'elles s'éloignent graduellement du corps saccharigène, en se combinant avec une proportion de plus en plus grande de ce corps. Les sucres sont au nombre de *quatre* bien définis et bien connus aujourd'hui sous les rapports les plus importants, savoir : le *sucre prismatique*, dit *de canne* ou *cristallisable*, le *sucre des fruits acides*, le *sucre de champignons* et le *sucre de fécule* ou *glucose*. Le *sucre liquide* ou incristallisable n'est qu'une forme du sucre de fruits, et le *sucre de miel* est un mélange de celui-ci et de *glucose*.

On peut établir la série suivante, en prenant pour point de départ le corps saccharigène hydrocarboné supposé *anhydre*, comme il se trouve dans la combinaison avec l'oxyde de plomb.

1° Corps saccharigène (*anhydre*), cellulose, fécule, etc., anhydres $C^{12}H^9O^9$
2° — (*monohydrate*), — $C^{12}H^9O^9 + HO$
3° Sucre prismatique (*bihydrate*), $C^{12}H^9O^9 + 2HO$
4° Sucre des fruits acides (*trihydrate*), $C^{12}H^9O^9 + 3HO$
5° Sucre de champignons (*quadrihydrate*), $C^{12}H^9O^9 + 4HO$
6° Sucre de fécule, glucose (*pentahydrate*), cristalloïde, $C^{12}H^9O^9 + 5HO$

Il est aisé de se rendre compte de la relation qui existe entre ces divers sucres, que nous allons d'ailleurs étudier séparément avec les détails nécessaires, ainsi que leurs variétés et leurs modifications.

On range encore parmi les sucres la *lactine* ou sucre de lait $C^{24}H^{18}O^{18} + 6HO$, qui semble n'être qu'un multiple de sucre de fruits $C^{12}H^9O^9 + 3HO$; nous étudierons cette substance après les sucres proprement dits, malgré la minime importance industrielle à laquelle elle peut être appelée.

Enfin, pour être aussi complet que possible, nous ferons rapidement l'histoire de quelques matières *sucrées* non fermentescibles, et de quelques corps susceptibles de produire du glucose par dédoublement, auxquels on a donné le nom de *glucosides*.

I. — DU SUCRE PRISMATIQUE OU SUCRE DE CANNE.

Le sucre *prismatique*, connu sous les noms de *sucre ordinaire*, *sucre de canne*, *sucre cristallisable*, doit être regardé comme de la cellulose $C^{12}H^9O^9$ qui a absorbé *deux* proportions d'eau; c'est un *bihydrate* du corps saccharigène, une fécule, une gomme *bihydratée*. C'est en considérant les sucres à ce point de vue que l'on peut parvenir à bien comprendre les relations qui existent entre eux et la matière génératrice.

On a pour formule et symbole de la cellulose, de la fécule, des gommes à l'état ordinaire, après une dessiccation convenable, $C^{12}H^9O^9 + HO$ que l'on écrit ordinairement $C^{12}H^{10}O^{10}$; mais si l'on combine la fécule avec l'oxyde de plomb, par exemple, on obtient un composé *anhydre*, dans lequel la fécule est devenue $C^{12}H^9O^9$; elle a perdu une proportion d'eau dans cette combinaison, et c'est à ce corps $C^{12}H^9O^9$, ou $C^{12} + 9HO$, que nous donnons la dénomination de *saccharigène*.

Cet *hydrate de carbone* $C^{12} + 9HO$ est la base, le point de départ de la plupart des corps de la chimie organique, lesquels en dérivent presque tous, soit par simple hydratation ou absorption chimique d'eau, soit, au contraire, par la perte d'une ou de plusieurs proportions d'eau, soit encore par d'autres réactions plus complexes. Les fécules, les gommes, les sucres, les alcools, plusieurs acides, sont les dérivés naturels ou artificiels de ce corps, et l'on peut dire que la plus grande partie des phénomènes de la chimie vivante reposent sur ses propriétés.

La chimie parviendra-t-elle jamais à créer toute la série des hydrates de ce corps par des moyens pratiques, plus ou moins directs? Il n'est malheureusement pas possible encore de répondre à cette question, dont la haute importance n'est pas contestable. On est arrivé cependant à produire plusieurs de ces hydrates, mais il n'a pas été possible jusqu'aujourd'hui de *combiner directement* le *monohydrate* (fécule, gomme, dextrine) $C^{12}H^9O^9+HO$ avec l'équivalent d'eau qui lui manque pour devenir du *sucre prismatique* $C^{12}H^9O^9+2HO$ ou $C^{12}H^{11}O^{11}$. Il a été jusqu'à présent tout aussi impossible de revenir au sucre prismatique, en prenant pour point de départ un corps plus hydraté, comme le sucre de fécule, par exemple, et tous les moyens essayés pour lui enlever l'eau qui le sépare du sucre de canne ont été infructueux. Le seul résultat que l'ont ait obtenu par la chaleur a été de revenir au saccharigène lui-même, et de produire du *caramel* $C^{12}H^9O^9$, dont la composition est absolument identique. Les réactions proprement dites ont été tout aussi impuissantes.

La solution de ce problème serait pourtant d'une grande importance pour l'intérêt général : la facilité avec laquelle on obtient le glucose $C^{12}H^9O^9 + 3HO$, l'abondance des corps féculents ou gommeux $C^{12}H^9 O^9 + HO$, permettraient d'atteindre des résultats extraordinaires, si l'on parvenait à transformer en sucre prismatique l'un ou l'autre de ces deux corps. La question consiste à combiner la fécule ou la matière gommeuse à *un seul* équivalent d'eau, ou à déshydrater le glucose dans la proportion de *un* équivalent $C^{12}+12HO-HO$. Elle mérite certainement l'attention des travailleurs et des hommes de recherche positive, en dehors de toute idée de théorie, et il est vraiment impossible de prévoir aujourd'hui les conséquences innombrables de la fabrication du sucre cristallisable et de l'alcool vinique, si l'on arrivait un jour à les produire de toutes pièces.

Quoi qu'il en soit, le sucre prismatique n'existe aujourd'hui que dans les plantes ; le règne végétal le produit assez abondamment, il est vrai ; mais le nombre des végétaux dont on peut l'extraire économiquement est assez borné, et sa préparation artificielle serait un de ces graves événements qui influent sur les générations et pèsent d'un poids énorme sur les destinées humaines.

Composition. — Le sucre prismatique a pour formule $C^{12}H^9O^9+2HO$, que l'on écrit communément $C^{12}H^{11}O^{11}$. Il est donc composé de 12 proportions de carbone, 11 d'hydrogène et 11 d'oxygène, soit 12 proportions de carbone et 11 d'eau. On déduit de cette formule les chiffres suivants :

$$\left.\begin{array}{l}\text{Carbone}\ldots \; C^{12} = \;\; 75 \;\; \times 12 = \ldots\ldots\ldots\ldots \;\; 900 \\ \text{Hydrogène. } H^{11} = \;\; 12,5 \times 11 = \;\; 137,50 \\ \text{Oxygène}\ldots O^{11} = 100 \;\; \times 11 = 1100\end{array}\right\} = \text{Eau. } 1237,50 \left.\right\} = 2137,50$$

On peut encore évaluer la constitution du sucre de canne en le regardant comme formé d'un équivalent de *saccharigène* $C^{12}H^9O^9$ et de deux équivalents d'eau, ce qui nous semble la manière de voir la plus vraie et la plus féconde en consé-quences. On a alors :

$$\left.\begin{array}{l}\text{Saccharigène}, \quad C^{12}H^9O^9 \; = \; 1912,50 \\ \text{Eau, } 2HO = 112,5 \times 2 \; = \;\; 225, \end{array}\right\} = 2137,50$$

La composition en centièmes du sucre prismatique est con-forme aux données suivantes :

Carbone....	42,105	Saccharigène...	89,474
Hydrogène..	6,433	ou	
Oxygène....	51,462	Eau.........	10,526
	100,000		100,000

Caractères physiques. — Le sucre prismatique ou sucre de canne est solide, incolore, quand il est en gros cristaux ;

Fig. 1.

blanc, en petits cristaux agrégés ; il est inodore, produit une lueur phosphores-cente quand on le frotte dans l'obscurité contre lui-même, ou sous l'action d'un choc ; sa densité ou sa pesanteur spéci-fique est à celle de l'eau comme 1606,50 est à 1,000. Il dégage une odeur de cara-mel lorsqu'il a été frotté violemment ou râpé.

Le sucre cristallise en prismes rhom-boïdaux quadrangulaires, à quatre ou six faces, terminés par des sommets dièdres (fig. 1 et 1 *bis*), dont le type se rencontre dans le *sucre candi*.

Fig. 1 bis.

Il est soluble dans le *tiers* de son poids d'eau à $+ 15°$ de température, dans le *sixième* de son poids d'eau bouillante, insoluble dans l'éther et presque insoluble dans l'alcool absolu froid. L'alcool absolu bouillant en dissout 1/80 de son poids ;

mais il le laisse déposer par le refroidissement. Plus l'alcool contient d'eau et plus il dissout de sucre, et l'alcool à 83° en dissout déjà le *quart* de son poids.

Le sucre cristallisé, en petits cristaux, *parfaitement sec et pur*, est tout à fait inaltérable à l'air sec, mais il s'altère à l'air humide.

Le sucre fond au-dessus de $+ 160°$ (entre $+ 170°$ et $+ 180°$), sans décomposition, et il se prend par le refroidissement en masse *amorphe*, translucide, sans apparence de cristallisation, qui constitue ce qu'on appelle le *sucre d'orge*. Après quelque temps, cette masse transparente devient opaque, surtout si elle est exposée à l'air, et elle cristallise de l'extérieur à l'intérieur. Les cristaux offrent dans les cylindres de sucre d'orge opaque une disposition rayonnée, avec convergence des rayons vers l'axe du cylindre.

Action de la chaleur. — Quand on maintient pendant quelque temps le sucre fondu à la température de $+ 180°$, il subit une profonde modification et, sans rien perdre de ses principes constituants, il est devenu incristallisable. Le sucre perd également la faculté de cristalliser, quand on maintient pendant longtemps sa dissolution aqueuse à la température de l'ébullition, à moins qu'elle ne contienne, en petite proportion, un alcali quelconque susceptible de s'unir au sucre.

Lorsqu'on porte le sucre à une température de $+ 210°$ à $+ 220°$, il se change en un produit brun, visqueux, incristallisable, d'une saveur amère et non sucrée, que l'on nomme *caramel*. Le caramel a pour formule $C^{12} H^9 O^9$, et il est de même composition que le saccharigène ; la chaleur a ainsi fait perdre au sucre deux équivalents d'eau, sans que l'on ait pu constater jusqu'à présent le passage par un état intermédiaire.

Ajoutons que le caramel est soluble dans les alcalis (potasse, soude, etc.), et qu'il produit des combinaisons insolubles avec plusieurs bases puissantes, telles que la baryte, la strontiane, l'oxyde de plomb, en sorte qu'il présente, quoique à un degré assez faible, les propriétés chimiques des acides.

Si l'on continue à élever la température à laquelle on soumet le sucre dans un appareil distillatoire, tel qu'une cornue, il commence à se décomposer au-dessus de $+ 220°$, et donne naissance à divers produits très-complexes, savoir : de l'eau,

de l'acide acétique, de l'acétone, de l'acide formique dans certains cas, des huiles et des matières goudronneuses, des gaz
inflammables, etc. Le résidu est un charbon spongieux, bril-
lant, boursouflé et volumineux, qui brûle *complétement*, quand
on le chauffe au contact de l'air.

Ce caractère appartient au sucre *pur*, et si la combustion du
charbon de sucre laissait un résidu appréciable, on devrait en
tirer la conséquence de son impureté. Le sucre contiendrait
alors des matières fixes, calcaires ou autres, provenant des
manipulations auxquelles il a été soumis dans sa préparation.

Le sucre prismatique, dissous dans l'eau, offre la propriété
de *dévier à droite le plan de polarisation de la lumière polarisée*,
propriété qu'il partage avec diverses autres substances [1].

Caractères chimiques. Les propriétés chimiques du
sucre de canne sont de la plus grande importance au point de
vue de la fabrication, et le sucrier ne saurait trop les avoir
présentes à la mémoire; sans la connaissance bien précise de
ces propriétés, il lui sera impossible de franchir les obstacles
qui se présenteront chaque jour à lui, dans la pratique de son
industrie.

Nous les exposons donc avec tous les détails nécessaires, afin
que chacun puisse en tirer les conclusions utiles à la fabrication
sucrière.

La dissolution du sucre *fermente* au contact de la levûre de
bière et à une température moyenne de $+ 15°$ à $+ 25°$, en
produisant de l'alcool et de l'acide carbonique. Ce caractère,
ainsi que nous l'avons déjà dit, est commun à tous les sucres;
cependant il convient de tenir bonne note de quelques observations particulières au sucre prismatique.

Cette espèce de sucre *paraît* n'entrer dans le mouvement fermentatif qu'après s'être combinée à une proportion d'eau pour
former le *trihydrate* de saccharigène, connu sous le nom de
sucre de fruits, $C^{12}H^9O^9 + 3HO$ ou $C^{12}H^{12}O^{12}$. Nous ne pourrions
cependant apporter de ce fait une preuve véritablement posi-
tive; car, si le sucre de canne fermente rapidement dans un
liquide *acidule*, ou en présence d'un ferment *acide*, si cette fermentation est retardée dans les liqueurs alcalines, jusqu'à ce
qu'elles soient devenues acidules, dans la moyenne des circon-

1. **Voir** ch. IV, *Saccharimétrie.*

stances et quand il ne se produit pas de *dégénérescence,* on ne peut en tirer une preuve *absolue* de la nécessité de la transformation du sucre prismatique en sucre de fruits, pour que la fermentation ait lieu.

Une *fermentation sèche* serait la seule preuve directe, et tout le monde sait qu'elle est impossible. On peut cependant obtenir une démonstration de ce fait par l'expérience suivante. Si l'on place le sucre ordinaire, dissous dans l'eau, en présence du ferment de bière, la dissolution filtrée, qui ne devrait accuser que la présence du sucre de canne, déviant à droite le plan de polarisation de la lumière, dénonce celle du sucre de fruits acides, déviant à gauche ce même plan de polarisation de la lumière, lorsque l'action du ferment a commencé.

Action des acides. — Cette modification du sucre prismatique paraît tenir essentiellement à la nature acide du ferment. En effet, tous les acides minéraux et la plupart des acides organiques changent le sucre de canne en sucre incristallisable de fruits, même quand ils n'existent dans la liqueur qu'en proportion minime, comme un demi-centième du poids du sucre. A plus forte raison en est-il de même lorsque les acides sont en proportion plus considérable, et la transformation est d'autant plus rapide que la liqueur renferme plus d'acide, et qu'on opère à chaud plutôt qu'à froid. L'action des acides organiques tels que le tartrique, le citrique, l'oxalique, le malique, est moins prompte que celle des acides minéraux; mais elle n'en est pas moins intime sur le sucre prismatique, qu'elle change également en sucre de fruits $C^{12}H^9O^9 + 3HO$. L'acide acétique n'agit pas sur le sucre.

Si la fermentation et l'action des acides affaiblis transforment le sucre de canne en sucre de fruits, lequel est susceptible de fermentation alcoolique, on peut encore lui faire subir d'autres modifications par voie fermentative. Les ferments altérés, la levûre de bière qui a bouilli, le changent en *mannite* et en une *matière glaireuse* particulière; c'est là ce qu'on appelle la *fermentation visqueuse.* Dans un grand nombre de circonstances, et notamment en présence de la caséine, du fromage plus ou moins altéré et d'un principe gras, la fermentation du sucre *avorte,* et elle ne conduit la matière qu'à un simple dédoublement par la production de l'*acide lactique.* Ici encore, la formation de l'acide lactique ne peut s'expliquer par le sucre prismatique que si l'on admet la transformation préalable de ce corps en sucre de fruits, ou trihydrate de saccharigène $C^{12}H^9O^9 + 3HO$ ou $C^{12}H^{12}O^{12}$.

En effet, l'acide lactique n'est que du sucre de fruits *partagé en deux*, et sa composition $C^6H^5O^5 + HO$ ou $C^6H^6O^6$ le représente comme la moitié exacte de ce sucre. Un poids donné de sucre de fruits produit le même poids d'acide lactique, bien que ce dernier soit composé de la moitié seulement des mêmes éléments.

Enfin, le sucre de canne, transformé en sucre de fruits, donne naissance à de l'acide butyrique $C^8H^7O^3 + HO$ ou $C^8H^8O^4$. Bien que cette question n'ait pas été examinée avec tout le soin qu'elle comporte, il est cependant présumable que, dans la plupart des cas, le sucre ne passe à l'état d'acide butyrique qu'après avoir produit de l'acide lactique. Ce dernier seul se changerait en acide butyrique. Il serait d'ailleurs inutile à notre but de nous étendre sur ce sujet.

En résumé donc, les acides étendus et les ferments transforment le sucre prismatique en sucre de fruits plus hydraté, et celui-ci, sous l'influence des ferments, se change en alcool et acide carbonique, ou en mannite et matière visqueuse, ou encore en acides lactique et butyrique.

Ces diverses transformations sont, à leur tour, suivies d'autres modifications plus complexes, qui achèvent la simplification de la matière organique et la rendent susceptible d'entrer dans la composition de nouveaux produits végétaux ou animaux.

Nous avons dit que le sucre prismatique se change en sucre de fruits par l'action des acides étendus ou des ferments et même par simple ébullition dans l'eau. L'action des acides concentrés sur ce corps n'est pas moins intéressante et digne d'attention. Dans le cas des acides *étendus* et *faibles*, le sucre a perdu sa forme cristalline en s'hydratant; il a subi une modification profonde, mais sa nature n'a pas été altérée. Le *sucre prismatique interverti par les acides étendus*, ou changé en sucre de fruits, *dévie à gauche* le plan de polarisation de la lumière, mais il n'en conserve pas moins la qualité essentielle de son groupe : *il est resté sucre* et peut donner de l'alcool par fermentation.

Lorsqu'on fait agir *à froid* l'acide azotique monohydraté, ou ne contenant qu'une seule proportion d'eau, sur le sucre prismatique, il se dépose une substance d'apparence résinoïde, extrêmement analogue au coton-poudre ou pyroxyle, très-inflammable et éminemment explosible. Cette matière est insoluble dans l'eau, soluble dans l'alcool et l'éther. Il est digne de remarque que l'acide azotique concentré produit à peu près le même résultat sur la cellulose et sur la fécule, en donnant naissance à des produits explosifs et inflammables. L'azotate de fécule se nomme *xyloïdine*, et ressemble beaucoup au sucre transformé par l'acide azotique.

On obtient le même produit en faisant agir sur le sucre un mélange d'acide sulfurique (2 parties) et d'acide azotique concentré (1 partie).

Si, au lieu d'employer l'acide concentré, on agit avec l'acide affaibli, on obtient, *à chaud*, des produits acides, qui sont l'acide *oxysaccharique* ou *oxalhydrique* et l'acide *oxalique*.

Le premier de ces acides se prépare de la manière suivante : on introduit dans une cornue ou un ballon 50 grammes de sucre dissous dans un litre d'eau, et l'on ajoute 100 grammes d'acide azotique concentré. On chauffe alors sur le bain-marie, et l'on arrête l'opération lorsque le dégagement des vapeurs rouges d'acide hypoazotique a cessé. On introduit alors, peu à peu, 100 grammes de craie pulvérisée, on agite, et l'on filtre. On verse de l'acétate de plomb dans la liqueur filtrée, et il se dépose un précipité blanc d'*oxalhydrate de plomb*. Après avoir laissé reposer le liquide, on décante; on lave plusieurs fois le précipité à l'eau distillée froide, puis on le décompose par un courant de sulfure d'hydrogène (acide sulfhydrique). La liqueur filtrée est divisée en deux parties égales, dont on sature l'une par le carbonate de potasse. On y verse la seconde portion mise en réserve ; il se précipite aussitôt du *bioxalhydrate de potasse*, soluble dans quatre fois son poids d'eau bouillante, mais presque insoluble dans l'eau froide. Ce sel bien lavé, purifié par plusieurs cristallisations, est décomposé par l'acétate de plomb. Enfin, l'oxalhydrate de plomb lavé, décomposé par le sulfure d'hydrogène, abandonne du sulfure de plomb qui se dépose, et l'acide [oxalhydrique reste dans la liqueur. On filtre et l'on évapore au bain-marie, jusqu'à consistance de sirop.

La préparation de l'acide oxalique est très-simple. On fait bouillir 1 partie de sucre avec 6 parties d'acide azotique étendu de 40 parties d'eau. Lorsque le dégagement des vapeurs rutilantes a cessé, on évapore la liqueur à réduction de moitié, et l'acide cristallise par refroidissement. On le purifie par des cristallisations répétées. Cette préparation exige environ deux heures et demie, quoiqu'il y ait déjà de l'acide oxalique formé dès les premiers instants; mâis, lorsqu'on la prolonge en élevant la température, l'acide oxalique se décompose et il se dégage de l'acide carbonique. En tout cas, lorsqu'on prépare l'acide oxalique par la réaction de l'acide azotique sur le sucre ou la fécule, il est préférable de ne pas employer tout l'acide à la fois, mais bien par doses fractionnées; le produit est plus abondant.

L'action de l'acide sulfurique sur le sucre n'est pas moins énergique, mais elle n'offre pas le caractère que l'on remarque dans celle de l'acide azotique. En général, celui-ci se comporte comme un *oxydant* ou un *acidifiant* puissant, lorsqu'il agit sur les matières organiques. Il leur cède une portion de son oxygène et passe à l'état d'acide hypoazotique qui se dégage. Quant à l'acide sulfurique, il charbonne les corps, leur enlève de l'eau, les hydrate quelquefois, et détermine ainsi des modifications nombreuses; mais son action est moins oxydante, moins acidifiante que celle de l'acide azotique, bien qu'il puisse donner lieu à la formation de divers acides dans certaines circonstances spéciales.

Lorsque nous avons dit que le ferment, par son acidité, et les acides faibles transforment le sucre prismatique en sucre plus hydraté, susceptible de fermentation directe, nous n'avons peut-être pas assez expliqué les conditions de ce phénomène remarquable, et il ne sera pas inutile d'indiquer plus clairement ce que nous entendons par les *acides faibles*. Une partie d'acide étendue de 50 à 75 parties d'eau, et à la température de l'ébullition, suffit pour produire la transformation du sucre prismatique ou de canne : cette transformation s'opérerait également, mais plus lentement, dans un liquide bouillant moins acide, et il n'y aurait absolument qu'une différence de temps, si l'on agissait à froid. Lorsqu'on élève les proportions de l'acide dissous dans l'eau, la métamorphose est plus rapide à froid et à chaud; mais il peut se faire, surtout à une température élevée, que des produits nouveaux prennent naissance par suite de la décomposition d'une portion du sucre.

Il suffit de *prolonger* l'action des acides, même affaiblis, à froid ou à chaud, pour qu'il se produise des phénomènes très-complexes, et que le sucre disparaisse en partie, ou même en totalité, en se transformant en divers corps dérivés.

Comme l'acide transformateur ne s'altère pas dans cette réaction, il est facile de comprendre qu'en un temps plus ou moins long tout le sucre sera détruit. Ainsi, pour n'en citer qu'un seul exemple, si l'on prolonge l'ébullition du sucre prismatique dans l'eau acidulée par l'acide sulfurique ou le chlorhydrique, on obtient de l'*acide glucique* ($C^8 H^5 O^5 = 1162,50$), lequel est un acide fort énergique, se combinant parfaitement aux bases pour former des *sels* bien caractérisés.

Ceci posé, nous n'aurons nulle difficulté à saisir l'action de l'acide sulfurique sur le sucre. Ayons, en effet, un appareil propre à distiller dans le vide, composé d'une cornue, d'une allonge et d'un ballon, et après avoir placé dans la cornue 10 parties de sucre, 30 parties d'eau et 3 parties d'acide sulfurique concentré, faisons le vide dans l'appareil, à l'aide d'une petite pompe pneumatique adaptée au ballon, puis chauffons doucement la cornue pour opérer la distillation d'une partie de l'eau. Si nous arrêtons la distillation lorsque le tiers environ de l'eau a passé dans le ballon, nous trouverons que le résidu de la cornue renferme une proportion très-notable d'acide glucique et un peu d'*acide apoglucique* ($C^{18} H^{11} O^{10} = 2037,50$.

Si, au contraire, on fait la même opération, sur les mêmes proportions de sucre, d'eau et d'acide en mélange, mais en ne faisant pas le vide dans l'appareil, et en lui conservant la pression atmosphérique, après avoir chassé l'air à l'aide de l'acide carbonique, pour éviter l'action de l'oxygène, le liquide distillé renferme de l'*acide formique* ($C^2 HO^3 + HO = 575$), et la portion restée dans la cornue contient de l'*ulmine* ($C^{40} H^{16} O^{14} = 4600$) et de l'*acide ulmique* ($C^{40} H^{14} O^{12} \times 4375$), sous forme de flocons noirs.

Il est important, pour la réaction qui précède, d'avoir rempli au préalable l'appareil d'une atmosphère d'acide carbonique, car si l'on se contente de faire bouillir le mélange indiqué dans une capsule ou dans un ballon, au contact de l'air libre, on n'obtient plus de l'ulmine et de l'acide ulmique, mais

de l'*humine* (C^{40} H^{15} O^{15} = 4687,50), et de l'*acide humique*
(C^{40} H^{12} O^{12} = 4350), lesquels sont plus oxydés que les précédents.

Nous reviendrons sur ces dérivés du sucre,

Si l'action de l'acide sulfurique est prolongée, on obtient des
produits noirs, mais qui renferment une proportion d'eau de
moins en moins considérable.

L'action de l'acide chlorydrique sur le sucre présente des
résultats analogues, surtout lorsqu'il est concentré. Les autres
acides minéraux mériteraient d'être étudiés sous ce rapport,
et il est excessivement probable que l'on parviendrait ainsi
à la connaissance de nombreux faits, utiles à la science et à
l'industrie, et peut-être y rencontrerait-on de précieuses indications pour arriver à la solution de plusieurs problèmes intéressants.

On peut donc résumer ainsi l'action des acides faibles ou
concentrés sur le sucre : 1° transformation du sucre prismatique
en sucre de fruits par la plupart des acides affaiblis, à chaud
et à froid, plus ou moins rapidement ; 2° transformation du
sucre en une sorte de *xyloïdine* explosible ou d'azotate de
sucre, par l'acide azotique concentré ; 3° conversion du sucre
en acide oxalhydrique, puis en acide oxalique, par le même
acide moins concentré, à chaud ; 4° conversion du sucre en
acide glucique, acide apoglucique, ulmine, acide ulmique,
humine, acide humique et divers corps de moins en moins
hydratés, par l'action de l'acide sulfurique, selon les circonstances.

Voyons maintenant quelle est l'action des *alcalis* sur le sucre.

Action des alcalis. — Nous avons ici à examiner deux
phases particulières de la question qui nous occupe, et il
importe de bien les préciser pour en apprécier la portée.

Les alcalis et les bases peuvent agir sur le sucre par voie de
combinaison dans certaines circonstances, et s'unir chimiquement avec lui.

Dans d'autres cas, et surtout lorsque la température s'élève
un peu, les alcalis déterminent la suroxydation du sucre et sa
transformation en produits acides ou autres, différant essentiellement du corps primitif.

Lorsque le sucre se combine aux bases, il joue le rôle

d'*acide*, bien que l'on soit habitué à le ranger parmi les corps *neutres;* mais on sait que la fécule elle-même se comporte comme un véritable acide dans sa combinaison avec le plomb, et qu'elle forme avec l'oxyde de ce métal un *féculate* ou *amylate* de plomb; l'eau elle-même se comporte d'une manière analogue, et la potasse, la soude, la chaux éteinte, sont de véritables hydrates de ces bases, dans lesquels on doit considérer l'eau comme un acide hydrique.

Les combinaisons du sucre avec les bases doivent porter le nom de *sucrates* et non celui de *saccharates*, que l'on doit, afin d'éviter toute confusion, réserver aux combinaisons des bases avec l'acide saccharique dont nous avons parlé précédemment.

On connaît un certain nombre de sucrates, et il est probable que, dans certaines circonstances déterminées, le sucre pourrait se combiner à la plupart des bases. Le sucre ne change pas de nature en entrant dans ces composés, car, si l'on n'a pas élevé la température et que l'on n'ait pas soumis pendant trop longtemps le produit à l'action des circonstances extérieures, il est toujours possible d'en isoler le sucre non altéré. Il a été possible même de se servir de ce fait pour déterminer rigoureusement la composition du sucre, et nous verrons tout à l'heure que cette composition est bien celle que nous avons indiquée $C^{12}H^9O^9 + 2HO$.

Sucrate de lithine. — Nous avons obtenu un sucrate monobasique de lithine LiO. $C^{12}H^9O^9 + 2HO$ en versant de l'alcool dans une dissolution de sucrate de chaux, traitée par le chlorure de lithium et filtrée. Ce sucrate cristallisé est le même que celui qui précipite d'abord par l'addition du chlorure, ce qui démontre que le sucrate de lithine n'est pas insoluble, puisque l'alcool en précipite encore de la liqueur filtrée.

Sucrate de baryte. — Lorsque l'on verse une solution concentrée de baryte dans une dissolution également concentrée de sucre, à chaud, il se précipite par le refroidissement une masse cristalline de sucrate de baryte presque insoluble, qui a pour formule BaO. $C^{12}H^{11}O^{11}$, ou mieux BaO. $C^{12}H^9O^9 + 2HO$.

Valeur équivalente.		Valeur en centièmes.	
BaO . . . . =	958	Baryte	30,948
$C^{12}H^9O^9 + 2HO$ =	2137,50	Sucre	69,052
Équivalent	3095,50	Total	100,000

Le sucrate de baryte renferme donc 69 pour 100 de sucre et 31 environ pour 100 de base.

Il supporte aisément une température de $+200°$ sans se décomposer ; mais si on le soumet à un courant d'acide carbonique, il se forme du carbonate de baryte insoluble et le sucre non altéré est mis en liberté.

Sucrate de strontiane. — On peut préparer une combinaison du sucre $C^{12}H^9O^9 + 2HO$ avec la strontiane SrO, en procédant comme pour le sucrate de baryte. Nous avons également obtenu ce sucrate cristallisé en versant une dissolution de chlorure de strontiane dans le sucrate de chaux et en ajoutant de l'alcool à la dissolution filtrée. Le sucrate de strontiane est peu soluble, il est vrai ; mais il ne devient réellement insoluble qu'en présence de l'alcool.

	Valeur équivalente.	Valeur en centièmes.
SrO .... =	646,88	23,23
$C^{12}H^9O^9 + 2HO$ =	2137,5	76,77
Équivalent.....	2784,38	Total..... 100,00

Le sucrate de strontiane se conserve assez bien.

Sucrate monobasique de chaux. — Ce sel, $CaO.C^{12}H^9O^9 + 2HO$, s'obtient en versant peu à peu, avec agitation, de la chaux éteinte, en lait épais, dans une dissolution concentrée de sucre, jusqu'à ce que celle-ci refuse d'en dissoudre davantage. Après avoir filtré la liqueur, il suffira d'y verser de l'alcool à 85° ou 90° pour précipiter le sucrate monobasique.

	Valeur équivalente.		Valeur en centièmes.
CaO .... =	350	Chaux......	14,07
$C^{12}H^9O^9 + 2HO$ =	2137,50	Sucre......	85,93
Équivalent.....	2487,50	Total.....	100,00

En sorte que le sucrate monobasique de chaux contient 85,93 pour 100 de sucre et 14,07 pour 100 de chaux.

Sucrate sesquibasique de chaux. — Si, au lieu de verser la chaux en lait dans la dissolution sucrée, on verse celle-ci sur un excès de chaux hydratée, il se forme un sucrate très-soluble à froid, beaucoup moins soluble à chaud, et que l'on isole facilement en faisant chauffer la liqueur; on le lave à l'eau bouillante. Ce sucrate a pour formule $3 CaO. 2 (C^{12}H^9O^9 + 2HO)$.

	. Valeur équivalente.		Valeur en centièmes.
$3 CaO = 350 \times 3$	1050	Chaux....	19,718
$2(C^{12}H^9O^9 + 2HO) = 2137,5 \times 2 =$	4275	Sucre....	80,282
Équivalent........	5325	Total...	100,000

Ce sucrate contient 80,282 de sucre pour 100 et 19,718 de chaux.

Les combinaisons du sucre avec la chaux ont une réaction fortement alcaline et ramènent au bleu le papier de tournesol rougi par les acides; à l'ébullition, elles laissent déposer des sucrates plus basiques, ou renfermant des proportions de chaux plus considérables.

Ces sels absorbent l'acide carbonique de l'air atmosphérique et il se dépose sur les parois du vase des cristaux rhomboédriques de carbonate de chaux hydraté.

Depuis la première édition de cet ouvrage, les efforts d'un grand nombre de chimistes se sont portés vers la recherche des sucrates [insolubles], grâce auxquels, suivant la théorie, on pourrait enlever la matière sucrée d'un jus à l'état de sucrate, en sorte qu'on pourrait ainsi obtenir le sucre pur et en totalité par des opérations fort simples... Ce point sera traité lorsque nous étudierons le côté pratique de la question. Disons seulement que, dans toutes les affirmations produites, nous n'avons pas encore rencontré un seul sucrate tout à fait insoluble, sauf, peut-être, celui de plomb, dont il va être parlé tout à l'heure; tous les autres sont plus ou moins solubles dans les eaux mères, en sorte que, malgré toutes les allégations de la fantaisie, la question ne nous paraît pas avoir fait un seul progrès réel et incontestable.

Tous les sucrates sont insolubles dans l'alcool, et ce fait chimique est le seul dont on puisse accepter la vérité, quant à présent. Il peut servir de point de départ pour une méthode d'épuisement des sirops de résidu.

Sucrate d'hydrocarbonate de chaux. — Sous ce nom bizarre, MM. Boivin et Loiseau désignent une combinaison qui serait formée d'un équivalent de chaux hydratée, d'un équivalent de carbonate de chaux et d'un équivalent de sucre : $CaO. HO$

$+ \text{CaO. CO}^2 + \text{C}^{12} \text{H}^9 \text{O}^9 + 2 \text{ HO.}$ Cette combinaison se formerait dans les liqueurs sucrées concentrées (20° B) traitées par la chaux, lorsqu'on y fait passer un courant d'acide carbonique. Il y a là, sans doute, une question à étudier, et nous nous en occuperons en temps utile; mais si cette réaction peut présenter quelque intérêt pour la raffinerie, elle nous semble parfaitement inutile au point de vue de la fabrication.

Théoriquement, le composé dont nous parlons serait le résultat de l'action incomplète de l'acide carbonique sur le sucrate de chaux monobasique.

Sucrate de magnésie. — D'après certaines protestations, la magnésie ne contracterait pas de combinaison avec le sucre prismatique, en sorte que les sels de magnésie pourraient servir à la défécation ou à la purification des jus sucrés chaulés. Cette affirmation est inexacte. Les jus sucrés dissolvent une proportion notable de magnésie qui en est précipitée sous forme de sucrate par l'alcool et décomposée par l'acide carbonique.

Sucrate de manganèse. — Si l'on verse, dans une dissolution de sucrate de chaux, du sulfate ou du chlorure de manganèse, en proportion convenable, il se forme un précipité composé, dans le premier cas, de sulfate de chaux et d'oxyde de manganèse; dans le second cas, le précipité ne renferme pas de chaux. Si la liqueur filtrée est additionnée d'alcool, on obtient un composé cristallisé de sucre et d'oxyde de manganèse. Il est digne de remarque que l'on ne précipite toute la chaux du sucrate que par deux proportions de sel de manganèse et qu'un équivalent d'oxyde de manganèse reste uni au sucre, à l'état de sucrate *très-soluble.* Ce sucrate ne se décompose pas entièrement par l'acide carbonique.

Sucrate de fer. — Le sulfate de fer, ajouté à du sucrate de chaux, précipite la chaux à l'état de sulfate; mais, malgré l'action prolongée de l'acide carbonique, il reste de l'oxyde de fer en dissolution dans le sucre. La liqueur possède une saveur styptique et atramentaire. Les cyanures solubles fournissent leur réaction caractéristique et l'alcool donne un précipité abondant.

Sucrate bibasique de plomb. — On obtient ce sucrate en faisant digérer de la litharge finement pulvérisée ou porphyrisée avec un excès de dissolution concentrée de sucre. Il est préférable de le préparer autrement, à raison de son insolubilité : on verse de l'acétate de plomb dans la dissolution sucrée, on filtre la liqueur qui renferme le sucrate resté en dissolution à la faveur de l'acide acétique mis en liberté. Il suffit alors d'ajouter de l'ammoniaque pour précipiter le sucrate à l'état insoluble. En laissant le tout en repos pendant quelques jours, à $+30^0$ ou $+35^0$ de température, le précipité prend l'apparence cristalline.

Séché à l'air libre, le sucrate de plomb a pour formule $2PbO . C^{12}H^9O^9 + 2HO$.

Valeur équivalente.		Valeur en centièmes.	
$2PBO \dots \dots$	$= 2789$	Plomb (oxyde de)..	56,613
$C^{12}H^9O^9 + 2HO$	$= 2137,5$	Sucre $\dots \dots \dots$	43,387
Équivalent $\dots$	4926,5	Total $\dots \dots$	100,000

Ce sucrate renferme 43,392 pour 100 de sucre et 56,608 de litharge. Séché dans le vide, il perd un équivalent d'eau et devient $2PbO . C^{12}H^9O^9 + HO$; il perd son dernier équivalent d'eau quand on le sèche à $+160^0$ et devient $2PbO . C^{12}H^9O^9$. On a donc :

Sucrate de plomb cristallisé, séché à l'air $\dots$	$2PbO . C^{12}H^9O^9 + 2HO$.
— séché dans le vide.	$2PbO . C^{12}H^9O^9 + HO$.
— séché à $+160^0$..	$2PbO . C^{12}H^9O^9$

Un fait remarquable repose sur ce que l'une quelconque de ces trois formes du sucrate plombique, mise en suspension dans l'eau et traversée par un courant de sulfure d'hydrogène, donne du sulfure de plomb et du sucre non altéré. On est donc en droit d'en conclure que le sucre n'a pas été détruit en devenant $C^{12}H^9O^9$ et que les deux équivalents d'eau qu'il renferme ne sont que des éléments d'hydratation. Il s'ensuit qu'on doit écrire la formule du sucre prismatique cristallisé $C^{12}H^9O^9 + 2HO$, bien que l'on n'ait pas encore isolé le sucre anhydre, isomère du saccharigène $C^{12}H^9O^9$.

Sucrates divers. — La plupart des oxydes métalliques, sauf l'alumine, certains sexquioxydes et quelques oxydes au minimum, se combinent au sucre.

« Le sucre, dit M. Regnault, s'oppose par sa présence à la précipitation, par les alcalis, de plusieurs oxydes métalliques ; le fait se présente surtout pour les sels de sexquioxyde de fer et d'oxyde de cuivre CuO ; il s'explique facilement, car les hydrates de sesquioxyde de fer et d'oxyde de cuivre se dissolvent dans une dissolution de sucre à laquelle on a ajouté une certaine quantité de potasse. »

Nous ne prétendons rien exagérer ; mais, de l'ensemble de ces faits, on doit conclure à la plus grande prudence, lorsqu'il s'agit d'adopter, en pratique, certaines formules vantées par des enthousiastes ou des écrivains aussi incompétents que peu désintéressés.

Outre ces divers sels simples, le sucre forme encore des sels doubles avec les chlorures de sodium et de potassium, ainsi qu'avec le chlorhydrate d'ammoniaque.

La combinaison avec le sel marin s'obtient en faisant évaporer une dissolution concentrée de 1 partie de sel et 4 parties de sucre. Il se dépose d'abord du *candi*, puis des cristaux salés et sucrés tout à la fois représentés par la formule $NaCl.2\ (C^{12}H^9O^9+2HO)$.

	Valeur équivalente.		Valeur eu centièmes.
Na Cl.............	730,4	Sel marin...	14,592
$2\ (C^{12}H^9O^9 + 2HO)$..	4275	Sucre......	85,408
Équivalent..	5005,4	Total....	100,000

Ce composé renferme donc 85,408 de sucre pour 100 et 14,592 de sel marin. Comme il est très-déliquescent, ainsi que celui qui se forme avec le chlorure de potassium et le chlorhydrate ammoniacal, il reste dans les eaux-mères et augmente la quantité des mélasses au détriment du sucre [1].

On comprend qu'il importe extrèmement au fabricant de sucre de ne pas cultiver ses plantes sucrières sur des sols trop abondants en chlorures, et que, pour la betterave, par exemple, il ne faudra jamais la placer sur un terrain dont on n'aurait pas diminué la teneur par rapport à ces sels, en y cultivant,

---

1. On concevra aisément la perte énorme que la présence des chlorures de sodium et de potassium peut causer au fabricant de sucre en prêtant attention aux observations suivantes :

En admettant que 100 kilogrammes de betterave renferment 83,5 d'eau pour 100 et 0,624 de cendres, ce qui porte le chiffre des cendres à la pro-

pendant quelques années, des plantes qui en sont avides. Il y va de l'avenir de son établissement.

L'action de la potasse, de la soude et de la chaux sur le sucre, en dehors des faits de combinaison dont nous venons de parler, offre des phénomènes très-intéressants.

Si l'on chauffe une dissolution de sucre en présence de la potasse ou de la soude caustique, le sucre se change en glucose $C^{12}H^9O^9 + 3HO$, et il se forme en outre un acide particulier, le *kalisaccharique*, qui s'unit à la potasse.

Si l'on chauffe le sucre avec moitié de son poids de potasse ou de soude caustique, dans une capsule d'argent, il se change en acides carbonique et oxalique et l'on trouve que le résidu, traité par l'eau, donne du carbonate et de l'oxalate de potasse ou de soude.

Si l'on chauffe à $+140°$, dans une cornue, 1 partie de sucre mélangée avec 8 parties de chaux vive, la matière se boursoufle beaucoup, il se dégage des gaz combustibles, et il passe à la distillation un liquide huileux formé d'*acétone* C^3H^3O, soluble dans l'eau, et de *métacétone* C^6H^5O, insoluble dans ce menstrue.

portion qu'il atteint dans plusieurs terrains, on aura approximativement par 100 kilogrammes :

Chlorure de sodium......................	0,250
Chlorure de potassium..................	0,200

sans parler du chlorhydrate d'ammoniaque, qui représente bien un chiffre de $0^k,060$ au moins, et que nous ne ferons pas entrer dans ce calcul.

Supposons une fabrique de sucre traitant annuellement 5,000,000 de kilogrammes de racines, cette quantité nous mettra en présence de :

Chlorure de sodium...............	12500 kilogrammes.
Chlorure de potassium............	10000 —

Nous savons que 14,592 de chlorure de sodium entraînent dans les mélasses 85,408 de sucre... 17,918 de chlorure de potassium en entraînent 82,082 ; nous aurons les deux proportions :

$$14,592 : 85,408 :: 12500 : x = 73163^k,377$$
$$17,918 : 82,082 :: 10000 : x = 45810 ,356$$

$$\text{Ensemble......} \quad 110973 ,735$$

Voilà donc une perte nette de près de 120,000 kilogrammes de sucre, due à la présence des chlorures de potassium et de sodium, c'est-à-dire que ces sels, dans les proportions susindiquées, ont fait disparaître dans les mélasses plus du cinquième de *tout* le sucre cristallisable contenu dans les racines traitées, sans qu'il existe aucun moyen industriel de remédier à cet inconvénient.

Lorsque l'on porte à l'ébullition une dissolution de sucre, en présence d'un alcali, il se forme beaucoup de glucose, de l'acide kalisaccharique, et un acide noir, nommé *acide mélassique* par M. Péligot.

II. — DU SUCRE DES FRUITS ACIDES.

Le *sucre des fruits acides, sucre incristallisable* ou *liquide*, doit être considéré comme un trihydrate de *saccharigène*, une fécule trihydratée. Il renferme, en effet, un équivalent d'eau de plus que le sucre prismatique, et sa formule est $C^{12}H^9O^9 + 3HO$, que l'on écrit souvent $C^{12}H^{12}O^{12}$.

Composition. — De la formule du sucre de fruits, on déduit aisément sa composition : il est formé de 12 proportions de carbone, 12 d'hydrogène et 12 d'oxygène, soit 12 proportions de carbone et 12 d'eau. On a, par conséquent :

$$
\begin{array}{llll}
\text{Carbone} \dots & C^{12} = 75 & \times 12 = \dots\dots\dots & 900 \\
\text{Hydrogène} \dots & H^{12} = 12,5 & \times 12 = 150 \\
\text{Oxygène} \dots & O^{12} = 100 & \times 12 = 1200
\end{array}
\left. \begin{array}{l} \\ \end{array} \right\} = \text{Eau} \dots \ 1350 \left. \begin{array}{l} \\ \\ \end{array} \right\} = 2250
$$

Il est préférable d'évaluer sa composition en le regardant comme formé d'un équivalent de *saccharigène* $C^{12}H^9O^9$ et de trois équivalents d'eau, cette manière de voir étant plus rationnelle et dérivant de l'état où se trouve le sucre dans sa combinaison avec le plomb. On trouve dans ce cas les chiffres suivants :

$$
\begin{array}{ll}
\text{Saccharigène,} & C^{12}H^9O^9 = 1912,50 \\
\text{Eau, 3HO} = & 112,5 \times 3 = 337,50
\end{array}
\left. \begin{array}{l} \\ \end{array} \right\} = 2250,00
$$

La composition en centièmes du sucre liquide est conforme aux indications ci-dessous :

$$
\begin{array}{llcll}
\text{Carbone} \dots & 40 & & \text{Saccharigène.} & 85,00 \\
\text{Hydrogène} \dots & 6,667 & \text{ou} & & \\
\text{Oxygène} \dots & 53,333 & & \text{Eau} \dots\dots & 15,00 \\
\cline{2-2}\cline{5-5}
& 100,000 & & & 100,00
\end{array}
$$

Caractères physiques. — Ce sucre, amené à dessiccation par une évaporation convenable, présente l'aspect de la gomme ; sa saveur est moins sucrée que celle du sucre prismatique. Il est soluble dans l'eau en toute proportion, très-soluble dans l'alcool à $+84°$, mais insoluble dans l'alcool absolu.

Action de la chaleur. — Le sucre liquide se *caramélise*, comme le sucre prismatique, entre $+210°$ et $+220°$; au delà de ce terme, il se décompose et fournit des produits gazeux ou liquides. Il reste dans l'appareil un charbon boursouflé, qui brûle complétement au contact de l'air.

Les produits de la combustion du sucre liquide ou plutôt de sa distillation sont les mêmes que ceux qui sont fournis par le sucre de canne.

Un caractère différentiel important à noter consiste en ce que la dissolution du sucre de fruits *dévie à gauche le plan de polarisation des rayons lumineux* [1].

Caractères chimiques. — Le sucre de fruits fermente immédiatement au contact de la levûre de bière, quand on le place dans les circonstances convenables de dissolution, d'accès de l'air et de température. Les produits de cette fermentation sont de l'alcool et de l'acide carbonique, suivant la réaction :

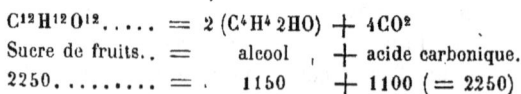

$$C^{12}H^{12}O^{12}\ldots\ldots = 2\,(C^4H^4\,2HO) + 4CO^2$$

Sucre de fruits.. $=$　　　alcool　$+$　acide carbonique.

$$2250\ldots\ldots\ldots = 1150 + 1100\,(= 2250)$$

Différentes circonstances, et notamment l'action des ferments altérés, etc., modifient les produits de cette fermentation et déterminent la formation de la mannite, de la matière glaireuse, des acides lactique et butyrique, etc.

Les acides affaiblis, même à chaud, ne changent en rien l'action du sucre de fruits sur la lumière polarisée, mais les acides concentrés et les alcalis ont sur ce sucre une action analogue à celle qu'ils exercent sur le sucre prismatique. Les alcalis le noircissent rapidement et le changent en acide mélassique, à la température de l'ébullition. Une des particularités les plus remarquables de l'étude de ce sucre, encore peu étudié jusqu'à présent, consiste en ce que sa dissolution sirupeuse, abandonnée à elle-même, laisse déposer des cristaux confus de sucre très-hydraté, que nous avons indiqué sous les

1. Voir ch. IV.

noms de *glucose, sucre de fécule* ou *pentahydrate de saccharigène* $C^{12}H^9O^9 + 5HO$. Ce sucre cristallin dévie *à droite* le plan de po-larisation de la lumière.

Le sucre des fruits acides se rencontre dans la plupart des fruits acidules, soit seul, soit avec le glucose ; on le trouve dans les raisins, les cerises, les groseilles, les prunes, les pommes et les poires, etc. On peut l'extraire facilement par simple éva-poration de leur jus exprimé, après avoir saturé les acides li-bres par la craie ; mais on l'obtient d'une manière encore plus commode, en faisant bouillir une dissolution de sucre prisma-tique avec un acide faible.

On a admis que le sucre liquide est le même dans tous les fruits ; cependant, il convient de ne pas regarder cette affirma-tion comme absolue... On sait, au fond, bien peu de chose sur ce sucre et les transformations dont il peut être susceptible ; on ne connaît pas assez sa nature intime pour conclure *à priori*, et il est fort possible que des expériences ultérieures en fassent reconnaître plusieurs espèces différentes.

Si l'on remarque, en effet, que le sucre extrait des fruits et le sucre liquide du miel et de la mélasse ont la même composition, indiquée par la formule $C^{12}H^9O^9 + 3HO$, on sera tenté de n'y voir qu'une seule espèce ; cependant, le sucre liquide du miel et de la mélasse est très-soluble dans l'alcool, pendant que celui des fruits est insoluble dans ce menstrue. Ce caractère suffirait à les différencier, malgré l'identité de la composition élémentaire.

III. — DU SUCRE DE CHAMPIGNONS.

Le *sucre de champignons* ne présente que fort peu d'intérêt, et seulement parce qu'il complète la série des sucres ou des hy-drates de *saccharigène*.

Il a pour formule $C^{12}H^{13}O^{13}$, ou mieux $C^{12}H^9O^9 + 4HO$; c'est donc un quadrihydrate, dont la composition est représentée par 12 proportions de carbone, 13 d'hydrogène et 13 d'oxy-gène, et donne les valeurs suivantes :

$$
\begin{array}{llll}
\text{Carbone...} & C^{13} = 75 \times 12 = & 900 & \left.\right\} = 2362,50 \\
\text{Hydrogène.} & H^{13} = 12,5 \times 13 = 162,50 & \left.\right\} = \text{Eau. } 1462,50 & \\
\text{Oxygène..} & O^{13} = 100 \times 13 = 1300 & \left.\right\} &
\end{array}
$$

Si l'on part de saccharigène, on a :

$$\left.\begin{array}{l}\text{Saccharigène, } C^{12}H^9O^9 \dots = 1912,50 \\ \text{Eau, } 4HO = 112,50 \times 4.. = 450\end{array}\right\} = 2362,50$$

Enfin, sa composition en centièmes donne les chiffres ci-des-sous :

Carbone......	38,099		Saccharigène..	80,952
Hydrogène...	6,875	ou		
Oxygène.....	55,026		Eau........	19,048
	100,000			

Ce que l'on sait du sucre de champignons se réduit à fort peu de chose; il cristallise en prismes quadrangulaires à base rhombe, terminés par un sommet dièdre. Il est incolore, solu-ble dans l'eau et l'alcool, et susceptible de fermenter alcooli-quement. Mais, dans l'acte de la fermentation, il y a un équiva-lent d'eau qui est mis en liberté selon la formule :

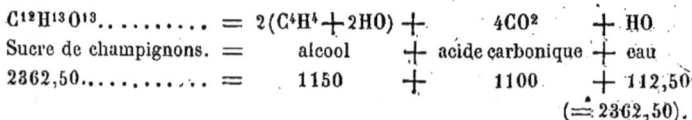

$C^{12}H^{13}O^{13}$.........	=	$2(C^4H^4 + 2HO)$	+	$4CO^2$	+	HO
Sucre de champignons.	=	alcool	+	acide carbonique	+	eau
2362,50..........	=	1150	+	1100	+	112,50
						$(= 2362,50)$.

le trihydrate ou sucre de fruits $C^{12}H^9O^9 + 3\,HO$ étant le seul qui puisse se dédoubler exactement en alcool et acide carbo-nique.

Le sucre de champignons, que l'illustre et regrettable Bra-connot *paraît* avoir confondu avec la *mannite*, a été isolé par Wiggers de l'extrait alcoolique de *seigle ergoté*.

Il est à peu près hors de doute pour nous, après une suite d'expériences à ce sujet, que la plupart des champignons ren-ferment un sucre analogue, susceptible d'éprouver la fermen-tation alcoolique ou vineuse, caractère qui n'appartient pas à la mannite.

IV. — DU SUCRE DE FÉCULE OU GLUCOSE.

Nous voici arrivé à la dernière espèce rangée parmi les sucres proprement dits, et faisant partie de la série des hydrates de saccharigène. Le *glucose* est un pentahydrate de ce corps $C^{12}H^9O^9 + 5HO$, que l'on écrit le plus souvent $C^{12}H^{14}O^{14}$.

Composition. — Le glucose renferme :

$$
\left.\begin{array}{l}
\text{Carbone} \ldots \ldots \; C^{12} = 75 \;+\; 12 = \hfill 900 \\
\text{Hydrogène} \ldots \; H^{14} = 12,5 +\; 14 = \;175 \\
\text{Oxygène} \ldots \ldots \; O^{14} = 100 \;+\; 14 = 1400
\end{array}\right\} = \text{Eau} \ldots \; 1575 \left.\right\} = 2475.
$$

En partant du saccharigène, on a :

$$
\left.\begin{array}{l}
\text{Saccharigène}, \; C^{12} H^9 O^9 = 1912,50 \\
\text{Eau}, \; 5HO = 112,5 \times 5 = \;\;562,50
\end{array}\right\} = 2475,00
$$

La composition en centièmes du glucose répond aux valeurs suivantes :

Carbone. . . .	36,364	ou	Saccharigène.	77,273
Hydrogène. .	7,070		Eau.	22,727
Oxygène. . . .	56,566			
	100,000			100,000

Le glucose est, de tous les sucres, le plus abondant et le plus essentiel peut-être à la vie végétale. Il se trouve dans toutes les plantes, au moins à une époque donnée de leur végétation, tandis que les autres espèces ne se rencontrent que dans certains végétaux et dans certaines conditions déterminées.

La nature ne se lasse donc pas de le produire en quantité suffisante pour les besoins de la végétation; il est le premier résultat de la germination, et se trouve dans la plupart des plantes, en quantité notable, jusqu'à la maturité des graines, époque à laquelle il est transformé en fécule, sans cependant jamais disparaître tout à fait. On peut dire que, de tous les produits des plantes, à l'exception du ligneux et de la cellulose, la fécule, source du sucre, et le glucose, dernier terme de l'hydratation de cette même fécule, sont les plus répandus.

Cela est très-concevable pour l'homme qui réfléchit aux lois naturelles et qui ne court pas après la futile vanité de dresser des théories incompréhensibles sur des faits mal observés. La théorie n'est pas la science, et celle-ci ne consiste guère aujourd'hui encore que dans l'observation attentive des faits. La théorie, au contraire, s'empare des faits, d'un seul quelquefois, et construit sur cette base des systèmes et des hypothèses. Aussi, combien ne voyons-nous pas surgir de théories absurdes et contradictoires, parce qu'elles se sont élevées sur un trop petit nombre de faits, vus le plus souvent sous l'angle de la passion et de la personnalité? Il ne peut y avoir de véritable théorie sur un point donné, que celle qui est basée sur l'observation de la généralité des faits qui s'y rattachent, et une telle théorie, sans être absolue, peut néanmoins être d'accord avec la majorité des faits.

Nous avons attaqué si souvent cette manie de notre époque, que cela semble une redite de notre part; mais nous ne croyons pas que l'on puisse jamais trop répéter un avertissement salutaire qui doit sauvegarder la science et l'application contre les écarts où veulent les entraîner des personnalités ambitieuses, avides de se substituer à la science même, et de l'individualiser en elles-mêmes.

La plante est essentiellement charbon; le charbon ne peut lui arriver qu'à l'état de combinaison gazeuse, libre ou dissoute dans l'eau de végétation, et cette nourriture, *essentielle à son existence*, ne peut être mise en liberté, être rendue assimilable, que par une action réductrice puissante, qui appartienne à un principe propre de la plante. Ce principe est le sucre, le glucose surtout; nous l'avons démontré dans maintes occasions; voilà pourquoi le glucose se trouve dans toutes les plantes, jusqu'à la maturité des graines; voilà pourquoi le premier acte de la vie est de le produire aux dépens de l'amidon dans l'acte de la germination.

Ces faits observés avec soin, et surtout avec la volonté bien arrêtée de ne pas chercher à les courber sous une théorie préconçue, quelle qu'elle soit, donnent la clef de bien des contradictions et permettent de se rendre compte de la nécessité du sucre dans l'organisation végétale; on peut même prendre ce point de départ pour en étudier les transformations successives et leurs causes.

Le glucose, avons-nous dit, existe dans toutes les plantes, pendant toute la vie pour quelques-unes, au moins jusqu'à la maturité des graines pour certaines autres, à un moment donné pour quelques rares exceptions, au sujet desquelles la discussion est permise. Mais le glucose existe surtout, *sans aucune exception*, dans toutes les graines, au moment de la germination, dans tous les tubercules, rhizomes, racines, boutures, marcottes, etc., à la même époque. Partout où un germe, un bouton, un gemme va se développer, le glucose afflue aux dépens de l'amidon et de ses congénères.

Il se passe un fait d'hydratation de ces derniers corps sous l'influence de la diastase ou d'un autre principe azoté analogue, fait que M. Dumas a voulu ranger à tort dans les faits de la fermentation proprement dite.

Le *monohydrate de saccharigène* passe, sous cette influence, à l'état de *pentahydrate* ou de glucose, et la nutrition du germe ou de l'embryon commence; l'absorption du carbone venant de l'acide carbonique réduit par le sucre fournit aussitôt les matériaux de la trame végétale.

Le glucose se trouve, en outre, dans la plupart des sèves, sinon dans toutes; il forme la partie solide du miel des abeilles; on le rencontre avec le sucre liquide dans la plupart des fruits; il est identique avec le sucre animal connu sous le nom de *sucre diabétique.*

On peut produire facilement le glucose en faisant réagir un acide faible ou concentré sur la fécule, les gommes, la dextrine, etc., la cellulose, le ligneux... Mais la méthode la plus rationnelle consiste à imiter complétement ce que fait la nature dans la germination, et à traiter la fécule par la *diastase.*

La diastase est isolée par l'action de l'eau sur les graines, à une température suffisante pour déterminer la germination; c'est un ferment ou corps organisé azoté, qui se dissocie à cette époque et réagit dès lors sur la fécule avec laquelle il est en contact.

L'orge germée, les environs de tous les germes des graines, soumis à l'action de l'eau tiède, cèdent ce principe au liquide, et la solution de diastase agit sur la fécule exactement comme un acide faible, ou comme elle eût fait sur la fécule de la graine à laquelle elle appartenait.

Nous reviendrons sur les divers modes de préparation du glucose, auquel nous consacrons un chapitre spécial à raison de son importance industrielle et commerciale.

Ajoutons encore, au sujet de la composition chimique du glucose que, bien que la formule de ce sucre cristallisé soit $C^{12} H^9 O^9 + 5HO$, on doit le regarder comme un trihydrate de saccharigène $C^{12} H^9 O^9 + 3HO$, qui prendrait 2 équivalents d'eau de plus pour passer à l'état cristallin. Il y a ainsi deux formes de ce sucre : la forme anhydre normale, $C^{12} H^9 O^9 + 3HO$, et la forme cristallisée, $C^{12} H^9 O^9 + 5HO$, lesquelles ne diffèrent que par 2 équivalents d'eau.

Caractères physiques du glucose. — Le glucose, nommé encore *sucre de fécule, sucre de raisin*, etc., se présente en cristallisation confuse affectant la forme de choux-fleurs; sa couleur est blanche, mais il offre souvent une teinte jaunâtre, selon sa pureté et les matières premières qui ont servi à sa préparation; il est mou et peut être coupé au couteau comme une véritable pâte.

Sa forme de cristallisation lui a fait donner le nom de *sucre mamelonné*. Nous préférerions à ces appellations celle de *glucose*, qui ne préjuge rien sur la forme ou la nature de ce corps, et c'est une considération importante dans le cas dont il s'agit.

Il paraîtrait qu'on a pu obtenir des cristaux isolés ressemblant à des rhomboèdres; mais jamais nous n'avons pu constater l'exactitude de cette assertion, sinon dans le sucre de miel.

Le glucose a une densité de 1386, celle de l'eau étant 1000. Il est moins sucré que le sucre prismatique, et il en faut environ 2 parties 1/2 ou 3 parties pour sucrer un volume d'eau autant que ferait 1 partie de sucre de canne. Il n'est soluble que dans 1 partie 1/2 d'eau froide, qui n'en dissout que 63,5 pour 100 à $+ 23^\circ$. Il se dissout en toute proportion dans l'eau bouillante.

Il est soluble dans 60 parties d'alcool bouillant et dans 5 ou 6 parties d'alcool à 83°. Il est à peu près insoluble dans l'alcool absolu froid.

Les dissolutions de glucose dévient à droite le plan de polarisation des rayons lumineux.

Action de la chaleur. — Le glucose se ramollit vers $+60^\circ$, fond à $+100^\circ$ et perd deux équivalents d'eau en devenant $C^{12} H^9 O^9 + 3HO$; mais il ne continue pas moins à dévier à droite le plan de polarisation. Au-dessus de cette température, il se caramélise, noircit et se décompose, en donnant les produits de la décomposition du sucre dont nous avons parlé précédemment.

Action des acides. — Les acides faibles ne changent pas le plan de polarisation du glucose; mais si l'on prolonge l'ébullition de la dissolution de glucose en présence d'un acide faible, il se produit de l'acide ulmique cristallin et de l'ulmine, si l'opération se fait à l'abri de l'air. Dans le cas où elle a lieu en présence de l'oxygène atmosphérique, il se forme, en outre, de l'acide formique, selon M. Malaguti.

Si l'on verse peu à peu 1 partie 1/2 d'acide sulfurique [concentré sur une partie de glucose maintenu fondu, à la température de l'eau bouillante, en agitant le mélange, que l'on étende d'eau et qu'on neutralise la liqueur par le carbonate de baryte, il se précipite du sulfate de baryte insoluble, et il reste en dissolution un sel nouveau, le *sulfosaccharate de baryte*. Ce sel est formé de baryte et d'acide *sulfosaccharique*, résultant de l'action de l'acide sulfurique sur le glucose.

Cette action a consisté dans la substitution d'un équivalent d'acide sulfurique SO^3 à une partie de l'eau unie au saccharigène, en sorte que le glucose est devenu dans cette combinaison $C^{12}H^9O^9 + HO$, la formule de l'acide sulfosaccharique étant $2.(C^{12}H^9O^9 + HO) + SO^3$ ou $C^{24}H^{20}O^{20} + SO^3$.

On isole l'acide sulfosaccharique de la manière suivante : Dans la solution de sulfosaccharate de baryte, on verse du sous-acétate de plomb ; il se forme de l'acétate de baryte soluble et il se précipite du sulfosaccharate de plomb insoluble $4PbO.C^{24}H^{20}O^{20} + SO^3$. Celui-ci, bien lavé, est mis en suspension dans l'eau et décomposé par un courant de sulfure d'hydrogène qui précipite le plomb à l'état de sulfure. La dissolution filtrée d'acide sulfosaccharique est ensuite évaporée sous une cloche, soit à l'aide du vide, soit en profitant de l'avidité que le chlorure de calcium, la chaux vive, ou l'acide sulfurique concentré ont pour l'eau. Il suffit de placer sous la cloche une capsule contenant l'un de ces corps et le vase renfermant la dissolution d'acide sulfosaccharique. On renouvelle de temps en temps la substance desséchante jusqu'à ce qu'elle ne produise plus d'effet sensible. On recueille l'acide sulfosaccharique dans un flacon fermant bien à l'émeri. Ce corps se décompose par une très-faible élévation de température.

Lorsqu'on fait agir l'acide azotique sur le glucose, il se produit une matière explosible, ou de l'acide saccharique, et ensuite de l'acide oxalique, dans les mêmes circonstances qui donnent lieu à ces produits avec le sucre prismatique.

Action des alcalis, etc. — Lorsque l'on élève la température de la dissolution de glucose en présence d'un alcali, cette dissolution noircit, pour deux raisons principales : la première, que ce corps se caramélise promptement au-dessus de $+ 100°$; la seconde, qu'il se forme un acide noir, floconneux, insoluble dans l'eau, mais très-soluble dans l'alcool. Cet acide a été nommé *acide mélassique* par M. Péligot. Sa formule est $C^{24} H^{12} O^{10}$ ou $C^{12} H^6 O^5$. Le *mélassate* alcalin formé reste en dissolution et continue à réagir sur le glucose et même sur le sucre prismatique, s'il en existe dans la solution.

La chaux en excès produit un effet analogue : de plus, lorsqu'on met de la chaux éteinte dans la dissolution de glucose, cette base est dissoute en grande partie, la liqueur devient graduellement neutre, en perdant son caractère d'alcalinité; elle contient alors un sel, le *glucate de chaux*, $CaO . 2 (C^8 H^5 O^5) +$ HO, formé de chaux et d'un nouvel acide, le *glucique*, constitué aux dépens du glucose. La formule de cet acide est $C^8 H^5 O^5$.

On l'isole en versant de l'acide oxalique dans la dissolution de glucate de chaux, jusqu'à ce qu'il ne fasse plus de précipité. La dissolution évaporée donne un acide blanc, déliquescent, d'apparence gommeuse.

Si l'on verse du sous-acétate de plomb dans une dissolution de glucate de chaux, il se précipite un glucate de plomb insoluble $2PbO . C^8 H^5 O^5$, que l'on peut décomposer facilement par un courant de sulfure d'hydrogène.

En faisant bouillir la dissolution de glucose pendant plusieurs heures avec de l'acide chlorydrique ou de l'acide sulfurique, on transforme également le sucre mamelonné en acide glucique.

Si l'on fait bouillir à l'air une dissolution d'acide glucique, il se transforme en *acide apoglucique* $C^{18} H^{11} O^{10}$. Cet acide est brun, non déliquescent, soluble dans l'eau, peu soluble dans l'alcool.

On l'isole en saturant la liqueur avec de la craie et concentrant ensuite en consistance de sirop. L'alcool dissout le glucatè de chaux mélangé et laisse l'apoglucate que l'on dissout dans l'eau. On verse dans la liqueur du sous-acétate de plomb, qui donne un précipité d'apoglucate de plomb, $PbO . C^{18} H^9 O^8$. Ce sel lavé, mis en suspension dans l'eau, est décomposé par le sulfure d'hydrogène; on filtre la liqueur et on la fait évaporer à siccité au bain-marie.

L'acide apoglucique se forme également lorsque l'on fait bouillir à l'air la dissolution des glucates de soude ou de potasse.

Le glucose forme plus difficilement des sels ou glucosates avec les bases que le sucre prismatique. On obtient cependant le glucosate de chaux 3CaO. $2\,(C^{12}H^{14}O^{14})$ en versant de l'alcool dans la dissolution de glucose dans l'eau de chaux. Il est peu stable et se transforme bientôt en glucate. Le glucosate de plomb se prépare en versant dans la solution de glucose de l'acétate de plomb ammoniacal; il a pour formule : $6PbO.\,2\,(C^{12}H^{14}O^{14})$. Le glucosate de baryte $3BaO.\,2\,(C^{12}H^{14}O^{14})$ se précipite quand on verse de l'eau de baryte dans du glucose dissous dans l'esprit de bois.

La combinaison du glucose avec le sel marin s'effectue très-aisément : il suffit de dissoudre dans l'eau 1 partie de chlorure de sodium et 6 parties de glucose pour obtenir, par évaporation, de beaux cristaux incolores, transparents, solubles dans l'eau, peu solubles dans l'alcool à 95°, lesquels sont des pyramides doubles à six pans. La formule de ce composé est $NaCl.\,2\,(C^{12}H^{12}O^{12}) + 2HO$. Quand on le dessèche dans le vide sec, il perd ses deux équivalents d'eau et tombe en poussière.

Complétons ces données en ajoutant qu'à la température de l'ébullition le glucose précipite l'oxydule de cuivre du tartrate de cuivre dissous dans la potasse : nous verrons l'application de cette propriété dans le chapitre consacré à la saccharimétrie.

Fermentation. — Le glucose fermente immédiatement, comme le sucre de fruits, au contact de la levûre de bière, et il donne de l'alcool, de l'acide carbonique et de l'eau, selon la réaction :

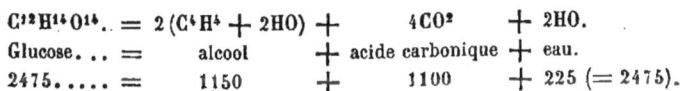

$C^{12}H^{14}O^{14}.$	$=$	$2\,(C^4H^4 + 2HO)$	$+$	$4CO^2$	$+$	$2HO.$
Glucose...	$=$	alcool	$+$	acide carbonique	$+$	eau.
2475.....	$=$	1150	$+$	1100	$+$	225 $(= 2475)$.

Il résulte de ce qui précède que le sucre mamelonné ou glucose fournit moins d'alcool que son poids ne semble l'indiquer; c'est le contraire pour le sucre de canne. Celui-ci, en effet, gagne un équivalent d'eau, tandis que le glucose en perd deux, pour revenir à l'état de sucre de fruits.

$$1150^p \text{ d'alcool sont produites par} \begin{cases} 2137^p,5 \text{ de sucre de canne ou prismatique.} \\ 2250 \quad \text{ de sucre de fruits, etc.} \\ 2475 \quad \text{ de glucose.} \end{cases}$$

Ainsi, on peut déduire de ces données les chiffres *théoriques* suivants :

$$100^k \text{ de} \begin{cases} \text{Sucre prismatique....} = 53,801 \text{ d'alcool anhydre.} \\ \text{Sucre de fruits......} = 51,111 \quad — \\ \text{Glucose hydraté......} = 46,465 \quad — \end{cases}$$

Encore le glucose est-il beaucoup plus sujet à produire les dégénérescences lactique et butyrique [1] que les deux autres sucres ; il est même à peu près impossible d'en obtenir le rendement *théorique* indiqué, parce qu'il se forme presque toujours une certaine quantité d'acide lactique dans la fermentation du glucose.

V. — DU MIEL ET DU SUCRE DIABÉTIQUE.

D'après ce que nous avons dit précédemment, on comprendra que le miel n'est autre chose qu'un mélange de sucre liquide $C^{12}H^9O^9 + 3HO$ et de glucose $C^{12}H^9O^9 + 5HO$, accompagné de matières extractives et aromatiques.

Tout le monde sait assez ce que c'est que le miel pour que nous n'ayons pas à entrer à cet égard dans des détails descriptifs d'histoire naturelle. Disons seulement que la couleur, l'arome, la saveur du miel varient selon les saisons, les climats et les plantes butinées par les abeilles. Les proportions des deux sucres varient également selon les mêmes conditions : le glucose est plus abondant au printemps qu'en automne, si l'année est sèche que quand elle est pluvieuse, dans les pays abondants en labiées et plantes aromatiques que dans les autres, etc.

La partie liquide du miel étant plus soluble dans l'alcool concentré que le sucre mamelonné, on a profité de ce fait pour isoler les deux sucres de ce produit.

Braconnot formait une pâte en broyant du miel grenu avec 1/8 d'alcool : après quelques heures de macération, le tout

1. Voir nos ouvrages sur la *Fermentation* et l'*Alcoolisation*.

était soumis à la presse dans un sac de forte toile. La cassonade qui en résultait était traitée de la même manière une seconde fois, mais par $\frac{1}{10}$ seulement d'alcool, et le sucre presque blanc obtenu était ensuite clarifié au blanc d'œuf, concentré
et soumis à la cristallisation.

Ce sucre est blanc, d'une saveur franche et fraîche, mais il
est moins soluble et moins sucré que le sucre prismatique : il
est mou et pâteux lorsqu'on le lave par l'éther ou l'alcool, et
l'opinion générale est qu'il est identique avec le glucose. Cela
est exact quant à la composition et aux caractères chimiques,
mais nous pensons devoir présenter quelques observations relativement à la cristallisation.

Le sucre de miel, précipité par l'alcool d'un beau miel grenu
de Normandie, nous a donné une masse de cristaux très-blancs,
parmi lesquels nous avons pu distinguer les formes suivantes,
(fig. 2) que nous avons groupées à dessein pour en faire voir
les rapports.

Ces cristaux nous ont paru présenter des caractères assez
tranchés et des lignes assez nettes, pour que nous *hésitions* à y
retrouver la forme de choux-fleurs ou de mamelons. Les lignes
rappellent la forme prismatique; le sommet dièdre se rappelle
à l'esprit, et l'on se demande involontairement si la distance
qui sépare le sucre de miel du prismatique ne pourrait pas être

Fig. 2.

franchie par des recherches suivies.
Il est possible, d'ailleurs, que les cristaux confus du glucose soient doués
de la même forme, puisqu'on y a
découvert des rhomboèdres. *Peut-
être* encore le miel serait-il formé à
la fois de sucre liquide, de glucose
et d'un autre sucre non défini?... En
tout cas, le reste de la masse que
nous avons observée se composait
de cristaux très-petits[1], dont les
arêtes *rectilignes* ne rappellent en rien les mamelons des auteurs, malgré l'impossibilité absolue d'en bien définir tous les
contours, tant à cause du grossissement insuffisant de notre

---

1. Nous n'avons reproduit que les cristaux les plus apparents.

microscope, que par rapport à leur multiplicité et à leur enche-
vêtrement.

Quoi qu'il en soit, nous donnons ce fait sans autre commentaire, parce que la question des sucres nous paraît avoir été
beaucoup trop *controversée* avant d'avoir été *étudiée*, et que
notre observation en fournit une preuve. Nous croyons que
leur étude différentielle est à refaire dans ses moindres détails.

Le *diabète sucré* est une maladie particulière dont il a été
beaucoup question, à propos des expériences remarquables de
M. Cl. Bernard... Elle consiste dans une surabondance notable
de l'excrétion urinaire. L'urine contient le plus souvent une
quantité de glucose qui varie et peut aller jusqu'à 8 ou 10 pour
100; quelquefois elle est insipide, etc. Cette maladie, fort grave,
s'accompagne de dépérissement graduel et se complique souvent de phthisie pulmonaire.

Les malades qui en sont atteints sont tourmentés par une soif
violente et un appétit dévorant, ils maigrissent rapidement et
perdent leurs forces physiques et morales.

D'après M. Bernard, il y aurait un rapport constant entre les
fonctions physiologiques du foie et celles du poumon. Celui-ci
consommerait et détruirait le sucre élaboré par le premier aux
dépens du carbone introduit dans l'organisme. Lorsqu'une affection maladive vient rompre l'équilibre entre ces fonctions et
que la production du sucre par le foie est supérieure à la quantité détruite par le poumon, cette substance devient en excès,
les poumons ne la détruisant plus en totalité, et elle est excrétée
par les voies urinaires.

Toutes ces opinions nous paraissent fort rationnelles *à priori*;
mais nous n'avons pas à les examiner ici, non plus que les raisons apportées par un adversaire fort éclairé et fort érudit pour
les combattre. Nous ajouterons seulement que, suivant une
manière de voir adoptée par plusieurs physiologistes, mais
que la chimie n'a pas encore sanctionnée, le sucre du diabète
ne serait pas du glucose, et qu'on devrait y voir une autre variété de la matière sucrée.

Les diabétiques produisent quelquefois 20 litres d'urine par
vingt-quatre heures, et cette quantité énorme de liquide renferme jusqu'à 200 grammes de glucose, soit 10 pour 100.

VI. — DE LA LACTINE OU DU SUCRE DE LAIT.

La matière à laquelle le lait des mammifères doit son goût sucré porte les noms de *sucre de lait*, de *lactine* et de *lactose*. Elle se trouve en dissolution dans le *sérum* ou *petit-lait* qui reste après l'extraction du beurre et du *caséum* ou fromage, et elle cristallise par la concentration de la liqueur.

Ce serait une grande erreur de comparer le sucre de lait au ligneux ou à la fécule, et de prétendre qu'il diffère autant du sucre que ces deux corps, si l'on voulait continuer à le ranger parmi les sucres : en effet, un véritable sucre est *susceptible d'éprouver la fermentation alcoolique*, lorsqu'on le place dans les circonstances convenables; c'est là le seul caractère constant des sucres, le seul auquel, dans l'état actuel de la science, on puisse accorder une juste confiance.

Le sucre de lait a pour formule $C^{24} H^{24} O^{24}$, ou mieux $C^{24} H^{18} O^{18} + 6HO$ ou $2 (C^{12} H^9 O^9 + 3HO)$.

Sa composition répond aux valeurs doublées du sucre des fruits acides.

Si le sucre de lait *pur* n'est pas susceptible d'éprouver la fermentation alcoolique par le seul effet du ferment, on doit le considérer comme un *glucoside* et non comme un sucre. Il y a nombre de faits qui attestent que ce sucre, bien *privé de caséine* et de *matière grasse*, fermente au contact de la levûre de bière, *de la même manière que le sucre de canne, mais plus rapidement*. sans avoir subi la transformation en glucose, que certains auteurs regardent comme indispensable.

Sans chercher des preuves dans nos expériences personnelles, nombreuses à ce sujet, nous nous contenterons de celle que nous offre M. Orfila lui-même, l'un des partisans de la transformation préalable : « Le sucre de lait contenu dans le lait *frais* éprouve la fermentation alcoolique, dit-il, si le lait est maintenu à la température de $+40^\circ$, tandis que *si le lait a été exposé pendant quelque temps à l'air, et que le caséum ait subi une certaine altération*, le sucre de lait subit la fermentation lactique. »

Le lait *frais*, à $+40^\circ$, n'a subi aucune action qui le change en glucose, et cependant il éprouve la fermentation alcoolique.

Nous pensons qu'il serait plus rationnel de regarder *peut-être* le sucre de lait comme un composé de glucose et de matière gommeuse, un véritable glucosate, dont la formule serait :

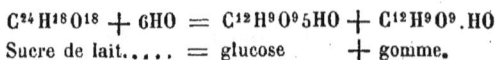

$$C^{24}H^{18}O^{18} + 6HO = C^{12}H^9O^95HO + C^{12}H^9O^9.HO$$

Sucre de lait..... = glucose   + gomme.

Sans préjuger en rien cette question, il est permis de penser que cette manière de voir aplanirait bien des difficultés.

Le sucre de lait tourne à droite le plan de polarisation des rayons lumineux, comme la dextrine, le sucre prismatique et le glucose ; il cristallise en parallélipipèdes, terminés par des pyramides à quatre faces ; il est dur, incolore, un peu sucré, ou plutôt d'une saveur douce et agréable.

Il perd deux équivalents d'eau à $+120^0$ et trois de plus à $+150^0$; il est alors devenu $C^{24}H^{19}O^{19}$ ou $C^{24}H^{18}+HO$, et cette composition est la même que celle qu'il présente lorsqu'il est combiné à l'oxyde de plomb.

Il se dissout dans 2 parties d'eau bouillante et dans 6 parties d'eau froide ; il ne se dissout ni dans l'éther, ni dans l'alcool, qui le précipitent de sa dissolution aqueuse.

Les acides étendus le tranforment en glucose, à la température de l'ébullition, et l'acide azotique le change en acides mucique et oxalique, ce qui justifie notre manière de voir et permet de le considérer comme un glucosate de gomme.

Enfin, le caséum altéré le change en acide lactique.

On le prépare en évaporant le sérum du lait : on le purifie par plusieurs cristallisations successives.

VII. — DES MATIÈRES SUCRÉES NON FERMENTESCIBLES.

Nous continuons cette étude des sucres et des matières sucrées par l'examen rapide des propriétés de quelques substances, dont *la saveur est douce et sucrée,* mais qui sont dépourvues de la propriété principale des sucres, savoir : celle de *fermenter alcooliquement*, en présence de l'eau et de la levûre de bière.

Nous rangerons dans ce groupe les matières suivantes :

1° La *sorbine*...... $\begin{cases} C^{12}H^{12}O^{12} \text{ ou } C^{12}H^9O^9 + 3HO, \text{ trihydrate de saccha-} \\ \text{rigène, } \textit{isomère} \text{ du sucre de fruits.} \end{cases}$

2° La *mannite* .... $\begin{cases} C^{12}H^{14}O^{12} \text{ (ou } C^{12}H^{12}O^{12} + H^2) \text{ différant chimique-} \\ \text{ment de la précédente par 2 équivalents d'hydrogène.} \end{cases}$

3° La *dulcose*..... { Même composition et même formule que la mannite $C^{12}H^{14}O^{12}$.

4° La *phycite*...... | Même observation.

5° La *quercite*..... | $C^{12}H^{12}O^{10}$.

6° La *glycyrrhizine*. { $C^{36}H^{22}O^{12} + 2HO$ ou $C^{36}H^{24}O^{14}$, s'éloignant plus complétement des substances précédentes.

7° La *phlorétine*. .. | $C^{12}H^{7}O^{4}$, dérivant de la phloridzine.

8° L'*olivine*....... | $C^{28}H^{18}O^{10}$, trouvée dans la gomme d'olivier.

9° L'*orcine*....... | $C^{16}H^{11}O^{7}$.

Nous pourrions étendre encore cette liste, en y ajoutant plusieurs autres substances *d'origine végétale*, dont la saveur est sucrée, mais qui ne donnent pas d'alcool par voie fermentative; nous nous bornerons cependant aux corps précédemment cités, et nous y joindrons seulement quelques observations sur trois principes sucrés, *d'origine végéto-animale* ou *animale*, la *glycérine* $C^{6}H^{8}O^{6}$, l'*inosite* $C^{12}H^{12}O^{12} + 4HO$ et le *glycocolle*, $C^{4}H^{5}O^{4}Az$.

1. Sorbine. — La sorbine cristallisée pourrait être rangée théoriquement à la suite des sucres proprement dits, si l'on n'avait égard qu'à sa composition; elle contient, en effet, sept équivalents d'eau combinés à un équivalent de saccharigène ($C^{12}H^{9}O^{9} + 7HO$ ou $C^{12}H^{12}O^{12} + 4HO$), et il ne manquerait à la série que le produit intermédiaire entre cette substance et le sucre de fécule hydraté.

Quoi qu'il en soit, « la sorbine est une substance de saveur sucrée, que l'on trouve dans le suc fermenté de sorbes des oiseaux. Pour la préparer, on écrase les baies de sorbier recueillies vers la fin de septembre, et l'on filtre le suc à travers un linge. Ce suc est abandonné à lui-même dans des terrines, pendant douze à quinze mois. Il s'y développe des dépôts et des végétations que l'on sépare. La liqueur, évaporée à une douce chaleur, jusqu'à consistance sirupeuse, abandonne des cristaux d'un brun foncé. On redissout ces cristaux, on décolore la liqueur par le noir animal, et par l'évaporation on obtient des cristaux très-nets de sorbine pure.

« La sorbine est incolore, d'une saveur aussi sucrée que celle du sucre de canne. Elle dévie à gauche le plan de polarisation d'un rayon de lumière polarisée. Son pouvoir rotatoire est de 36°. La composition de la sorbine, séchée à $+100°$, correspond à la formule $C^{12}H^{12}O^{12}$, celle de la sorbine cristallisée correspond à $C^{12}H^{16}O^{16}$. Par ce mode de composition, *la sorbine se place parmi les sucres.*

« L'eau dissout à peu près le double de son poids de sorbine; l'alcool bouillant n'en dissout, au contraire, que des quantités très-minimes, qui se déposent par le refroidissement. *La sorbine ne fermente pas avec la levûre de bière.* L'acide sulfurique faible ne lui fait subir aucune altération et ne la rend pas fermentescible. L'acide azotique, chauffé avec la sorbine, produit beaucoup d'*acide oxalique.*

« La sorbine forme des combinaisons cristallisables avec le sel marin. » (Regnault, t. IV.)

Ajoutons que la sorbine est caramélisée par les alcalis, qu'elle se combine avec l'oxyde de plomb, et que la combinaison, obtenue en versant du sous-acétate de plomb dans la dissolution de sorbine, précipite par l'ammoniaque. La sorbine réduit les dissolutions cuivriques à froid ou à chaud, et se conduit comme le glucose avec la *liqueur cupropotassique.*

En présence de ces caractères, qui font de la sorbine un sucre, il ne reste qu'un côté différentiel : c'est la *non-fermentescibilité* de cette substance.

Nous conservons des doutes sérieux à cet égard, et nous ne pourrions attribuer au sucre des sorbes la quantité notable d'alcool fournie par ces fruits fermentés. La sorbine *isolée* serait-elle réellement à l'abri de l'action du ferment, et deviendrait-elle fermentescible en présence d'un autre sucre? C'est une question qui vaudrait la peine d'être élucidée et que nous nous proposons d'étudier. En tous cas, nous ne sommes pas loin de croire que, par une méthode appropriée, on pourrait tirer un parti avantageux des sorbes, sous deux rapports différents. Vers la fin de septembre, ces fruits fournissent beaucoup de sorbine très-sucrée, et lorsqu'on les recueille en novembre ou décembre, ce principe a disparu en partie pour faire place à du sucre de fruits alcoolisable; nous avons constaté ce fait nombre de fois, en sorte que la sorbine serait transformable en sucre de fruits par un simple jeu d'isomérie, par les seuls progrès de la végétation.

2. **Mannite.** — La *manne* n'est autre chose que le suc concrété des *fraxinus ornus* et *fraxinus rotundifolia* (frênes), de la famille des *jasminées.* Ces deux variétés croissent en Calabre.

C'est de la manne que l'on retire la *mannite*. On trouve également cette substance dans la *matière glaireuse* qui se produit
lors de la dégénérescence particulière subie par le sucre dans
ce qu'on appelle la *fermentation visqueuse*.

La manne en renferme jusqu'à 60 pour 100. On trouve encore la mannite dans le céleri, le champignon, l'oignon, les
asperges... On la retire de la manne en faisant bouillir cette
substance avec l'alcool concentré; on filtre la dissolution et on
la soumet à l'évaporation.

Pour l'extraire du suc de betteraves fermenté, on évapore ce
suc jusqu'à consistance sirupeuse, et l'on traite ce sirop par
l'alcool, comme il vient d'être dit.

La mannite forme des cristaux prismatiques d'une saveur
sucrée, d'autant plus gros qu'ils ont été obtenus par une évaporation plus lente; elle fond un peu au-dessus de $+100°$ et
cristallise par refroidissement. A une température plus élevée,
elle se décompose à la manière des sucres.

La mannite est soluble dans l'alcool bouillant, dans 5 parties
d'eau froide, mais peu soluble dans l'alcool froid. La dissolution alcoolique la laisse déposer en cristaux soyeux aiguillés.
La mannite n'a pas d'action sur la lumière polarisée; elle ne
fermente pas; les acides faibles ne la rendent pas fermentescible.
A chaud, l'acide azotique du commerce la change en acides saccharique et oxalique; elle donne une matière explosible avec
l'acide azotique fumant.

Sa dissolution est colorée en rouge brique par l'acide arsénique.

3. **Dulcose**. — Cette matière nous provient de Madagascar
à l'état de masses arrondies, recouvertes de terre et d'impuretés.

Quand on l'a purifiée par la dissolution dans l'eau et l'évaporation, on en retire des cristaux prismatiques d'une saveur
sucrée, fusible à $+180°$ et cristallisant par le refroidissement.

La dulcose est soluble dans l'eau, peu soluble dans l'alcool,
même bouillant; elle ne fermente pas avec la levûre de bière.
Elle n'est pas altérée par les dissolutions alcalines faibles, mais
bien par les alcalis concentrés. L'acide azotique la transforme
en acide mucique, ce qui la rapprocherait des gommes.

4. **Phycite**. — On retire ce produit d'une variété d'algue connue sous le nom de *protococcus vulgaris*. La plante est traitée par l'alcool, jusqu'à épuisement. La liqueur est concentrée à cristallisation, puis la masse refroidie est comprimée entre des doubles de papier Joseph. On fait cristalliser plusieurs fois la matière dans l'eau et l'on obtient des prismes de phycite pure.

Elle est soluble dans l'eau, peu soluble dans l'*alcool absolu*, qui la laisse déposer en octaèdres rhomboïdaux. Quoique d'une saveur sucrée très-nette, la phycite ne fermente pas; elle est peu altérable par les alcalis, transformable en acide oxalique par l'acide azotique, et elle précipite par le sous-acétate de plomb ammoniacal. Elle n'a pas d'action sur la lumière polarisée.

5. **Quercite**. — On retire la quercite des glands de chêne; elle est inaltérable à l'air, cristallisable en prismes incolores, soluble dans l'eau et l'alcool, non fermentescible.

La quercite se change en acide oxalique par l'acide azotique; elle n'est pas attaquable par la potasse caustique en dissolution, même à chaud, et ne réduit pas les dissolutions cuivriques.

Sa saveur est sucrée, avec un arrière goût terreux; du reste cette substance a été peu étudiée.

6. **Glycyrrhizine**. — Ce principe, extrait de la racine de réglisse, est très-soluble dans l'alcool, peu soluble dans l'eau, insoluble dans l'éther. Il ne fermente pas, mais il paraît accompagner dans la racine une autre matière sucrée, puisque, à l'aide de la levûre de bière, nous avons pu faire fermenter alcooliquement une décoction de racine de réglisse. Ce fait nous avait même porté à conclure, à tort, à la fermentescibilité de la glycyrrhizine dans certaines circonstances.

On prépare la glycyrrhizine en versant un peu d'acide sulfurique étendu dans la décoction de racine de réglisse : il se précipite aussitôt une matière composée de substance albumineuse et de glycyrrhizine. Ce précipité est traité par l'alcool absolu chaud, qui dissout le sulfate de glycyrrhizine. On neutralise la liqueur par un peu de carbonate de potasse et l'on évapore à une douce chaleur.

Faisons remarquer ici que les chimistes qui ne neutralisent pas la solution alcoolique n'ont pas affaire à la glycyrrhizine, mais à sa combinaison sulfurique; d'autre part, ceux qui la neutralisent par le carbonate de potasse doivent avoir soin de laver convenablement le produit de l'évaporation, pour éliminer toute trace de sulfate de potasse.

7. **Phlorétine.** — On l'obtient sous forme de cristaux en faisant bouillir la phloridzine avec les acides faibles. Elle est soluble dans l'alcool, peu soluble dans l'eau, même bouillante, et forme avec l'oxyde de plomb un sel bibasique.

La phlorétine ne fermente pas, malgré sa saveur sucrée.

8. **Olivile.** — On l'extrait, à l'aide de l'alcool, de la gomme d'olivier épuisée par l'éther, en faisant cristalliser la liqueur par évaporation. Peu soluble dans l'eau froide, très-soluble dans l'alcool bouillant, l'olivile ne fermente pas et donne de l'acide oxalique par l'action de l'acide azotique. Les bases ne l'altèrent pas.

9. **Orcine.** — Si l'on épuise le *lichen roccella* par l'alcool bouillant, il suffira de laisser refroidir la liqueur pour en séparer une matière particulière, résinoïde, blanche et d'apparence cristalline. La liqueur, distillée, abandonne un extrait que l'on traite par l'eau; et la solution filtrée, évaporée en sirop, donne de gros prismes d'orcine.

Cette substance est sucrée, non fermentescible, inaltérable à l'air, mais attaquable par les alcalis. Elle est soluble dans l'eau et l'alcool.

Dans la première édition de cet ouvrage, nous ajoutions l'observation suivante :

« Il est digne de remarque que toutes les substances sucrées fournissent de l'*acide oxalique* par l'action de l'acide azotique... Nous ne pouvons nous empêcher de croire qu'il *doit* exister une relation intime, inconnue encore aujourd'hui, entre cet acide oxalique et la matière sucrée. Nous pensons donc qu'une série de recherches sur les corps susceptibles d'éprouver la transformation oxalique pourrait amener des découvertes utiles au point de vue de la matière sucrée. C'est probablement parmi ces corps fort nombreux que l'on devrait chercher ceux qui seraient aptes à produire du sucre fermentescible, a l'aide de quelque réaction simple. »

Nous émettions l'espoir que les chimistes sérieux, amis du progrès utilitaire plutôt que des choses de théorie problématique, chercheraient à résoudre enfin cette question si grave de la création du sucre par voie artificielle. Aujourd'hui encore, ce désidératum reste tout entier ; mais nous devons ajouter que l'importance du rôle possible de l'acide oxalique ne nous apparaît plus de la même manière. L'acide oxalique n'a que peu d'action sur la fécule. Il en dérive. Il réagit sur le sucre, bien que celui-ci soit une de ses matières génératrices. Cela tient, sans doute à ce que le sucre est éminemment oxydable. Il y a plus, cependant, car la dérivation de l'acide oxalique, en ce sens que l'oxydation de toutes les matières hydrocarbonées le produit, cette dérivation ne nous semble plus offrir le même degré de valeur. *Toutes les matières azotées fournissent de l'acide oxalique comme les matières hydrocarbonées ;* la seule différence capitale de la réaction consiste en ce que les substances albuminoïdes donnent de l'acide oxalique, en abondance, par une oxydation lente et graduée [1], tandis que les matières hydrocarbonées exigent une oxydation plus énergique. En remarquant, en outre, que les matières albuminoïdes donnent lieu à la production simultanée d'une certaine portion de produits cyanogénés, que, dans les deux cas, il se forme de l'acide formique, on comprendra que la production oxalique se fait toutes les fois qu'il se trouve du carbone, sous forme oxydable, en présence d'un réactif oxydant. Elle cesse donc d'être une preuve ou un indice en ce qui touche les sucres, puisque nous avons pu l'obtenir, même par le traitement des gommes.

Glycérine. — La glycérine ($C^6H^8O^6$), découverte par Scheele, qui lui donna le nom de *principe doux des huiles*, est sous forme d'un sirop légèrement ambré, très-sucré, d'une densité de 1280, très-soluble dans l'eau et l'alcool, insoluble dans l'éther. La glycérine ne fermente pas ; elle donne des acides oxalique et carbonique par l'acide azotique, de l'acide formique par les

---

1. C'est, à peu près, le contraire de ce que disent les livres. La chair musculaire se convertit en acide oxalique, pour partie très-notable, par l'acide azotique à 10° B. et par + 80° de température, en moyenne, ce qui est loin des affirmations hasardées de l'école....

agents oxydants et des acides doubles par les acides sulfurique et phosphorique.

Nous avons dit que la glycérine ne fermente pas, et cela est vrai au point de vue de la fermentation alcoolique, la seule dont nous entendions parler ici ; mais la dissolution aqueuse de glycérine se décompose en présence de la levûre de bière et donne naissance à un acide particulier, connu sous le nom d'*acide propionique*.

On prépare la glycérine par diverses méthodes ; la plus commode est la suivante. On fait bouillir de l'eau dans laquelle on ajoute successivement et par parties de l'huile d'olive et de la chaux en lait. Il se forme un savon calcaire insoluble, que l'on sépare par la filtration, puis on fait passer dans la liqueur un courant d'acide carbonique qui précipite l'excès de chaux. La liqueur filtrée contient la glycérine et doit être évaporée en consistance sirupeuse.

Inosite. — On extrait de la chair musculaire une substance sucrée, non fermentescible, dont la composition est la même que celle de la sorbine cristallisée ($C^{12}H^{12}O^{12} + 4HO$) et que l'on connaît sous les noms d'*inosine* ou *inosite*.

Cette matière offre peu d'importance ; il est cependant remarquable qu'elle fournisse de l'acide butyrique en présence de la caséine altérée, tandis qu'elle ne donne pas d'alcool avec la levûre de bière.

Glycocolle (*sucre de gélatine*). — Ce corps est neutre aux réactifs colorés, soluble dans l'eau, insoluble dans l'alcool et l'éther.

Sa formule est $C^4H^5O^4Az$, ce qui répond à la composition suivante :

Carbone.	C^4	$= 75$	$\times 4$	$= 300$
Hydrogène........	H^5	$= 12,5$	$\times 5$	$= 50$
Oxygène.	O^4	$= 100$	$\times 4$	$= 400$
Azote.	Az	$= 175$		$= 175$
		Équivalent..........		925

On produit le glycocolle en faisant agir l'acide sulfurique concentré sur la gélatine, ou en portant à l'ébullition un mélange d'acide hippurique et d'acide chlorhydrique concentré.

C'est un des *corps sucrés non fermentescibles* les plus remarquables. Il se transforme en *acide nitro-saccharique* $C^{12}H^{24}O^{40}Az^5$ par l'action de l'acide azotique concentré, et fournit également de l'acide oxalique, ce qui, d'ailleurs, ne démontre rien, comme nous l'avons dit plus haut.

C'est la seule substance azotée qui se rencontre dans le groupe des matières à saveur sucrée, non susceptibles de fermentation alcoolique, et qui présente des réactions acides et basiques à la fois. Le glycocolle forme, en effet, des combinaisons cristallisables avec les principaux acides, et il s'unit à plusieurs bases. C'est une matière blanche, soluble dans l'eau, presque insoluble dans l'alcool anhydre et dans l'éther, douée d'une saveur sucrée remarquable, mais ne donnant pas les produits de la fermentation alcoolique en présence de la levûre de bière.

Soumise à l'action des ferments, la dissolution aqueuse de glycocolle donne rapidement les produits de la décomposition putride ou ammoniacale, lorsqu'on la maintient à une température moyenne de $+ 30^\circ$.

VIII. — DES GLUCOSIDES.

Nous donnerons le nom de *glucosides* à un groupe de substances remarquables, qui offrent la propriété curieuse de se transformer, en tout ou en partie, en glucose, ou en sucre de fruits, sous l'action des acides étendus. Cette transformation s'opère par la fixation des éléments de l'eau.

Les plus remarquables de ces corps sont les suivants :

1° La *salicine*. . . . . $C^{26}H^{18}O^{14}$;
2° L'*hélicine*. . . . . $C^{26}H^{16}G^{14}$;
3° La *phloridzine*. . . . . . . $C^{26}H^{16}O^{14}$;
4° La *populine*. . . . . $C^{40}H^{22}O^{16}$;
5° Le *tannin*. . . . . $C^{40}H^{18}O^{26}$;
6° L'*amygdaline*. . . . . $C^{40}H^{22}O^{22}Az^2$.

Il est évident que toutes ces matières et leurs analogues diffèrent essentiellement des *monohydrates de saccharigène*, tels que la *fécule*, la *gomme*, l'*inuline* ou *dahline*, la *lichénine*, etc., dont nous avons déjà parlé, et qui rentrent complétement dans la série des corps hydrocarbonés producteurs de sucre.

4. Salicine. — La salicine a pour formule $C^{26}H^{18}O^{14}$, d'où il suit qu'elle est ainsi composée :

C^{26} =	75	$\times$ 26 = 1950	Carbone......	54,545
H^{18} =	12,5	$\times$ 18 = 226	Hydrogène....	6,293
O^{14} =	100	$\times$ 14 = 1400	Oxygène......	39,152
		3575		100,000

La salicine est un principe immédiat que l'on trouve dans l'écorce de saule. Elle cristallise en aiguilles prismatiques, blanches, nacrées, inodores, amères, fusibles sans décomposition à + 120°, très solubles à chaud dans l'eau et l'alcool, mais insolubles dans l'éther et l'essence de térébenthine. 100 parties d'eau à + 19°,5 dissolvent 5,6 de salicine.

Si l'on fait bouillir la salicine avec l'acide sulfurique faible, ou l'acide chlorhydrique étendu d'eau, elle se transforme en glucose et *salirétine* par un simple effet de dédoublement, selon la réaction suivante :

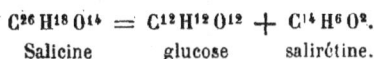

$$C^{26}H^{18}O^{14} = C^{12}H^{12}O^{12} + C^{14}H^6O^2.$$
Salicine   glucose   salirétine.

De cette sorte, 3575 parties de salicine fournissent 2250 parties de matière sucrée d'un groupe décrit précédemment, et 1325 parties d'un corps nouveau, connu en chimie sous le nom de *salirétine*.

Si l'on délaye 100 parties de salicine dans quatre fois autant d'eau distillée et que l'on ajoute 6 parties de *synaptase*, sorte de ferment spécial des amandes douces, il suffira de porter la température du mélange à + 40° pendant douze à quinze heures, pour qu'il se précipite un nouveau produit, la *saligénine*, tandis que le glucose reste dans les eaux mères.

On a la réaction :

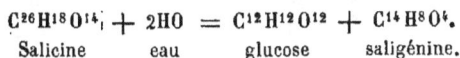

$$C^{26}H^{18}O^{14} + 2HO = C^{12}H^{12}O^{12} + C^{14}H^8O^4.$$
Salicine   eau   glucose   saligénine.

Dans cette transformation, 3575 parties de salicine, plus 225 parties d'eau, donnent naissance à 2250 parties de sucre et 1450 parties de saligénine. Il suffit de 1 partie de synaptase pour métamorphoser 17 parties de salicine comme il vient d'être dit.

La salicine est colorée en *rouge foncé* par l'acide sulfurique concentré, et cette réaction permet de la reconnaître dans les écorces de saule et de peuplier. L'acide azotique à + 20° transforme la salicine en *hélicine*.

La préparation de la salicine est fort simple. On décolore une décoction concentrée d'écorce de saule par de la litharge, ajoutée à chaud et avec agitation, puis on filtre. La liqueur est ensuite débarrassée d'une partie du plomb par l'acide sulfurique et soumise à une nouvelle filtration qui sépare le sulfate de plomb. On y verse alors, avec précaution et goutte à goutte, du sulfure de baryum qui s'empare du reste du plomb et de l'acide sulfurique, on filtre, et l'on concentre à cristallisation. Les cristaux redissous dans l'eau bouillante, avec du noir animal pour en obtenir la décoloration, sont soumis à une nouvelle cristallisation.

2. **Hélicine.** — La formule de l'hélicine est $C^{26}H^{16}O^{14}$; elle ne diffère donc de la salicine que par 2 proportions d'hydrogène, et sa composition répond aux chiffres suivants :

C^{26}	=	75	× 26 = 1950	Carbone.......	54,929
H^{16}	=	12,5	× 16 = 200	Hydrogène......	5,633
O^{14}	=	100	× 14 = 1400	Oxygène.......	39,438
			3550		100,000

Cette substance cristallise en petites aiguilles blanches contenant 3 proportions d'eau, qu'elle perd facilement à la température de + 100°; fort peu soluble dans l'eau froide, elle se dissout très-bien dans l'eau bouillante.

Nous avons vu tout à l'heure quel est le résultat de l'action de l'acide azotique à + 20° Baumé sur la salicine. On met 1 partie de salicine dans 10 parties d'acide, et le tout est abandonné pendant quarante-huit heures avec la précaution d'agiter de temps en temps avec une spatule en verre, afin de favoriser la dissolution de la salicine. Au bout de ce temps il ne reste qu'une liqueur jaune qui laisse précipiter l'hélicine cristallisée. On la recueille et on la lave à l'eau froide.

On dédouble l'hélicine en sucre et essence de reine-des-prés (*essence de spiræa*) lorsqu'on fait réagir sur elle la synaptase, la levûre de bière ou une dissolution de potasse, de baryte et d'ammoniaque, à une température de + 25° à + 30°. Ce phénomène est représenté par l'équation suivante :

$$C^{26}H^{19}O^{14} + 2HO = C^{12}H^{12}O^{12} + C^{14}H^6O^4.$$

Hélicine   eau   glucose   essence de spiræa.

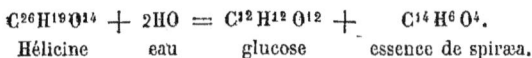

Dans cette réaction, 3550 parties d'hélicine produisent 2250 parties de sucre et 1300 parties d'essence de reine-des-prés.

3. Phloridzine. — On donne à la phloridzine la formule $C^{24}H^{16}O^{14}$, ce qui lui attribue la composition suivante :

C^{24} =	75	$\times$ 24 =	1800	Carbone.........	52,941
H^{16} =	12,5	$\times$ 16 =	200	Hydrogène......	5,883
O^{14} =	100	$\times$ 14 =	1400	Oxygène........	41,176
			3400		100,000

Cette substance cristallise en aiguilles prismatiques à base carrée, ou en houppes soyeuses et brillantes; elle est fort soluble dans l'eau bouillante, l'alcool et l'esprit de bois (alcool méthylique), et presque insoluble dans l'eau froide et l'éther. Sa saveur est tout à la fois amère et astringente, suivie d'un arrière-goût fade et douceâtre. La phloridzine perd deux équivalents d'eau vers $+ 100°$, elle fond à $+ 109°$ et se décompose à $+ 200°$.

La phloridzine, par l'ébullition avec les acides chlorhydrique ou sulfurique étendus, ou par un contact prolongé, se change en sucre et phlorétine, ce qui est exprimé par la formule suivante :

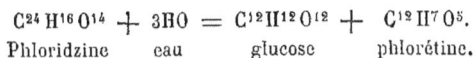

$$C^{24}H^{16}O^{14} + 3HO = C^{12}H^{12}O^{12} + C^{12}H^7O^5.$$

Phloridzine   eau   glucose   phlorétine.

Ainsi, 3400 parties de phloridzine produisent dans cette réaction 2250 parties de sucre et 1487,5 parties de phlorétine, après s'être adjoint 3 équivalents d'eau.

La phloridzine se rencontre dans l'écorce fraîche du pommier, du prunier, du poirier et du cerisier. On se contente de faire digérer l'écorce concassée dans l'alcool faible et d'en retirer par évaporation la phloridzine, que l'on purifie par de nouvelles cristallisations.

4. Populine. — La formule de la populine est $C^{40}H^{22}O^{16}$; elle répond en conséquence à la composition suivante :

C^{40} =	75	$\times$ 40 =	3000	Carbone.........	61,538
H^{22} =	12,5	$\times$ 22 =	275	Hydrogène.....	5,641
O^{16} =	100	$\times$ 16 =	1600	Oxygène........	32,821
			4875		100,000

Cette substance cristallise en aiguilles très-déliées et soyeuses. Elle est presque insoluble dans l'eau froide, mais très-soluble dans l'eau bouillante et plus encore dans l'alcool bouillant. Elle offre une saveur de réglisse, à la fois sucrée et âcre. On la précipite de la décoction d'écorce ou de feuilles de tremble (*populus tremula*), en versant de la solution de carbonate de potasse dans la liqueur bouillante. On peut encore traiter la décoction par l'acétate de plomb, puis évaporer la liqueur filtrée jusqu'à cristallisation. La populine redissoute dans l'eau bouillante est décolorée par le charbon d'os, et l'on obtient après filtration et concentration des cristaux très-blancs. Il faut 1 litre d'eau froide pour en dissoudre 1 gramme, tandis que 70 grammes d'eau bouillante suffisent pour en dissoudre 1 gramme.

Lorsqu'on fait bouillir la populine avec l'acide chlorhydrique ou l'acide sulfurique étendu, il se produit du sucre, de la salirétine et de l'acide benzoïque, comme l'indique la formule :

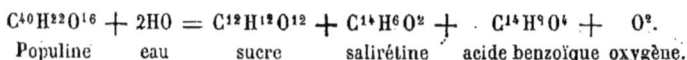

$$C^{40}H^{22}O^{16} + 2HO = C^{12}H^{12}O^{12} + C^{14}H^6O^2 + C^{14}H^9O^4 + O^2.$$

| Populine | eau | sucre | salirétine | acide benzoïque | oxygène. |

Ainsi, 4875 parties de populine, plus 225 parties d'eau, produisent 2250 parties de sucre, 1325 de salirétine, 1525 d'acide benzoïque, et 2 équivalents d'oxygène sont mis en liberté.

5. **Tannin**. — La formule du tannin ou de l'*acide tannique* est $C^{40}H^{18}O^{26}$, d'où l'on tire la composition suivante :

C^{40} =	75	× 40 =	3000	Carbone........	51,503
H^{18} =	12,5	× 18 =	225	Hydrogène......	3,862
O^{26} =	100	× 26 =	2600	Oxygène........	44,635
			5825		100,000

Le tannin est un principe immédiat que l'on rencontre dans le plus grand nombre des végétaux; mais on ne peut encore affirmer si les corps *tannants* sont complétement identiques. Ils ont la propriété commune de former avec la gélatine un composé insoluble dans l'eau et imputrescible.

Le tannin de la noix de galle est considéré comme le type de ce groupe; on l'extrait de la poudre de noix de galle, en faisant passer à plusieurs reprises sur cette poudre de l'éther ordinaire. La dissolution de tannin, évaporée, laisse cette substance sous forme d'une masse spongieuse jaunâtre, légère et brillante, d'apparence cristalloïde. Le tannin est très-soluble dans l'eau ; il forme des sels avec les bases et jouit de propriétés qui le rendent précieux comme réactif.

Lorsque l'on fait bouillir une dissolution aqueuse d'un *tannin* avec de l'acide sulfurique faible ou de l'acide chlorhydrique étendu, il se forme de l'*acide gallique* et du sucre de fruits, selon la réaction :

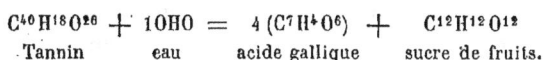

$$C^{40}H^{18}O^{26} + 10HO = 4(C^7H^4O^6) + C^{12}H^{12}O^{12}$$

Tannin   eau   acide gallique   sucre de fruits.

En sorte que 5825 parties de tannin, plus 1125 parties d'eau, peuvent fournir 4700 parties d'acide gallique et 2250 parties de sucre.

6. **Amygdaline**. — Ce corps, cristallisable en lamelles, s'extrait, par l'alcool bouillant, du tourteau d'amandes amères bien épuisé d'huile. On concentre la dissolution alcoolique jusqu'à cristallisation et l'on obtient l'amygdaline par refroidissement. Elle a pour formule $C^{40}H^{27}O^{22}Az^2$, et pour équivalent 5887,5.

Lorsqu'elle est mise en contact avec la synaptase, ferment particulier que l'on retire des amandes douces épuisées d'huile, l'amygdaline se dédouble en sucre, acide cyanhydrique ou prussique, et essence d'amandes amères.

Un grand nombre d'autres substances végétales sont susceptibles de se dédoubler ainsi en glucose et produits divers, lorsqu'on les soumet à certaines réactions ; mais ce que nous venons d'indiquer suffisant pour faire comprendre cet ordre de phénomènes, nous ne nous étendrons pas davantage à ce sujet. Il est bon cependant de remarquer que, le plus souvent, ces transformations ont lieu sous l'influence des acides minéraux étendus et bouillants. Si les faits de la fermentation avaient été observés d'une manière plus complète, nul doute que l'on eût pu également y découvrir des réactions du même ordre ; mais la science manque encore à cet égard de *données positives*.

En tout cas, ces substances ne sont pas des *sucres* pour le fabricant, moins encore pour le chimiste ; elles ne possèdent pas la propriété capitale de *fermenter alcooliquement* au contact de l'eau et de la levûre de bière, et c'est tout au plus si la théorie pourrait les regarder comme des matières *saccharifiables* dans un pur intérêt de curiosité.

IX. — OBSERVATIONS COMPLÉMENTAIRES.

Ce que nous venons de dire représente le *fait constaté*. Nous ajouterons à ce chapitre quelques observations de M. Berthelot afin de compléter, autant que possible, cette étude des sucres. M. Berthelot a étudié, expérimentalement, trois substances sucrées, le *mélitose*, la *pinite*, et la *matière sucrée des cidres*. Nous ne saurions mieux faire, à cet égard, que de donner à nos lecteurs la reproduction presque textuelle d'une note publiée par l'auteur lui-même.

Mélitose. — La manne d'Australie renferme un principe cristallisable, isolé, en 1843, par M. Johnston, qui lui assigna la formule suivante, identique avec celle du glucose : $C^{12} H^{12} O^{12} + 2HO$. Les seules réactions qu'il attribue à ce corps sont les suivantes : chauffé, il perd deux équivalents d'eau et même davantage ; il est précipité par la baryte et par l'acétate de plomb ammoniacal.

Les résultats essentiels de l'étude de ce corps reprise par M. Berthelot peuvent se résumer en deux mots : 1° le principe immédiat, que l'auteur propose de nommer *mélitose*, présente la plupart des réactions du sucre de canne ; 2° à en juger par les seules épreuves de décomposition, il serait formé par l'union, à équivalents égaux, de deux composés isomères, dont un seul est fermentescible ; l'autre composé ne fermente pas et, par ses propriétés générales, il vient se ranger à côté de la sorbine.

Le mélitose, obtenu en traitant par l'eau de la manne d'Australie, cristallise en aiguilles entrelacées d'une extrême ténuité ; sa solubilité dans l'eau est comparable à celle de la mannite. Son goût est très-légèrement sucré.

Dissous dans l'eau, il tourne à droite le plan de polarisation. Son pouvoir rotatoire est de 88°. Ce pouvoir est supérieur d'un quart environ à celui du sucre de canne.

Le mélitose, cristallisé à froid, se représente par la formule $C^{12}H^{12}O^{12} + 2HO$. A $+ 100°$, il éprouve une demi-fusion et perd $2HO$. A $+ 130°$, il perd encore de l'eau, commence à jaunir et à s'altérer. Chauffé plus fortement, le mélitose se colore et dégage une odeur de caramel; puis il se carbonise et brûle sans résidu. Maintenu à $+ 100°$ pendant deux heures, en contact avec l'acide chlorhydrique fumant, il est tranformé en partie en une matière noire et insoluble. Chauffé à $+ 100°$ pendant quelques heures, avec la baryte, il ne se colore pas, et conserve ses propriétés caractéristiques. Il ne réduit pas le tartrate de cuivre et de potasse; l'action de la baryte ne lui communique pas cette propriété. Mais si l'on fait bouillir le mélitose avec un peu d'acide sulfurique dilué, il acquiert la propriété de réduire abondamment le tartrate de cuivre et de potasse.

La substance ainsi modifiée par l'acide sulfurique présente un affaiblissement d'un tiers environ dans son pouvoir rotatoire. Isolée, elle se présente comme une matière sucrée et non cristallisable. Traité par la levûre de bière à une douce chaleur, le mélitose fermente avec production d'alcool et d'acide carbonique. La fermentation se produit également, tant avec le mélitose, traité à $+ 100°$ par la baryte, qu'avec le produit modifié par l'acide sulfurique.

Si l'on considère les réactions qui précèdent : action de l'acide chlorhydrique, action de la baryte, action de l'acide sulfurique, action du tartrate de cuivre, pouvoir rotatoire avant et après ce traitement, fermentation, il est impossible de ne pas être frappé de leur extrème similitude avec celles que présente le sucre de canne dans les mêmes circonstances ; cette similitude est si grande qu'il serait presque impossible de distinguer, par les réactions chimiques, le sucre de canne du mélitose en dissolution.

Toutefois, la fermentation du mélitose présente une circonstance essentielle et caractéristique :

100 parties de mélitose fournissent par fermentation $22,2$ en poids d'acide carbonique ; or, 100 parties de glucose fournissent par fermentation $44,5$ en poids d'acide carbonique.

On voit que le mélitose produit seulement et exactement la moitié de l'acide carbonique auquel donne naissance un poids égal de glucose.

Ces faits conduisirent l'auteur à l'examen de la solution de mélitose après la fermentation; elle renferme un principe sucré particulier, qu'il désigne sous le nom d'*eucalyne;* la proportion de ce principe monte à la moitié du poids du mélitose employé.

L'*eucalyne* n'est pas fermentescible et n'acquiert pas cette propriété par l'action de l'acide sulfurique. C'est une matière sucrée et sirupeuse, déviant de 50° environ, à droite, le plan de polarisation de la lumière, détruite à $+100°$ par l'acide sulfurique concentré et par l'acide chlorhydrique fumant, se colorant fortement à $+100°$ par l'action de la baryte, réduisant le tartrate de cuivre et de potasse, transformable en substance noire et insoluble par une température de $+200°$. A $+110°$, elle se colore déjà.

L'eucalyne, séchée à $+100°$, peut se représenter par la formule $C^{12}H^{12}O^{12}$; séchée à froid dans le vide, elle renferme $C^{12}H^{12}O^{12}+2HO$. Cette manière d'être rappelle, par la plupart de ses réactions, la sorbine, substance cristallisable isomérique. La formation de l'eucalyne, dans les conditions qui précèdent, peut se représenter par la formule :

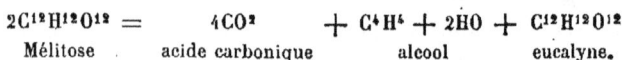

$$2C^{12}H^{12}O^{12} = \quad 4CO^2 \quad + C^4H^6 + 2HO + C^{12}H^{12}O^{12}$$

Mélitose   acide carbonique   alcool   eucalyne.

En sorte que 100 parties de mélitose doivent produire 22,3 d'acide carbonique et 50 d'eucalyne hydratée ($C^{12}H^{12}O^{12}+2HO$). L'expérience directe a fourni 21,5 d'acide carbonique et 51 d'eucalyne.

Ainsi, le mélitose serait formé par l'union, à équivalents égaux, de deux composés isomères dont un seul est fermentescible. L'action de la levûre de bière désunit ces deux éléments et détruit l'un sans altérer l'autre; toutefois, elle laisse apparaître dans ce dernier principe quelques propriétés qu'il ne possédait pas dans la combinaison, celles, par exemple, d'être attaqué par la baryte et de réduire le tartrate de cuivre. L'acide sulfurique fait également apparaître dans le mélitose ces mêmes propriétés, probablement en rendant libres ses deux éléments.

Pinite. — Les Indiens de la Californie mangent une substance sucrée particulière produite par le *pinus lambertiana.*

M. Berthelot en a extrait un principe sucré cristallisable, qu'il désigne sous le nom de *pinite*. La pinite cristallise en mamelons blancs demi-sphériques, rayonnés, très-durs, croquant sous la dent, très-adhérents aux cristallisoirs. Elle possède un goût sucré presque aussi prononcé que le sucre candi. Elle est extrêmement soluble dans l'eau, à peu près insoluble dans l'alcool absolu, un peu plus soluble dans l'alcool ordinaire bouillant. Sa densité égale 1520. Elle dévie à droite le plan de polarisation de 58°,6. Elle ne fermente pas, ne réduit pas le tartrate de cuivre, soit avant, soit après un traitement sulfurique.

D'après l'analyse, elle offre la formule $C^{12}H^{19}O^{10}$, qui se retrouve dans le composé plombique précipité par l'acétate de plomb ammoniacal. C'est donc un isomère de la *quercite*, dont elle se distingue par sa cristallisation, son goût plus sucré et sa grande solubilité...

En résumé, par sa composition, sa stabilité et ses réactions, la pinite vient se ranger dans le groupe des matières sucrées non fermentescibles, plus hydrogénées que les *hydrates de carbone*.

Matière sucrée du cidre. — M. Berthelot a extrait de certains cidres un principe sucré cristallisable, identique avec la mannite par sa composition, sa cristallisation et la détermination de sa solubilité dans l'eau et dans l'alcool. Ce résultat nous étonne d'autant moins que, presque toujours, la fermentation des cidres offre des traces de fermentation glaireuse, visqueuse et mannitique.

REMARQUE. — La constitution du mélitose, *formé de deux sucres différents*, inspire à M. Berthelot un rapprochement entre ce corps et le sucre de canne. Celui-ci, traité par les acides, se sépare, par cristallisation, en glucose cristallisable déviant à droite le plan lumineux, et sucre liquide, opérant la déviation à gauche... Le sucre cristallisable prismatique ne serait qu'une combinaison de ces deux éléments.

Cette dernière opinion peut être fort problématique et très-contestable pour certains esprits, mais elle est appuyée sur le fait de la séparation du sucre interverti en deux éléments. N'y aurait-il pas dans cette idée la base du véritable travail de reconstitution à opérer sur le glucose? Pourquoi n'essayerait-on pas de le combiner à un sucre gauche, sucre liquide, dont l'annexion chimique pourrait reproduire le sucre prismatique? Cette question n'est sans doute pas insoluble, et elle mérite d'être examinée attentivement.

Nous bornons ici l'étude proprement dite des sucres en général, pour entrer dans l'examen des questions plus pratiques, à l'aide desquelles il nous sera facile de nous rendre un compte précis des phases et des difficultés de la fabrication sucrière.

CHAPITRE III.

Essai des matières saccharines. — Dosages.

Il peut arriver très-souvent que l'on ait à rechercher la valeur réelle d'une matière saccharine, d'un suc végétal, etc. Sans être d'une extrême difficulté, la constatation du sucre exige cependant des précautions assez minutieuses que nous allons exposer au lecteur le plus succinctement qu'il sera possible, tout en cherchant à ne rien passer sous silence de sérieux et d'important.

Il est également nécessaire de savoir préparer ou extraire le sucre d'une manière qui permette une appréciation exacte. Nous indiquerons plus tard les diverses méthodes proposées, en les accompagnant ou les faisant suivre des observations qu'elles nous paraîtront mériter.

Au point de vue de la division des sucres, nous ne pouvons avoir affaire qu'aux espèces suivantes :

1° *Sucre de canne* ou *prismatique;*
2° *Sucre de fruits;*
3° *Glucose.*

Le sucre de canne est fourni par de nombreux végétaux; on le rencontre « dans les tiges du *saccharum officinarum;* dans le tronc des *acer saccharinum, dasycarpum, campestre, rubrum, platanoïdes, pseudoplatanus, tartaricum, negundo*, etc.; dans la racine de *beta vulgaris* et *cycla*, de *pastinaca sativa*, de *daucus* et de *sium sisarum*. On trouve aussi du sucre (dont l'espèce n'est pas toujours bien déterminée) dans les nectaires de presque toutes les fleurs, dans les fruits de *cucumis melo* et *chate*, *carica papaya*, *achras sapota* et *mammosa*, *mammea americana*, *durio zibethinus*, *chrysophyllum microcarpum*, de plusieurs espèces d'*annona*, de *musa paradisiaca* et *sapientûm*, et de *phœnix dactylifera*, dans les tiges de *zea maïs*, *borassus flabelliformis*, *nipa fruticans*, *cocos nucifera*, *pinus abies*, *carpinus betulus*, etc., dans les racines de *triticum repens*, *hydrophylax maritima* et de *polypodium vulgare*[1]. »

Ajoutons à cette liste le *bambou*, le *bouleau blanc*, le *noyer blanc*, le *varech sucré*, la racine de *persil*, etc.

Nous ne rechercherons pas un mode d'extraction ou d'analyse immédiate pour chacune de ces plantes en particulier, les méthodes générales dont nous aurons à parler étant applicables à la plupart des végétaux sucrés.

Le *sucre de fruits* se trouve dans la plupart des fruits; nous prendrons pour exemple le raisin; les pommes et les poires, les prunes et les cerises, etc., seront soumises à la même méthode.

Enfin, le *glucose* commercial doit être soumis à l'analyse, à raison des falsifications dont il est trop souvent l'objet : nous indiquerons le mode à suivre pour en vérifier la nature, lorsque nous traiterons de la préparation en grand de cette matière.

Recherchons d'abord quelles ont été les méthodes proposées pour constater la présence du sucre dans les tissus saccharifères, en dehors des moyens de la saccharimétrie proprement dite, que nous traiterons dans un chapitre spécial à cause de son importance.

On a proposé les modes d'essai suivants :

1° Par *dessiccation*;
2° Par *évaporation*;
3° Par *fermentation*;
4° Par *élimination*, etc.

§ 1. — ESSAI DES MATIÈRES SACCHARINES.

A. Essai par dessiccation, — applicable à la betterave, à la canne à sucre, etc. — Il ne faut pas rechercher dans cette mé-

---

[1] L. Gmelin, *Chimie organique*, 1823.

thode une grande exactitude ; elle repose sur un élément trop
variable, savoir, la proportion de matière solide différente du
sucre, contenue dans une substance saccharifère. Nous l'indiquons seulement pour n'avoir à nous reprocher aucune négligence...

De l'analyse moyenne de la betterave il résulte, *d'après
M. Payen*, que cette racine sucrière contient :

Eau de végétation..................	83,5	
Sucre.........................	10,5	
Matières diverses azotées et autres......	2,4 } Matières solides,
Acides, sels et matières minérales......	3,6 } non sucrées, 6.

Ces chiffres répondent à la valeur analytique de *certaines* betteraves sucrières, mais cette composition peut varier selon
l'époque de la récolte et différentes circonstances de culture.

On sait aussi que les diverses variétés présentent des différences très-considérables sous le rapport de la quantité de
sucre qu'elles renferment et des proportions relatives d'autres
matières solides.

Nous ne pouvons donc regarder le mode d'essai proposé par
M. Payen que comme un moyen insuffisant et tout au plus approximatif, et il est loin, en effet, de répondre aux exigences
de la pratique.

Ce mode consiste à couper au milieu des betteraves à essayer
des tranches très-minces, dont on prend aussitôt le poids exact.
On les fait ensuite sécher à l'étuve ou sur un poêle modérément chauffé, jusqu'à ce qu'elles soient devenues cassantes, pul-
vérisables, et que deux pesées consécutives, faites à une demi-
heure d'intervalle, n'accusent plus de différence.

Le poids du résidu sec donne le chiffre des matières solides
et, par différence, celui de l'eau de végétation.

Sachant, d'autre part, que la betterave à sucre, *dans les conditions indiquées comme normales*, contient 6 pour 100 de matières solides autres que le sucre, il suffira de retrancher ce
chiffre du poids de la matière sèche pour connaître la valeur de
la betterave en sucre.

Ainsi, nous avons pesé 150 grammes de tranches de better-
raves et, par la dessiccation, ce poids est réduit à 24,75 : retranchant 24,75 de 150, nous trouvons pour la proportion d'eau de
végétation 125,25 pour 150, ou 83,50 pour 100. Otons 6 pour

100 ou 9 du résidu 24,75, et nous trouverons 15,75 de sucre pour 150 grammes ou 10,5 pour 100.

Ceci serait exact si l'on n'avait affaire qu'à des betteraves contenant *plus ou moins* d'eau et de sucre, et, *toujours*, 6 de matières diverses. On ne peut, d'un autre côté, adopter un autre chiffre que 6 pour les substances étrangères au sucre sans avoir fait une analyse préalable, en sorte que l'on ne saurait établir de données positives sur l'emploi de ce procédé. Nous préférons à tous égards l'un de ceux que nous indiquons plus loin, et particulièrement celui qui a été proposé par M. Péligot. Cependant, on peut chercher à asseoir une première idée générale par la dessiccation, sauf à continuer la vérification par le procédé de M. Péligot, ce qui peut très-bien se faire sans recommencer une nouvelle opération, puisque ce procédé comporte également la dessiccation.

Il serait très-facile d'appliquer ce procédé à la canne à sucre, etc., s'il présentait la moindre garantie. Il faudrait se baser sur la quantité de ligneux et de sels qui se trouve *en moyenne* dans la plante à examiner. Ainsi, admettons que la *canne à sucre* renferme en moyenne 10 pour 100 de tissus et de sels; il suffirait d'en peser un poids donné, 100 grammes, par exemple, et, après la dessiccation méthodique, de retrancher 10 du résidu. La différence serait égale au poids du sucre.

Ce mode est tout aussi inadmissible pour la canne que pour la betterave; en effet, le chiffre des tissus et des sels variant selon le sol, la culture, les engrais, le climat, etc., il n'est pas possible de s'en rapporter à une méthode empirique générale.

B. **Essai par évaporation.** — On a conseillé d'évaporer les liquides renfermant du sucre pour juger de la proportion de ce dernier principe. Évidemment cette opération pèche par la base lorsqu'elle se fait sur des liquides renfermant des substances solubles étrangères au sucre, ce qui est le cas le plus ordinaire des sucres végétaux. Nous ne nous étendrons pas à ce sujet, sinon pour recommander de filtrer, en tout cas, le jus à essayer et de le dessécher au bain-marie ou au bain de sable, même à l'étuve, à une température inférieure à $+ 100°$. On pèse le jus dans une capsule tarée, et l'on apprécie par différence après dessiccation.

Cet essai est tout à fait illusoire pour la betterave, aussi bien que pour les autres végétaux saccharifères, et l'on ne peut regarder les données qui en résultent que comme des indications plus ou moins approchées. Il est cependant plus manufacturier que le précédent, en ce sens qu'il se rapproche beaucoup plus du mode suivi en pratique. Il importe de soumettre la matière pesée à une division suffisante, suivie de pressions et de lavages réitérés, pour enlever la totalité du sucre qu'elle renferme; mais, nous le répétons, le résultat sera toujours vicié par la présence des sels.

Il y aurait un moyen de le rendre un peu plus précis; voici en quoi il consiste :

Le jus obtenu d'un poids donné de matière bien épuisée doit être mélangé avec la dissolution d'acétate de plomb, sans crainte d'ajouter un petit excès de réactif; on agite et l'on filtre.

La liqueur renferme le sucre à l'état de sucrate de plomb soluble; mais la plupart des sels métalliques sont précipités par l'acétate de plomb, en sorte que ce qui pourra en rester sera à peu près insignifiant, puisque les sels alcalins seront presque les seuls demeurant dans la liqueur.

On verse alors dans le produit de la dissolution d'acide sulfhydrique jusqu'à ce qu'il ne se forme plus de précipité noir de sulfure de plomb. On filtre de nouveau, et la liqueur, limpide et décolorée, débarrassée de toute trace de plomb, est soumise à l'évaporation au bain-marie, jusqu'à ce que la capsule qui contient le produit ne perde plus de son poids, dans deux pesées consécutives faites à une demi-heure ou une heure d'intervalle.

On pèse la capsule tarée à l'avance, et le produit en poids donne assez exactement la proportion du sucre.

A côté de ce procédé, que nous avons conseillé comme approximatif, dans lequel on pratique, avant l'évaporation, une sorte de purification du jus obtenu, on en a indiqué un autre, moins économique, que l'on a regardé comme plus rigoureux. L'alcool à 90° dissout peu de matières salines minérales ou d'autres matières étrangères au sucre : il suffira donc de traiter la matière à plusieurs reprises, par l'alcool, pour dissoudre tout le sucre contenu dans la masse. Cette dissolution évaporée donnera le poids du sucre.

Ce procédé est loin, cependant, d'être absolu. L'alcool dissout fort bien le sucre incristallisable, et plusieurs substances qui se trouvent dans les jus peuvent également se dissoudre dans ce menstrue. L'acétate d'ammoniaque, les *acétates de potasse*, de *soude et de chaux*, les *acides acétique, butyrique, citrique, gallique, lactique, malique, oxalique, tannique, valérianique*, les *azotates d'alumine, de chaux, de fer*, de *magnésie*, les *chlorures ammonique, calcique, magnésique, potassique, sodique*, le *lactate de chaux*, la *mannite*, l'*oxalate de potasse*, la *potasse*, la *soude*, le *sulfate ferrique*, des matières grasses et plusieurs autres corps sont plus ou moins solubles dans l'alcool. Or, ce fait seul suffirait à vicier les résultats d'un essai par évaporation de la dissolution alcoolique préparée avec une plante sucrière ou un sirop, puisque plusieurs des substances que nous venons de désigner se rencontrent fréquemment dans les tissus végétaux, et il faudrait procéder autrement pour obtenir des chiffres plus précis. En partant de ce fait que les phosphates sont insolubles dans l'alcool, on pourrait traiter une solution aqueuse de la matière par la chaux éteinte employée en lait, filtrer la solution, et laver les résidus à plusieurs reprises. On neutraliserait exactement le liquide par le biphosphate de chaux; puis la liqueur filtrée, concentrée en sirop, serait reprise par l'alcool et soumise à l'évaporation. Le résultat serait infiniment plus exact, mais, pourtant, on ne pourrait encore le regarder comme inattaquable.

Nous verrons tout à l'heure quelle est la méthode employée par M. Péligot pour obtenir des résultats précis, en utilisant les propriétés de l'alcool *absolu*.

C. Essai par fermentation. — Voici encore un de ces moyens inexacts qui ne peuvent fournir tout au plus que des à peu près. Si le distillateur peut se contenter de ce mode d'essai, qui offre les plus grands rapports avec sa pratique journalière, dont il partage la plupart des avantages et des inconvénients, il n'en est pas ainsi pour le fabricant de sucre, qui ne saurait y trouver qu'une approximation.

1° La fermentation est un moyen illusoire, parce qu'elle agit aussi bien sur le glucose et le sucre de fruits que sur le sucre prismatique; on ne peut donc rien conclure des résultats alcooliques ou autres qu'elle peut donner, puisqu'elle n'éclaire pas sur la source de ces résultats.

2° Il y a très-peu de fermentations dans lesquelles il ne se produise pas une notable quantité d'acide lactique ou d'autres corps dérivés, aux dépens du sucre, sans que l'on puisse constater le chiffre de la perte par le dégagement d'acide carbonique, puisqu'il n'en est pas mis en liberté dans ces réactions secondaires, et notamment dans la formation de l'acide lactique.

On voit que, par les raisons précédentes, l'essai des matières saccharines, par voie de fermentation, proposé par divers chimistes et, notamment, par M. Pelouze, est tout à fait inapplicable à la sucrerie. Il faut avouer cependant que ce procédé offre, au premier abord, un côté séduisant. En effet, on sait que le sucre de fruits $C^{12}H^{12}O^{12}$ se dédouble en alcool $C^4H^4 + 2HO$ et acide carbonique CO^2, par l'acte de la fermentation, selon la relation :

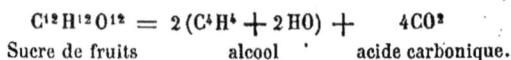

$$C^{12}H^{12}O^{12} = 2(C^4H^4 + 2HO) + 4CO^2$$

Sucre de fruits   alcool   acide carbonique.

Il en résulte que 2250 parties de sucre de fruits peuvent produire (*théoriquement*) 1150 parties d'alcool et 1100 parties d'acide carbonique. On sait, d'autre part, que 2250 parties de sucre de fruits répondent à 2137,50 parties de sucre de canne ou prismatique.

On pourrait, si le procédé était exact, doser le sucre, soit par son produit en alcool, soit par l'acide carbonique dégagé, puisque 1150 parties d'alcool en poids, ou 1100 parties d'acide carbonique, répondent à 2137,50 parties de sucre de canne.

On sait encore quel est le rapport du poids de l'alcool à son volume, puisque le litre d'alcool absolu pèse 802^{gr},10 à $+15$ degrés centigrades.

Tout cela étant posé, on peut employer à volonté deux modes de dosage, celui par l'alcool ou celui par l'acide carbonique, ainsi que nous venons de le dire.

Il serait assez curieux de mettre sous les yeux du lecteur les idées bizarres qui ont été émises à ce sujet; mais ces détails ne présenteraient, sans doute, aucun autre intérêt, et nous pensons qu'il suffira d'un résumé sommaire pour fixer l'opinion qu'il est utile de s'en faire.

Notre compatriote Lavoisier fut le premier chimiste qui découvrit la relation pondérale qui existe entre le sucre et les produits de la fermentation; le premier il songea à appliquer cette relation à l'analyse des matières saccharines, et nous avons rappelé, dans un autre ouvrage [1], les opinions émises par cet homme de génie : ses paroles sont d'une netteté et d'une précision remarquables... « La fermentation, dit-il, peut servir de moyen d'analyse du sucre et, en général, des substances végétales susceptibles de fermenter : en considérant ces matières mises à fermenter et le résultat comme une équation, et en supposant successivement chacun des éléments de cette équation inconnu, j'en puis tirer une valeur et rectifier ainsi l'expérience par le calcul et le calcul par l'expérience. J'ai souvent profité de ce moyen. »

Il est certain que le grand chimiste n'avait en vue que le sucre en général, dans cette proposition remarquable. Son langage eût été plus rigoureux encore, s'il l'avait appliqué à une espèce particulière de sucre. C'est ce que ne semblent pas avoir compris ceux qui ont voulu appliquer la réaction qu'il avait indiquée.

Ainsi, M. Pelouze donne le chiffre de 50,9 d'alcool absolu, comme représentant 100 parties de sucre pur. Brande propose le nombre $\frac{53,3}{100}$; Siemens adopte la relation $98 : 171 = \frac{57,31}{100}$, et M. Balling, dont les travaux sont fort goûtés dans les pays allemands, se rapproche de M. Pelouze par le rapport $\frac{51,111}{100}$.

Sans nous préoccuper outre mesure des dires de M. Pasteur, que nous croyons fort hasardés et qui nous semblent sous la dépendance d'observations erronées, sans admettre comme rigoureuse et constante la production de la glycérine, de l'acide succinique, etc., nous sommes obligé de reconnaître que l'effet réel de la fermentation est rarement conforme aux données numériques de la théorie, et qu'il y a là une première cause d'erreur dont nous avons déjà dit un mot. En outre, les relations indiquées ne se rapportent pas au sucre prismatique, mais bien au sucre incristallisable $C^{12}H^9O^9+3HO$.

2250 parties de ce sucre donnant 1150 parties d'alcool, le tout calculé en poids, 100 poids de *sucre incristallisable* répon-

---

1. *Guide théorique et pratique du fabricant d'alcools et du distillateur*, 1er volume, page 248.

dent à 51,111 d'alcool pur, *théoriquement*. Ce chiffre, qui est celui de M. Balling, ne peut s'appliquer au sucre prismatique, puisque la formule de celui-ci ($H^{12} H^9 O^9 + 2HO$) répond à l'équivalent 2137,5. Il suit de là que 100 parties pondérales de sucre prismatique répondent à 53,80 d'alcool pur.

Nous en concluons que les chiffres donnés plus haut sont erronés. Le plus rapproché de la *vérité théorique* est le rapport de Brande, et le moins exact est celui de Siemens.

Cette confusion entre le sucre prismatique et le sucre de fruits est la cause d'erreurs fort regrettables, qui se retrouvent dans les calculs et les tables qui en dérivent. Quant aux précautions techniques à employer pour la transformation alcoolique du sucre, elles sont connues de ceux de nos lecteurs qui sont familiarisés avec l'alcoolisation ; elles consistent à employer une proportion de *levûre lavée* suffisante pour détruire tout le sucre, et l'opération doit être faite à une température telle, qu'on n'ait pas à craindre d'arrêt. On doit éviter avec soin toutes les causes de dégénérescence. Voici, du reste, la marche à suivre.

Dosage par l'alcool. — Pour doser le sucre contenu dans une matière donnée, celle-ci étant préalablement divisée ou dissoute, on l'introduit avec une quantité d'eau suffisante dans un flacon, ou mieux, un ballon à fond plat. On y ajoute un excès de levûre de bière fraîche, lavée et pressée, soit 4 à 5 pour 100 du liquide, que l'on délaye dans le ballon, puis on expose le tout à une température moyenne de $+20°$ à $+25°$, en posant sur l'ouverture une feuille de papier, puis une petite lame de verre, pour prévenir les déperditions.

Lorsque la fermentation est terminée, le liquide filtré est soumis à la distillation dans un petit appareil d'essai, tel que celui de J. Salleron ou de Gay-Lussac. On a dû, pendant la fermentation, prendre la précaution de couvrir l'ouverture du ballon à l'aide d'une petite capsule retournée, ou d'une lame de verre, comme nous venons de le dire, afin de s'opposer autant que possible aux pertes d'alcool par évaporation ; cette précaution ne paraîtra pas inutile aux personnes habituées à traiter l'alcool, et qui savent combien il s'en échappe dans l'atmosphère, sous l'influence d'une température même peu élevée.

Supposons que l'alcoomètre centésimal accuse 2 degrés alcooliques à + 15 degrés centigrades pour 100 parties de liquide fermenté (ou 6 degrés pour le *tiers* recueilli par distillation), et que ce liquide provienne de 200 parties de betteraves, par exemple : il va nous être aisé de savoir, par le calcul, quelle est la quantité correspondante de sucre.

Soit le *volume* d'alcool recueilli par distillation égale à $\dfrac{0,60}{3}$, ou à 0,02 du liquide total, ou, par 6 décilitres, égal à 12 millièmes de litre.

Soit la *densité* de l'alcool à + 15° égale à 802,10.

Soit encore 185,873 la *quantité pondérale du sucre de canne* correspondant à 100 parties d'alcool en *poids*.

Nous trouverons le poids de l'alcool obtenu en multipliant le *volume* par la *densité* $= 0,012 \times 812,10 = 9,6252$ en centièmes ; c'est-à-dire que 100 parties de betteraves fermentées ont fourni $\dfrac{0,096252}{2}$, ou 0,048126 de leur poids en alcool.

Pour connaître le poids correspondant de sucre de canne, il nous suffira d'établir la proportion :

$$100 : 185,873 :: 0,048126 : x = 0,08945,$$

et nous saurons que la betterave essayée renferme *au moins* 8,945 pour 100 en sucre de canne, *ou l'équivalent en sucre de fruits ou autre*.

L'explication que nous venons de donner peut encore être simplifiée et ramenée à une formule générale :

Soient :

V le *volume* de liquide alcoolique *recueilli* dans le récipient $= 0^{\text{lit}},10$,

G le *degré alcoolique* de ce produit à + 15° $= 6^{\text{p}}$,

D la *densité* de l'alcool absolu $= 802,10$;

on aura :

$0,10 \times 6^{\text{p}} \times 802,10 = 4,8126$, poids de l'alcool en centièmes,

$\dfrac{4,8126 \times 185,873}{100} = x$ poids du sucre de canne en centièmes,

ou 8,945 également en centièmes.

Soit pour la formule à suivre :

$$\frac{VGD \times 185,873}{100} = x, \text{ poids du sucre de canne.}$$

Il est évident qu'en suivant cette méthode on est exposé à ne pas avoir la proportion réelle du sucre, et à ne trouver qu'un résultat très-différent de la réalité, par les raisons que nous avons déduites plus haut. Cette observation s'applique également au dosage par l'acide carbonique, et l'on doit en tenir compte dans l'appréciation.

Dosage par l'acide carbonique. — On peut se contenter de tenir compte de l'acide carbonique qui se dégage pendant la fermentation, puisque l'on sait que 2137,50 parties de sucre de canne fournissent par leur décomposition 1100 parties d'acide carbonique.

La proportion :

$$1100 : 2137,5 :: 100 : x = 194,318,$$

donne 194,318 parties de sucre pour quantité correspondante de 100 parties d'acide carbonique.

Soit un flacon *a* (fig. 3) muni d'un bon bouchon, à l'aide duquel on adapte un petit tube *b*, surmonté d'un autre tube *c* plus large et effilé en pointe capillaire à son extrémité supérieure *d*. Le tube large est rempli de fragments de chlorure de calcium fondu, pour retenir l'humidité et ne laisser passer que l'acide carbonique *sec*, et l'on a soin de bien adapter le petit tube au plus large par un bouchon bien préparé. Tout l'appareil est pesé et l'on note le poids ; soit, par exemple, ce poids égale à 420 grammes.

Introduisons dans le flacon, après avoir ôté le système de tubes, 10 grammes de levûre de bière pressée et délayée dans 200 grammes du suc à essayer. L'entonnoir qui a servi à l'introduction, et la capsule dans laquelle la levûre a été délayée sont lavés avec 100 grammes d'eau, et cette eau de lavage est réunie au suc.

Fig. 3.

On renferme alors le flacon avec le système de tubes, et l'on porte le tout à une température d'environ $+20°$.

Le mouvement fermentatif ne tarde pas à se manifester ; il se produit de l'alcool qui reste en dissolution dans la liqueur, et de l'acide carbonique, plus ou moins chargé de vapeur d'eau, qui se dégage à travers le tube desséchant, rempli de chlorure de calcium. Ce tube retient les vapeurs aqueuses, et ne livre passage qu'à l'acide carbonique.

Lorsque la fermentation est terminée, on agite le flacon pour faire tomber le *chapeau* qui s'est formé à la surface du liquide, puis on soulève un instant le bouchon pour permettre la rentrée de l'air. On peut alors abaisser le tube effilé jusque vers le niveau de la liqueur, et aspirer par l'extrémité effilée l'acide carbonique resté dans le vase ; mais il est préférable de placer le flacon dans l'eau d'un bain-marie, et de l'y maintenir pendant quelques instants à la température de $+35^\circ$ ou $+40^\circ$. On aspire alors par la pointe du tube, et la quantité de gaz restant dans la liqueur est à peu près insignifiante.

L'appareil est pesé de nouveau, et la diminution de poids qu'il a subie correspond à l'acide carbonique dégagé.

Ainsi, l'appareil pesait 420 grammes ; on y a introduit 200 grammes de suc à essayer, 10 grammes de levûre et 100 grammes d'eau de lavage, ce qui a porté le poids total à 730 grammes. On constate une diminution de poids de 8 grammes. La proportion suivante donne le chiffre de sucre correspondant :

$$100 : 194,318 :: 8 : x = 15,53544 ;$$

en sorte que 200 grammes du suc donné contiennent 15,53544 de sucre de canne *ou son équivalent en un autre sucre*, soit 7,77672 pour 100.

Outre les difficultés et les causes d'erreurs que nous avons signalées, le procédé qui consiste à essayer les matières sucrées par voie de fermentation offre encore un notable inconvénient par le temps qu'il exige. Il ne peut demander moins de trois jours, et M. Pelouze lui-même exigeait *quinze* jours de fermentation pour être assuré que le sucre fût détruit! Malgré son habileté bien connue, ce chimiste augmentait ainsi les causes présumables d'erreur ; car, en admettant même que tout le sucre renfermé dans la matière essayée subit la fermentation alcoolique, sans *dégénérescence*, ce qui nous paraît fort improbable, une partie de l'alcool formé devait nécessairement s'oxyder et passer à l'état d'acide acétique, ce qui viciait les résultats obtenus. Quoi qu'il en soit, partant de ce fait que

7

35 grammes de sucre pur, bien desséché et dissous dans 450 grammes d'eau, produisent par la fermentation 22,5 centimètres cubes d'alcool anhydre, en présence de la levûre de bière, M. Pelouze s'est servi du procédé suivant. Il extrayait, par une pulpation soignée .et des lavages réitérés suivis de pression, tout le jus contenu dans 500 grammes de betteraves; le liquide, mélangé avec un peu de levûre pure, était soumis à une température de $+18°$ ou $+20$. Au bout de quinze jours, la liqueur était distillée dans l'appareil d'essai de Gay-Lussac, et le volume alcoolique conduisait au chiffre du sucre, par le calcul du coefficient $\dfrac{50,9}{100}$.

C'est par ce procédé que M. Pelouze a constaté que la betterave renferme une quantité de sucre beaucoup plus considérable que celle obtenue en fabrique, et cependant cette méthode ne pouvait lui donner, dans tous les cas, que des résultats éloignés de la vérité, tant à raison des pertes inévitables que de la présence des sucres différents du prismatique.

Le lecteur ne nous saura pas mauvais gré, pensons-nous, si nous ne perdons pas son temps et le nôtre à rapporter la *manière de-faire*, le mode d'opérer spécial de chacun des nombreux chimistes qui se sont occupés de l'essai des sucres par fermentation. Peu nous importent, en effet, les précautions minutieuses des uns, les recommandations puériles des autres, les calculs et les coefficients de la plupart, dès que nous savons que la méthode est mauvaise et qu'elle pèche par la base. Or, il n'est personne qui puisse affirmer comme exacts les résultats d'une fermentation, en tant que terme de la mesure du sucre, en raison des faits signalés plus haut. Il faudrait, pour cela, pouvoir affirmer : 1° qu'il n'y a dans la matière essayée que du sucre; 2° que tout ce sucre est détruit; 3° qu'il ne s'est produit aucune dégénérescence en dehors de la transformation alcoolique. Et même, avec tout cela, l'essai par voie fermentative fût-il rigoureux, on ne pourrait encore rien en conclure par rapport au sucre prismatique ou sucre de canne, au sujet duquel la production de l'alcool ne préjuge absolument rien. On serait assuré de la présence d'un *sucre fermentescible* dans une proportion donnée, mais il serait impossible d'en tirer aucune conséquence pratique en sucrerie.

Un écrivain spécial allemand, M. Walkhoff, qui a publié

un ouvrage sur la fabrication du sucre de betterave, tout en adoptant des conclusions semblables aux nôtres, émet une opinion que nous devons signaler.

« En tout cas, dit-il, il reste acquis ce fait digne de remarque, qu'un jus de betterave, dont la fermentation se produit rapidement et complètement, peut, de même, être ordinairement d'un travail facile en fabrique ; mais les jus qui subissent une moindre atténuation présentent une difficulté plus ou moins grande dans le travail de l'usine : ainsi, par l'essai de la fermentation en petit, on obtiendra une appréciation, *à priori*, sur la valeur des jus et la possibilité d'en extraire le sucre[1]. »

Cette manière de voir, assez nettement formulée, nous paraît être complètement hypothétique, et nous ne voyons pas bien les faits sur lesquels elle peut reposer. Le contraire semblerait plus logique. En effet, de ce qu'un jus soit réfractaire à l'action du ferment, dans une certaine mesure, il résulte une plus grande inaltérabilité, ce qui n'a pas besoin de démonstration. D'autre part, nous pourrons apprécier plus loin quelles sont les causes réelles qui rendent le travail difficile et nous verrons que le retard de la fermentation et une moindre atténuation des jus fermentés ne peuvent provenir que de la présence des sels alcalins. Sous ce rapport, l'opinion de M. Walkhoff aurait acquis une certaine valeur, si la cause du fait ne lui avait échappé.

D. **Essai par élimination.** — *Procédé analytique de M. Péligot.* — L'industrie sucrière doit à M. Péligot des recherches consciencieuses, dont plusieurs ont profité, soit dans leurs écrits, soit dans la pratique. Nous résumons ici, dans l'intérêt du fabricant, le mode d'analyse de la betterave indiqué par ce savant.

On pèse avec soin 25 ou 30 grammes de betterave coupée en tranches minces, que l'on a prises entre la partie extérieure de la racine et le centre médullaire, et l'on fait sécher cette matière

---

1. *Walkhoff, Rübenzuckerfabrikation*, S. 384 : « Immerhin bleibt die Thatsache bemerkenswerth, dass ein Rübensaft, dessen Gährung schnell und vollständig verläuft, gewöhnlich auch leicht in der Fabrik verarbeitet werden kann, während Safte, die eine geringere Attenuation zeigen, bei ihrer Verarbeitung in den Fabriken mehr oder weniger Schwierigkeiten zeigen, so dass mittelst der Gährungsversuche im Kleinen a priori ein Urtheil gewonnen wird über den Werth der Säfte und die Möglichkeit der Zuckergewinnung daraus. »

placée dans une soucoupe ou une capsule de porcelaine, sur un bain de sable, ou à l'étuve, à une température de + 100°.

La dessiccation est suffisante lorsque le résidu est cassant, pulvérisable, et qu'il ne perd plus rien de son poids par une dessiccation plus longtemps prolongée.

En pesant le résidu sec, qui représente les matières solides de la racine, on obtient immédiatement, par différence, la proportion d'eau contenue dans la betterave.

M. Péligot conseille ensuite de traiter le résidu sec, dûment réduit en poudre, par de l'alcool à 0,830 de densité (80°-90°). Ce traitement consiste à faire bouillir à plusieurs reprises, dans l'alcool, la matière finement pulvérisée, afin de dissoudre tout le sucre. En faisant sécher le résidu insoluble dans l'alcool, on obtient, par une simple soustraction, le poids du sucre, que l'on pourrait également isoler en faisant évaporer l'alcool au bain-marie.

Le résidu, inattaquable par l'alcool, est soumis à l'action de l'eau bouillante, qui dissout l'albumine et plusieurs sels. La partie non dissoute, séchée, représente le ligneux, et l'on obtient la quantité d'albumine, etc., par différence.

Ce procédé est très-simple et suffisamment exact pour donner au fabricant toutes les garanties désirables : à ce propos, M. Péligot blâme, avec raison, la méthode d'essai par la fermentation alcoolique. Cette méthode ne peut convenir, en effet, qu'aux distillateurs, et elle n'est pas le fait des fabricants de sucre, pour lesquels elle ne prouve absolument rien que la présence d'un *sucre*, sans qu'on puisse rien en déduire, quant à la nature et à la quantité pondérale. « La fermentation alcoolique, dit M. Péligot, est une opération trop capricieuse, trop incomplète, pour qu'on puisse se fier aux résultats qu'elle fournit comme moyen de doser le sucre contenu dans une liqueur quelconque... En employant même du *sucre pur*, de l'eau et du ferment bien préparé, on obtient des quantités d'alcool et d'acide *fort éloignées des données théoriques* et, en outre, très-variables pour un même poids de sucre. »

Nous avons déjà dit tout à l'heure ce que nous pensions à cet égard et nous partageons entièrement cette opinion quant à l'emploi de la fermentation comme moyen d'essai des sucres *en sucrerie*, bien qu'il n'en soit pas de même pour le distillateur, auquel la fermentation fournit le moyen d'essai pratique le plus concluant. La méthode qui précède est d'une grande simplicité : « Elle est telle que des personnes étrangères aux connaissances chimiques peuvent l'employer et obtenir, à son aide, des résultats exacts. Il suffit, en effet, pour la mettre en pratique, d'avoir à sa disposition une balance, un bain de sable ou une étuve, de l'alcool et de l'eau. Il serait bien à désirer, dans l'intérêt de l'industrie sucrière, qu'au commencement, de chaque campagne le fabricant de sucre déterminât la composition de la matière première, sur laquelle est fondée la prospérité future de son établissement. La densité du jus ne suffit pas, en effet, pour fixer le rendement possible, bien que la perception du nouvel impôt sur le sucre indigène soit, en partie du moins, basée sur cette densité; on sait que les sels minéraux solubles, et particulièrement le nitre, peuvent non-seulement l'augmenter, mais encore exercer une influence des plus pernicieuses sur le sucre réel que contient la betterave. » (Péligot). Ajoutons qu'elle peut s'appliquer à toutes les substances saccharifères.

Malgré la simplicité de cette méthode, on peut lui reprocher de donner un résultat trop élevé, puisqu'on dissout par l'alcool une partie notable des sels qui accompagnent le sucre. Pour être complète, la marche indiquée par M. Péligot devrait comprendre le lavage, par l'*alcool absolu*, du résidu de l'évaporation de la solution hydro-alcoolique, comme nous l'avons conseillé en 1861.

Nous résumons maintenant en peu de mots les principes qui doivent guider le fabricant dans cette opération délicate de l'essai des matières saccharifères.

1° La *dessiccation* serait un bon moyen, utile, rapide et économique, si l'on pouvait compter sur l'uniformité de composition des végétaux saccharifères; malheureusement il ne peut en être ainsi, les parties végétales solides autres que le sucre étant soumises à des variations nombreuses, dépendant de causes multiples.

2° L'*évaporation* des jus obtenus par rapation, expression, lavage, ne peut donner de bons résultats que si l'on fait subir la *défécation* à ces jus, et si l'on combine ce procédé à celui par *élimination*, décrit précédemment. Nous y reviendrons dans un instant.

3° La *fermentation* ne donne au fabricant de *sucre cristallisé* aucun renseignement sur lequel il puisse compter.

4° L'*élimination*, ou plutôt l'extraction de la matière sucrée par l'alcool aqueux, après dessiccation préalable, constitue une bonne méthode.

C'est à elle qu'on doit avoir recours, en la modifiant toutefois dans le sens mentionné.

Voici comment nous avons complété ce procédé, de deux manières différentes, qui nous ont donné toutes deux de bons résultats dans des circonstances très-diverses.

Premier procédé. — Une plante saccharifiable étant donnée, il convient de peser une quantité suffisante pour obtenir un poids de sucre appréciable. Prenons donc, par exemple, 500 grammes de betterave, que nous divisons par la râpe à l'état le plus ténu possible. La pulpe, soumise à l'action d'une petite presse, est ensuite triturée avec soin dans un mortier, puis imbibée d'eau et pressée à trois ou quatre reprises. Les jus réunis sont additionnés d'un millième de chaux en lait, puis on les filtre. La liqueur filtrée est traitée par une solution de sous-acétate de plomb jusqu'à ce qu'il ne se forme plus de précipité. On filtre et l'on évapore jusqu'à 15° ou 18° B au bain-marie. On élimine alors toute trace de plomb, en versant une dissolution d'acide sulfhydrique ou de sulfhydrate d'ammoniaque dans la liqueur, que l'on filtre et que l'on concentre jusqu'à 25° ou 28° B. On filtre une dernière fois, et le sirop évaporé *à siccité*, à la plus basse température possible, est traité à épuisement par l'*alcool absolu*. La portion insoluble dans cet agent représente le sucre cristallisable. On en prend le poids après dessiccation. Le procédé est assez long et minutieux.

Deuxième procédé. — Après avoir obtenu la dissolution de sucre dans l'alcool par le procédé de M. Péligot, on l'évapore à siccité, et on la traite par l'alcool absolu, comme il vient d'être dit.

C'est le moyen le plus sûr et le plus expéditif de se rendre un compte sérieux de la valeur réelle de la matière essayée.

L'emploi de l'alcool absolu a pour but de dissoudre les sels, les matières colorantes, les matières grasses, etc., qui accompagnent le sucre cristallisable sur lequel l'alcool est sans action.

Ajoutons que cet emploi de l'alcool absolu a été adopté par la Commission anglaise chargée d'étudier la question du sucre de betterave, et que le procédé préféré par cette Commission est celui que nous venons de retracer, lequel est, à très-peu près, celui que nous avions fait connaître en 1861.

E. — Essai par la calcimétrie. — M. Péligot a posé les bases d'un autre procédé que nous décrirons sommairement, après en avoir exposé les principes techniques. Etant admise la propriété du sucre prismatique de dissoudre la chaux et de former avec elle un sucrate, il semble logique de doser le sucre par la proportion de chaux dissoute. Si nous reconnaissons avec les chimistes que 1000 parties d'eau dissolvent 1 partie de chaux hydratée CaO.HO, et qu'un équivalent de sucre prismatique dissolve un équivalent de la même chaux, soit 2137,5 de sucre pour 462,5 de chaux hydratée, nous arriverons aux conclusions suivantes :

1° Dans un liquide donné, saturé de chaux, il y a environ 1/1000 de chaux libre 1/725.

2° A côté de cette chaux libre, il y a 462,5 de chaux combinée pour 2137,5 de sucre.

Si nous supposons 100 grammes de liquide et que, par un essai de dosage, nous trouvions que la liqueur renferme 5,10 de chaux dissoute, nous pourrons en déduire qu'elle contient $\frac{100}{1000}$ = 0^{gr},10 de chaux libre et 5,10 — 0,10 = 5,0 de chaux combinée. La résolution de l'équation $\frac{462,5}{2137,5} = \frac{5,0}{x}$ nous donnera 23,10 pour le chiffre de sucre correspondant.

Quant au dosage de la chaux, il est d'une simplicité extrême et consiste dans un essai volumétrique On prépare une solution d'acide sulfurique dans l'eau distillée, telle que chaque centimètre cube renferme un poids donné d'acide monohydraté SO^3.HO. Cette préparation se fait très-aisément. On mesure 500 à 600 grammes d'eau distillée, et l'on y ajoute 10 grammes d'acide sulfurique pur. On mélange le tout et on complète exactement le volume d'un litre ou 1000 centimètres cubes. On sait, dès lors, que chaque centimètre cube de la liqueur contient 1 centigramme d'acide sulfurique monohydraté. Comme le chiffre

612 gr. 50 de cet acide concentré est l'équivalent de 462,5 de chaux hydratée, 1 centimètre cube de la liqueur répond à 0 gr. 007551 de chaux (CaO. HO), soit à 0,034768 de sucre cristallisable.

Ce qui précède étant bien établi, voici comment on procède. La liqueur à examiner est portée à la température de $+70°$ à $+80°$; puis on y ajoute du lait de chaux en excès, c'est-à-dire jusqu'à ce que la proportion ajoutée soit notablement supérieure à celle qui serait nécessaire pour saturer le sucre. On filtre et l'on a soin de laver à plusieurs reprises le résidu resté sur le filtre. On prend le volume des liquides réunis. Soit ce volume égal à 0 lit. 300, par exemple, et provenant de 150 grammes de matière première. On prend, de ce liquide, 20 centimètres cubes, que l'on colore en bleu par quelques gouttes de teinture de tournesol. On a versé de la liqueur acide dans une pipette graduée, et l'on ajoute de cette liqueur, goutte à goutte et en agitant, jusqu'au moment où la couleur bleue du liquide essayé vire franchement au rouge. On lit alors le nombre de centimètres cubes de liqueur acide qui ont été employés. Soit ce nombre égal à 6 cent. cubes 8 dixièmes, représentant, en chaux hydratée,

$$0,007551 \times 6,8 = 0,0513468.$$

On en conclut que les 300 cent. cubes de la liqueur totale renferment 15 fois plus de chaux ou $0,0513468 \times 15 = 0,770202$. De ce nombre il faut déduire $\dfrac{300}{1000} = 0,3$ pour la chaux libre. Le reste 0,470202 correspond à 2,173095 de sucre selon la relation :

$$462,5 : 2137,5 :: 0,470202 : x = 2,173095.$$

en sorte que les 150 gr. de matière essayée contiendraient 1,4487 de sucre 0/0.

Malgré tout ce que l'on a pu dire sur ce procédé, et bien que nous professions une estime toute particulière pour les travaux de M. Péligot, nous ne pouvons accorder la moindre confiance à un dosage du sucre basé sur l'appréciation de la quantité de chaux dissoute dans un jus. Nous savons que plusieurs chimistes allemands ont exagéré l'importance de cette méthode; mais, outre que cela ne prouve pas grand'chose, puisque les erreurs sont communes dans tous les pays du monde, il ne convient pas de se laisser entraîner à la remorque des théories, sans avoir, au moins, cherché à les apprécier. Or, M. Péligot lui-même ne semble pas avoir considéré la méthode calcimétrique comme sérieuse, puisqu'il a donné la préférence à la méthode par élimination dans ses recherches. Voici, d'ailleurs, les raisons sur lesquelles nous nous appuyons pour repousser l'emploi de ce procédé de dosage du sucre par l'évaluation de la chaux.

1° La teneur d'un liquide en chaux ne pourrait être un indice de la proportion du sucre que s'il n'existait, dans la liqueur, aucune autre substance que le sucre qui fût susceptible de s'unir à la chaux.

Il n'en est pas ainsi, car les plantes contiennent des corps très-nombreux avec lesquels la chaux peut former des combinaisons solubles, soit par copulation directe, soit par voie de double décomposition.

2° Il faudrait, en outre, que le sucre ne formât avec la chaux qu'une *seule* combinaison, bien définie. Or, nous savons que rien n'est moins net que cette réaction et, peut-être, en dehors des sucrates monobasique et sesquibasique de chaux, existe-t-il d'autres combinaisons, fort nombreuses, de sucre et de chaux. La chaux se dissout dans le sucre et dans le sucrate de chaux en proportions diverses, qui sont sous la dépendance de la densité du jus, de sa richesse en sucre, de la température à laquelle on opère, de la quantité de chaux employée, etc. Rien donc n'est moins stable et moins fixe que la base de ce procédé.

3° Nous ne croyons même pas que la méthode dont nous venons de parler soit un bon moyen de reconnaître la chaux existante dans les jus... Tout se borne à une question de saturation. Or, il ne faut pas oublier que l'action de la chaux met en liberté la potasse et la soude qui existent en combinaison dans les jus, sous certaines formes salines. Il en résulte forcément que l'on emploiera, pour la neutralisation, une proportion d'acide supérieure à celle qu'exigerait la chaux seule et que les chiffres déduits seront trop élevés.

Le lecteur comprendra que notre rôle n'étant pas d'enregistrer seulement les idées des chimistes sur la sucrerie, mais encore et surtout d'en rechercher la valeur, nous sommes obligé de formuler nettement ce que nous croyons être la vérité à l'égard de ces idées. Ici, nous devons déclarer que nous considérons la méthode calcimétrique comme inadmissible, et que nous la regardons même comme plus inexacte que l'essai par fermentation alcoolique.

§ II. — DENSIMÉTRIE APPLIQUÉE A L'APPRÉCIATION DES JUS SUCRÉS.

Parmi les moyens empiriques employés pour reconnaître la *valeur approximative* d'un jus sucré ou d'un vesou, il faut compter en première ligne la vérification de la densité. Nous ne prétendons pas dire par là que ce moyen soit un guide infaillible dans l'appréciation des liqueurs sucrées, car, au contraire, nous le regardons comme susceptible de fournir tout au plus une première donnée, exagérée et fausse le plus souvent; mais il est d'un usage tellement fréquent et général, malgré son imperfection, que nous ne pouvons nous dispenser d'indiquer les principaux faits relatifs à la densité, afin de compléter, par ces notions, l'étude générale de l'essai des matières saccharines.

La *densité* ou pesanteur spécifique d'un corps étant le rapport qui existe entre sa masse et son volume, on conçoit qu'un corps est d'autant plus dense qu'il renferme plus de matière sous le même volume, en sorte que, si l'on adopte pour *étalon* un volume donné, la masse de ce volume, ou son poids, exprimera la densité du corps à étudier. On a pris en France le *centimètre cube* pour *unité de volume* et le poids d'un centimètre cube d'eau, ou sa densité, sert de terme de comparaison pour tous les liquides et les solides. La densité de l'air sert de mesure à celle des gaz. On ramène ordinairement l'unité de volume au litre, ou à 1000 centimètres cubes, dans les circonstances habituelles de la pratique.

En général, *à volume égal*, les densités de deux corps donnés sont proportionnelles à leurs poids et, *à poids égal*, les densités sont en raison inverse des volumes.

On sait encore qu'un corps solide s'enfonce dans un liquide jusqu'à ce qu'il y ait égalité entre son poids et celui du liquide déplacé; par conséquent, plus le liquide sera *dense*, plus il aura de masse sous un volume donné, et moins un solide d'un *poids constant* pourra s'y enfoncer. Réciproquement, moins le liquide sera *dense*, moins il aura de masse sous le même volume, et plus un solide à poids constant s'y enfoncera; puisqu'il devra déplacer un volume plus considérable pour faire équilibre à son poids.

C'est sur les principes que nous venons de rappeler qu'est basée la construction des *aréomètres*. Ce sont de petits *flotteurs* à volume constant et à poids variable, ou à volume variable et à poids constant, que l'on plonge dans les liquides dont on veut observer la densité. Nous ne parlerons que de ces derniers, les seuls qui soient utiles au fabricant de sucre.

Les aréomètres à poids constant sont des tubes de verre (fig. 4), lestés en bas par du mercure ou du plomb, renflés au-dessus du lest et surmontés d'une tige cylindrique dont le diamètre externe est aussi bien calibré que possible. Cette tige est creuse et reçoit une petite bande de papier collée qui indique la graduation de l'appareil.

D'après ce que nous avons dit tout à l'heure, on comprend que ces instruments, plongés dans des liquides de densité différente, s'y enfoncent plus ou moins et donnent ainsi des indications qui permettent d'en apprécier la pesanteur spécifique. Ils enfoncent d'autant moins que le liquide est plus dense, et ce principe est la base de leur graduation.

Si l'on prend pour point de départ un liquide de densité moyenne, l'eau, par exemple, on pourra écrire 0° ou 1000° au point d'affleurement; au-dessous de ce point de repère seront marquées des divisions centésimales ou autres, répondant aux densités des liquides plus denses que l'eau, et au-dessus, des degrés relatifs aux liquides moins denses ou plus légers. On pourra construire d'après l'expérience une table plus ou moins étendue, analogue à la suivante :

Fig. 4.

Table des densités de divers corps.

Corps légers ou moins denses.	Éther..................	736 (à 0°).
	Esprit de bois.....	798
	Alcool...................	802,1
	Benzine................	850
	Térébenthine...........	875

Corps, type de comparaison.	{	*Eau distillée*.............	1000	(à + 4°).

		Solution sucrée à 1 pour 100.	1004
Corps lourds ou plus denses.	{	— à 40 pour 100.	1177
		Sirop à 75 pour 100.	1384,6
		Acide azotique...........	1522
		Acide sulfurique.	1842

En se rappelant que le litre ou décimètre cube d'eau (1000 centimètres cubes) pèse 1000 grammes ou 1 kilogramme, on verra immédiatement quel est le poids ou la densité relative d'une solution donnée ou d'un liquide essayé. Il sera même facile de dresser des échelles spéciales pour des corps donnés, en partant de l'*eau pure* pour atteindre le maximum ou le minimum de densité. Ainsi les sirops renfermant 75 p. 100 de sucre, lorsqu'ils ont une densité de 1384,6, il sera aisé de construire une table dans laquelle chaque centième de sucre correspondra à une densité déterminée. Ceci ne s'applique évidemment qu'aux aréomètres qui donnent immédiatement la densité ou le poids du volume.

Avant de décrire les principaux instruments dont on se sert pour apprécier la densité des dissolutions, il est bon de dire un mot sur une méthode dont se sert dans les laboratoires et qui peut rendre quelques services lorsqu'on n'a pas d'aréomètre à sa disposition. Nous voulons parler de la *méthode des pesées directes*.

Puisque la densité des corps n'est autre chose que le *poids* d'un volume de ces corps, comparé au poids d'un même volume du corps unité qui est l'eau, il suffira, pour connaître la densité d'un liquide, d'en peser exactement un volume, pourvu que l'on connaisse le poids de l'eau contenue sous ce même volume.

Si donc on prend un flacon renfermant exactement 100 centimètres cubes d'eau, ou cent grammes, jusqu'à un point d'affleurement donné, et le poids du flacon rempli d'air étant de 225 grammes, il suffira de remplacer l'eau par le liquide à essayer et de peser pour en connaître le poids relatif. Le flacon plein d'eau, à +4° (température du maximum de densité), pèse 325 grammes, moins le poids du volume d'air qu'il renfermait et que l'eau en a chassé. Le poids du litre d'air étant de 1^{gr},2932, le décilitre pèse 0^{gr},12932, en sorte que le poids réel du flacon égale 225 — 0,12932 = 224 ^{gr}, 87068. Le flacon plein d'eau pèse 324^{gr},87068.

L'eau étant enlevée et remplacée par le liquide à essayer, on trouve que le poids total est de 328^{gr},60, par exemple. En soustrayant le poids du flacon, on déduit que le poids du liquide examiné = 328,6 — 224,87068 = 103,72932. Comme ce poids est celui de cent centimètres cubes ou 1/10 de litre, le poids du litre (*volume–unité*) sera 1037,2932.

En général, *quel que soit le volume du flacon*, on le pèse vide (plein d'air), on le pèse de nouveau après l'avoir rempli d'eau distillée dont on prend exactement le volume. En diminuant le poids du flacon de celui du volume d'air qu'il contenait, on a une appréciation suffisamment exacte. Ce poids du flacon, déduit du poids total, après qu'on l'a pesé plein d'un liquide quelconque, donne le poids de ce liquide, qu'il ne s'agit plus que de comparer à celui de l'eau en ramenant le calcul au *volume-unité*.

La formule du calcul à effectuer est très-simple. En représentant le volume du flacon par V, exprimant des centimètres cubes, P étant le poids du liquide déduit de celui du flacon plein, et 1000 représentant la densité du litre d'eau, on a le rapport

$$\frac{P \times 1000}{V} = D.$$

dans lequel D exprime la densité cherchée. L'approximation est assez grande pour qu'on puisse négliger les causes d'erreurs, insignifiantes dans la pratique, auxquelles, cependant, un théoricien devrait accorder une certaine importance.

Un aréomètre bien fait dispense de ces calculs. Il en existe un certain nombre sur lesquels il serait inutile de donner de longs détails. Il suffira, pensons-nous, de faire connaître les instruments les plus usités, qui sont l'*aréomètre* de Baumé et le *densimètre* de Gay-Lussac.

L'aréomètre de Baumé est gradué d'une façon tout arbitraire. Il est formé d'un flotteur, d'une boule lestée et d'une tige graduée.

Pour les liquides plus denses que l'eau, il part de ce dernier liquide, dont le point d'affleurement porte le 0° de l'échelle. Le point d'affleurement dans une liqueur composée de 85 d'eau distillée et 15 de sel marin indique 15° : la division se continue ensuite, de telle sorte que l'acide azotique porte 36°, l'acide sulfurique monohydraté 66°, etc.

Pour les liquides moins denses que l'eau, le 0° de l'échelle, au lieu d'être écrit rationnellement à l'affleurement de l'instrument dans l'eau distillée, est placé à son affleurement dans un liquide formé de 90 d'eau et 10 de sel marin ; l'eau distillée est à 10° et l'alcool à 36°, en sorte que cette échelle présente l'anomalie de convention représentée ci-dessous.

Graduation de l'échelle aréométrique de Baumé.

	LIQUIDES plus denses que l'eau. Échelle descendante.	LIQUIDES moins denses que l'eau. Échelle ascendante.	
		36°	Alcool commercial.
		20°	Eau-de-vie ordinaire.
		15°	— faible.
Eau distillée.............	0°	10°	Eau distillée.
Eau distillée, 90, et sel, 10 part.	10°	0°	Eau, 90, et sel, 10 p.
Eau distillée, 85, et sel, 15 part.	15°		
Eau distillée, 80, et sel, 20 part.	20°		

On comprend tout l'arbitraire de cette graduation qui marque 0°, c'est-à-dire le point de départ pour l'échelle descendante, dans l'eau distillée, tandis que ce même 0° commence à 10° pour l'échelle ascendante : il suffit de faire remarquer cette circonstance pour que l'on sente l'impossibilité de se servir d'une semblable division. Que l'on ajoute à cela cet autre inconvénient fort grave selon nous, de ne rien préjuger sur la densité réelle des liquides, et de ne donner que des chiffres conventionnels, et l'on pourra juger cet instrument en connaissance de cause. Nous croyons cependant qu'il ne sera pas inutile d'en donner les indications, comparativement avec celles de l'aréomètre centésimal, ou densimètre, relativement aux dissolutions sucrées, afin d'éviter aux fabricants un travail fastidieux de correction et de calcul.

L'aréomètre de Cartier reposant sur des bases analogues et, d'ailleurs, étant beaucoup moins employé en sucrerie qu'en alcoolisation, nous ne nous arrêterons pas à le décrire ni à en indiquer les défauts.

Le densimètre de Gay-Lussac est le plus parfait de tous ceux qui ont été exécutés jusqu'à présent.

« Cet instrument, dit M. Salleron, présente sur l'aréomètre de Baumé l'avantage de donner des indications d'une valeur absolue. Les chiffres donnent, en effet, le poids réel de 1 litre du liquide à essayer. En regard du trait qui marque le point d'affleurement dans l'eau distillée à + 4°, est gravé le chiffre 1,000, c'est-à-dire 1,000 grammes, poids de 1 litre de cette eau. Un liquide qui marque, par exemple, 1,840 au densimètre, pèse, en conséquence, 1 kil. 840 le litre.

« Les indications de cet appareil ont une base certaine et facile à vérifier, puisqu'il suffit pour cela de peser à la balance un litre de liquide. Il faut donc espérer qu'il ne tardera pas à remplacer entièrement, dans la pratique, les instruments et indications arbitraires, dont la pratique a trop longtemps maintenu l'emploi.

« Les densimètres de Gay-Lussac sont de deux sortes : les uns, destinés à mesurer la densité des liquides plus pesants que l'eau ; les autres, à mesurer celle des liquides plus légers.

« Dans les premiers, la division 1000 est au sommet de l'échelle et les nombres des degrés inférieurs vont en augmentant. Dans les seconds, c'est le contraire : le chiffre 1000 est au bas de l'échelle, et les nombres vont en diminuant de bas en haut ; de telle sorte que le chiffre 850, par exemple, marqué par un liquide, signifie qu'un litre de ce liquide ne pèse que 850 grammes, ou, ce qui revient au même, que sa densité réelle est de 850. Dans la pratique, pour ne pas surcharger l'échelle de nombres inutiles, on supprime le dernier zéro du nombre. de telle sorte que 1000, 1100, 1200, etc., sont représentés par 100, 110, 120, etc. »

Disons tout de suite que la densité d'un liquide étant en proportion inverse avec son volume, le densimètre peut être employé comme *volumètre*, puisqu'il suffit de diviser 1000 par la densité trouvée pour avoir le volume d'un kilogramme du liquide examiné. Pour éviter ce petit calcul, on a même construit des volumètres spéciaux qui donnent aussitôt le volume d'un kilogramme de la liqueur. Nous ne nous y arrêterons pas.

L'eau pesant 1000, le même volume de sucre pur présente une densité de 1606,5 environ.

La densité du sucre étant plus considérable que celle de l'eau, on conçoit qu'une dissolution aqueuse de sucre sera d'autant plus dense qu'elle sera plus saturée; c'est là le point de départ pour apprécier la proportion de sucre d'un liquide au moyen de la densité. Mais cette densité varie pour un même liquide selon la température, et les essais comparatifs doivent être faits au même degré du thermomètre.

En effet, la plupart des corps éprouvant une dilatation dans leur volume par la chaleur, ils perdent sur leur densité, et une différence de quelques degrés de température, quelquefois même de moins d'un degré, suffit pour faire subir à la densité des variations notables.

A la température ordinaire d'environ $+15^\circ$ à $+20^\circ$ centigrades, une dissolution aqueuse de sucre pur, saturée aussi complétement que possible, offre une densité de 1321, c'est-à-dire qu'un litre de cette dissolution pèse 1321 grammes, l'eau distillée pesant 1000. Une telle dissolution *saturée* marque 35° à l'aréomètre de Baumé.

Si l'on élève la température de cette dissolution jusqu'à l'*ébullition*, sa densité diminue, comme cela arrive pour la plupart des corps; elle n'est plus que de 1267, et donne seulement 31°,5 à l'aréomètre. Cette différence est due à la dilatation normale de la liqueur sous l'influence du calorique, de laquelle il résulte un volume plus considérable pour la même masse de matière réelle et, par conséquent, une masse ou une densité moindre pour un même volume.

L'alcool, en s'unissant à l'eau, subit un effet de contraction; c'est-à-dire que le mélange occupe moins de place que les deux éléments séparés; ainsi, 53,7 volumes d'alcool anhydre, mêlés à 49,8 volumes d'eau, se réduisent à 100 volumes au lieu de 103,50 volumes qu'ils devraient donner normalement. Ces 100 volumes ainsi composés sont donc d'une densité supérieure à la normale

C'est le contraire pour le sucre. Nous venons de voir en effet, que la densité de la dissolution de sucre, saturée à $+15^\circ$ ou $+20^\circ$ (température ordinaire), est de 1321. Cette densité est plus faible que la somme des densités des éléments unis. Un litre, ou 1000 en volume de cette dissolution, renferme :

| Sucre........ | 666cc | dont la densité à 1006,5 est | 1069,929 |
| Eau......... | 334 | — à 1000 est | 334,000 |

$$\text{Densité calculée.................} \quad 1403,929$$
$$\text{Densité observée. ....} \quad 1321$$
$$\text{Différence...............} \quad 82,929$$

Un litre de dissolution de sucre saturée à la température ordinaire pèse donc 82^{gr},929 de moins qu'il ne devrait peser. En d'autres termes, cette dissolution occupe un volume plus grand que la somme de ses volumes élémentaires des $\frac{82,929}{1000}$: l'eau et le sucre en s'unissant à saturation *se dilateraient* donc d'environ *un douzième* (12,058).

Lorsqu'on fait dissoudre du sucre dans l'eau, il n'y a pas de développement de chaleur appréciable. Ce fait tient à ce que si, d'une part, la dissolution ou l'hydratation du sucre est une source de chaleur, de l'autre, l'augmentation de volume ou la dilatation de la liqueur en neutralise l'effet et produit compensation.

L'appréciation de la densité des jus, moûts et sirops, s'obtient avec une grande facilité à l'aide des divers aréomètres et du densimètre : mais les instruments qui servent à constater la densité sont tellement variés dans leur graduation, qu'il importe extrêmement d'indiquer celui dont on s'est servi pour obtenir la notation spécifique d'un liquide donné.

Les principaux aréomètres dont on a fait usage en sucrerie sont ceux de Baumé et de Guyton-Morveau, remplacés aujourd'hui par le densimètre centésimal, beaucoup plus commode et plus exact.

Quelques fabricants se servent cependant encore de l'aréomètre ou pèse-sirop de Baumé; mais il est à désirer que, sous ce rapport, l'industrie revienne à l'unité et au système décimal. En effet, comme nous l'avons dit, les indications de cet aréomètre sont conventionnelles et ne donnent aucun renseignement rigoureux sur la densité des liquides où on le plonge.

Sans parler davantage de la base arbitraire de cet appareil, nous dirons encore que Baumé admettait à tort la cylindricité complète de la tige comme démontrée; d'un autre côté, M. J. Salleron fait remarquer judicieusement que ce physicien n'a jamais fait connaître exactement le mode de préparation de sa dissolution saline. « Était-ce une dissolution de sel gemme ou de sel chimiquement pur ? Les pesées étaient-elles faites avec les précautions nécessaires ? A-t-il tenu compte du poids de l'air déplacé par le liquide, ou bien a-t-il négligé cette correction ? On l'ignore, et ainsi s'expliquent les différences de densité que plusieurs observateurs ont constatées dans des dissolutions salines, préparées, cependant, autant que possible, conformément aux indications de Baumé. Pour s'affranchir définitivement des causes d'erreur résultant de ces incertitudes et de ces variations, plusieurs physiciens et chimistes sont tombés d'accord d'adopter, pour la graduation de l'aréomètre (B.) destiné aux liquides plus denses que l'eau, une nouvelle méthode, où le 0° est donné par la densité de l'eau pure, et le 66e degré par celle de l'acide sulfurique pur et monohydraté, densité que Gay-Lussac a trouvée être de 1,842. On a ainsi une nouvelle échelle de 66 degrés dont la graduation repose sur des données fixes et invariables. Le calcul indique que les degrés de cette échelle et les densités correspondantes sont liés par les formules

$$D = \frac{144.300,}{144,3 - N}, \qquad N = 144,3 - \frac{144.300,}{D},$$

dans lesquelles D représente la densité ou le nombre de grammes par litre de liquide et N le nombre de degrés Baumé correspondant. »

Nous ajouterons à ceci, pour en finir avec la question de l'aréomètre de Baumé, que, non-seulement pour cet instrument mais encore pour tous les autres, le public ne consent à les payer qu'au *prix de pacotille*, et qu'il est matériellement impossible d'obtenir ainsi des appareils irréprochables.

Une note spéciale de Guyton-Morveau, sur la manière de juger la cuite des sucres, fut insérée au *Moniteur*, en 1812, par l'ordre du comte de Sussy, alors ministre des manufactures et du commerce. Cette note renferme la description d'un aréomètre spécial dont on pourrait encore se servir avantageusement pour apprécier le degré de cuite des sirops, bien qu'il soit basé sur l'aréomètre de Baumé, et qu'il ne soit destiné à fournir que la connaissance des proportions d'eau et de sucre existant dans une solution. Mais cette donnée suffit pour juger de la cuite, en ce sens qu'elle permet d'apprécier le point à peu près con-

stant de l'affleurement de l'instrument dans un sirop convenablement cuit.

« Le degré de cuisson des sirops pour obtenir le sucre concret influe tellement, tant sur la quantité que sur la qualité des
produits, que, suivant la belle expérience de M. Proust, le même
sirop, réduit par l'ébullition à $\frac{40}{100}$, cristallise très-promptement; qu'il cristallise encore, mais plus difficilement à $\frac{35}{100}$;
enfin, que, reduit à $\frac{32}{100}$, il ne donne plus de cristaux. On ne
saurait donc apporter trop d'attention à la détermination de ce
degré..., puisque, sans l'observation rigoureuse de cette condition, on court risque de porter un jugement faux et découra-
geant sur le peu de valeur de la matière, ou sur l'imperfection
des procédés... »

Déterminé par ces raisons et sur la demande d'un raffineur,
Guyton-Morveau ne tarda pas à se con-
vaincre que la preuve *par le filet* était
nécessairement sujette à toutes les vi-
cissitudes de l'atmosphère, telles que la
pesanteur, la température, l'agitation, la
direction des courants, la constitution hygrométrique, etc., sans compter les écarts
de manipulation par rapport au volume
de la goutte, à la vitesse du mouvement
imprimé, dont l'habitude la plus suivie ne
pouvait garantir l'uniformité. Il comprit
dès lors qu'il n'y avait que le *pèse-liqueur*
qui, en indiquant un degré fixe de concentration, pût garantir constamment des
produits de même qualité; après plusieurs
expériences dans les chaudières mêmes de
la raffinerie, il parvint à donner à ce fabricant un pèse-liqueur approprié à cet
objet, dont on fit usage avec un succès
constant. L'échelle de cet appareil (fig. 5)

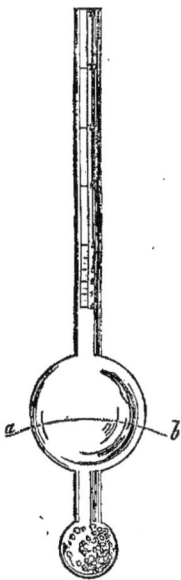

Fig. 5.

est déterminée relativement à celle du
pèse-liqueur des sels de Baumé, pour donner un moyen de
juger le vrai degré de concentration auquel la liqueur doit être

portée ; mais il ne faudrait pas en conclure que ce dernier pût servir habituellement avec le même avantage.

Indépendamment de ce que le pèse-liqueur des sucres de Guyton-Morveau est destiné à indiquer l'eau de dissolution et porte en bas le zéro, son échelle donne vingt-cinq divisions, qui correspondent seulement à 8°,333 du pèse-liqueur des sels ; savoir, de 41°,333 à 33°.

La figure précédente donne ce pèse-liqueur à l'échelle de 2 centimètres 1/2 pour décimètre, ou du quart de la grandeur naturelle.

La longueur totale de cet instrument est de 31 centimètres ; le diamètre de la grosse boule de 64 millimètres ; celui de la boule inférieure, de 28. La tige qui les sépare a également 28 millimètres de hauteur et 11 de diamètre ; la tige supérieure, qui porte la graduation, est de 9 millimètres à son extrémité ; cette tige est le prolongement de celle qui tient à la boule inférieure et doit être d'une seule pièce qui traverse la grosse boule, seul moyen d'assurer à la fois sa direction verticale et sa solidité.

Le poids de ce instrument est d'environ 22 décagrammes ; son centre de gravité, quand il est lesté convenablement, est au centre de la ligne ponctuée *ab*.

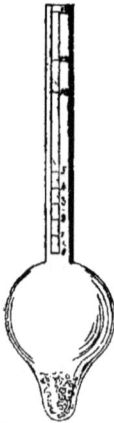

Fig. 6.

Plus tard, Guyton-Morveau, s'étant assuré que le point qui annonce la densité la plus convenable à une bonne cristallisation se trouve communément entre le troisième et le quatrième degré de son appareil, en fit réduire les dimensions et supprimer les dix divisions de 15° à 25°, pour augmenter la commodité (fig. 6), et il réunit les deux boules en forme de poire, en supprimant la tige intermédiaire.

Cette modification n'ôte rien à l'instrument et ne l'empêche pas de répondre à son but. Le pèse-sirop de Guyton-Morveau est fondé : 1° sur ce que 75 parties en poids de sucre raffiné dissoutes dans 25 parties d'eau, à la température de + 10° Réaumur (12°,5 centigrades), donnent le vingt-cinquième degré de son échelle ; 2° que, dans une dissolution de 88 parties du même sucre dans 12 parties d'eau, il ne s'enfonce plus qu'à un point qui fixe le douzième degré, de sorte qu'on n'a plus qu'à prolonger la division jusqu'au zéro, qui se trouve ainsi très-près de la boule.

Quant à la correspondance de cet aréomètre avec celui des sels de Baumé, elle est facile à établir. L'expérience ayant fait connaître que le trente-troisième degré Baumé répondait au vingt-cinquième degré du pèse-liqueur des sucres, et le trente-septième Baumé au douzième, ce qui donne le rapport de 12 à 4, on trouve, par un simple calcul, les valeurs correspondantes comme il suit :

Pèse-liqueur des sucres.		Aréomètre des sels de Baumé.
25^0	répond à	33^0
12^0	—	37^0
0^0	—	$41^0,333$

D'où il résulte que les 25 divisions du pèse-liqueur représentent $8^0 333$ de l'aréomètre de Baumé.

Le *densimètre des sucres* est un densimètre centésimal accusant, pour ses degrés, chaque augmentation de densité de 1 centième ; les dixièmes de degrés répondent aux millièmes, en partant de la densité du litre d'eau évaluée à 1000...

Il ressort de cela que l'expression de la densité des jus sucrés peut se traduire et se comprendre facilement. Ainsi, un jus présentant une densité de 1040 (104,0), on dira qu'elle est de 4 degrés ; la densité de 1046 (104,6), s'énoncera par 4 degrés et 6 dixièmes. C'est, du moins, le langage conventionnel adopté dans les usines, et il n'est pas hors de propos de mentionner la valeur de cette formule usuelle, malgré les objections qu'elle peut soulever. Il vaudrait mieux, en effet, pour l'exactitude de l'idée, dire qu'un jus offre une densité de 1040 ou de 1046 ; mais, en ceci comme en beaucoup d'autres choses, il suffit que l'on comprenne bien la portée de l'expression employée.

Dans l'intérêt des appréciations du fabricant, nous ne pouvons assez faire observer que les évaluations de la densité n'ont aucune valeur réelle pour les jus non déféqués, ou impurs, et que, dans tout ce qui fait l'objet des observations précédentes, on ne doit avoir en vue que les solutions de sucre pur dans l'eau. La précision du densimètre est un élément utile au fisc, dans les pays où l'impôt frappe la fabrication du sucre ; mais les considérations *théoriques* qui ont conduit à ce mode de contrôle légal sont opposées à toute pratique intelligente et à l'intérêt bien compris de la fabrication. Aussi, les tables relatives à la richesse sucrière des solutions sucrées, qui renferment autre chose que de l'eau et du sucre, ne peuvent-elles être données que pour mémoire.

Un exemple suffira pour faire comprendre la portée de notre objection. Un jus de betterave, de $4^0,6$, pesant 1046 par litre, a contenu depuis 84 jusqu'à $102^{gr},12$ de sucre par litre, constaté expérimentalement et, *en théorie*, une dissolution de ce poids ou de cette densité devrait en renfermer près de 115 grammes.

L'observation précédente est tout aussi importante pour le constructeur d'instruments que pour le fabricant. S'il est illusoire d'apprécier la richesse saccharine d'un jus par sa densité, lorsqu'on ne connaît pas tous les éléments qui entrent dans la composition de la liqueur, il ne l'est pas moins de vouloir établir un aréomètre qui indique, par la simple lecture, la proportion de sucre contenue, en centièmes, dans un liquide. Ainsi, l'aréomètre de M. Balling, que ce chimiste a nommé à tort *saccharimètre*, marque 0° dans l'eau distillée, 1° dans une dissolution de 1 de sucre pur, en poids, pour 99 d'eau, etc. Cet instrument donnerait, d'après son inventeur et les écrivains allemands, l'indication immédiate de la richesse centésimale d'une solution sucrée. On le tient en grande estime dans les pays sucriers allemands... Nous avouons ne pas comprendre. Ce qui est la vérité sur la rive gauche du Rhin ne peut être l'erreur sur la rive droite, au moins en matière de science, et nous sommes instruit, par l'expérience, pour ne pas accepter sans contrôle les opinions allemandes, même lorsqu'elles émanent des plus illustres. Tout doit s'incliner devant le vrai. Or, il n'est pas possible que l'instrument de M. Balling, corrigé, amélioré et perfectionné par M. Brix, puisse donner la richesse sucrière d'un jus impur. Tout aréomètre donne des indications proportionnelles à la quantité et à la nature des matières dissoutes. Si l'instrument de M. Balling est *juste* dans une dissolution de sucre raffiné, il est *faux* dans un jus naturel, dans une dissolution de mélasse, dans un sirop, dans tout ce que le fabricant doit observer. Cet aréomètre ne pourra nous renseigner sur les sels solubles, les matières gommeuses, albuminoïdes, etc., et nous prendrons, avec lui, ce qui n'est pas du sucre pour du sucre.

Nous ne voulons pas dire que l'aréomètre de M. Balling soit un mauvais instrument. Nous disons que, pour l'usage auquel il est destiné, il repose sur une base fausse, puisqu'il ne peut apprécier que les dissolutions de sucre pur et que toutes les dissolutions de sucre impur lui échappent. On pourra objecter, sans doute, que le densimètre est dans le même cas ; nous l'avouerons de grand cœur, mais cela ne prouve absolument rien. Tous les aréomètres possibles sont dans la même condition, en ce qui concerne le sucre. Le densimètre n'échappe pas à ce fait ; mais, au moins, a-t-il seul l'avantage de nous renseigner exactement sur le poids du litre et sur le volume du kilogramme de la liqueur à essayer. La chose est à considérer.

Au demeurant, nous donnons ici quelques tables, dont les indications pourront être utiles à la fabrication, sous la réserve des observations précédentes. Il ne faut y voir, en effet, que des données générales et, à ce propos, il convient de ne pas même se laisser entraîner à adopter des *facteurs de correction*, qui ne peuvent rien présenter de stable et de précis.

Ces facteurs, auxquels on a donné le nom quelque peu prétentieux de *coefficients de pureté*, ne répondent à rien, ne prouvent rien, et ne partent d'aucune base sur laquelle on puisse compter. Les plantes saccharifères offrent tant de différences dans leur richesse saccharine et leur teneur en matières étrangères solubles, que toute prétention à *fixer une moyenne acceptable* constitue un véritable non-sens. C'est à chaque fabricant qu'il appartient d'établir la relation pratique qui existe entre la *richesse apparente* de ses jus ou de ses sirops et leur *richesse réelle*, et cette relation, même dans ce cas, ne devra pas être considérée comme invariable. Des betteraves, par exemple, qui auront crû dans un sol argileux, ne seront pas identiques à celles qui auront été récoltées dans un terrain sablonneux, bien que toutes les autres circonstances soient égales. Nous aurons, d'ailleurs, occasion de revenir sur ce sujet et de faire voir l'inanité de certaines idées dont on fait trop de bruit et qui se traduisent, le plus ordinairement, par des mots vides et des phrases creuses.

Table d'appréciation des jus sucrés, moûts et vesous, au moyen du densimètre centésimal (jusqu'à 10° de richesse).

ÉCHELLES DENSIMÉTRIQUES.			SUCRE sur 1000 PARTIES.	EAU sur 1000 PARTIES.
DEGRÉS et dixièmes du densimètre.	ÉCHELLE centésimale (poids du décilitre).	ÉCHELLE millésimale (densité ou poids du litre).		
0,0	100,0	1000	0,00	1000,00
0,1	100,1	1001	2,44	997,56
0,2	100,2	1002	4,89	995,11
0,3	100,3	1003	7,33	992,67
0,4	100,4	1004	9,78	990,22
0,5	100,5	1005	12,22	987,78
0,6	100,6	1006	14,67	985,33
0,7	100,7	1007	17,11	982,89
0,8	100,8	1008	19,56	980,44
0,9	100,9	1009	22,00	978,00
1,0	101,0	1010	24,44	975,56
1,1	101,1	1011	26,89	973,11
1,2	101,2	1012	29,34	970,66
1,3	101,3	1013	31,78	968,22
1,4	101,4	1014	34,23	965,77
1,5	101,5	1015	36,67	963,33
1,6	101,6	1016	39,12	960,88
1,7	101,7	1017	41,56	958,44
1,8	101,8	1018	44,01	955,99
1,9	101,9	1019	46,45	953,55
2,0	102,0	1020	48,90	951,10
2,1	102,1	1021	51,34	948,66
2,2	102,2	1022	53,79	946,21
2,3	102,3	1023	56,23	943,77
2,4	102,4	1024	58,68	941,32
2,5	102,5	1025	61,12	938,88
2,6	102.6	1026	63,57	936,43
2,7	102,7	1027	66,01	933,99
2,8	102,8	1028	68,46	931,54
2,9	102,9	1029	70,90	929.10
3,0	103,0	1030	73,35	926,65
3,1	103,1	1031	75,79	924,21
3,2	103,2	1032	78,24	921,76
3,3	103,3	1033	80,68	919,32
3,4	103,4	1034	83,13	916,87
3,5	103,5	1035	85,57	914,43
3,6	103,6	1036	88,02	911,98
3,7	103,7	1037	90,46	909,54
3,8	103,8	1038	92,91	907,09
3,9	103,9	1039	95,35	904,65
4,0	104,0	1040	97,80	902,20
4,1	104,1	1041	100,24	899,76
4,2	104,2	1042	102,69	897,31
4,3	104,3	1043	105,13	894,87
4,4	104,4	1044	107,58	892,42
4,5	104,5	1045	110,02	889,98
4,6	104.6	1046	112,47	887,53
4,7	104,7	1047	114,91	885,09

ÉCHELLES DENSIMÉTRIQUES.			SUCRE sur 1000 PARTIES.	EAU sur 1000 PARTIES.
DEGRÉS et dixièmes du densimètre.	ÉCHELLE centésimale (poids du décilitre).	ÉCHELLE millésimale (densité ou poids du litre).		
4,8	104,8	1048	117,36	882,64
4,9	104,9	1049	119,80	880,20
5,0	105,0	1050	122,25	877,75
5,1	105,1	1051	124,69	875,31
5,2	105,2	1052	127,14	872,86
5,3	105,3	1053	129,58	870,42
5,4	105,4	1054	132,03	867,97
5,5	105,5	1055	134,47	865,53
5,6	105,6	1056	136,92	863,08
5,7	105,7	1057	139,36	860,64
5,8	105,8	1058	141,81	858,19
5,9	105,9	1059	144,25	855,75
6,0	106,0	1060	146,70	853,30
6,1	106,1	1061	149,14	850,86
6,2	106,2	1062	151,59	848,41
6,3	106,3	1063	154,03	845,97
6,4	106,4	1064	156,48	843,52
6,5	106,5	1065	158,92	841,08
6,6	106,6	1066	161,37	838,63
6,7	106,7	1067	163,81	836,19
6,8	106,8	1068	165,26	834,74
6,9	106,9	1069	167,70	832,30
7,0	107,0	1070	170,15	829,85
7,1	107,1	1071	172,59	827,41
7,2	107,2	1072	175,04	824,96
7,3	107,3	1073	177,48	822,52
7,4	107,4	1074	179,93	820,07
7,5	107,5	1075	182,37	817,63
7,6	107,6	1076	184,82	815,18
7,7	107,7	1077	187,26	812,74
7,8	107,8	1078	189,71	810,29
7,9	107,9	1079	192,15	807,85
8,0	108,0	1080	194,60	805,40
8,1	108,1	1081	197,04	802,96
8,2	108,2	1082	199,49	800,51
8,3	108,3	1083	201,93	798,07
8,4	108,4	1084	204,38	795,62
8,5	108,5	1085	206,82	793,18
8,6	108,6	1086	209,27	790,73
8,7	108,7	1087	211,71	788,29
8,8	108,8	1088	214,16	785,84
8,9	108,9	1089	216,60	783,40
9,0	109,0	1090	219,05	780,95
9,1	109,1	1091	221,49	778,51
9,2	109,2	1092	223,94	776,06
9,3	109,3	1093	226,38	773,62
9,4	109,4	1094	228,83	771,17
9,5	109,5	1095	231,27	768,73
9,6	109,6	1096	233,73	766,27
9,7	109,7	1097	236,17	763,83
9,8	109,8	1098	238,62	761,38
9,9	109,9	1099	241,06	758,94
10,0	110,0	1100	243,52	756,48

Nous ne prolongeons pas davantage cette table, parce qu'il est aisé à chacun de la pousser à sa dernière limite, en prenant pour base ce fait que 1 centième de sucre dissous par litre équivaut à 0,00409 de densité et réciproquement. Chaque millième représente, par conséquent, une augmentation de 0,000409 de densité.

Il en résulte que chaque gramme ou millième d'augmentation dans la densité du litre répond à $2^{gr},444987555$ de sucre. On peut adopter la fraction 2,44499, qui donne un résultat approché *à moins d'un centigramme* par litre.

Il convient d'observer que nous sommes un peu en désaccord avec M. Biot, sur la valeur du coefficient de densité de la dissolution, que ce savant illustre n'évaluait qu'à 0,004 pour chaque centième de sucre. Ce rapport, qui peut être très-approché pour les faibles densités, paraît être trop faible pour les dissolutions concentrées, dans lesquelles la *raison progressive* s'élèverait plus haut, selon quelques appréciations [1].

---

1. Si l'on pouvait admettre un *coefficient de dilatation* fixe, et si la dilatation de *un douzième* (12,058) que nous avons indiquée (page 113) était applicable à tous les degrés de l'échelle de dissolution, il serait très-facile de corriger les tables de ce genre et de les amener à un haut degré d'exactitude. Ce ne serait plus qu'une question de calcul à exécuter et les divergences d'observations pourraient être aisément rectifiées. Il n'en est pas ainsi, malheureusement, et il faut, de toute nécessité, recourir à la vérification directe. Nous n'en donnerons qu'un exemple, pour faire saisir la difficulté de ces corrections. Une dissolution de 50 parties pondérales de sucre dans 50 parties d'eau (= 100 en poids) offre une densité de 1230 d'après la table suivante, de 1232,2, d'après la table de Niemann, ou de 1232,9 d'après celle de Balling...

Or, à la densité de 1000, les 50 grammes d'eau offrent un volume de 50 centimètres cubes, et les 50 grammes de sucre, à la densité de 1606,5, ont un volume de $31^{cc},12$, soit, ensemble, $81^{cc},12$. En augmentant ce volume du chiffre de dilatation constaté pour le point de saturation (= densité 1321) soit $\frac{1}{12,058}$, on aurait pour le volume total $81,12 + 6,76 = 87^{cc},88$.

Ces $87^{cc},88$, au poids de 100 grammes, offrent une densité de 1232,74 en faisant abstraction de la dilatation. Si on en tient compte, on trouve, par le calcul, la densité 1137,91, qui est loin des chiffres observés.

Table de densité des dissolutions sucrées à la température moyenne de + 19° 2.

SUCRE DISSOUS.	POIDS DU LITRE. DENSITÉ.	SUCRE DISSOUS.	POIDS DU LITRE. DENSITÉ.
Centièmes.	Grammes.	Centièmes.	Grammes.
0,00	1000	0,34	1147
0,01	1004	0,35	1152
0,02	1008	0,36	1157
0,03	1012	0,37	1162
0,04	1016	0,38	1167
0,05	1020	0,39	1172
0,06	1024	0,40	1177
0,07	1028	0,41	1182
0,08	1032	0,42	1187
0,09	1036	0,43	1193
0,10	1040	0,44	1199
0,11	1045	0,45	1204
0,12	1049	0,46	1209
0,13	1053	0,47	1215
0,14	1057	0,48	1220
0,15	1061	0,49	1225
0,16	1065	0,50	1230
0,17	1069	0,51	1235
0,18	1073	0,52	1241
0,19	1077	0,53	1246
0,20	1081	0,54	1252
0,21	1085	0,55	1257
0,22	1090	0,56	1263
0,23	1095	0,57	1268
0,24	1100	0,58	1273
0,25	1104	0,59	1279
0,26	1109	0,60	1284
0,27	1113	0,61	1289
0,28	1118	0,62	1295
0,29	1123	0,63	1301
0,30	1128	0,64	1307
0,31	1133	0,65	1362
0,32	1137	0,66	1317
0,33	1142	0,666	1321

On voit par cette table que chaque centième de sucre, contenu dans une dissolution aqueuse d'un litre, produit une augmentation de densité d'environ 4 grammes ou de 4 millièmes (0,00409); mais ces chiffres, donnés par plusieurs auteurs, ne sont pas complétement vrais, et l'on ne doit pas perdre de vue que la densité ou le poids d'un liquide sucré ne donne des indications moyennes suffisantes que lorsque la liqueur renferme seulement du sucre et de l'eau. Ainsi, la densité des jus non déféqués ne signifie pas grand'chose et ne fournit à la pratique qu'un élément approximatif, dont l'habitude seule peut apprendre à tenir compte, sans des erreurs trop sensibles.

Il n'en est pas de même des liquides *bien déféqués*, filtrés et clarifiés, dont la densité se rapproche davantage de l'exactitude. Si donc on introduit du liquide sucré dans une pipette jaugée, d'un décilitre de capacité et tarée à l'avance, le poids du liquide donnera très-approximativement la proportion de sucre dissous, pourvu que cet essai ne se fasse qu'après la *clarification* et la filtration. Supposons que le poids de la liqueur soit de 123 grammes, tare déduite, nous serons en droit d'en conclure que la solution renferme près de 50 pour 100 de sucre; mais la défécation elle-même, quoique nous rapprochant plus de la vérité, nous laissera encore dans l'erreur, à cause de la présence des sels alcalins : comme il n'existe pas de moyens industriels de précipiter ces sels et qu'ils se trouvent constamment dans les moûts, nous serons conduits à un chiffre d'autant plus fort et plus erroné que les jus en renfermeront davantage, ce qui dépend de circonstances très-diverses.

Par curiosité et pour montrer comment il peut s'établir des divergences sur la densité pour des causes très variables, nous donnons encore une table analogue à la précédente et établie sur les données de M. Balling.

Table de densité des solutions sucrées d'après Balling (sans indication de température).

SUCRE DISSOUS.	POIDS DU LITRE. DENSITÉ.	SUCRE DISSOUS.	POIDS DU LITRE. DENSITÉ.
Centièmes.	Grammes.	Centièmes.	Grammes.
0,00	1000,0	0,34	1149,0
0,01	1004,0	0,35	1154,0
0,02	1008,0	0,36	1159,0
0,03	1012,0	0,37	1164,1
0,04	1016,0	0,38	1169,2
0,05	1020,0	0,39	1174,3
0,06	1024,0	0,40	1179,4
0,07	1028,1	0,41	1184,6
0,08	1032,2	0,42	1189,8
0,09	1036,3	0,43	1195,1
0,10	1040,4	0,44	1200,4
0,11	1044,6	0,45	1205,7
0,12	1048,8	0,46	1211,1
0,13	1053,0	0,47	1216,5
0,14	1057,2	0,48	1221,9
0,15	1061,4	0,49	1227,4
0,16	1065,7	0,50	1232,9
0,17	1070,0	0,51	1238,5
0,18	1074,1	0,52	1244,1
0,19	1078,8	0,53	1248,9
0,20	1083,2	0,54	1255,3
0,21	1087,7	0,55	1261,0
0,22	1092,2	0,56	1266,7
0,23	1096,7	0,57	1272,5
0,24	1101,3	0,58	1278,3
0,25	1105,9	0,59	1284,1
0,26	1110,6	0,60	1290,0
0,27	1115,3	0,61	1295,9
0,28	1120,0	0,62	1301,9
0,29	1124,7	0,63	1307,9
0,30	1129,5	0,64	1313,9
0,31	1134,3	0,65	1319,0
0,32	1139,1	0,66	1326,0
0,33	1144,0		

Il est à peine nécessaire que nous fassions observer que ces chiffres ne peuvent avoir été le résultat de l'expérience ; l'écart trop considérable qu'ils présentent, et qui va jusqu'à 0,007 de différence dans la densité, ne permet pas de juger autrement. Cette table doit avoir été calculée sur une base hypothétique. Cela est d'autant plus probable qu'un compatriote de M. Balling, M. Niemann, ne donne pour densité correspondante à 0,66 de sucre que 1321,5, soit seulement *un demi-millième* de plus qne notre table ci-dessus ne l'indique. Il serait bien difficile que par l'observation directe, on se fût trompé de 1326 à 1321,5.

Table des degrés aréométriques des dissolutions sucrées et de leur richesse en sucre.

DEGRÉS ARÉOMÉTRIQUES Baumé.	SUCRE DISSOUS.	DEGRÉS ARÉOMÉTRIQUES Baumé.	SUCRE DISSOUS.
1	0,018	18	0,334
2	0,035	19	0,352
3	0,052	20	0,370
4	0,070	21	0,388
5	0,087	22	0,406
6	0,104	23	0,424
7	0,124	24	0,443
8	0,144	25	0,462
9	0,163	26	0,481
10	0,182	27	0,500
11	0,200	28	0,521
12	0,218	29	0,541
13	0,237	30	0,560
14	0,256	31	0,580
15	0,276	32	0,601
16	0,294	33	0,622
17	0,315	34	0,644
		35	0,666

On peut obtenir la valeur très-approximative d'une liqueur sucrée, en multipliant le nombre de degrés donné par l'aréomètre au moyen du nombre fixe 0,0185, qui représente la moyenne entre les faibles densités et les plus élevées.

Un décilitre de solution saccharine, pesant 123 grammes et contenant 50 centièmes de sucre, marque 27° environ à l'aréomètre de Baumé.

III. — DOSAGES DU SUCRE.

C'est ici le lieu de parler de certains procédés de *dosage* du sucre qui ont été imaginés pour apprécier la somme d'impuretés contenues dans un sucre donné, en même temps que la proportion du sucre prismatique. Nous aurions pu renvoyer ces données à la suite de l'étude spéciale de la *saccharimétrie*, puisque ces procédés n'ont pas eu d'autre but que de remédier au grand *inconvénient* de cette méthode scientifique, c'est-à-dire à la difficulté qu'elle présente aux personnes inhabiles, peu familiarisées avec les recherches intellectuelles. Il est préférable cependant de présenter ces moyens de dosage avant des procédés plus méthodiques dont la nature même fait des moyens à part, et qu'il ne conviendrait pas de confondre avec des vérifications approximatives, bonnes pour éclairer les transactions commerciales, il est vrai, mais impuissantes à fournir des éléments certains pour des recherches plus suivies.

Il existe aujourd'hui trois procédés de ce genre, ou, plutôt, on peut compter trois modifications d'un même principe, sur lequel nous n'avons pas besoin de nous étendre longuement, le lecteur ayant déjà pu le déduire de ce qui a été exposé au sujet des propriétés du sucre prismatique.

« On sait que l'alcool absolu ne dissout pas de sucre de canne à froid et, d'autre part, que des liqueurs *saturées* d'un corps soluble, à une température donnée, ne peuvent plus dissoudre de ce corps, mais qu'elles peuvent dissoudre des corps différents. » La dernière partie de cette proposition n'est autre chose que le principe, dit de Thénard, que nous appliquerons, en temps utile, à la purification des cristaux.

Nous savons déjà que l'alcool peut dissoudre un grand nombre de substances qui accompagnent le sucre...

Cela bien compris, nous pouvons examiner les méthodes de dosage que nous avons en vue de décrire.

A. *Procédé de M. Payen.* — Le professeur du Conservatoire a *arrangé* le procédé suivant avec le principe de Thénard et la notion connue de l'inaltérabilité du sucre de canne dans l'acide acétique.

On commence par préparer la *liqueur d'épreuve*. Pour cela, on ajoute 50 centimètres cubes d'acide acétique à 7° Baumé (densité 1050,98) à 1 litre d'alcool à 88° centésimaux, et l'on fait dissoudre dans le mélange liquide 50 grammes de sucre blanc et sec en poudre. M. Payen admet que cette quantité de sucre sature la liqueur à + 15° de température; mais, pour obvier à l'action des changements de température et faire en sorte que le liquide reste toujours en saturation, il conseille de suspendre dans le vase un chapelet de cristaux de candi blanc. Il est plus rationnel d'introduire immédiatement dans la liqueur d'épreuve un grand excès de candi pulvérisé, 100 grammes, par exemple, et d'agiter avec soin, quelque temps avant l'emploi.

Quoi qu'il en soit, la liqueur étant préparée, voici la manière de s'en servir. On prend un échantillon moyen du sucre à essayer, on en pèse 10 grammes, que l'on met dans un tube à expériences [1]. *Dans le but d'enlever l'eau de l'échantillon*, on y ajoute 10 centimètres cubes d'alcool anhydre, on agite, on laisse reposer, on décante et on laisse égoutter pendant un instant. Ce premier lavage terminé, on verse 50 centimètres cubes de liqueur d'épreuve sur le sucre, on agite, on laisse reposer et on décante. On fait un nouveau lavage semblable, avec une quantité égale de liqueur; puis, après repos et décantation, on lave encore le résidu avec de l'alcool à 98°. Cela fait, on recueille le sucre sur un filtre, on le fait sécher et on le pèse. La différence du poids trouvé avec le poids primitif donne le chiffre des matières étrangères solubles. Enfin, pour obtenir le poids des matières étrangères insolubles, M. Payen fait dissoudre le sucre dans l'alcool à 60°; il recueille sur un filtre les matières insolubles, les lave, les fait sécher et en prend le poids.

Tout le monde conviendra avec nous de la puérilité de ce procédé qui n'offre, en retour de tant de longueurs et de minuties, qu'un résultat insuffisant. Sans doute, l'acide acétique dissout les bases libres ou carbonatées qui accompagnent le sucre, l'alcool absolu enlève l'eau, la solution saturée de sucre prismatique ne dissout plus de sucre, et on peut trouver le poids des matières insolubles, aussi bien que celui du sucre prismatique; mais on reste dans l'ignorance sur la quotité des substances minérales et il faut trois ou quatre heures pour exécuter convenablement, dans son entier, la série des manipulations indiquées.

B. *Procédé de M. Dumas.* — A propos d'une discussion législative sur l'impôt des sucres, M. Dumas fit connaître une modification du procédé de M. Payen, par laquelle on peut apprécier très-promptement la teneur d'un sucre donné en sucre cristallisable...

---

1. M. Payen indique, pour ce tube, 15 millimètres environ de diamètre, et 30 centimètres de longueur... A quoi bon?

On verse, dans un litre d'alcool à 85°, 50 grammes d'acide acétique à 8°, puis on introduit dans la liqueur un excès de sucre, de manière à la saturer complétement. Cette liqueur marque 74° à l'alcoomètre de Gay-Lussac, dont on se sert pour la détermination à faire. On comprend, en effet, que la liqueur mise en contact avec un sucre dissoudra les matières solubles et les bases ou les carbonates en présence, et que sa densité augmentera d'une manière proportionnelle.

De même, si le sucre est complétement pur, la liqueur, ne dissolvant rien de ce sucre, conservera sa densité initiale. Il ne s'agira que d'un simple essai densimétrique pour avoir le chiffre du sucre prismatique, si les bases du problème ont été bien posées.

En agitant 50 grammes du sucre à essayer avec un décilitre de liqueur d'essai, on dissout toutes les matières solubles. On laisse reposer, on verse la liqueur sur un filtre et on plonge l'alcoomètre dans le liquide filtré. M. Dumas indique une diminution de *un centième* pour chaque degré d'augmentation de densité.

Ici encore, et malgré la grande autorité de M. Dumas, nous nous trouvons en présence d'objections graves dont il importe de tenir compte. Nous ne comprenons pas bien comment il peut y avoir une corrélation centésimale entre les degrés de densité, en partant de 74°, et les centièmes de sucre. Nous ne voyons pas davantage comment on établit, par ce procédé, le chiffre des matières minérales, qui présente tant d'importance. Enfin, nous trouvons qu'il est assez difficile de préparer une liqueur homogène toujours identique.

C. *Procédé de l'auteur.* — Nous avons cherché à obtenir quelque chose de plus précis.

Dans un flacon d'un litre environ, on introduit un mélange de 95 d'alcool à 90° et 5 d'acide acétique à 8°, en volume, puis 100 grammes de sucre pur bien sec et réduit en poudre fine. Dans un autre flacon d'un litre, on verse 200 grammes d'eau distillée et on ajoute 700 grammes de sucre pulvérisé. On a ainsi deux solutions saturées, dont on se servira pour préparer une liqueur d'épreuve. En mélangeant les deux solutions dans la proportion de 9 décilitres de solution alcoolique et 1 décilitre de solution aqueuse environ, on obtient *une dissolu-*

tion hydroalcoolique saturée, dont la densité égale 1000, c'est-à-dire dont la densité égale celle de l'eau.

Ce point de départ nous a paru nécessaire pour plusieurs raisons. Il est fixe d'abord, puis, très-facile à apprécier ; ensuite, il permet l'emploi du densimètre ou de l'aréomètre qu'on a sous la main, si l'on n'a pas à sa disposition un instrument spécial.

Celui que nous faisons construire est un densimètre dont le 0° correspond à la densité de l'eau distillée à + 15° de température ; le chiffre 100 de l'échelle représente la densité acquise par la solution d'épreuve hydroalcoolique, lorsqu'on lui a fait dissoudre, pour un décilitre, 50 grammes de mélasse indigène intervertie et à 1480 de densité (42° Baumé). Chaque degré de la division indique, par conséquent, 0,01 de matières solubles étrangères au sucre cristallisable.

Pour se servir d'un densimètre ordinaire, on vérifie la densité acquise par la liqueur d'épreuve (1 décilitre), lorsqu'on l'a fait agir sur 50 grammes de mélasse, dans les conditions qui viennent d'être dites. Soit cette densité égale à 1273, par exemple, un demi-gramme ou un centième de matières solubles étrangères sera représenté par la densité 1002,73.

Ceci posé, voici la manière de procéder. On prend un échantillon moyen du sucre à essayer et l'on en pèse 50 grammes que l'on introduit dans un petit flacon, avec 100 centimètres cubes de liqueur d'épreuve dont la densité a été exactement mise à 1000, à la température de l'opération, par l'addition d'un peu de solution alcoolique ou de solution aqueuse, selon que la densité observée est supérieure ou inférieure à ce point normal. On agite, après avoir bouché le flacon, et on laisse reposer pendant un quart d'heure. On agite de nouveau et, après un instant de repos, on décante la liqueur dans un entonnoir muni d'un petit tampon de flanelle et placé au-dessus d'une éprouvette de petit diamètre. On plonge le densimètre dans la liqueur et on lit le nombre de centièmes d'impuretés solubles.

Soit ce chiffre égal à 9,5... On en conclut que le sucre essayé ne contient que 90,5 de sucre prismatique.

D'un autre côté, en faisant l'incinération de 10 grammes de sucre d'échantillon, on obtient le poids des matières minérales, ce qui, ainsi que nous le verrons, est d'une haute importance pour la détermination du rendement du sucre raffiné et, par conséquent, pour la fixation de la valeur vénale d'un sucre brut.

Cette méthode, convenablement exécutée, peut s'appliquer aux sucres les plus impurs et même aux mélasses et aux sirops, pourvu qu'ils soient en saturation. Elle peut donner une approximation très-suffisante, à 0,005 près, et il suffit, pour cela, d'employer un aréomètre gradué en demi-centièmes.

Au fond, ce procédé de dosage du sucre prismatique est très-suffisant pour les transactions commerciales, puisque, dans tous les cas, sans connaissance aucune de la chimie et de l'optique, il permet de déterminer exactement la proportion du sucre cristallisable par une simple opération de densimétrie, laquelle sera toujours facilement complétée par la recherche des cendres et par celle des matières insolubles.

OBSERVATIONS GÉNÉRALES. — Nous avons déjà fait voir le peu de confiance que l'on peut accorder aux essais par *dessiccation*, par *évaporation*, par *fermentation*. De même, le procédé d'essai par *élimination*, dû à M. Péligot, est fautif en ce sens qu'il conduit à un chiffre de sucre trop élevé, puisque l'on compte dans ce chiffre le poids des substances dissoutes par l'alcool à 83°. Ce mode d'essai devient, cependant, très-rigoureux pour la détermination du sucre cristallisable, lorsqu'on le complète à l'aide du lavage du résidu sec par l'*alcool absolu*. C'est à cette modification (page 102) qu'il conviendra d'avoir recours toutes les fois que l'on voudra doser exactement le sucre d'une substance saccharine et obtenir un chiffre pondéral exact.

D'un autre côté, malgré les dires de certains publicistes, dont les compilations n'ont rien de commun avec la connaissance de l'industrie sucrière, ni même avec la technologie du sucre, la *méthode calcimétrique* ne prouve rien, puisqu'il est impossible d'affirmer que le sucre soit combiné avec une proportion constante de chaux, qu'il y soit combiné en entier, et qu'il ne se soit formé aucun autre sel calcique que le sucrate.

Enfin, les indications de la *densimétrie*, qui présenteraient une haute valeur et fourniraient des résultats incontestables avec les dissolutions de *sucre pur*, conduisent à des déductions erronées et à des chiffres exagérés, puisque l'on est exposé à compter comme sucre des matières solubles de toute espèce. Ni l'*aréomètre* de Baumé, ni le *densimètre* de Gay-Lussac, ni l'instrument de Balling, ne peuvent rien nous donner de précis, et les enthousiasmes ne font rien au résultat. Nous savons, comme tout le monde, que divers chimistes se sont amusés à dresser des *tables* avec des *coefficients de correction ;* mais personne n'a pu se méprendre un instant à ces appréciations fantastiques. Quel *coefficient fixe* peut-on adopter pour les jus des plantes, lorsqu'on connaît les différences qu'ils présentent dans leur composition ? Cette utopie n'est pas admissible, et les tables de Brix, comme toutes celles de ce genre, n'éclairent pas la question, parce qu'elle est, de soi, essentiellement obscure et variable.

Nous avons au moins un avantage avec le densimètre français : c'est qu'il nous donne *immédiatement* le *poids du litre*, la *masse du volume-unité ;* mais cet avantage est le seul qu'il possède en réalité, et les données qu'il nous fournit ne nous instruisent pas plus que celles des autres aréomètres à l'égard de la richesse sucrière des vesous, des sirops, ou des dissolutions de sucre impur.

En ce qui concerne les *procédés de dosage* par les dissolutions saturées de sucre, acidulées par l'acide acétique, nous comprenons qu'ils puissent nous donner le chiffre du sucre prismatique d'un échantillon donné.

Cela est exact, bien que les lavages par l'*alcool absolu* puissent nous conduire au même but. Mais, quand même, les trois procédés indiqués ne peuvent nous renseigner sur la valeur et la nature des matières étrangères au sucre prismatique, et ils nous laissent dans l'incertitude sur les questions de rendement qui doivent appeler toute notre attention, à moins que nous ne les complétions par des opérations accessoires.

Sous la réserve des observations qui précèdent et dont le lecteur admettra, sans doute, la justesse, nous ne croyons pas devoir pousser plus loin l'examen des procédés et des méthodes de dosage, et nous passons à l'étude des moyens saccharimétriques proprement dits.

CHAPITRE IV.

Saccharimétrie.

Il est parfaitement inutile d'insister sur la somme de confiance que l'on doit accorder aux différents moyens de *dosage* que nous venons de mentionner. Il est bien difficile que ces modes d'essai puissent renseigner le fabricant sur la teneur réelle de la matière première, puisque, tous, à l'exception d'un seul, ils sont placés sous l'empire de causes d'erreur très-nombreuses.

Sans s'arrêter ici à certaines questions de pratique que l'on aura à étudier plus tard, sans rechercher si le raffineur doit acheter les sucres selon leur quantum saccharin, sans se préoccuper de l'assiette d'un impôt équitable, on est en droit de dire que, en principe, un fabricant doit connaître *exactement* la matière sur laquelle il opère ; que, sans cela, il s'expose à des mécomptes ruineux. Or, il vaut mieux ne pas faire de sucre que d'en faire à perte, et il n'est pas possible de prévoir quoi que ce soit, dans la suite des opérations usinières, si l'on ne s'est pas rendu compte, au préalable, de la matière utile et des subtances nuisibles contenues dans la plante à traiter.

Nous avons, maintes fois, cherché à attirer l'attention de l'industrie sucrière sur la nécessité de n'acheter les plantes saccharifères qu'en raison du sucre réel qu'elles renferment. Cette recommandation n'a pas perdu de sa valeur. Nous voyons tous les jours, par exemple, des fermiers qui poussent leurs betteraves au volume et au poids, par une fumure excessive, ce qui est la mesure la plus contraire à la production de la matière sucrée. Il en résulte souvent que 1000 kil. de racines, au lieu de contenir 100 kil. de sucre, n'en renferment que 50 ou 60 kil., et moins encore peut-être. Les prix sont tenus fermes par la culture, et les fabricants, enfermés dans une impasse, sont obligés d'acheter trop cher une matière de mauvaise qualité, fort pauvre en sucre et se travaillant mal.

Les catastrophes commerciales pourraient être évitées par une simple mesure de sens commun, savoir, l'achat de la matière première selon un tarif prévu, basé sur la contenance réelle des racines en sucre cristallisable...

Ce n'est pas assez de prendre la densité d'un jus ; les indi-

cations de l'aréomètre sont incomplètes et illusoires, lorsqu'on
n'agit pas sur des solutions de sucre pur, et ce genre d'appréciation ne peut que donner, tout au plus, une idée par à peu près
de la valeur cherchée. Sauf la méthode par élimination dont nous
avons parlé, tous les procédés préconisés par divers inventeurs
ne doivent être suivis qu'à titre de renseignements. Or, la
méthode de M. Péligot, même avec la modification que nous y
avons apportée, est souvent beaucoup trop longue et trop minutieuse pour que les manufacturiers puissent s'en servir utilement. Il leur faut quelque chose de plus rapide et une
méthode dont la précision ne laisse rien à désirer, et c'est justement ce que nous rencontrons dans les procédés de la *saccharimétrie.*

La saccharimétrie a pour objet de déterminer la nature et la
proportion du sucre contenue dans un liquide donné. Elle se
pratique par deux méthodes différentes dont les données peuvent, à la rigueur, se servir de contrôle : l'une, basée sur diverses réactions de chimie, porte le nom de *saccharimétrie chimique;* l'autre, fondée sur les lois, qui régissent la lumière, se
nomme *saccharimétrie optique.*

I. — SACCHARIMÉTRIE CHIMIQUE.

Nous connaissons déjà quelques réactions du sucre et nous savons quelle est la manière dont ce principe immédiat agit, en présence de plusieurs corps. C'est principalement son *pouvoir réducteur* qui a été mis à profit par les chimistes pour en constater
l'existence et la quantité.

Lorsque deux corps oxygénés sont mis en relation, soit qu'on
les soumette à la chaleur dans un creuset, soit, dans quelques
circonstances, qu'on porte à l'ébullition leurs dissolutions mélangées, il peut se produire des phénomènes remarquables,
selon que l'un d'eux est plus avide d'oxygène que l'autre n'offre d'énergie à le retenir. Ainsi, par exemple, le sucre s'empare
aisément d'un excès d'oxygène, qui le fait passer à l'état d'*acide
oxalique,* d'*acide ulmique,* d'*acide humique,* d'*acide formique,*
etc. ; les sels de cuivre cèdent avec facilité une partie de leur
oxygène au sucre, et ils tombent dans un état d'oxydation
moindre. Ils sont *réduits par le sucre,* qui leur enlève de l'oxygène. Il en est de même de l'acide azotique, lequel ne forme de

l'acide oxalique avec le sucre qu'en passant lui-même à l'état d'acide hypoazotique moins oxygéné.

C'est de la même manière que le charbon enlève l'oxygène à divers corps, en devenant lui-même de l'oxyde de carbone ou de l'acide carbonique. On dit qu'il *réduit* ces corps, qu'il est un bon *agent réducteur*. En règle générale, les substances avides d'oxygène sont considérées comme douées du *pouvoir réducteur*, et les corps qui perdent facilement l'oxygène sont dits *oxydants* ou *oxygénants*.

Ces généralités posées, il nous sera plus aisé de comprendre les procédés de la saccharimétrie chimique.

Procédé Maumené. — On sait depuis longtemps que le sucre est changé par le chlore et les chlorures en une substance noire d'une nature particulière. Il est vraisemblable que, dans cette réaction, le chlore s'empare d'une partie de l'hydrogène du sucre, et qu'il reste une matière beaucoup plus oxydée, très-analogue à l'ulmine, etc. Les perchlorures produisent ce phénomène de la manière la plus nette.

C'est de ce fait que M. Maumené a tiré parti pour proposer l'adoption d'un procédé susceptible de faire reconnaître la présence du sucre. Mais, pour rester dans le vrai, il convient de se rappeler que ce procédé ne donne aucune indication sur la *nature* du sucre contenu dans la liqueur examinée. Il sert à constater qu'elle contient un sucre, et c'est tout ce qu'on peut en attendre.

Voici ce qu'il faut faire pour obtenir ce résultat.

On fait dissoudre 20 grammes de *bichlorure d'étain* dans 40 ou 50 grammes d'eau distillée, puis on trempe dans le liquide ainsi préparé un morceau de mérinos blanc, que l'on y maintient pendant cinq minutes. Le mérinos est ensuite séché à $+ 100°$ sur un autre morceau de même étoffe, placé sur une assiette que l'on a disposée au-dessus d'un vase contenant de l'eau bouillante.

On divise ensuite le mérinos chloruré en petits carrés ou en bandelettes et on le conserve pour l'usage.

Lorsqu'on soupçonne la présence du sucre dans un liquide, on en fait tomber une goutte sur un petit morceau de mérinos préparé, que l'on expose ensuite au-dessus d'un charbon ar-

dent. Au bout d'une minute, l'étoffe noircit, si la liqueur renferme du sucre.

Ce procédé peut donner une indication utile dans plusieurs
cas, en ce sens qu'il permet de suspendre ou de continuer des
recherches ultérieures plus précises et plus exactes. Nous en
conseillons donc l'emploi à toutes les personnes qui ont à faire
des investigations sur les plantes saccharines ou supposées
telles ; mais elles ne doivent pas perdre de vue que ce moyen
ne donne qu'un indice, et qu'il faut absolument compléter par
un procédé spécial.

Il en est de même d'un grand nombre de procédés ou méthodes, qui ne sont, à vrai dire, que des indications et des indices, plutôt que des démonstrations.

Procédé Elsner. — M. Elsner a été conduit à indiquer l'emploi de l'*acide arsénique* pour l'essai des matières sucrées. Nous
rapportons sommairement les données qui résultent de ses
observations, uniquement afin de compléter les notions que
nous exposons sur l'application de la chimie à la saccharimétrie.

1° La solution d'acide arsénique mélangée avec celle de
sucre prismatique (sucre de canne), de *sucre de raisin*, de *sucre
de fécule*, prend, au bout de cinq ou six heures, et quelquefois
plus rapidement, une belle couleur rose, passant graduellement au pourpre groseille, puis, après une douzaine de jours,
au rouge brun.

2° Le *sucre des diabétiques* impur ne produit aucun cnange-
ment de teinte.

3° Le *sucre de lait* donne, au bout de cinq ou six heures, une
coloration brune rougeâtre.

4° La *mannite* prend, dans les mêmes circonstances, une teinte
rouge brique prononcée.

5° La *glycyrrhizine* et la *glycérine* ne donnent lieu à aucun
phénomène de ce genre avec la solution d'acide arsénique.

Comme il est facile de s'en rendre compte, la réaction de
l'acide arsénique n'offre pas une grande valeur pour le praticien ; elle permet, à la vérité, de constater la présence du sucre
prismatique, de celui de fécule ou de celui de raisin, du sucre
de lait ou de la mannite ; mais elle ne donne aucun caractère

différentiel pour les trois premiers, et elle n'indique pas la présence du sucre des diabétiques impur.

Ce moyen est donc tout à fait incomplet et la pratique sucrière ne peut en tirer nul avantage. Il n'en est pas ainsi, heureusement, du procédé basé sur la réduction des sels de cuivre, que nous aurons à étudier, et dont on peut en déduire des conséquences suffisamment exactes.

Autre procédé. — On peut encore se rendre compte de la présence du sucre mamelonné par le procédé suivant :

On fait dissoudre 2 ou 3 grammes de carbonate de soude dans 50 ou 60 grammes d'eau ordinaire, et l'on ajoute à la liqueur 1 ou 2 grammes de sous-azotate de bismuth, puis la solution sucrée à essayer.

On porte à l'ébullition dans une petite capsule sur la lampe à alcool.

Dans le cas de la présence du sucre mamelonné, le bismuth se précipite, réduit en poudre noire. Cette réaction n'ayant pas lieu en présence du sucre de canne ou prismatique, on peut en tirer des indications utiles pour différencier ces deux sucres.

Il est également digne d'observation que cette réaction n'est pas empêchée, par l'*acide urique*, l'*urée*, ou les sels de l'urine, sur lesquels le sous-azote de bismuth n'agit pas; il en résulte que l'on peut employer ce procédé pour constater la présence du sucre diabétique dans l'urine, pour vérifier si un jus de plante contient du sucre mamelonné, etc.

Réductions diverses. — Si l'on fait bouillir une dissolution de sucre avec la dissolution de certains sels métalliques, ils sont *réduits* par le sucre, qui leur enlève la totalité ou une partie de l'oxygène uni au métal.

Dans certains cas, le métal, privé d'oxygène, est précipité à l'état de poudre impalpable ; quelquefois, il se dépose un oxyde moins oxygéné que celui qui existait dans le sel employé comme réactif; enfin, il arrive que les sels d'oxydes métalliques sont simplement changés en sels d'oxydes moins oxygénés qu'auparavant.

Dans toutes ces réactions, le sucre s'empare d'une partie ou de la totalité de l'oxygène des oxydes métalliques, et il se produit des corps complexes, résultat de l'oxydation de la matière sucrée, tels que les acides formique, carbonique, etc.

1° Si l'on fait dissoudre du tartrate de protoxyde de cuivre (CuO) dans une dissolution de potasse, et qu'on porte le liquide à l'ébullition après y avoir ajouté la solution sucrée à essayer, il se précipitera du sous-oxyde rouge de cuivre (Cu^2O) si la liqueur renferme des traces de glucose.

Ici le sucre s'est emparé de la moitié de l'oxygène de l'oxyde cuivrique, il s'est formé du tartrate de potasse et dégagé de l'acide carbonique.

On peut se servir de cette réaction pour déceler les moindres traces de sucre de fécule dans les sirops, mélasses, etc., cette réaction n'ayant pas lieu en présence du sucre de canne seul.

2° Si l'on porte à l'ébullition une dissolution de sucre de canne mélangée d'une dissolution d'acétate de cuivre, il se précipite également de l'oxydule de cuivre. La liqueur retient de l'acétate de sous-oxyde cuivrique.

3° Si l'on a employé la dissolution de sulfate de cuivre, il se précipite du cuivre métallique.

4° Dans les mêmes circonstances, l'azotate de protoxyde de cuivre est transformé en azotate de sous-oxyde, et il se précipite aussi du cuivre métallique.

5° Le chlorure d'or, les azotates d'argent et de mercure abandonnent leur métal en présence d'une dissolution de sucre, à la température de l'ébullition.

Nous avons vu tout à l'heure que le tartrate de cuivre dissous dans la potasse précipite du sous-oxyde de cuivre à l'état de poudre rougeâtre, à la température de l'ébullition, en présence du glucose, ou du sucre de fruits.

Cette réaction, dont la connaissance est due à Frommherz, est d'autant plus nette que la dissolution cuivrique jouit d'un pouvoir colorant très-considérable; on peut, avec elle, reconnaître et distinguer de très faibles proportions de glucose, le sucre prismatique ne donnant pas les mêmes résultats et ne précipitant pas les sels de cuivre en présence de la potasse.

Nous savons, d'autre part, que les acides minéraux transforment facilement le sucre prismatique en sucre incristallisable et plus rapidement à la température de l'ébullition.

Ces deux phénomènes sont le point de départ du procédé saccharimétrique connu, en France, sous le nom de M. Bareswill, bien que ce chimiste ne soit pour rien dans la découverte de cette réaction. C'est à Frommherz que l'on doit faire remonter l'origine de ce procédé, qui a été depuis régularisé par Fehling, Trommer et quelques autres, parmi lesquels M. Bareswill vient se placer, il est vrai, mais sans pouvoir prétendre à attacher son nom à une méthode connue avant lui.

La solution d'essai ou liqueur saccharimétrique porte les noms de réactif de Frommherz, liqueur de Fehling, liqueur de Bareswill ou réactif cupro-potassique, qui désignent exactement la même préparation.

Solution cupro-potassique. — On fait dissoudre à chaud 40 grammes de sulfate de cuivre pur dans 160 à 200 grammes d'eau distillée. D'un autre côté on a préparé une dissolution de 160 grammes de crème de tartre pure (*bitartrate de potasse*) et 130 grammes de soude caustique dans 500 grammes d'eau bouillante. On mêle les deux liqueurs lorsque la dissolution est bien faite et l'on verse dans un flacon d'un litre que l'on achève de remplir avec de l'eau distillée. Rien n'empêche de filtrer la liqueur, et c'est une précaution que nous prenons toujours et dont nous nous trouvons bien. La préparation se conserve dans un flacon bouché à l'émeri.

On obtient une liqueur plus *conservable* en modifiant ce procédé de la manière indiquée par M. E. Monier, laquelle consiste à introduire un sel ammoniacal dans la dissolution de sulfate de cuivre avant de la mélanger avec la solution de tartrate.

Voici la marche recommandée par cet observateur et dont notre expérience personnelle nous autorise à affirmer la valeur.

« On dissout 40 grammes de sulfate de cuivre dans 160 grammes d'eau et l'on y ajoute 3 grammes de chlorhydrate d'ammoniaque [1]. D'un autre côté, on prépare à chaud une solution renfermant 80 grammes de crème de tartre et 130 grammes de soude pour 600 grammes environ d'eau distillée, le tout dans

---

1. Nous portons la dose du sel ammoniacal à 4 grammes, c'est-à-dire au dixième du sulfate de cuivre.

un vase d'un litre. On verse dans ce vase le sel de cuivre ammoniacal, et l'on complète le litre avec de l'eau distillée. La liqueur ainsi obtenue est d'un très-beau bleu. »

Il se trouve constamment, dans la liqueur ainsi préparée, de l'ammoniaque libre, grâce à l'excès de soude caustique. Cette quantité d'ammoniaque suffit à maintenir le sel cuivrique en état de dissolution, et la liqueur se conserve parfaitement.

Titrage de la liqueur saccharimétrique. — Il est absolument indispensable de titrer la liqueur d'essai ainsi préparée, c'est-à-dire de déterminer quelle est, *rigoureusement,* la proportion de sucre prismatique et de sucre incristallisable qui correspond à un centimètre cube de cette solution. Il est même nécessaire de faire, de temps en temps, une vérification du titre trouvé, afin de s'assurer de la conservation de la liqueur et des modifications qui peuvent être survenues dans son titre, par perte d'eau ou par toute autre cause.

On peut procéder à cette détermination du titre de différentes manières. Nous indiquons seulement celle dont nous nous servons habituellement.

On fait dissoudre à chaud 1 gramme de sucre prismatique, pur et bien sec, dans 80 grammes d'eau environ. On ajoute alors à la liqueur, placée dans une petite capsule, au-dessus de la lampe à alcool, 6 à 8 gouttes d'acide chlorhydrique, et l'on porte à l'ébullition pendant quatre ou cinq minutes. Au bout de ce temps, le sucre prismatique est changé en sucre incristallisable, et, de $C^{12}H^9O^9 + 2HO$, il est devenu $C^{12}H^9O^9 + 3HO$. On laisse refroidir, puis on verse le liquide dans une éprouvette graduée. On lave la capsule avec quelques gouttes d'eau, et le produit de ce lavage est ajouté au reste. On complète le volume exact de *cent centimètres cubes* en ajoutant, avec une pipette, la quantité d'eau strictement nécessaire.

On a, dès lors, une dissolution sucrée, dont *chaque centimètre cube contient un centigramme de sucre cristallisable* transformé ou interverti.

Faisons remarquer, en passant, que le sucre raffiné de première qualité est assez pur pour les opérations de la pratique et qu'il suffit, avant de le prendre pour base d'une opération saccharimétrique, de le pulvériser et de le faire sécher au-dessus de l'eau bouillante. D'autre part, et pour en revenir à la liqueur que nous venons de préparer, disons tout de suite que si l'on peut prendre la peine de la neutraliser, cette précaution n'est nullement indispensable. Dans tous les cas, il est préférable de le faire au moyen d'une dissolution de carbonate de soude ou d'un peu de marbre pulvérisé. Il se forme du chlorure de sodium ou de calcium qui ne gêne en rien la suite des opérations. Nous aimons mieux nous abstenir de cette neutralisation, précisément parce que, la liqueur saccharimétrique renfermant un grand excès d'alcali, cela nous paraît complétement inutile. L'expérience démontre, d'ailleurs, que l'on obtient absolument les mêmes résultats dans les deux conditions.

La solution sucrée a dû être refroidie avant de la mesurer, parce que la dilatation due à la chaleur rendrait erronée l'appréciation du volume.

On a rempli de liqueur saccharimétrique, jusqu'au zéro du haut de l'échelle, une burette compte-gouttes *graduée en centimètres cubes et dixièmes de centimètre cube;* on remplit également une burette semblable avec la dissolution de sucre interverti.

Cela fait, on introduit, dans un *tube d'essai,* à large diamètre, huit ou dix centimètres cubes de liqueur saccharimétrique : on y ajoute autant d'eau distillée pour augmenter un peu le volume et l'on porte à l'ébullition sur la lampe à alcool. On ajoute alors, goutte à goutte, de la solution sucrée, en rétablissant l'ébullition après chaque addition, jusqu'à ce que la décoloration soit complète.

On s'assure de la décoloration en comparant, devant une feuille de papier blanc, le tube d'essai et un autre tube de même diamètre rempli d'eau.

La décoloration de la liqueur cuivrique étant obtenue, il ne s'agit plus que de lire sur les burettes : 1° le volume de la liqueur cuivrique employée ; 2° celui de la solution sucrée qu'il a fallu ajouter pour décolorer la première.

Supposons que 9 centimètres cubes 7 de liqueur saccharimétrique ont été décolorés par 5 centimètres cubes 8 de solution sucrée, on en déduira que, les $5^{cc},8$ de cette dernière solution représentant $0^{gr},058$ de sucre cristallisable à raison de 1 centigramme par centimètre cube, la décoloration de $9^{cc},7$ de liqueur cuivrique équivaut à $0^{gr},058$ de sucre.

De là, par la proportion

$$9,7 \: : \: 0^{gr},058 \: :: \: 1 \: : \: x = 0^{gr},00597938,$$

on trouve que 1 centimètre cube de liqueur d'essai est décolorée par 5 milligr. 97938 de sucre prismatique. Ce nombre est inscrit sur l'étiquette du flacon. On sait, d'ailleurs, que l'équivalent du sucre prismatique incristallisable égale 2137,5 et que celui du sucre incristallisable $C^{12}H^9O^9 + 3HO$ égale 2250, et cette notion conduit à la relation

$$2137,5 \: : \: 2250 \: :: \: 0,00597938 \: : \: x = 0,006294084.$$

On en conclut que 1 centimètre cube de la liqueur saccharimétrique équivaut à 6 milligr. 294084 de sucre incristallisable, et ce résultat est également inscrit sur l'étiquette du flacon, où l'on trouve les deux indications réunies sous cette forme :

$$1 \text{ centimètre cube} = \begin{cases} \text{sucre prismatique,} & 5^{\text{milligr}},97938. \\ \text{sucre incristallisable,} & 6^{\text{milligr}},294084. \end{cases}$$

Le titrage de la liqueur saccharimétrique est terminé. On conçoit que les nombres ci-dessus sont hypothétiques et que l'on pourra trouver des résultats différents selon que l'on aura préparé, avec les doses indiquées plus haut, un volume plus ou moins grand de liqueur cuivrique. Dans tous les cas, il s'agit maintenant de se servir de cette liqueur, dont la valeur est désormais connue, pour apprécier la richesse saccharine d'une matière saccharifère quelconque.

Nous allons donner des exemples de la marche à suivre, après avoir, toutefois, donné quelques détails sur les instruments qu'il convient de se procurer.

Un nécessaire de saccharimétrie se compose des objets suivants : un *trébuchet* sensible au milligramme avec la série des poids de 50 grammes au milligramme; un *mortier* en biscuit de porcelaine et son pilon ; une *lampe à alcool* et son support ; une *capsule à bec* de 250 grammes ; une série de *burettes* de 10 à 25 centimètres cubes, graduées en dixièmes de centimètre, et une douzaine de *tubes* droits, ouverts par un bout, de deux centimètres de diamètre sur 25 à 30 de longueur. Nous préférons l'emploi de ces tubes à celui de la capsule ou du petit ballon, à cause de la facilité avec laquelle ils permettent de constater les changements de coloration de la liqueur. Cette petite instrumentation est complétée par deux éprouvettes à bec, graduées, de 125 centimètres cubes, un demi-litre gradué, un flacon d'un litre pour la liqueur d'essai et un flacon pour l'acide chlorhyrique. Nous y ajouterons, en outre, deux burettes de 50 centimètres, graduées en 1/2 centimètres cubes, et deux ou trois entonnoirs de 100 à 125 grammes.

Les burettes et les tubes sont placés dans les trous d'un support en bois, semblable à celui qui sert pour les tubes à expériences.

Épreuves saccharimétriques. — Dans tout essai de ce genre, on doit toujours soupçonner la présence du sucre inscristallisable à côté de celle du sucre prismatique. Il faut donc absolument faire deux essais, l'un pour reconnaître la quantité de sucre incristallisable $C^{12}H^9O^9 + 3HO$, l'autre pour apprécier la proportion du sucre prismatique. Cela est de règle invariable. On donne le nom d'*essai direct*, ou d'*épreuve directe*, à une première opération faite sur le produit normal de la matière, non modifié par une réaction quelconque. L'*essai indirect*, ou par *inversion*, se fait sur du liquide traité à chaud par un acide, et dans lequel, par conséquent, le sucre prismatique a été *interverti*, c'est-à-dire, changé en sucre incristallisable. Un exemple suffira pour faire saisir la marche des deux opérations.

Soit la liqueur cuivrique présentant la valeur indiquée plus haut : 1 centimètre cube = 5 milligrammes, 97938 de sucre prismatique = 6 milligrammes 294084 de sucre incristallisable... Un poids 100 grammes de la matière d'essai a fourni 250 centimètres cubes de solution sucrée. Dans un premier essai direct, nous trouvons que $2^{cc},5$ de liqueur cuivrique exigent, pour une décoloration complète, $17^{cc},8$ de liquide sucré. Dans un deuxième essai, nous trouvons que $8^{cc},9$ de réactif ont été décolorés par $3^{cc},4$ du même liquide sucré, interverti par l'acide chlorhydrique. Voici le raisonnement à faire :

Puisque 1^{cc} de liqueur d'essai égale 6 mill. 294084 de sucre incristallisable, les $2^{cc},5$ égalent

$$0,006294084 \times 2,5 = 0^{gr},01573521$$

qui se trouvent dans $17^{cc},8$ de solution sucrée. La totalité du liquide obtenu, répondant à 100 gr. de matière, en renferme une quantité proportionnelle : de là, la proportion

$$17,8 : 0,01577321 :: 250 : x = 0,39338025.$$

Le résultat de l'épreuve directe nous conduit donc à affirmer qu'il existe dans 100 gr. de la matière essayée, $0^{gr},39338025$ de sucre incristallisable.

D'autre part, pour la deuxième épreuve, les $8^{cc},9$ de liqueur cuivrique décolorée représentent

$$8,9 \times 0,006294084 = 0,0560173476$$

de sucre incristallisable qui se trouvent dans $3^{cc},4$ du liquide sucré. Pour avoir la proportion relative à la totalité, ou à 250^{cc}. On calcule la proportion

$$3,4 : 0,0560173476 :: 250 : x = 4,1189226,$$

et l'on trouve que *tout le sucre* des 100 gr. de matière est exprimé par le nombre $4^{gr},1189226$ de *sucre incristallisable*.

En retranchant de ce résultat celui de la première opération (*essai direct*) qui exprime le sucre incristallisable préexistant dans la matière, on a $4,1189226 - 0,39338025 = 3,72554235$, et la différence trouvée représente le sucre incristallisable qui répond au sucre prismatique interverti.

Il convient de ramener le chiffre $3,72554235$ à la valeur qu'il aurait s'il représentait du sucre prismatique. Comme on sait que 2250 de sucre incristallisable égalent 2137,5 de sucre prismatique, ou, ce qui revient au même, que 9 du premier égale 8,55 du second, il ne reste plus qu'à effectuer le calcul de la relation

$$9 : 8,55 :: 3,72554235 : x = 3,5392652325.$$

On a, dès lors, l'ensemble des résultats cherchés. La matière essayée contient sur 100 parties pondérales :

Sucre prismatique......................	3,53926
Sucre incristallisable	0,39338
Total, en *tout sucre*...............	3,93264

Il devient très-aisé de faire l'essai d'une matière saccharifère quelconque, lorsque les données précédentes sont bien comprises en principe; mais, pour obvier à toute chance d'erreur et faire, en quelque façon, toucher du doigt la marche à suivre dans la recherche du sucre, il peut être utile de formuler les principales applications de la méthode saccharimétrique, sur les *plantes sacchariféres*, sur les *sucres* et sur les *sirops* ou *mé-lasses*.

Epreuve saccharimétrique de la betterave. — On prend un poids exact de la racine à examiner, soit 50 grammes, par exemple, en ayant soin de couper les tranches à essayer dans le sens longitudinal, afin de faire entrer dans l'essai la portion enterrée et la partie qui a crû hors de terre. Sans cette précaution, le résultat pourrait être un peu trop fort, puisque les portions qui forment le collet sont moins riches en sucre que le reste. La prise d'essai est pilée avec soin dans le mortier et réduite en pulpe très-ténue. Cela fait, on jette cette pulpe sur l'entonnoir dans le fond duquel on a disposé un peu de coton mouillé ou un petit morceau de flanelle humide. Ce petit tampon doit être assez serré pour que le liquide ne le traverse qu'avec une certaine lenteur et l'entonnoir est placé sur une éprouvette graduée. Le mortier et le pilon sont lavés et le liquide de lavage est jeté sur la pulpe. Lorsque celle-ci est bien égouttée, on la fait traverser par de l'eau, à plusieurs reprises, jusqu'à ce que le liquide passe tout à fait insipide et à 0° de densité.

On note le volume du liquide et on l'agite pour le mélanger. Soit le volume égal à 210 centimètres cubes. On fait d'abord un essai direct en ne mettant dans le tube d'essai qu'un ou deux centimètres cubes de liqueur cuivrique. La raison de l'emploi d'une aussi petite quantité est que, le plus souvent, la proportion de sucre incristallisable est peu considérable et qu'il faudrait beaucoup trop de liquide sucré pour décolorer un plus grand volume. Supposons que la décoloration est obtenue par 30^{cc},6 de liqueur sucrée, pour 1^{cc},3 de liquide réactif. En admettant que la liqueur cuivrique représente 5 milligr. 97938 de sucre prismatique et 6 milligr. 294084 de sucre incristallisable par centimètre cube, la teneur de 30^{cc},6 de solution sucrée employée à la décoloration sera de

6 milligr. 294084 $\times$ 1,3 $=$ 8 milligr. 1825092

de sucre incristallisable; pour les 210 centimètres cubes, représentant 50 grammes de racine, l'expression du même sucre incristallisable sera égale à

$$\frac{0,0081825092 \times 210}{30,6} = 0^{gr}. \ 056 \ \text{milligr.} \ 15447\ldots$$

soit 0^{gr}. 112 milligr. 30894 pour 100 gr. de betterave.

Ce premier résultat étant obtenu, on prend 100 centimètres cubes de la dissolution sucrée, que l'on porte à l'ébullition dans la capsule en porcelaine, au-dessus de la lampe à alcool, après y avoir ajouté 7 ou 8 gouttes d'acide chlorhydrique pur. Après 5 minutes d'ébullition, on laisse refroidir, on rétablit le volume primitif de 100 centimètres cubes avec un peu d'eau distillée et l'on procède à l'épreuve indirecte, pour laquelle on emploie 8 à 10 centimètres cubes de liqueur cuivrique. Supposons que $7^{cc},9$ sont décolorés par $1^{cc},7$ de solution sucrée intervertie, on aura $7,9 \times 6,294084 = 49$ milligr. 7232636 de sucre incristallisable contenu dans $1^{cc},7$ de solution sucrée. De là, la proportion

$$1,7 \,:\, 0,0497232636 \,::\, 210 \,:\, x = 6^{gr},14228785,$$

nous donne le chiffre de tout le sucre, à l'état incristallisable, contenu dans 50 grammes de betterave, ce qui revient à $12^{gr},2845757$ pour 100 grammes.

On retranche de ce chiffre le résultat de l'essai direct

$$12,2845757 - 0,11230894 = 12^{gr},17226676$$

et la différence trouvée représente le sucre prismatique qu'il ne s'agit plus que de ramener à sa valeur équivalente, puisque, ici, il est exprimé en sucre incristallisable.

On a donc, comme précédemment, la relation :

$$9 \,:\, 8,55 \,::\, 12,17226676 \,:\, x = 11,563653422.$$

La betterave essayée contient donc sur 100 parties en poids :

Sucre prismatique.....................	11,563653422
Sucre incristallisable...................	0,112308940
Tout sucre.................	11,675962362
Eau et matières différentes du sucre.......	88,324037638
Total.................	100,00

On se conduira exactement de la même façon pour arriver à la détermination du sucre prismatique et du sucre incristallisable, dans toutes les plantes ou parties de plantes qui renferment ou peuvent renfermer ces deux sucres. Il y a, cependant, quelques observations à faire, dont il importe de tenir compte, pour éviter les petites difficultés d'exécution.

1° L'emploi des tubes en verre pour l'ébullition de l'essai offre un grand avantage, puisque ces tubes permettent la constatation rigoureuse de la décoloration et de l'instant précis où elle a lieu. Il faut prendre garde, en tout cas, de les chauffer par l'extrémité; cette négligence conduit à une perte de temps, en ce sens que l'ébullition se fait plus lentement; d'un autre côté, il peut se produire des projections qui feraient jaillir au dehors une partie du liquide et forceraient à recommencer l'opération. On doit chauffer, en tournant doucement, le tube incliné vers 45°, comme l'indique la figure 7 ci-dessous.

Fig. 7.

De cette manière, on n'a absolument aucun accident à redouter, même lorsque le dépôt d'oxyde de cuivre commence à être abondant.

2° Au commencement de l'opération, lorsque l'ébullition commence, on redresse le tube et on y verse un peu de dissolution sucrée. On chauffe de nouveau et, après avoir redressé le tube, on juge de l'effet décolorant. Cette appréciation sert de guide pour les quantités successives à verser; mais, lorsque la décoloration s'avance, il convient de ne plus introduire la solution sucrée que goutte à goutte, afin de ne pas dépasser le terme. Il vaut mieux cependant le dépasser *un peu* que de rester *en deçà;* car, dans ce dernier cas, on serait exposé à compter *trop de sucre,* ce qui est toujours une faute grave.

3° Nous préférons le pilon à la râpe, parce que la trituration ouvre mieux les cellules. Cependant, on pourrait perdre de la matière par projection, surtout si l'on traitait une plante très-aqueuse. Dans tous les cas, c'est une bonne précaution d'ajouter à la matière, dans le mortier, assez de grès finement pulvérisé ou de sable fin, lavé et séché, pour absorber l'excès d'eau. Par ce moyen, la trituration est plus parfaite et les projections ne sont plus à craindre.

4° Il convient de prendre l'échantillon à traiter dans les conditions mêmes où se fait le travail manufacturier : ainsi, pour la betterave, il faut prendre une tranche longitudinale, afin d'avoir, à la fois, une proportion convenable du collet et du corps de la racine. Pour la canne, le sorgho, le maïs, il faut se rappeler que le bas de la tige est plus riche en sucre et qu'il est nécessaire de tenir compte des nœuds. Pour cela, le mieux serait, après avoir retranché le haut, dans les conditions usuelles, de faire l'analyse en plusieurs fois, pour les portions supérieures et les parties inférieures ou médianes. Dans tous les cas, la prise d'essai doit se composer d'*un entre-nœuds* et d'*un nœud* ; on pèse le morceau coupé, on le divise et on le triture, comme il a été dit, avant de le soumettre à la lévigation.

5° Il est toujours utile d'extraire par la pression un peu de jus naturel et d'en apprécier la densité.

6° En général, les plantes qui contiennent du sucre de canne, renferment aussi du sucre incristallisable, en sorte que la double épreuve est, le plus souvent, indispensable, même quand on ne soupçonnerait pas une altération. Il y a des cas, cependant, où l'essai direct suffit, lorsqu'on a affaire à une matière végétale qui contient seulement du sucre incristallisable. Ce cas se présente pour les raisins et la plupart des fruits acidules ; mais pour les plantes de sucrerie, contenant du sucre de canne, il faut faire l'essai direct et l'essai indirect, malgré tout ce que l'on a pu dire sur l'absence du sucre incristallisable.

7° L'emploi de burettes graduées en dixièmes de centimètre cube permet d'agir sur de petites quantités, et la certitude du point de décoloration, avec les tubes d'épreuve, met à l'abri des causes d'erreurs auxquelles on est exposé avec les ballons ou la capsule dont on a conseillé l'usage.

8° On doit prêter une attention extrême à saisir le point précis de décoloration, c'est-à-dire le moment où la liqueur est arrivée au *ton de l'eau ;* c'est une condition absolue, mais un peu d'habitude et l'accomplissement des petites précautions indiquées rendent bientôt cette appréciation facile.

Essai d'un sucre. — On prend 10 grammes de sucre que l'on fait dissoudre dans 80 grammes d'eau. Après dissolution, on complète le volume de 100 centimètres cubes et l'on agite. On prend 10 centimètres cubes de ce liquide A, et on y ajoute 90 centimètres cubes d'eau. Cette nouvelle dissolution B, renfermant 1 centigramme de sucre par centimètre cube, sert à faire d'abord un essai direct, dont on note le résultat. On intervertit par l'acide chlorhydrique pur, à chaud, 50 centimètres cubes de la liqueur B. Après refroidissement, on complète le volume de 50 centimètres cubes et on fait un nouvel essai. Le second résultat, diminué du premier, donne le sucre incristallisable correspondant au sucre prismatique. On ramène le chiffre trouvé à l'équivalent de ce dernier sucre, et l'on connaît : 1° la proportion de sucre incristallisable, 2° la quantité de sucre prismatique contenue dans la prise d'essai et, par conséquent, le sucre total.

La formule générale de ces essais est facile à établir. Soient P le poids du sucre existant dans la dissolution d'essai, p le poids du même sucre dans 1 centimètre cube de la même solution, V le volume de la dissolution, v le volume de la liqueur cuivrique employée, w le volume de la solution sucrée nécessaire pour la décoloration de v, n la valeur d'un centimètre cube de la liqueur cuivrique en sucre incristallisable, on aura, pour l'essai direct : $\dfrac{v\,n\,V}{w} = x$, sucre incristallisable. L'essai indirect, après inversion, sera représenté par $\dfrac{v'n'V'}{w'} = y$, sucre total existant dans P. Enfin $\dfrac{(x-y)\,8{,}55}{9}$ donnera S, valeur du sucre prismatique, et, si z représente les matières étrangères au sucre, on aura, pour valeur analytique de la prise d'essai :

$$P = x + S + z.$$

Lorsqu'on est en droit de présumer qu'un sucre ne renferme qu'une proportion insignifiante de sucre incristallisable, on peut faire l'essai direct avec la solution sucrée A, moins affaiblie, et contenant 1 gramme de sucre essayé dans un volume de 10 centimètres cubes, ce qui revient à 10 centigrammes par centimètre cube. Dans ce cas, après l'essai, on divisera le résultat par 10, pour le ramener à la relation suivie pour l'essai indirect, relation qu'il est bon de fixer à 1 centigramme pour la valeur de p.

Essai d'un sirop. — On prend 10 grammes de sirop à essayer; on le fait dissoudre dans l'eau, de manière à obtenir un volume de 100 centimètres cubes pour la solution A. En mélangeant 10 centimètres cubes de A avec 90 centimètres cubes d'eau, on obtient 100 centimètres cubes de solution B, à 1 centigramme, sur laquelle on agit par épreuve double, comme il vient d'être dit pour l'essai d'un sucre.

- Si le sirop est fortement coloré, il est bon de procéder comme pour les mélasses.

Essai d'une mélasse. — On pèse 10 grammes de mélasse que l'on fait dissoudre dans 80 grammes d'eau, à chaud. On y ajoute, goutte à goutte, et en agitant, la quantité de solution saturée de sous-acétate de plomb nécessaire pour obtenir une décoloration suffisante et l'on filtre à travers un peu de coton humide. On complète le volume de 100 centimètres cubes, tant par le lavage des vases et de l'entonnoir que par la petite quantité d'eau nécessaire; et l'on obtient une solution A, à 10 0/0. Dix centimètres cubes de cette solution, mélangés avec 90 d'eau, donnent une solution B, à 1 centigramme de mélasse par centimètre cube, sur laquelle on agit comme sur le sucre, par essai direct et par essai indirect.

Observations. — Le procédé de saccharimétrie qui repose sur la réduction du sel de cuivre est, certainement, la moins imparfaite de toutes les méthodes chimiques proposées pour la détermination du sucre. Ce n'est pas, cependant, qu'elle ne soit soumise à aucune cause d'erreur, car on peut se trouver en présence de corps très-différents du sucre $C^{12}H^9O^9 + 3HO$, qui offrent la propriété de décolorer la liqueur cuivrique; mais, dans les conditions actuelles, cette méthode, appliquée aux racines sucrées ou aux graminées saccharifères, fournit des résultats incontestables et d'une très-grande approximation.

L'acide urique réduit les sels de cuivre. Il en est de même de certains principes acides qui se trouvent dans quelques fruits et, en particulier, dans les oranges, et il est probable que des conditions analogues se retrouvent dans plusieurs circonstances. On comprend que, dans tous les cas de ce genre, il conviendra d'abord d'éliminer la cause perturbatrice en précipitant, par des réactifs appropriés, les principes immédiats qui agissent dans ce sens; mais, en somme, la betterave, la canne, le sorgho, le maïs, les sucres, les sirops et les mélasses qui en proviennent, ne contiennent pas de matières réductrices différentes du sucre, qui puissent altérer les résultats saccharimétriques. C'est la question importante pour le fabricant, lequel n'a pas besoin de se préoccuper des cas exceptionnels dont il n'a pas à rencontrer d'exemples dans ses opérations habituelles.

Dans la première édition de cet ouvrage, nous avions rapporté l'équivalent du glucose à la formule du *sucre de fécule hydraté* $C^{12}H^9O^9+5HO$; cette manière de voir était erronée. Il paraît démontré, en effet, que le pentahydrate de saccharigène doit être regardé comme un bihydrate du sucre de fruits $C^{12}H^9O^9+3HO$, en sorte que la valeur numérique équivalente du glucose doit être calculée par le chiffre 2250 et non par l'équivalent 2475. Il en résulte que 9 parties pondérales de glucose sont la représentation de 8,55 de sucre prismatique et que les valeurs comparatives des deux sucres doivent être établies selon les indications suivantes.

Table des équivalents du glucose et du sucre prismatique.

GLUCOSE.	SUCRE PRISMATIQUE.	GLUCOSE.	SUCRE PRISMATIQUE.
Grammes.		Grammes.	
0,25	0,2375	13,0	12,35
0,50	0,475	14,0	13,30
0,75	0,7125	15,0	14,25
1,0	0,95	16,0	15,20
2,0	1,90	17,0	16,15
3,0	2,85	18,0	17,10
4,0	3,80	19,0	18,05
5,0	4,75	20,0	19,00
6,0	5,70	21,0	19,95
7,0	6,65	22,0	20,90
8,0	7,60	23,0	21,85
9,0	8,55	24,0	22,80
10,0	9,50	25,0	23,75
11,0	10,45	26,0	24,70
12,0	11,40	27,0	25,65

Le dosage du sucre prismatique et celui du sucre incristalli-sable ne présentent aucune difficulté réelle lorsque l'on s'as-treint à suivre régulièrement la méthode chimique précédemment décrite. Ce procédé est à la portée de tout le monde et il ne donne lieu à aucune erreur dans les conditions ordinaires de la pratique. Il peut arriver, cependant, que l'on soit exposé à se trouver en présence de certains principes qui réagissent sur la liqueur d'essai, dans le cas d'altération de la matière essayée principalement. Pour obvier à toutes les objections que l'on pourrait soulever sur des éventualités hypothétiques, un des meilleurs moyens à employer consiste à traiter la liqueur exa-minée par l'acétate de plomb tribasique, à filtrer ensuite et à soumettre le liquide filtré à l'examen saccharimétrique. Comme la plupart des sels formés par l'oxyde de plomb avec les acides organiques sont insolubles ou très-peu solubles, on élimi-nera ainsi les causes de perturbation. Voici comment il con-viendrait de procéder, pour répondre à des scrupules souvent exagérés :

Un poids p de la matière première étant pesé, on la divise par trituration, s'il y a lieu, on lave à plusieurs reprises jusqu'à épuisement et l'on obtient un volume v de solution sucrée im-pure. On ajoute dans cette dissolution, goutte à goutte, la quantité de sel de plomb nécessaire pour précipiter tout ce qui est éliminable à l'état de composé plombique, et l'on filtre. On lave avec soin le filtre et le dépôt qui s'y trouve, et le liquide total est versé dans une capsule que l'on fait chauffer sur la lampe à alcool, après y avoir ajouté assez de solution d'un sul-fure quelconque pour éliminer le plomb en excès. Lorsque la liqueur est arrivée à + 80° de température, on la filtre de nou-veau, on lave le filtre et on note le volume définitif du liquide, provenant d'un poids p de matière. C'est ce liquide que l'on fait réagir sur la liqueur cuprique par essai direct et par in-version. On peut être certain qu'il ne renferme plus de sub-stances actives autres que le sucre, dont l'intervention puisse falsifier les résultats.

Dans tous les cas, nous préférons cette purification du jus traité, ou de la dissolution de sirop, ou de mélasse, à certains procédés que l'on a cherché à faire prévaloir. Nous ne parle-rons ici que d'un seul, celui que le docteur Stammer s'at-tribue.

D'après cet observateur, les liqueurs titrées étant de *conservation difficile*, il convient mieux d'opérer autrement et de doser, par pesée directe, le cuivre réduit. Après l'inversion, M. Stammer neutralise par le carbonate de soude, ajoute un excès de réactif cuivrique, porte à l'ébullition au bain de sable, et laisse le *dépôt* se séparer. Il le recueille sur un filtre, le lave et le sèche. Mais, au lieu de le peser à l'état de *sous-oxyde*, il le fait calciner dans une capsule tarée pour le ramener à l'état de protoxyde, puis il en prend le poids. Ce poids, multiplié par 0,43, donne le poids du sucre prismatique. Si l'on recherche le glucose, on emploie le facteur 0,45.

M. Stammer nous permettra de ne pas être de son avis...

1° L'idée de doser le cuivre n'est pas nouvelle et n'appartient pas à M. Stammer ; mais, quand même, il faut convenir qu'elle n'est pas heureuse, puisqu'elle conduit à substituer le complexe au simple.

2° M. Stammer accuse les liqueurs titrées de n'être pas conservables. C'est une erreur. On ne peut hasarder des affirmations de ce genre que lorsqu'on est sûr de ce que l'on avance, et il est probable que l'auteur n'a eu affaire qu'à des liqueurs mal préparées. Le réactif cuivrique, préparé comme il a été dit plus haut, se conserve pendant un temps très-long, pourvu que le flacon soit bouché à l'émeri, afin d'éviter l'évaporation de l'eau, ce qui n'aurait, d'ailleurs, aucun autre inconvénient que de changer le titre.

3° Avec le concours de soins multiples, une neutralisation, une filtration, un lavage, une calcination, on n'arrive encore à rien d'exact lorsque, dans la liqueur essayée, il peut se former un autre précipité non décomposable par la calcination, ce qui est un cas assez fréquent, sinon habituel. Il faudrait alors traiter le résidu par l'acide azotique, afin de le dissoudre et de le doser à l'état de sulfure. Ce traitement indispensable conduit évidemment à recueillir le dépôt de sulfure de cuivre, qu'il faut laver, faire sécher et peser...

Tout cela est fort long, peu pratique, et ce ne sont pas des procédés semblables qui inspireront aux fabricants la pensée de faire, par eux-mêmes, les vérifications saccharimétriques utiles.

II. — SACCHARIMÉTRIE OPTIQUE.

On donne le nom de saccharimétrie optique à l'ensemble des procédés qui ont pour but de déterminer la nature et la proportion du sucre contenu dans une dissolution, d'après les changements imprimés à la lumière par une colonne de dissolution sucrée.

Les divers phénomènes qui ont servi de base à la saccharimétrie optique font partie d'un groupe de faits connus sous le nom de *polarisation circulaire* des rayons lumineux, et observés avec le plus grand soin par M. Biot, qui en a tracé les circonstances et les lois générales. Nous croyons devoir faire précéder la description des procédés de la saccharimétrie optique par l'exposé sommaire des faits relatifs à la polarisation.

Notions générales. — Sans entrer dans aucune théorie sur l'origine et la source de la lumière, ce qui ne nous servirait absolument à rien, nous allons transcrire succinctement ici les principes généraux d'optique qui peuvent nous conduire à l'intelligence des faits saccharimétriques.

Un rayon lumineux, émanant du soleil, par exemple, se décompose en sept rayons diversement colorés, lorsqu'on le fait passer à travers un prisme dans une chambre noire. C'est ce qu'on appelle *spectre solaire*.

Les couleurs du spectre sont rangées dans l'ordre suivant: rouge, orangé, jaune, vert, bleu, indigo, violet. D'après des observations récentes, ces sept couleurs devraient être ramenées aux trois primitives : rouge, jaune et bleu... Quoi qu'il en soit, un seul rayon de lumière blanche est décomposable comme il vient d'être dit et peut-être en un plus grand nombre de nuances intermédiaires.

Le rayon suit une direction rectiligne lorsqu'il traverse des milieux transparents homogènes ; mais, lorsqu'il arrive à rencontrer une surface polie qu'il ne peut traverser, il est *réfléchi*, c'est-à-dire renvoyé dans une autre direction. Quand le rayon passe d'un milieu transparent dans un autre, sans se *réfléchir* entièrement à la surface intermédiaire, il change de direction et se *réfracte*.

Le rayon lumineux perd de son intensité à mesure qu'il s'éloigne de la source, et ce, en raison directe du carré de la distance déjà parcourue.

Quand un faisceau de rayons lumineux tombe sur une surface, une partie des rayons se *réfléchit*, une autre se *dissémine* ou s'éparpille, et le reste *s'éteint*. En général, il y a d'autant plus de rayons réfléchis qu'ils tombent plus obliquement sur la surface réfléchissante. Ils se disséminent d'autant plus que leur chute ou incidence se rapproche davantage de la perpendiculaire...; ils sont alors réfléchis très-irrégulièrement.

Comme conséquence de ce qui précède, l'intensité de la lumière réfléchie est d'autant moins forte que l'incidence a lieu plus près de la perpendiculaire, sans toutefois qu'elle soit jamais nulle à l'angle 0°. Ajoutons que cette intensité de la lumière réfléchie dépend encore et du milieu traversé et de la nature de la surface réfléchissante.

On voit donc que les phénomènes d'optique ou relatifs à la lumière se groupent en deux ordres : ceux relatifs à la *réflexion* des rayons lumineux (*catoptrique*), et ceux relatifs à leur *réfraction* (*dioptrique*).

Réflexion. — Soit une surface plane AB (fig. 8) sur laquelle

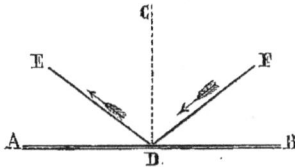

Fig. 8.

vient tomber un rayon lumineux FD ; ce rayon, arrivé en D, se relève, se *réfléchit* suivant DE... CD étant la perpendiculaire *normale* élevée sur AB au point D, FD est le *rayon incident*, D le *point d'incidence*, DE le *rayon réfléchi*, FDC l'*angle d'incidence* et EDC, l'*angle de réflexion*.

La réflexion des rayons lumineux est soumise à deux lois principales, que nous nous bornons à émettre :

1° Le rayon incident et le rayon réfléchi sont toujours compris dans le même plan.

Le plan dans lequel ces rayons sont compris est perpendiculaire à la surface réfléchissante, si celle-ci est plane; mais il
passe par la normale menée au point de réflexion, si la surface
réfléchissante est courbe.

2° L'angle de réflexion est égal à l'angle d'incidence.

Réfraction. — La réfraction d'un rayon lumineux a lieu
toutes les fois que, passant d'un milieu dans un autre, sans se
réfléchir entièrement à la surface intermédiaire, il change de
direction dans ce second milieu.

Cette déviation du rayon n'a cependant jamais lieu pour la
totalité, une partie seulement pénétrant dans le milieu transparent et l'autre se réfléchissant à la surface. Soit la fig. 9,

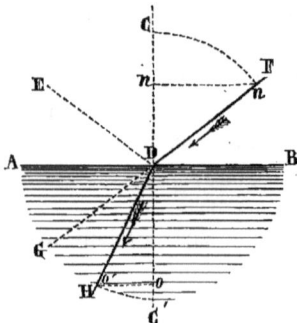

Fig. 9.

dans laquelle AB représente la surface intermédiaire entre
deux milieux transparents. Le rayon incident FD, arrivé
en D, au lieu de se réfléchir vers E, pénètre dans le second
milieu; mais, au lieu de suivre la direction primitive FDG, il se
réfracte à partir de D vers H et devient FDH. DH est le *rayon
réfracté*.

On donne le nom d'*angle de réfraction* à l'angle HDC' formé
par le rayon réfracté avec le prolongement de la perpendiculaire normale élevée sur le plan d'incidence, au point D, où le
rayon rencontre le milieu défringent.

La réfraction est *simple* ou *double:* elle est simple, quand le
rayon incident, en pénétrant dans le milieu réfringent, ne
donne naissance qu'à un rayon réfracté; elle est double, quand
il se décompose en deux rayons réfractés.

La réfraction est *simple* dans les milieux non cristallisés, liquides ou solides, mais elle est *double* dans un grand nombre de corps à structure cristallisée, comme le cristal de roche, etc.

Voici le résumé des lois générales de la *simple réfraction :*

1° Le plan de réfraction coïncide toujours avec le plan d'incidence; il n'en est, en quelque sorte, que le prolongement.

2° Le rapport du sinus de l'angle d'incidence *nn'* au sinus de l'angle de réfraction *oo'* est ce qu'on appelle l'*indice de réfraction* d'un corps ; il est constant pour les mêmes milieux, et il s'obtient en divisant le sinus d'incidence par le sinus de réfraction. Soit l'indice de réfraction *n*, on aura la formule générale : $\dfrac{\sin i}{\sin r} = n$. Un corps donné est d'autant plus réfringent que son indice de réfraction est plus considérable; ainsi, prenant l'eau pour milieu réfringent, comparativement à l'air pris pour milieu d'incidence, on trouve que le sinus de l'angle d'incidence est à celui de l'angle de réfraction : : 4 : 3 ; c'est-à-dire qu'un rayon tombant à la surface de l'eau à 60°, par exemple, se réfracterait à 45°, en traversant ce milieu. L'indice de réfraction de l'eau est de $\dfrac{4}{3}$.

La *puissance réfractive* d'un corps est le carré moins 1 de son indice, soit $n^2 - 1$, et le *pouvoir réfringent* est la puissance réfractive divisée par la *densité*, soit $\dfrac{n^2 - 1}{d}$.

3° Un rayon incident n'est pas réfracté et suit sa direction rectiligne lorsqu'il tombe perpendiculairement, ou suivant la *normale*, à la surface commune des deux milieux; à partir de l'incidence perpendiculaire, la réfraction est d'autant plus forte que le rayon incident tombe plus obliquement.

4° Le rayon réfracté s'éloigne ou s'approche du prolongement de la perpendiculaire normale : il s'en écarte, lorsque le milieu de réfraction est moins dense que celui d'incidence; il s'en rapproche dans le cas contraire.

Double réfraction. — Les corps *biréfringents*, ou dans lesquels un rayon incident donne naissance à deux rayons réfractés, présentent toujours une ou deux directions dans lesquelles le rayon incident ne se réfracte pas et reste indivisé ;

ces directions sont les *axes optiques* des corps biréfringents, qui peuvent, par conséquent, être à un ou deux axes.

Dans les corps biréfringents à un seul axe, si le rayon incident ne se dirige pas selon cet axe, et qu'il soit doublement réfracté, l'un des deux rayons réfractés (*rayon ordinaire*) reste soumis aux lois générales de la réfraction simple; l'autre (*rayon extraordinaire*) ne suit plus ces mêmes lois; son plan de réfraction ne coïncide plus avec celui d'incidence, et les sinus d'incidence et de réfraction ne sont plus en rapport constant.

Dans les corps biréfrigents à deux axes, les deux rayons sont *extraordinaires*... Le spath d'Islande, la tourmaline, le quartz sont à un axe; le salpêtre, le feldspath, le sucre sont à deux axes.

Polarisation. — Ce qu'on nomme polarisation du rayon lumineux consiste dans une modification par laquelle ce rayon, après avoir été *réfléchi* sous un certain angle, ou *réfracté* dans certaines conditions, cesse de pouvoir se réfléchir ou se réfracter sous certaines incidences... Un rayon lumineux incident sur une lame de verre noir, sous un angle de 35°25', se relève *polarisé par réflexion*. Il peut également se polariser par *réfraction simple*, en traversant les milieux transparents et non cristallisés, sous une incidence qui varie selon le milieu traversé. Enfin, les deux rayons réfractés sortant d'un corps biréfringent sont polarisés : l'*ordinaire*, dans le plan d'émergence, l'*extraordinaire*, perpendiculairement à ce plan.

La découverte de la polarisation fut faite en 1810 par un savant français, E. L. Malus, dont les travaux sur la lumière ont contribué le plus puissamment à l'avancement de l'optique. Depuis lors, plusieurs physiciens se sont attachés à l'étude de ce phénomène intéressant [1].

Les *propriétés* du rayon polarisé sont les trois suivantes, qui s'enchaînent mutuellement.

1° Le rayon polarisé ne se transmet pas; *il s'éteint*, lorsqu'on le fait arriver perpendiculairement sur une plaque de tourma-

---

1. E. L. Malus fut un des plus brillants officiers fournis au génie militaire par l'École polytechnique. Ses écrits sur la lumière et, notamment, sur la réfraction, lui valurent les plus honorables distinctions. Malus est mort en 1812, à peine âgé de 37 ans, un an après son entrée à l'Académie des sciences.

line dont l'*axe* est parallèle au *plan de réflexion;* mais à mesure que cet axe approche de la perpendiculaire à ce plan, le rayon se transmet avec une intensité croissante.

2° Le rayon polarisé ne se réfléchit pas lorsqu'il tombe sur une seconde lame de verre sous un angle de 35° 25', si le plan d'incidence sur cette seconde lame est perpendiculaire au plan d'incidence sur la première. Il se réfléchit, au contraire, partiellement et plus ou moins, dans tout autre plan et sous toute autre incidence.

3° Si l'on fait passer un rayon polarisé à travers un prisme biréfringent, dont la section principale est parallèle ou perpendiculaire au plan de réflexion, ce rayon ne donne qu'une *seule image;* mais il en produit deux plus ou moins nettes dans toute autre position.

Polarisation circulaire. — Si l'on fait passer un rayon polarisé à travers un cristal biréfrigent à un seul axe, taillé perpendiculairement à cet axe, le rayon est transmis non altéré, s'il passe par la normale.

Beaucoup de substances font exception à cette loi, et le plan de polarisation du rayon transmis dévie plus ou moins à droite ou à gauche du plan normal.

C'est à cet ordre de phénomènes que l'on a donné le nom de *polarisation circulaire* ou *rotatoire*, et l'on en a déduit la méthode de la saccharimétrie optique.

On sait que le quartz dévie à droite le plan de polarisation et qu'il forme exception parmi les corps biréfringents à un axe.

La *dextrine*, le *sucre prismatique*, le *glucose*, le *sucre de lait*, dévient à droite le plan de polarisation ; le *sucre de fruits* naturel ou produit par la modification du sucre de canne, la *gomme arabique*, etc., dévient ce même plan à gauche. L'*eau*, l'*alcool*, la *mannite* ne produisent aucune déviation.

, Ce qui précède étant posé en général, nous empruntons au savant M. Regnault les détails suivants relatifs au même objet.

Pour étudier les modifications que subit la lumière polarisée lorsqu'elle traverse divers milieux, on emploie souvent l'appareil suivant (fig. 10) : *ab* est une glace polie, recevant les rayons lumineux sous l'angle de polarisation, et les réfléchissant suivant la ligne *cd;* en *n* se trouve un prisme biréfringent *achro-*

matisé [1], monté au centre d'une alidade mobile *nm* qui se meut sur un cercle divisé *pq*, perpendiculaire à la ligne *cd*.

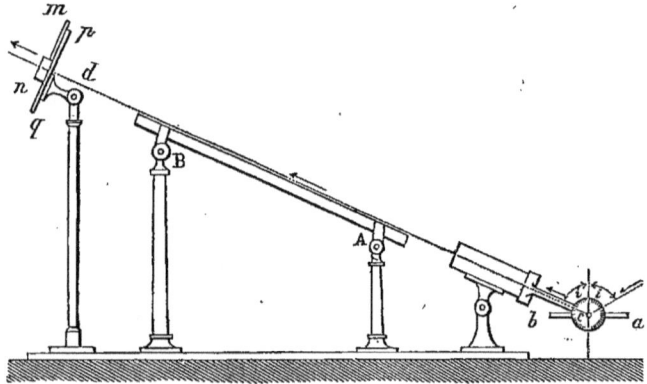

Fig. 10.

Le plan de polarisation du rayon réfléchi par la glace est vertical : l'image extraordinaire donnée par le prisme biréfrigent s'évanouira donc quand sa section principale sera dans le plan vertical, et l'alidade correspondra alors au zéro de la division. AB est un support sur lequel on peut placer divers milieux transparents qui seront traversés par le rayon polarisé, par exemple, des liquides renfermés dans des tubes. La figure ci-dessous (fig. 11) représente la section longitudinale d'un de

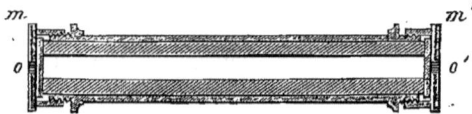

Fig. 11.

ces tubes. Il se compose d'un tube épais en verre, enveloppé ordinairement d'un tube métallique sur lequel se montent les

1. Si l'on regarde un objet à travers un prisme, il paraît bordé de franges colorées. Cet effet est dû à ce que les rayons colorés du spectre n'éprouvent pas la même déviation. On y obvie en accolant des verres doués de pouvoirs réfractifs différents.

On dit alors que l'on a produit *l'achromatisme*.

Un prisme de spath est *achromatisé*, lorsqu'on lui a accolé un prisme de verre, doué de réfraction contraire.

deux viroles *mm'* qui maintiennent les plaques de glace fermant
le tube à ses deux extrémités. Si l'on place sur le support **AB**
un de ces tubes rempli d'eau, ou d'alcool, ou d'éther, de manière que le rayon de lumière polarisée soit obligé de traverser
le liquide avant d'arriver au prisme biréfringent, on reconnaît
que ce rayon n'a subi aucune modification essentielle dans ses
propriétés par son passage à travers le liquide; il est encore
complétement polarisé, et son plan de polarisation est resté vertical. Mais, si l'on substitue à l'eau pure plusieurs autres liquides, par exemple une dissolution de sucre de canne, les propriétés de la lumière polarisée sont complétement modifiées.
Ainsi, avant l'interposition du tube renfermant la dissolution
sucrée, l'*image extraordinaire* du prisme biréfringent était nulle
lorsque l'alidade marquait 0°; cette image reparaît si l'on interpose le tube.

Cependant la lumière n'a pas été dépolarisée par son passage
à travers la dissolution sucrée; elle est restée complétement
polarisée; mais son plan de polarisation n'est plus vertical. Il
a dévié d'un certain angle vers la droite de l'observateur qui
regarde par le prisme biréfringent; et, en effet, si l'on fait tourner l'alidade vers la droite d'un certain angle α, on fait disparaître complétement l'image extraordinaire.

La dissolution sucrée a donc *dévié vers la droite d'un certain
angle α le plan de polarisation de la lumière*.

Si l'on remplit d'une même dissolution sucrée des tubes de
longueurs différentes, on reconnaît que *les angles de déviation
sont proportionnels aux longueurs des tubes.*

Si l'on remplit un tube de longueur constante, successivement, avec des dissolutions de plus en plus riches en sucre,
on trouve que *les angles de déviation α sont proportionnels aux
quantités de sucre renfermées dans le même volume de liqueur.*

On peut donc dire, d'une manière plus générale, que *les déviations, ou les rotations du plan de polarisation, sont proportionnelles au nombre des molécules sucrées que le rayon lumineux rencontre dans son trajet.*

Soit (α) la déviation qu'un liquide homogène imprime au
plan de polarisation du rayon *simple*, en agissant sur lui dans
les mêmes circonstances, à travers l'unité d'épaisseur et avec
une densité idéale égale à l'unité. La densité devenant δ, sans
que l'énergie de l'action moléculaire change, la déviation, à

11

travers l'unité d'épaisseur, sera $(\alpha) \times \delta$ ou $(\alpha) \delta$; puis, la longueur devenant λ pour la même densité, la déviation totale deviendra.

$$(\alpha) \times \lambda \times \delta \quad \text{ou} \quad (\alpha) \lambda \delta.$$

Si donc α représente la déviation observée expérimentalement, on aura

$$(\alpha) \lambda \delta = \alpha,$$

d'où

$$(\alpha) = \frac{\alpha}{\lambda \delta}.$$

Cette quantité (α) est caractéristique pour la substance active; elle est la même, à température égale, pour toutes les valeurs de λ et de δ, et l'on peut la considérer comme le *pouvoir rotatoire moléculaire* ou *spécifique* du liquide homogène observé[1].

Nous avons supposé que le rayon polarisé était de la lumière simple : cette condition est difficile à remplir rigoureusement; cependant on y satisfait suffisamment en plaçant, entre le prisme biréfringent et l'œil, un verre rouge coloré par l'oxydule de cuivre, qui ne laisse passer que les rayons rouges et éteint tous les autres.

Lorsque le rayon polarisé est formé de lumière blanche, et qu'il traverse un milieu doué d'un pouvoir rotatoire assez énergique, le faisceau extraordinaire ne s'éteint pour aucune position du prisme biréfringent; les deux faisceaux présentent des couleurs très-belles, qui sont toujours *complémentaires* dans les deux images, c'est-à-dire qui sont telles qu'elles reproduisent de la lumière blanche quand on les superpose...

Au lieu de mesurer les déviations produites par les milieux doués de pouvoir rotatoire sur un même rayon simple, le rouge, par exemple, on peut mesurer les déviations pour lesquelles l'image ordinaire et l'image extraordinaire présentent des teintes identiques. Mais toutes les teintes ne sont pas également propres à une mesure précise, parce qu'elles ne subissent pas toutes des variations également sensibles à l'œil... Les variations de teinte sont le plus sensibles pour une certaine teinte

[1.] Il ressort de là qu'on obtient le *pouvoir rotatoire spécifique* d'un liquide observé en divisant la déviation expérimentalement obtenue par le produit de la longueur de la colonne liquide multiplié par sa densité : on satisfait ainsi à la formule $(\alpha) = \frac{\alpha}{\lambda \delta}$.

violacée de l'image extraordinaire, parce que, pour peu que l'on détourne l'alidade vers la droite ou vers la gauche, l'image passe presque soudainement du bleu au rouge, ou du rouge au bleu. Cette teinte particulière a été adoptée par tous les expérimentateurs, et on l'appelle généralement *teinte de passage* ou *teinte sensible*[1].

Passant à l'application des principes d'optique à la saccharimétrie, le même auteur trace les observations et règles suivantes :

On peut déterminer très-exactement, par la mesure des déviations qu'elles produisent sur le plan de polarisation, la quantité de sucre de canne que renferment des dissolutions, lorsqu'elles ne contiennent d'ailleurs pas d'autres principes qui dévient le plan de polarisation.

Pour cela, on fait une expérience préparatoire, qui sert de type. On prend un poids connu, par exemple 20 grammes de sucre de canne bien pur, et on le dissout dans une quantité d'eau distillée, telle que la solution occupe un volume déterminé, qui se nomme V. On prend de cette dissolution ce qui est nécessaire pour remplir un tube dont la longueur constante sera, par exemple, $0^m,3$. Soit N la déviation qui s'observe à travers ce tube, dans les circonstances assignées. Que l'on forme maintenant, avec d'autres poids du même sucre, des solutions d'égal volume V, et qu'on en remplisse le même tube d'épreuve; si l'on trouve qu'elles y produisent des déviations n, n', n'', les poids de sucre contenus dans le volume V de ces dissolutions seront respectivement 20 gr. $\dfrac{n}{N}$, 20 gr. $\dfrac{n'}{N}$, 20 gr. $\dfrac{n''}{N}$, etc. D'après cela, si le sucre ainsi essayé est impur, mais mêlé seulement de matières dépourvues de pouvoir rotatoire, ces mêmes produits 20 gr. $\dfrac{n}{N}$, etc., exprimeront le poids *absolu* de sucre pur, contenu dans le poids *brut* qu'on aura employé pour former V.

On peut aussi se servir de tubes de longueurs différentes, et réduire par le calcul les déviations observées à ce qu'elles seraient si on les avait mesurées dans le même tube.

1. Regnault, *Cours élémentaire de chimie*, t. **IV**.

Le sucre des fruits acides tourne à gauche le plan de polarisation; on peut déterminer par des procédés analogues la quantité de ce sucre qui se trouve, soit dans des dissolutions artificielles de ce sucre, soit dans les sucs des fruits qui ne renferment pas d'autres matières agissant sur le plan de polarisation. Il faudra également déterminer *a priori* son pouvoir rotatoire moléculaire, ou la déviation que produit dans le tube de $0^m,3$ la dissolution renfermant 20 grammes de ce sucre sur un volume de 100 centimètres cubes. Mais il est très-essentiel d'opérer toujours rigoureusement à la même température, car le pouvoir rotatoire moléculaire de cette espèce de sucre varie considérablement avec la température. Le sucre cristallin du raisin et le glucose dévient le plan de polarisation vers la droite; les méthodes précédentes s'appliquent donc parfaitement à déterminer la proportion de ces sucres qui se trouve dans des dissolutions qui ne renferment pas d'autres matières actives.

Lorsque le sucre de canne est mélangé avec du sucre des fruits acides, il est évident que la déviation n observée n'est que la différence entre la déviation n' à droite du sucre de canne, et la déviation n'' à gauche du sucre des fruits acides. On peut, cependant encore, dans ce cas, déterminer les quantités des deux espèces de sucre qui se trouvent dans la dissolution. Après avoir mesuré la déviation n que produit la dissolution mixte, on y ajoute exactement $\dfrac{1}{10}$ de son volume d'acide chlorhydrique; on mélange bien les liqueurs, puis on les maintient pendant dix minutes à une température de $+ 60°$ à $+ 70°$; le sucre de canne se change ainsi complétement en sucre tournant à gauche. Après avoir ramené la température exactement à $+ 15°$, on observe de nouveau la déviation n de la nouvelle dissolution; elle se compose maintenant de la déviation n'' du sucre primitif des fruits acides, et de la déviation n' du sucre interverti produit par le sucre de canne; mais l'état de saturation de la liqueur a changé par l'addition de l'acide chlorhydrique et, pour en tenir compte, il faut remplacer la déviation observée n par la déviation $\dfrac{10}{9}\, n$, qui aurait été observée si on n'avait pas été obligé, pour produire l'inversion, d'ajouter l'acide.

On a, évidemment, en admettant qu'une quantité de sucre de canne produisant une déviation n' à droite donne une quantité de sucre de fruits acide déviant de Kn' à gauche :

$$n = n' - n'', \qquad \frac{10}{9} n_1 = n'' + Kn'.$$

Ces deux équations suffisent pour déterminer les déviations inconnues n' et n'', d'après lesquelles on peut calculer les proportions des deux espèces de sucre. Le coefficient de proportionnalité K se détermine, une fois pour toutes, par une expérience d'épreuve faite avec du sucre de canne cristallisé très-pur, à la température à laquelle on se propose d'effectuer les essais.

Si le sucre de canne était mêlé à du sucre de raisin ou à du glucose, en observerait encore la rotation de la dissolution. Cette rotation n serait la somme des rotations séparées n' et n'' du sucre de canne et du glucose. On ferait ensuite chauffer la liqueur avec $\frac{1}{10}$ de son volume d'acide chlorhydrique; le sucre de canne se changerait seul en sucre tournant à gauche, le glucose resterait inaltéré. Soit n' la rotation de la nouvelle liqueur dans un tube de même longueur, nous aurons pour déterminer les inconnues n', n'', les deux relations

$$n = n' + n'', \qquad \frac{10}{9} n_1, = n'' - Kn'.$$

Si le glucose était mélangé avec du sucre de fruits, le problème resterait indéterminé, parce qu'aucun de ces deux sucres ne peut être interverti dans son action sur le plan de polarisation.

Ces méthodes peuvent être employées avec succès pour doser, dans des dissolutions, plusieurs autres substances qui dévient le plan de polarisation, et pour étudier sur ces substances des phénomènes chimiques qui seraient difficilement abordables par nos méthodes chimiques ordinaires.

L'appareil que nous avons décrit est le plus simple que l'on puisse employer; mais il exige qu'on opère dans une chambre obscure. On a imaginé diverses autres constructions mobiles, qui permettent d'opérer avec la lumière d'une lampe, et d'obtenir néanmoins une précision suffisante pour les analyses techniques.

Mais il suffit, pour notre but, d'avoir indiqué le principe de ces méthodes, et d'avoir fait entrevoir le parti qu'on en peut tirer dans un grand nombre de recherches chimiques.

Méthode de M. Biot. — Ce fut M. Biot qui découvrit la propriété capitale des dissolutions au point de vue de leur action sur le rayon lumineux polarisé, et qui songea à en faire l'application à l'analyse des liquides sucrés. M, Ganot, dans son excellent *Traité élémentaire de physique*, analyse, de la manière suivante, les faits relatifs à la polarisation circulaire et les principales données résultant des travaux de l'illustre physicien.

« Lorsqu'un rayon polarisé traverse une plaque de quartz taillée perpendiculairement à l'axe de cristallisation, ce rayon est encore polarisé à l'émergence, mais non plus dans le même plan de polarisation qu'avant son passage dans le quartz. Avec certains échantillons, le nouveau plan est dévié à gauche de l'ancien ; avec d'autres, il l'est à droite. C'est à ce phénomène qu'on a donné le nom de *polarisation circulaire*. Il a été observé d'abord par Seebeck et par M. Arago ; mais il a été étudié surtout par M. Biot, qui a fait connaître les lois suivantes :

« 1° La rotation du plan de polarisation n'est pas la même pour les diverses couleurs simples, et elle est d'autant plus grande que les couleurs sont plus réfrangibles.

« 2° Pour une même couleur simple et pour des plaques d'un même cristal, la rotation est proportionnelle à l'épaisseur. ·

« 3° Dans la rotation de droite à gauche, ou de gauche à droite, la même épaisseur imprime sensiblement la même rotation.

« On a nommé *dextrogyres* les substances qui tournent à droite : tels sont le sucre de canne en dissolution dans l'eau, l'essence de citron, la solution alcoolique de camphre, la dextrine et l'acide tartrique ; et on a appelé *lévogyres* les substances qui tournent à gauche, comme l'essence de térébenthine, l'essence de laurier, la gomme arabique.

« ....Quand on regarde, avec un prisme biréfringent, une lame de quartz de quelques millimètres d'épaisseur, taillée perpendiculairement à l'axe et traversée par un faisceau de lumière polarisée, on observe deux images vivement colorées, dont les teintes sont complémentaires. En tournant alors le prisme à droite ou à gauche, les deux images changent de teintes et prennent successivement toutes les couleurs du spectre, tout en continuant à être complémentaires. Ce phénomène est une conséquence de la première loi sur la polarisation circulaire...

« Le quartz est la seule substance solide dans laquelle on ait observé la polarisation circulaire, mais M. Biot a retrouvé la même propriété dans un grand nombre de liquides et de dissolutions. Le même savant a observé, en outre, que le déplacement du plan de polarisation peut faire connaître des différences de composition dans des corps où l'on n'en distingue aucune par l'analyse chimique. Par exemple, le sucre de raisin fait tourner à gauche le plan de polarisation, tandis que le sucre de canne le fait tourner à droite, quoique la composition chimique de ces deux sucres soit la même.

« M. Biot a trouvé que le pouvoir rotatoire des liquides est beaucoup moindre que celui du quartz. Dans le sirop de sucre de canne concentré, par exemple, qui est un des liquides qui possèdent le pouvoir rotatoire au plus haut degré, ce pouvoir est trente-six fois moindre que dans le quartz, d'où il résulte qu'on est forcé d'opérer sur des colonnes liquides d'une assez grande longueur, 20 centimètres environ. »

L'appareil primitif de M. Biot se compose d'un tube analogue à celui de la figure 11, dans lequel doit être renfermé le liquide à examiner, d'un verre rouge coloré par l'oxyde de cuivre, d'un prisme de spath calcaire *achromatisé*, fixé sur une

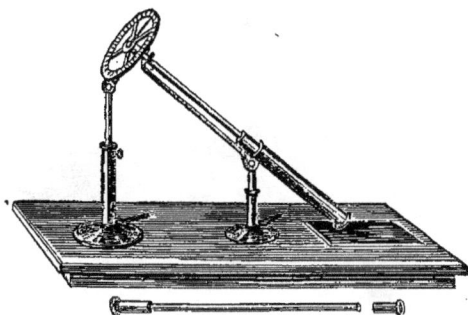

Fig. 12.

aiguille ou alidade mobile au centre d'un cercle gradué, et d'une glace noire polie (fig. 12).

La glace repose horizontalement sur une table et reçoit la lumière d'un ciel sans nuages; on a soin que l'appareil soit placé dans une chambre obscure et que la glace seule soit exposée à la lumière. Le tube renfermant la dissolution à examiner est incliné à 35° 25′ sur le plan de la glace; entre celle-ci et ce tube, on place le verre rouge qui ne laisse passer que le rayon rouge; l'extrémité inférieure du tube repose sur un tube plus large noirci à l'intérieur, et la partie supérieure se trouve auprès du prisme achromatisé.

Cet instrument se construit aujourd'hui d'après le modèle adopté définitivement par M. Biot et qui est représenté par la figure 13. M. Ganot en a donné une très-bonne description, que nous reproduisons presque textuellement afin de faire saisir le mécanisme de cet appareil.

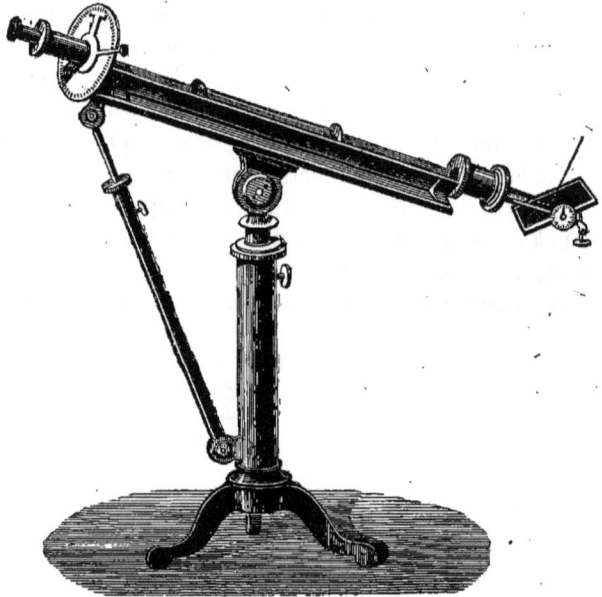

Fig. 13.

Dans une gouttière en cuivre, fixée à un support, est un tube de 20 centimètres de long, dans lequel est le liquide sur lequel on veut expérimenter. Ce tube, qui est en cuivre, est étamé intérieurement et fermé à ses deux extrémités par deux glaces à faces parallèles fixées par deux viroles à vis. A l'extrémité opposée à l'oculaire est une glace en verre noirci, faisant avec l'axe de la gouttière et du tube, qui est le même, un angle égal à l'angle de polarisation, d'où il résulte que la lumière réfléchie par la glace, dans la direction de la gouttière, est polarisée. Au centre du cercle divisé, dans la partie oculaire, et perpendiculairement à l'axe, est un prisme biréfringent achromatisé qu'on peut tourner à volonté autour de l'axe de l'appareil au moyen d'un bouton. Celui-ci est fixé à une alidade, qui porte un vernier et qui marque le nombre des degrés dont on tourne. Enfin, d'après la position du miroir, le plan de polarisation du faisceau réfléchi est vertical, et le zéro de la graduation sur le cercle divisé est dans ce plan.

Cela posé, avant qu'on ait placé le tube dans la gouttière, l'image extraordinaire fournie par le prisme biréfringent s'éteint toutes les fois que l'alidade correspond au zéro de la graduation, parce qu'alors le prisme biréfringent se trouve tourné de manière que sa section principale coïncide avec le plan de polarisation. Il en est encore de même quand le tube est plein d'eau où de tout autre liquide *inactif*, comme l'alcool, l'éther, ce qui montre que le plan de polarisation n'a pas tourné. Mais si l'on remplit le tube d'une dissolution de sucre de canne ou de tout autre liquide *actif*, l'image extraordinaire reparaît et, pour l'éteindre, il faut tourner l'alidade d'un certain angle à droite ou à gauche du zéro, suivant que le liquide est dextrogyre ou lévogyre, ce qui démontre que le plan de polarisation a tourné du même angle. Avec la dissolution de sucre de canne, la rotation a lieu vers la droite et si, avec une même dissolution, on prend des tubes de plus en plus longs, on trouve que la rotation croît proportionnellement à la longueur, ce qui est conforme à la deuxième loi de M. Biot ; enfin, si avec un tube de longueur constante on prend des dissolutions de plus en plus riches en sucre, on observe que la rotation croît comme la quantité de sucre dissoute ; d'où l'on voit que de l'angle de déviation on peut déduire l'analyse quantitative d'une dissolution.

Dans l'expérience qui vient d'être décrite, il importe d'opérer avec de la lumière simple, car les différentes couleurs du spectre possédant des pouvoirs rotatoires différents, il en résulte que la lumière blanche est décomposée en traversant un liquide actif, et que l'image extraordinaire ne disparaît complétement dans aucune position du prisme biréfrigent, seulement elle change de teinte. Pour obvier à cet inconvénient, on place dans le tube oculaire, entre l'œil et le prisme biréfringent, un verre coloré en rouge par l'oxyde de cuivre, lequel ne laisse sensiblement passer que la lumière rouge ; l'image extraordinaire s'éteint donc alors toutes les fois que la section principale du prisme coïncide avec le plan de polarisation du faisceau rouge.

M. Biot a trouvé que chaque degré de déviation répond à une quantité de 7 grammes de sucre par litre de dissolution, ou à $0^{gr},7$ par décilitre.

Voici, d'ailleurs, la table des rotations et des richesses sucrières correspondantes dressée par le savant observateur.

Tableau des rotations imprimées au plan de polarisation d'un même rayon rouge par diverses proportions de sucre de canne, dissoutes dans l'eau distillée, et observées à travers une même épaisseur de 160 millimètres.

Proportion de sucre candi dans l'unité pondérale de la dissolution.	Densité de la dissolution, celle de l'eau distillée étant 1.	Arc de rotation décrit par le plan de polarisation du rayon rouge à travers une épaisseur de 160 millimètres.
0,01	1,004	0,888
0,02	1,008	1,783
0,03	1,012	2,684
0,04	1,016	3,593
0,05	1,020	4,509
0,06	1,024	5,432
0,07	1,028	6,363
0,08	1,032	7,300
0,09	1,036	8,244
0,10	1,040	9,196
0,11	1,045	10,153
0,12	1,049	11,128
0,13	1,053	12,104
0,14	1,057	13,087
0,15	1,062	14,079
0,25	1,105	24,413
0,50	1,231	54,450
0,65	1,311	75,394

Il est facile de compléter cette table et de trouver, par le cal-

cul, l'arc de rotation correspondant à une quantité donnée de
sucre en dissolution dâns l'eau. Il suffit, pour le comprendre,
de réfléchir que l'arc de rotation est proportionnel à la *longueur*
du tube employé, multipliée par la *densité* de la liqueur et par
le *nombre de centièmes* de sucre dissous. Ce rapport existant
dans tous les cas, prenons pour point de départ une des indications de la table précédente :

$$\textit{Longueur} \text{ du tube.} \quad . \quad . \quad = 0^m,160$$
$$\textit{Densité} \text{ de la liqueur.} \quad . \quad . \quad = 1,016$$
$$\text{Sucre dissous en } \textit{centièmes} = 0,04$$

On a :

$$0,160 \times 1,016 \times 0,04 = 0,0065024 \text{ répondant à l'arc } 3,593.$$

Si nous voulons connaître l'arc correspondant à un liquide
de 1,095 de densité, contenant 0,23 de sucre, nous prendrons
pour troisième terme la longueur de 160 millimètres attribuée
au tube et nous aurons : $0,160 \times 0,23 \times 1,095 = 0,040296$; or,
d'après le principe précédemment émis, le produit 0,0065024
répondant à l'arc, 3,593, le second produit 0,040296 répondra
rigoureusement à l'arc cherché, puisqu'il y a proportion. On
aura donc

$$0,0065024 : 3,593 : : 0,040296 : x = \text{arc} ; 22,266.$$

Pour établir la formule générale à suivre, soit une quelconque des indications de M. Biot. Représentons la *longueur* du
tube par l, la *densité* par d, le *sucre* dissous par s, dont le produit répond à l'arc a. Une liqueur sucrée quelconque examinée
dans un tube de longueur l', ayant une densité d' et contenant
s' sucre en centièmes, répondra à un arc a'. De là, la proportion :

$$lds : a : : l'd's' : a'$$

$$a' \text{ inconnu} = \frac{a \times l'd's'}{lds} \text{ ou } \frac{al'd's'}{lds}.$$

Il est bon d'employer un tube de la même longueur que celui
de M. Biot, afin de pouvoir supprimer cet élément dans le calcul. Avec une table ainsi construite, il suffit d'examiner une
solution donnée au polarimètre, pour pouvoir apprécier sa
richesse en sucre, à condition que cette liqueur ne renferme

aucun élément susceptible de la même déviation que le sucre prismatique. Pour éviter cette cause d'erreur, voici la méthode la plus simple pour traiter les liqueurs essayées (nous supposons n'avoir affaire qu'à des jus ou vesous, ou à des mélasses, seules matières que l'on traite dans la fabrication des sucres bruts) :

1° *Essai des jus.* — On prendra 1 décilitre de la liqueur à essayer, et l'on y versera goutte à goutte de la solution d'acétate de plomb, jusqu'à çe qu'il ne se fasse plus de précipité. On complétera avec de l'eau distillée le volume de 2 décilitres. La liqueur filtrée est introduite dans le tube du polarimètre, dont nous supposerons le volume intérieur égal à un décilitre. L'observation nous donne un arc de 4,051 que nous trouvons correspondre à 4,5 de sucre dissous dans 100 de solution. Notre liqueur d'essai ayant été étendue de son volume, ce résultat est moitié trop faible et le jus essayé renferme 9 pour 100 de sucre cristallisable.

2° *Essai des mélasses.* — Les mélasses sont étendues de trois fois leur volume d'eau distillée (3 décilitres sur 1), puis on les traite par l'acétate de plomb, et l'on ajoute de l'eau distillée jusqu'à ce que l'on soit arrivé à 5 décilitres. La liqueur filtrée et observée donnant un arc de 9,196, correspondant à 10 pour 100 de sucre, on doit admettre que la mélasse essayée en renfermait cinq fois plus, soit 50 pour 100. Dans le cas des mélasses, il vaudrait mieux, sur un volume donné, précipiter la chaux d'abord par la solution de superphosphate de chaux, puis traiter par quelques gouttes d'acétate de plomb ; on complète ensuite un volume donné et l'on soumet à l'observation.

Par cette modification, on se débarrasse mieux encore de quelques légères causes d'erreur.

M. Mitscherlich a fait construire un appareil de polarimétrie basé sur les travaux de M. Biot. Bien que cet instrument ne soit à nos yeux qu'une imitation de celui du physicien français, nous croyons devoir le décrire et en indiquer l'emploi d'après la *Notice* remarquable publiée par M. Salleron, sur les instruments de précision.

« Le saccharimètre de M. Mitscherlich (fig. 14) se compose essentiellement d'un tube de cuivre AB, mobile en son milieu sur un pied. Ce tube porte, à celle de ses extrémités où doit être appliqué l'œil de l'observateur, un prisme analyseur B, en

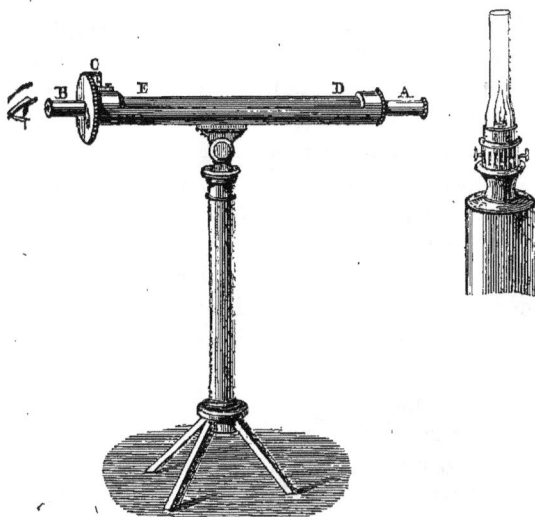

Fig. 14.

spath d'Islande, et à l'autre extrémité un prisme polarisateur A, de même matière. Les deux prismes, enfermés dans des cylindres en cuivre, sont mobiles autour de leur axe, et le premier entraîne dans son mouvement un cercle gradué C. Dans la rigole que présente le tube, entre les deux prismes, se place un autre tube ED, de 20 centimètres de longueur, fermé à chaque extrémité par un disque de verre.

« Pour faire, à l'aide de cet appareil, un essai saccharimétrique, il faut d'abord régler l'appareil. Pour cela, on le dirige vers le ciel et on le braque sur un nuage blanc. On peut également opérer à la lumière artificielle ; mais alors il faut placer d'abord, devant le prisme polarisateur, un verre vert qui détruise les rayons rouges de la flamme. On amène le 0 du cercle devant l'index ; on applique l'œil contre l'orifice du tube B, et l'on tourne le cylindre A jusqu'à ce que le rayon incident soit complétement polarisé, ce qui se reconnaît à l'extinction totale de la lumière. L'instrument est ainsi réglé. On introduit dans le tube ED la solution sucrée qu'on veut examiner, puis on le replace entre les deux prismes, et l'on applique de nouveau l'œil contre l'orifice du cylindre B. Si la substance introduite est sans action sur la lumière polarisée, on ne voit aucun changement : la lumière reste éteinte. Si, au contraire, le tube contient une dissolution de sucre, la lumière reparaît, mais avec des teintes qui varient suivant la proportion de la substance active. On tourne alors le cylindre B jusqu'à ce que le rayon prenne la coloration violette qu'on appelle *teinte sensible*. Ce qui caractérise cette teinte, ce n'est pas tant sa couleur lilas violacé que la propriété de passer avec une extrême facilité, soit au rouge, soit au bleu, suivant qu'on tourne le prisme analyseur à droite ou à gauche.

Le dosage d'essai de M. Mitscherlich était de 15 grammes de sucre dissous dans un volume total de 50 centimètres cubes, et cette dissolution lui donnait, dans un tube de 20 centimètres, une déviation de 40°.

De là on comprend que, dans un tube de même longueur, une déviation de 20° répond à 7 grammes 5 pour 50 centimètres cubes de solution ou à 15 grammes pour 100 centimètres cubes. Il est facile, d'ailleurs, de dresser des tables correspondantes aux indications réelles de l'instrument dont on se sert, lorsqu'on en connaît le manuel opératoire. Il suffit, pour cela, d'opérer avec une série de liquides de plus en plus riches, et de noter la déviation produite par les richesses sucrières.

Quoi qu'il en soit, l'appareil de M. Mitscherlich présente des défauts considérables : la petitesse de l'angle de déviation pour des quantités notables de sucre, les modifications de la teinte sensible, etc., en font un instrument d'une utilité beaucoup moindre que ne le disent ses partisans... Son véritable mérite consiste dans la simplicité de la construction ; mais, sous ce rapport même, il le cède au polarimètre de M. Biot. Dans tous les cas, il ne peut soutenir la comparaison avec le véritable *saccharimètre*, quoiqu'on ait voulu lui imposer ce nom par un abus de langage incompréhensible.

Nous avons indiqué avec assez de développements les bases sur lesquelles repose l'application de la polarisation pour aborder, sans autre transition, la description de l'ingénieux appareil construit par M. Soleil et perfectionné encore par M. J. Duboscq, son habile successeur.

Cet instrument, connu sous le nom de *saccharimètre*, qu'il

mérite réellement, a été étudié, au point de vue de la pratique, par l'honorable M. Clerget, et M. Moigno en a donné une description complète. Le saccharimètre (fig. 15) est construit d'après

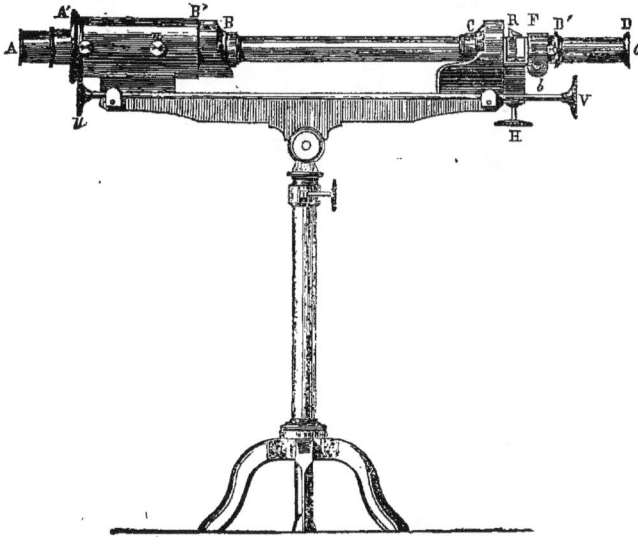

Fig. 15.

les lois et les principes démontrés par M. Biot, et il a pour but la recherche spéciale de la matière sucrée.

Pratique et manuel du saccharimètre. — Nous empruntons la description suivante au premier travail de M. Moigno sur ce sujet :

A. Ancien modèle de M. Soleil. — Considéré au point de vue de la théorie, le saccharimètre est un instrument savant et compliqué ; mais au point de vue pratique, il est extrêmement simple.

Nous venons d'en donner la figure générale (fig. 15) ; nous reproduisons plus loin le plan de la partie essentielle de l'instrument, séparée de son support (fig. 17).

Les employés de l'administration, les fabricants de sucre et les raffineurs ne doivent y voir qu'un tube formé de trois parties, dont deux fixes, comprenant les deux extrémités de A à B et de C à D ; l'autre, mobile, formant la portion centrale, que l'on insère entre les deux autres B et C, qui est tantôt un simple tube BC long de 20 centimètres, tantôt un tube B'C', long de 22 centimètres, et muni d'un thermomètre (fig. 16). Ces tubes ont été remplis de la dissolution sucrée dont on veut

Fig. 16.

déterminer le titre par le procédé que nous exposerons dans la seconde partie de cette instruction.

L'opérateur ne doit faire attention qu'à cinq organes ou parties mobiles, sur lesquelles seules il doit agir :

1° Un petit tube mobile DD', contre lequel il applique son œil, et qu'il enfonce ou retire vers lui, de manière à voir distinctement à travers le liquide ;

2° Un petit bouton vertical b, situé à droite, qui sert à régler l'instrument ;

3° Un grand bouton horizontal H, placé en dessous, par lequel on rend uniforme la teinte de l'objet de la vision ;

4° Un bouton vertical V, situé en face, à l'aide duquel on donne à ce même objet de la vision la teinte ou la couleur la plus propre à une évaluation précise ;

5° Enfin, une règle divisée RR', placée en dessus, sur laquelle on lit le nombre qui donne la richesse du sucre examiné.

Manière d'opérer. — 1° Devant l'ouverture A de l'instrument on place une lampe modérateur ou toute autre bien allumée, de manière que la lumière passe par l'axe de l'instrument et le traverse.

2° Avant tout, l'opérateur regarde la règle divisée RR' de son appareil, et voit si l'index ou la ligne noire I qui, sur cette règle, indique les divisions (fig. 17), correspond exactement au trait o, ou à ce qu'on appelle le point zéro, point de départ absolument nécessaire : on tournera donc à droite ou à gauche le petit bouton vertical *b*, de manière à faire que l'extrémité de l'index coïncide exactement avec le trait marqué 0.

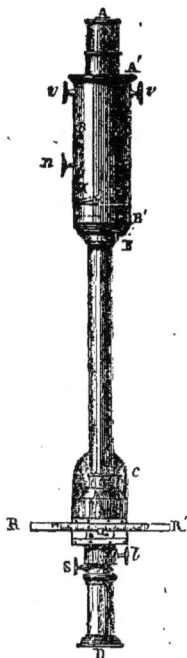

Fig. 17.

3° On remplit d'eau pure un tube d'essai, et on l'insère dans l'appareil à la place intermédiaire qui lui est réservée entre B et C; puis, plaçant son œil à la partie antérieure en D, on enfonce ou l'on retire le tube mobile DD', jusqu'à ce qu'on voie distinctement à l'extrémité A du tube située du côté de la lampe une surface circulaire ou un cercle rond partagé en deux demi-disques ou demi-cercles égaux, colorés chacun, soit d'une seule et même teinte ou nuance (fig. 18), soit de deux teintes ou nuances différentes et séparées par une ligne noire qui doit apparaître bien tranchée et bien nette.

4° Si, comme cela arrive en général, les deux demi-disques n'ont pas la même teinte, ne sont pas colorés de la même nuance, on tournera le grand bouton horizontal H, soit vers la droite, soit vers la gauche, jusqu'à ce que les teintes ou couleurs des deux demi-disques soient parfaitement identiques, et que l'œil ne puisse discerner entre elles aucune différence.

Fig. 18.

5° Ce n'est point assez que les deux demi-disques aient la même teinte, la même couleur; il faut, de plus, pour que l'opération ait tout le degré d'exactitude qu'elle doit donner, que cette teinte uniforme soit la teinte la plus sensible. Cette teinte la plus sensible n'est pas la même pour tous les yeux. Voici comment chacun reconnaîtra celle qui est propre à son œil, et avec laquelle il devra toujours opérer. Si, en même temps qu'il applique son œil contre l'ouverture D du saccharimètre, il fait tourner le grand bouton vertical V, il verra que la couleur des demi-disques change sans cesse et qu'elle ne redevient la même qu'après un demi-tour. Admettons qu'il s'arrête ou cesse de tourner quand les deux demi-disques sont jaunes : si ces deux demi-disques alors n'ont pas absolument la même couleur, si leurs nuances ne sont pas tout à fait uniformes, il reprendra le grand bouton horizontal H et le fera tourner jusqu'à ce qu'il ait établi une uniformité parfaite. Les deux demi-disques sont donc colorés de la même teinte jaune, et l'œil les voit parfaitement identiques. Si, maintenant, reprenant le grand bouton vertical V, l'observateur le fait tourner très-doucement dans le même sens, au jaune il verra succéder le vert, au vert le bleu, au bleu l'indigo, à l'indigo le violet, et s'il regarde attentivement, il rencontrera très-probablement une certaine nuance pour laquelle l'uniformité de teinte, établie primitivement pour le jaune, n'existera plus ; il verra une différence qu'il n'avait pas saisie d'abord. S'il répète plusieurs fois et à des jours différents cette même épreuve, il constatera que la nuance qui lui manifeste une différence là où avec une autre couleur il voyait l'égalité ou l'uniformité de teinte est toujours la même ; or, cette teinte est pour lui la teinte la plus sensible ; il devra s'y attacher et prendre toujours son pointé sur elle. Pour le plus grand nombre des yeux, la teinte sensible est une nuance bleu-violacé, qui rappelle la couleur de la fleur de lin ; mais il n'est pas rare de rencontrer des observateurs pour lesquels, ce qui est une sorte d'anomalie, la teinte la plus sensible est le jaune ou une autre couleur brillante. La couleur bleu violacé, la plus sensible pour la généralité des yeux, jouit de cette propriété que, si, lorsqu'on la regarde, on fait tourner infiniment peu le grand bouton vertical, l'un des demi-disques passe subitement au rouge et l'autre au vert.

Cela posé, en faisant tourner convenablement les boutons H et V, l'observateur ne s'arrêtera que lorsque les deux demi-disques seront colorés très-uniformément de la même teinte sensible que nous lui avons appris à reconnaître, et avec laquelle il sera bientôt familiarisé.

6° On regardera si, sur la règle divisée, l'index I continue à coïncider avec le trait o. Si par hasard cette coïncidence n'existait plus, on la ramènera en tournant de nouveau le petit bouton vertical *b*. Mais en tournant ce bouton, on aura troublé l'uniformité de teinte des deux demi-disques; il faudra donc la rétablir aussi en revenant au bouton horizontal H, qu'on fera tourner à son tour. Si enfin le rétablissement de l'uniformité avait amené une couleur un peu différente de la teinte sensible, on rétablira cette teinte en faisant tourner le grand bouton vertical V.

7° Cette vérification faite, l'instrument est parfaitement réglé, et l'on peut procéder à la détermination de la richesse ou du titre de la dissolution sucrée.

8° On retire le tube rempli d'eau et on lui substitue un des tubes BC ou B'C' (fig. 16) remplis de la dissolution sucrée. En regardant après cette substitution, on verra que l'uniformité de teinte n'existe plus, que les deux demi-disques sont colorés de nuances différentes; et, pour ramener l'uniformité, on tournera le grand bouton horizontal H, soit de droite à gauche, soit de gauche à droite; s'il s'agit de sucre cristallisable *non inter-verti*, c'est de droite à gauche qu'il faudra faire tourner le bouton H, du côté du chiffre 100 de la règle alidade RR'; on s'arrêtera quand la teinte des deux disques sera redevenue bien uniforme. Mais cette teinte uniforme rétablie ne sera plus la teinte sensible, à laquelle il faut cependant revenir et que la couleur propre de la dissolution a fait disparaître. On fera donc tourner aussi le grand bouton vertical V de droite à gauche ou de gauche à droite. Par cela même que l'on sera revenu à la teinte sensible, on verra presque toujours que l'uniformité ou l'égalité des nuances des deux demi-disques que l'on avait crue établie n'est pas parfaite, et il faudra revenir une dernière fois au bouton horizontal pour que l'uniformité ou égalité soit absolue.

9° La teinte des deux demi-disques étant bien uniforme, bien égale, et cette teinte étant bien la teinte sensible, il ne reste plus qu'une chose à faire, c'est de regarder sur la règle divisée à quel trait correspond l'index I, celle des divisions qu'il indique; le nombre correspondant à cette division donne immédiatement en centièmes le titre ou la richesse de la solution sucrée : si, par exemple, l'aiguille marque 35, cela signifiera que la solution sucrée essayée renferme 35 centièmes ou 35 pour 100 de sucre; et ce sucre sera cristallisable si l'on a tourné vers la gauche ou si l'index est à gauche du zéro, incristallisable au contraire si l'on a tourné vers la droite ou si l'index est à droite du zéro.

Remarque première. — Tous ceux qui, opérant pour la première fois avec le saccharimètre, se sont plaints de n'avoir rien vu ou d'avoir vu confusément, avaient oublié de mettre au point, c'est-à-dire d'enfoncer ou de retirer l'oculaire ou tube mobile antérieur jusqu'à ce qu'ils vissent distinctement la raie noire qui sépare les deux demi-disques.

Deuxième remarque. — Tous ceux qui, ayant bien préparé leur dissolution et ayant bien vu dans le saccharimètre, sont arrivés à des évaluations trop fortes ou trop faibles de plusieurs centièmes, avaient négligé de faire bien coïncider l'index de la règle divisée avec le trait zéro. L'erreur du point de départ s'est retrouvée à la fin de l'opération.

Troisième remarque. — Ceux qui, après avoir bien suivi les instructions qu'ils avaient reçues, se trompent habituellement d'un centième ou d'un demi-centième, ne sont pas assez exercés à reconnaître leur teinte sensible et, par conséquent, ne rétablissent pas avec assez d'exactitude l'uniformité ou l'égalité de nuance des deux demi-disques.

Si l'on a bien mis au point, c'est-à-dire si l'on distinguait parfaitement la ligne noire ; si l'on a bien mis à zéro, c'est-à-dire si l'index de la règle divisée correspondait bien au trait *o ;* si l'on a réellement opéré avec la teinte la plus sensible et établi l'égalité de nuances avec un très-grand soin, on obtiendra infailliblement les mêmes indications en opérant avec une même solution sucrée, on lira sur la règle divisée le même nombre, et ce nombre sera, à moins d'un centième près, le titre réel du sucre essayé.

B. Nouveau modèle de M. Jules Duboscq. — La figure 19 représente ce nouveau modèle simplifié, privé de son support.

L'opérateur ne doit faire attention qu'à cinq organes ou parties mobiles, sur lesquelles seules il doit agir :

1° Un petit tube mobile antérieur ou porte-oculaire DD', contre lequel il applique son œil, et qu'il enfonce ou retire vers lui, de manière à voir distinctement à travers le liquide ;

2° Un petit bouton vertical V, qui sert à régler l'instrument, à faire coïncider le zéro de l'échelle avec le zéro de l'indicateur (fig. 20) ;

3° Un grand bouton horizontal H (fig. 19), par lequel on rend uniforme la teinte de l'objet de la vision ;

4° Un anneau molleté B, à l'aide duquel on donne à ce même objet de la vision la teinte ou la couleur la plus propre à une évaluation précise ;

5° Enfin une règle divisée ou alidade RR', sur laquelle on lit le nombre qui donne la richesse du sucre examiné.

Manière d'opérer. — 1° Devant l'ouverture du saccharimètre on place une lampe modérateur ou toute autre bien allumée, de manière que la lumière passe par l'axe de l'instrument et le traverse.

2° On remplit d'eau pure un tube semblable à celui qui contient la solution sucrée, et on l'insère dans l'appareil, à la place qui lui est réservée entre la partie oculaire et la partie objective; puis, plaçant son œil à la partie antérieure D, on enfonce ou l'on retire le tube mobile DD' jusqu'à ce qu'on voie distinctement, à l'extrémité du saccharimètre situé du côté de la lampe, une surface circulaire ou un cercle rond partagé en deux demi-disques ou demi-cercles égaux, colorés chacun, soit d'une seule et même teinte ou nuance, soit de deux teintes ou nuances différentes et séparées par une ligne noire qui doit apparaître bien tranchée et bien nette ;

3° Si, comme cela arrive en général, les deux demi-disques n'ont pas la même teinte, ne sont pas colorés de la même

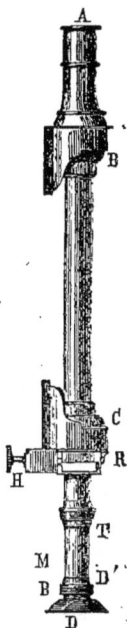

Fig. 19.

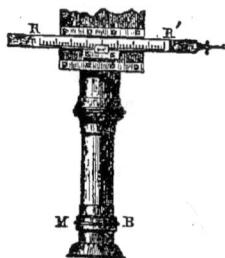

Fig. 20.

nuance, on tournera le grand bouton horizontal H, soit de gauche à droite, soit de droite à gauche, jusqu'à ce que les teintes ou couleurs des deux demi-disques soient parfaitement identiques et que l'œil ne puisse discerner entre elles aucune différence.

4° On fait tourner le bouton molleté B, soit de droite à gauche, soit de gauche à droite, jusqu'à ce que les deux demi-disques soient colorés de la teinte sensible. Si, quand on est arrivé à la teinte sensible, l'égalité de nuances n'était pas absolument parfaite, on la rétablirait en revenant au bouton horizontal H.

5° On regardera si, sur la règle divisée, la ligne ou trait zéro coïncide exactement avec le trait ou la ligne noire de l'indicateur I. Si la coïncidence n'est pas parfaite, on l'établira en faisant tourner soit de haut en bas, soit de bas en haut, le petit bouton vertical V.

L'instrument alors est parfaitement réglé, et l'on peut procéder à la détermination de la richesse et du titre de la dissolution sucrée.

6° On retire le tube rempli d'eau et on lui substitue le tube rempli de la dissolution sucrée. En regardant après cette substitution, on verra que l'uniformité de teinte n'existe plus, que les deux demi-disques sont colorés de nuances différentes. On rétablit l'uniformité en faisant tourner le grand bouton horizontal, jusqu'à ce que les deux nuances soient parfaitement identiques.

Comme la solution sucrée est le plus souvent colorée, la teinte uniforme rétablie n'est pas, en général, la teinte sensible, à laquelle il faut cependant revenir et que la couleur propre de la dissolution a fait disparaître : on fera donc tourner aussi le bouton molleté pour ramener la teinte sensible ; cette teinte revenue, l'égalité de nuances des deux demi-disques que l'on avait crue établie ne sera pas parfaite, et il faudra faire tourner encore une fois le bouton horizontal H pour qu'elle soit absolue.

7° La teinte des deux demi-disques étant bien uniforme, bien égale, et cette teinte étant bien la teinte sensible, il ne reste plus qu'une chose à faire, c'est de regarder sur la règle divisée RR' à quel trait de l'échelle correspond le trait de l'indicateur, celle des divisions qu'il indique : le nombre correspondant à cette division donne immédiatement en centièmes le titre ou la richesse de la solution sucrée.

C. Préparation des dissolutions sucrées et analyse des substances saccharifères. — Les procédés que nous résumons succinctement ont été formulés et publiés d'abord par M. Clerget.

1° *Dissolution normale de sucre pur.* — Une dissolution dans l'eau de 16^{gr},350 de sucre candi parfaitement sec et pur, étendue d'eau de manière à occuper un volume de 100 centimètres cubes, et observée dans un tube de 20 centimètres de longueur, marque au saccharimètre 100°; c'est-à-dire que, lorsque, après avoir rempli le tube BC avec cette dissolution, on opère comme il a été dit dans la première partie de cette instruction, l'index ou la ligne I sur la règle divisée correspond à la division 100.

Fig. 21.

Pour préparer cette dissolution normale, il convient de se servir d'un petit ballon ou matras (fig. 21), jaugé à l'avance, ou sur le col duquel on a marqué un trait que le liquide doit atteindre pour que son volume soit exactement égal à 100 centimètres cubes.

2° *Dissolution du sucre brut du commerce.* — On prend 16^{gr},350 du sucre à essayer, on le broie dans un mortier, on l'introduit dans le matras, on ajoute une certaine quantité d'eau et l'on agite jusqu'à ce que le sucre soit dissous.

Si la teinte de la dissolution est trop foncée, ou si elle n'est pas assez transparente, il faut avant tout la clarifier. Pour cela on verse dans le matras une petite quantité de dissolution saturée de sous-acétate de plomb; on ajoute de l'eau jusqu'à ce que, le niveau du liquide affleurant avec le trait, son volume soit bien de 100 centimètres cubes; on agite le mélange, ce qui fait tomber au fond les principes colorants et les molécules étrangères qui troublaient la limpidité du liquide, et l'on filtre.

La dissolution est alors toute préparée, et pour faire l'analyse du sucre il suffira d'en remplir un tube BC (fig. 16).

Il faut alors fermer ce tube en faisant bien adhérer la plaque de verre P qui le termine ; on visse ensuite la virole de cuivre E qui retient la plaque, mais avec précaution, pour ne pas changer l'état moléculaire de la plaque.

3° *Solution sucrée intervertie et détermination définitive du titre.* — Après la première observation faite, comme on vient de le dire, il est resté dans le matras, contenant 100 centimètres cubes, une certaine quantité de liquide ; on prend alors un second matras ou ballon, marqué de deux traits de jauge indiquant, le premier une capacité de 50 centimètres, le second une capacité de 55 centimètres, de telle sorte que la partie comprise entre les traits ait une capacité de 5 centimètres ; on verse dans ce matras ce qui reste de la solution sucrée jusqu'au niveau du premier trait, ou 50 centimètres cubes ; puis on ajoute de l'acide chlorhydrique pur et fumant jusqu'au second trait, ce qui fait en volume 1/10 d'acide pour 1 de solution sucrée ; on plonge un thermomètre dans le ballon et l'on fait chauffer au bain-marie : quand le thermomètre marque + 68°, on s'arrête, on laisse le liquide se refroidir, on le filtre s'il n'est pas assez transparent, et il est alors tout prêt à être versé dans le tube pour que l'opération soit recommencée avec le saccharimètre. L'action exercée par l'acide chlorhydrique a modifié la nature de la dissolution sucrée : aussi, l'uniformité de teinte est détruite en sens contraire, et pour la ramener il faut faire tourner le grand bouton horizontal, non plus de droite à gauche ou vers la gauche, mais de gauche à droite ou vers la droite.

Quand l'uniformité de teinte, que nous supposons toujours être la teinte sensible, sera rétablie, on verra sur la portion droite de la règle divisée à quel trait ou à quelle division correspond l'aiguille ou index, et l'on notera ce nombre de divisions en observant que la température indiquée par le thermomètre soit la même dans les deux cas.

Avec les éléments qui précèdent, il est toujours aisé de se rendre compte de la quantité de sucre cristallisable et de sucre liquide renfermée dans un jus.

4° *Solution de mélasse et analyse des mélasses.* — On met dans une capsule de porcelaine un poids de mélasse triple de la quantité de sucre pur ou brut employé dans les préparations

précédentes, c'est-à-dire 49^{gr},050, au lieu de 16^{gr},350; on la
délaye en ajoutant successivement de petites quantités d'eau;
on la verse dans un matras jaugé à 300 centimètres cubes; on
ajoute encore de l'eau, on agite, et quand tout est dissous, on
complète le volume de 300 centimètres en versant assez d'eau
pour que le liquide affleure le trait. On étend sur un filtre
80 centimètres de noir animal en grains fins, on verse sur le
filtre toute la liqueur; quand le vase placé sous le filtre contient
un volume de liquide à peu près égal au volume de charbon
employé, on le vide dans un autre vase et l'on ne conserve que
le reste de la filtration, que l'on reverse dix ou douze fois sur
le noir animal, jusqu'à ce qu'il soit aussi décoloré que possible.
On en verse dans un ballon à double jauge avec deux traits qui
indiquent l'un 200, l'autre 220 centimètres cubes, jusqu'au niveau du trait 200, et l'on ajoute de la dissolution saturée de
sous-acétate de plomb jusqu'au trait 220 : on agite et l'on verse
de nouveau sur un filtre couvert de 60 centimètres de noir animal; on met à part et on néglige les 60 premiers centimètres
cubes de liquide filtré, et il reste à peu près 160 centimètres cubes de liqueur bien décolorée et avec laquelle on opère d'abord
directement en remplissant le tube de 0^m,20, puis, après inversion, en remplissant le tube de 0^m,22. Si la quantité de
liquide qui reste est insuffisante, on reprendra, pour l'ajouter
au reste avant d'aciduler, la solution du tube qui a servi à l'o-
pération directe[1].

5° *Analyse du jus de canne à sucre ou vesou.* — On prend 200
grammes de canne à sucre coupée par tranches, on les com-
prime dans une petite presse métallique et l'on verse le jus sortant ou vesou dans un ballon à double trait, jaugeant le premier 100, le second 110 centimètres cubes; le niveau du jus
affleure avec le premier trait; on ajoute 10 centimètres cubes de
sous-acétate de plomb; on agite, on filtre, et tout est prêt. Il
convient, pour tenir compte dans l'observation de l'augmentation de volume produite par le sel de plomb, de substituer au
tube direct, long de 20 centimètres, un tube semblable, long de
22 centimètres.

En général, si, dans le cas où l'on ajoute un dixième, soit de

1. *Observation générale.* — Le tube servant à l'observation directe a 20
centimètres de longueur, et celui qui sert après l'inversion a 22 centimètres.

liquide décolorant, soit d'acide chlorhydrique, on ne prenait pas cette précaution d'opérer avec un tube de 22 centimètres, il faudrait augmenter d'un dixième le titre trouvé pour tenir compte de l'augmentation de volume.

6° *Analyse du jus de betterave.* — Elle est la même que celle du jus de canne : on substitue aux 200 grammes de canne 200 grammes de pulpe de betterave râpée à la main et pressée en deux fois, ou par 100 grammes, dans un linge et lentement. Il sera plus prudent de faire deux opérations avec le saccharimètre, l'une directe, l'autre après inversion ; car la betterave contient ordinairement d'autres matières sucrées ou actives que le sucre cristallisable.

7° *Analyse des urines diabétiques.* — On verse dans le ballon à deux jauges, marquant 100 et 110 centimètres cubes, 100 centimètres cubes d'urine, on ajoute 10 centimètres de sous-acétate de plomb, si la transparence n'est pas assez grande ; on filtre s'il est nécessaire, et l'on remplit le tube de 22 centimètres ; pour ramener l'uniformité de teinte, il faut tourner à gauche comme pour le sucre ordinaire.

Le pouvoir du sucre de diabète est à celui du sucre cristallisable comme 73 est à 100, et 100 parties de l'échelle divisée correspondent à 22^{gr},397 de sucre par litre d'urine. Dès lors, chaque division du saccharimètre correspond à 22,397 centigrammes, ou, en nombre rond, à 2 décigrammes un quart. Par conséquent, pour obtenir la quantité de sucre contenue dans un litre des urines essayées, il faut multiplier 2 décigrammes un quart par le nombre lu sur l'échelle divisée.

Avec les indications purement pratiques que nous venons de rapporter, il n'est personne qui ne puisse faire au saccharimètre un essai des matières sucrées que l'on se propose de traiter, et nous recommandons cet appareil à nos lecteurs avec certitude et confiance. Le saccharimètre donne des chiffres théoriques précis en ce qui touche la quantité de sucre pour cent, et ce résultat conduit à l'exactitude mathématique et chimique, en industrie sucrière aussi bien qu'en alcoolisation.

Voici maintenant quelques détails destinés à faire comprendre la construction intime du saccharimètre.

1° Si l'on regarde un point noir à travers un prisme biréfringent, ce point renvoie à l'œil deux images. Les deux rayons de la double réfraction sont tous deux polarisés et ils sont éteints par un prisme ordinaire; ils sont en outre polarisés à angle droit et s'éteignent à 90° l'un de l'autre. On peut considérer un rayon de lumière ordinaire comme un double rayon formé de deux rayons ainsi polarisés.

2° Un cristal biréfringent polarise donc la lumière, et on le nomme *polariseur* quand on le fait servir à cet usage.

3° Un cristal biréfringent, accompagné d'un prisme de Nicol, forme un système qui procure facilement un seul rayon de lumière polarisée et sert en outre d'*analyseur;* c'est-à-dire qu'il met en évidence l'état de la polarisation du rayon lumineux.

4° Si l'on place sur le trajet d'un rayon polarisé un morceau de substance biréfringente, ce rayon reprend les propriétés de la lumière ordinaire, et on lui donne le nom de rayon *dépolarisé*.

5° On peut donner le nom de *dépolariseur* à une plaque de cristal de roche destinée à produire l'effet dont nous venons de parler.

6° Si le cristal *dépolariseur* est d'une certaine épaisseur, selon sa nature, le rayon apparaît plus ou moins coloré.

7° Les couleurs des deux rayons polarisés doublement réfractés sont complémentaires, c'est-à-dire qu'elles forment du blanc quand on les réunit.

8° La partie objective du saccharimètre est une sorte de *polariscope*, composé d'une plaque de cristal de roche, d'une plaque à pouvoirs contraires et d'un prisme biréfringent : à travers ce système, la lumière ordinaire apparaît incolore; au contraire, la lumière polarisée présente deux images colorées de couleurs complémentaires.

9° Nous savons qu'il y a des substances qui changent la direction du plan de polarisation; les unes le font tourner à droite, les autres à gauche. On donne aux premières le nom de *dextrogyres*, et aux secondes celui de *lévogyres*.

10° Une plaque formée de deux substances, l'une *dextrogyre*, l'autre *lévogyre*, se nomme plaque à double rotation, ou plaque à pouvoirs contraires; cette plaque permet de ramener les teintes juxtaposées à l'identité.

M. Biot a démontré les propositions suivantes :

1° Le pouvoir rotatoire est inhérent aux dernières particules

des corps, et proportionnel au nombre de molécules placées sur
le passage du rayon polarisé, et par conséquent à l'épaisseur
de la plaque solide ou à la longueur de la colonne liquide à
faces parallèles.

2° Tant que la substance solide conserve le mode d'agréga-
tion des molécules qui la constituent dans son état naturel ou
sa structure normale, tant que la substance liquide conserve sa
composition chimique, elles conservent aussi leur pouvoir rotatoire.

3° Si l'on superpose plusieurs plaques solides, ou si l'on
mêle plusieurs liquides doués du pouvoir rotatoire et sans action chimique l'un sur l'autre, la rotation produite par l'ensemble des plaques solides, ou le mélange des liquides, est
toujours la somme ou la différence des rotations que les substances unies ou mélangées produiraient séparément : la somme,
si elles sont toutes dextrogyres ou lévogyres ; la différence, si
les unes sont dextrogyres et les autres lévogyres.

4° A l'exception de l'acide tartrique, les substances organiques douées de la propriété rotatoire l'exercent suivant les
mêmes lois que le quartz ; de sorte que, si une lame de quartz
de 1 millimètre produit, au sens de la rotation près, la même
déviation du plan de polarisation qu'une colonne d'essence de
térébenthine de 68 millimètres et demi de longueur, un multiple ou une fraction d'un millimètre de quartz produira la
même déviation que le même multiple ou la même fraction de
la longueur 68^{mm},5 de la colonne de térébenthine ; que si 1 millimètre de quartz produit la même déviation qu'une colonne
de dissolution de sucre cristallisable de 200 millimètres de
longueur, renfermant 16^{gr},350 de sucre pur, la moitié, le tiers,
le quart, etc., de 1 millimètre de quartz déviera autant le plan
de polarisation du rayon qu'une colonne d'eau de 200 millimètres, renfermant la moitié, le tiers, le quart, etc., de 16^{gr},350
de sucre ; que si l'on combine une lame de quartz dextrogyre
de 1 millimètre d'épaisseur, ou d'une fraction de millimètre
avec une colonne d'essence de térébenthine de 68^{mm},5 de longueur, ou de la même fraction de 68^{mm},5, il y aura compensation exacte, et l'on n'observera aucune rotation ; qu'il en sera
de même si l'on combine une plaque de quartz lévogyre de
1 millimètre ou d'une fraction de millimètre d'épaisseur, avec
une colonne d'eau de 200 millimètres de longueur, renfermant

16^{gr},350 ou la même fraction de 16^{gr},350 de sucre cristallisable.

Il en résulte que, s'il était possible d'avoir à sa disposition une série de plaques de quartz de rotations contraires et d'épaisseurs variant par degrés insensibles, on pourrait, en les associant successivement avec les substances douées du pouvoir rotatoire, arriver dans tous les cas à une neutralisation parfaite, et exprimer par conséquent, en nombres, en millimètres ou en fractions de millimètre de quartz, ou mieux en multiples ou en fractions du pouvoir rotatoire du quartz pris pour unité, les pouvoirs rotatoires de toutes les autres substances. Or, le compensateur de M. Soleil réalise cette série indéfinie de plaques de quartz qu'il serait rigoureusement impossible de se procurer isolément et dont l'emploi serait très-compliqué et très-embarrassant. Le compensateur se compose essentiellement de deux longs prismes de quartz, tous deux dextrogyres ou tous deux lévogyres, rectangulaires et parfaitement identiques, formant par leur superposition un parallélipipède rectangle dont ils sont comme les deux moitiés égales. Ils sont montés de manière à s'avancer parallèlement l'un sur l'autre. Dans leur position normale, lorsqu'ils forment parallélipipède, l'épaisseur de la partie moyenne est égale au petit côté du prisme opposé à l'arête du sommet; si l'on fait éloigner les deux arêtes l'une de l'autre, l'épaisseur du quartz de la partie moyenne augmente incessamment jusqu'à devenir double de ce qu'elle était primitivement; si, au contraire, on fait marcher les deux arêtes l'une vers l'autre, l'épaisseur en quartz de la partie moyenne diminue indéfiniment et se réduit à zéro lorsque les deux arêtes coïncident. Donc, par le moyen du compensateur, on peut interposer sur le trajet du rayon des épaisseurs de quartz variant par degrés insensibles, depuis zéro jusqu'au double de la petite hauteur du prisme rectangulaire. Pour mesurer le pouvoir rotatoire des substances liquides et solides, il suffirait donc de placer au delà de la plaque solide ou de la colonne liquide un ensemble de deux prismes rectangulaires que l'on ferait marcher au moyen d'une vis micrométrique munie d'un cadran dont l'index indiquerait l'épaisseur du quartz interposée au moment où l'identité de teinte, détruite par l'introduction sur le passage du rayon de la substance douée de pouvoir rotatoire, serait établie. Quand on aurait affaire à des substances dextrogyres, le compensateur devrait être formé de lames prismatiques lévogyres, et réciproquement. Mais si l'on s'était contenté d'un simple ensemble de deux lames prismatiques, la détermination de pouvoirs rotatoires très-intenses pourrait devenir impossible si elle dépassait la limite de l'instrument, tandis que la détermination de pouvoirs rotatoires très-faibles serait très-délicate et très-incertaine, parce que les arêtes des prismes n'ont jamais une épaisseur nulle. Il est un moyen bien simple de parer à tous ces inconvénients : il consiste à placer en avant du compensateur une plaque de quartz additionnelle fixe, de rotation contraire à celle du compensateur : elle pourrait être de même épaisseur que l'ensemble des deux lames prismatiques, mais dans la pratique on la fait plus ou moins épaisse : plus épaisse si le compensateur est dextrogyre, moins épaisse si le compensateur est lévogyre, et que l'on veuille opérer sur une substance dextrogyre, comme le sucre cristallisable.

Le principal effet de la plaque additionnelle, combinée comme nous venons de l'indiquer, est de permettre avec un même compensateur d'étudier les substances de pouvoir rotatoire inversé ; car, suivant la position des lames prismatiques, l'ensemble de la plaque fixe et du compensateur formera un compensateur unique, soit dextrogyre, soit lévogyre.

Nous n'avons plus que quelques mots à ajouter pour mettre en évidence le mode de graduation de l'appareil et la construction de l'échelle sur laquelle on lit la richesse en sucre de la dissolution essayée.

1° Les plans principaux du prisme analyseur et du prisme polariseur sont placés à angle droit, c'est-à-dire que ces deux prismes, dont la position dans l'instrument est absolument fixe, sont placés de telle sorte que le rayon qui traverse leur ensemble soit complétement éteint.

2° Les deux lames prismatiques du compensateur sont amenées dans une position telle, que la somme de leurs épaisseurs étant égale à celle de la plaque additionnelle, l'ensemble de cette plaque et du compensateur forme un système neutre mis en évidence par l'égalité parfaite de teinte des deux demi-disques de la plaque à deux rotations ; on écrit alors zéro au-dessus de l'index sur l'échelle du compensateur.

3° On met sur le trajet du rayon une plaque de cristal de

roche dextrogyre, d'un millimètre d'épaisseur, fixée au bout d'un tube analogue à celui du saccharimètre; l'égalité de teinte est troublée, et, pour la rétablir, il faut tourner le bouton horizontal et mettre en mouvement les lames du compensateur; quand l'égalité est rétablie, on marque sur l'échelle le nombre 100, et l'on partage en cent parties égales l'intervalle compris entre 0 et 100. Puisque la rotation du cristal de roche est proportionnelle à son épaisseur, chaque division de l'échelle mesurera par conséquent le pouvoir rotatoire d'un centième de millimètre de quartz; et parce que la rotation d'un millimètre de quartz correspond à celle d'une colonne de dissolution sucrée de 200 millimètres de longueur, renfermant $16^{gr},350$ de sucre, chaque division de l'échelle indiquera la présence de $0^{gr},1635$ de sucre dans la colonne de 200 millimètres de longueur. L'échelle du compensateur n'est pas bornée à cent divisions, on l'a prolongée à gauche de cinquante divisions pour pouvoir opérer entre des limites plus étendues; la partie droite, au contraire, ne contient que cinquante divisions, parce qu'elle sert à l'appréciation du pouvoir rotatoire du sucre interverti, pouvoir beaucoup plus faible, puisque, après l'interversion, la déviation 100, produite par la colonne de dissolution de 200 millimètres renfermant $16^{gr},350$ de sucre, n'est plus que de 38 divisions à la température de $+12^{\circ}$, et varie avec la température. (*Pratique et théorie du saccharimètre Soleil*, par M. Moigno, 1853. *Saccharimétrie*, 1869.)

Les principes que nous venons de rappeler le plus brièvement qu'il nous a été possible, reçoivent dans le saccharimètre l'application la plus intelligente et la plus utile; aussi ne pouvons-nous que recommander, à tous ceux qui veulent étudier et pratiquer sérieusement l'industrie sucrière, cet ingénieux instrument, disposé avec tant d'habileté que l'homme de pratique n'a nul besoin, pour s'en servir, de posséder les notions ardues de l'optique, dont il est cependant un petit résumé, renfermant la solution des problèmes les plus intéressants.

M. Clerget a consacré de nombreuses années à l'étude de la saccharimétrie optique et l'on peut avancer hardiment que c'est aux travaux de cet observateur, aussi modeste qu'habile, que l'on doit les progrès accomplis dans ce sens. D'autres constructeurs sont venus à la suite de M. Soleil, en France et ailleurs, qui ont établi des appareils analogues, basés sur les faits de la polarisation; mais, jusqu'à présent, personne n'a songé à suivre M. Clerget dans la voie des investigations longues et patientes où il est entré le premier. Ses tables servent encore de guide aux analystes, et nous les reproduisons ci-après, pour la commodité du lecteur. Lorsqu'on n'a pas ces tables à sa disposition on peut cependant calculer le pouvoir rotatoire et la richesse sucrière d'une solution observée au saccharimètre. Voici la formule indiquée par M. Moigno : « Soit T la température à laquelle on opère ; S la somme ou la différence des déviations avant ou après l'inversion, la différence, si elles sont du même sens, la somme, si elles sont de sens contraire ; P le pouvoir rotatoire ; R la richesse saccharine ou la quantité de sucre contenu dans un litre de la solution, on a :

$$P = \frac{200\,S}{288 - T}. \qquad R = \frac{P \times 16,350}{10} = P \times 1^{gr},635.$$

« A la température de +15°, la déviation, avant l'inversion, étant + 75, après l'inversion, + 20, on aura : S = 95, P = 69,597 ; R = 113^{gr},79. La table donne 70 et 114^{gr},45. »

TABLES DE M. CLERGET

pour l'analyse des substances sacchariféres.

Les deux dernières colonnes A et B donnent les résultats nets des liqueurs sucrées non interverties par les acides. La colonne A indique les degrés trouvés, et la colonne B les poids en grammes et centigrammes renfermés dans un litre de liqueur.

Les nombres fournis par les analyses des sucres concrets seront nécessairement compris dans les cent premières lignes des tables ; les trente lignes suivantes ont été ajoutées pour les liqueurs d'un haut titre, comme le *vesou*, par exemple. S'il s'en trouvait de plus élevées encore, on les étendrait d'une quantité d'eau suffisante pour les faire rentrer dans les limites des tables, et l'on tiendrait compte, par le calcul, de l'eau ajoutée.

Première table, de + 10° à + 18° de température.

SOMMES OU DIFFÉRENCES des notations directes ou inverses, ces dernières étant prises à la température de :									TITRES cherchés.	
10°	11°	12°	13°	14°	15°	16°	17°	18°	Par poids A	Par volume B
1,4	1,4	1,4	1,4	1,4	1,4	1,4	1,3	1,3	1	1,63
2,8	2,8	2,8	2,7	2,7	2,7	2,7	2,7	2,7	2	3,27
4,2	4,1	4,1	4,1	4,1	4,1	4,1	4,1	4,0	3	4,90
5,6	5,5	5,5	5,5	5,5	5,5	5,4	5,4	5,4	4	6,54
6,9	6,9	6,9	6,9	6,8	6,8	6,8	6,8	6,7	5	8,17
8,3	8,3	8,3	8,2	8,2	8,2	8,2	8,1	8,1	6	9,81
9,7	9,7	9,7	9,6	9,6	9,5	9,5	9,5	9,4	7	11,44
11,1	11,1	11,0	11,0	11,0	10,9	10,9	10,8	10,8	8	13,08
12,5	12,5	12,4	12,4	12,3	12,3	12,2	12,2	12,1	9	14,71
13,9	13,8	13,8	13,7	13,7	13,6	13,6	13,5	13,5	10	16,35
15,3	15,2	15,2	15,1	15,1	15,0	15,0	14,9	14,8	11	17,98
16,7	16,6	16,6	16,5	16,4	16,4	16,3	16,3	16,2	12	19,62
18,1	18,0	17,9	17,9	17,8	17,7	17,7	17,6	17,5	13	21,25
19,5	19,4	19,3	19,2	19,2	19,1	19,0	19,0	18,9	14	22,89
20,8	20,8	20,7	20,6	20,5	20,5	20,4	20,3	20,2	15	24,52
22,2	22,2	22,1	22,0	21,9	21,8	21,8	21,7	21,6	16	26,16
23,6	23,5	23,5	23,4	23,3	23,2	23,1	23,0	22,9	17	27,79
25,0	24,9	24,8	24,7	24,7	24,6	24,5	24,4	24,3	18	29,43
26,4	26,3	26,2	26,1	26,0	25,9	25,8	25,7	25,6	19	31,06
27,8	27,7	27,6	27,5	27,4	27,3	27,2	27,1	27,0	20	32,70
29,2	29,1	29,0	28,9	28,8	28,7	28,6	28,4	28,3	21	34,33
30,6	30,5	30,4	30,2	30,1	30,0	29,9	29,8	29,7	22	35,97
32,0	31,8	31,7	31,6	31,5	31,4	31,3	31,2	31,0	23	37,60
33,4	33,2	33,1	33,0	32,9	32,8	32,6	32,5	32,4	24	39,24
34,7	34,6	34,5	34,4	34,2	34,1	34,0	33,9	33,7	25	40,87
36,1	36,0	35,9	35,7	35,6	35,5	35,4	35,2	35,1	26	42,51
37,5	37,4	37,3	37,1	37,0	36,8	36,7	36,6	36,4	27	44,14
38,9	38,8	38,6	38,5	38,4	38,2	38,1	37,9	37,8	28	45,78
40,3	40,2	40,0	39,9	39,7	39,6	39,4	39,3	39,1	29	47,41
41,7	41,5	41,4	41,2	41,1	40,9	40,8	40,6	40,5	30	49,05
43,1	42,9	42,8	42,6	42,5	42,3	42,2	42,0	41,8	31	50,68
44,5	44,3	44,2	44,0	43,8	43,7	43,5	43,4	43,2	32	52,32
45,9	45,7	45,5	45,4	45,2	45,0	44,9	44,7	44,5	33	53,95
47,3	47,1	46,9	46,7	46,6	46,4	46,2	46,1	45,9	34	55,59
48,6	48,5	48,3	48,1	47,9	47,8	47,6	47,4	47,2	35	57,22
50,0	49,9	49,7	49,5	49,3	49,1	49,1	48,8	48,6	36	58,86
51,4	51,2	51,1	50,9	50,7	50,5	50,3	50,1	49,9	37	60,49
52,8	52,6	52,4	52,2	52,1	51,9	51,7	51,5	51,3	38	62,13
54,2	54,0	53,8	53,6	53,4	53,2	53,0	52,8	52,6	39	63,76
55,6	55,4	55,2	55,0	54,8	54,6	54,4	54,2	54,0	40	65,40
57,0	56,8	56,6	56,4	56,2	56,0	55,8	55,6	55,3	41	67,03
58,4	58,2	58,0	57,7	57,5	57,3	57,1	56,9	56,7	42	68,67
59,8	59,5	59,3	59,1	58,9	58,7	58,5	58,3	58,0	43	70,30
61,2	60,9	60,7	60,5	60,3	60,1	59,8	59,6	59,4	44	71,94

13

Première table, de + 10° à + 18° de température (Suite).

| SOMMES OU DIFFÉRENCES des notations directes et inverses, ces dernières étant prises à la température de : | | | | | | | | | TITRES cherchés. | |
10°	11°	12°	13°	14°	15°	16°	17°	18°	Par poids A	Par volume B
62,5	62,3	62,1	61,9	61,6	61,4	61,2	61,0	60,7	45	73,57
63,4	63,7	63,5	63,2	63,0	62,8	62,6	62,3	62,1	46	75,21
65,3	65,1	64,9	64,6	64,4	64,1	63,9	63,7	63,4	47	76,84
66,7	66,5	66,2	66,0	65,8	65,5	65,3	65,0	64,8	48	78,48
68,1	67,9	67,6	67,4	67,1	66,9	66,6	66,4	66,1	49	80,11
69,5	69,2	69,0	68,7	68,5	68,2	68,0	67,7	67,5	50	81,75
70,9	70,6	70,4	70,1	69,9	69,6	69,4	69,1	68,0	51	83,38
72,3	72,0	71,8	71,5	71,2	71,0	70,7	70,5	70,2	52	85,02
73,7	73,4	73,1	72,9	72,6	72,3	72,1	71,8	71,5	53	86,65
75,1	74,8	74,5	74,2	74,0	73,7	73,4	73,2	72,9	54	88,29
76,4	76,2	75,9	75,6	75,3	75,1	74,8	74,5	74,2	55	89,92
77,8	77,6	77,3	77,0	76,7	76,4	76,2	75,9	75,6	56	91,56
79,2	79,0	78,7	78,4	78,1	77,8	77,5	77,2	76,9	57	93,19
80,6	80.3	80,0	79,7	79,5	79,2	78,9	78,6	78,3	58	94,83
82,0	81,7	81,4	81,1	80,8	80,5	80,2	79,9	79,6	59	96,46
83,4	83,1	82,8	82,5	82,2	81,9	81,6	81,3	81,0	60	98,10
84,8	84,5	84,2	83,9	83,6	83,3	83,0	82,6	82,3	61	99,73
86,2	85,9	85,6	85,2	84,9	84,6	84,3	84,0	83,7	62	101,37
87,6	87,2	86,9	86,5	86,3	86,0	85,7	85,4	85,0	63	103,00
89,0	88,6	88,3	88,0	87,7	87,4	87,0	86,7	86,4	64	104,64
90,3	90,0	89,7	89,4	89,0	88,7	88,4	88,1	87,7	65	106,27
91,7	91,4	91,1	90,7	90,4	90,1	89,8	89,4	89,1	66	107,91
93,1	92,8	92,5	92,1	91,8	91,4	91,1	90,8	90,4	67	109,64
94,5	94,2	93,8	93,5	93,2	92,8	92,5	92,1	91,8	68	111,18
95,9	95,6	95,2	94,9	94,5	94,1	93,8	93,5	93,1	69	112,81
97,3	96,9	96,6	96,2	95,9	95,5	95,2	94,8	94,5	70	114,45
98,7	98,3	98,0	97,6	97,3	96,9	96,6	96,2	95,8	71	116,08
100,1	99,7	99,4	99,0	98,6	98,3	97,9	97,6	97,2	72	117,72
101,5	101,1	100,7	100,4	100,0	99,6	99,3	98,9	98,5	73	119,35
102,9	102,5	102,1	101,7	101,4	101,0	100,6	100,3	99,9	74	120,99
104,2	103,9	103,5	103,1	102,7	102,4	102,0	101,6	101,2	75	122,62
105,6	105,3	104,9	104,5	104,1	103,7	103,4	103,0	102,6	76	124,26
107,0	106,6	106,3	105,9	105,5	105,1	104,7	104,3	103,9	77	125,89
108,4	108,0	107,6	107,2	106,9	106,5	106,1	105,7	105,3	78	127,53
109,8	109,4	109,0	108,6	108,2	107,8	107,4	107,0	106,6	79	129,16
111,3	110,8	110,4	110,0	109,6	109,2	108,8	108,4	108,0	80	130,80
112,6	112,2	111,8	111,4	111,0	110,6	110,2	109,7	109,3	81	132,43
114,0	113,6	113,2	112,7	112,3	111,9	111,5	111,1	110,7	82	134,07
115,4	114,9	114,5	114,1	113,7	113,3	112,9	112,5	112,0	83	135,70
116,8	116,5	115,9	115,5	115,1	114,7	114,2	113,8	113,4	84	137,34
118,1	117,7	117,3	116,9	116,4	116,0	115,6	115,2	114,7	85	138,97
119,5	119,1	118,7	118,2	117,8	117,4	117,0	116,5	116,1	86	140,61
120,9	120,5	120,1	119,6	119,2	118,7	118,3	117,9	117,4	87	142,24
122,3	121,9	121,4	121,0	120,6	120,0	119,7	119,2	118,8	88	143,88

Première table, de + 10° à + 18° de température (Suite).

SOMMES OU DIFFÉRENCES des notations directes et inverses, ces dernières étant prises à la température de :									TITRES cherchés.	
10°	11°	12°	13°	14°	15°	16°	17°	18°	Par poids A	Par volume B
124,7	123,2	122,8	122,4	121,9	121,5	121,0	120,6	120,1	89	145,51
125,1	124,6	124,2	123,7	123,3	122,8	122,4	121,9	121,5	90	147,15
126,5	126,0	125,6	125,1	124,7	124,2	123,8	123,3	122,8	91	148,78
127,9	127,4	127,0	126,5	126,0	125,6	125,1	124,7	124,2	92	150,42
129,3	128,8	128,3	127,9	127,4	126,9	126,5	126,0	125,5	93	152,05
130,7	130,2	129,7	129,2	128,8	128,3	127,8	127,4	126,9	94	153,69
132,0	131,6	131,1	130,6	130,1	129,7	129,2	128,7	128,2	95	155,32
133,4	133,0	132,5	132,0	131,5	131,0	130,6	130,1	129,6	96	156,96
134,8	134,3	133,9	133,4	132,9	132,4	131,9	131,4	130,9	97	158,59
136,2	135,7	135,2	134,7	134,3	133,8	133,3	132,8	132,3	98	160,23
137,6	137,1	136,6	136,1	135,6	135,1	134,6	134,1	133,6	99	161,86
139,0	138,5	138,0	137,5	137,0	136,5	136,0	135,5	135,0	100	163,50
140,4	139,9	139,4	138,9	138,4	137,9	137,4	136,8	136,3	101	165,13
141,8	141,3	140,8	140,2	139,7	139,2	138,7	138,2	137,7	102	166,77
143,2	142,6	142,1	141,6	141,1	140,6	140,1	139,6	139,0	103	168,40
144,6	144,0	143,5	143,0	142,5	142,0	141,4	140,9	140,4	104	170,04
145,9	145,4	144,9	144,4	143,8	143,3	142,8	142,3	141,7	105	171,67
147,3	146,8	146,3	145,7	145,2	144,7	144,2	143,6	143,1	106	173,31
148,7	148,2	147,7	147,1	146,6	146,0	145,5	145,0	144,5	107	174,94
150,1	149,6	149,0	148,5	148,0	147,4	146,9	146,3	145,8	108	176,58
151,5	151,0	150,4	149,9	149,3	148,8	148,2	147,7	147,1	109	178,21
152,9	152,3	151,8	151,2	150,7	150,1	149,6	149,0	148,5	110	179,85
154,3	153,7	153,2	152,6	152,1	151,5	151,0	150,4	149,8	111	181,48
155,7	155,1	154,6	154,0	153,4	152,9	152,3	151,8	151,2	112	183,12
157,1	156,5	155,9	155,4	154,8	154,2	153,7	153,1	152,5	113	184,75
158,5	157,9	157,3	156,7	156,2	155,6	155,0	154,5	153,9	114	186,39
159,8	159,3	158,7	158,1	157,5	157,0	156,4	155,8	155,2	115	188,02
161,2	160,6	160,1	159,5	158,9	158,3	157,8	157,2	156,6	116	189,66
162,6	162,0	161,5	160,9	160,3	159,7	159,0	158,5	157,9	117	191,29
164,0	163,4	162,8	162,2	161,7	161,1	160,5	159,9	159,3	118	192,93
165,4	164,8	164,2	163,6	163,0	162,4	161,8	161,2	160,6	119	194,56
166,8	166,2	165,6	165,0	164,4	163,8	163,2	162,6	162,0	120	196,20
168,2	167,6	167,0	166,4	165,8	165,2	164,6	163,9	163,3	121	197,83
169,6	169,0	168,4	167,7	167,1	166,5	165,9	165,3	164,7	122	199,47
171,0	170,3	169,7	169,1	168,5	167,9	167,3	166,7	166,1	123	201,10
172,4	171,7	171,1	170,5	169,9	169,3	168,6	168,0	167,4	124	202,74
173,7	173,1	172,5	171,9	171,2	170,6	170,0	169,4	168,7	125	204,37
175,1	174,5	173,9	173,2	172,6	172,0	171,4	170,7	170,1	126	206,01
176,5	175,9	175,3	174,6	174,0	173,3	172,7	172,1	171,4	127	207,64
177,9	177,3	176,6	176,0	175,4	174,7	174,1	173,4	172,8	128	209,28
179,3	178,7	178,0	177,4	176,7	176,1	175,4	174,8	174,1	129	210,91
180,7	180,0	179,4	178,7	178,1	177,4	176,8	176,1	175,5	130	212,55

Deuxième table, de + 19° à + 27° de température.

SOMMES OU DIFFÉRENCES des notations directes ou inverses, ces dernières étant prises à la température de :									TITRES cherchés.	
19°	20°	21°	22°	23°	24°	25°	26°	27°	Par poids A	Par volume B
1,3	1,3	1,3	1,3	1,3	1,3	1,3	1,3	1,3	1	1,63
2,7	2,7	2,7	2,6	2,6	2,6	2,6	2,6	2,6	2	3,27
4,0	4,0	4,0	4,0	4,0	4,0	3,9	3,9	3,9	3	4,90
5,4	5,4	5,3	5,3	5,3	5,3	5,3	5,2	5,2	4	6,54
6,7	6,7	6,7	6,6	6,6	6,6	6,6	6,5	6,5	5	8,17
8,1	8,0	8,0	8,0	7,9	7,9	7,9	7,9	7,8	6	9,81
9,4	9,4	9,3	9,3	9,3	9,2	9,2	9,2	9,1	7	11,44
10,8	10,7	10,7	10,6	10,6	10,6	10,3	10,5	10,4	8	13,08
12,1	12,1	12,0	12,0	11,9	11,9	11,8	11,8	11,7	9	14,71
13,4	13,4	13,3	13,3	13,2	13,2	13,1	13,1	13,0	10	16,35
14,8	14,7	14,7	14,6	14,6	14,5	14,5	14,4	14,3	11	17,98
16,1	16,1	16,0	16,0	15,9	15,8	15,8	15,7	15,7	12	19,62
17,5	17,4	17,3	17,3	17,2	17,2	17,1	17,0	17,0	13	21,25
18,8	18,8	18,7	18,6	18,5	18,5	18,4	18,3	18,3	14	22,89
20,2	20,1	20,0	19,9	19,9	19,8	19,7	19,6	19,6	15	24,52
21,5	21,4	21,4	21,3	21,2	21,1	21,0	21,0	20,9	16	26,16
22,9	22,8	22,7	22,6	22,5	22,4	22,3	22,3	22,2	17	27,79
24,2	24,1	24,0	23,9	23,8	23,8	23,7	23,6	23,5	18	29,43
25,5	25,5	25,4	25,3	25,2	25,1	25,0	24,9	24,8	19	31,06
26,9	26,8	26,7	26,6	26,5	26,4	26,3	26,2	26,1	20	32,70
28,2	28,1	28,0	27,9	27,8	27,7	27,6	27,5	27,4	21	34,33
29,6	29,5	29,4	29,3	29,1	29,0	28,9	28,8	28,7	22	35,97
30,9	30,8	30,7	30,6	30,5	30,4	30,2	30,1	30,0	23	37,60
32,3	32,2	32,0	31,9	31,8	31,7	31,6	31,4	31,3	24	39,24
33,6	33,5	33,4	33,2	33,1	33,0	32,9	32,7	32,6	25	40,87
35,0	34,8	34,7	34,6	34,4	34,3	34,2	34,1	33,9	26	42,51
36,3	36,2	36,1	35,9	35,8	35,6	35,5	35,4	35,2	27	44,14
37,7	37,5	37,4	37,2	37,1	37,0	36,8	36,7	36,5	28	45,78
39,0	38,9	38,7	38,6	38,4	38,3	38,1	38,0	37,8	29	47,41
40,3	40,2	40,0	39,9	39,7	39,6	39,4	39,3	39,1	30	49,05
41,7	41,5	41,4	41,2	41,1	40,9	40,8	40,6	40,4	31	50,68
43,0	42,9	42,7	42,6	42,4	42,2	42,1	41,9	41,8	32	52,32
44,4	44,2	44,0	43,7	43,6	43,4	43,2	43,1		33	53,95
45,7	45,6	45,4	45,2	45,0	44,9	44,7	44,5	44,4	34	55,59
47,1	46,9	46,7	46,5	46,4	46,2	46,0	45,8	45,7	35	57,22
48,4	48,2	48,1	47,9	47,7	47,5	47,3	47,2	47,0	36	58,86
49,8	49,6	49,4	49,2	49,0	48,8	48,6	48,5	48,3	37	60,49
51,1	50,9	50,7	50,5	50,3	50,2	50,0	49,8	49,6	38	62,13
52,4	52,3	52,1	51,9	51,7	51,5	51,3	51,1	50,9	39	63,76
53,8	53,6	53,4	53,2	53,0	52,8	52,6	52,4	52,2	40	65,40
55,1	54,9	54,7	54,5	54,3	54,1	53,9	53,7	53,5	41	67,03
56,5	56,3	56,1	55,9	55,6	55,4	55,2	55,0	54,8	42	68,67
57,8	57,6	57,4	57,2	57,0	56,8	56,5	56,3	56,1	43	70,30
59,2	59,0	58,7	58,5	58,3	58,1	57,9	57,6	57,4	44	71,94

Deuxième table, de + 19° à + 27° *de température* (Suite).

| SOMMES OU DIFFÉRENCES des notations directes ou inverses, ces dernières étant prises à la température de : | | | | | | | | | TITRES cherchés. | |
19°	20°	21°	22°	23°	24°	25°	26°	27°	Par poids A	Par volume B
60,5	60,3	60,1	59,8	59,6	59,4	59,2	58,9	58,7	45	73,57
61,9	61,6	61,4	61,2	60,9	60,7	60,5	60,3	60,0	46	75,21
63,2	63,0	62,7	62,5	62,3	62,0	61,8	61,6	61,3	47	76,84
64,6	64,3	64,1	63,8	63,6	63,4	63,1	62,9	62,6	48	78,48
65,9	65,7	65,4	65,2	64,9	64,7	64,4	64,2	63,9	49	80,11
67,2	67,0	66,7	66,5	66,2	66,0	65,7	65,5	65,2	50	81,75
68,6	68,3	68,1	67,8	67,6	67,3	67,1	66,8	66,5	51	83,38
69,9	69,7	69,4	69,2	68,9	68,6	68,4	68,1	67,9	52	85,02
71,3	71,0	70,7	70,5	70,2	70,0	69,7	69,4	69,2	53	86,65
72,6	72,4	72,1	71,8	71,5	71,3	71,0	70,7	70,5	54	88,29
74,0	73,7	73,4	73,1	72,9	72,6	72,3	72,0	71,8	55	89,92
75,3	75,0	74,8	74,5	74,2	73,9	73,6	73,4	73,1	56	91,56
76,7	76,4	76,1	75,8	75,5	75,2	74,9	74,7	74,4	57	93,19
78,0	77,7	77,4	77,1	76,8	76,6	76,3	76,0	75,7	58	94,83
79,3	79,1	78,8	78,5	78,2	77,9	77,6	77,3	77,0	59	96,46
80,7	80,4	80,1	79,8	79,5	79,2	78,9	78,6	78,3	60	98,10
82,0	81,7	81,4	81,1	80,8	80,5	80,2	79,9	79,6	61	99,73
83,4	83,1	82,8	82,5	82,1	81,8	81,5	81,2	80,9	62	101,37
84,7	84,4	84,1	83,8	83,5	83,2	82,8	82,5	82,2	63	103,00
86,1	85,8	85,4	85,1	84,8	84,5	84,2	83,8	83,5	64	104,64
87,4	87,1	86,8	86,4	86,1	85,8	85,5	85,1	84,8	65	106,27
88,8	88,4	88,1	87,8	87,4	87,1	86,8	86,5	86,1	66	107,91
90,1	89,8	89,4	89,1	88,8	88,4	88,1	87,8	87,4	67	109,54
91,5	91,1	90,8	90,4	90,1	89,8	89,4	89,1	88,7	68	111,18
92,8	92,5	92,1	91,8	91,4	91,1	90,7	90,4	90,0	69	112,81
94,1	93,8	93,4	93,1	92,7	92,4	92,0	91,7	91,3	70	114,45
95,5	95,1	94,8	94,4	94,1	93,7	93,4	93,0	92,6	71	116,08
96,8	96,5	96,1	95,8	95,4	95,0	94,7	94,3	94,0	72	117,72
98,2	97,8	97,4	97,1	96,7	96,4	96,0	95,6	95,3	73	119,35
99,5	99,2	98,8	98,4	98,0	97,7	97,3	96,9	96,6	74	120,99
100,9	100,5	100,1	99,7	99,4	99,0	98,6	98,2	97,9	75	122,62
102,2	101,8	101,5	101,1	100,7	100,3	99,9	99,6	99,2	76	124,26
103,6	103,2	102,8	102,4	102,0	101,6	101,2	100,9	100,5	77	125,89
104,9	104,5	104,1	103,7	103,3	103,0	102,6	102,2	101,8	78	127,53
106,2	105,9	105,5	105,1	104,7	104,3	103,9	103,5	103,1	79	129,16
107,6	107,2	106,8	106,4	106,0	105,6	105,2	104,8	104,4	80	130,80
108,9	108,5	108,1	107,7	107,3	106,9	106,5	106,1	105,7	81	132,43
110,3	109,9	109,5	109,1	108,6	108,2	107,8	107,4	107,0	82	134,07
111,9	111,2	110,8	110,4	110,0	109,6	109,1	108,7	108,3	83	135,70
113,0	112,6	112,1	111,7	111,3	110,9	110,5	110,0	109,6	84	137,34
114,3	113,9	113,5	113,0	112,6	112,2	111,8	111,3	110,9	85	138,97
115,7	115,2	114,8	114,4	113,9	113,5	113,1	112,7	112,2	86	140,61
117,0	116,6	116,1	115,7	115,3	114,8	114,4	114,0	113,5	87	142,24
118,4	117,9	117,5	117,0	116,6	116,2	115,7	115,3	114,8	88	143,88

Deuxième table, de + 19° à + 27° de température (Suite).

SOMMES OU DIFFÉRENCES des notations directes ou inverses, ces dernières étant prises à la température de :									TITRES cherchés.	
19°	20°	21°	22°	23°	24°	25°	26°	27°	Par poids A	Par volume B
119,7	119,3	118,8	118,4	117,9	117,5	117,0	116,6	116,1	89	145,51
121,0	120,6	120,1	119,7	119,2	118,8	118,3	117,9	117,4	90	147,15
122,4	121,9	121,5	121,0	120,6	120,1	119,7	119,2	118,7	91	148,78
123,7	123,3	122,8	122,4	121,9	121,4	121,0	120,5	120,1	92	150,42
125,1	124,6	124,1	123,7	123,2	122,8	122,3	121,8	121,4	93	152,05
126,4	126,0	125,5	125,0	124,5	124,1	123,6	123,1	122,7	94	153,69
127,8	127,3	126,8	126,3	125,9	125,4	124,9	124,4	124,0	95	155,32
129,1	128,6	128,2	127,7	127,2	126,7	126,2	125,8	125,3	96	156,96
130,5	130,0	129,5	129,0	128,5	128,0	127,5	127,1	126,6	97	158,59
131,8	131,3	130,8	130,3	129,8	129,4	128,9	128,4	127,9	98	160,23
133,1	132,7	132,2	131,7	131,2	130,7	130,2	129,7	129,2	99	161,86
134,5	134,0	133,5	133,0	132,5	132,0	131,5	131,0	130,5	100	163,50
135,8	135,3	134,8	134,3	133,8	133,3	132,8	132,3	131,8	101	165,13
137,2	136,7	136,2	135,7	135,4	134,6	134,1	133,6	133,1	102	166,77
138,5	138,0	137,5	137,0	136,5	136,0	135,4	134,9	134,4	103	168,40
139,9	139,4	138,8	138,3	137,8	137,3	136,8	136,2	135,7	104	170,04
141,2	140,7	140,2	139,6	139,1	138,6	138,1	137,5	137,0	105	171,67
142,6	142,0	141,5	141,0	140,5	139,9	139,4	138,9	138,3	106	173,31
143,9	143,4	142,8	142,3	141,8	141,2	140,7	140,2	139,6	107	174,94
145,3	144,7	144,2	143,6	143,1	142,6	142,0	141,0	140,9	108	176,58
146,6	146,1	145,5	145,0	144,4	143,9	143,3	142,8	142,2	109	178,21
147,9	147,4	146,8	146,3	145,7	145,2	144,6	144,1	143,5	110	179,85
149,3	148,7	148,2	147,6	147,1	146,5	146,0	145,4	144,8	111	181,48
150,6	150,1	149,5	149,0	148,4	147,8	147,3	146,7	146,2	112	183,12
152,0	151,4	150,8	150,3	149,7	149,2	148,6	148,0	147,5	113	184,75
153,3	152,8	152,2	151,6	151,0	150,5	149,9	149,3	148,8	114	186,39
154,7	154,1	153,5	152,9	152,4	151,8	151,2	150,6	150,1	115	188,02
156,0	155,4	154,9	154,3	153,7	153,1	152,5	152,0	151,4	116	189,66
157,4	156,9	156,2	155,6	155,0	154,4	153,8	153,3	152,7	117	191,29
158,7	158,1	157,5	156,9	156,3	155,8	155,2	154,6	154,0	118	192,93
160,0	159,5	158,9	158,3	157,7	157,1	156,5	155,9	155,3	119	194,56
161,4	160,8	160,2	159,6	159,0	158,4	157,8	157,2	156,6	120	196,20
162,7	162,1	161,5	160,9	160,3	159,7	159,1	158,5	157,9	121	197,83
164,1	163,5	162,9	162,3	161,6	161,0	160,4	159,8	159,2	122	199,47
165,4	164,8	164,2	163,6	163,0	162,4	161,7	161,1	160,5	123	201,10
166,8	166,2	165,5	164,9	164,3	163,7	163,1	162,4	161,8	124	202,74
168,1	167,5	166,9	166,2	165,6	165,0	164,4	163,7	163,1	125	204,37
169,5	168,8	168,2	167,6	166,9	166,3	165,7	165,1	164,4	126	206,01
170,8	170,2	169,5	168,9	168,3	167,6	167,0	166,4	165,7	127	207,64
172,2	171,5	170,9	170,2	169,6	169,0	168,3	167,7	167,0	128	209,28
173,5	172,9	172,2	171,6	170,9	170,3	169,6	169,0	168,3	129	210,91
174,8	174,2	173,5	172,9	172,2	171,6	170,9	170,3	169,6	130	212,55

Troisième table, de $+ 28°$ à $+ 35°$ de température.

SOMMES OU DIFFÉRENCES des notations directes ou inverses, ces dernières étant prises à la température de :								TITRES cherchés.	
28°	29°	30°	31°	32°	33°	34°	35°	Par poids A	Par volume B
1,3	1,3	1,3	1,3	1,3	1,3	1,3	1,3	1	1,63
2,6	2,6	2,6	2,6	2,6	2,5	2,5	2,5	2	3,27
3,9	3,9	3,9	3,8	3,8	3,8	3,8	3,8	3	4,90
5,2	5,2	5,2	5,2	5,1	5,1	5,1	5,1	4	6,54
6,5	6,5	6,4	6,4	6,4	6,4	6,3	6,3	5	8,17
7,8	7,8	7,7	7,7	7,7	7,7	7,6	7,6	6	9,81
9,1	9,1	9,0	9,0	9,0	8,9	8,9	8,8	7	11,44
10,4	10,4	10,3	10,3	10,2	10,2	10,2	10,1	8	13,08
11,7	11,6	11,6	11,6	11,5	11,5	11,4	11,4	9	14,71
13,0	12,9	12,9	12,8	12,8	12,7	12,7	12,6	10	16,35
14,3	14,2	14,2	14,1	14,1	14,0	14,0	13,9	11	17,98
15,6	15,5	15,5	15,4	15,4	15,3	15,2	15,2	12	19,62
16,9	16,8	16,8	16,7	16,6	16,6	16,5	16,4	13	21,25
18,2	18,1	18,1	18,0	17,9	17,8	17,8	17,7	14	22,89
19,5	19,4	19,3	19,3	19,2	19,1	19,0	19,0	15	24,52
20,8	20,7	20,6	20,6	20,5	20,4	20,3	20,2	16	26,16
22,1	22,0	21,9	21,8	21,7	21,7	21,6	21,5	17	27,79
23,4	23,3	23,2	23,1	23,0	22,9	22,9	22,8	18	29,43
24,7	24,6	24,5	24,4	24,3	24,2	24,1	24,0	19	31,06
26,0	25,9	25,8	25,7	25,6	25,5	25,4	25,3	20	32,70
27,3	27,2	27,1	27,0	26,9	26,8	26,7	26,6	21	34,35
28,6	28,5	28,4	28,3	28,2	28,0	27,9	27,8	22	35,97
29,9	29,8	29,7	29,5	29,4	29,3	29,2	29,1	23	37,60
31,2	31,1	30,9	30,8	30,7	30,6	30,5	30,4	24	39,24
32,5	32,4	32,2	32,1	32,0	31,9	31,7	31,6	25	40,87
33,8	33,7	33,5	33,4	33,3	33,1	33,0	32,9	26	42,51
35,1	35,0	34,8	34,7	34,6	34,4	34,3	34,1	27	44,14
36,4	36,3	36,1	36,0	35,8	35,7	35,6	35,4	28	45,78
37,7	37,5	37,4	37,3	37,1	37,0	36,8	36,7	29	47,41
39,0	38,8	38,7	38,5	38,4	38,2	38,1	37,9	30	49,05
40,3	40,1	39,9	39,8	39,7	39,5	39,4	39,2	31	50,68
41,6	41,4	41,3	41,1	41,0	40,8	40,6	40,5	32	52,32
42,9	42,7	42,6	42,4	42,3	42,1	41,9	41,7	33	53,95
44,2	44,0	43,9	43,7	43,5	43,3	43,2	43,0	34	55,59
45,5	45,3	45,1	45,0	44,8	44,6	44,4	44,3	35	57,22
46,8	46,6	46,4	46,3	46,1	45,9	45,7	45,5	36	58,86
48,1	47,9	47,7	47,5	47,4	47,2	47,0	46,8	37	60,49
49,4	49,2	49,0	48,8	48,7	48,4	48,3	48,1	38	62,13
50,7	50,5	50,3	50,1	49,9	49,7	49,5	49,3	39	63,76
52,0	51,8	51,6	51,4	51,2	51,0	50,8	50,6	40	65,40
53,3	53,1	52,9	52,7	52,5	52,3	52,1	51,9	41	67,03
54,6	54,4	54,2	54,0	53,8	53,5	53,3	53,1	42	68,67
55,9	55,7	55,5	55,2	55,0	54,8	54,6	54,4	43	70,30
57,2	57,0	56,8	56,5	56,3	56,1	55,9	55,7	44	71,94

Troisième table, de + 28° à + 35° de température (Suite).

SOMMES OU DIFFÉRENCES des notations directes ou inverses, ces dernières étant prises à la température de :								TITRES cherchés.	
28°	29°	30°	31°	32°	33°	34°	35°	Par poids A	Par volume B
58,5	58,3	58,0	57,8	57,6	57,4	57,1	56,9	45	73,57
59,8	59,6	59,3	59,1	58,9	58,6	58,4	58,2	46	75,21
61,1	60,9	60,6	60,4	60,2	59,9	59,7	59,4	47	76,84
62,4	62,2	61,9	61,7	61,4	61,2	61,0	60,7	48	78,48
63,7	63,4	63,2	63,0	62,7	62,5	62,2	62,0	49	80,11
65,0	64,7	64,5	64,2	64,0	63,7	63,5	63,2	50	81,75
66,3	66,0	65,8	65,5	65,3	65,0	64,8	64,5	51	83,38
67,6	67,3	67,1	66,8	66,6	66,3	66,0	65,8	52	85,02
68,9	68,6	68,4	68,1	67,8	67,6	67,3	67,0	53	86,65
70,2	69,9	69,7	69,4	69,1	68,8	68,6	68,3	54	88,29
71,5	71,2	70,9	70,7	70,4	70,1	69,8	69,6	55	89,92
72,8	72,5	72,2	72,0	71,7	71,4	71,1	70,8	56	91,56
74,1	73,8	73,5	73,2	73,0	72,7	72,4	72,1	57	93,19
75,4	75,1	74,8	74,5	74,2	73,9	73,7	73,4	58	94,83
76,7	76,4	76,1	75,8	75,5	75,2	74,9	74,6	59	96,46
78,0	77,7	77,4	77,1	76,8	76,5	76,2	75,9	60	98,10
79,3	79,0	78,7	78,4	78,1	77,8	77,5	77,2	61	99,73
80,6	80,3	80,0	79,7	79,4	79,0	78,7	78,4	62	101,37
81,9	81,6	81,3	80,9	80,6	80,3	80,0	79,7	63	103,00
83,2	82,9	82,6	82,2	81,9	81,6	81,3	81,0	64	104,64
84,5	84,2	83,8	83,5	83,2	82,9	82,5	82,2	65	106,27
85,8	85,5	85,1	84,8	84,5	84,1	83,8	83,5	66	107,91
87,1	86,8	86,4	86,1	85,8	85,4	85,1	84,8	67	109,54
88,4	88,1	87,7	87,4	87,0	86,7	86,4	86,0	68	111,18
89,7	89,3	89,0	88,7	88,3	88,0	87,6	87,3	69	112,81
91,0	90,6	90,3	89,9	89,6	89,2	88,9	88,5	70	114,45
92,3	91,9	91,6	91,2	90,9	90,5	90,2	89,8	71	116,08
93,6	93,2	92,9	92,5	92,2	91,8	91,4	91,1	72	117,72
94,9	94,5	94,2	93,8	93,4	93,1	92,7	92,3	73	119,35
96,2	95,8	95,5	95,1	94,7	94,3	94,0	93,6	74	120,99
97,5	97,1	96,7	96,4	96,0	95,6	95,2	94,9	75	122,62
98,8	98,4	98,0	97,7	97,3	96,9	96,5	96,1	76	124,26
100,1	99,7	99,3	98,9	98,6	98,2	97,8	97,4	77	125,89
101,4	101,0	100,6	100,2	99,8	99,4	99,1	98,7	78	127,53
102,7	102,3	101,9	101,5	101,1	100,7	100,3	99,9	79	129,16
104,0	103,6	103,2	102,8	102,4	102,0	101,6	101,2	80	130,80
105,3	104,9	104,6	104,1	103,7	103,2	102,9	102,5	81	132,43
106,6	106,2	105,9	105,4	105,0	104,5	104,1	103,7	82	134,07
107,9	107,5	107,2	106,6	106,2	105,8	105,4	105,0	83	135,70
109,2	108,8	108,5	107,9	107,5	107,1	106,7	106,3	84	137,34
110,5	110,1	109,7	109,2	108,8	108,4	107,9	107,5	85	138,97
111,8	111,4	111,0	110,5	110,1	109,6	109,2	108,8	86	140,61
113,1	112,7	112,3	111,8	111,4	110,9	110,5	110,0	87	142,24
114,4	114,0	113,6	113,1	112,6	112,2	111,8	111,3	88	143,88

Troisième table, de + 28° à + 35° de température (Suite).

SOMMES OU DIFFÉRENCES des notations directes ou inverses, ces dernières étant prises à la température de :								TITRES cherchés.	
28°	29°	30°	31°	32°	33°	34°	35°	Par poids A	Par volume B
115,7	115,2	114,9	114,4	113,9	113,5	113,0	112,6	89	145,51
117,0	116,5	116,0	115,6	115,2	114,7	114,3	113,9	90	147,15
118,3	117,8	117,4	116,9	116,5	116,0	115,6	115,1	91	148,78
119,6	119,1	118,7	118,2	117,8	117,3	116,8	116,4	92	150,42
120,9	120,4	120,0	119,5	119,0	118,6	118,1	117,6	93	152,05
122,2	121,7	121,3	120,8	120,3	119,8	119,4	118,9	94	153,69
123,5	123,0	122,6	122,1	121,6	121,1	120,6	120,2	95	155,32
124,8	124,3	123,9	123,4	122,9	122,4	121,9	121,4	96	156,96
126,1	125,6	125,2	124,6	124,2	123,7	123,2	122,7	97	158,59
127,4	126,9	126,5	125,9	125,4	124,9	124,5	124,0	98	160,23
128,7	128,2	127,7	127,2	126,7	126,2	125,7	125,2	99	161,86
130,0	129,5	129,0	128,5	128,0	127,5	127,0	126,5	100	163,50
131,3	130,8	130,3	129,8	129,3	128,8	128,3	127,8	101	165,13
132,6	132,1	131,6	131,1	130,6	130,0	129,5	129,0	102	166,77
133,9	133,4	132,9	132,3	131,8	131,3	130,8	130,3	103	168,40
135,2	134,7	134,2	133,6	133,1	132,6	132,1	131,6	104	170,04
136,5	136,0	135,4	134,9	134,4	133,9	133,3	132,8	105	171,67
137,8	137,3	136,7	136,2	135,7	135,1	134,6	134,1	106	173,31
139,1	138,6	138,0	137,5	137,0	136,4	135,9	135,3	107	174,94
140,4	139,9	139,3	138,8	138,2	137,7	137,2	136,6	108	176,58
141,7	141,1	140,6	140,1	139,5	139,0	138,4	137,9	109	178,21
143,0	142,4	141,9	141,3	140,8	140,2	139,7	139,1	110	179,85
144,3	143,7	143,2	142,6	142,1	141,5	141,0	140,4	111	181,48
145,6	145,0	144,5	143,9	143,4	142,8	142,2	141,7	112	183,12
146,9	146,3	145,8	145,2	144,6	144,1	143,5	142,9	113	184,75
148,2	147,6	147,1	146,5	145,9	145,3	144,8	144,2	114	186,39
149,5	148,9	148,3	147,8	147,2	146,6	146,0	145,5	115	188,02
150,8	150,2	149,6	149,1	148,5	147,9	147,3	146,7	116	189,66
152,1	151,5	150,9	150,3	149,8	149,2	148,6	148,0	117	191,29
153,4	152,8	152,2	151,6	151,0	150,4	149,9	149,3	118	192,93
154,7	154,1	153,5	152,9	152,3	151,7	151,1	150,5	119	194,56
156,0	155,4	154,8	154,2	153,6	153,0	152,4	151,8	120	196,20
157,3	156,7	156,1	155,5	154,9	154,3	153,7	153,1	121	197,83
158,6	158,0	157,4	156,8	156,2	155,5	154,9	154,3	122	199,47
159,9	159,3	158,7	158,0	157,4	156,8	156,2	155,6	123	201,10
161,2	160,6	160,0	159,3	158,7	158,1	157,5	156,9	124	202,74
162,5	161,9	161,2	160,6	160,0	159,4	158,7	158,1	125	204,37
163,8	163,2	162,5	161,9	161,3	160,6	160,0	159,4	126	206,01
165,1	164,5	163,8	163,2	162,6	161,9	161,3	160,6	127	207,64
166,4	165,8	165,1	164,5	163,8	163,2	162,6	161,9	128	209,28
167,7	167,0	166,4	165,8	165,1	164,6	163,8	163,2	129	210,91
169,0	168,3	167,7	167,0	166,4	165,7	165,1	164,4	130	212,55

Usage des tables précédentes. — Lorsque l'on a exécuté les opérations indiquées dans la méthode de M. Clerget (p. 183), on a eu affaire à du sucre sur lequel on n'a pas pratiqué l'*inversion* ou qui a subi la réaction des acides.

Dans le premier cas, les deux dernières colonnes des tables donnent immédiatement la valeur du sucre sur lequel on a agi et dont la solution *a dû être pure*, sans quoi l'inversion eût été indispensable. Nous avons trouvé, par exemple, 24 de notation directe, à la température $+ 21^\circ$; nous cherchons dans la deuxième table, à la température de $+ 21^\circ$, le chiffre 24, ou son plus rapproché dans la colonne correspondante, et nous trouvons 24 ; suivant la ligne horizontale jusqu'en A et B, nous trouvons 18 et 29,43. Nous en concluons que la matière essayée contient 18 pour 100 de sucre pur, et que la dissolution en renferme $29^{gr},43$ par litre.

Dans le cas où nous aurions pratiqué l'inversion, nous additionnons la première notation directe, soit 2,5, avec la notation indirecte, soit 1,4 ; ensemble 3,9. Nous cherchons dans les tables, à la température de $+ 21^\circ$, le chiffre 3,9 ou celui qui s'en rapproche le plus. Nous trouvons 4, répondant à 5 pour 100 en poids et $4^{gr},90$ par litre de solution.

Ces détails suffisent à l'intelligence du mode d'opérer, en les réunissant à ce qui a été exposé précédemment.

On ne saurait cependant apporter trop d'attention à ce fait que les solutions naturelles de sucre, savoir les jus et les vesous, et même les sirops tant primitifs que secondaires, renferment des proportions plus ou moins considérables de sels alcalins ou autres. Or, ces matières peuvent avoir une certaine influence sur les indications polarimétriques ou saccharimétriques et, si l'on néglige de les éliminer ou d'en tenir compte, on peut tomber dans des erreurs variables. Il manque encore à ce sujet un travail complet, indiquant les déviations produites sur le plan de polarisation par la dissolution simple ou mélangée de ces diverses matières, soit seules, soit accompagnées de proportions quelconques de sucre. C'est précisément à ce manque d'indications qu'il faut rapporter la nécessité indispensable de traiter les solutions sucrées par le sel plombique, afin de précipiter la plupart des sels métalliques ; mais il convient de remarquer que, par cette réaction, on n'élimine pas les sels alcalins, dont la présence peut déterminer de légères erreurs.

On pourrait les éviter ou les atténuer considérablement par la connaissance précise de l'action polarimétrique des sucrates alcalins, mais il faut convenir que le procédé le plus simple, pour apprécier la proportion de sucre d'une liqueur, consisterait dans l'emploi d'un réactif susceptible de précipiter tout le sucre à l'état insoluble.

Cette question importante est encore à l'état de problème.

OBSERVATIONS. — Nous avons dit que, dans notre manière de voir, le polarimètre de M. Mitscherlich n'est qu'une imitation de l'appareil de M. Biot. Mais encore cette imitation n'a-t-elle pas été poussée jusqu'à la servilité.. On n'en peut pas dire autant de certaines tentatives du même genre dont le saccharimètre Soleil a été l'objet, et ici l'imitation n'a été que de la contrefaçon, du plagiat. C'est ainsi que ce qu'on appelle, en Allemagne, le *saccharimètre de Ventzke*, est une *copie* de l'appareil français. Nous pourrons voir, d'ailleurs, que les emprunteurs se gênent peu, dans tous les pays du monde, pour prendre à autrui procédés, appareils, méthodes, découvertes scientifiques ou pratiques. Tout leur est bon, pourvu qu'ils se fassent valoir avec la labeur des autres.

Le devoir d'un écrivain spécialiste est de signaler ces *indélicatesses* au public, le seul juge réel en ces matières, et nous ne faillirons pas à cette obligation[1]...

En thèse générale, bien que la méthode de saccharimétrie chimique ne soit pas à l'abri de toute objection, on peut dire qu'elle est, presque toujours, plus exacte que la méthode optique. En effet, les indications polarimétriques peuvent être modifiées par la présence d'un si grand nombre de corps, qu'il est indispensable de contrôler les deux procédés l'un par l'autre.

Dans tous les cas, il faut neutraliser avec soin les alcalis existant dans les solutions, se garder d'y laisser subsister des

---

1. Il y aurait un travail immense à faire, dont l'utilité ne serait pas contestable. Il consisterait à prendre, dans chaque industrie ou dans chaque branche des travaux humains, chaque fait marquant, et à le suivre de son point d'origine jusqu'à notre époque, en faisant voir les gradations habiles, les savants badigeonnages, à l'aide desquels les partisans des emprunts forcés se font un bagage personnel avec ce qui ne leur appartient pas. Ce que nous disons ici, à propos d'un fait particulier, rencontrera dans les pages de ce travail de trop nombreuses applications.

sels plombiques, ou d'autres substances qui peuvent modifier sensiblement les résultats. On se trouve très-bien de déféquer les liquides par le sous-acétate de plomb, d'éliminer ensuite l'excès de plomb par un sulfure soluble et de rendre alors les liqueurs acidules par l'addition d'un phosphate acide ou de l'acide phosphorique ; mais encore doit-on avouer que, par la solution cuivrique, on arrive à des résultats plus approchés, sans être exposé à des chances d'erreur aussi nombreuses.

Il convient de faire remarquer l'influence que la température exerce sur les indications du saccharimètre. Cette influence exige impérieusement l'emploi des tables de correction, à moins que l'on ne s'astreigne rigoureusement à donner aux liquides à traiter une température constante, ce qui serait beaucoup plus incommode que de consulter les tables.

Nous aurons encore à entretenir le lecteur d'un saccharimètre inventé par M. H. Wild, qui a donné à son instrument le nom de *polaristrobomètre*, et dans lequel l'inventeur a recherché principalement la simplicité du manuel opératoire et la netteté des résultats. L'observation, dans cet appareil, est basée sur l'apparition ou la disparition des *franges*, dont l'importance a été établie par Savart. Une extrême sensibilité et une grande justesse sont les deux qualités spéciales des appareils fondés sur ce principe; mais nous devons en renvoyer à plus tard la description détaillée, afin de ne pas modifier trop profondément l'économie du plan que nous avons adopté. Disons toutefois que nous préparons dès maintenant, avec le plus grand soin, des tables spéciales dans lesquelles on pourra trouver d'utiles indications relativement à l'appréciation de la richesse sucrière dans une solution déterminée.

CHAPITRE V.

Détermination des matières différentes du sucre.

Dans les deux chapitres qui précèdent, nous nous sommes occupé seulement de la recherche analytique des sucres et de leur dosage ; nous avons vu quelles sont les conditions dans lesquelles il importe de se placer pour réussir dans cette recherche, quels obstacles on est exposé à rencontrer, comment il convient de les éviter et par quels moyens on peut parvenir à une appréciation suffisamment exacte. Ce n'est pas assez, cependant, pour le fabricant de sucre, de pouvoir doser avec précision les matières sucrées qui existent dans les plantes, les jus, les sirops, les sucres et les eaux-mères ; si cette connaissance importe à ses travaux, si elle en est la base par excellence, on peut dire, avec non moins de justesse, qu'elle ne lui serait d'aucun avantage industriel sans la détermination des autres substances qui accompagnent le sucre et dont la présence peut exercer une influence capitale sur les opérations manufacturières de l'usine. Ce n'est pas ici le lieu d'insister sur cette influence des matières étrangères au sucre, et nous trouverons l'occasion, en maints endroits de cet ouvrage, de nous occuper de cette idée d'une manière plus fructueuse. Qu'il nous suffise donc d'exposer, dans ce chapitre, les procédés à suivre pour arriver à l'appréciation et au dosage de ces substances, afin de compléter ainsi la série des études préliminaires qui doivent précéder le travail technologique de l'industrie sucrière.

Nous groupons de la manière suivante les substances étrangères qui peuvent accompagner le sucre dans les plantes et les jus sacchariferes, dans les sirops et mélasses, dans les sucres bruts ou raffinés : 1° l'*eau;* 2° les *matières hydrocarbonées,* ou matières cellulaires; 3° les *substances azotées;* 4° les *matières minérales.*

I. — DOSAGE DE L'EAU DES MATIÈRES SACCHARINES.

Lorsque l'on fait l'essai d'une matière sucrée par dessiccation, ou, mieux, par la méthode de M. Péligot, on obtient le chiffre de l'eau appartenant à la matière essayée en soustrayant le poids du résidu sec de celui de la matière essayée.

Il arrive très-souvent que l'on ait besoin de rechercher la

proportion d'eau contenue dans une matière saccharine donnée, dont on a apprécié la richesse sucrière par la *densimétrie*, ou par les opérations saccharimétriques dont il a été traité plus haut en détail. Dans ces circonstances, il devient indispensable de soumettre à la dessiccation un poids déterminé de la prise d'essai, tige, racine, jus, sirop, sucre ou mélasse, et de déduire la proportion d'eau d'après la perte subie. Ceci n'a pas besoin de commentaires, mais il convient d'apporter à cette dessiccation des soins et de l'attention, si l'on veut pouvoir compter sur les résultats obtenus.

Nous avouons tout d'abord que nous ne croyons pas à la nécessité d'une température supérieure à celle de l'ébullition, soit + 100°, pour une bonne appréciation en matière de sucrerie. A cette température, toute l'eau de la séve disparaît, ainsi que l'eau de mélange ou de dissolution; ce *degré fixe* est facile à obtenir partout, puisque, au besoin, une assiette placée sur l'eau bouillante peut suffire à l'opération. On. objectera, sans doute, que, lorsqu'on a le gaz à sa disposition, on peut obtenir facilement un degré plus élevé, et que l'emploi d'un bain de sable permet d'opérer à une température de + 110° à + 120°. Cela n'est pas contestable; mais on n'a pas toujours le gaz, d'une part et, de l'autre, il devient nécessaire de ne pas perdre de vue le thermomètre pendant toute la durée de la dessiccation. On peut aussi préparer des dissolutions salines dont la température est nécessairement plus élevée, au point d'ébullition, que celle de l'eau; mais il semble que ces moyens sont moins pratiques et moins simples que la dessiccation sur l'eau bouillante. C'est à cette *opération uniforme* que l'on devrait donner la préférence en pratique analytique, afin de donner aux résultats une concordance plus rigoureuse.

On trouve, d'ailleurs, dans la dessiccation à + 100° de température, un autre avantage important, qui consiste dans la parfaite innocuité de l'action, pourvu que la substance à traiter ne renferme pas de matières nuisibles, capables de réagir sur les substances organiques et de les décomposer en totalité ou en partie. C'est ainsi que les alcalis peuvent vicier les chiffres résultats, par exemple, en transformant les matières azotées et en dégageant leur azote à l'état d'ammoniaque...

Dessiccation des tiges et des racines saccharifères. — On coupe en menus morceaux un échantillon de 10 à 20 grammes, et on les place dans une capsule ou sur une assiette au-dessus de l'eau bouillante d'un bain-marie. Il n'est pas inutile d'ajouter que l'on doit se laver les doigts avec quelques gouttes d'eau, qu'il faut en faire autant des instruments qui ont servi à diviser la matière, et que l'eau qui a servi au lavage doit être ajoutée à la matière à dessécher. Cette petite précaution évite des erreurs d'autant plus appréciables que l'on opère sur une matière plus riche et sur un échantillon plus faible.

On a eu soin de tarer la capsule ou l'assiette, et la dessiccation doit être considérée comme finie seulement lorsque deux pesées consécutives, faites à une demi-heure d'intervalle, ne font plus constater de diminution de poids. La perte définitive donne le chiffre de l'eau que l'on ramène, par le calcul, à 100 parties pondérales.

On ne doit pas perdre de vue qu'il est absolument indispensable de prendre un échantillon moyen qui représente exactement la composition de la substance examinée. Ainsi, pour la *betterave*, ce serait une erreur de prendre seulement des tranches transversales dans la portion médiane, puisque le collet est ordinairement plus aqueux et moins riche en matières solides, et il est nécessaire de prendre des tranches longitudinales, allant de la circonférence au centre. On a ainsi une quantité proportionnelle de toutes les parties de la racine et l'on est à peu près certain d'obtenir un résultat exact. Quant à la *canne*, la difficulté est plus grande encore, à raison de l'énorme différence que l'on constate entre les entre-nœuds inférieurs ou supérieurs de la tige de cette graminée. Il semble à peu près indispensable de faire trois opérations avec une même canne, en agissant sur un entre-nœud du bas, un du milieu et sur le dernier au sommet, au-dessous de la partie qu'on retranche habituellement et qu'on désigne aux colonies sous le nom d'*amarre*. La moyenne des trois résultats donne le chiffre de l'eau contenue dans la plante; mais il ne faut pas oublier que chaque échantillon doit être formé d'un entre-nœud et d'un nœud, celui-ci étant toujours moins aqueux. Cette observation s'applique également au sorgho. Ajoutons que, malgré cette précaution, il serait encore plus rigoureux de dessécher une canne tout entière, après en avoir pris le poids et l'avoir divisée en très-petites cossettes.

Dessiccation d'un jus sucré ou d'un vesou. — On prend 10 grammes d'un jus sucré dont on connaît *exactement* le *poids spécifique*. Soit cette densité égale à 1047,5, par exemple. Ce jus est mélangé, dans une capsule de porcelaine tarée, avec 20 grammes de sable blanc, pur, bien lavé et séché à + 100°, et on met le tout sur le bain-marie. Cette addition de sable a pour but de hâter la dessiccation par la multiplication des surfaces et par la porosité de la masse, en même temps que d'obvier aux boursouflements et aux projections, et cet artifice, si simple qu'il soit, donne les résultats les plus satisfaisants. Lorsque la dessiccation est terminée, on retire la capsule, dont le fond est essuyé avec soin, et on la pèse avec son contenu. La perte de poids donne le chiffre de l'eau, que l'on peut ramener aussitôt au volume unité. Soit, en effet, le poids de la capsule égal à 122 grammes. Avec les 10 grammes de jus, à 1047,5 de densité et les 20 grammes de sable (= 30 grammes), le poids total s'élève à 152 grammes. Après dessiccation, il reste, par exemple, un poids total de 143^{gr},4. On en conclut que la perte est égale à 8^{gr},6; et comme ce chiffre est la représentation de l'eau évaporée, il en résulte que le jus essayé contient, par *kilogramme*, 860 grammes d'eau et 140 grammes de matières solides... Nous savons, d'autre part, que la densité de ce jus, ou son poids spécifique, égale 1047,5; puisque 1000 grammes renferment 860 grammes d'eau et 140 grammes de matières solides, nous en déduisons que le *litre* (= 1047^{gr},5) contient 900^{gr},85 d'eau et 146^{gr},65 de substances solides.

De l'ensemble de cette opération nous pourrons donc inférer que 100 kilogrammes du jus essayé renferment 14 kilogrammes de matière solide sèche qui seront isolés par l'évaporation de 86 litres d'eau, tandis que l'hectolitre du même jus nous donnerait 14^{k},665 par l'évaporation de 90^{l},085 d'eau.

Ces données sont loin d'être sans valeur en sucrerie, comme nous le verrons plus tard.

Dessiccation des sirops et mélasses. — Prendre la densité, à + 15° de température, des sirops ou de la mélasse à essayer, en peser 10 grammes et mélanger dans une capsule tarée avec 20 grammes de sable blanc, pur et bien sec, comme pour les jus. Remuer pendant la dessiccation au bain-marie, laquelle doit se faire lentement. Le chiffre de la perte représente la proportion de l'eau.

Dessiccation des sucres. — Pulvériser finement un échantillon moyen du sucre à essayer et en peser 10 grammes que l'on soumet, dans une capsule tarée, à la chaleur de l'eau bouillante (+ 100°), jusqu'à ce qu'il n'y ait plus diminution de poids. La perte indique le chiffre de l'eau et, par suite, celui de la matière solide.

OBSERVATIONS. — On pourrait, à la rigueur, apprécier la proportion de l'eau dans une matière saccharine, en la dosant *par différence*, après avoir constaté la quantité des autres substances qui peuvent s'y rencontrer. Beaucoup de chimistes procèdent ainsi. Disons tout de suite que c'est une faute. On voit trop souvent figurer, dans des analyses commerciales, ces mots élastiques : *eau et perte, inconnu et perte, matières diverses et perte,* et il convient de déterminer, aussi rigoureusement que possible, la proportion de toutes les matières dont le dosage peut intéresser la fabrication. Cela n'est pas possible toujours, évidemment, mais, enfin, il vaudrait mieux offrir plus d'exactitude. Hâtons-nous d'ajouter, à l'excuse des analystes, que, pour le prix ridicule que l'on consent à payer leur travail, ils ne peuvent, en conscience, faire beaucoup mieux qu'ils ne font. Lorsque les travaux analytiques seront convenablement rémunérés, il est probable que le commerce des sucres n'y rencontrera plus les divergences dont il se plaint avec tant d'amertume.

II. — DOSAGE DES MATIÈRES ORGANIQUES NON AZOTÉES DIFFÉRENTES DU SUCRE.

C'est à la présence de ces substances, ainsi qu'à celle des matières azotées, qu'il convient d'attribuer, le plus souvent, la proportion des *matières inconnues* ou *non-déterminées* dont il est fait mention dans certaines analyses. Sans vouloir entrer dans des détails de chimie analytique dont l'utilité serait fort contestable, nous pouvons au moins rechercher quelles sont les principales substances de ce groupe, et quelles sont celles qu'il importe de connaître et de doser, au besoin, soit parce qu'elles peuvent être nuisibles au sucre, soit parce qu'elles peuvent être des causes de perturbation dans le travail d'extraction.

14

La *cellulose* se place au premier rang parmi ces matières. On peut rencontrer ensuite, dans les végétaux saccharifères, la *fécule*, la *gomme* ou la *dextrine;* les *principes pectiques*, les *acides malique, citrique, tartrique, oxalique*, y existent souvent d'une manière normale, soit libres, soit combinés avec des bases; on y trouve, à la suite d'altérations, par voie de fermentation, de l'*alcool*, des *acides acétique, lactique, butyrique*, de la *mannite*, etc. Toutes les plantes contiennent, en outre, des *matières grasses* et des *huiles essentielles*.

Pour acquérir la notion précise de la proportion de ces corps qui peuvent exister dans les matières saccharifères, il serait indispensable de se livrer à une recherche spéciale pour chacun d'eux en particulier, et l'on conçoit que ce travail analytique doit être absolument réservé pour des recherches théoriques de laboratoire. Il n'est pas hors de propos, cependant, de se rendre compte, approximativement, de la présence de certaines substances qui annoncent un degré plus ou moins avancé de décomposition. Bien que cette notion puisse ressortir de la diminution du principe sucré, laquelle est constatable par les moyens de la saccharimétrie, on peut encore la compléter par des expériences directes, qui serviront de contrôle à la méthode saccharimétrique.

En prenant un poids connu de la matière à essayer et la soumettant à une division préalable, puis à la distillation, on peut apprécier la proportion de l'*alcool* formé aux dépens du sucre.

Un poids donné de la matière, bien divisé, soumis à l'ébullition dans l'eau avec un léger excès de carbonate de soude, fournit une liqueur dans laquelle se trouvent les acides acétique, malique, tartrique, citrique, lactique, butyrique. En faisant concentrer la liqueur et la fractionnant en plusieurs portions, on peut y déceler ces corps par des réactifs appropriés. Ainsi, l'azotate de mercure fournira un précipité d'acétate de mercure, dont l'acide sulfurique dégagera l'acide acétique. On précipitera l'acide malique d'une autre portion en y versant à froid de l'acétate de plomb, qui forme du malate de plomb, dont on isole ensuite l'acide malique par l'hydrogène sulfuré. Les acides tartrique et citrique sont également précipités dans cette réaction, à l'état de composés plombiques, mais, après l'action du sulfure d'hydrogène, on peut séparer les trois acides qui se trouvent dans la liqueur. Il suffit pour cela de verser, dans la moitié du liquide, assez d'ammoniaque pour en obtenir la neutralisation. On ajoute alors l'autre moitié de la liqueur et on concentre après filtration. Les premiers cristaux qui se déposent sont du bitartrate d'ammoniaque; le bimalate cristallise ensuite, mais le citrate reste en dissolution. Chacun de ces sels, dissous dans l'eau et traité par l'acétate de plomb, fournit un sel de plomb, dont on isole très-facilement l'acide par le sulfure d'hydrogène.

L'acide lactique se décèle aisément. Dans la solution de lactate de soude, on verse une dissolution d'azotate de zinc. Il se forme du lactate de zinc et de l'azotate de soude. On concentre, et le premier de ces deux sels étant peu soluble se dépose. On le lave à l'alcool, puis on le décompose par l'acide sulfhydrique, qui forme du sulfure de zinc et met l'acide lactique en liberté. On évapore en consistance sirupeuse.

L'acide butyrique du butyrate de soude est mis en liberté par l'acide sulfurique et il monte à la surface du liquide. On le décante, on lui enlève l'eau par le chlorure de calcium et on le distille. Il est, d'ailleurs, très-reconnaissable à son odeur désagréable.

Lorsqu'on soupçonne la présence de la mannite dans une plante saccharifère, on détruit le sucre du jus ou de l'infusion par voie de fermentation, puis on concentre le liquide jusqu'à consistance de sirop, et l'on soumet ensuite ce sirop à une évaporation ménagée. La matière, traitée à plusieurs reprises par l'alcool bouillant, cède la mannite à ce menstrue, qui la laisse déposer par le refroidissement. On la purifie par deux ou trois cristallisations dans l'alcool.

On constate la présence et la quantité des matières grasses en soumettant à la dessiccation, à + 100° au plus, un poids donné de la matière. Le résidu sec, pulvérisé, est traité par le sulfure de carbone, qui lui enlève les corps gras et les abandonne en s'évaporant.

Enfin, les principes pectiques se combinent à la soude, lorsqu'on fait bouillir les matières qui en contiennent avec du carbonate de soude. Il se forme du pectate de soude, et la liqueur filtrée donne de l'acide pectique gélatineux lorsqu'on y ajoute un acide. On recueille l'acide pectique sur un filtre, on le lave et on le fait sécher à basse température.

Nous bornerons à ces détails ce que nous voulons dire sur ce groupe de matières étrangères au sucre. La fécule, la gomme, la dextrine, étant insolubles ou peu solubles dans l'alcool à 90°, il suffit de dissoudre le sucre dans cet agent pour l'isoler de ces matières sur lesquelles, au reste, nous reviendrons.

En somme, nous estimons que le fabricant de sucre peut se borner à constater, par différence, la proportion des substances non azotées différentes du sucre. En effet, lorsque l'on a établi la proportion du sucre cristallisable et du sucre incristallisable, celle de l'eau, des matières azotées et des substances minérales, on peut se borner, sans grand inconvénient, à attribuer le reste aux matières dont il vient d'être question. Nous avons donné les détails sommaires qui précèdent dans le but d'appeler l'attention des fabricants sur les divers éléments qu'ils peuvent rencontrer dans les jus sucrés ou dans les matières saccharifères.

III. — DÉTERMINATION DES MATIÈRES AZOTÉES.

Si les matières dont nous venons de parler ne sont que d'une médiocre importance, au point de vue de la fabrication du sucre, il n'en est pas de même, malheureusement, de celles qui font l'objet de ce paragraphe. Pour peu que le lecteur soit familiarisé avec les questions de fermentation, il comprendra, sans peine, le rôle nuisible des substances azotées, que l'on peut assimiler, quant à leur influence pernicieuse sur le sucre, aux alcalis minéraux. Si, en effet, ceux-ci détruisent du sucre, non-seulement en l'engageant dans des combinaisons variées, mais encore en le transformant en produits dérivés inutiles, et s'ils causent ainsi un tort considérable à la fabrication, celles-là ne lui causent pas un dommage moins réel. Sans parler des nécessités manufacturières dont il sera ultérieurement traité et qui exigent une plus grande proportion de réactif éliminateur, plus de travail, plus de soins et plus de dépenses, lorsque la proportion des substances azotées s'élève dans le jus, nous devons considérer ces matières sous deux rapports particuliers, dont il ne sera pas inutile de dire un mot dès maintenant.

Le ferment globulaire serait *presque* réduit à l'inertie en l'absence des substances albuminoïdes qui en sont les nutriments essentiels. Plus une matière saccharifère contient de ces principes, plus elle est sujette à s'altérer, à fermenter, sous l'influence de l'air et d'une température suffisante. Les jus extraits participent à cette tendance lorsqu'ils ne sont pas traités chimiquement aussitôt après leur extraction, au moins dans les méthodes suivies généralement. Les produits eux-mêmes ne sont pas exempts de ces conséquences, car ces matières se dissolvent avec une grande facilité dans les solutions alcalines ou calciques ; elles se transforment en gélatine ou en une substance analogue dont la présence s'oppose à la cristallisation, au moins dans le travail secondaire des eaux-mères. Il en résulte, en dehors de la difficulté d'extraire le sucre cristallisable, une grande propension aux altérations et, principalement, à la dégénérescence visqueuse...

Ces faits, sur lesquels nous aurons à nous étendre davantage lorsque nous établirons les principes de la fabrication du sucre, n'ont besoin que d'être énoncés pour faire comprendre toute l'importance qui s'attache à une détermination nette des matières azotées.

La plante, comme on sait, est le véritable fabricant de la matière azotée, le producteur réel de la viande, que les animaux s'assimilent par le travail de la digestion. Plus un sol est riche en engrais de la même nature azotée, en matières ammoniacales ou albuminoïdes, plus les plantes qui y croissent accumulent de ces mêmes substances dans leurs tissus, soit par absorption directe, soit par les réactions de leur travail physiologique...

De ce qui vient d'être dit, nous faisons ressortir cette conséquence que le fabricant ne doit jamais employer de matières premières trop abondantes en principes albuminoïdes, et qu'il ne doit pas davantage se servir de fumures trop azotées pour la culture de ses plantes à sucre, pas plus qu'il ne doit acheter des matières saccharines qui ont été produites par un mode de culture analogue. Ceci fera, plus loin, l'objet d'une étude complète, mais la nécessité de vérifier la teneur des matières saccharines en substances azotées nous paraît indiscutable.

Il n'est question ici que des substances organiques qui renferment l'azote combiné, et non pas des sels qui peuvent contenir ce métalloïde à l'état d'oxydation, comme il se rencontre, par exemple, dans les azotates.

On peut partager les matières azotées des plantes en trois groupes distincts : les unes, solubles dans l'eau, peuvent se coaguler et devenir insolubles par l'action d'une température moyenne de $+ 65°$ ($+ 60$ à $+ 70°$); les autres ne sont pas coagulées par la chaleur, bien qu'elles soient solubles; enfin, un troisième groupe comprend les matières azotées insolubles.

L'*albumine* du blanc d'œuf, du sang, des plantes, est le type des matières azotées solubles et coagulables; la *légumine* et la *gélatine* donnent l'idée nette des substances albuminoïdes solubles non coagulables, et le *gluten*, le blanc d'œuf coagulé, la *caséine*, représentent le troisième groupe.

Les propriétés chimiques de ces matières, qui intéressent la fabrication sucrière à un si haut point, sont les suivantes :

1° Toutes les matières azotées sont solubles dans les alcalis caustiques à chaud et à froid.

2° Toutes les substances albuminoïdes sont précipitées par le tannin avec lequel elles forment des combinaisons très-peu solubles.

3° Elles se combinent également avec les oxydes terreux, mais ces combinaisons sont dissoutes dans les liqueurs alcalines et dans les sucrates solubles.

4° Toutes les matières organiques azotées fournissent de l'ammoniaque lorsqu'on les chauffe en présence des alcalis ou lorsqu'on les fait bouillir dans des solutions alcalines ou calciques. La baryte, la strontiane, la lithine, agissent comme la potasse, la soude et la chaux.

5° Une ébullition prolongée dans l'eau ou dans des solutions alcalines procure la dissolution des matières albuminoïdes insolubles ou coagulées, et elles se transforment en gélatine ou en une substance qui en présente les principaux caractères.

6° Un certain nombre de sels, parmi lesquels nous citerons les sulfates de potasse et de soude, et les chlorures de potassium et de sodium, jouissent de la propriété de faciliter la dissolution des matières azotées.

Les principales matières albuminoïdes, celles qui peuvent intéresser la fabrication sucrière, sont l'*albumine*, la *fibrine* (végétale), le *gluten*, la *caséine*, la *légumine*, la *gélatine*...

La *composition élémentaire* des matières albuminoïdes est telle que l'on est tenté de les regarder comme identiques. Les différences observées dans les résultats analytiques ne dépassent pas, en effet, la moyenne des erreurs inhérentes à ces opérations délicates. Nous en donnons quelques exemples, afin de

pouvoir en déduire une moyenne admissible, au moins en ce
qui concerne l'azote.

Analyses de l'albumine animale.

	THÉNARD ET GAY-LUSSAC.		BRACONNOT.	SCHEERER
Carbone.........	52,9	52,88	52,70	54,92
Hydrogène.......	7,5	7,19	7,60	7,02
Oxygène (soufre et phosphore)......	24,0	24,38	24,69	22,537
Azote..........	15,6	15,55	15,55	15,839
	100,0	100,00	100,00	100,318

	DUMAS ET CAHOURS.		MULDER.	WURTZ.
Carbone.........	53,54	53,40	54,398	52,88
Hydrogène.......	7,08	7,20	7,024	7,19
Oxygène, etc......	23,56	23,70	22,744	24,38
Azote...........	15,82	15,70	15,843	15,55
	100,00	100,00	100,000	100,00

Suivant M. Mulder, on devrait assigner à l'albumine animale
la formule de composition $C^{53}H^{84}O^{17}Az^{18}$, ce qui porterait l'é-
quivalent à 9000. Cette formule ne répond pas à l'analyse que
ce chimiste a donnée de l'albumine du blanc d'œuf, près de laquelle nous mettons en regard celle qui a été faite par MM. Dumas et Cahours, ainsi que le calcul de la formule adoptée en
France, laquelle est $C^{40}H^{31}O^{12}Az^{5}$.

Analyses de l'albumine du blanc d'œuf.

	MULDER.	DUMAS ET CAHOURS.	CALCUL.
Carbone...........	54,56	53,37	54,92
Hydrogène........	7,06	7,10	7,09
Oxygène..........	22,88	23,76	21,97
Azote............	15,50	15,77	16,02
	100,00	100,00	100,00

Analyses de l'albumine végétale (froment).

	DUMAS ET CAHOURS.	BOUSSINGAULT.	LIEBIG.
Carbone.........	53,74	52,70	54,78
Hydrogène.......	7,11	7,00	7,34
Oxygène etc......	23,50	21,90	21,27
Azote...........	15,65	18,40	16,61
	100,00	100,00	100,00

Analyses de la fibrine animale (sang de bœuf).

	SCHEERER.	MULDER.	DUMAS ET CAHOURS.
Carbone.........	53,476	53,255	52,7
Hydrogène.......	6,952	6,847	7,0
Oxygène.........	24,281	24,440	23,7
Azote..........	15,291	15,458	16,6
	100,000	100,000	100,0

Analyses de la fibrine végétale (farine).

	DUMAS ET CAHOURS.	SCHEERER.	JONES.	HELDT.
Carbone......	53,23	54,095	53,83	56,27
Hydrogène.....	7,01	7,308	7,02	7,97
Oxygène, etc...	23,35	22,938	23,57	19,93
Azote........	16,41	15,659	15,58	15,83
	100,00	100,000	100,00	100,00

Analyses du gluten.

	GLUTEN DE SEIGLE. HELDT.		GLUTINE. DUMAS ET CAHOURS.
Carbone.........	56,38	56,15	53,05
Hydrogène.......	7,87	8,06	7,17
Oxygène, etc......	19,92	19,96	23,84
Azote..........	15,83	15,83	15,94
	100,00	100,00	100,00

Analyses de la caséine animale.

	DUMAS ET CAHOURS.			
	Caséine du lait de vache.	Caséine du lait de chèvre.	Caséine du lait d'ânesse.	Caséine du sang.
Carbone......	53,50	53,60	53,66	53,75
Hydrogène ...	7,05	7,11	7,14	7,09
Oxygène, etc..	23,68	23,51	23,20	23,29
Azote........	15,77	15,78	16,00	15,87
	100,00	100,00	100,00	100,00

Analyses de la caséine végétale.

	DUMAS ET CAHOURS. (Farine.)	SCHEERER. (Légumineuses.)
Carbone..........	53,46	54,138
Hydrogène.........	7,13	7,156
Oxygène, etc.......	23,37	23,034
Azote............	16,04	15,672
	100,00	100,000

Analyses de la légumine.

	LIEBIG.	DUMAS ET CAHOURS.		
		Légumine des pois.	Légumine des lentilles.	Légumine des haricots.
Carbone.	54,14	50,53	50,46	50,69
Hydrogène.	7,16	6,91	6,65	6,81
Oxygène et soufre.	23,03	24,41	24,70	24,92
Azote.........	15,67	18,15	18,19	17,58
	100,00	100,00	100,00	100,00

D'après une analyse de Mulder, la gélatine serait composée suivant les relations :

Carbone....................	53,89
Hydrogène..................	7,00
Oxygène....................	22,61
Soufre....................	1,00
Azote...................	15,50
	100,00

Scheerer porte jusqu'à 18,47 0/0 le chiffre de l'azote dans la gélatine provenant des tendons ; d'autres observateurs ont également trouvé un poids d'azote variant entre 17,36 et 18,79 0/0, et Mulder lui-même a donné le nombre 19,19 pour l'azote de la gélatine de soie. Sans avoir besoin d'établir ici une théorie quelconque, on peut seulement constater un fait qui n'est pas sans importance. Les matières azotées insolubles deviennent solubles, et passent à l'état de gélatine par l'action de l'eau bouillante. Or, bien que les analyses de Mudler accusent 18,17 à 18,79 d'azote 0/0 dans certaines matières animales qui se transforment en gélatine, on peut soupçonner quelque cause d'erreur en cela, puisque d'une part la fibrine, qui forme de la gélatine par l'action prolongée de l'eau bouillante, ne contient pas plus de 15 à 16 0/0 d'azote, et que, d'autre part, les matières albuminoïdes végétales donnent aussi une gélatine pour laquelle le même observateur a trouvé les éléments de composition suivants :

Carbone.	54,93	54,75
Hydrogène.	7,11	6,99
Oxygène.	21,68	21,93
Soufre.	0,57	0,62
Azote.	15,74	15.74
	100,00	100,00

En résumé, l'opinion la plus accréditée en France, et celle qui est conforme aux faits analytiques moyens, consiste à regarder toutes les subtances albuminoïdes comme étant de composition identique, et ne présentant que des différences insignifiantes dues à des circonstances accessoires.

Aussi, et comme conséquence de cette manière de voir, a-t-on adopté, en principe, le facteur 6,50 pour remonter d'un poids donné d'azote à la matière albuminoïde correspondante, le produit étant proportionnel à 15,387 d'azote sur 100 parties de substance azotée.

On connaît plusieurs méthodes de détermination des matières albuminoïdes ; nous allons les décrire, en les faisant suivre des observations nécessaires.

A. *Dosage par le tannin.* — Au premier aperçu, et en raisonnant sur une des propriétés générales des matières azotées, qui est de former des composés insolubles ou peu solubles avec l'acide tannique, on est porté à utiliser ce dernier agent comme réactif des substances organiques, renfermant l'azote sous la forme albuminoïde. Si l'on sait, en effet, que 1 gramme du tannin de la noix de galle peut précipiter 0 gramme 16667 d'albumine supposée sèche et pure, on en conclut logiquement qu'il suffira d'ajouter du tannin dissous à un jus, ou à une solution sucrée, pour isoler la matière azotée sous forme de tannate, et que la lecture du volume employé d'une dissolution tannique titrée donnera aussitôt la proportion de tannin correspondante et, par suite, celle de la matière albuminoïde.

Sur cette donnée on a établi le procédé suivant, dont M. Walkhoff réclame la priorité.

On prépare une dissolution de *tannin pur* au millième, c'est-à-dire contenant 1 gramme de tannin par litre (1 milligramme par centimètre cube). D'après les observations de l'écrivain allemand, il est mieux d'employer une solution très-étendue, dans laquelle les précipités se font mieux et plus rapidement. Après avoir mélangé un volume v de liqueur à essayer avec 10 volumes d'eau et un volume de dissolution faible d'alun, on chauffe légèrement le tout dans une capsule de porcelaine, au-dessus de la lampe à alcool. On a versé, préalablement, de la solution tannique dans une burette graduée en centimètres cubes et en demi-centimètres cubes, et l'on introduit peu à peu, et en agitant chaque fois, de cette liqueur d'épreuve dans le liquide de la capsule, jusqu'à ce que le tannin n'ait plus d'action.

Pour apprécier ce temps de l'opération, on prend une goutte de la liqueur claire qui surmonte le dépôt, et on la met en contact, sur une soucoupe de porcelaine, avec une goutte de chlorure de fer dissous. Il est évident que, tout aussitôt qu'il y aura un excès de tannin dans le liquide, cette circonstance sera manifestée par la coloration spéciale des sels de fer par le tannin. On devra donc continuer à ajouter de la solution tannique jusqu'au moment précis où cette coloration commencera à apparaître. On lira alors le nombre des centimètres cubes de la liqueur tannique qui auront été employés et, comme chaque centimètre cube représente 1 milligramme de tannin, on en déduira le poids de la matière albuminoïde en prenant le 1/6 de ce nombre. On aura ainsi le poids de la matière azotée, exprimé en milligrammes et fractions de milligramme.

Ce procédé donne lieu à différentes observations sur lesquelles nous appelons l'attention du lecteur.

1° Il n'est pas exact de croire que le tannin précipite la totalité des matières azotées, car plusieurs de ces substances échappent à cette réaction, surtout en présence du sucre, et sous l'empire de conditions encore mal définies.

2° Il importe extrêmement que la liqueur à essayer soit *absolument neutre* et que, en outre, elle ne contienne pas de sels décomposables par le tannin. On sait que les solutions alcalines dissolvent les matières albuminoïdes; mais cette raison ne présente pas grande importance et il n'en ressortirait pas de difficulté, si la présence des bases n'était par elle-même une cause d'inexactitude. En effet, il se forme des tannates de ces bases et, par conséquent, on est conduit à employer un excès de tannin, lorsqu'on traite des liqueurs alcalines, et à noter un résultat exagéré.

3° L'inconvénient est le même lorsqu'il se trouve de la chaux dans la liqueur essayée, et un grand nombre d'oxydes métalliques sont dans le même cas.

4° D'autre part, on ne doit pas oublier que certains acides et, en particulier, l'acide acétique et l'acide lactique, offrent la propriété de dissoudre le tannate d'albumine, en sorte que la méthode indiquée ne peut servir convenablement pour le dosage des matières azotées dans les jus qui ont subi un commencement d'altération.

5° L'utilité de l'alun peut être contestée, car ce sel peut précipiter une partie des substances azotées dans une foule de circonstances.

6° Enfin, la préparation de la liqueur tannique conduit à l'emploi d'une quantité de liquide trop considérable, et il vaudrait peut-être mieux y faire entrer une proportion plus forte de tannin, 10 grammes par litre, par exemple, ce qui conduirait à 1 centigramme par centimètre cube. Dans ce cas, la burette d'essai devrait être graduée en centimètres cubes et en dixièmes de centimètre.

Quoi qu'il en soit et malgré ces observations, qu'il était de notre devoir d'exposer, l'emploi d'une solution tannique titrée fournit un bon moyen de juger, *approximativement*, la teneur d'un liquide en matières azotées, mais il ne faut pas demander à ce procédé une précision qu'il ne peut donner.

B. — *Dosage des matières azotées par le permanganate de potasse.* — Le permanganate de potasse, $KO.Mn^2O^7$, soluble dans seize fois son poids d'eau à $+15°$, fournit une dissolution colorée en rouge intense. Le sulfate de manganèse, le chlorure de ce métal, donnent des dissolutions incolores. Comme les permanganates cèdent rapidement leur oxygène aux *matières organiques*, le sel potassique se décompose en présence de ces matières; il se forme de l'hydrate de peroxyde de manganèse, et la dissolution devient incolore. Ce résultat est encore favorisé par les acides qui peuvent se combiner à l'oxyde manganique. De ces faits on a déduit un procédé pour la détermination des matières azotées, que l'on connaît, en Allemagne, sous le nom de Schœtler, tandis que, en France, il est attribué à M. E. Monier. Nous ne chercherons pas à élucider la question de priorité, et nous nous contenterons de faire connaître la manière d'opérer qui résulte des observations faites par M. Monier sur les matières azotées du lait, et qui est recommandable par une extrême simplicité. M. Monier a constaté que le pouvoir décolorant du lait sur le permanganate de potasse est dû *exclusivement* aux matières azotées, d'où il suit que la puissance de décoloration est proportionnelle à la quantité pondérale de ces substances. Voici le procédé qu'il a déduit de ces constatations.

On fait dissoudre 5 grammes de caséine, sèche et pure, dans une dissolution faible de potasse, et on étend la solution avec de l'eau distillée jusqu'au volume de 250 centimètres cubes. Il en résulte une *liqueur normale*, tenant 2 % de caséine en dissolution. Pour opérer une analyse (du lait), on verse dans un vase en verre à saturation 10 centimètres cubes de la liqueur normale et, dans un autre vase semblable, 10 centimètres cubes du lait à essayer. On ajoute dans chaque vase environ un litre d'eau, et on acidule les deux liquides par quelques gouttes d'acide chlorhydrique. On a introduit dans deux burettes, graduées en centimètres cubes et dixièmes de centimètre cube, de la solution de permanganate de potasse. On verse alors, goutte à goutte et en agitant, de la solution A dans l'un des vases, et de la solution de la burette B dans l'autre, jusqu'à ce que l'on obtienne une teinte persistante, égale dans les deux vases. Cette coloration marque le point d'annihilation du pouvoir décolorant.

Il ne reste plus qu'à lire les volumes employés et à déduire la valeur des matières azotées du lait par une proportion. On a versé, par exemple, 15 centimètres cubes de A dans le vase qui renferme 10 centimètres cubes de liqueur normale ou 20 centigrammes de caséine; il a fallu 13,6 centimètres cubes de B pour arriver au même point dans le vase qui contient la prise d'essai de 10 centimètres cubes. On en déduit la relation

$$15 : 0,20 :: 13,6 : x = 0,181,$$

d'où l'on conclut que le lait essayé contient 181 milligrammes de matières azotées par 10 centimètres cubes, ou 18 gr. 10 par litre[1].

On comprend assez que l'application de ce procédé à la recherche de la matière azotée des jus sucrés ne présente aucune difficulté, puisqu'il s'agit simplement d'opérer sur 10 centimètres cubes de jus comme il est indiqué pour le lait.

M. Schœtler agit sur la solution sucrée avec une solution de permanganate de potasse au millième, et il acidule la liqueur à essayer avec l'acide sulfurique. Il opère aussi sur des liqueurs très-étendues et porte la température de l'essai vers $+70°$ à $+80°$. L'opération est finie lorsqu'il apparaît une coloration persistante, accompagnée souvent d'un commencement de précipitation d'hydrate de peroxyde brun.

En observant attentivement ce procédé, nous avons été obligé de reconnaître que, dans l'état actuel, il est impraticable, malgré les côtés séduisants qu'il peut présenter. En effet, le permanganate de potasse ne se décompose pas seulement en présence des matières azotées, mais bien en présence de toutes les matières organiques. La gomme, la dextrine, la cellulose même, le sucre, le glucose, sont oxydés par le permanganate et, pour le sucre, un gramme de sel manganique est décoloré par 0^{gr},556 de sucre cristallisé. On voit par là que, pour faire usage de cette méthode, il faudrait avoir précisé d'abord l'action du permanganate sur tous les corps organiques qu'on peut trouver dans les jus, ce qui n'obvierait pas à la nécessité d'employer des quantités considérables de liquide réactif. Cette difficulté ne nous paraît pas avoir été l'objet d'une attention suffisante.

1. Un tel résultat devrait faire regarder le lait comme altéré et mélangé d'eau, puisque le lait normal contient de 35 à 38 grammes de substances azotées par litre.

C. — *Dosage des matières azotées par la méthode ammonimétrique.* — Le procédé le plus sûr et le plus exact consiste encore dans la méthode adoptée en laboratoire pour la détermination de l'azote à l'état d'ammoniaque. Un essai de ce genre
ne demande pas, d'ailleurs, beaucoup plus de temps que les
modes imparfaits dont nous venons de parler, pourvu qu'il
soit bien compris et bien pratiqué. Voici comment nous opé-
rons.

On commence par préparer une *dissolution alcalimétrique*
d'acide sulfurique, dans la proportion de 6^{gr},125 d'acide sulfurique *pur*, à un équivalent d'eau, pour un litre en volume.
On peut, du reste, employer tout autre dosage, pourvu que
l'on détermine la proportion d'acide contenue dans un centimètre cube de la liqueur. Le tableau suivant permet de préparer cette liqueur acide sans avoir besoin de recourir à des précautions minutieuses. Il suffit de porter la solution à une des
densités indiquées pour connaître aussitôt sa teneur réelle en
acide.

*Tableau indicateur de la richesse des solutions d'acide sulfurique
à divers degrés, pour la température de $+$ 15°.*

DEGRÉS B.	DENSITÉ de la liqueur.	RICHESSE en acide SO^3 HO.	PROPORTION d'eau pour 100.
66	1,842	100,00	0,00
60	1,717	82,34	17,66
55	1,618	74,32	25,68
54	1,603	72,70	27,30
53	1,586	71,17	28,83
52	1,566	69,30	30,70
51	1,550	68,30	31,70
50	1,532	66,45	33,55
49	1,515	64,37	35,63
48	1,500	62,80	37,20
47	1,482	61,32	38,68
46	1,466	59,85	40,15
45	1,454	58,02	41,98
40	1,395	50,41	49,59
35	1,315	43,21	56,79
30	1,260	36,52	63,48
25	1,210	30,12	69,88
20	1,162	24,01	75,99
15	1,114	17,39	82,61
10	1,076	11,73	88,27
5	1,023	6,60	93,40

Ce tableau a été établi par les expériences directes de Vauquelin, Darcet et Parkes.

Soit que l'on en fasse usage ou bien que l'on prépare la liqueur alcalimétrique par pesée directe, on inscrit sur le flacon la proportion d'acide réel contenue dans un centimètre cube. Pour la dose de 6^{gr},125 par litre indiquée plus haut, le chiffre à inscrire est de 0^{gr},006125.

L'équivalent de l'ammoniaque anhydre (H^3 Az) égale 212,50. Comme un équivalent d'acide sulfurique monohydraté pur (= 612,5) se combine à 212,50 d'ammoniaque, un centimètre cube de la liqueur d'essai sera exactement neutralisé par 0,002125 d'ammoniaque et cette quantité d'ammoniaque renferme 0,00175 d'azote. D'un autre côté, 1 d'azote correspondant à 6,50 de matière azotée, ce chiffre 0,00175 représente 0^{gr},011375 de substance albuminoïde.

On colle sur le flacon une étiquette portant ces données :

$$1\ \text{centimètre cube} = \begin{cases} \text{Ammoniaque} & 0^{gr},002125 \\ \text{Azote} & 0^{gr},00175 \\ \text{Matière azotée} & 0^{gr},011375 \end{cases}$$

Le flacon doit être fermé par un bouchon rodé à l'émeri, pour éviter les déperditions par évaporation qui changeraient le titre.

Il est nécessaire de préparer une *liqueur acidimétrique* à l'aide de laquelle on pourra apprécier l'abaissement du titre de la solution d'acide sulfurique. Pour cela, on fait dissoudre 150 grammes de sucre raffiné dans 650 à 700 grammes d'eau tiède (à + 50°) et l'on y ajoute, en agitant, un lait de chaux fait avec 10 à 15 grammes de chaux pure et une quantité d'eau suffisante. On filtre la liqueur, on complète le volume d'un litre et on prend le titre, c'est-à-dire que, par une vérification préalable, on cherche quel est le volume de cette liqueur qui neutralise exactement un centimètre cube de la solution acide. Il suffit de verser un volume connu de liqueur acide, 5 centimètres cubes, par exemple, dans un verre à expériences, d'y ajouter quelques gouttes de teinture de tournesol pour la colorer en rouge et d'y introduire, peu à peu, de la solution de sucrate calcique, jusqu'à ce que la couleur repasse au bleu. Le nombre de centimètres cubes de sucrate de chaux qu'il a fallu ajouter pour obtenir ce résultat doit être divisé par le volume de la liqueur acide neutralisée, et le quotient est le titre de la liqueur alcaline. Supposons que 5 centimètres de liqueur acide ont été neutralisés par 15 centimètres de sucrate, le résultat de la division $\dfrac{15}{5} = 3$ indique le nombre de centimètres cubes de liqueur alcaline qui correspond à *un* centimètre cube de liqueur acide. On inscrit ce chiffre sur l'étiquette du flacon.

La solution de sucrate de chaux se conserve bien à l'abri de l'air, et le flacon doit être bouché à l'émeri ou au caoutchouc.

Quant au principe sur lequel repose la réaction à produire, on sait que les matières organiques azotées, à l'exception de celles qui renferment des acides azotique ou azoteux, se décomposent au contact des alcalis hydratés et qu'elles abandonnent leur azote à l'état d'ammoniaque. Si l'on recueille cet ammoniaque dans une liqueur acide, on peut le doser de deux manières : ou en le précipitant par le bichlorure de platine, ou en le recevant dans une solution titrée comme nous venons de l'indiquer. Il suffit ensuite de vérifier le nouveau titre de la liqueur, après l'opération, pour savoir quelle a été la quantité d'ammoniaque produite et le chiffre de l'azote correspondant. Si l'on dose par le sel de platine, on sait que 1 gramme du chlorure double de platine et d'ammoniaque, qui se précipite, représente, après lavage et dessiccation. 0^{gr},06349 d'azote. L'emploi des liqueurs titrées est plus facile et plus rapide.

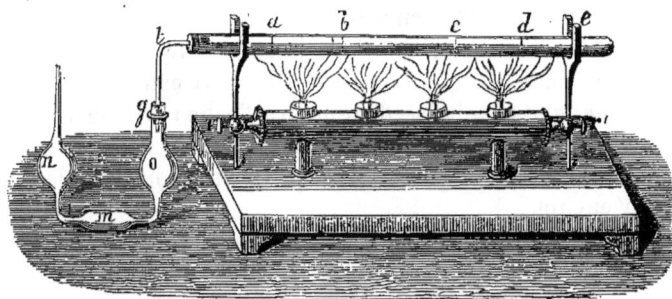

Fig. 22.

L'appareil est très-simple. L'ammonimètre de M. Bobierre, représenté par la figure 22, avec de légères modifications, en donne une idée suffisante. Nous indiquons d'abord la marche à suivre avant d'exposer les changements que nous apportons à la disposition de cet appareil.

L'ammonimètre se compose d'une lampe à alcool à quatre mèches, portant deux supports à fourchettes que l'on peut élever plus ou moins à l'aide des deux boutons *r r'*. Sur ces fourchettes repose le tube d'essai, auquel est adapté, par un bon bouchon, un tube courbe de transmission *t* qui ne doit qu'araser la surface du bouchon à l'intérieur du tube d'essai. Le tube *t* s'adapte, à l'autre extrémité, avec un appareil à boules *o m n*, dans lequel l'ampoule *m* ne doit avoir que le tiers de la capacité des boules *o* et *n*. La boule *n* est terminée par un tube ouvert. Cela posé, voici comment on procède. On nettoie le tube d'essai à l'aide d'une tige métallique et d'un peu de papier joseph. On pèse alors un échantillon de la matière à essayer. Cette prise d'essai peut varier de poids en proportion inverse de sa richesse soupçonnée en azote, mais on ne risque absolument rien d'en fixer la quantité à 50 centigrammes. On la réduit en poudre fine dans un mortier de verre, puis on y mélange avec soin un poids décuple de *chaux sodée* finement pulvérisée. On introduit au fond du tube, en *e*, un peu d'amiante; par dessus, de *e* en *d*, on met une couche d'acide oxalique en poudre; de *d* en *c*, on met une couche de chaux sodée, grossièrement pulvérisée. La matière mélangée de chaux sodée en poudre fine est introduite par dessus, de *c* en *b*, puis on ajoute, de *b* en *a*, une couche de chaux sodée, sur laquelle on place un petit tampon d'amiante peu serré.

On enroule alors, sur toute la longueur du tube d'essai, un ruban de clinquant, que l'on arrête aux deux extrémités, afin d'empêcher que le tube se déforme par l'action de la chaleur. Il convient d'appliquer ce ruban en spirale, de manière que chaque tour de spire porte sur le précédent d'un tiers de la largeur environ.

Les choses étant ainsi disposées, on place le tube sur le support à fourchettes. On verse dans l'appareil à boules, par le goulot *g*, 10 centimètres cubes de la solution acide titrée, puis assez d'eau distillée pour que l'ampoule *m* soit pleine, et on adapte cet appareil au tube d'essai par l'intermédiaire du tube *t*.

On a donc, pour bases de la réaction, une quantité de matière pesée égale à 50 centigrammes, un volume de solution acide égal à 10 centimètres cubes, et le titre de cette liqueur équivalant à 0^{gr}002125 d'ammoniaque par centimètre cube.... On allume d'abord la première lampe, celle qui est le plus près de l'orifice et qui chauffe l'espace $a\,b$. Lorsque cette portion du tube est portée au rouge, on allume la seconde lampe, puis la troisième. Quand le dégagement gazeux se ralentit, ce que l'on reconnaît à ce que le liquide de m n'est plus chassé vers la boule n, on a un indice à peu près certain de la fin de l'opération. On allume alors la quatrième lampe, et la chaleur produite au point de décompose l'acide oxalique en oxyde de carbone et acide carbonique. Le mélange gazeux chasse dans l'appareil à boules le reste de l'ammoniaque.

On laisse refroidir après avoir éteint les lampes, puis on détache l'appareil à boules et le tube t. On verse le contenu du premier dans un verre à expériences, on le lave avec l'eau distillée ainsi que le tube t, et le produit du lavage est réuni au reste du liquide que l'on colore en rouge avec quelques gouttes de teinture de tournesol.

Il est clair que, s'il n'y a pas eu production d'ammoniaque, chaque centimètre cube de la liqueur acide sera neutralisé par 3 centimètres cubes de la solution de sucrate de chaux. On aurait ainsi à verser 30 centimètres cubes de cette solution alcaline pour neutraliser tout le liquide acide. On verse donc, goutte à goutte et en agitant, de la solution de sucrate dans la liqueur acide rouge, et on s'arrête aussitôt que la coloration bleue violacée indique le point de saturation. Soit la quantité de solution alcaline employée égale à 17 centimètres cubes. On en déduit qu'il a été absorbé une quantité d'ammoniaque proportionnelle à 13^{cc} de sucrate ou à $\dfrac{13}{3} = 4^{cc},334$ de liqueur acide.

Chaque centimètre de cette liqueur représentant 0,002125 d'ammoniaque, ou 0,011375 de matière azotée, on en conclut que les 50 centigrammes de matière essayée renfermaient 0,011375 × 4,334 = 0,04929925 de substance azotée, répondant à 0,00925975 d'ammoniaque, ou à 0,0075844 d'azote.

Nous remplaçons le tube coudé et à pointe effilée de M. Bobierre par un simple tube droit, parce que cette disposition est plus commode. Comme il y aurait possibilité d'absorption avec un flacon ordinaire, nous évitons cet inconvénient en employant un appareil à boules, qui n'est qu'une légère modification de l'appareil de Will et Warentrap.

Il est facile de se procurer de la chaux sodée chez les commerçants en produits chimiques ; mais, comme rien n'est si facile que de faire soi-même ce réactif, nous en indiquons le mode de préparation. On éteint 500 grammes de chaux vive en morceaux dans un litre de soude caustique à 40° B. La masse, bien broyée et rendue homogène, est desséchée, puis calcinée dans un creuset de terre. On la réduit en poudre et on la garde, pour l'usage, dans un flacon bouché à l'émeri.

De tous les procédés indiqués pour le dosage des matières albuminoïdes, celui que nous venons d'exposer est le seul auquel on puisse avoir confiance et qui donne des résultats exacts. Il ne faut pas imaginer qu'il exige un temps si considérable qu'on voudrait le faire croire, car on peut, en trois quarts d'heure, même lorsqu'on n'a pas une très-grande habitude, faire une bonne analyse, pourvu que l'on ait les réactifs tout préparés, que les solutions soient titrées et que l'on possède un appareil ammonimétrique.

IV. — DÉTERMINATION DES MATIÈRES MINÉRALES DANS LES SUBSTANCES SACCHARIFÈRES.

Nous savons déjà que certains sels, comme les chlorures, peuvent s'unir au sucre et que leur présence peut causer des pertes énormes dans la fabrication. D'autres composés salins peuvent abandonner leur acide pendant les manipulations, se combiner au sucre, en détruire une partie et, dans tous les cas, déterminer la formation de matières colorantes qui diminuent la valeur des résultats. On doit ajouter que les produits cristallins perdent de leur valeur vénale à proportion des matières minérales qu'ils renferment, et la raffinerie considère la production de la mélasse comme proportionnelle à la quotité des substances minérales qui existent dans le sucre brut.

Il y a fort à dire à ce sujet. A côté d'un peu de vérité, beaud'erreur vient prendre place, comme il est habituel à l'espèce humaine ; mais, les rapports de la fabrication et de la raffinerie devant être examinés plus tard, nous laisserons actuellement de côté cette partie de la question pour nous borner à une étude plus technique.

Un certain nombre de chimistes, pour des *raisons* ou sous des *prétextes* dans lesquels il ne nous convient pas d'entrer, ont imaginé de créer des méthodes d'appréciation des sucres, basées à peu près exclusivement sur leur teneur en matières minérales. Selon leur dire, un sucre rend d'autant moins au raffinage qu'il contient plus de substances inorganiques. Si cela est vrai dans certains cas, cette proposition est radicalement fausse dans d'autres circonstances. Nous chercherons à élucider cette question. En attendant, il n'en est pas moins résulté un fait grave, contre lequel il est de notre devoir de protester.

Tout le monde sait que la raffinerie profite de la plus grande partie des bénéfices légitimes de la sucrerie. Ce n'est pas assez pour les raffineurs de faire la loi à la fabrication; la circonstance la plus futile leur suffit pour élever leurs prétentions déjà exagérées, et il semble acquis, dans la situation actuelle, que la raffinerie a le droit de tout faire et de tout prendre sans contrôle. Aussitôt que l'idée de l'influence des cendres fut donnée aux raffineurs, malgré les réclamations des hommes les plus compétents, il fut décidé que chaque *unité de cendres* trouvée dans un sucre entraînerait une *réfaction de cinq unités de sucre*, au préjudice de la fabrication. C'est à cette réfaction que, dans le langage des courtiers et des raffineurs, on donne le nom de *coefficient salin*. La raffinerie n'achète qu'au coefficient 5, dont nous ferons voir l'injustice et l'exagération.

Un calcul très-court peut faire saisir le fond même de la question : soit un sucre coloré, ne payant qu'un faible impôt et indiquant, à l'analyse, 93 de sucre, 1 de glucose, 1,2 de *sels* (?) et 4,8 d'eau. Le raffineur estime la valeur de ce produit de la manière suivante.

A déduire du chiffre saccharimétrique 93 :

1° 1 de sucre engagé par le glucose . . . . . = 1
2° 1,2 × 5 = 6 de sucre engagé par les sels. = 6

Ensemble   7

De là, en faisant la réfaction, on trouve que le sucre proposé équivaut à un rendement de 86 kilog. de sucre et 14 kilog. de mélasse. Si le cours, au titre de 88 pour 100, est de 64 fr., par exemple, le raffineur en offrira

$$\frac{64 \times 86}{88} = 62^\mathrm{f},545.$$

La réduction qu'il fait subir à la fabrication égale donc $1^\mathrm{f},455$ par sac de 100 kilogrammes.

Supposons, dès maintenant, que le coefficient 5 doive être remplacé par le chiffre moyen, plus loyal et plus vrai, de 3,50, on aura :

1° 1 de sucre engagé par le glucose   = 1
2° 1, 2 × 3,5 de sucre engagé par les sels = 4,2
                    Ensemble.   5,2

Il résultera de ces nombres une réfaction équitable de 5,2, et le sucre proposé équivaut à un rendement de

$$93 - 5.2 = 87,8.$$

Le tort fait au fabricant égale donc, dans l'exemple ci-dessus, $1^\mathrm{k},800$, ou 1 fr. 15 par sac de 100 kilogrammes. Il reste, en outre, à apprécier honnêtement la valeur des $12^\mathrm{k},20$ de mélasse, qu'il convient de payer selon une base proportionelle au cours.

D'un autre côté, ce sucre à basse nuance, que nous supposerons, par exemple, entre les n°s 11 et 12 de la série, n'est frappé légalement que d'un rendement de 85 kilogrammes, soit d'un impôt de

$$0.47 \times 85 = 39^\mathrm{f},95,$$

lorsqu'il devrait payer

$$0,47 \times 87,8 = 41^\mathrm{f},26 ;$$

en sorte qu'il échappe à l'impôt une proportion de sucre égale à $1^\mathrm{k},8$ au moins, ce qui se traduit par un *gain* de 1,31 pour le raffineur et une *perte* égale pour le Trésor.

Nous ne défendons pas la cause de l'impôt du sucre, loin de là; mais nous soutiendrons toujours cette thèse que tous sont tenus d'obéir aux prescriptions de la loi, même quand cette loi est mauvaise. Le législateur seul a le droit de la modifier, mais les particuliers n'ont pas celui de s'affranchir des obligations qu'elle impose. Dans les cas où l'impôt inique qui pèse sur le sucre est basé sur la nuance des produits, nous comprenons que l'on puisse légitimement bénéficier des écarts sur lesquels la loi est silencieuse, mais la véritable probité n'interdit pas moins certaines manœuvres, dont la plus fréquente consiste à rechercher, et même à *faire fabriquer des produits très-colorés*, payant moins d'impôt, et laissant une proportion plus grande de sucre indemne...

Quoi qu'il en soit, on peut voir le résultat des opérations d'un raffineur qui fabrique par jour 10,000 pains, ou 100,000 kilogr. de raffinés. Cette fabrication comporte l'achat de 1150 sacs de sucre, sur lesquels le fabricant-producteur est lésé de 1322 fr. 50, pendant que l'État est frustré de 1506 fr. 50. Sur les bases ci-dessus, *prises pour exemple*, le raffineur encaisse, par an, 482,700 fr., dont il fait tort à la fabrication, et il bénéficie de près de 550,000 fr., au préjudice de l'État. Il y a là plus d'un million de francs dont la provenance est loin d'être à l'abri de tout reproche.

Dans tous les cas, en admettant même que l'écart dû à la mauvaise assiette de l'impôt soit légitimement acquis, on ne saurait méconnaître que le fait d'un coefficient salin exagéré constitue un acte arbitraire, dont la conséquence est un gain illicite.

Ce qui précède a surtout pour but de faire comprendre toute l'attention que l'on doit apporter à une détermination sérieuse des matières minérales dans l'examen d'un sucre.

Il est évident que, dans un sucre, un sirop ou une matière saccharifère, on devrait tenir compte de la différence des sels et de la manière dont ils se comportent avec le sucre. Nous voudrions donc voir adopter, pour la recherche des matières minérales, une méthode telle que l'on pût en déduire la proportion réelle du sucre qui sera entraîné, engagé avec les résidus sous forme de mélasse : c'est dire assez clairement que nous ne croyons pas à la valeur des chiffres déduits de l'incinération.

Il faut connaître la proportion du chlore et celle des alcalis, avant toute chose, puisqu'il est nécessaire d'établir une distinction capitale entre ces principes et les autres matières minérales éliminables, dont on peut se débarrasser pendant le travail.

Nous allons avoir à compléter cette idée, mais nous devons

auparavant exposer les méthodes suivies pour le dosage des matières inorganiques par incinération.

Incinération simple. — On pèse, dans une capsule de platine, tarée à l'avance, un poids suffisant, 5 à 10 grammes, du sucre ou de la matière à vérifier. On porte la capsule à l'étuve et, après dessiccation complète, on prend de nouveau le poids, afin de connaître la proportion de l'eau hygrométrique de la substance. On place ensuite la capsule et son contenu sur le support d'une lampe à alcool, ou mieux d'une lampe à gaz, et l'on porte la température de cette capsule au rouge vif. On se garde de remuer la matière pendant l'incinération, parce qu'il resterait du charbon engagé dans les particules et que ce charbon deviendrait très-rebelle à l'incinération. Il se trouverait, en effet, comme enrobé dans une couche de matière à demi-vitrifiée qui s'opposerait à l'accès de l'air, ce qu'il convient d'éviter avec le plus grand soin.

Lorsque l'incinération est complète et qu'on n'aperçoit plus la moindre trace de charbon, on retire la capsule, on la pèse le plus promptement possible, afin d'obvier à l'absorption de l'eau, on déduit le poids de la capsule du poids trouvé, et la différence égale le poids des cendres.

Observations. — On peut élever ici une objection qui présente une certaine portée. Cette objection repose sur un fait incontestable. Un grand nombre de sels à acides organiques, qui se trouvent dans les jus naturels, tels que les acétates, les lactates, les malates, les pectates, etc., sont décomposés pendant l'incinération, et ils sont transformés en carbonates. Or, le poids équivalent de l'acide carbonique étant beaucoup moins élevé que celui des acides transformés, il en résulte que l'on compte un chiffre de cendres inférieur au chiffre réel des matières salines. D'un autre côté, une portion notable de l'acide sulfurique des sulfates se désoxyde, et il se produit des sulfures dont le poids est moindre...

Tout cela est vrai en principe, mais il ne nous semble pas impossible de répondre à cette difficulté. Si l'on a dosé le chlore, les alcalis et l'acide sulfurique, le chiffre donné par l'incinération pourra être corrigé de manière à ne laisser que très-peu de chances aux erreurs. D'autre part, la plupart des acides or-

ganiques ont dû être éliminés par la défécation, si cette opération a été bien faite, et l'on ne peut guère rencontrer que l'acide
acétique dans les circonstances moyennes. Ajoutons à cela que
cette cause d'erreur peut avoir une certaine valeur dans l'examen des matières premières, mais qu'il n'en est pas de même
pour les sucres, les sirops et les mélasses, dans lesquels on ne
rencòntre pas les composés dont nous parlons. Enfin, des analyses précises, qualitatives et quantitatives, permettraient de
fixer un *coefficient d'augmentation*, si l'on tenait absolument à
compenser une erreur légère, qui ne porterait plus sur des matières actives.

Pour éviter d'être exposé à compter du charbon avec les cendres, il est indispensable que la combustion soit complète, ce
qui ne peut avoir lieu que par l'action de l'oxygène. Pour atteindre facilement ce résultat, nous ajoutons à la matière à incinérer quelques parcelles d'azotate d'ammoniaque, avant de
la soumettre à l'action de la chaleur. Ce sel fournit à la matière une proportion notable d'oxygène et il est entièrement
décomposé lui-même en principes volatils, en sorte qu'il n'en
reste pas la moindre trace dans les cendres. On peut encore,
après avoir fait brûler la matière sans aucune addition, laisser
refroidir la capsule, puis arroser le charbon avec un peu
d'acide azotique et calciner de nouveau.

Incinération avec l'emploi de l'acide sulfurique. — La marche
habituelle, suivie par la plupart des opérateurs, consiste à
prendre un poids de la matière à examiner, à le soumettre à
l'incinération dans la capsule de platine, après l'avoir arrosé
d'acide sulfurique.

Cette manière de procéder a pour résultat évident de transformer en sulfates tous les sels décomposables à chaud par
l'acide sulfurique, et d'élever considérablement le chiffre des
cendres. Aussi, pour obvier à l'exagération du nombre trouvé,
a-t-on adopté une mesure conventionnelle, qui consiste à réduire ce nombre de *un dixième* (1/10).

Nous nous occuperons plus tard de cette réduction ; mais
nous devons faire remarquer, avant tout, une première faute
dans la base même de ce procédé. Il n'est personne qui
ignore la facilité avec laquelle la plupart des sulfates passent,
au moins en partie, à l'état de sulfures, lorsqu'on les calcine en

présence du charbon et des matières organiques. Pourquoi donc opérer cette addition d'acide avant que l'incinération soit complète, et ne pas attendre la disparition du charbon, afin de se mettre à l'abri de cette cause d'erreur ? Si l'on prend pour exemple un sel de chaux quelconque, à acide organique, on peut voir que, s'il est transformé en sulfate, son chiffre équivalent sera égal à 850, tandis que le sulfure sera représenté par 450 seulement. Cet écart ne nuira pas, il est vrai, aux intérêts du fabricant, mais le résultat obtenu ne présentera aucune certitude, puisqu'on ne sait pas quelle est la proportion de sulfate qui a été désoxydée. Il n'y a pas là les éléments d'une appréciation vraie.

Ne vaudrait-il pas mieux, lorsqu'on veut obtenir des cendres sulfatées, incinérer d'abord la matière, sans acide sulfurique, avec l'addition d'un peu d'azotate d'ammoniaque ou d'acide azotique, comme il vient d'être dit tout à l'heure, et traiter ensuite les cendres par l'acide sulfurique, si l'on tient absolument à se livrer à ce non-sens ? On aurait au moins la certitude de n'avoir pas affaire à des variations très-considérables et les résultats acquerraient plus de *probabilité*. Il y a lieu de se demander qui l'on trompe ou qui l'on veut tromper dans tout cela, car il n'est pas possible de supposer l'ignorance des faits poussée à ce point. Nous le disons donc hautement en face de tous les partisans de l'incinération et du coefficient salin ainsi compris ; on base sur des opérations mal faites et mal établies un chiffre de réfaction inique, qui est tout à l'avantage de la raffinerie, et les analystes qui procèdent à la détermination des cendres devraient éviter de se rendre complices de cette exploitation.

Méthode rationnelle. — Pour quiconque a étudié le sucre, non pas seulement en laboratoire, mais encore en fabrique et devant la chaudière, la vérité fondamentale consiste à rechercher quelles sont les causes de production de mélasse ou de destruction du sucre qui préexistent dans la matière à traiter : sucre brut, mélasse, sirop ou matière saccharifère quelconque. Cela n'est pas discutable. Or, on sait que les chlorures se combinent au sucre dans des conditions chimiques telles que 1 équivalent de chlore fait passer 2 équivalents de sucre à l'état de combinaisons déliquescentes, dont la formule générale peut être représentée par MCl. $2 (C^{12} H^{11} O^{11}.$) On sait encore que les alcalis réagissent sur le sucre de deux manières : d'abord, en formant avec lui des sucrates déliquescents, qui sont monobasiques ; ensuite, en hydratant une certaine proportion du principe sucré qui passe à l'état incristallisable, sans compter celui qui est changé en produits acides par une sorte d'oxydation.

Le fabricant de sucre a donc tout intérêt à connaître la proportion du chlore et des alcalis qui se trouvent dans sa matière première. De même, le raffineur doit tenir à s'éclairer sur cette question, de laquelle dépend, en réalité, la proportion de mélasse avec laquelle il aura à compter. Rien n'est plus juste, en fait et en droit, puisque le chlore et les alcalis s'opposent, dans les méthodes actuelles, à l'extraction d'une certaine proportion de sucre. Mais s'il en est ainsi pour le chlore et les alcalis, les autres matières minérales qui accompagnent le sucre ne peuvent être considérées sous le même aspect, et elles ne doivent pas donner lieu à la même réduction. Ces matières sont toutes éliminables dans le cours du traitement ; elles ne détruisent pas de sucre, et il est souverainement injuste de faire subir une réfaction quelconque, supérieure au chiffre de ces matières inoffensives.

L'équivalent de chlore engage deux équivalents de sucre ; on a, en fait :

$$Cl\ (443,2) = 2 (C^{12} H^{11} O^{11}) = (2137,5 \times 2 = 4275).$$

De là, pour savoir à quelle perte en sucre engagé correspond l'unité de chlore, on effectue le calcul de la relation :

$$443,2 : 4275 :: 1 : x = 9,65.$$

Ainsi 1 de chlore existant dans les matières minérales *solubles* d'un jus, d'un sucre, d'un sirop ou d'une mélasse, entraînera 9,65 de sucre dans les eaux-mères. D'autre part, la potasse $KO.HO$, et la soude $NaO.HO$, à l'état caustique ou à l'état carbonaté, peuvent engager *un* équivalent de sucre, en sorte que 1 de potasse anhydre répond à 3,62 de sucre, et 1 de soude à 3,51 du même principe.

Loin de proscrire l'incinération simple, on devrait l'employer comme un utile auxiliaire dans la recherche à faire. Pour cela, étant donné un poids P de la matière à essayer, on le partage en plusieurs portions, sur lesquelles on devra exécuter les opérations suivantes. Une portion A de l'échantillon est incinérée, sans emploi d'acide sulfurique, et l'on note le poids des cendres obtenues. Une portion B est dissoute dans l'eau distillée ; la dissolution est filtrée sur un filtre taré, et le filtre est lavé à plusieurs reprises. On le fait sécher et on le pèse pour obtenir le poids des matières insolubles. On verse alors dans la liqueur un léger excès de dissolution d'azotate d'argent, après avoir élevé la température jusque vers $+$ 45° environ. Le précipité qui se forme est séparé du liquide par décantation ; on le fait redissoudre dans l'ammoniaque ; la dissolution ammoniacale est filtrée, et le filtre est lavé avec soin. En versant de l'acide chlorhydrique pur et étendu dans la liqueur ammoniacale, on précipite de nouveau le chlorure d'argent, qu'on sépare de la liqueur par filtration. Le précipité, lavé, séché et pesé avec soin, est composé sur 100 parties, de 76,4 d'argent, et 23,6 de chlore : 1 gramme de chlorure d'argent représente donc 0^{gr},236 de chlore.

Dans la dissolution d'une troisième portion C de l'échantillon, on verse un excès d'oxalate d'ammoniaque. Le précipité formé est recueilli sur un filtre taré, lavé à plusieurs reprises avec la dissolution d'acide oxalique, puis avec l'eau distillée. On le fait sécher et calciner au rouge : on le pèse, et l'on trouve le chiffre de la chaux vive correspondante au carbonate obtenu par la relation :

$$CaO.CO^2 \; : \; CaO \; :: \; 1 \; : \; x = 0,56.$$
$$625 \qquad 350$$

Le dosage des alcalis peut se faire facilement par le procédé suivant : on fait dissoudre dans l'eau distillée une portion D de l'échantillon à examiner, et l'on filtre la dissolution. Après lavage du filtre et réunion des eaux de lavage, on y ajoute goutte à goutte de la solution de *chlorure de barium*, jusqu'à cessation de précipité et l'on filtre. Cette addition a pour but de transformer en chlorures tous les sulfates qui peuvent exister dans la liqueur. Elle permet, en outre, de doser l'acide sulfurique de la matière, puisqu'il suffit pour cela de laver le précipité, de le faire sécher et d'en prendre le poids (1). La liqueur,

1. *Un gramme* de sulfate de baryte représente 0^{gr},3429 d'acide sulfurique.

ainsi traitée, est concentrée jusqu'à réduction de la moitié de son volume, puis additionnée de deux dixièmes d'alcool en volume, et acidulée par l'acide chlorhydrique pur. On y verse alors de la dissolution alcoolique de *bichlorure de platine* $PtCl^2$, jusqu'à ce qu'il ne se produise plus de précipité, sans craindre d'introduire un léger excès du réactif. Il s'est formé du *chlorure double de platine et de potassium* ($Pt\ Cl^2 + KCl$) insoluble dans l'alcool, très-peu soluble dans l'eau, et du *chlorure double de platine et de sodium* ($Pt\ Cl^2 + NaCl$), soluble dans ces deux menstrues. Le liquide versé sur un filtre dépose sur ce filtre le premier de ces chlorures doubles. On lave plusieurs fois avec un peu d'alcool, on fait sécher et l'on prend le poids que l'on diminue du poids du filtre : 1 gramme de chlorure double représente $0^{gr},160571$ de potassium, ou $0^{gr},2302$ de potasse hydratée.

La liqueur dont on a séparé le chlorure double de platine et de potassium contient le chlorure double de platine et de sodium, dont il est nécessaire de déterminer le poids. On fait évaporer le liquide à siccité, puis on traite le résidu par l'alcool à 90° qui dissout seulement le chlorure de platine et de sodium et le sépare ainsi des autres matières qui pourraient l'accompagner. Cette nouvelle dissolution évaporée donne un résidu que l'on pèse après dessiccation, et dont *un gramme* représente $0^{gr},256$ de sodium ou $0^{gr},445$ de soude hydratée.

En opérant comme nous venons de le dire, sans s'astreindre, toutefois, à faire des recherches inutiles, on obtient tous les renseignements qui peuvent intéresser la fabrication et le raffinage du sucre, c'est-à-dire la proportion du *chlore*, de la *chaux*, des *alcalis* et des matières insolubles qui existent dans une matière saccharine donnée. On a déterminé, par curiosité, le poids des cendres, et, si l'on veut sacrifier au préjugé reçu, rien n'est si facile que de *sulfater* ces cendres et d'avoir la donnée vulgaire qui en résulte à côté d'autres appréciations plus sérieuses.

On objectera, sans doute, que ce procédé est plus lent et plus minutieux qu'une simple incinération; cela est vrai et nous ne le contestons nullement. Mais ne vaut-il pas mieux que les analystes prennent un peu plus de peine, fassent payer leur travail un peu plus cher et fournissent des résultats vrais

dont on pourra déduire des conséquences commerciales équi-
tables, plutôt que d'abuser les intéressés par des mots vides
de sens et des chiffres sans valeur? Il serait profondément
injuste de causer le moindre tort aux raffineurs en ne tenant
pas compte, dans les transactions, des causes d'altération du
sucre et de diminution du rendement; mais ne l'est-il pas autant de léser les intérêts de la fabrication au bénéfice de la
raffinerie? Nous ne voyons qu'un seul remède à cet état de
choses, qu'un seul moyen de mettre fin à des débats qui ont
passionné les plus froids, et dans lesquels sont entrés aussi
bien les ignorants que les instruits, les gens de bonne foi que
les habiles : ce moyen consiste dans l'expression de la vérité.
Un sucre étant donné, il ne s'agit pas, pour un chimiste qui se
respecte et qui honore sa profession, de conserver la clien-
tèle du raffineur, mais bien de trouver et de dire quelle est la
composition vraie de ce sucre et de donner une *réponse expéri-*
mentale à toutes les questions de la série suivante :

1° Quelle est la proportion d'eau de l'échantillon?
2° Quelle est la richesse en sucre cristallisable?
3° Quel est le chiffre du sucre incristallisable?
4° Quelle est la proportion des matières insolubles?
5° Quelle est celle des matières azotées?
6° Quelle est celle des matières minérales?
7° Quel est le chiffre exact du chlore?
8° Quel est la proportion de la chaux?
9° Quelle est la quantité réelle des alcalis?

Sans une réponse précise à chacune de ces neuf questions, il
est matériellement impossible de concevoir une idée nette et
juste de la valeur d'un jus sucré, d'un sirop ou d'un sucre. On
doit ajouter encore que, s'il s'agit d'un sucre brut, il faut tenir
compte de son degré de coloration et de la facilité plus ou
moins grande qu'il peut offrir au blanchiment. Sans cela, nous
le répétons, il n'est pas possible de se prononcer en connaissance de cause, et l'on s'expose à léser les intérêts du producteur ou ceux du raffineur, par l'emploi d'un coefficient illusoire. Nous pourrons, d'ailleurs, apprécier plus nettement la
situation, lorsque nous aurons fait connaître au lecteur les
bases de l'évaluation des sucres par leur teneur en alcalis.

V. — MÉTHODE MÉLASSIMÉTRIQUE.

M. Dubrunfaut est l'auteur de cette méthode d'essai des matières sucrées, ou plutôt des sucres, sur laquelle nous nous proposons de donner quelques explications. Avant tout, voici la description qui en est donnée par l'inventeur :

« Une troisième méthode saccharimétrique, que nous pratiquons depuis quelque temps, prendrait à juste titre le nom de *méthode mélassimétrique*, car elle constate directement la quantité de mélasse que peut donner, dans les travaux habituels des fabriques et du raffinage, une matière première saccharifère ; et ce n'est qu'indirectement qu'on arrive par cette voie au titre saccharimétrique réel.

« Cette méthode est fondée sur la propriété que possèdent les mélasses d'une même origine et d'un même système de fabrication, de fournir par incinération, des produits qui ont sensiblement le même titre alcalimétrique. Ainsi les mélasses brutés de fabrication de sucre indigène donnent des cendres ou des charbons qui, pour 100 grammes de mélasse brûlée, saturent, terme moyen, 7 grammes d'acide sulfurique SO^3HO. Les cendres de 100 grammes de mélasse de raffinage de sucre de betteraves saturent, terme moyen, 6 grammes de SO^3HO. Celles de 100 grammes de mélasses de raffinerie de sucre de canne saturent 1 gramme du même acide.

« Si l'on considère que dans le raffinage, par exemple, l'alcali titrant que fournit la cendre de la mélasse, préexiste intégralement dans le sucre qui a fourni cette mélasse, on comprendra que la seule incinération d'un poids donné de ce sucre et le titre alcalimétrique de cette cendre puissent fournir les bases du *titre mélassimétrique du sucre*. Il en est de même de l'appréciation de la valeur des jus de cannes et de betteraves pour lesquels on peut, à l'aide du titre alcalimétrique des cendres, rapproché du titre alcalimétrique des cendres des mélasses de ces deux origines, prévoir fort approximativement le rendement en mélasse de ces produits.

« Notre procédé, tel que nous venons de le décrire d'après notre publication de 1851, consisterait :

1° Dans la pesée d'un échantillon de sucre ; 2° dans la déter-

mination du titre saccharimétrique ; 3° dans l'incinération de
l'échantillon dans une capsule de fonte, de fer ou de platine ;
4° enfin, dans la détermination du titre alcalimétrique du produit charbonneux fourni par l'incinération. Toutes ces opérations sont facilement praticables.

« Un essai préalable de la mélasse produite habituellement
en raffinerie par l'espèce de sucre essayée fournit tout à la fois
le titre saccharimétrique de la mélasse et le titre alcalimétrique de sa cendre, et cet essai donne la base d'appréciation de
la proportion de sucre immobilisée en mélasse par les sels. Si,
par exemple, comme nous l'avons reconnu avant 1851, la mélasse donne comme mélasse de raffinerie un titre alcalimétrique de 6 grammes d'acide sulfurique pour 100 grammes de
mélasse contenant 50 grammes de sucre, tout sucre dout les

cendres saturent 1 gramme d'acide contiendra $\dfrac{50 \, \text{gr.}}{6}$ de sucre

immobilisé sous cette forme en mélasse. Il en serait de même
de l'essai des sirops de fabrique ou de raffinerie, et des betteraves ou des cannes qu'on aurait soumis à ce mode d'examen.

« Le procédé suivi en ce moment par les raffineurs n'est pas
rigoureusement celui-là, mais il n'en est qu'une modification,
sans offrir en réalité plus de précision, ni plus de simplicité
dans sa mise en œuvre ; on en jugera par l'exposé suivant :

« On brûle dans une capsule de platine tarée et chauffée dans
un fourneau quelconque l'échantillon de sucre à essayer, addi-
tionné d'une certaine proportion d'acide sulfurique, puis on
pèse au milligramme, avec une balance de précision, la cendre
sulfurique obtenue. Un pareil essai, fait sur la mélasse, indique le poids de la cendre sulfurique pour un poids connu de
cette mélasse, et comme on a apprécié avec le saccharimètre
de Soleil les titres saccharimétriques de la mélasse et du sucre mis en expérience, on a ainsi tous les éléments pour calculer : 1° combien le sucre peut donner de mélasse ; 2° ce qu'il
peut rendre de sucre pur au raffinage.

« Les mélasses de fabrique contiennent, à leur densité normale, environ 50 pour 100 de sucre cristallisable, et elles donnent un poids de cendres sulfuriques qui s'élève de 12 à 13
pour 100. Les mélasses de raffinerie de betteraves donnent de
11 à 12 pour 100 de cendres sulfuriques, quand elles sont épuisées de manière à ne contenir que 45 à 50 pour 100 de sucre

cristallisable. Avec ces données, un raffineur conclurait qu'un sucre qui lui donnerait à l'essai 3 pour 100 de cendres sulfuriques rendrait au raffinage 25 pour 100 de mélasse contenant 12 à 12,5 de sucre, et si le sucre en question donnait un titre saccharimétrique de 93 pour 100, par exemple, on conclurait qu'au raffinage le rendement du sucre ne pourrait s'élever au delà de 80,5 à 81. »

Dans cet exposé de la méthode mélassimétrique, il est question de deux procédés distincts :

Le premier de ces procédés forme le fond de l'idée de M. Dubrunfaut; il consiste à prendre le *titre saccharimétrique*, puis à procéder à l'*incinération simple* et à prendre le *titre alcalimétrique* des cendres obtenues, en observant la proportion d'acide sulfurique nécessaire à la *saturation* de la matière. Il y a évidemment une idée de progrès dans cette marche, puisqu'elle offre la tendance à déterminer le chiffre des alcalis, indépendamment des autres matières qui constituent les cendres. Ce procédé est donc loin d'être sans valeur et il convient d'en tenir compte en pratique. Nous ne ferons à cet égard que des observations de détail dont la justesse n'échappera à personne, mais qui n'affectent en rien le côté utile de la méthode de M. Dubrunfaut.

En prenant le titre alcalimétrique des cendres non sulfatées, on ne détermine pas la proportion du chlore qu'il est si important de connaître, on ne différencie pas les bases alcalines et l'on n'obtient pas le chiffre de la chaux. Il y a donc dans ce procédé une amélioration très réelle, un acheminement vers la marche que l'on devra forcément adopter dans un temps donné, mais nous devons avouer qu'il n'est pas complet et qu'il est impossible d'en déduire des conséquences rigoureuses.

Le second procédé, que M. Dubrunfaut considère comme *une modification* du sien propre, consiste dans l'incinération avec addition d'acide sulfurique, comme on la pratique dans les raffineries. Ce procédé est celui que nous avons décrit (page 233), et il comporte un dosage saccharimétrique du sucre cristallisable et du sucre liquide, après détermination préalable de l'eau hygrométrique; l'incinération avec acidulation donne un poids de cendres sulfatées dont on déduit 1/10, et la différence, multipliée par le coefficient 5, indique la réfaction ou la

16

diminution du rendement sur le chiffre saccharimétrique
trouvé.

Sans nous arrêter à repousser la prétention, devenue inoffensive, par laquelle M. Dubrunfaut élève des réclamations de
propriété ou d'antériorité sur tout ce qui se fait en sucrerie et
en alcoolisation, et bien que ce chimiste ait souvent raison contre ceux qui le copient, disons que le procédé mélassimétrique
par les cendres sulfuriques est loin de valoir le procédé de
titrage alcalimétrique des cendres. Si la méthode de M. Dubrunfaut n'est pas complète, ce que nous reconnaissons volontiers, elle présente au moins ce mérite de tendre à l'appréciation loyale des produits à examiner, tandis que le procédé qui
a été substitué à cette méthode présente manifestement un but
très-arrêté, celui d'augmenter le chiffre de la réfaction. En
somme, la mélassimétrie a pour objet de déterminer la proportion de mélasse qui sera produite dans les opérations du
raffinage d'un sucre donné, en prenant pour point de départ
et pour base d'appréciation la quantité des matières minérales alcalines.

Nous sommes loin de vouloir rejeter les procédés qui seraient établis sur cette base, mais nous les voudrions complets
et impartiaux, et nous ne rencontrons pas ces deux qualités
fondamentales dans ceux qui ont été proposés. Dans tous les
cas, nous ne pouvons comprendre que l'on établisse un chiffre
unique de réfaction sur l'ensemble des sels qui existent dans
une matière saccharine, par la raison que ces sels n'ont pas la
même action sur le sucre et n'en peuvent engager une même
proportion. Il ne sera donc pas inutile d'entrer dans quelques
détails à ce sujet, dont la haute importance ne saurait échapper à personne; mais ce que nous en avons dit nous paraît
suffire, quant à présent, pour établir notre pensée, et nous
renverrons un examen plus approfondi de la question après
la partie de cet ouvrage qui est consacrée à l'étude des procédés de la fabrication. La place logique de cette discussion est
indiquée, en effet, parmi les conditions de l'achat des sucres
bruts par la raffinerie, et nous chercherons alors à établir, par
des chiffres, quelles sont les véritables bases d'une saine appréciation.

CHAPITRE VI.

Préparations diverses et observations.

Nous ne pouvons oublier que cet ouvrage n'est consacré à la glorification d'aucun procédé personnel. Au contraire de certains écrivains allemands ou français, dont les livres paraissent avoir eu pour but principal de servir de réclames intéressées à des méthodes problématiques, ce que nous prouverons en temps opportun, nous cherchons, avant tout, à établir la vérité sur les questions sucrières. Pour cela, il importe de connaître le sucre sous toutes ses formes et dans toutes les conditions où il peut se présenter. C'est dans le but de compléter ce qui peut manquer aux indications précédentes que nous allons tracer les *méthodes de préparation* usitées pour obtenir les différentes sortes de sucres dont nous avons parlé précédemment. Nous ajouterons, à la suite de ces courtes descriptions, quelques observations complémentaires sur plusieurs des objets qui ont été étudiés dans ce premier livre, avant de nous occuper des questions agricoles relatives aux plantes saccharifères.

Disons encore, pour l'intérêt de la fabrication sucrière, qu'il devient de plus en plus nécessaire de s'instruire sur les opérations que l'on veut faire, sur les principes qui les dirigent, sur les résultats à obtenir, si l'on ne veut être dupe de certaines gens dont le seul mérite est de trop croire à leur propre valeur. La sucrerie devient une proie. Le mal serait moindre, si elle était disputée par ceux qui la connaissent ; mais, d'après ce que nous voyons tous les jours, nous pouvons affirmer que, sur *cent* de ces messies attendus, il n'y en a pas *deux* qui aient étudié la question. En revanche, *tous* savent présenter leur marchandise particulière, et ils arrivent à la vendre trop souvent.

Encore une fois, les besoins de notre époque exigent impérieusement que l'on sache et non pas que l'on ait l'air de savoir ; il est urgent de s'instruire et de cesser d'être à la merci des habiles.

I. — MÉTHODES D'EXTRACTION ET DE PRÉPARATION DES DIVERSES ESPÈCES DE SUCRES.

Il ne s'agit, dans ce paragraphe, que des préparations de laboratoire, par lesquelles on aura à se procurer des échantillons-types des variétés de sucres que l'on désirera avoir sous les yeux. Nous allons donc passer brièvement en revue les différents modes d'opérer qu'il convient d'avoir présents à l'esprit pour obtenir ces produits que nous rangeons dans l'ordre suivant :

1° *Sucre de canne pur*, extrait du sucre brut ou des plantes saccharines.

2° *Sucre du raisin et des fruits acides.*

3° *Sucre liquide ou incristallisable.*

4° *Sucre de fécule*, etc. Sirop de glucose.

5° *Sucre de champignons.*

6° *Sucres du miel.* Leur séparation.

7° *Sucre de diabète.*

Il peut se faire que, dans la suite de cet ouvrage, nous soyons obligé de répéter certaines parties de ce paragraphe ; mais nous ne pouvions renvoyer à plus loin les données générales qui y doivent trouver place, le lecteur devant avoir présents à l'esprit les moyens employés par la chimie pour isoler les variétés de sucre dont il peut avoir besoin d'étudier les analogues par comparaison.

1. **Sucre de canne.** — Le sucre prismatique est facile à obtenir pur et sans mélange. S'il s'agit d'une plante saccharine, on en extrait le sucre par l'action de l'alcool aqueux, d'après la méthode de M. Péligot. On se comportera ensuite comme il va être dit pour la purification des sucres bruts.

On prend 250 grammes de moscouade ou sucre brut, que l'on fait dissoudre dans l'eau à la température ordinaire. On y verse ensuite, en agitant, 2 ou 3 grammes de chaux en lait et, après quelques minutes, on filtre la liqueur. Elle est alors traitée par un courant d'acide carbonique et filtrée de nouveau.

Aussitôt, on ajoute assez de superphosphate de chaux en dissolution pour donner au liquide une faible réaction acide, et l'on porte à l'ébullition après avoir ajouté un excès de craie en

poudre. Lorsque la réaction est finie, c'est-à-dire quand il ne
se forme plus de mousse due au dégagement de l'acide carbonique du carbonate de chaux, on filtre la liqueur. Elle est concentrée à 30° Baumé et filtrée ou décantée, si elle présente le
moindre louche. On achève la concentration au bain-marie,
jusqu'au point où la cristallisation commence, en ayant soin de
ne pas dépasser une température de $+ 50$ à $+ 60$ degrés centigrades, et l'on verse dans un cristallisoir. Au bout de sept à
huit jours, la mélasse est décantée et les cristaux, lavés *à plusieurs reprises* par l'alcool absolu, sont dissous dans l'alcool
aqueux et abandonnés à l'évaporation spontanée, entre $+ 20°$
et $+ 30°$ de température. On les recueille et on les égoutte sur
plusieurs doubles de papier à filtrer.

On prépare plus rapidement du sucre pur en faisant dissoudre à froid et en saturation du sucre raffiné dans l'alcool aqueux.
On abandonne à la cristallisation spontanée à $+ 20°$ ou $+ 25°$
de température : il ne s'agit plus que de recueillir et dessécher
les cristaux.

2. Sucre du raisin et des fruits acides. — On prépare ce sucre par une méthode générale fort élémentaire. Le
jus du raisin ou des fruits étant obtenu par écrasement suivi
de pression, on le porte à la température de $+ 50°$ ou $+ 60°$,
et on le neutralise exactement par de la craie en poudre ou du
marbre pulvérisé. La liqueur filtrée est concentrée à 20° ou
25° Baumé, et filtrée de nouveau sur du noir en grains non
alcalin. On achève alors la concentration jusqu'au point de
cuite, soit à 42° Baumé bouillant, et l'on soumet à la cristallisation, en maintenant à la température de $+ 20°$ à $+ 30°$.

La masse cristallisée est comprimée entre des doubles de papier à filtrer pour la débarrasser du sucre liquide qu'elle tient
toujours interposé. On peut, si l'on veut, la purifier en la redis-
solvant dans l'eau ou l'alcool; on traite la dissolution par le
noir, jusqu'à parfaite décoloration, puis on concentre et l'on
fait cristalliser.

Il est remarquable que les grains cristallins qui se déposent
du sirop de fruits sont identiques avec le sucre de fécule, tandis
que le véritable sucre de fruits, liquide et incristallisable, se
trouvait dans le jus de ces fruits avant l'évaporation, qui le
modifie en lui faisant acquérir deux équivalents d'eau. Le sirop

d'égout de ces grains cristallins est du véritable sucre liquide, susceptible de se changer avec le temps en sucre de fécule, glucose ou sucre mamelonné.

3. **Sucre liquide**. — La manière la plus commode et la plus prompte d'obtenir ce sucre consiste à faire dissoudre 100 parties de sucre prismatique dans deux fois autant d'eau acidulée par l'acide sulfurique (4 à 5 pour 100.) Après une demi-heure d'ébullition, on neutralise la liqueur par la craie pulvérisée et l'on filtre. On opère une seconde filtration sur le noir en grains lorsque la liqueur a été condensée à 28° Baumé et l'on achève de concentrer à 30° ou 32° Baumé.

Si l'on pousse la condensation vers 35° ou 40°, et même un peu au-dessous de ce dernier chiffre, le sucre liquide |dépose après un certain temps des grains de sucre mamelonné.

4. **Sucre de fécule**, etc. — 100 grammes de fécule versés peu à peu, au fur et à mesure de leur dissolution, dans 400 grammes d'eau bouillante, acidulée au préalable par 3 ou 4 pour 100 d'acide sulfurique, sont transformés graduellement en matière gommeuse ou dextrine soluble, puis en sucre dit de fécule, ou glucose, ou encore sucre mamelonné.

On juge que la transformation est complète lorsqu'une goutte de la liqueur, placée sur une soucoupe et refroidie, ne prend plus de coloration bleu violet, ou lie de vin, par l'addition d'un peu de teinture d'iode. Quand on est arrivé à ce point, on continue encore l'action pendant une demi-heure, puis on neutralise l'acide sulfurique par de la craie pulvérisée que l'on ajoute par fractions. Il convient de filtrer aussitôt et de concentrer vers 27° Baumé. A ce degré, on filtre encore pour débarrasser la liqueur du sulfate de chaux, et l'on achève la concentration à 35°, 40° ou 42° Baumé, selon que l'on se propose l'obtention du sirop de fécule, ou du sucre mamelonné solide.

Dans ce dernier cas, on pousse la cuite aussi loin que possible et l'on verse le sirop dans un cristallisoir, où il finit par déposer à la longue des cristaux confus, affectant la forme de mamelons ou de choux-fleurs. On peut encore obtenir le sirop de fécule et le sucre mamelonné en faisant réagir, à + 60° ou + 70° de température, la diastase ou l'orge germée sur la fécule.

Nous aurons à nous étendre sur cette fabrication dans un

chapitre spécial où nous réunirons tous les détails de la manipulation à faire subir aux farines et fécules pour les saccharifier. Remarquons, en passant, que la saccharification des fécules n'est presque jamais complète et que le glucose est toujours mélangé de dextrine ou de matière gommeuse.

On le purifie aisément en le traitant à chaud par l'alcool à + 85°, qui dissout très-bien le glucose et n'enlève que fort peu de dextrine. La dissolution refroidie est filtrée, puis amenée à l'état sirupeux par évaporation.

Lorsque l'on a besoin d'avoir sous la main une dissolution de glucose, il est très-commode de se servir du malt des brasseurs. Cette matière concassée est mise par portions dans quatre fois son poids d'eau chauffée à + 65°, et l'on agite constamment. La diastase de l'orge germée réagit sur la fécule du grain concassé et, après quelques heures, on a une solution de glucose et de dextrine qu'il suffit de filtrer pour l'employer à la plupart des usages du glucose commercial. On peut, du reste, concentrer cette dissolution et la débarrasser de la dextrine par l'alcool, si on le juge convenable.

5. Sucre de champignons. — On épuise l'ergot de seigle pulvérisé par l'alcool à 90° à chaud, et l'on filtre la solution que l'on évapore en consistance d'extrait. La matière reprise par l'eau bouillante et filtrée plusieurs fois sur le noir en grains donne, par évaporation, des cristaux de sucre de champignons. Nous avons indiqué le peu qu'on sait sur les caractères de ce sucre.

6. Sucres du miel; *leur séparation.* — Le miel est un mélange de glucose, de sucre liquide et d'un sucre solide particulier, très-analogue au glucose. On sépare le sucre solide et le sucre mamelonné du sucre liquide, en soumettant à la pression le miel concret. Le résidu solide est lavé plusieurs fois à l'alcool absolu. Ce procédé nous paraît préférable à celui indiqué par Proust et Braconnot.

7. Sucre de diabète. — Ainsi que nous le savons déjà, le sucre des diabétiques est le même que celui de fécule. On l'obtient par le procédé suivant.

On verse dans l'urine un peu de sous-acétate de plomb pour

la débarrasser du mucus qu'elle renferme, et l'on filtre la liqueur. On se débarrasse du plomb en excès par la solution d'acide sulfhydrique et l'on filtre de nouveau. Le liquide est alors concentré jusqu'en consistance de sirop et, après quelques jours, il se solidifie en masse. On le fait dissoudre dans l'alcool à **92°** bouillant et l'on filtre la dissolution, qu'il faut concentrer de nouveau.

Nous n'avons pas à nous étendre davantage, quant à présent, au sujet de la préparation des sucres, ce que nous venons de dire suffisant largement pour l'étude générale de ces matières; d'ailleurs, nous exposerons plus loin, avec tous les détails utiles, les méthodes pratiques à suivre pour l'extraction des sucres dont l'usage présente quelque intérêt. Remarquons cependant que l'on doit se baser, en général, dans les essais et les recherches *en petit,* sur la solubilité plus ou moins grande des sucres dans l'alcool anhydre ou aqueux, pour en faire la séparation. Il ne faut jamais soumettre à la concentration des jus acides, si l'on recherche le sucre de canne, lequel se changerait en sucre liquide dans ce cas; on ne doit pas non plus élever la température des solutions de glucose en présence des alcalis, qui les colorent presque immédiatement en brun plus ou moins foncé.

On devra, au surplus, suivre dans ces préparations la marche la plus rationnelle, celle qui dérive de la connaissance du sucre que l'on veut obtenir : il importe donc de se guider sur les propriétés générales et spéciales des sucres et des matières sucrées, au sujet desquelles nous nous sommes longuement étendu dans un chapitre précédent.

II. — RÉSULTATS ANALYTIQUES.

Les matières premières dont on retire habituellement le sucre prismatique sont la *betterave,* la *canne à sucre* ou *cannamelle* et la sève de l'*érable.* Le *sorgho,* le *maïs,* la *carotte,* la *châtaigne,* plusieurs *cucurbitacées* peuvent également, dans quelques circonstances, fournir des éléments utiles à la fabrication sucrière.

Nous réunissons un certain nombre de documents relatifs à la composition de ces matières premières, en faisant observer, toutefois, que l'on aurait le plus grand tort d'accepter comme basés les données qui résultent des chiffres trouvés par les analystes, puisque la composition des plantes saccharifères dépend d'une foule de circonstances trop variables pour qu'on puisse la regarder comme fixe et constante. Telle plante qui renferme parfois jusqu'à 15 ou 16 centièmes de sucre, peut n'en contenir, dans maintes occasions, qu'une proportion beaucoup plus faible.

Analyses de la betterave, — La composition de la betterave sucrière a été étudiée par les chimistes, sous des rapports bien opposés : les uns ont prétendu indiquer toutes les substances qui font partie de cette racine, d'autres se sont bornés à indiquer simplement les proportions de l'eau, des matières solides, du sucre, de l'albumine et du ligneux. Parmi les premiers se trouve M. Payen, dont nous reproduisons l'analyse :

Analyse de la betterave, par M. Payen, sur 100 parties.

Eau.	83,5
Sucre.	10,5
Cellulose et pectose.	0.8
Albumine, caséine et autres matières neutres azotées.. 1,5	
Acide malique, pectine, substance gommeuse ; matières grasses, aromatiques et colorantes ; huile essentielle, chlorophylle, asparamide ; oxalate et phosphate de chaux ; phosphate de magnésie ; chlorhydrate d'ammoniaque ; silicate, azotate, sulfate et oxalate de potasse ; oxalate de soude ; chlorures de sodium et de potassium ; pectates de chaux, de potasse et de soude ; soufre, silice, oxyde de fer, etc.	5,2 3,7
	100,0

Dans une *analyse antérieure*, M. Payen avait *constaté la présence du sucre incristallisable...*

On rencontre souvent de la fécule dans les betteraves non mûres, et nous avons pu nous assurer plusieurs fois de ce fait remarquable ; mais il a été passé sous silence par tous les auteurs qui se sont occupés de cette racine.

M. Dubrunfaut a également donné de la betterave une analyse très-détaillée, quoique fort incomplète, selon lui... Elle diffère de celle de M. Payen sous divers rapports, mais il ne serait d'aucune utilité pour le lecteur que nous la reproduisions ici ; nous préférons indiquer sous forme de tableau le résumé des recherches consciencieuses faites par M. Péligot sur la racine précieuse qui nous occupe.

La simplicité et la précision qui en sont le caractère les rendent indispensables au fabricant de sucre indigène, dont elles doivent être le guide constant.

Résultats analytiques obtenus par M. Péligot, sur 100 parties de betterave.

DATE de L'ARRACHAGE.	POIDS.	DENSITÉ DU JUS.	EAU.	MATIÈRES SOLIDES.	SUCRE.	ALBUMINE.	LIGNEUX.
	Grammes.	Degrés Baumé.					
2 août......	20-25	»	90,5	9,5	5,0	»	»
7 août......	300	6,4	84,5	15,5	8,9	»	»
11 août......	600	»	87,4	12,6	8,2	1,6	2,8
30 août......	1000	6,2	86,9	13,1	8,6	1,4	3,1
1er septembre .	1100	3,2	92,6	7,4	4,2	1,0	2,1
1er septembre .	460	4,2	90,6	9,4	5,0	1,6	2,8
7 septembre..	800-900	4,5	90,0	10,0	7,3	0,8	1,9
23 septembre..	500	7,0	83,1	16,9	11,9	1,6	3,2
23 septembre..	700	6,4	87,0	13,0	8,6	1,7	2,7
26 septembre..	80-100	»	84,9	15,1	10,0	1,8	3,3
9 octobre....	150	»	85,9	14,7	»	»	»
9 octobre....	150	»	85,8	14,2	»	»	»
19 octobre....	700	»	90,3	9,7	»	»	»
19 octobre....	600	»	84,6	15,4	»	»	»
13 novembre..	500	»	86,1	13,9	»	»	»

Dans l'analyse d'une racine arrachée le 15 novembre, M. Péligot a trouvé 80,4 d'eau, 19,6 de matières solides. Ces dernières renfermaient un chiffre considérable de *sucre cristallisable*, 14,4 pour 100 du poids de la betterave.

De ses travaux analytiques, M. Péligot déduit quelques conséquences remarquables :

1° Pendant toute la *durée de la croissance* de la betterave, ses principes constituants augmentent simultanément et dans une proportion à peu près constante.

2° Quand la betterave cesse de *croître* en poids et en volume, la proportion de ses principes solides augmente d'une manière notable.

Ainsi, en pratique, se trouve corroboré le conseil que l'on donne de laisser les racines en terre le plus longtemps que l'on peut, avant l'époque des premières gelées. D'un autre côté, il n'y aurait pas un notable inconvénient à traiter les betteraves dès le mois de septembre, puisqu'à cette saison elles renferment déjà 8 0/0 de sucre. Dans les cas de presse, on peut profiter de ce fait pour commencer plus tôt la fabrication.

Une betterave montée en fleurs a fourni à M. Péligot 9,8 0/0 de sucre, tandis qu'un porte-graines de deuxième année ne lui en a pas offert la moindre trace.

Ce résultat pouvait être prévu, car la granification enlève le sucre à la plupart des racines végétales et au plus grand nombre des tiges, même lorsqu'elles renferment une proportion notable de matière saccharine avant cette période.

Un grand nombre de personnes, qui s'occupent aujourd'hui des questions sucrières, ont consacré leurs recherches à l'analyse de la betterave. Nous verrons plus tard combien les éléments de cette racine saccharifère sont susceptibles de varier sous l'action d'influences multiples, et combien il est imprudent de juger, *à priori*, sur des analyses faites dans des conditions différentes de celles que l'on rencontre autour de soi. Nous nous contenterons, quant à présent, de dire que, en moyenne, la betterave sucrière contient 10 0/0 de son poids en sucre cristallisable, mais qu'il n'est pas rare de voir cette proportion tomber à 7 ou 8 centièmes, comme de constater une élévation de richesse qui peut correspondre à 15 ou 16 0/0.

Les matières salines de la betterave n'ont rien de plus fixe dans leur proportion pondérale, qui dépend de la nature du sol et des engrais employés.

Analyses de la canne à sucre. — M. Avequin s'est livré à des recherches analytiques assez importantes sur les cannes à sucre cultivées à la Louisiane, et sur le jus sucré qu'on en retire et qui porte le nom de *vesou*. Nous allons rapporter ces analyses.

Canne d'Otaïti. — Elle contient sur 100 parties, d'après l'observateur que nous venons de citer :

Eau de végétation.....................	76,080
Sucre cristallisable....................	10,120
Sucre incristallisable................ }	
Matière extractive................... }	4,160
Albumine végétale....................	0,046
Gomme.............................	0,081
À reporter..........	90,487

Report.........		90,487
Chlorophylle, etc.	}	0,085
Matière grasse.....................	}	
Résine jaune solide.		0,128
Stéarine végétale.		0,075
Ligneux.		8,857
Chlorure de potassium................		0,042
Sulfates { de potasse................		0,056
{ d'alumine.		0,115
Silice.		0,145
Oxyde de fer......................		traces.
		99,990

Ainsi, d'après M. Avequin, la canne d'Otaïti renferme **14,28** pour **100** de sucre, dont **4,160** ou les **2/7** sont regardés par ce chimiste comme du *sucre incristallisable* mêlé de matière extractive.

Canne à rubans. — M. Avequin y a trouvé sur **100** parties :

Eau de végétation.....................		76,729
Sucre cristallisable.....................		9,850
Sucre incristallisable...	}	3,542
Matière extractive....................	}	
Albumine végétale....................		0,047
Gomme.		0,080
Chlorophylle......................	}	0,092
Matière grasse.....................	}	
Résine jaune solide...................		0,140
Stéarine végétale....................		0,080
Ligneux.		9,071
Chlorure de potassium................		0,048
Sulfates { de potasse................		0,062
{ d'alumine................		0,098
Silice.		0,155
Oxyde de fer......................		0,005
		100,000

La canne à rubans, cultivée à la Louisiane, tiendrait ainsi **13,492** de sucre pour **100**, dont **3,542**, ou plus de **1/4**, serait du *sucre incristallisable* mêlé de matière extractive.

Nous verrons tout à l'heure ce que l'on peut conclure de ces analyses, sur lesquelles, au demeurant, nous ne préjugeons absolument rien.

M. Avequin analysa également le vesou de ces deux espèces

de cannes marquant 9° de densité, et sur une quantité normale d'un litre, il a trouvé les résultats suivants :

	CANNE D'OTAÏTI (Poids du litre : 1067 gr.)	CANNE A RUBANS (Poids du litre : 1062 gr.)
Eau de végétation.......	894,98	898,03
Sucre cristallisable......	119,05	113,55
Sucre incristallisable.... } Matière extractive...... }	48,95	46,34
Albumine............	0,55	0,56
Gomme.............	0,95	1,08
Chlorure de potassium...	0,50	0,56
Sulfates { de potasse....	0,66	0,73
{ d'alumine......	1,36	1,15
	1067,00	1062,00

Soit, pour le *poids moyen* du litre de vesou, 1064^{gr},5, contenant en moyenne 163^{gr},945 de sucre, dont 116^{gr},30 de sucre cristallisable et 47^{gr},645 de sucre incristallisable.

D'après M. Garcia, la canne de Batavia serait moins riche que celle d'Otaïti, à cause de la présence d'une plus forte quantité de cérine et de matière jaune résineuse. Sans chercher à discuter le mérite de cette raison, ajoutons que la canne à rubans est cultivée de préférence à la Louisiane, à cause de sa précocité beaucoup plus grande que celle de la canne d'Otaïti. Ce motif est tout-puissant dans beaucoup de localités qui ont à redouter certaines influences climatériques.

M. Dupuy a indiqué l'analyse suivante de la canne à sucre dans les *Annales de la marine,* année 1842 :

Eau...........................	72,00
Matières solubles..............	17,80
Ligneux.......................	9,80
Sels..........................	0,40
	100,00

La canne de Cuba, analysée par M. Casaseca, lui a donné :

Eau...................	77,8	
Sucre.................	16,2	100,00
Ligneux...............	6,0	

M. Payen indique les proportions suivantes observées sur des cannes jeunes et des plantes mûres (variété d'Otaïti) :

	Cannes développées au tiers.	Cannes mûres.
Eau......................	79,70	71,04
Sucre.....................	9,06	18,00
Cellulose et ligneux, etc........	7,03	9,56
Albumine et matières azotées....	1,17	0,55
Cérosie, etc., matières grasses...		0,37
Amidon, etc................	1,09	
Matières grasses et sels.........	1,95	
Sels......................		0,28
Silice.....................		0,20
	100,00	100,00

Nous n'entrons pas dans les détails de l'analyse rapportée par ce chimiste; il nous suffit de constater que la canne d'Otaïti, mûre, donne 71,04 d'eau pour 100 et 18 de sucre, selon ses données.

M. Péligot a trouvé sur 100 parties de canne de la Martinique :

Eau......................	72,10	
Sucre.....................	18,00	100,00
Tissu et sels.................	9,90	

M. Dupuis a donné pour résultat de son analyse :

Eau......................	72,00	
Sucre.....................	17,00	
Tissu et sels.................	10,20	100,00
Perte.....................	0,80	

M. Péligot a également trouvé qu'un vesou de $+ 11°,8$, qui provenait de la Martinique et avait été conservé par la méthode d'Appert, tenait 71,77 d'eau et 20,90 de sucre.

Avant d'aller plus loin, disons que si la canne *bien mûre* peut contenir 0,18 de sucre et même davantage dans certaines saisons, il ne faut pas conclure de ces chiffres le rendement habituel de la canne dans certains pays où elle est recueillie avant sa maturité complète, à la Louisiane, par exemple. Ainsi, M. Avequin n'a constaté que 9,85 de sucre cristallisable dans le canne de Batavia, et 10,12 dans la variété dite d'Otaïti. Il a trouvé, en outre, dans la première, 3,542 de sucre incristallisable, et 4,16 dans la seconde, ce qui est en désaccord avec l'opinion de plusieurs personnes qui nient la préexistence de ce sucre, et prétendent que sa présence est due seulement aux réactions des manipulations.

Nous comprenons qu'à certaine époque de la végétation des plantes, certains produits soient complétement remplacés par leurs isomères; nous admettons même qu'il peut y avoir un temps dans la vie de la canne où elle ne contienne que du sucre cristallisable, au moins momentanément; mais nous ne pouvons admettre cette donnée que très-hypothétiquement, et nous ne pensons pas que l'on puisse en rien arguer pour la pratique.

Il est digne de remarque, en effet, que le vesou de la canne est toujours acide au moment même de son extraction; et, d'après les réactions connues du sucre en présence des acides, il est impossible que ce jus sucré ne contienne pas une proportion quelconque de sucre incristallisable. Il s'en produirait, en tous cas, dans le vin de canne, aussitôt qu'il serait soumis à l'influence de l'air atmosphérique et dans tous les cas de lésion ou d'altération des cannes. Nous croyons donc que le vesou envoyé de la Martinique à M. Péligot avait été neutralisé avant d'être expédié; en un mot, qu'il avait été *manipulé*, car l'obtention de 20,90 de sucre *sans mélasse* nous paraîtrait, sans cela, un mythe illusoire, un de ces brillants mirages qui trompent les plus habiles observateurs.

Ce n'est pas, du reste, en Europe qu'il faut étudier la canne et ses produits; c'est aux lieux mêmes où elle croît qu'il convient de se transporter pour en faire une analyse sérieuse et irréfutable, et qui doit porter sur les éléments de cette plante saccharifère, à diverses époques de sa végétation, depuis les premiers temps de sa croissance jusqu'à sa parfaite maturité. Nous examinons plus loin les expériences de M. Péligot, ou plutôt les chiffres analytiques publiés par cet habile observateur, et quelques-unes des conclusions qu'il en déduit.

En résumé donc, on pourrait, à la rigueur, prendre pour base les chiffres suivants, dont la moyenne nous donne 75,60 d'eau et 14,10 de sucre pour 100 :

	Canne mûre.	Canne parvenue à une maturité incomplète.	Canne parvenue au tiers de son développement.
	(Otaïti.)	(Otaïti.)	(Otaïti.)
Eau..........	71,04	76,08	79,70
Sucre........	18,00	14,28	9,06
Ligneux, etc..	10,96	9,64	11,24

On peut, *en pratique*, considérer la *matière sucrée* de la canne comme devant fournir un double produit : du sucre *cristallisable prismatique* et du sucre *incristallisable*, dans la proportion de 70,87 du premier et 29,13 du second; ces chiffres sont loin d'être exagérés, et les manipulations actuelles produisent une proportion beaucoup plus forte de mélasse. Ajoutons que nous ne préjugeons rien sur l'existence simultanée des deux sucres dans la canne, cette question devant être traitée ultérieurement.

Ainsi, la canne *mûre* renfermerait 18 pour 100 de son poids en matière sucrée, d'après les données qui précèdent.

En 1826, M. Plagne aurait obtenu 832 grammes de sucre brut, d'une belle nuance jaune paille, très-sec, de 4 kilogrammes de vesou de canne, ce qui établirait un rendement de plus de 20 pour 100 *sur le vesou*... Ceci ne préjuge pas grand'chose quant à la canne elle-même.

Analyse de 4000 grammes de vesou par M. Plagne.

Eau de végétation......................	3k,133
Sucre cristallisé.......................	0 ,832
Sucre incristallisable *supposé* sec..........	0 ,030
Cérine................................	0 ,0003
Cire verte............................	0 ,00106
Matière organique particulière?..........	0 ,00161
Albumine..............................	0 ,0003
Sels..................................	traces.

Analyses diverses par M. Osmin Hervy. Cannes desséchées sur 4000 parties en poids.

	1er Échantillon.	2e Échantillon.	Moyenne.
Eau.....................	104	82	93
Cire....................	10	10,8	10,4
Sucre cristallisable........	414,4	513	463,7
Sucre incristallisable........	165	102	133,5
Matière extractive.........	2,6	2,9	2,75
Sels solubles.............	3	10,9	6,95
Ligneux et matières minérales.	301	277,6	289,3

Bagasse non altérée, sur 4000 parties.

(Moyenne.)

Eau....................................	81
Cire...................................	15,5
Sucre cristallisable et extractif (très-peu)....	124,5
Sucre incristallisable....................	108,5
Cendres...............................	19,3
Ligneux...............................	646,2

Bagasse altérée, sur 1000 parties.

Eau....................................	80
Cire....................................	15
Sucre cristallisable, avec peu d'extractif......	100
Sucre incristallisable.....................	290
Cendres................................	30
Ligneux................................	485

M. Avequin a trouvé que 1000 parties de cannes d'Otaïti renferment :

Eau de végétation.....................	760,80
Matières solubles.....................	146,20
Matières insolubles...................	93

Ce qui revient à dire que 1000 parties de cette canne contiennent 907 parties de vesou et 93 de bagasse. Il résulte d'expériences comparatives que la *pratique* ne retire, *en moyenne*, que 516 parties de vesou sur 1000 de cannes, produisant ainsi 484 parties de bagasse, soit une perte en vesou de 391 par 1000 de cannes.

Ces chiffres sont la moyenne entre la canne d'Otaïti et celle à rubans. Il en ressort une perte sèche de $42^k,717$ de sucre cristallisable resté dans les bagasses par 1000 kilogrammes de cannes. La perte en sucre incristallisable serait de $17^k,500$ environ. Ainsi, d'après M. Avequin, le planteur n'obtiendrait *au maximum* que $56^k,374$ de sucre cristallisé et $23^k,095$ de sucre incristallisable, au lieu de 99 kilogrammes environ du premier et $40^k,595$ du second.

Encore faut-il admettre que le planteur obtient moins de sucre cristallisable, parce qu'il en perd une partie notable en mélasse, à raison des défauts et des mauvaises manipulations inhérents au système de traitement des jus suivi pour le vesou de canne.

Nous avons obtenu les chiffres suivants sur des cannes de diverses provenances, soumises à la méthode de saccharimétrie chimique.

Cannes d'Algérie,	{ sucre cristallisable................	10,85
	{ sucre incristallisable.............	3,27
	Total, pour 100 :	14,12
Cannes à rubans (Antilles),	{ sucre cristallisable.......	14,30
	{ sucre incristallisable....	2,25
	Total, pour 100 :	16,55

17

Cannes du Brésil, $\left\{\begin{array}{l}\text{sucre cristallisable.............} \\ \text{sucre incristallisable...........}\end{array}\right.$ 16,60
                                                 1,35

Total, pour 100 :   17,95

Ces analyses ne présentent qu'une valeur fort relative, en présence des altérations subies par les cannes depuis la coupe jusqu'au traitement fait en Europe. Les cannes d'Algérie étaient beaucoup plus altérées que les autres et, d'ailleurs, elles n'étaient pas arrivées à leur maturité.

M. Avequin a trouvé les sels suivants dans 10 litres de *bonne mélasse* provenant de la purge du sucre brut à la Louisiane :

Acétate de potasse..................	208^{gr},31
Chlorure de potassium.	113 ,63
Sulfate de potasse..................	84 ,16
Gomme ou matière analogue............	66 ,28
Biphosphate de chaux................	51 ,01
Silice...............................	22 ,85
Acétate de chaux....................	15 ,18
Phosphate de cuivre.................	0 ,21
	561 ,93

Analyse de la séve d'érable. — On ne possède aucun travail sur la composition de la séve de l'érable à sucre ou *maple*. Cependant, d'après un travail comparatif dû aux recherches d'Hermstædt, la richesse sucrière de la séve des érables paraît varier notablement avec l'espèce de la plante; ainsi, 3 *livres* de séve (1^k,468^{gr},518) lui ont fourni les proportions suivantes de sucre :

Acer dasycarpum ,	1 once $\frac{1}{2}$ gros	(= 32^{gr},504	= 2,21 0/0).
— *tartaricum ,*	1 once 3 gros	(= 42 ,064	= 2,86 0/0).
— *saccharinum ,*	1 once 2 gros	(= 38 ,240	= 2,60 0/0).
— *negundo,*	1 once » gros	(= 30 ,592	= 2,08 0/0).
— *platanoïdes ,*	1 once » gros	(= 30 ,592	= 2,08 0/0).
— *pseudo-platanus,*	» once 7 gros	(= 26 ,768	= 1,82 0/0).
— *campestre,*	» once 7 gros	(= 26 ,768	= 1,82 (0/0.
— *rubrum,*	» once 7 gros	(= 26 ,768	= 1,82 0/0).

Analyse du sorgho sucré. — Le sorgho n'a pas encore été étudié d'une manière bien approfondie, et nous ne rapportons en quelque sorte que pour mémoire les analyses qu'on en a données, non pas que nous les révoquions en doute, mais parce que les différences apportées par la culture, le sol et le climat, tant en France qu'en Algérie, exigeront à cet égard des travaux plus étendus et complétement neufs.

Suivant M. A. Sicard, *un litre* de vesou de sorgho pèse 1055 grammes et marque 9° au pèse-sirop.

Il est probable que M. Sicard a employé un instrument inexact, car la densité 1055 ne peut correspondre à 9° B., et ce poids spécifique représente seulement 7°,53 B.

Quoi qu'il en soit, l'examen au saccharimètre-Soleil indique 16 0/0 de sucre dans ce vesou, et ce sucre se partage en 10,667 de sucre cristallisable et 5,333 de sucre incristallisable.

Analyse de la canne de sorgho, par M. Hétet, sur 100 parties.

Eau......................	70
Sucre...:................	
Albumine.................	
Matière grasse............	— 29,463
Cérosie..................	
Ligneux.................	
Sels.....................	0,537

D'après l'étude saccharimétrique, on peut conclure que 100 parties de vesou répondent à 84 d'eau et 16 de sucre; nous en déduisons que 100 parties de sorgho, contenant 70 d'eau, renferment 13,33 de sucre, dont 8,61 de sucre cristallisable et 4,72 de sucre incristallisable.

Analyse des sels du sorgho, sur 0,537.

Silice..................	0,062
Chlore, acides sulfurique, phosphorique, carbonique, potasse, chaux, magnésie..........	0,475 = 0,537

(HÉTET.)

Il est à remarquer que le jus de sorgho contient un ferment énergique, dont il sera urgent de se méfier, si l'on veut entreprendre l'extraction du sucre de cette plante.

En 1866, des tiges de sorgho, récoltées au Jardin des Plantes de Paris, ne nous ont donné que 9 0/0 de richesse sucrière, en tout sucre.

Des tiges de maïs. — Le maïs renferme assez de sucre cristallisable pour qu'il puisse être avantageusement exploité en alcoolisation, et nous pensons même qu'il pourrait y avoir profit à tenter la culture du *grand maïs* pour en extraire le sucre. La proportion de ce principe immédiat y est très-variable, sans doute à raison de la différence des espèces et du degré plus ou moins avancé de la maturité. Nous avons retiré depuis 5 jusqu'à 7,5 de sucre bien cristallisé pour 100 parties de maïs. Il importe de ne pas laisser les épis sur les tiges, ou, si l'on préfère les laisser, il faut traiter le maïs quelques jours après la fécondation, avant que la matière féculente commence à se former aux dépens du sucre[1].

De la carotte. — Nous avons trouvé, dans une série d'analyses de la carotte, des chiffres qui nous conduisent à une richesse sucrière de 7,43 à 9 0/0, soit, en moyenne, de 8,20 0/0. Dans une analyse, faite en 1869, sur la carotte fourragère blanche à collet vert, nous avons obtenu 6,75 0/0 de sucre cristallisable.

On n'a, du reste, aucun travail chimique sur cette racine, sinon une note fort insignifiante de Vauquelin, dans laquelle ce chimiste admettait l'existence du principe sucré, *difficilement cristallisable*, parmi les éléments constitutifs de la carotte.

De la châtaigne. — D'après un certain nombre d'expériences qui remontent à la fin de 1811, et qui ont eu pour auteur M. Guerrazi, la châtaigne pourrait fournir, sur 100 parties :

Sucre prismatique................	14,0
Glucose...........................	6,0
Amidon..........................	28,0

Ces expériences ont été vérifiées par MM. Darcet et Alluaud, qui ont constaté l'exactitude des affirmations de M. Guerrazi.

Des cucurbitacées. — En l'absence de documents précis sur la valeur sucrière des melons et des cucurbitacées en général, nous reproduisons les chiffres suivants, obtenus par Zenneck sur le concombre, lequel est loin de présenter le maximum de sucre qu'on peut observer dans les plantes de cette famille.

---

1. On sait que la *granification* a *toujours* pour résultat le retour du sucre prismatique et même du glucose à l'état de dextrine et de fécule.

Fruit vert, dépouillé de son péricarpe.

Eau.	97,14
Chlorophylle.	0,04
Membranes (Fungine).	0,53
Albumine soluble.....................	0,13
Mucilage et sels......................	0,50
Sucre et matière extractive.	1,66
	100,00

Matière sèche.

Matière colorante jaune.................	0,88
Fibrine végétale......................	15,91
Acide pectique.....................	1,69
Dextrine (amidon de sucre?).............	13,20
Sucre.	48,20
Substances minérales solubles............	9,11
Substances minérales insolubles.	6,72
Perte.	9,29
	100,00

De ces données on peut conclure que les cucurbitacées sont d'une richesse sucrière très-considérable, relativement à la proportion de matière solide qu'elles renferment, et que le principal inconvénient du traitement de ces fruits reposerait sur la nécessité d'évaporer une quantité d'eau extrêmement considérable. Cette difficulté disparaîtrait par le choix d'espèces plus riches encore en matière saccharine, telle que la *courge de l'Ohio*, etc.

Nous bornerons à ce qui précède ces données analytiques préliminaires, suffisantes, à notre avis, pour donner une idée générale des plantes que nous allons avoir à étudier dans le livre suivant, lequel est entièrement consacré à l'examen des questions agricoles relatives aux plantes sucrières. Nous croyons devoir, cependant, exposer quelques opinions qui se sont fait jour au sujet de la matière sucrée et de son mode d'existence dans les végétaux sacchariferes. Malgré la haute valeur de l'observateur dont émanent ces opinions, il nous paraît absolument impossible de les adopter sans faire de très-grandes réserves.

III. DE LA PRÉEXISTENCE DU SUCRE INCRISTALLISABLE DANS LES VÉGÉTAUX SUCRÉS.

M. Péligot, après M. Pelouze, considère comme démontré ce fait que le sucre incristallisable ne préexiste pas dans la bette-rave[1]. Nous ne saurions nous ranger à cet avis, au moins jus-qu'après de nouvelles recherches, le moyen employé par l'ha-bile chimiste pour démontrer cette proposition ne nous parais-sant pas irréfutable.

Voici en quoi il consiste :

« On fait cristalliser à la température ordinaire la totalité du sucre qui a été dissous par l'alcool aqueux, après la dessicca-tion de la bettarave. Il suffit pour cela de transformer cet alcool aqueux en alcool absolu, et on y parvient en le plaçant dans le vide au-dessus d'un vase contenant de la chaux vive, qui ab-sorbe la vapeur d'eau à mesure qu'elle se produit. Peu à peu le sucre se précipite sous la forme ordinaire du sucre candi, incolore et transparent. L'alcool absolu qui reste au bout de quelques jours ne contient rien en dissolution, ainsi qu'on peut s'en assurer en l'évaporant. »

M. Péligot ajoute que ce candi ainsi obtenu est un peu déli-quescent et qu'il doit être conservé à l'abri de l'air humide, à cause de la combinaison avec le sel marin (*chlorure de sodium* NaCl) qu'il renferme ordinairement en petite quantité.

C'est justement cette raison qui plaide en faveur de notre opinion. En effet, le sucre marin contracte une combinaison cristallisable avec le sucre de fruits, et cela plus aisément en-core qu'avec le sucre de canne, en sorte que l'absence de résidu, après l'évaporation de l'alcool absolu, ne peut être con-sidérée comme une preuve de la non-existence du sucre incris-tallisable.

Ajoutons à ce qui précède que nous ne formulons pas ici le moindre blâme contre les travaux analytiques de M. Péligot... Nous pensons, en effet, que cet observateur a cru ne pas ren-contrer de sucre incristallisable dans la canne et la betterave, mais qu'il a tiré de ce fait isolé une conclusion trop générale.

---

1. Le savant professeur au Conservatoire a émis la même opinion relati-vement à la canne.

Comme, d'ailleurs, la recherche laborieuse de la vérité semble pénible à beaucoup, cette affirmation de M. Péligot a été suivie des résultats ordinaires, auxquels on devait naturellement s'attendre. Tels chimistes qui disaient avoir trouvé le sucre incristallisable dans la betterave, dans des analyses antérieures, ont rayé d'un trait de plume la présence de ce sucre, aussitôt que l'habile chimiste dont nous parlons eut publié son mémoire.

De deux choses l'une, cependant : ou M. Péligot est dans le vrai, et l'on aurait dû le constater par des expériences de contrôle ; ou il s'est trompé, et l'on ne devait pas nier ce qu'on avait affirmé, sur la seule raison qu'il apportait des résultats inattendus.

La science d'application ne doit pas avoir de complaisances : si le sucre incristallisable *existait* avant, il ne devait pas être *nié après ;* s'il n'existait pas, on avait donné au public des analyses erronées, basées sur des à peu près et, dans ce cas, une telle négligence est plus qu'une faute.

On a accepté avec une sorte de bandeau sur les yeux l'hypothèse de la non-préexistence du sucre cristallisable... C'est qu'en réalité cette hypothèse simplifiait énormément la question de la production saccharine. Il ne s'agissait plus que d'un problème de chimie industrielle à résoudre, et les fabricants étaient en droit de dire aux savants : « Puisque la canne et la betterave ne contiennent pas de *mélasse*, enseignez-nous le mode de procéder par lequel nous n'en ferons, nous, que le moins possible ! »

Une telle exigence de l'industrie ne serait que justice, dans le cas où le mirage serait une réalité. Il ne peut en être malheureusement ainsi, et il suffit de réfléchir sérieusement à ce qui se passe dans les plantes saccharifères pour en être convaincu. Il est certain que la canne, par exemple, est beaucoup plus riche en sucre cristallisable dans certaines saisons ; or, d'après les observations de M. Biot et de plusieurs autres savants distingués, d'après les nôtres propres, on rencontre dans les végétaux sucrés les phases suivantes.

Les plantes saccharines peuvent contenir :

1° De la *fécule*, de la *gomme* ou *dextrine*, du *sucre de fruits* en abondance, peu de *sucre prismatique ;*

2° Moins de *sucre de fruits*, du *glucose*, du *sucre prismatique*, peu ou point de *fécule* et de *gomme ;*

3° L'un ou l'autre de ces sucres *seul*, avec peu ou point de *gomme*, selon l'époque de la maturation ;

4° Retour du *sucre* à l'état gommeux, puis à l'état féculent, à la suite de la *granification.*

La canne n'échappe pas à cette loi, et les seules modifications que l'on peut observer tiennent aux premières périodes, qui sont d'autant moins marquées que la canne se reproduit le plus souvent de boutures et non de graines. Il peut aisément se faire, et cela est très-compréhensible, que les cannes observées soient cueillies à l'époque précise du maximum de leur valeur en sucre prismatique ; il peut arriver qu'elles ne contiennent pas du tout de glucose, mais cela ne permet pas d'affirmer que la canne ne contient jamais ensemble les deux sucres.

Une telle affirmation, pour mériter créance, devrait reposer sur une série d'expériences faites aux lieux de production. La canne devrait être examinée au moins tous les huit jours, depuis sa sortie de terre jusqu'à sa maturité complète et même au delà de ce dernier terme. Sans cette précaution, il est impossible de rien inférer de positif d'une suite d'expériences faites par les hommes les plus compétents. Dans la plupart des climats sucriers la canne ne donne pas de graines ; il en résulte que le sucre prismatique, *arrivé à son maximum*, ne décroît pas sensiblement, à moins que la canne ne soit soumise à des influences chimiques ou physiques spéciales. Il peut donc parfaitement se faire que la plante traitée, prise au moment où elle ne contient que du sucre prismatique, ne donne pas de mélasse à l'observateur ; le fait énoncé par M. Péligot n'a rien qui puisse surprendre, et surtout nous regardons comme très-hasardés les doutes émis sur le fait lui-même par des adversaires plus ou moins passionnés.

Ce n'est pas le fait même qui est attaquable, mais bien la généralisation prématurée de ce fait. La canne ne contient pas de sucre incristallisable à telle époque, lorsqu'elle a crû sur tel sol, dans tel climat, sous l'empire de telles circonstances atmosphériques... Soit, nous l'admettons volontiers sans conteste. Mais en sera-t-il de même dans une autre saison, un sol différent, sous un autre climat? Il nous est permis de nous arrêter ici et d'exprimer un doute légitime.

Ce doute nous paraît d'autant plus fondé que les différences de climat ont une action extrêmement sensible sur les produits de cette plante. Bourbon donne des vesous à peu près neutres, qui produisent des sucres *secs* et nerveux; la Louisiane offre des vesous acides, rendant des sucres *gras*, qui se traitent fort difcilement. Ceux-ci sont toujours accompagnés d'une quantité de mélasse très-considérable, et nous attribuons ce résultat à la préexistence du sucre incristallisable aussi bien qu'à l'imperfection des procédés. Les réflexions qui précèdent s'appliquent à la betterave comme à la canne; elles sont aussi compréhensibles pour l'une que pour l'autre, et également basées sur l'observation attentive des lois naturelles de la végétation.

Avant donc de modifier en quoi que ce soit une opinion fondée sur des analyses multipliées, il importe que de nouvelles expériences interviennent; il faut surtout que ces expériences soient faites dans des conditions différentes de temps, de lieu, de climat, de température, de culture; elles doivent être assez nombreuses pour qu'on en puisse tirer des *conséquences moyennes* rationnelles.

En attendant que cette lacune soit comblée, l'industrie sucrière n'en doit pas moins à M. Péligot une reconnaissance réelle pour avoir mis en éveil une question aussi importante, aussi bien que pour les résultats utiles que l'on doit à des travaux consciencieux et habilement dirigés. Nous donnerons une analyse succincte des recherches de M. Péligot sur la canne et la betterave.

OBSERVATIONS SUR QUELQUES PROCÉDÉS ET MÉTHODES D'ESSAI.

Nous avons indiqué le procédé analytique de M. Péligot et nous avons dit notre opinion à ce sujet; nous pensons que ce procédé est préférable à la plupart des autres, par la netteté des résultats et la simplicité des opérations qu'il exige. Nous allons clore ce chapitre par l'exposé des méthodes suivies par MM. Avequin et Plagne, à l'égard de la canne, parce que ces procédés nous ont paru nécessiter quelques observations.

Procédé suivi par M. Avequin. — Cet observateur plaça dans une capsule de porcelaine, sur un feu doux, un litre de vesou de cannes d'Otaïti, marquant 9° Baumé et pesant 1067 grammes. A la température de $+$ 60°, il s'éleva à la surface une matière floconneuse grisâtre qui fut séparée par filtration et lavée lorsque la liqueur eut atteint 15° Baumé de densité. Le dépôt séché, offrant les caractères de l'albumine végétale, pesait 0ᵍʳ,55. L'eau de lavage fut réunie au liquide et le tout concentré à 60° de température dans le vide produit à l'aide d'une pompe pneumatique. Le sirop, versé dans deux litres d'alcool à 34° Cartier (86°,2 centigrades), abandonna 0ᵍʳ,95 de matière gommeuse, qui fut recueillie et lavée à l'alcool. L'alcool de lavage fut réuni et le sirop concentré également dans le vide, avec la précaution d'abaisser graduellement la température. La masse prit l'état solide dans la cornue qui avait servi à la cuite, mais M. Avequin la laissa à elle-même pendant un mois, après quoi il sépara le sucre solide du sucre liquide, à l'aide de l'alcool à 42° Cartier (97°,7 centigrades). Il trouva 119ᵍʳ,05 du premier et 48ᵍʳ,95 du second.

Il y a une objection grave à faire au procédé dont nous venons d'indiquer les phases... M. Avequin, sachant que le vesou est *toujours* acide, aurait dû neutraliser cette acidité par la craie pulvérisée ou autrement, afin d'éviter un reproche assez sérieux. On peut, en effet, arguer de la réaction acide non neutralisée contre la valeur du chiffre qu'il assigne au sucre incristallisable, et que nous avons rapporté plus haut. L'action de la chaleur réunie à celle des acides est une cause puissante de transformation et de dégénérescence, qu'il fallait éviter à tout prix. En présence de cet oubli, on est obligé de n'accepter qu'avec la plus grande réserve les chiffres différentiels indiqués par M. Avequin relativement aux deux sucres, et il est très-probable que la quantité de mélasse indiquée par cet observateur est beaucoup plus élevée qu'elle ne devrait l'être.

Nous émettons, d'ailleurs, cette opinion sous toutes réserves; car, si nous ne croyons pas admissible, *a priori*, l'assertion générale de M. Péligot au sujet de la non-préexistence du sucre incristallisable, nous pensons, d'un autre côté, que les expériences de M. Avequin ne peuvent être apportées comme preuve décisive contre les idées du chimiste français.

Procédé suivi par M. Plagne. — 1° On plaça dans une cornue

4000 grammes de vesou sortant du moulin, et ce vesou fut porté à l'ébullition. On retira 5 centimètres cubes d'acide carbonique dû à un commencement de mouvement fermentatif, et l'action de la chaleur produisit la séparation de la plus grande partie de l'albumine et de la cérine?

2p Traitement par la chaux pour séparer le reste de l'albumine et de la cérine à l'état de combinaison calcaire? Filtration; traitement par le noir d'os.

3o Évaporation rapide du vesou filtré, sur une grande surface chauffée à la vapeur libre, sous la pression atmosphérique de 0,76.

4o Traitement du sirop refroidi par l'alcool à 814 de densité. La plus grande partie du sirop se dissout; cependant, il se précipite une quantité notable de petits cristaux de sucre très-blanc, et d'une matière particulière blanchâtre et floconneuse.

5o La solution alcoolique rapidement évaporée jusqu'à cuite, à une basse température, est mise en forme dans un entonnoir de verre; le produit égoutté est lavé avec l'alcool à 814.

6o Le sirop d'égout et l'alcool de lavage mêlés, filtrés sur le noir, sont recuits et soumis à une deuxième cristallisation. Une troisième opération pareille donne encore des cristaux. Enfin, de 50 grammes de sirop restant, M. Plagne retire encore 14 grammes de cristaux de sucre, et, en tout, la quantité extraite monte à 832 grammes. (Expertise à la Martinique, 1826. Rapport du 22 décembre 1827.)

Ce procédé est fort simple et consiste principalement dans l'extraction du sucre par l'alcool aqueux et l'évaporation rapide sur de larges surfaces à la vapeur libre. M. Plagne insiste sur la nécessité de l'emploi du noir pour détruire une matière blanchâtre qu'il regarde comme une cause puissante d'altération pour le sucre et sur laquelle nous reviendrons.

Ici, M. Plagne ayant neutralisé le vesou, son procédé n'encourt pas le reproche que nous avons fait à celui de M. Avequin; mais il justifie encore l'opinion que nous avons formulée au sujet de la mélasse. M. Plagne neutralise le vesou, et il retire 832 grammes de cristaux et 35 grammes de mélasse.

Nous pourrions attribuer ce peu de sirop à l'action seule de la chaleur, ou à cette action d'abord et à l'existence simultanée des deux sucres. Nous penchons à ne voir ici que la chaleur comme cause productrice du sucre incristallisable, mais M. Pla-

gne a opéré dans une saison et sur des cannes exceptionnelles,
de même que M. Péligot, et nous ne pouvons regarder ses conclusions comme plus définitives. Que l'on opère avec plus ou
moins de soin, que les faits d'une expérience individuelle
soient exacts, nous ne le contestons pas le moins du monde,
mais nous trouvons que l'on a été beaucoup trop loin dans les
conséquences que l'on a cherché à faire ressortir de ces faits
isolés. De ce que, dans deux séries d'expériences, faites sur des
matières premières données, on ait trouvé 20 pour 100 de sucre
dans le vesou et peu ou point de mélasse, cela ne prouve rien
au delà, et l'on n'est pas en droit d'en conclure que d'autres
matières premières, dans des circonstances différentes, donneront des résultats semblables.

Acceptons le fait, mais évitons de le généraliser avant que
l'expérience complète ait dit son dernier mot, si nous voulons
éviter les mécomptes de l'exagération.

LIVRE II

CULTURE DES PLANTES SACCHARIFÈRES

Le fabricant de sucre doit connaître les plantes saccharines sur le jus desquelles il opère ; cette vérité est presque banale à force d'être incontestable. Qu'on ne se méprenne cependant pas au sens de ce précepte et qu'on ne lui attribue pas seulement une importance secondaire; nous le regardons, en effet, comme un des principes fondamentaux dont le fabricant ne doit jamais se départir.

S'il ne connaît pas la plante qu'il *travaille*, s'il ne sait pas apprécier quelles sont les exigences culturales qu'elle comporte, s'il n'en a pas fait une étude approfondie en ce qui touche les engrais qu'elle demande, les façons et cultures qu'elle requiert pour produire un *maximum* donné de matière sucrée, il fera du sucre, cela est vrai, mais il tombera malgré lui dans la routine, ou plutôt il n'en sortira jamais. Jugeant mal par le manque de connaissances suffisantes, croyant que tout repose dans ses chaudières et ses appareils, il se traînera de mécomptes en mécomptes jusqu'à une catastrophe probable, à moins qu'il sache s'arrêter à temps sur le bord de l'abîme. Les désastres les plus terribles naissent souvent de causes futiles en apparence, et l'homme sage les étudie avec soin pour les connaître et les éviter.

« Je suis industriel et non cultivateur, nous disait un jour un fabricant ; j'achète des betteraves et j'en retire du sucre..., voilà mon affaire. »

Pauvre raison, en vérité, que celle-là, et à laquelle il ne nous fut que trop facile de répondre. Cet industriel *achetait une matière première inconnue* pour la transformer en un *produit pro-*

blématique, puisque l'on sait que, d'année en année, selon une foule de circonstances culturales, le rendement de la betterave varie dans une proportion très-considérable. Nous pourrions en dire autant de toutes les plantes saccharifères, et c'est ici le lieu de formuler le précepte général qui résulte des observations par lesquelles nous commencions le chapitre précédent :

« On ne doit jamais acheter une matière saccharine qu'en raison du sucre réel qu'elle contient, ce qui implique la nécessité de recourir aux procédés de la saccharimétrie, et de connaître la culture à laquelle ont été soumises les plantes saccharifères. »

Il est très-facile à la culture de fournir sur un espace donné le *double* du poids habituel ; mais, dans ce cas, il est très-probable que la proportion relative de sucre sera de beaucoup inférieure au chiffre normal. En tout cas, on aura à traiter plus de matière pour un résultat inférieur ou à peine égal, ce qui constitue un déficit très-appréciable.

Nous étudierons donc sommairement les principales plantes saccharines, la *betterave*, la *canne*, le *sorgho*, le *maïs* et les plantes accessoires (*carottes et cucurbitacées*), tant sous le rapport descriptif qu'au point de vue cultural, afin d'obvier autant qu'il est en nous à la fatale tendance qui entraîne les hommes d'industrie à ne voir trop souvent que la superficie des choses. Pour que cette étude soit fructueuse, elle doit être précédée, à notre sens, de l'exposé des principes généraux sur lesquels repose la culture du sol, et c'est par là que nous allons entrer dans cette partie essentielle de notre ouvrage.

CHAPITRE PREMIER

Principes généraux.

Aux yeux d'un homme sensé, l'agriculture est le plus important de tous les arts, celui qui forme la base nécessaire des sociétés modernes. Cela a été dit et répété sur tous les tons ; mais ce que l'on n'a pas assez dit, selon nous, ou, du moins, ce dont on ne paraît pas assez convaincu, c'est que l'agriculture est l'art humain qui exige le plus de connaissances scientifiques, celui qui peut le moins se passer des données techniques, et pour lequel l'observation et la pratique exigent impérieusement le concours de la science et de la théorie. Sans doute, une vaine théorie, semblable à celles que nous voyons surgir tous les jours, serait plutôt nuisible qu'utile à l'art agricole, cela est admis sans discussion ; mais la pratique routinière est tout autant l'ennemie du progrès agricole que les fantaisies de quelques agronomes à la mode. La science et la pratique doivent marcher de front en agriculture ; elles doivent se prêter un appui constant, se contrôler mutuellement et se guider l'une l'autre vers l'amélioration. La conséquence forcée de ces prémisses peut se traduire par la nécessité indispensable, pour l'homme des champs, de posséder une instruction sérieuse et approfondie, d'avoir étudié toutes les branches des sciences qui se rattachent à sa profession, tandis que le théoricien qui s'occupe d'agriculture doit, de son côté, être familiarisé avec les procédés de la pratique, avec les observations de détail qui échappent à l'étude spéculative et ne se révèlent qu'à l'homme d'exécution. Là serait l'idéal, la perfection en agriculture. Nous sommes loin, sans doute, d'avoir atteint cette limite ; l'ignorance étreint encore le grand nombre des cultivateurs ; l'outrecuidance et la vanité de plusieurs de nos théoriciens semblent dépasser les bornes du possible, et c'est à peine si quelques exceptions, parmi nos docteurs, ont vu de leurs yeux les faits dont ils nous donnent de si savantes descriptions...

Quoi qu'il en soit, la tendance générale se manifeste aujourd'hui dans le double sens dont nous parlons : l'agriculteur éprouve le besoin de savoir, il sent la nécessité de la science ; nombre d'hommes instruits dirigent leurs efforts vers la pratique agricole, cherchent à introduire les meilleures méthodes, à expérimenter les théories, et à déduire les vérités applicables de faits concluants et d'observations consciencieuses. Le progrès jaillira de ces tentatives généreuses et l'art champêtre s'achemine vers des horizons nouveaux et de plus glorieuses destinées.

Au milieu de l'immense labeur qui se fait autour des choses du sol, nous devons, cependant, constater une lacune, d'autant plus regrettable que rien ne pouvait la faire prévoir. On se préoccupe des meilleures conditions agricoles utiles au

tabac, au colza, au chanvre, au froment, etc.; on se soucie
moins des plantes sucrières. Ceci ne paraîtra plus paradoxal
après un instant de réflexion. La preuve qu'on s'occupe peu de
l'avenir cultural de la betterave gît dans ce fait que, en France,
cette racine a perdu un sixième de sa valeur sucrière, malgré
quelques tentatives d'amélioration et beaucoup de discours.
Quant à la canne à sucre, on peut dire que la culture de cette
plante se fait seule, en ce sens que, dans les pays à cannes, on
songe à peine à la possibilité d'en améliorer la production. Le
sorgho est peu cultivé aujourd'hui en France, et il semble
qu'on se soit appliqué à le faire dégénérer quant à sa valeur
sucrière... Le maïs n'est pas même mis en essai.

Cet état de choses tient à une circonstance sur laquelle nous
avons, à plusieurs reprises, appelé l'attention publique. Entre
le fabricant de sucre et le cultivateur producteur, il ne s'agit
guère d'autre chose que de se tromper mutuellement. Le premier cherche à faire semer par le second, à des prix non rémunérateurs, la graine des variétés les plus riches en sucre,
lesquels ne donnent qu'un rendement insuffisant pour la ferme.
Le second veut produire beaucoup de quintaux, beaucoup de
poids, puisqu'il vend au poids. Toutes les astuces sont mises en
usage pour réussir dans la question d'argent. Et même en admettant que le cultivateur adopte la graine indiquée par le
fabricant, on peut être sûr que toute la série des engrais, que
tous les tripotages possibles, depuis le guano jusqu'aux mélanges Ville, seront mis en usage pour faire masse.

Cette situation, exacte pour la betterave, ne l'est pas moins
pour la canne, depuis surtout qu'une grosse affaire de chaudronnerie a jeté son dévolu sur la sucrerie exotique comme
sur un butin acquis, comme sur une proie sans défense [1].

Ce que nous avons à exposer, dans ce chapitre, intéressera
peu, suivant toute probabilité, les cultivateurs qui fondent
leur espoir de succès sur une duplicité déplorable. De même,
certains fabricants ne se soucieront guère des conditions agricoles réclamées par les plantes sucrières : les uns et les autres
ne verront, dans une étude culturale essentielle, rien autre

---

1. Nous aurons à établir plus loin quelles sont les funestes conséquences
de l'influence acquise par les chaudronniers, et notamment, quelles sont les
désastreux résultats produits par la combinaison Cail et Cie, au point de
vue des intérêts généraux de la sucrerie.

chose qu'un hors-d'œuvre, dont ils proclameront l'inutilité. Nous le disons hautement et franchement : de telles opinions nous importent peu et ne nous arrêteront nullement dans une marche que nous croyons profitable à la fabrication sérieuse et à la culture intelligente. Nous n'avons en rien affaire aux malhonnêtes gens, pas plus à ceux qui ne veulent pas que le cultivateur s'instruise de ce qu'il doit faire, qu'à ces paysans rapaces dont toute l'activité se porte vers le moyen d'arriver. Les uns et les autres sont en dehors de notre but, et nous n'avons en vue, en écrivant ces pages, que les hommes de vrai progrès, qui ne comprennent le lucre légitime qu'avec l'équité et la justice.

Nous diviserons ce chapitre en plusieurs paragraphes importants, dans lesquels nous exposerons sommairement les données les plus saines et les mieux justifiées sur les éléments constitutifs du sol, les conditions générales de la fertilité, les amendements et les engrais, et les conditions agricoles à réaliser spécialement pour la production du sucre prismatique. Si nous nous écartons de certains systèmes mis en vogue par quelques vanités contemporaines, les vrais praticiens sauront se convaincre, à la fois, et de notre désintéressement, et des raisons graves qui nous font préférer le fait le plus humble aux rêveries des prophètes les plus accrédités.

1. — DU SOL EN GÉNÉRAL.

Il nous paraît impossible d'admettre, avec certains théoriciens, que le sol ne soit, pour la plante, qu'un support et un point d'appui. S'il en était ainsi, tous les terrains présenteraient une valeur culturale égale, puisque leur rôle se bornerait à servir de *substratum* aux végétaux. L'expérience, conforme à la raison et à la théorie, nous démontre, au contraire, l'influence énorme excercée par la nature et la composition du sol sur la nature et la composition des plantes, et l'on doit, en bonne agriculture, tenir compte des éléments constituants de la couche arable, si l'on veut agir avec quelque certitude. Bien qu'il soit certain que l'eau, l'acide carbonique, l'azote, sont les principes essentiels des plantes, nous savons aussi qu'elles ont besoin d'une *certaine proportion de certains sels minéraux* qui ne peuvent se trouver dans l'air atmosphérique, comme on pour-

18

rait le dire, à la rigueur, des principes que nous venons de mentionner. Or, c'est dans le sol seulement que peuvent se rencontrer les sels utiles aux plantes; c'est encore dans la couche arable que s'opèrent plusieurs des réactions chimiques qui concourent à la nutrition de la plante, et l'on ne peut s'arrêter un seul instant aux systèmes qui tendraient à diminuer l'importance des éléments constitutifs qui en font partie.

D'après ce que nous savons de la vie des plantes, elles ont besoin, en général, d'une certaine proportion d'*eau* : il leur faut de l'*air*, c'est-à-dire de l'*oxygène* et de l'*azote*; elles ont besoin de *carbone*, puisque la plus grande partie de leur masse est formée de *carbone hydraté*, mais il ne leur est possible d'absorber cet élément qu'à l'état d'*acide carbonique*. D'autre part, il est nécessaire à certaines réactions physiologiques ou chimiques, comme à la solidification de leurs tissus, qu'elles contiennent certaines portions minérales. Or, même en admettant que l'air atmosphérique leur fournisse une portion de l'oxygène, de l'azote, de l'acide carbonique et de l'eau dont elles ont besoin, il n'en est pas moins acquis par l'observation qu'elles puisent dans le sol, par leurs racines, de l'air, de l'eau et des sels solubles...

Le sol doit donc offrir une composition telle que ces divers éléments puissent être apportés aux végétaux en proportion convenable, sans excès inutile, soit en moins, soit en trop; et il résulte de là l'absolue nécessité d'une certaine relation entre les éléments de la terre cultivable. Il faut que le sol soit assez *poreux* pour laisser pénétrer l'eau, l'air et les gaz; il doit être assez *compacte* pour offrir un appui solide aux plantes, mais il ne doit pas être assez peu perméable pour qu'une humidité exagérée puisse atteindre les racines et les faire périr. En outre, les plantes ont besoin d'une certaine *chaleur*; il importe donc que le sol puisse s'échauffer dans une certaine mesure et conserver la chaleur acquise.

A côté de ces nécessités premières, que nous appellerions volontiers des *nécessités de milieu*, il en existe d'autres que nous regardons comme aussi importantes, en dépit des théories. Le sol doit contenir les *principes assimilables* requis pour la nourriture et l'accroissement des plantes, ainsi que les *substances salines complémentaires*, dont le rôle principal est de concourir à des réactions chimiques indispensables, tout en procurant aux tissus végétaux la résistance et la solidité.

II. — ÉLÉMENTS CONSTITUANTS DU SOL.

L'observation chimique nous apprend que la terre végétale est formée d'*argile*, de *sable*, de *calcaire*, d'*humus* et de *sels*.

Cette composition moyenne correspondrait, en théorie, aux chiffres suivants, pour un *sol-type*.

$$\left.\begin{array}{l} \text{Argile}\dots\dots\dots\dots\dots \quad 30 \\ \text{Sable}\dots\dots\dots\dots\dots \quad 30 \\ \text{Calcaire}\dots\dots\dots\dots \quad 30 \\ \text{Humus}\dots\dots\dots\dots \quad 8 \\ \text{Sels solubles}\dots\dots\dots \quad 2 \end{array}\right\} = 100.$$

Cette composition, tout idéale et hypothétique, ne se présente presque jamais dans la nature.

Les terrains sont plus ou moins argileux, sablonneux, calcaires ou humifères, selon que l'un des éléments domine au détriment des autres; ils peuvent aussi renfermer une proportion variable de sels, et quelques-uns contiennent de la magnésie.

M. Leclerc-Thouin a classifié de la manière suivante les différentes sortes de sols arables.

A. Sols argileux.
$$\left\{\begin{array}{l} \text{Argile pure.} \\ \text{Sol argilo-ferrugineux.} \\ \text{Sol argilo-calcaire.} \\ \text{Sol argilo-sableux.}\left\{\begin{array}{l}\text{Terres fortes.}\\ \text{— franches.}\end{array}\right. \end{array}\right.$$

B. Sols sableux.
$$\left\{\begin{array}{l} \text{Sol sablo-argileux.} \\ \text{Sol quartzeux et graveleux.} \\ \text{Sol granitique.} \\ \text{Sol volcanique.} \\ \text{Sol sablo-argilo-ferrugineux.} \\ \text{Terre de bruyère.} \\ \text{Sable pur.} \end{array}\right.$$

C. Sols calcaires.
$$\left\{\begin{array}{l} \text{Sable calcaire.} \\ \text{Sol crayeux.} \\ \text{Sol tuffeux.} \\ \text{Sol marneux.} \end{array}\right.$$

D. Sols tourbeux et marécageux.
$$\left\{\begin{array}{l} \text{Sol tourbeux.} \\ \text{Sol uligineux.} \\ \text{Sol marécageux.} \end{array}\right.$$

E. Sols magnésiens.

Cette classification est devenue vulgaire en France, et nous ne la reproduisons qu'afin d'y prendre une sorte de point de départ connu [1]. La classification de M. de Gasparin est, peut-être, plus rationnelle et plus savante; mais il nous semble qu'elle a moins pénétré dans le langage pratique, au moins jusqu'à présent et que, par conséquent, elle ne peut rendre les mêmes services de vulgarisation.

Pour compléter ces idées générales, nous mettrons sous les yeux du lecteur un certain nombre d'analyses, dues à divers observateurs, après avoir, toutefois, fait connaître la valeur particulière de chacun des éléments que nous venons de signaler.

Argile. — L'argile, ou *terre glaise*, considérée sous le rapport chimique, est une combinaison de silice, d'alumine et d'eau, un hydro-silicate d'alumine, plus ou moins impur. La formule de l'argile pure (*kaolin lavé*) est représentée par le symbole $Al^2 O^3$. $Si O^3 + 2 HO$. On estime que cette terre provient de l'altération des granites et du feldspath, dont la composition, représentée par $KO. Si O^3 + Al^2 O^3. 3 Si O^3$, a été modifiée par l'action des eaux, et qui ont perdu une portion de leur silice et leur silicate alcalin.

L'argile ordinaire est souvent altérée par des proportions variables de sable, de fer oxydé, de magnésie ou de calcaire. Les argiles ferrugineuses présentent une couleur ocreuse qui peut aller jusqu'au rouge du colcothar; les argiles calcaires portent le nom de *marnes*; elles présentent des proportions fort différentes de carbonate de chaux, et elles offrent la propriété remarquable de s'émietter, de se *déliter* à l'air, sous l'action des agents atmosphériques.

L'argile est très-avide d'eau; elle forme pâte avec ce liquide et le retient avec énergie. Elle se dessèche difficilement, mais elle acquiert, par la dessiccation, une grande dureté et beaucoup de ténacité.

Au point de vue agricole, le rôle de l'argile se comprend facilement. C'est par l'argile que le sol retient et conserve l'humidité nécessaire aux plantes, et cette action importante est

---

1. Il peut aussi ne pas être inutile de rappeler ici le nom du véritable auteur de cette classification, dont presque tous les écrivains agricoles se sont emparés à peu près textuellement. C'est ainsi que MM. Pelouze et Frémy l'attribuent à MM. Girardin et Dubreuil, etc.

l'une des plus essentielles à la vie végétale. Sans humidité, pas de végétation possible. Un terrain dépourvu d'argile sera presque toujours infertile, si l'on n'a pas la faculté de pouvoir l'irriguer. Il peut arriver cependant que la couche extérieure du sol ne contienne que fort peu d'argile, mais qu'elle repose sur un sous-sol plus argileux, retenant une certaine proportion d'eau, qui est absorbée par la couche supérieure, en vertu d'un fait de capillarité. Dans ce cas, les racines des plantes pourront encore avoir à leur disposition une quantité d'eau suffisante. Mais, si l'argile est en excès dans le sol, celui-ci conserve opiniâtrément l'eau des pluies; il reste froid et humide; la plupart des plantes y périssent ou n'y végètent que misérablement.

Un tel sol ne se laisse pénétrer ni par l'eau ni par les gaz, et il peut se faire qu'il soit tout à fait impropre à la culture, jusqu'à ce qu'il ait été *amendé*. Ces inconvénients ne sont pas moindres lorsque le sous-sol, formé d'une couche épaisse d'argile, est de nature imperméable. Dans ce cas, le sous-sol fait une sorte de bassin, dans lequel l'eau s'accumule et se conserve; le sol arable est *noyé;* il reste constamment baigné dans une humidité excessive qui fait pourrir le chevelu des racines et détermine la mort de toutes les plantes qui ne sont pas essentiellement aquatiques.

Ainsi, la présence d'une proportion convenable d'argile, parmi les éléments du sol, maintient dans la couche arable une humidité utile; elle donne au sol la stabilité nécessaire pour que les plantes s'y fixent solidement et elle s'oppose à une dessiccation trop rapide. L'excès d'argile, au contraire, entretient une humidité surabondante nuisible à la végétation; le sol reste imperméable à l'eau et à l'air; il ne s'échauffe qu'avec difficulté, et il se peut faire même que certaines plantes ne puissent y parcourir les diverses périodes de leur existence.

Ajoutons encore que les sols argileux présentent une propriété particulière dont nous aurons à étudier les conséquences. Ces sols retiennent ou plutôt accumulent les *matières azotées* des *engrais* dans une proportion qui peut, sous certaines conditions, devenir très-considérable. Cette propriété, très-utile parfois, peut devenir extrêmement nuisible, surtout dans la culture des plantes sacchariféres.

Sable. — Le sable donne au sol une grande porosité, mais il lui enlève la consistance. Le principal avantage de ce principe consiste en ce qu'il rend la terre perméable à l'eau et au gaz, et qu'il la dispose à un échauffement facile. Un excès de sable est nuisible aux plantes, en ce sens que le sol trop sablonneux ne retient pas l'eau et que les racines des plantes sont exposées à s'y dessécher très-rapidement Un tel sol réclame une plus grande quantité d'*engrais*, à cause de leur décomposition rapide et de la facilité avec laquelle les principes devenus solubles sont entraînés dans les couches profondes, inaccessibles aux racines. Ajoutons qu'une certaine proportion de sable ou silice est indispensable aux végétaux, que ce principe constitue la portion résistante du tissu des plantes, et qu'il est absorbé par les racines à l'état soluble.

Calcaire. — Le carbonate de chaux (calcaire), sous une forme quelconque, est un élément important du sol, en ce sens qu'il sert, comme le sable, à diviser les terres trop compactes, qu'il leur donne de la porosité et s'oppose à un échauffement trop rapide. Disons encore que, par suite de sa composition chimique (Ca O. CO^2), le calcaire fournit aisément aux plantes de l'acide carbonique et la chaux qui leur est absolument nécessaire. Le carbonate de chaux est soluble dans un excès d'acide carbonique, et cette circonstance en facilite l'absorption. Nous verrons plus loin qu'il cède facilement son acide carbonique à l'ammoniaque, qu'il est décomposé par l'acide lactique, qu'il fournit une base à l'acide azotique naissant, enfin, qu'il joue un rôle capital dans la nutrition des végétaux. Il faut donc reconnaître les propriétés utiles du calcaire; mais, il n'est pas moins nécessaire de constater les mauvais effets produits par ce principe, lorsqu'il est en excès. Les sols crayeux restent froids, parce qu'ils réfléchissent les rayons calorifiques sans les absorber, en raison précisément de leur coloration blanche. Ils se dessèchent facilement et présentent le plus souvent l'image de la désolation et de la stérilité. Certaines portions de la Champagne fournissent un triste exemple de ce fait, mais il convient d'ajouter que la Sologne, dont les terres sont presque entièrement privées de carbonate de chaux, nous démontre surabondamment que la privation de calcaire rend les sols infertiles aussi bien que l'excès de ce principe peut les conduire à la stérilisation.

Humus. — Nous donnerons le nom d'humus ou de *terreau* au résidu de la décomposition des végétaux ou, plutôt, des matières organiques. Le terreau provenant des couches de jardin, qui est du fumier décomposé, donne un exemple matériel d'une variété d'humus.

Certains théoriciens, peu habitués aux observations de la chimie agricole, nous semblent avoir entièrement méconnu le rôle de l'humus dans la nutrition végétale. Sans doute, l'humus offre des propriétés physiques très-remarquables : il absorbe près de deux fois son poids d'eau ; il rend les terres légères, meubles et poreuses, et il ne présente qu'une faible ténacité. Grâce à sa perméabilité, il accumule plus d'air, d'oxygène et de gaz, en général, que les autres éléments du sol ; il s'échauffe promptement, bien qu'il se refroidisse de même. Sans doute, ces propriétés font de l'humus un élément intégrant et essentiel d'un bon sol ; mais ce n'est là, selon nous, qu'un des côtés de la question. Toutes ces assertions sont vraies, mais il est erroné de considérer l'humus *comme un réservoir qui absorbe les principes fertilisants, et les abandonne successivement aux végétaux dans l'état qui convient le mieux à l'assimilation*[1]. Cette explication de fantaisie semble n'être qu'un démenti jeté à l'expérience culturale et une sorte de préparation à l'adoption des engrais commerciaux, sels ammoniacaux, alcalis, etc. La nécessité de fournir des *principes fertilisants* à ce *réservoir* est une conséquence logique de cette phrase, que l'on pourrait croire jetée au hasard, et qui tend à nier la valeur nutrimentaire de l'humus. Un instant de réflexion suffit pour ramener les idées vers une saine appréciation des faits.

L'humus est le produit de la décomposition des plantes : or, nous savons que la plante, en se décomposant par voie fermentative, après avoir perdu une partie de son carbone à l'état d'acide carbonique, une partie de son azote à l'état d'ammoniaque, donne un résidu dans lequel on a constaté la présence de l'*humine*, de l'*acide humique*, de l'*ulmine*, de l'*acide ulmique*, de l'*ammoniaque* et des *matières minérales* qui faisaient partie du végétal. Par les progrès de la décomposition, la *totalité* des principes carbonés passe à l'état d'acide carbonique, sous l'influence de l'eau, de l'air et des réactions du sol. Les parties

1. Pelouze et Frémy. *Traité de chimie générale.*

minérales elles-mêmes deviennent solubles, avec plus ou moins de lenteur, selon qu'elles se trouvent placées dans des circonstances plus ou moins favorables. Il se rencontre encore dans le sol des principes acides ou basiques qui peuvent dissoudre les portions organiques de l'humus et même les parties inorganiques de ce résidu. C'est ainsi que, par la fermentation du terreau, il se forme *constamment* de l'acide lactique, dont la composition est très-voisine de celle de la cellulose. Cet acide dissout l'humine et l'ulmine. De même, l'ammoniaque et les alcalis forment des combinaisons solubles avec les acides carbonique, humique et ulmique. L'acide lactique offre même la propriété de dissoudre le *phosphate de chaux*, qui est un des principes minéraux les plus utiles aux plantes.

On voit, par ce qui précède, que, sans même attendre les résultats de la décomposition ultime, le terreau peut entrer en totalité dans la nutrition végétale, et qu'il doit être considéré comme un *véritable aliment* pour les plantes. C'est que, en effet, ce produit de la décomposition végétale, en outre des propriétés physiques que nous avons mentionnées, apporte aux plantes, sous une *forme assimilable* et à l'état soluble, le carbone, l'hydrogène, l'oxygène, l'azote et les sels. C'est, à nos yeux, la matière alimentaire par excellence des végétaux, et cette opinion sera encore mieux justifiée lorsque nous parlerons des *engrais*. Le fumier n'a de valeur que parce qu'il est surtout la matière première de l'humus, et nous croyons trop au bon sens pratique de nos lecteurs pour nous arrêter plus longtemps à cette question.

Un sol sera donc d'autant plus riche, il acquerra une valeur réelle d'autant plus grande qu'il renfermera une proportion plus considérable d'humus, quoi que les réclames intéressées de certains commerçants puissent dire contre ce fait.

Matières minérales. — On trouve dans les plantes un certain nombre de substances minérales, dont les principales sont : la *potasse*, la *soude*, la *chaux*, la *magnésie*, l'*alumine*, les *oxydes de fer* et de *manganèse*, la *silice*, l'*acide phosphorique*, l'*acide sulfurique*, le *chlore*. On comprend que ces éléments inorganiques ne peuvent être fournis aux végétaux que par le sol et sous une forme soluble.

Il convient donc, pour qu'un sol soit fertile, qu'il contienne, à l'état soluble, une proportion suffisante des matières minérales utiles à la plante qu'on y cultive. Cela est incontestable. Il faut, en outre, que le sol renferme les réactifs convenables ou nécessaires pour les transformations chimiques des principes assimilables. Personne ne songe, aujourd'hui, à rejeter ce point de chimie agricole; mais il est indispensable de spécifier deux conditions générales devant lesquelles on semble, depuis quelques années, chercher à produire un silence calculé. La première de ces conditions repose sur l'élection, sur le choix que font les plantes des éléments minéraux qui conviennent à leur nature. On sait que certains végétaux sont *avides* de potasse: le tabac, la vigne, l'hélianthus, sont des exemples de ce groupe, auquel nous devons joindre une des plus intéressantes pour nous, la betterave. D'autres sont des plantes à chaux; certaines recherchent la silice et l'acide phosphorique; d'autres absorbent une plus forte proportion de chlorures... La betterave montre une prédilection marquée pour les chlorures alcalins; les graminées (canne, maïs, froment, sorgho, etc.) sont des plantes avides de silice, de chaux et d'acide phosphorique. L'expérience culturale et les analyses chimiques sont d'accord sur ces points. Il résulte de là que la nature et la proportion des matières minérales du sol doivent être en rapport avec les *goûts* et les *besoins* des plantes qu'on y cultive.

La seconde condition, qui corrobore la précédente, consiste dans le rôle chimique de ces matières minérales, qu'il ne faut pas confondre avec le rôle physiologique, dans leur action sur les tissus végétaux. C'est ainsi que, à côté de la propriété que présentent les sels de potasse d'être absorbés par les plantes et de prendre place dans l'organisme, cet alcali contribue encore à la nutrition en rendant solubles et assimilables certains principes alimentaires, tels que les matières azotées, les acides humique et ulmique, etc. La fonction chimique ne doit pas être confondue avec l'utilité alimentaire. Les sols doivent donc contenir les sels solubles utiles aux plantes, et lorsqu'ils ont été absorbés par une récolte, ils doivent être restitués, selon les besoins de la plante à cultiver.

Analyse des sols. — On a trouvé des résultats fort variables, dans l'analyse qui a été faite des sols arables. Nous reproduisons un nombre d'exemples suffisant pour éclairer ceux de nos lecteurs qui seraient désireux de comprendre les éléments de la question, relativement à la composition du sol.

Tableau comparatif de la composition de quelques terres végétales,
d'après Thaer.

NATURE DES SOLS.	NOMS USUELS.	ARGILE.	SABLE.	CHAUX.	HUMUS.	VALEUR proportionnelle.
1. Argilo-calcaire-argileux.......	Riche terre à froment...	74	10	4.5	11.50	100
2. — ,,.......	—	81	6	4	9	98
3. —	—	79	10	4	7	96
4. Loam...:.....	—	40	22	36	4	90
5. Terreau.......	Terre de prairie........	14	49	10	27	79
6. Terrain siliceux.	Terre riche à orge......	20	67	3	10	78
7. Loam.........	Bon terrain à froment...	58	36	2	4	77
8. —	Terrain à froment......	56	30	12	2	75
9. Glaise........	—	60	38	—	2	75
10. —	—	48	50	—	2	65
11. —	—	68	30	—	2	60
12. Terrain siliceux.	Terre à orge de 1re classe.	38	60	—	2	60
13. —	— 2e classe.	33	65	—	2	50
14. —	—	28	70	—	2	40
15. —	Terrain à avoine........	23.50	75	—	1.50	30
16. —	—	18.50	80	—	1.50	20
17. —	Terrain à seigle........	14	85	—	—	15
18. —	—	9	90	—	1	10
19. —	Id. tous les 6 ans...	4	95.25	—	0.75	5
20. —	Id. tous les 9 ans..	2	97.50	—	0.50	2

Nous ne nous arrêterons pas à la valeur des appréciations contenues dans la dernière colonne, parce que ces appréciations sont, évidemment, relatives aux résultats d'un mode de culture donné; mais les exemples de composition, qui forment le fond de ce tableau analytique, donnent lieu à quelques observations utiles.

En examinant la composition des quatre premiers terrains, on voit que le dernier se rapproche de la formule-type pour les éléments argile, sable et chaux, mais qu'il contient une proportion trop faible d'humus. Dans les trois autres, l'argile domine; mais comme ils ne sont privés ni de sable ni de chaux et que, d'ailleurs, le chiffre de l'humus est très-suffisant, ces terrains sont fertiles, bien que le second (n° 2) soit peut-être un peu *humide*. En revanche, le cinquième exemple, le terrain indiqué comme *terrain de prairie*, doit être trop *sec*, quoiqu'il renferme près de trois fois autant d'humus que la normale. Cela tient à ce que le sable y domine et que l'argile n'y est pas en relation assez considérable. Un tel sol ne demande qu'à être irrigué méthodiquement, pour produire des récoltes abondantes. Le sixième exemple tient encore plus de sable; mais comme il renferme moins de terreau et plus d'argile que le précédent, il serait d'un très-bon rapport s'il contenait un peu plus de chaux. Le septième exemple ne renferme pas assez de chaux ni d'humus. Le huitième est un terrain de bonne qualité, mais qui est épuisé par une cause quelconque, et auquel il faudrait restituer une proportion considérable d'humus.

Le reste de la série est entièrement dépourvu de chaux. La fertilité décroît rapidement, à mesure que l'argile diminue et que le sable augmente, pour nous conduire au vingtième exemple, à la stérilité presque absolue.

Nous ferons remarquer encore que, dans les analyses du tableau précédent, il n'a pas été tenu compte des sels minéraux solubles ou insolubles, différents du silicate d'alumine et du calcaire.

Analyse d'une terre des marais de la Charente-Inférieure, d'après Berthier.

Argile.	77,7
Carbonate de chaux.	5,0
Oxyde de fer.	5,5
Eau et matières organiques.	11,8
	100,0

Ce terrain rentre, évidemment, dans le groupe des argiles ferrugineuses peu perméables. Il manque totalement de sable et, encore, l'expérimentateur n'a pas précisé la proportion des matières organiques, dont il a réuni le chiffre avec celui de l'eau.

Analyse de la terre de Russie (limon de la rive gauche du Volga), d'après M. Payen.

Alumine	11,40
Silice.	71,56
Chaux.	0,80

Magnésie........................... 1,22
Oxyde de fer....................... 5,62
Chlorures alcalins.................. 1,21
Acide phophorique................. traces.
Matière organique................. 6,95
Perte............................. 1,24
—————
100,00

M. Berthier a publié, dans les *Annales des mines*, l'analyse d'une *terre de Cuba*, qui est ainsi composée :

Alumine........................... 17,0
Silice............................. 34,6
Carbonate de chaux................ 8,0
Protoxyde de fer................... 14,0
Oxyde de manganèse............... 1,0
Eau et matières organiques......... 25,0
—————
98,6

Le même auteur a donné l'analyse de la *terre de Melun*, qui contient, sur 100 parties pondérales :

Alumine........................... 7,0

Silice combinée........ 14,0 ⎫
Sable quartzeux léger... 14,0 ⎬ 80,5
Sable quartzeux très-fin. 52,5 ⎭
Carbonate de chaux................ 2,0
Protoxyde de fer................... 4,5
Eau et matières organiques......... 6,0
—————
100,00

Tableau analytique des éléments du terreau de Russie, d'après Hermann.

		Terre vierge.	Terre noire fumée.	Terre profonde.
Argile.	Silice......................	17,80	17,76	18,65
	Alumine..................	8,90	8,40	8,85
	Chaux....................	0,87	0,93	1,13
	Oxyde de fer.............	5,47	5,66	5,33
	Magnésie.................	»	0,77	0,67
	Eau......................	4,08	3,75	4,04
Sable........................		51,84	53,38	52,77
Acides combinés avec l'alumine et l'oxyde de fer..	Acide phosphorique.	0,46	0,46	0,46
	— crénique.....	2,12	1,67	2,56
	— apocrénique..	1,77	2,34	1,87
	— humique....	1,77	0,78	1,87
Extrait d'humus....................		3,10	2,20	»
Humidité et racines................		1,66	1,66	1,66

Analyse de la terre noire de Russie, d'après M. Payen.

100 parties de cette terre ont perdu 6,95 par la dessiccation à + 120°. — Richesse en *azote* de la terre desséchée = 0,17.

100 parties de terre sèche contiennent :

Matières dissoutes dans l'acide chlorhydrique.	Potasse et soude.......... 0,82 Chaux.................. 0,88 Magnésie............... 1,05 Alumine. .... 5,41 Oxydes de fer et manganèse.. 6,05	= 14,21
Matières non dissoutes dans le même réactif.	....	85,22
		99,43
Perte.		0,57
		100,00

Pour une terre de même nature, la moyenne de trois analyses de Petzholdt nous fournit les données suivantes :

100 parties pondérales ont perdu 12,313 par la dessiccation à + 120°. — Richesse en *azote* de la terre desséchée = 0,367.

100 parties de terre sèche contiennent :

Matières dissoutes dans l'acide chlorhydrique.	Potasse................ 1,426 Soude................. 0,760 Chaux. .... 2,556 Magnésie............... 0,590 Alumine avec oxydes de fer et de manganèse....... 10,776 Chlore. .... 0,009 Acide sulfurique.......... 0,150 Acide phosphorique........ 0,233	= 16,500
Matières non dissoutes dans le même réactif.	Potasse................ 2,690 Soude................. 1,263 Chaux. .... 0,460 Magnésie............... 0,043 Alumine................ 4,556 Oxyde de fer........... 1,560 Silice. 73,753	= 84,325
Total :		100,825
Erreur dans les données........		0,825
		100,000

Nous rapprochons à dessein ces chiffres moyens de ceux qui

ont été fournis par M. A. Payen. Malgré les erreurs de l'analyste allemand, on peut déduire quelque chose de son travail, savoir le chiffre approximatif des matières minérales susceptibles de devenir assimilables, autres que l'alumine, le sable (*silice*) et la chaux. On trouve, en effet, que la terre noire de Russie, supposée sèche, contient, sous diverses formes :

$$\left.\begin{array}{lr} \text{Potasse} & 4,116 \\ \text{Soude} & 2,023 \\ \text{Magnésie} & 0,633 \\ \text{Chlore} & 0,009 \\ \text{Acide sulfurique} & 0,150 \\ \text{Acide phosphorique} & 0,233 \end{array}\right\} = 7,164$$

soit 7,164 $\%$ de matières minérales assimilables, en dehors de la chaux et de la silice. L'analyse de M. Payen ne nous permet d'arriver à aucun résultat, même approximatif...

On est encore plus embarrassé lorsqu'on se trouve en présence de déterminations aussi incomplètes que celles qui suivent.

Le limon argileux du Nil, dont la fertilité a été reconnue de tout temps, contient, d'après M. Lassaigne :

Argile	48,0
Silice	4,0
Carbonate de chaux	18,0
Carbonate de magnésie	4,0
Oxyde de fer	6,0
Humus	9,0
Eau	11,0
	100,0

On ne trouve ici aucune trace de la potasse, de la soude, des acides sulfurique et phosphorique, du chlore, dont l'importance est énorme et qui, cependant, existent en proportion notable dans les limons du Nil, comme dans tous les dépôts d'alluvion.

Les différentes analyses rapportées précédemment nous paraissent devoir suffire pour la démonstration de ce fait, que les sols présentent fort rarement la composition-type dont nous avons parlé. Ici, l'argile domine en grand excès, là elle manque presque totalement ; la chaux et le sable peuvent se trouver également en trop grande quantité ou en trop faible proportion ; des degrés intermédiaires très-variables peuvent être constatés. Les qualités des sols diffèrent comme leur composition, et le travail de l'homme vient encore y apporter l'appoint de son influence. On ne peut donc rien arguer, *à priori*, sur la valeur d'un sol qui contient tous les éléments normaux, bien que dans une relation insuffisante, en théorie, pourvu que les conditions excessives de l'un ou de l'autre de ces éléments ne deviennent pas des causes de perturbation pour les fonctions de la vie végétale.

D'après les analyses de M. J. Girardin, les terres de Normandie contiendraient de 1 à 4,7 millièmes d'humus soluble azoté et de 27,08 à 173 millièmes d'humus insoluble.

La moyenne des analyses des terres de Versailles, par M. Verdeil, a donné, à cet observateur, sur 100 parties en poids :

Sulfate de chaux	31,06
Carbonate de chaux	26,90
Phosphate de chaux	6,69
Oxyde de fer	1,61
Alumine	0,30
Chlorures alcalins	7,58
Silice	18,65
Potasse de soude	5,01
Magnésie	1,59

Cette composition s'éloigne considérablement de la normale ; mais cependant un tel sol peut encore donner de bonnes récoltes, dans certaines conditions, sous l'influence d'engrais convenablement appropriés.

Nous terminons ce paragraphe par quelques observations sur les propriétés physiques des sols.

Densité des terres. — Schübler a obtenu les nombres suivants :

	Densité.
Sable calcaire	2,822
Sable siliceux	2,753
Glaise maigre	2,701
Glaise grasse	2,652
Terre argileuse	2,603
Argile pure	2,591
Terreau (humus)	1,225
Terre de jardin	2,332

En raison des vides qui se trouvent dans le sol, de l'écartement des parties et de la présence des gaz, le poids du mètre cube de la terre ne répond pas à la densité. On a trouvé quelques données intéressantes relativement à ce poids, la terre étant considérée dans son état normal [1].

Sols.	Poids du mètre cube.	
Sable fin et sec....................	1,399^k à	1,428^k
Sable fin et humide...............	1,900	»
Sable argileux....................	1,713	1,799
Terre végétale légère..............	1,214	1,400,
Terre argileuse....................	1,600	»
Terre glaise......................	1,900	»
Terre de bruyère..................	614	643
Terreau..........................	828	857
Tourbe sèche.....................	514	»
Tourbe humide....................	785	»
Marne...........................	1,571	1,642
Grosse terre mêlée de sable et de gravier.	1,860	»
Terre grasse mêlée de cailloux........	2,290	»

Ténacité des terres. — Schübler a évalué la ténacité des sols par l'adhérence qu'ils contractent avec un disque de bois de hêtre, de 0^m,04 de surface; il a trouvé ainsi des nombres qu'il est utile de connaître :

Sable siliceux....................	0^k,19
Sable calcaire....................	0 ,20
Terre du Jura....................	0 ,27
Terre d'Hoffwil..................	0 ,28
Terre de jardin..................	0 ,34
Glaise maigre....................	0 ,40
Glaise grasse....................	0 ,52
Terre calcaire....................	0 ,71
Terre argileuse..................	0 ,86
Argile pure......................	1 ,32

Hygroscopicité des terres. — Le même observateur s'est assuré que l'eau est retenue par les différents sols dans des proportions très-variables dont les chiffres suivants indiquent la quotité pour 100 parties de terre :

Sable siliceux...........	25
Gypse...........................	27
Sable calcaire.	29

1. Ces renseignements sont empruntés au *Dictionnaire des arts et manufactures.*

Glaise maigre....................	40
Glaise grasse....................	50
Terre argileuse..................	60
Argile pure.....................	70
Terre calcaire fine..............	85
Terre de jardin.................	89
Terreau........................	190
Carbonate de magnésie...........	456

La *perméabilité des terres* peut se mesurer par la rapidité avec laquelle un volume d'eau passe à travers un volume donné de terre. Il est évident que le tassement doit être, autant que possible, identique, et c'est là une des difficultés de cette opération. On pourrait la surmonter par la pression d'un poids unique sur tous les échantillons.

Retrait des terres par la dessiccation. — Schübler a trouvé que, par la dessiccation à l'ombre, les terres se contractent plus ou moins. La diminution de volume, sur 1000 parties, a pu être exprimée en nombres.

Terres diverses.	Perte de volume sur 1000 parties.
Terre calcaire fine...............	50
Glaise maigre....................	60
Glaise grasse....................	89
Terre du Jura...................	95
Terre argileuse.................	114
Terre d'Hoffwil.................	120
Terre de jardin.................	149
Argile pure....................	183
Terreau.......................	200

Échauffement des terres. — En ce qui touche la faculté de retenir et de conserver la chaleur, le même observateur range les sols dans l'ordre suivant, selon des valeurs numériques expérimentales :

Sable calcaire..................	100
Sable siliceux..................	95,6
Glaise maigre..................	76,9
Terre du Jura..................	74,3
Glaise grasse..................	71,1
Terre d'Hoffwil................	70,1
Terre argileuse................	68,4
Argile pure...................	66,7
Terre de jardin................	64,8
Terre calcaire.................	61,8
Terreau......................	49,0

A l'égard de cette propriété si importante, il convient de ne pas oublier que la faculté de s'échauffer suit précisément l'ordre inverse du précédent, et que les terres qui s'échauffent le plus vite sont celles qui conservent le moins longtemps la chaleur acquise. Ainsi le terreau s'échauffe deux fois plus promptement que le sable calcaire, mais il ne conserve sa chaleur que pendant un temps moitié moindre.

III. — CONDITIONS DE FERTILITÉ DES SOLS.

Après les généralités qui précèdent, il sera facile de concevoir qu'un sol sera d'autant plus fertile qu'il se rapprochera davantage de la normale de composition d'une part et, de l'autre, qu'il contiendra, dans une proportion convenable, les aliments proprement dits et les principes minéraux réclamés par chaque espèce de plantes. C'est là, en somme, que se trouve le véritable problème à résoudre par l'agriculteur, dont le but ne doit pas être seulement d'obtenir temporairement des récoltes suffisantes, mais encore d'améliorer sa terre, d'en augmenter la richesse en matière nutrimentaire et en substances minérales utiles, sans toutefois dépasser de justes proportions.

On ne peut arriver à un résultat aussi désirable que par la double voie des *amendements* et des *engrais*, et l'on peut dire avec juste raison que ces deux objets, bien compris, représentent l'ensemble des questions agricoles les plus importantes. Nous allons donc chercher à résumer sommairement les faits et les principes essentiels relatifs à ces deux points fondamentaux, afin de pouvoir nous mettre en garde contre les subtilités et les vaines déclamations de quelques théoriciens modernes.

Amendements. — Il est peu de sujets de nos connaissances, quelque restreintes ou quelque étendues qu'on les suppose, dans lesquelles la discussion chicanière des rhéteurs ne puisse apporter le désordre et le malentendu. C'est ainsi que, pour les besoins de leur cause, nombre de gens ont amené une confusion regrettable entre l'idée d'amendement et celle d'engrais. Pour éviter de semblables erreurs, il est indispensable de se faire une idée nette, une définition logique de l'objet à étudier. Nous considérerons donc comme amendement toute opération tendant à l'assainissement du sol, et tout mélange destiné à le ramener à sa composition régulière, abstraction faite de l'*humus* qui peut ne pas exister dans un sol parfaitement normal, et qui y sera toujours plus ou moins facilement introduit par le mélange des matières animales ou végétales en décomposition.

Sans chercher à faire une description minutieuse et détaillée des divers amendements, de leur action et des règles à suivre dans leur application, nous croyons devoir nous borner aux données les plus essentielles, à celles qui complètent les notions exposées dans les paragraphes précédents.

La première nécessité en présence de laquelle on se trouve lorsqu'on est en face d'un sol donné, consiste à l'assainir, c'est-à-dire à procurer un écoulement suffisant aux eaux stagnantes qui pénètrent la couche arable et sont retenues par un sous-sol plus ou moins imperméable.

Une seconde nécessité, non moins impérieuse, repose sur l'ameublissement du sol. Nous savons en effet que, sans une porosité suffisante, l'air, l'eau, l'acide carbonique, les parties solubles des matières alimentaires, organiques ou minérales, ne pourraient arriver aux suçoirs des radicelles, pour contribuer à la nutrition des plantes. Nous savons encore que l'ameublissement de la terre n'est pas moins indispensable à un autre point de vue et que, sans l'influence de l'air et des agents mis en présence dans la couche arable, les réactions chimiques ne peuvent avoir lieu d'une manière satisfaisante, en sorte que plusieurs substances utiles ou nécessaires aux végétaux ne deviennent que difficilement solubles, et ne peuvent être absorbées par les racines ni assimilées par la trame organique.

D'autre part, au point de vue de la composition chimico-physique du sol, ce que nous avons exposé précédemment fait assez comprendre qu'il est indispensable d'ajouter à la terre, suivant les circonstances, de l'argile, du calcaire ou du sable, pour remédier à certains défauts de composition qui pourraient rendre impossible la culture de divers végétaux et peut-être, précisément, de ceux que l'on aurait en vue de cultiver.

On peut faire des observations analogues sur les matières minérales, solubles ou insolubles, dont nous avons constaté la présence dans les terres arables, et pour certaines desquelles

les plantes manifestent une préférence marquée que l'analyse végétale met toujours à même de constater.

Les principaux amendements consistent donc dans l'*assainissement* et l'*ameublissement* du sol, dans l'addition, en proportions convenables, d'*argile*, de *carbonate de chaux* et de *sable*, et dans l'introduction d'une quantité rationnelle de certains *sels minéraux*, dont le choix dépend essentiellement de la nature des plantes à cultiver.

Assainissement du sol. — Il peut se présenter différentes circonstances relativement à la présence d'un excès d'eau dans la couche arable. Ou bien c'est la couche arable, elle-même, qui se laisse difficilement pénétrer et franchir par l'eau des pluies, bien qu'elle repose sur un sous-sol perméable, sablonneux, graveleux ou calcaire. Ou bien encore cette couche, parfaitement meuble et perméable elle-même, repose sur un sous-sol argileux, situé à une profondeur plus ou moins considérable, lequel s'oppose à la pénétration des eaux, les emmagasine, et en fait refluer un excès jusqu'à la superficie. On sent assez que, dans ces deux groupes de circonstances, et quels que soient d'ailleurs les détails locaux à observer, les radicelles des plantes se trouveront en présence d'un excès d'humidité, qui provoquera infailliblement la décomposition des parties souterraines.

Il s'agira donc de remédier à un tel état de choses, qui s'opposerait à toute culture utile, sinon à celle des végétaux aquatiques ou de marécage.

Dans le premier cas, le sous-sol étant perméable, il faut changer la nature de la couche arable en diminuant la proportion d'argile qui s'y trouve renfermée. Cette diminution de l'argile ne peut s'obtenir que par une addition de matières sablonneuses, graveleuses ou calcaires, suivant la prédominance du carbonate de chaux ou de sable. On devra, cependant, se garder de faire ces modifications d'une manière trop rapide : c'est l'œuvre du temps et des années. Qu'on amène tous les ans, sur un tel sol, quelques mètres cubes de l'amendement choisi, de manière à recouvrir le terrain d'un centimètre ou deux de cet amendement, qu'on l'enterre et qu'on le mélange exactement avec le sol par les labours d'automne, d'hiver et de printemps, on atteindra plus sûrement le but qu'en cherchant à y incorporer d'un seul coup une quantité considérable d'amendement.

On peut encore parvenir au même résultat par des labours profonds, destinés à atteindre très-graduellement les portions supérieures de la couche perméable, et à les mélanger peu à peu avec les éléments superficiels trop tenaces et trop compactes.

Disons encore que l'on peut remédier à ce défaut de la couche arable par des labours multipliés, par l'enfouissement de matières végétales non décomposées, etc., et ajoutons que ces sortes de terrains, convenablement traités, donnent des résultats très-avantageux dans les années sèches, où les terres trop perméables semblent frappées de stérilité.

Dans le second cas, celui ou un sol perméable repose sur un sous-sol argileux, il n'existe d'autre remède rationnel que la pratique du *drainage*. Nous n'entendons pas, cependant, par cette expression, qu'il soit indispensable d'établir un système de tuyaux en terre cuite, comme on le pratique dans le drainage classique préconisé de nos jours. Nous trouvons que cette opération est trop chère, qu'elle n'atteint pas toujours le but, et nous aimerions à y voir substituer quelque chose de plus simple, rappelant le drainage des Romains ou des Arabes. Si nous comprenons, en effet, quels sont les résultats essentiels à obtenir, nous verrons qu'il importe surtout de percer le sous-sol imperméable par des tranchées ou des ouvertures en nombre suffisant, qui puissent conduire les eaux jusqu'à la couche perméable inférieure. Une seconde condition exige qu'on assure la durée de ce travail d'assainissement en s'opposant à l'oblitération des tranchées, laquelle ramènerait le sol dans les conditions où il était précédemment. Enfin, il convient, dans un grand nombre de cas, de diriger les eaux souterraines vers un plan inférieur, par lequel elles puissent s'écouler dans une rivière ou un cours d'eau.

On réalise assez aisément ces conditions en creusant, dans le sens des pentes secondaires du terrain, des fossés assez profonds pour franchir la couche imperméable, et dont le fond ne doit pas avoir plus de 25 à 30 centimètres de largeur. Cet ensemble de tranchées va se réunir à une tranchée principale, qui occupe la grande pente et qui fera fonction de collecteur. On remplit le fond des tranchées avec les pierres de grosseur moyenne qu'on en a extraites; par-dessus, on place des pierres plus petites jusqu'au-dessus de la couche imperméable du sous-sol, et on recouvre le tout de la terre superficielle provenant de la couche labourable. Ce drainage à fossés couverts était pratiqué du temps des Romains, et nous en avons pu nous-même étudier les dispositions sur des tranchées qui fonctionnent encore et dont l'origine remonte au commencement de l'ère vulgaire.

Un autre mode, qui a été plus spécialement suivi par les Arabes, consiste à creuser, de distance en distance, des puits coniques qui traversent la couche imperméable, et qu'on remplit ensuite de la même manière que nous venons de dire pour les tranchées couvertes.

Quelle que soit la méthode adoptée, celle du drainage moderne, celle des fossés couverts, des puits d'assainissement, on ne doit jamais oublier que la première condition à remplir, pour rendre un sol fertile, consiste à lui donner une perméabilité suffisante par les moyens les plus pratiques et les plus économiques dont on pourra disposer.

Ameublissement du sol. — Les labours n'ont pas seulement pour objet de ramener à la surface les portions plus profondes du sol et de les remplacer par les portions extérieures; leur but capital est l'ameublissement de la terre. La pénétration facile de l'eau et de l'air est d'une absolue nécessité en agriculture. L'action dissolvante de la première, les oxydations et transformations chimiques produites par le second font de cet ameublissement une opération indispensable. Il y a plus encore : en dehors de la nécessité de l'eau comme véhicule des matières alimentaires, de la nécessité de l'air, comme excitant de la vie et agent principal des transformations utiles, nous verrons, plus loin, que l'eau est elle-même une source d'oxygène par suite de la décomposition qu'elle subit; que son hydrogène s'unit à l'azote de l'air pour former de l'ammoniaque, et que l'acide carbonique, provenant de l'air, des engrais, ou des décompositions qui ont lieu dans le sol, s'unit à l'ammoniaque pour former un carbonate, très-soluble et peu stable, qu'on doit regarder comme la base principale de la nutrition végétale.

Les labours ont donc une importance extrême en agriculture, et cette vérité pratique, reconnue dans tous les temps, reçoit aujourd'hui la sanction des plus saines théories. Les labours se partagent en *labours de préparation*, dont le but est d'ameublir le sol à une profondeur suffisante suivant sa nature, de le mettre en état de recevoir les plantes qu'on lui confiera, d'enfouir les végétaux ou les engrais, etc.; et en *labours d'entretien*, qui sont destinés à rétablir la perméabilité des couches superficielles, détruites par les pluies ou les agents atmosphériques, de faire périr les plantes parasites et de favoriser l'accroissement des racines latérales. Ce sont ces derniers labours qu'on désigne le plus habituellement sous les noms de *binages* ou de travaux d'entretien.

Nous ne nous étendrons pas davantage au sujet des labours, sinon pour insister encore sur leur nécessité et sur l'importance du rôle qu'ils jouent en culture. Il n'est pas un cultivateur qui ne sache jusqu'à quel point ces travaux d'ameublissement et de nettoyage agissent sur la qualité et la quantité des récoltes, pas un seul qui ne comprenne, au moins par suite de son expérience, combien il est urgent de *travailler* la terre, de la fatiguer par des efforts incessants...

L'instrument habituel du labour est la charrue, dont on connaît un grand nombre de variétés; mais, hâtons-nous de le dire, le plus parfait de tous les labours serait celui qu'on exécuterait à la *bêche*, s'il ne présentait l'inconvénient d'être trop long et trop coûteux.

Écobuage. — Cette opération consiste dans la combustion ou plutôt dans la calcination de la croûte superficielle du sol. Nous n'en dirions pas un mot, si le préjugé n'y avait pas attaché des idées fausses et n'en avait pas exalté les avantages imaginaires. La superficie du sol est enlevée avec un instrument, divisée en fragments plus ou moins volumineux, et ces fragments sont soumis à la dessiccation sous la seule influence de l'air et du soleil. Lorsque ces matières sont suffisamment sèches, on en forme de petits fourneaux sous lesquels on met le feu à l'aide d'herbes sèches et de menus branchages, et l'on conduit l'action de la chaleur comme s'il s'agissait d'un travail de carbonisation. Les matières calcinées sont ensuite répandues sur le sol, enterrées et mélangées à la charrue.

Il est évident que, dans le cas d'une terre très-argileuse, les

cendres et produits de l'écobuage tendront à diminuer la ténacité du sol et à le rendre plus perméable ; mais, dans tous les
cas, ce mince avantage ne compensera pas la perte de l'humus
qui a été détruit par la combustion, et qui ne pourra être remplacé qu'à force d'engrais et d'argent, tandis que, par un simple travail de mélange, on aurait atteint sans pertes le but d'a-
meublissement qu'on se proposait d'obtenir par cette opération
irrationnelle.

Amendements proprement dits. — En dehors de ce qui a été
dit plus haut, par rapport à l'assainissement du sol et à la nécessité de diminuer parfois la proportion d'argile de la couche
arable, on peut se trouver dans tel cas où l'argile, le calcaire,
le sable sont en excès, ou manquent plus ou moins complétement dans une terre, et où il peut être utile d'en diminuer ou
d'en augmenter la proportion.

Si l'un de ces trois éléments constitutifs du sol est en grand
excès relativement aux deux autres, le meilleur moyen à prendre, pour rétablir l'équilibre, est d'augmenter la relation des
deux autres. C'est ainsi que, dans un sol trop argileux, on
ajoutera graduellement du sable, du gravier, du calcaire, soit
qu'on introduise directement ces matières, peu à peu et avec
mesure, soit qu'on puisse, par des labours profonds et gradués,
les ramener du fond vers la surface. De même, et par des
moyens analogues, on corrigera par l'argile ou le sable un
terrain trop calcaire ; de même encore, l'argile et le calcaire
serviront à amender un sol trop sablonneux.

Si l'argile manque en proportion notable et qu'il en existe
dans le sous-sol à une profondeur telle qu'on puisse l'atteindre par la charrue, le mieux est d'en ramener peu à peu, et
d'année en année, une proportion suffisante dans les couches
superficielles. Dans le cas où cette marche n'est pas praticable,
au lieu d'amener de l'argile à la surface du sol et de l'enterrer
à la charrue, il vaut mieux y apporter de la *marne argileuse*,
renfermant au moins 70 0/0 d'argile.

La *marne* est une sorte de mélange naturel d'argile et de
carbonate de chaux, accompagné quelquefois de sable très-fin.
Elle est dite *argileuse*, lorsqu'elle contient plus d'argile que de
calcaire ; on la nomme *marne calcaire* dans le cas contraire.

Cette substance présente la singulière propriété de se *déliter*, de s'émietter, sous l'influence des pluies et de la gelée. Pour l'employer, on transporte sur le champ à amender, avant le commencement de l'hiver, de la marne, que l'on dépose uniformément en tas d'un dixième de mètre cube environ et qu'on abandonne ainsi aux influences climatériques. Vers la fin de l'hiver, lorsque la matière est bien délitée, on répand les tas sur toute la surface, et on opère le mélange par les labours de printemps.

Si, au contraire, c'est l'élément calcaire qui manque, on y supplée par l'emploi d'une marne calcaire, très-peu argileuse, que l'on porte sur le sol dans les mêmes conditions et de la même manière qu'il vient d'être dit pour la marne argileuse.

On peut encore introduire l'élément calcaire dans un sol qui en manque par le *chaulage*.

Pour cela, la meilleure marche à suivre est celle qui est usitée dans certains cantons de Normandie : on porte la chaux vive sur le champ, où on la dispose en petits tas comme pour la marne. On recouvre ensuite chaque tas de terre et, lorsque la chaux s'est *éteinte*, qu'elle s'est *hydratée*, on la répand uniformément sur le sol et on l'enterre par un coup de charrue.

On comprend que la craie pulvérisée, les débris de calcaire et les résidus calciques d'une foule d'industries peuvent parfaitement être appliqués dans le même but.

On corrige l'absence de sable par l'addition au sol de boues de rivières sablonneuses, de terre sableuse, de sable de mer, etc.

On ne perdra pas de vue, dans l'emploi de ces différents amendements, que l'on doit les ajouter au sol d'une manière très-progressive et très lente, et qu'une modification brutale ou trop rapide de la couche arable pourrait conduire à une stérilisation momentanée. Le marnage argileux ou calcaire, le chaulage même et l'ensablage des sols qui requièrent ces amendements ne doivent se faire sur un sol donné que tous les trois ou quatre ans, et souvent même à des intervalles plus éloignés.

Rappelons, en passant, que si l'argile a pour premier effet de rendre le terrain plus tenace, plus stable, plus apte à conserver une humidité utile, cette substance offre encore la propriété de conserver, d'emmagasiner l'azote et les sels ammo-

niacaux, et qu'une proportion suffisante de cette substance
permet d'augmenter la richesse du sol et sa valeur intrinsèque,
en y accumulant les matières alimentaires. D'autre part, en outre
de ce que la chaux est indispensable, comme principe minéral,
à la plupart des végétaux, le carbonate calcaire peut fournir
aux plantes près de la moitié de son poids d'acide carbonique.
et la chaux employée vive absorbe et fixe l'acide carbonique
de l'atmosphère pour le restituer aux plantes, sous l'empire des
réactions chimiques qui interviennent dans le sol.

Sels minéraux. — Indépendamment de l'alumine, de la chaux
et de la silice dont les plantes absorbent une certaine quantité,
les végétaux prennent encore de la magnésie, de la potasse, de
la soude, des acides sulfurique et phosphorique et du chlore.
Or, du moment où l'on admet une appétence particulière des
plantes pour certains de ces principes, si l'on reconnaît la nécessité ou même la simple utilité pour la nutrition végétale de
telles ou telles matières minérales, il tombe sous le sens qu'a-
près une récolte quelconque il est nécessaire de restituer au
sol les principes inorganiques qui ont été enlevés par cette récolte. Nous ne songeons donc point à nier l'utilité incontestable des sels alcalins, ni des composés d'acide phosphorique
ou d'acide sulfurique; loin de là, nous avons toujours été et
nous sommes encore partisan d'une addition rationnelle des
matières minérales utiles à la culture que l'on veut entreprendre. Ce que nous n'avons jamais compris, au contraire, c'est
l'engouement pour de folles doctrines, le fanatisme pour certaines opinions non justifiées ou pour des personnalités sans
valeur. Que le froment, par exemple, soit essentiellement une
plante à silice et à phosphate de chaux, ce n'est pas une raison
pour vouloir mettre toutes les plantes à ce régime. Si le tabac,
l'hélianthe, etc., sont des végétaux remarquables par leur avidité pour la potasse, ce n'est pas un motif suffisant pour donner au sol une dose d'alcali égale pour tous les végétaux à cultiver. Et encore, à côté de cela, doit-on ajouter que certains
besoins industriels ou certaines circonstances de transformation
doivent rendre très-circonspect dans l'emploi des matières inorganiques. C'est ainsi que, malgré l'appétence bien connue
des végétaux saccharifères pour la potasse, on doit être très-
réservé dans l'application de ces matières à un terrain où l'on

veut cultiver les plantes à sucre. Nous verrons plus loin les raisons technologiques de cette sorte de prohibition...

En règle de saine pratique, les matières salines inorganiques ne doivent être introduites dans un sol qu'en raison de la quantité enlevée par la récolte précédente, des appétences de la récolte future et du but de la transformation que l'on veut atteindre. C'est assez dire qu'il est impossible de se guider dans l'emploi des matières inorganiques sans le secours de l'analyse végétale, laquelle seule peut nous apprendre quels sont les principes préférés par tels ou tels végétaux.

Quoique les matières minérales ne fassent pas partie intégrante de la trame organique, et que les principes immédiats des végétaux ne renferment jamais que du carbone, de l'hydrogène, de l'oxygène, de l'azote, avec des traces insignifiantes de soufre et de phosphore, il n'en est pas moins vrai que divers composés minéraux pénètrent dans les plantes à l'état soluble, qu'ils s'y fixent, sous la forme saline le plus souvent, et qu'ils jouent, dans la nutrition végétale, un rôle analogue à celui qu'elles remplissent dans la nutrition animale. Nous ne voyons donc aucun inconvénient à ce que l'on considère les sels minéraux comme des substances mixtes, agissant comme amendements par leur action sur le sol, et se rapprochant des engrais par leur introduction dans l'organisme.

Engrais. — Dans ce qui précède, nous avons considéré le sol comme un substratum pour la plante, et nous avons fait abstraction des matières nutrimentaires assimilables que la plante doit absorber pour se nourrir, s'accroître et franchir toutes les périodes de son existence. En réfléchissant de près aux conditions physiologiques de la nutrition des végétaux, on trouve que, en définitive, le résultat de cette nutrition consiste dans une *assimilation* de carbone, d'hydrogène, d'oxygène et d'azote, avec introduction de matières minérales variables, qui se déposent dans les cellules ou leurs interstices. Presque toujours le carbone est copulé, dans la plante, avec plus ou moins d'eau; parfois le composé organique renferme un excès d'hydrogène ou d'oxygène; certains composés sont formés seulement de carbone et d'hydrogène ou de carbone et d'oxygène; d'autres sont formés de quatre éléments et contiennent du carbone, de l'hydrogène, de l'oxygène et de l'azote. C'est dans ces derniers produits que l'on trouve des traces de soufre et de phosphore.

Ces sortes de substances qui composent essentiellement la matière végétale requièrent, pour leur formation, des aliments de nature similaire. On peut dire, à la rigueur, qu'en fournissant aux graines des plantes du carbone, de l'eau, de l'hydrogène, de l'oxygène, de l'azote, sous forme assimilable, avec une juste proportion des sels minéraux utiles, on aura procuré à ces graines les aliments nécessaires à l'exercice de leurs fonctions végétales, à leur développement et à leur accroissement.

Nous comprendrons donc, sous la dénomination d'*engrais*, toutes les matières qui peuvent présenter aux végétaux, sous une forme soluble, le carbone, l'hydrogène, l'oxygène et l'azote indispensables à leur nutrition, et ce, dans les relations appropriées à la nature même des plantes. Un engrais sera *complet*, lorsqu'il renfermera en outre les matières minérales utiles.

Nous savons que les matières végétales ou animales, désagrégées, soumises à l'influence de l'humidité, de l'air et de l'eau, sous l'action d'une température moyenne et en présence d'un ferment, subissent les effets de la décomposition, de la simplification, et que le résultat ultime de cette fermentation présente à l'observation du carbone, sous forme d'acide carbonique, de l'hydrogène, de l'oxygène, de l'azote, sous forme d'ammoniaque, et des principes minéraux fixes, solubles ou insolubles, mais, dans tous les cas, susceptibles de devenir solubles.

Les détritus des matières végétales en décomposition constituent donc l'engrais complet, par excellence, l'engrais-type, auquel l'expérience de tous les siècles et la théorie la plus rationnelle accordent une préférence justifiée.

Les autres matières qui peuvent apporter à la plante l'un ou ou l'autre des éléments nutrimentaires dont nous avons parlé ne doivent être considérées que comme des auxiliaires plus ou moins avantageux.

Les engrais sont employés en agriculture sous un grand nombre de formes, sur lesquelles nous nous contenterons de donner quelques indications rapides, dans le but seulement de rappeler l'esprit à la pratique des principes.

Le *fumier de ferme* est le meilleur et le plus complet de tous les engrais. Il se compose essentiellement de *litières*, c'est-à-dire de pailles, de feuilles, de débris végétaux, mélangées avec les déjections liquides ou solides des animaux. Les débris végétaux de toute nature renferment évidemment les éléments organiques et inorganiques des plantes dont ils proviennent, ils contiennent, en outre, parmi leurs principes organiques, une proportion de ferment suffisante pour déterminer la désagrégation et la décomposition ultime de la masse. Les déjections apportent à ces matières un contingent puissant par la proportion de substances albuminoïdes qui y sont renfermées, par les sels ammoniacaux et les matières minérales qu'elles contiennent, et l'on ne peut mieux apprécier la valeur réelle de cet engrais qu'en consultant les analyses qui en ont été faites par des hommes compétents. D'après M. Boussingault, le fumier de ferme ordinaire parfaitement mélangé et en voie de désagrégation, c'est-à-dire dans l'état où il se trouve communément lorsqu'on l'introduit dans le sol, a fourni à l'analyse, sur 100 parties pondérales :

Humidité...........................	75
Matières végétales et animales solubles..... ⎱	5
Sels solubles........................... ⎰	
Matières végétales et animales insolubles... ⎫	
Sels insolubles........................ ⎬	20
Débris végétaux et paille............... ⎭	
Total.......	100

Le fumier de ferme, après six mois de production, a fourni :

Humidité......................	79,3 ⎱		
Matières organiques, végétales et animales...............	14,03 ⎱	20,7	= 100
Sels solubles et insolubles, terre.	6,67 ⎰		

Le même observateur a trouvé que ce dernier fumier donne 6,70 0/0 de cendres à l'état frais, soit 32,20 0/0 du fumier sec. Ces cendres sont formées des substances suivantes :

Acide carbonique...................	2,0
Acide sulfurique....................	1,9
Acide phosphorique................	3,0
Chlore...........................	0,6
Chaux............................	8,6

Magnésie........................	3,6
Potasse et soude.................	7,8
Silice, sable, argile.............	66.4
Oxyde de fer.	6,1
Total.......	100,0

En général, le fumier de ferme, à l'état ordinaire, renferme 0,4 0/0 ou les 4/1000 de son poids d'azote, et sa valeur moyenne est de 6 fr. 50 pour 1000 kilogrammes. Suivant tous les observateurs impartiaux, qui n'ont pas été guidés par des considérations personnelles ou des théories intéressées, le fumier de ferme est le seul engrais complet, renfermant tous les éléments nécessaires au développement des plantes, apportant à la terre l'humus, c'est-à-dire la source réelle de l'enrichissement du sol, aussi bien que les matières minérales utiles à la végétation.

Cet engrais favorise, en outre, l'ameublissement de la couche arable; sa décomposition lente et le passage graduel des matières organiques à l'état soluble en prolongent l'action et la durée, et il ne renferme en excès aucun principe dont la proportion puisse nuire aux végétaux. Il est certain, cependant, que le fumier de ferme ne présente toutes ces qualités que lorsqu'il est formé du mélange des litières avec les déjections mixtes des différents animaux, car on peut constater des différences notables dans le mode d'action des fumiers de cheval, de bœuf ou de vache, de mouton et de porc. Ces différences sont particulièrement connues des praticiens et nous n'avons eu en vue que le fumier mélangé, comme on l'obtient dans la plupart des fermes. A côté du fumier de ferme viennent se placer comme valeur réelle les *plantes enfouies en vert*, qui offrent un des moyens les plus puissants et les plus commodes d'enrichissement et de fertilisation du sol. On comprend, en effet, que si l'on a semé sur un terrain des plantes quelconques puisant peu dans la terre, et empruntant surtout à l'atmosphère leurs principaux aliments, l'enfouissement de ces végétaux, lorqu'ils seront parvenus à un développement convenable, restituera à la couche arable tout ce qui lui a été emprunté et l'enrichira des éléments pris à l'atmosphère. Cette sorte d'engrais contribue puissamment à l'ameublissement de la terre et elle économise entièrement les frais de transport. On doit ajouter, cependant, pour rester dans le vrai et ne pas exciter inuti-

ment la colère des partisans de l'azote, que les engrais verts
sont beaucoup moins riches en matières azotées que le fumier
de ferme. Cette considération nous touche fort peu, nous l'a-
voûons; mais nous devons reconnaître le fait, puisqu'il existe,
et nous profiterons de cette circonstance pour dire quelques
mots de cette question de l'azote qui a partagé et partage encore en deux camps l'agriculture moderne.

M. Boussingault, avec une entière bonne foi que nous nous
plaisons à reconnaître, a émis comme axiome ce principe que
*les engrais ont d'autant plus de valeur que leur richesse en azote
est plus considérable.* Des agriculteurs théoriciens, et M. Payen
à leur tête, habitués à se traîner à la remorque des travaux
d'autrui, se sont empressés d'adopter cette théorie avec toutes
ses conséquences. On ne s'est pas arrêté en si beau chemin, et
bientôt on est arrivé à prétendre que les plantes absorbent directement l'azote par leurs parties aériennes. Cette nouvelle
doctrine, rejetée plus tard par son auteur, reprise par M. Ville,
qui en fit son premier titre à une célébrité bruyante, fut le
point de départ d'une confusion inexprimable. Pendant plusieurs années il ne fut question que d'azote, d'engrais azotés,
et si les charlatans furent nombreux, les dupes ne se firent pas
attendre. La proposition primitive de M. Boussingault était cependant exacte, et il est vrai de dire que l'on peut apprécier la
valeur des engrais par leur proportion en azote, pourvu que
l'on ne veuille pas faire de ce principe une loi absolue et qu'on
tienne compte de réserves nécessaires.

Il résulte, en effet, des expériences faites par des hommes
compétents que c'est principalement sous la forme de carbonate d'ammoniaque dissous dans l'eau que le carbone et l'azote
s'introduisent dans les plantes. Ce carbonate d'ammoniaque
est le résultat normal de la fermentation et de la décomposition des matières organiques qui contiennent de l'azote et des
principes hydrocarbonés. En outre, on sait, par nos propres
expériences, que la couche arable agit comme une véritable
pile galvanique, lorsqu'elle est dans un état d'humidité et de
porosité convenable : l'eau se décompose; son hydrogène, à
l'état naissant, se combine avec l'azote humide de l'air pour
former de l'ammoniaque; l'oxygène de l'eau et celui de l'air
restent libre en partie et se combinent pour portion à l'humus et
au carbone pour former les principes carbonés solubles, ou de

l'acide carbonique. De ces réactions, il résulte la formation de
sels ammoniacaux, et surtout du carbonate d'ammoniaque...

Nous admettons donc volontiers que la fertilité du sol est
augmentée par la présence d'une proportion plus grande de
carbonate d'ammoniaque, ce sel étant, à la fois, d'une très-
grande solubilité et d'une facile décomposition; mais, pourtant, il ne faut pas exagérer cette proposition ni en porter les
conséquences à leurs dernières limites. Elle n'est vraie que
dans le cas où le carbonate d'ammoniaque se forme lentement,
graduellement, à mesure des besoins des plantes, et surtout
lorsqu'il est accompagné d'un excès d'acide carbonique.

Dans tous les autres cas, une proportion excessive de carbonate ammoniacal agit comme caustique sur un grand nombre
de plantes ou même, lorsqu'il ne présente pas cette action, il
change les conditions de la nutrition et détermine des modifications profondes dans la production végétale.

C'est de cette manière et par cette raison que le fumier de
ferme même, lorsqu'il est trop *neuf,* c'est-à-dire lorsqu'il dégage encore, par une fermentation trop violente, un excès de
carbonate d'ammoniaque, est plutôt nuisible qu'utile à un
grand nombre de plantes qu'il *brûle,* suivant l'expression énergique des cultivateurs. Il est nécessaire, dans beaucoup de circonstances, d'attendre qu'il ait *jeté son feu* avant de faire des
semailles sur une terre fortement fumée avec un tel fumier. Et
cependant cet engrais ne contient que 4/1000 d'azote, c'est-à-
dire 2,6 0/0 de matières albuminoïdes. On comprend dès lors
toute la réserve et toute la prudence que l'on doit mettre dans
l'emploi des engrais azotés proprement dits, d'origine animale,
dans lesquels l'azote est contenu jusqu'à la proportion énorme
de 17 à 18 centièmes. Ces engrais ne doivent être employés,
évidemment, que comme auxiliaires, et on doit les placer dans
des conditions telles que leur fermentation soit ralentie autant
que possible. Leur véritable mode d'emploi consisterait à les
faire entrer en due proportion dans les *composts,* c'est-à-dire à
les mélanger avec des débris végétaux, des terres, de la tourbe
désacidifiée, jusqu'à ce qu'ils aient subi une décomposition
partielle qui en ralentit l'activité. On pourrait encore de cette
manière en diminuer la proportion dans de justes limites,
de façon à n'avoir plus à craindre les conséquences d'un excès
notable d'azote.

Parmi les engrais dont on a le plus abusé depuis quelques années, il convient de citer le *guano* qu'il nous est impossible de passer sous silence, à raison même de l'engouement dont il a fait l'objet. Cette matière serait due à l'accumulation des excréments de différentes espèces d'oiseaux, et on la recueille en abondance au Pérou et dans certaines îles de la mer du Sud. Wœhler en a donné l'analyse suivante :

Urate d'ammoniaque	9,0
Oxalate d'ammoniaque	10,6
Oxalate de chaux	7,0
Phosphate d'ammoniaque	6,0
Phosphate ammoniaco-magnésien	2,6
Sulfate de potasse	5,5
Sulfate de soude	3,8
Chlorhydrate d'ammoniaque	4,2
Phosphate de chaux	14,3
Argile et sable	4,7
Matières organiques solubles avec un peu de fer	12,0
Matières insolubles	20,3
Total	100,0

On y a trouvé depuis 5,40 jusqu'à 16,86 d'azote sur 100 parties.

Cette matière s'emploie, *en moyenne,* à raison de 500 kilogrammes par hectare.

Nous déclarons positivement que nous ne pouvons en concevoir l'emploi sinon en mélange avec les débris végétaux et en compost, ou avec les fumiers pailleux, ou encore, en quantité beaucoup plus faible et en couverture, sur certaines plantes très-avides d'azote. Nous ne voudrions même l'employer, dans ce dernier cas, qu'après l'avoir mélangé avec deux ou trois fois son volume de terre. Nous sommes certain, avec beaucoup d'autres observateurs, que si le guano produit de grand effets la première année de son application, il conduit invinciblement à l'appauvrissement et à la stérilisation de la couche arable, et voici les raisons sur lesquelles nous nous appuyons.

Étant donné un sol d'une composition moyenne et d'une richesse suffisante en humus, le guano, dont l'ammoniaque est mis en liberté d'une façon très-rapide, agit en dissolvant une quantité considérable d'humus, comme le feraient les alcalis.

20

De là, évidemment, il résulte qu'une surabondance de nourriture est mise à la disposition des racines et que les produits peuvent s'élever à un chiffre remarquable. Nous ne contestons pas le fait en quoi que ce soit, bien que nous réservions notre opinion en ce qui concerne les inconvénients de l'azote pour certaines cultures spéciales. On reconnaîtra cependant avec nous que la surabondance de récoltes est due principalement à une grande dépense d'humus et que, si cet humus n'est pas remplacé pour la culture suivante, une addition quelconque de guano ne fera qu'en diminuer la quantité relative, et que, par conséquent, elle conduira progressivement et fatalement, d'année en année, à l'appauvrissement radical de la couche labourable.

Tous les raisonnements des marchands de guano, tous leurs prospectus et toutes leurs réclames ne peuvent rien contre des faits, et ce fait d'appauvrissement a été constaté par tous les observateurs.

Il convient d'attribuer au guano sa véritable place, en le rangeant parmi les excitants ammoniacaux, dont on ne doit faire qu'un usage très-modéré approprié aux circonstances.

En saine pratique donc, il serait nécessaire d'adopter la règle générale suivante : «On ne doit pas employer seules, sinon en très-petites proportions et dans des circonstances particulières, les matières qui contiennent plus d'azote que le fumier de ferme; dans la plupart des cas, il convient de les mélanger avec des substances plus pauvres, de manière à ne pas dépasser le chiffre moyen de 0,50 à 1 0[0 d'azote. » Cette règle ne peut pas être absolue, puisqu'il peut se présenter des circonstances dans lesquelles certaines plantes réclament une plus grande quantité d'azote, comme, par exemple, la culture des légumineuses ou du tabac; mais on ne doit pas moins en faire l'objet d'une sérieuse attention, si l'on tient à éviter les mécomptes dont plusieurs ont à se plaindre par leur faute.

Il serait très-difficile de donner ici une nomenclature complète des engrais tant d'origine végétale que d'origine animale; nous terminons cependant ce chapitre par la liste des principaux engrais des deux provenances, de ceux qui peuvent être le plus communément employés, et nous mettons en regard leur richesse en azote sur mille parties en poids et à l'état ordinaire.

ENGRAIS VÉGÉTAUX.

Désignation des matières.	Azote sur 1000.	Désignation des matières.	Azote sur 1000.
Fumier de ferme, engrais type, mixte.	4,0	Fanes de carottes.	8,5
Tourteaux d'arachide.	83,3	Balles de froment.	8,5
» de sésame.	67,9	Paille de millet.	7.8
» de caméline.	55,0	Tiges de colza.	7,5
» de pavots (*œillette*).	53,6	Marc d'olives.	7,3
» de lin.	52,0	Feuilles d'acacia, octobre.	7,2
» de noix.	52,0	Houblon épuisé de brasserie.	6,1
» de colza.	49,2	Marc de pommes à cidre.	5,9
» de navette.	46,4	Fanes de madia.	5,7
Touraillons de brasserie.	45,1	» de pommes de terre.	5,5
Tourteaux de coton.	45,0	Sciure de chêne.	5,4
» de chènevis.	42,0	Feuilles de peuplier.	5,3
» de faîne.	33,1	Écumes de défécation (sucrerie)	5,3
Paille de fèves.	21,0	Pulpe de pommes de terre, pressée.	5,2
Tourbe d'Abbeville.	20,9	Fanes de betteraves.	5,0
Paille de pois.	17,9	Paille de froment entière.	4,9
Paille de bruyère.	17,4	» de sarrasin.	4,8
Marc de raisin.	17,1	» de froment, bas des tiges.	4,1
Racines de trèfle.	16,1	Spergule.	3,9
Feuilles de poirier.	13,6	Pulpe de betteraves, pressée.	3,7
Paille de froment (haut des tiges)	13,3	Tiges de topinambours.	3,7
Genêt à balais, tiges jeunes.	12,2	Trèfle en fleur.	3,7
Feuilles de hêtre, automne.	11,7	Paille d'avoine.	2,8
Feuilles de chêne, automne.	11,7	Sarments de vigne.	2,8
Buis à bordures.	11,7	Paille de riz.	2,5
Suie de bois.	11,5	» d'orge.	2,3
Fumier de couche.	10,8	» de maïs.	1,9
Paille de vesces.	10,8	» de seigle.	1,7
Paille de lentilles.	10,1	Cossettes de betteraves, épuisées par macération.	0,9
Tige de pavots, œillette.	9,5		

ENGRAIS ANIMAUX.

Chiffons de laine.	178,8	Débris de tannerie.	107,5
Urine humaine, desséchée, en pâte.	168,5	Rognures de cuir.	93,1
		Colombine.	83,0
Plumes.	153,4	Os verts, état normal.	62,2
Sang desséché.	148,0	Guano du commerce (Londres).	54,0
Râpures de cornes.	143,6	Os humides.	53,1
Guano du Chili, pur.	130,0	Sang coagulé et pressé.	45,1
Bourre de poils de bœuf.	137,8	Poussier de laine (batteries).	42,1
Chair de cheval séchée.	132,3	Marc de colle (peaux et tendons)	37,3
Pain de cretons.	118,8	Litières de vers à soie.	32,9

Désignation des matières.	Azote sur 1000.	Désignation des matières.	Azote sur 1000.
Hannetons et sauterelles. . .	32,9	Déjections de cheval solides.	5,5
Sang des abattoirs (liquide).	29,5	Merl, sable marin, mixte. . .	5,1
Sang d'équarrissage liquide. .	27,1	Urine de vache.	4,4
Urine de cheval.	26,0	Déject. de vache en mélange.	4,1
Déject. de chèvre en mélange.	21,6	Goëmon brûlé.	3,8
Poudrette de Bercy.	19,8	Déjections solides de vache. .	3,2
» de Montfaucon. . , .	15,6	Coquilles d'huîtres.	3,2
» de Bondy.	14,0	Engrais flamand (vidange liquide).	2,2
Déjections de mouton en mélange.	11,1	Engrais flamand, minimum. .	1,9
Déject. de cheval en mélange.	7,4	Purin.	0,6
Urine humaine, état frais. . .	7,2	Déjections de porc en mélange.	0,3

En admettant que la contenance en azote doive servir de base pour l'appréciation de la valeur d'un engrais, il sera toujours aisé de se rendre compte de la valeur vénale d'un engrais quelconque dont on connaîtra la teneur en azote. En effet, le fumier de ferme ordinaire, valant, par exemple, 6 fr. 50 les 100 kil. à 4 millièmes d'azote, il suffira d'établir une simple proportion pour connaître le prix que l'on peut payer une matière engrais dont on connaît la composition sous ce rapport. C'est ainsi que le guano du Chili pur à 13, 90 0∣0 d'azote vaudrait 225 fr. 85 c. les 1000 kilog., tandis que le tourteau de chènevis ne devrait être payé que 68 fr. 25 c. Cette manière d'apprécier ne peut être équitable que dans le cas où la matière engrais renfermerait, à poids égal, autant de substances organiques non azotées que le fumier de ferme pris pour terme de comparaison.

IV. — CONDITIONS AGRICOLES A RÉALISER POUR LA PRODUCTION DU SUCRE PRISMATIQUE.

Dans l'étude très-sommaire que nous venons de faire des principes généraux d'agriculture, nous avons évité, à dessein, d'appeler l'attention du lecteur sur les plantes sucrières. C'est que, pour tout homme intelligent qui a étudié attentivement la nature végétale, en ce qui touche les exigences particulières de chaque espèce de plantes et, surtout, relativement à la production de certains produits spéciaux, il arrive souvent que l'on soit forcé de déroger aux règles générales et d'introduire, dans la partie agricole, diverses modifications commandées par les circonstances.

L'objet de ce paragraphe est de chercher à établir les conditions dans lesquelles un fabricant doit se placer, au point de vue cultural, pour obtenir un maximum donné de sucre cristallisable. Ces conditions reposent sur le choix du sol, sa préparation, l'assolement, les amendements et les engrais qui sont applicables à la terre, les soins de culture et d'entretien, l'époque de la récolte et les soins de conservation à appliquer aux produits saccharifères...

On a longuement discuté sur divers points relatifs à l'industrie sucrière, tant en France qu'à l'étranger, et cependant on a mis à peu près en oubli les objets d'étude les plus importants, savoir : les questions afférentes à la production agricole de la matière première. Peu d'observateurs, en effet, se sont attachés à cette tâche, d'autant plus utile qu'elle est moins brillante, et c'est à peine si l'on rencontre, de loin en loin, une phrase, une réflexion qui puisse servir de guide à la pratique. C'est qu'on avait autre chose à faire vraiment que de tant songer à l'utile, au bien général : on avait à soutenir des théories personnelles, à établir des formules, à préconiser des compositions fertilisantes, à recommander et à décrire des appareils, et tout cela ne laisse pas le temps de s'attacher à résoudre les difficultés réelles de la culture ou de la fabrication.

Nous voudrions voir étudier en agriculture les différentes questions suivantes relativement aux végétaux saccharifères :

1° Quel est le rendement moyen, par hectare, de cannes, de sorgho ou de betteraves, selon la nature du sol, argileux, calcaire, sablonneux, etc.?

2° Quelle est l'influence précise de la nature du sous-sol dans les divers terrains destinés aux plantes saccharines?

3° Quelle est la valeur relative des différents amendements employés dans des conditions variées?

4° Quelle est la valeur des engrais proprement dits dans chaque variété de terrains?

5° Quelles sont les différences qui résultent, dans la production du sucre, de l'application au sol de tel ou tel mode de préparation et des soins d'entretien?

6° Quelle est l'influence du drainage considéré comme moyen d'aération souterraine et d'assainissement?

7° Quelles sont les différences à établir selon que les plantes saccharifères sont récoltées à telle ou telle époque, avant ou après la maturité, dans les diverses espèces de sol consacrées à leur culture?

8° Quelle est l'action spéciale du charbon végétal, de l'humus, du terreau, de la tourbe désacidifiée, des débris végétaux, sans mélange de matières animales?

9° Quels sont les résultats saccharimétriques, constatés par les données de la polarimétrie, sur les plantes saccharines, au moment même de leur extraction du sol, à différents âges de leur vie végétale, dans des conditions variées de terrain, de climat, de température, etc.?

10° Quelles sont les circonstances relatives à la conservation des matières saccharifères dans ces différentes conditions, et en tenant compte des variétés soumises à la culture?

On comprend que les réponses nettes, catégoriques, à ces questions, éclaireraient singulièrement l'industrie sucrière, et un travail qui remplirait cet objet serait d'une extrême importance pour l'avenir de la sucrerie. A part quelques observations générales qui peuvent servir de point de départ, on peut dire que rien n'a été fait dans cette voie et que les contradictions des auteurs ne sont pas de nature à diriger les cultivateurs. Ainsi, les uns veulent qu'on choisisse tel sol pour telle plante, d'autres veulent autre chose; les uns exigent ou tolèrent des engrais puissants que les autres répudient, et ces opinions sont plus souvent basées sur des systèmes de coteries, sur des théories hasardées, que sur l'observation des faits agricoles ou manufacturiers. Nous ne craignons pas de le dire hautement : la science qui n'appelle pas à son secours l'expérimentation, qui raisonne *à priori*, par voie systématique d'induction, n'est pas faite pour inspirer la confiance des hommes de pratique; ce n'est pas de la science, c'est du charlatanisme. La science consiste à *savoir* et non à *supposer*.

Les expériences que nous voudrions voir s'acomplir n'ont pas besoin du luxe de la chimie officielle; tous peuvent y concourir, et l'un des premiers moyens d'obtenir de bons résultats consisterait dans une enquête annuelle, portant sur les divers chefs que nous venons de mentionner. Cette mesure est loin d'être difficile à exécuter, et elle fournirait à elle seule des documents précieux, beaucoup plus utiles que les divagations théoriques les plus étendues; mais c'est au gouvernement à donner l'impulsion dans cette voie, et l'on ne peut assez compter sur le zèle des simples particuliers pour atteindre le but proposé. De combien de faits sérieux se serait enrichie l'observation agricole relativement aux plantes à sucre, si, depuis le commencement de l'industrie indigène, une telle enquête avait remplacé, pour la canne et la betterave, les discussions parlementaires, les excentricités administratives et les actes rancuniers dont on a été témoin? Les conséquences en seraient immenses, incalculables, et cette simple idée entraînerait les plus grands progrès par son exécution.

Si l'on savait, en effet, que tel sol, tel amendement, tel engrais, produisent des végétaux dans lesquels il se trouve plus de sucre incristallisable, ou plus des principes qui altèrent le sucre prismatique dans le travail industriel, on saurait déjà à quoi s'en tenir sous ce rapport, et l'on se trouverait en face d'obstacles culturaux bien définis qu'il conviendrait d'éviter. On apprendrait également, d'une manière positive, quelles sont les conditions les plus favorables à la production d'un maximum certain de sucre prismatique, et l'on pourrait réaliser celles de ces conditions qui sont au pouvoir de l'agriculture pratique.

Au lieu de faits constatés, nous ne possédons guère aujourd'hui que des controverses, et cette situation est loin d'être à la louange de notre époque vaniteuse, où nous nous croyons arrivés presque à l'apogée en tout, pendant que la tendance générale nous porte à prendre le clinquant pour de l'or et à donner de l'importance aux chimères les plus vaines, pourvu qu'elles brillent aux yeux. Nous voyons trop peu la valeur du fond des choses, et nous nous préoccupons trop de leur forme.

Choix du sol destiné aux plantes sacharifères. — Il convient, autant que possible, d'éviter les sols exclusivement *argileux, calcaires* ou *sablonneux*, dans lesquels l'un des éléments de la terre arable, argile, carbonate de chaux ou silice, domine *trop* aux dépens des autres.

Les sols argilo-sablonneux, avec une faible proportion de calcaire, sont bons pour toutes les plantes sacharines; les terrains argilo-calcaires viennent ensuite, puis les terres sablo-calcaires.

Si l'on a le choix du sol, la terre *franche*, riche en humus et en débris végétaux, est la meilleure de toutes.

A quantité égale d'humus, les sols présentent de notables différences dans leurs produits : les terres argileuses donnent des rendements plus abondants, mais plus aqueux, moins riches en sucre et contenant plus de sels alcalins et de matières albuminoïdes; les terres sablo-calcaires donnent des plantes moins vigoureuses, mais plus sucrées; les terres calcaires tiennent le milieu entre les précédentes.

Les sols nouvellement défrichés ne conviennent à aucune plante saccharine; les végétaux y croissent magnifiquement, il est vrai, mais ils sont pauvres en matière sucrée cristallisable, et le sucre liquide domine dans leurs tissus.

Les terres franches, les alluvions humifères, les sols où le sable et le calcaire dominent, mais où l'argile ne s'éloigne pas trop des proportions normales, sont des terrains favorables aux plantes à sucre.

Il importe encore de remarquer que, par des amendements judicieux, on peut amener plus de la moitié des terres arables à recevoir avantageusement des plantes saccharines.

Il aurait été constaté, par M. Leplay, que les terrains calcaires seraient plus favorables à la production saccharine dans la proportion de 117 à 114, relativement aux terres argileuses ou sablonneuses, et de 117 à 104 relativement aux terres argilo-sablonneuses.

Nous n'entendons faire aucune objection sur ces chiffres, mais nous pensons qu'il convient de restreindre l'idée que l'on pourrait se former des terrains calcaires pour apprécier l'opinion de M. Leplay, et qu'il ne faut pas pousser les conséquences de cette opinion jusqu'à regarder les terrains crayeux comme favorables à la production sucrière. Cela se comprend, d'ailleurs, puisque les propriétés inhérentes à ces terrains s'opposent matériellement au développement des végétaux saccharifères. Cependant, on doit avouer que les terrains sablo-calcaires, argilo-calcaires, marneux, fournissent habituellement des plantes plus riches en sucre que la plupart des autres sols. Les uns ont prétendu que cette augmentation de richesse dépend de la propriété présentée par le calcaire de conserver assez longtemps la chaleur; M. Leplay veut voir dans ce résultat une action directe de la chaux; ceux qui admettent l'influence utile de la potasse prétendent que le carbonate de chaux contribue à la décomposition rapide des matières organiques et des silicates alcalins; quelques autres voient la cause de ce résultat dans la saturation des acides qui s'opposent à la formation du sucre prismatique, et d'autres, enfin, considèrent le carbonate de chaux comme une source puissante d'acide carbonique.

Il est certain que le carbonate de chaux conserve assez long-temps la chaleur qu'il a acquise lentement, que ce même principe peut donner naissance à la formation de carbonates alcalins, dont l'action dissolvante sur l'humus est bien connue; qu'il peut neutraliser les acides du sol et s'opposer jusqu'à un certain point à la formation du glucose; enfin, que, sous l'influence d'un grand nombre de réactions qui se passent dans la couche arable, il peut céder son acide carbonique qui, devenant libre, ou se combinant à l'ammoniaque, devient un élément direct de la nutrition végétale.

Cette dernière raison, avec celle qui résulte de la dissolution de l'humus, sont les seules auxquelles nous puissions attribuer une valeur sérieuse. C'est que, en effet, à notre sens, il n'est pas admissible que l'on recherche ailleurs que dans la mise en liberté de l'acide carbonique assimilable la formation d'un principe immédiat, représenté par du carbone et de l'eau; plus grande sera, dans de certaines relations toutefois, la proportion d'acide carbonique dissous, offert aux radicelles de la plante, et plus grande sera la proportion de carbone fixée par l'hydratation. Cette proposition, en quelque sorte axiomatique, nous permet de nous rendre compte des faits réels et de saisir la relation qui existe entre la nature du sol et son produit en sucre prismatique.

Pourvu que l'acide carbonique assimilable, libre ou combiné, dissous dans l'eau, soit présenté aux racines en relation constante et suffisante, il y aura fixation, hydratation de carbone; si, d'une autre côté, des réactions favorables à la production du glucose et nuisibles à la formation du sucre prismatique n'interviennent pas, on obtiendra toujours le maximum de sucre cristallisable, pourvu que la couche arable présente un degré d'humidité, de porosité et d'aération suffisant, pourvu que la terre s'échauffe facilement et conserve sa chaleur, et que les influences climatériques ne viennent pas s'opposer au résultat.

On doit éviter avec soin, pour la culture des plantes saccharifères, les terrains à sous-sol imperméable, et de tels sols doi-

vent être profondément assainis, avant que l'on puisse songer
à y cultiver des végétaux producteurs de sucre. De même il
importe, dans le choix du sol, d'accorder la préférence à une
terre facile à échauffer et apte à conserver la chaleur acquise.
Sous ce rapport, les terrains sablo-calcaires riches en humus
doivent être préférés. Enfin, et quoi qu'en dise M. Ville avec les
Allemands, il faut éviter, avec un soin extrême, les sols riches
en sels alcalins solubles et notamment en chlorures.

Cette question particulière sera discutée en temps opportun,
et nous verrons combien il est difficile, pour ne pas dire impossible, aux agriculteurs de théorie de se rencontrer d'accord
avec les vérités d'observation.

En ce qui concerne la profondeur de la couche perméable,
on ne risque jamais rien à choisir, pour la culture des plantes
saccharines, un sol profond et substantiel. Quand même, en
effet, certaines de ces plantes ne présenteraient que des racines
traçantes, ce qui est seulement le cas des graminées, la profondeur du sol permettra toujours de renouveler la couche
active, en ramenant à la superficie les portions plus profondes
qui n'auraient pas été épuisées par l'action des racines.

Préparation du sol. — Deux labours de préparation et un
troisième labour avant la semaille ou la plantation sont indispensables dans la plupart des circonstances.

On ne doit pas craindre d'exécuter les labours de préparation
aussi profondément que possible, et lorsqu'on ne peut donner
à ces labours une profondeur de 30 à 40 centimètres, soit à
cause du peu d'épaisseur de la couche arable, soit pour d'autres
raisons, il est extrêmement utile d'opérer le second labour à
l'aide d'une charrue défonceuse, pour obtenir graduellement
l'ameublissement des couches profondes et leur mélange progressif avec celles de la superficie.

Le premier labour est plus superficiel; il se fait aussitôt
qu'on a enlevé la récolte précédente dans le but d'enfouir les
débris végétaux, de détruire les racines et de les transformer
en humus, au profit du sol.

Six semaines ou deux mois après ce premier travail, on exécute le second labour aussi profondément que possible, ainsi
que nous l'avons dit tout à l'heure, et, soit que l'on agisse ou
non sur le sous-sol, on abandonne les sillons à l'action des

agents atmosphériques, qui désagrégent et ameublissent la terre, activent les réactions chimiques et font passer à l'état soluble une partie notable des principes insolubles du sol.

Le dernier labour, celui qui précède la semaille ou la plantation, n'a pas besoin d'être aussi profond que celui dont nous venons de parler, et il devra être pratiqué suivant les circonstances des semailles ou de la plantation, sur lesquelles nous donnerons les détails nécessaires en parlant des cultures spéciales.

Il est à peine nécessaire de faire observer, une fois pour toutes, que les labours ne doivent jamais se faire par un temps humide et qu'il faut travailler la terre seulement lorsqu'elle est suffisamment asséchée. Cette précaution est, en quelque sorte, élémentaire, et il n'est pas un seul laboureur qui n'en comprenne la portée. Le travail fait par les temps humides ne produit qu'une sorte de déchirement de la terre, un soulèvement de mottes boueuses qui se dessèchent et se durcissent à l'air sans s'effriter ou s'ameublir, en sorte que l'on n'atteint pas, sinon d'une manière très-incomplète, les résultats que l'on demande à un labour bien fait et exécuté en temps utile.

L'ameublissement du sol, par les labours de préparation, est d'autant plus nécessaire pour les plantes saccharines que, par leur nature même, elles sont destinées à fixer des proportions considérables de carbone. Or, nous avons constaté, par des expériences nombreuses, que, plus un sol est ameubli, plus il est perméable, et mieux il opère cette décomposition de l'eau que nous avons signalée. Il se forme une proportion d'ammoniaque plus considérable, et l'air, pénétrant plus facilement dans la couche productrice, fournit abondamment l'acide carbonique à l'alcali volatil formé, indépendamment de celui qui résulte de la décomposition des carbonates. A côté de cette raison capitale, puisée dans des faits de chimie organique, on doit ajouter que, dans un terrain bien ameubli, les radicelles, moins comprimées, peuvent s'étendre plus aisément à une certaine distance de l'axe pour puiser, tout autour de la plante, une nourriture plus abondante. Nous n'avons donc pas besoin d'insister à ce sujet, et les producteurs intelligents n'hésiteront jamais à multiplier les labours de préparation et à ameublir le sol aussi profondément qu'il leur sera possible.

Assolement. — Une des causes principales de la dégénérescence des plantes saccharifères et de l'appauvrissement des terrains sur lesquels on les cultive consiste, évidemment, dans l'absence d'un assolement régulier.

On en est arrivé à cultiver les plantes à sucre dans le même terrain pendant une longue série d'années, ou, tout au moins, à les faire revenir sur le même sol à des intervalles beaucoup trop rapprochés. On sait que certains végétaux enlèvent à la terre certains principes minéraux, que les plantes sont plus ou moins avides d'engrais, que la nature même des récoltes exige ou repousse des aliments actifs, enfin, que les végétaux ne puisent pas leur nourriture dans les mêmes couches du sol et que les uns présentent des racines traçantes ou superficielles, pendant que les autres pivotent plus ou moins profondément dans la terre. C'est de là qu'il convient de partir pour apprécier la place qu'il faut attribuer aux plantes à sucre. Ces observations sont peut-être moins applicables dans certaines conditions exceptionnelles, comme dans les cultures des pays tropicaux, ou lorsqu'on a affaire à des terrains d'alluvion, humifères, qui peuvent produire avantageusement la même plante pendant une longue succession d'années; mais, quoi qu'il en soit, le principe fondamental n'en est pas moins exact, et nous entendons parler ici pour la plus grande partie des cas qui peuvent se présenter. Il est certain qu'une plante donnée, se succédant à elle-même sur le même sol, finira par épuiser ce sol des principes particuliers qui lui sont utiles et que, à moins de restituer complétement et absolument à la terre tout ce qu'elle peut avoir perdu, il est impossible de se maintenir dans les conditions de la récolte primitive. On sera tenté alors de chercher à rétablir l'équilibre par l'action d'engrais plus ou moins énergiques, et cette pratique pourra conduire à de funestes conséquences. C'est, du reste, ce que l'on a observé en France à propos de la betterave, qui fournissait des récoltes moyennes de 50,000 à 60,000 kilog., par 10 0/0 de richesse, tandis que, actuellement, même sous l'influence d'engrais actifs, la même variété ne donne plus qu'une récolte moyenne de 35,000 à 40,000 kilog. avec une richesse de 7, 5 à 9 0/0. Nous aurons à étudier les causes générales de cette dégénérescence, mais nous croyons que le défaut d'assolement en est une des plus importantes.

En règle pratique, les plantes sucrières assolables ne devraient revenir sur le même terrain qu'après un intervalle de trois ou quatre ans, c'est-à-dire que, dans une ferme bien tenue, on ne devrait pas consacrer plus du quart ou du cinquième des terres à la culture des plantes à sucre. La place de ces plantes, dans un assolement convenable, ne doit jamais se trouver après une *fumure directe*, lorsqu'on a pour but l'extraction du sucre, tandis que cette condition n'offre plus d'importance en alcoolisation. C'est dire que l'assolement ne sera pas le même forcément dans ces deux circonstances, mais que, pour la sucrerie, les plantes saccharifères ne doivent venir sur le sol que la seconde année au moins après la fumure. Comme, d'autre part, les plantes à sucre exigent un sol bien débarrassé des plantes parasites et aussi ameubli que possible, elles seront parfaitement placées à la suite d'une plante industrielle qui exige une forte fumure, qui couvre la terre en faisant périr les mauvaises herbes et dont la récolte s'opère de bonne heure. La situation sera meilleure encore si les végétaux dont la culture doit précéder celle des plantes à sucre n'ont pas puisé leur nourriture dans les mêmes couches du sol.

Pour donner quelques exemples, facilement compréhensibles, nous dirons que les fourrages printaniers, les légumineuses, telles que les pois, les vesces, les fèves, fortement fumées, le chanvre fumé, le colza et la plupart des graines oléagineuses, peuvent précéder avantageusement les plantes sucrières, qui trouveront dans la terre, après ces récoltes, une proportion de matière alimentaire très-suffisante pour leurs besoins sans avoir à souffrir des inconvénients d'une fumure nouvelle. C'est là, à peu près, tout ce qu'il est possible de dire, d'une manière générale, sur l'assolement des plantes saccharifères, et il suffit que l'on comprenne bien la nécessité de ne les faire reparaître dans un même terrain qu'après un intervalle convenable, pour que nous n'ayons rien à ajouter ici sur ce point. Nous verrons, d'ailleurs, en étudiant la culture particulière de la betterave, quelles peuvent être les meilleures rotations à adopter.

Amendements et engrais applicables aux végétaux saccharifères. — Nous avons peu de chose à ajouter à ce que nous avons dit précédemment sur les amendements, et, pourvu que la terre destinée aux plantes à sucre se rapproche le plus pos-

sible de la normale, pourvu qu'on n'oublie point que les sols·
argileux leur sont nuisibles, que la chaux leur est d'une haute
utilité dans de certaines limites, enfin, qu'elles ont un besoin
incontestable d'humus et que la perméabilité du sol est une
des conditions rigoureuses de leur développement, on aura
compris les données essentielles relatives aux amendements.

La question des engrais applicables aux plantes sucrières est
beaucoup plus complexe : c'est le cheval de bataille de la
science agricole moderne, l'objet des discussions interminables
des sociétés savantes, l'épouvantail des cultivateurs qui se
laissent entraîner aux rêveries. Nous défions un homme de travail consciencieux d'aborder une question agricole sans qu'il
éprouve un profond découragement en arrivant au chapitre
engrais, tant il est certain d'éveiller de farouches susceptibilités. Il se trouve, en effet, placé entre le fumier de ferme, les
terreaux, l'humus et les détritus naturels, d'une part, et, de
l'autre, il voit s'élever devant lui le noir animal, la poudrette,
le guano naturel ou factice, le sang concrété, l'urine desséchée, le tout dosé à tant 0/0 d'azote. Puis viennent les innombrables *engrais minéraux*, les résidus des fabriques de gaz et
autres, les phosphates, les nitrates, etc. C'est à effrayer le courage le plus robuste, et il est souvent difficile de démêler la
vérité réelle au milieu de tout ce dont on la couvre, le plus
souvent à dessein.

Nous allons chercher cependant à mettre sous les yeux du
lecteur les véritables règles qu'il lui importe de suivre dans la
pratique si importante de l'engrais du sol destiné aux plantes
sucrières :

1° Il ne peut entrer dans l'esprit de personne de vouloir fabriquer un composé donné avec d'autres éléments que les
siens... Ainsi, le chimiste qui voudra faire du sulfate de soude
se servira d'acide sulfurique et de soude, etc. De même, le cultivateur qui veut créer du sucre devra fournir au sol les éléments du sucre et non d'autres.

2° La seule exception qui pourrait avoir lieu se trouverait
dans le cas où une matière étrangère jouerait le rôle d'excitant,
en favorisant la végétation et en déterminant l'union des principes réels du sucre.

3° A plus forte raison, ne doit-on jamais employer, pour
produire une substance donnée, des éléments ou des engrais

qui puissent nuire à cette substance, la décomposer ou en empêcher l'extraction. Sans doute, les engrais ont pour but de
restituer au sol ce qui lui a été enlevé par les récoltes, d'en entretenir ou même d'en augmenter la richesse et la fertilité,
mais il ne faut point imaginer que la nature des engrais n'ait
pas une influence capitale sur les principes immédiats des végétaux, sur leur nature et leur quantité relative.

Cette influence est démontrée par l'expérience quotidienne, et
nul, sinon ceux qui sont intéressés à entretenir des erreurs, ne
songe à la révoquer en doute.

Ce qui précède étant posé en principe, recherchons quelle
peut en être l'application technique à l'engrais du sol destiné
aux plantes sacchariféres.

4° Le sucre est formé de CARBONE et d'EAU, il n'entre pas
d'AZOTE dans sa composition.

5° Le sucre ne peut se former à l'état cristallisable en présence
de certaines combinaisons salines; d'autres facilement absorbées
par la plante détruisent le sucre lors de l'extraction du jus, le
décomposent aisément ou forment avec lui des combinaisons
incristallisables qui causent la ruine du fabricant. Ceci est
d'autant plus vrai que, plus un jus ou vesou est abondant en
sels, plus la cristallisation est difficile, quelquefois impossible,
par suite des difficultés de la défécation, soit de l'élimination
de ces matières salines, ou de l'annihilation de leurs effets
désastreux.

Les conséquences de ces données sont faciles à saisir.

6° Tout engrais essentiellement composé de carbone, c'est-
à-dire de l'élément nécessaire du sucre et des corps hydrocarbonés, sera favorable aux plantes à sucre, à fécule, etc.
Ainsi, les plantes décomposées, le terreau, l'humus, la tourbe
désacidifiée, les limons et tous les engrais végétaux, sont ceux
qui doivent, *à priori*, convenir le mieux à ces plantes et favoriser
la formation du sucre.

7° Tout engrais essentiellement azoté devra être rejeté de la
pratique.

8° On ne devra faire exception à cette règle qu'en faveur de
certains engrais excitants, dont la culture aura pu reconnaître
l'avantage, *à une dose expérimentale.*

Ce n'est certes point par un parti pris et sous l'influence d'une
idée préconçue que nous proscrivons ainsi l'emploi des engrais

trop azotés dans la culture des plantes sucrières, et, bien que M. Payen ait cru devoir conseiller autrefois l'emploi du sang désséché comme engrais pour la canne, tous les observateurs sont d'accord pour rejeter l'usage des engrais perazotés. Une expérience de C.-W. Johnston, rapportée dans son livre sur les *agents fertilisants*, démontre clairement quelle est l'action des engrais sur la composition des plantes. Cent parties pondérales de froment, recueilli sur le même sol, mais à la suite de différents engrais, ont fourni des donnée très-caractéristiques.

Les engrais végétaux ont donné : 60 d'amidon et 10 de gluten.
Le fumier d'étable a produit : 62   »   » 12 »   »
    »   de cheval   »   62   »   » 14 »   »
    »   de mouton   »   42   »   » 33 »   »
Le sang   »   41   »   » 43 »   »

Il ressort de ces résultats curieux un enseignement utile, puisque la production hydrocarbonée est d'autant plus faible que l'engrais employé est plus azoté, et que, au contraire, l'emploi d'engrais très-azoté augmente considérablement la production albuminoïde, dont la proportion peut être même quadruplée. Or il est certain, pour tout physiologiste attentif, que la fécule est congénère du sucre, que les causes qui diminuent la production de la première agissent de même sur le second et, dans tous les cas, on est obligé d'admettre que les engrais azotés forcent la production des matières albuminoïdes.

9° Lorsqu'on sera forcé d'employer des engrais mixtes azotés, il conviendra de placer d'abord une plante non sucrière sur la fumure fraîche, afin d'en épuiser, par une première récolte, le principe azoté ou ammoniacal. Dans ce cas, la plante saccharifère ne doit venir qu'en deuxième année, ou sur vieille fumure.

10° Dans aucun cas, les sels minéraux à base de potasse ou de soude, les nitrates, les sulfates et les phosphates alcalins solubles ne doivent être employés *directement* pour la culture immédiate des plantes à sucre.

Observations pratiques sur l'engrais des plantes à sucre. — Nous bornerons ces observations à la *canne, à sucre* à la *betterave* et au *sorgho*.

Canne à sucre. — Dans les pays où l'on cultive la canne, les débris de la canne elle-même, les *pailles*, les plantes enfouies *en vert*, sont regardés comme la fumure par excellence de la canne. Ceci est tellement exact qu'à la Louisiane, par exemple, on alterne, la plupart du temps, la culture de la canne avec celle d'une légumineuse dont la paille sert d'engrais après la récolte des *fèves* qu'elle produit.

Aucun planteur intelligent et observateur ne s'est bien trouvé des engrais azotés, employés à *dose de fumure*, et c'est tout au plus s'ils ont pu l'être à *dose excitante*. *Le savant professeur* dont nous parlions se trompait évidemment et n'avait pas tenu compte des faits pratiques, lorsqu'il semblait *insinuer* le contraire dans un passage que nous empruntons à son livre.

« Cette plante exige une terre meuble, riche, ou des engrais en quantité suffisante, et *exempte de sels minéraux*, qui augmenteraient la proportion de mélasse dans les produits du traitement du jus. »

Prenons, en passant, bonne note de cette opinion, quant aux sels, et poursuivons notre citation.

« Mais les engrais manquent généralement dans les pays où l'on cultive la canne; aussi s'est-on décidé, *depuis la propagation des théories françaises sur les engrais*, à faire venir d'Europe des engrais riches en matières animales, tel que le sang desséché, la *chair musculaire*, la laine en poudre et le *noir animalisé*. »

Un esprit impartial, complétement étranger aux théories *dites* françaises, qui ne serait pour rien dans l'invention du *noir animalisé*, pourrait s'arrêter ici et demander comment la culture de la canne se faisait avant cette propagation des théories azotées, et avant la création des fabriques de noir animalisé. Il pourrait demander comment l'Amérique nous réclame de la chair musculaire comme engrais, lorsque nous la lui demandons pour notre propre alimentation. Nous préférons continuer à extraire ces quelques lignes instructives, dont le lecteur tirera lui-même les conséquences.

« On emploie à cet usage, *depuis la même époque*, des morues détériorées et divers débris de poissons, que l'on divise entre des cylindres, et que l'on enterre au pied des touffes de cannes.

« L'application du sang, dans les colonies, a donné lieu à un singulier accident : les rats, trouvant au pied des cannes un aliment de leur goût, sont venus l'y chercher au détriment des plantes que non-seulement ils privaient de leur engrais, mais dont ils détérioraient les racines. On a pu éviter cet inconvénient en mélangeant le sang avec du poussier de charbon et de la suie. *On emploie environ* 300 *ou* 400 *kilogrammes de cet engrais par hectare.* »

On conviendra que pour un sol qui produit *au moins* 50,000 kilogrammes de récolte fraîche, *représentant au moins* 14,000 *kilogrammes de matières sèches*, les 300 ou 400 kilogrammes d'engrais factice sont au plus une *dose excitante;* mais cela ne suffit pas à la vérité. Il est exact que bien des planteurs se sont laissé entraîner au courant des fatales idées dont parle l'auteur à qui nous empruntons ces lignes; mais, *depuis cette funeste époque*, il n'en est pas qui n'aient eu à regretter cet entraînement, et plusieurs nous ont avoué qu'ils se regardaient comme parfaitement guéris des théories.

En effet, ces pratiques n'ont rien produit que de désavantageux.

Dans un autre ouvrage plus récent, le même écrivain convient qu'on *doit* donner au sol producteur de cannes *tous les détritus ainsi que les cendres des parties non utilisées de la plante*, et y ajouter des déjections et débris d'animaux... Suit la répétition textuelle du passage cité plus haut. Nous trouverons tout à l'heure des contradictions plus évidentes du professeur-agronome, à propos de la betterave; mais nous devons, quant à présent, faire remarquer que les fumiers proprement dits, ou fumiers mixtes, n'agissent guère sur la canne que dans la première période de sa croissance, pour leur portion azotée....; La canne n'arrive à sa période sucrière que lorsque ces fumiers ont perdu toutes leurs parties animalisées; il ne reste plus alors que les détritus végétaux ayant servi de litière, en sorte qu'on ne peut rien inférer de sérieux de l'usage des fumiers, quant à leur action sur le sucre de la canne.

Nous pourrions multiplier les raisons et les preuves; nous préférons nous en rapporter au dire de planteurs sérieux, et poser en principe que la canne redoute les engrais azotés employés en proportion de fumure, que le fumier de ferme ordinaire, ou fumier mixte, ne lui est pas défavorable, parce qu'il n'agit pas sur le sucre, ses parties ammoniacales ayant depuis longtemps disparu lorsque la plante entre dans l'époque de sa production saccharine; enfin, que les engrais les plus utiles à la canne sont des débris végétaux et, notamment, ceux de la plante elle-même.

Ici, nous ne craignons pas de contradictions de la part des hommes de pratique, et nous avouons nous soucier assez peu de celles des théoriciens.

Betterave.— Les faits relatifs à cette plante ne souffrent plus aujourd'hui de discussion, à l'égard du point qui nous occupe. Bien que l'illustre Chaptal ne semble pas partager l'opinion opposée à l'emploi de la fumure nouvelle pour la betterave, il n'est pas moins hors de doute que déjà il reconnaissait l'avantage des petites racines sur les grosses.

« Dans un temps où la culture de la betterave était moins bien connue, dit-il, on a cru que le fumier rendait cette racine bien moins riche en sucre et la disposait à produire du salpêtre ; je n'ai rien observé de tout cela, et n'ai aperçu, entre les betteraves fumées et celles qui ne le sont pas, que la différence de grosseur. Ce qui a pu établir l'opinion que je combats, c'est que *le suc est plus concentré dans les petites, et fournit par conséquent plus de sucre sous le même volume.* »

Déjà, dans un autre passage, cette opinion en faveur des petites betteraves avait été établie de la manière la plus nette :

« La valeur des betteraves ne peut pas être calculée d'après la grosseur et le poids : les grosses racines, qui pèsent souvent de 10 à 20 livres (de 5 à 10 kilogrammes), contiennent beaucoup d'eau ; leur suc marque à peine de 5° à 6° au pèse-liqueurs, tandis que celui des betteraves qui pèsent moins d'une livre (500 grammes) marque de 8° à 10° ; ainsi, le suc de ces dernières contient deux fois plus de sucre sous le même volume, et l'extraction en est plus facile et moins coûteuse, attendu que l'évaporation exige beaucoup moins de temps et de combustible. D'après cela, je préfère, pour ma fabrique, les betteraves du poids de 1 à 2 livres (de 500 grammes à 1 kilogramme), quoique le terrain qui les fournit n'en donne pas plus de vingt-cinq à trente milliers à l'hectare. »

Ce qui précède montre clairement que Chaptal donnait la préférence aux petites betteraves sur les grosses, et cela implique la nécessité d'éviter la fumure nouvelle, qui tend à les faire grossir considérablement, aux dépens de la production saccharine, comme nous le verrons tout à l'heure.

Les auteurs du *Dictionnaire d'agriculture pratique* partageaient cette idée, lorsqu'ils s'exprimaient en ces termes, au sujet de la fumure du sol destiné à la betterave :

« *Le sol ne doit être fumé que l'année qui précède sa culture*, ou, si on la sème sur l'engrais, on n'y doit employer que du fumier bien consommé. Dans ce dernier cas, la racine de la plante acquerra *plus de volume*, mais ce sera *aux dépens de la matière sucrée;* elle sera même sujette à contracter un goût de fumier; elle se conservera moins bien et donnera plus de déchet en laissant évaporer une plus grande quantité d'eau. »

Malgré les plus vives sympathies pour les théories azotées et le noir animalisé, le professeur dont nous parlions tout à l'heure, au sujet de la canne à sucre, est revenu plus tard à d'autres idées à propos de la betterave. Les lignes suivantes n'ont pas besoin de commentaire :

« On a constaté l'influence défavorable des engrais trop abondants ou trop actifs sur la sécrétion du sucre dans les betteraves...; il serait utile de favoriser la sécrétion sucrée en appliquant la fumure à la culture qui, dans l'assolement, devrait précéder la betterave; telle est la méthode employée avec un grand succès en Prusse, pour accroître la richesse saccharine des betteraves... Les inconvénients d'un excès de *substances azotées et salines* dans le sol... rendent très-difficile l'extraction du sucre... »

Ceci est clair et précis, et la critique n'a plus rien à demander à une opinion aussi nettement formulée. La fumure nouvelle, les engrais azotés et salins nuisent au sucre : voilà la théorie d'accord avec la pratique.

Quant à notre opinion personnelle, nous l'avons déjà précédemment émise, et nous ajoutons à ces observations l'extrait suivant du journal *l'Agriculture progressive* (janvier 1859).

« Chacun sait qu'il n'est pas indifférent d'adopter telle ou telle variété de betteraves, soit comme plante fourragère, soit comme matière première de la fabrication du sucre ou de l'alcool. Certaines variétés sont, en effet, notablement plus riches en sucre, d'autres en matières azotées; les unes produisent peu, tandis que d'autres donnent une lourde récolte. — La Société centrale d'agriculture de Belgique, si bien placée pour obtenir de bons renseignements, vient de faire une *enquête sur la valeur relative de diverses variétés de betteraves*. Il semble résulter du dépouillement des réponses faites par un assez grand nombre de praticiens que les betteraves blanches, à collet vert ou rose, ou leurs hybrides, sont les plus avantageuses. Il y a bien des variétés à jus plus dense, mais le produit par hectare est moindre. En résumé, le produit de la *densité* d'une variété de betterave par son *rendement* à l'hectare donne un nombre qui représente le *produit argent :* il varie ici entre 200,000 et 280,000 (densité belge indiquant à très-peu près le rendement en sucre). La supériorité de la variété la plus favorable sur la plus mauvaise est donc d'environ les quatre dixièmes du *vrai produit* de cette dernière.

« En divisant par 100 les nombres précédents, on a le produit en sucre d'un hectare de betteraves. Nous adoptons le *produit du rendement des betteraves par leur densité,* comme mesure de leur valeur. Car si l'on recherche seulement la densité, on arrive bien à obtenir des variétés de betteraves très-riches, mais elles sont en général d'autant moins productives qu'elles sont plus denses. Il y a donc là un maximum de densité et de produit combinés à atteindre. Il est vrai que l'on peut se demander si les variétés très-denses ne produiraient pas par hectare autant que les betteraves pauvres, si l'on fournissait une dose suffisante d'engrais. Là encore se présente un maximum. Bien que les racines supportent d'énormes quantités de fumier, leur qualité sucrière diminue en proportion du fort rendement, au point qu'en Saxe, où l'impôt est payé par *poids de betteraves,* les cultivateurs et les sucriers n'adoptent que des variétés de betteraves très-riches, peu productives, et arrivent même à ne les fumer que très-peu. On a cherché à remplacer le *fumier de ferme,* qui, à forte dose, donne de grosses racines peu sucrées, par le guano, et l'on a réussi : *le guano donne des racines sucrées.* En Saxe, les sucriers font leurs betteraves sur un blé fumé, ou mieux sur les *pavots fumés,* et donnent à la sole de *betteraves* de 300 à 400 kilogrammes de guano et s'en trouvent bien : le guano a, de plus, l'avantage d'éloigner les insectes. »

Walkhoff, dont l'ouvrage peut être consulté avec le plus grand fruit, bien qu'il soit spécial à la betterave seule, admet l'influence *essentielle* des engrais riches en ammoniaque et surtout des matières azotées dans la culture de la betterave. « Ces matières, dit-il, stimulent extraordinairement le développement des betteraves, mais, malheureusement, une augmentation d'azote dans l'engrais fait constater également un accroissement sensible de l'azote des racines[1]. »

Nous pouvons donc résumer les conséquences pratiques suivantes pour la fumure de la betterave : jamais d'engrais de même année ou de fumure nouvelle, pas d'engrais trop azotés ou salins, emploi d'engrais végétaux autant que possible et, dans certaines circonstances, emploi d'un peu de guano à titre d'excitant ; encore doit-on être très-circonspect à l'égard de cette drogue infecte, et ne jamais dépasser 200 ou 300 kilogrammes par hectare.

Malgré les opinions allemandes, malgré celles encore de certains commerçants en guano, appuyées par les rapports de quelques agriculteurs théoriciens, nous persistons dans notre répulsion pour cet engrais à *dose de fumure,* et nous aurons, plus loin, l'occasion d'exposer les raisons qui justifient notre manière de voir.

Sorgho. — Tous les hommes de culture qui se sont occupés du sorgho s'accordent à conseiller pour cette plante une vieille fumure, des engrais enfouis en vert, des débris végétaux; et redoutent les engrais ammoniacaux ou azotés. On voit que les plantes sucrières présentent les mêmes besoins, et que si des engrais très-énergiques leur font acquérir un grand développement, ce ne peut être qu'au détriment de la matière sucrée, et surtout du sucre cristallisable qu'elles doivent produire.

Il se présente d'ailleurs ici un raisonnement fort simple que nous appliquons à la betterave prise pour exemple. Tel hectare de terre a fourni, sans fumure immédiate, 40,000 kilogrammes de racines, renfermant 4,000 kilogrammes de sucre réel, dont on retirera aisément 2,000 ou 2,500 kilogrammes par les procédés usuels... L'hectare voisin a produit 75,000 kilogrammes ne contenant que la même quantité de sucre. Admettons que l'on puisse en retirer manufacturièrement le même produit, il n'en restera pas moins acquis et constaté

---

1. Ce passage est d'autant plus remarquable qu'il est en contradiction avec la préférence que l'auteur accorde au guano... En voici le texte : « Einen wesentlichen Einfluss auf die Rübencultur äussern die an Ammoniak reichen, überhaupt die stickstoffhaltigen Düngemittel. Sie befördern das Wachsthum der Rüben ungemein, leider wird aber auch mit der vermehrten Zufuhr des Stickstoffs im Dünger eine deutliche Zunahme des Stickstoffgehaltes der Rüben bemerkt. »

que, dans ce cas, les 2,500 kilogrammes de sucre coûteront beaucoup plus cher au fabricant. Les frais seront augmentés de : 1° la valeur vénale de 35,000 kilogrammes excédants, moins la valeur des pulpes et résidus; 2° du temps, de la main-d'œuvre et du combustible employés à travailler *inutilement* 35,000 kilogrammes de plus que dans la première circonstance, etc. On sent où conduisent ces fortes récoltes en poids, et les mécomptes qui en résultent fatalement.

Soins de culture et d'entretien. — Les plantes saccharines exigent un sarclage lorsque la plante se distingue aisément des mauvaises herbes, et deux ou trois binages pendant la croissance. Elles requièrent toutes la plus grande propreté et des soins d'entretien plutôt minutieux que négligés : la récolte paye largement ce qu'on fait pour la terre, et il ne faut pas être avare de son travail, surtout dans la culture des plantes saccharifères, qui demandent l'aération du sol et craignent le voisinage des mauvaises herbes. Celles de la famille des graminées aiment une certaine humidité; mais, quand on leur en donne trop, elles produisent du sucre liquide aux dépens du sucre prismatique. Cette circonstance n'a pas encore été l'objet d'une attention suffisante et, bien que nous l'ayons indiquée dans la première édition de cet ouvrage, nous ne pensons pas que les producteurs en aient tiré les conséquences pratiques qui en découlent. L'eau est indispensable aux plantes; tous les principes immédiats produits par la végétation renferment une certaine quantité d'eau, fixée et solidifiée; mais, lorsque cet agent est présenté aux racines en proportion trop considérable, on ne peut se refuser à admettre qu'il doive en résulter des modifications notables dans la nature des produits.

Époque de la récolte. — La récolte des plantes saccharines doit se faire lorsqu'elles ont atteint toute la croissance dont elles sont susceptibles; mais on ne doit jamais attendre que les plantes aient perdu leur sucre par la granification. La canne, à la vérité, *semble* faire exception à cette règle; on ne connaît rien de précis sur l'époque précise à laquelle le sorgho renferme le maximum de sucre prismatique; mais c'est une erreur capitale de dire que la betterave ne perd pas son sucre en montant en graine. Cette plante doit être récoltée au moment de sa première maturité, c'est-à-dire le plus tard possible dans la première année de sa croissance. Il a été reconnu expérimentalement que la plus grande richesse sucrière correspond au plus long séjour en terre : l'observation est exacte, pourvu, toutefois, que l'on n'applique cette idée qu'en ce qui se rapporte à la maturité réelle, les végétaux commençant à perdre, sous des influences très-variables, lorsqu'ils dépassent cette période.

La règle générale consiste donc à récolter les végétaux saccharifères lorsqu'ils ont atteint le maximum de richesse saccharine, et la pratique se guide, pour reconnaître ce moment favorable, sur les indices de la maturité organique.

Conservation des plantes sucrières. — La conservation des plantes saccharifères dépend essentiellement de certaines conditions générales que nous rappelons succinctement à l'esprit du lecteur. Ces végétaux contiennent du *sucre cristallisable*, du *sucre liquide*, du *ferment*, des *matières albuminoïdes*, de *l'eau*, des *sels* et des *substances cellulosiques* que l'on peut considérer comme inertes. Pour peu que la *température* soit favorable à l'action du ferment, on comprend que la désagrégation puisse s'en emparer très-facilement et que le sucre, matière éminemment altérable, soit transformé ou détruit. D'après les principes qui régissent l'acte de la fermentation, on ne pourra donc conserver les végétaux saccharifères récoltés que par l'une ou l'autre des mesures suivantes :

1° *Abaissement de la température* au-dessous de $+ 5°$, c'est-à-dire au-dessous du point auquel l'action du ferment commence à être constatable. On comprend facilement que, si cet abaissement de température est possible dans certains climats, il est illusoire de s'y arrêter dans les pays tropicaux, où la température est toujours assez élevée.

2° *Élimination du ferment*. — On voit sans peine que, si l'on pouvait éliminer ou détruire le ferment globulaire, la conservation des substances fermentescibles serait assurée; mais il n'existe, malheureusement, aucun moyen pratique d'arriver à ce but.

3° Nous en dirons autant de l'*élimination des matières albuminoïdes* dont la principale propriété est de nourrir le ferment globulaire, mais qui peuvent aussi déterminer des altérations spéciales. Nous ne connaissons aucun procédé qui permette la séparation de ces matières dans les plantes entières.

4° *Élimination de l'eau...* Les matières sèches ne fermentent pas [1]. Si donc, par une dessiccation convenable, les végétaux saccharifères sont privés de l'eau qu'ils renferment, leur conservation indéfinie sera assurée pour tout le temps qu'on les maintiendra à l'abri de l'humidité. C'est à cette cause qu'il convient d'attribuer la conservation des cannes et des betteraves, dont on a fait des *cossettes* plus ou moins minces, et que l'on a privées de l'eau de végétation par l'action de la chaleur. Cette élimination de l'eau peut être regardée comme le seul procédé pratique de conservation que nous ayons à notre disposition, quant à présent. L'action du froid présente bien une valeur que l'on utilise pour la betterave, mais nous devons reconnaître que cette valeur est limitée à un court espace de temps et que l'on ne saurait accorder à ce moyen la même confiance qu'à la dessiccation.

On pourrait, sans doute, essayer de placer les végétaux sucrés dans des milieux privés d'*air*, puisque l'air est indispensable à la désagrégation par voie de fermentation; on pourrait même plonger les plantes dans des gaz ou même des liquides préservateurs; tous les agents qui s'opposent à la fermentation pourraient être employés, à la rigueur, mais on sent assez les difficultés pratiques de ces moyens, surtout lorsque l'on est obligé d'agir sur de grandes quantités, pour rejeter tous les procédés de laboratoire, dont l'application n'est possible que sur une échelle minime. En résumé, la conservation des plantes saccharines ne peut se faire pratiquement que par l'action du froid ou par la soustraction de l'eau, et c'est à ces deux moyens qu'il convient de se borner, jusqu'à ce que l'on ait découvert un procédé industriel plus avantageux.

CHAPITRE II.

Culture de la betterave.

On a fait de nombreux travaux sur la betterave, et nousmême avons publié, dès 1854, une monographie de la culture

---

1. *Sicca non fermentantur* (Stahl., 1756).

et de l'alcoolisation de cet utile végétal. Disons tout de suite que, dans ce travail, nous avons eu spécialement en vue l'homme de culture, et qu'on ne doit pas y chercher autre chose que de simples renseignements pratiques.

Nous tenons à honneur d'avoir cherché à mettre à la portée de tous les moyens d'utiliser la valeur industrielle et culturale de la betterave, et nous regardons l'introduction des plantes sarclées, industrielles, à résidus utilisables, comme la seule sauvegarde réelle contre les crises alimentaires. Nous nous sommes expliqué à ce sujet dans plusieurs publications, et nous ne rappelons cette idée qu'afin de faire bien comprendre combien nous y attachons d'importance. .

En Europe[1], la betterave est à la fois la plante à sucre, à alcool, à viande, à fumier par conséquent..... Elle est ainsi la plante améliorante par excellence et, par son influence salutaire sur la culture, elle favorise à un suprême degré la production du froment. Nous ne l'envisageons ici que sous le rapport de la production sucrière; mais le lecteur nous pardonnera sans doute si, dans le cours de ce chapitre, il nous échappe quelques considérations économiques relatives à l'utilité générale que l'on devrait recueillir de la culture de cette précieuse racine.

La *betterave* appartient au genre *bette*, de la famille des *chénopodées*[2]; elle est suffisamment connue pour que nous n'ayons pas à la décrire longuement. La configuration des feuilles de la betterave et une reproduction plus ou moins exacte de l'apparence extérieure de la plante nous sembleraient être un véritable hors-d'œuvre dans un ouvrage sérieux; aussi, nous contenterons-nous d'appeler l'attention du lecteur sur un point plus important. C'est de la racine charnue de la betterave qu'on extrait le sucre et l'alcool; la forme de cette racine présente donc une certaine valeur pour l'agriculteur et pour le fabricant, et il n'est pas inutile d'en étudier les variations. Si l'on veut généraliser la question, on trouve que la betterave présente trois

1. La betterave serait entrée en France, en franchissant les Alpes, vers 1595, selon Olivier de Serres. Oubliée pendant longtemps, elle est rappelée à l'opinion publique en 1784, par un mémoire de l'abbé Commerelle sur la betterave *disette* ou champêtre. Ce n'est qu'à l'époque du blocus continental qu'elle commence à prendre un rang sérieux dans nos cultures, et depuis lors son rôle a été sans cesse grandissant.

2. Pentandrie digynie de Linné. ,

types principaux sous ce rapport : ou bien sa racine est *sphé-roïdale* et comme globuleuse, ou elle est *napiforme*, plus ou moins ressemblante à celle du navet, ou encore elle affecte une forme allongée et renflée et elle est dite *fusiforme*.

La première de ces formes est représentée typiquement par la figure 23, la seconde offre les deux sous-types indiqués par

Fig. 23.

les figures 24 et 25, et la troisième est représentée par la figure 26. Il est clair que, *à richesse sucrière égale*, toute variété

Fig. 24.   Fig. 25.   Fig. 26.

qui présentera la forme du premier et du troisième type, donnera un produit plus abondant par hectare que les variétés du second type. C'est là un des points auxquels il importe de s'attacher dans le choix d'une espèce à cultiver, car l'expérience a'appris que la portion des racines qui croît hors de terre est la moins riche en sucre.

I. — ESPÈCES PRINCIPALES ET VARIÉTÉS.

Les betteraves considérées comme les plus favorables à la fabrication sucrière ont été rangées dans l'ordre suivant, relativement à leur mérite :

1° La *betterave blanche à collet rose;*
2° La *betterave blanche à collet vert.*

Ces deux variétés appartiennent à la *betterave* dite *à sucre, betterave de Silésie,* introduite en France par l'illustre Mathieu de Dombasle; elles sont le plus généralement exploitées pour la sucrerie en France et en Belgique. Elles ont l'avantage d'être moins aqueuses, plus sucrées, d'un tissu plus résistant et moins susceptible d'altération que les autres sous l'influence du froid et de plusieurs autres causes. Ces raisons les font préférer à juste titre, bien qu'elles soient d'un arrachage plus difficile, parce qu'elles sont enfouies en terre presque jusqu'au collet.

3° La *betterave jaune-blanche de Castelnaudary* est quelquefois aussi riche pour le moins que la betterave de Silésie, et sa culture devrait être encouragée par l'industrie.

4° Enfin on parle d'une variété sucrière à laquelle on a donné le nom de *betterave jaune-pâle à chair blanche.* Elle a été indiquée comme d'un rendement sucrier plus élevé que celui de la betterave de Silésie.

Nous ne mettrons pas sous les yeux du lecteur la longue nomenclature des variétés et sous-variétés moins riches en sucre et se rapprochant plus ou moins de la betterave commune ou *disette,* dont le jus n'offre pas une densité supérieure à 4° ou 5° Baumé, tandis que la Silésie donne un jus de 7° à 9° de densité [1]. Nous devons dire, cependant, qu'il nous est arrivé de

---

1. La densité du jus de betteraves varie suivant l'espèce, le lieu de production, la culture, le volume des betteraves, entre 3° et 9° Baumé. La betterave rouge est la plus pauvre, la blanche à collet rose la plus riche ; les betteraves du Midi ont une bonne densité, souvent plus considérable que dans le Nord ; les betteraves trop fumées, en sol riche en matières animalisées, les grosses betteraves sont beaucoup moins riches en matière sucrée.

rencontrer, parmi les *betteraves fourragères*, des échantillons très-riches en sucre; ainsi la *jaune longue*, la *jaune ovoïde des Barres* et la *jaune globe* nous ont donné des chiffres de sucre au moins égaux au chiffre moyen de la *silésie blanche à collet vert*. Cette observation nous a conduit à penser que, par une sélection bien comprise et par des soins judicieux, il serait possible d'enrichir un certain nombre de variétés rustiques, dont les avantages culturaux seraient incontestables.

Quoi qu'il en soit, les quatre variétés que nous avons mentionnées tout à l'heure appartiennent à la *race française* des *betteraves sucrières* ou *betteraves de Silésie*. La *race allemande* s'en distingue par un moindre volume et une plus grande richesse sucrière; mais ces qualités seront peu appréciées par les cultivateurs français tant qu'ils vendront leurs racines au poids et que leur intérêt sera de faire produire à l'hectare un chiffre maximum de kilogrammes... Les principales variétés de la race allemande sont :

1° *La betterave blanche allemande à collet vert*, pyriforme (fig. 25), très-régulière, très-sucrée, d'un rendement moyen, estimée surtout en Saxe et en Pologne. Cette variété présente l'avantage de fournir une récolte plus considérable que les autres betteraves allemandes, tout en produisant un chiffre élevé de richesse saccharine.

2° *La betterave blanche de Magdebourg*.

3° *La betterave blanche de Breslau*.

Ces deux variétés sont d'un moindre volume, mais d'une richesse saccharine plus grande que la précédente; elles sont petites, fusiformes, régulières, croissent en terre et produisent moins de poids par hectare.

4° *La betterave blanche à sucre impériale*.

5° *La betterave blanche à sucre électorale*.

M. Ferdinand Knauer, de Groebers, près Halle, a obtenu ces variétés par un travail de sélection et de reproduction basé sur sur les caractères extérieurs des feuilles et des racines. La première est très-riche en sucre, mais elle est d'un rendement

---

Quand le fabricant achète de grosses racines, il achète moins de sucre et plus d'eau à évaporer. On estime que les plus riches, dans chaque variété, sont celles qui n'atteignent pas un poids supérieur à 250 ou 300 grammes.

En fabrication moyenne, à cause de l'eau qui coule sur les dents de la râpe, la densité ordinaire des jus de la Silésie varie de 4°,5 à 6°,5 Baumé, mais il n'est pas rare, en France, d'avoir des jus à 3°,5 ou 4° B.

assez faible; la seconde fournirait une plus grande production, avec une richesse un peu inférieure. M. Knauer estime que la betterave impériale sera mieux placée dans les terrains d'alluvion substantiels, tandis que l'électorale convient mieux aux terrains très-sablonneux, en pente, aux terres à seigle...

6° M. L. Vilmorin a obtenu, par voie de sélection des portegraines, une betterave très-riche, qui paraît être à peu près fixée, et à laquelle il a donné le nom de *betterave blanche à sucre améliorée*. Cette variété participe aux avantages et aux inconvénients des variétés allemandes, car si elle présente une richesse saccharine très-élevée, elle ne fournit qu'un rendement pondéral assez faible par hectare. Il y a lieu d'espérer, cependant, que, sans en diminuer la richesse, on parviendra à en augmenter la production, soit par le mode de culture à suivre, soit par une série de nouvelles améliorations... Jusqu'à présent, il n'y a pas de réussite réelle, à notre sens. Cette betterave est *riche;* nous avons vu mieux ou autant avec la Silésie; elle est laide, *radicelleuse*, et ne produit pas de poids. (V. la *Note sur l'amélioration des plantes sucrières.*) Il paraît démontré que lorsqu'on veut pousser l'amélioration vers le poids et le volume, on perd de la richesse saccharine, ce qui semble condamner la betterave dont nous parlons à une sorte d'atrophie. Nous croyons que tout cela est à revoir, et nous connaissons assez le talent des horticulteurs français pour espérer qu'ils seront victorieux, sans peine, sur cet autre champ de bataille.

7° *Les betteraves acclimatées* sont des betteraves allemandes, cultivées en France depuis plusieurs années et auxquelles la culture a fait acquérir un volume plus considérable, sans nuire trop sensiblement à leur richesse saccharine... Ce résultat peut être obtenu avec toutes les variétés allemandes, de même que nos races françaises peuvent être amenées à une valeur saccharine très-élevée, sans qu'elles perdent notablement de leur volume. Nous avons eu occasion de semer des graines provenant de la Russie méridionale, qui nous ont fourni des jus à 9° et 9° 30 B (= densités 1066,50 et 1068,50), dont le poids moyen était de 560 grammes, et l'on ne peut s'empêcher de croire à la possibilité d'un bon rendement avec des racines de ce genre [1]. Il y a des efforts très-sérieux à faire dans cette voie.

1. En supposant une culture *bien faite*, sur rangées écartées de 0,40

Comme chacun le sait, la betterave est une plante *bisannuelle*, en ce sens que, si ses feuilles *meurent* tous les ans dans nos climats, elle ne produit cependant sa graine que la deuxième année. La graine de la betterave est réniforme, mais la substance du calice lui forme une sorte d'enveloppe corticale, de *brou,* muni d'aspérités prononcées.

En jetant un coup d'œil général sur la betterave, considérée en tant que faisant partie d'un assolement, on doit la regarder comme plante alimentaire et comme plante industrielle. Elle est alimentaire pour l'homme et pour le bétail par sa propre substance; elle est industrielle, en ce sens qu'on en extrait le sucre, l'alcool, la potasse, etc. Les deux premiers produits, sucre et alcool, sont mixtes, et appartiennent également au groupe des substances alimentaires.

On a fait du papier et du carton avec la pulpe de betterave.

Structure anatomique de la betterave. — Il existe dans les cellules des plantes une différence très-notable au point de vue des matières qui y sont renfermées. C'est ainsi que, dans un végétal producteur de sucre, certaines cellules en sont presque dépourvues, tandis que d'autres paraissent être de véritables magasins où ce principe immédiat se trouve accumulé. Cette observation permet, jusqu'à un certain point, de distinguer à première vue les betteraves riches en sucre des betteraves pauvres.

Quand on examine à l'œil nu la disposition intérieure d'une betterave parvenue à tout son développement (fig. 27), on observe aisément, dans une coupe verticale suivant l'axe, des faisceaux vasculaires nombreux, à partir du centre; la coupe horizontale perpendiculaire à l'axe montre encore mieux la disposition des zones concentriques vasculaires. Chacune de ces zones, dont la coloration blanche est très-reconnaissable sur la racine, se compose de faisceaux vasculaires à coupe transversale elliptique, formés de vaisseaux réticulés plus ou

et les plantes étant à la distance de 0,30 sur les lignes, de telles racines produiraient encore 46,200 kil. à l'hectare, c'est-à-dire plus que nous n'obtenons de nos variétés de race française. On doit ajouter que la richesse en sucre étant de plus d'un tiers plus élevée, c'est comme si l'on récoltait 61,600 kil. à 1045 de densité du jus; le travail et la dépense d'extraction sont en outre diminués d'un tiers... Nous avons vu d'ailleurs, en 1871, dans la Loire, des silésies dont le jus portait de 7°,4 à 9° = 8°,2 B. en moyenne.

moins abondants, lesquels sont entourés de toutes parts par des cellules cylindriques qui renferment le sucre.

Les intervalles entre les zones dont nous parlons sont remplis par des utricules fermés qui ne contiennent pas de matière sucrée, en sorte que le sucre est d'autant plus abondant que les

Fig. 27.

zones vasculaires blanches sont plus nombreuses. Rien ne donne mieux l'idée des zones saccharines de la betterave qu'une coupe oblique dans le bois de chêne, dont les faisceaux vasculaires sont très-visibles.

Quel serait le moyen cultural pratique d'augmenter le nombre de ces zones formant la masse réelle du tissu saccharifère?...

L'organisation intime de la betterave a été étudiée avec soin par M. Decaisne, et les données de cet observateur ont été reproduites par M. Payen. La seule différence remarquable que l'on ait à constater, à douze années de distance, dans les affirmations de ces deux savants, consiste en ce que M. Decaisne nie la présence des cristaux d'oxalate de chaux dans le tissu cellulaire de la betterave, tandis que le professeur au Conservatoire admet l'existence de ce sel. M. Decaisne dit aussi n'avoir pas observé de globules amylacés dans la betterave, bien que nous ayons souvent constaté nous-même la présence de cette matière, et qu'elle ait été observée par d'autres.

Nous ne pensons pas à nous étendre sur ce fait, d'autant plus qu'il nous est arrivé plusieurs fois de ne plus retrouver de fécule dans des racines dont les congénères avaient présenté la réaction spécifique par la teinture d'iode quelques semaines auparavant. Il est indispensable, lorsque l'on veut se prononcer en pareil cas, d'examiner les plantes par tous les moyens possibles, et à toutes les époques de leur croissance. Or, si M. Decaisne paraît avoir procédé ainsi pour les questions d'anatomie relatives à la betterave, il ne nous semble pas démontré qu'il ait agi de même en ce qui concerne l'existence de la fécule, de la gomme, des principes pectiques, etc., quoiqu'il soit juste d'ajouter que ce genre d'observations est plutôt du ressort de la chimie analytique que de l'anatomie végétale.

Après quelques observations sur les obstacles que rencontre le physiologiste dans une tâche analogue à celle qu'il avait entreprise à la demande de M. Péligot; M. J. Decaisne cherche à établir ce fait : que le sucre se trouvant toujours sous la forme liquide dans les végétaux, ce principe échappe facilement à nos observations anatomo-physiologiques, l'absence de concrétion, causée par le mélange des séves, étant un inconvénient notable qui ne permet pas d'étudier la manière dont le sucre est distribué primitivement.

Cette idée préliminaire conduit M. Decaisne à reconnaître les difficultés que l'on éprouve à rechercher la place occupée dans la betterave par les produits qu'on en extrait, les caractères qu'ils offrent au sein des tissus vivants... Les principes à étudier, liquides, incolores, ne présentant pas de caractères éminemment différentiels, l'emploi du microscope offre des obstacles inhérents à ces conditions spéciales; d'autre part, la chimie ne donnant aucun moyen applicable dans les circonstances où était placé l'observateur, il s'est déterminé à ne s'occuper d'abord que de l'*anatomie* de la betterave, depuis l'époque de sa germination jusqu'à celle de son accroissement complet, en se bornant toutefois à l'étude de la racine, abstraction faite des parties aériennes.

22

Nous ne tiendrons aucun compte, dans ce résumé, de l'idée accessoire qui semble avoir attiré principalement l'attention de M. J. Decaisne, savoir : la question d'analogie entre le mode de formation des radicelles des racines de la betterave et celui des mêmes organes lorsqu'ils apparaissent sur les rameaux. Cette étude est tellement étrangère au véritable objet de l'industrie sucrière qu'elle ne peut guère intéresser que les botanistes, et ne saurait en rien profiter à la question industrielle des sucres.

L'étude de M. J. Decaisne a porté sur la betterave de Silésie. « Cette variété, dit-il, semble, sous tous les rapports, mériter la préférence pour la fabrication du sucre; elle paraît mieux résister aux sécheresses, être moins aqueuse que les betteraves champêtres, betteraves à peau rose, qui atteignent de bien plus grandes dimensions; elle a surtout le très-grand avantage de s'élever très-peu au dessus du sol. »

A l'époque de la germination, lorsque la plante n'offre que ses deux cotylédons, une coupe de la racine, perpendiculaire à l'axe, offre, de la périphérie au centre, un rang d'utricules épidermiques, une couche plus ou moins épaisse de parenchyme cortical, formé de cellules peu agrégées et d'autant plus grandes qu'elles se rapprochent de celles plus petites qui environnent le faisceau vasculaire *réticulé* du centre... Ce faisceau est cylindrique ou composé plus souvent de deux groupes en demi-cercles.

Dans la formation des radicelles, nous ne voyons qu'un fait présentant une valeur réelle : c'est la communication des vaisseaux de ces radicelles avec celles du centre de la racine mère, ce qui pourrait offrir un champ assez vaste à quelques hypothèses culturales, dans le cas où le développement indiqué par M. Decaisne serait complétement exact.

« A mesure que la jeune plante grandit, *on voit* des cercles de faisceaux vasculaires *apparaître autour du premier* et former ainsi des zones concentriques sur toute la racine... En admettant leur relation avec les feuilles, il reste à déterminer si chacune des zones concentriques vasculaires correspond à un cycle de feuilles, comme semble l'indiquer la torsion spirale qu'elles affectent quelquefois. »

Il y a évidemment ici une erreur.

M. Decaisne ne paraît pas avoir prêté attention à ce fait, que les premières feuilles, qui correspondraient au faisceau vasculaire central primitif, d'après son hypothèse, finissent par atteindre la périphérie et sont remplacées, au centre de la tige, par de nouvelles feuilles; les anciennes deviennent excentriques et ne peuvent plus correspondre avec la zone centrale vasculaire, si celle-ci reste fixe, et que l'accroissement de la racine dépende de la formation de nouvelles zones qui apparaissent autour de la première. Son hypothèse de relation entre les feuilles et les zones vasculaires ne peut avoir de valeur qu'autant que la zone vasculaire centrale acquerrait un développement excentrique analogue à celui du cycle foliacé, et que les nouvelles zones apparaîtraient au centre de la racine et non à la périphérie de la zone précédente.

L'observation a-t-elle été faite avec exactitude? Il est permis d'en douter; mais, dans l'affirmative, la conclusion qu'on semble en tirer nous paraît prématurée dans un sens et impossible dans l'autre. Si la correspondance des zones utriculaires avec les feuilles est exacte, ce qui nous semble fort plausible, les feuilles extérieures, plus anciennes, persistantes ou non, répondent aux zones primitives, lesquelles sont devenues extérieures, sous-corticales, tandis que les zones vasculaires de nouvelle formation sont centrales et répondent aux feuilles les plus jeunes.

S'il n'en est pas ainsi, l'hypothèse de M. Decaisne est gratuite, et les feuilles ne répondent pas aux zones vasculaires; si ce que nous venons de dire est exact, cet observateur s'est trompé sur le mode d'accroissement de la betterave, et cet accroissement a lieu par le centre. Ceci serait justifié par la communication des radicelles avec le centre de la racine, et, au point de vue de la pratique, démontrerait l'importance que l'on doit attacher à la question de l'effeuillage. On peut se demander, en effet, si la durée des cycles foliacés n'a pas une grande influence sur la production du sucre, soit par la conservation des feuilles, comme agents de nutrition, soit par leur suppression, si on les considère sous un autre rapport.

Cette question ne nous paraît pas encore avoir été convenablement étudiée.

La substance ligneuse solide manque presque complétement dans la betterave, et il paraîtrait que le sucre se trouverait contenu à l'état *concret* dans les vaisseaux. Il en résulte que les vaisseaux étant beaucoup plus nombreux dans les zones cen-

trales et diminuant dans les zones extérieures, les cellules saccharifères de la zone périphérique sous-corticale ne renferment,
pour ainsi dire, que des traces de cette substance.

On peut encore tirer de ces faits quelques autres conséquences. Si les zones extérieures renferment moins de sucre
parce qu'elles contiennent moins de vaisseaux, il y a toujours
un grand intérêt à donner à la betterave la plus longue végétation possible. D'autre part, on trouve parfaitement justifiée
l'opinion des personnes qui ont prétendu que le sucre augmente
dans les derniers temps du séjour des racines en terre. Que les
vaisseaux *sécréteurs* du sucre soient plus nombreux dans les
tissus plus jeunes ou plus anciens, ces deux conséquences n'en
sont pas moins rigoureuses et susceptibles d'une saine application en pratique.

La partie supérieure des racines, répondant ordinairement
à la portion qui a crû hors de terre, et dont la limite moyenne
est indiquée nettement sur la figure 27, renferme moins de
sucre et plus de sels que la partie inférieure. On y rencontre des utricules remplis de cristaux très-ténus que M. Payen
regardait comme formés par l'oxalate de chaux. « Ces utricules,
dit M. J. Decaisne, sont d'autant plus nombreux que la partie
de la plante hors de terre a pris un plus grand développement.
La limite de ces utricules est très-nette; elle ne s'étend pas au
delà du point de départ des deux systèmes aérien et souter-
rain, et on cesse presque tout à coup d'en rencontrer, si on
vient à dépasser inférieurement le collet.

« A une époque avancée du développement de la betterave, la
partie centrale utriculaire se détruit et fait place à une cavité,
comme cela a lieu pour la moelle dans la plupart des végétaux. »

On comprend, d'après cela, que les variétés de betterave qui
opèrent leur développement sans sortir de terre, ou qui sortent
moins, doivent être préférées par la fabrication sucrière, puisque ces variétés contiennent moins de sels. Elles pourraient
être l'objet d'une recherche culturale particulière dont les résultats seraient loin d'être dépourvus d'intérêt, surtout si les
racines, croissant entièrement en terre, offraient, en outre, un
maximum de sucre cristallisable.

Le tissu cellulaire aqueux, séparant les zones saccharifères,
occupe d'autant plus d'espace que les betteraves sont plus
grosses, qu'elles ont été fumées davantage, qu'elles ont crû

dans un sol plus argileux et que l'année a été plus humide. Une betterave à tissu cassant et dense, offrant beaucoup de zones saccharifères blanches, est toujours reconnaissable à première vue, et il suffit d'en couper une tranche transversale pour se rendre compte de la valeur approximative d'une racine. Plus les zones blanches opaques sont serrées et abondantes, plus la betterave est riche en matière saccharine.

Nous ne nous étendrons pas davantage sur d'autres détails anatomiques, dont l'intérêt serait à peu près nul pour nos lecteurs, et il nous suffit d'avoir indiqué, sous forme d'aperçu, la structure générale de la betterave, pour que cette connaissance sommaire suffise au but pratique, sans que nous ayons à l'amoindrir par des descriptions oiseuses.

Examinons maintenant quelles sont les règles pratiques dont la connaissance importe le plus au fabricant désireux de se placer dans les meilleures conditions de culture pour la betterave. Cette étude doit porter sur le choix et la préparation du sol, l'assolement et les engrais, le choix et la préparation de la semence, l'époque et le mode d'ensemencement, les façons et les binages, la récolte et la conservation des racines.

Nous ajouterons à l'examen de ces différents points des observations importantes sur les conditions d'accroissement de la betterave, sur la progression relative et la production proportionnelle des éléments de la racine, sur les rendements et les frais de culture; enfin, nous accorderons une attention toute particulière à l'amélioration des races par la culture de la graine et aux procédés de sélection qui ont été les plus recommandés par les hommes compétents.

II. — CHOIX ET PRÉPARATION DU SOL.

La betterave offre une racine pivotante dont l'extrémité inférieure se développe très-profondément en terre pour y puiser les principes dont elle a besoin, à l'aide des radicelles ou du chevelu dont elle est abondamment pourvue.

Choix du sol. — Ceci nous conduit théoriquement au choix du terrain nécessaire à la plante sucrière indigène, et la pratique est d'accord pour recommander qu'on la place dans un sol meuble et profond. La culture de cette plante est celle de la plupart des

plantes sarclées et repose sur les mêmes principes : sa racine
pivotante hait les sols tenaces, les loams argileux ; mais elle
prospère dans les terrains dits *argilo-sablonneux,* terres franches à blé, perméables à l'eau, meubles et chargés d'éléments
nutritifs à une certaine profondeur. Qu'on ne la place ni sur
des sols calcaires inertes qui admettent à peine le sainfoin, ni
sur des fonds trop argileux : cependant il convient de dire que
ceux-ci, bien amendés, produisent quelquefois une bonne récolte, et que la betterave elle-même, par les cultures qu'elle
exige, contribue à l'ameublissement de ces sols [1]. « Elle demande une terre légère, profonde, sablonneuse, mais fraîche
et substantielle, et surtout parfaitement meuble. » (F. de Neufchâteau.)

Il importe de remarquer que les terres sableuses de bonne
nature fournissent des betteraves plus abondantes en sucre,
plus denses et susceptibles d'une meilleure conservation : les
terres argileuses et les sols crayeux sont les plus désavantageux
de tous les terrains. On peut améliorer les argiles par le drainage et, par l'emploi judicieux des amendements, on peut
espérer de faire réussir la betterave sur la plupart des sols. Il
faut cependant éviter de la semer sur une terre pierreuse, cail-
louteuse, qui produirait des racines fibreuses, divisées, difficiles à nettoyer et à râper. Les terrains chargés de sels minéraux sont impropres à la culture de la betterave sucrière et ne
conviennent que pour la betterave à distiller.

On sait, en effet, que la betterave absorbe aisément les matières salines, et que les sels alcalins sont un des plus grands
obstacles à l'extraction du sucre.

Écoutons maintenant les utiles renseignements de l'illustre
Chaptal, à l'ouvrage duquel on ne saurait trop souvent recourir, pour peu que l'on soit doué de l'esprit de méthode et d'observation. On y rencontre, en quelques lignes, tout ce dont les
agronomes de nos jours ont fait de longs mémoires et d'interminables volumes :

« Toutes les *terres à blé* sont plus ou moins propres à la culture de la betterave, et celles de cette nature qui ont de la profondeur en terre végétale sont les meilleures.

« Les terres sablonneuses dont le grain est très-fin, provenant

1. N. Basset, *Traité de la culture et de l'alcoolisation de la betterave.*

des alluvions et dépôts de rivières, sont aussi très-favorables aux betteraves; elles n'exigent même pas des engrais artificiels lorsque les inondations peuvent y déposer périodiquement du limon.

« On peut cultiver avec avantage la betterave sur les sols qui proviennent du défrichement des prairies naturelles ou artificielles; mais j'ai constamment observé que la betterave venait mal, lorsqu'après avoir défriché à la fin de l'automne et donné trois ou quatre labours en hiver, on la semait au printemps; les gazons et les racines ne sont pas encore complétement décomposés, et je me suis vu forcé d'intercaler une récolte d'avoine entre le défrichement du sol et la culture de la betterave, pour avoir de beaux produits; alors on peut, sur le même terrain, espérer deux récoltes successives de betteraves de la plus grande beauté. Si le sol des prairies naturelles est sec et peu lié, on peut semer la betterave six mois après le défrichement; mais, à la suite du défrichement des luzernes, je n'ai jamais obtenu de bons résultats qu'après une récolte intermédiaire de céréales : dans ces sortes de terrains, les betteraves ont été constamment plus belles la seconde année que la première.

« Les terres sèches, calcaires, légères, etc., conviennent peu à la betterave.

« Les terres fortes, argileuses, sont peu propres à la culture de cette racine.

« Pour que la betterave prospère, il faut, en général, un sol meuble et fertile, dont la couche de terre végétale ait au moins 12 ou 15 pouces d'épaisseur.

« Cette racine vient plus ou moins bien dans toutes les terres arables; mais ses produits varient prodigieusement selon la nature des sols...»

Ainsi, pour résumer ce qui vient d'être dit, on choisira, autant que possible, une terre franche, plutôt sablonneuse ou sablo-calcaire que trop calcaire et argileuse, riche en humus, profonde, lorsque l'on cultivera la betterave pour sucre. Les autres sols viendront en seconde ou en troisième ligne, selon qu'ils se rapprocheront plus ou moins de ces qualités.

Action du sol. — Nous avons vu précédemment (page 312) que les sols calcaires présentent une action favorable à la production du sucre, selon les observations de M. Leplay, et nous avons fait cette réserve que l'on ne doit pas confondre un sol calcaire avec un sol crayeux. On paraît avoir constaté, en Allemage, que les betteraves les plus sucrées proviennent souvent d'un *terrain marneux*, ce qui se rapporte avec la distinction que nous venons d'émettre. Cette action d'une certaine proportion de calcaire ne peut faire l'objet d'un doute pour quiconque s'est rendu compte des principes généraux d'agriculture et elle trouve son application dans la quantité considérable d'acide carbonique que le calcaire met à la disposition des racines. On sait, en effet, par une foule d'observations précises, que la fermentation des matières organiques produit de l'acide lactique et cet acide décompose le carbonate de chaux, en mettant l'acide carbonique en liberté. Cet aliment par excellence de la plante, soit qu'il reste libre, soit qu'il se combine à l'ammoniaque, se trouve dès lors en proportion plus grande dans les fluides nutritifs que si le sol ne renfermait que celui de l'air absorbé et des engrais. En dehors de cette explication, fort plausible, il est vrai, et conforme aux faits observés, la chimie agricole ne nous donne aucune lumière sur une action spéciale du calcaire.

L'action particulière des sols argileux s'explique facilement. Ces terrains mettent les racines en contact avec un excès d'humidité, qui s'oppose à la production du maximum de sucre; en outre, par leur propriété bien connue d'emmagasiner les engrais et surtout les sels ammoniacaux, ils déterminent la formation d'une proportion exagérée de substances albuminoïdes.

Les sols trop sablonneux, bien que favorables à la formation du sucre prismatique, le sont beaucoup moins au rendement, surtout dans les années sèches.

C'est donc dans la réunion des propriétés de ces trois éléments qu'il convient de voir la condition essentielle d'une terre type pour la culture de la betterave, et les bonnes terres perméables, argilo-calcaires, représentées par ce qu'on appelle les bonnes terres franches à blé, sont celles qui doivent appeler la préférence du cultivateur.

Toutes les terres salpêtrées, et celles qui sont riches en chlorures solubles doivent être rejetées par le producteur de betteraves à sucre. Les racines obtenues sur de tels sols donnent des quantités excessives de mélasse et une production très-inférieure de sucre extractible.

Si, à côté de ces données, qui sont sous la dépendance de la composition chimique du sol, on ajoute les nécessités physiques, c'est-à-dire le besoin d'un ameublissement facile, d'un sous-sol perméable à l'eau et aux gaz, celui d'une humidité suffisante mais non excessive, si l'on comprend que le sol doit pouvoir s'échauffer facilement et retenir la chaleur acquise, on aura réuni tous les éléments qui peuvent conduire au choix rationnel d'un terrain avantageux pour la culture de la betterave sucrière, et ces éléments conduiront encore à adopter le genre de terrain dont nous venons de parler, pourvu qu'il soit assez substantiel et riche en dépôts humifères.

Préparation du sol. — Les préparations préliminaires du sol varient en raison de la nature et de l'état dans lequel il se trouve ; mais, en général, on peut prendre pour modèle ce qui se pratique dans le département du Nord, que nous allons indiquer d'après MM. Baudrimont et N. Grar. Que ce soit au blé, comme cela est le plus ordinaire dans ce pays, à l'avoine ou à toute autre culture que la betterave doive succéder, aussitôt que la récolte est fauchée, on forme les gerbes, on les réunit en petites meules, les épis en haut, sur des bandes de terre étroites et longitudinales, et on met la charrue dans le champ, dans les trois ou quatre jours après la fauchaison ; pour ce labour, on se sert du *binot*, espèce de *charrue-cultivateur* qui joue, dans l'agriculture flamande, le rôle d'extirpateur. Il résulte de cette pratique que le sol, auquel on n'a pas laissé le temps de se dessécher, n'offre pas de difficulté au labourage ; toutes les mauvaises herbes sont retournées et leurs racines exposées au soleil, qui les dessèche ; un coup de herse donné quelque temps après produit le même effet sur celles qui ont échappé ; de plus, la chaleur étant encore fort grande, les graines de ces mauvaises herbes germent très-vite et, avant qu'elles arrivent en graine, on les détruit de nouveau par un second *binotage* et un second hersage. — On laboure alors avec la charrue ordinaire, et souvent le temps est encore assez doux pour que les graines de mauvaises herbes, amenées du fond, puissent germer pour être détruites au printemps. — Cette manière de préparer le terrain assure l'ameublissement parfait du sol, qui est essentiel sous tous les rapports, et spécialement utile, en ce qu'il permet à la betterave de pivoter et ne point se ramifier. Au printemps, on donne un nouveau labour à la terre ; on la travaille encore quelquefois au binot, puis on herse, on roule et l'on *ploutre :* le *ploutrage* consiste à faire passer sur la terre la herse retournée sur le dos, et son effet est de briser toutes les mottes de terre en les saisissant entre les barres qui servent de traverses à la herse. — Tel est le mode le plus général d'arranger le sol. Dans les terres sablonneuses et blanches, on préfère binoter plusieurs fois avant l'hiver et ne labourer qu'au printemps [1].

Assurément, cette préparation est excellente sous tous les rapports et de tout point applicable, sauf pourtant la recommandation de placer les gerbes dans le champ, sur une bande étroite et longitudinale. Il nous paraît plus convenable et moins embarrassant de ne binoter le sol qu'après la rentrée de la récolte, et deux ou trois jours de délai n'empêchent pas la terre d'être facile à labourer...

Ainsi, cette manière d'ameublir le sol est très-bonne, en ce sens qu'elle extirpe complétement les mauvaises herbes, en les enfouissant aussitôt après la moisson ; elle présente cet avantage de les faire périr et d'amender, d'engraisser la terre par les détritus de ces plantes.

Chaptal cultivait, en général, la betterave dans presque toutes les terres destinées à recevoir la semence des blés en automne, et il les disposait à cette culture par trois bons labours, dont deux en hiver et le troisième au printemps : ce dernier servait à enfouir le fumier qu'on avait mis sur le sol, après le second labour, dans la même quantité que si on voulait y semer immédiatement le froment.

Les auteurs du *Dictionnaire d'agriculture pratique* conseillent trois labours serrés et graduellement plus profonds, des hersages avec la herse à dents de fer sur chaque labour, pour bien émietter la terre et détruire les mauvaises herbes, et enfin un dernier labour en billons ou ados, de 2 pieds de large, sur la crête desquels il doit être fait un rayage de 2 pouces de profondeur pour déposer les graines.

Cette idée de la culture en billons a été reproduite par M. de Valcourt ; elle est excellente, en ce qu'on donne ainsi plus de profondeur à la couche de terre meuble que doivent traverser les betteraves semées à demeure ou repiquées.

1. *Maison rustique du dix-neuvième siècle.*

M. H. Champonnois a cru devoir préconiser cette idée de la culture en billons, et il a cherché à la vulgariser par une courte publication spéciale, dans laquelle il omet de parler de ceux qui avant lui, en ont conseillé la pratique... Malgré cette petite manœuvre, dont personne ne sera dupe après la lecture des lignes précédentes, on trouve, dans le factum de l'auteur, quelques bonnes idées dont il est juste de tenir compte, et nous estimons trop la vérité pour ne pas la reconnaître à l'égard de tout le monde.

Le programme de M. Champonnois annonce les avantages conditionnels suivants de la culture en billons :

« Multiplication du nombre des plantes, suivant la nature ou la fertilité du terrain, pour régler le poids des racines à 700 ou 800 grammes ;

« Aération du sol par des cultures soignées ou souvent répétées ;

« Entretien des billons, en relevant la terre au sommet pour éviter le déchaussement des racines. »

Le but cherché étant de « mettre la betterave dans les conditions les plus favorables à son développement en *longueur*, pour en augmenter le *poids*, tout en réduisant la proportion du collet qui est la partie de la racine la moins riche en sucre , » et de « réduire le travail à la main, en facilitant l'emploi des instruments pour toutes les opérations de sarclage et de division du sol, qui ont une si grande importance dans la végétation de cette racine, » on comprend que la culture en billons puisse réaliser le programme et atteindre le but, en exécutant certaines conditions déterminées.

M. Champonnois adopte l'idée de la *fumure directe* des betteraves. C'est là une doctrine malheureuse, qui est en désaccord formel avec les observations les plus sérieuses de tous les pays à betteraves. Nous aurons à en parler plus loin, et nous ferons voir que les exigences particulières de la betterave *destinée à faire du sucre*, aussi bien que les principes généraux, repoussent une pratique aussi peu rationnelle.

En ce qui touche la préparation même des billons, M. Champonnois veut qu'elle soit faite le plus tôt possible, *après les labours préparatoires*, afin que le sol s'ameublisse plus aisément par l'action des gelées et que les billons puissent avoir le temps de se tasser. Lorsque les billons sont bien tassés, il suffit, avant la semaille, de les relever à hauteur, en faisant passer dans les intervalles une *charrue à double versoir* représentée par la figure 28 ci-contre ou un instrument analogue.

Fig. 28.

Si l'on n'a pu former les billons avant la semaille, on les établit d'abord, puis on les tasse au rouléau et on les relève à la charrue à deux ou trois reprises, avant de semer... Ce tassement est indispensable pour que la terre des billons fasse corps avec le sous-sol et puisse en aspirer l'humidité, pour que la racine n'ait pas à craindre les hâles du printemps, et qu'elle trouve dans la terre la fermeté et la consistance nécessaires.

M. Champonnois estime que la pente des billons doit être d'environ 45 degrés et que leur écartement doit être de 0,80 à 1 mètre pour faciliter les travaux d'entretien, et il se montre partisan de l'élévation des billons. « Le sommet du billon étant plus élevé, dit-il, la terre sera mieux assainie, mieux pénétrée par l'air et plus promptement échauffée par les premières chaleurs, ce qui permettra des semailles plus hâtives et prolongera d'autant le temps de végétation de la betterave, en augmentant sa richesse saccharine, ou bien avancera sa maturité, pour permettre le commencement de la fabrication de bonne heure et l'enlèvement de la récolte dans un moment favorable à la semaille des premiers blés. »

Ces idées sont justes et exactes et, tout en reportant le mérite de leur application à d'autres que M. Champonnois, on doit lui savoir gré d'avoir essayé de les faire valoir et de les remettre en lumière, comme nous l'avons fait nous-même en 1854 et dans nos travaux postérieurs.

Les opinions des auteurs du dictionnaire d'agriculture et

celles de M. de Valcourt, dont nous avions conseillé l'application, ont trouvé, d'ailleurs, des adeptes parmi les praticiens de la sucrerie, et cela bien antérieurement à la publication de la note-prospectus de M. H. Champonnois [1].

On voit qu'en somme le producteur de betteraves doit apporter le plus grand soin à ameublir profondément sa terre et

---

1. La culture sur billons, fort prisée par M. Decrombecque, a été appliquée en maintes occasions, notamment, en 1866, par M. Hary, d'Oisy-le-Verger. Voici, du reste, la description de la méthode suivie par M. Decrombecque, avec l'appréciation qu'il fournit lui-même des résultats obtenus (29 janvier 1867).

« J'ai adopté, dit-il, la distance de 80 centimètres entre les billons pour plusieurs raisons : d'abord, avec un pareil écartement, les binages sont toujours faciles, car je commence par faire remarquer que la main de l'ouvrier ne cultive que le sommet du billon et dégage la plante de ces herbes que la main seule peut enlever; le versant des deux billons et le fond sont binés, ou plutôt cultivés avec les instruments ad hoc, et qui sont traînés par un cheval ou par un bœuf. On peut, suivant la sorte de binage, faire un, deux, ou trois billons à la fois; ensuite, deux largeurs de billons de 80 centimètres donnent une distance de 1^m,60, juste ce qu'il faut pour que les roues de mes voitures, en transportant sur mes betteraves levées les engrais que je leur destine, tombent dans le fond du billon et n'offensent aucun sujet; aussi m'est-il permis en tout temps de répandre sur mes betteraves les engrais qui peuvent leur manquer, afin d'assurer leur effet.

« Je voiture tous les fumiers que je possède jusqu'au mois d'août sur mes betteraves, comme font les maraîchers; ce sont ceux qui produisent le plus et donnent les meilleures betteraves. Le fumier en couverture convient mieux à la betterave que le fumier enfoui dans le sol.

« Les avantages de la culture à grande distance se font encore plus sentir sur la plante; l'action de la lumière, de la chaleur, est permanente et n'est jamais interceptée par les feuilles, dont l'ombrage empêche, en arrêtant les rayons solaires, la décomposition et l'assimilation des engrais. Enfin, je crois que les plantes cultivées de cette manière poussent sans interruption, quand on combat avec discernement les éléments capables d'arrêter la végétation.

« Je l'ai déjà dit; cette culture convient à tous les sols : dans les terres fortes, elle ameublit et fertilise en exposant une plus grande surface à toute l'action atmosphérique. Dans les sols légers, contenant une petite couche de terre végétale, en formant le billon, on amoncelle cette terre, on la mélange et on la met en fermentation; on double en quelque sorte l'épaisseur de la couche arable.

« Le billon, par sa conformation, est bien disposé par maintenir la plante dans un bon milieu; vient-il des pluies torrentielles, l'eau s'écoule dans le fond du billon, où les racines vont puiser l'humidité dont elles ont besoin; vient-il une sécheresse, on comprend que ce billon, formé d'une terre exposée à toutes les actions atmosphériques, conserve une somme d'humidité d'autant plus grande que la couche est épaisse, puis, la distance des billons permet en tout temps de combattre la sécheresse en binant, ou plutôt en ameublissant la surface du sol.

« Les semailles peuvent se faire en temps humide, alors que, par l'ensemencement à plat, cela est impossible; on peut déposer avec la main, sur le sommet du billon, la graine que la femme ou l'enfant puise dans un tablier-

à la débarrasser des plantes parasites; tous les écrivains et les agriculteurs qui se sont occupés de la betterave sont unanimes à cet égard.

A propos de la maladie qui attaque la betterave depuis quelques années, M. Payen donne les conseils suivants pour l'amélioration du sol :

poche. Et ne croyez pas que cela soit bien coûteux; on peut le faire, malgré la cherté de la main-d'œuvre, à 10 francs l'hectare.

« J'ai quelquefois eu des betteraves parfaitement réussies, après avoir attendu trois semaines avant de les rouler à cause de l'humidité.

« Quand je puis semer au semoir, je sème, autant que faire se peut, sur la terre humide et qui n'a pas été trop hâlée par les rayons solaires. Aussitôt après la semaille, j'ai soin de faire passer le rouleau. J'ai des rouleaux pour tasser après semaille et suivant la température. Il est évident pour moi que la betterave sur billons épuise moins le sol, parce qu'on peut, par les façons, combattre le trop d'humidité ou le trop de sécheresse, nos deux plus grands ennemis en agriculture. Comme je mets plus d'un gros tiers de betteraves dans ma culture, il arrive souvent que je suis obligé de mettre betteraves sur betteraves; de cette manière, le billon, dans la seconde récolte, se trouve placé dans le fond du billon de l'année précédente [1].

J'ai toujours remarqué, lorsque je semais une céréale après betteraves, qu'à la place qu'occupait le fond du billon de l'année précédente, le blé ou l'orge poussait avec plus de vigueur.

Il ne fait plus de doute pour moi que la culture en billons dépense moins d'engrais que la culture à plat; de nombreux essais m'en ont donné la preuve.

« J'arrache mes betteraves à la charrue, grande économie de main-d'œuvre et de temps, et ce seul labour suffit pour disposer la terre à recevoir une céréale, orge ou blé.

« La betterave cultivée sur billons vient beaucoup plus longue et d'une belle conformation; elle s'enfonce très-fort en terre, et cette partie enterrée est la plus riche et la plus facile à travailler. J'ai remarqué que les plantes placées sur des élévations sont moins sujettes aux maladies que celles placées dans les fonds. La distance d'une betterave à l'autre sur le billon est de 20 centimètres en moyenne; un hectare de terre produit autant de plantes que s'il était ensemencé à raison de 40 centimètres. La betterave poussant sur un terrain durci, s'enfonce néanmoins, s'entr'aidant avec sa voisine, c'est-à-dire qu'en pénétrant en terre elles fendent le billon sur sa longueur, comme si c'étaient des coins qui fendissent un morceau de bois; elles s'aident mutuellement à s'enfoncer, vu que celles placées à grande distance sortent considérablement; c'est encore là une de mes observations. Plus elles sont longues et serrées, plus elles sont riches.

« La betterave souffre moins de la chaleur lorsqu'elle est sur le billon, ce qui est très-important, car elle se trouve dans un lieu tempéré; c'est ce qui explique qu'elle vient très-bien dans le Nord et ne vient pas bien dans le Midi.

« Plus les terres sont *tassées*, plus la betterave contient du sucre...

« Le billon, par sa conformation et ses surfaces inclinées, donne aux racines et à leurs radicules plus d'aisance pour s'étendre, vu l'augmenta-

1. De cette façon, les inconvénients de cet assolement sont corrigés en grande partie, sinon en totalité. N. B.

« La méthode générale d'amélioration du sol dans les localités atteintes, devant consister dans une aération plus complète à une plus grande profondeur, elle pourrait être réalisée pour certaines terres à l'aide de défonçages énergiques ou bien par la culture en ados.

tion de surface; cette méthode laisse à la plante la facilité de toujours végéter; la grande humidité, dans la culture à plat, paralyse souvent la végétation; sur le billon, cela n'est pas à craindre.

« ... J'ai un outillage qui me permet de briser les surfaces et de les façonner sans nuire aux racines et aux radicules de la plante jusques un mois avant l'arrachage, peu dispendieux, et pouvant servir à toutes les cultures.

« Le *tassement*, les labours sont tellement utiles à la culture de cette plante, qu'après avoir fait des billons avant l'hiver, je les démonte et remonte quelquefois trois fois avant de semer, et au dernier billonnage, le semoir suit les billonneurs.

« J'omettais de dire que, quand il vient des pluies après le semis des betteraves à plat, la terre se lisse, il se forme une croûte qui empêche les betteraves de lever; la plante fait le tire-bouchon. C'est un inconvénient qui amène quelquefois des pertes considérables pour le cultivateur, *et qu'on évite en semant* sur billons. »

M. Decrombecque donne l'analyse de six échantillons de betteraves cultivées à plat et sur billons. Cette analyse est due à l'école des ponts et chaussées.

Nos 1. Betterave semée à plat.
2. Betterave semée sur billon.
3. Betterave semée sur billon.
4. Betterave semée à plat.
5. Betterave semée sur billon, graine dégénérée, dite toupie.
6. Betterave semée sur terrain marécageux, ayant donné 80,000 kil. à l'hectare.

Analyse des échantillons.

DÉSIGNATION.	N° 1.	N° 2.	N° 3.	N° 4.	N° 5.	N° 6.
Eau..............	90,44	84,17	86,44	84,49	87,10	90,70
Sucre.............	5,10	10,45	7,35	5,20	7,15	4,55
Azote...........	0,12	0,33	0,18	0,22	0,22	0,19
Autres produits volatils ou combustibles.	4,27	4,86	5,91	9,94	5,41	4,37
Cendres..........	0,07	0,19	0,12	0,15	0,12	0,10
Total........	100,00	100,00	100,00	100,00	100,00	100,00

Ces chiffres sont par eux-mêmes fort significatifs. M. Decrombecque émet une opinion trop absolue et exagérée relativement à la croissance de la betterave dans le Midi. Cette racine vient très-bien dans les pays méridionaux (France), elle y acquiert des qualités exceptionnelles, pourvu qu'elle ne soit pas soumise à une sécheresse excessive.

En définitive, la note de M. Champonnois n'est guère que la reproduction du travail de M. Decrombecque.

« Parmi les ustensiles aratoires qui se prêteraient le mieux à une aération de la terre se trouvent les charrues *fouilleuses* ou *sous-sol* et peut-être mieux encore la charrue *défonceuse Guibal.*

« Cet ustensile ingénieux, qui représente en quelque sorte une double série de fortes dents de fourche fixées sur une monture circulaire semblable à une très-large roue de charrette, pénètre et divise le sol à une profondeur de 35 à 40 centimètres. Si donc on le faisait agir au fond des raies d'une charrue ordinaire, on pourrait atteindre et aérer la couche de terre jusqu'à 60 et même 70 centimètres de profondeur.

« Toutefois ce puissant défonçage serait insuffisant, sans doute, dans les terrains trop compactes qui retiennent l'eau et sont susceptibles de se tasser trop promptement après les labours.

« On pourrait, dans ce cas, avoir recours à un moyen plus radical, en plaçant, à 1^m,33 ou 1^m,50 de profondeur, des tubes de drainage qui aboutiraient tous vers la partie la plus déclive du terrain à un tube plus large, récepteur des eaux et, vers la partie la plus haute, à un deuxième tube récepteur qui faciliterait l'introduction de l'air atmosphérique sous les racines.

« Ces deux effets, l'égouttage des eaux en excès et l'introduction de l'air à une profondeur dépassant 1 mètre, contribueraient à rendre la terre plus perméable aux radicelles, tout en réalisant une condition indispensable de leur développement : l'introduction de l'air, qui favorise aussi la désagrégation, et la fermentation utile des engrais.

« La végétation, devenue dès lors plus active, donnerait aux betteraves la vigueur nécessaire pour leur permettre de résister aux différentes causes d'altération qui, chaque année, diminuent les récoltes et appauvrissent dans les racines la sécrétion sucrée.

« On soutiendrait cette vigueur de la végétation en adoptant un assolement qui ne ramènerait que tous les cinq ans la culture des betteraves dans un même champ.

« Parmi les moyens qu'il conviendrait d'essayer comparativement, dans la vue d'assurer et de compléter les bons résultats des labours profonds, du drainage et d'un assolement élargi, nous rappellerons ceux-ci :

« 1° L'usage adopté généralement, avec un grand succès, aux environs de Magdebourg, d'*appliquer les fumures au moins une année d'avance sur d'autres cultures*, afin que la betterave trouve dans le sol des engrais plus consommés, moins actifs, exigeant moins d'oxygène dans un temps égal pour fermenter, et dégageant *moins d'acide carbonique?*

« 2° Le repiquage, en coupant le bout du pivot, du moins sur les terres dans lesquelles les moyens d'aération n'auraient pu être pratiqués à temps pour rendre le sol fertile jusqu'à la profondeur que les racines pivotantes doivent atteindre.

« 3° On pourrait essayer encore, comparativement, de renouveler ou d'échanger les graines, comme on le fait utilement pour d'autres plantes.

« 4° L'essai comparé d'un chaulage énergique dans les terrains bien défoncés conduirait peut-être à découvrir le moyen de combattre la maladie dans les terres où elle a laissé les germes d'une nouvelle invasion; en tout cas, ce chaulage ne pourrait qu'être favorable à la végétation dans les terres sablo-argileuses, généralement trop pauvres en calcaire, des localités où le mal sévit encore.

« 5° Enfin, l'*addition des vinasses aux fumures, ou d'engrais salins de potasse et de chaux, capables de restituer les bases enlevées au terrain par la végétation des betteraves.*

« On ne doit pas cependant oublier que le défaut de bases alcalines n'est qu'un fait exceptionnel; qu'au contraire un grand nombre de terrains, en France, contiennent des sels ou composés alcalins (de *soude* ou de *potasse*) en trop fortes proportions pour que la culture de la betterave y donne des racines abondantes en sucre et faciles à traiter. J'ai eu l'occasion de signaler, il y a longtemps déjà, des terrains de cette nature (*aux environs de Naples*) où la proportion des sels, parmi lesquels l'*azotate de potasse* dominait, était presque égal à la proportion, faible d'ailleurs, du sucre pur; dans ce cas, il est impossible d'extraire ce dernier avec profit.

« Quelques terres emblavées depuis peu de temps en betteraves ou vierges de cette culture se rencontrent encore sur quelques points du département du Nord, et donnent des betteraves assez volumineuses, mais pauvres en sucre, et offrant des tissus saccharifères peu développés. De semblables matières premières embarrassent beaucoup parfois les établisse-

23

ments récemment formés, et peuvent entraver complétement leur marche.

« Dans chaque localité on devrait donc s'assurer, par une culture préalable et par des essais, ou par des analyses sur les récoltes, de la qualité moyenne des betteraves que l'on pourrait obtenir. Si, dans les racines récoltées, les sels alcalins étaient trop abondants, il faudrait, ou s'abstenir de fonder l'établissement, ou cultiver pendant plusieurs années sur ce fonds des plantes avides de sels de cette nature, telles que les pommes de terre, les betteraves à vaches, le colza, etc., avant d'y introduire la culture des betteraves destinées à fournir la matière première des fabriques de sucre. »

Il y a beaucoup de vrai dans ce passage de M. Payen, mais nous ne pouvons approuver une durée de cinq ans pour la rotation, par des raisons que nous déduirons plus loin et, d'un autre côté, nous devons relever une contradiction flagrante, que nos lecteurs ont déjà dû remarquer. M. Payen conseille l'*addition d'engrais salins de potasse et de chaux aux fumures* et, quelques lignes plus bas, il les regarde comme une cause suffisante pour s'abstenir de fonder un établissement ou pour en ajourner la création... Il faut nécessairement choisir entre ces deux affirmations si contraires, et la raison seule suffirait, à défaut de l'expérience, pour recommander d'éviter la présence et surtout l'addition des sels alcalins.

Une autre fantaisie, que l'on ne serait, certes, pas tenté d'attribuer à la plume d'un professeur au Conservatoire, consiste à attribuer l'avantage des *vieilles fumures* à ce qu'elles dégagent *moins d'acide carbonique*. Ici, encore une fois, M. Payen a parlé de ce qu'il n'a pas vu ni vérifié. L'acide carbonique est favorable aux plantes à sucre, et si les fumures nouvelles leur sont contraires, ce fait bien constaté tient à ce que les fumures nouvelles dégagent *trop d'ammoniaque à l'état de sous-carbonate*... Les plantes à sucre sont toujours favorisées dans leur croissance par un excès d'acide carbonique, mais non par un excès d'azote ou d'ammoniaque. On ne doit pas oublier, au reste, que ces paroles de M. A. Payen datent de l'époque à laquelle il était un des plus ardents défenseurs des doctrines azotées...

Au demeurant, ces opinions du secrétaire de la Société d'agriculture de Paris auraient pu être mentionnées plus loin, lorsqu'il devra être question de la maladie de la betterave ; nous nous sommes décidé à les reproduire ici, par une sorte d'anticipation, uniquement parce que le travail d'ameublissement et d'assainissement du sol semble en être la portion essentielle.

III. — AMENDEMENTS ET ENGRAIS.

Si la question des amendements et des engrais peut être facilement comprise lorsqu'il s'agit seulement des applications générales à la culture, cette question devient, en revanche, extrêmement complexe quand il est nécessaire d'en exécuter les données sur telle ou telle plante, dont on désire augmenter ou améliorer les produits. La difficulté est grande pour toutes les plantes sucrières ; mais la betterave, en particulier, laisse encore un champ très-vaste aux conjectures de la théorie. Cette plante absorbe si facilement les sels minéraux, elle produit des quantités si considérables de matières albuminoïdes, elle est soumise à tant d'influences diverses, que l'on éprouve un grand embarras à définir nettement les amendements et les engrais qui lui conviennent et ceux qui lui sont nuisibles, soit directement, soit par rapport à son produit normal qui est le sucre. Nous allons essayer, cependant, de porter la lumière dans ces ténèbres et d'indiquer les règles de pratique dont le producteur ne doit pas se départir.

A. **Amendements.**— Nous avons vu précédemment quelle est l'action de l'argile, du calcaire et du sable, qui forment la masse du sol arable : nous savons que le terrain le plus propre à la culture des plantes saccharines est représenté par une bonne terre franche, c'est-à-dire par une terre d'alluvion, renfermant les trois éléments du sol dans des proportions moyennes, et contenant une suffisante quantité d'humus. Cette condition s'applique à la betterave d'une manière absolue, bien que cette plante puisse fournir de bonnes récoltes dans des sols qui s'éloignent plus ou moins du type.

Il faut qu'une terre à betterave soit *saine*, qu'elle ne repose pas sur un sous-sol imperméable, retenant les eaux à l'état de stagnation ; elle doit être aussi ameublie et perméable que possible ; elle doit renfermer assez d'humus pour s'échauffer facilement ; assez de calcaire et de sable pour conserver la chaleur acquise ; enfin, elle doit contenir les sels minéraux recherchés par la plante.

Tout cela ressort des principes, et il ne s'agit que d'en faire l'application à une terre donnée dont on connaît la composition. La question des sels minéraux est la seule qui puisse susciter ici quelques hésitations, puisque toutes les autres conditions chimiques et toutes les opérations qui sont comprises sous le nom d'amendements sont de stricte nécessité pour la plus grande partie des végétaux cultivés. Quant aux sels, il est impossible de rien décider, si l'on ne connaît pas préalablement la composition minérale normale de la betterave et, surtout, si l'on n'apprécie pas avec justesse l'action des sels minéraux sur la production saccharine.

Selon M. Boussingault, la betterave *sèche* contiendrait $62^{gr},4$ de cendres par kilogramme, et ces parties minérales sont formées des éléments suivants :

	gr.
Acide carbonique....................	10,0464
Acide sulfurique....................	0,9984
Acide phosphorique..................	3,7440
Chlore.............................	3,2448
Chaux..............................	4,3680
Magnésie...........................	2,7456
Potasse............................	21,3360
Soude..............................	3,7440
Silice.............................	4,9920
Alumine et oxyde de fer.............	1,5600
Charbon et perte...................	2,6208
	62,4000

Si l'on se bornait à juger d'après la théorie, on devrait, après une récolte de betteraves, restituer au sol une quantité de ces différents principes inorganiques égale à celle qui a été enlevée. Nous aurions ainsi à restituer à la terre, pour une récolte de 50,000 kilogrammes, représentant, en moyenne, 8,250 kilogrammes de *matière sèche*[1] :

	kil.
Acide carbonique....................	87,4028
Acide sulfurique....................	8,2368
Acide phosphorique..................	30,8870
Chlore.............................	26,7696
Chaux..............................	36,0360

1. Ce dernier calcul est établi sur la donnée de 83,5 d'eau sur 100 parties de betterave...

Magnésie...............................	22,6512
Potasse...............................	200,7720
Soude................................	30,8870
Silice...............................	41,1840
Alumine et oxyde de fer..............	12,8700
Portion afférente au charbon et à la perte..	21,6216
Ensemble.......	519,3180

Il s'agit de voir si l'intérêt du fabricant de sucre lui permet de faire cette restitution dans les conditions qui dérivent de l'analyse. Nous ne le pensons pas, et voici quelles sont nos raisons pour nous soustraire à une conséquence mal déduite d'un principe général dont nous ne contestons nullement l'exactitude.

L'*acide carbonique* trouvé dans les cendres de betterave ne peut provenir que de l'incinération même, par la transformation de divers principes organiques acides, ou même par simple oxydation du carbone. Il existe dans ces cendres sous forme de combinaison avec les bases telles que la chaux, la magnésie, la potasse et la soude. On comprend dès lors que les amendements n'ont rien de commun avec la restitution de cet acide carbonique que l'air et les engrais rendront au sol avec usure. Les radicelles mêmes, restées dans la terre, les débris végétaux en fourniront une proportion plus forte que celle dont il a été fait mention et, au surplus, *un seul mètre cube de marne calcaire*, répandu tous les cinq ans sur la couche arable, introduirait plus d'acide carbonique que la terre n'en aurait perdu, en supposant que cette perte dût être portée au compte du terrain seulement.

Nous n'aurons donc pas à nous occuper directement de cette restitution, puisque les débris végétaux, les fumures, l'air, le marnage, au besoin, y pourvoiront surabondamment.

L'*acide sulfurique* des cendres de betterave provient du soufre des matières protéiques et directement des sulfates. Il est clair que l'on n'aura pas à rendre cet acide à la terre d'une manière directe, puisque la *fumure forte*, employée dans la durée de la rotation, en apportera une quantité considérable, et que, d'autre part, le *plâtrage* de la récolte fourragère viendra encore apporter à la fois un contingent très-sérieux en acide sulfurique et en chaux. Il est donc parfaitement inutile de se préoccuper de cet acide dans la question des amendements.

L'*acide phosphorique* se trouve dans les racines à l'état de phosphate de potasse, de soude, de chaux, de magnésie, ou, peut-être encore, sous la forme de phosphate ammoniacal ou ammoniaco-magnésien... Or, l'expérience culturale affirme les bons effets de l'acide phosphorique sur la production des betteraves et, d'ailleurs, les phosphates sont, comme il sera démontré, les plus inoffensifs des sels sur le sucre. Cette double raison nous conduit à la nécessité de restituer à la terre l'acide phosphorique enlevé par la récolte, et les considérations les plus élémentaires engagent à opérer cette restitution par avance, en quelque sorte, et à en faire l'application à la terre avant la récolte qui en est avide. C'est sous forme de phosphate de chaux que cet amendement sera appliqué le plus utilement, et on trouvera le phosphate dans les *coprolites* (phosphate fossile), dans les os des animaux, crus, ou calcinés et pulvérisés, traités ou non par les acides, dans le noir usé de raffinerie... Le chiffre de 30 kil. 887 d'acide phosphorique, nécessaire à un sol qui a produit ou qui doit produire des betteraves, correspond pratiment à :

Phosphate de chaux des os, pur.	$66^k.99$
Os crus (*os verts*), de bœuf............	115 .88
Os calcinés de bœuf................	77 .33

Les noirs usés destinés à l'agriculture contiennent, en moyenne, d'après les analyses de M. Bobierre, 61,48 % de phosphate des os (3 Ca O. Ph O^5), par un minimum de 44,50 et un maximum de 85,30, sur 23 analyses. La quantité moyenne à employer dans le cas présent sera donc de 110 kilog. Enfin, les coprolites ne contenant que 40 p. cent de phosphate de chaux, en moyenne, le chiffre de ce minerai à employer s'élèvera à $169^k,65$.

On trouvera, sans doute, que les quantités des différents phosphates, ci-dessus indiquées, paraissent être trop faibles, lorsque l'habitude est d'employer de 400 à 500 kil. d'os pulvérisés par hectare; mais nous n'avons pas voulu autre chose que préciser la proportion de ces phosphates qui peut rendre au sol l'acide phosphorique que lui fait perdre une récolte de betteraves. Nous pensons, avec la plupart des praticiens, qu'une rotation de 4 ou 5 ans exige de 400 à 500 kilog. de poudre d'os, ce qui, d'ailleurs, ne peut être indiqué que par l'étude analytique des quantités d'acide phosphorique enlevées au sol par les plantes de la rotation. C'est donc à cette étude qu'il conviendra de demander le chiffre exact de cet amendement pour la durée de la rotation, ce qui précède ne s'appliquant, en définitive, qu'à l'année de betteraves.

Disons encore, en passant, que les *os crus* sont un véritable *engrais mixte*, sur lequel nous aurons à revenir plus tard; il en est de même du noir usé de sucrerie ou de raffinerie. Quant aux os calcinés, au phosphate de chaux, aux coprolites, ce ne sont que des amendements, des matières minérales, qui doivent entrer dans la composition du sol, et qui sont utiles ou nécessaires à la plupart des plantes, au même titre que la chaux, la silice, etc.

Certains théoriciens ont préconisé l'emploi du *biphosphate de chaux*, ou phosphate soluble, nommé encore superphosphate ou phosphate acide de chaux... Nous ne nous arrêterons à ce non-sens que pour rappeler aux praticiens un fait de chimie pratique, oublié ou méconnu par les prétendus progressistes. Le phosphate soluble de chaux ne saurait être mis en contact avec le carbonate de chaux, ou avec les carbonates alcalins, ou avec les autres carbonates et un grand nombre d'autres sels métalliques, sans perdre une partie de son acide phosphorique, ce qui le fait repasser à l'état de phosphate de chaux insoluble, et rend inutile le surcroît de dépense conseillé par la nouvelle théorie. Il est démontré, d'ailleurs, que le phosphate de chaux insoluble devient soluble dans l'acide lactique et dans la plupart des acides affaiblis; or, l'acide lactique étant un produit constant de la décomposition des matières organiques, les débris organiques et les engrais donnent lieu à une production de cet acide qui suffit à dissoudre du phosphate de chaux dans la proportion utile aux plantes.

Le mode le plus profitable pour l'emploi des divers phosphates consiste à les réduire en poudre fine et à les mélanger avec de la terre. Le mélange est ensuite arrosé avec des urines, du purin, etc.; et, lorsqu'il est sec, on le répand à la volée sur le sol avant le dernier labour. Quelques personnes ont encore conseillé avec raison, selon nous, de mêler ce principe avec les fumiers que l'on doit employer à l'engrais du sol. Dans ce cas, 10,000 kilog. de fumier fait comporteraient le mélange avec une moyenne de 100 kilog. de phosphates pulvérisés.

Le *chlore* des betteraves y est contenu à l'état de chlorure soluble. Malgré l'avidité avec laquelle la racine s'empare de ces composés, l'expérience n'a pas reconnu que les chlorures aïent une influence avantageuse sur le développement des betteraves. D'autre part, nous avons vu combien l'action des chlorures solubles est nuisible au sucre et pernicieuse pour la fabrication, puisque les sucrates de chlorures entraînent dans les mélasses deux équivalents de sucre et que, si les chlorures sont abondants dans le sol, il peut se faire que l'extraction du sucre cristallisable devienne tout à fait impossible. On ne devra donc jamais, dans aucune circonstance, introduire de chlorures dans un sol à betteraves, lorsque ces racines sont destinées à la sucrerie, et ce serait une faute inqualifiable d'agir autrement. Dans le cas même où l'on voudrait mélanger du chlorhydrate d'ammoniaque aux engrais, ce mélange ne doit être appliqué que sur la sole la plus éloignée des betteraves, afin que l'élément chlore ait été enlevé à la terre avant le retour des racines saccharifères.

La *chaux* entre dans la betterave à l'état de phosphate et sous la forme des sels solubles. La restitution des 36 kil. 036 de cet oxyde se fera par les fumures, par le marnage, par l'addition de phosphate de chaux, par le chaulage même, si l'on a affaire à un sol trop dépourvu de calcaire et trop argileux.

La *magnésie* n'a pas, jusqu'à présent, été l'objet d'études suivies, qui en démontrent l'utilité pour l'obtention du principe saccharin. Rien ne prouve qu'il puisse être avantageux d'en ajouter au sol, et la fumure nous paraît devoir en renfermer une proportion suffisante pour l'entretien de la couche arable.

La *potasse* est devenue pour la betterave ce que l'azote a été pour certains adeptes, et l'on a créé, depuis l'invasion des idées germaniques, une théorie des *engrais potassiques*, bien que ces deux expressions soient incompatibles…

D'après l'opinion du Dr J. Liebig, la puissance de production saccharine d'un champ donné n'est pas restaurée par le superphosphate et le guano. Cela paraît démontré par l'expérience pour le guano; mais il nous semble que de ce fait à conclure en faveur de l'emploi des alcalins, il y a des distances infranchissables. Selon certains Allemands, désireux d'utiliser et de faire utiliser avant tout les sels alcalins dont l'Allemagne est abondamment pourvue, *la richesse sucrière de la betterave serait proportionnelle à sa teneur en potasse.* Un de ces habiles savants d'outre-Rhin, le Dr Karmralck, donne même une explication chimique de cette influence, et il prétend que la potasse favorise la formation des corps hydrocarbonés. Prétendre n'est pas prouver, et nous savons tous vers quels nuages sont emportées parfois les imaginations allemandes.

C'est à l'expérimentation française que nous demanderons conseil avant toutes choses.

M. Corenwinder a conclu de ses propres expériences et d'un grand nombre d'autres, dans un mémoire lu à la Société centrale d'agriculture, que *l'addition des sels de potasse dans les terres* des environs de Lille *n'augmente pas sensiblement la richesse saccharine des betteraves.* L'auteur du mémoire avait obtenu *constamment des résultats négatifs* dans une première série d'expériences. Voici les résultats notés pour la seconde série qui fait l'objet de la communication.

Première expérience (chez M. A. Bonzel, à Haubourdin).

	Sans matières salines.	Salin brut de betteraves.	Chlorure de potassium.	Sulfate de potasse.	Carbonate de potasse.
Densité des jus......	1053	1048	1052	1052	1056
Richesse saccharimétrique pour 100.....	8,20	7,75	8,80	8,05	8,80

Deuxième expérience (chez M. Butin, à Haubourdin).

	Sans matières salines.	Sulfate de potasse.
Densité des jus.............	1056	1056
Richesse saccharine.........	9,1	9,0

Troisième expérience (chez M. E. Demesmay, à Templeuve).

	Sans matières salines.	Sels allemands (1).
Densité des jus.............	1057	1057
Richesse saccharine.........	9,3	9,2

Quatrième expérience (chez M. G. Hochstetter, à Loos).

	Sans matières salines.	Salin brut de betteraves.	Chlorure de potassium.	Sulfate de potasse.	Carbonate de potasse.
Densité des jus.....	1054	1057	1052	1048	1049
Richesse saccharine..	8,58	9,00	8,35	7,76	7,40

1. *Kalidünger* (engrais alcalin), mélange de sulfates de potasse, de magnésie, de chaux et de chlorure de potassium.

Cinquième expérience (chez M. E. Durin, à Steene).

	Sans matières salines.	Potasse de Russie.
Densité des jus............	1048	1050
Richesse saccharine.........	7,80	8,00

M. Corenwinder fait observer que ses expériences ont été exécutées sur toutes sortes de terrains, légers ou compactes, sans qu'on ait pu apprécier un effet attribuable aux matières salines. Ces matières avaient été employées en dissolution entre les lignes, à la dose de 500^k. par hectare.

MM. Woussen, Houvenaghel, Dehérain ont également trouvé que *les sels de potasse n'augmentent pas la richesse saccharine des betteraves*, et M. G. Hochstetter a constaté que le poids de la récolte n'est pas plus considérable avec l'emploi des sels alcalins que sur les terres qui n'ont pas reçu de ces composés.

A l'exception de M. Ville, qui a voulu introduire en France la doctrine allemande, et dont nous devrons examiner plus loin les rêveries agricoles, tous les observateurs vraiment dignes de ce nom sont d'accord pour repousser l'emploi de la potasse dans la culture des plantes sucrières et, notamment, de la betterave. Tout le monde admet que cet alcali n'est d'aucune utilité au développement et à la croissance de la racine, qu'il ne favorise pas la production du sucre et que, au contraire, la présence des alcalis est très-défavorable aux opérations de la sucrerie.

Ceci bien et dûment compris, il ne peut entrer dans l'esprit d'un observateur attentif qu'il puisse être utile d'introduire dans le sol un excès quelconque de principes minéraux alcalins. La proportion à employer ne peut être définie que par les goûts spéciaux de la plante cultivée et par l'action de ces principes eux-mêmes sur les produits de la végétation. Tout homme sensé admet sans conteste, il est vrai, qu'il est rationnel de restituer au sol les éléments qui lui ont été enlevés par une culture donnée; or, la betterave étant une plante à potasse comme la vigne, nous convenons qu'elle doit trouver dans le sol une *proportion suffisante* de cet alcali; nous disons qu'il est utile de restituer au sol les principes alcalins des mélasses, par l'emploi des vinasses de distillerie ou d'une proportion équivalente de salin, en solution *très-diluée*, par voie d'irrigation ou de mélange avec les purins et les fumiers; nous ne plaidons pas l'*abstention absolue*, mais nous nous élevons contre l'excès, et nous refusons toute créance aux théoriciens *intéressés* dans la question. Nous verrons, en temps opportun, que le fumier de ferme fournit une quantité de potasse fort considérable et si, d'un autre côté, on y ajoute en partie les résidus du traitement des betteraves mêmes, il sera fort inutile de faire venir d'Allemagne l'*engrais potassique* ou d'en acheter aux industriels français.

La *soude* des betteraves provient, pour la plus grande partie, de chlorure de sodium du sol ou des engrais. Nous savons que le sel marin est tellement nuisible aux plantes sucrières qu'on doit l'éviter à tout prix; en ce qui touche la soude et les sels de soude, la pratique sucrière démontre que ces matières s'opposent à une bonne cristallisation du sucre, et il convient de les ranger dans la même catégorie que la potasse et les sels de potasse, ces deux alcalis fixes offrant des propriétés et des caractères presque identiques.

La *silice* se trouve surabondamment dans le sol, soit à l'état de sable, soit à l'état de silicate d'alumine (argile); elle est, d'ailleurs, contenue en grande quantité dans les fumiers et la plupart des engrais.

On admettra aisément, pensons-nous, que la petite proportion d'*alumine* et d'*oxyde de fer* enlevée au sol par la betterave sera largement compensée par la quantité de ces substances qui se trouvent dans les engrais et par le marnage périodique, sans qu'il soit besoin d'en ajouter directement à la terre.

De l'étude qui précède on peut tirer une conclusion pratique utile, relativement aux *amendements* réclamés par la betterave. Cette conclusion, la voici :

« Le terrain cultivé en betteraves sucrières n'a aucun besoin de chlore, de chlorures, ni d'alcalis, qui lui seraient plutôt nuisibles qu'utiles en bonne culture; l'acide sulfurique, la chaux, la magnésie, la silice, l'alumine, l'oxyde de fer seront facilement restitués par le plâtrage, le marnage, le chaulage et par les fumures; l'acide phosphorique sera fourni par une addition de phosphate de chaux, proportionnelle à la perte moyenne, au moins pour la portion qui ne sera pas rapportée par la fumure afférente à la rotation. »

Nous verrons plus loin quelle sera la part que l'on peut

attribuer aux engrais et au fumier, principalement dans l'apport ou la restitution des sels minéraux.

B. Engrais. — Par rapport aux engrais, on se trouve en face des opinions les plus contradictoires : les uns veulent une fumure directe et immédiate faite avec le fumier de ferme ; les autres préfèrent les engrais factices et le guano ; d'autres enfin rejettent la fumure immédiate, et veulent que l'on place toujours la betterave sur *vieille fumure*.

Nous sommes partisan de la vieille fumure, et nous avons toujours pensé qu'il n'y a nul intérêt à avoir de *grosses betteraves mauvaises et aqueuses*, au lieu de *petites* et de *moyennes*, contenant, sous un moindre volume, plus de matière saccharine. Ce n'est pas cependant que nous admettions un préjugé longtemps répandu, qui croyait à la formation du salpêtre (azotate de potasse) dans la betterave sous l'influence du fumier. En effet, la production naturelle du salpêtre ne peut avoir lieu, d'une manière notable, que dans certaines conditions particulières que la fumure de nos champs ne réalise que très-imparfaitement. D'ailleurs, les éléments azotés des engrais sont absorbés à mesure de leur transformation en ammoniaque, et cette transformation précède, à peu près constamment, la *nitrification*.

La betterave ne prend donc pas de salpêtre, s'il n'y en a pas au moins les éléments dans le sol, indépendamment du fumier.

Les grosses betteraves sont d'un rapport proportionnel moindre pour le fabricant qui *achète*, parce qu'elles renferment plus d'eau et moins de sucre sous le même poids ; elles sont plus chères à travailler, et forcent à un contact prolongé avec le calorique, ce qui perd encore une proportion notable de sucre, en sus de la dépense supérieure occasionnée par l'évaporation.

Nous avons vu, dans un précédent chapitre, que la fumure fraîche nuit directement à la formation de la matière sucrée ; quant à présent, nous ferons encore observer que son effet le plus apparent est de faire grossir les racines en les rendant plus aqueuses, mais que le jus est plus pauvre et moins pur.

Les auteurs du *Dictionnaire d'agriculture pratique* pensaient comme nous à ce sujet : « Le sol, disent-ils, ne doit être fumé que l'année qui précède sa culture, ou, si on la sème sur l'engrais, on n'y doit employer que du fumier bien consommé. Dans ce dernier cas, la racine de la plante acquerra plus de volume, mais ce sera aux dépens de la matière sucrée; elle sera même sujette à contracter un goût de fumier; elle se conservera moins bien, et donnera plus de déchet en laissant à évaporer une plus grande quantité d'eau. »

On nous permettra de relever ici une erreur de Chaptal par rapport à l'engrais à donner à la betterave. Nous portons aux travaux et aux idées de cet observateur une admiration assez profonde et assez de fois exprimée pour avoir le droit d'indépendance, même envers lui.

Comme nous l'avons vu, Chaptal fumait ses betteraves... Il justifie ainsi cette pratique :

Dans un temps où la culture de la betterave était moins connue, *on a cru* que le fumier rendait cette racine bien moins riche en sucre et la disposait à produire du salpêtre ; *je n'ai rien observé de tout cela, et n'ai aperçu*, entre les betteraves fumées et celles qui ne le sont pas, *que la différence de grosseur.* Ce qui a pu établir l'opinion que je combats, c'est que *le suc est plus concentré dans les petites, et fournit par conséquent plus de sucre sous le même volume.* »

Sans chercher à discuter les opinions que l'on avait au commencement de ce siècle sur le rôle des engrais, opinions qui valaient au moins celles de l'école actuelle, il est facile d'apercevoir la contradiction renfermée dans ce passage, si l'on constate d'ailleurs que Chaptal préférait les petites betteraves pour sa fabrication.

Indépendamment de *l'action nuisible* de la fumure fraîche, elle produit des betteraves plus grosses, plus aqueuses, dont le suc moins concentré exige plus de main-d'œuvre, de temps et de combustible dans le travail : elles donnent moins de sucre à poids et volume égaux. Cette raison est capitale pour le fabricant, indépendamment de celles que nous avons à exposer.

On conçoit, d'ailleurs, que Chaptal, partisan de la fumure immédiate des betteraves, ait donné de grands éloges à un procédé suivi en Angleterre pour les turneps et les rutabagas, dont il présumait de grands succès. Ce procédé consistait à ouvrir un profond sillon et à mettre le fumier dans le fond : on en traçait un second parallèlement, qui recouvrait le premier; on semait les graines dans la longueur des sillons, de manière que la graine fût constamment placée perpendiculairement au fumier; d'après ces dispositions, la racine, trouvant une terre meuble, plongeait jusqu'au fumier, qui entretenait sa fraîcheur et lui fournissait ses engrais.

Quant au procédé cultural des ados ou billons, dont nous avons déjà parlé sous le nom de M. de Valcourt, il mérite qu'on s'en occupe sérieusement, en supprimant, bien entendu, l'emploi du fumier nouveau pour la betterave [1].

Il faut éviter les engrais qui contiennent trop de *sels solubles*, dit avec raison M. Payen, qui conseille cependant ailleurs l'addition des sels alcalins aux fumures... Cet auteur dit encore qu'un excès de substances azotées et salines rend très-difficile l'extraction du sucre, en réagissant sur la composition du sucre. « On a constaté, dit-il, l'influence défavorable des engrais trop abondants ou trop actifs sur la sécrétion du sucre dans les betteraves, et... il serait utile de favoriser la sécrétion sucrée en appliquant la fumure à la culture qui, dans l'assolement, devrait précéder la betterave; telle est la méthode employée avec un grand succès en Prusse, pour accroître la richesse saccharine des betteraves. »

Nous n'aurions cependant pas d'objections à faire contre l'emploi des détritus végétaux, des fumiers pailleux, des tourbes désacidifiées par la chaux, etc; mais nous rejetons celui des engrais azotés, du sang, des poudrettes, du *guano*, de l'*engrais flamand*. Tous les produits de la décomposition des plantes, les débris végétaux, les plantes enfouies à l'automne, ne s'opposent pas à la sécrétion sucrée, tandis que les engrais fortement animalisés ne peuvent que lui être nuisibles.

Il faut bien se garder de confondre la forte taille, la couleur foncée des feuilles et leur abondance avec le but véritable du fabricant de sucre, qui doit rechercher avant tout la proportion la plus considérable en sucre cristallisable, et la moindre possible en eau et matières étrangères.

Nous ne comprendrions l'emploi des fumures fraîches que

---

1. Il est bien entendu que nous ne songeons pas à proscrire, dans la culture en billons, l'emploi de l'engrais à déposer dans le fond des raies intermédiaires, mais encore, faut-il que cet engrais soit très-consommé, riche en humus, et pauvre en azote.

pour les betteraves destinées à l'alcoolisation; car, dans cette circonstance, la richesse des racines en matières azotées, ou même en sels, ne saurait produire les inconvénients qu'on observe en sucrerie. Tous les fabricants partagent cette manière de voir [1].

Comme il convient de se faire une idée juste de la plupart des engrais relativement à leur action sur la betterave, nous allons exposer rapidement ce que l'expérience a appris de plus positif sur ceux qui sont employés le plus communément.

On sait déjà que les engrais riches en matières azotées produisent des plantes dans lesquelles la proportion des substances albuminoïdes est très-élevée. Cette circonstance conduit à une purification plus difficile du jus, à une dépense plus grande en agents éliminateurs, et elle suffit pour que l'on proscrive tous les engrais perazotés, à moins qu'ils ne soient appliqués le plus loin possible de la sole betterave et avant une récolte avide d'azote.

En règle générale, l'engrais, quel qu'il soit, doit être intimement et uniformément mélangé à la couche arable; on parvient à ce résultat par des labours multipliés et, d'ailleurs, les engrais se trouvent parfaitement incorporés à la terre, lorsqu'on cultive la betterave sur vieille fumure.

En admettant, comme principe, que le rendement pondéral d'un hectare est augmenté par l'action des engrais, mais que cette augmentation ne répond que très-rarement à un maxi-

---

1. Walkhoff exprime cette opinion en termes très-précis dont nous nous contentons de donner la traduction rigoureuse : « L'application d'une fumure fraîche de fumier d'étable produit bien, dit-il, une plus grande quantité de bettaraves; mais le jus en est très-impur et riche en matières étrangères organiques et inorganiques et, comme, par nos méthodes actuelles de fabrication, nous ne sommes pas encore en état de séparer complétement ces mélanges étrangers, on obtient naturellement une moindre quantité de sucre cristallisé.

« Quoique, cependant, la qualité des betteraves obtenues sur une fumure fraîche et leur valeur pour la production sucrière puissent être très-variables, selon la nature particulière du sol, dans la moyenne des cas, ainsi que nous l'avons déjà dit, la culture des betteraves sur fumure fraîche est désavantageuse pour la fabrication du sucre. Tous les fabricants intelligents (*rationellen*) des pays producteurs de sucre de betterave reconnaissent, d'un commun accord, qu'il est plus avantageux de cultiver la betterave seulement la deuxième année après la fumure, lorsque, par la production d'une première récolte, il a été consommé environ 50 ou 60 % de l'engrais et qu'il n'en reste dans le sol qu'une dissolution moins concentrée. » (Walkhoff, *Der praktische Rübenzucker Fabrikant*, *pages* 39 *et* 40).

mum de sucre extractible, on est conduit à regarder l'expérimentation comme le seul guide certain dans la question de
savoir quel est le maximum de fumure qui correspond à ce
maximum de sucre; mais on peut, par l'étude des matières
enlevées au sol par une rotation entière, acquérir des données
précieuses qui facilitent le travail expérimental. Nous donnerons un exemple de cette manière d'apprécier *à priori* la proportion de fumure à employer.

Le *fumier de ferme*, dont nous avons déjà parlé plus haut,
est habituellement employé à la dose de 50,000 kilogrammes
pour une rotation de quatre ans. C'est, à nos yeux, *le seul
engrais complet*, apportant aux plantes le carbone, l'azote, l'eau
et les sels minéraux qui lui sont utiles. Les divagations des
enthousiastes, les prospectus des marchands de produits chimiques et de poudres merveilleuses ne peuvent rien contre
la raison et l'expérience. Une fumure de cette importance, considérée par les praticiens comme une *forte fumure*, et que nous
regarderions comme insuffisante, si elle ne trouvait un auxiliaire dans les débris végétaux qui restent dans le sol, peut être
étendue à une période de cinq ans, dans certaines conditions
que nous examinerons à propos de l'assolement. D'après l'analyse de M. Boussingault, cette fumure introduit dans le sol les
éléments suivants :

Eau, 75 %..........................	37,500k
Matières organiques................	9,150
Matières minérales.................	3,350
Total.......	50,000

Les matières organiques contiennent, en moyenne, 200 kilog.
d'azote et 8,950 kilog., de carbone, hydrogène et oxygène; la
masse entière se transformera en carbonate d'ammoniaque, en
acide carbonique et humus; c'est principalement cette masse
qui apportera la matière nutrimentaire des plantes dont l'azote
de l'air, l'acide carbonique de la même source et des carbonates
minéraux formeront le complément. C'est à cette proportion de
matières organiques productives d'humus que le fumier doit
d'être l'engrais par excellence et d'être la source la plus rationnelle de l'enrichissement progressif du sol.

Les 3,350 kil. de matières minérales renferment :

Acide carbonique.	67^k
Acide sulfurique.	63,65
Acide phosphorique.	100,50
Chlore.	20,10
Chaux.	288,10
Magnésie.	120,60
Potasse et soude.	261,30
Silice, sable, argile.	2224,40
Oxyde de fer.	204,35
Total.	3350,00

Le fumier, dont la composition a servi de base à ces chiffres, était du *fumier normal* ordinaire, résultant du mélange des litières (pailles) avec les déjections solides et liquides de 30 chevaux, 30 bœufs ou vaches et 16 porcs...

D'après M. Girardin, les fumiers de cheval, de vache ou mouton, de porc, pris isolément, donnent pour résultats analytiques :

	Cheval.	Vache.	Mouton.	Porc.
Humidité.	78,36	79,724	68,71	75,00
Matières organiques (engrais). . . .	19,10	16,046	23,16	20,15
Matières inorganiques (stimulant).	2,54	4,230	8,13	4,85
	100,00	100,000	100,00	100,00

Nous ferons remarquer encore que les fumiers de cheval et de vache sont préférables à ceux de mouton et de porc, en ce qu'ils renferment moins de soude et plus d'acide phosphorique ; dans tous les cas, le fumier mélangé, le fumier normal, est celui dont nous entendons parler ; c'est celui dont les propriétés constantes en font le type moyen des engrais. Le fumier de mouton doit être classé à part comme engrais fortement azoté, ou fumier chaud ; comme il est rarement mélangé avec les autres fumiers, il est peu applicable à la betterave, à moins que la culture qui précède la sole de cette plante ne soit très-avide d'azote.

Les *engrais verts* sont d'une remarquable utilité pour la culture de la betterave, à laquelle ils donnent des qualités exceptionnelles de haute utilité pour la fabrication sucrière. En France, la vesce ou jarosse, les pois, les féveroles, le lupin blanc, la spergule, le sarrasin, etc., peuvent être enfouis très-avantageusement, à titre d'engrais verts, lorsqu'on a eu le soin de les semer après une récolte précoce. Ces plantes doivent être enterrées quand elles sont parvenues à leur floraison, et

24

l'on agit de même avec la troisième coupe du trèfle ordinaire,
que l'on considère comme équivalant à une demi-fumure.

Nous ne voudrions pas que l'on vît, dans la pratique de l'enfouissement des plantes vertes, autre chose qu'un mode économique d'enrichissement du sol. En effet, cette pratique fait
entrer dans le sol, où elles se transforment en humus, etc., des
matières qui ont été empruntées en grande partie, soit pour les
trois cinquièmes au moins, à l'atmosphère. Il y a là un bénéfice net, une sorte de consolidation de richesse indiscutable,
mais les engrais verts ne restituant au sol aucune partie des
matières minérales enlevées par les autres récoltes, leur application n'exempte pas de l'emploi des amendements minéraux.
Il nous semble donc que les engrais verts doivent surtout être
considérés comme les auxiliaires d'une fumure insuffisante, à
laquelle, dans ce cas, il sera utile d'adjoindre les matières
minérales utiles, et principalement le phosphate de chaux, si
la quantité contenue dans la fumure ne suffit pas à réparer les
pertes du sol.

Nous avons déjà parlé du *guano* (page 305), et nous n'avons
pas dissimulé combien nous sommes peu partisan de cette drogue dans la culture des plantes à sucre. Que l'on mélange du
guano avec les fumiers, soit; mais que l'application soit aussi
éloignée qu'on le pourra de la sole betterave, voilà comment
nous comprenons la pratique à suivre, et nous regardons l'emploi du guano, seul ou à dose excessive, comme une cause
d'appauvrissement du sol.

M. B. Corenwinder, une de nos meilleures autorités dans la
matière, partage complétement cette manière de voir. Dans
une lettre adressée à la *Sucrerie indigène*, en 1867, après avoir
conseillé aux fabricants de cesser de se faire une guerre sourde,
intestine et imprévoyante, pour l'achat des betteraves, et de ne
payer cette denrée qu'en raison de sa valeur et du cours du
sucre, il ajoute :

« Ils doivent proscrire impitoyablement les betteraves qui
ont été fumées avec du guano, des excréments de mouton, et
même des vidanges, lorsque celles-ci n'ont pas été versées sur
le sol avec modération et en hiver.

« Le guano est non-seulement un *mauvais engrais, parce qu'il
appauvrit les betteraves,* mais il faut encore lui attribuer la plupart des difficultés de travail qu'on a éprouvées pendant le cours

de la campagne qui vient de finir [1]. J'ai eu l'occasion de vérifier ce fait dans un grand nombre d'usines que j'ai visitées cet hiver. »

M. Corenwinder déclare, en outre, que le cultivateur qui emploie du guano pour fumer ses betteraves agit sans discernement et qu'il ne retrouve jamais, par l'excédant des récoltes, la dépense qu'il a faite. Cet engrais coûte trop cher pour ce qu'il vaut. Il ne produit presque plus d'effet la seconde année, et convient plutôt aux feuilles qu'aux racines.

N'en déplaise donc aux écrivains allemands, à quelques journalistes agronomes, ou aux consignataires de guano, nous conservons notre opinion, que les faits observés n'ont pu qu'affirmer depuis 1854, et que nous croyons justifiée par toutes les expériences faites de bonne foi. Le guano coûte plus cher qu'il ne vaut; il est falsifié presque toujours; il exagère la production foliacée aux dépens de celle des racines; le jus des betteraves fumées avec le guano contient un excès de matières azotées; il est plus difficile à travailler et fournit plus de mélasse. A ces reproches déjà fort graves, il faut ajouter encore que son contact nuit à la germination des graines et au développement des jeunes plantes. Nous concluons de ce qui précède que, jamais, on ne doit employer le guano en fumure directe sur la sole betterave, et que, même en vieille fumure, cette matière doit être appliquée en faible proportion et, le plus souvent, en mélange avec les fumiers ou d'autres engrais, à titre d'excitant ammoniacal et de matière riche en phosphates. Il ne conviendrait même pas, sous ce rapport, d'accorder au guano une confiance qui ne serait pas justifiée par l'analyse, à raison des écarts considérables que l'on rencontre dans sa composition [2].

Les *tourteaux* ont été l'objet d'éloges exagérés et de reproches tout aussi peu fondés. Disons tout de suite que cet engrais est très-favorable à la betterave, mais qu'il nuit à la germination de la graine, lorsqu'il se trouve en contact direct avec elle. Il agit surtout avec une grande énergie, lorsqu'il est mélangé avec des phosphates, et que l'année est plutôt humide

1. Janvier 1867.
2. Le chiffre de l'azote peut varier dans le guano de 3,15 à 16,86 %, et celui des phosphates de 15 à 72 %. Il nous paraît bien difficile qu'un homme sensé achète une telle marchandise sur une simple étiquette!

que sèche. Nous conseillerons de les employer, à la dose de 500 à 600 kilog. par hectare, à titre de fumure complémentaire, mais toujours sur la sole qui précède celle de la betterave, si même on ne les éloigne pas davantage de cette période de la rotation. Il faut remarquer, en effet, que ces matières sont extrêmement riches en azote, et que cette circonstance doit suffire pour en faire adopter l'emploi seulement comme vieille fumure. On y rencontre de 20 à 40 p. cent de matières organiques azotées, de 20 à 40 p. cent de substances organiques non azotées, et de 2,10 à 7,10 p. cent de phosphates. Les tourteaux sont un engrais complet, plus actif que le fumier de ferme, facilement assimilable, mais que cette assimilation rapide doit faire employer avec circonspection lorsque l'on vise à l'amélioration du sol. Une fumure complète exige 1500 à 1600 kil. de tourteaux; mais elle n'a guère d'action réparatrice que pendant deux années, en sorte qu'il conviendrait d'en employer 3,000 kilog. pour une rotation de quatre ans, si l'on n'avait pas de fumier à sa disposition. Cette quantité devrait être appliquée en deux fois, et toujours avec les précautions générales indiquées. Un défaut dans l'emploi des tourteaux comme fumure directe consiste dans ce fait assez grave, qu'ils favorisent le développement des larves et attirent les insectes. Ce fait a été constaté également avec la *colombine* et la *poulnée*.

Beaucoup d'Allemands sont des partisans très-convaincus de l'emploi des tourteaux pour la culture de la betterave; nous partageons volontiers leur opinion, sous les réserves que nous venons de faire.

Les *os crus* pulvérisés méritent une mention particulière, en ce sens que, outre leur valeur au point de vue des matières minérales, et surtout des phosphates qui en font un amendement très-précieux, ils contiennent encore près du tiers de leur poids de substances organiques. Leur richesse en azote varie de 4 à 6,5 p. cent. A raison précisément de cette condition, ces os pulvérisés ne devront pas être employés en fumure directe.

L'emploi des *tourbes* désacidifiées par la chaux sera toujours avantageux dans la culture des betteraves, pour accroître la richesse du sol en humus; mais, comme les cendres de ces substances ne renferment qu'excessivement peu d'acide phos-

phorique, on devra toujours les additionner de phosphates pulvérisés et les employer en vieille fumure.

En vertu du principe général de restitution, on a porté une
certaine attention sur les *écumes de défécations* et sur les *résidus
de la carbonatation*, ainsi que sur les *mélasses*, ou, plutôt, sur
leurs résidus salins.

Hoffmann a trouvé dans les écumes desséchées, sur 100 parties :

Eau				4.45
Substances organiques.	Albumine (tenant 1,579 d'azote)	9,995	} = 44,85	
	Autres matières	34,855		
Matières minérales.	Acide sulfurique	0,05		
	Acide phosphorique	1,90		
	Chlore	traces.		
	Chaux	17,36	} = 46,20	
	Carbonate de chaux	16,60		
	Magnésie	1,90		
	Potasse et soude	0,39		
	Alumine et oxyde de fer.	8,00		
Résidu et perte				4,50
				100,00

Le même observateur a indiqué la composition suivante
pour les résidus de la saturation :

Eau				5,00
Matières organiques (avec azote 0,65)				27,32
Matières minérales.	Chaux	3,16		
	Carbonate de chaux	59,09	} 66,68	
	Sulfate de chaux	0,68		
	Alumine, oxyde de fer	3,75		
Résidu				1,00
				100,00

Ces chiffres ne présentent, d'ailleurs, qu'une valeur très-rela-
tive, car les qualités des racines changeant beaucoup avec les
circonstances, selon la température, l'engrais, la nature du sol,
le mode de culture, on ne peut compter sur de semblables indications, sinon à titre de renseignements. En général, ces
résidus doivent être employés en mélange avec les engrais
proprement dits.

Les dépôts qui se forment dans les *vinasses épuisées* provenant de la distillation du maïs [1], fournissent un engrais assez

1. Après la saccharification par les acides.

énergique dont l'analyse moyenne suivante, due à M. E. Pfeiffer, donne une idée très-suffisante :

Eau....................................		8,77
Matières organiques..................	68,35	
Azote.	4,30	} = 72,65
Cendres.	Phosphate tribasique de chaux...............	2,21
	Chlorure de potassium.....	1,90
	Sulfate de potasse.........	3,05
	Carbonate de potasse......	1,13
	Carbonate de soude.......	1,68	} = 18,58
	Carbonate de chaux et de magnésie.............	2,63
	Sable, silice..............	5,98
		100,00

Azote sur 100 de matière sèche : 4,70.

M. B. Corenwinder fait remarquer avec justesse que la plus grande partie des sels minéraux de cette matière provient de la mélasse que l'on fait fermenter conjointement avec le moût de maïs, et il donne des chiffres analytiques, qui lui sont personnels et qui sont presque identiques avec les précédents.

Eau...................................		8,50
Matières organiques..................	69,54	} 73,80
Azote.	4,26	
Matières minérales....................		17,70
		100,00

Azote sur 100 de matière sèche : 4,71.

Quant à la *mélasse* et aux *vinasses* qui en proviennent, on peut en apprécier la valeur moyenne à l'aide des données de Bretschneider, qui assigne à la mélasse la composition suivante, justifiée par les travaux de la plupart des expérimentateurs :

Eau et matières organiques...............		90,590
Matières minérales.	Acide sulfurique........	0,159
	Acide phosphorique......	0,085
	Chaux...............	0,029
	Magnésie.............	0,078
	Potasse.............	5,796	} = 9,410
	Soude...............	0,942
	Chlorure de potassium....	2,281
	Oxyde de fer..........	0,008
	Silice.	0,032
	Ensemble...........	100,000

Nous ne ferons, à l'égard des mélasses et des salins de mélasse qu'une simple observation. Il nous semble que l'emploi rationnel de la mélasse se trouve dans la distillerie. Quant aux vinasses qui en proviennent, elles peuvent servir à l'irrigation des terres ou à l'arrosage des fumiers, mais nous ne pensons pas que leur application directe à la sole betterave puisse présenter aucune utilité [1].

La quantité des engrais à employer sera indiquée, lorsque nous étudierons l'assolement relativement à la betterave, ces deux questions présentant la plus grande connexité dans leurs rapports avec la culture de notre racine saccharifère.

IV. — ENSEMENCEMENT.

Généralités. — On doit se procurer la semence des betteraves reconnues les meilleures pour la production du sucre. Or, il est évident que les betteraves les plus lourdes, à volume égal, renferment une proportion plus considérable de ce principe immédiat. Il y a donc lieu d'espérer qu'en choisissant de telles racines pour porte-graines ou semenceaux, on perpétuera leur qualité exceptionnelle, si même on ne leur fait pas éprouver une amélioration notable.

Nous aurons à étudier plus complétement l'art d'améliorer la graine de la betterave et de perfectionner les produits à en obtenir, lorsque nous nous occuperons de la sélection des porte-graines destinés à la reproduction.

Une graine n'est autre chose que l'*ovule* qui contient le *germe* reproducteur d'une nouvelle plante. Cet ovule, ou petit œuf, est formé, le plus ordinairement, d'une enveloppe ou *périsperme*, d'un *embryon* composé d'un *germe* proprement dit, c'est-à-dire d'une miniature du végétal futur et de deux petites masses de matière destinée à fournir la première nourriture à la jeune plante. Ces deux masses symétriques portent, en botanique, le nom de *cotylédons*. Il y a tout un groupe de plantes, dont la graine ne présente qu'un seul cotylédon, en sorte que l'on est parti de ce caractère pour établir certaines divisions dans l'étude des végétaux; mais cette distinction ne nous offre qu'un intérêt fort minime, l'important pour nous étant de connaître

---

1. Nous renvoyons aux *Notes justificatives* ce que nous avons à exposer sur la théorie des engrais hasardée par M. G. Ville.

les parties essentielles de la graine qui sont, le périsperme, le germe et une certaine provision de matières alimentaires...

Dans le fruit de la betterave, dont l'enveloppe extérieure est couverte d'épines et de rugosités, on trouve de *trois* à *cinq graines véritables*, aptes à se développer et formées d'un périsperme et d'un embryon complet, en sorte que l'enveloppe rugueuse n'est qu'une gangue dans laquelle sont enchâssées les graines.

Conditions de la germination. — Une graine demeure dans une sorte d'état léthargique et l'embryon ne rentre pas dans le mouvement vital, tout le temps que certaines conditions essentielles ne se trouvent pas réunies. Ces conditions dépendent de la présence de l'*air*, d'un certain degré de *chaleur*, de l'*humidité* et, très-vraisemblablement, d'une *action électrique* sur laquelle il ne paraît pas que l'on ait encore fait des observations suffisantes.

L'*oxygène* de l'air est indispensable à la germination. Une certaine quantité d'oxygène est fixée directement; sous l'influence de la portion non absorbée, les principes percarbonés des cotylédons passent à l'état d'acide carbonique; les matières hydrocarbonées insolubles se changent en gomme ou en dextrine et en sucre, et celui-ci peut agir dès lors comme réducteur de l'acide carbonique. Une graine ne peut germer dans un milieu privé d'air ou d'oxygène.

Mais la présence de l'air ou de l'oxygène ne pourrait suffire à déterminer le développement de l'embryon, si la température ne présente pas un degré de chaleur assez élevé... L'effet utile de la *chaleur* est limitée entre certains *minima* et certains *maxima* établis par expérience. On a vu des graines de moutarde blanche germer à 0°; le lin a germé entre $+$ 1°,4 et $+$ 1°,9 centigrades [1]. En général, c'est entre $+$ 10° et $+$ 20° que la germination s'opère avec le plus de facilité et de promptitude. Les graines sèches et mûres peuvent subir, sans perdre la faculté de germer, une température assez basse pour congeler le mercure; mais elles ne sauraient supporter une chaleur trop élevée sans altération. Une immersion dans l'eau à $+$ 50° enlève la faculté germinative à la plupart des graines; cette

1. A. de Candolle.

limite s'élève à $+$ 62° dans la vapeur ou dans l'air humide; elle peut atteindre $+$ 75° dans l'air sec. Si la graine a été séchée lentement dans le vide, on peut la chauffer à $+$ 100° centigrades sans qu'elle éprouve d'altération sensible.

Les graines seraient vainement soumises à l'action de l'air et de la chaleur, elles ne pourraient germer si elles n'étaient en présence de l'*humidité*. Il n'y a pas plus de germination que de fermentation sans humidité, et ces deux actes naturels exigent exactement les mêmes conditions, si même on ne doit pas les considérer comme absolument identiques.

L'*eau* est la base de la nutrition végétale, et elle est le dissolvant ou le véhicule des matières alimentaires. Sous l'action de l'eau, les parties de l'embryon se gonflent et ce gonflement produit la rupture du périsperme, ce qui permet au germe d'être soumis aux influences extérieures. D'un autre côté, les transformations chimiques utiles, la formation de l'agent de saccharification aux dépens de l'albumine, celle du sucre aux dépens de l'amidon, ne peuvent avoir lieu sans l'action de l'eau. Il faut donc que les graines trouvent de l'eau dans le sol, qu'elles puissent l'absorber avec plus ou moins de promptitude, selon l'épaisseur du périsperme, mais une humidité excessive peut empêcher la germination, sauf pour les graines de plusieurs plantes aquatiques, parce que ce liquide, agissant par macération, enlève à l'embryon les principes alibiles qui lui sont indispensables.

La *lumière* n'est pas indispensable à la germination; mais elle est nécessaire à la jeune plante aussitôt qu'elle est débarrassée de ses enveloppes et qu'elle commence à sortir de terre...

Nous ajouterons encore que les graines ne conservent pas leur faculté de germer pendant un temps égal; elles perdent cette faculté d'autant plus rapidement, en général, qu'elles ont celle de germer plus vite, que leur périsperme est moins épais et résistant, enfin, qu'elles ne sont pas soustraites avec assez de soin à l'influence de l'air. Dans certains cas, on voit des graines, comme celles du caféier, par exemple, qui perdent leur faculté germinative très-peu de temps après leur maturité, pendant que d'autres la conservent pendant de longues années, des siècles même, surtout si elles ont été soustraites à l'action de l'air.

La graine de betterave ne présente toute sa valeur que pendant l'année qui suit la récolte; elle commence à s'altérer après deux ans; il n'en germe plus que très-peu après quatre années[1].

On choisira donc des *graines nouvelles;* on donnera la préférence à la *graine la plus grosse,* parce qu'elle fournira plus de jeunes plants, munis d'un chevelu abondant, et l'on s'efforcera d'éliminer toutes les graines vides ou légères, celles qui n'auraient pas atteint une maturité complète et dont la faculté de reproduction n'a pas acquis tout son développement.

Préparation de la graine. — Lorsque le temps des semailles est arrivé, il importe de faire subir à la graine une préparation destinée à en hâter la germination. En effet, son *épicarpe* rugueux, épais et résistant, opposerait un obstacle au travail germinatif, si l'on ne parvenait pas à le ramollir. Au préalable, cependant, il est bon de faire pour les graines ce que l'on a fait pour les racines de reproduction, et de choisir les plus lourdes, celles qui plongent au fond d'un bain préparé avec de l'eau et du sel. On sera sûr de cette manière de ne semer que des graines de bonne qualité, et il arrive souvent que, sans cette précaution, une partie des graines ne lève pas.

Quelques personnes *pilent* les graines de betteraves dans une sébile de bois, jusqu'à ce qu'elles soient débarrassées de leurs aspérités, et qu'il n'en reste presque plus d'adhérentes les unes aux autres. Cette opération permet d'économiser la semence et de la répandre plus également à l'aide du semoir; mais on peut s'en dispenser pour le semis à la main.

La *Société industrielle de Hanovre* a publié sur la culture de la betterave un travail dans lequel on trouve les observations suivantes :

« Pour que la semence germe plus promptement, on la fait tremper pendant environ quarante-huit heures dans du jus de fumier étendu avec une pareille quantité d'eau. On peut, après cette opération, la mêler avec des cendres qu'on fait ensuite passer dans un crible, la mettre dans un sac sans la serrer et

---

1. Cela n'est pas exact, bien que le fait soit indiqué par la plupart des agronomes. Nous avons vérifié, en 1871, que des graines de quatre ans germent fort bien, sans que l'on ait à constater de *manquants* dans la levée des jeunes plants.

la déposer dans une cave jusqu'à ce que le terrain soit préparé et que le temps soit favorable pour les semailles. Elle se garde ainsi, au besoin, jusqu'à quinze jours; mais il faut la faire sécher à l'air avant de l'employer, pour que les grains ne tiennent pas ensemble.

« Quelques personnes font germer les semences en les mêlant avec du sable; mais les germes sont sujets à être endommagés par l'ensemencement, surtout quand on dépose successivement chaque grain dans la place que doit occuper la plante. D'autres ne leur font subir aucune de ces préparations, parce que les froids qui surviennent souvent après les semailles nuisent aux plantes qui ont levé trop tôt, tandis que celles dont la germination n'a été accélérée par aucun moyen artificiel deviennent plus vigoureuses quand le temps leur est favorable. On prétend aussi que le jus de fumier engendre les vers et le chaudepied.

« En France, on arrose la semence avec de l'eau jusqu'à ce que la main se mouille en en serrant une poignée. Ensuite on la met en tas de six pouces de hauteur et on la laisse en cet état jusqu'à ce qu'il s'y manifeste un peu de chaleur, après quoi on procède à l'ensemencement. Plusieurs recommandent de mettre les graines pendant vingt-quatre à trente heures dans l'eau de chaux claire, sans les faire échauffer. D'autres font dissoudre quatre ou cinq livres de chlorure de chaux dans deux cents livres d'eau, et y font amollir cent livres de semence pendant vingt-quatre à trente heures.

« Crespel fait amollir la semence dans de l'eau chaude, et la sèche en la mêlant avec de la chaux en poudre. Il prétend que ce procédé garantit la betterave des insectes. »

Nous avons nous-même conseillé de préparer la graine de betteraves en la faisant tremper dans une solution de sulfure de potassium et de calcium étendue. On peut suppléer au mode de préparation que nous avons indiqué en faisant dissoudre 250 grammes de sulfure de potassium et autant de sulfure de calcium dans cinq litres d'eau chaude. On ajoute à la dissolution vingt-cinq ou trente litres d'eau, et l'on se sert de cette liqueur pour arroser les graines à semer, exactement comme on pratique le sulfatage du blé. Au bout de cinq à six heures, on fait bien sécher les graines avec la cendre ou la chaux éteinte : on sème le lendemain.

Cette préparation offre l'avantage de hâter les progrès de la végétation, de s'opposer à la croissance des plantes parasites et d'arrêter les ravages des insectes.

M. de Humboldt a reconnu que le *chlore* hâte la germination des graines, même de celles qui sont déjà vieilles. Le procédé à suivre pour faire l'application de ce moyen est fort simple : « On fait tremper les graines pendant douze heures dans de l'eau ordinaire; on les met ensuite au soleil, pendant six heures, dans de l'eau additionnée de deux gouttes de solution aqueuse de chlore pour 60 grammes de liquide[1]. On égoutte les graines sur un linge; on les mélange d'un peu de terre, après quoi on les sème et on emploie pour les arroser l'eau qui a passé à travers le linge [2]. »

Les acides chlorhydrique, sulfurique, phosphorique, oxalique, les sels ammoniacaux, dissous dans la proportion de deux millièmes à deux millièmes et demi, ont paru aussi, à M. Hutstein, offrir une action accélératrice sur la germination des graines qui n'avaient pas perdu la faculté germinative. Cette action est due, évidemment, au ramollissement plus rapide de l'enveloppe extérieure.

Nous avions rapporté du Bordelais, en 1864, des graines de laurier, dans le but de chercher à en extraire un alcaloïde dont nous y soupçonnions la présence. Une partie de ces graines resta en macération pendant presque tout l'hiver dans de l'eau acidulée par 7 0/0 d'acide sulfurique, et elles furent ensuite jetées dans un coin du jardin, où elles se trouvèrent recouvertes de terre. Ces graines levèrent presque toutes, malgré la proportion considérable d'acide à l'action de laquelle elles avaient été soumises, et nous croyons pouvoir en conclure qu'une acidulation légère ne peut que favoriser la germination. Nous n'hésiterions pas à faire tremper la graine de betterave dans de l'eau renfermant cinq à six millièmes d'acide sulfurique; l'ensemencement se ferait après une immersion de six à huit heures, suivie d'un égouttage [3].

1. Cette quantité répond à 2 grammes par litre.
2. P. Duchartre, *Éléments de botanique...* On comprend que, si l'on voulait essayer cette pratique sur la graine de betterave, il serait inutile de l'arroser avec de l'eau chlorée et qu'on pourrait se contenter de porter à huit heures le temps de l'immersion, en supprimant l'arrosage.   N. B.
3. Voir, dans les *Notes justificatives*, le compte rendu d'une expérience de ce genre.

En reprenant, d'ailleurs, le conseil de la *Société industrielle de Hanovre* et en combinant l'emploi du purin étendu d'eau ou pur avec le pralinage ultérieur par la chaux éteinte ou les cendres, on obtient de très-bons résultats pratiques, en ce sens que la graine germe plus vite par suite du ramollissement de l'enveloppe, qu'elle est pénétrée par des principes fertilisants et que le pralinage la protége contre les ravages des insectes.

Nous ferons observer qu'une immersion trop prolongée dans l'eau, enlevant aux plantes une partie de leurs principes solubles, il est préférable de faire ces trempes avec des liquides plus ou moins chargés de matières alimentaires. Le pralinage, à la suite des trempes, ne peut que présenter des avantages très-sérieux, sous la condition de n'employer à ce pralinage aucune substance nuisible à la germination. Nous préférons la *chaux* éteinte et la poudre d'os calcinés ou le noir fin usé à toute autre matière pour cet usage.

Grouven se loue beaucoup de l'emploi du salpêtre en poudre pour ce pralinage, et Walkhoff approuve l'usage de ce sel dans le même but. Nous ne ferons pas d'objections contre cette pratique, bien qu'il s'agisse d'un sel de potasse, à raison de la faible quantité employée; mais nous préférons la chaux ou les phosphates et nous rejetons l'usage du guano, conseillé par Grouven.

Walkhoff paraît s'être bien trouvé d'avoir fait tremper les graines dans un mélange d'eau et d'urine à proportions égales, ainsi que dans une dissolution de phosphate d'ammoniaque à 2^0 B., qui lui auraient procuré une belle germination en sept jours. Avec l'urine, la totalité des graines avait germé et les jeunes plantes étaient plus fortes qu'à la suite d'une trempe à l'eau. L'emploi du phosphate a donné une germination de 71 0/0, et celui d'une dissolution de 5 de salpêtre dans 100 d'eau a fourni une germination de 85 0/0 en sept jours. Nous avons constaté l'exactitude de ces résultats par nos expériences personnelles; mais, de plus, nous partageons l'opinion du technologiste allemand, laquelle est contraire à l'emploi de l'acide azotique étendu (1 0/0) vanté par Grouven. Cet acide n'a donné lieu qu'à la germination d'un quart des graines après neuf jours. On peut résumer cette question en disant que les meilleurs liquides à employer pour la trempe des graines de betteraves sont, dans l'ordre de mérite :

1° Le mélange d'urine et d'eau, en parties égales.

2° Le purin ou jus de fumier pur ou étendu, auquel on peut substituer l'eau ordinaire dans laquelle on a fait macérer du guano, de la colombine, de la poulnée, de manière à obtenir un liquide à 1015 ou 1020 de densité.

3° La solution d'azotate de potasse, à 5 pour 100.

4° La solution de phosphate d'ammoniaque, à 2°B.

5° La solution de superphosphate de chaux, à 2 0/0.

6° La solution de 2 à 2,5 de chlorure de chaux dans 100 d'eau.

7° La solution de chlore dans les proportions indiquées plus haut.

8° Les solutions acides faibles, à 1 ou 1,5 0/0, préparées seulement avec les acides chlorhydrique, sulfurique ou phosphorique.

Les matières à employer au pralinage doivent être la chaux, les phosphates pulvérulents ou le salpêtre.

Ces pralinages repoussent les insectes et arrêtent leurs ravages. On a employé dans le même but l'huile de cameline, mais ce moyen doit être rejeté, comme l'emploi de toutes les matières grasses en contact direct avec les graines. Ces matières donnent lieu à la production de moisissures qui nuisent considérablement aux jeunes plantes. On se trouvera très-bien, au contraire, de praliner les graines trempées avec de la chaux éteinte ou avec des phosphates, que l'on aura arrosés d'*eau de pétrole* et que l'on aura fait sécher ensuite. Cette eau de pétrole, obtenue par simple agitation avec du pétrole impur et séparée par un soutirage, entraîne en dissolution des principes odorants dont la proportion est suffisante pour éloigner les insectes, qui redoutent presque tous l'odeur de l'essence minérale.

L'expérience donne quelques indications sur la durée de l'immersion. Ainsi, il a été constaté, en Allemagne, que, dans une durée de vingt-quatre heures, les graines absorbent :

69 0/0 de leur poids d'eau, à + 4°,45 de température

91 — à +10 ,45 —

95 — à +15 ,60 —

97 — à +18 ,50 —

En sorte que cette absorption est proportionnelle à la température jusqu'à la limite d'équilibration ; mais cette question de température dépend elle-même d'une autre condition, celle de la somme de chaleur exigée par la germination. Or, on sait, expérimentalement, que la graine de betteraves, dans un sol convenablement humide et aéré, requiert 130 degrés de chaleur pour commencer à germer. En d'autres termes, la germination aurait lieu en vingt-six jours, à 5 degrés de *chaleur moyenne* ($5 \times 26 = 130$), en treize jours, à 10 degrés, etc[1]. Si l'on soumet la graine à l'immersion dans un liquide, à une température donnée, il résulte de l'expérience que le temps nécessaire à la germination dans le sol sera diminué d'une quantité équivalente à celle qui sera représentée par la somme des degrés du liquide. Ainsi, en laissant pendant deux jours les graines immergées dans un liquide à 22°,5, on les aura soumises à une somme de chaleur égale à 45 degrés, et il ne leur faudra plus que $130 - 45 = 85$ degrés pour germer. En admettant que leur égouttage se fasse pendant un jour, à $+ 15°$ de température, on leur aura appliqué une somme de chaleur égale à $22°,5 \times 2 + 15° = 60°$, et il ne leur faudra plus que $130° - 60° = 70°$ pour atteindre le point de germination. Si donc la température moyenne du sol égale $+ 10°$, les graines lèveront en sept jours; si cette température n'est que de $+ 7°$, la germination se fera en dix jours...

Il convient toutefois de faire observer que, par suite du passage d'une température plus élevée dans une plus basse, il peut se produire quelque retard et que ces sortes d'observations sont d'une valeur relative seulement.

Époque et modes d'ensemencement. — L'époque de l'ensemencement de la betterave est nécessairement très-variable, selon que l'on sème à demeure ou en pépinière, selon la nature des sols, le climat, la prolongation plus ou moins grande des froids tardifs. Il y a, du reste, intérêt à semer le plus tôt possible, afin d'augmenter la durée de la végétation et, par conséquent, le rendement de cette racine.

La betterave craint les gelées tardives du printemps qui souvent la font périr. Aussi doit-on lui éviter toute exposition froide et toute nature de sol qui donne plus de prise à la gelée.

---

1. La chaleur moyenne d'un jour étant le tiers de la somme des indications thermométriques du matin, de midi et du soir, on a la somme de calorique nécessaire à un fait agricole en additionnant les chaleurs moyennes observées, depuis le point de départ jusqu'à l'accomplissement de ce fait.

Cette considération oblige à semer tard, si le semis se fait à demeure; mais on peut gagner un mois en semant en pépinière pour repiquer ensuite.

Lorsque l'ensemencement se fait à demeure, on doit consulter l'époque ordinaire de la fin des gelées dans le climat qu'on habite et préparer la terre convenablement [1].

« On sème la betterave dans le mois d'avril et au commencement de mai, dit Chaptal, *lorsqu'on n'a plus à craindre le retour des gelées*. J'en ai semé vers le milieu du mois de juin, et elles ont parfaitement réussi; cependant il ne convient de semer ni trop tôt ni trop tard. Lorsqu'on sème immédiatement après la cessation des gelées, la terre est froide et très-humide, la germination de la graine est lente, les pluies qui tombent abondamment dans cette saison battent le sol, et l'air ne peut plus y pénétrer; dès lors la graine pourrit et les betteraves lèvent mal; mais lorsqu'on sème plus tard, on s'expose à éprouver des contrariétés d'un autre genre: les pluies sont alors moins fréquentes et les chaleurs plus fortes; la terre se dessèche et, dans les sols gras et compactes, il se forme à la surface une croûte que les folioles très-tendres de la betterave ne peuvent plus percer.

« Les semis faits de trop bonne heure ont encore l'inconvénient de donner lieu au développement d'une foule de plantes étrangères qui étouffent la betterave et rendent les sarclages bien plus dispendieux.

« L'époque la plus favorable pour la semence est donc celle où la terre, déjà échauffée par les rayons du soleil, contient encore assez d'humidité pour faciliter la germination et hâter le développement de la jeune plante : *les derniers jours d'avril et les quinze premiers de mai* réunissent presque toujours ces avantages. »

Il y a quelques années, un agriculteur du Haut-Rhin, M. Kœchlin, annonçait avoir trouvé le moyen d'augmenter considérablement le produit de la betterave, en donnant à sa végétation une plus longue durée. Sa méthode consistait à semer sur couche dès le mois de janvier et à repiquer, au commencement d'avril, à une époque où l'humidité du sol et de l'atmosphère rend la reprise facile et assurée. Les résultats

---

1. F. de Neufchâteau, etc.

annoncés par l'auteur étaient de nature à encourager les cultivateurs à essayer une méthode qui promettait jusqu'à 300,000 kilogrammes à l'hectare[1].

A la suite d'un essai satisfaisant fait en 1851, M. Minangoin fut chargé d'en faire un second en 1852, et il en rendit un compte avantageux, sans pourtant que l'on pût en rien conclure rigoureusement quant à la proportion du sucre, dont l'augmentation présumable devait être proportionnelle.

« Le 18 janvier, il a été fait un semis sur couche qui a donné du plant le 30 mars suivant; il a été repiqué sur un sol argilosiliceux, à sous-sol imperméable, qui avait été préparé par un bon labour d'hiver et des hersages énergiques au printemps. Le champ, d'une fécondité moyenne, avait reçu 60 mètres cubes de fumier d'étable à l'hectare. La température était douce et la terre suffisamment humectée par une pluie du jour précédent; néanmoins, nous avons jugé à propos d'assurer par un léger arrosage la réussite du plant, qui se trouvait très-faible. (Le diamètre des racines ne dépassait pas 2 millimètres.)

« La plantation a été faite en quinconce, à 65 centimètres en tous sens; ainsi il a fallu 23,668 betteraves par hectare. La température des jours suivants a été douce et humide, mais elle est devenue, plus tard, froide et sèche et, le 30 avril, le thermomètre est descendu à 4° au-dessous de zéro. Les jeunes plantes ont parfaitement résisté à cet abaissement de température, ce qui s'explique surtout par l'état de dessiccation du sol et de l'atmosphère, produit par un vent nord-est qui soufflait avec violence depuis quelques jours.

« Un léger binage a été donné le 11 mai, dès le moment où les racines étaient suffisamment assujetties; deux autres binages, dans le courant de l'été, ont complété les façons.

« Au commencement de juin, nous n'avons pas tardé à nous apercevoir de la tendance à monter que manifestaient la moitié des betteraves; aussi nous nous sommes hâtés de refouler la

---

1. Nous plaçons ici l'exposé de la méthode Kœchlin, quoiqu'il anticipe un peu sur les questions culturales à traiter plus loin. Le but principal de cette méthode étant d'arriver, par un *semis précoce*, à donner à la betterave une plus longue végétation, nous n'avons pas cru devoir en renvoyer la description à un paragraphe spécial; de même, il nous a semblé préférable de ne pas la scinder, afin de laisser toute la clarté possible au résumé que nous en avons donné en 1853, dans l'*Agriculteur praticien*.

séve par un pincement aussi rapproché que possible du collet. Cette opération, répétée aussitôt qu'il paraissait de nouvelles tiges, a eu un succès complet, et les betteraves, qui avaient eu d'abord cette funeste disposition, n'ont pas présenté de différence notable au moment de l'arrachage.

« Voici les résultats de la récolte, constatés sur quelques ares, dans différentes conditions :

Rendement de la betterave d'après la méthode Kœchlin.

DATE DE LA RÉCOLTE.	ÉTAT de L'EMBLAVURE.	SURFACE dont la récolte A ÉTÉ PESÉE.	NOMBRE de BETTERAVES.	POIDS SUR LA SURFACE observée.	POIDS par HECTARE.	POIDS MOYEN d'une BETTERAVE.
		m.		kil.	kil.	kil. gr.
24 sept.	Médiocre; il existe 34 lacunes......	133	288	842	63,308	3,007
18 oct.	Médiocre; il existe 26 lacunes......	100	210	933	93,300	4,442
18 oct.	Très - satisfaisant; pas de lacunes...	100	236	1,503	150,300	6,368

« Des betteraves cultivées dans le même champ, dans les mêmes conditions de fumure, par la méthode du semis sur place, ont produit 50,000 kilogrammes à l'hectare. »

On peut tirer du tableau et des faits précédents les conclusions suivantes :

1° La betterave, repiquée dans les mois de mars et avril, peut résister, dans certaines circonstances, à un abaissement de température de 4° au-dessous de zéro.

2° Elle prend son principal développement dans les derniers temps de sa végétation. En effet, si l'on compare la récolte du 24 septembre à celle du 18 octobre, dans des conditions identiques, on reconnaît que le poids de la racine a doublé dans les vingt-quatre derniers jours.

3° La méthode Kœchlin donne des produits qui peuvent s'élever jusqu'au triple de ceux que fournit la méthode ordinaire du semis sur place.

4° Un pincement fait avec intelligence et suffisamment répété peut atténuer et même faire disparaître complétement la perte qui résulterait de la disposition à monter à graine [1].

La seule conséquence que nous tirerons de cette observation intéressante consistera dans la nécessité absolue de donner à la betterave la plus longue végétation possible, si l'on veut en obtenir de bons résultats. Pour cela, le semis sur couche en janvier ou février, et le repiquage en avril ou mai, d'après la méthode de M. Kœchlin, nous paraissent fort convenables, mais ce ne peut être que pour une petite exploitation. En effet, il serait impossible de pratiquer ce moyen si l'on avait besoin de plant pour plusieurs hectares.

Nous prendrons donc pour point de départ le conseil suivant : *Semez le plus tôt possible, d'après la température de votre localité, quelle que soit d'ailleurs la méthode de votre choix.*

En somme, la betterave est une plante robuste et *elle lève et se développe* lorsque la température moyenne de la journée n'est encore que de $+ 6°$ environ, pourvu que ce terme soit à peu près fixe. Lors donc que le thermomètre accuse $+ 10°$ à $+ 12°$ à midi, $+ 8°$ à $+ 10°$ le soir et $0°$ à $+ 2°$ le matin, on peut commencer l'ensemencement sans avoir à redouter de contre-temps sensible. Ces vérifications de température doivent se faire dans le sol, c'est-à-dire à l'aide d'un thermomètre placé en terre, à 10 centimètres de profondeur, la température de l'air présentant une moyenne un peu plus élevée. Ce mode d'observation de la température est préférable à celui qui consiste, comme en Russie, à attendre que la chaleur moyenne du matin, en partant de $1°$ R. à une profondeur de 18 centimètres, ait donné une somme de $+ 80°$ R. Ces données conduisent, le plus souvent, à une température moyenne de $+ 6°$ à $+ 7°$ centigrades, mais elles ne reposent que sur des bases arbitraires.

Il y a deux modes d'ensemencement pour la betterave : on emploie le *semis sur place* ou bien le *semis en pépinière* et la *transplantation* [2].

Le *semis sur place*, ou *à demeure*, se pratique *à la volée* ou *en lignes*. Tout le monde connaît l'ensemencement à la volée; c'est le même que l'on emploie généralement pour les céréales, le trèfle, etc. Nous ne le décrirons donc pas et nous nous con-

---

1. *Agriculteur praticien*, 1853.
2. N. Basset, *Traité de la culture et de l'alcoolisation de la betterave.*

tenterons de dire qu'il exige au moins de 12 à 15 kilogrammes de graines par hectare[1].

C'est le mode d'ensemencement le plus mauvais, celui sur les résultats duquel on peut le moins compter, parce qu'il n'est pas possible de répandre ou d'enterrer uniformément la semence, et que les façons et les binages en sont rendus plus difficiles. L'absence d'un semoir n'est pas même une raison pour employer cette méthode, car il est toujours possible de semer en lignes derrière la charrue, si l'on ne veut pas se servir de la houe ou du plantoir. On ne doit tout au plus semer à la volée qu'en pépinière pour se procurer du plant sur un espace limité.

D'un autre côté, le semis à demeure étant préférable à la transplantation pour les betteraves sucrières, ainsi que nous allons le voir, il convient, pour la facilité des cultures, de le pratiquer en *lignes* ou en *rayons*. Mais il faut que la terre soit bien ameublie et parfaitement nettoyée, sans quoi les jeunes plantes la pénétreraient difficilement ou seraient dépassées par les mauvaises herbes, dont l'arrachement, lorsque le semis commencerait à lever, présenterait de grandes difficultés.

C'est le *semis sur place en rayons* qui doit être adopté pour la fabrication sucrière; les rayons sont écartés de 45 à 50 centimètres, et les graines placées à 25 ou 30 centimètres, et même à 35 centimètres l'une de l'autre. Un hectare de terre peut, dans ces conditions, recevoir de 65,000 à 70,000 betteraves, lesquelles, au poids moyen de 750 à 900 grammes, donnent une récolte de 50,000 kilogrammes en racines de bonne qualité.

Comme, d'ailleurs, dans un bon terrain et dans de bonnes conditions culturales, le poids moyen des racines dépasse habituellement 1,200 grammes, on voit que nous indiquons à peine un minimum et que la récolte, *sans vides*, doit s'élever au moins à 80,000 kilogrammes, bien que ce résultat puisse paraître exorbitant à nos cultivateurs. Au reste, la distance à maintenir entre les lignes et les plantes doit être augmentée dans un sol pauvre; on la diminue, au contraire, dans un terrain riche et bien préparé. Nous n'approuvons pas, cependant, l'exagération par laquelle on a porté jusqu'à un mètre la distance à établir entre les lignes sur billons. Cette distance n'offre

1. Chaptal dit que cette méthode demande *au moins* de 5 à 6 kilogrammes de graines par hectare, mais il est évident qu'il y a ici une erreur, et que cette quantité ne suffirait pas pour le semis à la volée.

d'autre avantage que de faciliter l'emploi de certaines machines recommandées, et elle fait perdre un espace considérable de terrain. La distance de 60 à 70 centimètres est très-
suffisante entre les billons, de crête en crête et, dans la *culture
à plat* sur rayons, il ne faut pas dépasser 50 centimètres entre
les lignes. On rapproche les plantes sur les lignes en proportion de la richesse du sol, comme nous venons de le dire et,
encore, selon l'espèce de betteraves que l'on cultive. Si l'on
place les graines de Silésie, de race française, à 25 ou 30 centimètres, il est clair que l'on pourra rapprocher davantage les
graines de betteraves allemandes qui fournissent des racines
beaucoup plus petites.

« Il est d'autant plus nécessaire d'employer la méthode du
semis sur place en lignes pour les betteraves destinées à la
fabrication du sucre, que celles qui ont été transplantées n'ont
pas ordinairement de pivot, mais plusieurs racines latérales : ce
procédé, *surtout lorsque l'ensemencement a lieu de bonne heure*,
donne aussi à la plante plus de temps pour se développer et attirer les sucs propres à former la matière saccharine. Le terrain
destiné à produire les betteraves pour la fabrication du sucre,
ne devant pas être fraîchement fumé, sera moins sujet à se
remplir de mauvaises herbes et, par conséquent, plus tôt en
état de recevoir les semences. » (*Société industrielle de Hanovre.*)

Chaptal donnait la préférence à l'ensemencement par rayons,
parce qu'il le trouvait bien plus sûr et plus économique. A cet
effet, dès que la terre était bien préparée, il traçait sur la surface du sol des sillons d'un demi-pouce à un pouce de profondeur, à l'aide d'une herse armée de quatre dents distantes
l'une de l'autre de 18 pouces; des femmes qui suivaient la
herse déposaient les graines dans les sillons, à la distance de
16 pouces l'une de l'autre, et elles les recouvraient avec la
main. Chaque femme peut semer de cette manière 6,000 ou
8,000 graines par jour. La quantité de graines est à peu près
moitié de celle qu'on emploie à la volée, et le sarclage des
betteraves est plus facile et moins coûteux.

« Depuis que je sème en rayons, disait-il, je passe le *cultivateur* deux ou trois fois dans le courant de l'été, et ne nettoie
qu'une fois, par un bon labour fait à la pioche, les pieds des
betteraves.

« Le cultivateur fait au moins un demi-hectare par jour, et

cinq ou six journées d'hommes suffisent pour le reste. Je trouve une économie de plus de moitié en employant cette mé-thode. »

Le semis en lignes ou en rayons n'exige guère plus de 6 ki-logrammes de graines par hectare, c'est-à-dire environ moi-tié moins que dans le semis à la volée. Voici la méthode indi-quée par les auteurs de *la Maison rustique :* « On trace sur le sol bien préparé, à l'aide d'un rayonneur pourvu de socs dis-tants les uns des autres de 1 pied 1/2 à 2 pieds 1/2, de petits sillons parfaitement droits et parallèles entre eux, qui doivent avoir environ 2 pouces de profondeur ; des femmes suivent l'in-strument et déposent les graines dans les rayons, au nombre de trois ou quatre par chaque pied de longueur dans la ligne ; chacune d'elles peut en répandre de la sorte environ sept mille par jour. Dans la petite culture, où tous les binages devront avoir lieu à la main, 18 pouces entre les lignes, et même de 12 à 15 dans les terres maigres, suffisent, et l'on peut mettre trois ou quatre graines par touffe, à chaque longueur de 9 à 15 pouces, ce qui offre l'avantage de garnir le champ d'une manière plus égale.

« L'emploi d'un *semoir* pourvu de pieds rayonneurs et suivi d'une chaîne, d'un râteau ou rouleau, comme il en existe plu-sieurs, notamment celui de M. Hugues, serait encore plus con-venable et plus économique pour cette opération. Dans l'usage de toute espèce de semoir, la graine de betterave coulant très-difficilement, à cause de sa légèreté et de ses aspérités, il est essentiel de n'employer que de la semence préalablement net-toyée et exempte de tout corps étranger.

« C'est pour remédier à cet inconvénient que M. Chartier a fait connaître qu'*il pile les graines* dans une sébile de bois, puis les crible et pile de nouveau, jusqu'à ce qu'elles soient débarrassées des aspérités et qu'on n'en trouve plus que très-peu adhérentes les unes aux autres ; une livre de graine ainsi nettoyée perd environ un tiers de son poids. Par cette méthode, on évite le dépôt et la germination de trois ou quatre graines à la même place, et conséquemment la nécessité de faire enlever à la main les plants surabondants ; opération coûteuse, minutieuse, et qui n'est pas sans inconvénients. En plaçant les rayons à une distance de 2 pieds et la graine à 10 ou 11 pouces sur les lignes, le kilogramme contenant de 40,000 à

50,000 graines, il faudrait, par la méthode ordinaire, environ
3 kilogrammes par hectare; tandis qu'après les avoir pilées,
2 suffisent; il y a donc ainsi économie de main-d'œuvre et de
graines. Par là, on facilite aussi beaucoup l'emploi des semoirs. »

Nous devons faire observer que le pilage des graines n'ayant
pour but que de détruire les rugosités de la capsule et non de
la briser en mettant en liberté les graines contenues dans le
fruit, ce procédé n'empêche pas qu'il puisse lever plusieurs
graines à la même place; le véritable mérite en est donc de
rendre l'ensemencement plus facile en détruisant les aggloméra-
tions des capsules, et il ne faut rien demander de plus à la
méthode de M. Chartier.

Les figures 29 et 30 indiquent les principales dispositions
d'un des semoirs employés dans la culture de la betterave.

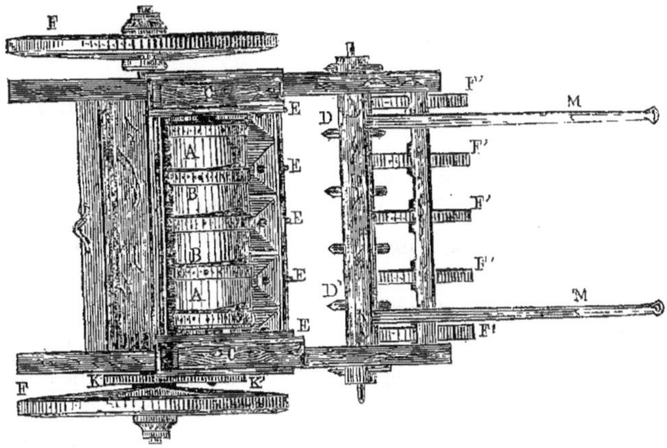

Fig. 29.

Pour faire fonctionner cette machine, on remplit d'abord le
réservoir CC avec de la graine convenablement nettoyée; un
registre la fait tomber dans le cylindre AA, qu'elle remplit
constamment au niveau de l'axe, soit jusqu'à la moitié de sa
capacité intérieure. Ce niveau constant rend la distribution de
la graine beaucoup plus régulière qu'elle ne pourrait être obtenue autrement. Un cheval attelé au semoir lui communique le
mouvement, tandis que le semeur dirige l'appareil à l'aide des
brancards MM.

A chaque tour de roue ou révolution, le cylindre A laisse
échapper une certaine quantité de graines par les dix trous des
cercles BB (fig. 29). Ces cercles percés correspondent chacun
à une petite trémie R (fig. 30), et les graines, roulant sur le

Fig. 30.

plan incliné S de la paroi antérieure de la trémie, sont dirigées
vers un socle creux L, qui pénètre dans le sol et y dépose la
semence. La position des cinq socles rayonneurs est réglée par
des vis de pression EE, qui permettent de placer les semences
à telle profondeur que l'on désire atteindre pour favoriser la
germination.

A l'arrière de la machine se trouvent des dents DD, qui pénètrent dans la terre à côté des lignes, la retournent et recouvrent les graines ; de plus, cinq petites roues F'F', placées tout
à fait en arrière, passent sur les lignes ensemencées et recouvertes, et compriment légèrement la terre sur les graines. On
conçoit parfaitement le mécanisme de cet appareil, dont le cylindre A, soutenu par des croisillons en fer, est mis en mouvement par une roue dentée K'K', laquelle est commandée par
le moyen des grandes roues FF et peut être désembrayée à volonté.

« C'est à cause du même inconvénient dont nous avons parlé
tout à l'heure, que M. de Dombasle recommande particulièrement, pour la semaille des betteraves, le *semoir à brosses et à
brouette*, avec lequel on n'a pas à craindre les interruptions
dans la chute de la graine, dont il est difficile de s'apercevoir
dans les grands semoirs, qui ont l'inconvénient de laisser des

lignes entières non semées. La brosse ne doit être serrée que très-légèrement.

« Lorsqu'on n'a ni *rayonneur*, ni *semoir*, on peut, comme dans le Palatinat, mettre à la suite de la charrue deux personnes, dont l'une pratique avec la main ou avec un bâton un petit enfoncement dans la bande retournée, et dont l'autre dépose dans ce creux les graines de betteraves et les recouvre; on fait ensuite passer un rouleau.

« Dans les *terres humides*, on fait, à l'aide du buttoir, des sillons espacés de 2 pieds environ, et c'est sur la crête de ces sillons qu'on place les graines.

« Dans le département du Nord, la *semaille à la houe* est la plus usitée; un cordeau, tendu au moyen de deux piquets, guide un ouvrier qui, faisant entrer un des angles d'une petite houe dans la terre, pratique une raie de quelques pouces de profondeur, et ainsi de suite. Une femme suit et dépose dans la première ligne les graines qu'elle prend d'une main dans un panier, et qu'elle répartit également en faisant jouer constamment le pouce sur les doigts; une seconde femme recouvre les graines en promenant alternativement les deux pieds sur la raie. L'homme et la première femme doivent marcher en sens contraire, afin qu'arrivant en même temps aux deux extrémités du champ, ils puissent ôter ensemble les piquets du cordeau et les reporter à la ligne suivante. »

On emploie, selon la facilité, l'un ou l'autre de ces modes de procéder. Comme il arrive qu'une seule graine de betterave donne plusieurs pieds, parce qu'elle peut contenir plusieurs germes, comme, d'ailleurs, le semoir peut laisser échapper des graines à des distances trop rapprochées, il est nécessaire d'éclaircir les plants au premier sarclage, pour les mettre sur lignes à la distance convenable.

Nous avons vu (page 389) que Chaptal conseille l'ensemencement en lignes à la main. M. Decrombecque est du même avis et trouve que, malgré la cherté de la main-d'œuvre, on peut faire cette opération à un prix de revient de 10 francs par hectare. M. H. Champonnois trouve que ce moyen est plus simple, plus économique et plus sûr, quant à la réussite de la levée. Il conseille l'emploi du rouleau compresseur (fig. 31) pour opérer l'ensemencement ou, plutôt, pour tasser la terre des billons et y tracer les places où l'on doit déposer les graines.

« Pour cela, dit-il, on se sert d'un rouleau composé dé plusieurs poulies à gorges en bois ou en fonte et assez pesantes pour comprimer suffisamment le terrain en donnant au sommet des billons une forme arrondie. Le fond de ces gorges est

Fig. 31.

garni de bosses coniques de la forme d'une pointe d'œuf, d'environ 3 centimètres de hauteur, pour former la place où l'on doit déposer la graine; ces poulies, assemblées sur un arbre rond autour duquel elles tournent, doivent avoir un peu de liberté dans leur écartement, pour se prêter aux inégalités de distance entre les billons.

« Pour plus de simplicité, on peut se servir d'un rouleau léger pour écraser les arêtes des billons; mais ce rouleau doit être garni dans toute sa longueur de liteaux arrondis en dehors, de 3 à 4 centimètres d'épaisseur, placés aux distances qu'on veut donner aux plants. Ces rouleaux marquent sur les billons la place des graines, que des femmes ou des enfants y déposent avec toute la régularité qu'on désire.

« Une condition importante pour la réussite de la graine de betterave, c'est d'être placée dans une terre tassée, comme on le ferait, par exemple, en procédant ainsi : donner un coup de talon, déposer la graine, recouvrir de terre de 1 ou 2 centimètres et appuyer avec le pied. Il est rare qu'une graine ainsi placée ne lève pas, quel que soit l'état de l'atmosphère, si la terre était fraîche au moment de la semaille. »

M. Champonnois trouve que le rouleau compresseur ou le rouleau à liteaux satisfait à cette donnée, pourvu que la graine soit recouverte à la main et serrée au pied ou avec une palette...

Nous ne voulons pas contester l'utilité des engins conseillés par l'observateur que nous venons de citer; c'est à l'expérience à décider. De même, c'est la pratique seule qui peut dire si, dans tel ou tel cas donné, la semaille à la main peut être acceptée comme économique. En admettant la culture en billons, que nous regardons comme très-profitable, nous croyons cependant qu'un simple semoir à brouette peut remplacer à très-peu de frais les rouleaux et la semaille à la main. Il suffit, pour cela, de le modifier très-légèrement. Une petite roue, placée à l'avant, peut servir de rayonneur et comprimer la terre au sommet du billon et, derrière le tube de distribution, une autre roue peut recouvrir la graine et la tasser. Quoi qu'il en soit, le tassement de la terre sur les graines est une précaution presque indispensable, conseillée par tous les praticiens. Soit qu'on passe le rouleau dans l'ensemencement à plat, soit que l'on se serve de machines plus compliquées dans le semis en lignes sur billon, il convient de ne pas négliger ce tassement qui assure la levée du plant.

La *quantité de graines* à employer a été indiquée d'une manière fort arbitraire. Chaptal considérait le semis sur place à la volée comme exigeant 5 à 6 kilogrammes par hectare. Nous avons porté ce chiffre à 12 ou 15 kilogrammes. M. Chartier a trouvé que si 3 kilogrammes sont suffisants pour l'ensemencement en lignes d'un hectare de terre par la méthode ordinaire, le *pilage* n'en demande que 2 kilogrammes.

M. Champonnois déclare que, le semoir exigeant 12 à 15 kilogrammes de graines par hectare et quelquefois plus, la semaille à la main n'en demande au plus que 3 kilogrammes.

Enfin, l'opinion de Walkhoff est que l'on aurait besoin théoriquement de 2 livres de graines par *journal* de terre, mais que l'on emploie 10 livres, parce qu'il y a des graines qui ont perdu leur propriété germinative et que d'autres ne tombent pas à une profondeur utile [1].

1. La livre de Prusse vaut 458 gr. 5, et le *morgen*, petit arpent ou journal,

Si l'on compte le nombre de graines contenues dans 1 kilogramme, on trouve un chiffre de 33,500 pour de la graine bien mûre. Sans nous préoccuper de ce fait que chaque graine, renfermant de trois à cinq germes, peut produire deux plantes en moyenne, et considérant que les plants surabondants seront arrachés et repiqués, ou employés comme fourrage, nous conclurons que dans l'ensemencement à la main, sur des lignes ou des billons écartés de 50 centimètres, avec une distance de 30 centimètres entre les plantes, il faudra, par hectare, 66,600 graines, soit un poids de 2 kilogrammes. L'emploi du semoir, même après un pilage ou nettoyage des graines, comportera bien le double de cette quantité, c'est-à-dire 4 kilogrammes, et le semis à la main, à cause de son irrégularité et des variations dans la profondeur à laquelle sont enterrées les graines, en demandera au moins 8 kilogrammes.

De ces chiffres, déduits de considérations théoriques, on peut faire découler, sans crainte d'erreur, les données pratiques suivantes, en augmentant de moitié les quantités indiquées :

On emploiera, en moyenne, pour le *semis à la main, en lignes ou sur billons*, 3 kilogrammes de bonne graine; pour l'*ensemencement au semoir*, 6 kilogrammes, et pour le *semis à la volée*, 12 kilogrammes au moins.

Ajoutons que, pour les petites races d'Allemagne, très-sucrées, mais peu volumineuses, on devra augmenter ces quantités d'une manière proportionnelle. C'est ainsi que l'on peut expliquer le chiffre de 18 kilogrammes, indiqué par Walkhoff, et qui ne serait pas exagéré avec les graines de race allemande pour le semis à la volée.

Le *semis en pépinière* ne peut guère convenir qu'à la petite exploitation. Cependant, lorsqu'on a pu semer de bonne heure en lignes, on peut employer au repiquage ou à la transplantation les plants provenant de l'éclaircissage ; on les utilise aussi pour regarnir les places vides. Les deux précautions à prendre consistent à ne pas briser le pivot de la racine en l'arrachant, et à ne pas en ployer l'extrémité en la replantant à l'aide du plantoir.

---

de 180 perches, égale 2552 mètres carrés... la perche linéaire (*ruthe*) étant de 12 pieds du Rhin et le pied de 0^m.3138. Les chiffres de Walkhoff reviennent donc à une quantité *théorique* de 3^k.600 (3^k.592) par hectare et à un chiffre *pratique* de 18 kil. (17^k.960).

La transplantation retarde la végétation de la racine repiquée ; elle augmente les frais de main-d'œuvre, favorise le développement des radicules qui augmentent les difficultés du nettoyage et, comme l'extrémité de la racine est presque toujours brisée, les betteraves ne pivotent plus et deviennent fourchues.

La méthode de M. Kœchlin est encore à expérimenter au point de vue de la sucrerie.

« Le semis en couche ou pépinière, dit Chaptal, offre l'avantage de prendre beaucoup moins de temps à l'agriculteur, dans une saison où tous ses moments sont précieux ; on transplante ensuite les jeunes plants dans le mois de juin, avant la coupe des foins, de sorte que cette culture ne nuit en aucune manière aux travaux ordinaires de la campagne. Mais cette méthode offre de graves inconvénients : le premier de tous, c'est que, quelques précautions qu'on prenne en arrachant les jeunes plantes, il est difficile de ne pas laisser dans la terre l'extrémité de la queue de la plupart, et que, dès lors, elles ne plongent plus dans le sol ; leur surface se couvre de radicules, et elles grossissent, comme les raves, sans s'allonger ; le second, c'est qu'en plantant la betterave, on replie la pointe très-fine et très-délicate de l'extrémité, et on éprouve encore l'inconvénient que je viens de signaler.

« Il convient néanmoins à l'agriculteur d'avoir quelques milliers de betteraves en pépinière, pour pouvoir garnir les vides qui se trouvent toujours dans les champs lorsqu'on sème par d'autres moyens. »

En général, les betteraves provenant de l'éclaircissement des pieds, lors du premier sarclage, suffisent à regarnir les vides, et, lorsqu'on a semé en lignes au semoir ou à la volée, 1 hectare donne du plant pour deux ou trois autres, tout en conservant la quantité qui lui est nécessaire.

Dans le semis en pépinière, il faut choisir une terre extrèmement bien préparée et très-féconde en principes nutritifs ; la terre de jardin, de chenevière, en un mot, un excellent sol est nécessaire dans cette méthode. On peut même, dans ce cas, fumer la pépinière, parce que l'influence du fumier ne se fera sentir que sur les jeunes plants, qu'elle fera grossir rapidement, sans cependant pouvoir agir sur la proportion de matière sucrée. Nous pensons, avec la Société industrielle de Hanovre, dont nous avons déjà cité le travail, que l'endroit le plus convenable pour cet objet, surtout quand on ne cultive pas la betterave en grand, est un carreau de jardin bien exposé à l'air et au soleil, à l'abri des vents du nord et de l'est, et soigneusement cultivé en automne et au printemps. L'engrais frais rendant les plantes délicates, quand on les transporte dans un sol de qualité inférieure, une fumure ancienne et cependant énergique lui est préférable, quoique plusieurs agriculteurs de notre pays soutiennent le contraire. Si un jardin ne suffit pas pour la production des jeunes plantes, il faut y consacrer environ la quinzième partie des terres destinées à la culture des betteraves, en choisissant pour cela les plus fertiles.

Le meilleur moment pour opérer le semis en pépinière est le commencement du printemps ou plutôt la fin de mars et le commencement du mois d'avril, selon la température : on sème *à la volée* ou *en lignes*, et on emploie de 30 à 40 kilogrammes par hectare. Si l'on sème en rayons, ce qui vaut infiniment mieux, on écartera les rayons de 20 à 25 centimètres au plus.

Les uns exigent que l'on consacre à la pépinière la quinzième partie des terres à betteraves, les autres la dixième ; nous croyons que cette dernière quantité est trop forte, et que 1 hectare de pépinière peut fournir du plant pour 12 à 15 autres ; c'est sur cette donnée qu'il faudrait se baser.

Aussitôt que le plant porte trois ou quatre feuilles, il convient de le sarcler, en s'arrangeant pour qu'il y ait de 3 à 5 centimètres de distance entre deux plantes. Au bout de quinze jours, on renouvelle le sarclage. Il ne faut arroser qu'avec beaucoup de réserve, car un arrosement en exige d'autres, et leur fréquente répétition durcit le terrain.

Profondeur de l'ensemencement. — Cette question est plus importante qu'on ne le croit généralement, et la cause des vides que l'on observe dans les champs ensemencés en betteraves se trouve, le plus ordinairement, sous la dépendance de la trop grande profondeur à laquelle sont enfouies les graines [1]. Walkhoff rapporte sur ce sujet intéressant des expériences remarquables dont nous indiquerons les principaux résultats.

1. *Vereinschrift für R. Z. I.*, 91ᵉ livraison, p. 331.

Les vides ou manquants, dans le rapport de 5 à 30 °/₀ du semis, sont produits par la trop grande profondeur à laquelle la graine a été enfouie (Dʳ Grouven).

Les graines placées à 1/4 de *pouce* (0ᵐ,00665) ont fourni de très-petites plantes, et celles qui ont été placées à 1 pouce 1/2 (0ᵐ,39975) ont produit des plantes misérables et maladives. Les plantés les plus belles et les plus fortes ont été produites par les graines placées à 1/2 pouce 0ᵐ,013325); mais celles qui . provenaient de graines enfouies à 3/4 de pouce et à 1 pouce (0ᵐ,0199875 et 0ᵐ,02665) étaient à peu près aussi belles. En ce qui concerne le temps de la germination, les graines placées à 1/2 de pouce, 3/4 pouce et 1 pouce, ont commencé à lever le huitième jour; celles qui étaient placées à 1 pouce 1/2 se sont montrées le neuvième jour, et les moins enfoncées, à 1/4 de pouce, n'ont commencé à paraître que le dixième jour.

Enfin, le dix-huitième jour, on constatait le nombre des plantes levées par chaque semis de 20 grains aux différentes profondeurs :

	1/4 de pouce. 0ᵐ,0066625	1/2 pouce. 0.013325	3/4 de pouce. 0.0199875	1 pouce. 0.02665	1 pouce 1/2. 0.039975
Nombre....	53	71	57	60	42
Proportion..	$\frac{2,65}{1}$	$\frac{3,55}{1}$	$\frac{2,85}{1}$	$\frac{3}{1}$	$\frac{2,10}{1}$

Il résulterait de ces constatations, faites du 23 mars au 10 avril 1860, par une température moyenne de + 15°, que la profondeur la plus avantageuse, tant au point de vue de la promptitude de la germination que du nombre des plantes, se trouve entre 18 millimètres et 26 millimètres.

Le Dʳ Grouven a trouvé que les graines placées à 1 centimètre de profondeur produisent 3 plantes, qu'elles n'en produisent que 2 à 5 centimètres et 1 seulement à 8 centimètres... Ces résultats coïncident presque exactement avec ce qui précède et, en outre, dans des observations faites en 1862, il a encore été constaté par le Dʳ Grouven que, de 1 centimètre à 9 de profondeur, la levée des plantes est à peu près proportionnelle au rapprochement de la surface, que c'est à la profondeur de 1 centimètre que les graines lèvent le plus vite et en plus grand nombre, et que les résultats sont très-rapprochés aux profondeurs de 2 et 3 centimètres...

A dire vrai, ces expériences ne font que confirmer ce que la pratique agricole française savait déjà, et elles ont apporté seulement quelques chiffres à l'appui de ce que nos agriculteurs avaient reconnu antérieurement. Ainsi, quelle que soit la méthode que l'on emploie pour semer la betterave, Chaptal veut qu'on sème sur des terres *fraîches* et naturellement *fertiles*, qu'on ne place pas la graine à plus d'*un pouce* (27 à 30 millimètres) de profondeur ; enfin, *qu'on ne sème pas trop épais*.

Ces recommandations sont d'une extrême justesse, et l'on ne peut mieux faire que de s'y conformer.

Transplantation.— Vers la fin de mai, lorsque les jeunes racines ont acquis au collet la grosseur du petit doigt, il s'agit de procéder à la transplantation, pour laquelle il faut autant que possible profiter d'un temps pluvieux et humide, sans quoi on serait obligé de pratiquer des arrosements soit avec l'eau, le purin, ou, mieux encore, avec la solution alcaline que nous avons indiquée, en l'étendant de deux cent cinquante à trois cents fois son poids d'eau. En arrachant les jeunes plantes, la première règle qu'on doit suivre est de conserver autant que possible le pivot, malgré l'opinion de M. Payen, qui prétend trouver dans le retranchement de ce pivot un remède à la maladie. En tout cas, si on le retranche, on ne doit en quelque façon que le rafraîchir par le bout. Il convient ensuite de couper les feuilles à 8 ou 10 centimètres du collet, en ménageant avec soin celles du cœur. Les feuilles extérieures, que l'on retranche, mourraient toutes après la transplantation et, en outre, s'opposeraient à la reprise du jeune plant, qu'elles priveraient de sucs nutritifs. On a dû conserver dans la pépinière le nombre de plants nécessaire pour la bien garnir, en gardant entre eux un intervalle de 25 à 30 centimètres en tous sens, si l'on a semé à la volée. Si, au contraire, on a semé en lignes, il conviendra d'arracher complétement le premier rayon, puis d'enlever dans le second la plus grande partie du plant, de manière à laisser entre les pieds restants la distance normale de 25 à 35 centimètres selon l'espèce ; on arrache ensuite complétement le troisième rayon ; puis on agit pour le quatrième comme on a fait pour le second, et ainsi de suite.

Les plants de repiquage, préparés, comme nous l'avons dit, par le retranchement des feuilles extérieures et le pincement du pivot, *s'il y a lieu*, peuvent être conservés pendant plusieurs jours, en attendant la transplantation, si on les met la tête en haut, dans un baquet rempli d'un 'mélange de terre, d'eau et d'une petite quantité de la solution alcaline dont nous avons parlé. C'est à l'aide de ce baquet qu'on les transporte sur le champ, au lieu où on doit les repiquer.

On connaît bien des méthodes de repiquage ; nous allons en dire un mot, en nous arrêtant toutefois un peu plus longuement à celle à laquelle nous donnons la préférence. On plante au plantoir, à la bêche ou à la charrue. La plantation au *plantoir* se fait en pratiquant un trou, à l'aide de cet instrument, le long de la ligne tracée à la distance convenable ; un ouvrier est chargé de ce soin : il place dans ce trou un plant contre lequel il resserre la terre, soit avec le pied, soit avec le plantoir même.

La plantation *à la bêche* exige le concours de deux ouvriers, dont l'un enfonce une bêche dans la terre et la pousse en avant de manière à former une ouverture, dans laquelle un autre ouvrier ou même un enfant glisse la plante. Le premier laisse tomber la terre et la presse du pied avec précaution contre la racine. Cette méthode est préférable à la précédente, en ce qu'elle est plus expéditive et donne plus de facilité pour mettre la racine dans la terre et lui faire prendre une position convenable.

La plantation *à la charrue* est, de toutes, la plus prompte et celle qui, lorsqu'elle est faite avec intelligence, donne le plus de facilité. Voici la manière la plus régulière de la pratiquer dans un champ, que nous supposons toujours convenablement préparé. Deux charrues sont nécessaires si l'on ne veut pas faire chômer les planteurs et, si la pièce de terre était très-vaste, on pourrait en employer plusieurs couples. La première retourne une bande de terre ; elle est suivie par le planteur, qui dépose contre cette bande les plants de betteraves à la distance d'environ 35 centimètres. La seconde charrue vient ensuite et retourne la bande voisine, qui renferme dans la terre les racines des plants déposés. On a eu la précaution de laisser dépasser le collet, afin que la plante ne soit pas entièrement enfouie.

On peut encore planter les betteraves sur des *ados* formés de

deux bandes retournées l'une contre l'autre ; dans ce cas, il
faut se servir du plantoir. Cette méthode, dont l'idée appartient
à M. de Valcourt, est excellente, en ce sens qu'elle donne plus
de profondeur à la couche de terre meuble dans laquelle doivent pénétrer les racines.

Si le temps est sec, il conviendra de favoriser la reprise par
un *léger* arrosement[1].

V. — FAÇONS ET BINAGES.

Aussitôt que les betteraves semées sur place ont trois ou
quatre feuilles, ce qui arrive un mois après l'ensemencement,
on leur donne un sarclage à la main, à l'aide d'une *binette* ou
serfouette ; on en profite pour éclaircir le plant, à 25 ou 30 centimètres en tous sens pour les semis à la volée, et à la même
distance sur lignes, dans le cas de semis en lignes. Si l'on
avait des transplantations à faire, on n'éclaircirait que trois semaines plus tard, à l'époque du second sarclage, afin d'avoir
du plant plus vigoureux.

Le plant *repiqué* doit être biné aussitôt que la reprise en est
assurée.

Ces premières façons ne doivent jamais être négligées ou re-
tardées, car aucune plante ne souffre autant que la betterave
de cette négligence, et il n'est pas de plus mauvaise économie
que celle qui consiste à lésiner sur les soins de propreté et d'entretien.

Surface nécessaire aux betteraves. — Plusieurs observateurs réclament pour chaque racine une surface de 6 décimètres carrés, c'est-à-dire un écartement de 25 centimètres en
tous sens ; cette surface serait le minimum, et la superficie attribuée à chaque racine serait portée, dans certains cas, à un
maximum de 18 décimètres carrés, répondant à un écartement
de 42 centimètres en tous sens. Cette indication est très-vague
et il est peut être très-utile de la définir un peu mieux.

La betterave est une plante pivotante, prenant peu d'alimentation au sol dans le sens de la surface horizontale ; mais, au
contraire, absorbant beaucoup dans les couches profondes.

1. *Traité de la culture et de l'alcoolisation de la betterave.*

Pourvu que, dans un sol substantiel et bien préparé, on donne aux racines une place suffisante pour faciliter les labours et les façons, pourvu que les feuilles puissent se développer et puiser dans l'atmosphère les éléments gazeux qui leur sont utiles, on aura toujours un espace assez grand, et cet espace devra être calculé d'après le diamètre moyen des racines. Voici quelques données sur lesquelles on pourra se baser :

La betterave sucrière française, Silésie à collet vert, présente, dans de bonnes conditions, un diamètre moyen de 12 centimètres.

A. En admettant un écartement de $0^m,30$ en tous sens et la disposition en quinconce, dans laquelle l'espace est le mieux réparti, les plantes auraient une surface de 9 décimètres carrés qui permettrait les façons à la main et ne s'opposerait pas au libre développement des parties aériennes. Cette culture donnerait 110,000 plants à l'hectare, c'est-à-dire beaucoup plus qu'on n'obtient communément.

B. Si la même betterave est plantée en lignes espacées de 50 centimètres, la distance de 0,30 sur les lignes laissant, comme dans le cas précédent, un vide de 0,20 entre les plantes, fournirait une superficie de 15 décimètres, ce qui est déjà un peu exagéré et ne produirait que 66,000 plantes à l'hectare. Cette situation est pourtant admissible et vaudrait mieux que ce qu'on fait. Mais on comprend que, puisque l'intervalle entre les lignes est augmenté et laisse aux feuilles assez d'espace dans le sens latéral, on peut resserrer un peu les plants sur les lignes.

C. Nous ne verrions pas d'objection contre un rapprochement à $0^m,25$ qui laisserait encore $0^m,15$ entre les plantes développées et qui ne nuirait en rien aux façons. Cette disposition donnerait à chaque plante 12 décimètres 5 de superficie et permettrait d'obtenir 80,000 plantes à l'hectare.

D. Dans la pratique de la culture en billons, nous ne dépasserions pas un écartement de 0,70 entre les billons et de 25 centimètres entre les plantes. Ces données fourniraient aux plantes un espace de 17 décimètres 5, et l'hectare pourrait produire 57,000 betteraves.

E. Avec l'écartement de 0,80 à 1 mètre entre billons, soit

0,90 en moyenne, indiqué par M. Champonnois, on donnerait aux racines, avec un écartement de 0m,25, une surface de 22 décimètres 5, et l'hectare ne produirait que 44,400 racines. Aussi est-il conseillé par cet observateur de rapprocher les plants sur le billon depuis 0m,20 jusqu'à 0,15 ou 0,12 et *même moins selon le rendement qu'on cherche à obtenir...*

L'expérience a démontré que, si les betteraves augmentent de poids, quand on leur donne une plus grande surface, cette augmentation n'est cependant pas proportionnelle à la surface, et que l'on approche davantage du maximum en multipliant le nombre des plants, pourvu qu'on leur donne au moins 6 décimètres de superficie. Ainsi, en supposant que cette surface fournisse des betteraves de 1,200 grammes, une superficie double ne produirait guère que des racines à 1,300 grammes de poids moyen, et une surface triple ne conduirait qu'à des racines de 1,750 grammes au lieu de 3k,600 que la théorie semblerait indiquer comme résultat.

De là, en partant du poids hypothétique de 1,200 grammes, on *peut* obtenir comparativement :

Écartement

A,	132,000	kilogr.,	avec 110,000	plants,	à 1,200	grammes;
B,	84,050	»	avec 66,000	»	à 1,425	»
C,	104,000	»	avec 80,000	»	à 1,300	»
D,	99,750	»	avec 57,000	»	à 1,750	»
E,	79,200	»	avec 44,000	»	à 1,800	»

Il résulte de ces chiffres, qui n'ont rien d'absolu et sont donnés seulement comme exemple, que des plantes plus petites et plus nombreuses fournissent le résultat le plus avantageux. Le fait a été également reconnu en Allemagne par la comparaison des poids obtenus, et le véritable mérite des cultures distancées est de faciliter les façons.

Si l'on peut, avec la race française, raisonner comme nous venons de le faire, on comprend que, pour les races dites allemandes, dont le diamètre dépasse rarement 8 centimètres et dont le poids moyen est de 350 grammes, il faudra nécessairement rapprocher les distances et augmenter le nombre des plants. La règle théorique, que l'on est porté à vouloir appliquer d'abord, consiste à occuper sur le sol autant de place réelle par une plante que par l'autre. Ainsi, dans la culture à plat (A), avec 30 centimètres d'écartement, 110,000 betteraves de Silésie (race française) occuperaient 1,244 mètres carrés. Dans la culture en lignes (B), par 50 centimètres d'écartement entre les lignes et 0,30 entre les plants, 66,000 occuperaient 746 mètres 44. Par 0,25 entre les plants, cette même culture en lignes (C) équivaudrait, pour 80,000 plants, à 904^m,78, et la culture en billons (D) par 0^m,25 sur 0^m,70 et 5,700 plants, donnerait 644^m,65.

En effectuant la comparaison numérique avec les betteraves à 0,08 de diamètre, on trouve les résultats suivants :

A. Pour tenir le sol dans les mêmes conditions de vide et de plein dans la culture à plat, il faudrait 250,000 plantes par hectare (247,498), et la plantation devrait présenter un écartement de 20 centimètres en tous sens, en chiffres ronds. On doit reconnaître ici que les travaux d'entretien deviendraient plus pénibles avec une telle quantité de plantes, sur un si grand rapprochement, et que la surface de 4 décimètres allouée à chaque plante ne pourrait pas suffire au développement des feuilles dont les inférieures s'étioleraient immanquablement.

B. Pour répondre à la culture en lignes par 0^m,30 sur 0^m,50, il faudrait 148,400 plants (148,499) à distancer sur les lignes de 13 à 14 centimètres (13,47). Les plants occuperaient ainsi une surface de 6 décim. 735, un peu supérieure au maximum, et l'on rentrerait dans une des données de M. H. Champonnois.

C. Pour correspondre à la culture en lignes par 0^m,25 sur 0^m,50, il faudrait 180,000 plants, à distancer sur les lignes de 11 centimètres (11^{cm},11...). La surface ne serait que de 5 décim. 5 et il est à peu près évident qu'elle serait trop faible pour permettre l'extension des organes aériens dans certaines variétés, bien que les façons puissent se faire sans peine avec cette disposition.

D. Enfin, pour atteindre les conditions de la culture en billons par 0^m,25 sur 0^m,70, avec des betteraves allemandes à 0^m,08 de diamètre, il faudrait 128,000 plants, à distancer sur les billons de 11 centimètres (11^{cm},16...), La surface serait ici de 7 décimètres 8.

Des considérations qui précèdent, on peut déduire quelques conclusions pratiques importantes.

1° En prenant pour minimum une surface de 6 décimètres

par plante, on ne doit pas, dans la culture à plat, prendre un écartement moindre de 24 à 25 centimètres (24°,495), si l'on admet que cette surface soit nécessaire aux feuilles, ce qui nous semble fort rationnel. L'écartement de 0,30 sur 0,30 avec 9 décimètres de surface paraît être préférable en pratique.

2° Il résulte de là que les betteraves de petite race, cultivées à plat, ne peuvent atteindre le produit des grandes races, si l'on veut leur donner la surface minimum de $0^{mc},06$, puisqu'on ne peut obtenir la parité de surface que par un rapprochement à 20 centimètres et une surface de $0^{mc},04$ seulement, dont nous avons indiqué les inconvénients. Nous aurons à voir plus loin que le *rendement-sucre* est indépendant de ce dont il s'agit ici.

3° Dans la culture en lignes pour les grosses races, l'écartement des lignes à $0^m,50$ et des plants sur les lignes à $0^m,30$, serait avantageusement remplacé par l'écartement de 0,25 sur 0,40 qui fournirait 100,000 plantes en leur donnant une surface moyenne de 8 décimètres. En tout cas, il ne convient pas d'écarter les plants sur lignes à plus de 25 ou 30 centimètres, et il serait utile de réduire l'écartement des lignes à $0^m,40$ ou $0^m,45$, surtout si les façons doivent se faire à la main.

4° La culture des petites races sur lignes, à un écartement de 0,13 ou 0,14 sur 0,50, serait admissible à la rigueur; mais l'écartement de 0,11 sur 0,50 nous semble devoir être rejeté. Il nous paraît préférable, en saine pratique agricole, de réduire l'écartement entre les lignes jusqu'à $0^m,40$, ce qui permettrait d'écarter les plantes de 13 à 14 centimètres.

5° Enfin la culture des petites races sur billons nous semblerait devoir être réglée par un écartement de 0,60 entre les billons et de 0,15 entre les plants.

On devra se régler, évidemment, sur la qualité du sol pour décider la question de surface à allouer aux plantes, ce qui vient d'être dit se rapportant à un sol-type, dont on est en droit d'exiger le maximum. Quoi qu'il en soit, c'est sur l'espace à donner aux plantes que se règlent la pratique de la plantation, celle du repiquage des vides et celle de l'*éclaircissement* dans les semis à demeure.

Façons et cultures. — Le *Bulletin de la Société industrielle de Hanovre* donne, au sujet des *façons et cultures* de la betterave, les conseils les plus judicieux et les plus sages.

« Il est à observer, en général, qu'un champ de betteraves

doit recevoir le nombre de sarclages et de houages nécessaire pour le nettoyer des mauvaises herbes et ameublir la couche superficielle, afin que l'air puisse y pénétrer, c'est-à-dire ordinairement deux ou trois, qui ne doivent jamais être différés trop longtemps. Ils sont indispensables jusqu'à ce que les feuilles de betteraves, couvrant entièrement le sol, étouffent les plantes qui nuisent à leur végétation. Un temps sec est le plus convenable pour le houage. Le sarclage, au contraire, est plus facile après la pluie, surtout dans un terrain compacte. Un houage profond aurait, pour les terres sablonneuses, l'inconvénient de les exposer à se dessécher trop promptement.

« Le champ dans lequel on a placé la semence à demeure, n'ayant pas été labouré aussi tard que celui où l'on a transplanté les betteraves, doit ordinairement être houé ou nettoyé une fois de plus. On le nettoie d'abord en éclaircissant les jeunes plantes.

« Chaque grain de semence pouvant produire plusieurs betteraves, tandis qu'il ne doit en rester qu'une seule à chaque place, il faut enlever les autres aussitôt qu'on le pourra, et au plus tard quand elles auront atteint la longueur du petit doigt, de crainte que, si elles étaient plus fortes, on n'arrachât en même temps celles qu'on a l'intention de laisser subsister. A moins qu'on ne veuille employer ces plantes superflues à remplir les places vides, le meilleur moyen de les détruire est de couper la racine dans la terre, avec un couteau, assez bas pour la faire périr.

« Il faut en même temps débarrasser le champ, au moyen d'une houe à main, des mauvaises herbes qui commencent à paraître; mais l'instrument doit pénétrer au plus à un pouce de profondeur, pour ne pas soulever les jeunes plantes. Les houages suivants auront, si le sol le permet, de 2 à 3 pouces de profondeur.

« Les champs où l'on a planté des betteraves sont ordinairement houés pour la première fois quand les plantes dépassent un peu la longueur du doigt.

« Quand on cultive les betteraves en grand et qu'elles sont disposées en lignes droites, on peut se servir, pour abréger le travail, de la houe à cheval, pourvue d'un fer plat ou cintré. Ce fer doit être assez étroit pour ne pas endommager les plantes, et cependant assez large pour atteindre le but qu'on se

propose en l'employant. On peut houer ainsi près d'un hectare
par jour, mais il faut arracher les mauvaises herbes qui sont
trop rapprochées des plantes.

« Le *buttage* est-il utile aux betteraves? Il n'est pas de question sur laquelle les agriculteurs de notre pays soient moins
d'accord. Ceux-ci le regardent comme indifférent, ceux-là
comme avantageux, et d'autres comme nuisible. Plusieurs
même prétendent que les betteraves qui croissent en grande
partie hors de terre doivent être entourées d'un creux en forme
de chaudron pour qu'elles se développent davantage au-dessus
du sol et attirent plus d'humidité.

« Il est certain que le buttage ne convient point aux betteraves destinées à servir de nourriture au bétail, et surtout à
celles qui croissent hors de terre, puisqu'il leur enlève l'af-
fluence de l'humidité; mais il est, au contraire, avantageux
pour celles qu'on veut employer à la fabrication du sucre; car
il contribue à rendre leur partie supérieure plus riche en matière saccharine. Il peut aussi fournir un moyen de remédier
au défaut de profondeur de la couche végétale, en réunissant
autour de la plante une quantité de terre dont autrement elle
n'aurait pas profité.

« On ne doit *effeuiller* les betteraves destinées à la fabrication du sucre qu'une huitaine de jours avant la récolte, car la
privation de leurs feuilles, les exposant à toutes les ardeurs du
soleil, ne permettrait pas à la racine d'acquérir la régularité
de forme désirable, et d'élaborer convenablement la matière
saccharine. On peut néanmoins, dans le cas d'un pressant besoin de fourrage, enlever un peu plus tôt les feuilles dont les
côtes commencent à se flétrir. »

Complétons maintenant ce qui précède par les indications
de Chaptal, dans lesquelles chaque mot révèle l'homme essentiellement pratique :

« Il y a peu de plantes, dit-il, qui exigent plus de soins que
la betterave; le voisinage des plantes étrangères arrête son développement, et lorsque la terre n'est pas meuble et remuée
autour d'elle, elle languit, jaunit et ne se développe point.

« Dès que la plante a commencé à pousser ses secondes
feuilles, il faut lui donner un premier sarclage : si l'on a semé
à la volée, on ne peut travailler la terre qu'à la main et avec
une pioche légère; on déracine toutes les herbes, on arrache

des betteraves pour laisser un espace de 15 à 18 pouces entre
celles qu'on laisse. Si l'on a semé en sillons, on emploie le
cultivateur et un cheval, et l'on travaille le pied des racines à
la pioche. Il faut pratiquer l'opération du sarclage au moins
deux fois dans la saison.

« Le sarclage ouvre la terre à l'air et à l'eau ; il la nettoie des
mauvaises herbes. Après chacune de ces opérations, on voit
les betteraves se ranimer, leur couleur se foncer en vert ; la
racine grossit, les feuilles augmentent de volume...

« Le produit d'un champ dont la terre est fréquemment remuée est *au moins le double* de celui dont les sarclages ont été
négligés. »

L'importance extrême des soins de propreté et des cultures
d'entretien, l'influence considérable que ces façons exercent
sur la santé des plantes et leur action sur la richesse sucrière
des racines exigent que nous entrions dans quelques détails
culturaux ou techniques dont le résumé précédent n'a pu tenir
compte. L'*éclaircissement,* les *binages,* le *buttage,* l'*effeuillage*
sont, au point de vue de la culture de la betterave, des objets
du plus haut intérêt, auxquels on doit apporter une attention
scrupuleuse.

Éclaircissement. — Dans la méthode générale du semis en
place, il est indispensable de supprimer toutes les plantes superflues et de retrancher celles qui, trop rapprochées, pourraient gêner la croissance et le développement de leurs voisines. Ce travail est toujours nécessaire, même lorsque l'on a
semé à la main et que l'on n'a déposé qu'une seule graine aux
distances adoptées, puisque chaque graine peut donner naissance à plusieurs plantes.

On doit *éclaircir* lorsque les jeunes betteraves ont atteint 8
ou 10 centimètres de hauteur et qu'on peut les saisir aisément.
On profite avantageusement d'un moment où la terre est un
peu humide pour faire cette opération qui peut, à la rigueur,
coïncider avec le premier binage, si l'on n'a pu le faire avant
ce moment. Lorsque les plantes sont très-rapprochées, comme
dans le semis en touffes, il est préférable de couper plutôt que
d'arracher les jeunes racines qui touchent celles qu'on veut conserver, afin de ne pas en ébranler les racines. Les plus belles

plantes arrachées servent au *repiquage* et sont employées à regarnir les vides, au fur et à mesure que l'on en rencontre.

Binages. — Les binages, c'est-à-dire les cultures légères et superficielles que l'on exécute sur le sol pendant la végétation des plantes, afin de détruire les plantes parasites et de conserver l'ameublissement et la porosité de la surface, ont une action très-considérable sur la production du sucre. En effet, il est démontré que ces binages favorisent extrêmement le développement des organes foliacés, surtout en facilitant l'absorption de l'humidité atmosphérique. Or, il a été reconnu que l'accumulation de la matière sucrée dans les cellules saccharifères ne commence à se faire d'une manière sensible que lorsque les feuilles ont acquis la plus grande partie de leur développement. On sait que, pendant une longue période, les feuilles offrent un poids plus élevé que celui des racines, que celles-ci ne s'accroissent qu'après que les organes aériens ont fini leur évolution et que, alors seulement, le sucre se produit dans une proportion notable. C'est ainsi que M. Leplay a trouvé que les racines sont plus légères que les feuilles jusqu'au 15 août, et que Bretschneider a constaté, en 1861, sur les races allemandes, des résultats analogues[1]. Suivant cet observateur, à la date du 9 juillet, le poids des racines est à celui des feuilles comme 1 est à 3,65 avec une richesse sucrière de 4,99 0/0, tandis que, au 19 septembre, la relation entre le poids des racines et celui des feuilles est comme 1 est à 0,25, avec une richesse sucrière de 13,15 0/0...

Cette observation intéressante ne peut manquer de faire réfléchir les cultivateurs, trop nombreux encore, qui négligent les binages, et ne comprennent pas que de ce travail résulte la croissance rapide des feuilles et, par conséquent, l'augmentation du produit en sucre.

Aussitôt que les plantes ont atteint une hauteur de 5 centimètres, on devra exécuter un binage à la main et enlever les mauvaises herbes. Il vaut mieux que ce binage soit fait dès ce moment, plutôt que d'attendre le moment de l'éclaircissement, afin que les plantes parasites ne puissent rien enlever de la nourriture nécessaire aux betteraves, et c'est une très-fausse économie de supprimer ou de retarder cette culture.

1. *Vereinsschrift für Rübenzuckerindustrie*, p. 578.

Le second binage s'exécute aussitôt après que l'on a éclairci le plant, ou dès que la reprise est manifeste pour les plants repiqués. Entre cette époque et la fin de juillet ou le 15 août, au plus tard, on pratiquera encore au moins un binage. Il vaudra mieux en faire deux, si l'on cherche à obtenir les meilleurs résultats; mais, à partir du développement complet des feuilles, il convient de laisser les plantes livrées à elles-mêmes, afin que, désormais, la production sucrière puisse se faire tranquillement.

Quant au mode d'exécution des binages, on comprend qu'ils puissent se faire à la main ou à l'aide des machines, mais cette question a été fort controversée.

Dans le semis à la volée, la solution est facile, puisque la houe et la pioche peuvent seules exécuter un travail convenable qui ne blesse ni les racines ni les feuilles, et le travail à la main se trouve normalement indiqué.

Dans la culture en lignes, les machines facilitent et hâtent la besogne; mais, comme elles ne peuvent approcher les plantes d'assez près sans risque de leur nuire, le binage devra toujours être complété par un petit travail à la main, et ce sera ainsi que l'on pourra tirer le meilleur parti possible des instruments, que l'on construit, d'ailleurs, dans les conditions les plus parfaites. Nous n'en décrirons aucune en détail, par la raison que la visite des ateliers de construction d'instruments aratoires sera toujours plus utile que les descriptions les plus détaillées. Nous conseillerons cependant l'emploi des engins

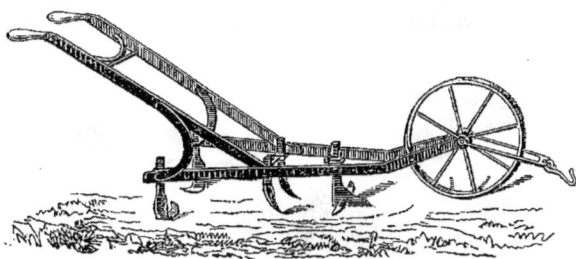

Fig. 32.

les moins compliqués et, parmi ceux-ci, la *houe à cheval*, représentée par la figure 32, ou la houe de Ransome, qui lui ressemble beaucoup, nous paraissent mériter la préférence.

La charrue-sarcleur, que M. Champonnois nomme buttoir-herse, serait aussi fort convenable pour les binages des cultures en billons, et nous en dirons quelques mots dans un instant.

Dans la culture en billons, les binages sont les mêmes que dans la culture à plat; ils peuvent se faire soit à la main, à l'aide d'une houe à cheval, d'une herse articulée, ou d'un buttoir-herse (fig. 28), que l'on fait passer entre les billons; mais, dans tous les cas, le travail doit être fait à la main, avec une petite binette, sur le sommet des billons entre les plantes, et il est nécessaire de maintenir la forme des billons pour éviter le

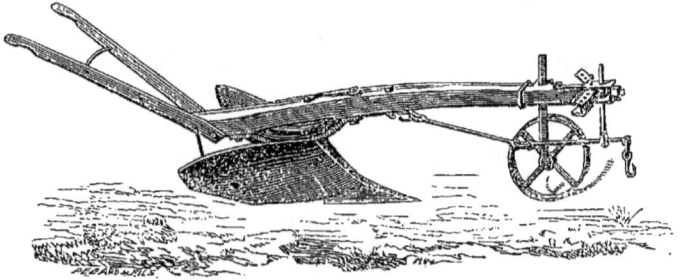

Fig. 33.

déchaussement des plantes. La terre devra donc être relevée par une charrue à double versoir, comme celle de Bodin (fig. 33), mais il serait bon, croyons-nous, d'opérer le relèvement de manière à *gonfler* les billons vers les deux tiers de leur hauteur, plutôt que de reporter la terre au sommet, si les plantes ne doivent pas être *buttées*. Pour cela, les oreilles de la

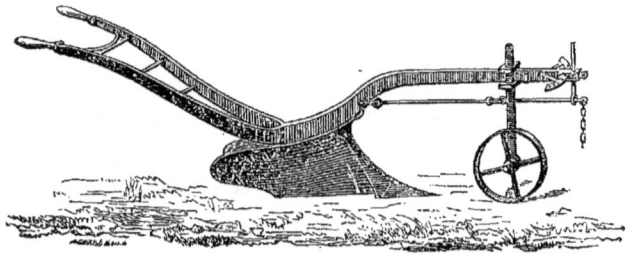

Fig. 34.

charrue devraient être plus allongées et moins hautes, dans la forme du modèle représenté par la figure 34 ci-dessus.

L'instrument de M. H. Champonnois est à deux fins, et la figure 28 (p. 348) en donne une idée nette. Monté, comme l'indique le dessin, le buttoir porte deux couteaux recourbés en dedans et un coutre en avant du soc, dont la forme se rapproche de celle des socs de charrues fouilleuses. A ce soc et à l'axe sont adaptées deux oreilles profondément dentées et dont les dents agissent en coupant et arrachant les mauvaises herbes. Dans ces conditions, l'appareil constitue un bon instrument de binage pour la culture en billons. En substituant deux oreilles ordinaires aux oreilles dentées et en enlevant les deux couteaux, on le transforme en une charrue ordinaire à double versoir...

Que la petite culture ou la moyenne exploitation pratiquent exclusivement les façons à la main, cela se conçoit aisément, et cette pratique ne peut guère soulever d'objections raisonnables. Dans la grande exploitation, au contraire, la machine doit être adoptée en principe, et l'on n'a recours au travail à la main que pour les portions rapprochées des racines, qui ne peuvent être cultivées par l'instrument. Il y a cependant, en toutes circonstances, une question de main-d'œuvre à étudier à côté des avantages de la rapidité d'exécution, et les conditions locales peuvent seules en donner la solution en présence des différences que l'on constate dans les chiffres du salaire. C'est aux fabricants et aux cultivateurs qu'il appartient de déterminer le mode à adopter selon les exigences du milieu qu'ils habitent.

Buttage. — Nous avouerons franchement que nous sommes partisan du buttage des betteraves sucrières. Nous nous basons sur ce fait que la partie des racines qui croît hors de terre est habituellement la plus pauvre en sucre et, d'un autre côté, la terre, amoncelée autour des racines, accumule plus de nourriture autour des plantes auxquelles elle conserve une humidité nécessaire.

Le buttage devrait s'exécuter vers la fin de juillet ou dans les premiers jours d'août, au lieu d'un quatrième binage. On le pratiquerait à la houe pour les semis à la volée et à l'aide d'une charrue-buttoir pour les semis en lignes. Nos observations nous permettent d'affirmer que cette opération est lar-

gement rémunérée par l'augmentation du produit en sucre qui
en est la conséquence.

Walkhoff regarde aussi le buttage comme une pratique excellente pour l'amélioration du rendement en sucre, pourvu
qu'il soit exécuté avant le milieu du mois d'août, et il ajoute :
« Beaucoup de fabricants font butter leurs betteraves au moment du piochage, et ils ont raison ; car on doit, dans la culture
de cette plante, employer tous les moyens de ne laisser se développer hors de terre que le moins possible des parties de la
betterave, ces portions ayant toujours une moindre valeur pour
la fabrication du sucre que celles qui se sont développées en
terre [1]. »

Effeuillage. — Sans vouloir adopter l'opinion qui rattache à
une fonction spéciale des feuilles la production du sucre, nous
devons admettre que la coïncidence entre le développement de
ces organes et la production sucrière est frappante ; nous pensons donc que l'effeuillage est une opération désavantageuse
au point de vue de la sucrerie et que l'on doit y renoncer complétement ou, tout au moins, ne pratiquer l'effeuillage que sur
les feuilles flétries dont l'action physiologique a cessé.

Les Allemands, de leur côté, s'opposent à l'effeuillage et partagent en cela la manière de voir d'Achard qui est aussi la
nôtre, bien que les hypothèses admises sur les fonctions des
feuilles nous paraissent un peu exagérées ; mais nous nous en
rapportons surtout aux faits qui sont les vrais guides du travail agricole.

On lit dans un journal de Vienne [2] :

« La grande question est de savoir si, par l'effeuillage des
betteraves, on influe beaucoup sur la récolte. En France, on a
discuté cette question à plusieurs points de vue ; on a fait de

1. Viele Fabrikanten lassen ihre Rüben immer beim Behacken an haüfeln,
und mit Recht ; denn es sollten bei der Rüben cultur alle Mittel aufgeboten
werden, so wenig als möglich Theile der Rübe aus der Erde wachsen zu
lassen, da dieselben stets geringeren Werth für die Zuckerfabrication haben,
als die in der Erde wachsenden Theile (p. 110).
2. *Der Marktbericht*, 2 août 1866.

nombreuses expériences sans arriver à résoudre complétement le problème.

« M. de Gasparin et beaucoup de ses confrères prétendent qu'en effeuillant la betterave on n'occasionne aucune perte, surtout en n'arrachant que les feuilles qui commencent à se flétrir. Les Allemands soutiennent, au contraire, que ce procédé nuit au développement de la racine. Ils appuient leur opinion sur les résultats d'essais nombreux faits sur plusieurs points et à plusieurs reprises. Ainsi, en 1864, on a trouvé :

« 1° Que les betteraves effeuillées trois fois donnaient 6,439 kilogrammes de racines.

« 2° Que celles effeuillées deux fois donnaient 6,870 kilogrammes de racines.

« 3° Que celles non effeuillées donnaient 7.980 kilogrammes de racines.

« Un autre essai fait dans une autre contrée a donné :

« 1° Betteraves non effeuillées, feuilles : 7,196; racines : 24,709.

« 2° Betteraves effeuillées une fois, feuilles : 9,890; racines : 22,306.

« 3° Betteraves effeuillées deux fois, feuilles : 12,486; racines : 20,100.

« Des essais fréquemment renouvelés ont donné à peu près les mêmes résultats. » (*Sucrerie indigène.*)

De son côté, Schacht a trouvé que des betteraves effeuillées deux fois ont donné un jus marquant 6°,7 B. et tenant 8,34 0/0 de sucre, tandis que des racines non effeuillées ont fourni un jus à 8°,9 B. avec 13,72 0/0 de sucre. Des faits de ce genre sont assez concluants pour que nos cultivateurs y prêtent une attention sérieuse et cessent de pratiquer aveuglément l'effeuillage, dont les mauvais effets ne nous paraissent pas contestables [1].

VI. — OBSERVATIONS PARTICULIÈRES.

Nous venons d'exposer avec tout le soin qui nous a été possible les données les plus rationnelles et les plus pratiques rela-

---

1. Il resterait à *démontrer*, cependant, que ces différences ont été observées, la *même année*, sur le *même sol*, avec la *même culture*, et des betteraves de *même race*....

tives à la culture de la betterave, et nous avons pris à tâche de ne passer sous silence aucun point important, aucun renseignement utile. Avant de nous occuper, cependant, de la récolte et des soins qu'elle exige, de la conservation des racines et de l'amélioration des variétés sucrières, nous croyons devoir ajouter quelques observations complémentaires sur divers points dont nous avons négligé de parler, afin de ne pas distraire notre attention des questions culturales proprement dites. Il ne nous semble pas hors de propos, en effet, de rechercher quelles sont les conditions d'accroissement de la betterave, la somme de chaleur qu'elle exige, comme d'apprécier la relation qui peut exister entre le poids des betteraves et leur richesse sucrière, la valeur de la racine à différentes époques, etc. Ces questions, bien que secondaires, ne peuvent manquer d'intéresser vivement la pratique, et c'est à ce titre que nous allons nous essayer de les élucider.

Conditions d'accroissement de la betterave. — L'*influence climatérique de l'année* sur la production du sucre ne saurait être révoquée en doute, bien que les expressions de *bonne année* ou de *mauvaise année* s'appliquent à un ensemble de circonstances plutôt qu'à une influence astronomique. Que la température se maintienne dans des limites convenables, que les vents régnants n'apportent ni ouragan, ni grêle, ni tempête, que des pluies douces tiennent le sol dans un bon état d'humidité aussi éloigné d'un excès d'eau que d'une sécheresse extrême, si la betterave a été semée de bonne heure dans un sol bien préparé et riche en humus, si son développement s'est fait normalement quant à ses parties foliacées, on pourra toujours compter sur une récolte avantageuse, pourvu que la variété cultivée soit choisie avec intelligence et que les travaux de culture soient bien exécutés en leur temps.

Influence de l'humidité et de la sécheresse. — Il arrive souvent que, dans un bon sol bien préparé, la récolte soit mauvaise, parce qu'un printemps trop sec ou un été ardent s'est opposé à la production foliacée, dont nous avons indiqué toute l'importance. En revanche, des pluies printanières excessives épuisent le sol, augmentent la proportion des sels et des matières azotées et rendent la betterave plus aqueuse et moins sucrée.

Cet effet est encore plus sensible si l'excès d'humidité survient à partir du développement des feuilles, c'est-à-dire après la première quinzaine d'août. Dans ce cas, les feuilles continuent à se former et la production saccharine est enrayée dans sa marche. C'est pour cela que, après un printemps passable et un été très-sec, les pluies tardives de septembre ne font que nuire à la qualité des racines et les rendre plus aqueuses, sans profit pour la fabrique.

Nous ajouterons même que les pluies excessives, tardives, doivent déterminer la production d'une certaine proportion de sucre liquide dans les racines, lorsqu'il ne reste pas assez de temps avant l'arrachage pour que la transformation de ce sucre en sucre prismatique puisse avoir lieu. Nous savons que la présence du glucose dans la betterave a été niée par MM. Péligot et Pelouze, et nous avons déjà fait observer que cette assertion est contraire aux faits observés (page 262). Nos expériences personnelles et notre opinion se trouvent confirmées par un travail intéressant de M. Méhay [1]. Cet observateur a dosé le sucre prismatique, le sucre incristallisable et l'acide oxalique dans le jus des racines, des pétioles et des feuilles, et il a consigné le résultat de ses expériences dans le tableau suivant :

Désignation des essais.		Racines.	Pétioles.	Feuilles.
Sucre cristallisable.		12,00	0,25	0,00
Sucre incristallisable	par fermentation.	0,50	2,72	1,23
	par la soude.	0,70	3,62	1,64
	par la liqueur cuivrique. .	0,54	3,25	1,45
Acide oxalique.		0,22	0,43	1,86
Densité du jus.		1060,0	1023,3	1025,3
Rotation, appareil Soleil.		74,0	3,6	0,5

Nous ne voulons pas déduire de ces faits des conclusions trop rigoureuses, lesquelles, par cela même, deviendraient hypothétiques. Nous dirons seulement que la présence du sucre incristallisable dans la betterave est constatée une fois de

1. Mémoire présenté à l'Académie des sciences, le 4 octobre 1869.

plus, ce qui justifie les opinions que nous avons toujours soutenues à cet égard. D'autre part, la proportion du glucose est
d'autant plus forte que la quantité de l'acide oxalique est plus
grande, et il devient très-logique d'admettre que le sucre prismatique ne prend naissance dans les végétaux que par la
déshydratation du glucose. Ce dernier sucre, en effet, est le
premier qui prend naissance dans l'organisme végétal, dès les
premiers temps de la germination, et le sucre cristallisable
n'apparait jamais qu'en deuxième lieu. Nous rappelons encore
l'attention du lecteur sur ces faits, et nous en concluons la
nécessité d'obtenir un développement très-rapide des feuilles
ou des parties aériennes, afin de donner à la plante plus de
temps pour la production du sucre prismatique, puisque la
transformation du sucre liquide ne paraît se faire avec une certaine énergie qu'à partir de cette époque. Une humidité excessive et une année pluvieuse, en exagérant la production foliacée et en la prolongeant au delà de son terme normal, ne
peuvent qu'augmenter la proportion du glucose au détriment
du sucre cristallisable.

Il a été reconnu par Bretschneider que la proportion d'eau
décroît dans les betteraves à mesure qu'elles approchent du
point de maturation. Ainsi, les jus examinés par cet observateur, au 20 juillet, renfermaient 88,78 0/0 d'eau, tandis que,
du 30 septembre au 16 octobre, cette proportion se trouvait
réduite à 82,19 0/0.

On peut déduire de ce fait que, le maximum d'eau répondant
à l'époque du développement des feuilles, les racines seront
d'autant plus aqueuses que la production des feuilles sera
surexcitée par une humidité excessive ou inopportune.

Dans le climat de la Seine, on évalue le nombre des jours de
pluie à 111 pour les trois saisons, du printemps, de l'été et de
l'automne ; le nombre des jours de pluie d'hiver est de 29. La
quantité de pluie qui tombe dans les trois premières saisons
serait égale à une moyenne de 0m,433, tandis que la moyenne
annuelle serait égale à une couche de 0m,548 d'épaisseur.

Somme de chaleur nécessaire à la betterave. — On sent que la
chaleur extrême et une sécheresse prolongée peuvent anéantir
tout espoir de récolte. Nous ne nous arrêterons pas à cette
circonstance exceptionnelle qui se traduit par de véritables dé-

sastres. On a observé que la somme de chaleur nécessaire à la betterave pour parcourir toutes les phases de sa première végétation, depuis le semis jusqu'à la maturité, est de 3000° à 3150°. Or, sous le climat de Paris, d'après les observations de Bouvard, on a eu les températures moyennes suivantes pendant les différents mois, pour une durée de seize ans :

MOIS.	MAXIMUM.	MINIMUM.	MOYENNE.
Janvier.	+ 4,0	— 0,1	+ 2,0
Février.	+ 6,8	+ 1,2	+ 4,0
Mars.	+ 10,5	+ 3,5	+ 7,0
Avril.	+ 15,2	+ 6,1	+ 10,7
Mai.	+ 18,6	+ 9,4	+ 14,0
Juin.	+ 21,8	+ 12,1	+ 17,0
Juillet.	+ 23,4	+ 13,9	+ 18,7
Août.	+ 23,0	+ 13,7	+ 18,2
Septembre.	+ 20,1	+ 11,4	+ 15,8
Octobre.	+ 15,2	+ 7,8	+ 11,5
Novembre.	+ 9,4	+ 4,5	+ 7,0
Décembre.	+ 5,8	+ 2,0	+ 3,9

En partant du mois d'avril pour finir avec octobre, les températures les plus faibles de ces deux mois ne pouvant, en moyenne, nuire au semis ni à la récolte, on a les sommes suivantes :

Avril,	moyenne	10°,7 × 30 jours =	somme	321°
Mai,	»	14 ,0 × 31 » =	»	434
Juin,	»	17 ,0 × 30 » =	»	510
Juillet,	»	18 ,7 × 31 » =	»	579 ,(7)
Août,	»	18 ,2 × 31 » =	»	564 ,(2)
Septembre,	»	15 ,8 × 30 » =	»	474
Octobre,	»	11 ,5 × 31 » =	»	356 ,(5)
			Ensemble...	3239°,(4)

Il résulte de ce calcul la nécessité absolue de semer le plus tôt possible en avril et de récolter le plus tard possible en octobre, afin de faire profiter la racine de toute la chaleur qui lui est nécessaire; on a remarqué, en effet, que la richesse et la qualité des betteraves sont diminuées dans les années qui n'atteignent pas le chiffre normal de 3000° environ.

Relation entre la grosseur et la richesse des racines. — Il est admis aujourd'hui par tous les expérimentateurs attentifs que les betteraves sont plus riches en sucre et plus pauvres en sels lorsque, toutes choses égales d'ailleurs, elles sont plus petites et ont crû plus lentement. Ainsi, de deux betteraves de même race, semées dans le même champ et dans les mêmes conditions, la plus petite contient la plus forte proportion de sucre et le jus le plus pur. Cette circonstance, si intéressante pour la pratique, tient sans doute à ce que nous avons exposé sur l'action des feuilles et aussi à l'absorption moindre de matières salines par des racines à croissance lente, qui prennent moins d'eau, fixent moins d'impuretés et opèrent plus complétement la transformation des principes saccharigènes. Quoi qu'il en soit, le fait existe, complet et indiscutable, et il est probable que les causes réelles n'en échapperont pas longtemps aux recherches des physiologistes.

POIDS DES RACINES.	SUCRE.	MATIÈRES étrangères.	TOTAL des matières solides.
		Dans 100 p. de jus.	
0,250 à 0,750	13,5	3,375	16,875
0,750 à 1,000	12,7	3,582	16,282
1,000 à 1,250	12,2	3,243	15,443
1,250 à 2,500	11,7	3,495	15,195

Walkhoff a donné un résumé de cent deux expériences de Balling sur les betteraves de Bohême, desquelles on peut déduire les chiffres précédents :

Les expériences de Hermann sont moins concluantes, parce qu'elles semblent un peu trop absolues. Ainsi, il établit les relations suivantes entre le poids et la richesse des betteraves de Silésie :

Poids........	175gr	380gr	670gr	1k.300gr
Richesse %..	11,4	9,4	9,5	7,4

Et, à ce compte, on devrait conclure que des betteraves de 670 grammes sont plus avantageuses que celles de 380 grammes; mais, en somme, les observateurs allemands sont d'accord pour maintenir ce fait que les plus petites betteraves répondent à une plus forte proportion de sucre, sauf dans de rares exceptions qui confirment la règle.

En France, l'observation de nos races françaises a conduit à des résultats analogues.

Ainsi, M. Corenwinder a trouvé les deux extrêmes suivants :

1° Jus, à 1075 de densité, tenant 18^g,11 de sucre par décilitre et provenant d'une racine de 236 grammes.

2° Jus, à 1023 de densité, tenant 0^g,93 de sucre par décilitre et provenant d'une betterave de 9 kilogrammes.

Cette observation confirme une fois de plus l'opinion qu admet en principe que la richesse saccharine des betteraves est en raison inverse de leur grosseur. Nos propres expériences nous permettent de nous ranger au même avis, mais nous ne pensons pas que ce soit une raison pour rapprocher les plants d'une manière exagérée. Sans doute, des betteraves de poids moyen sont préférables à de grosses racines; mais, dans l'intérêt du fabricant et du cultivateur, il importe de s'attacher à améliorer les races et à produire des racines d'un poids suffisant, de 1^k,500 à 2 kilogrammes, par exemple, contenant un maximum de sucre. Cette question d'amélioration des races, quant au poids et à la richesse relative, doit primer, au moins en France, toutes les discussions futiles dont on a embarrassé l'étude agricole de la betterave.

Valeur de la betterave à différentes époques. — Nous avons déjà vu que l'accumulation du sucre se produit dans les betteraves après que les feuilles sont entièrement développées. Les résultats obtenus par M. Péligot (page 250) confirment également ce fait que la betterave acquiert d'autant plus de sucre qu'elle demeure plus longtemps en terre dans la première année de sa végétation, et l'on trouve le plus grand intérêt à prolonger la période de production du sucre, lorsque des intempéries précoces ne viennent pas s'y opposer.

D'après un travail de M. C. Scheibler, inséré dans un journal allemand[1], la composition de la betterave présente des diffé-

---

1. Avril 1870.

rences notables à diverses époques de sa végétation. Ces différences sont consignées dans le tableau suivant :

DATES.	RACINES.			JUS.			
	POIDS moyen.	Densité à 17°,5 C.	Éléments solides. 0/0	Densité.	Éléments solides. 0/0	SUCRE 0/0	AZOTE 0/0
	Grammes.						
1er juillet. . .	38,6	1016	12,99	1041	9,86	6,32	0,322
14 juillet. . .	136,6	1013	18,53	1044	10,30	7,84	0,221
20 juillet. .	133,0	1019	15,56	1054	12,28	9,89	0,245
30 juillet. . .	313,1	1023	15,35	1054	12,84	10,70	0,173
15 août	474,7	1017	14,75	1049	11,83	9,64	0,180
1er septembre.	547,1	1031	16,95	1058	13,63	11,94	0,166
1er octobre. .	642,4	1043	18,90	1064	14,98	13,27	0,190

Les betteraves examinées avaient été récoltées près de Magdebourg, et le sol avait reçu 400 kilogrammes de phosphate d'ammoniaque... Malgré la divergence constatée sur l'échantillon analysé le 15 août, divergence dont les causes n'ont pas été appréciées, nous concluerons des chiffres de M. Scheibler :

1° Que la betterave ne renferme pas une proportion constante de sucre aux différents temps de sa végétation;

2° Que la proportion du sucre s'élève avec la durée du séjour en terre ;

3° Que le sucre s'élève en proportion de la diminution de l'azote.

Ces conséquences offrent des applications pratiques fort sérieuses qui ressortent de ce que nous avons exposé précédemment.

A partir du développement des feuilles (août), la betterave absorbe moins de matières étrangères et le sucre seul continue, selon une marche à peu près régulière, de se produire d'après une relation croissante.

Balling a constaté que des racines dont la richesse était de 9,13 0/0 du jus, à la fin d'août, étaient arrivées à 11 0/0 au 15 septembre et à 13,07 0/0 au 30 du même mois.

Walkhoff, en expérimentant sur des betteraves de Russie, a trouvé des résultats analogues qui confirment exactement les faits précédents (1859). Nous en déduisons quelques chiffres intéressants :

DATES.	SUCRE.	MATIÈRES étrangères.	TOTAL des matières solides.
		Dans 100 p. de jus.	
27 juillet........	9,41	3,57	12,98
12 août, ...	11,83	3,94	15,77
27 août.	11,83	3,28	15,11
12 septembre.....	14,17	2,04	16,21
26 septembre.....	11,83	2,81	14,64

Comme il était tombé, après le 12 septembre, de violentes pluies d'orage (*heftige Gewitterregen*), cette circonstance explique très-nettement la rétrogradation constatée dans la richesse sucrière et dans le poids des matières solides à la date du 26; mais il est hors de doute que, si les racines étaient restées en terre pendant une partie du mois d'octobre et qu'elles eussent été favorisées par une bonne température, elles auraient repris leur marche ascendante. Ce fait démontre ainsi les inconvénients des pluies tardives, signalés plus haut, et prouve que si ces pluies peuvent augmenter le poids des racines, ce n'est qu'au détriment de leur qualité sucrière.

Les betteraves du 26 septembre, qui contenaient un jus à 11,83 de sucre 0/0, ont été replantées le 28 avril de l'année suivante, et il a été constaté que le 20 juin elles ne renfermaient plus qu'un jus pauvre à 1 0/0 de sucre seulement. Ce chiffre répondait à 24,3 0/0 des matières solides; d'où il suit que les matières étrangères au sucre avaient atteint le chiffre de 4,11 et que le total des substances solides n'était plus que de 5,11 au lieu de 14,64. Cette perte de sucre ne peut s'expliquer autrement que par les besoins de la granification dont nous avons indiqué les conséquences (pages 26 et 27). C'est là une nouvelle preuve de ce fait que le sucre s'emmagasine dans les végétaux saccharifères pour fournir à la production de ses congénères dans le cinquième âge de la vie végétale.

Mesures à prendre contre les ennemis de la betterave.—Les betteraves ont à redouter non-seulement les gelées tardives, l'excès d'humidité, l'extrême sécheresse, les pluies tardives, les gelées précoces, mais on a encore à les protéger contre les insectes, dans les premiers temps de leur croissance et contre la dent des bestiaux pendant toute la durée de leur végétation.

Les premiers de ces inconvénients sont à peu près au-dessus de notre pouvoir, et nous ne pouvons y obvier, dans une certaine mesure, que par l'exécution des précautions agricoles indiquées par une saine pratique, par la connaissance exacte du climat local, par le choix judicieux de l'époque des semis ou de la récolte, par l'assainissement du sol, ou, au besoin, par les irrigations, lorsqu'elles sont praticables. Il est à peine nécessaire de faire observer que, dans un printemps et un été très-secs, les irrigations ne seraient utiles que jusque vers le 15 août au plus tard, c'est-à-dire jusqu'au moment où les organes foliacés sont développés entièrement.

On s'opposera aux ravages des insectes par un semis précoce et par l'emploi d'agents excitants qui favorisent la germination : on sèmera un peu dru, sauf à enlever les plantes surabondantes, afin de faire la part du mal, et il sera bon de semer entre les plantes quelques pieds de chanvre, de caméline, de madia, ou d'autres végétaux à odeur forte, dont les émanations chassent les insectes et que l'on arrachera lors de l'éclaircissement ou même au second binage.

Un bon moyen à employer contre les insectes consiste à favoriser le développement des feuilles et à rendre aussi rapide que possible le premier accroissement de ces organes, ce qui dépend, évidemment, de la préparation des graines, de celle du sol et de sa richesse en matières alimentaires.

Les bestiaux seront écartés des champs de betteraves, soit à l'aide de clôtures ou de haies, soit par une surveillance attentive, et les dégâts qu'ils causent peuvent toujours être attribués à la négligence.

VII. — RÉCOLTE DES BETTERAVES.

Les auteurs qui ont écrit sur la betterave s'accordent à dire que l'époque de la récolte de cette plante doit coïncider avec sa maturité. Leur raison est que ce moment est celui où *le sucre est en plus grande abondance* dans les tissus de cette racine... Cette époque se manifeste par l'arrêt de la végétation, par le changement de couleur des feuilles qui jaunissent et s'affaissent vers la terre[1].

Contrairement à ce que nous avons démontré dans le paragraphe qui précède, M. Péligot croit pouvoir conclure de ses analyses que pendant la durée de la croissance de la betterave, *ses diverses parties constituantes augmentent simultanément et se maintiennent dans une proportion à peu près constante...* Cependant les choses se passent autrement pour un grand nombre de végétaux et, en particulier, pour les fruits et les raisins, dans lesquels *les acides précèdent de longtemps la matière sucrée.*

Le savant analyste semble insinuer qu'il y aurait avantage à traiter la betterave pour sucre avant sa maturité, et il ajoute, un peu après le passage dont nous venons de donner l'idée :

« ... *Si* la betterave contenait, à toutes les époques de son existence, les mêmes quantités d'eau, de sucre, etc., il y aurait *probablement* un avantage marqué à renoncer à son complet développement et à commencer les travaux d'extraction du sucre avant l'époque à laquelle on a coutume de le faire. En semant plus dru, on arriverait *peut-être* à compenser la différence en moins du poids des racines, qui serait une des conséquences de ce changement.

« On éviterait en partie, en procédant de la sorte, l'emmagasinage des betteraves et leur pénible conservation; on éluderait aussi les difficultés qui surgissent toujours des travaux d'hiver, qui nécessitent une très-grande hâte pour être achevés à une époque déterminée. On objectera peut-être que d'autres travaux de la campagne venant à coïncider avec l'ouverture des fabriques de sucre rendraient les ouvriers plus rares et les journées plus chères; mais, dans le plus grand nombre des localités où l'on doit fabriquer le sucre, cette objection serait bientôt levée.

« *Mais*, autant qu'il est permis de tirer des conclusions des résultats qui précèdent, *la betterave se trouve contenir une quantité de sucre notablement plus grande pour le même poids, lors-*

---

1. Des essais que l'on dit fructueux *auraient* été tentés par un agriculteur belge pour hâter la maturité des betteraves à sucre. Les procédés qu'il a suivis sont encore restés secrets. Nous nous méfions des *moyens secrets* que l'on prône.

qu'elle est arrivée à une certaine époque de sa croissance[1]. La betterave *mûre*, au mois de novembre, peut contenir jusqu'à 15 p. 100 de sucre ; un mois plus tôt elle n'en contenait que 12. »

Nous adopterons cette dernière idée avec tous les hommes d'observation et nous regarderons la betterave *mûre* comme renfermant le *maximum* de matière saccharine pour un poids donné. C'est donc à l'époque de la maturité que nous procéderons à la récolte. Ce n'est pas que nous rejetions l'idée de M. Péligot d'une manière absolue, surtout lorsqu'il dit avec la plus grande vérité que le sucre décroît beaucoup en quantité à la fin de la saison du travail des fabriques, si bien que les betteraves mûres et *conservées* peuvent, dans beaucoup de cas, être moins profitables à travailler que les betteraves non parvenues à maturité.

Mais nous nous en tenons à ce fait que les betteraves mûres contiennent plus de sucre sous le même poids que les betteraves non mûres ; en sorte que nous pensons que le véritable problème consiste à rechercher les moyens de hâter la maturité des betteraves, bien qu'il puisse y avoir intérêt à devancer *quelquefois* le moment de la maturité pour commencer la fabrication.

« Il est évident, continue M. Péligot, qu'il y a là un compte à établir, et les éléments de ce compte dépendront surtout des circonstances locales. Depuis longtemps, de très-habiles praticiens ont émis l'opinion que la fabrication du sucre pourrait commencer avec profit plus tôt qu'on ne le fait généralement ; les résultats que j'ai obtenus viennent confirmer cette opinion, puisqu'on peut avoir au mois d'août des betteraves du poids de 500 à 600 grammes, contenant de 8 à 10 pour 100 de sucre. »

Dans le cas où l'on voudrait arracher des betteraves avant l'époque ordinaire, on devrait porter en ligne de compte la perte double résultant du moindre poids des racines et de la proportion plus faible de sucre, et voir si cette perte est compensée par les avantages que l'on aurait en vue d'obtenir.

---

1. Il résulte de ceci que la proportion des divers principes de la betterave n'est pas *constante*, et que les hypothèses de M. Péligot ne lui inspirent à lui-même qu'une confiance très-limitée. Elles ne sont, d'ailleurs, pas admises par la pratique.

M. Payen était de l'opinion que l'on doit attendre la maturité des betteraves pour en faire la récolte. Il pensait que l'arrachage des racines doit être *commencé dès que* les betteraves ont acquis tout leur développement. Il ajoutait une phrase dont nous prenons note, et nous la citons textuellement :

« ... La maturité des betteraves se reconnaît à ce que la plupart des feuilles développées se fanent et jaunissent ; *lorsque l'arrachage devance l'époque où cet état se manifeste,* ET SURTOUT LORSQUE L'HUMIDITÉ DU SOL ENTRETIENT LA VÉGÉTATION, *leur qualité est inférieure, l'extraction du sucre est plus difficile et le rendement moindre.* »

Nous verrons tout à l'heure que penser de cette *opinion hasardée,* qui n'est rien autre chose que l'expression d'une hypothèse gratuite faite avec le ton de l'affirmation.

Chaptal a dit également que si on récolte les betteraves avant l'époque de leur maturité, elles se flétrissent, se rident et deviennent molles ; le suc qu'on en extrait est d'un travail plus difficile et le sucre a moins de consistance.

Cela est vrai, lorsqu'on ne traite pas les betteraves pour sucre aussitôt après l'arrachage, car aucun produit végétal n'est susceptible de bonne conservation lorsqu'il a été arraché ou récolté avant sa maturité : mais il est loin d'en être ainsi lorsqu'on travaille les betteraves au fur et à mesure qu'on les extrait du sol. Elles se traitent avec autant de facilité dans ce cas que si elles étaient arrivées à tout leur développement. Sous ce rapport, M. Péligot est d'accord avec la pratique, et il y aurait quelquefois un grand avantage pour la fabrication à commencer les opérations dès la fin de juillet sur une partie des racines destinées à produire du sucre.

L'idée de M. Payen est donc incomplète ; elle contient en outre une erreur évidente, car il est constaté que la betterave *gagne* plutôt qu'elle ne perd pendant tout le temps qu'elle *végète :* cet auteur n'a pas suffisamment expliqué sa pensée et n'a pas fait la distinction convenable entre les deux phases de la vie des betteraves.

La première prend à la germination pour se terminer à la chute des feuilles, à la première maturité ; c'est à ce dernier moment que la racine renferme le maximum de sucre pour un poids donné. La seconde phase part de la maturité de la racine pour se terminer à la maturité des graines et à la mort du vé-

gétal. A partir du commencement de cette seconde période, la
betterave perd graduellement sa matière sucrée, qui subit diverses transformations, dont les résultats sont nuisibles au fabricant. Il y a diminution du sucre, production de matière
visqueuse et de mannite, augmentation de l'action fermentative
et développement des acides naturels; tous ces phénomènes
rendent le travail plus difficile et s'opposent à l'extraction du
sucre; mais ils ne se présentent pas dans la première période.

Quand la betterave reste en terre après l'époque de sa première maturité, elle perd du sucre au bout d'un certain temps
et paraît absorber une quantité trop considérable de matières
salines. Ce phénomène est attribué, par Chaptal, à une nouvelle élaboration des sucs du végétal après la maturité, et cet
observateur cite à l'appui de son opinion une mésaventure sur-
venue au chimiste Darracq.

De concert avec M. le comte Dangos, préfet du département
des Landes, Darracq avait tout préparé pour l'établissement
d'une sucrerie. Dès le mois de juillet jusqu'à la fin d'août, il
fit l'essai des betteraves tous les huit jours et en retira constamment de 3,5 à 4 pour 100 de beau sucre. Rassuré sur ces résultats, il discontinua ses essais pour se livrer tout entier aux
soins qu'exigeait l'établissement; mais quelle ne fut pas sa
surprise lorsque, *vers la fin d'octobre*, les betteraves ne lui four-
nirent plus que des sirops et du salpêtre, et pas un atome de
sucre cristallisable!

Il ne nous semble pas possible de tirer de ce fait une conclusion absolue; en effet, il manque à cette observation les
renseignements indispensables sur la nature du sol, les engrais
employés, etc. On ne peut guère en déduire que ceci, pour ne
pas s'exposer à tirer des conséquences illusoires d'un fait
isolé : les betteraves, dans certaines conditions et certains sols,
auraient la faculté d'absorber des matières salines nuisibles à
l'extraction du sucre. Ce fait est déjà bien connu par l'influence
funeste du chlorure de sodium ou sel marin sur le produit de
la betterave.

Quoi qu'il en soit, l'époque de la maturité de la betterave
s'annonce par les feuilles qui jaunissent, se couvrent de taches
rougeâtres ou brunes et s'affaissent. C'est alors que l'on doit
procéder à l'arrachement des betteraves destinées à la fabrication sucrière. On choisit un beau temps sec pour cette opéra-

tion, avec la précaution d'attendre que les betteraves aient
éprouvé quelques jours de sécheresse, afin que leur tissu soit
moins aqueux et plus résistant. C'est ordinairement en octobre
que l'on doit arracher les betteraves, bien que l'on puisse quelquefois en retarder l'extraction jusqu'au commencement de
novembre, la betterave souffrant peu tant que le thermomètre
n'est pas descendu au-dessous de + 5 degrés centigrades.

Arrachage de betterave. — Voici, à ce sujet, les observations de la Société industrielle de Hanovre :

« On doit choisir, pour séparer la betterave de la terre, un
temps bien sec, l'humidité la rendant sujette à pourrir. On peut
l'arracher de différentes manières ; voici le procédé en usage
dans notre pays :

« On enlève d'abord la fane en la coupant, ou, ce qui vaut
mieux, en la tordant. On peut faire cette opération successivement et la commencer plusieurs jours à l'avance, afin d'avoir
le temps d'employer les feuilles à la nourriture du bétail, et
pour que les têtes de betteraves aient le temps de sécher. L'enlèvement de la fane au moyen d'un instrument tranchant est
surtout nuisible quand la betterave doit rester encore quelque
temps dans la terre, car il la rend sujette à se ratatiner à l'endroit de la coupure, et plus sensible à la gelée.

« Si les betteraves sortent beaucoup de terre ou que le sol
soit léger, on les tire avec la main et l'on frappe doucement
deux racines l'une contre l'autre pour faire tomber la terre qui
y est attachée. Mais, si elles tiennent trop au sol, il faut les en
séparer au moyen d'une bêche ou d'un autre instrument.

« Pour accélérer le travail, on peut mettre en ligne les betteraves arrachées, en tournant toujours la fane d'un même
côté, après quoi un ouvrier exercé enlève, avec une bêche bien
tranchante, la fane et l'extrémité supérieure de la racine. Plus
la coupure est petite, moins la betterave est sujette à la pourriture. Si l'on est obligé d'employer la bêche pour tirer les
betteraves et qu'en même temps on veuille enlever la fane par
la méthode que nous venons d'indiquer, il faut toujours que
deux ouvriers travaillent ensemble. Le plus fort arrache les
plantes, et l'autre les prend par les feuilles pour les placer en
lignes.

« En Bohême, on arrache les betteraves avec la charrue,

puis on les dispose par rangées et l'on coupe la fane au moyen
d'une faucille. En France, on a renoncé à cette méthode, parce
qu'on a trouvé que la charrue et les pieds des chevaux endom-
mageaient trop les racines.

« Il faut surtout prendre garde de meurtrir les betteraves en
les frappant l'une contre l'autre pour en séparer la terre, la
moindre lésion les exposant à la pourriture. On doit donc bien
se garder d'en retrancher les racines chevelues. Quand les betteraves ont crû dans un sol meuble et léger, le chargement et
le déchargement détachent une grande partie de la terre qui
tient à ces radicules; et, si l'on veut les employer comme fourrage, on peut faire tomber le reste avant de les donner au bétail; elles seront alors assez propres pour ne lui faire aucun
mal. Celles qu'on destine à la fabrication du sucre doivent être
nettoyées avec plus de soin avant la manipulation. Si les betteraves ont été cultivées dans un terrain compacte, il est indispensable d'en séparer la terre qui s'y est attachée en grande
quantité et qui pourrait nuire à leur conservation en dévelop-
pant leur faculté végétative; mais ce nettoiement exige beaucoup de précaution.

« On met les betteraves et la fane en tas séparés, et on les
enlève du champ. Lorsque le temps est beau et qu'on n'a pas
de gelées à craindre, on y laisse les racines pendant quelques
jours pour les faire sécher[1]. Si l'on conserve la moindre in-
quiétude à l'égard de la gelée ou qu'on éprouve du retard,
faute de moyens de transport, on en forme des pyramides de
3 pieds de hauteur, que l'on couvre soigneusement avec des
feuilles ou de la paille pour les garantir du froid, qui leur est
très-pernicieux aussitôt qu'elles sont hors de terre.

« Quelques agriculteurs font jeter sur la voiture les racines
avec leurs feuilles, trouvant plus commode de les séparer et de
nettoyer les premières à la maison. Mais alors les feuilles sont
malpropres, s'échauffent facilement et deviennent ainsi moins
profitables au bétail.

« Si les betteraves ne sont pas assez sèches lorsqu'on les en-

---

1. Les agriculteurs français ont appris, par l'expérience, que les betteraves
qui restent exposées au soleil s'échauffent et entrent ensuite en fermentation
dans les magasins où on les conserve. C'est pourquoi ils ont pris l'habitude
de les couvrir de feuilles pendant les heures les plus chaudes de la journée
et de les enlever le matin de bonne heure. (Schubarth.)

lève du champ, il faut les décharger d'abord dans un hangar bien aéré et où elles soient suffisamment garanties du froid. Là, on sépare, pour s'en servir de suite, les betteraves meurtries, creuses ou attaquées de la gelée, si on ne l'a pas déjà fait dans le champ. On doit aussi, dans le même but, mettre de côté celles qui sont très-grosses, comme plus sujettes à la pourriture. »

On calcule qu'il faut quarante ouvriers, femmes et enfants, pour arracher en un jour la récolte d'un hectare de betteraves, effeuiller les racines et les mettre en tas tout prêts à être transportés.

Nous engageons vivement le lecteur à suivre les règles que nous venons de tracer, et surtout celles que nous avons empruntées à la Société hanovrienne ; elles sont empreintes de ce bon sens pratique qui caractérise le génie industriel allemand, et partout où se trouve la vérité, on doit s'empresser de se conformer à ses indications.

Insistons encore sur la prudence avec laquelle on doit procéder à l'enlèvement du collet lorsqu'on se décide à employer cette marche au moment de la récolte. Nous pensons que cette opération est toujours pernicieuse et qu'elle est une des manœuvres les plus nuisibles à la conservation des betteraves. En effet, à toutes les époques de la fabrication, nous avons trouvé une très-grande proportion relative de sucre incristallisable dans la portion des racines la plus rapprochée de la section du collet, et c'est par ce point que l'air, pénétrant dans les tissus, détermine les accidents de fermentation dont les conséquences ne sont que trop connues. On devrait donc, au moment de l'arrachage, se borner à ôter les feuilles et les fanes en les tordant à la main, et ce travail pourrait même se faire la veille de la récolte. Les feuilles, mises de côté, serviraient à recouvrir les racines après l'arrachage et elles seraient ensuite enlevées pour les besoins de l'étable. Les têtes seraient détachées plus tard, au moment du nettoyage ou, mieux encore, après le lavage, et l'on aurait ainsi obvié à l'une des causes les plus fréquentes de l'altération qui atteint les racines.

Quant à la partie manuelle de l'arrachage, il est évident qu'on peut l'exécuter à la fourche, à la bêche, à la charrue. Le premier de ces instruments expose à blesser la racine ; le second, d'un très-bon usage, ne peut guère être employé que pour la petite culture, et c'est la charrue qui présente le plus d'avantages réels dans la grande exploitation et dans la culture en lignes.

VIII. — CONSERVATION DES BETTERAVES.

« Les betteraves s'altèrent par le froid et la chaleur; elles se gèlent à la température de 1° au-dessous du terme de la glace, elles germent à 8° ou 10° au-dessus : la gelée les ramollit et détruit leur principe sucré; elles se pourrissent du moment qu'elles sont dégelées.

« La chaleur développe les tiges au collet de la racine et décompose les sucs qui fournissent à cette végétation. Lorsque la germination est peu avancée, l'altération des sucs n'est que locale, de manière qu'en coupant le collet un peu profondément, on peut travailler le surplus de la racine sans inconvénient.

« Ainsi, *pour conserver les betteraves, il faut· les garantir des gelées et de la chaleur.*

« Le premier soin que doit prendre l'agriculteur est de ne les mettre en magasin qu'autant qu'elles sont sèches; à cet effet, après les avoir arrachées, on peut les laisser dans les champs jusqu'à ce que le temps ait fait évaporer toute l'humidité... »

Chaptal, auquel nous empruntons les lignes précédentes, entassait ses betteraves dans une vaste grange, à la hauteur de 7 à 8 pieds (2^m,30 à 2^m,60), à mesure qu'on les apportait des champs. Il n'employait pas d'autre précaution que de former contre les murs d'enceinte une couche de paille ou de bruyère qu'on élevait à la hauteur des betteraves, et de recouvrir le tas avec de la paille, lorsqu'on était menacé de gelée. Pendant dix ans, sa récolte de betteraves ainsi traitée n'a pas souffert; il est arrivé cependant deux ou trois fois que les betteraves germaient avec assez de force pour faire craindre qu'elles se décomposassent : il s'est borné, dans ce cas, à démonter le tas, à déplacer les betteraves, et la végétation s'est arrêtée.

Cet illustre observateur ajoute :

« Il y a des cultivateurs qui laissent les betteraves dans les

champs; ils creusent une fosse dans un terrain sec et donnent
au fond une légère pente pour faciliter l'écoulement des eaux.
On remplit cette fosse de betteraves et on les recouvre d'un
pied de terre, sur laquelle on place un lit de bruyère ou de
genêt, afin que les eaux des pluies ne puissent pas s'y infil-
trer. On peut garnir le fond et les côtés de la fosse d'une couche
de paille ou de bruyère.

« Au lieu de creuser des fosses, ce qui est toujours dispendieux, il suffit de former des tas de betteraves sur un sol sec,
et de garnir les côtés et le sommet de couches de terre : on
peut recouvrir le tout d'un toit semblable à celui dont je viens
de parler.

« Ce moyen de conservation doit être employé lorsqu'on n'a
pas de magasin convenable ou lorsqu'on manque, en automne,
de moyens de transport suffisants. »

Comme il est facile de le voir par ce passage, Chaptal a indiqué d'une manière très-précise les causes d'altération de la
betterave, savoir : le froid, la chaleur et l'humidité, et il donne
les moyens de s'en garantir par l'emmagasinement en granges
ou hangars, en fosses, en tas... Les modernes n'ont rien fait de
plus. Nous citons à dessein les paroles textuelles de cet homme
célèbre, l'un des plus ardents propagateurs de l'industrie sucrière indigène, afin de renvoyer le lecteur à la véritable source
où les prétendus inventeurs de procédés de conservation des
betteraves ont puisé leurs méthodes.

Il convient cependant de faire observer que l'emploi de la
paille *sous* les racines, conseillé par Chaptal, est plus nuisible
qu'utile à leur conservation : cette paille, en fermentant et
pourrissant, favorise l'altération et manque absolument le but.
Une couche de sable sec serait préférable à tous égards.

Les causes d'altération de la betterave et de toutes les racines ou tubercules sont donc : l'humidité, la chaleur, le froid.
Nous avons déjà exposé, dans notre livre sur la *Fermentation*,
les principes et les règles qui doivent guider le praticien dans
la plupart des cas; aussi nous y renvoyons le lecteur pour
l'étude des détails dans lesquels nous ne pouvons entrer ici.

La *chaleur humide* est la cause désorganisatrice par excellence ; elle est le point de départ du mouvement fermentatif,
le ferment restant complétement inactif tout le temps qu'il est
soustrait à son influence. C'est donc là le principe d'une pre-

28

mière règle à tracer, par rapport à la betterave, comme à toutes les autres matières susceptibles de conservation : *il faut éviter à tout prix l'accès de la chaleur et de l'humidité.*

D'un autre côté, le *froid*, qui joue si souvent le rôle d'agent conservateur, agit sur la betterave d'une manière parfaitement tranchée. De 3° à 5° au-dessous de zéro, cette racine gèle, et cela d'autant plus promptement qu'elle est plus aqueuse et moins sucrée. Si la congélation subsiste, la betterave se conserve indéfiniment, sans aucune altération du principe saccharin. Qu'on la soumette aux opérations de la sucrerie, au râpage, à la pression, etc., son jus fournira autant de sucre que dans les meilleures conditions. Il y a plus, et nous le verrons tout à l'heure, le meilleur moyen de se soustraire à l'altération organique destructive du sucre consisterait peut-être dans une congélation permanente...

Mais qu'une élévation d'un ou deux degrés de température se manifeste, l'action conservatrice du froid disparaît, et l'on se trouve en présence d'une nouvelle série de phénomènes qui appartiennent à la fermentation putride ou ammoniacale et à la fermentation visqueuse.

La congélation a produit une sorte de coction des tissus résistants, et leur ramollissement est tel qu'ils tombent rapidement à l'état de putrilage. Le sucre est altéré, modifié, changé le plus souvent en matière visqueuse et en mannite. On conçoit, dès lors, que l'on doit apporter le plus grand soin à ne pas laisser geler les betteraves, ou à ne pas les laisser dégeler, dans le cas où elles auraient été soumise à la congélation.

Si l'on veut éviter la gelée, la température ne doit jamais s'abaisser au-dessous de zéro; si, au contraire, on procède par congélation, elle ne doit jamais s'élever plus haut que 3°,5 à 4° au-dessous de ce terme.

Passons maintenant à un ordre de considérations plus élevé, qui achèvera de nous édifier complétement sur le sujet qui nous occupe. La betterave, les rhizomes, les tubercules, toutes les racines vivaces ou bisannuelles à tiges caduques annuelles, constituent des végétaux complets, dans lesquels la *force vitale végétative* ne disparaît pas pour être suspendue pendant un temps plus ou moins long. Réservoirs des provisions, nécessaires à la tige future, pour la granification, ces racines sont munies de radicelles apparentes, ou à l'état rudimentaire, qui se développeront dans les circonstances favorables. La partie du collet renferme des tiges à l'état de *gemmes;* ces tiges n'attendent, pour sortir de l'obscurité et se livrer à toutes les fonctions de la vie, que la cessation de l'engourdissement momentané où est placé l'agrégat dont elles dépendent : elles attendent le retour, la *résurrection du mouvement vital.* Ce mouvement propre à l'organisme ne peut être excité que par la *chaleur humide;* il s'arrête, pour la betterave, vers 8° au-dessus de zéro et, de là au point de congélation, il reste suspendu, engourdi dans une véritable léthargie.

Prenez, en plein hiver, une betterave munie de son collet, et placez-la dans une température moyenne de 12° à 15° au-dessus de zéro; plantez-la, si vous voulez, dans du sable humide, et vous la verrez bientôt *germer*, pousser des feuilles et des tiges... Au bout d'un temps relativement assez court, la matière sucrée est détruite, transformée en principes nouveaux, et cette modification est d'autant plus profonde et plus rapide que la végétation est plus active. Ces faits, quoique très-voisins de ceux de la fermentation proprement dite, en diffèrent cependant en ce sens que celle-ci peut avoir très-bien lieu, sous l'influence de la chaleur et de l'humidité, sans que, pour cela, il y ait formation de nouveaux organes, végétation ou exercice de l'action vitale végétative, dans l'acception ordinaire de cette expression. Quoique la fermentation, dans son travail de simplification, puisse souvent concourir à la formation de nouveaux organismes moins complexes, elle ne complète jamais l'œuvre créatrice sur un plan primordial : ce rôle est réservé à l'action vitale.

D'autre part, il convient de s'opposer à une évaporation trop considérable de l'eau de végétation; car, lorsque cette eau disparaît en quantité notable, les racines se flétrissent, il se produit dans leurs tissus des espaces interstitiels qui se remplissent d'air, et la fermentation s'empare de la masse. Ce genre d'altération, désigné par J. Liebig sous le nom quelque peu prétentieux d'*érémacausie*, est analogue à la pourriture des bois tendres ou des matières organiques que l'on abandonne dans les caves. Les effets en sont assez rapides et, sous cette influence, la transformation et la destruction ont lieu en quelques jours.

Si les *graines* et les *matières sèches* se conservent bien dans un air confiné, non renouvelé, il n'en est pas absolument de même des *racines* et des matières organiques aqueuses dans lesquelles le mouvement vital peut se développer plus facilement. En renouvelant l'air autour des betteraves, on diminue la chaleur, on chasse l'acide carbonique qui est un agent conservateur, il est vrai, mais on entraîne aussi les vapeurs aqueuses qui sont une cause très-active d'altération, et on se débarrasse des ferments disséminés dont l'action est encore plus redoutable. Nous ne partageons donc pas l'avis de ceux qui demandent une occlusion complète, bien que nous repoussions également une ventilation trop active qui entraînerait une évaporation exagérée. L'air doit être renouvelé pour refroidir la masse des racines autant que possible, enlever l'*humidité dégagée* et les gaz, mais on doit éviter tout courant excessif qui pourrait produire une trop grande élimination d'eau.

Les racines doivent être soustraites à l'action de la lumière, qui détermine très-facilement l'évolution des gemmes et une sorte d'explosion de la vie végétative, pour peu que la température vienne à s'élever au-dessus du point que nous avons indiqué.

Enfin, une des précautions les plus urgentes pour la conservation des betteraves consiste dans une attention scrupuleuse à rejeter tout contact avec des matières organiques altérées ou en voie d'altération. Les ferments produits par la désorganisation de ces matières possèdent le maximum de leur puissance; ils se trouvent dans cet état d'énergie que nous avons attribué aux globules naissants et ils attaquent tout ce qui les approche avec une inconcevable rapidité. De même que nous avons blâmé cette pratique, conseillée par Chaptal, d'employer de la paille sous les betteraves, de même nous conseillons d'enlever avec soin les feuilles de betteraves, de mettre de côté toutes les betteraves blessées ou endommagées, afin de les traiter les premières, et de ne conserver que des racines saines, bien débarrassées de toutes les matières organiques d'une altération facile, qui pourraient propager la décomposition dans la masse des betteraves conservées.

Pour nous résumer, nous disons que les principales causes d'altération de la betterave et de son principe sucré sont les suivantes :

1° La fermentation, présentant les phases alcoolique, acide, visqueuse, putride, selon les cas, déterminée par l'accès de la chaleur humide, au-dessus de $+8°$ et, en outre, le plus souvent, par des lésions ou blessures matérielles ;

2° Le dégel et ses conséquences ;

3° L'action vitale germinative, mettant en mouvement la vie fonctionnelle de la betterave, et formant de nouveaux organes aux dépens du sucre transformé, pour parvenir à compléter les phases de son existence (*floraison, fructification, reproduction*).

Les seuls moyens susceptibles de procurer une bonne conservation de la betterave sont :

1° Suppression de l'humidité et de l'eau de végétation par la *dessiccation ;*

2° Destruction de la force vitale par la *congélation* permanente ;

3° Maintien de la betterave à une température moyenne de $0°$ à $+6°$ ou $+7°$, en écartant l'humidité extérieure. Ce dernier moyen, plus pratique, quant à présent, que les deux précédents, n'offre cependant qu'une certitude relative.

1° *Dessiccation.* — *Méthode des cossettes.* — On a conseillé de soumettre la betterave à la dessiccation, après l'avoir réduite en fragments ou cossettes à l'aide du coupe-racines... Il suffirait ensuite de faire macérer les cossettes dans l'eau ou l'alcool faible pour leur enlever le sucre.

Cette méthode garantirait la parfaite conservation des betteraves et leur transport à de grandes distances; elle permettrait de travailler toute l'année et supprimerait ainsi cette situation anormale de la sucrerie, dans laquelle un travail forcé de quatre mois est suivi d'un chômage forcé de huit mois. De tels avantages sont à considérer, sans doute, mais, *si la réalité en est démontrée*, ils sont balancés par un inconvénient notable.

La dessiccation préalable des cossettes constitue une dépense de combustible assez considérable, puisqu'elle nécessite une double évaporation, celle de l'eau de végétation des cossettes et, ensuite, celle du liquide de macération chargé de sucre. Cette objection n'aurait qu'une valeur secondaire, si l'impôt énorme perçu par le gouvernement (en France) n'obligeait le fabricant à la prudence la plus minutieuse ;

mais dans l'état actuel des choses, le procédé de la conservation des betteraves à l'état de cossettes est à peu près impraticable.

On a dit que, dans le Midi, où la chaleur solaire suffirait à
la dessiccation des cossettes, ce procédé offrirait d'excellents
résultats. Cela est possible, sans doute ; mais la seule réponse
à faire à cette hypothèse à peu près gratuite, c'est que la fabrication sucrière indigène est localisée dans le Nord, ce qui
ôte à cette idée tout ce qu'elle pourrait présenter de spécieux.

Nous examinerons, au surplus, sous le nom de *procédé
Schutzenbach*, le mode d'extraction à suivre pour retirer le
sucre des cossettes, et nous verrons quels peuvent être les bons
et les mauvais côtés de cette méthode, que la plupart des praticiens se refusent à adopter, même en Allemagne, où elle a
pris naissance...

2° *Congélation.* — Les betteraves, placées dans une sorte de
glacière, dont la température serait toujours inférieure à 4°
ou 5° au-dessous de zéro, se conserveraient indéfiniment et
pourraient être extraites au fur et à mesure de la fabrication.

3° *Moyens ordinaires.* — *Mise en tas.* — *Conservation en magasins, hangars ou celliers, caves.* — *Ensilage.* — Nous avons vu
que Chaptal indique la *mise en tas* comme pratiquée de son
temps pour la conservation des betteraves. On pratique encore
aujourd'hui cette méthode avec avantage. On dispose les betteraves en carré, en carré long, etc., sur le sol, sans prendre
la peine de creuser aucun fossé. La seule précaution que l'on
prend consiste à élever une bordure sur les parois du tas,
avec des betteraves assez longues, placées horizontalement,
la tête en dehors : on remplit l'espace intermédiaire de racines amoncelées pêle-mêle. Les tas peuvent être faits en dos
d'âne, ou élevés perpendiculairement jusqu'à une certaine
hauteur ; on les termine au sommet en forme de toit. Il est
bon de placer dans ces tas, à 4 ou 5 mètres de distance, des
cheminées d'aérage en planches, ou même de simples fascines, plongeant au fond et s'élevant au-dessus du tas. Cette
précaution s'oppose, par l'accès de l'air, à un développement
de chaleur qui pourrait déterminer ou favoriser la fermentation.

Quelques fabricants disposent leurs betteraves en tas considérables, de 18 à 20 mètres de côté sur 2 mètres ou $2^m,50$ de hauteur. Dans ce cas, il convient d'incliner les côtés pour les revêtir de terre battue, avant les gelées. On recouvre le sommet du tas avec une couche de paille, épaisse de 15 à 20 centimètres.

Nous avouons que nous ne sommes pas porté à louer cette méthode; les tas trop considérables laissent dans l'incertitude sur ce qui se passe à l'intérieur, et il est plus difficile de remédier aux accidents. La mise en tas de volume moyen est avantageuse pour les betteraves destinées à être travaillées les premières, avant les gelées, parce qu'elle économise une partie des frais de couverture. Mais il importe de se tenir en garde contre les froids subits et inattendus.

La conservation en *magasins, hangars*, ou *celliers* et *caves*, n'est pas chose nouvelle et, sauf l'inconvénient qui s'attache à la nécessité d'avoir de grands emplacements, c'est le meilleur mode que l'on puisse adopter; Chaptal le tenait en grande estime.

Ce procédé n'est pas une invention de M. Schattenmann, ainsi que l'a écrit M. Payen, mais on ne doit pas moins savoir gré à ceux qui rappellent et préconisent les bonnes choses qu'on est si porté à mettre en oubli.

Quant à l'interposition du poussier de charbon, c'est un excellent moyen, vanté à juste raison par Th. de Saussure, et postérieurement par M. Stenhouse, et par nous-même, dans notre livre sur la *Fermentation*, auquel nous renvoyons le lecteur pour l'ensemble des principes et des détails qui doivent guider dans la pratique de la conservation des matières végétales. Nous en extrayons le passage suivant, relatif à la conservation des pommes de terre, mais que l'on peut appliquer entièrement à celle des betteraves :

« Voici l'ensemble des soins que nous avons fait prendre sous nos yeux pour assurer la conservation de notre récolte de pommes de terre, en 1847, lorsque la maladie sévissait d'une manière désastreuse dans toute la contrée que nous habitions. Lorsque les tubercules eurent été bien triés de ceux qui étaient pourris, malades, ou divisés par l'instrument, après qu'on les eut laissés pendant quelques heures au soleil pour que le dessèchement de la surface fût bien complet, on les rapporta au

28*

cellier dont la température était constante, dans les plus grands froids, à + 6°. On leur avait préparé une case entourée de planches, pouvant en contenir 60 hectolitres environ, le reste de la récolte devant être simplement amoncelé dans un des coins du cellier, comme cela se pratiquait d'habitude.

« Le fond de la case était garni d'une couche épaisse de *fraisil* ou poussière de charbon de bois provenant des *charbonnages* des forêts voisines et, au fur à mesure qu'on avait vidé et étendu deux ou trois sacs de pommes de terre, un ouvrier jetait par-dessus, à la pelle, une nouvelle couche de ce fraisil bien sec, et ainsi de suite jusqu'à ce que la case fût pleine. On jeta alors sur le tas le reste du fraisil. A la fin de l'hiver, pas une seule de ces pommes de terre n'était gâtée ; les germes étaient à peine développés, tandis que les autres avaient présenté un sixième environ de tubercules pourris, et qu'on fut obligé de les trier deux fois, tant pour se débarrasser de celles qui étaient pourries que pour extraire les pousses qu'elles avaient produites. »

Ajoutons qu'une bonne précaution consiste à placer, de distance en distance, des claies ou fascines qui divisent la masse et établissent la circulation de l'air. On ferme les soupiraux et les ouvertures pendant les froids.

L'*ensilage* des betteraves se pratique de la manière suivante :

A la partie la plus élevée d'un champ, inaccessible aux eaux provenant des pentes voisines, on creuse un fossé de 1ᵐ,50 de

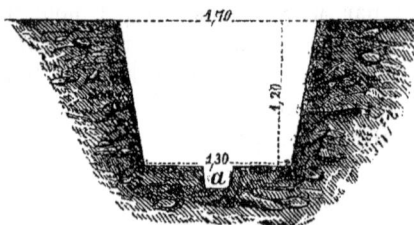

Fig. 35.

largeur moyenne sur 1ᵐ,20 environ de profondeur, et une longueur arbitraire. La figure 35 ci-dessus donne une coupe transversale de ce fossé. Dans le fond, on pratique un fossé plus petit ou une rigole *a*, qui règne dans toute la longueur, et à laquelle on donne environ 30 centimètres de largeur et de profondeur. Cette rigole sert de carneau d'écoulement pour les gaz et pour les eaux qui pourraient pénétrer accidentellement dans le silo. On la remplit de fascines, dont on dispose également une couche de 10 centimètres dans le fond même du silo.

Cela fait, on place les betteraves dans le silo, avec le plus de régularité possible, en mettant les plus grosses en dessous : on a soin de dresser à chaque extrémité, et de 2 mètres en 2 mètres, une fascine, ou un clayonnage vertical, qui repose sur la fascine de la rigole *a* et s'élève jusqu'au sommet du tas. Cette fascine est destinée à servir de cheminée d'aération. Lorsque les racines sont placées jusqu'au niveau du sol, on continue le tas au-dessus de ce niveau, mais en le disposant en forme de toit, comme l'indique la figure 36. Cette figure fait également

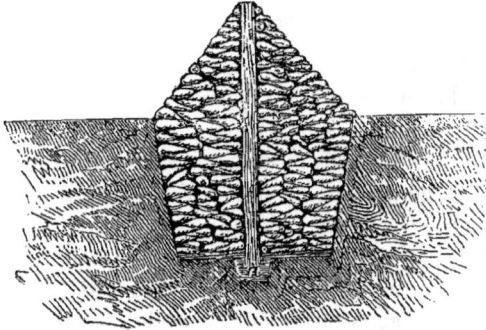

Fig. 36.

apercevoir la disposition d'un clayonnage vertical servant de cheminée d'aération.

Lorsque les choses sont ainsi exécutées, on recouvre la partie hors de terre, formant toit, à l'aide de 30 centimètres de terre que l'on bat fortement avec le dos de la pelle, en commençant par le bas. On établit alors de chaque côté une rigole parallèle au silo et qui est destinée à l'écoulement des eaux, en sorte que la coupe définitive peut être parfaitement représentée par la figure 37. Un orifice *b* reste découvert au-dessus de chaque cheminée d'aération. Ces orifices, ainsi que les deux extrémités de la rigole *a*, correspondant aux cheminées d'aération, sont bouchés pendant les froids à l'aide d'un tampon de paille, appliqué avec soin; mais on a soin d'enlever ces bouchons toutes les fois que le temps le permet.

Ce mode de conservation est peut-être le plus convenable, et il serait le plus parfait si on avait le soin d'interposer entre

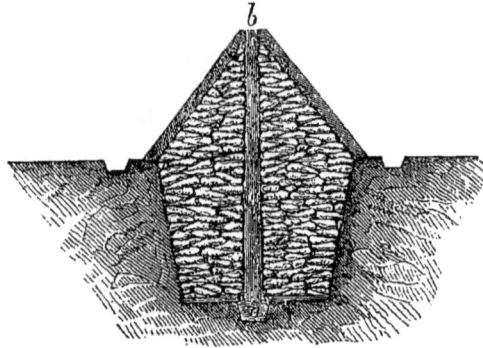

Fig. 37.

les betteraves du poussier de charbon de bois, ou *fraisil*, comme nous l'avons conseillé depuis bien des années.

Une autre pratique essentiellement avantageuse, dont nous avons vérifié plusieurs fois l'utilité, consiste à interposer, entre les couches de betteraves, du *tan neuf*, c'est-à-dire de l'écorce de chêne moulue, comme celle qui est employée par les tanneurs. Cette matière offre la propriété de s'opposer à la fermentation, en agissant sur les substances albuminoïdes, et son action ne nuit en rien au sucre. Au contraire, elle favorise les opérations de la fabrique, en ce sens, qu'il passe ensuite moins de matières azotées dans les jus, ce qui rend la défécation plus facile. Les pulpes qui proviennent des racines qui ont séjourné avec le tan sont plus nutritives et plus saines.

L'écorce peut servir pendant trois ou quatre ans, pourvu qu'on la fasse sécher à mesure qu'on extrait les betteraves, et des couches d'interposition de 3 ou 4 centimètres sont fort suffisantes.

On a observé en divers endroits, et principalement en Allemagne, qu'il est avantageux d'interposer de la terre humide entre les racines et que la terre forte, demi-argileuse, vaut mieux pour les recouvrir que la terre sablonneuse, par la raison qu'elle s'oppose plus efficacement à une trop grande perte d'eau.

En bonne pratique, il est nécessaire de laisser les betteraves découvertes ou, du moins, très-peu couvertes, jusqu'à ce que les tas soient *refroidis*, que le *ressuage* se soit produit, et cette précaution est une garantie fort sérieuse contre les dangers de la fermentation.

Voici, du reste, les observations présentées sur quelques modes de conservation des betteraves, par la Société industrielle de Hanovre, après l'indication du procédé de conservation en cave :

« Un procédé aussi bon, et même préférable, consiste à entasser les betteraves en plein air et à les couvrir ensuite de paille et de terre. La cave est alors réservée pour celles qu'on veut immédiatement employer. Il est bon que les tas ne soient pas trop gros, afin qu'on puisse, en hiver, par un temps doux, les rentrer successivement à mesure qu'on en a besoin. Les betteraves se conservent ainsi jusqu'au mois de mai, sans rien perdre de leur qualité comme *fourrage*[1]. Ces tas se font de deux manières différentes, que nous décrirons chacune en particulier, après avoir indiqué ce qui concerne en même temps l'une et l'autre.

« *Indications générales.* — On choisit, dans un jardin ou dans un champ, mais à peu de distance de la maison, un terrain sec, un peu élevé et abrité, autant que possible, du côté de l'est et du nord. On creuse la surface de 6 à 12 pouces de profondeur, on la bat et on la couvre d'un peu de paille.

« *Dos d'âne.* — On entasse les betteraves avec soin, en forme de dos d'âne, sur une longueur quelconque, une hauteur de 3 à 4 pieds et une largeur de 4 à 6, de manière que les bouts, et non les côtés, soient exposés aux vents froids. On tourne ordinairement les racines en dehors; cependant quelques-uns croient qu'il vaut mieux les tourner en dedans. Ensuite on étend sur le tas une couche de 4 à 6 pouces de paille, qu'on fait descendre jusque dans le fossé, pour que la terre qu'on doit mettre par-dessus ne touche pas immédiatement les betteraves, et en même temps afin de les garantir des fortes gelées. On fera bien d'employer à cet usage de la paille qui ait été quelque temps devant les moutons, pour qu'elle n'attire pas les souris. On recouvre le tout, en commençant par le bas,

1. Ni sous le rapport de la fabrication sucrière, évidemment.

de 6 à 12 pouces de terre, en la foulant et en la battant par couches, afin de la rendre imperméable à l'air. Pour que cette couverture soit plus solide, on peut la battre de nouveau après une pluie. Il est bon de ne la monter d'abord qu'à 1 pied de hauteur, afin que les betteraves aient le temps de se débarrasser, par l'évaporation, d'une grande partie des principes qui les rendent si sujettes à s'échauffer. On peut l'achever au bout de deux à trois semaines, en laissant de 3 en 3 pieds, sur la longueur, des ouvertures que l'on bouche avec de la paille et que l'on couvre de fumier long aussitôt qu'on voit commencer les fortes gelées.

« *Cônes.* — On choisit un espace circulaire d'environ 12 pieds de diamètre. On enfonce au milieu, mais de manière à pouvoir l'arracher sans peine, un pieu de 7 pieds, autour duquel on entasse les betteraves, en rétrécissant les couches à mesure que l'on monte ; de sorte que le tas présente enfin la forme d'un cône dont le pieu dépasse un peu le sommet, et qui contient environ 100 quintaux de betteraves. On le recouvre ensuite de la manière indiquée ci-dessus, on enlève le pieu avec précaution et l'on bouche l'ouverture avec un tampon de paille qui puisse garantir les betteraves de la gelée, sans empêcher l'évaporation.

« Tant que le froid ne dépasse pas — 10° Réaumur, les betteraves ainsi entassées n'ont rien à craindre ; mais si les gelées deviennent plus fortes, qu'il n'y ait pas de neige et que le vent du nord ou de l'est souffle avec violence, il est bon de les couvrir d'une couche mince de fumier long et d'en mettre même un peu plus à l'est et au nord, surtout vers le pied. Il faut enlever ce fumier aussitôt que le dégel commence.

« Si la conservation des betteraves est une chose importante dans tous les cas, elle l'est à plus forte raison pour celles qu'on destine à la fabrication du sucre. Il serait trop long de décrire ici les différentes méthodes qu'on a essayées ou qu'on pratique encore, en France et en Bohême, dans le but de garder le plus longtemps possible sans altération les betteraves dont on veut extraire la matière saccharine.

« Nous ne croyons cependant pas devoir passer sous silence un perfectionnement que l'on a apporté, depuis peu d'années, aux procédés employés en Bohême pour conserver les bette-

raves hors des maisons, en longs tas de 5 pieds de largeur et
de 3 à 4 pieds de hauteur : il consiste en ce que le tas est traversé, dans toute sa longueur, par un tuyau en planches posé
sur le sol et coupé de 2 en 2 ou de 3 en 3 toises par de plus
courts. Ces tuyaux ont, en dehors du tas, chacun deux orifices
en forme de toit qui dépassent la couverture, et qu'il est facile
de boucher hermétiquement au besoin. A chacun des points où
les tuyaux horizontaux se rencontrent est placé un tuyau perpendiculaire fait avec de fortes verges d'osier, sortant par le
haut, et dont l'ouverture, large d'environ 6 pouces, peut être
fermée comme celle des premiers.

« Ces espèces de soupiraux offrent le moyen d'introduire des
thermomètres dans l'intérieur des tas, pour en observer la
température, et de la maintenir toujours au même degré en les
ouvrant ou en les fermant à propos.

« Outre ces avantages, le procédé que nous venons de décrire devait permettre de couvrir les betteraves immédiatement
après la récolte, sans que l'évaporation pût leur nuire, lors
même qu'il y aurait de fortes chaleurs à la fin de l'automne,
puisqu'on peut boucher les orifices pendant le jour et les ouvrir
pendant la nuit. On se promettait même de pouvoir entasser
sans inconvénients des betteraves humides et les faire sécher
en établissant des courants d'air.

« Nous ne savons pas encore si l'on a obtenu de cette méthode les succès qu'on espérait. Du reste, il faut employer le
plus tôt possible les betteraves destinées à la fabrication du
sucre, et l'on ne pourrait les garder au delà du mois de mars
sans avoir à craindre l'altération de la matière saccharine. »

IX. — ASSOLEMENT DE LA BETTERAVE.

Nous persistons à penser que l'on a eu le plus grand tort, en
France, de ne pas se préoccuper assez sérieusement de l'assolement de la betterave. On fait revenir trop souvent cette
plante sur le même sol et l'on cherche à diminuer les inconvénients de cette pratique désastreuse par l'emploi d'engrais actifs, de matières minérales, de toutes sortes de compositions
prônées par les charlatans, sans aucun souci des règles naturelles. Il y a là une faute évidente, à laquelle on doit attribuer
l'appauvrissement progressif de nos races françaises, tant sous

le rapport du rendement par hectare que sous celui de la richesse sucrière.

La seule règle que nous puissions regarder comme utile dans la pratique de l'assolement de la betterave est dictée par l'expérience, et elle consiste à *ne placer jamais les betteraves sur un sol fraîchement fumé ou contenant des racines non encore décomposées.* La conséquence pratique de cette règle est que la place de la betterave n'est ni après un trèfle ni une luzerne, ou même un sainfoin; mais elle succède bien à une avoine de défrichement ou à une récolte fumée, quelle qu'elle soit. Nous ne pouvons que blâmer l'assolement triennal, dans lequel il est indispensable de placer la betterave sur du fumier nouveau, et cette fumure nouvelle est nuisible aux qualités saccharines de la betterave, lorsqu'elle est destinée à la sucrerie. L'inconvénient est loin d'être le même lorsque la betterave est cultivée pour l'alcoolisation; car, dans ce cas, la fumure sera plutôt avantageuse que nuisible, pourvu que, d'ailleurs, on prenne dans le traitement toutes les précautions convenables pour éviter les dégénérescences. Le fabricant de sucre n'a pas à s'occuper de cette circonstance, exceptionnelle pour lui, et il doit éviter avec soin la fumure nouvelle comme désastreuse pour son travail.

De ce que M. Payen conseille une rotation de cinq ans pour la betterave, il ne faut pas tirer de conclusion absolue, et il convient de consulter avant tout les observations de la pratique. On a vu, en effet, la betterave donner des produits avantageux dans le même sol pendant dix et même douze années consécutives. Il est vrai que, dans ces cas, le sol finit par s'épuiser des principes alibiles nécessaires, si l'on n'a soin de l'entretenir dans un bon état de fertilité, mais l'année de fumure donne toujours une récolte moins favorable au travail de la sucrerie. Le point capital est de consulter sa terre, de la tenir en bonne culture, bien amendée et fécondée par des engrais bien choisis.

Tout le monde s'accorde à dire que la betterave vient mieux après le seigle qu'à la suite du froment, qu'elle exige un sol substantiel, c'est-à-dire riche en matières alimentaires et qu'il est indispensable que la terre soit débarrassée des mauvaises herbes, bien saine et très-ameublie. La betterave prospère après une *emblave* fortement fumée de légumineuses, pois, vesces, lupins; le chanvre, le colza, les oléagineuses, avec fumure complète, sont également une bonne préparation à la culture de la betterave.

Il est, du reste, assez difficile de se prononcer en matière d'assolement si l'on n'a pas sous les yeux les circonstances déterminantes particulières.

Nous nous contenterons donc de donner quelques exemples d'assolements, parmi lesquels le lecteur pourra choisir, ou qu'il pourra modifier au gré des exigences de la terre. Faisons remarquer seulement l'absolue nécessité de faire intervenir, dans un assolement moyen, les *céréales*, les *prairies artificielles*, les *racines fourragères* et les *plantes industrielles* proprement dites; ajoutons que l'entretien du sol exige au moins une forte fumure de 50,000 kilogrammes par hectare en quatre ans, soit 12,500 kilogrammes par an, et que l'on doit toujours faire remplacer une plante donnée par une culture dont les exigences et les besoins soient différents.

1re année : Blé, sur trèfle retourné, avec demi-fumure.
2e — Betterave non fumée (phosphate de chaux, s'il y a lieu).
3e — Avoine ou orge, avec trèfle.
4e — Trèfle (plâtré), à retourner à l'automne.

1re année : Blé, sur betterave.
2e — Fourrage printanier, trèfle incarnat, etc.
3e — Chanvre, colza, ou autre oléagineuse, avec forte fumure.
4e — Betterave.

1re année : Blé ou seigle d'hiver.
2e — Féveroles, fortement fumées.
3e — Avoine, avec trèfle.
4e — Trèfle, plâtrage.
5e — Blé ou seigle sur trèfle, avec demi-fumure, et 300 kilogr. de phosphate de chaux ou de noir d'os.
6e — Betterave, non fumée.

On peut encore prolonger cette rotation d'un an et avoir :

1re année : Blé ou seigle d'hiver.
2e — Féveroles, fortement fumées.
3e — Betterave, sans fumure.
4e — Avoine, avec trèfle.
5e — Trèfle, plâtrage.
6e — Blé ou seigle sur trèfle, avec demi-fumure et phosphate, au besoin.
7e — Betterave, non fumée.

Nous pourrions, sans doute, multiplier ces exemples et faire

voir que, dans les conditions agricoles où le sol admet la betterave, un assolement régulier peut toujours être mis en pratique; mais nous croyons d'autant plus utile de nous borner à
ce qui précède, que nous ne nous adressons pas aux agriculteurs de théorie, mais aux fabricants, aux hommes de la terre,
aux praticiens, qui se rendent un compte exact de ce qu'ils
peuvent demander à leur sol. Pour ceux-ci, des principes bien
posés et nettement démontrés sont largement suffisants pour
qu'ils en appliquent les conséquences, tandis que des volumes
entiers ne pourraient inculquer aux autres des notions qui reposent sur l'appui de l'observation.

X. — RENDEMENT ET PRIX DE REVIENT.

Si l'on en juge par ce que disent les vendeurs de béttéraves,
les agriculteurs et les fermiers qui font de la betterave pour la
céder aux fabriques, le prix de revient de cette racine doit être
fort élevé, et ils ne sont pas loin de proclamer qu'ils sont en
perte lorsqu'ils ne la vendent pas à des prix impossibles.
Nous allons chercher à faire la part de l'exagération et à nous
rendre compte du prix de revient *réel* des 1,000 kilogrammes
de betteraves, afin de pouvoir apprécier plus loin les questions
qui en dépendent.

Rendement agricole.—D'après Walkhoff, le rendement
moyen, en Allemagne, serait de 120 à 180 quintaux, soit
150 quintaux ou 6,877^k,5 par *journal* (*Morgen*), de 2,552 mètres, ce qui répond à 26,910 kilogrammes par hectare..

Il ressort des calculs du même auteur que, à 7 0/0 de rendement en sucre, le journal de Magdebourg, que nous regardons
comme à peu près égal au journal de Prusse (2,552 mètres).
produit, en Russie, 385^k,14 de sucre, c'est-à-dire 1,509 kilogrammes par hectare. Nous en déduisons un rendement de
21,557 kilogrammes de racines par hectare...

Ces faibles rendements agricoles n'ont rien qui doivent surprendre; lorsque l'on réfléchit à la nature des races cultivées
en Allemagne et en Russie, lesquelles sont très-riches en sucre,
mais ne fournissent que peu de poids à la récolte.

En France, les chiffres sont très-variables, et nous nous trouvons en présence des opinions les plus contradictoires. Afin de

pouvoir établir les éléments d'une conclusion sérieuse, nous allons rapporter quelques données, en les faisant suivre des observations qui nous paraîtront nécessaires.

Chaptal évalue le produit moyen d'un hectare à quarante milliers, soit, en nombres ronds, à 20,000 kilogrammes.

Mathieu de Dombasle admet le même chiffre.

Le docteur Sacc évalue le produit d'un hectare à 40,000 kilogrammes.

M. Payen considère la production comme variant entre 35,000 et 45,000 kilogrammes, ce qui donne, en somme, la même moyenne.

Dans le Nord et en Picardie, on a récolté souvent 60,000 kilogrammes, et la moyenne ne paraissait pas devoir être évaluée au-dessous de 50,000 kilogrammes, avant que l'absence de tout assolement et l'abus des *engrais chimiques* eussent diminué les rendements. Aujourd'hui, le chiffre moyen ne paraît pas dépasser 40,000 kilogrammes.

Par la méthode Kœchlin, on obtiendrait un rendement beaucoup plus considérable, mais il ne semble pas que cette méthode ait obtenu beaucoup de faveur auprès des producteurs, et il faut attendre les résultats d'une expérimentation plus concluante.

Nous avons vu (page 402 et suivantes) que les résultats théoriques conduisent à des chiffres de rendement très-élevés, en admettant un poids moyen hypothétique assez modéré pour les races françaises, et en supposant que la plantation ne présente pas de vides. Ces conditions ne sont pas réalisées par la pratique ordinaire, et la négligence avec laquelle on procède à la plantation des manquants doit faire diminuer ces données de 25 à 30 0/0. Nos betteraves pèsent, le plus souvent, 1,200 grammes; mais, si l'on n'a pas de vides, on peut adopter, comme base de calcul, un poids réduit de 750 grammes en moyenne. Or, en admettant un écartement de 40 centimètres entre les rayons et de 25 centimètres entre les plantes, l'hectare de terre produit de 80,000 à 100,000 racines, qui représentent un poids de 60,000 à 75,000 kilogrammes.

Ce résultat est très-facile à atteindre, année commune, dans un bon sol, par une bonne culture et des soins entendus; mais, afin de ne pas être taxé d'exagération, nous regarderons le chiffre de 50,000 kilogrammes comme la moyenne que l'on *doit* obtenir *en pratique*, dans de bonnes *conditions ordinaires* de terrain, de culture et de circonstances climatériques.

Prix de revient. — Chaptal nous fournit les observations suivantes :

« Si l'entrepreneur d'une sucrerie cultive lui-même ses betteraves, et qu'il sème ses blés dans les champs, immédiatement après l'arrachement, la dépense des labours préparatoires, faits en hiver et au printemps, et celle des fumiers et leur transport peuvent être supportées en entier par les blés, et il ne reste à la charge des betteraves, qui forment une récolte intermédiaire, que les frais d'ensemencement, de sarclage, d'arrachement et de transport, ce qui en diminue extrêmement le prix.

« En partant de cette base, on peut estimer aisément ce que coûte la betterave à l'agriculteur qui la cultive lui-même. Nous nous bornerons à évaluer sa dépense pour le produit d'un arpent :

Achat de 6 livres de graine.	6 francs.
Ensemencement.	12
Deux sarclages.	22
Arrachement.	20
Transport.	20
Emmagasinage.	3
Valeur locative du terrain.	40
Impositions.	10
	133 francs.

« En estimant le produit moyen à 20 milliers, le millier coûte à l'agriculteur 6 fr. 65 c. Les dépenses des labours et du fumier sont supportées par le blé, qu'on sème de suite après l'arrachement des betteraves, et les récoltes en blé sont supérieures à ce qu'elles seraient si elles ne venaient pas à la suite des betteraves, parce que la terre est bien ameublie et que les sarclages l'ont purgée de toutes les plantes étrangères. »

Ainsi, l'arpent représentant 51ᵃ,07, le prix de revient de l'hectare serait, d'après Chaptal, de 260 fr. 42 c., le rendement de 20,000 kilogrammes coûtant, les 1,000 kilogrammes, 13 fr. 30 c.

Tableau des frais de culture d'un hectare de betteraves semées en place, d'après Mathieu de Dombasle.

Loyer de la terre............................	60 fr.	» c.
Frais généraux, intérêt du capital, entretien des instruments, dépenses de ménage, etc., évalués par hectare à.	60	»
Deux labours à 15 francs........................	30	»
Deux hersages à 3 francs........................	6	»
Fumier, 25 voitures à 5 francs, dont la moitié à la charge des betteraves..............................	62	50
Semence, 5 kilogrammes à 2 francs................	10	»
Rayonnage et semaille au semoir..................	3	»
Premier sarclage à la main, 30 jours de femme à 75 cent.	22	50
Deuxième sarclage et éclaircissement de plants, 20 jours de femme.	15	»
Deux binages à la houe à cheval...................	4	»
Arrachage et nettoyage, en tout..................	34	25
Transport....................................	9	»
Emmagasinage, etc.............................	8	»
	324 fr.	25 c.

Mathieu de Dombasle n'admettant que 20,000 kilogrammes de rendement, le prix du mille se trouve être fixé à 16 fr. 21 c. Mais les fabricants de sucre et d'alcool ne payant guère que ce prix, le cultivateur n'avait rien à gagner. Or, par le résultat indiqué (page 449) de 60,000 à 75,000 kilogrammes par hectare, les frais restant les mêmes, le prix de revient se trouverait divisé par trois et serait de 5 fr. 45 pour 1,000 kilogrammes. Sans admettre cette base, nous pouvons dire que, dans la plupart de nos provinces agricoles, les frais sont à peine égaux à ceux que M. de Dombasle admet, et que le rendement est de 40,000 kilogrammes au moins par hectare, en moyenne, ce qui donne, pour la valeur de revient des 1,000 kilogrammes, $\frac{16,21}{2} = 8$-fr. 10 c.

Avec le rendement *normal* de 50,000 kilogrammes, le chiffre valeur des 1,000 kilogrammes n'est plus que de

$$\frac{324,25}{50} = 6 \text{ fr. } 85 \text{ c.}$$

Par la méthode Kœchlin, basée sur une longue végétation, les frais sont un peu augmentés; mais ce n'est pas en proportion assez forte pour qu'on ne puisse émettre, en proposition générale, cette assertion que, par une méthode intelligente, on peut facilement obtenir la betterave à un prix de revient de 7 à 8 francs les 1,000 kilogrammes, soit la moitié de ce qu'elle coûte au fabricant qui achète sa matière première.

M. Payen a donné l'appréciation suivante :

Prix de revient de la betterave pour un hectare de bonne terre.

Loyer, impôts, intérêts............	115 francs.
Engrais.....................	130
Deux labours, deux hersages........	86
Ensemencement................	18
Sarclage et binage...............	35
Arrachage et transport.	36
	420 francs.

« La production varie de 35,000 à 45,000 kilogrammes, et par conséquent le prix de revient des 1,000 kilogrammes, de 9 fr. 50 c. à 12 francs [1]. La valeur des feuilles utiles comme engrais ou aliment des bestiaux peut compenser quelques frais accessoires, non indiqués dans ces prix de revient.

« Les feuilles tombées pendant la végétation, et les petites racines restées dans le sol représentent environ 4,800 kilogrammes de fumier ; les feuilles enlevées avec l'étêtage pèsent au moins de 15,000 à 18,000 kilogrammes ; ces produits, en somme, valent de 50 à 60 francs par hectare. »

M. J. Garola a publié le compte de dépenses suivant pour la culture de betteraves sur la ferme d'Echénay, près Joinville (Haute-Marne) :

Loyers et impôts.	36 à 40 fr.
Labours et hersages..............	54 à 60
Engrais.	105 à 125
Graine.	4 à 5
Ensemencement................	3 à 4
Sarclages et binages..............	75 à 80
Arrachement, transport et mise en silo.	36 à 50
Ensemble......	313 à 364 fr.

La moyenne entre ces deux chiffres est de 338 fr. 50, et il conviendrait d'ajouter à cette moyenne une somme égale à

1. Cette appréciation donne une moyenne de 10 fr. 75 c.

celle que M. de Dombasle attribue aux frais généraux, soit 60 francs, ce qui porterait les dépenses à 398 fr. 50. Or, avec le produit de 40,000 kil. par hectare, ce chiffre conduit à

$$\frac{398.50}{40} = 9 \text{ fr. } 96$$

pour la valeur de revient de 1000 kil. de betteraves. Avec le rendement de 50,000 kil., le prix de revient est de :

$$\frac{398.50}{50} = 7 \text{ fr. } 97.$$

En Allemagne, en calculant les frais d'un arpent, ou journal de Magdebourg (2552 mètres), avec un rendement de 6877^k,5, on trouve, d'après Walkhoff :

Fermage, engrais, etc.....	16 thalers	20 silbergros	=	62 fr.	50
Frais de culture...........	12 »	24 »	=	48	»
Ensemble......	29 »	14 »	=	110	50

Le rendement du journal étant de 6867^k.5, le prix agricole de revient est de 16 fr. 06 pour 1000 kilogrammes.

En Russie, pour une surface de 1 dessiatine (= 1$^{hect.}$0925), les frais moyens seraient ainsi composés :

Fermage, engrais, etc.....	44 roubles	15 copecks	=	176 fr.	60
Frais de culture.........	68 »	49 »	=	273	96
Ensemble......	112 »	64 »	=	450	56

Le rendement, pour la surface donnée, étant de 23,554 kil. (21557 kil. par hectare), le prix agricole de revient est de 19 fr. 12 pour 1,000 kilogrammes [1].

Des documents fort nombreux que nous avons consultés et par la comparaison des diverses valeurs attribuables au loyer du sol, à la main-d'œuvre, à la fumure, etc., nous avons pu déduire comme conséquence pratique que, en France, à moins d'un désastre agricole, on ne saurait établir le prix de revient des 1,000 kil. de betteraves, en bonnes conditions ordinaires, au-dessus de 8 francs. C'est à ce chiffre normal, moyen, que

---

1. Le *thaler* prussien vaut 3 fr. 75. Le *silbergros* est 1/30e de thaler, et représente 0 fr. 125.... Le *rouble argent* de Russie vaut 4 francs ou 100 *copecks* de 20 centimes.

nous rapporterons les différentes appréciations que nous aurons à faire sur la question des frais et bénéfices du fabricant-agriculteur.

Quant à l'industriel qui achète les racines, il ne peut évidemment compter sur une position aussi avantageuse : on a payé les betteraves jusqu'à 32 francs en 1854 et, en 1866-67, beaucoup de fabriques ont fait des marchés à 16 francs les 1,000 kil. Il semble que le prix ait une certaine tendance à s'établir vers la moyenne de 20 francs, par suite des exigences de la culture.

En Allemagne, le quintal ou *centner* de 45^k.85 se vend de 8 à 10 silbergros, selon Walkhoff, ce qui porte le prix des 1,000 kil. entre 24 fr. 80 et 27 fr. 25. En Russie, la valeur marchande du *berkovetz* de 163^k.80 (= 10 *pouds* de 16^k.38) est de 3 fr. 75 en moyenne, en sorte que le prix des 1,000 kil. s'élève à 22 fr. 89. On peut déduire, de ces valeurs, que le fabricant industriel, qui achète ses betteraves, est dans une meilleure condition en Allemagne et en Russie qu'en France, précisément parce que les betteraves françaises, vendues par la culture, sont beaucoup moins riches en sucre que les racines allemandes ou russes. En revenant, cependant, au thème de la situation réelle, et en partant de la production agricole elle-même, nous croyons que, malgré la différence des richesses, la position du *fabricant-agriculteur* est aussi avantageuse en France. On admet généralement que le rendement moyen en sucre est de 5,25 p. 100 en France, de 8 p. 100 en Allemagne et de 7 p. 100 en Russie... Il en résulte que, pour l'agriculteur français, à raison du prix exagéré de 10 francs pour le revient moyen, les dépenses agricoles ne s'élèvent qu'à 20 fr. 48 pour 100 kil. de sucre extractible. On doit encore réduire ce chiffre de la valeur de la mélasse et des pulpes, pour obtenir le revient agricole exact, en sorte que la valeur du sucre se traduirait par les éléments suivants :

1º Frais de production agricole de 100 kil. sucre   (20.48).
2º Frais d'extraction et de fabrication.
3º Impôt, selon les indications légales.

A déduire des frais ci-dessus la valeur des pulpes et de la mélasse provenant de 2,000 kil. de racines environ...

Le point de départ de 20 fr. 48 se trouve abaissé à 15 fr. 20

par le prix de revient de 8 fr. pour 1000 kil., et ce prix peut
encore être diminué par une meilleure production.

Or, en Allemagne, le prix de 16 fr. 26 pour 1,000 kil. de
racines, au rendement de 8 p. cent, conduit à un revient
de 20 fr. 32 pour 100 kil. de sucre extractible, en frais agricoles seulement, frais de fabrique non compris et en ne tenant
pas compte de la mélasse et des pulpes. De même, en Russie,
au rendement de 7 p. 100 et avec le prix de 19 fr. 12, le revient
agricole des 100 kil. de sucre extractible est de 27 fr. 28.

Pour le fabricant-agriculteur, on a donc les prix suivants,
indépendamment des frais de fabrication et des résidus, pour
100 kil. de sucre brut :

France	20 fr.	48
Allemagne	20	32
Russie	27	28

et nous ne voyons pas trop sur quelle base se sont fondés les
Allemands pour s'attribuer des éloges qu'ils ne nous semblent
pas mériter. Ajoutons que leurs meilleures races, petites et de
peu de produit, bien que très-sucrées, ne paraissent pas de
nature à produire assez de masse pour diminuer beaucoup le
revient agricole, tandis que nos races françaises peuvent
fournir de très-grands rendements culturaux, et que leur amélioration, au point de vue de la richesse, dépend du producteur.
Vanité nationale mise à part, nous croyons donc notre situation
beaucoup meilleure que celle des autres pays sucriers de
l'Europe.

Les betteraves *achetées* à 20 fr. nous fournissent un prix brut
de 38 fr. 28 pour 100 kil. au rendement de 5.25 p. 100. En
Allemagne, le prix moyen de $\dfrac{21,80 + 27,25}{2} = 24$ fr. 525
conduit à 30 fr. 65 au rendement de 8 p. cent, et, en Russie, le
prix de 22 fr. 89 conduit à 32 fr. 70 au rendement de 7 p. 100.

Les industriels acheteurs de betteraves ont donc la situation
suivante, pour la production de 100 kil. de sucre brut, indépendamment des frais de fabrication et des résidus :

France	38 fr.	28
Allemagne	30	65
Russie	32	70

En sorte que, dans cette circonstance, le désavantage est aux industriels français, qui payent, en réalité, un prix exagéré pour les 1,000 kil. de racines. Ils ne pourraient se trouver au pair avec les industriels allemands, non agriculteurs, que par le prix maximum de 16 fr. pour 1,000 kil. ou par l'achat à 20 fr. de betteraves plus riches en sucre.'

Nous établirons ultérieurement le prix de revient du *sucre fabriqué, tous frais compris et toute déduction faite,* aussi bien pour les fabricants-agriculteurs que pour les usiniers-acheteurs, dont la situation est fort différente; mais il nous paraît utile de compléter ce qui précède par quelques observations sur le rendement sucrier, ou, plutôt, sur la *valeur en sucre* de la récolte d'un hectare de terre planté en betteraves.

D'après ce que nous avons exposé, on comprend facilement combien cette question est complexe, et l'on sait que la valeur-sucre d'un hectare de betteraves dépend du poids de la récolte, de l'espèce cultivée, de la proportion des matières étrangères, du mode de culture, des engrais, de la nature du sol, etc. Nous ne pouvons donc établir de bases fixes au sujet de ce rendement, puisqu'il se trouve précisément sous la dépendance de circonstances très-variables; mais, si nous faisons abstraction de ces circonstances, nous pouvons arriver à quelques données intéressantes, qui nous semblent de nature à faire réfléchir les fabricants et les agriculteurs.

En partant d'une richesse donnée en sucre cristallisable sur 100 de betteraves, on peut voir que la valeur sucrière est en rapport avec le rendement poids, pourvu que les matières étrangères au sucre soient éliminables et n'entraînent pas forcément l'augmentation du résidu mélasse.

Et même, dans ce dernier cas, si l'on considère le sucre entraîné comme matière à alcool, on peut laisser de côté cette objection et ne porter son attention que sur le produit en tout sucre, en admettant un *épuisement complet* de la matière première.

Or, les chiffres de rendement pondéral varient énormément et nous pouvons les grouper dans l'ordre suivant :

1° Rendement d'après Chaptal. . . . .   20,000 kil.
2° Rendement en Russie, d'après Walkhoff.   21,557
3° Rendement en Allemagne, d'après Walkhoff. . .   26,910
4° Rendement selon le docteur Sacc.   40,000

5° Rendement pratique, dans de bonnes conditions.   50,000
6° Rendement possible, sans vides..............   75,000
7° Rendement par la méthode Kœchlin.   150,300

En prenant pour base la richesse moyenne de 10,50 0/0, que l'on peut certainement dépasser de beaucoup par une amélioration intelligente des races, on trouve les correspondances suivantes :

Rendements.	Valeur en sucre.
20,000^k.	2,100^k.
21,557	2,263 .485
26,310	2,762 .55
40,000	4,200 .00
50,000	5,250 .00
75,000	7,875 .00
150,000	15,750 .00

D'où l'on voit qu'il est à peu près impossible de raisonner la question, même en adoptant un chiffre fixe pour la richesse sucrière, ce qui est une base fort inexacte. Nous nous contenterons de conclure ici que, par une méthode de culture convenable et des soins intelligents, on peut, à richesse égale, tripler la production sucrière sur l'unité de surface.

D'autre part, nous verrons, en temps opportun, que le rendement effectif, en fabrique, est soumis à des variations énormes, tant à raison des procédés suivis que de la différence de richesse saccharine et de la teneur en sels alcalins. En moyenne, il reste 1/5 du sucre dans les résidus ou les pulpes; un quart au moins représente le chiffre des mélasses, en sorte que la fabrication ne retire pas tout à fait les trois cinquièmes du sucre produit par l'agriculture.

C'est ainsi que, en France et en Belgique, le rendement en sucre ne dépasse guère 5,25 à 6 au plus pour de bonnes racines, riches à 10,5 0/0, et que si, en Russie et en Allemagne, on obtient des rendements de 7 et 8 0/0, ce résultat tient plutôt à la richesse absolue des betteraves qu'à l'habileté des fabricants. De ce qui vient d'être dit, on peut déduire les données suivantes, qui établissent la situation respective des contrées où l'on traite la betterave.

RENDEMENTS AGRICOLES.	VALEUR EN SUCRE.		SUCRE EXTRAIT.		MÉLASSE. 1/4 du sucre total.
k.		k.		k.	k.
20,000	10,5 % =	2,100	6 % =	1,200	502,50
21,557	14,0 % =	3,018	7 % =	1,509	724,50
26,310	14,0 % =	3,683	8 % =	2,104.80	920,75
40,000	10,5 % =	4,200	6 % =	2,400	1050,00
50,000	» =	5,250	6 % =	3,000	1312,50
75,000	» =	7,875	6 % =	4,500	1488,75
150,000	» =	15,750	6 % =	9,000	3937,50

Ainsi, en France, avec la Silésie, bien cultivée, dans les conditions moyennes actuelles, et par une récolte de 40000 kil. seulement, l'agriculteur produit 4200 kil. de sucre réel, dont le fabricant extrait 2400 kil. sous forme cristalline, et 1050 kil. de mélasse. En Russie et en Allemagne, la production agricole est très-inférieure en poids et, malgré une richesse moyenne considérable de 14 0/0, la fabrication n'obtient que 7 à 8 0/0, c'est-à-dire, une proportion à peine égale à celle des usines françaises. Dans le premier de ces pays, le fabricant ne retire que 15 sacs (15,09) avec 724^{k}50 de mélasse; dans le second, l'extraction est de 21 sacs (21,048) avec 920 kil. de mélasse, le tout calculé par hectare, tandis qu'en France, la même surface produit 24 sacs à la fabrique, et qu'elle pourrait en fournir de 30 à 45 et même davantage.

Les chiffres ont leur éloquence, et ce n'est pas sans un motif sérieux que nous nous sommes arrêté un instant sur ce point. Chaque jour, en effet, nous rencontrons des habiles qui vantent l'Allemagne à tout propos, en tout et pour tout. Nous laissons à ces gens-là cette tâche aussi triste que ridicule, et si nous sommes disposé à rendre justice, même à des Allemands, nous n'admettons pas que l'on vienne mentir impudemment au public, et que l'on cherche à rabaisser notre agriculture en la ravalant au niveau allemand. Les faits sont clairs et concluants. La richesse extraordinaire des betteraves cultivées en Allemagne ne prouve rien, puisque cette richesse ne coïncide pas avec un rendement pondéral suffisant, puisque 26300 kil., à 14 0/0 de richesse, ne représentent que 3683 kilogrammes de sucre produit par hectare, et que le fabricant n'en retire que 21 sacs, tandis que nos betteraves, moins riches, nous fournissent, au bas mot, 40000 kil. de racines et 24 sacs de sucre.

Qu'on cesse donc de parler de l'Allemagne à cet égard; qu'on laisse les graines allemandes en repos et qu'on ne s'en serve que pour croiser nos belles races françaises, qui nous donnent plus de poids et plus de sucre, et dont nous pouvons conserver les qualités en les améliorant. Que nos cultivateurs y prennent garde : ce n'est pas de la Germanie que provient la lumière, et s'il importe de prendre partout ce qui est bon, il convient de ne pas s'engouer des sottises des autres. Laissons faire les lourds cerveaux d'outre-Rhin et laissons dire les adeptes de la science allemande ; procédons avec intelligence et mesure dans nos travaux agricoles; perfectionnons nos races, qui valent déjà mieux que les races germaniques pour le champ et pour la fabrique; améliorons nos méthodes cultu- rales; méfions-nous, avant tout, des *engrais allemands*, et rap- pelons-nous que nous avons pour nous le ciel et le sol français, c'est-à-dire que nous habitons le pays agricole le mieux par- tagé du monde entier.

Encore une fois, prenons garde ; ne laissons pas empoison- ner notre terre par les théoriciens allemands ni par leurs agents; tout le bénéfice serait pour eux et toute la perte nous incomberait, et ce résultat prévu n'aurait d'autre cause que notre légèreté crédule et insouciante. Nous sommes encore à la tête des choses agricoles ; restons au moins les premiers dans ce grand art de l'agriculture dont nos savants les plus distingués et nos plus habiles praticiens ont perfectionné et amélioré les méthodes.

XI. — Amélioration des betteraves.

De ce qui précède, on devra conclure régulièrement que la diminution du prix de revient agricole des 1,000 kil. de racines est liée à la culture d'une race qui fournisse le *maximum de poids* sur l'*unité de surface*. D'un autre côté, l'abaissement du prix de revient du sucre dépend du *maximum de richesse sucrière sur l'unité de poids*, en sorte que l'on doit admettre comme démontré le principe fondamental suivant : « Le sucre coûtera d'autant moins cher, que la race cultivée fournira, par hectare, un poids plus élevé, correspondant, en même temps, à une richesse sac- charine plus considérable. »

Avoir des betteraves lourdes et très-sucrées, tel est le problème à résoudre, et l'on ne peut en obtenir la solution que par l'amélioration des variétés. Or, on sait que les qualités d'un végétal se transmettent, par la germination des graines, d'une manière plus ou moins fixe et constante, malgré des différences individuelles dont il importe de tenir compte. La transmission héréditaire est aujourd'hui démontrée chez la plante, et le moyen rationnel, indiqué pour les tentatives d'amélioration, consiste, comme pour les animaux, à faire un choix judicieux des reproducteurs.

Tous les observateurs, tous les spécialistes sont d'accord sur ce point, et tous déclarent qu'il importe surtout au fabricant de se préoccuper d'améliorer ses betteraves, en produisant lui-même ses graines, et en faisant un choix intelligent des semenceaux.

Des recherches ont été entreprises en France par M. Vilmorin, pour parvenir à améliorer, par le semis et la reproduction, la qualité sucrière des betteraves et, à l'époque de la mort de cet observateur, elles présentaient déjà des résultats fort remarquables. On a parlé de racines dont la teneur en sucre était égale à 24 0/0 de leur poids... Sans attacher à ce chiffre une importance exagérée, nous sommes parfaitement certain de la possibilité d'améliorer la betterave et de créer des variétés saccharifères d'une grande richesse. L'avantage que trouveraient les fabricants à des recherches de ce genre n'est pas contestable, et il nous paraîtrait d'une haute utilité que ces expériences fussent entreprises par les manufacturiers eux-mêmes, ou, tout au moins, sous leur direction. Il ne peut se présenter ici qu'une seule difficulté, et de semblables expérimentations sont plutôt des travaux de patience que des opérations de calcul et de théorie. On possède même, dans le cas dont il s'agit, une recherche qui permet de marcher à coup sûr, sans avoir à redouter la voie pénible des tâtonnements, en sorte que l'on ne peut apporter aucune excuse valable en faveur de la négligence. Nous réunissons ici les divers principes et les faits acquis dont on doit avoir l'ensemble sous les yeux, si l'on ne veut rien négliger pour parvenir au succès.

1° Il est d'observation constante que, dans les végétaux comme dans les animaux, les produits de la fécondation apportent la plupart des qualités des reproducteurs, et personne aujourd'hui ne conteste l'influence manifeste de l'hérédité. Il est donc de toute probabilité que, d'un choix de porte-graines offrant le maximum des qualités utiles, il naîtra des produits qui offriront ces mêmes qualités, que ces qualités seront souvent exagérées, et que, dans un grand nombre de circonstances, elles se perpétueront par le semis, à condition que les races ainsi créées ne soient pas exposées à la dégénérescence par l'abâtardissement.

2° Or, les qualités que l'on doit rechercher dans la betterave à sucre sont évidemment les suivantes : elles devront contenir le plus possible de sucre prismatique avec le minimum de sels minéraux solubles; elles seront très-peu aqueuses relativement et parviendront promptement à maturité.

3° Plus la densité d'une betterave sera considérable et plus elle renfermera de sucre, à condition toutefois qu'elle ait crû dans un sol renfermant le moins possible de substances salines.

Ces principes étant posés, voici comme il convient d'ordonner les expériences à faire relativement à l'amélioration de la betterave :

1° On fera choix d'un sol meuble et profond, riche en humus et pauvre en sels alcalins; il sera, autant que possible, de nature argilo-calcaire ou argilo-sablonneuse, ces terrains étant les plus favorables à la culture de la betterave [1].

2° Le sous-sol devra être très-perméable, ou, dans le cas contraire, il sera assaini par un bon drainage.

3° On notera avec soin les circonstances de situation, d'exposition et de température.

4° Le terrain sera préparé par un bon labour d'automne; il ne recevra d'autre fumure que des engrais exclusivement végétaux, afin de ne pas augmenter inutilement la proportion des sels.

5° On fera choix, pour la *première année*, de graines de bonne qualité commerciale, et l'on agira à la fois comparativement sur les variétés les plus riches en sucre.

6° Les graines seront semées sur place et en lignes, aussitôt que l'on n'aura plus rien à craindre des gelées de printemps; les jeunes plants seront convenablement espacés et recevront

1. Les sols d'alluvion sont les meilleurs.

les soins de culture, de propreté et d'entretien que nous avons indiqués.

7º On arrachera, dans chaque variété, les racines mûres, aussitôt que la maturité sera bien constatée; on en fera un triage attentif, et l'on constatera la densité des racines récoltées, de manière à ne conserver pour porte-graines que les plus denses, choisies dans les produits précoces et les produits tardifs. Le tout sera soigneusement noté.

8º La *seconde année*, on choisira, pour porte-graines dans chaque variété, précoce ou tardive, la racine la plus dense; on la plantera dans le sol où elle aura crû, ou dans un sol analogue; on ne récoltera que les graines parfaitement mûres.

9º On sèmera comparativement des graines commerciales chaque année, afin de juger de l'amélioration produite par le semis des graines obtenues sur les racines choisies.

10º On aura l'attention de concentrer tous les soins sur les produits les plus denses obtenus et sur les racines qui, à densité égale ou presque égale, parviendraient plus tôt à leur maturité.

En continuant pendant plusieurs années ce mode d'expérimentation, on peut raisonnablement espérer qu'une variété au moins fournira une nouvelle race, précoce, très-sucrée, susceptible de se perpétuer par le semis. Nous ne pouvons mieux faire, au demeurant, que de mettre sous les yeux du lecteur les paroles mêmes de M. Vilmorin [1].

« Le but que je me suis proposé, dit-il, était d'abord tout pratique; il s'agissait de créer une race de betteraves plus sucrées que celles que l'on cultive ordinairement, en choisissant pour porte-graines les racines les plus sucrées. La méthode usitée dans les fabriques de Magdebourg, pour connaître le poids spécifique des racines au moyen de liquides salés de densités connues, a été mon point de départ. Bientôt je me suis aperçu que la présence presque constante d'une cavité au centre de la racine rendait l'expérience inexacte [2]. Ayant reconnu, à la même époque, que l'enlèvement d'une pièce cylindrique pouvait, moyennant quelques précautions faciles à

---

1. *Académie des Sciences*, séance du 3 novembre 1856.
2. Et aussi la *présence constante* des gaz et de l'air qui existent dans la racine.   N. B.

observer, ne pas nuire à la conservation de la racine, j'ai
adopté le sondage des racines au moyen d'un tube coupant, et
la pièce ainsi enlevée a été pesée au moyen d'une série de
vases contenant des liquides sucrés de densités connues, sur
lesquels on la portait successivement, en notant celui où elle
cessait de flotter. Malgré des précautions gênantes, les liquides
sucrés s'altéraient très-promptement; leur titre se modifiait
par le passage continuel des morceaux mouillés d'un vase
dans l'autre, malgré la marche alternativement montante et
descendante que j'avais adoptée et, en outre, il s'y manifestait
en quelques heures une fermentation visqueuse. J'ai voulu obvier à cet inconvénient en me servant de liquides salés et de
vases de capacité beaucoup plus grande que ceux que j'avais
employés d'abord; mais alors des effets d'endosmose considérables sont venus fausser complétement les résultats.

« Ces méthodes, qui avaient été celles des deux premières
années de l'expérience, ont donc dû être abandonnées et remplacées, en 1852, par celle fondée sur l'appréciation de la densité du jus lui-même, obtenue par déplacement, en y pesant un
petit lingot d'argent d'un volume connu. Le morceau, enlevé à
l'emporte-pièce, étant râpé, fournit facilement les 7 ou 8 centimètres cubes de liquide, nécessaires pour une pesée de lingot.
Cette pesée, étant faite sur un trébuchet très-sensible, donne
avec certitude le demi-milligramme et, par conséquent, la
quatrième décimale, approximation dont l'exactitude dépasse
les besoins de l'expérience et qu'aucune autre méthode ne
pourrait donner, en opérant sur une aussi faible quantité de
liquide. Il est inutile d'ajouter que la température, prise au
moyen d'un thermomètre au dixième de degré (pour plus de
rapidité), est portée sur le registre à la suite de chaque pesée
du lingot, et que le jaugeage des vases, la finesse du fil de
suspension, et l'identité absolue de toutes les conditions de
l'opération, éliminent encore les erreurs que, dans le début,
avait pu produire une certaine irrégularité dans la manière
d'opérer.

« Ayant donc maintenant un moyen à la fois très-rapide et
très-correct d'apprécier la densité du jus des racines sur lesquelles j'opère, j'ai pu aborder avec assurance l'étude de la
question fondamentale de cette expérience : celle de la *transmission héréditaire de la qualité sucrée*. J'emploie à dessein ce

dernier mot, car de nombreuses vérifications m'ont prouvé que, dès que l'on arrive dans les densités moyennes, et à plus forte raison dans les densités élevées, la proportion relative des matières denses solubles, étrangères au sucre, qui peuvent se trouver dans le jus, suit une marche décroissante, si bien, qu'en soumettant les densités trouvées à une correction uniforme et égale à celle que fournit la moyenne des observations, on est toujours sûr que la richesse réelle est supérieure à la richesse calculée.

« Or, cette *transmission* s'est opérée à un degré qui a dépassé mon attente : ainsi, dès la deuxième génération, j'ai vu la *moyenne* de quelques-uns des lots, descendant de plantes riches, s'élever au niveau des *maxima* de la première année. En continuant cette marche, j'ai vu naître, à la troisième génération, des plantes dont le jus marquait la densité de 1,087, ce qui répondrait, sans correction, à 21 0/0 de sucre, et d'autres lots dont la *moyenne* a fourni 1,075, qui répondrait, de même, à 16 0/0, tandis que, dans le même terrain, dans les mêmes conditions de culture, des plantes non soumises à cette méthode d'amélioration, ne présentaient pour *maximum* que 1,066, et comme *moyenne* 1,042. Le fait de la *transmission héréditaire de la qualité sucrée* est donc positivement acquis maintenant, et la possibilité de créer et de fixer une race riche ne fait plus de doute.

« Mais il s'est présenté, relativement à cette faculté de transmission, des exceptions remarquables et qui jettent un grand jour sur la question générale de la transmission des caractères dans les végétaux. Ainsi, dans la première année de l'expérience, et lorsque j'ignorais par conséquent, complétement, les qualités qu'avaient pu posséder les *ancêtres* des plantes sur lesquelles j'opérais [1], il m'est arrivé de conserver, pour la repro-

---

1. La puissance de transmission des caractères étant le point essentiel à déterminer, on conçoit combien il était nécessaire de récolter séparément les graines de chaque plante ; cela m'a amené à posséder un état civil et une généalogie parfaitement correcte de toutes mes plantes, depuis le commencement de l'expérience. Cette méthode, un peu minutieuse, mais qui ne présente aucune difficulté, quand une fois on a adopté un mode bien régulier, est la seule qui permette de voir clair dans les faits qui se rapportent à l'hérédité. Les végétaux dans lesquels les deux sexes sont réunis sur le même individu sont, du reste, admirablement propres à l'étude des questions de cette nature.   (*Note de M. L. Vilmorin.*)

duction, des racines d'égale richesse, et de voir que la descendance de ces racines donnait :

« Tantôt un lot à moyenne très-élevée et sans écarts prononcés;

« Tantôt, avec une moyenne plus basse, des écarts considérables, produisant ainsi des *maxima* exceptionnels;

« Tantôt, enfin, des lots décidément mauvais et dont la descendance devait être complétement abandonnée.

« C'est surtout dans la première catégorie, celle des plantes à faibles écarts et à moyenne élevée, que je me suis attaché à choisir mes étalons reproducteurs; et je vois, par la suite des semis faits dans cette direction, que la *moyenne* s'élève successivement en même temps que les *maxima* continuent à monter, bien que d'un mouvement plus lent qu'au début. J'ai donc l'espoir d'arriver, dans quelques années, à la création d'une race à composition constante, c'est-à-dire dans laquelle toutes les racines de même poids contiendront la même proportion de sucre.

« Si j'obtiens une fois ce résultat, il deviendra possible de reconnaître avec certitude et d'étudier avec fruit l'influence des agents extérieurs sur la production du sucre, point qui n'est pas moins important à déterminer que celui auquel je me suis appliqué d'abord, mais vers la recherche duquel mes premiers essais ont été infructueux, par l'impossibilité où je me suis trouvé de dégager les variations dues à ces influences de celles produites par la simple loi des variations individuelles. Ces variations, indépendantes de toute influence extérieure appréciable, se présentent toujours dans toutes les plantes cultivées; mais leurs limites peuvent être resserrées et définies dans les races parfaitement fixées. Ainsi, l'influence du volume, très-positive et régulière, ressort bien nettement des tableaux comprenant plus de 2,000 sondages que j'aurai bien certainement l'honneur de soumettre à l'Académie; celle due à la destruction du sucre par la conservation en silo s'y voit aussi très-clairement. Enfin, l'influence de l'hérédité s'y lit de la manière la plus manifeste, donnant ainsi une confirmation remarquable à des résultats que toutes les théories justifiaient... »

En pratique, la mesure à prendre pour l'amélioration progressive des betteraves sucrières consiste donc dans un choix bien fait des racines que l'on veut conserver pour porte-graines, et ce choix doit être basé sur la densité de la betterave ou, mieux, sur celle du jus, sur la régularité de la forme, sans préjudice de la faculté de croître en terre et de la propriété de pouvoir acquérir un volume suffisant. Au reste, il ne sera pas inutile, pensons-nous, à propos du choix des porte-graines, d'analyser les observations de M. Méhay et celles du docteur Schreibler.

M. Méhay part de cette donnée que le poids spécifique des racines et des jus a servi de base pour le choix des porte-graines en vue de l'amélioration des racines, et il recherche les rapports de ces deux caractères avec la richesse saccharine. Les résultats moyens des observations faites sur 300 racines se trouvent consignés dans des tableaux comparatifs dont nous reproduisons les données essentielles.

Tableau des valeurs relatives des betteraves essayées, d'après la densité des racines.

Nᵒˢ D'ORDRE.	DENSITÉ moyenne des racines.	DENSITÉ moyenne des jus.	RICHESSE saccharine des jus 0/0.	SUCRE par hectolitre et par degré.	POIDS moyen des racines.	NOMBRE des racines observées.
				k.	gr.	
1	995	1037,20	6,83	1,82	2800	2
2	1005	1046,60	9,08	1,90	1605	16
3	1015	1050,60	9,72	1,92	1396	35
4	1025	1056,10	11,56	2,05	1280	52
5	1035	1060,70	12,92	2,12	1034	86
6	1045	1068,80	15,09	2,19	788	85
7	1055	1073,60	16,26	2,21	731	19
8	1065	1074,40	16,37	2,22	654	5

Tableau des valeurs relatives des betteraves essayées, d'après la densité des jus.

Nᵒˢ D'ORDRE.	DENSITÉ moyenne des jus.	DENSITÉ moyenne des racines.	RICHESSE saccharine des jus 0/0.	SUCRE par hectolitre et par degré.	POIDS moyen des racines.	NOMBRE des racines observées.
				k.	gr.	
1	1036,40	1005,00	5,86	1,57	2183	4
2	1045,60	1016,80	8,56	1,87	1607	30
3	1054,70	1025,70	11,20	2,05	1240	96
4	1064,50	1038,80	14,00	2,17	929	105
	1073,40	1046,50	16,09	2,19	764	59
	1082,00	1053,30	18,34	2,25	887	6

M. Méhay infère de ses chiffres que le groupement d'après la *densité des jus* est plus favorable à la séparation des *betteraves riches* pour porte-graines, et il attribue justement la différence entre la densité d'une racine et celle du jus à la présence des gaz renfermés dans les tissus. Cela est exact et nous pensons, avec l'auteur, qu'il serait préférable de vérifier à la fois la densité des racines et celle de leurs jus, lorsqu'on n'agit que sur un petit nombre de racines. C'est pour cette raison que M. L. Vilmorin lui-même a substitué l'essai par la densité des jus à celui qui découle de la densité des betteraves seulement. Quand on doit agir sur une quantité notable de racines, nous croyons que l'on peut très-bien se borner à choisir les betteraves les plus denses, sans perdre un temps considérable à la vérification des jus, puisque, de même que les jus les plus denses répondent au maximum de sucre, de même les betteraves les plus denses offrent la plus grande richesse saccharine.

M. Méhay croit qu'en choisissant, parmi les betteraves, celles qui donnent le jus le plus dense avec le minimum de cendres, on arriverait à accroître la pureté du jus en même temps que la richesse en sucre. Ici, nous ne pouvons guère nous ranger de cet avis, en ce qui touche la question des cendres. Il est reconnu, en effet, par l'expérience, que la proportion des matières minérales d'une betterave dépend plutôt des circonstances culturales, du sol, des engrais, que de la variété même, et il est inutile de revenir sur ce point.

Nous avons déjà dit quelques mots de l'importance que M. Méhay attribue à la forme des betteraves, et nous avons adopté cette conclusion, que les racines d'une forme régulière, dont la tendance est de s'enfoncer en terre plutôt que de sortir au dehors, sont préférables à tous égards, tant pour leur richesse saccharine que pour la commodité du travail agricole et du travail de l'usine. M. Méhay tire des faits exposés dans son mémoire une conclusion générale assez rationnelle que nous reproduisons presque textuellement.

Pour améliorer utilement les races des betteraves, au double point de vue de la culture et de la fabrication, c'est-à-dire *pour obtenir avec le moins de frais possible le maximum de sucre extractible sur un hectare de terre donnée*, il est nécessaire de tenir compte de l'ensemble de tous les caractères qui peuvent avoir une influence :

1° Sur la richesse en sucre de la betterave ;

2° Sur le poids des racines et leur rendement à l'hectare ;

3° Sur la pureté des jus, et particulièrement sur la quantité de sels qu'ils renferment ;

4° Sur la proportion de pulpe et de jus, en tenant compte des procédés d'extraction ;

5° Sur la facilité du travail en culture et en fabrication...

Nous insistons seulement sur l'erreur qui consiste à attribue à une variété de betteraves plus ou moins de tendance à absorber les sels minéraux du sol, et dont l'adoption entraînerait des conséquences illusoires. On sait, en effet, qu'une variété donnée, unique, absorbera plus ou moins de sels, et de sels variables, selon différentes circonstances, dont les principales sont la nature des engrais et la composition du sol, en sorte que, à côté de l'appétence spécifique d'un genre pour tels ou tels sels, il faut tenir compte, avant tout, des conditions de milieu, plutôt que des différences de variété dans une même espèce.

De son côté, le docteur Schreibler a tiré les conclusions suivantes d'un travail analogue à celui de M. Méhay :

« 1° La densité des betteraves est toujours, sans exception aucune, moindre que celle du jus qui s'y trouve ; 2° pour la plupart des betteraves, la densité varie entre 1030 et 1060 ; dans quelques cas exceptionnels, cette densité peut tomber à 1010 ou remonter jusqu'à 1070 ; 3° les betteraves les plus lourdes possèdent, en général, une densité et un rapport saccharimétrique moindres que celles d'un faible poids absolu ; 4° les betteraves d'une haute densité possèdent, en général, une proportion moindre de matières étrangères et un rapport saccharimétrique plus élevé que celles d'une densité faible ; cependant, à cette règle, il y a d'autant plus d'exceptions que les betteraves sont moins denses ; 5° la présence simultanée de l'air et du jus dans les betteraves empêche toute séparation mécanique des mauvaises betteraves qui serait basée sur la différence de densité des racines ; 6° cependant cette séparation pourra s'exécuter pour les betteraves d'une densité haute, très-prononcée, et qui pourront servir à la culture des graines. »

Nous ne contestons pas l'exactitude des observations de M. Schreibler, mais nous devons relever, dans ses conclusions, un point qu'il importe d'apprécier à sa véritable valeur.

Sans aucun doute, les racines les plus lourdes ne sont pas toujours les plus denses, et elles peuvent être moins riches que celles d'un plus faible poids absolu ; mais il ne faut pas en conclure que les très-petites racines présentent *toujours* des jus très-denses et très-riches, ni qu'elles doivent être préférées à des betteraves moyennes, de densité moyenne, et de richesse satisfaisante. Ce n'est pas une raison pour préférer les races allemandes, de 100 à 250 ou 300 grammes, aux races françaises de 750 à 1500 grammes, surtout lorsque, avec des récoltes très-supérieures en poids, notre fabrication obtient de 0,525 à 0, 60 du sucre, ce qui nous conduit à un résultat meilleur, dans la proportion de 3/24, soit de 1/8, comme il a été démontré précédemment. Les règles du docteur Schreibler, comme les observations de M. Méhay, sont exactes et bonnes à appliquer, pourvu que nous les appliquions à nos races, et non pas aux *filets* et aux radicelles que les Allemands veulent bien appeler des betteraves.

En Allemagne encore, certains observateurs prétendent trouver dans la forme des feuilles un indice de la qualité des racines. Sans nier absolument les indications fournies par ce caractère, nous ne les croyons pas d'une constance telle qu'on puisse y attacher autant d'importance. Nous préférons employer la méthode de M. Vilmorin, que nous appliquons seulement sur les betteraves reconnues les plus denses par l'immersion dans un bain d'eau salée marquant 1060 de densité ou 8° B. (8°.17). Cette précaution a pour but d'économiser le temps et de ne pratiquer le sondage, pour l'appréciation de la densité du jus, que sur des racines déjà triées. Il est à peine nécessaire d'ajouter que la vérification ne doit porter que sur des racines dont la forme extérieure est satisfaisante, et dont le poids brut égale au moins la moyenne. Cela fait, on lave les racines les plus lourdes, puis on leur enlève, avec la sonde, un morceau, vers le milieu, dans toute l'épaisseur. Ce morceau est râpé, la pulpe est pressée, et la densité du jus sert de guide pour le choix des racines à conserver comme porte-graines. On met à part celles dont le jus est le plus dense et, après avoir rempli le trou de sonde avec de la terre argilo-sablonneuse, mélangée de poussier de charbon, on les garde pour les replanter au printemps.

Ces racines sont rangées méthodiquement, de manière qu'elles ne se touchent pas ; on couvre les rangées alternatives

d'une couche de terre, et on les préserve de la gelée en les abri-
tant avec de la terre, des vannures, etc.

Ces betteraves sont replantées à l'issue des gelées, en avril
ou mai, à 70 ou 80 centimètres en tous sens, dans un bon terrain bien labouré, sur vieille fumure. On choisit, autant que
possible, l'exposition du midi, et l'on évite tout rapprochement
avec des porte-graines de qualité inférieure.

Aussitôt que les racines commencent à pousser, on donne
un binage de propreté, que l'on renouvelle lorsque les tiges
ont une hauteur de 10 à 15 centimètres. Plus tard, il suffit de
nettoyer le sol des mauvaises herbes et des plantes parasites.
La graine mûrit vers septembre. Lorsqu'elle est mûre, on coupe
les tiges à la faucille, on les fait sécher au soleil, et l'on procède au battage, soit sur le champ même, soit à la grange. Les
graines, nettoyées par un bon vannage, sont étendues en
couche mince et, lorsqu'elles sont bien sèches, on les serre en
sacs.

Chaque betterave peut fournir depuis 100 jusqu'à 200 gr. de
graines, mais on ne doit guère compter que sur une moyenne
de 150 grammes, ce qui, avec un écartement de 80 centimètres,
produit environ 950 kilogr. à l'hectare. Il n'est pas rare, cependant, d'obtenir 1200 à 1500 kilogrammes.

Il serait très-avantageux, au point de vue de l'amélioration
des races, en outre du choix basé sur la densité des jus et les
qualités accessoires des porte-graines, de pratiquer le croisement des espèces. On pourrait arriver ainsi à fixer les caractères les plus avantageux à la production sucrière. On sait, en
effet, que, lors de la fécondation des plantes, le mélange des
pollens détermine la production de nouveaux types, qui participent aux qualités de leurs auteurs. C'est pour cette raison
que nous conseillons d'écarter les champs de porte-graines de
toute plantation de betteraves communes ou de racines fourragères. De même, si l'on plante des betteraves de race allemande, petites, mais très-sucrées, avec des racines françaises
plus grosses, mais moins riches, on peut obtenir des variétés
nouvelles, réunissant un volume suffisant avec une proportion
considérable de matière saccharine. Cette pratique devrait être
le point de départ de toute tentative d'amélioration, et nous la
conseillons vivement à tous les agriculteurs qui veulent s'occuper de cette question importante.

XII. — OBSERVATIONS COMPLÉMENTAIRES.

Avant de terminer ce chapitre, dont l'importance sera sentie par les praticiens, nous ne devons pas passer sous silence un sujet fort grave en apparence, de peu de valeur, en réalité, dont quelques nullités se sont emparées pour se faire une sorte de piédestal. Nous voulons parler de la *maladie des betteraves...* Nous aurions pu mentionner cette affection de la précieuse racine, en même temps que nous avons dit quelques mots sur les *ennemis de la betterave;* mais nous avons pensé qu'il valait mieux étudier à part cette question et ne pas la confondre avec les dégâts causés par les insectes, avec les ravages des hannetons et des noctuelles.

Tout cultivateur soigneux sait que, pour prévenir les ravages des insectes, il doit semer de bonne heure, autant que possible, dans certains cas, ou retarder l'ensemencement, selon l'époque de la naissance des larves qu'il redoute pour ses cultures; on sait qu'un bon roulage, qu'un assolement judicieux, que des semis intercalaires, que des cultures faites à propos, que des arrosements avec des solutions appropriées de sulfures alcalins, etc., contribuent puissamment à protéger les plantes contre les insectes et contre leurs larves, mais il semble toujours très-difficile de se protéger contre un danger inconnu.

La maladie de la betterave comme la maladie de la vigne est *une inconnue,* dans ce sens que ceux qui s'en sont occupés se sont beaucoup plus souciés de se créer une *réputation* que de venir en aide à l'agriculture. Depuis les doctrines du docteur Montagne, soutenues et propagées par une foule de gens étrangers aux observations champêtres, on peut affirmer, sans crainte de se tromper, que toute maladie méconnue d'une plante quelconque sera attribuée à un *insecte* ou à un *champignon parasite.* Cette allégation est devenue un principe et le bon sens n'est pour rien dans la folie, la raison n'a rien de commun avec l'utopie. Or, la betterave a été, est, ou sera malade, comme la vigne, comme la pomme de terre, comme beaucoup d'autres plantes. C'est un champignon qui est la cause du mal. On trouve des savants pour décrire l'ennemi, de par le microscope et le reste ; d'autres savants proposent des remèdes ; un aréopage de savants distribue des couronnes aux lauréats de son choix, et l'on attend un nouveau champignon pour recommencer.

Ce n'est pas là de la science; ce ne sont pas là des savants, mais bien des mystificateurs ridicules et coupables.

Une plante bien cultivée, dans un sol sain, approprié à ses besoins, avec des engrais et des arrosements convenables, n'est sujette à aucune maladie épidémique; les êtres vivants, *bien portants*, n'ont rien à souffrir des parasites. Cette thèse, que nous avons démontrée dans une publication sur l'*oïdium* de la vigne, s'applique de tous points à la betterave, et l'exactitude en est telle que nous ne connaissons pas une seule exception à ce principe.

Ici nous nous adressons aux cultivateurs et aux gens de pratique, et non pas à ces incapables, ignorants et vaniteux, qui cherchent seulement à faire valoir leurs personnalités, à faire du bruit autour de théories absurdes, sans souci des conséquences pratiques, ni des désastres qui en seraient le résultat. Or, nous rappelons aux hommes de culture qu'ils n'ont jamais vu de parasites, de champignons, de moisissures, sur des plantes vigoureuses et saines; que tout le secret de l'agriculture est de produire des végétaux bien portants et que, pour cela, il leur faut fuir les procédés irrationnels des utopistes, et redouter, avant tout, l'emploi des engrais perazotés, sauf pour certaines cultures spéciales. La pratique de l'assolement, que l'on n'exécute pas, chez nous d'une manière assez intelligente, doit être considérée comme une sauvegarde contre les maladies à la mode, pourvu qu'elle soit bien comprise, que le sol soit assaini et perméable, que l'espace accordé aux plantes soit suffisant, aussi bien pour le développement des feuilles que pour celui des racines, enfin, pourvu que les végétaux rencontrent dans le sol *une habitation saine et une nourriture abondante appropriée à leur nature.*

La *chaleur humide,* en présence de tout excès de principes azotés, produira toujours des moisissures sur les plantes affaiblies et l'on peut, en quelque façon, prédire l'apparition de ces champignons, lorsque l'on tient compte des circonstances. Dans les procédés de la nature, en ce qui concerne les corps vivants, animaux ou végétaux, on ne rencontre pas ces lois multiples et bizarres, imaginées à plaisir par des docteurs fantaisistes; tout est simple, régulier, et conforme aux règles d'un plan primordial, pourvu que la main de l'homme ne vienne pas déranger l'économie des fonctions, détruire l'harmonie des organes, sous le prétexte de lois imaginaires.

L'homme bien conformé, issu de parents sains, pourvu d'une nourriture saine et suffisante, soumis aux principes de l'hygiène naturelle, sobre en toutes choses, adonné au travail, ou à un exercice modéré, n'est soumis qu'à des maladies accidentelles et, le plus souvent, il atteint les dernières limites de la longévité, sans avoir été malade. Tout au contraire, les excès de ce qu'on appelle la civilisation, d'une alimentation excessive ou insuffisante, l'oisiveté ou l'excès de labeur, en un mot, les conditions antinaturelles, dans lesquelles se passe la vie humaine, en abrègent singulièrement la durée, par l'usure trop rapide des organes et par les maladies qu'elle détermine.

Il en est de même chez les autres animaux et chez les plantes. Les premiers, livrés à leurs libres habitudes, atteignent le terme normal de la vie sans avoir été malades et ils ne connaissent que les maladies accidentelles, à moins qu'ils ne tombent au pouvoir de l'homme et que, sous son *habile direction*, ils ne contractent, par l'effet d'un régime absurde, des maladies trop réelles qui ne sont pas prévues dans le plan de la création. L'animal libre ne meurt que de vieillesse ou par accident; le cheval n'a pas besoin de l'art du vétérinaire dans les déserts où il vit en liberté, et le bœuf sauvage, errant dans les savanes, ne contracte ni le typhus, ni la pneumonie. Les animaux soumis à la domesticité ne gagnent rien par leur contact avec l'homme, et ils ont tout à perdre au service de ce maître exigeant et égoïste. La plante sauvage est toujours belle de santé, lorsqu'elle croît dans le sol qui lui est propre. L'homme vient-il à s'en emparer, pour la satisfaction de ses besoins ou de ses plaisirs, que, tout aussitôt, elle est assujettie à des conditions opposées à sa nature ou à sa constitution, et que, sans règle, sans observation, on la contraint à végéter misérablement dans un milieu antipathique. Un végétal avide de calcaire est semé dans l'argile; une plante, gourmande d'air et d'espace, est mise à l'étouffée par une culture incomprise et par un rapprochement excessif; on place dans des terrains secs le végétal qui veut beaucoup d'eau, dans des sols trop humides, celui qui craint cette circonstance; on condamne au guano, à la poudrette, aux engrais azotés, à la potasse, les plantes qui veulent de l'humus, et l'on s'étonne, après cela, de les voir dépérir et d'être frustré dans les espérances de riche récolte que l'on avait conçues à la légère.

Si, par hasard, une plante chétive, mourante, présente des moisissures, indice d'une décomposition des tissus et d'un affaiblissement fonctionnel trop certain, c'est la moisissure que l'on attaque, c'est contre elle que l'on jette les hauts cris, sans réfléchir que le champignon ne peut être qu'un effet dont il faut chercher la cause dans une mauvaise culture, dans l'absence de soins, ou dans des soins mal entendus.

Telle est l'histoire vraie de ce qui se passe le plus souvent : c'est ce que nous avons vu pour la vigne; c'est encore ce qui est exact par rapport à la *maladie de la betterave.*

Nous extrayons d'une brochure de M. A. Payen les passages les plus importants sur les *caractères* de cette affection, que l'auteur comparait à celle qui avait sévi sur les pommes de terre.

« Voici, en les résumant, dit M. Payen, les principaux caractères de la maladie des betteraves :

1° La marbrure des feuilles et l'injection abondante de l'air dans leurs tissus;

2° Le faible développement ou l'atrophie de tout le corps de la betterave;

3° La coloration brune ou rousse et l'obturation des vaisseaux, se manifestant surtout vers le pivot ou la partie inférieure et dans la base de la racine;

« 4° Parfois la pourriture de ces parties inférieures de la betterave;

« 5° L'affaiblissement de la densité du jus et la diminution de la quantité de sucre (dans le rapport de 10 à 8 ou 6);

« 6° La désagrégation ou l'encroûtement des spongioles des radicelles et l'agglutination de leurs poils;

« 7° *L'alcalinité des sucs,* particulièrement de ceux qui s'épanchent au dehors des vaisseaux ou des conduits séveux, lorsque l'on coupe le bout inférieur ou pivot de la racine. »

Quelques lignes plus loin, le professeur au Conservatoire ajoutait :

« Les betteraves offraient un tissu plus rude et plus résistant au râpage; elles donnaient une proportion moindre d'un jus moins dense. On a remarqué, d'ailleurs, que les jus étaient plus difficiles à traiter, *parfois alcalins*, qu'ils étaient aussi plus altérables, et que les sirops étaient *plus sujets à monter en mousse* durant l'évaporation et la cuite. »

Recherchant ensuite les causes de la maladie, M. Payen trouve que la première et la plus grave consiste dans la *culture trop souvent réitérée* de la betterave dans le même sol, c'est-à-dire dans le *défaut d'assolement*, et il en donne pour preuve l'absence de l'affection dans les terres neuves, où la betterave n'était cultivée que depuis peu de temps.

Cela est exact et conforme à la véritable observation culturale, mais ce qui suit prête à une critique fondée.

En se basant sur le principe de restitution et sur la nécessité d'un bon assolement (3 ou 4 ans), M. A. Payen établit que la vente des mélasses aux distilleries prive le sol, en vingt récoltes, d'une quantité de *salin* égale à 1440 kil. Or, comme la betterave est une plante avide de sels alcalins, on a cru devoir admettre que la diminution des sels alcalins dans le sol était en grande partie la cause de la maladie.

Ceci nous semble puéril après ce que nous avons dit sur la teneur des sols en principes alcalins et, selon l'auteur même dont nous parlons, cette diminution des alcalis ne paraît pas constituer la *cause principale* de l'altération, qui serait plutôt, et plus généralement, due à un *défaut d'aération* de la couche arable.

Nous partageons cette manière de voir, et nous pensons également que ce défaut d'aération, joint à l'absence d'assolement et à l'emploi de fumures trop actives, d'engrais perazotés non *consommés*, et d'un excès de sels alcalins, sont les véritables causes de la maladie qui nous occupe.

Parmi les différentes preuves que M. Payen groupe en faveur de son opinion sur la nécessité de l'aération, il convient de citer ce fait que M. Decrombecque a réalisé ses plus belles récoltes, *exemptes de toute altération*, sur ses cultures *en ados* et en terres *drainées*, tandis que les cultures environnantes étaient affectées de la maladie. Or, cette preuve démontre, à la fois, non seulement la nécessité de l'aération du sol, mais encore celle de son assainissement.

Nous n'irons pas plus loin dans l'examen de cette question, car il nous semble parfaitement inutile de nous y arrêter plus longtemps après des déclarations aussi nettes. On ne peut, en effet, rien voir de plus concluant. Forcé par la vérité, M. Payen, malgré ses prédilections pour les champignons, les moisissures et les matières rousses et grises, est obligé d'admettre, en somme, que la maladie de la betterave est due à une *mauvaise culture*, c'est-à-dire au défaut de porosité et d'assainissement du sol, au manque d'assolement et au retour trop fréquent de la betterave sur une même terre, à la présence de matières fermentescibles non consommées et, s'il manifeste une certaine tendance vers l'emploi des sels alcalins, il n'en parle qu'à titre de restitution et avec une certaine réserve.

C'est tout ce que nous pouvions désirer de mieux, et jamais nous n'avons soutenu une autre doctrine. Nous terminons donc cette étude culturale de la betterave par cette affirmation de pratique, justifiée par tous les faits et admise par un des partisans les plus acharnés du parasitisme : Dans un bon sol, bien assaini, convenablement assolé et avec des fumures appropriées, bien consommées, avec des amendements convenables, la betterave n'est jamais malade ! C'est là ce que nous voulions, en définitive, faire observer aux agriculteurs, afin de les mettre à l'abri des prôneurs de remèdes contre une maladie illusoire. Le seul remède à ces prétendues affections spéciales consistera toujours dans une culture rationnelle, dont le but capital doit être de procurer, avant tout, la vigueur et la santé aux plantes que l'on cultive, par un ensemble de soins judicieux et de pratiques intelligentes, dont nous avons exposé les principes fondamentaux.

CHAPITRE III.

Culture des graminées sacchariféres.

La famille des graminées est l'une des plus importantes du règne végétal, celle qui est la plus essentielle à la nourriture de l'homme et des animaux. C'est également l'une des plus remarquables par le nombre des végétaux qui en font partie [1].

Presque toutes les graminées sont des *plantes à sucre;* mais, parmi elles, les genres *saccharum* (andropogonées), *holcus* et *zea* (phalaridées), se font remarquer par une plus grande abondance de ce principe, qui forme, en quelque façon, le *suc propre* de leur tissu, principalement dans les saccharum et certains holcus.

En général, la tige des graminées est un *chaume*, c'est-à-dire une tige *fistuleuse*, creuse, dont la cavité est interrompue de distance en distance par des cloisons transversales. Ces cloisons sont formées par des ramifications latérales, issues des faisceaux vasculaires longitudinaux, et constituent de véritables planchers de consolidation qui assurent la résistance et l'élasticité de la tige. On donne le nom vulgaire de *nœuds* aux renflements ou aux dépressions qui correspondent aux cloisons, et qui affectent une forme annulaire. La portion qui répond à l'intervalle entre deux cloisons consécutives se nomme *entre-nœuds*.

---

1. La famille des *graminées* est partagée par Kunth, dont on adopte généralement la division rationnelle, en 13 *tribus*, qui comprennent 54 *genres* principaux : 1⁰ les Oryzées (3 genres : *Leersia, Oryza, Zizania*) ; 2⁰ les Phalaridées (8 genres : *Lygeum, Zea, Coïx, Alopecurus, Phleum, Phalaris,* HOLCUS, *Anthoxanthum*) ; 3⁰ les Panicées (5 genres : MILIUM, PANICUM, *Setaria, Pennisetum, Penicillaria*) ; 4⁰ les Stipacées (3 genres : *Stipa, Macrochloa, Aristida*) ; 5⁰ les Agrostidées (3 genres : *Agrostis, Gastridium, Polypogon*) ; 6⁰ les Arundinacées (4 genres : *Calamagrostis, Arundo, Phragmites, Gynerium*) ; 7⁰ les Pappophorées (2 genres : *Pappophorum, Echinaria*) ; 8⁰ les Chloridées (3 genres : *Cynodon, Chloris, Eleusine*) ; 9⁰ les Avénacées (3 genres : *Aira, Avena, Arrhenatherum*) ; 10⁰ les Festucacées (6 genres : *Poa, Glyceria, Briza, Melica, Festuca, Bromus*) ; 11⁰ les Hordéacées (6 genres : *Lolium,* TRITICUM, SECALE, *Elymus,* HORDEUM, *Ægylops*) ; 12⁰ les Rottbœlliacées (4 genres : *Nardus, Lepturus, Rottbœllia, Tripsacum*) ; 13⁰ les Andropogonées (4 genres : SACCHARUM, *Erianthus, Andropogon, Ischæmoun*).

On peut juger de l'importance de cette famille végétale par cette nomenclature, dans laquelle nous avons distingué, par de petites capitales, les noms des genres qui servent directement à l'alimentation de l'homme.

Primitivement, cependant, les tiges des graminées sont *pleines* et remplies de parenchyme médullaire; mais, ce parenchyme ne croissant pas dans la même proportion que les parties extérieures, il ne tarde pas à se rompre et à disparaître. C'est alors qu'il laisse à sa place, sauf au niveau des cloisons, des cavités qui rendent la tige creuse.

Il y a des exceptions à cette disposition. Ainsi, la canne à sucre, le maïs, le sorgho sucré, offrent une tige pleine, même dans les entre-nœuds, ce qui est dû à la surabondance du tissu vasculaire longitudinal. Les tiges présentent alors, entre les cloisons, une coupe très-analogue à celle des palmiers et de la plupart des monocotylédonées.

Les graminées ont, en général, pour station, les terrains siliceux, et elles fixent une proportion très-considérable d'acide silicique, qui forme, dans certaines espèces, jusqu'au douzième de la masse sèche. Les surfaces extérieures sont souvent recouvertes d'un enduit siliceux, et les bambous, les rotins (calamus), les prêles (équisétacées), sont remarquables par la proportion de silice qu'on y rencontre et qui en assure la dureté et la résistance. Cependant, l'acide silicique ne devrait pas être considéré comme un *aliment essentiel* des graminées, selon l'opinion de M. J. Sachs. En effet, d'après les observations de ce physiologiste, on rencontre à peine l'acide silicique dans les organes jeunes et il s'accumule dans les tissus à mesure qu'ils vieillissent et que l'activité vitale diminue, ce qui est opposé avec l'action commune des matières nutrimentaires. « Cette substance est déposée, soit à l'état d'isolement, soit sous la forme de silicates, dans l'épaisseur des parois cellulaires, absolument comme les molécules de cellulose elle-même, et la plante l'emploie comme une matière plastique qu'elle trouve toute prête[1]. »

Quoi qu'on puisse penser de cette opinion de physiologie végétale, nous nous bornons à constater le fait acquis, c'est-à-dire l'appétence particulière des graminées pour la silice, et nous en concluons le choix à faire, pour la culture de ces plantes, d'un sol dans lequel l'élément silicique existe au moins dans une relation suffisante.

1. P. Duchartre. *Éléments de botanique.*

SECTION I.

CULTURE DE LA CANNE A SUCRE.

La *canne à sucre* (*saccharum officinarum*) est une belle et robuste plante de la famille des graminées ; elle appartient au
genre *saccharum* de la tribu des *andropogonées* (Kunth). Sa racine, genouillée et fibreuse, supporte une tige articulée, lui-
sante, très-lisse, comme enduite d'un vernis imperméable formé
par de la silice et une résine d'une nature particulière.

Les feuilles de la canne sont engaînantes à leur base, à la
façon de celles du froment, du sorgho, ou du maïs ; comme
celles-ci, elles présentent des stries ou des filets dans le sens
de la longueur, et elles sont supportées par une nervure médiane épaisse, d'une couleur moins foncée que le reste de la
feuille. Elles partent des nœuds de la tige, sur laquelle on peut
en compter, en moyenne, de quarante à cinquante ; elles s'é-
talent en éventail au sommet et tombent graduellement dans
l'ordre de leur apparition, c'est-à-dire à partir des nœuds les
plus rapprochés du sol.

On peut se faire une notion générale du port de la canne à
sucre en se reportant à celui du grand *maïs*, qui en est presque
la copie réduite. Ainsi, que l'on se représente une tige énorme
de maïs, haute de 3 ou 4 mètres, revêtue, à la partie supérieure,
de feuilles en beaux rubans, larges quelquefois de 5 centimètres sur une longueur de plus de 1 mètre, partagée en tronçons
très-apparents (fig. 38) par des nœuds éloignés d'environ 8 centimètres 1/2 les uns des autres, et on aura une idée suffisante
de l'extérieur de la canne à sucre, si l'on n'a pu la voir ou
l'examiner à loisir.

Les tiges de la canne ont un diamètre moyen de 3 centimètres 1/2 à 4 centimètres [1].

La figure 38 représente une touffe de cannes, dessinée d'après
nature avec une scrupuleuse fidélité. Comme il est facile de le
voir dans la gravure, les pousses ou les tiges de la canne se
présentent, dans une touffe, à des degrés d'accroissement bien

---

1. Il n'est pas rare, cependant, de trouver des cannes dont le diamètre
moyen est inférieur à ces données, et nous avons présentement sous les yeux
des cannes du Brésil, dont le diamètre ne dépasse guère $0^m,025$, et qui sont
d'une grande richesse sucrière.

différents, et plusieurs ont déjà perdu toutes leurs feuilles inférieures et les nœuds en sont très-apparents, tandis que d'autres commencent seulement à se développer et que d'autres

Fig. 38.

encore sortent à peine de terre. Cette circonstance tient à la vitalité extrême de cette plante, dont les parties souterraines, formant le collet, *tallent* avec une abondance extraordinaire, à peu près à toutes les époques.

Nous avons dit que les feuilles de la canne sont *engaînantes*

à leur base, et cette disposition se trouve très-nettement indiquée sur la figure 39, qui représente trois gaînes foliacées em-
brassant la tige intérieure, jusqu'au point où la feuille proprement dite se sépare de la gaîne par une sorte d'articulation
genouillée. La figure 40 fait voir la séparation des gaînes elles-
mêmes d'avec la tige.

Fig. 39.   Fig. 40.   Fig. 41.

Il doit exister une corrélation très-intime entre l'élaboration
des sucs intérieurs d'un nœud quelconque et la fonction physiologique de la feuille correspondante. En effet, la maturité organique d'un nœud est indiquée par la chute de la feuille, qui
met alors à découvert une portion de tige, sur laquelle on remarque un *œil* ou *bourgeon*, et une sorte de cicatrice circulaire
au niveau du nœud. Cette empreinte cicatricielle répond au
point d'attache de la feuille, et elle présente une quantité de
petits mamelons très-apparents, qui étaient, croyons-nous, en
relation avec le système vasculaire de la feuille, et qui nous
semblent être les rudiments de racines futures. La figure 41
fait voir une tronçon de tige sur lequel on remarque parfaite-

ment ces détails, ainsi que la disposition des yeux qui sont opposés et alternes.

Faisons remarquer encore que chaque œil est opposé au point
central d'attache de sa feuille, et que, en considérant un nœud
comme une plante en miniature, l'œil en est très-exactement la
tige, tandis que les mamelons opposés indiquent nettement les
racines.

Au lieu d'être creuses, fistuleuses dans l'intérieur des nœuds,
comme cela arrive dans un grand nombre de graminées, les
froments et les céréales, par exemple, les tiges de la canne sont
remplies d'une moelle spongieuse, traversée longitudinalement
par de nombreux filets d'apparence fibreuse. Ces filets sont des
faisceaux vasculaires enveloppés d'une sorte de gaîne ligneuse.
Cette organisation se remarque également dans les tiges du
maïs et du sorgho.

La canne à sucre est vivace par sa racine, et il en est de
même de toutes les cannamelles. Lorsque les tiges sont parvenues au terme de leur croissance, on voit s'élancer du sommet

Fig. 42.

un jet allongé, surmonté par une panicule de fleurs blanchâtres
(fig. 42); c'est à ce jet que l'on donne aux colonies le nom pit-
toresque de *flèche*.

Dans les régions tropicales, la canne produit des graines qui parviennent à leur maturité complète; mais il n'en est pas ainsi dans la plupart des contrées où l'on cultive la canne, et où les graines avortent le plus souvent.

Les principales variétés cultivées de la canne à sucre sont la *canne violette à rubans* ou *canne de Batavia*, la *canne violette*, la *canne verte à rubans*, la *canne d'Otaïti*, et la *canne de Bourbon* ou *canne créole*.

La première est la plus vigoureuse, celle qui résiste le mieux à l'intempérie et que l'on cultive de préférence à la Louisiane. La canne d'Otaïti est *peut-être* un peu plus riche en sucre.

Structure et composition de la canne à sucre.— Une étude assez soigneuse de la structure de la canne paraît avoir été faite au laboratoire de M. Payen et, pour compléter l'idée générale que nous venons d'émettre, nous empruntons à ce travail les faits contenus dans le résumé suivant, en atten- dant que la canne appelle les soins et l'expérience de quelqu habile micrographe.

Si l'on examine avec attention, sous le microscope, une tranche mince de canne, coupée transversalement et perpendi-

Fig. 43.

culairement à l'axe (fig. 43), on remarque, en procédant de la périphérie au centre :

1° Une sorte de vernis ou d'enduit qui recouvre l'épiderme et auquel on a donné le nom de *cérosie*...

2° Au-dessous de cette couche superficielle se trouve l'épiderme.

3° A la suite des couches épidermiques, on rencontre une masse de tissu cellulaire au milieu de laquelle sont épars des faisceaux vasculaires représentés par des points noirs sur la figure 43 ci-dessus.

4° On peut remarquer que le tissu vasculaire est d'autant plus dense que l'on observe dans une zone plus rapprochée de la périphérie. Entre cette zone et la partie centrale, le tissu cellulaire est plus abondant et les vaisseaux sont plus rares.

5º Le sucre est renfermé dans le tissu cellulaire et il existe plus abondamment, par conséquent, dans la portion moyenne, entre le centre et la superficie.

6º Il est remarquable que chaque faisceau vasculaire est entouré d'une masse de cellules saccharifères, d'autant plus volumineuses qu'elles sont plus éloignées de ce faisceau.

7º Les cellules saccharifères sont percées de petites ouvertures dans leurs parois latérales, mais leurs extrémités sont occluses et ne présentent aucune ouverture. C'est par les ouvertures latérales que ces cellules communiquent entre elles.

8º On trouve des *granules d'amidon* dans le tissu cellulaire saccharifère des cannes jeunes et des parties non parvenues à maturité. Ces granules amylacés ne se retrouvent plus dans les cannes mûres, ce qu'il est facile de constater par la réaction de l'iode.

9º Les cellules saccharifères entourent tous les vaisseaux, depuis l'axe jusqu'à la deuxième rangée des filets ligneux sous-épidermiques.

10º D'après M. Payen, on remarque des granules d'amidon en grand nombre dans toutes les tiges et les feuilles des pousses récemment formées ; les tiges en contiennent surtout dans les tissus sous-épidermiques et dans les tissus cellulaires à sucre, tout autour des faisceaux vasculaires.

Les jeunes feuilles présentent aussi des sécrétions amylacées abondantes autour des vaisseaux des nervules, dans les tissus celluleux résistants qui enveloppent ces nervules, et s'étendent de l'une des faces de la feuille jusqu'à l'autre face.

Observations. — La présence de l'amidon ou des granules féculents, dans les cellules saccharifères des cannes jeunes ou des parties de cannes non mûres, constitue un fait remarquable dont on peut déduire des conséquences logiques assez importantes. Si la fécule existe, à certain âge, dans la canne, on peut présumer que cette plante ne diffère en rien de ses congénères de la famille des graminées, et que ses phases d'évolution sont similaires, à l'exception de la surabondance du suc propre qui tient le sucre en dissolution. Un grand nombre de graminées renferment également du sucre ; mais on peut se demander par quelle transition passe la fécule, puisqu'on n'en retrouve plus de trace dans les cannes mûres... S'il n'existe pas de sucre liquide dans la canne mûre, la fécule n'a pu se transformer qu'en gomme, en glucose ou en sucre prismatique !... Quelle est celle de ces hypothèses à laquelle s'arrêtent les partisans de la non-préexistence du sucre incristallisable ?

M. Péligot nie la présence de la gomme, du mucilage, etc., et il ne reste plus à l'hypothèse que le glucose et le sucre prismatique pour résultats possibles de la transformation de la fécule. Or, si l'on s'arrête au glucose, on sait que le sucre $C^{12}H^9O^9+5HO$ se change très-aisément en sucre incristallisable $C^{12}H^9O^9+3HO$, dont il n'est qu'une hydratation, et que ce dernier peut se changer également en glucose. On ne peut donc nier, *a priori*, l'existence du sucre liquide dans la canne, soit que ce sucre dérive du glucose, ou, plus directement, de la fécule. A ceux qui prétendraient que l'amidon s'est changé en sucre prismatique par les progrès de la maturation, nous dirons que cette affirmation est faite sans preuves ; que la canne offrirait, dans ce cas, le seul exemple de cette *transformation directe* que l'art aurait un si puissant intérêt à reproduire ; enfin, qu'avant de croire à cette métamorphose, laquelle est contraire à tous les faits observés, nous voudrions en avoir une démonstration.

Nous demandons, en résumé, ce que devient, par la maturation, la fécule observée constamment dans les jeunes plantes, et nous ne pensons pas que l'on puisse répondre à cette question d'une manière satisfaisante, sans être obligé d'admettre, à une certaine époque du moins, la présence de la gomme ou d'un produit similaire, ou bien celle d'un sucre plus hydraté que le prismatique.

Fig. 44.

La figure 44 reproduit d'après nature un tronçon de canne dont la coupe supérieure montre les mêmes détails que la figure 43 ; mais la partie inférieure présente la coupe longitudinale d'une portion correspondante à un nœud,

afin de faire voir la disposition des faisceaux vasculaires et la condensation de la matière organique au niveau du nœud et de la cloison transversale, ainsi que la relation du bourgeon avec cette masse alimentaire.

I. — CULTURE DE LA CANNE A SUCRE.

Comme toutes les plantes possibles, la canne est soumise à l'influence des diverses circonstances climatériques et culturales. Le *choix du sol*, sa *préparation*, le *choix de la variété* la plus profitable, selon la contrée qu'on habite, les *engrais*, le *mode* et l'*époque de la plantation*, les *soins de culture* et *travaux d'entretien*, l'*époque de la récolte* et les *soins de conservation* doivent être l'objet d'une étude approfondie pour les planteurs avides du progrès et qui ont à cœur leur véritable intérêt.

Il n'est pas moins nécessaire de connaître les *accidents, maladies* et *altérations* qui peuvent attaquer la canne à sucre.

Malheureusement la plupart des planteurs font cultiver selon les données de la routine plutôt que d'après les lois de la saine agriculture; partisans de vieux préjugés, ils croient souvent que rien ne peut être mieux fait que ce qu'ils font, et les travaux de plusieurs hommes recommandables n'ont pas encore réussi à faire ouvrir les yeux à la masse. Quelques rares exceptions se sont montrées cependant depuis peu d'années, et d'après les tendances d'un certain nombre de planteurs, le temps ne semble pas éloigné où la canne à sucre ne sera plus l'objet d'une agriculture exceptionnelle, presque sauvage et barbare.

Nous allons exposer le mode de culture le plus généralement suivi en y joignant nos propres observations sur les améliorations dont il serait susceptible.

Choix du sol.—Les terres grasses, fortes, ou basses et très-humides, ne conviennent pas à la canne....; elle y végète admirablement, comme dans les sols nouvellement défrichés, mais son suc contient plus de matières mucilagineuses et azotées et moins de sucre. D'habiles observateurs pensent que, dans ces terrains, il se produit une notable quantité de sucre incristallisable ou liquide, et nous partageons complétement leur opinion.

Ces sortes de terres ne sont favorables à aucune plante sucrière : non pas qu'elles ne puissent y vivre, loin de là; mais si elles y prennent un accroissement considérable, elles y deviennent plus aqueuses et le sucre en est bien plus difficile à extraire. Nous avons déjà vu que la betterave elle-même ressemble à la canne sous ce rapport et que, dans les terrains dont nous parlons, son volume s'accroît aux dépens du sucre, tout en augmentant les frais d'extraction.

Si, au contraire, on plante la canne en terre sèche et aride, la plante prend un très-faible développement et ne donne que peu de vesou. Elle se dessèche sur pied de très-bonne heure, et si le sucre en est parfait, la quantité en est trop peu considérable.

C'est entre ces deux extrêmes que se trouvent les bonnes conditions pratiques.

Il faut à la canne une terre riche en humus, substantielle, profonde, très-meuble ou facile à ameublir, conservant une humidité moyenne ; les sols d'alluvion légers, de nature argilo-sablonneuse, bien fécondés par la présence des débris végétaux, sont ceux qu'elle préfère. Le planteur ne doit jamais perdre de vue cette règle importante : il y va de l'avenir de son établissement.

Si nous voulons nous reporter aux règles naturelles que suit la végétation des plantes[1], nous verrons que les terres argileuses retiennent une proportion considérable de principes azotés dont les végétaux s'emparent, qu'elles leur fournissent, en outre, des matériaux alcalins, et nous savons que ces corps ont une influence pernicieuse sur le sucre prismatique.

Le sucre est un corps hydrocarboné, ennemi de l'azote, des acides et des alcalis ; si nous voulons le produire, il ne faut pas nous adresser à des terres qui renferment ou produisent, par décomposition, les principes qui lui sont opposés. C'est du carbone qu'il lui faut, le plus possible, avec une juste proportion d'eau. Les sols humifères, légers et substantiels, abondamment pourvus de débris peu azotés, lui fourniront son élément indispensable.

Donc, pas de terre trop argileuse pour la canne à sucre! Les sables modérément humides, riches en humus, lui vaudraient mieux.

1. Voir *Chimie de la ferme*, N. Basset.

Les terrains nouvellement défrichés ou *terres neuves* sont pernicieux à la canne en ce que les substances végétales qui y sont renfermées dégagent, dans les premiers temps de leur décomposition, une faible portion de leur carbone à l'état d'acide carbonique, mais surtout une quantité très-considérable d'azote et d'ammoniaque.

Lorsque ce premier mouvement de décomposition fermentative est terminé, les débris de plantes restent dans le sol à l'état de terreau peu azoté, mais, en revanche, très-riche en carbone : ces sols, appelés *vieilles terres*, commencent alors à convenir à la canne, pourvu que leur nature physique soit dans les conditions que nous avons décrites, c'est-à-dire s'ils sont meubles et substantiels, légers et pourvus d'une humidité suffisante sans être excessive.

Le sous-sol des terres à cannes doit être perméable à l'eau et à l'air ; s'il n'en est pas ainsi, on le rendra tel par le drainage ou par des rigoles d'écoulement et des fossés couverts, pratiqués à un mètre de profondeur.

Tels sont les principes qui doivent guider le planteur dans le choix d'une terre à cannes : il doit éviter les terres grasses et argileuses, à sous-sol imperméable, les terrains bas et trop humides, les sols arides et trop dépourvus d'humidité, s'il veut obtenir un maximum donné de sucre facile à travailler.

Il est, cependant, des contrées où l'on préfère les *terres neuves* aux *terres vieilles;* mais on comprend aisément qu'il y a, sous cette préférence, une grosse question d'apathie et de paresse qui cherche à se cacher à l'aise. Nous donnons un exemple de ce qui se passe à cet égard.

A Cuba, la culture de la canne repose essentiellement sur le *défrichement* et l'*écobuage*. On coupe les arbres, les arbustes, les lianes; on enlève les troncs et les portions qui peuvent servir de bois de chauffage ou d'industrie, puis, on trace autour du terrain des lignes de protection (*guarda-rayas*), que l'on nettoie avec le plus grand soin, pour éviter que le feu se propage plus loin qu'on ne veut. Lorsque les ramilles et les matières végétales qui recouvrent le sol sont suffisamment sèches, on y met l'incendie par les quatre côtés à la fois, afin qu'il se propage jusqu'au centre. Après l'extinction et la combustion secondaire des débris qui peuvent avoir échappé à la première action du feu, on doit répandre uniformément sur le sol les

cendres amoncelées, que l'on regarde comme un *excellent engrais.*

Quelques planteurs, cependant, croient qu'il vaut mieux
nettoyer le sol que de recourir au feu, les matières végétales
devant se décomposer et fournir avec le temps un terreau très-
riche... M. Alvaro Reynoso, dans le livre duquel on peut puiser
de très-utiles renseignements[1], ne semble pas partager cette
manière de voir. Tout en reconnaissant que l'écobuage détruit
une portion de l'humus, il est évident, selon lui, que cette opération fournit une quantité considérable de cendres qui augmentent la masse des matières alimentaires immédiatement
utilisables par les plantes. Il ajoute que, dans nombre de cas,
ces cendres suppléent la chaux, que l'on serait forcément obligé
de se procurer, et il trouve que, en considérant l'utilité des
sels et l'action avantageuse du feu sur le sol, il est préférable
de brûler les broussailles que de les amonceler pour les amener
à la décomposition.

S'il est un cas où l'écobuage peut présenter des avantages
incontestables, c'est certainement lorsqu'il s'agit de mettre en
culture un terrain boisé, comme on en rencontre dans les contrées tropicales. Nous admettons volontiers que l'incinération
des broussailles fournit des sels calcaires, que l'écobuage prépare le terrain; mais nous ne reconnaissons pas si nettement
l'utilité des sels de potasse, pas plus que nous ne traitons légèrement la perte d'humus qui dérive de l'écobuage. Cette opération nous paraît utile pour une *mise en culture*, parce qu'elle
est rapide; voilà tout.

Au reste, selon M. A. Reynoso, tous les agriculteurs de Cuba
admettent que les terrains *nouvellement* défrichés sont, en
général, très-fertiles, à tel point que beaucoup voient dans
l'exécution de l'écobuage sur bois abattu, l'unique et infaillible
moyen d'obtenir de grosses récoltes. C'est à ces terrains déboisés et incendiés que les agriculteurs de l'île donnent le nom
de *tumbas.* Ils disent qu'il est prudent de ne pas perdre son
temps à cultiver des terres fatiguées, vieillies, déjà exploitées,
et que mieux vaut une seule *tumba* qu'une quantité plus considérable de vieilles terres. Ils ajoutent que, pour rétablir la

1. D. Alvaro Reynoso. *Ensayo sobre el cultivo de la caña de azúcar.* Ma-
drid, 1865.

production déchue d'une vieille usine, pour l'augmenter même et *relever* l'établissement, il est indispensable de planter sur *tumbas*. M. A. Reynoso admet la fertilité reconnue des *tumbas*, dont il a maintes fois admiré la puissante végétation, et il y trouve justement des raisons en faveur d'une culture perfectionnée. Les *tumbas*, si fertiles au début, perdent leur pouvoir producteur au bout d'un certain nombre d'années, et les cannes n'y présentent plus qu'une vigueur relative, en raison de l'appauvrissement du sol. Il semble même que la fertilité du sol ait disparu et que sa nature se montre opposée à la culture de la canne.

En recherchant les causes de ces faits, M. Reynoso arrive à cette conclusion toute naturelle qu'il faut transformer la *tumba* habituelle, de fertilité décroissante, en une *tumba* artificielle, de production constante et d'une richesse plus permanente. Cette conséquence est logique, mais nous ne pouvons accepter les bases que l'auteur pose comme prémisses de son raisonnement sans en discuter la portée.

La fertilité des défrichements, des *tumbas*, provient de la quantité considérable de matières alimentaires qui y sont contenues; cette richesse exceptionnelle peut, pendant un certain temps, masquer ou atténuer les effets d'autres propriétés nuisibles ou peu appropriées à la culture de la canne, lesquelles exerceront plus tard leur influence, librement et sans obstacles. Ainsi, le danger des inondations ou la sécheresse du sol, le peu d'épaisseur de la couche cultivable, la mauvaise qualité du sous-sol, tous ces défauts, bien que préexistants, sont demeurés à l'état latent, ou mieux, cachés et non appréciés, et ils ne découvrent pas leurs qualités nuisibles sur les nouveaux défrichements...

Ces idées sont exactes et l'auteur demande s'il n'est pas possible, en partant de ce fait que l'abondance de l'engrais forme la bonté des *tumbas* [1], de régénérer la fertilité primitive, en copiant le modèle naturel. Jusqu'ici, rien que de très-logique et cette question, à elle seule, dénote un grand esprit d'observation; mais le passage suivant, qui sert de transition, nous semble trancher, sans preuves suffisantes, une des difficultés les plus délicates de la sucrerie. Nous traduisons tex-

---

1. .... El exceso de *abono* constituye la bondad de las *tumbas*... (p. 6).

tuellement : « Les engrais qui se rencontrent dans les *tumbas* sont constitués par le terreau et par la grande *quantité de sels* qui demeurent comme résidus de l'incinération des arbres, sels qui, disons-le en passant, sont les plus solubles et *alcalins*, puisqu'ils proviennent de feuilles, de rameaux, de jeunes arbres, etc. *Ces sels exercent l'action la plus bienfaisante, non-seulement sur le développement de la canne, mais encore sur sa richesse saccharine* [1]. »

Nous ne pouvons admettre cette bienfaisante action des sels alcalins sur la richesse saccharine dont parle M. A. Reynoso, bien que nous reconnaissions l'influence indéniable de ces mêmes sels, *dissolvants de l'humus*, sur le développement de la canne. Nous trouvons que ces sels sont une cause de stérilité ultérieure, parce qu'ils *font user trop vite la provision d'humus contenue dans le sol,* humus que l'on ne remplace guère dans les pays à cannes, et si nous en acceptons l'emploi à titre d'excitant, c'est à condition seulement qu'il y aura toujours en présence une plus grande surabondance d'humus. En somme, ceux qui ont raison en tout cela, à notre sens, sont les agriculteurs qui voudraient toujours planter sur défrichements neufs, c'est-à-dire, ceux qui veulent beaucoup d'humus, avec des dissolvants suffisants, et ceux surtout qui, sans vouloir d'écobuage pérenne, l'emploient pour une première mise en culture, sauf à maintenir la richesse du sol en humus et en principes minéraux utiles. M. A. Reynoso nous paraît avoir en vue cette dernière doctrine, qui est la doctrine traditionnelle, et si nous le féciliton hautement de cette opinion juste, c'est une raison de plus pour combattre l'idée qu'il émet de l'action utile des alcalis sur la production du sucre [2].

On sent, d'ailleurs, que, dans la pratique vulgaire des *tumbas*, l'écobuage fait disparaître l'excès d'ammoniaque et décompose les matières azotées, en sorte que les terres, nouvellement défrichées et écobuées, n'ont pas l'inconvénient des terres neuves crues. D'autre part, les partisans de la cul-

1. « Los abonos que se hallan en las tumbas son constituidos por el mantillo y por lo gran *cantidad de sales*, que quedan como residuos, de la incineracion de los árboles ; sales, digamoslo de paso, que son las más solubles y alcalinos, pues provienen de hojas, ramas, arboles jóvenes, etc. Estas sales ejercen la más benéfica accion, no sólo sobre el desarrollo de la caña, sino tambien respecto de su riqueza sacarina. » (Page 6.)

2. Voir plus loin, ce que nous faisons observer sur les *amendements*.

ture intensive sur vieilles terres ne peuvent oublier la nécessité
absolue de conserver et même d'augmenter la richesse de leur
sol en humus et en principes minéraux utiles.

Préparation du sol. — Dès le jour où les planteurs comprendront leur véritable intérêt, ils sentiront la nécessité de
cultiver les terres à cannes selon les données et les principes de
l'art agricole. Un défoncement profond et deux bons labours à
la charrue seraient indispensables pour ameublir la terre d'une
manière convenable. Malheureusement il n'en est pas encore
ainsi, et les instruments aratoires sont à l'état de simplicité
primitive dans la plupart des pays sucriers.

En partant de l'établissement d'une fabrique, M. Reynoso
veut que, après avoir déterminé l'emplacement de l'établissement dans l'endroit le plus salubre, au voisinage d'un cours
d'eau, s'il est possible, on trace les divisions du terrain qui
correspondent aux champs de cannes (*cañaverales*), ainsi que
les chemins de séparation (*guarda-rayas*). D'après notre auteur,
on doit se guider, pour la fixation de la superficie des champs
de cannes : 1° sur la facilité des dessèchements ; 2° sur la situation de l'usine, dans le but d'opérer le transport de la canne
par le plus court chemin, en disposant à cet effet les voies de
séparation ; 3° sur la facilité de transporter la canne et de surveiller les travaux de culture ; 4° sur les circonstances et cas
d'incendie ; 5° sur la possibilité d'établir une prise d'eau pour
l'irrigation, afin de pouvoir en faire profiter toutes les parties
de l'exploitation ; 6° sur l'exposition à donner aux rangs de
cannes ; 7° sur le nivellement du terrain.

On partage les terres en pièces carrées[1], aboutissant au
moins par un côté au chemin d'exploitation, et on les sépare
par des intervalles de 5 à 7 mètres, destinés au passage des
charrettes de transport et servant à isoler les pièces dans les
cas d'incendie qui sont loin d'être rares[2].

---

1. Les pièces, champs de cannes ou quartiers (*cañaverales*), ont souvent
100 mètres de côté ; soit 1 hectare de superficie ; mais il n'est pas rare qu'on
dépasse cette mesure. A Cuba, par exemple, la *caballeria*, de 13 hectares 42,
se partage habituellement par fractions ou *cañaverales* de 1/8, 1/6, 1/4 ou
1/3 de caballeria. Les champs de cannes ont donc pour surfaces usuelles
16,775 mètres carrés, 22,367 mètres, 33,550 mètres, ou 44,733 mètres
carrés, en sorte que rien n'est plus arbitraire que cette division.
2. M. A. Reynoso veut qu'on donne 20 *varas* de large (= 17 mètres)

On creuse alors à la *houe* des fosses longues de 40 à 50 centimètres, larges de 35 à 40 cent., et profondes de 16 à 20 cent. La terre qui en provient est déposée sur le bord pour servir plus tard à recouvrir les boutures ; on abandonne ensuite la terre aux influences atmosphériques jusqu'à l'époque de la plantation[1].

Dans quelques vignobles arriérés de nos provinces septentrionales, on prépare encore d'une façon analogue la terre destinée à recevoir les *boutures* de vigne ; mais il faut avouer que ce qui est possible et presque nécessaire pour cette dernière plante est une anomalie pour la canne à sucre. Nos vignes sont plantées le plus souvent sur des pentes inclinées, où la charrue ne pourrait fonctionner ; le sol pierreux ou siliceux exige d'ailleurs la culture en fosses, pour éviter que la bonne terre, trop ameublie par la charrue, ne roule au fond des vallons à la première averse. Mais aucune de ces raisons n'existe pour la canne. Une bonne charrue défonceuse fouillerait aisément le sol et l'ameublirait à 25 ou 30 centimètres de profondeur, la terre serait rendue plus perméable aux influences atmosphériques, et la plantation à la charrue, essayée déjà avec succès en divers endroits, viendrait compléter une amélioration culturale si désirable à tous égards. Il y a encore à ajouter à cela une raison d'économie et d'humanité tout à la fois, en dehors de la plus-value des résultats à obtenir par une culture mieux entendue.

La préparation du sol à la charrue faciliterait le travail des noirs, et rendrait leur triste situation moins déplorable. Le travail à la houe, sous les ardeurs d'un soleil brûlant, est un véritable supplice pour ces malheureux, qui n'ont pas perdu la qualité d'hommes par le fait de leur couleur.

Nous n'avons pas à traiter ici la question de l'esclavage, mais nous protestons contre tous ceux qui ne cherchent pas à adoucir le sort des travailleurs, sans distinction d'hommes libres ou d'esclaves, de blancs ou d'hommes de couleur[2]. L'homme véri-

---

aux grands chemins de séparation (*guarda-rayas maestras*) et 8^m,50 aux voies plus petites.

1. Nous trouvons quelque chose de semblable à cette préparation dans la manière dont on dispose, en Europe, les fosses pour la plantation des asperges...

2. Nous ne voudrions pas qu'on se méprît sur notre pensée et qu'on nous attribuât l'idée de prendre parti, quand même, *pour* les ouvriers *contre*

tablement intelligent sait qu'il obtiendra beaucoup plus et mieux de ceux qui le servent, s'il rend leur travail plus facile et leur condition meilleure : ajoutons qu'il tombe sous le sens commun qu'un sol mieux cultivé, avec moins de fatigues et de dépenses, rapportera plus à son propriétaire et à un prix de revient moins élevé qu'une terre mal cultivée, à grands renforts de bras et à force de capitaux.

Choix de la variété et du plant. — Il n'est pas possible de donner dans un livre des indications même générales au sujet de la variété de canne à cultiver; c'est au planteur à se guider sur l'expérience et les exigences de la contrée qu'il habite.

La seule considération générale que nous puissions indiquer ici repose sur la nécessité d'adopter des variétés plus vigoureuses, comme la canne violette à rubans (*morada cinta*), dans les pays où l'on peut redouter quelque peu des froids relatifs, comme dans certains États de la Confédération américaine, qui se trouvent placés sur l'extrême limite de la zone où croît la canne. Partout ailleurs, on doit se conduire selon les circonstances du climat, tout en cherchant, par des essais comparatifs, à se rendre compte de la variété qu'il conviendrait de choisir, pour la rusticité, la précocité, la richesse sucrière et l'abondance du produit par hectare.

Amendements et engrais. — Ici encore, de même que pour la betterave, on tombe au milieu des contradictions, des discussions et souvent des extravagances. La canne à sucre ne pouvait pas échapper aux prophètes ni aux apôtres des doc-

---

ceux qui les emploient. Autant que personne, nous savons qu'il est de bons ouvriers, d'honnêtes gens, pour lesquels nous professons la plus grande estime. Quant à la tourbe immonde des renégats de l'atelier, habitués du cabaret et travailleurs du vice, nous ne les comprenons pas, en quoi que ce soit, dans nos réclamations. Ils sont malheureux parce qu'ils le veulent être et ils sèment l'infortune autour d'eux. Ce que nous voulons, c'est la justice *pour* tous ceux qui concourent à l'œuvre commune de l'humanité, dans les limites de leur sphère d'activité; c'est encore la justice que nous appelons *contre* tous les ennemis du progrès par le travail, quelque infime ou quelque brillante que soit leur situation apparente. Aux bons et aux loyaux, la justice par la bonté; aux mauvais et aux déloyaux, la justice par une impitoyable sévérité; telle nous apparaît la véritable formule du problème social.

trines nouvelles, et depuis M. A. Payen, qui a conseillé l'emploi du sang desséché, jusqu'à M. G. Ville, qui promet des récoltes extraordinaires dans la vallée du Nil et ailleurs, pourvu qu'on se serve de *son mélange salin*, on a lu et entendu tout ce que la fantaisie la plus déréglée peut produire dans des cerveaux malades.

En agriculture, il ne suffit pas de parler, de conseiller ; il faut *observer* d'abord, étudier beaucoup, afin de *connaître*, car il y a une sorte de responsabilité morale que l'on assume, lorsque l'on donne des conseils à la légère, sans savoir exactement, sans observation et sans prévoyance.

Nous ne voulons pas ouvrir de discussion ; les principes qui ont été exposés plus haut nous laissent toute liberté pour éviter des redites et nous permettre d'entrer immédiatement dans le cœur même de la question, sans nous arrêter aux belles phrases des agronomes à la mode.

Pour savoir ce qu'il faut à une plante, il faut en connaître la composition chimique ; c'est le seul moyen d'en connaître les goûts et les appétences. Moins de théories et plus de faits, telle est la maxime qui doit servir de guide. Or, si nous nous reportons aux analyses de la canne, nous trouverons des faits significatifs, qui nous permettront de décider ce que nous aurons à faire sans recourir aux doctrines des Allemands et de leurs adeptes, dont les tentatives vont s'exerçant partout, en Europe, sur la betterave, ailleurs, sur la canne elle-même.

Nous savons que la *canne d'Otaïti* a fourni à M. Avequin, sur 100 p. pondérales :

Chlorure de potassium................	0,042	
Sulfate { de potasse..............	0,056	
{ d'alumine..............	0,115	$= 0,358$
Silice............................	0,145	
Oxyde de fer....................	traces.	

C'est-à-dire environ 3 millièmes et demi du poids de la plante.

Dans l'analyse de la *canne à rubans*, le même observateur a trouvé :

Chlorure de potassium............	0,048	
Sulfate { de potasse..............	0,062	
{ d'alumine..............	0,098	$= 0,368$
Silice............................	0,155	
Oxyde de fer....................	0,005	

Ce qui est à peu près identique, l'augmentation ne portant que sur la silice, avec un peu de diminution de l'alumine.

M. A. Payen a trouvé, sur 100 de canne d'Otaïti mûre, 0,48 matières minérales, sur lesquelles il accusait 0,20, près de la moitié, de silice!

Voici quelques analyses de J. Stenhouse, qui peuvent éclairer la question relativement aux matières minérales de la canne et surtout par rapport aux prétendues appétences alcalines de cette plante.

Analyse des cendres de la canne à sucre.

1° *Cannes* (*bonnes*) *de la Trinité, tiges et feuilles.*

	1	2	3	4	MOYENNES.
Acide silicique.......	45,78	42,81	45,50	40,85	43,835
Acide phosphorique....	3,75	7,97	8,16	4,53	6,1025
Acide sulfurique.......	6,64	10,92	4,56	10,80	8,23
Chlore...........	2,70	1,02	8,85	5,47	4,51
Chaux.............	9,13	13,17	8,73	8,96	9,9975
Magnésie...........	3,65	9,86	4,41	6,84	6,19
Potasse...........	27,32	11,99	15,00	21,39	18,925
Soude.............	1,03	2,26	4,79	1,16	2,31

2° *Cannes du Demerara, tiges seules.*

Acide silicique..........	17,04
Acide phosphorique....................	7,12
Acide sulfurique.....................	7,70
Chlore.............................	14,33
Chaux.............................	2,26
Magnésie...........................	3,80
Potasse...........................	39,51
Soude.............................	8,24

3° *Cannes de l'Ile de Grenade, tiges avec très-peu de feuilles.*

Acide silicique......................	25,78
Acide phosphorique....................	6,06
Acide sulfurique.....................	5,94
Chlore............................	9,70
Chaux.............................	5,74
Magnésie...........................	5,36
Potasse...........................	37,40
Soude.'............................	4,02

4° *Cannes de la Jamaïque, en plein développement.*

	1	2	3	MOYENNES.
Acide silicique............	51,93	47,79	54,22	51,313
Acide phosphorique.......	13,28	2,85	7,96	8,03
Acide sulfurique..........	3,30	5,25	1,91	3,49
Chlore.................	2,40	8,75	2,70	4,616
Chaux.................	10,59	11,40	14,27	12,09
Magnésie..............	5,61	5,51	5,27	5,46
Potasse................	10,04	17,29	11,59	12,97
Soude.................	2,85	1,16	2,08	2,03

5° *Cannes sans désignation.*

	1	2	3	MOYENNES.
Acide silicique...........	46,24	49,74	44,88	46,953
Acide phosphorique.......	8,12	6,53	4,84	6,496
Acide sulfurique.........	7,48	6,37	7,67	7,173
Chlore................	2,39	2,36	4,34	3,03
Chaux................	5,75	5,07	4,55	5,123
Magnésie.	15,53	12,94	11,78	13,416
Potasse................	11,87	13,62	16,81	14,10
Soude.................	2,62	3,37	5,43	3,806

Les variations (minima et maxima) de ces analyses sont con-
formes aux données qui suivent :

Acide silicique.	17,04 à 54,22
Acide phosphorique.........	2,85 à 13,28
Acide sulfurique...........	1,91 à 10,92
Chlore..................	1,02 à 9,70
Chaux.	4,55 à 14,27
Magnésie................	3,65 à 15,53
Potasse.	10,04 à 39,51
Soude.	1,03 à 8,24

La moyenne générale donne les proportions suivantes sur les
cendres et les cannes, celles-ci étant calculées à 0,48 de cendres
pour 0/0 (maximum observé).

32

Matières minérales dans :

	1° les cendres de canne sur 100 parties.	2° la canne même sur 100 parties.
Acide silicique.........	46,23	0,221904
Acide phosphorique.....	6,762	0,0324576
Acide sulfurique........	6,506	0,0312288
Chlore...............	7,237	0,0347376
Chaux...............	7,042	0,0338016
Magnésie.............	6,845	0,032856
Potasse.	24,581	0,1179888
Soude.	4,081	0,0195888

Nous déduirons de ces chiffres quelques conclusions qui nous paraissent de nature à éclaircir les doutes que l'on pourrait concevoir après une observation superficielle.

1° La canne ne contient pas un demi pour cent de matières minérales. Sur cette quantité, l'acide silicique est pour la moitié à peu près dans le poids des cendres, la potasse forme un peu plus du cinquième, soit 118 grammes sur 100 kilogrammes, et les autres substances minérales entrent, chacune, pour un quinzième environ, dans la proportion des matières fixes. La soude ne se trouve dans la canne que dans le rapport de 1/24 du poids des cendres.

2° *A priori*, nous disons que la canne à sucre est une *plante à silice*. Sous ce rapport, elle suit la marche et partage les goûts de toutes les céréales.

3° Elle est aussi une *plante à potasse*, comme la betterave, bien que dans une proportion moindre[1].

1. Nous admettons volontiers tous les faits constatés et nous reconnaissons, sans discussion, que, sur la canne, à côté de 0,22 d'acide on trouve 0,1179888 (soit 0,118) de potasse, et 0,0195888 (soit 0,0196) de soude, ce qui fait, en tout, 0,1376 d'alcalis sur 100 parties. Mais a-t-on bien réfléchi, avant de parler de potasse pour la canne, à l'état où se trouvent les alcalis dans la plante, et à la probabilité de l'assimilation sous forme de silicate soluble? Nous ne le pensons pas, et nous engageons les amateurs, partisans enthousiastes des salins, à comparer les relations des acides et du chlore avec les quatre bases mentionnées dans ces analyses. Ils pourront se convaincre de ce fait que la potasse a pénétré dans la canne, surtout à l'état de silicate, ce que l'on peut attribuer aussi bien à l'appétence réelle de la plante pour la silice, qu'à une prétendue avidité pour les alcalis.

4° Très-peu avide de soude, quoiqu'elle absorbe cette base avec facilité lorsqu'elle se trouve en présence de sels sodiques, elle contient des proportions à peu près égales d'acides phosphorique et sulfurique, de chlore, de chaux et de magnésie, qui s'y rencontrent dans le rapport de 34/100,000 à 35/100,000, lorsque la potasse forme les 118/100,000 et la silice les 224/100,000 du poids total de la plante.

Nous partirons de ces données normales pour examiner la question des amendements et des engrais utiles à la canne.

A. — Amendements. — En raisonnant froidement les choses, nous sommes obligé d'admettre que la canne à sucre a le même besoin des *amendements généraux* que toutes les autres plantes cultivées. Ainsi, il lui faut *l'air* et la *lumière* pour ses *parties aériennes;* ses *portions souterraines* requièrent un *sol bien assaini, meuble, perméable à l'air et à l'eau* et offrant une *composition* aussi rapprochée que possible du *type moyen*, par rapport à la *silice*, à l'*argile*, au *calcaire*, aux *sels minéraux* et à l'*humus.*

Nous inférons de cela la nécessité indispensable d'assainir le sol destiné à la canne, de le rendre perméable par l'exécution de fossés d'assainissement, par le drainage, au besoin, de l'ameublir par des labours multipliés et profonds, en un mot, d'accomplir toutes les règles imposées par la science agricole, appuyée sur la pratique et l'expérience. Nous nous sommes déjà suffisamment étendu sur ces points pour n'avoir pas à y revenir.

De même, en nous reportant aux observations que nous avons faites (pages 356 et suiv.), au sujet de la betterave, nous ne croyons pas à la nécessité de *forcer* la dose des sels alcalins et des autres sels minéraux qui se trouvent dans le sol.

Une récolte de 100,000 kil. de cannes, pouvant passer pour très-satisfaisante, enlève au sol les proportions suivantes de matières minérales :

Acide silicique......................	221^k,904
Acide phosphorique.................	32 ,4576
Acide sulfurique....................	31 ,2288
Chlore	34 ,7376
Chaux.............................	33 ,8016
Magnésie..........................	32 ,856
Potasse...........................	117 ,9888
Soude.............................	19 ,5888

Il suffit d'examiner ces données pour être convaincu de l'inanité des théories allemandes appliquées à la canne. En effet, si nous nous reportons à l'analyse de terres assez mauvaises, celles de Versailles (page 287), et que nous estimions approximativement à 30 centimètres la profondeur à laquelle descendent les racines de la canne, nous trouvons que 1 hectare de terre met à la disposition de la plante 3,000 mètres cubes de terre ; que cette terre, étant évaluée à 1,500 grammes le décimètre cube, ce chiffre revient à 4,500,000 kil. Or, l'analyse prise pour exemple nous conduit aux chiffres suivants de substances minérales que le végétal peut absorber :

Sulfate de chaux....................	1,397,700^k.
Carbonate de chaux.................	1,210,500
Phosphate de chaux.................	311,050
Oxyde de fer.......................	72,450
Alumine............................	13,500
Chlorures alcalins..................	341,100
Silice..............................	839,250
Potasse et soude...................	225,450
Magnésie...........................	71,550

Nous faisons remarquer encore une fois que nous ne faisons intervenir ces données que comme un exemple pris sur une mauvaise terre. En examinant la *terre noire de Russie*, très-analogue à la plupart des sols d'alluvion du Nouveau-Monde, nous trouvons, pour un hectare de terre, sur les mêmes données :

	Potasse........................	64,170 k.
	Soude..........................	34,200
	Chaux..........................	115,020
Matières dissoutes	Magnésie.......................	26,550
dans l'acide	Alumine avec oxydes de fer et de manganèse......................	484,920
chlorhydrique.	Chlore.........................	405
	Acide sulfurique...............	6,750
	Acide phosphorique.............	10,485
	Potasse........................	121,050 k.
	Soude..........................	56,835
Matières	Chaux..........................	20,700
non dissoutes	Magnésie.......................	1,735
dans	Alumine........................	205,020
le même réactif.	Oxyde de fer...................	70,200
	Silice..........................	3,318,885

Quand on songe qu'une terre semblable, provenant évidemment de débris organiques, contient assez de potasse pour fournir pendant 1569 ans à une récolte de 100,000^k. de cannes, on ne voit plus ce dont on doit s'étonner davantage, ou de l'audacieuse ineptie des théoriciens d'Outre-Rhin, ou de l'insigne naïveté des dupes qui se laissent entraîner par des absurdités aussi prétentieuses.

Il est de fait que les terres d'alluvion et les sols humifères contiennent, en général, plus de matières salines utiles que les plantes ne peuvent en consommer pendant de très-longues périodes. La terre noire de Russie ne reçoit jamais rien, pas même d'engrais, grâce à sa richesse en humus, et elle porte tous les ans des récoltes très-riches. Dans la méthode des jachères, on perdait une année sur trois ou quatre, il est vrai ; mais l'année de repos suffisait à rendre soluble et assimilable une nouvelle provision de matières minérales, sans qu'on fût obligé d'en ajouter, au moins dans le sens qu'on attache aujourd'hui à ces additions.

De tout cela, nous concluons :

1° Pendant de très-longues années, la terre peut suffire, en moyenne, aux besoins des plantes, quant aux matières minérales, puisqu'elle en contient des quantités prodigieuses qu'il suffit de rendre solubles et assimilables, par l'aération, l'ameublissement, l'action des engrais, etc.

2° Il n'est jamais indispensable d'introduire dans le sol des éléments minéraux autres que ceux qu'il renferme naturellement, à moins que quelques-uns ne fassent complétement défaut. Le problème vrai consiste à rendre soluble et assimilable la portion insoluble, par les moyens appropriés que la chimie agricole enseigne à ceux qui veulent prendre là peine d'ouvrir les yeux.

3° Dans tous les cas, il suffit de reconstituer le sol dans son état normal, par la restitution des matières enlevées par les récoltes, pourvu, toutefois, que ces matières ne nuisent pas au but à atteindre. C'est ainsi que, si les deux principales plantes à sucre sont avides d'alcalis, il convient de ne leur en fournir qu'à dose très-modérée et par voie de restitution seulement, ces substances étant nuisibles au sucre et à l'extraction de ce principe.

4° Les fumures, le marnage, l'emploi du phosphate de

chaux, celui des résidus de la fabrication viendront favoriser
et compléter l'action des labours, qui font passer à l'état assimilable une portion déjà suffisante des matières minérales du
sol. Ajoutons à ces raisons, qui complètent ce que nous avons
dit à propos de la betterave, que nous ne nions pas l'action
apparente des alcalis. Nous savons que ces bases solubles dissolvent l'humus et le rendent assimilable pour une plus forte
proportion. Mais, justement, c'est là que se trouve l'erreur.
Que l'on fasse consommer plus d'humus aux plantes, on augmentera les récoltes; cela est est évident, mais, si l'on ne restitue pas cet humus, on stérilisera le sol, et ce résultat est
infaillible.

Sous le bénéfice de ce qui précède, nous croyons devoir examiner sommairement les idées émises par M. A. Reynoso au
sujet des amendements applicables à la canne.

Cendres. — Nous avons déjà vu que cet écrivain fait consister le principal mérite des défrichements écobués, des *tumbas*, ou déboisements, dans la quantité d'alcalis que les cendres
des végétaux brûlés apportent dans le sol. Nous nous contenterons d'ajouter à ce que nous avons dit plus haut, que les
alcalis provenant des végétaux se trouveraient aussi bien dans
le sol, et sous une forme très-assimilable, quand même on ne
ferait pas brûler les *tumbas*...

M. Reynoso revient, à plusieurs reprises, dans son ouvrage,
sur la valeur des cendres et sur l'importance des alcalis. Il
reconnaît, il est vrai, l'importance et la nécessité d'une *certaine*
proportion de matières carbonées ou azotées dans le sol; il
admet que les cendres de la canne ne représentent que les sels
minéraux absorbés par la canne, dont une partie est devenue
temporairement insoluble et peu attaquable par les réactions
du sol; il reconnaît que les cendres sont insuffisantes pour restituer immédiatement la perte faite en sels minéraux absorbables, et il conclut à la nécessité d'y ajouter des corps qui
puissent en faciliter l'absorption.

Après quelques observations sur l'emploi de la bagasse en
tant que restitution, cet auteur ajoute :

« Les cendres agissent *par elles-mêmes*, par les éléments
utiles qu'elles offrent aux plantes et, de plus, parce qu'elles
favorisent l'absorption des éléments du sol, grâce aux sels alca-

lins qu'elles renferment, lesquels déterminent la dissolution de plusieurs corps insolubles existant dans la terre, de telle sorte que les cendres sont utiles, non seulement par les parties solubles qui en font partie, mais encore par les sels qu'elles peuvent dissoudre. »

M. Reynoso recommande d'employer les cendres pulvérisées; il en préconise l'emploi dans les terres compactes, *comme amendement*, en raison de leur action mécanique...

Après avoir planté des cannes dans un composé de cendres de bois, notre auteur observa que, d'abord, les pousses furent chétives, mais que, après un certain temps, elles se développèrent avec une vigueur extraordinaire. Il en conclut que les cendres renfermaient un *excès nuisible d'alcalis*, et que cet excès ayant disparu par l'action des pluies, ce qui en restait conservait une composition utile à la canne. Pour éclaircir ce point, des cannes furent plantées sur des *cendres lavées* et elles produisirent des *touffes puissantes*. D'autre part, des cannes, plantées dans des *cendres de bois non lavées*, ne purent se développer; parce que *les matières alcalines altèrent les bourgeons;* des pousses vigoureuses, transplantées dans des cendres de bois, prirent immédiatement une couleur jaunâtre, perdirent leur matière verte (*chlorophylle*), se flétrirent et moururent, tandis que, dans ces mêmes cendres lavées et « *convenablement dépouillées de la grande quantité des sels qu'elles renferment,* » la canne pousse et se développe assez bien...

En présence de ces faits et de l'action nuisible des sels alcalins sur la canne, action si bien constatée, on pourrait croire que M. Reynoso va conclure à la nécessité de *laver les cendres* et de les débarrasser de leur *excès d'alcalis*. Ce serait une erreur. L'auteur dont nous analysons les opinions, à la suite des prémisses que nous venons de rapporter, ne veut pas qu'on laisse perdre les alcalis des cendres, soit par lavage, soit par un séjour prolongé à l'air sous l'action des pluies. Il demande qu'on les mêle avec de la terre, destinée à absorber et à recueillir les sels alcalins.

Malgré une conclusion aussi inattendue, nous traduisons littéralement le passage suivant qui nous renseigne sur les théories de l'auteur :

« En général, dit M. A. Reynoso, toutes les plantes qui produisent de grandes quantités d'amidon, de gomme, ou de

sucre, fournissent des cendres très-riches en potasse. Il y a
plus : *la potasse, dans ces plantes, est en relation avec la quantité
de sucre fabriquée par leurs organes.* En ce qui concerne la betterave, l'expérience a appris que celles qu'on obtient dans des
sols pauvres en potasse, lesquelles ne renferment conséquemment que de faibles quantités de cet alcali dans leurs tissus,
ne fournissent que peu de sucre, malgré leur beauté apparente.
De là vient qu'aujourd'hui les agriculteurs prennent un soin
particulier d'ajouter à leurs terres des sels de potasse, afin
d'obtenir ainsi des betteraves très-sucrées. »

M. Reynoso tire de ce fait cet *utile enseignement*, que les
planteurs de canne doivent, « par tous les moyens possibles,
conserver et augmenter la quantité de potasse contenue dans
le sol; c'est seulement ainsi qu'ils obtiendront des cannes robustes, renfermant des jus de grand rendement. »

La meilleure objection à faire contre ce raisonnement consiste à faire observer qu'il repose sur des faits erronés; que
tout le contraire de ce que dit M. Reynoso est constaté en
Europe par les hommes les plus compétents, et que nos agriculteurs sont beaucoup moins insensés qu'on ne le suppose.
M. G. Ville, M. J. Liebig et tous les commerçants d'Outre-
Rhin ne parleraient pas autrement en faveur des *engrais potassiques*, et nous ne pouvons, en quoi que ce soit, nous associer
à de semblables erreurs. Ce que dit M. Reynoso de la cendre
est exact, en ce sens qu'elle agit mécaniquement comme
diviseur dans les terrains compactes; nous ajoutons que nous
ne voyons aucun inconvénient à restituer au sol les cendres de
bagasse, mêmes crues et non lavées, pourvu qu'elles soient
bien incorporées à la terre par des labours profonds, et que
nous adoptons parfaitement le principe de *restitution*, sous des
réserves déjà faites. Mais de là à proclamer la nécessité des
alcalis, pour la production du sucre, il y a toute la distance
qui sépare les idées raisonnables des rêveries du docteur
Karmralck, et nous ne la franchirons pas avant d'avoir vu des
faits positifs qui viennent infirmer nos observations, celles de
M. B. Corenwinder et de plusieurs autres personnes versées
dans les questions agricoles.

Argile calcinée. — Selon M. A. Reynoso, cette matière, qui
peut être considérée comme identique avec la brique, la tuile,

les débris de poterie de terre pulvérisés, présente des avantages notables. L'anglais Beatson en avait fait un spécifique, qu'il regardait comme pouvant suppléer aux jachères, au chaulage et même aux fumiers... On voit que M. G. Ville a eu des prédécesseurs et que les inventeurs de panacées agricoles datent de loin; mais la question n'est pas de rechercher ici les preuves surabondantes de la sottise humaine.

M. Reynoso déclare que l'argile calcinée, mêlée aux terres compactes calcaires ou argileuses, les rend poreuses et perméables, ce qui est exact. Cette matière condense et conserve l'ammoniaque et le nitrate d'ammoniaque de l'air, absorbe les éléments de ce fluide, les dispose à se combiner, accélère ou détermine la décomposition des principes utiles renfermés dans le sol et en stimule l'absorption. En somme, elle fertilise des sols qui présentaient peu de valeur avant son emploi.

Jusqu'à présent, cela est vrai et l'argile calcinée produit les avantages qui viennent d'être résumés. Nous ne contestons pas ces résultats que nous avons observés nous-même, et nous ne faisons d'objections que contre la théorie erronée que M. Reynoso veut en déduire.

Selon cet auteur, les bons résultats de la glaise calcinée doivent être attribués à la formation de sels alcalins. Les terres argileuses produisent des plantes dont les cendres sont plus riches en alcalis que celle des plantes développées en terres calcaires, et il faut en conclure que *les terrains argileux sont les plus favorables à la culture de la canne.* La calcination de l'argile concourt à rendre assimilables les silicates alcalins et favorise la plupart des réactions; mais, surtout, elle tend, en dernier résultat, à produire des sels alcalins solubles qui favorisent la nitrification... Les efflorescences des murailles construites en briques démontrent ce fait et font voir en outre l'influence de la chaux dans ce phénomène...

Nous admettons volontiers que la brique, l'argile calcinée, pulvérisée, augmente la porosité des terres compactes, favorise l'accès de l'air et de la chaleur, et stimule, par ces raisons mêmes, les réactions du sol. Il y a plus : nous avons constaté, par plusieurs années d'expérimentation, que cette matière contribue puissamment, en agissant comme corps poreux [1], à la

---

1. A peu près comme le ferait l'éponge de platine, quoique avec une intensité beaucoup moindre...

décomposition de l'eau et à la formation de l'ammoniaque aux
dépens de l'azote de l'air... Nous reconnaissons donc l'utilité de
l'argile calcinée comme amendement employé dans les terres
fortes, mais nous sommes loin de partager la passion du docteur A. Reynoso pour les sels alcalins, que nous considérons
comme utiles en général, dans une certaine mesure, dans la
proportion que la nature a établie elle-même, mais dont nous
repoussons tout excès, surtout lorsqu'il s'agit de plantes sucrières, destinées à fournir du sucre prismatique. Les raisons
sur lesquelles nous nous appuyons ont déjà été exposées au
sujet de la culture des plantes sucrières en général et de la culture de la betterave en particulier : nous nous réservons de
les compléter plus tard par des preuves matérielles de l'influence pernicieuse des alcalis sur les opérations industrielles
de la sucrerie.

Chaux et calcaire. — Comme pour la betterave, on a constaté que l'existence de la chaux et du calcaire dans le sol
favorise la production saccharine. A nos yeux, il ne peut en
être autrement, et nous regardons le carbonate de chaux comme
une des sources essentielles de l'acide carbonique qui est
fourni aux plantes, soit à l'état libre, soit sous forme de carbonate ammoniacal. Nous ne reviendrons pas sur ce que nous
avons dit à cet égard et nous prions le lecteur de se reporter
à ce qui a été exposé précédemment sur l'action du calcaire
(p. 278 et 312).

Marnage. — Nous sommes partisan du marnage dans les
terres sablonneuses, dans les sols calcaires, et même dans certains sols argileux pauvres en calcaire, pourvu que l'on sache
approprier la nature de la marne employée à la composition
particulière du sol qui en requiert l'emploi.

Platras. — M. A. Reynoso se montre très-favorable à l'emploi des plâtras et des débris de démolition, à raison des *sels
alcalins* qu'ils renferment, et il en conseille l'usage dans la proportion de 200 hectolitres par hectare. Nous ne voyons nul inconvénient dans cette pratique, parce que les plâtras agissent
en donnant au sol de la porosité; mais, en dehors de cette considération que les sels solubles de ces matières interviennent

dans les réactious du sol, dont le but définitif principal est la formation du carbonate d'ammoniaque, nous n'attribuons pas à ces sels l'action que plusieurs veulent y voir. Que les alcalis agissent comme réactifs pour opérer la décomposition des sels insolubles, qu'ils agissent comme dissolvants de l'humus, rien n'est plus exact et nous acceptons ces faits comme indiscutables. Nous admettons même qu'une certaine proportion de ces prin-. cipes joue un rôle actif dans la vie des plantes, selon la nature et les goûts de chaque espèce; mais nous repoussons complète-ment la tendance, manifestée aujourd'hui, à considérer les al-calis comme favorables à la production du sucre prismatique. La vigne nous offre, à ce sujet, un argument sans réplique. De toutes les plantes à sucre, elle est la plus avide de potasse et elle renferme la plus grande proportion de matière sucrée; mais aussi elle ne produit que du sucre fermentescible, du glucose et, toujours, l'excès d'alcali répond à une production propor-tionnelle de sucre incristallisable, aussi bien dans les tissus vé-gétaux que dans les chaudières de nos fabriques. Ce fait sera, d'ailleurs, démontré en temps utile.

Phosphates. — Nous avons fait voir l'importance des phos-phates, et nous admettons la nécessité absolue de ces principes dans les sols. Le phosphate de chaux, notamment, est d'une utilité incontestable pour toutes les plantes sucrières et pour toutes les graminées.

Nous ne pensons pas qu'un agriculteur sensé puisse s'ar-rêter à l'idée d'employer le superphosphate ou phosphate so-luble, puisqu'il repasse à l'état insoluble aussitôt qu'il est en contact avec le sol, et nous ne parlons ici que du phosphate des os, du phosphate fossile ou du noir épuisé, bien que les vendeurs de superphosphate cherchent aujourd'hui à résoudre cette difficulté par une fantaisie chimique, contraire aux faits. Ces Messieurs prétendent, en effet, que le phosphate insoluble venant de la précipitation du superphosphate est plus facile-ment assimilable que l'autre phosphate insoluble. On ne peut répondre à de pareilles choses [1].

1. Cette manière de raisonner rappelle la théorie d'Orfila (*procès Lafarge*), sur l'*arsenic normal* et l'*arsenic anormal*, dont personne ne songea à lui de-mander les caractères différentiels. De même, ici, nous voudrions bien connaître la différence qui existe entre le phosphate *insoluble* et le phos-phate *insoluble*.

Tous ces phosphates abandonnent plus ou moins de leur acide phosphorique aux sels alcalins, même à froid, et il se forme un sel de chaux et du phosphate alcalin. Cette réaction, dûment vérifiée, vient à l'appui de la solubilité des phosphates dans les acides faibles et, notamment, dans l'acide lactique, en sorte que l'assimilation de ces principes ne souffre pas la moindre difficulté. A côté de cette réaction, nous devons en signaler une autre qui démontre la manière dont les forces naturelles agissent dans un cercle incessant, pour la production des immenses résultats que nous voulons, trop souvent, expliquer par de petites théories préconçues.

De même que les carbonates alcalins s'emparent de l'acide phosphorique des phosphates insolubles, de même les phosphates alcalins passent à l'état de sulfates en présence du sulfate de chaux, et il se reforme du phosphate de chaux insoluble. Sans parler de plusieurs autres réactions qui concourent au même but final, ces deux actions font voir que l'acide phosphorique et l'acide sulfurique peuvent être rendus assimilables, dans toutes les conditions, par les seules réactions du sol, sous l'influence de l'humidité...

L'*emploi des amendements*, pour la canne à sucre, est soumis aux mêmes règles que pour la betterave.

Engrais. — On a avancé à tort, pour les besoins d'une mauvaise cause, que les *engrais* manquent dans les pays sucriers : cela est inexact; les fumiers ne font pas défaut dans les contrées sucrières plus que partout ailleurs, mais on ne s'en sert pas. Les *pailles de canne*, c'est-à-dire les feuilles sèches, les cendres et quelquefois les végétaux enfouis sont les seuls engrais que l'on emploie, et cela vaut mieux que le sang desséché, etc. On peut cependant se servir avec avantage du *fumier pailleux*, ou du fumier ordinaire bien préparé et mélangé d'une certaine quantité de terre.

Le meilleur engrais pour la canne et pour tous les végétaux saccharifères consiste dans les détritus de plantes privés des matières ammoniacales par la fermentation. Les matières salines et azotées, le sang, les débris animaux sont nuisibles à la production saccharine, malgré l'opinion des auteurs des doctrines nouvelles sur le rôle de l'azote dans la vie végétale.

L'écobuage, qui consiste à brûler sur le sol les débris des

gazons et des plantes qui s'y trouvent, offre l'avantage de détruire un grand nombre d'insectes ; mais il faut plutôt voir, dans cette opération, un amendement qu'un engrais.

En résumé, il ne faut pas perdre de vue le principe réel qui doit servir de base à l'emploi des engrais : la plante, essentiellement carbonée, se nourrit de carbone avant tout, et l'azote n'est et ne peut être qu'un accessoire dans la vie végétale.

Il va sans dire que nous ne confondons pas cette question avec celle des amendements, bien différente de celle des engrais, et que le sol doit être amené, autant que possible, à une composition rapprochée de la normale.

Pour la canne à sucre, en dépit de toutes les théories opposées, l'expérience démontre qu'il n'y a pas d'exception à la règle qui repousse les engrais trop fortement azotés de la culture des plantes sucrières. Nous nous sommes suffisamment étendu ailleurs sur ces questions importantes pour n'avoir plus à nous y arrêter, et nous nous contenterons, dans l'intérêt des cultivateurs de cannes, de passer rapidement en revue les principaux engrais employés dans les contrées où l'on cultive la précieuse graminée, afin d'en faire ressortir les avantages et les inconvénients.

Engrais verts. — Comme nous l'avons déjà fait remarquer, les plantes enfouies en vert enrichissent le sol des principes empruntés à l'atmosphère, mais elles ne dispensent pas de l'emploi des amendements minéraux, lorsqu'ils sont indiqués. Les engrais verts ameublissent considérablement la terre, et nous regardons la pratique de cette sorte de fumure comme une des meilleures auxquelles on puisse avoir recours. On doit donner la préférence aux *légumineuses*, à cause de leur croissance rapide. Aux États-Unis, on se trouve fort bien de l'emploi d'une sorte de *fève;* le *pois* est préféré dans les Antilles françaises; on pourrait tirer également un bon parti de la *vesce* dans les pays où l'on cultive la canne.

Fumier et composts. — D'après des renseignements certains, le fumier, proprement dit, ne manquerait pas plus dans les contrées tropicales qu'ailleurs. Il suffirait de vouloir prendre la peine de donner des soins convenables à cet engrais, le plus complet de tous. Les déjections des animaux, mêlées avec la bagasse, arrosées avec le purin, fournissent, en outre, un très-bon engrais, un véritable terreau, en un temps assez court, ainsi que nous l'avons constaté expérimentalement. Nous croyons donc à la possibilité de créer facilement, pour la canne, des masses considérables d'engrais excellent, par la préparation des *composts*.

Que l'on suppose une aire de dimensions convenables, rendue imperméable par une couche d'argile ou de béton, et entourée de trois côtés par un fossé, également imperméable, destiné à recevoir les liquides. En amoncelant par couches alternatives, sur cette surface, des pailles, des herbes, du fumier, de la bagasse, et en recouvrant chaque couche d'un peu de guano, il suffirait d'arroser la masse avec du purin, des vinasses, ou même avec de l'eau, et ensuite avec le liquide du fossé, pour obtenir une fermentation rapide. En mélangeant à ces matières la proportion utile de phosphate, on préparerait ainsi des quantités très-suffisantes d'engrais, dont on pourrait immobiliser l'ammoniaque par l'action d'une dissolution faible de sulfate de fer... Pour cela, il ne faut que vouloir, mais il faut vouloir.

Lorsqu'un tas ainsi construit, abrité contre la pluie par un hangar quelconque, serait arrivé à une hauteur suffisante, on en établirait un autre, et le premier serait démoli au bout de deux mois pour être mélangé à la fourche et rétabli ensuite. On pourrait employer après quatre ou cinq mois de fermentation, si les arrosages étaient faits avec régularité et au moins deux fois par semaine. Rien n'est supérieur à ces sortes de composts.

On nous objectera, sans doute, que l'on utilise la bagasse comme combustible... A cela nous répondrons que c'est une faute énorme, que la bagasse doit être complétement épuisée de sucre, que les résidus épuisés de sucre doivent retourner au champ producteur, que cela est aisé partout où l'on possède du charbon de terre ou du bois, et que, même en faisant venir le combustible de loin, on a tout à gagner en ne brûlant pas du sucre et de l'engrais...

Guano. — On s'est engoué de cette matière dans les contrées où l'on cultive la canne à sucre. Il est vrai de dire que l'emploi du guano favorise la paresse; que l'on n'a pas, avec cet engrais, la peine de soigner le fumier ou de faire des composts, et que cela est moins gênant. En revanche, on stérilise le sol tout en produisant de mauvaises cannes et du sucre exécrable. Les témoignages désintéressés sont unanimes pour reconnaître ces faits, que nous ne voulons pas discuter en principe.

Nous ne pouvons résister, cependant, à reproduire un passage du livre de M. A. Reynoso, dans lequel il parle du *guano du Pérou*, passage qui vient adjoindre une nouvelle affirmation à celles qui s'élèvent déjà contre l'emploi de cet engrais.

« Le *guano du Pérou* est une matière excellente et utile pour *compléter les autres engrais ;* mais *le guano, employé seul,* finit, comme nous l'avons déjà dit plusieurs fois, par *stériliser la terre* et, lorsqu'on l'emploie en excès, il est *contraire à la formation du sucre* dans les tissus de la canne, dans le jus de laquelle *il augmente la proportion des matières azotées et des sels.* — On doit donc en faire l'application avec discernement et prudence, et il procurera alors de grands bénéfices ; dans le le cas contraire, il sera nuisible. — Le guano du Pérou, employé seul sur un terrain fertile, produira, dans les premières années, de grandes et puissantes récoltes ; mais, après un temps plus ou moins long, il finira par *épuiser le sol* de telle façon qu'il sera très-difficile de le rétablir dans son état primitif... Ce que nous avons exposé relativement au guano du Pérou s'applique, jusqu'à un certain point, à la *poudrette* [1]. »

Engrais liquides. — Ces engrais, employés seuls, ne conviennent, pour les plantes sucrières, que lorsqu'ils ont perdu leur excès d'azote. C'est donc dans la préparation des composts que l'emploi des excréments humains et des déjections animales est indiqué dans l'agriculture sucrière, et nous voyons une

---

1. Ce passage est tellement explicite que nous croyons devoir en donner le texte littéral : « *Guano del Perú...* Es una materia excelente y útil para completar la composicion de otros abonos ; mas empleada sola, como repetidas veces lo hemos indicado, concluye por esterilizar el terreno, y es impropia, usada con exceso, á la formacion del azúcar en la caña, en cuyos jugos aumenta la cantidad de materias azoadas y salinas. — Debe, pues, aplícarse con tino y prudencia ; entónces producirá grandes beneficios ; en el caso contrario será perjudicial. — El Guano del Perú, empleado solo en un terreno fértil, procurará en los primeros años grandes y valiosas cosechas ; pero al cabo de más ó ménos tiempo concluirá por esterilizar el terreno al punto que será más difícil volver á establecer en él sus primitivas circunstancias... Cuanto hemos expuesto relativamente al Guano del Perú se aplica, hasta cierto punto, á la *pudreta.* » (A. Reynoso, *Op. cit.*, p. 141.)

grande faute dans tout autre mode d'application. Nous ne comprenons pas que l'on puisse repousser le guano et approuver l'emploi des matières excrémentitielles dans la culture des plantes saccharifères, ces deux opinions se trouvant en contradiction formelle.

Observations. — Nous avons déjà fait voir que nous nous éloignons beaucoup des idées de M. Reynoso en matière d'engrais. Nous rejetons les sels alcalins et les engrais fortement azotés pendant que cet écrivain louange à l'excès, au moins les matières alcalines, bien qu'il se rapproche de nous par ses opinions sur le guano...

M. Reynoso comprend la distribution des engrais comme pouvant être exécutée de plusieurs manières.

1° On peut les incorporer avec le sol par les labours. Un bon moyen d'y parvenir consiste à les placer dans le sillon à mesure qu'il est ouvert et à passer ensuite la herse à deux ou trois reprises. Ce moyen, le plus convenable de tous, est aussi le plus coûteux, quant à la main-d'œuvre et à la proportion de l'engrais à employer. M. Reynoso veut que l'on mêle intimement avec la terre les *engrais* (?) qui présentent une action chimique ou physique sur les éléments du sol et qui ne sont pas directement assimilables. Quand les plantes sont en culture rapprochée, et non pas en lignes, l'engrais doit être répandu sur toute la superficie du sol.

2° Lorsque le sillon est ouvert, on met dans le fond la quantité d'engrais à employer, on recouvre d'un peu de terre et l'on plante la canne par dessus. Cette marche attire les racines vers les couches profondes, ce qui est un avantage dans les terres qui se dessèchent facilement.

3° On plante d'abord la canne dans le sillon, puis on la couvre d'engrais, seul, ou mélangé avec de la terre.

4° La canne plantée est recouverte d'une petite épaisseur de terre, puis, lorsque les pousses sont sorties du sol, on dispose l'engrais au pied des touffes et on le recouvre de terre, de manière à le placer entre deux couches, ce qui peut se faire avec une petite charrue à versoir simple.

5° On dépose l'engrais, sans le recouvrir, au pied des touffes. Cette méthode est très-mauvaise et fait perdre beaucoup de la matière fertilisante.

6° Quelques agriculteurs (de Cuba) emploient le guano en faisant au plantoir un trou dans le milieu de la touffe de cannes, en plaçant l'engrais dans ce trou et recouvrant ensuite de terre.

Sans parler du coût de la main-d'œuvre, il est impossible d'accorder la moindre confiance à une pratique aussi vicieuse, dont les défauts les plus saillants sont de blesser les plantes, et de les mettre en contact direct avec un agent de putréfaction très-actif...

7° Lorsque les cannes sont plantées en lignes assez rapprochées, on dépose l'engrais dans un sillon intermédiaire et on le recouvre à la charrue. Si les lignes sont assez distantes, on ouvre de chaque côté, à 12 ou 13 centimètres, un sillon à la charrue ; on y dépose l'engrais et on recouvre de terre par un trait de charrue.

Cette dernière marche nous paraît la plus rationnelle. Nous avons déjà vu, à propos de la betterave, qu'il est avantageux de placer l'engrais dans le fond des billons, et cette pratique ne peut qu'être utile à la canne, sous la réserve cependant que les lignes ne soient pas trop écartées ; car, dans ce cas, il vaut mieux faire un *sillon à engrais* de chaque côté des lignes plantées.

M. A. Reynoso attache une grande importance aux machines et appareils de distribution d'engrais. Cela se comprend facilement, lorsqu'il s'agit de répandre uniformément des engrais pulvérulents ou liquides ; mais il nous semble qu'il conviendrait de ne pas trop en exagérer la portée, et que des instruments simples peuvent accomplir le but, aussi bien que des machines plus compliquées. Ainsi, dans les plantations rapprochées, la brouette peut porter l'engrais entre les lignes, à mesure de l'ouverture du sillon intermédiaire. Pour les plantations plus écartées, jusqu'à deux mètres, par exemple, il nous semble que la charrette ordinaire peut très-bien servir dans la plupart des circonstances, pourvu qu'on lui fasse subir quelques modifications indispensables, dont les lignes de la figure 45 nous rendront un compte suffisant.

Supposons, en effet, que hh et $h'h'$ représentent le sillon ouvert pour recevoir l'engrais de chaque côté de la ligne de plantation DD. Donnons à la caisse du chariot R un mètre de large, 3 mètres de long et une hauteur de côté proportionnée

33

de 0,60 à 0,70 environ. En attelant les bœufs à deux petits timons à l'aide des palonniers *cc*, il est évident que ces ani-

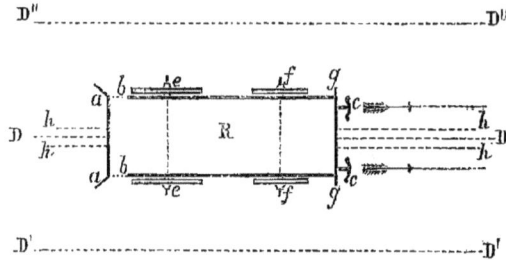

Fig. 45.

maux ne marcheront pas sur les plantes et que, par les portes mobiles à verrous *bb*, on pourra distribuer les engrais dans l'espace intermédiaire entre les lignes pour les placer ensuite en *hh* et *h'h'*. Rien n'empêcherait d'établir une porte de fond pour déposer à volonté des engrais en couverture sur la ligne de plantation elle-même; on peut encore, à l'aide de clavettes et de boulons, disposer les choses pour que, en allongeant les essieux *ee*, *ff*, *gg*, on puisse augmenter ou diminuer l'écartement des roues et celui des bêtes de travail, afin de pouvoir agir dans toutes les circonstances possibles, sauf dans le cas où la hauteur des cannes déjà développées ne permettrait plus de passer au-dessus. Mais cette restriction n'a pas de portée, puisque l'on ne déposerait les engrais qu'au moment de la plantation, ou peu de temps après.

Époque de la plantation. — C'est encore ici un point fort controversé dans les pays producteurs de cannes, aussi bien parmi les praticiens que parmi les hommes de théorie, et les opinions les plus divergentes ont trouvé des partisans convaincus... Les cannes se plantent en toute saison, *lorsqu'on ne peut pas faire autrement ;* mais cette pratique est vicieuse et contraire aux règles les plus élémentaires; le plus souvent on plante en octobre, novembre et décembre, pour récolter quinze ou seize mois plus tard.

L'époque de la plantation de la canne ne peut guère se fixer d'une façon absolue. Elle est sous la dépendance des circonstances atmosphériques du climat que l'on habite, et l'on sait combien ces circonstances sont variables dans la zone immense où l'on cultive la canne. D'autre part, la plantation doit se faire, au moins dans certains pays, de manière que le séjour en terre, ou la durée de végétation, se rapporte aux besoins de la fabrique. On comprend, du reste, que cette considération ne présente de valeur que dans les contrées tropicales, où la végétation et la croissance sont pérennes, et qu'il n'y a pas lieu de s'y arrêter dans les pays où les froids viennent suspendre la vie végétative. Dans ces derniers, la plantation doit se faire de manière à assurer à la plante *la plus longue durée possible*, sans pourtant qu'elle soit exposée à des alternatives nuisibles, à des temps d'arrêt dans sa croissance.

On sait que, dans les pays intertropicaux, il n'y a, à proprement parler, qu'une seule saison, toujours très-chaude, qui se partage en saison sèche et en saison des pluies. Il importe de compter sérieusement avec cet élément et de ne pas faire comme certains agriculteurs qui plantent sans règle, quand et comme ils peuvent, sans le moindre souci des observations météorologiques. Or, l'eau est nécessaire à la canne pour qu'elle puisse atteindre son développement complet, mais lorsque ce développement est atteint, il devient indispensable que cette humidité, souvent excessive, soit remplacée par de la sécheresse, pour que l'élaboration des sucs propres de la plante se fasse régulièrement, qu'elle atteigne sa maturité et qu'elle produise le maximum de sucre. Si l'époque de la maturité coïncide avec la saison sèche, la récolte et le transport seront, en outre, rendus plus faciles. De même, on doit faire entrer en ligne de compte, dans les considérations qui se rapportent à l'époque de la plantation, les exigences relatives à la préparation du sol, selon le nombre de travailleurs dont on dispose et la facilité plus ou moins grande de la culture.

En somme, dans les Antilles, on plante à trois époques distinctes : 1° des premiers jours de septembre à fin décembre; 2° de janvier à avril; 3° du milieu d'avril au milieu de juin. La saison des pluies commençant vers le mois de juin, on peut se rendre compte des circonstances climatériques qui accompagnent ces plantations.

Sans blâmer d'une manière absolue les plantations de printemps, M. A. Reynoso leur reproche de ne pouvoir fournir de bonnes cannes pour la *roulaison* suivante; il en résulte qu'après avoir crû rapidement pendant la saison des pluies, elles subissent un temps d'arrêt pendant la sécheresse. Lorsque les pluies suivantes arrivent, les plantes produisent des bourgeons adventices qui nuisent aux tiges déjà formées et l'on n'a qu'une récolte de moindre valeur. Il préfère donc les plantations de septembre à novembre, surtout si l'on a la possibilité d'arroser, d'irriguer les jeunes plantes pendant la sécheresse, et cite à l'appui de son opinion le dicton havanais : la plantation d'automne enrichit les fabriques[1]. Il nous semble que l'on peut donner à la question une solution précise et admettre la règle suivante : « la canne doit être plantée pendant la dernière période de la sécheresse, de manière que les travaux soient facilités par l'état du sol et celui de l'atmosphère, mais aussi afin que les pluies survenantes favorisent le développement des bourgeons, la pousse et l'accroissement des jeunes plantes, dont la durée doit être fixée à une année ou environ. »

M. de Cascaux, se fondant sur la nécessité indispensable de l'eau pour la reprise des plants, a proposé un mode de plantation qui nous semble mériter une sérieuse attention. Ses observations nous ont conduit à dresser le tableau suivant :

1° De fin mai au 15 août.	Pluies modérées...	Plantation en mai; pour obtenir une reprise certaine du plant.
2° Du 15 août au 15 novembre.	Fortes pluies......	La canne est assez forte pour ne rien redouter des averses de cette époque.
3° Du 15 novembre au 15 février.	Pluies modérées, diminuant graduellement.	
4° Du 15 février à fin mai.	Sécheresse.......	Époque favorable à la maturation et à la récolte des cannes.

D'après le système de ce planteur, les cannes restent seulement douze mois au plus sur le sol.

Choix des boutures. — Les cannes se reproduisent habituellement de *rejetons* ou de *boutures*.

1. Las siembras de frio son las que *levantan* los ingenios.

Les rejetons s'obtiennent facilement en laissant se regarnir, jusqu'au mois d'octobre ou de novembre, les champs de cannes récoltés en février ou mars. Les boutures sont des morceaux de canne d'environ 50 centimètres de longueur, portant plusieurs bourgeons ou œilletons, et que l'on coupe, ordinairement et à tort, vers le sommet des cannes bien développées, au-dessous de la flèche.

Si le choix de la variété à cultiver se trouve sous la dépendance des circonstances climatériques et de plusieurs espèces de considérations personnelles au cultivateur de cannes, il n'en est pas exactement de même du choix des parties du végétal que l'on doit confier à la terre pour planter ou renouveler un champ. Il ne faut pas croire, en effet, que la qualité des boutures soit sans importance sur la plantation d'un champ de cannes. Loin de là, si les boutures ont été choisies sur des touffes bien saines, si elles sont prises sur des tiges bien portantes, si elles portent des yeux bien développés, si elles n'ont pas été soumises à des causes d'altération avant la plantation, elles fourniront des touffes qui lèveront mieux, talleront davantage, seront plus robustes et de meilleur produit que dans le cas contraire. Cela n'a pas besoin de démonstration, pensons-nous; pourtant, il faut bien qu'on le sache, ceux qui disent comprendre cela, sont fort loin de l'exécuter. On dit aux Antilles, à Cuba, en Louisiane, au Brésil et ailleurs, que la *canne à planter* est la meilleure; mais quand on songe qu'il faut, pour planter un hectare, environ 6 à 7 *charretées de bonnes cannes*, pesant en tout de 6900 à 8000 kilogrammes, pouvant donner 350 à 400 kilog. de *bon sucre*, on se laisse aller à prendre pour boutures quelque chose de moins bien, on trouve que cela est assez bon pour mettre en terre... On se propose, d'ailleurs, de bien cultiver et cela se compensera. C'est une erreur. Il n'y a pas compensation. Sans doute, des boutures médiocres, placées en bon sol, à bonne saison, sur des engrais et des amendements convenables, pourront fournir de bons produits, si les circonstances climatériques et les soins de culture viennent les favoriser; mais il est clair que, dans des circonstances identiques, des boutures robustes, bien choisies, munies d'yeux bien portants et vigoureux fourniront des touffes plus abondantes et une végétation plus luxuriante; il est très-évident que les jeunes pousses présenteront d'autant

plus de force, que le tronçon dont elles proviennent leur aura
fourni une nourriture plus généreuse. Des boutures provenant
de fortes cannes, mûres, munies de bons yeux, se développeront plus vite et feront gagner du temps, ce qui est beaucoup,
car l'avenir d'une plante dépend presque toujours de ses
débuts, et une petite bouture, à demi-mûre, ne portant que des
yeux mal développés, ne poussera que plus lentement et, presque toujours, elle ne produira que des touffes maigres, chétives et languissantes.

Tout cela est à considérer attentivement par les planteurs de
canne à sucre, et ils ne doivent rien négliger pour arriver à
un maximum relatif de récolte, en poids et en richesse, sur
l'unité de surface.

On choisira donc pour boutures des cannes saines, bien
développées, munies de bons yeux, parvenues au moins aux
deux tiers de leur maturité. On évitera d'employer les entre-
nœuds du sommet, comme le font exclusivement certains cultivateurs. Ces entre-nœuds, trop tendres et trop aqueux, pourrissent avant d'avoir donné des pousses dans les terres basses
et humides, ou par des pluies abondantes; si on les plante en
terrain sec, si les pluies ne surviennent pas, elles perdent leur
humidité naturelle et se dessèchent, en sorte que, dans les deux
cas, on est obligé de remplir un plus grand nombre de vides,
de *recourer* la plantation (*resiembrar*) sur un plus grand nombre
de points, et ce recourage est toujours une assez mauvaise
opération qu'on ne doit faire que par nécessité.

En somme, dans toute bouture, il faut considérer le bourgeon ou l'œil comme une *plante en miniature*, dont les vaisseaux
puisent les sucs nourriciers dans la tige mère, en attendant
que les racines se développent et qu'elles puissent chercher
leur nourriture dans la terre elle-même. Les bourgeons de la
canne sont doués d'une vitalité prodigieuse. Nous avons reçu
des cannes du Brésil enfermées dans une caisse bien jointe,
entre des couches de *fraisil*, qui avaient, pour la plupart, développé des racines de 2 à 3 centimètres au niveau des nœuds.
Plusieurs boutures de ces cannes ont été plantées et quelques
bourgeons se sont développés, mais comme la plupart des
bourgeons avaient péri pendant la traversée, cette expérience
ne prouve que la facilité extrême de la canne à produire des
racines indispensables à l'évolution des bourgeons.

La première alimentation de la jeune plante est fournie par les sucs du mérithalle; les racines, issues d'un nœud, contribuent à fournir ensuite les sucs indispensables à la première évolution de l'œil; elles se montrent au bout de 4 ou 5 jours, mais elles sont bientôt remplacées par des racines plus stables, lorsque la jeune plante commence à se développer. Nous ne voulons établir sur ces données aucune discussion technique,

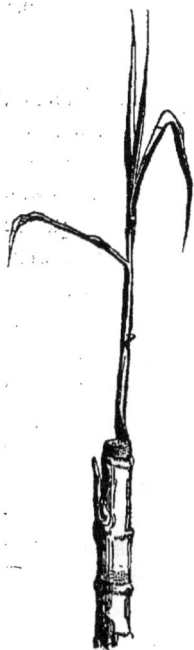

Fig. 46.

fort inutile, à notre sens; mais nous en déduisons seulement le fait de la puissance végétative de la canne, semblable, en cela, à la plupart des graminées vivaces [1]. Qu'un nœud de la canne soit mis en terre, dans des conditions convenables de chaleur et d'humidité, le bourgeon appellera à lui une partie des sucs nutritifs de la bouture, commencera son travail d'évolution et produira des racines. De même, si une canne vivante est cassée, coupée dans sa longueur, l'œil placé au-dessous de la solution de continuité tendra à remplacer l'axe vertical détruit, et il se produira un rejeton terminal comme le montre la figure 46, dessinée sur nature. C'est à cette puissance de vitalité qu'il convient d'attribuer la production des rejetons qui *peuvent* rendre la canne *pérenne* dans les climats qui lui sont favorables.

Il ne faut qu'un peu d'humidité, d'air et de chaleur, pour que les boutures de canne développent leurs bourgeons aux dépens des matières alimentaires de la bouture d'abord, puis, ensuite, et concurremment, aux dépens des substances alibiles puisées dans le sol, jusqu'à la destruction de la bouture.

En ce qui concerne le choix à faire dans les œilletons ou rejetons, il est clair que l'on devra préférer les plus robustes, provenant de touffes saines, dont le développement a parcouru régulièrement toutes ses phases.

1. Tout le monde connaît la remarquable puissance végétative du *triticum repens* (chiendent), dont un seul nœud suffit pour infester un jardin.

Modes de plantation. — On pratique la plantation des boutures ou des œilletons à rejetons de canne à sucre, soit au *plantoir*, soit à la *houe*, ou à la *charrue*, et l'on dispose les plants en *carré*, en *quinconce* ou en *lignes*. La plantation peut encore être considérée sous un autre rapport, selon qu'elle est exécutée en *fosses* ou sur *ados*.

Nous passerons en revue les procédés employés généralement avant de nous occuper des modes de plantation, qui seraient admissibles dans une culture rationnelle.

Plantation au plantoir. — Le plantoir est déjà, par lui-même, un instrument fort pénible à manier, quelles qu'en soient les dimensions. Qu'on se figure donc une sorte de piquet, presque conique, de plus de 1^m, 50 de long, sur un diamètre de 5 à 6 centimètres à l'une des extrémités et se terminant presque en pointe à l'extrémité inférieure. Si l'on comprend que cette dernière portion est garnie de fer, on aura une idée approchée de cette machine barbare, que des sauvages seuls peuvent avoir inventée. On pousse, parfois, le raffinement jusqu'à construire le tout en fer et, alors, on se trouve à la tête d'un engin de 7 à 8 kil.

Il est vrai de dire que ce sont les nègres qui sont chargés de manier ce plantoir, ce qui explique bien des choses...

On tend sur la largeur du champ deux cordeaux, à la distance prévue, de manière à tracer des lignes transversales parallèles, que l'on marque avec de la craie, de la cendre ou du sable. Soit que l'on plante le long des cordeaux à mesure qu'on les place, ou que l'on commence par faire le tracé du champ tout entier, on fait la plantation en enfonçant le plantoir dans le sol le long des lignes, de manière à former des trous qui doivent être inclinés de trente à quarante degrés sur la ligne de surface. Il est clair que la profondeur et le diamètre des trous varient avec la dimension de la bouture qu'on doit y placer, et dont il faut enterrer au moins quatre bourgeons, c'est-à-dire une longueur d'environ 25 centimètres. On coupe l'extrémité supérieure de la bouture au niveau du sol, et on la recouvre d'un peu de terre, en manière de buttage, afin de la préserver de la sécheresse et de la forcer à ne produire que des pousses profondes, bien enterrées, qui trouvent plus de nourriture dans la terre que des pousses superficielles.

En règle générale, il faut que les yeux des boutures soient disposés latéralement plutôt qu'en dessus ou en dessous, quoique certains praticiens préfèrent ce dernier mode.

On comprend aisément, sans qu'il soit nécessaire de nous appesantir sur ce point, que l'on peut varier les dispositions qui résultent de ce mode de plantation, en pratiquant les trous de plantoir, soit le long des lignes seulement, soit de chaque côté de ces lignes, et à une certaine distance, et en établissant les boutures, soit en chicane, soit en face les unes des autres. Quoi qu'il en soit, ce mode de plantation ne semble guère avoir sa raison d'être que dans les terrains de déboisement, ou de défrichement, dans lesquels l'emploi de la houe et celui de la charrue surtout offriraient parfois de trop grandes difficultés matérielles. Et même, dans ce cas, nous croyons que le travail à la houe ou à la pioche serait préférable toutes les fois que l'on ne pourrait se servir de la charrue avec avantage. Le travail fatigant du plantoir ne conduit qu'à des résultats fort irréguliers, par suite de l'impossibilité d'introduire des engrais dans le sol, du tassement pratiqué sur les parois, et de la tendance des yeux à se développer à des profondeurs variables, ce qui rend la végétation très-inégale. Nous n'hésitons pas à déclarer que cette manière de planter la canne devrait être complétement abandonnée, quand même on n'aurait pas d'autre raison à apporter contre son emploi que le défaut d'ameublissement du sol, qui en est la conséquence immédiate.

Plantation à la houe ou à la pioche. — Dans la pratique ordinaire, on se sert du plantoir dans les terrains déboisés et écobués, qui ne sont pas trop pierreux et qui pourraient très-bien être *labourés*, si l'on avait eu soin d'enlever les racines. Dans les terrains très-pierreux, au contraire, dans les sols qui ne seraient pas facilement accessibles au travail de la charrue et qui offriraient des difficultés à l'action du plantoir, on se sert de la pioche.

Nous trouvons dans cette pratique un double tort. Il vaudrait mieux cultiver la canne avec plus de soin et ne jamais la placer dans un sol qui ne peut être labouré. La culture de cette plante est assez rémunératrice, quand on s'en occupe un peu, pour qu'on fasse le *sacrifice* de lui octroyer une terre convenable. D'un autre côté, nous croyons que, si les terrains pierreux et caillouteux doivent être abandonnés, le travail à la pioche est le seul qui convienne dans les défrichements, et que l'on doit, quand même, reléguer le plantoir au rang des instruments oubliés.

Quoiqu'il en soit, les trous ou fosses, que l'on ouvre à la pioche ou à la houe pour y planter la canne, ont ordinairement 0,40 de long sur 0,25 à 0,30 de large, et autant de profondeur que de largeur. La profondeur varie, du reste, selon la nature de la terre, et il peut se faire qu'on ne donne pas aux fosses plus de 8 à 10 centimètres dans ce sens.

On dispose dans les fosses deux tronçons de canne, quelquefois trois, avec la seule précaution qu'ils ne se touchent pas, puis on les recouvre de 10 centimètres de terre provenant de la fosse même. Cette manière de planter est représentée par la figure 49 ci-dessous. On comprend que, dans les terrains peu profonds, humides et bas, où les fosses n'ont pas été creusées à la profondeur normale de 25 à 30 centimètres, la totalité de la terre extraite soit employée à recouvrir les boutures ; mais, dans les conditions régulières, ce serait une faute, avec des fosses profondes, de niveler le terrain ; cette opération apporterait sur les boutures une trop grande quantité de terre et retarderait la naissance des bourgeons. On ne recouvre donc les boutures que par 8 ou 10 centimètres de terre, sauf à compléter, plus tard, le remplissage de la fosse, lorsque les jeunes plantes seront sorties de terre. Comme on n'ouvre des fosses un peu profondes que dans des terres saines, plutôt un peu élevées que basses, il résulte de ce que nous venons de dire que les fosses conservent facilement l'eau des pluies ou celle de l'arrosement, ce qui assure la reprise du plant.

Quelquefois on place trois ou quatre boutures dans chacune des petites fosses dont nous avons parlé, avec le soin de mettre au fond un peu de fumier, et d'incliner les boutures sous un angle de 45 degrés environ ; c'est ce qu'on appelle planter en canon. Les boutures sont recouvertes de 6 ou 8 centimètres de terre seulement pour que la fosse retienne la pluie et les eaux d'arrosage. Cette disposition est indiquée par la figure 47 qui représente la bouture en terre et laisse apercevoir les radicules avec la jeune pousse ou tigelle. La gravure fait voir le niveau de la terre mise sur la bouture qui sort un peu du sol.

Il est évident que les fosses devront être nivelées dans les

terrains humides, afin d'éviter les chances de pourriture ; on
devra même, au besoin, pratiquer des tranchées et des rigoles
d'écoulement ; mais la précaution de ne pas combler les fosses
pour retenir l'eau est indispensable partout ailleurs.

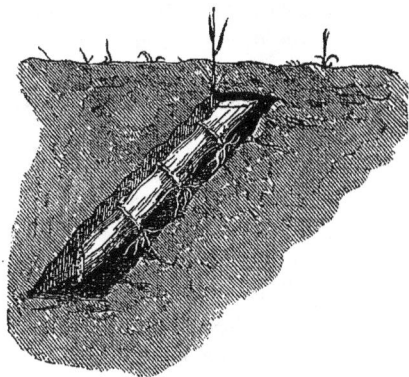

Fig. 47.

D'après des observations déjà anciennes, il nous semble démontré que la disposition horizontale des boutures dans les
fosses est préférable à l'inclinaison en canon, à 45°, ou à celle
que l'on suit dans la plantation au plantoir.

Dans son *Bulletin* du mois de mai 1858, la Société impériale
d'horticulture de Paris publiait une note de M. Loiseau, *sur les
avantages de la position inclinée pour faciliter le développement
des mamelons qui doivent former les racines dans les boutures.*
Cette note nous a paru tellement intéressante que nous avons
cru devoir nous livrer à quelques recherches de vérification.
Avant de parler de nos expériences, nous citons textuellement
les conseils de M. Loiseau.

« Lorsqu'on plante une bouture de prime abord dans la position verticale, la séve qui tend toujours à monter se porte de
préférence vers le sommet, et tend à développer un nouveau
bourgeon avant de produire des racines; il n'en est pas de
même si l'on enterre complétement cette même bouture non-
seulement dans une position horizontale, mais même de telle
façon que l'extrémité où doivent naître les racines soit la plus
élevée; la séve se porte alors de préférence vers cette extrémité
élevée, ou du moins se répartit plus régulièrement entre les
deux extrémités; le développement des mamelons d'où doivent

naître les racines est infiniment plus rapide, et il suffit d'enterrer ainsi les boutures pendant huit ou dix jours dans un lieu chaud et humide pour obtenir non-seulement des mamelons bien formés, mais même souvent des racines déjà développées.

« Les boutures détachées en automne, quelques jours avant que la séve ait cessé son dernier mouvement, et enterrées de cette façon, forment très-bien leurs mamelons sans aucune autre précaution, et on peut les mettre en place au commencement de l'hiver.

« Pendant l'hiver, il suffit de les placer par paquets dans le terreau d'une couche tiède, ou au-dessous d'un tas de feuilles suffisamment épais pour les préserver du froid, et au printemps on trouve, en général, des mamelons bien développés.

« Lorsqu'on veut agir à ce dernier moment, il est nécessaire de les placer dans un lieu plus chaud, comme au-dessus d'un tas de fumier ou d'une couche chaude, et souvent pendant quelques jours seulement. »

Cette note nous avait frappé par le ton de simplicité et de vérité qui y règne; l'expérience ne fit que la confirmer. Des boutures de plantes très-diverses, vigne, rosier, géranium, etc., ainsi couchées horizontalement en terre, ou même avec inclinaison du sommet de l'axe, ce qui est précisément l'opposé de ce qui se pratique, formèrent des mamelons en un temps très-court et nous conduisirent à penser que ces faits pourraient être généralisés et s'appliquer à la culture de la canne.

Une autre circonstance vint nous confirmer dans cette idée.

Au printemps de 1870 (V. page 548), des cannes nous furent envoyées du Brésil et, suivant notre recommandation précise, elles avaient été goudronnées aux deux extrémités, puis couchées horizontalement dans leur caisse entre des lits de poussier de charbon de bois. A l'ouverture de la caisse, nous trouvâmes que, de la presque totalité des nœuds, il était sorti des racines, dont le développement moyen était de 2 à 3 centimètres, sans que, cependant, la proportion du sucre prismatique eut beaucoup diminué. Plusieurs boutures de ces cannes, mises en terre, continuèrent à se développer d'une manière très-satisfaisante et elles ne périrent plus tard que par des circonstances étrangères à leur évolution radicellaire.

Nous avons cru pouvoir conclure de ces faits et de plusieurs autres similaires qu'il serait profitable aux planteurs d'adopter la disposition horizontale pour les boutures de canne et de rejeter l'inclinaison à 45°, la verticalité surtout, comme étant d'un effet beaucoup moins certain. En tout cas, il n'y aurait aucun risque à essayer le mode de plantation horizontale sur quelques rangées et de s'assurer, comparativement, des avantages qu'il peut présenter. Nous estimons que les boutures devraient être tout simplement placées dans le fond d'un rayon de 30 centimètres de profondeur, sur un peu d'engrais bien consommé, et recouvertes de 10 centimètres de terre.

Nous aimerions mieux encore voir opérer la plantation dans les rayons, de manière que les boutures couchées se touchent presque, à 3 ou 4 centimètres près, et forment une ligne non interrompue d'un seul rang, sauf à augmenter un peu la distance entre les deux rayons.

Il faudrait, d'ailleurs, se conformer aux précautions usuelles relatives relatives à l'ameublissement du sol, au manque ou à ·'excès d'humidité, etc. ·

Les préjugés qui règnent dans les pays où l'on cultive la canne à sucre semblent avoir tous pris naissance dans l'horreur du travail ; ainsi, nombre de cultivateurs de cannes prétendent qu'il ne faut pas remuer la terre, et que c'est le moyen d'avoir des plantations plus durables. On sent que cette opinion conduit tout d'abord à ne pas se fatiguer, et que c'est là le vrai motif qui a fait accréditer une semblable erreur. La canne n'échappe à aucune des lois de la vie végétale et, comme toutes les plantes, elle requiert l'ameublissement et l'assainissement du terrain où on la plante. Ce n'est que par des labours réitérés que l'on parvient à mélanger, aérer, assainir toutes les parties de la couche arable qui doivent fournir la nourriture des végétaux, et ces opérations offrent encore pour résultat de détruire les herbes parasites dont le développement est si nuisible aux plantes que nous cultivons pour nos besoins.

Lorsqu'on plante à la pioche, les fosses s'établissent, le plus habituellement, de 0,85 à 1m,20 de distance en tous sens, ou, si la plantation se fait en lignes, on écarte les lignes de 0,85 à 1m,20, et l'on pratique les fosses sur les lignes depuis 0,40 jusqu'à 0,60 ou 0,70.

Plantation à la charrue. — Pour quiconque est au courant des procédés rationnels de l'agriculture européenne, il semble que ce soit un hors-d'œuvre de s'appesantir sur l'avantage des instruments aratoires. Malheureusement, il n'en est pas ainsi et le *machète* est l'instrument favori de la culture tropicale. Ce coutelas devrait être réservé pour la coupe du bois et la récolte des cannes, mais on pourra le regarder, pendant longtemps encore, comme l'engin agricole à tout faire des nègres et des ouvriers de l'Amérique centrale... Il n'y a pas lieu, d'ailleurs, de s'étonner de cette anomalie, lorsqu'on entend professer que l'ameublissement du sol est contraire à la canne, ainsi que nous l'avons dit tout à l'heure.

On ne peut donc répéter trop haut ni trop souvent que l'ameublissement de la terre est la première condition de la culture intelligente, et que la charrue est le premier des engins de division du sol. On ne peut trop dire qu'un sol bien ameubli conserve plus de *fraîcheur* qu'un terrain durci par des influences de toute sorte, que c'est aux labours répétés qu'il convient de demander l'extirpation des mauvaises herbes, l'homogénéité du sol, et que le travail de la charrue est le moins pénible de ceux qui forment la tâche agricole.

Il faut à la terre destinée à la canne au moins deux, le plus souvent trois labours préparatoires, après lesquels on plante à la charrue. Cette plantation s'exécute habituellement d'une manière très-incomplète, et l'on conçoit fort bien que, après un tel travail, certains planteurs préfèrent la plantation à la houe ou même au plantoir... Après un labourage insuffisant, on ouvre les sillons de plantation à la charrue; les plus soigneux font passer une seconde fois l'instrument dans la raie et la nettoient tant bien que mal. On plante alors, soit en enfonçant des boutures, trois ou quatre à chaque place, sans ordre et par à peu près, soit en couchant les tronçons de canne dans la raie. On recouvre ensuite avec la terre extraite du sillon. Quand la plantation est finie, on ouvre une raie à chaque extrémité, perpendiculairement aux autres, et l'on y plante également des boutures.

Il n'y a rien dans ce travail qui dénote l'intelligence ou la bonne volonté.

Pour planter à la charrue d'une manière convenable, il faut d'abord ameublir profondément le sol. On passe le rouleau après chaque labour et on pratique un hersage, afin de détruire les mottes et d'enlever les mauvaises herbes. Cela fait, on ouvre les sillons à la distance adoptée (1^m,50 *moyenne*), en traçant d'abord une raie régulière à la charrue simple, que l'on fait repasser ensuite sur la même ligne, en commençant par l'autre extrémité du sillon et en forçant un peu la profondeur, de manière à la porter vers 30 centimètres. Pendant que la charrue simple trace une seconde raie, on fait passer dans la première une forte *charrue-buttoir*, à double versoir, dont les oreilles, hautes et assez fortement inclinées, rabattent la terre de chaque côté, et qui achève de donner à la raie une profondeur normale de 35 à 40 centimètres.

Lorsque les sillons sont ouverts, on fait porter l'engrais bien consommé, changé en terreau, et on en distribue dans les sillons de plantation, de manière à garnir le fond d'une couche de 5 à 6 centimètres, puis on procède à la plantation.

Il convient d'abord de régler la distance à établir entre les touffes de cannes, mais on sent qu'il est très-difficile de la définir d'une manière nette, et que cette distance doit être calculée d'après la nature du sol, dans le but d'obtenir le plus de produit, sans perte inutile de terrain et sans exagération de main-d'œuvre. Or, s'il faut à la canne un terrain meuble et de l'espace pour le développement de ses racines, il ne lui en faut pas moins pour que ses feuilles puisent, dans l'atmosphère, l'air et la lumière qui lui sont indispensables et sans lesquels elle finirait par périr étiolée et misérable. D'un autre côté, la nature du sol doit être prise en sérieuse considération, et si le sol est pauvre ou riche, on sera placé dans des conditions complétement différentes. Dans le premier cas, les touffes n'auront pas le même développement que dans le second; on pourra les resserrer sans grand inconvénient, pourvu que, dans tous les cas, on donne aux racines un espace suffisant pour exercer leurs fonctions physiologiques, et pour qu'elles ne soient pas gênées dans la *recherche* de leur nourriture. Enfin, on doit considérer la nécessité de faire convenablement les binages, les sarclages, etc., et il convient, autant que possible, que ces travaux puissent se faire mécaniquement plutôt qu'à la main. Toutes ces appréciations réunies exigent que l'on donne à la canne un certain espace, suffisant à tous les besoins, mais pourtant exempt d'exagération.

En moyenne, la distance entre les lignes ou rangées de cannes varie de 1 mètre à 2 mètres ou 2 mètres 30. On peut adopter, le plus souvent, 1 mètre 50 d'écartement entre les lignes, comme une bonne mesure dans ce sens. Quant à la distance sur lignes, on peut dire qu'il est impossible de l'apprécier en règle générale. Les uns disposent les tronçons de manière à ce qu'ils forment une ligne continue [1], les autres font deux ou trois lignes dans le même sillon en alternant les vides, d'autres plantent en quinconce, etc. Nous rechercherons ce qui peut être le plus profitable d'après les meilleurs renseignements qui nous soient parvenus.

Les figures 48 et 49 ci-dessous donnent une idée de ces

Fig. 48.

modes de plantation. La figure 48 indique une fraction de sillon courant ou continu, dans lequel les tronçons sont cou-

Fig. 49.

chés horizontalement et très-rapprochés. La figure 49 fait voir la disposition horizontale sur trois rangs.

On peut disposer dans le sillon des boutures très-longues, que l'on couche à la suite les unes des autres, sur un seul rang ou sur deux rangs... Cette manière de faire nous paraît la plus avantageuse dans les sols un peu humides et froids, parce qu'on

---

1. *Surco corrido* des colons espagnols...

évite ainsi les causes d'altération que présentent les boutures trop
divisées. La bouture longue conserve ensuite une proportion
plus considérable de sucs nutritifs pour le développement des
yeux. Dans tous les cas, elle pousse mieux, plus également, et
l'on a, plus tard, moins de vides à remplir.

Disons que cette manière nous paraît préférable à tous égards
et partout, et que nous préférons la plantation en lignes continues horizontales, sur un seul rang, ou sur deux rangs au
plus et avec boutures longues, à la plantation par touffes.

Quelle que soit la disposition que l'on adopte, on doit procéder à la plantation de la manière suivante.

Des ouvriers suivent les sillons et recouvrent l'engrais de
quelques centimètres de terre meuble ; derrière ceux-ci passent
les planteurs qui déposent les boutures suivant le mode adopté.
D'autres viennent à la suite, qui recouvrent la canne. On doit
recouvrir les boutures avec de la terre très-meuble, exempte de
mottes surtout, que l'on prend de chaque côté du sillon. Cette
couche de terre doit avoir une épaisseur de 10 à 12 centimètres.

On pourrait, sans doute, faire cette opération avec une petite
charrue à versoir simple, mais nous croyons qu'elle serait moins
bien exécutée qu'à la main, le grand soin qu'on doit avoir pour
les boutures étant d'en assurer le contact avec la terre et, par
conséquent, d'éviter les mottes et les cavités : cela nous paraît
difficile à obtenir avec la charrue.

Nombre de planteurs préfèrent employer pour boutures les
portions mûres de la canne, les moyennes et les inférieures,
par conséquent ; d'autres préfèrent les parties plus tendres et
moins mûres, du sommet, au-dessous de la flèche, lesquelles
sont beaucoup plus aqueuses. Nous ne partagerions l'opinion
de ces derniers que pour des cas particuliers et dans des circonstances toutes spéciales. Dans les sols bas et un peu humides,
nous croyons que les boutures de sommet prennent plus vite et
sont moins exposées à pourrir. On prendrait, dans ce cas, les
boutures, sur des plants de quinze mois au moins, bien portants
et bien développés. Quoi qu'on fasse, ces boutures ne donnent
que rarement une bonne plantation.

Plantation sur billons. — Ce mode de plantation, que nous
avons déjà étudié pour la betterave, ne semble pas présenter les
mêmes avantages pour la canne à sucre. Dans les contrées tro-

34

picales, les pluies surabondantes qui surviennent déchaussent les racines en entraînant la terre, et il ne nous paraît pas que l'on puisse remédier à cet inconvénient qui est très-notable.

D'autre part, on ne doit pas perdre de vue une autre considération que nous croyons capitale.

La betterave est une plante pivotante, pour laquelle on doit rechercher surtout la profondeur naturelle ou factice du sol. La canne est, au contraire, une plante traçante, à racines fibreuses, à laquelle il faut, non-seulement une certaine profondeur, mais encore et surtout de l'espace dans le sens horizontal de la couche où vivent ses racines.

Si nous ajoutons à cela que le billon se dessécherait par les chaleurs extrêmes, comme il serait entraîné et détruit par les pluies excessives, nous verrons qu'il est bien difficile d'adopter cette pratique d'une manière générale. Nous comprendrions cependant des billons peu élevés, avec une forte fumure d'engrais végétaux dans le fond des raies, entre les lignes, mais seulement dans les terres un peu tenaces ; ce genre de culture contribuant à ameublir de tels sols et les plaçant dans de bonnes conditions d'aération.

Nous croyons cependant qu'il vaut mieux s'en abstenir et que la plantation en *lignes continues*, à 25 ou 30 centimètres de profondeur, avec un remplissage progressif [1], est ce que l'on peut faire de mieux, pourvu que le travail soit bien exécuté.

Pour la plantation en lignes continues, sur un seul rang, avec des boutures d'un mètre, mûres et saines, il faut employer de 7,500 à 8,000 kilog. de cannes.

Soins de culture et d'entretien. — Une bouture de canne, dans de *bonnes conditions de culture*, montre son bourgeon au bout de *huit* ou *dix* jours ; mais lorsqu'un bourgeon trouve des aliments abondants dans le tissu même de la bouture, il se développe d'autant plus vigoureusement que son évolution est un peu retardée. On ne doit donc pas désirer une promptitude trop grande de la pousse des bourgeons, pourvu que toutes les circonstances convenables aient été réunies. Il est, d'ailleurs, remarquable que les bourgeons se développent d'autant plus rapidement que la bouture renferme une plus

---

1. C'est là ce que M. Reynoso nomme *buttage intérieur* (*Aporcadura interna*).

grande proportion d'eau de végétation', et c'est pour cette raison que plusieurs planteurs préfèrent les boutures de sommet aux boutures des portions inférieures, qui fournissent cependant un meilleur plant et des touffes plus vigoureuses.

Nous résumons sommairement les principaux travaux que l'on doit accomplir dans une plantation, avant d'entrer dans les détails qu'ils comportent.

Lorsque les cannes ne reprennent pas toutes, il est indispensable de remplacer les manques ; c'est ce qu'on appelle *recourer* une plantation (*resiembrar*). On pratique quelquefois le *recourage* jusqu'à deux ou trois fois, si la saison est très-sèche, ou bien si l'on n'a pu arroser convenablement. La méthode de M. de Caseaux semble devoir éviter cet inconvénient, duquel il résulte qu'à la récolte toutes les cannes ne sont pas arrivées au même degré de maturité.

Fig. 50.

Aussitôt que les cannes commencent à pousser, leur premier besoin consiste dans la suppression des mauvaises herbes, au moyen du *sarclage*, qu'on réitère trois ou quatre fois, jusqu'à ce que les cannes aient atteint une hauteur de 60 à 65 centimètres[1]. A cette époque, la richesse de leur végétation est telle qu'elles étouffent les plantes parasites sous leurs feuilles. Les sarclages se font par un temps sec, pour que les plantes arrachées meurent rapidement et, à chacune de ces opérations, on remplit graduellement la fosse avec la terre qui en a été extraite pour la plantation. On s'arrange même pour que le dernier sarclage procure un léger *buttage* aux touffes.

Mais ce dont les jeunes cannes ont un besoin aussi grand, c'est d'être *arrosées* ou *irriguées* de temps en temps pendant la première période de leur croissance et en temps de sécheresse. Cette précaution est de la plus grande importance pour les plantations, qui y trouvent l'élément le plus sûr du succès.

Le premier nœud de la canne paraît de trois à cinq mois après la plantation, selon les circonstances; à partir du moment de l'apparition de ce nœud, il se montre à peu près régulièrement un nœud par semaine, et il tombe une feuille dans le même laps de temps, en sorte que, vers le mois d'août, époque à laquelle la *flèche* s'élance, la canne porte, en moyenne, de vingt-cinq à quarante nœuds utiles.

Les sommités devront se couper au-dessus de la dernière feuille desséchée.

Les soins de culture et d'entretien d'une plantation, jusqu'à la première récolte, sont donc le *recourage*, les *binages* et *sarclages*, le *buttage*, les *irrigations*, et il convient d'y ajouter l'*effeuillage*. Nous dirons aussi quelques mots sur les *récoltes intercalaires*, qui peuvent, dans certains cas, présenter une utilité notable.

Recourage. — Disons tout d'abord que le recourage ne produit pas constamment tout l'effet que l'on devrait en attendre.

En effet, comme il est impossible de reconnaître les manques avant que le jeune plant soit levé, il y a toujours, au minimum, dix jours de différence entre les plantes du premier travail et ceux du recourage. Si donc les circonstances ne sont pas extrêmement favorables, il y aura nécessairement des inégalités

---

1. La figure 50 montre deux pousses de canne, dessinées d'après nature, dont l'une offre déjà la preuve d'une végétation vigoureuse, tandis que l'autre, plus jeune, émerge à peine du sol.

dans la croissance des tiges et dans leur degré de maturité à une époque donnée.

Quoi qu'il en soit, le recourage est une opération indispensable pour remplir les vides d'une plantation.

Beaucoup de planteurs, pour obvier, sans doute, à l'inconvénient que nous venons de signaler, emploient des boutures de sommet, qui produisent des pousses plus promptement. D'autres préfèrent, avec raison, selon nous, se servir de cannes mûres pour les boutures de recourage.

L'opération se comprend sans peine. Si l'on a fait le premier travail au *plantoir*, on agit de même pour le recourage dans les places vides. Dans le travail à la houe ou à la pioche, on ouvre une fosse suffisante pour placer la bouture comme s'il s'agissait de la première plantation. On *recoure* encore à la houe, lorsque le travail a été exécuté à la *charrue*. Dans tous les cas, le recourage est, forcément, une affaire de main-d'œuvre.

Nous avons déjà fait remarquer l'utilité que l'on retirerait de planter des boutures longues, lesquelles ont moins de danger de se pourrir que les tronçons plus courts. Cette précaution seule, jointe à la plantation horizontale, diminuerait considérablement le nombre des manquants et les frais de recourage. D'autre part, il n'y a pas un pays au monde qui ne puisse avoir du poussier de charbon ou une écorce tannante quelconque, telle que celle de *Dividivi*, etc. Une poignée de poussier de charbon ou d'écorce tannante moulue, déposée à chaque extrémité des boutures, au moment de la plantation, s'oppose efficacement à la pourriture, et cette pratique concourrait à amoindrir l'importance de l'opération dont nous parlons.

Binages et sarclages. — Dans toute culture qui ne se fait pas en lignes, les sarclages et les binages ne peuvent se faire qu'à la main, d'où il résulte des frais considérables de main-d'œuvre, sans parler de la difficulté d'un travail pénible, dont le but est l'ameublissement du sol, aussi bien que la destruction des mauvaises herbes. Dans la culture en lignes, une partie considérable du travail est grandement facilitée par la possibilité de labourer l'espace intermédiaire avec une petite charrue à versoir simple. Il est évident que le nettoyage, les sarclages et les binages des lignes mêmes devraient se faire à la main, à l'aide de la binette ou de la houe, mais ce complément serait bien peu de chose, comparé aux pratiques habituelles.

Une excellente manière de faire le premier binage consisterait dans la marche que nous allons décrire. Si nous supposons la *coupe* de deux lignes représentée par la figure 51 ci-dessous, au moment où les jeunes pousses commencent à émerger du sol, il est facile de voir qu'on peut faire en même temps une *fumure latérale* et un premier binage. Nous admettons que le fond des sillons a été fumé pour la plantation comme nous l'avons dit, mais nous croyons qu'il serait extrêmement avantageux de fumer encore de chaque côté des lignes, à 12 ou 15 centimètres de celles-ci, afin d'améliorer le terrain d'abord et de donner ensuite aux plantes un surcroît d'alimentation utile, en leur fournissant de l'engrais très-consommé, peu azoté, sans excès de sels, provenant de bon compost.

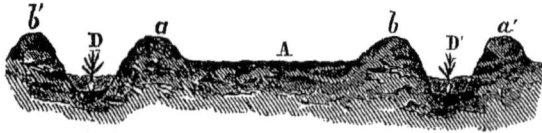

Fig. 51.

Soit donc la figure 51, *absolument théorique* et par laquelle nous cherchons seulement à faciliter l'intelligence de la pratique dont nous parlons : *b' a* et *b a'* représentent la terre retirée du sillon par la charrue à double versoir, A est l'entre-lignes, D et D' sont les jeunes pousses des boutures couchées horizontalement dans le sillon, sur un peu d'engrais consommé, et recouvertes de 7 à 8 centimètres de terre (10 à 12 au plus).

Que l'on ouvre en *a*, puis en *b*, au second tour, un sillon profond avec la charrue à versoir simple, on aura la disposi-

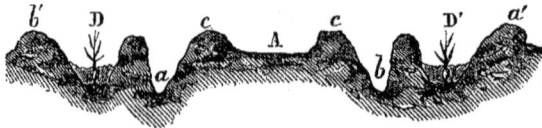

Fig. 52.

tion indiquée par la figure 52, dans laquelle on voit que la moitié des billons *a* et *b* a été rejetée dans l'entre-lignes et remplacée par un sillon, celui qui doit recevoir l'engrais. Pendant

que ce travail s'exécute dans le reste du champ, on fait passer
le chariot à engrais, figure 45, qui dépose la matière fertilisante de chaque côté. Des ouvriers répartissent l'engrais d'une
manière égale dans les sillons *a* et *b* et l'on agit de même pour
tout le champ. Il suffit alors de *billonner* avec la charrue à versoir simple, dans le sens opposé à celui du premier trait, en
partant de *c b* pour revenir en *c a*, et l'on obtient le résultat représenté par la figure 53, c'est-à-dire un binage complet de tout

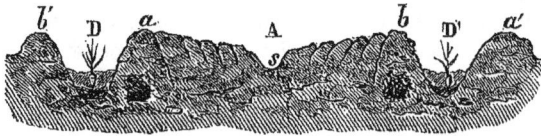

Fig. 53.

l'espace intermédiaire, lequel se trouve ainsi *refendu*, et offre
au milieu un sillon d'écoulement creusé par la charrue. Par ce
moyen les eaux surabondantes peuvent être éliminées ; la
canne se trouve au milieu de matières fertilisantes qui lui fournissent une nourriture abondante, le sol est ameubli et il ne
reste plus qu'à nettoyer les sillons de plantation, ce que l'on
peut faire avec une binette ou une houe légère, sans beaucoup
de peine.

Les autres binages devraient se faire avec la houe à cheval (fig. 32) ou avec une charrue à 3 ou à 5 petits socs, que
l'on ferait suivre par une petite herse, et les herbes seraient
déposées dans la raie centrale *s*.

On ne peut guère assigner de règles fixes relativement au
nombre de binages à effectuer, bien que, en général, trois labours d'entretien puissent suffire à entretenir le sol dans un
bon état d'ameublissement. Il convient cependant quelquefois
de donner un quatrième binage, si la surface de la terre a été
trop endurcie par l'action des pluies.

Les sarclages, c'est-à-dire, la destruction des mauvaises
herbes se confondent avec les binages dans la culture à la
charrue, et l'on complète l'action de l'instrument par le travail
à la houe sur les lignes et autour des touffes de cannes.

Dans les pays tropicaux où l'on cultive la canne à sucre, les
binages et les sarclages se font quelquefois à la houe, mais, le
plus souvent on emploie le *machète* et le *crochet*. Ce genre de

travail rappelle à peu près la manière dont les moissonneurs se servent de la *sape*, en Picardie et dans l'Ile de France. Il est d'ailleurs rendu beaucoup plus pénible par la forme même de l'instrument et par le but pour lequel on l'emploie.

Le machète est une sorte de serpe à lame droite ou courbée sur le plat, dont les dimensions varient entre 0,20 et 0,36 de longueur, sur une largeur de 0,08 à 0,09, et une épaisseur proportionnée. Le crochet est en bois ; il se compose d'un manche de 0,50 à 0,90 de longueur, vers le bout duquel on a introduit obliquement une tige en bois, formant crochet et inclinée sur le manche à 45 degrés. L'ouvrier prend le crochet de la main gauche, le machète de la droite ; avec le premier il attire et rassemble les herbes à détruire ; avec le second, il les coupe, soit au niveau du sol, soit entre deux terres.

L'insuffisance de ce travail, la position violemment courbée de l'ouvrier qui manie ces engins en font une véritable besogne de sauvages et c'est bien là ce qu'on peut appeler, dans le sens le plus strict, un binage à la serpe. Les labours au coutelas, si grande que soit la lame de l'instrument, ne font guère autre chose qu'écorcher la terre et ce n'est pas un faible objet d'étonnement que de voir l'entêtement avec lequel certains cultivateurs de cannes se refusent à adopter des instruments plus complets et moins incommodes.

Ce n'est certainement pas avec l'emploi de ces moyens que l'on peut espérer d'obtenir cet ameublissement indispensable qui procure l'aération du sol, en entretient la fraîcheur et assure la santé et la vigueur des plantes. Que les planteurs soient bien convaincus de ce fait que les végétaux saccharifères sont, peut-être, ceux qui exigent les plus grands soins de propreté, et la plus grande aération des couches arables où ils croissent, et ils essayeront certainement de secouer le joug d'habitudes barbares, dont le seul résultat est d'augmenter les difficultés du travail, sans en améliorer les résultats.

Buttage. — On voit par ce qui a été exposé précédemment sur les divers modes de plantation de la canne, combien le buttage peut différer dans l'exécution. Si l'on a fait le travail au plantoir, ou si l'on a planté à plat, l'opération est exactement celle que l'on comprend habituellement sous ce terme et qui consiste à amonceler plus ou moins de terre, en *butte* plus ou moins élevée, autour des pousses et des jeunes tiges. Si l'on a planté en lignes ou en fosses, le buttage n'en est pas moins réel quant à la plante, mais il n'est qu'un remplissage, qu'un nivellement, par rapport à la pousse et au sillon.

L'opportunité du *buttage* est à peine discutable. En effet, si l'on considère la tendance de la canne à produire des racines adventices, des suçoirs, qui émergent des nœuds voisins du collet, dans des conditions analogues à celles que présentent le maïs, le sorgho et plusieurs graminées, on comprendra qu'en rapprochant des tiges une certaine quantité de terre meuble, on donne à ces racines des ressources alimentaires puissantes qui profiteront à toute la plante et en accroîtront la force et la vigueur. Nous ajouterons à cela une autre raison qui n'a échappé à aucun observateur attentif. Si nous supposons une bouture de canne plantée à 10 centimètres du sol et recouverte au niveau de ce dernier, en admettant qu'elle ne développe qu'un bourgeon, nous trouverons que la jeune pousse offre, dans les 10 centimètres de station souterraine, un certain nombre de nœuds très-courts, portant chacun un *œil*, et que ces yeux donnent naissance aux pousses secondaires, au *tallage*, indépendamment de la pousse principale, qui continue à progresser verticalement. Nous en concluons que, si la bouture était enterrée à 20 centimètres, elle produirait le double de ces yeux de tallage, et que la touffe serait beaucoup plus puissante que dans le premier cas. Quelle que soit donc la profondeur à laquelle a lieu lieu la plantation, la bouture étant recouverte de 10 centimètres de terre, si l'on *rechausse*, si l'on *butte* progressivement les jeunes pousses, à mesure de leur émergence, on aura employé le moyen le meilleur et le plus naturel pour multiplier le nombre des pousses, augmenter le tallage et, par conséquent, la valeur probable de la récolte.

La nécessité du buttage ne nous semble pas exiger plus de démonstration, et nous considérons cette opération comme une des plus rationnelles et des plus utiles que l'on puisse exécuter.

Nous pensons que le meilleur mode de buttage consiste dans le remplissage progressif des fosses ou sillons avec la terre qui en est sortie jusqu'à ce que la dépression soit nivelée complétement. En ce qui concerne l'époque de son exécution, il suit des explications précédentes que cette opération doit se faire dès que la canne commence à sortir de terre et se continuer jusqu'au remplissage, à mesure que les pousses surgissent de la terre.

Dans le cas de la culture à plat, le buttage ordinaire ne doit pas dépasser 0,25 à 0,35 d'élévation verticale et on doit lui donner la plus grande largeur possible à la base, pour maintenir la fraîcheur du sol au pied des touffes buttées.

Arrosements et irrigations. — Toutes les graminées sont avides d'une humidité moyenne et à peu près constante ; sans le secours bienfaisant de l'eau, elles se dessèchent presque toutes et périssent. Les herbes mêmes des prairies sont des exemples de ce fait et, lorsqu'elles sont privées de l'humidité qui leur est nécessaire, nous les voyons se flétrir, se dessécher et disparaître, en ne laissant que la nudité aride à la place où l'on espérait récolter l'abondance.

La canne est encore fidèle à cette loi du groupe dont elle fait partie. Il lui faut de l'humidité pour son développement initial, il lui en faut pour croître d'une manière régulière, et elle redoute surtout les sécheresses, bien qu'elle craigne le contact des eaux stagnantes pour ses racines, dans une terre à sous-sol imperméable. La sécheresse s'oppose à la pousse des rejetons ; lorsqu'ils sont *nés*, elle les empêche de s'accroître, et ils demeurent rabougris et chétifs.

Rappelons-nous que le *sucre n'est que du carbone et de l'eau*, et que toutes les plantes sucrières réclament de l'eau en une certaine abondance, pourvu que des agents chimiques mal employés ne contribuent pas à *fixer* une proportion excessive de cet *aliment nécessaire*, et ne transforment pas le sucre d'une formule donnée en un produit d'une composition plus hydratée.

Nous savons encore que, si les cannes n'ont pu prendre, sous l'influence d'une sécheresse relative, qu'un accroissement maladif, pour peu que des pluies abondantes surviennent vers l'époque de la maturité organique, il se produit un afflux considérable de sève vers les nœuds supérieurs et que la plante *branche*, c'est-à-dire qu'elle donne naissance à des rejetons aériens dont l'évolution retarde le travail de la maturation industrielle, de l'accumulation définitive du sucre cristallisable.

La tendance de la canne à produire de ces branches ou pousses aériennes (*retoños aéreos*) est telle que, si la tige-mère vient à se rompre par accident, elle est remplacée très-promptement par une tige secondaire issue de l'œil le plus voisin de la rupture (fig. 46). De même, toute humidité intempestive ramène la séve à un état plus aqueux, et les bourgeons supérieurs se développent rapidement, sous la forme de branches adventices, aux dépens des principes élaborés par la tige principale. Il y a retour vers le glucose, et retard de la maturité organique.

Si donc la canne, depuis sa plantation jusqu'à son plein développement, s'est trouvée en présence d'un degré suffisant d'humidité, ce développement se sera effectué régulièrement et tout ce qu'on pourra avoir à redouter sera un peu de retard pour la récolte. Dans le cas de privation d'eau, au contraire, tout est à craindre, depuis une diminution notable jusqu'à la perte totale de la production.

On ne peut, évidemment, espérer de parer aux inconvénients de la sécheresse sur le développement de la canne que par l'emploi intelligent des irrigations, dont l'importance n'échappera à personne. C'est donc un grand avantage de pouvoir profiter, pour l'arrosement des plantations, du voisinage d'un étang, d'une rivière ou d'un cours d'eau, afin de suppléer à l'insuffisance ou à l'irrégularité des pluies.

Nous ne nous étendrons pas à ce sujet, persuadé que nous sommes de l'inutilité de toute démonstration à cet égard, et nous appellerons l'attention du lecteur sur un point seulement, qui nous paraît avoir été omis ou négligé par tous les écrivains agricoles qui se sont occupés de la culture de la canne.

Il existe des moyens de suppléer en partie aux arrosements et aux irrigations, d'en assurer l'effet et, dans tous les cas, d'en rendre la nécessité moins fréquente. L'ameublissement du sol en conserve la fraîcheur. La fumure latérale dont nous avons parlé plus haut est encore un puissant auxiliaire qu'il convient de ne pas négliger; mais l'emploi des *paillis* est peut être le moyen le plus sûr de maintenir dans le sol une humidité constante, et ce moyen, bien connu et employé par les jardiniers et les maraîchers, nous paraît être tout aussi applicable à la grande culture, dans certains cas spéciaux, qu'à la petite exploitation.

En 1861, pendant un séjour de plusieurs mois dans le midi, nous eûmes occasion de constater une température de plus de 40° centigrades à l'ombre. La terre desséchée se fendillait partout et, dans les jardins, on ne pouvait conserver un peu de fraicheur aux plantes que par des arrosements multipliés et pénibles. Un coin du jardin, attenant à la maison que nous habitions, et exposé aux ardeurs du plein midi, échappa cependant aux conséquences de cette sécheresse implacable. Tous les jeunes arbres s'y conservèrent, tandis que, partout ailleurs, nous eûmes à constater des pertes nombreuses; les herbes mêmes d'un carré mis en fourrage gardèrent leur vigueur et leur riche verdure, bien que, tout à côté et dans les mêmes conditions d'insolation, le terrain ne présentât que la nudité et la dévastation, produites par les rayons incendiaires d'un soleil ardent.

Voici le fait qui avait amené cette différence.

Nous avions voulu faire une expérience d'alcoolisation sur la *fougère*. Trois ou quatre voitures de cette plante avaient été divisées au hache-paille, soumises à un traitement d'acidulation, et avaient fourni un liquide sucré d'une certaine densité. Les résidus avaient été répandus sur le coin du jardin dont nous parlons, sur la terre et au pied des arbres, et c'est ce *paillis* qui avait préservé contre la sécheresse toute la portion où il avait été appliqué.

Depuis cette époque, nous avons eu maintes fois l'occasion de constater l'action énergique des *paillis courts*, en couches de huit à dix centimètres d'épaisseur, pour préserver le sol contre les effets du rayonnement et la perte d'humidité qui en résulte. Il s'agit d'ailleurs, ici, d'un fait bien connu, dont nous recommandons seulement l'application. Des herbes, des pailles, des débris végétaux herbacés de toute nature, des varechs, etc., coupés en tronçons courts de 3 à 4 centimètres au plus et répandus le long des touffes et des lignes, en paillis de 10 centimètres d'épaisseur sur une largeur de 20 à 30 centimètres de chaque côté, constitueront une sorte de protection très-efficace contre les inconvénients dont nous parlons, et nous ne pouvons que recommander l'exécution de cette pratique dans la culture de la canne.

Chacun sait combien les rosées nocturnes sont abondantes dans les pays tropicaux. Leur action bienfaisante supplée à la pluie dans les contrées où il ne tombe pas de pluies suffisantes[1]:

---

1. A Lima, par exemple, et dans le Haut-Pérou, il ne pleut jamais, mais la rosée nocturne est d'une très-grande abondance.

mais cette action serait encore favorisée par l'emploi des paillis qui ne causent, d'ailleurs, qu'une dépense insignifiante, puisque ces matières contribueraient, après leur décomposition, à la fertilisation du sol.

Effeuillage. — Cette question de l'effeuillage de la canne, comme celle de l'effeuillage de la betterave, a soulevé bien des opinions contradictoires. Les uns se sont déclarés partisans de cette opération, les autres la rejettent entièrement. Nous croyons que ces derniers sont dans l'erreur.

Ce serait une faute, sans doute, d'enlever des feuilles vertes, vivantes, exerçant encore leurs fonctions physiologiques si utiles à la plante; mais, lorsque les feuilles sont sèches, il est utile de les enlever pour que les portions de tige qu'elles recouvraient reçoivent l'influence des rayons du soleil, dont l'action se manifeste par une meilleure élaboration des sucs intérieurs et de la matière saccharine.

On pratiquera donc avec soin l'effeuillage des feuilles sèches, en passant entre les lignes, autant de fois qu'il sera utile, et ces pailles seront employées à la préparation des composts et des engrais, ainsi que pour la formation du paillis dont nous avons tout à l'heure indiqué les avantages.

Récoltes d'intercalation. — Nous ne sommes pas partisan des récoltes intercalaires, et nous préférons un peu plus de rapprochement des lignes et plus de propreté. Cependant, il peut se faire que, dans certaines circonstances, on cultive, à la dérobée, quelques végétaux alimentaires dans les entre-lignes des champs de cannes. Quand on a le choix, on doit laisser le champ de cannes à la canne seule et semer les autres végétaux à part, mais il semble quelquefois nécessaire de sacrifier aux usages et à certains besoins locaux. Ce n'est pas notre opinion, et nous supprimerions toutes ces cultures intercalaires.

Le *maïs*, le *haricot nègre* et quelques autres légumineuses se plantent entre les lignes de cannes. La première de ces plantes devrait être plantée à part, à cause de la similitude de goûts et de besoins qu'elle présente, si on la compare avec la canne. La voracité bien connue du maïs exige, d'ailleurs, qu'on l'éloigne le plus possible des touffes de cannes. Le haricot et les végétaux légumineux seraient cultivés avec plus de résultats favorables dans une terre neuve ou renouvelée et fortement fumée, comme préparation à la culture de la canne.

On a parlé de la culture intercalaire du café et de plusieurs autres plantes. Nous croyons que ces cultures sont une faute. La canne a besoin de la plus grande somme de nourriture possible, et les travaux de culture et de propreté qu'elle requiert ne doivent être gênés par rien. Ceci doit être considéré comme un principe général rigoureux, et l'on ne devrait s'en affranchir que dans des cas exceptionnels.

Avant de terminer ce long paragraphe, nous mettons encore sous les yeux du lecteur l'analyse sommaire des systèmes de culture proposés pour la canne, par MM. L. Wray et A. Reynoso et, sans prétendre, toutefois, prendre, dans ces matières, aucune opinion préconçue, nous ferons, à ce sujet, les observations que nous croirons utiles à l'intérêt des planteurs.

Méthode de culture de L. Wray. — Dans un livre intéressant, traduit en français et publié en 1853, sous le titre de : *Manuel pratique du planteur de canne à sucre* [1], L. Wray propose un système de culture de la canne, dont nous résumons rapidement les principales données :

1° L'auteur veut qu'on renouvelle les plantations tous les deux ans, afin d'augmenter et de maintenir le chiffre des récoltes, comme aussi pour détruire les animaux nuisibles.

2° L. Wray exige, avec raison, que le sol soit parfaitement ameubli à la charrue, qu'on pratique un roulage et un hersage énergiques, avant la *plantation*.

3° Il veut que l'on plante sur lignes, à $1^m,80$ d'éloignement entre lignes et en plaçant à $0^m,60$ de distance, les uns des autres, deux tronçons de cannes, dans le fond des sillons. On recouvre ensuite avec la charrue à double versoir.

M. Reynoso préférerait la plantation à 30 centimètres, mais avec un seul tronçon à chaque place (une sorte de *sillon continu*, *surco corrido*);... et nous partageons cette manière de voir.

4° Lorsque les pousses commencent à sortir, on vérifie les manques et l'on procède au recourage.

---

1. *The Pratical sugar planter : a complete account of the culturation and manufacture of the sugar-cane, according to the latest and most improved processes, by Leonard Wray, esquire.* London, 1848.

5° On emploie pour boutures les portions supérieures de la canne.

6° Les travaux de culture sont les suivants : 1° on donne un binage à la plantation ; 2° on *sarcle* autant de fois qu'il est utile, avec un instrument approprié ; 3° on butte ; 4° on effeuille les pousses, après avoir pris le soin d'ouvrir une tranchée entre les lignes pour y disposer les pailles d'effeuillage, qu'on recouvre ensuite à la charrue.

7° L. Wray est fort partisan des buttages réitérés. Il porte les dimensions des billons qui en résultent à 0,90 de large, au niveau de la ligne de terre, 0,75 de hauteur et 0,37 de large au sommet. Il est évident qu'il y a ici beaucoup d'exagération, mais l'idée de Wray étant principalement de couvrir de terre les racines adventices et les bourgeons inférieurs, en même temps que d'ouvrir des tranchées intermédiaires pour l'enfouissement des pailles, on comprend sa pratique comme logique et conséquente, bien que vicieuse en fait.

8° L'agriculteur anglais ne veut pas que l'on fasse entrer les charrettes de transport dans la plantation. On doit, d'après lui, couper les cannes, laisser les feuilles dans l'entre-lignes, réunir les tiges en fagots et les porter jusqu'aux chariots qui en opèrent le transport. On évite, par là, de piétiner et de durcir la terre, ou de blesser les touffes de cannes par le passage des animaux et des roues...

9° Les bagasses doivent être transportées au champ producteur et placées entre les lignes dans le fond des billons.

10° On recouvre ensuite ces débris en prenant à la charrue, sur chaque billon, une largeur de 10 centimètres que le versoir rejette sur les pailles et bagasses, de chaque côté. Par ce travail, que l'on répète au besoin, et par la pression qui résulte du passage des animaux de trait, les matières sont recouvertes et comprimées, ce qui les dispose à une décomposition rapide et complète. Il en résulte que le travail restant à faire à la main consiste à *recéper* les cannes avec un instrument bien tranchant et à niveler la terre au niveau des touffes, jusque sur l'espace intermédiaire.

11° Lorsque les nouvelles pousses (de deuxième année) commencent à paraître, ce qui arrive en très-peu de temps, on leur donne un léger binage, en prenant soin de ne pas découvrir les

pailles enterrées et les bagasses, toute cette matière devant être
changée en engrais au moment du buttage de seconde année.

12° Les sarclages, les buttages, l'ouverture des tranchées
pour les pailles et bagasses, l'effeuillage et la récolte se font
comme la première année, ainsi que l'apport des bagasses dans
les entre-lignes.

13° D'après le système de L. Wray, la seconde coupe doit
être suivie du renouvellement de la plantation. A cet effet, on
démonte les anciens billons et l'on arrache les souches des
touffes, à la charrue; ces souches, amoncelées et séchées, sont
ensuite brûlées et les cendres en sont répandues sur le sol.

14° On ouvre les sillons pour la plantation nouvelle dans le
milieu de l'espace intermédiaire de l'entre-lignes de la plantation précédente, en prenant soin de ne pas atteindre avec la
charrue les matières déposées en ce point. On plante dans ce
sillon et, de cette façon, les nouvelles cannes se trouveront en
terre neuve, enrichie par une masse considérable d'excellent
engrais.

Tous les travaux de labour, dans la méthode de Wray, doivent se faire à la charrue, et il emploie volontiers le rouleau
pour niveler et aplanir le terrain...

M. A. Reynoso, après avoir analysé également les indications
de Wray, reproche à ce système de n'avoir pas été sanctionné
par l'expérience, d'être trop absolu, et il ajoute que l'on peut
utilement conserver la canne pour *quatre coupes*, pour peu que
les circonstances soient favorables, la canne de souche étant
plus avantageuse que le plant, pourvu que le champ soit
soigné.

L'auteur espagnol préfère la plantation en profondeur à l'exagération des billons de L. Wray, qu'il regarde comme difficiles
à exécuter; mais il approuve, *à priori*, la mesure qui consiste
à recouvrir les débris avec de la terre, pour les faire fermenter.
Cependant, en présence de l'énorme quantité de ces détritus,
feuilles et bagasses, l'opération devient pénible et difficile, et il
serait préférable d'en préparer des composts, que l'on ne conduirait aux champs qu'après une décomposition parfaite, ce qui
est opposé à l'idée de Wray, lequel veut que les pailles, les
feuilles, la bagasse soient enterrées entre les entre-lignes,
quoique, dans d'autres passages, l'auteur anglais conseille
aussi la préparation des composts avec ces mêmes matières...

Wray se déclare l'adversaire absolu du guano, et M. Reynoso est un peu moins exclusif.

Nous pensons que la vérité pratique peut aisément se dégager de ce qui vient d'être exposé, en ce sens que, l'excellente opération du buttage étant réellement exagérée par Wray, il suffit de la ramener à des limites plus justes pour en obtenir de bons résultats. D'un autre côté, M. A. Reynoso a raison de préférer la préparation des composts à l'enfouissement entre les lignes, et la délimitation à deux ans, pour la durée des plantations, nous semble le résultat d'un parti pris.

Voici donc comment nous pensons qu'on pourrait modifier la méthode de Wray, si l'on se décidait à l'employer :

1° Durée des plantations et culture en souches pendant tout le temps que les produits se maintiennent à un niveau satisfaisant.

2° Culture en lignes et buttage à la manière de Wray, mais en ne surélevant les billons que dans des limites raisonnables. Le buttage se ferait avec la charrue à un seul versoir, mais à plusieurs reprises, de manière à n'amonceler la terre le long des touffes que peu à peu, en deux ou trois fois, et à ne pas dépasser 0,30 à 0,35 au-dessus de la ligne du sol.

3° Enlèvement des feuilles, pailles et flèches, et mélange de ces matières avec le fumier, la bagasse, des phosphates, un peu de guano, pour en faire du terreau de compost.

4° Après la coupe, ouverture d'un sillon profond dans l'entrelignes déjà creusé par le buttage modéré. Dépôt dans ce sillon de l'engrais bien consommé, qu'on recouvrirait de quelques centimètres de terre.

5° Recépage des cannes, nivellement, binage, etc., suivant les principes de Wray, dont on modifierait ainsi les indications dans ce qu'elles ont d'inapplicable ou de difficile.

Méthode de culture proposée par M. A. Reynoso.— Sous les noms de *plantation* et de *culture perfectionnées*, M. A. Reynoso propose l'adoption d'un système de culture de la canne à sucre dont nous exposons les idées principales, en les accompagnant de quelques observations indispensables.

Préparation du sol. — L'auteur dont nous analysons les opinions professe cette idée juste que la première des circon-

stances qui contribuent à l'obtention d'un bon résultat consiste
dans l'*homogénéité* de composition chimique, et dans l'*uniformité* des propriétés physiques du sol, qualités qu'on obtient
par les *labours de mélange et d'ameublissement,* par les *amendements* et par les *engrais*. Pour qu'une terre se laboure facilement et avec régularité, il faut d'abord débarrasser le terrain
des broussailles et en briser la surface si elle est trop durcie,
soit avec des instruments spéciaux, soit à l'aide des moyens
usuels.

Avant le labour proprement dit, il convient de répandre les
amendements et les engrais sur le sol, afin qu'ils puissent être
mélangés avec la terre, de la manière la plus complète qu'il
sera possible.

Nous avons parlé des différents modes de distribution des
engrais indiqués par M. Reynoso et nous avons ajouté à cette
description sommaire nos propres observations. Nous n'y reviendrons pas, et nous nous contenterons de dire que, sauf
quelques détails, et mise à part la tendance de l'auteur à préconiser outre mesure les alcalis, les principes agricoles discutés
et exposés dans son livre sont de toute justesse.

Lorsque les engrais sont déposés, il convient de *rompre* la
terre avec la charrue à versoir simple. On doit, s'il est nécessaire, compléter cette opération par l'action de la *charrue sous-
sol*, puis, on fait passer le rouleau pour écraser les mottes et
l'on herse pour enlever les mauvaises herbes, si le sol est assez
ameubli. Dans le cas contraire, on complète l'ameublissement
avant le hersage, en faisant passer une charrue légère, ou l'extirpateur. On peut, dès lors, planter la canne, à moins qu'on
ne veuille cultiver auparavant quelque autre plante, ou laisser
le sol exposé à l'action atmosphérique. Dans ces deux cas,
avant la plantation, il est nécessaire d'ameublir de nouveau le
sol, à l'aide d'instruments appropriés.

Disposition des travaux pour la plantation. — M. A. Reynoso
pose en principe général que, dans la culture de la canne, la
superficie du sol soit parfaitement nivelée. Il ajoute, cependant, que, dans une terre basse, assez profonde, il convient
d'adopter la disposition en bandes ou en planches et d'ouvrir,
de distance en distance, des fossés d'assainissement, selon la
nature du sol.

Dans le cas d'une terre peu profonde, dont le sous-sol, de mauvaise qualité, ne peut être amélioré, il faudra planter la canne le plus profondément qu'on le pourra, et recourir ensuite au buttage pour ramener la terre au pied des touffes. Ce n'est pas que l'auteur soit partisan de cette opération; car, à l'opposé de Wray, il prétend qu'on ne doit l'exécuter que dans les circonstances où elle est tout à fait indispensable. M. Reynoso regarde, en effet, les fonds de billons comme de véritables fossés de desséchement, surtout lorsque cette pratique est poussée à sa dernière limite comme dans le système de L. Wray....

Direction des sillons. — L'auteur espagnol attache une très-grande importance à la direction et l'exposition des sillons, en ce qui concerne le côté dont ils doivent recevoir l'air et la lumière. Des expériences faites avec soin ont amené à conclure que la direction des sillons doit être du nord au sud et qu'on doit les abriter du côté du nord.

Distance entre les lignes. — M. A. Reynoso, dans le but de faciliter les travaux aratoires par les machines et de permettre le nettoyage et l'enlèvement des mauvaises herbes, estime que la distance entre les lignes peut varier de 1 mètre à 1 mètre 65, mais que la distance de 1 mètre 55 peut être prise comme une moyenne très-convenable.

Tracé des sillons. — Pour tracer des lignes droites et parallèles, on emploie un cordeau et des jalons. On peut encore marquer la direction du cordeau avec de la craie (chaux) ou de la cendre. De toutes façons, il faut ensuite rendre la direction des sillons apparente, en les traçant à la charrue ordinaire. On peut encore se servir d'un *rayonneur* et, pourvu que la première ligne, qui sert de point de départ, soit parfaitement droite, les autres seront sensiblement parallèles et droites.

Dimensions des sillons. — D'après les opinions de M. A. Reynoso, la vigueur et la force d'une touffe de cannes dépend de la grandeur de la pousse souterraine, puisque des dimensions de celle-ci dépendent le nombre d'yeux ou de bourgeons qui donneront naissance à des pousses nouvelles. Pour augmenter la dimension de la pousse souterraine, on peut pratiquer le buttage ou remplir le sillon aux dépens de la terre qui en a

été extraite. Nous avons déjà dit que notre observateur est défavorable au buttage. Il donne au second mode, celui qui consiste dans le remplissage des sillons (ou des fosses) le nom de
buttage intérieur et le préfère très-nettement. C'est là une raison de plus en faveur du choix d'un terrain profond pour la
canne, ou, au moins, d'un sous-sol qui puisse être bonifié rapidement et économiquement, si le sol est peu profond... En
somme, les sillons doivent présenter une largeur de 50 à 70 centimètres et une profondeur de 30 à 40 centimètres...

Comme le fait ressort bien évidemment des idées de M. A. Reynoso, le fond de sa méthode consiste dans la *culture à plat, en
lignes*, avec *remplissage progressif des sillons.* Tout le reste appartient aux notions d'agriculture générale, et ses opinions le
séparent de celles de Wray au sujet du buttage. Nous n'irons
donc pas plus loin dans l'étude de ces idées, parce qu'elles
n'offrent plus rien de spécial et que, dans l'exposé des règles
agricoles tracées précédemment, nous avons noté avec soin
les principales manières de voir de l'observateur dont nous
venons de parler.

Disons cependant encore que, malgré la simplicité élémentaire des règles agricoles, on voit surgir contre leur application
des objections de toute nature, auxquelles il importe de ne
prêter qu'une attention assez restreinte, mais dont on doit
pourtant tenir un certain compte.

Ainsi, pour n'en citer qu'une seule, M. Reynoso s'efforce, à
juste raison, de faire substituer à l'emploi de la force humaine
celui des machines agricoles tirées par les animaux, et il préconise, par les meilleurs arguments du monde, l'adoption des
pratiques agricoles justifiées par la science et la pratique européennes... A cela on objecte *l'inintelligence du nègre.* Il nous
semble, cependant, comme à M. Reynoso, que cette objection
n'a pas le moindre fondement, et que des hommes que l'on
transforme en de très-bons et habiles mécaniciens, charpen-
tiers, etc., peuvent très-bien faire des laboureurs exercés. Ne
faut-il pas plus d'habileté pour se servir du *machète* que pour
conduire une charrue? D'ailleurs, ce qu'on a dit de la stupidité
du nègre n'est autre chose qu'un propos de blanc, désireux de
faire du noir une bête de somme; car, s'il y a beaucoup de nègres
inintelligents, il y en a aussi que leur couleur n'empêche pas
d'être moins stupides que certains blancs. Il suffit d'avoir

étudié nos ouvriers des campagnes et des villes pour savoir que l'abrutissement et la sottise ne dépendent pas de la coloration du derme, ou de la forme du nez et des lèvres. Ce que nous avons observé de stupidités blanches nous rend indulgent pour le nègre, qui ne peut guère être, en moyenne, plus dégradé que certains paysans ou manœuvres de nos pays d'Europe.

Nous avons vu des nègres qui, après être sortis de l'esclavage, se montraient moins stupides que leurs anciens maîtres, et il faut tenir compte de tout.

A notre sens, le nègre est très-éducable et peut se débarrasser aisément de ses préjugés; mais ce n'est pas avec le bâton, le fouet ou le *cepo* que l'on peut arriver à quelque chose.

La culture en lignes, à la charrue, est moins pénible que la culture au machète ou à la pioche, et l'on n'apporte que de mauvaises raisons pour soutenir une méchante cause.

Ce qui retarde le progrès cultural pour la canne, ce n'est pas le nègre, dont on exige un travail incessant; c'est l'ignorance, l'apathie, l'indolence et les vices du maître du nègre. Cette vérité, incontestable pour tout observateur désintéressé, devient axiomatique pour celui qui examine ce que sont devenus les travailleurs nègres affranchis. La liberté les a pris esclaves, abrutis sous les coups; elle n'a laissé dans leur esprit que la sensation de pouvoir faire ce que fait le blanc, et ils sont devenus tout aussi vicieux que celui-ci. Aussi, les nègres sont-ils devenus plus paresseux et plus mauvais, en joignant les vices blancs aux vices nègres, et ne peut-on compter que sur les générations qui leur succéderont et dont l'ignorance cédera, progressivement, devant la civilisation et l'instruction.

II. — RÉCOLTE ET CONSERVATION DE LA CANNE.

Comme toutes les plantes à sucre, la canne doit se récolter au moment de sa *maturité industrielle*, c'est-à-dire lorsqu'elle renferme le plus de matière sucrée cristallisable; nous verrons tout à l'heure quelle est la manière dont on doit comprendre ce précepte.

On récolte habituellement les cannes à un an ou à quinze mois, quelquefois même on attend seize ou dix-huit mois pour les cannes venant de boutures, dont la maturité est un peu plus tardive.

Les cannes sont coupées par le pied, à l'aide d'un fort coutelas, de manière que la section représente un plan oblique ou en sifflet; cette disposition facilite l'engagement des cannes entre les cylindres lamineurs. Elles sont divisées en tronçons de 1 mètre à 1^m,30 de longueur; on les réunit en bottes qu'on lie avec les sommités de la plante elle-même [1], et on les transporte au moulin sur des *labrouëts*, sortes de petites charrettes traînées par des mulets ou même des bœufs. On les jette dans le *parc aux cannes*, qui se trouve le plus possible à proximité des cylindres.

On a soin, lors de la récolte des cannes, de supprimer la flèche vers le dernier nœud, et même plus bas, si les feuilles ne sont pas séchées à cette hauteur; car il est digne de remarque que les parties de cannes non mûres déterminent l'altération du reste. Il en est de même des sommités ou amarres, qu'il ne faut jamais presser avec les cannes mêmes.

D'après le colonel Codazzi, la durée de végétation de la canne dépend de la température moyenne qu'elle éprouve, selon les latitudes où elle croît; selon cet observateur, on aurait les données suivantes :

Température moyenne.	Durée de la végétation.
25°.6	12 mois.
23 .2	14 —
19 .2	16 —

Nous ne préjugeons en rien cette question; cependant, à *priori*, cette opinion nous paraît fort rationnelle. On a prétendu que le rendement en sucre est plus considérable pour une durée de végétation plus longue, et l'on a dressé le tableau comparatif suivant, qui indiquerait le rendement de l'hectare en sucre pour diverses contrées :

Rendement en sucre de 1 hectare pour une durée de :

	15 mois.	12 mois.
Martinique, cannes.........	2500 kil.	2000 kil.
Guadeloupe, id...........	3000	2400
Bourbon, id...........	5000	4000
Brésil, id...........	7500	6000
France, betteraves..........		1500 à 2400

1. Ces sommités se nomment *amarres* pour cette raison.

Nous ferons observer ici qu'il s'agit du *rendement effectif* des planteurs, à 5 ou 6 0/0, comme de celui des fabricants de sucre indigène, qui retirent de la betterave une proportion égale de sucre... Ceci est à étudier plus loin.

De son côté, M. de Caseaux donne, comme le véritable indice de la maturité d'un nœud, la chute de la feuille qui lui appartient, et il prétend que la canne ne gagne plus rien après le douzième ou le treizième mois. Il assure, avec beaucoup d'apparence de raison, que, selon la nature humide ou sèche du terrain, les circonstances climatériques d'une année pluvieuse ou sèche, un grand nombre de cannes sont pourries ou sèches à quinze mois, ce qui impliquerait la nécessité de récolter plus tôt.

M. A. Reynoso dit que les cannes plantées en mai (Cuba), en terrain bas et médiocre, arrivent quelquefois à *flécher* en novembre ou décembre, c'est-à-dire au bout de 7 à 8 mois, et qu'il faut les couper, parce qu'alors la plante ne produirait plus que des bourgeons adventices, aériens ou souterrains, au détriment des tiges formées. Il ajoute qu'il existe des terres tellement fertiles, que la canne n'y flèche pas et qu'*elle semble croître toujours*, et il a eu occasion d'observer des cannes de plus de cent nœuds. En somme, d'après cet observateur, l'émission de la flèche, l'inflorescence, marque la fin de l'accroissement de la plante, mais elle n'est pas toujours un caractère certain et infaillible de maturité, relativement à l'élaboration de la séve et à la richesse saccharine. Les cannes qui ont fléché peuvent ne rendre que très-peu de jus et ce même jus peut être difficile à travailler. « Nous dirons plus, continue M. Reynoso, il convient de passer au moulin des cannes bien mûres et bien développées, qui n'aient pas fléché; les jus des cannes qui ont fleuri présentent toujours plus ou moins d'altération. »

Voilà, certes, une opinion nettement formulée et nous sommes loin d'y apporter la moindre objection.

Les nœuds de la canne mûrissent à partir du sol, c'est-à-dire que les plus âgés atteignent plus tôt la maturité organique et la perfection industrielle, pendant que le sommet de l'axe est encore en plein travail d'organisation, et qu'il se forme de nouveaux nœuds à la partie supérieure. Il est clair que cette production de nœuds s'arrêtera au fléchage, mais que, bien avant l'apparition de la flèche, il y a déjà un certain nombre de nœuds qui sont mûrs, lesquels peuvent très-bien n'avoir qu'à perdre si l'on attend trop longtemps l'indice naturel de la maturité organique.

C'est là une question de pratique à résoudre comparativement.

Quoi qu'il en soit, les *cannes folles*, qui ont crû dans des *terres neuves*, les *amarres*, les *cannes passées*, coupées trop longtemps après avoir *fléché*, les *cannes grillées*, desséchées par le soleil, celles qui ont été gelées, celles qui ont été couchées par les vents, sont peu propres à la fabrication sucrière. Les unes rendent peu de jus, les autres sont altérées ou susceptibles de subir une fermentation rapide et de décomposer le vesou des bonnes cannes. Il importe de ne pas les mélanger avec le reste de la récolte, dans les conditions actuelles de la fabrication.

En moyenne pratique, les cannes plantées en octobre, novembre et décembre, se récoltent en février, mars, avril et mai, au moment de la plus belle saison ; mais M. de Caseaux insiste pour que les cannes de boutures soient récoltées à douze mois, et celles de rejetons à onze, et il regarde la dessiccation et la chute des feuilles comme le seul signe de la maturité, ainsi que nous l'avons déjà fait observer.

Remarquons, en passant, que cet indice se montre à une époque nécessairement variable, selon les différences de sol, de culture et de climat. Il ne faut donc pas se hâter de prendre une conclusion absolue quant à l'époque de la récolte, puisqu'elle dépend, avant tout, de la maturité. Il est vrai de dire que, dans les pays sucriers, on ne se guide pas souvent sur des données aussi rationnelles ; le plus ou moins grand nombre de bras, la nécessité de travailler le sucre toute l'année et d'autres raisons encore font que bien des planteurs consultent plutôt les exigences de la nécessité que le temps de la maturité pour opérer les travaux de la récolte. Il résulte des pertes considérables de ce fâcheux état de choses.

Conservation. — Il n'a encore été fait aucun effort sérieux pour parvenir à conserver *industriellement* les cannes coupées, et l'on sait qu'un séjour de quelques heures dans le parc aux cannes suffit pour les altérer et les faire entrer en fermentation.

M. Payen émet l'opinion qu'en trempant le bout des cannes dans une dissolution de bisulfite de chaux, aussitôt qu'elles viennent d'être coupées, on pourrait prévenir la fermentation... Ce résultat ne nous paraît guère probable, si nous nous en rapportons aux principes et aux faits qui régissent la fermentation ; aussi considérons-nous cette idée comme absolument hypothétique.

On ne pourrait recourir tout au plus qu'à la dessiccation, si l'on voulait parvenir à un bon effet, et encore devrait-on soumettre rapidement les cannes, divisées en tronçons, à une température suffisante pour détruire les ferments, tout en enlevant l'eau de végétation.

Le mieux à faire, dans les conditions actuelles, est de travailler la canne au fur et à mesure de sa récolte, et nous reviendrons sur cette idée dans le livre qui traite de la fabrication du sucre brut.

Accidents. — Les champs de cannes peuvent devenir la proie des incendies, pour lesquels la matière sucrée est un aliment très-actif. Le seul remède au fléau serait de lui faire sa part et à circonscrire le feu dans une pièce en l'isolant de celles qui l'avoisinent.

Un second accident très-grave pour les planteurs, auquel on ne peut malheureusement pas obvier, consiste dans les ouragans qui ont lieu en novembre et décembre : sous leur action violente, les cannes sont renversées, et l'humidité du sol les fait pourrir en très-peu de temps, lorsqu'elles ne servent pas de pâture aux rats, qui en sont très-friands.

Ces animaux font souvent de grands ravages parmi les plantations de cannes ; ils les attaquent près du sol, et toutes celles qui sont rongées sont perdues et ne fournissent qu'un suc altéré, très-fermentescible, qui agit de la manière la plus nuisible sur le reste du vesou, et le fait fermenter très-promptement.

On les fait détruire par des nègres, on dresse des chiens à leur faire la chasse, ou, encore, on fait porter des couleuvres dans les champs infestés, et ces reptiles font aux rats une guerre acharnée. Mais le meilleur moyen de s'en défaire consiste à brûler les pailles sur le champ en mettant le feu aux extrémités ; les rats se réfugient au centre de la pièce, où l'on a ménagé un certain nombre de cannes pour leur inspirer de la sécurité. On en fait ainsi périr un très-grand nombre.

Les fourmis sont les ennemis les plus redoutables des planteurs, et l'on ne possède aucun moyen efficace de destruction contre ces insectes.

Certains pucerons, quelques larves attaquent encore la canne, qui est, d'ailleurs, sujette à la rouille dans les terrains trop humides, qu'on n'a pas pris soin d'assainir.

Il nous semble fort inutile d'entrer dans des détails oiseux sur les insectes et les larves qui attaquent la canne et pénètrent dans l'intérieur, afin de trouver leur nourriture au détriment du tissu médullaire de la plante.

Ce qui nous semblerait plus rationnel serait de rechercher les moyens de s'opposer à leurs ravages; mais nous ne pouvons, malheureusement, donner à ce sujet que des renseignements fort incomplets, nos expériences n'ayant pu être faites sur une échelle assez grande pour emporter une valeur absolument affirmative.

Nous avons constaté, cependant, que le pétrole détruit les fourmis. L'eau qui a séjourné, ou qui a été agitée, avec cette essence, chasse aussi la plupart des insectes. L'emploi de cette substance ne serait peut-être pas applicable en grand; aussi avons-nous tourné notre attention vers les sulfures solubles, dont l'emploi nous a donné, sur la vigne, des résultats admirables.

La solution d'un kilogramme à deux kilogrammes de *foie de soufre*, à base de potasse ou de soude; ou d'une quantité égale de *bi-sulfure* de *calcium*, dans mille litres d'eau froide, employée en arrosement, le soir, ou en l'absence des rayons solaires, par un temps sombre, détruit les moisissures et la rouille, chasse la plupart des insectes, même la courtilière, et l'acide sulfhydrique, qui se dégage pendant la nuit d'après l'opération, éloigne presque tous les animaux qu'il ne fait pas périr[1].

Ces agents ne présentent, d'ailleurs, aucune action nuisible sur le sucre, ni sur la vie végétale, pourvu que l'arrosement se fasse après le coucher du soleil; car, sous l'influence des rayons solaires, les gouttes du liquide produisent des taches sur les feuilles. Par l'emploi de cette solution à l'ombre, au contraire, la réaction s'opère très-lentement; les sulfures dégagent de l'a-

1. Voir, dans les *Notes*, la préparation de ces substances.

cide sulfhydrique, et il reste un sulfate de potasse, de soude, ou de chaux, très-inoffensif, tant par sa nature même que par la faible quantité répartie sur le sol.

Ces solutions, à 0,001 ou 0,002, peuvent être dirigées sur les lignes de cannes, sur les tiges et au pied des touffes, à l'aide d'une petite pompe en zinc, dont le métal n'est pas attaquable par les sulfures. On l'adapte à un tonnelet qui transporte la liqueur entre les lignes, et l'on pratique l'aspersion sur chacune des deux lignes, à mesure de la progression.

Ce moyen est le seul qui nous ait donné de bons résultats parmi toutes les recettes que nous avons essayées; mais, nous le répétons, il ne faudrait pas en affirmer l'infaillibilité dans tous les cas et dans toutes les circonstances. Si, par exemple, une forte pluie vient à tomber aussitôt après l'opération, les effets de ce soufrage sont presque nuls. De même, certains insectes, comme les scarabées, ne paraissent pas être atteints par les émanations sulfhydriques.

Nous avons vu les souris et les rats disparaître d'un local infesté par ces animaux, après deux arrosements avec la solution de foie de soufre au millième et, bien que ces rongeurs n'eussent pas été détruits, ils avaient quitté une atmosphère devenue délétère, guidés par leur instinct de conservation, qui est porté à un haut degré de développement. Les scolopendres de petite taille, les chenilles, les mouches de plusieurs espèces sont atteintes par les solutions sulfureuses. Enfin, nous pensons que ces préparations sont les plus efficaces et les moins coûteuses de celles que l'on peut employer, et c'est à l'expérience culturale à vérifier la portée de leur application.

Nous ne dirons rien des dégâts causés dans les plantations par les grands animaux, par les herbivores principalement, qui sont très-friands des tiges de la canne; c'est ici une question de surveillance et de soins, et elle ne peut être résolue que par l'activité.

III. — RENDEMENT DE LA CANNE A SUCRE.

On peut admettre que la production *moyenne* d'un hectare de cannes est d'environ 70,000 kilogrammes en matière exploitable : mais ce chiffre varie énormément selon les sols, les différences de climat, l'époque de la plantation et celle de la récolte, etc.

Dans un passage remarquable de son livre, le docteur Alvaro Reynoso estime que la production d'une *caballéria* de terre plantée en cannes *doit être*, dans un avenir rapproché, de *mille caisses* de sucre, soit de 17,000 à 22,000 *arrobes*. La caballéria valant 13 hectares 42, et l'arrobe 11 kil. 50, ces chiffres reviennent, en nombres ronds, à 13,800 kil. (13,822 kil.) ou 18,800 kil. (18,852 kil.) par hectare...

« Actuellement, ajoute-t-il, le chiffre moyen de la production du sucre, dans une caballéria plantée en cannes, est d'un peu plus ou un peu moins de 2200 arrobes de sucre[1]. »...

Ce chiffre revient à 1885 kil. par hectare.

Nous ne reproduirons pas les démonstrations de l'auteur à l'appui de ses premiers chiffres qu'il considère comme infaillibles avec la *culture perfectionnée*, c'est-à-dire avec une culture qui reproduise les conditions de fertilité des déboisements, des *tumbas*, que les habitants de Cuba regardent comme le moyen infaillible d'obtenir de grandes récoltes[2].

Nous partageons l'opinion de M. A. Reynoso, et nous nous arrêtons à sa conclusion qui est celle-ci : « Pour en finir, nous affirmons que, lorsque nos champs seront bien cultivés, on devra considérer comme de misérables routiniers[3] ceux qui ne produiront que deux mille arrobes de sucre par caballéria, le terme moyen général de la production devant être alors de neuf mille arrobes pour le moins, et le maximum de mille caisses et plus. »

Ainsi, M. A. Reynoso maintient que le chiffre moyen dans une culture bien entendue de la canne doit être de 9000 arrobes par caballéria, soit de 7700 kil. (7712 kil.) par hectare. Nous ne pensons pas que ces appréciations soient exagérées, et

1. En la actualidad, el término medio de la produccion de azúcar por cadá caballería de tierra sembrada de caña, es poco más ó ménos de dos mil doscientas arrobas de azúcar... (Alvaro Reynoso. *Op. cit.*, p. 277.)

2. .... Tambien dicen que « para restablecer la decaída produccion en un ingenio, y áun aumentarla, para *levantarlo*, es indispensable sembrar en *tumbas*... » (A. R. *Op. cit.*, p. 279.)

3. Al terminar, nos atrevemos á asegurar que el dia en el cual se cultiven bien nuestros campos, se considerarán como *caguazos* miserables aquellos que sólo produjeron dos mil arrobas de azúcar por caballería, siendo entónces el término medio general de la produccion por lo ménos de nueve mil arrobas, y el maximum *mil ó más cajas*. (A. R. *Op. cit.*, p. 283).

nous sommes loin de faire à M. Reynoso le reproche de légèreté enthousiaste, contre lequel il se défend, du reste, avec les meilleurs arguments. Nous voulons seulement nous servir de ses chiffres pour atteindre un mythe, celui de la production de l'hectare de terre en cannes à sucre, considérées comme matière première. Nous disons que c'est là un mythe, car il ne semble pas que la *bascule* soit connue aux pays canniers et si l'on y pèse quelque chose, ce n'est pas, assurément, la récolte en cannes. Or, selon notre auteur, *actuellement*, à Cuba, le produit sucre égale 1885 kil. par hectare; il *devrait être, en moyenne*, de 7700 kil. et, *au plus*, de 18800 kil.... Ajoutons que M. A. Reynoso ne voit cette augmentation de chiffres que dans une amélioration culturale, ce qui nous laisse parfaitement le champ libre pour notre recherche.

Soient donc les produits en sucre par hectare :

Culture *actuelle*......................		1885 kil.
Culture perfectionnée.. {	moyenne......	7700
{	maximum.....	18800

Nous savons que les meilleurs fabricants de sucre exotique ne retirent pas plus de 5 à 6 0/0 au *maximum*... Nous pouvons, de là, déduire, en prenant le chiffre de 5, 5 0/0 comme moyenne, que 1885 kil. de sucre correspondent à 34000 ou 35000 kil. de cannes (34272 kil., calculé), que 7700 kil. de sucre proviendraient de 140,000 kil. de cannes, et que 18,800 kil. de sucre seraient fournis par 341,800 kil. de cannes, le tout par hectare. De ces déductions, il est facile de conclure que le chiffre de 75,000 kil., que nous avons indiqué pour la production de l'hectare, peut être considéré comme une moyenne beaucoup trop faible. Des habitants des Antilles françaises nous ont affirmé avoir récolté jusqu'à 120,000 kil. et nous sommes obligé d'admettre ces chiffres, en présence de l'affirmation de M. A. Reynoso qui déclare que : « Nombre de personnes savent qu'une seule caballéria est arrivée à produire, dans certaines contrées du pays, jusqu'à 7000 à 8000 pains de sucre[1] », ce qui revient à 522 ou 596 pains par hectare.

1. Muchas personas saben que una caballería *de tumba* ha llegado á producir en ciertas comarcas del país de siete á ocho mil panes de azúcar.... (A. R. *Op. cit.*, p. 277.)

Si nous revenons à ce qui a été dit plus haut (page 550) sur les chiffres de rendement relatifs au séjour de la canne en terre, en prenant pour base le produit 5, 5 0/0, nous aurons pour le rendement par hectare :

DÉSIGNATION.	Durée de la plante. 15 mois.		Durée de la plante. 12 mois.	
	CANNES.	SUCRE.	CANNES.	SUCRE.
	k.	k.	k.	k.
Martinique.	45.454	2500	36.363	2000
Guadeloupe.	54.545	3000	43.636	2400
Bourbon.	90.909	5000	72.726	4000
Brésil.	136.363	7500	109.090	6000

En présence de telles données, et lorsqu'il suffit d'ouvrir les yeux pour comprendre la splendeur de la situation que la nature a faite aux planteurs de cannes, on ne sait plus apprécier les faits à leur juste valeur, tant l'esprit est frappé par la nullité de certains hommes. Voilà des producteurs qui obtiennent 100,000 kil. de cannes, par hectare, en moyenne, qui pourraient faire le double ou le triple, s'ils avaient la moindre parcelle du feu sacré de l'industrie, le moindre amour du travail, et ils n'en produisent parfois que le tiers. Ces producteurs ne retirent pas la moitié du sucre réel que devrait leur fournir la canne, toujours par les mêmes vices et les mêmes causes, la vanité et la paresse ; ils peuvent obtenir 10,000 kilogrammes, ou 1000 pains de sucre par hectare, puisque les usines centrales dont nous aurons à parler obtiennent 10 0/0 de produit-sucre : ils ne font rien parce qu'ils ne veulent pas, ils pleurent misère sur tous les tons, et réclament à grands cris l'assistance de la sucrerie indigène, ce miracle de science industrielle, qu'ils ont tant cherché à anéantir et, quoi qu'on leur dise, quoi qu'on fasse, ils restent dans leur apathie et leur indolence. Ce n'est pas qu'ils ne soient point avides ; mais leur paresse l'emporte sur le désir du gain, surtout si ce gain demande de la gêne et du travail.

Voilà le bilan, triste et misérable, de la sucrerie de canne, sauf quelques exceptions courageuses dont l'exemple prête à rire à ces gens qui savent faire le sucre avant d'avoir des dents pour le manger[1].

Depuis de longues années, nous avons vu tout cela. Nous avons pris cependant et nous prenons encore le parti des planteurs ; mais il faut convenir que, si la betterave leur fait une concurrence redoutable, c'est qu'ils le veulent, c'est qu'ils ne font rien pour rétablir l'équilibre.

Frais de culture de la canne à sucre, pour un hectare de terre. — Nous ne songeons pas à apprécier le prix de revient de la canne à sucre dans les pays à esclaves et dans ceux où la main-d'œuvre avilie mérite à peine mémoire ; mais nous pensons qu'il ne sera pas inutile de donner un aperçu des frais que la culture de cette plante peut occasionner en Algérie ou même dans le midi de la France. Nous croyons, en effet, que la canne peut y réussir parfaitement, et déjà la question est vidée en ce qui touche notre colonie africaine, bien que le sorgho puisse y offrir des résultats plus avantageux encore.

Nous calculons au maximum :

Loyer de la terre et impôts	120 fr.
Enfouissement en vert servant de fumure, et premier labour	60
Deuxième labour et hersage	50
Troisième labour et hersage	50
Valeur des boutures	mémoire.
Plantation	70
Premier sarclage	25
Deux binages	60
Récolte et transports	50
	485 fr.

A 70,000 kil. de produit par hectare, les 1000 kil. de cannes coûteraient donc au producteur environ 6 fr. 95, et représenteraient, à 14, 12 0/0 de sucre seulement, 141 kil. 20 de matière sucrée, susceptible de facile extraction pour les deux tiers au moins et de transformation alcoolique pour le reste. Les dépenses culturales ont été un peu forcées à dessein, afin de n'avoir pas de mécompte à éprouver.

---

1. Locution créole, trop connue.

On voit qu'il y aurait un extrême avantage à introduire la culture de la canne partout où il serait possible de le faire, et que, même en exagérant les frais et diminuant les produits, cette culture donnerait lieu à de grands bénéfices en Algérie et dans le Midi. Quant à la production coloniale, américaine ou asiatique, elle se trouve dans des conditions de prix de revient moins onéreuses encore, et les rendements sont plus considérables que celui qui vient de nous servir de base d'appréciation.

IV. — TRAVAUX A EXÉCUTER APRÈS LA RÉCOLTE.

Nous n'avons été nullement surpris d'entendre dire par nombre de planteurs, qu'ils sont obligés de *refaire* leurs plantations après deux ou trois récoltes, bien que la canne soit vivace et pérenne par sa racine, ou, plutôt, par les bourgeons et les yeux des nœuds du collet. Cette circonstance tient évidemment à la négligence avec laquelle sont donnés les soins de culture indispensables après la récolte. A la suite d'une coupe brutale des tiges, un grand nombre de souches sont blessées et meurtries; la terre est endurcie autour des touffes, qui présentent toutes un *déchaussement* plus ou moins considérable; enfin, la quantité de matières enlevées au sol exige impérieusement la restitution des principes nutritifs et alimentaires dont la plante a besoin pour nourrir les jeunes pousses qui en sortiront. Si tous ces points sont négligés, si l'on ne s'occupe pas d'*ameublir* le sol près des lignes et dans les intervalles intercalaires, de *rechausser* les plantes, après avoir reparé les *accidents de la coupe* et leur avoir fourni les *amendements* et les *engrais* utiles, il est certain que les jeunes plantes qui sortiront de telles souches, mal soignées et misérables, auront une grande chance de rester pauvres et chétives, et de ne pas atteindre un développement normal et régulier. Cela ne fait de doute dans l'esprit de personne, pensons-nous, et nous croirions nous jeter dans un hors-d'œuvre inutile en discutant les raisons théoriques de faits trop souvent constatables.

Aussitôt donc que la récolte est enlevée du champ de cannes, le premier soin que doit prendre un planteur doit être de faire enlever les pailles et les herbes. Lorsque cette première opération est exécutée, soit que les pailles aient été mises d'un côté et de l'autre des entre-lignes, ou de l'un seulement, on fait passer la charrue simple dans le milieu de l'espace intercalaire, et cette charrue est suivie par une *défonceuse* qui creuse la raie à 35 ou 40 centimètres. Dans cette espèce de fossé, on *dispose régulièrement* la paille, on la couvre de *résidus de défécation*, d'un peu de *guano*, si l'on n'a pas de ces résidus, et l'on donne, de chaque côté, un *trait* de charrue à versoir simple, qui recouvre le tout.

Après cela il s'agit de *rechausser* la canne. Pour cela, ON DOIT LA DÉCHAUSSER D'ABORD, c'est-à-dire que l'on fait passer de chaque côté des lignes une *petite charrue*, à versoir simple, qui enlève 5 à 7 centimètres de terre. On se sert de la *houe* pour compléter ce déchaussement et *biner* le pourtour des touffes comme les intervalles entre deux touffes. C'est alors le moment de mettre l'engrais *liquide*, ou *solide*, ou *mixte*, que l'on a à sa disposition, mais qui peut alors renfermer *plus d'azote* que dans les conditions ordinaires. Ceci s'explique par la certitude que l'on a de voir disparaître cet excès d'azote dans les premiers temps de la végétation, en sorte qu'il n'agira que peu ou point sur la valeur sucrière de la canne future. Il ne s'agit point de mettre des engrais azotés au pied de cannes en pleine activité, mais de favoriser la première évolution des jeunes pousses, des rejetons, de ce que les colons espagnols appellent les *retoños*. C'est chose toute différente.

Voici un très-bon compost à utiliser pour cet engrais en couverture.

Pour un hectare de terre, on prend :

Bagasse hachée, environ................	11,000 kil.
Fumier de bétail.....................	4,000
Herbes de toute espèce................	2,000
Guano............................	300
Phosphate de chaux (os pulvérisés, etc.)...	300
Chaux............................	200
	17,800

On place d'abord, dans le fond de la *fosse à compost*, une petite couche de guano, puis une couche de bagasse, une de fumier, une d'herbes, chaque couche étant saupoudrée d'un peu de guano, et ainsi de suite, jusqu'à ce que tout soit employé. Par-dessus, on verse la chaux délayée dans de l'eau, en lait clair, et on recouvre d'un peu de terre. Au bout d'un mois à six semaines, deux mois au plus, ce compost est bon à employer. On le retire de la fosse, on le mélange et on le transporte sur le terrain.

On fait passer la charrette entre les lignes et, de distance en distance, on dépose un tas de cet engrais, à droite et à gauche.

Pendant ce temps, les ouvriers chargés de vérifier la coupe, ont suivi les lignes avec leurs couteaux (*machètes*) ou leurs serpes. Ils ont *taillé*, à vive arête, en biseau, toutes les cannes qui ont souffert de la coupe, le plus près de terre possible.

L'engrais est alors répandu uniformément sur les lignes et les touffes en sont recouvertes.

La petite charrue passe alors, *en sens inverse*, de chaque côté des lignes, de manière à ramener la terre vers la ligne. On augmente un peu l'*entrure*, et l'on porte la profondeur de *raie* à 12 centimètres. La terre se trouve ainsi rapportée de chaque côté des lignes, et l'on complète ce travail à la main, à l'aide de la houe, de façon à recouvrir l'engrais de 2 ou 3 centimètres de terre.

Un coup de charrue à double versoir (fig. 33), donné dans l'espace qui sépare les lignes et le fossé qui recouvre les pailles, suffit à terminer le *gros travail*, que l'on complète par un bon hersage et par le passage du rouleau entre les lignes.

On comprend que, avec ce travail, on a ameubli le terrain, donné de l'engrais aux touffes et de l'espace libre aux racines, que l'on a préparé l'enrichissement des entre-lignes pour une plantation ultérieure, et que l'on a assuré l'avenir de la récolte suivante, en fournissant de l'aération et de la nourriture aux touffes, et en rétablissant le sol dans les conditions les plus utiles pour la production sucrière.

Renouvellement des plantations. — En principe général, lorsqu'une plantation cesse de donner des produits suffisants et rémunérateurs, il est nécessaire de la détruire pour la renouveler. Sans doute, la pratique commune, dans des pays où les terrains cultivables sont de vaste étendue, ne verra rien de mieux à faire que d'abandonner la *plantation usée* et d'en créer une autre par défrichement; mais ce procédé sauvage ne peut être que très-limité, et il est opposé à toute idée de civilisation et de saine agriculture. Lors donc qu'un champ de canne est épuisé, il faut arracher les *souches*, à la pioche, ou mieux à l'extirpateur, les mettre de côté, pour leur laisser le temps de sécher et, aussitôt après cette opération, on doit mettre la charrue dans le champ et lui donner un bon labour. Pour que ce travail produise tous les résultats qu'on est en droit d'en attendre, voici comment nous comprenons qu'il devrait être effectué. Derrière une charrue ordinaire à versoir simple et dans le même sillon, on ferait passer une charrue sous-sol, qui pénétrerait à 30 ou 35 centimètres au-dessous du fond de la raie creusée par la première charrue. La portion supérieure du sous-sol serait ainsi ramenée en contact avec la terre de la couche superficielle, de façon à renouveler cette couche et à procurer au sol une aération aussi complète que possible.

Ce premier labour serait suivi d'un second à la charrue ordinaire, quelque temps après, et l'on donnerait par-dessus un tour de rouleau et un bon hersage.

Au moment de la plantation, les lignes seraient ouvertes dans l'espace intermédiaire qui séparait les lignes détruites, et l'on procéderait à la plantation comme nous l'avons indiqué précédemment.

Dans le cas où l'on ne serait pas pressé par le temps et où l'espace ne manquerait pas, il y aurait encore mieux à faire. Au moment du premier labour, on ferait placer dans le sillon creusé par la charrue sous-sol et sur le côté de ce sillon une très-forte fumure de 50,000^k à l'hectare, soit en fumier, soit en compost et, par-dessus, après roulage et hersage, on sèmerait, à dose fourragère, c'est-à-dire très-épais, une plante destinée à être enfouie en vert, comme des *légumineuses*, du *maïs*, etc. C'est aux légumineuses que nous donnerions la préférence, à cause de leur influence sur la décomposition rapide de l'engrais et sa transformation en humus. Le second labour enterrerait ces plantes lorsqu'elles seraient en pleine fleur, puis on agirait pour le labour de plantation comme il vient d'être dit...

Dans un excellent paragraphe de son livre [1], M. A. Reynoso recherche les causes de l'appauvrissement des plantations de canne et de cet affaiblissement progressif qui conduit forcément à exécuter un renouvellement du plant. Après une pre-

---

1. *Causas que determinan la depauperacion de los cañaverales.* (Op. cit., p. 181.)

mière récolte abondante et fructueuse, donnée par la canne plantée, il arrive que les rejetons des souches ne produisent que des cannes, petites, affaiblies et émaciées, pauvres en sucre, de telle sorte que, après une diminution progressive dans les produits, pendant quelques années, il devient indispensable de rompre le champ pour le planter à nouveau, par suite de la mort d'un grand nombre de souches et de l'appauvrissement des autres.

Après avoir exposé que la plante demande un temps plus considérable pour arriver à son entier développement lorsqu'elle se trouve dans des conditions meilleures de culture, et que la vie végétale est abrégée dans des circonstances moins favorables, M. Reynoso fait intervenir, à l'appui de son raisonnement, la comparaison entre la canne de plantation (*caña de planta*) et la canne de souche ou de rejetons (*caña de soca*) : la première met plus de temps à mûrir; son jus est de plus difficile défécation, parce qu'une plus grande vigueur de végétation lui a fait extraire une plus grande proportion de sels, et il serait avantageux de ne la couper que de 14 à 18 mois, afin que les jus aient le temps de se purifier, sous l'action des forces vitales de la plante, par une sorte de défécation organique, qui les débarrasse d'une grande partie des matières protéiques. La canne de souche, au contraire, mûrit plus vite, se développe moins, contient moins de sucs et de sels, donne un jus plus facile à travailler, mais elle est petite, ligneuse et moins saccharifère.

De ces faits et de la considération que les rejetons empruntent une partie de leur nourriture à la souche mère, dont les ressources alimentaires diminuent plutôt que de s'accroître, tandis que la plante de bouture jouit du mouvement actif d'une vie intime qui lui est propre, au sein de substances alimentaires abondantes et renouvelées, M. Reynoso déduit ce dilemme que la canne de souche est appauvrie dans son organisation ou qu'elle est moins favorisée par les circonstances extérieures, bien que son développement soit complet, relativement à elle-même, si faible qu'il soit comparativement à la canne de bouture.

Or, l'auteur cubain rejette l'hypothèse de la dégénérescence de la plante, et les expériences les plus concluantes viennent à l'appui de son opinion.

Une souche, enlevée avec la motte, et plantée dans un bon terrain, bien préparé et fumé, recouverte de terre, puis, plus tard, garnie au pied de terre mêlée d'engrais, végète avec autant de vigueur que la canne de bouture. Dans un cas, toutes les souches extraites d'une tranchée pratiquée dans un champ pour tracer un chemin de séparation (*guarda-raya*) furent plantées avec soin et produisirent des touffes vigoureuses. Sans arracher la souche, si l'on pratique autour un bon ameublissement du sol et qu'on la recouvre de terre et d'engrais, elle produit des cannes aussi belles que les meilleurs produits de bouture. En replantant en bon sol, bien ameubli, avec une quantité convenable de bon engrais, les rejetons (*retoños*) provenant des souches paraissant épuisées, on obtient de très-belles touffes, pourvues d'un grand nombre de tiges.

Ces faits nous paraissent fort concluants et nous avons pu constater par nous-même, sous le climat de Paris, des résultats analogues. Une touffe de canne, assez chétive et maladive, fut dédoublée par nous (1861) et plantée dans une terre assez médiocre, mais bien ameublie et enrichie par de l'engrais bien consommé. Les deux touffes se développèrent avec une vigueur beaucoup plus grande qu'auparavant en produisant de nombreux rejetons.

Nous dirons donc, avec M. Reynoso, que la canne ne dégénère pas dans les plantations, mais que son développement n'est empêché que par les défauts d'une mauvaise culture, par l'appauvrissement du sol en matières alimentaires, comme aussi, par l'influence de funestes circonstances climatériques. Un sol durci par les pluies, par le passage des ouvriers, des animaux, des roues de charréttes, épuisé de substances alibiles par les récoltes précédentes, ne saurait continuer à produire des récoltes abondantes; d'autre part, la négligence apportée à la coupe, et les blessures qui résultent d'un travail mal fait, sont loin d'être sans influence sur les résultats. Pour obvier à ces inconvénients et éviter d'avoir à renouveler trop souvent des plantations appauvries, on ne saurait donc trop recommander l'ameublissement du sol autour des touffes et dans les entre-lignes par des binages réitérés, l'emploi des amendements et des engrais appropriés, bien consommés, la pratique d'un buttage modéré et la précaution de recouvrir les touffes par quelques centimètres de terre aussitôt après la coupe. Par

l'ensemble de ces précautions, si justement recommandées par
M. Reynoso, on peut conserver à une plantation toute sa fertilité pendant de nombreuses années, sans être forcé de la renouveler aussi fréquemment qu'on le pratique d'ordinaire.

Il reste bien évident, d'ailleurs, qu'une diminution notable dans le produit, malgré la pratique des soins dont nous venons de parler, nécessite une plantation nouvelle, ne fût-ce que pour changer les plantes de place, les établir dans un sillon nouveau au milieu de l'entre-lignes, afin de les mettre dans un milieu reposé, riche en matières alimentaires; mais, ce qui est rationnel, lorsqu'on le pratique dans de bonnes conditions, devient absurde et onéreux lorsqu'on n'agit que par négligence et pour échapper aux suites d'une culture mal entendue.

V. — AMÉLIORATION DE LA CANNE.

On peut envisager l'amélioration de la canne à sucre sous plusieurs points de vue distincts. Ou bien, on peut chercher à perfectionner la variété que l'on possède, par des soins culturaux seulement, ou l'on peut agir par sélection ou par semis, ou, enfin, on peut chercher à produire des croisements.

Nous examinons rapidement ces divers objets de notre étude.

1º Il est certain, d'après ce que nous avons exposé et suivant toutes les données de l'expérience, que la canne, plantée dans certains sols, cultivée de certaines façons, est plus vigoureuse à la fois et plus riche en sucre qu'elle ne le serait dans d'autres terrains avec des soins moins bien entendus. Ainsi, il est admis que, dans un terrain suffisamment calcaire, sans excès toutefois, la canne est plus riche en matière saccharine, plus pauvre en matières nuisibles, pourvu que l'on n'ait pas abusé des engrais azotés. Il est, de même, évident pour ceux qui observent, que les soins de culture, les labours, l'ameublissement, l'assainissement, le buttage, apportent à la nature du sol un contingent d'action très-puissant. On pourra donc, par les soins d'une culture intelligente, par un travail bien compris du sol, par des amendements convenables, par des engrais appropriés, augmenter, sur une surface donnée, la quantité et la bonté des produits, et ce n'est là qu'un problème d'agriculture intensive appliqué spécialement à la canne, comme il pourrait l'être à toute autre plante.

2° Ce ne peut être par ce moyen que l'on obtiendra une amélioration pérenne, et ce genre de perfectionnement sera en quelque sorte personnel à l'agriculteur, dont les soins seront pour tout dans le résultat. Que ces mêmes cannes, donnant de grandes récoltes, avec 18 0/0 de richesse, dans tel sol, cultivé de telle manière, soient plantées dans un autre terrain, par un homme peu soigneux, les résultats baisseront aussitôt, tant sous le rapport de la quantité que sous celui de la qualité. Ce ne sera pas dans cette voie que nous obtiendrons un *perfectionnement direct* du végétal qui nous occupe.

Si, au contraire, nous recourons à la voie des semis, avec des graines que l'on peut se procurer dans l'Inde et dans les régions équatoriales, il arrivera forcément que ces graines, semées dans des conditions identiques de bonne culture et de bon sol, fourniront des variétés dont on pourra apprécier les différences.

Les procédés de sélection interviendront alors pour opérer la reproduction des produits les plus riches, de ceux qui seraient plus résistants au froid, plus rustiques, de ceux qui présenteraient plus de développement en un temps donné, qui fourniraient plus facilement des graines, etc. Les éléments du perfectionnement effectif, de l'amélioration réelle, ne sont pas ailleurs, et ils reposent complétement sur la création de variétés nouvelles, présentant des conditions d'existence différentes, des qualités plus avantageuses.

Il est à peine nécessaire de dire que l'on devrait prendre, pour le semis des cannes, des précautions analogues à celles que l'on s'impose pour la sélection des reproducteurs dans toutes les tentatives de ce genre. Les graines de chaque variété, actuellement cultivée, seraient recueillies dans un état de maturité parfaite. Pour cela, on laisserait flécher une ou deux touffes de chaque sorte et l'on ne conserverait que les tiges qui auraient fleuri les premières, afin de concentrer toute la vitalité de la souche sur la production des graines, auxquelles on devrait donner tout le temps nécessaire à une évolution complète. Les graines recueillies, bien mûres, seraient triées, afin de ne pratiquer l'expérimentation que sur les plus lourdes et les plus saines.

Pour cela, il faut rejeter toutes celles qui surnagent dans l'eau ordinaire, après un séjour d'une demi-heure à une heure. Après cette première élimination, on introduit successivement les graines restantes dans des bains d'eau salée de densité croissante, et l'on ne sème que les plus denses.

Ce semis doit être fait sur une bonne terre, bien ameublie, amendée, et fumée avec de l'engrais bien décomposé.

La disposition en lignes est préférable à toute autre, et les graines, espacées de 10 centimètres, doivent être recouvertes d'un centimètre de terreau.

Lorsque le jeune plant est levé, on lui donne les soins de propreté et les binages nécessaires; on butte légèrement, en amoncelant au pied quelques centimètres de terreau; puis, on transplante, à 50 centimètres d'écartement, sur lignes, en sillons bien amendés, lorsque les plantes ont cinq ou six feuilles, en les enlevant en mottes. Les binages, le buttage, quelques arrosements, l'effeuillage au besoin, complètent les soins de la première culture.

On tiendrait note de toutes les circonstances observées. Une analyse sérieuse serait faite sur chaque plante, et l'on conserverait pour boutures celles dont la richesse sucrière, la précocité, la rusticité, présenteraient des garanties pour l'avenir.

Plus tard, les graines de ces premiers gains serviraient à franchir un autre degré de l'échelle ascendante, et l'on arriverait ainsi, en quelques années, à obtenir les qualités recherchées. Cet ensemble de soins n'a rien de pénible; au contraire, s'il est une recherche intéressante pour un homme intelligent, c'est celle qui consiste à scruter les moyens d'améliorer les productions naturelles, car elle élève l'esprit vers des idées d'un ordre supérieur et, en même temps qu'elle touche à la réalité positive de l'économie industrielle par son but, elle fait participer le *chercheur* à la puissance créatrice. Quelle ne serait pas, en effet, la gloire qui s'attacherait au souvenir d'un expérimentateur, lorsque ses efforts persévérants, sa patience et son esprit d'observation l'auraient conduit à former une variété de canne à sucre contenant 20 à 25 0/0 de sucre, mûrissant en 8 ou 10 mois; par une moindre somme de chaleur totale, et présentant, avec les qualités typiques du genre, une série de qualités acquises plus utiles et plus profitables! Cet homme n'aurait-il pas mérité la reconnaissance et l'admiration de tous, et n'aurait-il pas rendu au monde un service signalé, dont les découvertes plus brillantes seraient loin d'atteindre la valeur? Aux yeux de tous les hommes de sens, il est certain que la grande famille retire plus d'avantages de l'amélioration et du perfectionnement d'une plante, si humble qu'elle soit, ou d'un animal domestique, que des inventions à fracas, dont la renommée publie les éloges enthousiastes. L'amélioration de la betterave, de la canne, du sorgho, de la carotte, est un de ces faits capitaux à conséquences incalculables, vers lequel doivent se porter les efforts et l'attention des véritables observateurs.

Si une chose nous étonne, c'est le peu de soins apportés jusqu'à présent à un objet aussi important. Sauf les recherches entreprises sur la betterave, qui ont été couronnées d'un succès légitime, rien n'a été fait dans cette voie, et les planteurs de cannes ont un vaste champ à défricher, une mine féconde à ouvrir.

3° En suivant les principes que nous avons retracés sommairement, on peut encore adopter une autre voie pour atteindre le but de cette recherche, et le croisement des variétés connues peut fournir des graines dont les produits, participant aux qualités mixtes des producteurs, marcheront plus rapidement vers la perfection.

En réunissant, à courte distance, des touffes de cannes de différentes qualités, la verte avec la violette, une rubannée avec une autre, etc., et en laissant produire des graines à ces touffes, il y a lieu d'espérer que le mélange des pollens donnera lieu à des graines d'un mérite plus ou moins marqué, mais douées de qualités spéciales, qui pourraient être fixées par la bouture. Le fait est d'autant plus acceptable et d'autant plus probable qu'il est impossible d'assigner une autre origine aux variétés déjà existantes, que le croisement seul a pu déterminer des modifications dans le type primitif, et que le canne ne peut faire exception à la loi organique qui régit tous les êtres vivants.

Éloigné, comme nous le sommes, des pays producteurs de cannes, nous ne pouvons songer à organiser nous-même une série d'expériences de ce genre; mais nous convions à ces recherches les expérimentateurs de bonne volonté. Que chacun apporte sa pierre à l'édifice, que toutes les observations se réunissent et se groupent en un faisceau, et cette union engendrera la puissance indomptable qui soulève les montagnes et renverse les obstacles.

VI. — CULTURE DE LA CANNE EN EUROPE.

Une des idées qui ont le plus exercé l'imagination de plusieurs repose sur la possibilité de cultiver la canne en Europe, et nous allons en dire quelques mots afin d'établir les bases d'une saine appréciation.

La canne a été cultivée avec succès en Espagne, en Italie, en Sicile, dans les îles de la Grèce... En comparant la latitude à laquelle on cultive encore la canne dans l'Amérique septentrionale, on peut croire que cette plante réussirait jusque vers le 45e degré de latitude nord, ce qui donnerait pour le midi de la France une zone d'environ 180 à 200 kilomètres de largeur accessibles à cette plante, si l'on se contentait de raisonner par induction; mais nous nous fondons sur d'autres données pour poser les principes qui peuvent servir de base à l'expérimentation, que nous regardons comme seule concluante en pareille matière. Admettons que tous les pays européens situés au-dessous du 40e degré de latitude peuvent aussi bien convenir à la canne que la Louisiane, par exemple, ce fait ayant été constaté autrefois expérimentalement, et posons comme acquise la possibilité de la culture de la canne en Espagne, en Sicile, en Italie, etc.

Lorsque ces pays entreront définitivement dans la voie du progrès et du travail, lorsque leurs populations secoueront les langes sous lesquels elles végètent depuis des siècles, elles pourront reprendre le noble rang qu'elles avaient conquis dans l'art agricole, et nous ne mettons pas un seul instant le succès en doute. Ce n'est donc pas à ces riches contrées que s'adressent les observations suivantes, et nous croyons la question résolue en ce qui les concerne.

Il n'y aurait ici qu'une seule objection à faire : la population espagnole et celle de la péninsule italienne sont-elles aptes à devenir jamais des nations agricoles, et pourront-elles secouer leur indolence et leur amour du *far-niente?* Cette question est trop grave pour que nous cherchions à la résoudre autrement que par analogie, et nous nous contenterons de faire observer que les peuples espagnols et italiens étaient fort estimés pour leur rude énergie et leur amour du travail champêtre, avant qu'un système bien connu les eût plongés dans l'apathie et la torpeur qu'on leur reproche aujourd'hui. Pourquoi ne se tourneraient-ils pas vers le travail agricole, lorsque ce travail sera devenu pour eux, non un surcroît inutile de misère, mais un moyen de prospérité et d'aisance, lorsque ce travail leur rapportera ses fruits en entier, sans qu'une sorte de mendicité légale, organisée, y fasse profiter la paresse des travaux de l'homme des champs?... L'expérience se chargera de répondre à cette question au sujet de laquelle nous n'avons rien à préjuger.

La culture de la canne est-elle possible en France?

Assurément, la solution affirmative de cette question serait un immense bienfait; mais nous ne croyons pas qu'il soit possible de la résoudre autrement que par l'expérience. Il est certain que la canne peut être cultivée avec succès, tant en Provence que dans le Languedoc, puisqu'à une époque déjà éloignée de nous, Olivier de Serres la regardait comme *domestiquée* dans ces provinces, et il est étrange que l'on n'ait pas cherché de nos jours à reprendre ces fructueux essais. Une spéculation de bourse, une opération d'agiotage trouverait, sans nul doute, des capitalistes et des commanditaires, mais les grands intérêts agricoles ne rencontrent que des indifférents : cela n'a rien, au demeurant, qui doive étonner, en présence de la légèreté avec laquelle sont annoncés comme réels des résultats hypothétiques. Ce fait referme les coffres entr'ouverts des financiers, dont plusieurs ont éprouvé des pertes dans cette voie de tâtonnements. C'est donc à l'expérimentation courageuse, laborieuse et patiente, qu'il appartient d'ouvrir la route. Les précédents sont nombreux pour ce qui regarde la culture de la canne dans le midi de la France; mais doit-on affirmer que cette culture ne pourrait pas s'étendre dans des départements plus septentrionaux? L'auteur d'un mémoire, publié en 1830, sur ce sujet, se déclarait persuadé et convaincu de ce fait, que la culture de la canne serait encore plus avantageuse et plus facile dans les provinces du nord, telles que la Flandre, l'Alsace, la Normandie, etc.; la plus grande fertilité de ces provinces et leur plus grande humidité seraient beaucoup plus favorables au développement et à la végétation rapide de ce roseau, qui est beaucoup plus robuste et plus vivace que le maïs...

Quelques observations de géographie physique donneront encore une sorte de solution théorique de la question. On sait que les *lignes isothermes*, indiquant les points dont la température moyenne est la même, diffèrent sensiblement des parallèles ou degrés de latitude. A partir de la ligne isotherme de $+ 15°$ (T. moy.), nous trouvons que cette ligne, celle qui limite dans la réalité la *culture actuelle* de la canne à sucre au nord de l'équateur, part du 37ᵉ parallèle, vers San-Francisco, traverse toute l'Amérique sous ce parallèle, et sort vers Richmond, à l'embouchure de la rivière James. De là, cette ligne se relève, en traversant l'Océan, du 37° au 44° de latitude septentrionale, elle entre en France, par 44°, un peu au nord de l'étang de Léon, dans les Landes, traverse la France méridionale entre ce point et le 43°, vers Villefranche, pour se terminer en Europe, au 50ᵉ degré, vers l'entrée des Dardanelles.

La ligne isotherme de $+ 10°$ part du 45ᵉ degré de latitude sur la côte occidentale des États-Unis, au nord de l'Orégon et à la hauteur de Salem. Elle traverse l'Amérique entre 45° et 40° et entre dans l'Océan à la hauteur de Philadelphie (Pensylvanie). Comme la précédente, elle se relève en traversant l'Atlantique et vient aboutir en Europe, au 52° de latitude, en Irlande, à la hauteur de la baie Dingle, ou à peu près à celle de Cork. Cette courbe traverse ensuite l'Europe pour se terminer par 46° (lat. N.), suivant la direction de Londres, Bruxelles, Vienne, etc.

De là, nous conclurons que la France méridionale, pour 11 départements au moins, appartient à la zone thermique où l'on cultive *actuellement* la canne à sucre; ceci ne présente pas matière à un doute sérieux. Le reste de la France appartient à l'intervalle qui sépare les isothermes de $+ 15°$ et $+ 10°$, et nous sommes persuadé que, par des modifications culturales convenables, on pourrait parvenir à faire croître la canne dans les bassins de la Garonne, du Rhône et de la Loire.

Nous ne pouvons guère entrer dans de plus grands détails à l'égard de cette idée; voici cependant une observation qui ne nous paraît pas être dépourvue de sens pratique et qui nous semble de nature à autoriser des essais de ce genre. D'après M. Péligot, la canne de huit mois renferme 18,2 p. 100 de matières solubles; d'un autre côté, la canne redoute peu les premiers froids, en sorte que, plantée fin mars, ou commencement d'avril, elle pourrait être récoltée en novembre, ou même plus tôt, si l'on pouvait espérer d'obtenir une proportion suffisante de sucre cristallisable en traitant des cannes non mûres. En supposant l'apparition du premier nœud vers le milieu de juin, on pourrait encore compter sur seize ou dix-huit nœuds exploitables.

Ce ne serait donc pas, à première vue, une utopie ridicule que de songer à cultiver la canne dans nos provinces françaises, situées au midi de la Loire et, probablement, on pourrait encore tenter des essais profitables au nord de ce fleuve. Une des grandes difficultés de ces tentatives expérimentales serait la conservation des souches destinées à procurer du plant ou des rejetons au printemps; on peut même dire que, si l'on parvenait à surmonter aisément cet obstacle, la culture de la canne ne serait plus qu'un problème agricole ordinaire, analogue à ceux que l'on est habitué à résoudre depuis quelques années.

Voici donc comment nous comprendrions les expériences à faire pour parvenir promptement à la solution de la question :

Les tentatives auraient lieu à la fois sur plusieurs points du territoire, dans le midi, le centre, le nord, l'est et l'ouest... Elles seraient faites, d'un commun accord, par des hommes compétents en agriculture, indépendants, par leur position et leur caractère, de toute coterie et de tout système préconçu... Le mode de préparation du sol, l'emploi des engrais, les façons et binages, les précautions à prendre contre le froid, l'époque de la plantation et de la récolte, etc., seraient l'objet d'un soin particulier : une analyse expérimentale serait faite chaque mois et même plus fréquemment, et l'on noterait avec soin toutes les circonstances de climat, de température, de mode cultural, comparativement avec la proportion de sucre cristallisable ou liquide indiqué par la saccharimétrie. Les résultats seraient publiés et, après quatre ou cinq années d'expérimentation, ils pourraient servir de base sérieuse à une appréciation utile.

On voit qu'il ne s'agirait en réalité que de trouver cinq expérimentateurs de bonne volonté et de leur procurer, vers le mois d'avril d'une première année, un certain nombre de boutures de canne. Cela ne présente pas d'énormes difficultés, et la grandeur du but à atteindre justifierait quelques sacrifices de temps et d'argent.

Culture de la canne en Algérie. — Si la question de l'acclimatation de la canne à sucre est encore un problème à étudier
pour la France, à l'exception des départements méridionaux,
on peut dire, avec certitude, que cette plante est destinée à
enrichir l'Afrique française, car l'Algérie est éminemment
propre à une culture prospère de la canne à sucre aussi bien
qu'à la production du café, du coton et du tabac. Ceci ne craint
nullement la discussion, et la culture de la canne en Algérie
n'a rien à redouter de la part du climat, qui lui est de beaucoup
plus favorable que celui de la Louisiane.

Une intéressante notice a été publiée sur ce sujet par M. H.
Choppin d'Arnouville, inspecteur de colonisation à Sidi-bel-
Abbès, dans la province d'Oran[1]; cette publication, approuvée
par une commission locale et faite par ordre du ministre de la
guerre, renferme des vues excellentes et des idées fort justes
dont nous croyons devoir reproduire les plus importantes.

Dans un avant-propos de deux pages, rempli de verve et de
justesse, l'auteur s'élève contre les prétentions des gens qui
voudraient voir interdire ou entraver la culture de la canne et
l'industrie sucrière en Algérie. La raison qu'on apporte en
faveur de cette opinion repose sur les embarras suscités par
la sucrerie indigène et qu'il ne faut pas risquer de reproduire,
à propos de la canne, en Afrique.

Les partisans de ce système peuvent être de fort bonne foi,
dit M. Choppin, et le motif seul de leur opinion les honore,
puisque c'est en vue de la paix et de la tranquillité, de la *conservation*, qu'ils se prononcent dans ce sens, quoique, malheureusement, sans y réfléchir. En y regardant de plus près, en
effet, cette prohibition est d'abord un non-sens, elle conduit à
l'arbitraire le plus absolu; enfin, à son insu, elle conseille une
véritable cruauté, mais cruauté sur une grande échelle, comme
on va en juger.

Personne ne contestera que l'Afrique soit une colonie française : or, comment la pensée de restreindre la fabrication du
sucre de canne aux colonies pourrait-elle entrer dans un cerveau logique, lorsque le sucre de betterave est, précisément
dans l'intérêt du premier, frappé de droits presque équivalents
à la prohibition? Si cela pouvait être, on verrait donc le sucre

---

1. *Culture de la canne à sucre; indications sommaires à l'usage des colons
d'Alger.* Alger, 1852.

de betterave frappé de droits dans l'intérêt d'un produit similaire des colonies, dont on interdirait d'un autre côté la fabrication?

A ces allégations que l'Algérie est assimilée à la France, qu'il faut faire pour elle une exception, quant au sucre, qu'elle n'a pas encore de *droits acquis*, M. Choppin répond que l'Algérie n'est pas assimilée, sinon en espérance; que s'il suffisait pour cela d'une mesure administrative, autant vaudrait décréter tout de suite la prospérité obligatoire; que, dans tous les cas, l'assimilation comporterait, pour l'Afrique française, le droit de produire ce qu'elle veut, ou plutôt ce qu'elle peut, comme la mère patrie... Quant aux droits acquis, les colons d'Afrique veulent précisément travailler à en acquérir, entre autres celui de ne plus mourir de faim, et l'on s'y oppose en conseillant à l'administration des mesures restrictives de leurs cultures!

« Voyez enfin, ajoute l'auteur de la notice, vous qui voulez conduire dans une pareille voie notre noble France; voyez ce que vous voulez faire : des colons de la Réunion, des Antilles, de la Guyane, etc., dont les pères ont fait dès fortunes quelquefois fabuleuses qui, eux-mêmes, viennent de recevoir quelque cent millions pour leurs noirs (*qu'ils conservent*), qui mènent tous traditionnellement des vies de prince, vous intéressent au point que vous voulez faire défendre à de pauvres paysans tout frais expatriés, mourant de faim quelquefois, ou bien près de gagner, par un travail approprié à leur nouveau pays, le pain de leurs pauvres familles, cela se réduirait à dire, en exagérant un peu : Périssent, faute de pain, 20,000 pauvres diables, je suppose, mais que leurs prédécesseurs, maintenant tirés d'affaire, n'aient pas l'ombre d'une crainte à avoir sur la millième partie de leur superflu, crainte d'ailleurs gratuite et sans nul fondement... »

M. Choppin insiste avec juste raison pour qu'aucune considération particulière ne fasse dévier du principe de l'égalité absolue, de la concurrence à armes parfaitement semblables, nécessaire en agriculture plus qu'en toute autre branche d'industrie, puis il entre en matière par la description de la canne à sucre... La variété à laquelle il donne la préférence est la canne d'Otaïti, qu'il regarde comme plus robuste que ses congénères, relativement plus rustique et *bien moins sensible au froid.* C'est la variété qui lui semble appelée à réussir en Algérie, surtout dans les plaines du littoral, bien qu'il ne conseille pas le voisinage tout à fait immédiat de la mer, dont les émanations salines pourraient être nuisibles.

Le terrain destiné à recevoir la canne doit être avant tout bien abrité du nord et de l'ouest, composé de bonne terre à froment et frais, ou irrigable, sans humidité permanente cependant : les terrains argilo-calcaires et silico-calcaires, les premiers si abondants en Algérie, sont très-favorables à la canne.

« Le terrain sera défoncé à 40 centimètres environ et fumé à dose ordinaire, avant l'hiver, si les récoltes précédentes sont présumées avoir épuisé le sol ; en avril, le terrain recevra un nouveau labour plus superficiel, un bon hersage, et sera disposé en billons distants de 1 mètre et demi au moins à 2 mètres, d'un sommet à l'autre, et d'une hauteur totale de 25 à 30 centimètres ; la charrue sous-sol, ou *sub-soil plough* des Anglais, tout en fer, sera très-convenable au premier labour ; de petites fosses de 30 à 40 centimètres de longueur seront creusées à 70 centimètres les unes des autres, en long, dans le fond des intervalles séparant les billons et parallèlement à leur axe. »

M. Choppin conseille la plantation, fin avril, lorsque la terre est fraîche ou même mouillée ; trois semaines ou un mois après, les jeunes pousses sortent de terre, et l'on doit les rechausser à mesure de leur croissance, pendant les trois ou quatre premiers mois, au moyen de la terre des revers voisins des billons. Les mauvaises herbes seront détruites avec soin.

L'auteur pense que les cannes pourront ainsi atteindre une hauteur d'un mètre et demi environ avant les froids de la fin d'octobre et de novembre et qu'elles auront poussé des racines assez profondes pour résister aux vents et aux intempéries de la mauvaise saison et, dans sa pensée, les plantes supporteront l'hivernage. Après un binage donné à la suite des dernières pluies de mars, on devra procéder à l'épaillage, c'est-à-dire à la suppression des feuilles latérales, jusqu'à la récolte, qui aura lieu vers le milieu d'avril. La maturité complète de la canne ne devant avoir lieu en Algérie qu'après quinze ou dix-huit mois de plantation, il paraîtrait inévitable de perdre un hiver sur deux, pour ne replanter qn'au printemps, si l'on tenait à obtenir des cannes tout à fait mûres. ·

Après la récolte, les souches seront immédiatement recouvertes d'un peu de terre sèche ; on pourra donner à cette couche de terre une épaisseur de 15 à 20 centimètres à l'approche des grands froids et, moyennant cette précaution, à moins de fortes gelées, les souches pourront passer l'hiver saines et sauves, et donner de nouvelles tiges au printemps suivant.

M. Choppin conseille la plantation, fin avril, pour éviter la crainte des gelées blanches fréquentes au printemps, et il regarde la plantation dans les fossettes creusées au *fond* des billons comme nécessaire en Afrique, à cause de la rareté et de l'insuffisance des pluies. Ces opinions nous paraissent fort rationnelles et, sans analyser ce que l'auteur a indiqué sur la fabrication du sucre de canne, nous croyons avec lui que les moyens de fabrication ne manqueront pas en Afrique, dès que les plantations de cannes s'y établiront avantageusement.

En attendant, M. Choppin exprime la conviction que « *chaque petit colon*, ou, si l'on veut, *chaque village, pourrait très-facilement produire et fabriquer le sucre nécessaire à sa consommation au moins.* La cassonade suffisamment *terrée*, agréable et fort bonne pour tous les usages, ne leur reviendrait pas à plus de 15 à 20 centimes le demi-kilogramme, quand bien même ils ne se serviraient, d'abord, que de rouleaux en pierre, de meules de moulins, de chaudrons ordinaires, enfin, exclusivement, *de leurs moyens actuels.* »

Nous n'ajouterons rien à ces idées, parfaitement applicables, mais qui, malheureusement, n'ont pas produit jusqu'à présent les fruits qu'on devait en attendre. L'Algérie peut produire du sucre et cultiver la canne avec autant de succès que la Louisiane, ce fait est admis sans conteste ; mais il ne faut pas oublier que l'Algérie est française, et qu'à ce titre les progrès y seront aussi longs qu'en France. S'il s'agissait de modes, de fantaisies, de bagatelles enfin, la chose serait exploitée depuis longtemps, elle aurait trouvé des capitaux, des encouragements ; mais, en matière sérieuse, nous avons le triste défaut de ne trouver à dépenser le plus souvent que des discours inutiles.

Il est certain que, si l'Algérie eût appartenu à une autre

37

puissance voisine, remarquable par son génie de colonisation, cette brillante conquête serait dans une tout autre condition.

Les Anglais ont transporté la flore et la faune européennes jusqu'en Australie, et nous, après tant d'années de possession, nous ne pouvons encore montrer le moindre avantage apporté à la mère patrie par notre colonie africaine, parce que nous n'avons pas fait pour elle ce qu'elle avait le droit d'espérer; ainsi, les noirs des colonies ont plus coûté à l'État qu'il ne faudrait pour assurer la prospérité et l'avenir de l'Afrique française, et cependant il n'est pas possible de comparer avec justice la portée d'une émancipation prématurée et l'importance d'une vaste colonie située aux portes de la France. Des sommes énormes sont consacrées tous les ans à des inutilités; mais qu'il s'agisse d'un intérêt agricole, du bien-être des hommes de culture, peu de voix oseront s'élever en leur faveur, et la plupart de ceux qui en parlent n'ouvrent la bouche que pour célébrer la prospérité agricole de notre époque. Triste prospérité que celle d'un temps et d'une nation où l'on ne sait conjurer les disettes périodiques que par des discours, tandis que les moyens réels se retirent de ceux qui ont besoin pour aller vers ceux qui regorgent!

Nous avons, en France, 20 millions d'hommes qui appartiennent à la petite exploitation rurale; nous avons, à une journée de distance, une colonie qui aurait fait l'orgueil de Rome et, pour nos colons, pour nos cultivateurs, on ne fait rien que des projets aussitôt abandonnés que conçus. Les encouragements, les primes, sont détournés de leur but avouable, et ceux qui en profitent sont précisément les spécialistes qui entretiennent le marasme de notre agriculture. Le déclassement des populations, l'émigration des champs pour la ville, la misère profonde des travailleurs ruraux en France et en Algérie, la paresse et la dégradation des ouvriers des villes, la cherté croissante des objets d'alimentation sont des preuves palpables de ce que nous avançons.

Il est temps que cet état de choses soit profondément modifié, si l'on veut éviter les crises alimentaires pour l'avenir; il est temps que l'on voie l'agriculture où elle est, au milieu des masses de la petite culture et de la moyenne exploitation, et non dans les succès des riches amateurs qui visent au titre mensonger d'agronomes, et auxquels leur fortune permet de bénéficier de toutes les situations. Ceux-là ont profité seuls de la crise des alcools, depuis 1854; ils s'empareront aussi de la sucrerie agricole, si jamais elle parvient à s'implanter en France par la betterave et en Algérie par la canne et le sorgho. Cette anomalie est grave dans ses conséquences, et le gouvernement ne peut manquer d'y apporter une attention sérieuse.

Ces paroles ne seront point prises, nous l'espérons, pour l'expression d'un libéralisme outré, car nous rougirions de la chose et du mot, comme on les comprend en France, où la liberté est le droit de tout faire pour les scélérats, au détriment des droits de tous les autres. Nous voulons dire seulement ceci, que la population rurale a le droit de profiter de son travail, que rien de ce qui est industrie agricole ne peut ni ne doit lui être interdit et que, partout où se trouve le véritable ouvrier, le travailleur sérieux, depuis le plus humble des chiffonniers jusqu'au plus riche fabricant, il doit être protégé et encouragé contre la fainéantise et le parasitisme. Le travail, c'est l'honneur même et, dans nos sociétés modernes, c'est là seulement que ce véritable honneur apparaît dans toute la splendeur de son rayonnement.

SECTION II.

CULTURE DU SORGHO SUCRÉ.

Nous ne chercherons pas à établir si la plante, plus connue aujourd'hui sous le nom de *sorgho sucré*, est un véritable *holcus*, ou une espèce voisine de la canne, et nous ne discuterons pas sur le nom de *canne à sucre de la Chine*, que plusieurs écrivains lui ont donné. Cette question serait oiseuse pour le fabricant, et elle ne peut offrir qu'un intérêt secondaire purement théorique.

Quoi qu'il en soit, le sorgho sucré (*holcus saccharatus*) appartient à la famille des *graminées* et à la tribu des *phalaridées*; c'est un beau végétal, qui atteint quelquefois une hauteur de plus de 5 mètres, et dont la taille moyenne est de $2^m,50$ à 3 mètres. La figure 54 en donne une idée suffisante.

Le sorgho sucré est *vivace* par sa racine persistante, qui est une souche fibreuse, douée d'une vitalité très-énergique.

Fig. 54.

Il s'en élance ordinairement cinq ou six *tiges* ou *pousses* marquées de nœuds analogues à ceux de la canne à sucre, graduellement plus éloignés les uns des autres en avançant vers le sommet.

Les tiges sont lisses et donnent, à chaque nœud, naissance à une *feuille* engaînante, retombante, large de 4 à 6 centimètres, longue de 45 à 60, offrant, comme celle de la canne ou du maïs, une nervure médiane plus épaisse et blanchâtre.

La tige forme au sommet une *flèche* allongée, garnie d'une *panicule* étalée et retombante que l'on a comparée au chapeau chinois de la musique militaire. Cette panicule porte des *graines* sphéroïdales, assez allongées, qui sont recouvertes par un épiderme rougeâtre, et fixées sur une sorte de *cupule* de couleur marron ou grenat foncé.

Le sorgho sucré a été introduit en France par M. de Montigny, consul à Shang-Haï, qui en envoya des graines à la Société de géographie de Paris, en 1851. Depuis cette époque, grâce aux soins zélés de plusieurs personnages honorables, cette plante avait pris place dans les cultures du midi de la France et spécialement dans celles de l'Algérie, mais il semble que, depuis quelques années, on ait délaissé une culture qui présageait les plus heureux résultats pour l'agriculture et pour la double industrie des sucres et des alcools.

I. — CULTURE DU SORGHO SUCRÉ.

Nous diviserons les notions relatives à la culture du sorgho de la Chine en plusieurs questions, afin d'en faire l'étude de la manière la plus méthodique qu'il nous sera possible. Elles porteront sur le *choix du sol*, sur l'*engrais*, sur la *culture* proprement dite, comprenant la *préparation de la terre*, l'*ensemencement*, les cultures et soins d'*entretien* et la *récolte*.

Choix du sol. — D'après les meilleurs observateurs et leurs expériences comparatives, le sorgho peut réussir dans tous les sols. Il préfère cependant les terrains d'alluvion, les sols chauds et humides, susceptibles d'être arrosés ou irrigués. Ajoutons que les terrains nouvellement défrichés paraissent ne pas convenir à cette plante. Il va de soi que, pour la production du sucre, on doit éviter de semer le sorgho dans des sols trop riches en sels minéraux solubles.

On se guidera, d'ailleurs, dans l'assolement que l'on doit suivre et la place que l'on peut accorder au sorgho, sur ce fait remarquable, constaté par M. de Beauregard, que la culture du sorgho est moins épuisante qu'elle ne semblerait l'être au premier aperçu. Du reste, il est facile de se rendre un compte suffisant de cette particularité, si l'on fait attention au peu d'avidité du sorgho pour les sels minéraux et à sa composition hydrocarbonée. Les détails analytiques que nous avons donnés précédemment, joints à la constitution physique bien connue de cette plante, conduisent à cette conséquence forcée que, dans tous les cas, elle est moins absorbante, moins épuisante que la plupart des graminées de nos assolements. De l'eau, de l'acide carbonique, peu de sels et d'azote, tels sont les éléments de sa nutrition.

Engrais propres au sorgho. — Comme toutes les plantes saccharifères, le sorgho redoute les engrais animaux fortement azotés; les *engrais salins* ne peuvent lui convenir. On se trouvera bien de l'emploi de la bagasse, des résidus et débris végétaux, des tourteaux, des tourbes désacidifiées, et surtout des légumineuses et autres plantes enfouies en vert.

En tout cas, on ne devra jamais le semer que sur vieille fumure, si l'on veut éviter une grande abondance de matières mucilagineuses et de sucre liquide aux dépens du sucre prismatique.

C'est faute d'avoir observé cette règle que les essais sur le sorgho ont été infructueux dans les départements septentrionaux; mais nous avons la certitude que son accomplissement permettra de doter définitivement la sucrerie de cette magnifique plante.

Préparation de la terre. — Le sol destiné à recevoir le sorgho sera préparé par un labour d'hiver et un de printemps, suivis chacun d'un hersage énergique. L'engrais sera enfoui par le dernier labour, si l'on se décide à employer une fumure quelconque. Le tourteau se met avec la graine au moment du semis.

Ensemencement. — La graine de sorgho, étant munie d'un périsperme très-résistant, devra être trempée un jour ou deux dans l'eau pour subir un ramollissement qui facilite la germination.

Elle se sème à la volée, en lignes ou en potets, à la façon des pois et des haricots.

Le semis à la volée ne peut convenir au sorgho, et bientôt ce mode devra forcément disparaître de la plupart de nos cultures. Il rend les binages plus difficiles, et force à éclaircir les plants; le résultat de cette opération est très-irrégulier, et les influences atmosphériques profitent moins à la plante.

Le semis en potets est très-convenable pour la petite culture. On creuse à la houe une petite fosse, au fond de laquelle on place un peu de tourteau pulvérisé, puis deux ou trois graines, que l'on recouvre d'un centimètre de terre. Les plants doivent être espacés de 50 à 60 centimètres en tous sens.

Enfin, le semis en lignes, au semoir ou au rayonneur, nous paraît être le seul applicable dans la grande culture. Les lignes doivent être distantes de 1 mètre et, à l'époque du premier sarclage, le plant est espacé de 40 centimètres.

L'époque du semis est nécessairement variable et se règle sur la fin des gelées; la graine mettant à lever un temps assez long (dix à quinze jours), et ne craignant rien des froids tant qu'elle est dans le sol, on peut semer sans risque dans la première quinzaine d'avril, année moyenne. Du reste, il faut se baser sur la nécessité de donner à la plante la plus longue végétation possible et, par conséquent, semer aussitôt qu'on peut le faire sans craindre de trop grands froids.

Quelques personnes sèment le sorgho en pépinière dès le mois de mars et le repiquent ensuite, lorsqu'il a 15 centimètres de hauteur : le sorgho supporte très-bien la transplantation ; mais est-il présumable que cette opération ne retarde pas un peu la végétation de la plante et ne lui nuise pas sous le rapport du produit saccharin ? Il reste à l'expérience à décider cette question.

Cultures et soins d'entretien. — On doit donner au sorgho un premier sarclage lorsqu'il a atteint de 10 à 15 centimètres; on en profite pour éclaircir les plants trop serrés. Un second binage est nécessaire un mois après le premier sarclage.

Le sorgho est longtemps à sortir de l'enfance; mais cette première période une fois franchie, sa végétation marche avec une extrême rapidité. Il sera bon d'irriguer le champ de sorgho une ou deux fois, si on le peut, et s'il n'est pourvu d'une humidité naturelle suffisante. Cependant, il convient de ne pas outrer les arrosements, et il vaut même mieux s'en passer, à moins que le terrain ne soit par trop sec. On sait qu'un excès d'humidité a l'influence la plus pernicieuse sur le sucre des végétaux.

Le buttage ne semble pas avoir de bons effets sur le sorgho, qui est muni de racines adventices à suçoirs, lesquels rendent cette opération à peu près inutile.

Le sorgho talle beaucoup, et chaque graine produit de six à huit cannes. Il atteint une hauteur de 2 à 4 mètres; le diamètre inférieur des tiges est de 2 à 3 centimètres, et la longueur des entre-nœuds ou mérithalles varie entre 15 et 30 centimètres.

Les épis ont de 15 à 40 centimètres et donnent de 5 à 100 grammes de graines.

Le sorgho peut se reproduire de boutures, pourvu que les boutures portent au moins un nœud formant bourrelet. Ce mode exige beaucoup d'humidité pour la reprise.

Récolte. — Le sorgho demande de cinq à six mois pour parvenir à sa maturité.

Il est remarquable que le principe sucré existe abondamment dans la flèche, au moment de la floraison; mais à mesure que la plante mûrit, les parties supérieures perdent leur sucre et ce sont les entre-nœuds les plus rapprochés du sol qui en contiennent le plus. Il faut donc que la partie inférieure de la plante soit parfaitement mûre pour qu'on obtienne le maximum de sucre.

Cette maturité s'annonce par celle de la graine, dont l'enveloppe passe du jaune au brun, puis au violet foncé presque noirâtre, par une série de dégradations successives.

Il est digne de remarque que des arrosements excessifs donnent au sorgho la tendance à ne produire que de la fécule au lieu de matière saccharine.

La récolte doit se faire en coupant les cannes de sorgho au fur et à mesure de leur maturité. On supprime la flèche avec l'avant-dernier nœud et les feuilles, et l'on fait écraser et presser le plus rapidement possible, la plante fermentant assez promptement.

On a proposé, comme moyens de conservation, l'obturation de la section, l'ensilage, la dessiccation : ces moyens doivent être l'objet de nouvelles expériences par rapport à la fabrication sucrière. Il faut également attendre les résultats de l'observation pour parler sûrement des maladies qui peuvent attaquer la canne à sucre de la Chine.

II. — Observations.

Comme il est bon d'avoir tous les éléments nécessaires pour éclairer une question économique, nous croyons devoir mettre sommairement sous les yeux du lecteur un certain nombre de faits relatifs au sorgho et à sa culture.

M. le marquis de Vibraye, propriétaire-agriculteur en Sologne, prétendait constater, dans une lettre adressée au *Journal d'agriculture pratique*, que l'usage du sorgho pour l'alimentation du bétail entraîne divers inconvénients. Sous l'empire de cette nourriture, la sécrétion lactée avait été diminuée de moitié, une bête avait péri par météorisation, et plusieurs personnes auraient observé que le sorgho cause la stérilité des vaches!... M. de Vibraye faisait bon marché du cas de météorisation, qui aurait pu se produire avec tout autre fourrage, mais il concluait avec raison à la nécessité de *renouveler prudemment et consciencieusement les épreuves*.

De son côté, le baron E. Peers trouve que l'on est parti de faits analogues pour se prononcer pour ou contre le sorgho, en sorte que cette plante a eu affaire, sans connaissance de cause, à des détracteurs passionnés et à des admirateurs exagérés.

« En se prononçant prématurément, écrivait-il dans la *Feuille du Cultivateur*, sans avoir assez étudié la question et en se basant simplement sur quelques faits recueillis isolément, *on est arrivé à reculer peut-être de quelques années la vulgarisation de cette plante*, dont l'introduction peut être très-avantageuse à la grande culture.

« En effet, les uns se montreront incrédules en présence des résultats prodigieux de production qu'on annonce, résultats qui dépassent de beaucoup comme rendement tout ce que nous obtenons par analogie dans nos fermes; les autres, voyant à quels dangers peuvent être exposées leurs bêtes, craindront de compromettre la sûreté de leurs étables. Pour l'une ou l'autre raison, chacun jugera inutile de faire des essais; et ainsi sera ajournée pendant longtemps l'introduction d'une plante qui peut rendre de bons services.

« Il n'est rien qui doive être entouré d'une plus grande

somme de garanties que les innovations en agriculture. Ce n'est pas à l'état de problème qu'on peut les proposer au cultivateur; il faut, pour les lui faire accepter, qu'elles soient parfaitement claires pour lui. Et encore n'y réussit-on pas toujours; car, en règle générale, ce n'est qu'avec une certaine défiance qu'il consent à introduire dans son exploitation les améliorations qu'on lui indique. Il a ses anciennes habitudes; bonnes ou mauvaises, il y tient. Et, quand bien même vous arriveriez à lui démontrer qu'elles sont vicieuses, ce n'est qu'à grand'peine que vous le déciderez à les quitter. Donnons-en un exemple en passant.

« Depuis cinquante ans, la betterave rouge ou disette est cultivée en Belgique avec succès pour l'alimentation du bétail; mais il est reconnu et constaté par une foule d'expériences que cette betterave est, de toutes les espèces, celle qui renferme le moins de principes alibiles. Eh bien, nous avons fait des efforts inouïs pour faire remplacer cette racine par la betterave globe jaune et, nous sommes forcé de l'avouer, nous avons échoué presque partout. Pourquoi? parce que la betterave rouge a la priorité sur sa congénère jaune, parce qu'elle acquiert un grand volume hors de terre et qu'elle donne des rendements un peu plus élevés.

« Nous avons en vain eu recours à tous les moyens de persuasion, en vain nous nous sommes étayés sur les faits les plus évidents; nos conseils et notre exemple n'ont pu empêcher la continuation d'une culture rétrograde.

« Ce que nous disons ici, à propos de la culture de la betterave rouge, se produira également à l'égard du sorgho, et d'autant mieux que son introduction est toute récente, et que, dès son apparition, il a soulevé des opinions contradictoires et s'est vu en butte à des accusations très-graves.

« Quoi qu'il en soit, ne nous désespérons pas de le voir un jour occuper une belle place parmi nos plantes fourragères; car, nous n'hésitons pas à le dire, nous avons dès aujourd'hui la conviction qu'il figurera très-honorablement parmi les substances alimentaires dont nous disposons en faveur des bêtes à cornes. Et les essais que nous avons faits à ce sujet donneront, nous osons l'espérer, un démenti formel aux assertions que l'on a mises en avant relativement à ses principes vénéneux et autres inconvénients qu'on a voulu lui attribuer.

« C'est dans ce but que nous allons rendre compte des expériences auxquelles nous nous sommes livré. ·

« En 1857, nous avons emblavé, à titre d'essai, 45 ares de sorgho dans un sol léger, meuble et fumé convenablement. Ce semis a été opéré au commencement de mai; la levée s'est faite très-régulièrement et dans de bonnes conditions. Le plant a été sarclé et éclairci lorsqu'il eut atteint la hauteur de 10 à 12 centimètres. Au mois d'août, il avait 2^m,50. Nous le fîmes alors consommer à l'étable : le bétail indistinctement s'en montra très-friand et nous n'eûmes pas le moindre accident à constater. Quelques plantes furent réservées pour porte-graines; elles arrivèrent à floraison, mais les gelées blanches les empêchèrent de mûrir leurs graines.

« Dès le mois de mai 1858, nous reprîmes de nouveaux nos semailles sur une étendue plus grande, dans un terrain fumé, léger, mais ameubli par de bons labours, et surtout bien tassé à l'aide du rouleau.

« La levée de la graine se fit, comme précédemment, sous des auspices très-favorables. Vers la mi-mai, un nouveau semis fut exécuté ; il leva plus vite et avec plus de vigueur que le premier. En moins d'un mois, il avait rattrapé celui-ci. Le champ emblavé fut sarclé et éclairci comme d'habitude ; les plants, distancés de 15 centimètres, montrèrent après cette opération une force végétale très-remarquable, et, dès la fin de juillet, il nous fut permis de donner le sorgho comme fourrage à notre bétail, ainsi que nous l'avions fait l'année précédente. Les animaux le mangèrent avec avidité, et ils n'en furent pas le moins du monde incommodés, bien qu'on leur eût administré des rations fort abondantes.

« Dans le principe, les tiges furent servies entières ; mais, dès la mi-août, leur volume s'étant considérablement accru (elles avaient à la base 7 et 8 centimètres de circonférence), et la partie inférieure, devenue ligneuse, offrant une trop grande résistance à la mastication, nous nous déterminâmes à les passer au hache-paille. Cette substance, ainsi coupée en cossettes de 3 centimètres de long et mélangée avec les feuilles, forma un aliment si appétissant et si substantiel, que *quatre vaches furent nourries constamment et exclusivement avec du sorgho jusqu'aux premiers jours d'octobre;* et, pendant les deux mois qu'elles furent soumises à ce régime aussi simple que peu dispendieux, *nous n'avons eu à constater que de très-bons effets.*

« D'après notre pratique, nous pouvons donc constater que le bétail nourri avec le sorgho n'en a pas refusé une seule ration ; qu'il s'en est, au contraire, toujours montré très-avide ; que *son état hygiénique a été parfait pendant toute la durée de ce traitement*, et que *le rendement en lait s'est produit constamment dans les mêmes proportions.*

« La ration de chaque tête de bétail était calculée sur le pied de 75 kilogrammes en tiges hachées ou 300 kilogrammes pour les quatre bêtes ; 26 ares ont suffi pour fournir à cette alimentation, qui a duré soixante jours.

« Nous avons pu conclure de là qu'on n'exagérait pas le produit du sorgho en l'estimant à 72,000 kilogrammes par hectare, lorsqu'on le laissait arriver à 2 mètres de hauteur.

« Nous avions entendu dire que le sorgho repoussait très-aisément et qu'il pouvait donner jusqu'à trois coupes successives. Nous avons voulu faire cet essai, mais nous n'avons pas obtenu de résultats satisfaisants. La plante coupée repousse, il est vrai, et très-promptement ; mais nous avons constaté que ces opérations n'avaient rien d'économique et que la dernière pousse n'était bonne qu'à servir de pâture aux moutons, qui dévorent cette plante avec avidité jusqu'à fleur de terre.

« En 1858, comme en 1857, nous avons employé tous les moyens en notre pouvoir pour faire mûrir la graine ; les résultats ont encore été négatifs ; une gelée blanche a suffi pour détruire le suc laiteux de la fleur qui était en pleine formation.

« Une remarque bien essentielle que nous avons faite pendant toute la durée de la croissance du sorgho, c'est que *la plante n'a été attaquée par aucun insecte*. Est-ce là un fait isolé ? Nous l'ignorons ; toujours est-il que cette observation mérite d'attirer l'attention du cultivateur ; car, parmi les plantes fourragères destinées à l'alimentation du bétail, celles qui sont exposées périodiquement aux atteintes des insectes éprouvent une très-notable dépréciation et contribuent très-fréquemment au développement des maladies dangereuses.

« Pour nous résumer, nous sommes d'avis que le sorgho a sa place marquée dans nos cultures, et nous sommes convaincu qu'il entrera dans l'assolement ordinaire des plantes fourragères. Nous en évaluons une seule coupe à quatre coupes de trèfle; autrement dit, nous prétendons qu'un hectare de sorgho vaut plus que deux hectares de trèfle, comme équivalent de fourrages verts, bien entendu; car la question de savoir si sa dessiccation pourra se faire avec quelque avantage reste encore à résoudre. Elle n'a pas, du reste, encore été examinée bien soigneusement. Quant à nous, nous penchons vers la négative.

« Nous terminerons en disant que le sorgho pouvant être servi au bétail vers la fin de juillet, ce moment est d'autant plus favorable, que les trèfles, les herbes et les racines font souvent défaut à cet époque de l'année.

« Nous avons opéré des semis en lignes et des semis à la volée, et nous n'avons trouvé aucune différence dans le rendement; toutefois, nous donnons la préférence au semis à la volée, parce que le sarclage à la main ou à la petite houe se fait mieux et plus économiquement.

« Lorsque la graine est bonne, 2 kilogrammes de semences par hectare suffisent... »

Cette réponse catégorique se trouve complétée par les expériences de la *Commission provinciale* d'agriculture du Brabant. Voici les principaux faits obtenus en 1858.

Le sorgho a été cultivé, à titre d'essai, sur la superficie d'un are de terrain léger, exposé au midi, très-profond et fortement fumé; le semis a eu lieu vers la mi-mai et comprenait environ 300 plantes. Vers le 15 septembre, quelques tiges commencèrent à fleurir, et sont parvenues à la hauteur de 3 mètres; dans la première quinzaine d'octobre, chaque plante avait atteint le poids d'environ 4 kilogrammes. A cette époque, on a essayé de le donner en vert au bétail et aux chevaux; ils s'en montrèrent très-avides, mais ils ne mangèrent que les fanes et les plus tendres tiges; les autres étaient devenues trop dures et n'étaient plus mangeables. (*Premier district.*)

Les graines de sorgho ont été distribuées à différents cultivateurs du district. Tous se sont également conformés à la notice qui a été transmise pour les soins à donner à la culture de cette plante. Partout les plantes ont poussé avec beaucoup de vigueur et, au mois d'août, déjà, on a commencé à en nourrir le bétail, qui s'en est montré très-avide. Les plantes, avant d'être livrées au bétail, ont été divisées le plus possible au moyen du hache-paille. Quelques cultivateurs ayant négligé de les couper à l'état herbacé, les ont laissé sécher pour les donner cuites à leur bétail ; cet essai n'a pas réussi. Ceux qui ont utilisé la plante verte, lorsqu'elle avait atteint un demi-mètre de hauteur, sont tous d'accord pour s'en louer, et sont d'avis que la culture de cette plante, en proportion convenable, serait une bonne acquisition pour l'agriculture. Ils ont aussi constaté que les porcs en sont très-avides.

Le médecin vétérinaire du canton a été appelé à surveiller l'effet produit sur les animaux par cette nouvelle nourriture, et il a constaté que, loin d'amener des accidents et des empoisonnements, tels que quelques journaux de certaines localités l'ont annoncé, *l'état de leur santé continuait à prospérer*.

Il est utile de noter que quelques pieds de sorgho, non coupés, ont atteint une longueur de trois mètres, et qu'ils ont produit des graines dont *les trois quarts ont mûri*.

La culture du sorgho n'ayant été essayée qu'en petit dans le district, il est impossible, pour le moment, d'indiquer s'il y a lieu d'introduire des changements dans le mode de culture recommandé. Par le même motif, il serait difficile de fixer le produit de cette plante par hectare. Cependant on peut évaluer approximativement son rapport à 75,000 kilogrammes par hectare. (*Deuxième district.*)

La culture du sorgho, qui a été essayée par plusieurs cultivateurs, a donné d'excellents résultats. Cette plante est appelée à rendre de grands services à l'agriculture, qui y trouvera pour son bétail une *nourriture bonne et abondante*.

Le mode de culture recommandé a été suivi en tous points, et on ne croit pas qu'il y ait lieu de le modifier. Une expérience plus longue introduira peut-être des améliorations qu'on ne peut guère indiquer encore en ce moment. Le sorgho a donné des produits assez variés. Dans un terrain léger, mais parfaitement fumé, il a atteint un rendement de 70,000 kilogrammes. Dans une terre argileuse, il a donné 74,000 kilogrammes. Dans un terrain bas et humide, on a récolté 80,000 kilogrammes, le tout par hectare.

Plusieurs fermiers ont l'intention de commencer à faire des essais sur une plus grande échelle.

Le sorgho est venu à maturité, et a donné des graines qu'on a récoltées à Uccle. (*Quatrième district.*)

Le sorgho a produit énormément et a donné jusqu'à trois coupes, là où il a été cultivé selon les indications qui ont été fournies, et auxquelles on ne trouve encore rien à changer.

Cette plante est un bon fourrage à donner en bouillie au bétail, et *aucun fait n'a prouvé qu'il lui fût nuisible. (Huitième district.)*

Des graines ont été placées dans deux terrains de nature différente : l'un très-léger et sablonneux, l'autre riche en humus.

Dans le premier terrain, les tiges ont atteint une hauteur de plus de trois mètres; dans le second, elles sont restées un peu au-dessous. Dans ce dernier, *la graine est venue à maturité*, ce qui n'a pas eu lieu dans l'autre.

Pour obtenir la maturité des graines, il faudrait semer vers la fin du mois d'avril, afin de chercher à acclimater cette plante. Il faudrait aussi espacer les plantes à 80 centimètres, et avoir soin de tremper les graines dans de l'eau tiède pendant quinze heures avant de semer. Il y a de l'avenir pour notre pays dans la culture du sorgho... (*Neuvième district.*)

M. Vaës donne les renseignements suivants pour le même district :

« J'avais acheté de la semence de sorgho à Bruxelles, avant d'avoir reçu les graines que vous avez partagées entre plusieurs agriculteurs du neuvième district. Je parlerai donc d'abord du résultat obtenu avec ces premières semences. Au moment de les planter, je n'avais aucune notion sur la manière de procéder; j'avais vaguement entendu parler du développement extraordinaire de cette plante, et je pris mes mesures en conséquence. J'ai planté les semences le 5 mai, en ayant soin d'espacer mes plantes à 60 centimètres carrés, mais sans faire subir aucune préparation préalable à la semence, et j'ai mis dans chaque trou six ou huit graines. La grande sécheresse a retardé la germination, et la levée ne s'est faite que le 28 du mois de mai (donc au bout de vingt-trois jours). Les plantes, chétives d'abord, ne promettaient guère, et ce n'est que vers la fin du mois de juin qu'elles ont pris un développement rapide.

« Comme j'avais mis huit et même dix graines dans un trou, les touffes étaient extrêmement fournies et compactes, ce qui m'a suggéré l'idée d'en partager quelques-unes en deux ou trois parties; ces repiquages ont parfaitement réussi, et les plantes n'en ont aucunement souffert.

« Cette partie de sorgho, plantée le 5 mai (175 plantes), a donné des tiges d'une longueur moyenne de $2^m,85$ à 3 mètres, et chaque plante[1] pesait de 6 à 7 kilogrammes. La floraison s'est faite très-irrégulièrement; la plupart des plantes n'ont fleuri que fort tard et n'ont produit que des fleurs; d'autres ont produit des semences qui ne sont point parvenues à maturité; d'autres enfin, mais en petit nombre, ont donné des semences que je crois être *parfaitement mûres*. Les graines sont, sous tous les rapports, semblables à celles que vous m'avez données. De ces graines mûres, j'en aurai approximativement trois quarts de litre.

« J'ai encore planté du sorgho le 12, le 15, le 20 mai et le 1er juin. D'après les instructions qui accompagnaient les semences envoyées au comice, j'ai laissé tremper les graines pendant vingt-quatre heures dans l'eau froide avant de les planter.

« Les graines plantées le 15 mai se trouvaient dans l'eau depuis quatre jours. La levée des semences plantées le 12 et le 15 mai s'est faite simultanément le 30 mai. Cette fois, je n'avais mis dans chaque trou que deux, trois, ou quatre graines; ces plantes ont produit beaucoup moins que celles où j'en avais mis davantage.

« Les semences plantées le 20 mai et le 1er juin ont levé au bout de douze jours, et ces plantes ont pris un développement tel, que j'ai cru un instant qu'elles allaient dépasser toutes celles plantées plus tôt.

« Le 27 juillet, j'ai coupé une rangée de sorgho que j'ai donné à sept vaches qui, toutes, en ont mangé avec avidité. Je n'ai pas continué à en couper, parce que je voulais voir si la plante serait parvenue à maturité sous notre climat; seulement, quand les premières gelées se sont fait sentir, j'ai coupé le tout. La partie de sorgho coupée le 27 juillet avait rejeté, et la seconde coupe avait encore atteint une hauteur de 1 mètre. ce regain étant jeune et tendre, les vaches l'ont mangé tel qu'il était; les autres plantes étaient devenues extrêmement dures, et j'ai eu recours au hache-paille pour couper les tiges

---

1. M. Vaës entend évidemment. par *plante*, une *touffe* entière...

en menus morceaux de 2 à 3 centimètres. Ainsi coupé, les vaches le mangeaient parfaitement, cru ou cuit, dans leur soupe.

« En somme, je crois que la culture du sorgho peut rendre de grands services à l'agriculture, surtout quand cette plante sera cultivée comme fourragère et donnée en vert au bétail. Les deux coupes que donne alors le sorgho surpasseront, je crois, en valeur, n'importe quel autre fourrage. »

Le sorgho est bien venu; il a atteint jusqu'à 3 mètres de hauteur; on évalue le rendement à 85,000 kilogrammes de fourrage vert par hectare. Cette plante ne résiste pas à la plus petite gelée; en deux nuits, dans le courant du mois d'octobre, le froid a détruit ce qui restait encore sur pied. On ne considère pas cette plante comme utile, bien que le bétail la mange avec assez d'avidité, parce qu'il y a assez d'autres fourrages que l'on peut donner au bétail à l'époque où le sorgho doit être coupé.

On craint aussi que cette plante n'épuise trop le sol, et l'on trouve que la récolte en est trop difficile, puisqu'on a dû employer la hache pour la couper. (*Dixième district.*)

On a semé sur une terre bien fumée une superficie de 8 ares 70 centiares; la récolte a produit 2,626 kilogrammes de fourrage vert, c'est-à-dire environ 30,000 kilogrammes par hectare. (*Onzième district.*)

Une partie de terre sablonneuse de 14 ares, après avoir été bien défoncée et abondamment fumée, a été préparée et sillonnée à 45 centimètres sur 60 centimètres. On a joint à deux ou trois graines de sorgho quelques graines de navets; celles-ci, poussant plutôt, ont servi à marquer les lignes et ont facilité le premier sarclage des mauvaises herbes grandies avant le sorgho; on a pu ainsi conserver la terre meuble et propre.

Le sorgho leva très-bien, et ne tarda pas à prendre un grand développement; la sécheresse ne parut pas lui faire tort. Au mois d'octobre, il avait atteint la hauteur de 2 mètres à 2^m,50, et se trouvait presque tout en épis, qui n'ont pas mûri, malgré les grandes chaleurs. On a commencé la récolte le 11 octobre, ne coupant qu'au fur et à mesure la quantité dont on avait besoin; mais les gelées forcèrent à couper le reste le 6 novembre. Le produit fut de 8,500 kilogrammes, soit environ 60,000 kilogrammes à l'hectare.

Chaque plante, composée de cinq à huit tiges, pesait 2 kilogrammes, et CONTENAIT BEAUCOUP DE JUS TRÈS-SUCRÉ, QUI MARQUAIT CINQ DEGRÉS AU DENSIMÈTRE COLLARDEAU, RICHESSE MOYENNE DU JUS DE BETTERAVE. On eût essayé de distiller le sorgho, si la loi ne présentait pas de trop grandes difficultés pour faire des essais de distillation des plantes étrangères.

Comme substance alimentaire, il en a été distribué à des bêtes grasses qui recevaient habituellement par tête 40 kilogrammes de pulpe, provenant de betteraves distillées par le système Champonnois. On leur a donné 10 kilogrammes de sorgho haché et mélangé avec 30 kilogrammes de pulpe ; ce changement d'aliment ne leur plut pas d'abord, mais, au bout de quelques jours, elles y prirent goût. On aurait continué à les nourrir ainsi, si, au bout de quinze jours, le coupe-racines n'eût fait défaut, et il a fallu leur donner le restant du sorgho, la moitié environ, sans être haché ; elles l'ont mangé alors avec moins de profit, en laissant les parties des tiges les plus dures. Pour donner le sorgho non haché, la récolte devrait en être faite plus tôt, lorsque les tiges sont plus tendres. (*Douzième district.*)

Les graines ont été plantées suivant les indications contenues dans la notice. L'étendue du terrain emblavé était de 5 ares ; 1,400 venues sur cette parcelle ont produit 240 kilogrammes de fourrage vert ; cette nourriture a été donnée après avoir été découpée au hache-paille. Le bétail l'a mangée avec assez d'avidité.

La graine n'est pas venue à maturité. (*Treizième district.*)

Le sorgho, semé dans un jardin, a été d'un rapport très-abondant, mais ayant été récolté trop tard, il était devenu trop dur pour le bétail. (*Quinzième district.*)

Le sorgho a fourni des plantes très-vigoureuses ; il en est qui ont dépassé la hauteur de 3 mètres. Le bétail en est assez amateur.

Aucune graine n'a mûri. (*Seizième district.*)

Résumé. — Les expériences relatées plus haut démontrent clairement que le sorgho peut, *comme plante fourragère*, rendre de grands services à l'agriculture, et qu'il s'agit seulement d'en savoir tirer un bon parti. A cet effet, de nouvelles expériences devront être faites, en tâchant d'éviter les fautes qui ont été commises dans les procédés de culture, fautes qui résultent uniquement de l'absence de toute espèce d'antécédents propres à guider les cultivateurs.

Ainsi, l'on a tardé trop longtemps à faire la première coupe; il en est résulté que, dans certaines localités, les tiges sont devenues non-seulement trop dures pour le bétail, mais que la récolte en a été très-difficile.

Il ne faut pas perdre de vue que *cette plante n'est destinée qu'à l'alimentation du bétail;* on doit donc chercher à en obtenir la plus grande quantité possible de fourrage vert et ne s'occuper nullement de la graine, qui mûrira très-rarement sous notre climat. La graine de sorgho est très-abondante dans le commerce, et elle se vend à très-bon marché; il ne faut donc pas s'en préoccuper...

Complétons ces observations par les lignes suivantes empruntées au *Journal du Loiret* (22 décembre 1856):

« Depuis quelque temps, il n'est question que de la plante nouvelle dont M. de Montigny vient d'enrichir notre agriculture. Nous voulons parler du sorgho sucré, espèce de canne à sucre originaire du nord de la Chine, et qui, grâce aux efforts de la Société d'acclimation, se propage rapidement en France, où elle promet d'heureux résultats.

« Nous avons lu les divers rapports qui ont été publiés au sujet de cette graminée; mais les tiges qui en étaient l'objet ayant végété dans des pays chauds, il nous était impossible d'admettre pour le climat de Paris et pour le centre de la France les rendements indiqués.

« Aujourd'hui, cependant, nous avons les moyens de fournir notre appréciation appuyée sur des faits, et nous aimons à rendre compte du résultat de nos investigations. Nous avons vu, aux environs d'Orléans, une plantation de sorgho de 2 hectares, dans une terre légère, propre à la culture du seigle. Quoique semée tardivement, la graine a bien levé; la végétation de la plante a été très-vigoureuse, et les tiges sont parvenues à la hauteur de 3 mètres. Chaque pied possède de sept à dix tiges, dont le diamètre varie de 25 à 35 millimètres. La fructification n'aura pas lieu cette année, quoique les panicules soient bien développées. Il n'en est pas du sorgho que nous avons traité comme de la canne à sucre; le sucre n'est pas également réparti dans tous les nœuds. Les nœuds inférieurs présentent une moelle dans laquelle le sucre est tout formé et en grande abondance. *Les nœuds supérieurs, pour avoir une égale richesse, exigeraient encore quelques semaines de chaleur pour amener à l'état de sucre parfait le jus qu'ils renferment.*

« Au point de vue agricole, le sorgho l'emporte de beaucoup sur la betterave ; il exige moins de soins et de travaux en produisant davantage. Outre les feuilles, qui constituent un excellent fourrage vert, le rendement en cannes est, au minimum, de 50,000 kilogrammes à l'hectare.

« La tige, broyée et soumise à une pression énergique, fournit de 70 à 75 pour 100 de son poids d'un jus d'un beau vert, dans lequel abonde la chlorophylle. Le jus possède une saveur sucrée très-agréable. Sa densité, constatée à l'aréomètre de la régie, accuse 5°,6. Soumis à l'action de la chaleur, ce jus devient d'un beau jaune transparent, sans aucun agent de défécation. La cérosie se dépose par le refroidissement, au milieu des écumes que la chaleur a éliminées.

« Traitées par le système et avec les appareils de M. Viale, les tiges ont fourni, par 100 kilogrammes, 100 litres de bon jus et 75 kilogrammes de résidus propres à la nourriture du bétail. En suivant la marche de l'appareil, nous avons enrichi les jus jusqu'à 5°, et concentré ainsi leur matière utile dans un volume réduit de 50 pour 100 ; en présence du ferment et dans des conditions favorables, la fermentation alcoolique s'est manifestée rapidement, en dégageant des torrents d'acide carbonique. Le ferment s'est reproduit, en quantités relativement importantes, sous forme d'une bouillie jaunâtre, dont les globules ont la plus grande analogie avec ceux de la levûre de bière. Ils jouissent, comme elle, de la propriété énergique d'exciter vivement la fermentation. Avec eux, le distillateur sera non-seulement affranchi de la nécessité d'acheter de la levûre de bière, qui n'est pas toujours exempte d'altérations, mais encore il pourra en vendre à la boulangerie.

« A la distillation, les vins de sorgho nous ont fourni 7 litres d'alcool absolu par 100 kilogrammes de tiges. Désormais on pourra fabriquer une pipe de trois-six avec moins de 10,000 kilogrammes de sorgho. L'eau-de-vie obtenue possède un *goût herbacé* qui disparaît à la rectification. Rectifiés dans des appareils perfectionnés, ces alcools sont parfaitement droits de goût; en vieillissant, ils acquerront des qualités qui les placeront immédiatement à côté des trois-six du crû... »

REMARQUES. — Comme il est facile de s'en apercevoir, les observations dont nous venons de résumer les données remontent à une époque assez éloignée. Malheureusement, l'étude culturale du sorgho n'a pas été suivie depuis, par suite, sans doute, de l'immense défaut qui caractérise les Français. Nous voulons parler de cette facilité avec laquelle on s'engoue, dans ce beau pays, de toutes les choses nouvelles, et de cette facilité non moins grande à brûler, au bout de quelques semaines, les idoles qu'on a portées en triomphe. Qui se soucie aujourd'hui du sorgho? personne, sans doute, même parmi ceux qui ont été les plus zélés pour le prôner dans les premiers jours de la popularité qu'on lui avait faite. Et c'est une faute, à notre sens, comme nous allons chercher à le démontrer. Disons tout d'abord, et avant d'exposer nos raisonnements, que les essais des cultivateurs belges n'ont eu pour but que la production d'une *plante à fourrage*. Sous ce rapport, le procès est certainement vidé en faveur du sorgho. En France, on voyait, dans la canne chinoise, une *plante à alcool*. On n'est pas sorti de là. C'est à peine aujourd'hui si quelques *téméraires* hasardent, *par curiosité*, quelques grammes de graines de sorgho, sur quelques ares de terre.

Nous ne voyons pas les choses du même œil et nous considérons le sorgho comme une *plante à sucre*, *à alcool*, *à fourrage*, ainsi que nous espérons le démontrer.

Soient les analyses connues :

	Sucre prismatique.	Glucose.
Indications du saccharimètre.............	10.667	5.333
Analyse de M. Hélet (*déduction*, p. 259)...	8.61	4.72
Analyse de M. Basset.................	5.81	3.19
Totaux........	25.087	13.24

On a :

$$\frac{25.087}{3} = 8,362 \text{ et } \frac{13.24}{3} = 4,41 ;$$

en sorte que l'on peut considérer le sorgho comme tenant 12,772 de tout sucre, sur 100 parties pondérables, soit 8,362 de sucre prismatique et 4.41 d'incristallisable.

Supposons une récolte moyenne de 60,000 kil. Cette récolte, contre le chiffre de laquelle on ne peut élever d'objections plausibles, équivaudra donc à :

$$
\begin{aligned}
&\text{Sucre prismatique} && 5017^k.20 \\
&\text{Sucre incristallisable} && 2646 \\
&\qquad\qquad \text{Soit, en tout} && 7663^k.20
\end{aligned}
$$

Supposons encore que, par un bon système d'extraction, on retire 19/20 du jus réel, et qu'on obtienne, en dissolution dans le jus :

$$
\begin{aligned}
&\text{Sucre prismatique} && 4766^k.34 \\
&\text{Sucre incristallisable} && 2513.70 \\
&\qquad\qquad \text{Ensemble} && 7280^k.04
\end{aligned}
$$

Si l'on veut admettre, *ce qui est faux et exagéré* [1], que les 2,513 kilogrammes de glucose entraîneront un poids égal de sucre prismatique dans les mélasses, et ce que nous admettrons, quant à présent, pour notre raisonnement, on verra que l'on peut retirer d'un hectare de sorgho :

$$
\begin{aligned}
&1^o\ \text{Sucre prismatique} && 4766.34 - 2513.70 = 2252^k.64 \\
&2^o\ \text{Mélasse.}
\begin{cases}
\text{Glucose} && 2513.70 \\
\text{Sucre entraîné} && 2513.70
\end{cases}
= 5027.40 \\
&\qquad\qquad \text{En tout} && 7280^k.04
\end{aligned}
$$

En sorte que, si l'on ne fait qu'un premier traitement pour sucre, en *cuite très-serrée*, on retirera 2252 kilogrammes de *sucre cristallisé*, 22 sacs 1/2, et des *mélasses* contenant 5027 kilogrammes de *tout sucre*.

Or, si l'on veut prendre la peine de réfléchir, on comprendra facilement que, si, en Belgique et en France, le produit en sucre oscille, pour la betterave, entre 2000 et 2800 kilogrammes, ce qui égale le chiffre moyen de 2400 kilogrammes, le sorgho fournit un produit égal en sucre prismatique et en outre 5027 kilogrammes de *sucre alcoolisable*, représentant au moins 25 hectolitres d'alcool à 100 degrés, de telle sorte que l'hectare de terre, en sorgho, produira toujours un bénéfice bien plus élevé que celui résultant de la culture de la betterave.

1. Nous verrons, en temps utile, que cette allégation a *été créée* par des *chimistes* intéressés à faire la part belle aux raffineurs.

Sous les rapports qui viennent d'être spécifiés, on voit donc que le sorgho est une *plante à sucre égale* à la betterave, qu'elle est en même temps une *plante à alcool supérieure*, sous le double rapport de la quantité et de la qualité. Nous n'avons pas besoin de démontrer qu'elle est une *plante à fourrage*, puisque le fait est acquis.

Comment donc se fait-il que cette plante sucrière par excellence ait été abandonnée en France, sinon par suite de cette légèreté dont nous parlions tout à l'heure? Et encore, nous nous sommes abstenu de peser sur les chances d'amélioration, et sur la possibilité bien constatée de ramener le sorgho au point de richesse où il était lorsque M. de Montigny l'introduisit en France.

Cette considération en vaut bien une autre, pensons-nous; car, le sorgho se reproduisant parfaitement de graines, la sélection est possible, et l'on peut toujours réserver pour porte-graines, à égalité de circonstances, les touffes dont *une tige,* prise pour échantillon, fournira, vers le mois de septembre, le jus le plus dense et la plus petite proportion d'incristallisable.

Nous espérons que ce que nous venons d'exposer suffira pour faire ouvrir les yeux à nos fabricants et à nos agriculteurs, et que le sorgho reprendra bientôt, dans notre culture saccharifère, la place qu'il a occupée d'une façon si éphémère et qu'il n'aurait jamais dû perdre.

Les Américains, plus pratiques que nous, cultivent le sorgho partout où ils ne fondent pas de grandes espérances sur la canne. Ainsi, cette plante est cultivée industriellement sur une grande échelle, dans l'Ohio, l'Illinois, l'Indiana, le Tennessee, l'Iowa et le Wisconsin, et il est certain que cette culture s'étendra partout où elle est possible.

Elle serait fructueuse partout en France ; car la région thermique du sorgho passe bien au nord de nos départements les plus septentrionaux. En fait, le sorgho réussit en Belgique. Pourquoi ne le cultive-t-on pas en France?...

Ajoutons, pour être exact, que, dans le sorgho comme dans la canne, les nœuds supérieurs contiennent toujours plus de sucre liquide, et qu'il conviendrait au traitement, de n'employer, pour le travail sucrier, que les nœuds inférieurs les plus mûrs, les plus riches en sucre prismatique, ce qui augmenterait d'autant le rendement et permettrait de n'envoyer à la distillerie que les portions les moins utilisables en sucrerie.

III. — Rendement du sorgho sucré.

D'après M. A. Sicard, l'hectare de terre, cultivé en sorgho, donnerait les résultats suivants :

31.509 kil. de cannes brutes fournissant :
$\begin{cases} \text{1019 kil. de sucre brut,} \\ \text{82 litres d'eau-de-vie à 35°,} \\ \text{provenant de la fermentation} \\ \text{des résidus.} \end{cases}$

5932 kil. de feuilles.
3078ᵏ.40 de graines (47 hectares 36 ares à 65 kil. l'hectolitre).

On peut retirer, en outre, comme résidus plus ou moins utilisables :

    4.809 kil. de bagasse fermentée.
    6.666 kil. de paille à tresser.
    5.279 kil. de nœuds.

Il est assez difficile de se faire une idée nette du rendement indiqué par M. Sicard, à raison des divisions qu'il introduit dans le produit ; mais, dans tous les cas, on peut être sûr que le chiffre important, celui du sucre, est loin d'être exagéré[1].

M. Hétet, de Marseille, donne des chiffres bien inférieurs à ceux que nous signalerons tout à l'heure :

Tiges.....................	30,000	kilogrammes.
Feuilles....................	8,400	—
Graines....................	7,200	—

M. Hardy, directeur de la pépinière d'Alger, a trouvé 83,250 kilogrammes de tiges, 20,000 de fourrage et 2,500 de graines seulement. M. L. Wray indique 73,000 kilogrammes

---

1. Le docteur A. Sicard, dans l'ouvrage duquel nous avons trouvé d'utiles renseignements au sujet du sorgho, s'est occupé avec persévérance de l'étude de cette plante, sous divers rapports et, notamment, sous celui de son application à la teinture. Nous ne pouvons que renvoyer nos lecteurs à son travail. Le résidu, ou, pour parler plus clairement, la bagasse du sorgho serait susceptible de fournir la matière première d'un bon papier et d'un carton très-résistant ; enfin, la paille de la tige et les feuilles elles-mêmes paraissent être utilisables, tant pour la fabrication des chapeaux de paille, que pour celle de divers objets en paille tressée.

de tiges, M. Vilmorin 49,300 kilogrammes, la *Revue coloniale* 70,000 kilogrammes, et l'auteur d'un petit travail sur le sorgho porte son appréciation à 80,000 kilogrammes.

Il y a certes, dans ces chiffres, des différences bien propres à dérouter et à déconcerter les hommes de culture ; aussi recommandons-nous des essais préalables, avant de rien jeter au hasard. La moyenne des données précédentes conduit aux conséquences suivantes :

Tiges nettes, pour 1 hectare...........	59,579ᵏ,000
Produit en jus, le tiers du poids des tiges.	19,859, 000
Sucre (en *théorie*) 11,50 pour 100 de jus.	2,283, 785

Nous ne donnerons pas plus de détails au sujet du rendement *possible* du sorgho, laissant à la pratique et à l'expérience cette question à décider. En tout cas, la culture, les irrigations, la qualité du sol, la température moyenne de l'année et du climat peuvent avoir sur le chiffre du produit la plus remarquable influence, et ce principe ne doit jamais être perdu de vue.

Nous consignons ici quelques détails rétrospectifs qui nous paraissent dignes d'intérêt.

Le 11 janvier 1854, M. L. Vilmorin présenta à la Société impériale d'agriculture de Paris, « de la part de M. Rantonnet, d'Hyères, département du Var, une panicule et une tige de *holcus saccharatus*, sorgho à sucre, variété à graines noires. Il dit qu'il a fait des essais de culture de cette plante, qui est cultivée en Chine comme plante à sucre, et qui est même désignée sous le nom de *canne à sucre du nord de la Chine*.

« *D'après le premier aperçu*, la plante, dans des conditions moyennes, lui a fourni sur le pied de 30,000 kilogrammes de jus à l'hectare, chiffre qui *dépasserait* le rendement en jus de la betterave. *Une tige pèse 450 grammes et donne 150 grammes de jus, contenant de 10 à 13 pour 100 de sucre.* M. Louis Vilmorin a remarqué, en outre, que les mérithalles les plus jeunes contiennent moins de sucre.

« Il a compté, en moyenne, *vingt tiges par mètre carré* dans une culture espacée au degré qui a paru le plus convenable. La plante, ajoute M. Louis Vilmorin, a les plus grands rapports avec le sorgho ordinaire et réussit dans les mêmes conditions.

« Relativement à l'observation concernant le rendement,

comparativement moindre, des mérithalles plus jeunes, M. Payen dit que c'est une loi commune signalée dans ses mémoires sur les développements des végétaux, les organismes les plus jeunes contenant plus d'eau et de matières azotées et de moindres proportions des autres principes immédiats non azotés, et qu'il en est de même de la canne à sucre, ainsi que cela résulte des analyses comparées des différentes parties de la tige.

M. Séguier demande si les feuilles sont bonnes pour les bestiaux.

« M. L. Vilmorin *suppose* qu'elles feront un bon fourrage. *Un des agents* de culture de la ferme-école de Lespinasse, département de la Vienne, *lui a dit* que les feuilles et les pousses de sorgho, données aux vaches, augmentaient la production du lait dans une plus forte proportion que le maïs.

« M. Pépin ajoute qu'au Muséum on cultive plusieurs variétés de sorgho, et fait remarquer que cette plante est très-épuisante. » (*Bulletin de la Société*, 2e série, t. IX, p. 141.)

On voit qu'à cette époque la science agricole officielle était assez peu renseignée sur la culture du sorgho et sa valeur, et qu'à part les *premiers aperçus* de M. L. Vilmorin et les modestes essais qui se faisaient dans le Midi, on était loin de se douter de l'importance de ce végétal. Plus de deux années s'étaient pourtant écoulées depuis l'envoi de M. de Montigny, et cet événement remarquable aurait pu être suivi avec plus de zèle. Quoi qu'il en soit, notre objet principal est ici d'établir les chiffres de l'appréciation de M. L. Vilmorin, comme complément des évaluations puisées à d'autres sources et rapportées dans le présent chapitre.

D'après cet observateur, le sorgho donne, par mètre carré, 20 tiges, de 450 grammes en poids, soit 90 kilogrammes.

Ces tiges donnent 150 grammes ou 33,33 pour 100 de jus, soit 3 kilogrammes.

Le jus renferme de 10 à 13 pour 100 de sucre, moyenne 11,50 pour 100, soit, pour les 3 kilogrammes extraits des vingt tiges, 345 grammes.

M. L. Vilmorin ne s'explique pas sur la nature du sucre contenu dans le sorgho, et nous avons vu ailleurs que M. Clerget a constaté la présence du *sucre incristallisable* dans le jus de cette graminée.

Les chiffres précédents conduisent aux résultats suivants pour un hectare de terre :

Tiges....................	90,000 kilogrammes.
Jus ou vesou.............	30,000 —
Sucre.	3,450 —

Dans l'hypothèse de l'alcoolisation du vesou, et dans le cas où il ne serait pas traité *pour sucre*, ce dernier chiffre répond *théoriquement* à $1,763^k,64$ d'*alcool absolu*, selon la proportion normale.

$$100 : 51,12 :: 3450 : x = 1763,640.$$

Un tel produit serait magnifique ; mais on ne peut trop répéter que la *pratique* ne doit accepter les données de la *théorie* qu'après les avoir contrôlées par l'expérience.

En tenant compte de tous les éléments, nous évaluons, en bonne culture, la récolte du sorgho à 60,000 kilogrammes de tiges exploitables par hectare.

Frais de culture d'un hectare de sorgho. — Le prix de revient du produit d'un hectare de sorgho atteint à peu près le même chiffre que celui que nous avons donné pour la canne à sucre. La pratique de l'irrigation augmente quelquefois un peu les frais qui, sans cela, ne dépasseraient guère le chiffre de 400 à 420 francs par hectare.

Pour une production moyenne de 60,000 kilogrammes, on a donc $\frac{485}{60} = 8^f,08$ pour prix de revient de 1,000 kilogrammes, contenant $83^k,62$ de sucre prismatique et $44^k,10$ d'incristallisable.

Amélioration du sorgho. — Par leur nature même, les graminées se prêtent merveilleusement aux tentatives de croisement. D'un autre côté, nous croyons très-fermement à la transmission héréditaire des qualités acquises, et nous pensons que, sous la réserve d'une culture appropriée et de soins convenables, les végétaux sont beaucoup moins sujets à la dégénérescence que les animaux. La question se comprend d'autant plus facilement, d'ailleurs, que les faits de la reproduction végétale sont très-rarement soumis aux causes de modification congéniale. Chez l'animal, ces causes dominent toute l'embryogénie, et il ne suffit pas que les reproducteurs aient été choisis avec discernement, puisque les accidents de la gestation, si nombreux et si bizarres, viennent souvent s'opposer à l'obtention des résultats. Dans la plante, la fécondation est, au contraire, le fait capital ; en dehors de ce fait, la reproduction végétale ne redoute guère que des accidents ou des arrêts dans la nutrition.

Si donc nous admettons que des cannes de sorgho, croissant dans un sol approprié à la formation du sucre, cultivées avec les soins nécessaires, peuvent acquérir une plus grande richesse en sucre prismatique et être, par le fait, de *meilleures plantes à sucre*, au moment de la fécondation, nous en déduirons que les ovules, fécondés à ce moment et dans cette condition, participeront aux qualités actuelles de leur auteur, et que ces qualités, reproduites par les graines, pourront encore être augmentées par le concours des générations ultérieures.

Il nous semble ainsi que, pour l'amélioration du sorgho, le premier moyen consiste à semer et cultiver la plante dans les conditions les plus favorables à la production du sucre cristallisable et que la nécessité de partir de ce point est absolument indispensable. Si donc, avant la fécondation des plantes, on constate, sur *une tige* de chaque touffe, la densité du jus et sa teneur en sucre prismatique, rien ne sera plus facile que de conserver seulement les touffes qui offriront le maximum de richesse et de supprimer toutes les autres. La production de la graine, ne se faisant que par des touffes riches, ces graines, parvenues à une maturité régulière et complète, ne peuvent manquer de reproduire la qualité acquise de l'auteur, pourvu que, toutefois, elles ne soient pas placées dans des conditions moindres, ni soumises à une culture désastreuse. Leurs produits, traités par les mêmes principes, pourront, à leur tour, franchir un autre degré de l'échelle et s'approcher davantage du but.

En fait, si l'on ne prend pas de telles précautions, on s'expose à un retour plus ou moins complet vers le type primitif, et c'est ce qui est arrivé en France pour le sorgho, qui a déjà perdu une notable partie de sa qualité sucrière.

Les sorghos ne sont pas des plantes essentiellement saccharifères, comme la canne ; il est à peu près hors de doute que la variété dont nous parlons est due à quelque croisement avec la cannamelle, et il est certain que si, par des soins attentifs, on peut diriger les produits dans le sens du producteur saccharifère, une culture mal comprise peut aussi les faire rétrograder vers le type sorgho primitif.

On ne peut guère avoir recours à une autre explication pour se rendre compte des faits d'appauvrissement ou d'enrichissement dont nous sommes témoins, et qui se produisent journellement dans les plantes obtenues par l'hybridation, ou par le croisement d'individus éloignés de genre, de tribu ou d'espèce.

En dehors de la tentative rationnelle d'amélioration du sorgho à sucre par le perfectionnement des graines et la série des soins culturaux qui s'y rattachent, il y aurait encore à faire autre chose et l'on pourrait atteindre de grands résultats par le croisement du sorgho avec la canne à sucre. Ce travail d'amélioration et cette recherche ne pourraient se faire que dans les pays où la canne *fleurit* et produit elle-même des graines ; et il entraînerait à des recherches très-sérieuses, très-longues, peut-être, mais dont on pourrait espérer les plus magnifiques résultats.

Il ne s'agirait de rien moins que de *créer* une canne à sucre, riche, rustique, pouvant croître, mûrir et se reproduire dans toute l'étendue de la France, et même jusqu'en Belgique, et la grandeur de ce but, son importance est telle, que tout gouvernement intelligent devrait apporter son concours le plus actif à une entreprise aussi utile. La Cochinchine et l'Inde sont les points les plus favorables à un travail de ce genre, pour lequel il suffirait de vouloir.

Nous nous arrêtons dans ces observations, dictées par l'amour du bien public et le vif désir de la prospérité de la France : nous espérons, cependant, que ces idées fructifieront un jour, et que dans une situation plus libre, échappant aux mesquineries qui les entraînent, ceux qui dirigent les affaires publiques comprendront enfin que la véritable ressource des nations modernes se trouve dans l'amélioration agricole.

En bornant ici ce que nous avions à dire sur le sorgho sucré ou la canne à sucre chinoise, nous engagerons vivement tous les partisans du progrès agricole et industriel à tenter des essais intelligents sur cette plante précieuse, au sujet de laquelle l'industrie est loin d'avoir dit son dernier mot.

APPENDICE.

CULTURE DU MAÏS.

Le maïs, comme le sorgho et la canne, appartient à la fa
mille des *graminées*, et ses variétés, fort nombreuses, forment
la tribu des *zea*, du genre des *phalaridées*.

Fig. 55.

Nous ne nous étendrons pas sur la description de cette belle
plante, qui est suffisamment connue de tout le monde pour que

nous n'ayons pas à entrer ici dans des détails inutiles, et dont la figure 55 représente un des plus beau types. Les variétés du maïs sont fort nombreuses, au point de vue agricole. On distinguait autrefois le *maïs précoce*, ou *quarantain*, et le *maïs tardif*, comprenant le *maïs rouge* et le *maïs jaune*...

Aujourd'hui, on en nomme un très-grand nombre de variétés, parmi lesquelles nous citerons seulement, d'après M. Vilmorin : 1° le *maïs jaune à bec*, ou *maïs pointu*; 2° le *maïs jaune à poulet*; 3° le *maïs jaune d'Auxonne*; 4° le *maïs jaune hâtif de Thourout*; 5° le *maïs blanc des Landes*; 6° le *maïs géant*, ou *maïs Caragua*; 7° le *maïs blanc de Cuzco*; 8° le *maïs blanc, dent de cheval*; 9° le *maïs du Japon, à feuille panachée*; 10° le *maïs jaune gros*; 11° le *maïs King-Philip*; 12° le *maïs perle*; 13° le *maïs sucré* (*sugar-corn* des Américains); 14° le *maïs Tuscarora*.

Parmi toutes ces espèces, celles qui peuvent mûrir dans toute l'étendue de la France sont : le Tuscarora, le King-Philip (1^m,50 à 1^m,60), le quarantain (1 mètre), le maïs blanc des Landes (1^m,50), le maïs de Thourout, le maïs d'Auxonne (1^m,50) et le maïs pointu (1^m,50). Le maïs à poulet ne s'élève qu'à 60 centimètres.

Si l'on veut cultiver le maïs pour sucre, il convient de s'adresser aux variétés précoces et de suivre, par rapport aux engrais et à la culture, les mêmes règles que pour les autres plantes sucrières.

Culture du maïs. — Deux labours préparatoires; l'ensemencement en lignes ou en touffes, à 3 centimètres de profondeur, en réglant la distance entre les pieds à 30 centimètres sur lignes, celles-ci étant écartées de 50 centimètres; un sarclage et un binage dans la saison : tels sont les soins principaux qu'exige le maïs.

Il croît facilement dans toutes les terres franches.

Nous avons pu obtenir la maturité du maïs ordinaire au nord de la France, près de la frontière belge et, à Paris, nous avons obtenu, en 1858, la maturité parfaite des graines d'un maïs d'Italie.

Les expériences faites en Belgique sur le *maïs de Styrie* ne laissent aucun doute sur la possibilité de pratiquer en grand la culture de cette plante.

Les auteurs du *Dictionnaire d'agriculture* donnent les conseils les plus sages sur la culture du maïs.

« Le maïs, disent-ils, vient dans toutes les terres, pourvu qu'elles aient un peu de fond et qu'elles soient bien travaillées. Cependant il se plaît mieux dans un *sol léger et sablonneux* que dans une terre forte et argileuse, quoique, du reste, il végète bien dans celle-ci. Il prospère également dans les prairies situées au bord des rivières, les terres basses noyées pendant l'hiver, et dans lesquelles le froment ne saurait réussir.

« On prépare la terre par deux labours au moins : l'un, immédiatement après la récolte, ou pendant l'hiver; l'autre, au commencement d'avril; on herse ensuite et on *fume*. Il y a des cantons où la terre est si meuble qu'un seul labour, donné au moment où il s'agit d'ensemencer, suffit; d'autres, au contraire, en exigent jusqu'à quatre. Ainsi, toutes les terres ne se prêtent pas à la même méthode de culture. Tantôt on sème le maïs plusieurs années de suite dans le même champ; tantôt on alterne avec le froment; enfin, il y a des cantons où, dans les années ordinaires, on tierce une année en maïs, une année en blé, la troisième en *jachère*[1]. »

En ce qui concerne *le choix et la préparation de la semence*, « il faut, autant qu'on le peut, choisir le maïs de la dernière récolte et laisser la graine adhérente à l'épi jusqu'au moment où on se propose de la semer. Le germe, presque à découvert, n'a pas alors le temps d'éprouver un degré de sécheresse préjudiciable à son développement. Il faut éviter aussi de prendre les grains qui se trouvent à l'extrémité de l'épi et de la grappe, et préférer ceux qui occupent le milieu. C'est ordinairement là que le maïs est le plus beau et le mieux nourri.

« Il est bon de mettre macérer quelques heures le maïs avant de le semer. L'eau soulève les grains légers; on les enlève avec une écumoire, et on ne confie pas à la terre une semence inutile qui pourrait servir encore de nourriture aux animaux de basse-cour. Si, au lieu d'eau, on se sert de décoction de plantes âcres, de saumure, d'égout de fumier, de lessives de cendres, mêlées de chaux, il se trouve, à la fois, ramolli, chargé d'une espèce d'engrais, et garanti des animaux.

---

1. Il faut remplacer la jachère par une culture sarclée, avec fumure.

Cette préparation est la meilleure recette qu'on puisse employer.

Époque et mode d'ensemencement. — « On ne doit faire les semailles de maïs que lorsque la terre a acquis un certain degré de chaleur, dans le courant d'avril ou au commencement de mai. La plante ne germe que lorsque le danger des gelées est passé, et elle est en maturité avant que les froids d'automne viennent la surprendre. On sème le maïs par rayons espacés à deux pieds et demi ($0^m,75$) les uns des autres, et on le recouvre au moyen d'une seconde charrue. Quelquefois on le plante au cordeau; à la distance d'un pied et demi ($0^m,45$), on fait avec le plantoir un trou, dans lequel on met un grain que l'on recouvre de deux ou trois travers de doigt, afin de le garantir de la voracité des animaux destructeurs.

Labours de culture. — « Les effets principaux de ces labours sont : 1° de rendre la terre plus meuble et plus propre à absorber les principes répandus dans l'atmosphère; 2° de la purger des mauvaises herbes qui dérobent à la plante sa subsistance, et empêchent sa racine de respirer et de s'étendre; 3° de rehausser la tige pour lui conserver de la fraîcheur et l'affermir contre les secousses de l'orage.

« On donne le premier labour quand le maïs a trois pouces ($0^m,075$) de hauteur environ; on travaille la terre; on la rapproche un peu du pied de la plante; on ôte les mauvaises herbes avec un hoyau que l'on a soin de ne pas trop approcher des racines; on ne laisse subsister que la plus belle plante et on espace les pieds comme nous l'avons dit.

« Le second labour se fait comme le premier; on le donne quand le maïs a un pied ($0^m,30$) environ. Lorsque la main-d'œuvre n'est pas chère, on se sert pour ces labours de culture d'une houe ou d'une bêche recourbée; on continue d'arracher les mauvaises herbes; on détache les rejetons qui portent des racines... »

Ces rejetons détermineraient, en effet, un résultat désavantageux pour la production du grain et pour celle du sucre, puisqu'ils ne peuvent atteindre la maturité et qu'ils affament la tige principale en pure perte.

« Le troisième labour se fait dès que le grain commence à se former. On arrache les mauvaises herbes et on rechausse bien la tige. A cette époque, le maïs a acquis assez de force pour n'avoir rien à craindre... »

On ne peut mieux faire que de se conformer à des préceptes aussi rationnels et aussi sérieusement pratiques, et nous n'avons à y ajouter que quelques mots, plus spécialement relatifs à l'idée de sucrerie :

1° Il y a, au sujet du maïs, une question intéressante que nous ne devons pas passer sous silence : lorsqu'on cultive le maïs pour l'extraction du sucre, convient-il d'enlever les fleurs femelles et les panicules, ou doit-on les laisser sur la tige?

Voici comment nous comprenons la réponse à cette question :

On a vu précédemment que la granification a pour résultat de détruire tout ou partie du sucre des plantes saccharifères, en le transformant en matière amylacée... Cette donnée permet déjà de conclure que l'on doit s'opposer à la maturation du grain, en détruisant les fleurs femelles. La présence des fleurs mâles ou de la flèche ne nous semble pas avoir les mêmes inconvénients. Nous conseillerons donc le retranchement des jeunes épis vers l'époque de la fécondation, afin que la richesse de végétation qui se remarque alors dans la plante tourne au profit de la matière sucrée. La maturité serait indiquée par la couleur jaune des tiges et des feuilles, par l'abaissement de celles-ci vers le sol et par le desséchement des panicules.

On pourrait encore traiter le maïs à l'époque de la fécondation, si l'on voulait éviter l'embarras du pincement que nous venons de conseiller, et c'est ce mode que nous regarderions volontiers comme le plus pratique.

2° En supposant que l'on veuille obtenir, à la fois, le grain et la portion du sucre qui n'aurait pas été employée à la granification, il n'y aurait plus lieu, évidemment, à pincer les fleurs femelles. On ne devrait enlever les panicules ou les fleurs mâles que lorsque les filets (étamines) sortant des épis auraient accompli leur fonction organique et qu'ils seraient déjà fanés. Cet enlèvement des panicules se ferait à la hauteur du premier nœud supérieur, et les tiges seraient récoltées aussitôt que les épis auraient atteint leur maturité.

La séparation des épis d'avec les tiges se ferait à la récolte, afin de ne pas augmenter la perte en sucre.

Enfin, bien que les expériences faites semblent promettre d'heureux résultats, nous engageons les fabricants à appliquer au maïs les procédés de l'observation rationnelle et de la vérification pratique, avant d'en faire l'objet d'une tentative sérieuse.

Rendement du maïs. — Le rendement moyen d'un hectare de maïs est de 10,000 à 11,000 kilogrammes de tiges sèches; mais, comme elles seraient récoltées pour la fabrication du sucre à une époque où elles retiendraient presque toute leur eau de végétation et le principe sucré inaltéré, le poids sur lequel on agirait serait beaucoup plus considérable.

Nous avons constaté, sur des tiges de maïs, dont la partie supérieure avait été enlevée à un mètre de hauteur, et sur différentes variétés, que le poids d'une de ces tiges, à l'époque de la fécondation, est de 800 grammes, en moyenne. Or, à raison de $0^m,50$ d'écartement entre les lignes et de $0^m,30$ entre les pieds sur lignes, il y aurait $200 \times 333 = 66,600$ tiges, et $66,600 \times 0^k,8 = 53,280$ kilogrammes pour un hectare. Nous croyons que le chiffre pratique ne serait pas éloigné de 50,000 kilogrammes de tiges exploitables, par un bon système de culture et dans un sol de fertilité moyenne.

Les tiges de maïs, recueillies un peu après la fécondation, renferment environ 70 d'eau sur 100 parties pondérables.

Frais de culture du maïs, sur un hectare de terre.

Loyer de la terre et impôt......................	120 fr.
Moitié de la fumure précédente à la charge du maïs...	60
Deux labours de préparation et deux hersages.........	100
Ensemencement...............................	20
Prix de la semence, 50 kil. au plus...............	15
Deux sarclages et binages.....................	70
Buttage......................................	35
Récolte et transport..........................	50
	470

En comptant la valeur fourrage des panicules et des fleurs femelles comme au moins égale aux frais de coupe et d'arrachage de ces portions de la plante, on peut admettre le prix de revient de 1,000 kilogrammes de tiges à 10 francs environ, pour une récolte moyenne.

SECTION III.

RENDEMENT DES GRAMINÉES SACCHARIFÈRES EN SUCRE CRISTALLISÉ.

La question que nous soulevons à propos des graminées saccharifères, comme nous l'avons déjà fait observer pour la betterave, est une des plus complexes qui puissent être offertes à l'observation, l'une des plus difficiles à résoudre, par suite du manque absolu de documents sincères et, aussi, par suite de la différence énorme des rendements agricoles.

Nous allons chercher, cependant, à apprécier la situation, en la dépouillant des amplifications de l'amour-propre, ou des allégations de la spéculation.

1. — RENDEMENT SUCRIER DE LA CANNE A SUCRE.

Nous savons que la canne renferme de 16 à 20 pour 100 de sucre, soit une moyenne de 18 pour 100 ; il en résulte que le rendement en sucre *devrait* être de 12,000 à 15,000 kilogrammes par hectare, en y comprenant les mélasses. Or, on est fort loin d'atteindre un semblable résultat, et le produit réel en sucre varie de 3 à 7 pour 100 du poids de la canne, c'est-à-dire que, dans certaines contrées, on ne retire que le *sixième* du sucre de la canne, et qu'ailleurs on en extrait un peu plus du *tiers*. La perte en sucre varie donc de 65 à 85 pour 100 de celui qui pourrait être obtenu par une fabrication convenable.

Que l'on juge après cela de la quantité énorme de matière sucrée laissée dans les bagasses et divers résidus, et que l'on comprenne l'une des raisons qui contribuent à maintenir le sucre à un prix exorbitant, au point de vue de l'alimentation publique.

Nous n'avons rien exagéré dans les lignes qui précèdent, et nous tenons à le constater par les opinions de diverses personnes qui ont écrit sur le sucre.

A la Guadeloupe, le rendement moyen de 100 kilogrammes de cannes peut être évalué comme il suit :

Vesou à 10° de densité (moyenne).   59,60
Bagasse ou résidu   40,40
                                                       ———
                                                      100,00

En rapprochant cette donnée de l'analyse de la canne, il est facile de constater la perte énorme que l'on fait aux colonies par le sucre qui reste dans la bagasse. En effet, si nous considérons la canne à sucre comme formée en moyenne de :

$$\left. \begin{array}{l} \text{Eau de végétation}\ldots\ldots\ldots\ldots\quad 75,60 \\ \text{Sucre}\ldots\ldots\ldots\ldots\ldots\ldots\ldots\quad 14,10 \\ \text{Ligneux, etc}\ldots\ldots\ldots\ldots\ldots\quad 10,30 \end{array} \right\} = 100,00$$

nous ne devrions avoir que $10^k,30$ de bagasse, et $89^k,70$ de vesou, en supposant l'extraction *absolue* de toute l'*eau sucrée* renfermée dans la canne. Les $89^k,70$ de vesou contiendraient $14^k,10$ de sucre, tandis qu'en ne retirant que $59^k,60$ de vesou, on en laisse dans la bagasse $30^k,10$ correspondant à $4^k,73$ de sucre, complétement et absolument perdu.

Ainsi, le planteur qui traite 1,000,000 kilogrammes de cannes perd, de prime abord et en moyenne, par suite des procédés défectueux employés pour l'extraction du jus ou vesou, la quantité effrayante de 47,300 kilogrammes de sucre.

Encore ne faisons-nous pas remarquer un fait important qui consiste en ce que le vesou resté dans la bagasse renferme une proportion bien plus grande de sucre que celui qui en est extrait; la densité en est d'autant plus considérable que l'eau de végétation, non sucrée, s'échappe la première sous l'empire de la pression exercée par les *rolls* ou cylindres lamineurs.

Selon Raynal, l'*arpent* de Paris produit 976 kilogrammes de *sucre brut*, mélasse non comprise, ce qui donne, par hectare, 2,874 kilogrammes[1]. Ce rendement, considéré par Bosc comme étant très-voisin de la réalité, conduirait encore à une perte de plus des deux tiers du sucre réel, et il est à peu près égal à 4 1/2 0/0 du poids de la canne, ce qui est le chiffre accusé par les hommes pratiques de bonne foi. Il faut avouer cependant que ce résultat, bien que très-minime, est encore fort au-dessus des constatations *officielles*.

Les recensements coloniaux, faits sur six années de production, *avant l'émancipation de 1848*, constatent que le *rendement moyen d'un hectare de cannes*, pour toutes les colonies françaises réunies, n'est que de 1,459 kilogrammes de sucre brut, soit la *moitié* environ du chiffre de Raynal et de Bosc, et moins du *sixième* du sucre réel de la canne !

1. Ce que donne la betterave de bonne qualité en France et en Belgique.

D'après les affirmations de M. A. Reynoso, pour Cuba, le produit sucre d'une *caballéria* (13^h,42) atteint *actuellement* une moyenne de 2,200 arrobes, soit $\dfrac{2{,}200 \times 11^k{,}50}{13{,}42} = 1{,}885$ kilogrammes par hectare, bien que l'auteur professe l'opinion que, par une *saine culture*, on peut atteindre 7,700 kilogrammes, en moyenne, et 18,800 kilogrammes, au maximum... En attendant la réalisation de ces espérances, nous sommes en face d'un fait, la production actuelle de 1,885 kilogrammes par hectare, moins que l'on n'obtient avec les betteraves médiocres. Ce chiffre répond à 35,000 kilogrammes de cannes exploitables, par un rendement de 5,5 0/0.

Nous savons très-pertinemment que les *usines centrales*[1], malgré tout le bruit qu'elles ont produit, n'atteignent que 10 0/0 de la canne, et nous avons de très-fortes raisons de croire que le coefficient 5,5 est trop élevé, puisque ces mêmes usines ne rendent que 5 0/0 aux planteurs qui ont la sottise de leur céder leurs cannes. Nous prendrons cependant ce chiffre de 5,5 pour base de notre raisonnement et nous en déduirons quelques conséquences utiles :

1° La canne doit être bien mal cultivée dans les Antilles, puisque ce chiffre de 5,5 0/0, représentant de 2,000 à 3,000 kilogrammes (bien plus que le chiffre officiel), ne conduit qu'à une récolte de cannes exploitables de :

36,363^k	pour la Martinique,	cannes ordinaires.
43,636	pour la Guadeloupe,	id.
45,454	pour la Martinique,	15 mois.
54,545	pour la Guadeloupe,	id.

soit en moyenne, de 45,000 kilogrammes, ce qui est inférieur à la moyenne générale. Et Cuba, malgré sa position et les avantages dont elle jouit, n'arrive pas même à ce chiffre, puisque l'on n'est conduit qu'à 34,272 kilogrammes, par l'application du coefficient 5,5.

2° Si les planteurs dont nous parlons s'élèvent contre la valeur de ces chiffres et prétendent qu'ils récoltent davantage par hectare, nous leur répondrons tout simplement qu'ils tombent sous le poids d'un dilemme inattaquable. Ou bien ils ré-

---

1. Nous donnons, plus loin, les explications nécessaires au sujet de ces *usines...*

coltent ce que nous venons de dire par hectare, et n'atteignent pas la moyenne culturale, ce qui est exact, puisqu'ils acceptent 5 0/0 de sucre des usines et que les documents officiels ne constatent pas même ce chiffre, ou bien, nos chiffres de sucre restant vrais et même trop élevés, ils récoltent davantage. Dans ce dernier cas, leur rendement est bien inférieur à 5,5 0/0 et *ils travaillent avec une barbarie* qui ne fait pas leur éloge. Si, en effet, ils prétendent récolter la moyenne, c'est-à-dire 60,000 kilogrammes seulement (et non pas 70,000), leur coefficient n'est plus 5,5 0/0, mais un coefficient différent, plus faible. On trouve :

Pour la Martinique, cannes d'un an, par 60,000 kilogrammes, coefficient : 3,33 0/0 par 2,000 kilogrammes de sucre.

Pour la Guadeloupe, cannes d'un an, par 60,000 kilogrammes, coefficient : 4 0/0 par 2,400 kilogrammes de produit en sucre.

Pour la Martinique, cannes de quinze mois, par 60,000 kilogrammes, coefficient : 4,16 0/0 par 2,500 kilogrammes de produit en sucre.

Pour la Guadeloupe, cannes de quinze mois, par 60,000 kilogrammes, coefficient : 5 0/0 par 3,000 kilogrammes de produit en sucre.

Ainsi, s'ils obtiennent 5,5 0/0 en sucre, avec les chiffres de production sucrière que l'on regarde comme exacts et qui sont supérieurs aux constatations officielles, leur rendement cultural est ce que nous avons indiqué, c'est-à-dire aussi mauvais que possible. S'ils récoltent davantage, leur coefficient de travail est moindre et ils sont les plus mauvais usiniers du monde.

Ce raisonnement s'applique, *à fortiori*, à Cuba, et si l'on veut le faire partir de la moyenne générale de 70,000 kilogrammes de production agricole, on trouve que le coefficient du travail s'abaisse encore d'un sixième.

3° Enfin, en supposant *seulement* le même rendement sucrier que pour la betterave, c'est-à-dire 5,26 sur 10 de sucre, on aurait, pour les cannes, comptées à 16 de richesse moyenne, au lieu de 18, un *coefficient de production* égal à 8,44 0/0. Nous avons vu que le coefficient 5,26 est trop faible pour la betterave, et le lecteur voit déjà que, pour la canne, il sera encore plus inexact, puisque le vesou ne renferme que des traces de matières salines et surtout d'alcalis. Il n'en est pas moins vrai que, par la seule influence d'une légère amélioration dans le travail, on devrait avoir les résultats suivants :

Cuba, au lieu de..............	1885^k	2867^k
Martinique, 1 an, au lieu de......	2000	3058
Guadeloupe, id........	2400	3669
Martinique, 15 mois, id........	2500	3820
Guadeloupe, id........	3000	4587

Et cela, en admettant le même chiffre de production agricole beaucoup trop faible et un coefficient inexact, inférieur à ce que font les usines centrales.

Il faut partir du coefficient 10 0/0 par une *bonne fabrication,* c'est-à-dire que, en admettant seulement les chiffres de production agricole spécifiés ci-dessus, on doit obtenir un *rendement presque double,* et l'hectare de terre, devant fournir, *en moyenne,* 70,000 kilogrammes de cannes, en bons nœuds, exploitables, *doit donner* 7,000 kilogrammes de sucre, *extrait et sec,* mélasse non comprise.

On voit que nous sommes loin de compte avec les planteurs, et que nous serions assez embarrassé pour qualifier les agissements des fabricants de sucre exotique. Si la canne se traitait en Europe, par 16 à 18 0/0, elle rendrait très-nettement le coefficient 12 0/0 en sucre.

II. — RENDEMENT SUCRIER DU SORGHO.

Ici encore on vient se heurter à une série d'anomalies sur lesquelles on nous permettra de ne nous arrêter que très-incidemment.

Il est bon de reconnaître, de prime abord, que, par les soins de la *culture azotée,* le sorgho est descendu de 16 0/0 de richesse *en tout sucre* à 9 0/0 seulement. Nous avons déjà fait voir que le chiffre moyen actuel peut être considéré comme égal à 12,772 0/0, formé de 8,362 de sucre prismatique et 4,41 d'incristallisable. Or, ces données, par une récolte moyenne de 60,000 kilogrammes à l'hectare, nous conduisent à un résultat, acceptable par les théoriciens dissidents, de 2,252^k,64 de sucre prismatique et de 5,027^k,40 d'incristallisable, fermentescible. Ces données seraient déjà telles, que, tout en ne faisant qu'une seule cristallisation, on retirerait du sorgho *plus* qu'on n'obtient aujourd'hui de la canne et *presque autant* que de la betterave, pour le produit sucre seulement, sans parler de 25 hectolitres d'alcool, qui seraient, à très-peu près, en pur bénéfice.

Nous devons, cependant, étudier la question sous un autre point de vue, afin de porter sur son ensemble une lumière plus vive et d'en faire ressortir tous les côtés avantageux.

Une canne de sorgho étant donnée, si on la coupe au dernier nœud, au-dessous de la flèche, on remarquera, sans peine, que le sucre incristallisable se trouve presque en entier dans le tiers supérieur, pour peu que la plante ait atteint son développement normal et qu'elle ait été cultivée dans de bonnes conditions, dans un bon terrain, sous l'influence de l'air, de la lumière et d'une chaleur suffisante.

Or, ce tiers supérieur ne pèse que la quatrième partie de la masse, en sorte que, si on le retranchait du travail, on aurait, sur 60,000 kilogrammes, 45,000 kilogrammes de matière très-riche en sucre cristallisable et 15,000 kilogrammes de matière très-riche en glucose, et très-pauvre en sucre prismatique.

Lorsque l'on fait cette opération avec soin, on constate que, sur 10 parties de sucre prismatique contenu dans la canne de sorgho, il en existe 8 dans les deux tiers inférieurs (*cannes mûres*) et 2 dans le tiers supérieur. Sur 5 de glucose, on n'en trouve que 1 à 1,5 dans les portions inférieures, tandis que le tiers du sommet en contient de 3,5 à 4.

Reprenant maintenant notre raisonnement déjà exposé précédemment, et considérant le rendement cultural comme égal à 60,000 kilogrammes, et la richesse moyenne comme valant 12,772 par 8,362 de sucre prismatique et 4,44 de glucose, nous procédons par la division, ou, plutôt, par la séparation du tiers supérieur. Nous aurons :

Tiers supérieur, poids............   15,000 kil.

Deux tiers inférieurs, poids........   45,000

Dans le tiers du sommet, nous trouverons :

1° Tout le sucre incristallisable, moins un quart,

soit...................... 2513^k.70 — 628,40 =   1885,30

2° Le cinquième du sucre prismatique, soit.. $\dfrac{4766,34}{5}$ =   953,27

En tout...............   2838,57

Dans les deux tiers inférieurs, nous aurons :

1° Le quart du glucose total................	628^k,40
2° Les quatre cinquièmes du sucre prismatique...	3813 ,07

En tout.......... 4441 ,47

Or, si nous traitons à part ces deux genres ou groupes de matières premières, le tiers supérieur sera soumis à la distillation et fournira 44 hectolitres d'alcool ; les deux autres tiers seront traités pour sucre et nous donneront

$$4,441,47 - (628,40 \times 2) = 3,184^k,67$$

de sucre cristallisable, en admettant toujours que 628,40 de glucose entraîne 628,40 de sucre prismatique. Nous aurons ainsi, par une simple modification du travail, retiré d'un hectare de sorgho 3,184^k,67, au lieu de 2,252^k,64, avec une différence favorable de 932^k,03.

Les 628^k,40 de glucose et autant de sucre prismatique engagé donnant ensemble 1,256^k,8, nous retirerons, de ce chef, 6^h,25 d'alcool (à 100°), en sorte que le produit de l'hectare pourra se traduire par les données suivantes :

1° Sucre alcoolisable prismatique et liquide.
$$\begin{cases} 1° \text{ du tiers supérieur.} \begin{cases} 1886,30 \\ 953,27 \end{cases} = 2838^k,57 \\ 2° \text{ des 2 tiers inférieurs } 628,4 \times 2 = 1256 ,8 \end{cases}$$

4095 ,37

2° Sucre prismatique extractible. .... 3184 ,67

Total.......... 7280 ,04

En dehors de ce raisonnement que nous avons vérifié expérimentalement, sans vouloir y attacher d'autre importance que l'intérêt suscité par une question aussi utile, nous admettrons, à minimâ, que l'hectare de sorgho, bien cultivé, en bonnes conditions, peut fournir de 2,250 à 3,000 kilogrammes de sucre prismatique et, en outre, de 20 à 25 hectolitres d'alcool de bon goût, et nous pensons que de tels résultats sont de nature à exciter l'émulation des agriculteurs et des fabricants de sucre.

D'un autre côté, nous ne doutons nullement de l'amélioration que l'on peut apporter à la valeur sucrière du sorgho. On a trouvé moyen de l'appauvrir ; nous sommes certain qu'il sera possible de l'enrichir par une bonne culture, par la sélection des graines, et par les soins bien entendus que les hommes compétents s'efforceront de déterminer à l'aide des notions scientifiques et de l'expérience. Notre conviction intime est que le sorgho est appelé à remplacer, en Europe, la canne à sucre, et à servir de régulateur à l'assolement de la betterave dans la culture sucrière indigène.

III. — RENDEMENT SUCRIER DU MAÏS.

On ne possède aujourd'hui que fort peu de renseignements précis sur la valeur sucrière du maïs.

Si l'on s'en rapporte aux expériences du docteur Neuhold, un' hectare de maïs pourrait produire 365 kilogrammes de sirop bien cuit, en sus du rendement en graine. Cet expérimentateur avait opéré sur les tiges du maïs parvenu à maturité et ayant fourni son grain, en sorte que le sucre était pour lui un produit tout à fait accessoire : 12 parties de son sirop lui rendaient 4 de sucre et 8 de mélasse.

On sent tout le vague de cette appréciation, qui ne peut être consultée que pour mémoire.

M. Lapanouse a trouvé que le maïs, ayant mûri, donne 45 à 50 de jus pour 100 de tiges. Cette quantité lui a fourni de 9,25 à 10 de sirop *bien cuit*... Si nous admettons, avec tout le monde, que la moyenne des matières solides d'une graminée ne dépasse pas 11 à 12 0/0, nous verrons que M. Lapanouse aurait pu retirer des tiges de maïs, *au moment de la fleur*, ou peu de temps après, 88 à 90 de jus, soit 88 0/0 seulement. Si 50 0/0 de jus déjà appauvri par la granification ont fourni 10 0/0 de sirop, 88 de jus plus riche auraient produit, *au moins*, 17,60 du même sirop, à une époque convenable. L'hectare, rapportant 10,500 kilogrammes de tiges sèches, devrait rendre, *au minimum*, 18,480 kilogrammes de tiges, mûres au point de vue sucre, et produire, toutes choses égales d'ailleurs, 16,262 kilogrammes de jus, valant 3,420 kilogrammes de sirop, c'est-à-dire au moins 1,710 kilogrammes de sucre cristallisable... Ce raisonnement a été confirmé par les recherches que nous avons faites sur diverses espèces de maïs.

Des expériences du docteur Pallas, il résulte que 100 kilogrammes de tiges de maïs, parvenu à maturité, peuvent fournir $7^k,140$ de sirop à 34° B, à la température de $+$ 15° centigrades.

De ce qui précède, il ressort que l'on pourrait extraire du maïs mûr, ayant déjà donné son grain, une proportion de sirop variant entre 7 et 10 0/0.

Il y a tout lieu de présumer que le maïs dont on aurait empêché la fructification donnerait un rendement beaucoup plus considérable.

Si l'on évalue la récolte d'un hectare, à l'époque de la fécondation, à 50,000 kilogrammes par 70 0/0 d'eau, on pourra arriver à une appréciation sommaire assez intéressante.

Il résulte, en effet, d'une analyse de Sprengel que la tige de maïs *sèche* renferme :

Substances solubles dans l'eau............	17,000
Substances solubles dans une lessive alcaline.	57,034
Cire, résine et chlorophylle..............	1,740
Fibre végétale.......................	24,226
	100,000

En ramenant cette composition à ce qu'elle devrait être avec 70 0/0 d'eau, on a :

Eau de végétation.....................	70,000
Substances solubles dans l'eau............	5,100
Substances solubles dans les alcalis.........	17,1102
Cire, résine, chlorophylle	0,522
Fibre végétale.......................	7,2678
	100,0000

Or, si une plante qui a perdu la presque totalité de son sucre par la granification, ramenée à son état normal d'hydratation, contient encore 5,10 0/0 de matières solubles dans l'eau, c'est-à-dire de sucre, gomme, etc., il est permis d'en inférer que la même plante, recueillie à l'époque de son maximum de richesse, renfermerait en sucre presque tout l'équivalent de la fécule du grain.

C'est ce que des expériences directes peuvent seules confirmer et contrôler. Ces expériences, que nous avions organisées pour l'automne de 1870, ont été malheureusement arrêtées par les événements. Nous espérons pouvoir les reprendre bientôt et tenir nos lecteurs au courant des faits qui pourront être constatés.

Après les considérations qui viennent d'être exposées sur l'immense valeur du sorgho, comme plante sucrière, on trouvera, sans doute, que le sucre du maïs perd beaucoup de l'intérêt qui pourrait s'attacher à sa production. Nous ne le contestons nullement, mais nous pensons que, dans une foule de circonstances, ce produit, si faible qu'il paraisse, ne serait pas à rejeter. En tout cas, il était nécessaire de reproduire ce que l'on sait à cet égard, en attendant que la culture de variétés plus riches vienne appeler l'attention des praticiens sur cette utile graminée.

CHAPITRE IV.

Culture de quelques plantes accessoires.

Par suite d'une certaine tendance générale de l'esprit humain, la plupart des industries se renferment avec opiniâtreté dans le cercle étroit qu'elles ont adopté et les circonstances, plutôt que la raison, sont à peu près les mobiles du progrès et de l'innovation. Il est présumable que, sans le blocus continental, la culture de la betterave, aujourd'hui la plus florissante de nos industries agricoles, se traînerait encore dans l'atonie des premières tentatives, ou, tout au moins, qu'elle serait loin d'avoir atteint l'importance qu'elle a acquise. On n'a accepté la concurrence de notre racine indigène, en face des produits de la canne à sucre, que par suite de la nécessité. Il serait également très-difficile de faire admettre la culture de la carotte, comme auxiliaire de la betterave et, de même que l'engouement pour le sorgho a été une question de mois à peine, mise à l'ordre du jour par la disette de 1853-1854, de même, une *maladie épidémique*, une catastrophe, qui frapperait la betterave, forcerait l'attention à se tourner vers la carotte, qui en serait le succédané le plus avantageux. Il n'est pas moins probable qu'un enthousiasme de cette nature durerait peu : on est habitué à la betterave; on ne l'est pas à la carotte.

Et cependant, lorsque nous avons engagé la fabrication sucrière à ne pas perdre de vue le sorgho et la carotte, nous avons suivi les indications des faits et nous n'avons pas obéi à nne sensation irréfléchie. Nous avons démontré, pour le sorgho, dans le chapitre précédent, que la culture en serait avantageuse, même dans la situation où l'a placé la négligence culturale de nos expérimentateurs ; nous persistons à penser que la carotte peut tenir une place très-honorable dans l'industrie sucrière, même à côté de la Silésie, même à côté des *races allemandes*, trop prônées, et ce, pour des raisons que nous croyons sérieuses.

En ne voyant que le côté de la production sucrière, puisque nous nous occuperons dans un instant de la question agricole, nous disons qu'une plante, produisant 40,000 kilogrammes avec une richesse moyenne de 8,20 0/0, n'est pas autant à dédaigner que nos fabricants le veulent bien. En effet, les deux tiers du sucre de la carotte, soit 5,46 0/0, sont d'une *extraction facile*, quoique Vauquelin en ait dit en son temps ; la carotte est douée d'une grande propension à s'améliorer, quant au poids absolu, à la densité et à la richesse saccharine, et les raisonnements que l'on fait sont bien pauvres et bien dépourvus de logique, aux yeux de ceux qui savent quels ont été les commencements de la betterave et quelles difficultés on éprouvait à en retirer *un centième* de sucre. La carotte se conserve mieux que la betterave ; elle pourrait se travailler jusqu'en mars ; la pulpe en est plus saine pour le bétail, et cette racine peut être cultivée en culture directe, ou en culture dérobée ou intercalaire, dans des conditions qu'il n'est pas possible de faire supporter à la betterave.

Ce n'est pas de l'antagonisme que nous voulons soulever contre la betterave sucrière ; personne ne croirait à une telle allégation, si quelqu'un nous accusait d'une semblable absurdité, après vingt ans de travaux qui ont eu la betterave pour principal objet. Nous ne voulons rien autre chose qu'établir la possibilité de trouver de précieux auxiliaires pour les plantes à sucre actuellement cultivées et, si la canne peut être remplacée, dans certaines conditions, par le sorgho, nous croyons fermement que, dans une foule de circonstances, il y aurait grand avantage à cultiver la carotte, concurremment avec la betterave, sans cesser, toutefois, de donner à celle-ci le premier rang et la place la plus importante.

I. — CULTURE DE LA CAROTTE.

La *carotte* est le type de la tribu des *daucus*, qui appartient aux *orthospermées*, de la famille des *ombellifères* et de la classe des *ombellinées*. Tout le monde connaît assez cette plante pour que nous soyons dispensé d'en donner la description. Les variétés de la carotte sont nombreuses. Sans nous occuper de celles qui sont plus spécialement appliquées à la nourriture de l'homme et qui sont l'objet de la culture maraîchère, nous mettons sous les yeux du lecteur les noms des principales espèces de grande culture, que l'on peut regarder comme des racines fourragères :

1º *Carottes rouges.* — On trouve dans le commerce les graines de cinq ou six variétés bien définies, que leurs qualités assez tranchées permettent de reconnaître facilement.

La *carotte rouge pâle*, ou *carotte de Flandre*, est grosse, demi-longue, d'une couleur rouge de brique. Elle sort rarement de terre et se conserve parfaitement. C'est une des meilleures racines du groupe, sinon la meilleure, en ce sens qu'elle croît en terre, qu'elle s'améliore aisément et fournit du poids à la récolte.

La *rouge longue ordinaire* est une très-bonne racine qui croît également en terre et se conserve bien ; elle est moins grosse et fournit un peu moins de rendement que la précédente.

Ces deux variétés sont préférables, pour la richesse et le rendement, aux autres carottes rouges, bien que la *rouge longue d'Altringham* soit de bonne qualité : comme elle est fort allongée, elle rend moins ; d'ailleurs, elle sort de terre et se conserve moins bien. La *carotte rouge longue à collet vert* croît hors de terre, et elle ne se conserve pas bien.

Les horticulteurs conseillent l'emploi de la *rouge demi-longue* pour les semis tardifs, et pour remplacer les semailles détruites ou compromises par quelque accident. Ils ont d'autant plus raison que cette carotte peut être semée jusque vers le 15 juin et qu'elle convient parfaitement pour les cultures dérobées. On doit préférer les variétés arrondies à l'extrémité, qui sont de facile extraction, de bonne qualité et de bonne garde.

2º *Carottes jaunes.* — Il n'y en a guère qu'une variété qui soit franchement recommandable : c'est la *carotte jaune longue*, qu'on appelle encore *carotte d'Achicourt*, ou *aurore d'Achicourt*, laquelle est très-bonne, productive, de bonne conservation, et qui croît en terre ; ces qualités nous la feraient préférer aux variétés rouges, car, avec quelques soins d'amélioration, on pourrait arriver à en faire un type excellent et de grand rendement.

3° *Carottes blanches.* — La *blanche à collet vert* est la carotte fourragère par excellence. Nous avons vu des racines de ce type qui atteignaient un poids de plus d'un kilogramme. Le seul défaut de la carotte dont nous parlons est de croître en partie hors de terre ; mais comme la *carotte blanche des Vosges* est beaucoup plus grosse, quoique moins longue, et qu'elle croît en terre, ce serait à celle-ci que nous donnerions la préférence. Le produit ne présente pas de différences bien sensibles et il ne s'agirait que de diriger les soins culturaux vers l'amélioration de la qualité sucrière.

Quelques personnes vantent une carotte blanche connue sous le nom de *carotte d'Orthe*, ou de *carotte blanche à collet vert améliorée ;* mais ce type, quoique très-productif, ne nous paraît pas devoir faire une concurrence sérieuse à la *carotte des Vosges*. La carotte d'Orthe est un peu plus enterrée que la blanche ordinaire ; mais comme elle est plus grosse, elle donne un rendement aussi considérable, et nous ne lui reprochons que le défaut de croître en partie hors de terre. Or, comme on sait que, dans les plantes cultivées pour sucre, cette circonstance coïncide avec une diminution du principe saccharin, lequel semble être concentré dans la portion enterrée, il y a lieu de choisir plutôt les espèces qui croissent en terre.

C'est pour cela que nous placerions, par ordre de mérite, la *carotte blanche des Vosges*, la *carotte d'Achicourt* et la *carotte de Flandre*. Ces variétés nous semblent répondre, plus complétement que les autres, aux besoins de l'industrie sucrière ; elles sont très-susceptibles d'amélioration et de perfectionnement, et leur croisement entre elles et avec la *rouge demi-longue* pourrait conduire à la création d'un type satisfaisant, dans lequel la croissance en terre se joindrait à la richesse sucrière, à l'abondance du produit-poids et à la précocité de la récolte.

Choix et préparation du sol. — Dans la première
édition de cet ouvrage, nous n'avions pas cru devoir nous étendre sur la culture de la carotte, parce que cette plante nous
semblait être tellement connue, que les notions relatives à sa
production agricole devaient être des données vulgaires, appréciées des cultivateurs les moins expérimentés. Nous nous
étions trompé ; car, depuis, nous avons pu constater, en divers
endroits, que fort peu de fermiers comprennent les soins à
donner à la carotte pour en obtenir de bons résultats. Nous avons
vu très-rarement cultiver la carotte comme elle doit l'être.

Nous disions que la carotte demande une terre meuble, profonde et substantielle, qu'elle s'accommode des sols argilo-sablonneux, des *prairies rompues* et des *terrains défrichés*, et
qu'elle donne de bons résultats en sols de seconde qualité.
Nous ajoutions qu'elle exige des labours profonds et que, sous
ce rapport, elle est améliorante, qu'elle ameublit et nettoie le
sol d'une manière parfaite [1]. Ces généralités, parfaitement
exactes, ne sont pas assez détaillées pour ne point laisser de
place à des erreurs regrettables, et il est indispensable de les
compléter par des indications plus nettes et plus précises.

Le sol spécial à la carotte est la terre franche avec prédominance du sable. Cependant, toute terre meuble, perméable,
profonde, lui convient, pourvu que la couche arable puisse
conserver une dose suffisante d'humidité. La carotte redoute
beaucoup la privation d'eau et, si l'on n'a pas à sa disposition
des moyens d'irrigation, il faut qu'elle soit placée en sol frais
et doux, plutôt argilo-sablonneux que sablo-calcaire. Il convient d'éviter les sols pierreux ou caillouteux, qui se dessèchent
trop vite, et dans lesquels les racines restent maigres et chétives et, de plus, acquièrent une mauvaise forme, ou deviennent fibreuses.

Nous ne voulons pas dire qu'il soit indispensable de mettre
la carotte dans une terre franche, fraîche, substantielle, pro-

---

1. Ce que nous disions de la carotte s'appliquait en même temps au *panais*, dont les besoins sont les mêmes et qui requiert une culture identique.
Depuis, nous avons reconnu expérimentalement que le panais ne contient pas
une proportion suffisante de *sucre prismatique*, pour que la culture en soit
avantageuse, à moins d'améliorations notables. Ces améliorations, possibles,
il est vrai, nous semblent cependant bien difficiles, et nous ne nous occu-
pons pas, actuellement, de cette plante, dont la place serait plutôt marquée
en alcoolisation.

fonde et perméable, plutôt avec prédominance du sable que
des autres éléments du sol; nous entendons seulement indiquer
cette station comme celle qui lui convient le mieux. La carotte
vient très-bien, en effet, dans des sols de qualité moindre,
pourvu qu'ils ne soient ni exclusivement argileux, ni crayeux,
ni sableux. Dans les loams tenaces, elle est exposée à devenir
trop aqueuse et à se gercer; elle dégénère dans le calcaire ou
la craie, et les sables secs lui sont absolument contraires. Elle
est exposée à *fourcher* dans les terrains pierreux ou caillouteux.

En ce qui concerne les prairies rompues et les terrains de
défrichement, on peut dire, en général, que ces sols sont très-
favorables à la carotte, mais à la condition qu'ils soient bien
nettoyés et ameublis. Aussi, nous préférerions voir semer une
avoine sur le défrichement; la carotte viendrait ensuite. Ce
serait le meilleur moyen d'obtenir tout le rendement que l'on
doit espérer dans ces terres, fort riches en humus, qui peuvent
renfermer encore beaucoup de racines non décomposées.

Préparation du sol. — Le terrain est préparé par un défoncement à 25 ou 30 centimètres, suivi de deux ou trois hersages
à la herse de fer.

Suivant les auteurs du *Dictionnaire d'agriculture*, un défoncement de 15 à 18 pouces, au moyen de deux labours dans les
mêmes sillons, et plusieurs hersages, pour unir le terrain, sont
indispensables. Nous partageons entièrement cette manière de
voir, et nous ajoutons que la multiplicité et la profondeur des
labours sont les garanties les plus certaines d'une bonne récolte.

Avons-nous besoin de répéter que la carotte cultivée pour
sucre ne doit pas recevoir de fumure nouvelle? Ce principe est
général et il ne comporte pas d'exceptions, au moins pour les
plantes dont l'évolution est très-rapide, ce qui est le cas pour
la carotte, aussi bien que pour la betterave. Ces deux plantes
sont bisannuelles, il est vrai, mais le travail de la production
sucrière s'accomplit dans leurs tissus en quelques mois, pendant la première période de leur végétation, et les fumures
fraîches ou trop azotées ne peuvent que nuire à la production
saccharine en favorisant la formation des matières albuminoïdes. Sous ce rapport, la carotte est placée, exactement,

dans les mêmes conditions que la betterave, et elle peut occuper le même rang dans un bon assolement cultural.

Ensemencement. — Quoique la graine de carotte se conserve trois ans au moins avec ses propriétés germinatives, on sèmera celle de deux ans par préférence, l'expérience ayant démontré que la graine d'un an est plus sujette à monter; celle de trois ans donne des manques. La graine doit avoir été bien nettoyée. Pour cela, on la met dans un sac, dans lequel on la froisse pour briser les petites pointes et les poils qui l'empêcheraient de se bien séparer, puis on donne un coup de van et l'on fait tremper pendant vingt-quatre heures dans l'eau fraîche. La graine, bien égouttée, est semée ensuite à la volée, en potets ou en lignes. On emploie de 5 à 7 kilogrammes par hectare. Quelques personnes conseillent de la mêler avec du sable ou de la sciure de bois, pour le semis à la volée; mais, comme ce mode d'ensemencement doit être proscrit dans une culture soigneuse, nous pensons que cette précaution est tout à fait inutile. On ne peut, en effet, songer à semer la carotte à la volée, si on veut lui donner aisément les soins de propreté et les binages qu'elle réclame impérieusement. C'est la culture en lignes seule qui peut répondre au but et, la légèreté de la graine soulevant des objections contre l'emploi du semoir, on pourra déposer les graines à la main, dans des rayons espacés de 30 ou 40 centimètres. Ces rayons peuvent être facilement tracés au rayonneur, dont on règle l'écartement suivant la nature du terrain. Nous avons vu, cependant, employer avantageusement le semoir pour la graine de carotte mondée, trempée et bien égouttée. Cette graine, débarrassée de ses aspérités par le mondage, rendue plus lourde par la trempe, avait été séchée par un pralinage avec la cendre de bois, et elle était répandue très-uniformément par le semoir, qui la recouvrait d'un centimètre de terre. Le passage d'un rouleau léger après la semaille est d'une haute utilité pour faire adhérer la terre aux graines, et il convient de ne jamais négliger de l'exécuter.

A notre point de vue, l'ensemencement au semoir doit être préféré, à cause de la régularité qui résulte de ce travail, et nous ne pensons pas que l'on ait à faire d'objections sérieuses contre la pratique du mondage et de la trempe, qui permet l'emploi de cet instrument.

En résumé, l'ensemencement des carottes doit se faire sur le labour de préparation, afin que le plant soit levé avant la sortie des mauvaises herbes. Les graines, mondées, trempées, égouttées, asséchées par la cendre, ou, même, pralinées avec un peu de chaux éteinte et *aérée*, seront semées au semoir et en lignes distantes de 35 centimètres, en moyenne, et la graine sera recouverte d'un centimètre de terre, après quoi on fera passer un rouleau très-léger pour tasser le sol uniformément.

Voilà l'important pour la pratique. Sous le rapport de la distance à conserver entre les lignes, nous pensons que celle de 35 centimètres est suffisante pour permettre d'exécuter les binages et les sarclages, qui ne sont pas moins nécessaires à la carotte qu'à la betterave.

Il arrive assez souvent que l'on sème la carotte en *culture dérobée*, en *culture intercalaire*, ou bien, encore, avec une autre plante qui est récoltée de bonne heure, ce qui laisse ensuite à la carotte le temps de croître et de parvenir à maturité. Dans les deux premiers cas, on sème comme en culture spéciale. Dans le dernier, comme lorsqu'on sème la carotte avec le *lin*, le semis se fait à la volée pour les graines mélangées. Il faut admettre que ce mode de procéder est peu rationnel et qu'il serait préférable de semer, après une première récolte, une variété précoce de carotte, comme la *demi-longue*, qui pourrait encore se développer complétement avant les froids.

Soins de culture et d'entretien.—Lorsque les plantes ont poussé leur troisième feuille, il est indispensable de les sarcler et de les biner à la main pour détruire les mauvaises herbes et éclaircir le plant. On peut biner les entre-lignes à la houe, ou avec une petite charrue spéciale; mais, si l'on a décidé de se servir de la charrue pour ce travail, il a fallu donner au moins 40 centimètres d'écartement entre les lignes pour permettre le passage d'une petite bête de trait.

L'écartement sur lignes est la conséquence de l'éclaircissement. Or, les carottes de moyenne taille, parmi les trois variétés dont nous avons conseillé le choix, présentent un diamètre de 8 centimètres. On ne peut moins faire que de laisser autant d'espace entre deux plantes, en sorte que la distance entre les plants, sur lignes, doit être de 16 centimètres au moins. L'éclaircissement, au premier binage, se fera donc sur cette base, par laquelle on donnera aux plantes :

1° Pour 30 centimètres d'écartement entre-lignes, 0^m,04 décimètres carrés 8 de surface ;

2° Pour 35 centimètres d'écartement, 0^m,05 décimètres carrés 6 ;

3° Pour 40 centimètres d'écartement, 0^m,06 décimètres carrés 4 ; c'est-à-dire un peu plus qu'on ne donnerait aux betteraves russes ou allemandes.

Il sera bon de donner un second binage, très-léger, un mois après le premier sarclage. On laissera ensuite les plantes en repos jusqu'à la récolte, leur végétation étant assez luxuriante pour étouffer toutes les mauvaises herbes.

Récolte des carottes. — Comme la betterave, la carotte ne doit être arrachée que le plus tard possible, quand elle est parvenue à toute sa maturité organique. Elle gagne, en effet, dans les derniers jours de sa végétation, et le principe saccharin s'y développe presque proportionnellement à la durée de son séjour en terre. On ne devra donc pas se presser de procéder à la récolte, si le temps se maintient au beau, et que l'on ne soit pas menacé de fortes gelées.

Pour procéder à cette opération, on commencera par faire passer la faulx dans le champ, pour couper les fanes que l'on enlèvera au bénéfice de la fosse à compost, ou que l'on mettra de côté, pour les enfouir comme engrais vert, dans le champ producteur même, après l'enlèvement des racines. On pourrait encore les faire consommer à l'étable ; mais, comme, à cette saison de l'année, on a les troisièmes coupes de trèfle et d'autres ressources fourragères, ce qu'il y a de mieux consiste à les faire entrer dans les composts à employer au printemps, pour lesquels on n'a jamais trop de matières végétales décomposables.

Lorsque les fanes sont enlevées, on arrache les racines à l'aide de la fourche plate. Nous préférons l'arrachage à la charrue, pourvu qu'il soit bien fait, et nous le regardons comme le plus expéditif, le moins coûteux et le plus rationnel de tous les moyens à employer. Pour cela, on se sert de deux charrues. La première, à simple versoir, passe à droite de la ligne, qu'elle déchausse à dix centimètres d'écartement, sur

une profondeur de vingt à vingt-cinq centimètres, suivant
l'espèce de carottes cultivées. La seconde charrue est à soc
droit, incliné de gauche à droite vers le bas, et le versoir est
constitué par des dents de fourche, recourbées et plates, main-
tenues par deux traverses, et agissant obliquement. Cette
charrue prend la gauche de la ligne, avec plus ou moins d'*entrure*, selon l'espèce, et à dix centimètres. Elle enlève toutes
les racines que le versoir à claire-voie jette dans la raie ou-
verte par la première charrue. L'effet de ce versoir est de nettoyer complétement les racines de la terre qui pourrait y
adhérer et de les réunir dans la raie. Des femmes suivent cette
seconde charrue et rejettent les racines sur la droite, pour
qu'elles ne soient pas foulées par les bestiaux, ni recouvertes
par la charrue à versoir plein.

On laisse les racines à l'air pendant un jour ou deux, suivant
le temps, pour les faire *hâler* et *ressuyer*, puis on les enlève
pour les porter au lieu où elles doivent être conservées.

Conservation des carottes. — Tout ce que nous avons
dit, au sujet de la conservation de la betterave s'applique rigoureusement à celle de la carotte, sous le mérite de cette observation importante que cette dernière redoute moins le froid
et qu'elle résiste beaucoup mieux à un abaissement subit de la
température.

Cela tient à ce que la carotte est moins aqueuse que la betterave et que son tissu cellulaire est plus dense. Quoi qu'il en
soit, il sera bon de prendre les mêmes précautions que pour la
betterave et de disposer la carotte en silos, en cave, sous hangar, ou en tas, avec les mêmes précautions.

On se trouve parfaitement bien d'alterner les couches de carottes avec du sable ou de la terre ; mais nous ferons observer
que, en dehors de ce qui a été dit, on doit porter la plus grande
attention à la facilité avec laquelle la carotte entre en végétation, sous l'influence d'un faible accroissement de température,
pour commencer le travail organique de la deuxième année,
ou de la période de granification. L'expérience nous a appris
que la section du collet est une mauvaise mesure pour la carotte, dans laquelle elle développe une sorte de fermentation
très-pernicieuse au sucre, par suite de l'altération des principes pectiques. En présence de ce fait, on ne peut songer à

préserver la carotte du mouvement végétatif qu'en la soustrayant à toutes les causes qui pourraient exalter la température de la masse.

On devra donc établir avec le plus grand soin des rigoles et
des cheminées d'aération dans les tas de carottes, afin de pouvoir y introduire un courant d'air, toutes les fois qu'on ne
craindra pas la gelée. Ces ouvertures seront ensuite refermées
avec attention, et les masses seront recouvertes d'une couche
épaisse de sable, qui est un mauvais conducteur du calorique.
Par-dessus cette première couche, que l'on peut appliquer un
peu humide, on disposera une couche de terre extérieure, que
l'on battra avec soin, et l'on pourra espérer conserver ainsi les
carottes en parfait état jusque vers la fin de mars ou le commencement d'avril.

Sous ce point de vue, dans une fabrication bien comprise,
la betterave étant traitée d'octobre à fin décembre, on pourrait
travailler la carotte de janvier à fin mars, ce qui prolongerait
la campagne et lui donnerait six mois de durée au lieu de trois.
Cela est à considérer, et nous aimerions mieux cette marche,
dans l'intérêt des fabricants, de la culture et des ouvriers des
fabriques, que les transports souterrains des jus, la conservation par chaulage, et d'autres moyens plus ou moins fantaisistes dont les *inventeurs* ont voulu faire une apologie trop
intéressée.

Trois mois de travail de plus dans une fabrique, c'est trois
mois de gain de plus pour la population qui l'entoure; c'est
une *série d'engraissement* de plus pour le bétail; c'est doubler le
produit en viande des fermes qui en dépendent; c'est augmenter le fumier dans la même proportion et, par suite, fertiliser
le sol et multiplier la production. Or, il est bien certain que ce
qui ne peut pas se faire avec un travail rapide, comme quelques-uns le proposent, ce qui est impossible avec la betterave
seule, dont les pulpes doivent être consommées au jour le
jour, à moins qu'elles ne soient desséchées, devient facile par
la succession de deux matières premières, d'un égal mérite
agricole, d'un rendement industriel similaire, dont l'une peut
suivre l'autre et la remplacer dans les opérations manufacturières, sans apporter la moindre modification au travail
usinier.

Cette considération nous semble mériter, à tous égards, que

les agriculteurs et les fabricants cherchent à tirer parti d'une idée simple et dont l'exécution ne nous paraît devoir être enrayée par aucune difficulté sérieuse.

Rendement de la carotte. — Dans la pratique ordinaire, le rendement d'un hectare de carottes varie entre 25,000 et 50,000 kilogrammes. On peut donc évaluer la récolte moyenne de l'hectare à 35,000 kilogrammes, représentant, à 15 0/0 de matière sèche, 5,250 kilogrammes, qui peuvent fournir de 14 à 20 0/0 de sucre brut, soit 735 à 1050 kilogrammes. Ce chiffre, inférieur à celui de la betterave, n'est cependant pas à dédaigner, la carotte pouvant réussir aisément dans des sols impropres à la culture de la betterave, et donner souvent un produit bien plus considérable que celui que nous indiquons ici.

Voici quelques chiffres qui en fourniront la preuve.

Sur différentes espèces de carottes, la rouge longue, la carotte des Vosges, la blanche à collet vert et la carotte d'Achicourt, nous avons constaté un poids moyen de 460 grammes. Le diamètre moyen, au collet, est de 8 centimètres. Il s'ensuit que, par le semis en lignes, sans vides, avec des soins convenables, ces racines peuvent fournir :

1° Par 4 décimètres carrés 8 de surface, 208,333 racines, et $208,333 \times 0^k,46 = 95,833$ kilogrammes.

2° Par 5 décimètres carrés 6 de surface, 178,571 racines, et $178,571 \times 0^k,46 = 82,142$ kilogrammes.

3° Par 6 décimètres carrés 4 de surface, 156,250 racines, et $156,250 \times 0^k,46 = 71,875$ kilogrammes.

En supposant que, par suite des vides et par d'autres causes, malgré des soins intelligents, ces chiffres dussent être réduits de 25 0/0, on aurait :

$$1° \ 95,833 - {}^{25}/_{100} = 71,875 \text{ kil.}$$
$$2° \ 82,142 - {}^{25}/_{100} = 61,606$$
$$3° \ 71,875 - {}^{25}/_{100} = 53,906$$

$\Big\}$ = Moyenne : 62,462 kil.

Nous concluons de ces données que, par une bonne culture, en lignes, avec un écartement suffisant et des soins analogues à ceux qu'on donne à la betterave, un hectare de terre peut produire de 50,000 à 60,000 kilogrammes de carottes. Ces chiffres répondent à 8250 de matière sèche, en moyenne, et à un rendement en sucre de 1155 à 1650 kilogrammes, dont la plus grande partie peut être aisément extraite, malgré l'opinion surannée de Vauquelin.

Nous ne pensons pas que les données agricoles précédentes puissent faire l'objet d'une critique fondée. Quant au rendement sucrier de l'hectare de terre, comme il a été basé sur une série d'expériences assez peu explicites de M. Drapiez (1811), il nous paraît inférieur à la réalité, et nos vérifications nous ont permis d'apprécier d'une manière plus exacte la valeur sucrière produite par un hectare de terre emblavé en carottes.

Il résulte, d'une analyse du docteur Sacc, que la carotte est ainsi composée sur 100 parties :

Eau.	84,00
Fécule.	1,38
Sucre.	8,13
Inuline.	1,00
Albumine.	0,86
Ligneux, etc.	4,63
	100,00

Une récolte de carottes de 35,000 kilogrammes aurait donc produit $350 \times 8,13 = 2845^k,50$. La récolte moyenne, *possible*, de 55,000 kilogrammes représenterait $550 \times 8,13 = 4471^k,50$. Nous ne nous servirons pas, cependant, du chiffre du docteur Sacc, parce que nous ignorons la nature de la variété sur laquelle il a opéré, et nous prendrons le nombre 6,75, représentant le sucre cristallisable que nous avons trouvé nous-même dans la carotte blanche à collet vert. A l'aide de ce chiffre, fort peu élevé et qui se rapporte à une variété rustique, nous trouvons quelques relations intéressantes :

Rendements.		Valeur en sucre.
25,000 kil.	—	$1687^k,50$
35,000	—	2362 ,50
40,000	—	2700 ,00
50,000	—	3375 ,00
53,906	—	3638 ,655
61,606	—	4158 ,40
62,462	—	4216 ,185
71,875	—	4851 ,562

Quelle que soit la quantité extraite par la fabrication, il n'en est pas moins hors de doute que la culture peut produire, par hectare, avec la carotte, une proportion de sucre considérable, beaucoup plus grande que celle à laquelle on semblait être condamné avec la betterave, au début de son emploi en sucrerie. C'est le seul point à établir dès maintenant, car il sera aisé de faire voir, lorsque nous traiterons les questions de fabrication, que le travail de la carotte est, au moins, aussi facile que celui de la betterave, en sorte que les objections faites contre cette racine nous paraissent absolument imaginaires.

Le *prix de revient* des 1000 kilogrammes de carottes doit être évalué dans des conditions analogues à celles qui ont été étudiées pour la betterave (p. 450 à 453). Nous ferons observer, cependant, que la terre, pour la carotte, étant de moindre qualité, représente moins d'impôt et moins de loyer, que la carotte exige moins de binages, en sorte que les frais sont forcément un peu diminués. En prenant pour base le chiffre minimum de M. J. Garola, soit 313 francs, et y ajoutant 50 francs de frais généraux, on est largement dans la vérité pratique. Ces éléments donnent 363 francs par hectare. Ainsi, pour une récolte de 50,000 kilogrammes, on a $\dfrac{363}{50} = 7$ fr. 26 pour le revient agricole de 1000 kilogrammes. On comprend que la signification réelle de ce chiffre pourrait être profondément modifiée par le rendement, par l'augmentation de la valeur-sucre, et par une foule de circonstances qu'il nous paraît inutile de détailler ici, après les détails que nous avons exposés précédemment.

Amélioration de la carotte. — On peut arriver, par les mêmes procédés de sélection que nous avons étudiés pour la betterave (p. 459), à perfectionner la carotte et à l'améliorer notablement, au point de vue de la richesse sucrière, du poids des racines, de leur rusticité, de leur précocité, et des autres qualités que l'on recherche en sucrerie.

Cette proposition ne peut faire le moindre doute dans l'esprit des observateurs, car le fait de la transmission des qualités des reproducteurs, par hérédité, n'est plus discutable, et l'on sait, d'ailleurs, que les variétés actuellement connues de la carotte n'ont été obtenues que par des procédés similaires, en partant du type sauvage, dont la racine ligneuse ne renferme qu'un jus presque privé de sucre et chargé de principes âcres ou aromatiques. Il n'est donc pas nécessaire de nous arrêter à démontrer la possibilité de l'amélioration de la carotte, puisque le fait est acquis à l'observation.

Nous ne croyons pas non plus devoir insister sur la marche à suivre dans les procédés de sélection des racines à employer comme porte-graines. Il est clair que l'on devra rechercher, dans ce but, les racines les plus sucrées, présentant la plus grande densité sous le plus grand poids absolu, et que l'essai du jus des racines, choisies par une vérification préparatoire, se fera d'après les principes mis en lumière par M. L. Vilmorin. Nous ne dirons donc, à ce sujet, que quelques mots, relativement à la culture des porte-graines ou des reproducteurs.

Les racines, reconnues comme les plus riches en sucre, les plus parfaites de forme et, en même temps, les plus lourdes, sont plantées au printemps, lorsque les gelées ne sont plus à craindre, après qu'on a coupé les feuilles et rafraîchi les radicelles. On choisit pour la plantation, une bonne terre franche, un peu sablonneuse, bien ameublie et exposée vers le midi.

Le sol ne doit pas avoir reçu de fumure nouvelle, et il doit être parfaitement perméable. On plante, en lignes, à la charrue, ou au plantoir. Les lignes doivent être distantes de 30 centimètres et les plants, sur lignes, sont espacés à 15 ou 20 centimètres. Ils ne demandent qu'un sarclage de propreté lorsque les pousses ont 8 à 10 centimètres de haut, afin de les débarrasser des plantes parasites et des mauvaises herbes.

Les ombelles se recueillent à mesure de la maturité, à cause de la facilité avec laquelle elles perdent leur graine lorsqu'on les laisse trop longtemps sur pied. On les fait sécher à l'air pendant une dizaine de jours avant de les battre pour en détacher les graines.

On a dit que celles du milieu de l'ombelle ne valent rien et qu'il faut recueillir seulement celles de la circonférence. Il est vrai que les fleurs du milieu sont plus tardives que les autres, en sorte que les graines extérieures sont plus tôt mûres, mais lorsqu'on a laissé les ombelles parvenir à leur maturité, les unes et les autres se valent.

Dans tous les cas, rien n'est plus simple que de monder la graine par le battage et de la débarrasser ensuite des graines trop légères et des grains vides par l'action du van. On peut mieux faire encore et suivre le procédé suivant qui est également applicable à la graine de betterave. On prend un baril d'une cinquantaine de litres et l'on fait passer à travers un petit axe en fer que l'on fixe à chacun des fonds à l'aide d'une plaque et de quatre vis. Chaque extrémité de l'arbre est arrondie à sept ou huit centimètres du baril, et l'on fait reposer cette portion arrondie sur un coussinet, porté sur un bâti en bois. A l'un des bouts de l'arbre est adaptée une manivelle, et l'on a ainsi une petite *tonne tournante*, dont il ne s'agit plus que de remplacer le trou de bonde par une ouverture carrée ou ronde, de deux à trois décimètres de section, à laquelle on adapte une petite porte, qu'on assujettit avec des charnières et un verroü.

En introduisant dans ce baril vingt à vingt-cinq litres de graine brute, avec un ou deux kilogrammes de billes en marbre, on n'a qu'à donner le mouvement à la machine par la manivelle pour obtenir, en un quart d'heure, un mondage parfait et la séparation des épines et des poils de la graine. Dans cet état, le contenu du baril est versé sur une claie qui retient les billes pour une autre opération, et la graine n'a plus qu'à être vannée pour la séparation des poussières et des graines vides ou légères.

Cette mesure, ou toute autre analogue, ne s'applique évidemment qu'au cas où l'on a affaire à une grande quantité de graines. Lorsque l'on s'occupe d'un travail d'amélioration, il est plus simple de recueillir et de monder à la main la graine du tour des ombelles venant des reproducteurs. Cette précaution n'est, d'ailleurs, qu'une application du principe par lequel on ne doit semer que des graines complétement mûres, et il n'est nullement besoin de s'étendre sur ce point qui est compris et admis par tout le monde.

OBSERVATION. — Bien que M. Drapiez ait trouvé 12,5 de cassonade dans 100 parties de *panais* desséché, nous nous abstenons de traiter spécialement de cette plante, par une raison déjà indiquée, c'est-à-dire, à cause de la quantité de glucose et de fécule que nous avons trouvée dans cette racine.

Nous croyons, cependant, que le panais, au moins pour les grosses variétés, peut faire l'objet d'une étude utile, et que cette plante est susceptible de grandes améliorations qui lui

feraient prendre un rang avantageux parmi les plantes sucrières. On cultive le panais exactement comme la carotte. Le
rendement est moindre d'un quart, et les produits sont moins
parfaits sous le double rapport de la pulpe et du sucre.

S'il s'agissait de recherches d'amélioration pour cette plante,
on devrait se conformer aux règles exposées plus haut, et dont
l'application permet d'espérer des résultats avantageux.

II. — DES CUCURBITACÉES.

Notre intention n'est pas de nous arrêter à une longue description botanique de ces plantes, ni d'entrer dans des détails
minutieux relativement à leur culture. Le fait capital qui ressort des recherches auxquelles nous nous sommes livré pendant dix ans est celui-ci. Les courges renferment une proportion
d'eau considérable, qui varie de 85 à 97 0/0 du poids de la
plante fraîche, et cette quantité de liquide à évaporer devra être
prise en sérieuse considération, au moins pour les espèces vulgaires. Comme, d'autre part, la richesse sucrière s'élève très-
notablement dans les cucurbitacées, qu'elles s'améliorent très-
facilement et que, dans certaines espèces, la proportion du
sucre peut atteindre jusqu'à 0,10 du poids total du fruit frais,
et même dépasser ce terme, la question nous semble devoir
rester pendante, jusqu'à ce qu'une espèce de grande richesse
soit définitivement fixée.

D'après des documents qui nous ont été fournis par une personne digne de foi, la *courge de l'Ohio* a été traitée pour sucre,
en Louisiane, par un planteur qui y consacrait celles de ses
terres qui ne convenaient pas à la canne. D'un autre côté, le
croisement des races s'opère avec une grande facilité dans les
plantes de ce groupe et nous ne croyons pas impossible de
parvenir à créer, par le croisement du potiron commun avec
les espèces très-sucrées, une variété rustique, de grand produit, et d'une richesse sucrière assez élevée pour que le traitement en soit profitable industriellement.

Malgré tout le soin que nous y avons apporté et les démar-
ches que nous avons faites, il nous a été impossible de retrouver la *citrouille à soie*, traitée pour sucre par M. Hoffmann,
en 1837, et dont la richesse sucrière égale, dit-on, celle de la
betterave.

En somme, les *melons* représentent l'élément sucre, et les *potirons* la grosseur, parmi les courges; ce sont là les deux extrêmes du croisement à obtenir. La *pastèque*, les *courges* plus ou moins sucrées *du Brésil, de Valparaiso* et *de l'Ohio*, peuvent être regardées comme des intermédiaires, au point de vue dont nous voulons parler, et les *citrouilles*, qui présentent une certaine analogie avec ces dernières courges, formeraient, à notre sens, le type moyen à perfectionner.

Nous n'irons pas plus loin dans cet ordre d'idées; mais nous ne craignons pas d'affirmer que ces plantes sont, peut-être, celles que l'on peut améliorer le plus aisément et le plus promptement. En plantant à côté l'un de l'autre un pied de chacune des deux variétés que l'on veut croiser, il suffit de supprimer les fleurs mâles de l'un des deux, au moment de la floraison, pour obtenir une modification profonde des produits dès la première génération. Et cette modification est d'autant plus commode à constater que l'on peut traiter et essayer le jus du fruit obtenu, tout en conservant les graines du produit modifié, pour continuer l'expérience et arriver graduellement à de nouvelles modifications.

La culture des cucurbitacées n'offre pas de difficultés réelles; mais comme plusieurs espèces, fortement sucrées, appartiennent aux contrées méridionales, le but principal de l'amélioration devrait être de procurer la richesse sucrière aux variétés rustiques, telles que le potiron et la citrouille, qui croissent très-bien dans des régions plus froides.

Au point de vue purement cultural, les cucurbitacées s'accommodent de tous les sols, pourvu qu'ils soient perméables et substantiels. Elles redoutent les terres trop tenaces, aussi bien que les sables légers, et elles ont besoin de beaucoup d'humidité. Comme les racines de ces plantes sont traçantes, elles n'ont pas besoin d'une grande profondeur de la couche arable et, malgré le préjugé dominant, elles prospèrent sur vieille fumure, pourvu que le terrain soit riche en humus.

Voici comment nous comprendrions la culture des cucurbitacées en *plein champ*. Le sol serait ameubli, à l'automne et à la fin de l'hiver, par un bon labour de préparation suivi d'un hersage énergique. A l'époque de l'ensemencement, c'est-à-dire dans les premiers jours d'avril, on tracerait, sur le champ, des sillons écartés de 1 mètre à 1^m,50, sur 30 centimètres de profondeur. Pour cela, une charrue ordinaire ouvrirait les lignes et, à la suite, une autre charrue à double versoir compléterait le travail. On apporterait l'engrais bien consommé dans ce sillon, et le billon s'établirait par-dessus, à l'aide de la charrue simple que l'on ferait passer de chaque côté du sillon. On ferait donner ensuite un coup de rouleau.

Quinze jours après, on procéderait à la semaille.

Pour cela, les graines, qui auraient trempé pendant vingt-quatre heures dans l'eau fraîche, seraient placées sur le sommet du billon, dans des trous de 4 à 5 centimètres, pratiqués, d'un seul coup, avec la tête de la houe, à un mètre de distance. On mettrait trois graines dans chaque trou, et elles seraient recouvertes de 2 centimètres de terre.

Après la levée du plant, l'éclaircissage devient indispensable, et il convient de ne laisser qu'une seule plante, la plus forte, sur celles qui ont levé. Cette opération se ferait lorsque les plantes auraient poussé leur troisième feuille. On en profiterait pour biner les entre-lignes et pour placer, de chaque côté des lignes, 3 ou 4 centimètres de paillis court, sur une largeur de 35 à 40 centimètres. Ce paillis a pour but de maintenir la fraîcheur du sol.

A l'apparition des fleurs, il faut bien se garder de supprimer les fleurs mâles avant la fécondation. Lorsque chaque pied porte de six à dix jeunes fruits bien noués, on passe dans la pièce et l'on coupe toutes les branches et toutes les pousses au delà du dernier fruit et au-dessus d'un œil. Les fanes détachées restent dans l'entre-lignes, où elles complètent le paillis.

A partir de ce moment, il n'y a plus rien à faire dans le champ, sinon quelques petits travaux de propreté, s'il y a lieu, et il est bon de supprimer les pousses gourmandes s'il s'en produit.

La récolte se fait à la maturité, mais on ne risque rien d'attendre le plus tard possible. Elle doit se faire avec précaution, pour éviter de meurtrir les fruits, car les meurtrissures en déterminent la décomposition d'une manière très-rapide.

On les conserve parfaitement lorsqu'on prend la peine de les disposer en couches régulières entre lesquelles on interpose un lit de sable, ou de tan épuisé. Sauf pour le potiron, il faut prendre les plus grandes précautions pour éviter l'action des fortes gelées, qui sont toujours à craindre pour les végétaux très-aqueux.

En moyenne, l'hectare de courges peut rapporter de 100,000 à 120,000 kilogrammes de fruits, mais cette donnée est sujette à de grandes variations, selon la variété que l'on cultive ; car, avec de grosses espèces, le poids total peut s'élever facilement jusqu'au double.

Toute la question se résume, pour les cucurbitacées, à se procurer des variétés sucrières très-rustiques par le croisement. Jusqu'à ce qu'on soit arrivé à un résultat sérieux de ce côté, cette culture sera plutôt un objet de curiosité qu'autre chose pour la fabrication sucrière.

III. — DE L'ÉRABLE A SUCRE.

L'érable à sucre (*acer saccharinum*), connu des Américains sous le nom de *maple*, est un grand arbre, du plus beau port, qui atteint souvent une hauteur de 30 mètres. La sève de ce végétal contient une quantité assez considérable de sucre de canne, variant, en moyenne, de 2 à 4 centièmes.

Cet arbre habite les parties froides de l'Amérique du Nord, où il forme souvent des forêts entières ; il y a tout lieu de croire que ce serait une précieuse acquisition pour l'Europe septentrionale, et il serait, en tout cas, infiniment plus utile à la question alimentaire, ou même à la question économique, que nombre d'essences de simple ornement dont nous remplissons à grands frais les promenades et les lieux publics. Son bois est parfait pour une multitude de travaux de menuiserie, et il serait à désirer que le repeuplement de nos forêts pût se faire en partie avec cette magnifique essence.

Son produit en sucre n'est pas non plus à dédaigner ; outre la franchise de goût et la netteté de saveur qui le distinguent, on ne peut lui refuser un avantage, c'est d'appartenir à la classe des produits que nous obtenons sans culture spéciale. Il serait de toute impossibilité de donner une idée sommaire de la quantité qu'on en recueille annuellement dans les États de l'Union ; il y a tels États qui en produisent plusieurs millions de kilogrammes...

« L'érable à sucre croît en grand nombre dans les États du centre de l'Union américaine. Ceux qui croissent à New-York

et en Pensylvanie fournissent une plus grande quantité de
sucre que ceux que produisent les environs de l'Ohio. On les
trouve mêlés avec le hêtre, le sapin, le frêne, l'arbre à concombre, le tilleul, le peuplier, le noyer et le cerisier sauvage.
On les voit quelquefois en bouquets, qui couvrent cinq à six
acres de terrain ; mais ils sont plus ordinairement mêlés à quelques-uns des arbres que nous venons de citer. On les trouve
généralement au nombre de quarante à cinquante par acre. Ils
croissent surtout dans les terrains fertiles, et même dans les
terrains pierreux ; des sources de l'eau la plus limpide jaillis-
sent en abondance dans leur voisinage ; parvenus à leur plus
grand accroissement, ils atteignent la hauteur des chênes
blancs et noirs, et leur tronc a 2 ou 3 pieds de diamètre. Ils
portent, au printemps, une fleur jaune en houppe ; la couleur
de cette fleur les distingue de l'érable commun dont la fleur est
rouge (*acer rubrum* de Linn.). Cet arbre donne un excellent
bois de chauffage, dont la cendre produit une grande quantité
de potasse, qui est peut-être égale en qualité à celle que l'on
tire de tout autre arbre qui croît dans les États-Unis. On pré-
sume que l'érable atteint, au bout de quarante ans, le terme de
son accroissement. (*Société d'encouragement*, 1811.)

Il est bien évident qu'un haut intérêt viendrait s'attacher à la
naturalisation et à l'acclimatation, en Europe, des arbres à
séve sucrée, quand même leur introduction n'aurait d'autre
but actuel que leur produit en bois d'œuvre ou de chauffage.
Il est certain que, dans le cas de certains désastres, la production du sucre provenant des érables ne souffrirait aucune difficulté et qu'elle pourrait rendre des services considérables.

Selon les recherches d'Hermstaedt, les quantités de sucre
contenues dans la séve des érables sont variables selon les espèces, et cet observateur a trouvé, sur 3 livres de séve de
différents arbres, des résultats que nous avons déjà consignés
(page 258), mais que nous croyons utile de remettre sous les
yeux du lecteur :

Acer	dasycarpum	1	once	$\frac{1}{2}$	gros	= 2,21 %
—	tartaricum	1	—	3	—	= 2,86
—	saccharinum	1	—	2	—	= 2,60
—	negundo	1	—	»	—	= 2,08
—	platanoïdes	1	—	»	—	= 2,08
—	pseudoplatanus ...	»	—	7	—	= 1,82

| Acer campestre........ | » — 7 — = 1,82 |
| — rubrum......... | » — 7 — = 1,82 |

Sans considérer les chiffres de Hermstaedt comme absolument positifs, puisqu'ils ne sont vrais que pour la circonstance dans laquelle il les a obtenus, nous pouvons les prendre pour base de notre raisonnement, parce qu'ils sont un peu inférieurs à ce qu'on observe en Amérique. On estime, en effet, que 16 litres de séve de maple fournissent 500 grammes de sucre, ce qui revient à très-peu près à 1/32 ou 3,1/2 0/0. Comme chaque érable, parvenu à sa croissance, procure de 1 à 2 kilogrammes de sucre dans la saison, on sent facilement l'avantage qu'il y aurait, pour les agriculteurs, s'ils multipliaient cet arbre sur les fossés de clôture, partout où ils ont des abris et des brise-vents à établir. Qu'on suppose seulement une centaine d'érables plantés à peu de distance de la ferme, ce sera la consommation d'une famille nombreuse, assurée par un travail d'hiver fort insignifiant, puisqu'il ne s'agit que de recueillir la séve et de la faire évaporer.

Ici, pas de *droits* possibles, pas de ces impôts que l'on crée aujourd'hui avec tant d'inintelligence, puisque les matières utilisées pour la consommation du producteur échappent, de droit commun, aux inventions fiscales.

Cela est à considérer par les agriculteurs et il ne faut pas s'arrêter au temps exigé par l'érable, quinze à vingt ans, peut-être, pour qu'on puisse commencer à en tirer parti. Il importe de songer à l'avenir, à ceux qui nous remplaceront; l'œuvre des pères leur survit, et les fils, la trouvant toute créée, n'auront plus qu'à la compléter et à l'étendre.

Malgré tout, la culture de l'érable à sucre ne s'est pas encore propagée en Europe. Les efforts éclairés du prince d'Auersberg, qui en avait fait planter un million dans ses domaines (vers 1810), n'ont pas eu de résultats, en ce sens qu'ils n'ont pas trouvé d'imitateurs, malgré toute l'importance d'une telle innovation.

Il n'est pas possible de compter sur le zèle agricole de certaines institutions; c'est à l'agriculteur lui-même qu'il convient de prendre l'initiative des acclimatations qu'il veut faire. On ne trouve que difficilement des plants tout élevés, mais on peut se procurer des graines et, pourvu que l'on ne veuille pas jouir avant d'avoir travaillé, récolter avant d'avoir semé, on n'a besoin de l'assistance coûteuse de personne.

A côté de l'importance culturale que pourraient offrir l'érable à sucre et l'érable de Tartarie, c'est à peine si l'on trouve matière à s'occuper du *bouleau* dont la séve, moins abondante et plus pauvre en sucre, n'est pas comparable à celle des érables. Nous n'en parlons donc que pour mémoire, et uniquement pour faire observer que cet arbre, qui habite les régions les plus septentrionales de l'Europe, où il est, pour ainsi dire, autochthone, pourrait être utilisé par les habitants de ces contrées déshéritées. Comme il résiste à des températures très-basses, et que la simple concentration suffit pour obtenir, de la séve qu'on en *soutire* au printemps, un sirop sucré assez agréable, les populations des régions boréales y trouveraient une ressource alimentaire et un agent de calorification utile.

La séve du bouleau est d'autant plus abondante que l'hiver a été plus intense et plus rigoureux, et elle fournit 1 1/2 à 2 0/0 de son poids en sirop bien cuit, contenant 0,67 de sucre réel.

IV. — DU CHATAIGNIER.

La châtaigne a été l'objet de travaux aussi curieux que recommandables à l'époque du blocus continental, et l'on peut espérer que ce fruit, convenablement manipulé, pourrait aider sérieusement à combler le déficit du sucre, dans un cas donné et, en outre, à procurer une notable quantité de farine propre à certains usages alimentaires. La seule objection apportée contre l'emploi industriel de la châtaigne est tout entière basée sur une fausse appréciation de la situation agricole. On a voulu considérer la châtaigne comme indispensable à l'alimentation des pays où elle est récoltée, et l'on a cru qu'il y aurait une faute grave à transformer industriellement le produit du châtaignier. Cette objection tombe d'elle-même, quand on examine de plus près la question.

Un pays bien organisé et bien cultivé doit pouvoir fournir à tous ses habitants une nourriture saine et abondante; l'alimentation doit être à des conditions de prix accessibles à tous, et il est à la fois de la plus haute injustice et de la plus grande imprudence que des provinces entières soient réduites à se nourrir de bas produits plus ou moins indigestes, comme le sarrasin et la châtaigne.

Que l'on donne au Limousin et au Breton une ration con-

venable de pain et de viande, et bientôt la châtaigne et le sarrasin pourront faire partie des matières premières de l'industrie, celle-là pour les sucres, celui-ci pour la fécule et l'alcool;
les habitants de ces provinces n'en consommeront plus d'une
manière habituelle, et n'en feront plus la base essentielle de
leur nourriture.

Ceci est très-loin d'être paradoxal, et nous ne voyons pas
pourquoi les uns seraient au régime du pain de froment et de
la viande, pendant que tant d'autres ne les connaissent encore
que de nom. Nous avons vu de nos yeux jusqu'à quel point les
populations bretonnes ont dégénéré sous le rapport de la constitution physique et même au moral, et il nous a été impossible d'attribuer les déplorables effets que nous avons observés
à une autre cause qu'à l'insuffisance et à la mauvaise qualité
de leur nourriture.

On peut étendre *à priori* le même raisonnement à toutes les
contrées où les bienfaits réunis de l'agriculture raisonnée, de
l'industrie et du commerce, n'ont pas étendu leur influence
bienfaisante.

Ajoutons à cela que le châtaignier se plaît dans les sols peu
fertiles, et qu'il croît dans un grand nombre de terrains impropres à toute autre culture. Ce serait une grande idée, une
utile innovation, que d'encourager la plantation de cet arbre
précieux dans les landes et les pâtis communaux, sur les bords
des grandes routes, et de le mélanger dans les forêts et les
parcs aux autres essences. Nous pensons, à l'égard du châtaignier, ce que nous avons déjà dit par rapport à l'érable à sucre;
mais il n'y a que les gouvernements seuls qui puissent prendre
l'initiative en pareille matière, et les simples particuliers ne
peuvent, le plus souvent, que faire des efforts et des vœux im-
puissants.

1,000 *kilogrammes de châtaignes fraîches renferment :*

Eau de végétation............		546k,00
Enveloppes......	92k,00	
Sucre..........	50 ,68	
Fécule.........	200 ,00	ensemble. 454 ,00
Résidus........	111 ,32	
		1000,00

En sorte que ce fruit, convenablement traité, pourrait fournir, par 1,000 kilogrammes, 50^k,68 de sucre, 200 kilogrammes de très-bonne fécule et 111^k,32 de résidus utilisables pour la nourriture du bétail, ou 311^k,32 de farine alimentaire.

Ces chiffres sont déduits d'un Mémoire de MM. Darcet et Alluaud, lesquels établissent la production agricole des châtaignes d'une manière très-nette.

Selon ces observateurs (1812), la superficie des terrains plantés en châtaignes, dans le département de la Haute-Vienne, est de 40,000 hectares environ, rapportant de vingt à vingt-quatre sacs de châtaignes, du poids de 60 kilogrammes, en sorte que la récolte totale est annuellement au moins de 48,000 quintaux métriques.

En consacrant la moitié de cette récolte à la fabrication du sucre, elle sera réduite, par la dessiccation et le dépouillement de la peau, à la quantité de 86,880 quintaux qui, d'après les résultats des expériences faites par MM. Darcet et Alluaud, produiront :

En moscouade....................	592,521 kil.
En farine......................	5,768,802
En sirop de mélasse............	2,8?? 950

Et, enfin, la peau qui en proviendra, s'élevant à la quantité de 22,080 quintaux, sera utilement employée à chauffer les étuves avec d'autres combustibles dont elle enrichira les cendres, et elle fournira, seule, une quantité considérable de potasse.

Que maintenant on considère que le département de la Haute-Vienne ne comprend qu'environ le tiers du plateau granitique de l'ancienne province du Limousin, sur lequel le châtaignier est cultivé avec un égal succès; que les départements de la Creuse, de la Corrèze, sont appelés à partager les mêmes avantages, dont quelques parties de la Charente et de la Dordogne jouiront encore; que l'on considère que les châtaignes des Cévennes, de la Bretagne, des environs de Lyon et de plusieurs autres contrées de la France, doivent aussi contenir du sucre dans une certaine proportion; que la Corse, la Toscane et plusieurs provinces du royaume de Naples font d'abondantes récoltes de ce fruit précieux, on sera convaincu que, parmi les moyens employés jusqu'à ce jour pour remplacer le sucre de canne, il n'en est pas de plus certain et de plus digne des encouragements du gouvernement que celui de M. Guerrazzi....

Disons tout de suite que la méthode de M. Guerrazzi pour l'extraction du sucre de châtaigne était la conséquence d'expériences antérieures de Parmentier (1780), et ajoutons que le point de vue auquel se plaçaient les auteurs du *Mémoire* cesse, aujourd'hui, de présenter une actualité intéressante.

Nous devons envisager la question sous un autre rapport.

Dans une grande portion du territoire français, le châtaignier croît avec une vigueur extraordinaire et il peut donner des fruits abondants. Pourquoi ne pas le multiplier, dans les haies, les clôtures, les abris? Pourquoi ne pas l'employer, comme nous l'avons déjà dit pour le maple, soit concurremment avec certaines essences, soit à l'exclusion de certaines autres, pour le repeuplement des bois de l'État ou des communes? Cela serait-il plus gênant que le coudrier, le bouleau, la bourdaine, l'épine, le fusain, et vingt autres essences parasites qui ne rapportent rien et nuisent à tout ce qui les avoisine? Messieurs les forestiers ont, vraiment, beaucoup de choses à faire; mais ceux que nous attaquons ici ne sont pas ces utiles serviteurs qui passent leur temps dans la forêt pour la protéger contre les déprédations et la maraude; ce sont les savants sylviculteurs de l'administration, dont les décisions absurdes ont conduit nos bois où ils sont.

Que l'on conserve le *chêne*, ce roi des forêts gauloises, le *hêtre*, cet olivier de nos contrées, le *charme*, si bien nommé, dont la qualité égale la beauté, que l'on réserve une place honorable au *frêne* et à l'*orme* : rien de plus juste et de plus intelligent. Il est même utile de faire une large place aux *bois blancs*, aux *bouleaux* et aux *trembles*; mais nous ne pouvons comprendre pourquoi les forestiers de haute école ne cherchent pas à multiplier le *merisier*, le *pommier sylvestre*, le *poirier*, le *maple*, le *châtaignier*, dont les produits de tout genre satisferaient à des besoins qui deviennent de plus en plus exigeants. Il y a cent cinquante ans que l'on demande des améliorations dans cet ordre d'idées et, depuis ce temps, on se heurte contre l'ignorance de Messieurs des bureaux et contre leur entêtement routinier à rester dans l'ornière.

Cela durera longtemps encore.

Laissons-les donc et voyons ce que nous pouvons faire sans eux.

Qu'un fermier plante une centaine de châtaigniers sur ses

fossés de clôtures, et qu'il continue tous les ans cette plantation en la restreignant selon ses besoins et l'espace dont il
dispose : il est hors de doute qu'après quelques années, lorsque ces arbres seront à fruit, il pourra obtenir, chez lui, par
des moyens très-pratiques et très-agricoles, de 4,000 kilogrammes de fruits :

    1° $50^k,68$ de sucre.

    2° $311.,32$ de farine $= \begin{cases} 200 \text{ kil. de fécule,} \\ 111 \text{ kil. de résidus ;} \end{cases}$

que ces produits, obtenus sans peine ; *trouvés*, en quelque
façon, seront pour lui un bénéfice net tout acquis, par lequel
sa position sera sensiblement améliorée, en même temps qu'il
aura augmenté la valeur de son domaine. Or, nous prétendons
plus, et nous disons que, même dans le cas où le planteur ne
jouirait pas des fruits du châtaignier ou de la séve du maple, il
a tout intérêt à semer des espèces utiles partout où il a de
l'espace. C'est ce qui ressortira des indications suivantes :

Le châtaignier (*castanea vesca*) demande 50 kilogrammes de
fruits par hectare, pour un ensemencement suffisant. C'est le
poids moyen d'un hectolitre, qui peut s'élever à 60 kilogrammes.
Après les avoir stratifiées pendant l'hiver avec du sable, on les
plante, au printemps, dans un sillon pratiqué sur les fossés de
clôture, au bord des fossés, dans les coins, et partout où il y a
quelque peu de terrain qui ne pourrait servir à autre chose.
On met $0^m,50$ de distance entre les plants. Quelques binages
de propreté sont les seuls soins requis après la levée du plant.
A la troisième année, on recèpe rez terre, à la fin de l'hiver,
tous les plants trop rapprochés, et on laisse pousser les plus
beaux pieds à 6 mètres d'écartement. Pour ces derniers, il n'y
a rien à faire que de les émonder, pour les forcer à prendre
une forme régulière, de leur donner un tuteur au besoin, et
d'ameublir le sol au pied par un binage, au printemps et à
l'automne.

La cépée de châtaignier repousse avec assez de vigueur
pour que l'on puisse faire, tous les six ou huit ans, une coupe
de cercles, dont la valeur paye tous les frais et indemnise largement de tous les soins apportés à la jeune plantation. On
peut donc attendre le moment où les brins réservés se mettront
à fruit, et nous avions raison de dire que cette plantation doit

fournir un bénéfice tout trouvé, puisque les dépenses sont couvertes par la cépée intermédiaire.

Le côté cultural réel est celui que nous venons d'indiquer sommairement. Il ne faut pas compter, en France, sur ce qu'on appelle l'administration, car il est rare que, dans chaque spécialité, les hommes intelligents et instruits en fassent partie. On ne devient administrateur, dans notre pays, que lorsqu'on a été inapte à faire autre chose, et les sottises administratives sont la chose qui doit le moins étonner. Les exceptions, peu nombreuses, que l'on peut constater, affirment la règle d'une manière énergique. Ne nous soucions donc que très-médiocrement de ces gens-là et de leur fantaisie, que l'Empereur Napoléon III appelait si justement des *entraves* et, partout où ils ne peuvent pénétrer, c'est-à-dire, chez nous, sachons nous soustraire à leur action. Elle s'arrête à notre porte, pour tout ce qui ne dépend pas du fisc, et nous pouvons faire le bien et tendre au progrès agricole sans eux et malgré eux,

Avantages des séves sucrées sur les jus et vesous exprimés. — Après avoir fourni sur le maple et le bouleau les indications sommaires jugées indispensables, nous ajoutions, dans la première édition de cet ouvrage :

« Il est vraiment à regretter que, dans un pays aussi éminemment *forestier* que la France, des mesures n'aient pas été prises pour repeupler nos forêts avec des essences productives et utiles : sous ce rapport, nous sommes en arrière de l'Autriche et de la Prusse, ces deux patries du *statu quo*, où l'on n'a pas craint de marcher dans cette voie dès le commencement de ce siècle. L'*érable à sucre* serait une des plus belles conquêtes de nos forêts, et l'on ne pourrait objecter contre ce bel arbre la mauvaise raison apportée contre le *merisier*, savoir les dégradations possibles des maraudeurs.

« Il vaut mieux prévenir que réprimer, dit un ancien proverbe, et certes, si l'administration forestière avait été convaincue de cette règle de simple bon sens, une de nos belles industries, celle des *kirschs*, ne serait pas à peu près ruinée dans les provinces de l'Est. Rien n'était si facile que de réglementer la récolte des merises, tout en s'opposant, par des moyens sérieux de pénalité, aux dégradations de la malveillance.

« Il y a plus encore : on aurait dû récompenser par des primes, non-seulement les simples particuliers qui auraient récolté ou distillé le plus de merises, mais encore les cultivateurs assez intelligents pour multiplier les plantations, les haies, les clôtures et les abris dans lesquels ils auraient fait dominer les espèces utiles.

« Si nous réclamons contre un ordre de choses diamétralement opposé, et si nous croyons que le régime forestier laisse beaucoup à désirer sous ce rapport, ces réflexions s'appliquent également à d'autres essences, plus importantes peut-être encore. La multiplication du châtaignier et de l'érable à sucre rendrait des services immenses au pays, sous le rapport de la grande question alimentaire.

« La châtaigne, outre son utilité comme matière d'alimentation, pourrait devenir un puissant auxiliaire de la production du sucre, et le bois du châtaignier est propre à une foule d'usages qui le font rechercher dans les arts. Son écorce fournit en abondance une substance tannante dont on pourrait tirer un grand parti.

« Quant à l'érable-sucrier, dont l'acclimatation serait si aisée dans toutes nos provinces boisées du Nord-Est, son produit annuel en sucre ne nuirait en rien à la valeur de son bois, et les préjugés forestiers n'ont absolument rien de sérieux à objecter contre son introduction. L'État même pourrait y trouver une source de revenus importants, par la redevance qui serait imposée aux *fermiers* ou locataires des cantons forestiers où ils seraient exploitables.

« Les parcs, les promenades et plantations d'agrément n'auraient pas de plus bel hôte que le *maple*, et si l'on songe que, dans des terrains complétement perdus pour l'agriculture, les arbres de pure curiosité sont entassés par millions, on regrette de ne pas y voir figurer, en proportion notable, un arbre qui peut rapporter tous les ans au moins *deux kilogrammes* d'excellent sucre.

Il est à espérer d'ailleurs, ajoutions-nous, que les efforts de la Société d'acclimatation, qui vient de se former en France il y a quelques années, se dirigeront dans cette noble voie, digne de l'attention des hommes sérieux, amis des véritables progrès et désireux de concourir au bien-être général.

« Déjà des plantes nouvelles, utiles, rares ou curieuses, ont été transplantées dans nos jardins; le sorgho entre dans nos cultures, le riz lui-même paraît susceptible de donner de bons produits, et beaucoup d'autres végétaux semblent appelés à rendre d'utiles services. Mais ce n'est pas en confinant les échantillons dans les carrés d'un jardin d'expériences plus ou moins réelles que l'on peut parvenir au but; c'est en multipliant les espèces et en distribuant les *sujets* sur divers points de l'empire, à la seule condition de les multiplier encore et de les répandre de proche en proche, que l'on peut arriver à quelque chose. Le succès ne peut pas sortir des *professeurs* en ce genre, et la science ne peut en rien remplacer l'agriculture pratique, lorsqu'il s'agit d'acclimater et de multiplier un végétal.

« Quoi qu'il en soit, les séves sucrées présentent sur le *jus* des racines un avantage considérable; elles doivent même être placées au-dessus du *vesou exprimé* des graminées saccharifères : en effet, la séve, découlant naturellement et sans violence des tissus qui la renferment, n'est à proprement parler que de l'eau sucrée à peu près pure, dont il ne reste qu'à retirer le sucre par une concentration méthodique.

« Il est évident que, pour ces liquides naturels, la défécation, ou la purification, est beaucoup moins nécessaire, et qu'elle consisterait tout au plus à saturer les acides libres, s'il en existait dans la liqueur, à l'aide de *très-peu* de chaux ou du carbonate calcaire. Ajoutons que les séves sont presque incolores, et qu'une concentration à la vapeur ou au bain-marie, pratiquée avec un peu de soin, éviterait la coloration brune des sucres d'érable obtenus par le procédé sauvage des peuplades américaines.

« Rien ne serait si facile, en Europe surtout, que de cuire la séve de l'érable à la vapeur, car un petit générateur ou une locomobile pourrait se transporter partout où on le jugerait convenable. Ce mode serait applicable à l'Amérique, non pas entre les mains des sauvages, évidemment, mais par les colons des États du Nord, où la vapeur est bien connue, avec la plupart de ses applications.

« Les séves sucrées peuvent être travaillées pour sucre brut sans l'emploi du noir d'os, et si cet agent décolorant devenait nécessaire, ce ne serait, en tout cas, que pour les opérations du raffinage. Or, ces sucres, mieux préparés, avec plus de proprêts surtout, peuvent parfaitement être consommés à l'état brut; leur saveur est très-douce et pure, sans aucune odeur désagréable.

« Toutes les fois, au contraire, que l'on agit sur des jus sucrés obtenus par écrasement, par expression ou macération, l'abondance des matières solubles étrangères au sucre, la présence des parties ténues de substances insolubles qui s'y trouvent en suspension, obligent à la série des opérations qui constituent l'art de la sucrerie, et empêchent que l'on ait affaire à des procédés aussi simples et aussi élémentaires. »

CHAPITRE V.

Considérations agricoles et économiques sur les plantes sucrières.

L'influence énorme de la culture des plantes sucrières sur la prospérité agricole n'échappe plus à personne, et nous sommes, heureusement, loin du temps où l'on osait réclamer, à la tribune même, la suppression de l'industrie indigène. Il y a force acquise, et la sucrerie est entrée dans les mœurs et les habitudes de l'Europe agricole et industrielle, à ce point que nulle puissance ne réussirait à l'anéantir, ni même à en comprimer l'essor.

Quoi qu'il arrive donc, la sucrerie est une œuvre pérenne, et malgré tout, malgré ceux-là mêmes qui, sous le prétexte d'en tirer des millions, lui imposent parfois des conditions aussi absurdes que draconniennes, la plus belle de nos industries n'est pas destinée à succomber, même sous les efforts des gouvernements.

La sucrerie tient au sol; elle peut se faire par le sol, comme le vin, l'alcool, l'huile, la farine. Lors même que la sucrerie industrielle, aux abois, écrasée par des mesures insensées, ne pourrait plus continuer la lutte, l'agriculture pourra toujours, elle, produire et fabriquer du sucre, à des conditions avantageuses, comme elle a pu continuer à faire de l'alcool, après le désarroi des distilleries industrielles.

C'est que, pour le champ producteur, le sucre et l'alcool

sont les *vrais résidus*, les produits accessoires de la préparation des nourritures nécessaires au bétail, ceux dont la valeur ne fait que contribuer à diminuer le revient de la viande, du lait, du fromage, du beurre, de la laine, des cuirs, ceux qui favorisent la multiplication des *engrais complets* à bon marché, la fertilisation du sol producteur, l'augmentation consécutive et proportionnelle des récoltes en céréales, en produits textiles, industriels ou alimentaires. Tout se lie et s'enchaîne en agriculture, et il n'y a pas de loi possible, tellement fantaisiste qu'on puisse l'imaginer et la formuler dans les bureaux d'un ministère, qui puisse forcer un agriculteur à donner à *son bétail* des betteraves crues et l'empêcher de leur faire subir une préparation avantageuse et économique.

Nous réunissons, dans ce chapitre, quelques idées relatives à la valeur des plantes sucrières, de la betterave, notamment, et au rôle qu'elles sont appelées à remplir dans la pratique culturale. Ces idées s'appliquent, évidemment, à tout établissement agricole qui produit du sucre, et elles n'auraient plus de justesse à l'égard des fabriques industrielles proprement dites, qui achètent leurs matières premières. Cela se comprend d'autant plus facilement que l'agriculture, à moins d'être aveugle, ne peut continuer plus longtemps à travailler pour le bénéfice de la fabrique industrielle, au détriment de ses propres intérêts, qui sont les intérêts de tous, et ceux, surtout, de la consommation générale.

C'est ce que nous allons chercher à démontrer, de manière à ne laisser aucun doute dans l'esprit de ceux de nos lecteurs qu'un sujet aussi important peut intéresser.

I. — QUESTION CULTURALE.

La raison agricole, tracée par les besoins mêmes qui se font sentir à la société humaine, demande à la terre de produire pour tous, à des conditions accessibles d'abondance et de bon marché :

Ce qu'il faut pour *vivre*, la *viande* et le *pain* en particulier;

Ce qu'il faut pour se *vêtir*, le *lin*, le *chanvre*, la *laine*.

Nous ne parlons pas de la *soie*, dont la production constitue une industrie annexe spéciale, et nous mentionnerons encore, comme rentrant dans le cadre des productions agricoles de premier ordre, les plantes *oléagineuses*, qui fournissent à la nécessité de l'*éclairage*, à celle du *blanchiment*, etc.

Or, la terre ne peut produire les différentes récoltes afférentes à ses besoins qu'autant qu'elle renferme des éléments de fécondité suffisants; elle demande, avant tout, qu'on lui restitue largement les principes de ce qu'elle produit avec usure; car elle n'est pas seulement la *station* du végétal, elle est encore son *milieu alimentaire*, où il doit pouvoir puiser ce qui est nécessaire à son accroissement.

Une terre aura beau être composée d'une manière normale et présenter la *chaux*, la *silice* et l'*argile*, en due proportion, elle ne sera qu'un domicile pour la plante et rien de plus; le végétal y germera, mais il y mourra, ou bien il y végétera chétif et malingre, s'il n'y rencontre pas le débris végétal, l'*humus*, car la plante se recrée par la plante, comme l'animal se répare par la matière animale.

Il faut à la plante du carbone, de l'oxygène, de l'hydrogène, de l'azote et des sels.

Supposons que tout cela soit dans une terre donnée.

Une récolte quelconque, puisant ces éléments dans le sol, l'appauvrit nécessairement, et elle le réduirait bientôt à la stérilité absolue, si ces mêmes éléments n'étaient restitués à la terre, d'une façon ou d'une autre.

C'est dire que le *fumier* constitue le premier besoin agricole, la première nécessité de la terre cultivée. Le fumier, par les *litières* et les *déjections* animales, renferme le débris végétal et la matière animale, ferment indispensable à la décomposition du premier; il contient les sels minéraux qui se trouvent dans les plantes dont proviennent les litières et les déjections; il renferme les quatre éléments de la vie végétale, en bonne et convenable proportion; il forme le seul engrais complet, la seule nourriture complète de la plante.

C'est donc la production du fumier qui doit éveiller l'attention la plus sérieuse de l'homme des champs.

Or, quelle est la machine à fumier? se trouve-t-elle dans l'officine de nos chimistes à l'azote, de nos amateurs de sels ammoniacaux? Non, certes; l'azote et l'ammoniaque, malgré leur utilité, ne sont qu'une fraction, qu'un élément du fumier, et c'est ailleurs qu'il faut voir la source de production des engrais.

La terre fournit la *plante*, dont les débris et les détritus sont la partie la plus essentielle de l'engrais; l'*animal*, par ses déjections, donne l'azôte et l'ammoniaque; les sels se trouvent à la fois dans les litières et les déjections; du mélange des deux déchets résultera l'humus, par la décomposition fermentative du fumier.

Tout est là!

Le bétail fournit une partie du fumier et, par là même, il contribue à l'engrais du sol, à la nourriture de la plante; il augmente, en principe, la quantité des litières et, par un cercle admirable, dont la pratique intelligente ne doit pas chercher à sortir, la plante et l'animal fournissent la nourriture végétale au sol même qui les nourrit.

Mais l'animal, fabricant de fumier et d'engrais, alimentateur de la plante pour une grande proportion, fournit encore directement à plusieurs des besoins humains dont nous venons de parler.

Il donne la *viande;*

Il fournit le *vêtement*, par son poil, sa laine, sa peau même;

Il donne l'*éclairage*, par sa graisse;

Sans compter la multitude des autres usages auxquels l'homme a su appliquer les organes qui en proviennent et qui sont impropres à ceux que nous venons de mentionner.

Comme, d'ailleurs, il n'y a pas de fumier sans lui, il contribue encore indirectement à la production abondante de tous les végétaux qui croissent dans la couche arable; il est la base et comme la cheville ouvrière de tout le labeur agricole.

L'essence de tout système agricole repose donc sur le bétail, forcément et nécessairement; la *nourriture du bétail* est donc le premier besoin de toute culture, qui doit primer, en principe, la partie végétale de la nourriture humaine.

En effet, avec un bétail abondant et bien nourri, les fumiers seront abondants; les récoltes seront plus riches sur une superficie moindre; la base essentielle, animale, de la nourriture de l'homme, sera plus accessible à tous; le vêtement et les besoins qui s'y rattachent seront plus amplement et plus économiquement satisfaits; enfin, par là seulement, l'agriculture peut arriver au progrès, car le bétail seul peut conduire à l'augmentation de la richesse du sol.

La première question qui se présente à l'esprit du véritable cultivateur, lorsqu'il doit apprécier une méthode culturale ou un procédé agricole, consiste donc, évidemment, dans la place laissée à la nourriture du bétail. Cette question est corrélative de la production des engrais, de celle de la viande, du cuir, de la laine, et elle précède l'étude des autres intérêts culturaux.

Celle de la production des céréales et des autres récoltes en dérive d'une manière rigoureuse.

Mais une terre, amenée par les engrais à un maximum de richesse relative, ne peut encore donner lieu à des récoltes constantes d'une même plante. Les principes particuliers nécessaires à chaque végétal, les sels minéraux principalement, s'épuisent assez promptement pour que l'on soit obligé d'alterner les cultures. C'est là la cause du système fondamental de l'agriculture moderne, qui repose sur l'*alternance* ou l'*assolement*.

C'est que, en effet, un sol peut renfermer les principes alimentaires proprement dits, nécessaires à toutes les plantes en général, et devenir momentanément très-pauvre en principes minéraux solubles pour lesquels telle ou telle espèce présente de l'appétence et exerce une sorte de sélection.

Les influences générales, l'action de l'air, des pluies, etc., ramènent à l'état soluble les sels qui s'y rencontrent à l'état insoluble, sous des formes très-diverses. Si donc on laisse un sol en repos, c'est-à-dire sans lui faire produire la plante pour laquelle il est usé, les labours et les actions dont nous venons de parler suffiront à reconstituer le sol dans un état chimique très-voisin de son état primitif.

Le repos absolu, sauf les labours d'ameublissement, constitue la *jachère*, et cette vieille pratique avait sa raison d'être dans l'épuisement relatif du sol.

Aujourd'hui, la science agricole sait qu'un sol, épuisé des sels minéraux utiles à une plante donnée, contient encore ceux qui sont nécessaires à d'autres espèces. De cette notion, appuyée par l'analyse chimique, dérive la possibilité de remplacer une plante par une autre d'appétence différente, de manière à ne jamais placer à la suite deux récoltes successives de végétaux présentant les mêmes besoins. Pendant une certaine succession de cultures différentes, intelligemment calculées, le sol, tout en produisant abondamment, se *repose* des unes par les autres, et les premières peuvent, au bout d'un certain temps, reparaître sur un terrain qui était épuisé pour elles, et qui a eu le temps de reconstituer les principes dont il s'était appauvri.

C'est à cette succession de plantes différentes que l'on donne le nom de *rotation*.

On peut encore, par voie d'amendement, sous forme de produits chimiques, ou de résidus, restituer au sol les éléments minéraux qu'il a perdus, à la condition rigoureuse de lui restituer également le véritable aliment, l'*humus*, le *fumier*.

Seconde question très-importante pour l'agriculture en général et pour la sucrerie annexe en particulier : quel assolement doit-on adopter et quelles sont les rotations que l'on doit préférer ?

On peut dire, sans crainte d'exagération, que toute l'agriculture moderne repose sur le *bétail*, l'*assolement* et les *engrais;* les amendements, en effet, et les labours eux-mêmes ne sont que des modes, des moyens de mettre le sol en état de servir de demeure convenable et saine à la plante, et nous supposons que ce chef ne soulève aucune difficulté sérieuse.

Cherchons donc d'abord quelle est la part du bétail dans une exploitation rurale à laquelle on annexe la sucrerie; nous étudierons, comme conséquence, la question des engrais; puis, nous chercherons quel est l'assolement le plus convenable à adopter, quelles sont les meilleures rotations possibles dans le cas de la sucrerie agricole, c'est-à-dire d'un établissement cultural qui transforme en sucre les produits de sa récolte.

Du bétail dans les sucreries agricoles. — Si nous prenons pour base de notre appréciation une exploitation rurale de 200 hectares seulement, dont 40 hectares en *prairies naturelles*, et que les 160 hectares restant de terre arable soient partagés en quatre soles, l'une pour les *céréales*, la seconde pour les *prairies artificielles*, la troisième pour les *fourrages-racines*, et la dernière pour les *cultures industrielles*, sans rien préjuger, toutefois, à l'égard de l'assolement à suivre, nous pourrons déjà tirer de cette situation hypothétique l'aperçu général de la production possible en viande, fumier, etc.

Ainsi, les 40 hectares de prairies naturelles fourniront une récolte moyenne annuelle de 4,345 kilogrammes de foin[1], soit, ensemble, 173,800 kilogrammes.

La sole céréales, partagée en 18 hectares de froment, 10 hectares de seigle, 7 hectares d'avoine et 5 hectares d'orge, produira, en moyenne, dans cette division supposée :

En *froment*, à raison de 20 hectolitres de grain, à 80 kilogrammes l'un, et de 100 de paille pour 44 de grain, un poids total de 28,800 kilogrammes de grain et 65,454 kilogrammes de paille ;

En *seigle*, sur la base de 25 hectolitres de 75 kilogrammes, et 100 de paille pour 45 de grain, un total de 18,750 kilogrammes de grain et 39,444 kilogrammes de paille ;

En *avoine*, sur la base de 35 hectolitres de 50 kilogrammes, et 4,000 kilogrammes de paille à l'hectare, un chiffre de 12,250 kilogrammes de grain et 28,000 kilogrammes de paille ;

Enfin, en *orge*, sur la base de 25 hectolitres de 65 kilogrammes, et 3,500 kilogrammes de paille, un chiffre de 8,125 kilogrammes de grain et 17,500 kilogrammes de paille.

Ces différents produits nous conduisent à un résultat général de 67,925 kilogrammes de grains divers et 150,398 kilogrammes de paille de toute nature.

La sole des prairies artificielles (trèfles, vesces, etc.), calculée sur la base faible de 8,000 kilogrammes à l'hectare, représente un chiffre produit de 320,000 kilogrammes.

La sole racines, cultivée en betteraves, fournit, à raison de 50,000 kilogrammes par hectare, un produit brut de 2 millions de kilogrammes, représentant 200,000 kilogrammes de sucre en théorie et, en pratique courante, 4,500,000 kilogrammes de jus et 500,000 kilogrammes de pulpe pressée.

En faisant la récapitulation des éléments applicables à la nourriture du bétail et à la production des fumiers, nous trouvons les données suivantes :

1° Produit moyen en *foin-prairie*...............		173,800 kil.
2° Produit moyen en foin de prairies artificielles...		320,000
	Ensemble, foin de toute nature...	493,800
3° Pulpe pressée (ou l'équivalent en pulpe macérée, plus aqueuse).		500,000
4° Pailles diverses...........................		150,398

Si, maintenant, nous élevons la ration d'entretien à 12 kilo-

1. Boussingault.

42

grammes de foin par tête et par jour, nous trouvons que le chiffre de foin indiqué représente 41,150 rations d'entretien, ou la moitié, c'est-à-dire 20,575 rations d'engraissement.

Les pulpes, à 44^k,600 par ration d'entretien, nous donnent un chiffre de 10,964 rations, ou la moitié, soit 5,482 rations d'engraissement.

En ne comptant pas la part de la paille dans l'alimentation, que nous réservons *hypothétiquement* tout entière pour la litière, nous nous trouvons donc à la tête d'une ressource en nourriture bétail égale à 52,114 rations d'entretien ou 26,057 rations d'engraissement.

Nous pouvons donc, par une répartition convenable de notre foin et de nos pulpes, arriver à établir l'importance réelle du bétail que nous pourrons nourrir ou engraisser. Il est bon auparavant d'examiner de plus près les chiffres-valeurs indiqués pour les rations en pulpe, car il nous semble que les tables des *équivalents alimentaires* dressées par les différents auteurs renferment, à cet égard, une grande inexactitude.

On trouve, en effet, que 100 kilogrammes de foin équivalent à 400 kilogrammes de betteraves de Silésie crues, dans leur état normal, en sorte que 12^k,5 de foin équivalent à 50 kilogrammes de ces racines. S'il en est ainsi, la pulpe de cette même betterave doit avoir la même valeur, si on ne l'a pas privée d'aucun de ses principes constituants, et 50 kilogrammes de pulpes bien préparées doivent représenter 12 kilogrammes ou 12^k,5 de foin-prairie.

Mais la pulpe de sucrerie perd, par la pression, 75 0/0 de jus sucré, et les 400 kilogrammes de l'équivalent sont ramenés à 100 kilogrammes de pulpe pressée, qui n'a perdu que de l'eau, du sucre et de l'albumine principalement, avec quelques autres matières solubles. Il n'est guère possible d'admettre le chiffre élevé des tables, puisque la matière, ayant perdu les trois quarts de l'eau qui l'imprégnait, se trouve réduite au quart de son poids primitif, sans avoir perdu bien certainement les trois quarts de sa valeur alimentaire.

Nous avons cependant suivi les chiffres des auteurs agricoles dans l'appréciation générale que nous avons émise sur l'utilisation du résidu-pulpe, parce que cette erreur de chiffre n'offre pas d'importance réelle, quant à l'idée dont il s'agissait. En effet, si une ration *trop élevée* prouve encore qu'il y aurait avantage pour l'agriculteur fabricant à nourrir lui-même du bétail plutôt qu'à vendre ses pulpes, cet avantage n'en sera que plus considérable si la ration doit être réduite dans une proportion notable.

Mais ici, il ne nous paraît pas suffisant de nous borner à de semblables éléments, et nous croyons devoir rechercher des bases plus pratiques. Dès là qu'il s'agit d'agriculture, de pratique agricole, les données de la théorie doivent s'éclairer de celles de l'observation et s'appuyer sur les faits.

Or, nous avons constaté par expérience que, pour faire produire à un bœuf une augmentation de *un kilogramme*, il faut une ration de 25 kilogrammes de foin, ce qui justifie la théorie.

Nous avons vérifié que la même production est obtenue avec 62 kilogrammes de betteraves crues, ou 75 kilogrammes de betteraves fermentées, celles-ci n'ayant perdu que leur sucre par la fermentation, et conservant autant d'humidité que les racines crues.

Voici maintenant notre raisonnement :

S'il s'agissait de pulpes fermentées, n'ayant perdu que leur sucre, l'équivalent pratique de la ration d'engraissement serait de 75 kilogrammes ; mais ces 75 kilogrammes contiennent autant d'eau à très-peu près et moins de sucre que les betteraves crues ; c'est à la perte du sucre qu'il convient d'attribuer la nécessité de l'augmentation de 13 kilogrammes sur la ration. Or, 100 kilogrammes de racines contiennent 10,5 de sucre et 83,5 d'eau, soit, ensemble, 94 de jus sucré ; 100 kilogrammes de pulpes *pressées* perdant 75 pour 100 de ce jus, nous savons que cette quantité de racines se réduit à 25 kilogrammes, que ces 25 kilogrammes retiennent toutes les matières insolubles, près du quart de sucre, ou 2,12, et 16,88 d'eau, tandis que les 75 kilogrammes de pulpes fermentées ne renferment presque plus de sucre et contiennent, au contraire, plus d'eau proportionnelle, c'est-à-dire au moins 70 kilogrammes (70,47). Il résulte de cette comparaison que les 25 kilogrammes de pulpe pressée contiennent 2,12 de sucre, et 3,88 de matières insolubles diverses, soit, en tout, 6, tandis que les 75 kilogrammes de pulpe fermentée ne contiennent guère plus de 11,64 de ces mêmes matières.

Mais si, d'un côté, la pulpe pressée est plus riche en sucre, de l'autre elle est plus pauvre en matières azotées solubles, dont une partie a disparu dans le jus.

En tenant compte de toutes les circonstances, on trouve que la pulpe fermentée renferme, sur 75 kilogrammes, 1,125 grammes de matière azotée, tandis que la pulpe pressée n'en contient que 853 grammes sur 25 kilogrammes.

Il conviendrait donc d'employer 33 kilogrammes de pulpe pressée pour obtenir une ration alimentaire aussi riche en matière plastique, réparatrice, que 75 kilogrammes de pulpe fermentée ou macérée, et un peu plus riche en matière excitante calorifique.

Il est digne de remarque que ce chiffre de 33 kilogrammes de pulpe pressée, obtenu par des considérations de calcul, est conforme aux observations de la pratique, en sorte que nous prendrons la moyenne un peu plus élevée de 35 *kilogrammes pour l'équivalent de 25 kilogrammes de foin en pulpe pressée,* tandis que nous conserverons celui de 75 kilogrammes pour la pulpe macérée.

La nourriture de l'animal doit être, en effet, basée sur la quantité de viande végétale qu'elle renferme, puisque la matière plastique azotée peut seule fournir à la réparation du tissu musculaire, à son augmentation et à la production de la plupart des tissus animaux.

D'un autre côté, si la pulpe pressée peut faire plus de viande sous le même poids, elle est aussi plus engraissante que la pulpe macérée, épuisée, puisqu'elle retient plus de sucre ou de matière hydrocarbonée.

Quant à la ration en foin, elle se trouve un peu exagérée si l'on confond le foin-prairie avec celui des prairies artificielles, qui est plus riche d'un dixième environ; mais nous ne nous arrêterons pas à ce détail.

En somme, notre exploitation nous fournit 41,150 rations d'entretien en foin et, à raison de 35 kilogrammes, 14,285 rations d'engraissement en pulpe pressée, ou l'équivalent en pulpe de macération, ce qui conduit à un chiffre total de 34,860 rations d'engraissement.

Nous pouvons engraisser, à l'aide de la pulpe pressée, 119 têtes de gros bétail pendant une période de 120 jours;

Les pulpes macérées, à demi pressées, ne fourniraient

que 13,333 rations d'engraissement, soit de quoi engraisser
111 têtes;

Les racines crues permettraient d'engraisser 264 têtes pendant le même temps.

En laissant la moitié du foin pour l'entretien des animaux
de travail, on trouve que 20,575 rations suffisent à maintenir
en santé 56 bœufs ou vaches pendant 365 jours, ou l'équivalent en chevaux et petites espèces. Il convient d'ajouter ici, que
dans le cas des chevaux en particulier, une addition d'avoine
ou de grain est indispensable.

Il reste en foin 20,575 rations d'entretien qui représentent
10,207 rations d'engraissement, soit de quoi engraisser 85
têtes.

En résumé, une exploitation comme celle que nous avons
supposée, en prenant le bœuf pour unité-type, peut engraisser
204 têtes pendant la période ordinaire de 120 jours, et elle
peut entretenir, en outre, 56 têtes pendant 365 jours.

La différence de produit résultant de l'emploi des racines
crues se trouve largement comblée par la valeur du sucre et
de l'alcool de mélasse; cependant nous ferons remarquer que
l'on peut très-bien arriver à augmenter encore le nombre des
têtes de bétail, à l'aide des modifications introduites, soit dans
l'assolement, soit dans les rotations.

Dans tous les cas, la sucrerie annexe, dans une ferme de 200
hectares, prairies comprises, permet, au minimum, de produire 20,400 kilogrammes de viande d'augmentation, par le
système de nourriture mixte, composée de pulpe et de foin.
Si l'on n'envisage que la sole-racines, c'est un chiffre de $297^k,5$
de viande d'augmentation par hectare, et ce produit, en
dehors du sucre, représente un chiffre-argent de 357 francs
par hectare, soit de 14,280 francs pour la sole entière, lequel
couvre presque les frais de culture, sur la base de 1 fr. 20 c.
par kilogramme.

Ce produit serait beaucoup plus considérable par l'engraissement du petit bétail de rente; ainsi, le mouton, par exemple,
donnera un résultat-viande au moins égal et, en outre, une
quantité de laine assez notable pour qu'elle doive entrer en
ligne de compte.

Quoi qu'il en soit, l'éducation et l'engraissement du bétail
de rente doivent être la base de la pratique agricole en gé-

néral; mais cette base devient encore plus indispensable lorsque l'on veut annexer à l'agriculture une industrie qui s'y
rattache.

Production des engrais. — En continuant à prendre
le bœuf pour unité, et en réunissant les animaux d'entretien à
ceux d'engraissement, nous trouvons, dans l'exemple précédent, un total de 44,920 journées de *une tête de gros bétail.*

Si nous évaluons le plus bas produit du bœuf, au point de
vue du chiffre journalier des excréments et des urines, sans
tenir compte de l'augmentation due à la nourriture-pulpe,
nous pourrons adopter le chiffre de 45 kilogrammes pour les
déjections solides, et celui de 12^k,500 pour les urines. Cette
donnée, très-inférieure à la réalité, nous conduit aux résultats
suivants :

Déjections solides............	673,800 kil.
Déjections liquides............	561,500
Total.......	1,235,300

Ce produit renferme, au moins, 280,000 kilogrammes de
matière solide, supposée sèche, en chiffres ronds.

Or, 20 parties de déjections en mélange, pouvant déterminer la fermentation et la transformation en fumier de 60
parties de litière ou de débris végétaux, cette donnée de la
pratique habituelle, bien au-dessous de ce qu'il est possible
de faire, nous donne les nombres suivants pour le fumier :

Déjections................	1,235,300 kil.
Litière ou débris végétaux......	8,705,900
Masse du fumier.....	9,941,200

Il est certain que le chiffre-poids des pailles produites dans la
ferme, chiffre égal à 150,398 kilogrammes, ne peut suffire à
cette quantité d'engrais normal à produire, puisqu'on ne lui fait
pas absorber plus de 50,132 kilogrammes de déjections et
qu'elle ne fournit qu'à la préparation de 200,520 kilogrammes
de fumier; mais le véritable agriculteur saura parfaitement y
suppléer par le mélange de détritus de plantes, de terre argileuse même, ou tourbeuse, etc., en sorte que nous regardons
le chiffre précédent comme parfaitement possible en application rurale.

Or, cette quantité de fumier permettrait de donner, tous les ans, une fumure complète de 50,000 kilogrammes à plus de 98 hectares, soit près de la moitié des terres de l'exploitation. Le besoin de fumure, reconnu dans la pratique, ne s'élevant guère qu'à une fumure et demie de 75,000 kilogrammes par hectare en quatre années, il s'ensuit que l'on peut produire largement toute la quantité d'engrais réclamée par le sol, et qu'il n'est pas nécessaire d'employer la litière dans une proportion supérieure au double du poids des déjections.

Rejetons, cependant, ce qui pourrait blesser quelques susceptibilités dans le calcul précédent et disons, pour conclure, que la quantité de déjections produites dans la ferme, les pailles employées comme litières, les débris qu'il sera possible de ramasser, mélangés en compost avec une partie des urines, suffisent à produire la masse du fumier nécessaire pour donner, tous les ans, une fumure complète à l'une des quatre soles et une demi-fumure à une autre.

Nous savons déjà que la sole-betteraves et la sole-froment ou céréales ne peuvent jamais être assimilées. La première rejette absolument toute fumure nouvelle; quant à la seconde, elle ne demande au plus qu'une demi-fumure, surtout lorsqu'on l'établit après une récolte sarclée améliorante, après une culture industrielle, ou à la suite d'une prairie artificielle.

La sole industrielle sera celle dont les besoins exigeront le plus impérieusement une réparation du sol aussi absolue qu'on le pourra; elle comportera, le plus souvent, l'application d'une fumure entière de 50,000 kilogrammes.

Comme cette production d'engrais que l'industrie annexe permet si facilement de réaliser n'exclut pas l'emploi des autres agents auxiliaires de fertilisation ou d'amendement, nous regardons ces agents complémentaires comme une précieuse ressource dont on utilisera les propriétés utiles selon la nature des sols. Il en sera de même des chaux et résidus du travail de la sucrerie.

Les végétaux enfouis en vert, les débris de racines, les feuilles qui restent sur le sol après les récoltes viendront encore apporter leur contingent à l'œuvre de fertilisation du sol, à l'amélioration de la couche arable et à l'augmentation de sa richesse. Nous croyons donc pouvoir conclure de ce qui vient d'être exposé que si, d'une part, l'annexion de la sucrerie à l'agriculture conduit à l'entretien lucratif d'un bétail nombreux, à une production abondante de viande, de cuir, de laine, elle détermine directement l'amélioration du sol par la création de l'engrais, qui est la nourriture de la terre.

Mais sur un sol riche, amélioré par l'engrais, par l'augmentation de l'humus, par une proportion convenable de sels minéraux, les résultats présentent une richesse et une abondance beaucoup plus considérables que dans les sols épuisés, mal cultivés, mal fumés. A côté de cet enrichissement du sol, première source de l'abondance des récoltes, on doit en placer une seconde non moins puissante, laquelle repose sur l'ameublissement de la couche arable.

Dans notre opinion personnelle, l'ameublissement de la terre est le premier et le plus actif de tous les moyens de fertilisation; c'est à lui que les engrais empruntent leur activité, par l'influence qu'il présente sur leur décomposition; grâce à lui, l'air et l'eau, ces deux immenses leviers du monde végétal, parviennent plus aisément aux racines; par lui, les influences atmosphériques s'exercent librement, l'acide carbonique de l'air pénètre dans le sol, la radicelle peut s'étendre sans compression, et l'immobilité forcée de la plante se trouve en quelque façon compensée.

Nous considérons donc l'introduction des plantes sarclées, essentiellement ameublissantes par les cultures et les binages qu'elles requièrent, comme un véritable bienfait agricole. Sous ce rapport, l'annexion de la sucrerie agricole dans la ferme doit être regardée comme une des sources les plus complètes d'amélioration de la couche arable.

Si la betterave fournit le sucre, si la pulpe donne lieu à une production abondante de viande, de cuir et de laine, comme nous venons de le dire, si elle augmente la masse des engrais et conduit à l'enrichissement du sol, c'est-à-dire à la multiplication et à l'augmentation des récoltes de toute espèce, elle exige encore impérieusement l'ameublissement de la terre, et sa culture l'entraîne comme conséquence.

Nous livrons ces considérations à la réflexion des hommes de culture, certain que nous sommes des résultats qu'ils sauront en tirer et de l'importance qu'ils attacheront à une industrie de laquelle dérivent, rigoureusement et nécessairement, des avantages aussi incontestables.

Assolement et rotations.—Nous empruntons à M. Mauny de Mornay [1] les considérations suivantes sur l'*assolement*
dans la culture de la betterave. Nos lecteurs agriculteurs y
trouveront exposés les véritables principes qui peuvent leur
servir de guide dans cette partie importante de l'art champêtre :

« Tracer un assolement, c'est diviser le sol d'une exploitation
en portions diverses, dans lesquelles des cultures semblables
doivent revenir dans des temps égaux. Cette définition suffira
pour établir clairement ce que c'est que l'assolement, ou la
rotation de culture. Son établissement est chose d'une importance immense ; de lui dépend le succès de toute entreprise
agricole. En effet, que l'on réunisse à un capital suffisant les
efforts les plus grands, les travaux les mieux réglés, les instruments les plus perfectionnés, on échouera si la division et la
répartition des cultures sont mauvaises ; tous les agriculteurs
doivent bien se pénétrer de cette vérité fondamentale.

« Nous allons, avant de traiter de l'assolement par rapport
à la betterave, établir quelques-uns des préceptes généraux qui
régissent la matière. Il est question de rechercher par quel
cours de récolte on peut, dans une série d'années, tirer d'une
étendue de terre donnée la plus grande quantité possible de
produits utiles, avec le moins de risques et de dépenses. Chacun sait que les différentes espèces de végétaux cultivés n'é-
puisent pas le sol de la même façon. Ainsi le blé ne pourrait
être impunément semé immédiatement sur un champ qui viendrait déjà d'en porter ; et pourtant la betterave, le trèfle, le
colza y réussissent très-bien. Cela tient à la différence qui
existe entre toutes ces plantes. On doit donc, en principe, ne
jamais faire suivre deux végétaux de la même famille.

« Parmi les végétaux, il en est qui sont épuisants, non-seulement d'une façon différente, mais encore dans des proportions diverses. Ainsi, les plantes qui mûrissent leurs graines

---

1. M. Mauny de Mornay, ancien directeur de l'agriculture, a publié divers
ouvrages, pleins d'un mérite incontestable, sur les choses agricoles. Son *Livre
du cultivateur* devrait être entre toutes les mains, et l'ouvrage qu'il a publié
sur le sucre, en 1837, sous le titre de *Livre du fabricant de sucre et du raffineur*, présente, au plus haut degré, les qualités sérieuses d'un bon livre.
Cet ouvrage, consciencieusement écrit, avait pour but de mettre à la portée
de tous, de vulgariser la fabrication sucrière. L'auteur avait atteint le résultat, et les tendances présentes donnent à son travail une nouvelle actualité.

enlèvent au sol une bien plus grande quantité de parties nutritives que celles qui sont récoltées avant cette époque. Dans la première de ces catégories, nous placerons les céréales, les graines oléagineuses, les haricots, etc.; dans la seconde, les racines fourragères ou industrielles, les prairies artificielles, etc. Il est encore d'autres distinctions à faire entre les divers végétaux qui sont l'objet de la culture française : les uns ne reçoivent d'autre culture que celle qui précède les semailles ou la plantation, tandis que les autres sont cultivés pendant tout le cours de leur végétation. La seconde distinction consiste en ceci, que quelques plantes, par leur feuillage épais et serré, étouffent les mauvaises herbes, tandis que les autres, aux feuilles rares et étroites, les laissent croître et se ressemer.

« Il est donc d'une nécessité absolue d'alterner les cultures et de faire succéder aux plantes épuisantes celles qui ne le sont pas, aux végétaux qui salissent le sol ceux que l'on cultive ou ceux qui font périr les mauvaises herbes. On doit considérer, dans l'établissement qui nous occupe, la composition du sol, son épaisseur, sa situation, la quantité d'engrais et d'amendements que l'on peut se procurer, les époques d'ensemencement et de récolte pour chacun des végétaux que l'on se propose de cultiver et le placement des produits. Nous ne pouvons ici nous occuper en détail de toutes ces questions; nous renverrons donc au livre déjà cité[1] et nous allons parler de la betterave.

« Cette racine précieuse, qui semble destinée à régénérer l'agriculture et à porter secours à la classe si malheureuse des cultivateurs, cette racine, disons-nous, est considérée sous deux points de vue bien différents, suivant l'intérêt de ceux qui s'en occupent. L'agriculteur, en lui donnant une place dans ses cultures, veut et doit la faire contribuer à ses profits généraux, non en en faisant un but unique, mais en la plaçant dans de vastes combinaisons où se rencontrent presque toutes les céréales, les prairies artificielles, quelques autres produits industriels et surtout l'éducation des animaux domestiques, *machines à engrais*, dont le sol arable ne peut se passer. L'industriel, au contraire, ne s'occupe de la betterave que comme d'une matière première nécessaire à sa fabrication, et isolée de

---

1. *Livre du cultivateur*, par M. Mauny de Mornay. Un vol. in-18.

toute autre production. L'engrais du bétail, que presque partout il a joint à sa fabrique, n'y restera pas longtemps; il s'en séparera aussitôt que, la betterave se vulgarisant, on trouvera, de sa pulpe un débit avantageux [1].

« Tenant compte de ces différents intérêts, nous dirons que le cultivateur ne peut considérer la betterave que comme un auxiliaire, puissant, à la vérité, mais cependant comme un simple auxiliaire. L'industriel lui donne, au contraire, la première place, puisque, sans elle, il ne saurait rien faire. De ces deux positions différentes résultent nécessairement deux systèmes opposés d'assolement. Le fabricant doit produire la betterave et, s'il le peut, rien que la betterave. C'est ce que l'on fait dans le Nord, où les terres portent pendant dix ans de suite cette racine; là, on remplace les principes nutritifs, absorbés ou perdus, par d'abondants fumages. Le succès est évident, et nul ne peut le nier; mais que deviendront les terres au bout d'une période plus ou moins longue? Que sont-elles déjà devenues? Qu'arrivera-t-il au cultivateur, s'il se contente de ce produit, et que deux années malheureuses viennent à le frapper? Quelle perturbation ne résultera-t-il pas de l'abandon des autres végétaux? Et d'ailleurs, combien peu de terres sont propres à cette production continue? Il lui faut des sols profonds, perméables et naturellement fertiles. Nous ne concevons de durée à ce système que dans un seul cas, nous voulons dire dans des terres que recouvrent des alluvions annuelles et abondantes. Nous citerons, à l'appui de ce que nous disons, quelques terrains des bords de la Haute-Saône.

« Dans un avenir peut-être peu éloigné, la production de la matière première et sa fabrication se sépareront. Alors seulement elles acquerront, selon nous, toute l'importance qu'elles peuvent et qu'elles doivent avoir. Les terres seront mieux cultivées, le sucre aura plus de qualité et coûtera moins. Ce que nous disons ici peut paraître un paradoxe à beaucoup de per-

---

1. Cette séparation, prévue par M. Mauny de Mornay, ne s'est pas fait attendre; nous en subissons encore aujourd'hui le contre-coup, et c'est à cette distinction d'intérêts, si nettement établie, qu'il convient d'attribuer les envahissements successifs de ce que nous avons nommé l'industrialisme. Un mouvement opposé tend à ramener aujourd'hui l'industrie sucrière à son vrai point de départ, aux véritables principes, en la réunissant aux autres opérations de la ferme; mais cette tendance n'ôte absolument rien à la justesse des prévisions de l'auteur.

sonnes qui pensent autrement que nous, et cependant rien n'est plus vrai [1]... Nous croyons qu'il n'est qu'un assolement pour le fabricant, celui qui lui donnera la plus grande quantité de betteraves au moindre prix. Nous lui férons observer ici que *la betterave est bien plus avantageuse pour la fabrication quand elle a crû dans les terres anciennement fumées, que lorsqu'elle est venue sur un fumage tout frais.* Le profit que l'on en tire en l'appliquant à la production du sucre est en sens inverse de la fertilité des terres qui l'ont produite. La petite betterave, venue dans une terre maigre, donne, proportionnellement à son poids, beaucoup plus de sucre que celle des sols fertiles et fumés : elle a surtout beaucoup moins d'eau à évaporer.

« L'agriculteur doit être guidé par des considérations toutes différentes de celles que nous venons d'exposer; il doit varier ses cultures, parce qu'alors les produits sont plus abondants et de meilleure qualité; il doit les varier encore, parce que quelques-unes d'entre elles peuvent, par le fait des changements brusques ou lents de température, par le plus ou le moins de sécheresse, ne donner aucun résultat. Il faut, pour travailler avec quelques chances de succès, étudier les préceptes généraux que nous avons tracés... et établir la rotation ou l'assolement, en intercalant des cultures de diverses natures. Le cultivateur fera succéder à celles qui demandent au sol peu de principes nutritifs, celles qui l'épuisent, celles qui le salissent à celles qui admettent des labours de nettoyage, ou bien encore qui étouffent les mauvaises herbes par leur feuillage épais et serré. Il doit surtout répartir ses travaux, afin que tous puissent s'exécuter sans embarras ni précipitation. Nous ne pouvons pas nous étendre autant que nous le voudrions sur cette partie si importante de l'art agricole; nous allons donc passer de suite à quelques-uns des assolements qui nous paraissent les mieux entendus : nous les donnons avec une courte explication :

« Première année, blé ou froment fumé;

« Deuxième année, betteraves;

---

1. Cette idée, considérée en elle-même, est, en effet, fort loin d'être paradoxale. Il n'a fallu rien moins, pour lui ôter sa valeur pratique, que l'antagonisme aveugle qui s'est établi entre la manufacture et la production agricole. La spéculation commerciale a été également fort loin d'être sans influence sur le résultat.

« Troisième année, colza repiqué, fumé abondamment et sarclé;

« Quatrième année, betteraves. ·

« Cet assolement de *quatre ans* ne peut donner de bons résultats que dans des terres de première qualité. Il faut aussi, dans ce .cas, disposer d'une grande masse de fumier et de vastes prairies, dans lesquelles on trouvera tous les fourrages nécessaires à l'exploitation, pendant la saison où manque la pulpe de betterave.

« Dans des terres légères, on ne peut espérer ramener la betterave plus d'une fois en quatre ans; alors, on pourrait adopter la rotation suivante :

« Première année, seigle fumé;

« Deuxième année, betteraves;

« Troisième année, avoine;

« Quatrième année, vesces d'hiver, fauchées de bonne heure et parquées.

« Si l'on voulait adopter un assolement de *cinq ans*, on le tracerait ainsi :

« Première année, froment ou seigle, avec demi-fumure;

« Deuxième année, betteraves;

« Troisième année, avoine ou orge;

« Quatrième année, trèfle;

« Cinquième année, colza fumé, biné et sarclé.

« Ou mieux encore :

« Première année, avoine ou orge;

« Deuxième année, colza fumé, biné et sarclé;

« Troisième année, betteraves;

« Quatrième année, froment;

« Cinquième année, trèfle.

« On pourrait craindre, dans ce dernier assolement, de ne pouvoir semer la céréale d'hiver après l'arrachage de la betterave; il faudrait alors mettre en place la céréale de printemps, et celle d'hiver serait cultivée la première année.

« L'assolement de *six ans* est d'une facile application partout où celui de trois ans est adopté; il est, à cause de cela, d'une immense importance et d'une nécessité absolue dans beaucoup de contrées; le plus simple est celui-ci :

« Première année, froment ou seigle fumé;

« Deuxième année, avoine ou orge;

« Troisième année, betteraves, avec une demi-fumure;

« Quatrième année, froment ou seigle fumé;

« Cinquième année, avoine ou orge;

« Sixième année, trèfle ou jachère.

« Tout cultivateur habile trouvera de graves défauts dans cette rotation; mais malheureusement, elle est forcée partout où l'assolement triennal et la division des propriétés en parcelles non closes sont adoptés. Là, comme chacun le sait, le territoire d'une commune est divisé en trois portions que l'on nomme *sole, pie, saison*, etc.; l'une est tout entière en froment ou seigle, l'autre en céréales de printemps et la troisième en jachères, en prairies artificielles, en racines fourragères, en cultures industrielles et en légumes. On ne peut donc, dans une commune ainsi cultivée, changer pour soi le mode établi, à moins d'être propriétaire de grandes pièces; encore, dans ce dernier cas, faut-il clore, si l'on ne veut voir dévorer son champ par les troupeaux que l'on conduit sur les *jachères, versaines* ou *dombres* voisins. A ce désastreux abus il n'existe d'autre remède que l'abolition de la vaine pâture [1].

« Dans de très-bonnes terres... nous sommes arrivé au résultat suivant :

« Première année, froment ou seigle fumé;

« Deuxième année, betteraves;

« Troisième année, céréales de printemps;

« Quatrième année, trèfle ou lupuline, ce dernier pacagé;

« Cinquième année, froment fumé;

« Sixième année, betteraves.

« Cet assolement nous a donné de beaux profits, parce que nous avions beaucoup de fumier.

« Dans les terres légères, à base calcaire, nous avions adopté l'assolement suivant :

« Première année, betteraves;

« Deuxième année, céréales de printemps, avec semis de sainfoin;

---

1. Il convient d'ajouter ici que l'*enclavement* des parcelles et la difficulté d'y parvenir, sans passer sur les terres des voisins, augmentent encore, dans les communes ainsi divisées et morcelées, la fatale nécessité d'un mauvais assolement, lequel, dans ce cas, ne laisse guère de liberté qu'aux parcelles touchant à un chemin, à une voie quelconque.

« Troisième année, sainfoin fauché et pacagé à l'automne ;

« Quatrième année, *Idem.* *Idem.* ;

« Cinquième année, *Idem.* *Idem.* ;

« Sixième année, céréales d'hiver.

« En Bourgogne, dans des terres riches, profondes, d'une culture facile :

« Première année, pavot, colza de printemps, chanvre, fumés, sarclés et binés avec soin (cette dernière culture ne fut pas donnée au chanvre, plante étouffante) ;

« Deuxième année, froment ;

« Troisième année, betteraves ;

« Quatrième année, avoine et semis de trèfle ;

« Cinquième année, trèfle ;

« Sixième année, froment avec demi-fumure ;

« Septième année, betteraves.

« Enfin, pour terminer cette série d'assolements, nous avions adopté, près de Nantes, la rotation suivante de *sept ans*, dans un sol d'argile, sablonneux et de nature schisteuse, contenant du silex :

« Première année, colza d'hiver, fumé avec du fumier d'étable ;

« Deuxième année, froment ;

« Troisième année, betteraves ;

« Quatrième année, avoine d'hiver et de printemps, avec semis de trèfle ;

« Cinquième année, trèfle ;

« Sixième année, froment avec demi-fumure ;

« Septième année, betteraves.

« Nous n'avons nullement parlé de jachères dans ces divers assolements, parce que nous regardons cette interruption de la production, non comme quelque chose de normal et de régulier, mais comme un remède énergique. Il ne faut en user que lorsque le besoin s'en fait sentir, et c'est alors au bon sens du cultivateur de décider à quel sol il l'appliquera. Au reste, toutes les terres bien cultivées et bien entretenues peuvent, dans presque tous les cas, se passer de la jachère. »

Nous ne ferons aucun commentaire sur les données précédentes, et nous nous contenterons d'engager les agriculteurs à en méditer sérieusement la portée et à s'efforcer d'en faire leur profit.

On pourrait, sans doute, tracer bien d'autres exemples d'assolement et de rotations, selon les circonstances différentes
dans lesquelles l'agriculteur se trouve placé, selon la nature
particulière du sol, etc.; nous en citerons seulement un dernier
modèle, emprunté à la culture d'un ancien fabricant de la Mo-
selle et rapporté par M. Moll[1]. La durée de cet assolement était
de *cinq ans*, et la rotation comprenait deux récoltes de betteraves.

« Première année, betteraves fumées;

« Deuxième année, betteraves non fumées;

« Troisième année, blé ou orge;

« Quatrième année, trèfle;

« Cinquième année, blé.

« Ces deux années successives de betteraves, ajoute M. Moll,
pourront paraître singulières et même peu rationnelles à plusieurs personnes. Elles présentent néanmoins un fort grand
avantage; c'était d'abord le seul moyen d'avoir en betteraves
2/5 de la superficie, tout en conservant une sole de trèfle et
deux soles de céréales; il y a ensuite un plus grand profit
qu'on ne le pense à faire suivre deux récoltes sarclées, surtout
dans les terres qui se salissent facilement. La seconde récolte
vient toujours beaucoup mieux et coûte bien moins cher de
sarclage et de binage. »

Ce n'est pas la distribution que nous critiquerions absolument, si nous n'y voyions pas figurer à la première année des
betteraves *fumées*. L'agriculteur, qui veut faire du sucre ou
vendre ses betteraves à la sucrerie, ne doit jamais donner de
fumure directe à cette racine; c'est là un principe fondamental
dont il ne faut s'écarter dans aucune circonstance.

Il nous semble donc que, tout en conservant l'ordre de cette
rotation, il serait préférable de donner deux demi-fumures
aux soles-céréales et de supprimer radicalement l'application
du fumier sur la betterave. Le premier assolement quadriennal
indiqué par M. Mauny de Mornay, pour les bonnes terres, nous
semble encore plus avantageux.

Enfin, ce n'est pas là une rotation assez satisfaisante pour
qu'on puisse la prendre pour modèle, sinon dans des cas très-
exceptionnels, et sur des terres de première qualité.

1. *Voyage agronomique dans l'est de la France.*

En somme, un champ ne doit pas être assujetti essentiellement à la double idée froment et betteraves : les produits généraux du sol peuvent se partager en quatre groupes, qui représentent autant de soles, dans l'organisation culturale de la sucrerie annexe.

Le premier groupe comprend les *céréales* en général;
Le second se rapporte aux *betteraves* sucrières;
Le troisième embrasse les *fourrages artificiels;*
Et le quatrième est relatif aux *cultures industrielles.*

Il importe qu'une terre produise de tout cela, dans le moins de temps possible et avec le minimum de frais. Or, il n'y a pas un sol, en France, qui ne puisse produire avantageusement une espèce quelconque de chacun de ces quatre groupes, en sorte que la connaissance du sol et des plantes doit servir de guide dans le choix des espèces, dans les temps à leur consacrer et, encore, dans la durée de la rotation.

Le froment, le maïs, l'orge veulent de bonnes terres, connues sous le nom de *terres franches;* mais ils réussissent partout où il y a de la substance et de la richesse en humus, sans excès d'humidité. L'avoine est la céréale des sols humides, et le seigle celle des terres légères et sablonneuses.

La betterave vient bien partout où elle peut faire pénétrer ses racines. Elle préfère, sans doute, une bonne terre à blé; mais on peut dire, au point de vue sucre, qu'elle peut occuper à peu près tous les sols cultivables.

Le trèfle est le fourrage des bons sols, des terres à blé; le sainfoin est celui des terres légères.

Parmi les cultures industrielles qui veulent des terres riches, nous placerons le colza, le chanvre, le lin, le pavot; la pomme de terre, les haricots, la gaude, etc., s'accommodent fort bien de terres plus légères et moins riches.

Ce que nous venons de dire ne renferme, évidemment, qu'un aperçu général, qui comporte des exceptions et des observations nombreuses; mais cette idée superficielle nous paraît suffisante pour servir de base au raisonnement. Nous pourrions tracer encore des divisions multiples parmi les terrains, sans aucun avantage pour le lecteur, qui doit savoir parfaitement à quoi s'en tenir à cet égard.

Prenons donc tout simplement une *bonne terre à blé* pour

43

exemple de ce que nous comprenons relativement à l'assolement, dans la culture des betteraves.

Nous pourrons cultiver, dans un tel sol, le froment, le maïs,
l'orge, la betterave, le trèfle, le colza, le chanvre, etc.

Nous ne voulons pas fumer la betterave.

Nous serons obligé d'appliquer une forte fumure à la culture la plus exigeante, une demi-fumure aux autres, de faire
succéder les récoltes sarclées de manière à obtenir l'ameublissement du sol, la destruction des herbes inutiles, etc. Enfin,
nous devrons obéir, quant à la durée de la rotation, à la règle
qui nous fera rechercher le maximum de produit avec le minimum de temps et de dépenses.

Cela posé, il est clair que la succession des groupes dans un
temps donné sera susceptible de modifications et de changements sur lesquels l'expérience seule peut autoriser l'agriculteur à se prononcer. Il est évident encore que certaines cultures forceront le cultivateur à allonger la durée de la rotation;
ainsi, la luzerne, par exemple, ne peut entrer dans un assolement ordinaire, puisqu'elle occupe avantageusement le sol pendant plusieurs années, et qu'elle n'est guère en plein rapport
qu'à la troisième.

Si nous supposons une période de quatre ans, nous pourrons avoir la succession suivante de récoltes : prairie artificielle, céréales avec demi-fumure, betteraves, culture industrielle, fumée et sarclée. Mais l'assolement ne pourra être ainsi
distribué que si la prairie artificielle ne demande qu'une année,
ou si la culture industrielle n'offre que la même durée. Cette
rotation sera très-régulière, si l'on adopte, par exemple, un
mélange de légumineuses et de graminées annuelles pour fourrage artificiel, le chanvre, le colza, le lin ou le pavot, pour
culture industrielle; mais la seule introduction du trèfle dans
la rotation exige un prolongement d'une année. On aurait, dans
ce cas, à modifier ainsi l'ordre précédent : céréale de printemps
avec trèfle, trèfle, froment avec demi-fumure, betteraves, culture industrielle fortement fumée.

Ce n'est guère qu'avec un assolement de six ou de sept ans
que l'on peut espérer de pouvoir faire revenir deux fois la betterave dans le cours de la rotation, comme on a dû le voir par
les exemples cités précédemment.

C'est donc à l'expérience de l'agriculteur de décider ce qu'il

convient de faire, mais il ne doit jamais perdre de vue les principes sur lesquels reposent les assolements, et dont nous avons
reproduit un résumé si remarquable, dû à la plume de M. de
Mornay. La connaissance pratique de la contrée qu'il habite, de
la nature du sol, etc., les quantités d'engrais dont il dispose
seront également prises en sérieuse considération.

Dans l'hypothèse où la fabrication du sucre et de l'alcool de
sorgho conduirait à une culture plus étendue de cette magnifique
plante, ce que nous considérerions comme un des perfection-
nements les plus désirables, la place du sorgho, dans l'assolement, devrait se trouver, ou après la betterave, sans fumure,
avant une récolte industrielle fortement fumée, ou sur un défrichement de trèfle, qui aurait reçu une demi-fumure d'engrais
bien consommé avant l'hiver.

II. — QUESTION ÉCONOMIQUE.

Nous venons de faire voir comment les plantes à sucre sont
liées à l'ensemble des progrès culturaux, tant par leur valeur
comme nourriture du bétail que par une production d'engrais
plus abondante, par l'amélioration et l'ameublissement du sol.
Il nous reste à nous occuper un instant du côté économique de
la question sucrière, afin de ne laisser dans l'ombre aucune
idée utile se rapportant à notre étude.

Résultats financiers. — Nous ne voulons pas faire ici
de statistique inutile et nous prendrons pour base le chiffre de
20 kil. par tête, auquel la France doit parvenir dans un temps
donné, par la force même des choses.

Ces 20 kilogrammes représentent, pour 40,000,000 d'individus, 800,000,000 de kilogrammes.

Or, pour faire d'abord la part de l'État, puisque les impôts
sont un mal nécessaire, nous dirons que l'impôt maximum ne
devrait jamais s'élever au-dessus de 20 francs par 100 kilogrammes de sucre, et que des gouvernants sages comprendraient
que l'intérêt du Trésor se trouve toujours dans l'augmentation
de la consommation et non dans l'élévation du droit fiscal [1].

1. Ce principe élémentaire ne pouvait guère entrer dans l'esprit des financiers que nous avons vu se succéder aux affaires. Après l'abaissement
du droit en 1860, la consommation augmente et le Trésor est loin de s'ap-

Ceci est vrai surtout pour le sucre. L'usage habituel de cette substance alimentaire n'est pas encore tellement répandu, tellement indispensable, que l'on puisse jouer avec une *faible* augmentation des droits. *Un sou de plus par livre* à payer pour le sucre, et la classe ouvrière, ce grand consommateur, cesse d'en acheter. Les ordonnateurs d'impôts n'étudient pas assez les mœurs des imposables, ni la portée réelle de leurs actes...

Admettons donc, par supposition, un impôt sage et modéré de 20 francs. Notre chiffre rapporterait aux caisses publiques 160 millions de francs, le dixième d'un gros budget, et il ne faudrait, pour cela, qu'encourager la production et la consommation par l'abaissement d'un impôt injuste, que les circonstances seules peuvent rendre momentanément excusable.

Sous le rapport agricole, les 800,000,000 de kilogrammes proviennent, à 6 p. 100 de rendement supposé, par 50,000 kil. de production culturale, de 266,667 hectares.

Ce chiffre correspond au quadruple, c'est-à-dire à 1,066,668 hectares de terre seulement, assolées en betteraves, par une culture régulière. Cette quantité est vraiment peu de chose comparativement à l'étendue de notre sol arable, moins de 1/50 et, cependant, il en résulte des chiffres fort considérables.

La quantité de pulpes correspondante au poids des racines produites serait suffisante pour produire 73,333,432 |kil. de viande d'augmentation, indépendamment des prairies naturelles ou artificielles, et des autres matières alimentaires.

A 1f,20 de valeur par kil., ce produit équivaut à une somme 88,000,119 francs.

Nous ne chiffrerons pas les résultats qui dépendent de l'amélioration culturale de 1,066,668 hectares, par la production d'engrais abondant, et nous allons seulement établir le bénéfice cultural résultant de la fabrication agricole, dont nous supposons les frais payés par un chiffre de 20 francs aux 100 kil. de sucre, ce qui détermine un mouvement de fonds, répartis

pauvrir. Un ministre veut *battre monnaie* et le droit est élevé... La consommation diminue et le Trésor est en perte de quelques dizaines de millions. Les gens qui riaient, lorsque nous leur avions prédit ce résultat, ne songeaient plus à plaisanter. Après nos désastres, de 1870-1871, le ministre de la *république\ provisoire*, fort habile négociant, mais peu au courant des faits, négligea les leçons du passé, méprisa les avis qui lui furent donnés, et il obtint une nouvelle aggravation d'impôts... Le remède, ainsi appliqué, ne peut manquer d'atteindre un but diamétralement opposé à celui qu'on se propose d'atteindre.

sur le loyer du sol, le travail cultural, l'engrais, l'impôt foncier, etc., de 160 millions de francs, sans bénéfice. Les 800,000,000 de kilogrammes de sucre supposent un bénéfice *minimum* de 30 francs par 100 kil. pour la fabrication, de 15 francs pour le raffinage, avec 9 francs de main-d'œuvre totale, 10 francs de charbon, 5 francs d'appointements et frais généraux et 1 franc de frais divers, le tout calculé sur les rendements ordinaires et dans les conditions moyennes. On a, de ces divers chefs :

1°	Impôt...........................	160,000,000 fr.
2°	Valeur de la betterave, ou frais de culture, à 20 fr. p. 100 kil., sucre............	160,000,000
3°	Bénéfice de fabrication, comprenant le bénéfice de la terre......................	240,000,000
4°	Bénéfice du raffinage..................	120,000,000
5°	Main-d'œuvre.......................	72,000,000
6°	Appointements, etc...................	40,000,000
7°	Charbon...........................	80,000,000
8°	Frais divers........................	1,000,000
	Ensemble.........	908,000,000
	En ajoutant à cette somme pour la valeur de la production viande...................	88,000,119
		996,000,119

On trouve que l'industrie sucrière de betterave, en arrivant à produire 20 kilogr. par tête pour la consommation française, de 40,000,000 d'habitants, donnerait lieu à un mouvement annuel de fonds de près de *un milliard!* Et nous verrons plus tard que ces chiffres sont calqués sur ce qui se fait en année moyenne.

Sur cette somme, il y aurait lieu aux attributions suivantes :

1°	Pour l'État, non compris l'impôt foncier, les droits sur le charbon, etc., impôt du sucre seulement, à 20 fr.	160,000,000 fr.
2°	Pour l'agriculture, frais du sol payés, bénéfice de la terre, de la fabrication et du produit viande, non compris les produits accessoires................	328,000,119
3°	Pour le raffinage ou la purification industrielle.....	120,000,000
4°	Pour la main-d'œuvre et les appointements, non comprise la part afférente dans le travail du sol et l'extraction du charbon, les transports, etc..........	112,000,000
5°	Pour l'industrie des combustibles...............	80,000,000
6°	Pour des industries diverses...................	1,000,000

Nous le demandons à ce nombre incommensurable de *sau-*

veurs de la patrie, que l'on voit pulluler en France : quelle est l'industrie, plus digne que celle-là, par ses résultats de tout genre, d'être encouragée et protégée? Pourquoi donc tout *génie* nouveau, parvenant à diriger les finances du pays, semble-t-il prendre à tâche de faire rétrograder cette puissance qui marche, et pourquoi, pygmée, veut-il faire reculer ce géant? Nous dirions bien ce pourquoi, si nous n'étions lié d'abord à la science agricole ; nous pourrions flageller de leurs défaillances bien des hommes, si nous avions à nous occuper de ces choses en dehors de la question agricole ; nous pourrions faire voir, avec preuves à l'appui, que, *sous tous les régimes,* les chefs d'État sont entourés et circonvenus par des incapables ou des coupables, qui entravent le bien, font faire le mal et s'inquiètent fort peu des conséquences.

Ce n'est pas notre affaire et nous ne regrettons pas d'être attaché à un autre labeur ; ces gens-là ne se corrigent pas ; rien ne les amende et ils sont tellement pénétrés de leur infaillibilité, tellement tenaces dans leurs funestes opinions, que les années, les révolutions, les guerres, les fléaux, tout passe, excepté la race des *satisfaits d'eux-mêmes.*

Nous n'ajouterons plus rien à cet égard. Nous nous adresserons seulement aux fabricants et aux agriculteurs français, et nous leur dirons : Vous avez entre les mains un merveilleux instrument qui peut fertiliser votre sol, améliorer la condition de vos travailleurs en répandant le bien-être autour d'eux, multiplier les matières alimentaires pour l'homme et les animaux, vous enrichir vous-mêmes, tout en contribuant largement aux dépenses de l'État. Il ne s'agit que de vouloir, de se réunir, de combattre ensemble l'ennemi commun, et de ne plus s'adonner à autre chose qu'au travail ; nous vous supplions de ne plus perdre de vue un but aussi noble, d'un intérêt aussi grave et qui pèse sur toutes les destinées du pays.

Il s'agit d'*un milliard* par an, lorsque vous aurez accompli votre tâche, et que vous aurez rendu le sucre accessible au plus grand nombre!...

On nous fera sans doute une objection sérieuse, et l'on nous dira que les impôts empêcheront la consommation de s'étendre et d'arriver à son chiffre normal de 20 kilogrammes par tête. Cela est exact et vrai ; mais il reste à examiner un point de vue spécial de la question duquel ressortira une conséquence grave, celle de la nécessité du sucre en tant que matière alimentaire. Or, devant une nécessité de ce genre, les impôts doivent céder et reculer dans un temps donné. L'Empereur Napoléon III a été le premier qui ait osé abaisser l'impôt du sucre à 25 francs et faire entrevoir pour l'avenir une immunité plus complète... D'autres viendront, qui comprendront aussi la vérité fondamentale de tout impôt et qui chercheront à augmenter la consommation en restreignant les exigences fiscales. Dieu merci, quiconque soit appelé à être à la tête de la France, notre pays ne doit pas être condamné à rester sous le joug des ineptes ou des hallucinés, et le temps viendra un jour où l'utilité publique prendra le pas sur les utilités privées et sur les intérêts particuliers.

III. — VALEUR ALIMENTAIRE DES MATIÈRES SACCHARINES.

En France, la masse n'est pas encore habituée aux aliments sucrés. Dans cette contrée, privilégiée entre toutes, la vigne, depuis un temps très-reculé, a fourni à ses habitants ce condiment liquide, grâce auquel la plus mauvaise alimentation est tolérée. Le vin et l'eau-de-vie, par leur action excitante sur l'estomac et le cerveau, ont conquis la faveur universelle et l'on fait dédain des boissons aromatiques et de la plupart des liqueurs douces, dont le sucre est le principal agent excitant. Si le café a pris quelque faveur dans les classes populaires, c'est grâce à l'eau-de-vie dont il est le prétexte; le thé n'est regardé que comme une médecine, à moins qu'il ne soit transformé en un grog capiteux par une abondante addition d'un alcoolique quelconque. Les liqueurs sucrées ne trouvent grâce devant le *grand nombre* des consommateurs qu'en raison de l'alcool qu'elles renferment, et nous sommes malheureusement portés à faire abus des agents enivrants. Au point de vue médical, le fait se comprend parfaitement. Tous les individus, dont le système nerveux est facilement excitable, éprouvent une prostration relative toutes les fois qu'ils ont subi une perte nerveuse, par suite de cette excitabilité. La plupart d'entre eux, ne comprenant pas que le repos moral et le calme, qu'une alimentation saine et substantielle, jointe au travail ou à l'exercice du corps, sont les remèdes les plus rationnels contre cette dé-

pression, cherchent à la combattre par une excitation factice...

L'usage des alcooliques, des vins frelatés, de l'absinthe surtout, conduit notre population ouvrière à ce degré d'abrutissement où sont déjà tombés d'autres peuples, et un nombre immense d'observations témoignent qu'une quantité considérable
d'individus n'éprouvent que du dégoût et de la répulsion pour
tous les excitants légers et aromatiques, et qu'ils n'accordent
de mérite qu'aux liqueurs spiritueuses, violentes et incendiaires, dont l'action est presque immédiate sur l'estomac et le
cerveau.

On va vite, en France, dans cette voie fatale qui conduit,
par la crapule et l'avilissement, jusqu'à la folie et jusqu'au
crime. Les femmes mêmes payent leur tribut à cette pernicieuse tendance, et c'est dans le penchant à l'ivrognerie que
l'on doit rechercher la cause principale qui arrête la marche
ascendante de la consommation du sucre.

On a émis à différentes époques les opinions les plus contradictoires au sujet de la valeur réelle des matières sucrées
et du sucre dans l'alimentation; nous résumons ce qui a été
dit de plus important à cet égard, avant de formuler notre opinion personnelle.

Les uns attribuent au sucre des *propriétés nutritives* particulières; il est, selon les panégyristes, *le plus parfait des aliments*,
produit l'embonpoint et la longévité : ces propriétés seraient
partagées par la canne, le vesou et la bagasse. D'autres, moins
tranchants et plus modestes dans leurs affirmations, disent que
le sucre, pris à faibles doses, facilite la digestion, notamment
des fruits charnus, du lait, du chocolat; il convient, dit-on,
aux tempéraments lymphatiques, il favorise les digestions
pénibles, neutralise l'effet des acides de l'estomac et accélère
les fonctions gastriques.

Un préjugé vulgaire, partagé par plusieurs médecins, fait
regarder le sucre en dissolution comme un calmant; nous
verrons à quoi nous en tenir sur cette opinion bizarre. Par
contre, les adversaires du sucre le regardent comme échauf-
fant, irritant... Il empâte la bouche, affadit le goût, excite la
soif, cause des ardeurs d'entrailles, des tiraillements d'estomac... Il fait maigrir (Boerhaave). Il paraît être nuisible dans
l'hypochondrie, le rachitisme, la gastrite et la gastro-entérite;

il agace et noircit les dents et cause des douleurs dentaires très-vives, quand on a les dents cariées et que le nerf est dénudé. Le sucre est contraire aux tempéraments secs et bilieux, aux constitutions nerveuses; il augmente la sécrétion salivaire, irrite les nerfs, produit l'anorexie et, quelquefois, des pertes séminales nocturnes doivent être attribuées à l'usage prolongé de ce corps.

Starck essaya de se nourrir, pendant quelque temps, avec du pain, de l'eau et du sucre, et il porta celui-ci aux doses de 125, 250, 500 et 625 grammes par jour. Il éprouva bientôt des flatuosités et des nausées; l'intérieur de la bouche s'enflamma, les gencives se tuméfièrent; il se produisit des accidents diarrhéiques et hémorragiques; enfin des stries livides apparurent sur l'épaule droite... L'expérience fut alors abandonnée.

Carminati prouva que le sucre est d'autant moins nuisible aux animaux que leur organisation les éloigne moins de l'homme : ainsi il tue les grenouilles, les lézards, soit qu'on le leur fasse ingérer ou qu'on l'applique sur la peau, le derme dénudé, ou dans le tissu cellulaire sous-cutané. Il agirait de même sur certains oiseaux, notamment sur les colombes; il pourrait faire périr les poules, etc., tandis qu'il est sans effet sur les chiens, les moutons et beaucoup d'autres animaux.

Tout le monde connaît l'avidité avec laquelle la plupart des oiseaux de volière recherchent le sucre, ce qui contredit un peu les expériences de Carminati, et le chien, le cheval, l'éléphant lui-même, aussi bien que le mouton, la chèvre et le bœuf, en sont très-friands.

D'après M. Magendie, le sucre pur, employé comme aliment exclusif, ne peut suffire à l'alimentation du chien, ni *probablement* à celle de l'homme.

Il nous reste à établir ce que l'on doit penser rationnellement de tout ce qui précède, et qu'elle est l'idée qu'il importe de se faire au sujet du sucre employé comme substance alimentaire.

Principes et faits généraux. — Si nous étudions l'homme au point de vue de sa composition chimique, nous trouverons que tous les tissus mous de son organisation sont de la même nature que l'*albumine*, la *fibrine*, etc. Les parties

liquides ne sont autre chose que de l'eau tenant en suspension des particules très-ténues de substances albuminoïdes
analogues aux précédentes, telles que des globules de sang, de
la fibrine, de l'albumine, des sels en dissolution. Le squelette
ou la charpente osseuse se compose de parties cartilagineuses,
de nature *albuminoïde*, et de portions osseuses, formées principalement de phosphate et de carbonate calcaire et d'un peu de
fluorure de calcium, etc. Nous ne parlons que pour mémoire des
matières grasses, qui ne sont pas absolument essentielles à
l'existence, mais qui nous intéresseront, à l'occasion de la
question de l'embonpoint.

Les matières grasses sont formées de *carbone*, d'*hydrogène*
et d'*oxygène*... Les substances albuminoïdes formant la masse
du corps sont composées de *carbone*, d'*hydrogène*, d'*oxygène et*
d'*azote*...

Il est admis en fait aujourd'hui qu'à l'exception d'une partie
de l'oxygène et d'une certaine proportion d'eau, *tous les éléments
du corps sont fournis par l'alimentation.*

Il est également reconnu que les matières *non azotées*, comme
la fécule, le sucre, les graisses, le beurre, employées *exclusivement*, ne peuvent entretenir la vie, et qu'il en est de même
des éléments *azotées employés seuls*. Il faut comprendre ceci des
éléments azotés proprement dits, et non pas des mélanges de
principes immédiats, tels que la viande, qui renferme, outre
diverses substances azotées, des matières non azotées, comme
la graisse. De tels mélanges peuvent entretenir la vie pendant
un temps fort long, comparativement aux éléments azotés purs.
En tout cas, il faut, pour la nutrition, employer le concours
d'aliments représentant les principes azotés, les substances non
azotées et les matières salines du corps.

Par une conception ingénieuse, Liebig a divisé les aliments
en matières *plastiques, réparatrices* et en substances *respiratoires,
calorifiques*... Ceci n'est pas complétement exact, si l'on ne
poursuit pas l'idée du chimiste allemand jusque dans ses conséquences. En effet, bien que les aliments azotés soient essentiellement réparateurs, puisqu'ils sont de la même nature que
la masse du corps, on ne peut pas dire qu'une partie de leurs
éléments ne concourent pas à la calorification, à la combustion
respiratoire, lorsqu'ils ont subi le travail de la digestion et
qu'ils pénètrent dans le torrent circulatoire par l'absorption.

Il en est de même des éléments calorifiques non azotés, tels que l'amidon, la gomme, le sucre, les graisses, etc., qui peuvent fournir une partie de leurs principes élémentaires à la nutrition proprement dite, en sus de leur fonction spéciale de servir à la combustion physiologique. Ces aliments sont, de plus, la source principale du tissu graisseux, que l'on peut regarder comme une accumulation de matière calorifique mise en réserve dans l'économie.

Il y a donc trois ordres d'aliments, savoir :

1° Les matières azotées, plastiques, réparatrices, ou les nutriments proprement dits... Dans ce groupe se rangent la fibrine, la caséine, l'albumine, la légumine, le gluten et les autres matières albuminoïdes. La chair musculaire doit sa puissance nutritive à la proportion énorme de ces matériaux qu'elle renferme.

2° Les substances non azotées, calorifiques, respiratoires, qui sont des aliments, à la vérité, mais qu'on ne peut regarder comme *réparatrices*, puisqu'elles ne contiennent pas tous les éléments *des corps à réparer*... C'est ici la place de tous les principes végétaux hydrocarbonés, du sucre, de la fécule, etc.

3° Les matières minérales nécessaires à l'accroissement et à l'entretien du squelette et qui se trouvent le plus souvent mélangées avec les substances des deux ordres précédents.

Application. — En réfléchissant aux principes qui viennent d'être [exposés, on voit que la matière sucrée est un aliment non réparateur, que ce n'est pas un nutriment, et que le sucre ne peut concourir à réparer la masse du corps, formée de principes azotés, puisqu'il ne renferme pas d'azote.

Ce n'est donc pas le plus parfait des aliments, comme l'affirmait Rouelle : d'autre part, sa composition le range parmi les aliments calorifiques; il est producteur de la graisse, et l'on doit se ranger à l'avis de ceux qui lui attribuent la production de l'embonpoint. Comme tous les corps hydrocarbonés, il détermine une certaine excitation des fonctions vitales, en apportant un élément à la combustion respiratoire. De là, en effet, augmentation de la chaleur intérieure, excitation des mouvements du cœur qui se trouvent augmentés et, par suite, développement du mouvement circulatoire.

Le sucre agit ici comme les excitants alcooliques, mais avec infiniment moins de violence, et il forme, avec les gommes et les fécules, le groupe des excitants les plus inoffensifs. D'après ce qui précède, on comprend qu'il favorise la digestion de toutes les substances aqueuses, lourdes, froides, ou renfermant une grande abondance de principes alibiles, difficilement élaborés par l'estomac.

Le sucre est donc le meilleur condiment des fruits, des œufs, du lait, du chocolat, de certains fromages, et les règles d'une sage hygiène en conseillent l'usage dans une multitude de circonstances.

Une boisson sucrée est le meilleur digestif que l'on puisse ingérer dans une foule de cas, et l'expérience apprend qu'un petit morceau de sucre remplace presque toujours avec avantage les excitants alcooliques, lorsqu'il s'agit de favoriser les fonctions d'un estomac paresseux. Ses propriétés excitantes le rendent évidemment moins utile chez les individus nerveux, très-excitables, et l'on ne doit jamais professer d'opinions absolues au point de vue de l'alimentation. On comprend déjà que le sucre n'est pas un calmant; mais sa douce excitation se substituant à l'action énergique de matières irritantes, on a pu aisément prendre le change. Le sucre ne fait pas non plus maigrir, ainsi que le disait l'illustre Boerhaave, puisque son action spécifique est excitante et engraissante.

Lorsque le sucre est pris en excès et en substance, ou même en solution concentrée, lorsqu'il n'est apporté aucune mesure dans l'usage que l'on en fait; il peut, comme les meilleures choses, produire de très-mauvais effets, et agir spécialement comme irritant; mais on conviendra qu'il ne peut venir à personne la pensée de *manger* une quantité de sucre aussi exagérée que l'a fait Starck, dont l'expérience n'offre rien de concluant. Il aurait pu arriver aux mêmes résultats par l'ingestion de la gomme arabique, que l'on regarde comme un émollient inoffensif.

L'action du sucre cristallisé sur les dents paraît n'être pas contestable; en tout cas, il affecte douloureusement les nerfs mis à nu et, d'un autre côté, il est doué d'une propriété remarquable, dont on pourrait tirer plus de parti qu'on ne le fait généralement, savoir : celle de déterger et d'aviver la surface des plaies indolentes et de les amener à bonne cicatrisation.

En résumé donc :

1° *Le sucre ne peut nourrir seul*, mais il contribue à la nutrition par sa puissance calorifique comme aliment respiratoire.

2° C'est le meilleur et le plus sain des condiments.

3° Ses propriétés excitantes en rendent l'usage précieux dans une multitude de circonstances et, en particulier, l'emploi habituel du sucre dans l'alimentation peut contribuer à détruire la plaie de l'ivrognerie.

4° Il produit l'embonpoint, lorsque son action est aidée par un régime convenable.

5° Il importe que le sucre ne soit pas consommé habituellement *seul et en excès;* son véritable emploi est celui d'un condiment, en dissolution dans les boissons, telles que le thé, le café, le chocolat, les tisanes et les infusions, en dissolution et en mélange dans les conserves de fruits, les sirops et confitures, et dans la préparation des mets sucrés.

6° L'adulte peut consommer, sans aucun inconvénient et plutôt avec une grande utilité pour sa santé, une dose journalière de sucre, variant entre 70 et 80 grammes par jour, sous les diverses formes dont nous venons de parler.

Telles sont les principales bases qui peuvent mener à une saine appréciation de la valeur alimentaire du sucre, et le lecteur peut, sans hésiter, en inférer cette conséquence pratique que, dans une hygiène bien entendue, la consommation du sucre peut et doit s'élever au terme moyen de 20 kilogrammes par tête dans un pays comme la France : on voit qu'elle est la distance énorme qui nous sépare de ce résultat, puisque notre consommation est six fois moindre que ce chiffre.

CHAPITRE VI.

Avenir de l'industrie sucrière.

Nous terminons ce deuxième livre par l'examen de la situation faite à la sucrerie, tant par le fait des hommes que par suite des circonstances, et cet exposé sommaire, s'adressant aussi bien aux agriculteurs qu'aux manufacturiers, nous le regarderons comme une transition naturelle entre les études qui précèdent, dont le but est essentiellement cultural, et les recherches technologiques relatives à l'extraction du sucre.

Une des questions les plus intéressantes que puisse se faire un manufacturier est, sans aucun doute, celle qui se rapporte à la durée et aux chances d'avenir de son industrie. Il n'est pas un homme assez audacieux pour risquer de se compromettre dans une opération éphémère, pour laquelle il n'y aurait aucune certitude de lendemain. Le seul cas, peut-être, où l'on puisse concevoir une sorte d'industrie aléatoire, se trouve dans certaines circonstances exceptionnelles, dans certaines chances de gain excessif, comme nous avons vu le commerce des alcools en offrir dans la crise de 1853-1854.

A cette époque même on a été plus loin, car des fabricants de sucre, entraînés par le haut prix des alcools sur le marché, en présence de la stagnation ou de la hausse insignifiante des sucres, se sont empressés de transformer leurs sucreries en distilleries, afin de profiter de l'écart fabuleux du moment.

Des fortunes se sont faites de cette manière, comme aussi des mécomptes et des catastrophes ont atteint certains imitateurs tardifs, dont l'esprit n'avait pas saisi le temps opportun.

C'est là une circonstance très-exceptionnelle, dont les résultats, bons ou mauvais, n'ont pas à être portés en ligne de compte dans l'étude sérieuse d'une industrie, et nous regardons la question de durée et d'avenir comme celle qui doit préoccuper au plus haut degré tout fabricant qui n'assimile pas son industrie à une opération|de bourse.

C'est une question grave pour le fabricant de sucre surtout, pour celui qui raisonne et ne fait pas, *de son affaire*, un travail de routine et de laisser-aller. Il lui importe de savoir s'il peut compter sur le *statu quo;* s'il doit espérer des progrès, des améliorations; s'il doit craindre un déplacement de son industrie, que ce déplacement provienne d'une cause ou d'une autre, qu'il soit utile à la chose publique ou préjudiciable à des intérêts généraux ou particuliers. Il lui importe de prévoir, parce que la prévoyance seule peut lui indiquer les mesures à prendre, qui sauvegarderont ses intérêts et sa fortune.

La question d'avenir n'est pas moins importante pour l'agriculteur qui s'adonne à la production des plantes saccharifères que pour l'industriel lui-même. L'assolement de la ferme, la production des engrais, l'éducation et l'engraissement du bétail, toute l'économie de la culture actuelle reposent sur les plantes sarclées et, en particulier, sur la betterave, dans toutes les contrées où la culture de cette racine a pris un certain développement. Que l'industrie sucrière soit menacée de décadence ou, même, qu'elle soit atteinte par quelque transformation grave, tout l'appareil agricole tombe en désarroi et l'on se trouve en présence d'un désorganisation complète. Tout est à refaire; car, dans un cas de ce genre, l'assolement doit être complétement modifié, les produits changent de nature, l'engraissement du bétail ne peut plus se faire dans les mêmes proportions, la production des engrais en souffre et l'amélioration du sol subit un arrêt forcé.

D'autres considérations aussi sérieuses viennent atteindre le cultivateur de cannes et la question est tout aussi grave pour lui, quoique sa situation ne soit pas complétement identique.

Nous allons donc rechercher quelles sont les chances d'avenir offertes à l'industrie des sucres et étudier les diverses phases sous lesquelles ont peut considérer cette question de durée, appliquée à la fabrication sucrière.

Que le lecteur consente à nous suivre dans cette étude importante, par laquelle nous espérons lui faire voir clairement ce qu'il doit redouter, les précautions qu'il doit prendre, et les gages de sécurité qu'il peut trouver dans certaines mesures de prudence, dont nous aurons à lui conseiller l'adoption.

I. — AVENIR DE L'INDUSTRIE SUCRIÈRE.

Cette question se scinde, dès l'abord, en deux divisions principales, selon que l'on considère la sucrerie exotique ou la sucrerie indigène : ces deux branches d'une même industrie sont, en effet, assez différentes par leurs accessoires et leurs conditions d'existence, pour qu'on ne puisse les confondre dans l'application des mêmes raisonnements. Nous allons nous en convaincre dans un instant.

Mais d'abord, en thèse générale, la production du sucre, par un mode ou par un autre, constitue-t-elle une industrie vivace, de première nécessité et d'ordre supérieur pour les sociétés modernes?

La réponse ne saurait, en vérité, faire l'objet du moindre doute, si l'on réfléchit aux immenses besoins naturels ou acquis, dont la satisfaction ne peut être procurée que par le sucre; si l'on songe que la suppression de ce rouage entraînerait les plus funestes conséquences, aussi bien au point de vue moral que sous le rapport politique; si l'on pense, enfin, à la place occupée par ce produit dans l'ordre de l'agriculture moderne. Nous ne sommes pas de ceux qui croient à un retour vers la décadence; nous croyons au progrès, au progrès incessant, et nous disons que le sucre est un des éléments matériels les plus utiles du progrès humain.

L'*homme animal* a besoin, pour vivre, d'aliments calorifiques aussi bien que d'aliments réparateurs; l'*homme moral* éprouve le besoin invincible des excitants qui réagissent sur l'organisme et favorisent le jeu des fonctions : il est certain que, si l'on compare entre eux les divers excitants qui sont ingérés dans un but de plaisir ou d'hygiène, on n'hésitera pas à donner la préférence à ceux qui ont le sucre pour base, ou dans lesquels il entre comme condiment.

D'une absorption facile et prompte, sans action sur le cerveau, n'opérant aucune compression dangereuse de la pulpe cérébrale, parce qu'il ne surexcite que très-modérément le mouvement de la circulation, le sucre doit être mis au premier rang des aliments respiratoires.

Nous avons déjà dit que l'usage des aliments sucrés, et surtout des boissons aromatiques sucrées, doit être regardé comme le remède le plus vrai et le plus radical à cette plaie hideuse de l'ivrognerie; nous le répétons encore et nous ajoutons que tout gouvernement sage devrait abolir les *mesures restrictives* qui ont le sucre pour objet, supprimer ou amoindrir notablement les impôts sur cette matière et cela, dans son propre intérêt, aussi bien que dans l'intérêt de tous.

Qu'on ne s'y trompe pas : ce n'est pas parmi les amateurs de boissons sucrées, non alcooliques, parmi les buveurs de café ou de thé, que les émeutes recrutent leurs ignobles soldats : ce sont les bestialités humaines, abruties par l'alcool, l'absinthe, les liqueurs fortes ou le vin frelaté, qui composent la phalange des mécontents quand même [1]...

Disons encore, pour clore ces idées générales, que l'usage du sucre n'a jamais appauvri personne, tandis que l'ivrognerie est la source principale de la misère, tandis que le paupérisme prend, *le plus souvent*, sa source dans la taverne.

Encore une fois, le sucre est, à nos yeux, un élément du progrès, élément indispensable, et nous sommes convaincu de la pérennité de l'industrie qui a pour but sa production.

Il se fait du sucre, il s'en fera plus encore, malgré les entraves, les restrictions, les impôts, les spéculations et, à moins d'un cataclysme qui nous ramène à la barbarie, on peut hardiment avancer que l'industrie sucrière, que la fabrication du sucre est inhérente à l'existence de nos sociétés actuelles.

S'il en est ainsi, nous objectera-t-on, que peuvent donc avoir à redouter, dans l'avenir, les industriels qui se livrent à cette fabrication?

C'est principalement de cet objet plus précis que nous allons nous occuper; nous ferons voir que, si la fabrication du sucre est forcée, si elle est inattaquable dans son essence, elle marche à grands pas vers une transformation complète. Hâtons-nous de dire que cette transformation doit être appelée par les vœux de tous ceux qui s'intéressent à la prospérité générale.

Situation de la sucrerie indigène. — Ici, nous nous trouvons en présence de débuts agricoles. Lorsque fut fondée la sucrerie française, elle ne fut considérée que comme un auxiliaire utile de la ferme, comme un moyen de produire le sucre sans diminuer la nourriture du bétail; on y trouva même cet avantage que le traitement pour sucre, produisant des pul-

1. Ce passage est reproduit de notre première édition, et a été écrit en 1865. Avec combien plus de vérité, encore, cette proposition apparaît-elle aux yeux de ceux qui ont assisté aux défaillances du siège de Paris, et qui ont vu, de leurs yeux, les turpitudes et les infamies de la guerre civile de 1871! L'ivrognerie, quoi qu'on dise, et quoi qu'on fasse, est notre lèpre sociale et le hideux cancer qui ronge les masses....

44

pes comme résidu, améliorait sensiblement cette nourriture en la rendant moins aqueuse, moins excitante, plus assimilable et plus réparatrice.

Chaptal regardait cette industrie comme *une source féconde de prospérité agricole;* mais il estimait qu'elle devait *nécessairement* être liée à une exploitation rurale. Les autres fabricants, dont les efforts parvinrent à doter le vieux monde de *l'une des plus belles conquêtes que l'on ait faites dans les temps modernes,* ne pensaient pas autrement.

Peu à peu, la fabrication se perfectionnant et retirant un produit plus considérable d'un poids donné de racines, l'industrie proprement dite, étrangère à l'agriculture, ne regardant plus la betterave que comme une matière première à acheter et à transformer, organisa la fabrique, isolée de l'agriculture, à laquelle elle acheta les betteraves et revendit les pulpes.

Telle est notre situation moyenne actuelle, à quelques exceptions près, et c'est précisément cet état de choses-qui nous semble la seule circonstance pernicieuse à la sucrerie indigène.

Nous avons déjà fait voir que le manufacturier non agriculteur ne peut obtenir sa matière première au même prix que s'il la produisait; cela est de toute évidence. Ajoutons encore, ce que le lecteur sait déjà, que, dans ces conditions, le fabricant ne peut compter que très-rarement sur la qualité des racines qu'il achète; soit qu'elles proviennent de graines abâtardies, soit qu'elles aient été trop fumées, mal cultivées, il agit en aveugle ou à peu près, et cela d'une manière d'autant plus constante que, si l'agriculteur désire obtenir de ses betteraves le plus haut prix possible, le fabricant cherche à les payer le moins qu'il peut.

La lutte est parfaitement caractérisée, et nous avons vu en 1854, à propos des alcools, ce qu'elle peut produire.

Nous avons vu, en 1857, ce que peut déterminer une mauvaise culture, dirigée par l'avidité du cultivateur. En dehors d'un prix régulateur officiel, ou généralement accepté, on avait voulu faire rendre un maximum par le champ producteur; au lieu de demander ce résultat à une meilleure culture, à une méthode rationnelle, on s'adressa à la fumure, que l'on appliqua sans réserve et sans esprit d'observation. Il en résulta de grossés racines très-aquéuses, riches en matières albuminoïdes, pauvres en sucre ou difficiles à travailler, et bien des fabricants durent leur ruine à cette spéculation des fermiers.

D'un autre côté, il faut avouer que le fermier n'est guère mieux traité quand il est forcé de subir les conditions impitoyables de la fabrication, lorsqu'il est lié par la manufacture.

Si le paysan, comme on nomme l'habitant des campagnes, si le paysan se montre cupide et intéréssé, s'il recherche avidement les moyens de faire rapporter davantage à son champ, s'il veut *faire suer* à sa terre tout ce qu'elle peut donner, l'industriel qui lui achète ses denrées et ses produits se montre un adversaire tout aussi rusé et plus redoutable. Aux yeux de l'observateur impartial de ces deux fourmis humaines, l'une vaut l'autre, et souvent la lutte reste indécise.

Ainsi, que le cultivateur se croie garanti par un *marché*, dans lequel un fabricant sera *tenu* de lui prendre toutes ses betteraves à raison de tant par mille kilogrammes, sans que la qualité soit précisée autrement que par la désignation de l'espèce, le manufacturier court grand risque d'être la dupe de sa convention imprudente.

· Par tous les moyens possibles, le producteur cherchera à doubler le poids de sa récolte sur une superficie donnée, sans se préoccuper le moins du monde des qualités réelles de son produit. On lui a acheté de la quantité, il voudra en livrer le plus qu'il pourra.

Si, de son côté, le fabricant est parvenu à lier le fermier par un contrat désavantageux, la culture sera forcée de s'exécuter de point en point, en sorte que, entre ces deux intérêts, on peut constater un antagonisme aussi constant que naturel et logique.

C'est que, en effet, si l'on examine les faits de plus près, on trouve que l'agriculture et la manufacture ne peuvent, dans aucun cas, se concilier d'une manière sérieuse et constante, si la fabrication reste isolée et indépendante du champ producteur. On a bien dit et répété, même dans nos assemblées délibérantes, que la sucrerie indigène favorise le développement de l'agriculture, procure l'accroissement de la richesse agricole par l'amélioration du sol, par l'augmentation du bien-être matériel dans les populations agricoles, par la production de la viande, etc. Tout cela est vrai, nous en convenons sans peine; mais ces vérités ne nous paraissent pas avoir été étudiées sous leur véritable jour, et il nous semble que l'on en a laissé dans l'ombre, plus ou moins volontairement, les rapports les plus saillants.

Oui, certes, la sucrerie, telle qu'elle est, avec ses conditions anomales d'existence, a rendu des services immenses à l'agriculture et, par suite, à l'état social; personne ne peut en disconvenir; mais ces services mêmes n'eussent-ils pas été de beaucoup plus importants, si cette industrie était restée agricole, si elle n'eût pas été envahie par l'industrialisme?

En supposant tous nos fabricants producteurs de leur matière première, cultivateurs en un mot, on se trouverait placé dans l'idée primitive de la sucrerie indigène. Le résultat serait-il amoindri pour l'agriculture, si tout, dans cette industrie, convergeait vers le sol; si, dans une organisation homogène, la culture fournissait à la fabrique des matières à un prix minimum; si, en retour, la fabrique rendait, à l'étable et au sol, les déchets utilisables, lesquels ne seraient, dans ce cas, grevés d'aucune dépense supplémentaire; si, enfin, la gangrène morale de la manufacture ne s'implantait pas, par la question sucre, au milieu des populations rurales?

Nous ne pensons pas être un moraliste sévère; mais, sous ce point de vue, qu'on nous permette de dire en quelques mots toute notre pensée.

Nous ne croyons pas à cette innocence naïve des bergers et des bergères de Florian, et nous ne pouvons ajouter aucune foi, aucune créance à certains enthousiastes, qui logent la vertu au village seulement. Nous savons très-pertinemment que les mœurs du paysan sont fort loin d'être tout ce que l'on dit; mais si les habitants des campagnes sont, en général, abruptes et incultes, aussi bien dans leurs passions animales que dans leur langage et leurs manières, au moins doit-on avouer que le vice calculateur ou éhonté se rencontre rarement parmi eux.

Si l'on trouve au village un mauvais sujet, un débauché, un de ces rebuts sociaux que tous méprisent et repoussent, on peut être sûr que ce malheureux a fait son *tour de France*, qu'il a habité Paris ou un grand centre, ou qu'il a vécu dans *une fabrique*. C'est, le plus souvent, dans l'une ou l'autre de ces conditions qu'il a puisé de leçons de démoralisation. C'est bien autre chose encore, lorsque la manufacture vient à s'introduire dans un milieu agricole, où elle apporte son influence normale et, de plus, où elle introduit l'élément étranger. Désertion et mépris du travail des champs, révolte contre l'autorité des parents, auxquels le gain en fabrique permet de se soustraire, habitudes de débauche, telles sont les principales conséquences qui en dérivent presque instantanément.

Tous ceux qui ont voulu étudier cette question ont pu voir, aussi bien que nous, que ce sont là les premiers effets de l'établissement des fabriques dans les campagnes. Nous pourrions nous étendre plus loin à cet égard, donner des preuves et des détails dont nous avons été témoin oculaire dans plusieurs genres de fabrication; nous ne le ferons pas cependant, et nous revenons immédiatement au fond de notre sujet, en livrant ces réflexions à ceux qu'elles peuvent et doivent intéresser.

Il est évident que le sucre produit par l'industrie isolée, par l'industrie manufacturière non agricole, est d'un prix de revient plus considérable que le sucre produit par l'industriel agriculteur. Nous avons déjà démontré cette proposition lorsque nous avons étudié les prix de revient de l'industrie sucrière, et nous n'avons pas à y revenir.

Or, quelle est la nécessité sociale la plus absolue, la plus saisissable de notre époque, sinon celle de *mieux vivre à meilleur marché?* Cette nécessité ne s'applique-t-elle pas à tout et pour tout, et peut-on dire que le sucre échappe à son étreinte?

Non, certes; la consommation, ce roi despote de l'économie moderne, veut du *sucre;* elle le veut *beau* et *bon*, elle le veut *abondant*, elle le veut à *bon marché*, et c'est là la pierre d'achoppement où la sucrerie industrielle viendra se briser. C'est là l'invincible obstacle contre lequel elle luttera en vain, et qui ne lui laisse qu'une seule chance, celle de sa transformation en sucrerie agricole, ou plutôt celle de son retour aux principes primitifs qui ont régi la création de la sucrerie indigène.

La sucrerie industrielle aura beau faire, elle aura beau regimber contre la nécessité dont nous parlons, il faut qu'elle tombe, ou qu'elle se fasse fermière.

C'est une question de chiffres.

De même, la raffinerie de spéculation tombera forcément devant le raffinage en fabrication, de par la même nécessité d'atteindre le meilleur marché des meilleurs produits, de par les exigences légitimes de la consommation.

Cette transformation de la sucrerie industrielle en industrie agricole est appelée par tous les bons esprits qui ont à cœur les progrès nationaux; elle est inévitable, et il faut que le fabricant de sucre se fasse agriculteur, ou que le fermier et l'agriculteur lui refusent leurs produits et fassent eux-mêmes du sucre, comme ils ont fait et comme ils font de l'alcool.

Il y a là, pour les incrédules, un de ces arguments devant lesquels il ne reste pas de réponse possible.

L'industrie des alcools de betterave est partagée en deux camps bien distincts : celui des *alcoolisateurs industriels* qui achètent leurs racines, et celui des *agriculteurs industriels* qui utilisent leurs produits agricoles pour en retirer de l'alcool en manière de plus-value.

Prenons quelques chiffres pour vérifier leur situation réciproque, et pour nous assurer de leurs chances d'avenir.

Soit la betterave à 20 francs les 1000 kilogrammes pour l'industriel, et à 14 francs pour l'agriculteur.

A ces prix, le cultivateur gagne déjà 6 francs pour le bénéfice du sol, ainsi que nous l'avons fait voir, tandis que l'industriel ne peut enregistrer aucun profit. Nous pouvons également admettre que les prix de fabrication, de rectification et de logement, sont égaux pour les deux producteurs, et qu'ils montent ensemble, en moyenne, à 22 fr. 04 c. Disons, cependant, que ce chiffre est un peu trop élevé pour le producteur agricole, ses frais d'outillage, la main-d'œuvre, ses frais de construction, etc., étant moins considérables dans la plupart des circonstances.

Supposons néanmoins l'égalité, même sous ce rapport.

Admettons encore, pour rendre la comparaison plus facile à établir, que l'on emploie la râpe et la presse, et que l'hectolitre d'alcool à 94° exige 2,500 kilogrammes de racines en pratique, en laissant 25 0/0 de pulpe d'une valeur moyenne de 8 francs, ce qui constitue un résidu de 625 kilogrammes, valant 5 francs.

Nous trouvons, d'après ces données, que l'hectolitre d'alcool à 94° coûte, au minimum, à l'industriel, 67 fr. 04 c., tandis que le cultivateur le produit, *haut la main*, à 52 fr. 04 c.

Mais, d'une part, le cultivateur a déjà retiré un bénéfice de 15 francs au compte du sol, ce que ne peut faire l'industriel et, de l'autre, la pulpe représente pour lui la valeur réelle équivalente de 13,7 rations de foin-prairie, au prix coûtant de 0^f,375, c'est-à-dire un chiffre de 5^f,137, soit un peu plus qu'elle ne vaut pour le fabricant industriel. Or, ce résidu seul, calculé sur une récolte moyenne de 50,000 kilogrammes de racines, lui représente un chiffre net de 64 fr. 20 c. par hectare. Si donc nous défalquons de ses frais les 15 francs attribués au bénéfice du sol, augmentés de la valeur de ces pulpes, nous trouvons que le fermier alcoolisateur ne paye en réalité l'hectolitre d'alcool, à 94°, que 36 fr. 90 c., soit 37 francs, c'est-à-dire près de moitié moins que ne fait le simple industriel.

Dans cette situation de 67 fr. 04 c. pour celui-ci et de 36 fr. 90 c. pour celui-là, les deux producteurs sont *au pair*, autrement dit sans bénéfice; mais leur condition est loin d'être la même.

Il est certain que l'agriculture pourra continuer à produire, lorsque la fabrique sera forcée de suspendre ses opérations; mais il faut encore ajouter à cela que nous avons coté les frais de fabrication au même taux, pendant que la distillerie agricole peut produire plus économiquement, à l'aide d'un outillage plus simple, etc.

Il ne s'agit plus maintenant que d'appliquer au sucre le raisonnement que nous venons de faire quant à l'alcool, et l'on aura la mesure du mouvement de perturbation qui tend à s'opérer dans la sucrerie.

Nous le répétons donc avec une entière conviction, l'avenir de la sucrerie indigène se trouve dans son adjonction à l'agriculture, à moins qu'elle ne tombe dans un rôle plus effacé encore, et qu'elle ne soit elle-même *annexée à la ferme*, pour n'avoir pas su ou voulu *s'adjoindre la culture* en temps opportun.

Que restera-t-il à l'industrialisme, le cas échéant? Bien peu de chose, assurément, en dehors du raffinage de quelques bas produits et, encore, l'agriculteur qui fera du sucre, le fera pur, blanc, bon, économiquement, et il ne laissera pas plus de déchets que la fabrique. Quant à ces déchets eux-mêmes, ils seront utilisés par la distillation dans la ferme même...

Qu'on n'aille pas se récrier,à l'avance contre ce que nous venons de dire, et qu'on nous accorde seulement ce que la force véritable sait toujours accorder; qu'on sache attendre, et il ne se passera pas longtemps avant que cette innovation, qui est dans la force des choses, ait passé définitivement dans la pratique. Déjà, dans une discussion du Corps législatif, l'avis favorable aux petites fabriques a été émis; déjà, des essais, trop hâtifs peut-être et mal dirigés, ont été faits dans l'exploitation rurale; qu'on se rappelle enfin, une fois pour toutes, qu'il y a moins de difficultés pratiques à surmonter pour faire du sucre que pour faire de l'alcool, et l'on verra à quoi la sucrerie indigène doit s'attendre, si elle ne s'empresse pas de redevenir elle-même essentiellement agricole.

Situation de la sucrerie exotique. — Les premiers fabricants de sucre exotique étaient aussi des *cultivateurs de cannes;* ils traitaient industriellement le produit de leur culture, pour en extraire le sucre, tant bien que mal; mais leur qualité normale, leur profession vraie était toute agricole; aussi leur avait-on donné le nom de *planteurs.*

Il tendent à s'industrialiser pour la plupart et ils veulent cesser d'être des cultivateurs pour ne plus être que des manufacturiers.

D'autres, pour d'autres raisons, abandonnent la fabrication, afin de ne plus s'occuper que de la production de la matière première.

Faute inqualifiable de part et d'autre, au sujet de laquelle il y a bien des choses à dire pour fournir au lecteur des éléments d'appréciation.

Les producteurs de cannes ne doivent pas désunir la production et la fabrication; leur intérêt est là, et c'est moins la betterave qu'ils doivent craindre qu'eux-mêmes. Pour quiconque a été mis à même d'observer l'état moral en même temps que l'état matériel de la sucrerie de cannes, il est démontré que les planteurs se portent mutuellement une envie démesurée et que, s'ils ne se haïssent pas absolument, ils éprouvent, du moins, une forte antipathie les uns contre les autres. Toutes les mesures de salut pour lesquelles il faudrait de l'union et de la concorde leur répugnent profondément, et ils aiment mieux se faire tromper par des inconnus, des étrangers, que de se réunir entre eux pour combattre le danger commun... Si l'un allait, peut-être, profiter plus que l'autre de la mesure à prendre; si quelqu'un se montrait plus habile et plus intelligent; si, pour la marche d'une sucrerie commune, un tel fournissait plus de cannes qu'un autre, sur une même étendue de terre, soit parce que ses terres sont meilleures, soit parce qu'il cultive mieux; toutes ces éventualités pèsent dans la balance de l'esprit colonial, étroit et mesquin et, comme l'esprit de province en Europe, il s'attache aux petitesses.

Nous avons vu des exceptions fort remarquables à cette tendance, mais il n'en est pas moins exact que c'est là, dans la réalité, la situation morale moyenne que l'on peut observer, lorsqu'on est impartial, avec une dose très-ordinaire de perspicacité.

Pour se fuir mutuellement et pour poursuivre une amélioration à leur situation, les colons n'ont rien vu de mieux que de se jeter dans les serres des *usines centrales*, et beaucoup n'ont pas su échapper au piége [1].

Les usines centrales sont des établissements plus ou moins bien organisés, qui achètent aux planteurs les produits de leur culture en cannes, afin de les traiter pour sucre à leurs risques et périls...

La canne est payée au producteur à raison de 5 0/0 de son poids, et en sucre, non en argent... Les usines se réservent les mélasses et les résidus le plus souvent.

Le producteur, cessant d'être manufacturier, n'a plus à supporter les ennuis de la fabrication, les lourdes charges d'une usine, etc.; il reste agriculteur et commerçant; il produit de la canne et il vend du sucre.

Comme on le voit, tout cela présente un air d'innocence très-convaincant et, pour peu que l'on soit aveuglé par une passion quelconque, ou même simplement par la paresse et l'apathie, on est tout porté à se jeter, les yeux fermés, dans les bras de ces nouveaux sauveurs. Il convient, pourtant, de rabattre beaucoup de cette velléité d'admiration; il faut ouvrir les

---

1. Disons, en passant, que la première idée des *usines centrales* remonte à M. Payen (du Conservatoire), à l'actif duquel il est trop juste de les porter en principe. La maison Cail et Cie l'a exécutée plus tard, et cette opération, que nous étudierons lorsque nous traiterons de la fabrication exotique, est fatalement destinée à ruiner les colonies françaises, si l'on ne parvient pas à se débarrasser de son étreinte.

yeux et voir clair. Au fond de tout ce tripotage, il y a une question d'argent, à la suite d'une question de jalousie.

Les colons se sont indignés à la vue des succès de la sucrerie de betterave et, à la pensée de ce qu'on obtient avec cette racine si pauvre en sucre, lorsque *leur canne* est si riche, ils ont conclu que l'outillage européen leur faisait défaut et qu'il le leur fallait à tout prix. Mais l'argent est rare, les emprunts sont difficiles, dans les pays où l'on veut se satisfaire, sans compter; une fabrique moderne, munie d'engins à la mode, coûte fort cher, et puis, c'est toute une organisation nouvelle, tout un travail nouveau à apprendre, et il est si dur de travailler ! Une telle situation donnait le vrai moment d'opportunité pour les usines centrales, qui apportaient l'outillage et le reste, sans qu'on eût à se soucier de la question d'argent, ni de celle, aussi grave, de la modification de la routine.

Il est vrai que les usines ne voulaient donner, en sucre, que ce que la *négraille* produisait au moulin, que les améliorations rêvées ne se réalisaient pas, qu'on n'avait plus même à y songer; mais aussi, quelle tranquillité et qu'elle absence de soucis, en dehors des ouragans, des bourrasques, des tremblements de terre, des fourmis, des rats, et de tous les accidents de la culture ! Le choix devait être bientôt fait pour des têtes étourdies et des organisations primesautières...

Le propriétaire d'une usine centrale achète la canne aux planteurs, et la leur paye en sucre. Il a pour bénéfice la quantité de produit qu'il obtient au-dessus de 5 0/0, la valeur des mélasses et autres résidus, défalcation faite des frais de fabrication, etc.

Dans une telle situation, le planteur trouve un *avantage* apparent, il est vrai, en ce sens que, sans avoir à se préoccuper de la fabrication, il peut améliorer sa culture, y consacrer toutes ses forces et toutes ses ressources, et retirer autant de produit au moins qu'il en obtenait en fabricant lui-même; mais *il ne participe pas à la plus-value en proportion suffisante,* à moins qu'il ne soit intéressé dans l'usine, et celle-ci réalise des bénéfices énormes.

Pour nous, qui voyons tout cela en dehors des passions, sinon celle de la justice, nous disons :

« Le planteur des colonies doit la plupart des inconvénients

de sa position à ses propres fautes, à son apathie, à son ignorance, à son impéritie...

« Nous n'avons pas le droit de lui céler la vérité, même contre lui-même.

« Mais du jour où il reconnaît ses erreurs (*et quand même*),
quel est le principe de droit strict qui autorise à l'exploiter, à
lui *prendre* ce qui lui appartient, par un indigne abus de confiance?

« Les usines centrales sont une spéculation..., soit... La
spéculation malhonnête est-elle permise de nos jours? Nous ne
le pensons pas.

« L'élément mauvais de cette *affaire* est celui-ci : profiter de
la fausse position des colonies pour y créer des fortunes au
détriment des colons!

« Les créateurs de ces *affaires* ont dit :

« Nous allons leur offrir de leurs cannes le produit qu'ils en
« tireraient eux-mêmes; ils bénéficieront des frais de fabrica-
« tion... Nous les prendrons aisément à ce leurre! Nous, nous
« gagnerons au moins autant qu'eux en sucre, par nos procédés
« européens et nos moyens d'action, nous garderons la plus-
« value des résidus et, par dessus le marché, nous n'aurons
« pas la peine de cultiver!

« Ils ne fabriqueront pas!

« Nous ne cultiverons pas!

« Ils gagneront *cinq*... (moins les frais de culture)!

« Nous encaisserons *quinze* ou *vingt*, sans parler des *dé-
taxes*... »

« Voilà ce qu'on a dit, ou du moins ce que les faits accusent.

« Planteurs, ce n'est pas de la betterave libre qu'il faut vous
méfier, mais bien des faiseurs, de l'exploitation et des *usines
centrales*, telles que vous les avez. »

Un tel raisonnement demande à être appuyé de preuves; les
voici dans quelques lignes :

« Réunissez-vous à un certain nombre de planteurs, et créez
une usine *pour vous*... Portez à cette usine vos cannes et restez
producteurs... Donnez à cette usine, ou plutôt au chef de votre
usine, à votre employé, une part dans les produits, suffisante pour
le rémunérer largement, et partagez le produit définitif entre

vous : sucre, mélasse, rhum, résidus, *au prorata* de votre apport en cannes.

« Cette combinaison, la plus simple, la plus *juste*, la plus rationnelle, vous enrichira, doublera vos résultats, et ne fera plus la fortune des spéculateurs, à vos dépens... »

On ne peut pas, certes, nous faire le reproche de partialité en faveur des planteurs. Nous ne leur pardonnons pas aisément de n'être pas ce qu'ils devraient être, et de lutter par l'intrigue et la petitesse au lieu de combattre loyalement au champ clos du travail; mais nous n'estimons pas honnête le procédé de quelques Européens millionnaires qui spéculent aussi bien sur les misères et les ignorances d'outre-mer que sur celles du vieux continent. Les planteurs doivent secouer cette chaîne, s'ils ne veulent arriver à l'ilotisme de notre culture française, qui se débat depuis quarante ans dans les serres de l'industrialisme.

Elle cherche à en sortir par la création de l'industrie agricole; que les colons en fassent autant. Le seul moyen sérieux qu'ils en aient en leur pouvoir consiste à *créer* comme agriculteurs isolés, et à se réunir en tant que fabricants pour *transformer* par l'association; mais, avant tout, ils doivent craindre, comme la fièvre jaune, l'intrusion de tous les spéculateurs, de quelque origine et de quelque provenance qu'ils puissent être.

Mais ce n'est pas seulement ici une question d'industrie agricole, c'est encore une question de finances, une question de faveur, sur laquelle il convient de s'entendre.

Le *dégrèvement*, c'est-à-dire, la *remise* d'une partie de l'impôt, a été accordé aux sucres des colonies, dans le but de venir en aide aux souffrances des colons, et la mère-patrie, en faisant ce sacrifice, a voulu qu'il profitât à ceux qui en avaient un besoin réel. Elle n'a pas pu vouloir que sa généreuse bienveillance devînt le but d'une exploitation cupide.

Telle doit être, telle *a dû être* l'intention de la loi.

Cette intention est éludée en fait, car les *usines centrales* produisent les deux tiers du sucre colonial et, par conséquent, elles bénéficient des deux tiers du dégrèvement. Encore une fois, la loi n'a pas pu vouloir cette iniquité; mais le fait n'en est pas moins réel, et les colons, ceux pour lesquels la loi a été faite, ne profitent du sacrifice consenti en leur faveur que dans la proportion d'un tiers [1].

Toutes les phrases des discoureurs, tous les raisonnements des armateurs-députés, tous les prospectus des constructeurs intéressés dans l'opération des *usines*, ne peuvent rien pour infirmer un fait matériel...

Combien de temps durera le dégrèvement des sucres coloniaux et qu'adviendra-t-il lorsqu'ils rentreront dans le droit commun?

Il est d'autant plus à désirer que les colonies rentrent dans ce droit commun, que la faveur qui leur est faite profite beaucoup plus à une entreprise particulière, florissante et prospère, qu'elle n'est utile à la détresse coloniale. Pour nous, qui ne sommes intéressé dans aucun agiotage de ports ou d'armateurs, nous voyons dans la loi une lacune regrettable.

Nous aurions voulu qu'il fût accordé du soulagement, et un soulagement efficace, à la misère des colons, mais nous aurions voulu que ce soulagement parvînt à son adresse; nous aurions voulu que les sacrifices de l'État, qui sont les sacrifices de tout le monde, ne fussent pas destinés à faire regorger des caisses déjà pleines. Nous aurions donc ajouté ce paragraphe au texte légal :

« La détaxe ne sera appliquée qu'aux sucres de fabrication coloniale, produits par les colons eux-mêmes et sur due justification. »

En tous cas, la détaxe a été prorogée.

Les événements graves qui ont eu lieu ont empêché la révision de la loi depuis 1870, et l'on peut demander si la détaxe sera l'objet d'une nouvelle prorogation ou si elle sera modifiée ou supprimée? Quelle que soit la réponse faite par l'avenir à ces questions, le résultat n'en sera pas moins fatal aux colonies, et cette proposition se démontre facilement par les considérations qui suivent :

Si la détaxe est maintenue sur les chiffres coloniaux, cette mesure ne fera qu'imposer au Trésor, partant, aux contribua-

---

1. On peut chiffrer ces faits : la détaxe équivaut, à peu près, à 5,400,000 fr. par an, pour l'ensemble des colonies françaises. C'est donc 1,800,000 fr. environ, qui parviennent à leur véritable destination, pendant que 3,600,000 fr. sont détournés de leur but avouable, pour aller grossir les caisses de la spéculation. Telle est la situation dans toute sa nudité.

bles, une charge fort onéreuse, sans que la situation désastreuse des colonies en soit avantageusement modifiée. Les deux tiers du produit de cette détaxe seront absorbés par les *usines*, qui pourraient supporter un accroissement d'impôt, au lieu d'avoir besoin de faveurs quelconques, tandis qu'un tiers seulement portera sur les véritables sucres coloniaux.

Voilà ce qui aurait dû être dit hautement à la Chambre, lors de discussion de la loi; voilà ce qu'il importait de mettre en relief aux yeux du pays. Or, qu'est-ce que ce tiers insignifiant pèsera dans la balance, en présence de toutes les détresses de la fabrication exotique?

Si la détaxe est supprimée, ce sera justice pour l'opération des *usines*, qui participe indûment à cet avantage; mais la situation des colons en sera encore aggravée, et il ne leur restera plus d'autre avenir que la certitude de leur ruine, que l'attente d'une catastrophe imminente.

Nous n'avons pas à nous occuper des modifications du dégrèvement; on ne préjuge pas l'inconnu. Cependant, qu'il nous soit permis de le dire, toute modification qui ne serait qu'un secours illusoire, une sorte de fiche de consolation, serait une mauvaise mesure.

Les colonies ne peuvent rester dans cette situation. Ou elles doivent cesser de faire du sucre et chercher leur salut dans la production d'autres denrées; ou bien, si elles continuent à cultiver la canne, il faut qu'elles réunissent la culture à l'industrie perfectionnée. Il faut surtout qu'on leur aide dans les premiers temps à opérer cette réorganisation; mais il faut que l'aide soit efficace et qu'elle ne se trompe pas de destination.

Cultivateurs industriels d'abord, voilà les colons devenus fermiers des usines ou à peu près; les voilà forcés de s'adresser à elles pour tirer parti de leur récolte, en attendant qu'ils soient obligés de leur céder la place.

Le seul remède à cette situation navrante, que l'émancipation a rendue plus pénible par la disette des travailleurs, se trouve dans l'*association des producteurs* pour l'élaboration de leurs produits, par eux-mêmes, pour eux-mêmes et non plus pour la plus grande satisfaction de tous autres. Les capitaux leur manquent, il est vrai; mais l'État, qui leur sacrifie de grosses sommes en détaxe, pourrait fort bien leur avancer ce qui servirait à l'établissement de véritables usines coloniales, où les produits seraient traités manufacturièrement, et dont les résultats seraient partagés entre les associés, au prorata de la matière première fournie, et sous déduction des frais de fabrication. En dehors de ce moyen, nous n'en voyons aucun, nous parlons de moyens honorables, qui puisse conjurer la perte de la sucrerie exotique, menacée à la fois par ses *bienfaiteurs* et par l'extension de la sucrerie indigène.

Ce n'est pas se sauver, ce n'est pas conquérir l'indépendance, que de venir, tous les cinq ou six ans, dire que l'on est malheureux, que l'on a beaucoup souffert et que l'on a encore besoin d'un dégrèvement... Ce n'est pas se sauver que d'abandonner aux premiers venus le produit de son travail, à condition d'en recevoir une épave.

Nos cultivateurs comprennent mieux leur situation. Ils disent au fabricant : Cultivez vous-même votre betterave, ou, si vous voulez acheter la nôtre, c'est à tant les mille kilogrammes que son cours s'élève cette année !

Il y aurait quelque chose à faire dans cette voie pour les planteurs non fabricants, sous la réserve absolue qu'ils se mettraient d'accord entre eux ; ils pourraient vendre leurs cannes aux usiniers, non plus moyennant cinq pour cent, payables en sucre, mais à raison de tant par 1,000 kilogrammes, à raison d'un prix payable en argent. Qu'on réfléchisse à ce fait que les 50 kilogrammes de sucre brut, qui payent 1,000 kilogrammes de cannes, représentent une valeur de moins de 20 francs, et que c'est là le prix de la betterave qui est de moitié moins riche. C'est dire que le prix moyen de 1,000 kilogrammes de cannes, payable en argent, devrait être porté à 35 ou 36 francs, pour rémunérer le champ producteur, tout en laissant une marge suffisante à la manufacture.

Mais, encore une fois, ce ne serait là qu'un moyen détourné et, selon nous, la sucrerie exotique, comme toute industrie culturale, ne doit pas séparer la fabrication du sol qui produit la matière première.

Est-ce là une erreur que nous nous laissons entraîner à choyer, comme on fait de toutes les erreurs? est-ce, de notre part, une idée fixe, qui nous empêche de voir juste sur cet objet? est-ce même une opinion dictée par l'antipathie que nous éprouvons à l'endroit des usines dites centrales? est-ce enfin toute autre chose, tout ce qu'on voudra supposer, qui nous guide dans notre appréciation? On nous critiquera facilement sur ce point, nous n'en doutons nullement; mais, puisque nous écrivons pour dire notre pensée, nous ne ferons aux critiques qu'une seule réponse : ou ils désirent la ruine des colonies, ou ils en souhaitent la prospérité. Qu'ils réfléchissent, dans ce dernier cas, aux effets produits par l'industrialisme dans la mère-patrie, et ils comprendront que les colonies n'ont pas à conserver d'espérance, si elles séparent l'agriculture de la fabrique, en sucrerie. C'est que, en effet, tant *honnête* que soit l'industriel qui achète une matière première qu'il n'a pas produite, il croira toujours que son intérêt est l'opposé de celui du producteur. La réciproque est également d'observation. De là, lutte, antagonisme; de là, forcément, oppresseur et opprimé... Il ne peut en être ainsi lorsque les deux intérêts sont réunis dans les mêmes mains, et c'est un des côtés vrais de notre manière de voir.

Au reste, les événements marchent assez vite pour que, dans quelques années, on puisse s'attendre à une solution ; que ceux qui se tranquillisent si facilement à l'égard d'autrui sachent attendre.

II. — DES SUCRERIES AGRICOLES.

Il nous paraît nécessaire d'établir ici une distinction que nous regardons comme fort importante, au sujet de ce retour de la sucrerie indigène et de la sucrerie exotique vers leur véritable origine.

Trois circonstances principales peuvent se présenter, lesquelles méritent également de fixer l'attention de l'observateur, bien qu'à des titres différents :

1° Les grandes fabriques industrielles, actuellement existantes, peuvent redevenir des sucreries agricoles, en ce sens qu'elles peuvent aisément s'annexer des exploitations rurales importantes ;

2° Les exploitations agricoles, de premier ou de second ordre, peuvent parfaitement adjoindre à leurs opérations la sucrerie, de la même façon qu'elles y ont réuni la distillerie;

3° Enfin, on peut faire du sucre dans la petite exploitation, dans la petite culture, qui ne pourrait pas produire aussi facilement l'alcool même, sans avoir recours au puissant levier de l'association.

Nous allons étudier ces trois idées, en nous attachant à en faire valoir les côtés pratiques et les avantages ou les difficultés. Disons-le tout d'abord : nous n'avons pas de parti pris, pas d'opinion préconçue; mais nous ne pouvons nous empêcher d'avouer nos sympathies pour la cause de la petite exploitation, si négligée en France, où l'on croit que l'agriculture n'existerait pas sans les *gentlemen farmers*, exactement comme l'on pense que les amateurs de courses et les *gentlemen riders* enfantent les progrès et l'amélioration de la race chevaline.

Nous dirons quelques mots de ce double préjugé; mais il faut se rappeler, en somme, que tous ceux qui cultivent un champ d'un hectare, sur chaque sole, peuvent élever quatre chevaux, ou engraisser quatre bœufs au moins, ou, encore et en outre, produire de 300 à 400 kilogrammes de sucre.

C'est cette idée générale qui doit dominer l'étude de la sucrerie agricole proprement dite.

En ne comptant que 56 millions d'hectares de terre arable en France, et en appliquant à la culture de la betterave le *huitième* seulement de la sole-racines, dans l'assolement quadriennal, avec une récolte moyenne de 40,000 kilogrammes, produisant des jus de 5° B. de densité, on trouve :

Que les betteraves pourraient être cultivées sur 1,750,000 hectares;

Que le produit en racines égalerait 70 milliards de kilogrammes;

Que cette récolte, à 1,500 kilogrammes par sac, représenterait 46,666,665 sacs de sucre, ou 4,666,665,000 kilogrammes;

Que cette production de la trente-deuxième partie seulement de nos terres arables, prairies non comprises, suffirait à fournir plus de 116 kilogrammes de sucre par tête à une population de 40 millions d'individus.

On peut donc être tranquille au sujet de la possibilité de produire assez de betteraves pour la création d'une quantité de sucre suffisante à la consommation, puisque $\frac{1}{185}$ de notre sol arable, équivalant à 301,724 hectares seulement, suffirait à fournir 20 kilogrammes par tête à 40 millions de consommateurs.

Nous n'avons fait l'observation précédente que pour répondre par avance aux craintes exagérées de certaines personnes qui redoutent l'*envahissement* de la betterave dans nos cultures. Il n'y a pas un seul fermier en France qui s'arrêterait un instant à cette objection des esprits forts du progrès rétrograde; il n'y en a pas un qui ne s'engagerait volontiers à cultiver en betteraves, non pas un cent quatre-vingt-cinquième, mais une proportion beaucoup plus grande de ses terres, ne fût-ce que pour la nourriture de son bétail, et sans aucune spéculation ou aucune espérance d'un profit plus considérable.

N'en serait-il pas de même à plus forte raison, si cette culture devait lui rapporter un bénéfice notable de par le sol et la transformation de son produit?

Nous allons chercher à nous rendre un compte exact de la valeur des sucreries agricoles dans les trois conditions principales que nous avons supposées et que nous désignerons ainsi : 1° *Industrie sucrière agricole*; 2° *Sucreries annexes* (de la ferme); 3° *Petites sucreries*. Sous le premier de ces titres, nous entendons parler de la sucrerie actuelle transformée et produisant elle-même sa matière première; la sucrerie annexe nous donnera l'idée de l'adjonction de l'industrie sucrière à des exploitations rurales de premier ou de second ordre; enfin, la petite sucrerie impliquera la production du sucre dans les *petites exploitations* rurales, dans cette humble sphère du vrai travail agricole, où se produit le labeur le plus sérieux, d'où partira le progrès le plus réel, malgré les opinions des journalistes[1].

Industrie sucrière agricole. — Il s'agit ici de la

1. Puisque ce mot vient d'échapper à notre plume, nous en prendrons occasion pour faire part à nos lecteurs d'une observation que plusieurs ont déjà faite, sans doute, mais qu'il peut être bon de répéter... MM. de l'entrefilet et du petit article, de la grande tirade quelquefois, oublient trop souvent la pauvreté minuscule de la science individuelle et ils visent beaucoup trop à se poser en encyclopédistes, en docteurs universels. Ce que les hommes spéciaux ont bien du mal à acquérir par de longues années de travail, ils croient le posséder par intuition. Ils ne se contentent pas de parler du peu qu'ils peuvent savoir, et leur faconde s'exerce sur tout et aux dépens de tout. C'est ainsi qu'on voit des mathématiciens ou des astronomes se mêlant de parler sucre ou alcool, que certains stylistes posent pour le drainage, les engrais et les hautes questions agricoles, que les *fruits secs* renvoyés des écoles se croient des ingénieurs aptes à tout et sachant tout. Il y a beaucoup à déduire de ces totalisations complaisantes que l'on dresse pour son usage personnel...

grande sucrerie, de la grande fabrication, aussi bien pour la sucrerie exotique que pour la sucrerie indigène.

Elle a tout à gagner en abandonnant la voie de l'industrialisme pour rentrer franchement dans la carrière agricole : diminution du prix de la matière première, utilisation sérieuse des résidus, production de viande, de fumier, de céréales, etc., certitude absolue de l'avenir, sans avoir à redouter la concurrence de la ferme, dont les conditions de production lui seront communes, tels sont désormais les principaux avantages qui lui sont assurés par une transformation nécessaire.

La sucrerie indigène ne peut reculer sans courir à la ruine, car bientôt il lui sera impossible de soutenir la lutte avec les fermiers; elle ne doit pas hésiter un instant devant les exigences de la consommation qui veut du sucre à bon marché, et qui le demandera à la production la plus économique.

Nous ne pensons pas qu'il puisse rester à cet égard l'ombre d'un doute, après ce que nous avons exposé précédemment et en présence de la tendance générale qui se manifeste aujourd'hui vers le mouvement cultural. Nous n'avons donc à examiner que les conditions dans lesquelles la transformation peut avoir lieu et les modifications qu'elle peut entraîner. C'est ce que nous allons faire brièvement.

Parmi les établissements manufacturiers qui ont le sucre pour objet de fabrication, il en est quelques-uns qui sont agricoles et auxquels se trouve attachée une grande exploitation rurale. Ceux-là nous paraissent bien près d'atteindre la perfection, au moins en ce qui touche l'organisation générale.

Si les directeurs sont au courant des bonnes pratiques industrielles, s'ils possèdent à fond les notions relatives au sucre, s'ils sont pourvus d'un bon matériel, s'ils joignent à cela une connaissance suffisante de l'agriculture, *en théorie comme en pratique*, ils sont aussi certains du succès qu'il soit possible de l'être. Leurs qualités morales et intellectuelles feront tout le reste.

Mais les fabriques proprement dites, séparées de l'agriculture, achetant aux producteurs agricoles leur matière première, sont loin de pouvoir envisager l'avenir avec autant de tranquillité.

Les industriels qui sont à leur tête doivent-ils acheter des terres, en louer, se faire agriculteurs par eux-mêmes, ou bien s'offre-t-il à eux quelque autre moyen d'opérer la transformation de leurs manufactures ?

Disons tout de suite que cette question est la seule qui offre de l'importance, car les modifications à faire subir à la fabrication sont complétement imaginaires en ce qui regarde le fabricant lui-même ; le seul parti embarrassé par cette circonstance ne pourrait être que le fisc, et l'on sait qu'il a l'habitude de passer facilement par-dessus les obstacles. Il n'y a donc pas à se préoccuper de lui. Il suffit de savoir que, en droit commun, il ne peut s'opposer à une modification de ce genre ; c'est là le point capital ; il se tirera fort bien du reste.

Toutes les fois donc qu'une fabrique industrielle pourra acheter de la terre à un prix accessible et convenable, ce sera le meilleur parti à prendre.

La liberté d'action qui en résulterait, la possibilité des améliorations et plusieurs autres motifs doivent toujours le faire préférer, quand il est possible. Dans le cas contraire, lorsque l'on ne peut trouver à acheter, il vaut encore mieux louer que de rester dans le *statu quo*, pourvu que la location puisse se faire à long terme.

Supposons cependant que ces deux modes soient impossibles, il restera toujours la puissante ressource de l'*association avec les propriétaires ou les fermiers*. Ce dernier mode sera très-souvent, peut-être, le seul qui soit praticable ; aussi, devons-nous en envisager les phases principales.

Une fabrique, organisée pour traiter par campagne 10 millions de kilogrammes de racines, exige la récolte moyenne, à 50,000 kilogrammes, de 200 hectares de terre.

Comme, en principe, l'assolement quadriennal est celui que l'on doit préférer dans la plupart des circonstances, cette quantité correspond à une étendue de 800 hectares, prairies naturelles non comprises.

Les conditions les plus importantes à stipuler, qui engagent le propriétaire ou le fermier associé, nous paraissent devoir être groupées de la manière suivante :

1° L'engagement serait conclu pour le plus long terme possible, dans l'intérêt commun des parties contractantes ;

2° La quantité de terre à cultiver en betteraves serait formellement indiquée, avec la clause que le même sol ne devrait être mis sous betteraves que tous les quatre ans ;

3° L'agriculteur, propriétaire ou fermier, devrait s'engager à ne jamais donner de fumure à la sole-betteraves, mais à répartir une fumure complète de 50,000 kilogrammes à l'hectare dans les soles précédentes ;

4° Il devrait s'obliger à n'ensemencer que la graine indiquée par le fabricant, parmi les espèces ou variétés sucrières *commerciales ;*

5° Le mode d'ensemencement et de culture, le nombre des binages et des façons, l'époque de la récolte et le mode de transport devraient être prévus par un article spécial ;

6° L'agriculteur devrait tenir un compte exact des dépenses occasionnées par la sole-betteraves, lequel serait basé sur les indications générales que nous avons données précédemment relativement au prix de revient.

En retour de ces obligations, le fabricant s'engagerait envers le cultivateur à l'exécution des principales clauses synallagmatiques ci-après :

1° Il devrait lui rembourser en totalité le montant de ses frais de culture, relevés sur le compte de la sole-betteraves et augmentés du transport à la fabrique, le cas échéant ;

2° Il tiendrait à sa disposition la totalité des pulpes résidus, qui devraient être enlevées jour par jour par le cultivateur, propriétaire ou fermier, ou par des tiers, dans le cas où il ne serait pas intervenu de convention spéciale pour l'engrais du bétail à frais et intérêts communs ;

3° Le bénéfice du sol calculé sur la base de 300 francs par hectare et, en outre, une plus-value conventionnelle, seraient attribués à la culture par une participation dans les bénéfices de la fabrication ;

4° Les chaux, déchets et résidus de défécation, susceptibles d'être transformés en engrais, seraient également dévolus au producteur agricole.

Les modifications à apporter à ces clauses générales étant sous la dépendance de circonstances particulières et exceptionnelles, nous n'avons nullement à nous en occuper ; mais nous pensons qu'une association de ce genre, entre l'agriculture et la fabrique, pourrait très-bien suppléer à l'impossibilité d'acheter ou même de louer des terres, qui peut s'élever devant le manufacturier. Ce mode offrirait, sans doute, moins d'avantages ; mais, dans tous les cas, il donnerait la sécurité, le bas

prix relatif des matières premières, dont la qualité ne laisserait pas grand'chose à désirer.

Par cette association, ou par une combinaison analogue, le
fabricant échapperait en partie à l'inconvénient le plus considérable qui puisse résulter de l'annexion de l'exploitation
agricole à sa fabrication. Il serait, en effet, suppléé à son peu
d'expérience des choses culturales par les connaissances pratiques de l'agriculteur associé, et cette circonstance serait loin
d'être sans influence sur le résultat.

Ce ne sont pas les livres savants qui font les agriculteurs,
tant s'en faut, et bien imprudent serait le manufacturier qui,
voulant joindre l'agriculture à sa fabrication industrielle, se
mettrait à faire de la culture sur les seules indications des
théoriciens.

Les règles de l'agriculture sont soumises à un si grand nombre d'exceptions, déterminées par les différences climatériques,
par les diverses qualités du sol, le mode de culture, les influences locales d'air, de température, etc., que les hommes de
pratique obtiendront toujours de meilleures récoltes et des
produits plus constants que ceux qui ne sont guidés que par la
théorie. Celle-ci, cependant, est indispensable au progrès cultural; les connaissances réelles en agronomie, en chimie, géo-
logie, histoire naturelle, physique, astronomie même, seront
toujours d'un grand secours à l'agriculteur qui louvoierait,
sans elles, dans le terre-à-terre de la routine; mais ces connaissances seules ne peuvent faire un agriculteur qu'avec le
concours de la pratique et de l'expérience.

Il faudra donc toujours que, en dehors de l'association dont
nous venons de parler, le fabricant de sucre qui achètera ou
louera des terres, dans le but de ramener son industrie à sa
base agricole, s'adjoigne un directeur de la culture, un régis-
seur, si l'on veut, mais un agriculteur réel, un praticien expérimenté.

Il faut que cet auxiliaire connaisse parfaitement la contrée
ou fonctionne l'opération, qu'il soit au courant de la valeur
différentielle des terres, des questions d'assolement, d'engrais,
d'amendement; qu'il possède à fond les notions théoriques et
pratiques, relatives aux soins à donner au bétail, etc.

C'est justement dans la difficulté de trouver facilement un
aide de ce genre, que se trouve l'obstacle le plus saillant

à vaincre dans cette question de transformation de la sucrerie.

Qu'on n'oublie pas que l'engrais du bétail et sa multiplication forment l'annexe la plus profitable et la plus intéressante de l'industrie sucrière agricole.

C'est par le bétail que les résidus pulpés sont transformés en viande;

C'est par lui que se crée le seul engrais complet du sol, le *fumier;*

C'est par le fumier que l'on augmente les récoltes en céréales, en graines oléagineuses ou autres, que l'on augmente la valeur du sol, en lui constituant une richesse acquise plus importante;

C'est par le fumier que l'on produit le pain; aussi, lorsque, en 1854, nous avons publié une courte étude sur ce sujet, étions-nous dans le vrai pratique lorsque nous employions l'expression de *pain par la viande,* qui a choqué quelques vulgaires susceptibilités.

Le plan à suivre par le fabricant de sucre est donc celui-ci :

Ne rien modifier à la fabrication, sinon pour en perfectionner l'outillage et les méthodes industrielles;

Se faire agriculteur, mais agriculteur sérieux, en s'entourant de tous les meilleurs moyens d'action... S'attacher à produire de la viande, du pain, tous les produits du sol, à améliorer la terre, à en augmenter les rendements.

Ne voir dans le sucre qu'un produit accessoire de haute importance, dont la fabrication, en outre du bénéfice spécial qu'elle procure, permet d'obtenir des nourritures plus économiques et plus assimilables pour le bétail.

Il est une objection à cette idée de transformation, beaucoup plus grave que toutes les raisons frivoles de l'industrialisme; elle repose sur le chiffre élevé des sommes qu'il faudrait consacrer à l'acquisition des terres et à l'organisation d'un matériel agricole considérable. A cela, nous ne pouvons répondre que ceci : Si l'industriel ne peut acheter ou louer des terres, s'il ne peut faire l'avance des frais du matériel rural, qu'il cherche une solution à cette difficulté dans l'association ; si cette voie lui est fermée, qu'il attende les événements et se prépare à la nécessité de fermer son établissement.

Pour nous qui désirons ardemment le progrès de l'industrie

sucrière française, exotique ou indigène, nous avons dû parler comme nous venons de le faire, nous avons dû dire aux colons que leur véritable intérêt se trouve dans l'union de la production agricole et du travail manufacturier; nous avons dû leur conseiller l'association entre eux et pour eux-mêmes, et les engager à tenter tout au monde pour sortir du rôle d'exploités; nous avons dû signaler aux fabricants de sucre indigène les conséquences de leur séparation d'avec l'agriculture, leur montrer, dans un avenir prochain, la concurrence de la ferme, et leur indiquer ce que nous croyons le seul remède à leur situation prochaine, le seul moyen de progrès qui leur soit ouvert en dehors des améliorations manufacturières. Notre devoir accompli, c'est à eux qu'il appartient de juger leur situation et de s'arrêter à une résolution sage et prudente.

Notre conviction est que la sucrerie agricole est entrée dans l'esprit de notre époque, aussi bien que la distillerie en ferme; d'accord en cela avec tous les observateurs désintéressés, nous croyons que le moment approche où l'agriculture joindra à la ferme toutes les industries qui tirent leur matière première du sol, et laissent des résidus utilisables par l'étable ou transformables en engrais.

Des principes similaires seraient absolument applicables à la sucrerie exotique, si la manufacture existait dans les colonies autrement que comme *usine centrale*, c'est-à-dire comme exploitation de la production agricole. Nous n'en parlerons donc pas, sinon pour conseiller aux producteurs de déserter le camp de leurs ennemis, de ne rester *vendeurs* que sous l'une ou l'autre de ces deux conditions : ou la canne leur sera payée en argent au prorata de sa richesse en sucre, dans les conditions des cours moyens du sucre en Europe, ou même selon le cours de la betterave, prise pour type du marché; ou bien encore, ils deviendront associés des usines, et ils recevront, outre leurs frais de culture, un chiffre suffisant pour le bénéfice du sol et une part dans les bénéfices, proportionnelle à leur fourniture de cannes.

Dans la première condition, les 1,000 kilogrammes de cannes, à 18 0/0 de sucre, en moyenne, devraient être vendus aux usiniers 36 francs, la betterave à 10 0/0 étant au prix de 20 francs.

Dans la seconde, le sol doit obtenir 300 francs de bénéfice

par hectare, tous frais payés, et la moitié des bénéfices doit être dévolue aux producteurs au prorata de leur rapport en matière première. Dans l'une ou l'autre de ces hypothèses, la position de producteur de cannes est possible; de toute autre manière, elle constitue un non-sens et elle conduit à la ruine du sol pour l'enrichissement et la satisfaction du chaudronnier. Mais comme il n'est pas probable que les *usines* acceptent ces conditions, qui ne leur laisseraient plus la presque totalité du gain, sans aucune chance de perte, le mieux et le plus simple pour les planteurs consiste à redevenir des *cultivateurs de cannes, fabricants de sucre*, en annexant de nouveau la sucrerie à leur exploitation agricole.

Sucreries annexes. — S'il s'agit, pour la sucrerie industrielle, de revenir aux principes logiques de son existence en s'annexant l'exploitation agricole, s'il y a là pour elle une question d'avenir, les exploitations rurales ne peuvent manquer de comprendre tout l'intérêt qui s'attache à la fabrication du sucre dans la ferme, de la même façon que, lors de la crise de 1853-1854, elles ont su comprendre les avantages de la distillerie annexe.

Il y a même, pour elles, plusieurs raisons qui militent en faveur du sucre, et tendent à lui faire accorder une préférence méritée :

1° Il est plus aisé de faire du sucre que de produire de l'alcool;

2° Le sucre est un produit de vente courante assurée, un objet de première nécessité, tandis que l'alcool, malgré son importance, ne présente pas les mêmes conditions;

3° La production du sucre est un bien social... Peut-on en dire autant de l'alcool, en thèse générale, au moins quant à ses usages alimentaires, en dehors de ses emplois industriels?

Or, la question, pour les exploitations agricoles, est justement l'inverse de ce qu'elle est pour les fabriques. Celles-ci doivent s'annexer l'agriculture, celles-là doivent s'adjoindre une industrie.

L'immensité des objets embrassés par l'agriculture, la multiplicité des connaissances théoriques et pratiques qu'elle exige, font de son annexion à la fabrique une difficulté considérable pour le manufacturier, tandis qu'il est loin d'en être de même pour l'introduction d'une industrie spéciale dans la ferme. En effet, apprendre l'agriculture, c'est un monde à soulever pour celui qui n'a pas été imbu, dès l'enfance, de ses préceptes et de ses règles. Si l'agriculture théorique, enseignée dans nos écoles spéciales, demande trois années d'études, on ne peut évaluer le temps nécessaire pour compléter, par la pratique et l'expérience, des notions à peine ébauchées sur l'art des champs; si nous supposons, au contraire, qu'un agriculteur instruit et expérimenté veuille joindre à ses travaux habituels une exploitation industrielle agricole, il ne lui faut apprendre que les règles spéciales relatives à cette industrie, ce à quoi le simple bon sens, un esprit juste et l'habitude de l'observation le conduisent rapidement, en attendant que les opérations industrielles lui donnent elles-mêmes l'habileté pratique.

La difficulté est donc beaucoup moins grande pour l'agriculteur voulant faire du sucre que pour un industriel qui désire se faire agriculteur.

Le seul point qui puisse soulever des hésitations consiste dans l'adoption d'une méthode rationnelle et la création d'un outillage économique, et c'est particulièrement ce sujet important que nous étudierons plus tard en détail.

L'idée de l'introduction de la sucrerie dans la ferme est fort loin d'être une idée nouvelle; cette idée est inhérente à la sucrerie elle-même, et il est impossible d'y voir autre chose qu'une résurrection, un retour aux saines traditions. Que l'on abandonne pour jamais les routines et les préjugés, cela se comprend, et cet abandon n'est qu'une œuvre de progrès; mais lorsque l'on quitte les bonnes pratiques ou les idées rationnelles, il faut, bon gré mal gré, que l'on y revienne après un temps donné.

La sucrerie exotique ne pratiquait, avant l'invention des *usines centrales*, que la sucrerie annexe, en ce sens que, dans toute plantation, le but primitif était la production de la canne, laquelle était traitée pour sucre dans l'établissement agricole. La fabrication sucrière était adjointe à l'exploitation culturale, et, sous ce rapport, nous ne demandons aux colons que de revenir à ce qu'ils n'auraient jamais dû quitter.

Il n'y a donc en tout cela qu'une question de raison et de bon sens, et nous sommes convaincu de l'adhésion de tous les hommes sérieux à des idées justes et simples, dont le but est

de mettre un frein aux empiétements éhontés de l'industrialisme.

Création de la sucrerie agricole par voie d'association. — Nous
ne pouvons guère donner ici qu'un aperçu très-sommaire de
cette idée capitale, dont l'étude nous préoccupe depuis 1852,
et qui touche à de trop graves considérations pour qu'elle
puisse être élucidée dans ce livre, au plan duquel elle ne se
rattache d'ailleurs que par le côté sucrerie.

Cette idée d'association ne peut être considérée comme une
vaine utopie, elle est dans les mœurs et l'esprit de notre époque,
elle est déjà pratiquée par la banque, le haut commerce, l'industrie; pourquoi n'en poursuivrait-on pas l'application pour
la petite culture, pour ceux justement qui en ont le plus besoin,
puisqu'ils ne peuvent rien faire seuls, puisque leurs forces
isolées se réduisent presque à l'infiniment petit?

Nous sommes loin d'avoir conseillé le premier ce remède
énergique; mais, parmi les nombreux arguments exposés en
faveur de cette mesure, nous nous bornerons à citer les paroles
suivantes de l'auteur de l'*Extinction du paupérisme :*

« Qu'y a-t-il donc à faire? Le voici. Notre loi égalitaire de
la division des propriétés ruine l'agriculture; *il faut remédier
à cet inconvénient par une association qui, employant tous les
bras inoccupés, recrée la grande propriété et la grande culture,
sans aucun désavantage pour nos principes politiques.*

« L'industrie appelle tous les jours les hommes dans les
villes et les énerve. Il faut rappeler dans les campagnes ceux
qui sont de trop dans les villes, et retremper en plein air leur
esprit et leur corps.

« La classe ouvrière ne possède rien, il faut la rendre propriétaire. Elle n'a de richesse que ses bras, il faut donner à ces
bras un emploi utile pour tous. Elle est comme un peuple
d'ilotes au milieu d'un peuple de sybarites. Il faut lui donner
une place dans la société, et attacher ses intérêts à ceux du
sol. Enfin, elle est sans organisation et sans lien, sans droits
et sans avenir; il faut lui donner des droits et un avenir; la relever à ses propres yeux par l'*association*, l'éducation, la dis-
cipline. »

Ces paroles sont précises; les pensées qu'elles expriment
sont aussi justes aujourd'hui qu'à l'époque où elles ont été

exprimées. Quelle peut donc être la raison pour laquelle on n'a pas songé à les mettre à exécution?

Nous n'avons pas mission de rechercher le motif qui nous fait ainsi demeurer dans le *statu quo* à cet égard; mais il y a fort à présumer que le sacrifice pécuniaire qui incomberait à l'État, dans le système d'application indiqué par l'illustre écrivain, pèse d'un grand poids dans la balance.

Nous pensons que ce sacrifice n'est pas indispensable. Nous avons même soumis, autrefois, à l'appréciation du ministère de l'agriculture, un projet d'organisation, dans lequel l'appui moral du gouvernement et sa protection contre certaines difficultés fiscales auraient suffi pour créer l'association industrielle agricole.

Nous aurions pu amener ce projet à bien, sans une condition qui nous a fait reculer... nous voulons parler du choix, *presque imposé*, d'une personnalité financière.

Nous n'avons jamais cru à l'efficacité des subventions gouvernementales, parce que leur seul effet réel, dans la plupart des cas, nous semble illusoire.

Ainsi, pour les colonies sucrières, la subvention, déguisée sous le nom de dégrèvement, ne va aux colons que pour une faible portion; le reste s'engloutit ailleurs, confisqué au passage par des gens qui n'en ont pas besoin.

Cet exemple nous suffit, bien que nous en puissions citer beaucoup d'autres.

La royauté de juillet pouvait-elle accorder, pour la création de l'industrie agricole, de l'association, les millions demandés par le prince L.-N. Bonaparte? L'empire pouvait-il le faire? Une république, provisoire ou définitive, oserait-elle et pourrait-elle s'en charger? Nous ne le croyons pas. Quand même cela serait possible, nous ne pouvons nous empêcher de penser et de dire que ce serait une mesure inutile, dont l'action, vaine et éphémère, ne conduirait qu'à entrer dans une mauvaise voie.

La petite culture a besoin d'argent, cela est trop vrai; mais l'État ne peut lui donner ce qu'il lui faut, et nous avouons notre antipathie à l'encontre des demi-moyens et des fractions de mesures.

Un pays comme le nôtre, qui trouve des centaines de millions à prêter à l'État, lorsqu'il s'agit de faire la guerre aux hommes, de relever la gloire du drapeau national et de faire respecter l'intervention française, est-il donc obligé de demander l'aumône, lorsqu'il est en présence du paupérisme, son plus mortel ennemi, celui contre lequel tous ont le même intérêt?

L'argent de l'État n'a que faire ici, selon nous, et nous allons le justifier par une hypothèse.

Supposons une commune rurale de deux cent cinquante ménages agricoles, abstraction faite des habitants qui ne possèdent pas, à un titre ou à un autre.

Nous dirons que cette commune peut et doit trouver de l'argent à emprunter, soit chez elle, soit ailleurs, pour exercer dans son sein l'industrie agricole.

Admettons que la surface territoriale est divisée de la manière suivante :

1° Prairies naturelles, 500 hectares;

2° Terres arables, 1,000 hectares propres à la betterave;

3° Vignes et cultures diverses, 1,200 hectares;

Et appliquons le raisonnement à l'industrie spéciale de la sucrerie.

Cette commune se trouve à la tête d'une récolte annuelle de 10 millions de kilogrammes de betteraves, en adoptant une rotation de cinq ans.

Cette récolte représente 1 million de kilogrammes de sucre, dont 800,000 kilogrammes peuvent être extraits industriellement et 2,500,000 kilogrammes de pulpes.

Il lui faut de l'argent pour construire une usine et pour acquérir du bétail, voilà son premier besoin.

Il lui faut des ouvriers et un manufacturier pour diriger sa fabrication sucrière et l'alcoolisation ou la transformation de la mélasse, pour les transactions commerciales, s'il y a lieu etc.

1° L'emplacement de la fabrication peut être fourni par la commune, à charge d'amortissement graduel de la valeur estimative du sol.

2° Les frais d'établissement ne peuvent dépasser 250,000 fr. au maximum. Disons qu'ils s'élèveront à 300,000 francs, et ajoutons 25,000 francs pour le fonds de roulement.

Cette commune se trouve dans une meilleure situation que le manufacturier pour trouver ces 325,000 francs qui lui manquent; car, 1° elle possède une garantie matérielle en terre;

2º elle possède une autre garantie par l'établissement même à fonder; 3º elle peut emprunter à courte échéance puisque, ne consacrant à la betterave qu'une faible partie de ses terres, elle peut vivre sans cela et consacrer à l'amortissement du capital au moins la moitié de son produit annuel en bénéfice.

Ce produit peut être porté à 80,000 francs au moins pour le sucre seulement, dans les conditions ordinaires de culture, de récolte et de fabrication.

Si l'on met en réserve les 25,000 francs de fonds de roulement, il restera 55,000 francs nets, qui permettront de fournir un intérêt de 5 pour 100 au capital et d'en rembourser une partie.

Soit l'intérêt de 5 pour 100, sur garantie, montant au chiffre de 16,250 francs, il restera 38,750 francs à l'aide desquels on pourra amortir 30,000 francs sur le capital, et commencer la fondation d'un capital de réserve, tant avec le reliquat de 8,750 francs qu'avec le reliquat du fonds de roulement.

Croit-on, de bonne foi, que, dans une telle situation, cent fois meilleure que celle de la plupart des opérations parisiennes ou autres, qui trouvent des actionnaires, notre commune ne trouvera pas des prêteurs, des actionnaires, si l'on veut, des gens voulant prêter leur argent à 5 pour 100, sans risques, avec la certitude d'un amortissement par dixième?

Mais ce placement vaut mieux que le 3 pour 100 sur l'État, et présente autant de sécurité.

De l'aperçu que nous venons de tracer, à vol d'oiseau, pour ainsi dire, il résulte pour la commune :

1º En onze ans, la propriété d'une usine de 300,000 francs et la possibilité de se créer, pour être réparti entre les ayants droit, un revenu moyen annuel de 80,000 francs au moins;

2º Dans le même espace de temps, la mise en réserve d'un capital de 200,000 francs, en ne portant l'intérêt qu'à 3 pour 100 seulement.

Pour arriver à ce résultat, il aura fallu, tout simplement, cultiver en betterave 200 hectares de terre ;

Se contenter des pulpes pour produit agricole pendant douze ans, et de la part possible dans le travail courant de l'usine, que l'on peut porter à 35,000 francs par an, pour la rémunération de la main-d'œuvre, des transports, etc.

Au fond, la commune rurale que nous prenons pour type

n'aura pas à s'imposer, pour atteindre ce résultat, la moitié des sacrifices qu'exige une jachère quinquennale, et elle se sera constitué en douze années un capital de plus d'un demi-million.

3° Le fonds de réserve peut être parfaitement prêté aux associés agricoles, à raison de 3 pour 100 d'intérêt, pour l'acquisition du bétail de rente qui leur est indispensable.

La seule condition à leur imposer serait, avec le remboursement dans un temps donné, l'obligation d'acquérir principalement des femelles de chaque espèce, afin d'augmenter graduellement le bétail et d'arriver à pouvoir ne livrer à la boucherie que les mâles en excès et le nombre de têtes dépassant les nécessités de la reproduction.

4° Le travail de l'usine serait fait par les jeunes gens et les manouvriers, en sorte que la totalité de la main-d'œuvre viendrait concourir à augmenter le bien-être et l'aisance parmi les habitants.

5° Enfin, rien ne serait si facile que de trouver un homme actif et intelligent, versé dans la connaissance pratique de l'industrie sucrière et de la fabrication des alcools, pourvu qu'on lui assurât une position convenable et des avantages suffisants.

Or, nous le demandons à tous ceux qui veulent réfléchir, une *association* de ce genre, dont tous les associés sont des membres actifs, dont le conseil de surveillance est toujours là, puisqu'il serait composé du corps municipal principalement, dont les chances matérielles sont aussi considérables, n'est-elle pas une œuvre d'utilité publique et ne présente-t-elle pas une idée digne de l'attention des hommes sérieux? Nous ne parlons pas même de l'impulsion immense qui serait donnée par des opérations de cette nature à la production du sucre et de l'alcool; nous envisageons surtout les résultats agricoles en fumier, viande et céréales; nous voyons les chances d'avenir au village reconstituées, l'émigration des campagnes arrêtée par la possibilité de gagner de l'argent près de la charrue, et nous croyons être dans le vrai en regardant la situation hypothétique dont nous venons de parler comme la solution des principales difficultés de notre époque.

Ce qu'une commune peut faire en grand par l'association, un nombre plus restreint d'individus peut l'exécuter dans des proportions plus modestes; cela ne nous paraît pas pouvoir soulever l'ombre d'une objection.

Nous aurions donc voulu obtenir la création d'une société financière qui s'imposât pour tâche de concourir, par ses capitaux, à la création de l'association agricole française, en prenant le sucre et l'alcool pour bases principales, les huiles, les matières textiles, etc., pour produits secondaires. Nous aurions voulu que ses actes, contrôlés par l'État, fussent délivrés des entraves administratives et fiscales, afin qu'elle pût se constituer, comme la banque spéciale de l'industrie sucrière agricole, qu'elle pût se charger de l'écoulement des produits, etc.

Toutes les difficultés de détail ont été prévues par une série de travaux et d'études qui datent de 1854 et dans lesquels nous avons été aidé par des hommes de mérite, habitués à ces questions de hautes combinaisons financières.

Nous n'avons pas à nous étendre davantage à cet égard; mais nous regardons l'association de la petite culture comme le seul moyen pratique et vrai de *reconstituer la grande propriété*, de ramener l'aisance dans nos campagnes, de s'opposer aux envahissements tyranniques des exploiteurs agricoles, de donner un avenir aux enfants du sol et, par là même, de mettre un frein à leur émigration vers la ville.

Si nous avions à nous occuper de morale et de politique, nous pourrions ajouter, entre autres considérations, qu'une des conséquences forcées de cette association sera la moralisation par le bien-être, par l'instruction, par le séjour au contact vivifiant du grand air; nous pourrions dire que les populations rurales sont éminemment *conservatrices*, pourvu qu'elles puissent vivre de leur travail... Nous n'irons pas plus loin dans cet ordre d'idées et nous revenons à notre objet principal, la sucrerie dans les campagnes.

Il est hors de doute pour nous qu'une commune peut se faire fabricant de sucre de par l'association.

Ce serait, évidemment, dans ce cas, une affaire de grande fabrication annexe, dans laquelle les *sauveurs* passés ou futurs de la sucrerie ou de la distillerie n'auraient plus à intervenir. Les inventions des génies incompris n'auraient plus de raison d'être dans une opération aussi importante. Il y aurait, cependant, pour cette grande fabrication rurale, un principe d'économie générale dont on ne devrait pas se départir. L'outillage devrait être organisé dans le but de produire beaucoup de bon sucre et d'épuiser les pulpes de leur matière saccharine ; mais rien ne pourrait être sacrifié au luxe inutile.

Nous verrons, en temps opportun, après l'étude de la fabrication, quelles doivent être les bases d'une semblable opération, dans laquelle on devrait également s'imposer la mise à jour régulière de tout le travail.

Ce qui vient d'être exposé peut s'appliquer avec autant de justesse à une *association entre des particuliers*, et la seule différence offerte par ce cas spécial consisterait dans les proportions plus restreintes de l'ensemble et des détails.

Une telle association peut présenter, en effet, des conditions essentiellement variables, selon le nombre des associés et, surtout, selon la quantité de terres qu'ils peuvent consacrer à la culture de la racine sucrière, et l'on comprendra aisément que nous ne puissions établir à ce sujet aucune hypothèse, le tout étant soumis à une foule de circonstances qu'il serait hors de propos de chercher à apprécier.

Quelques associations de ce genre pourraient être considérées comme analogues à la grande fabrication communale, dont nous venons de parler ; d'autres rentreraient dans le groupe des sucreries annexes ; enfin, un certain nombre se rattacheraient à la petite sucrerie proprement dite, dont il nous reste à entretenir le lecteur.

Quoi qu'il en soit, nous croyons que l'association est le moyen le plus puissant de constituer la sucrerie dans les campagnes, lorsque les cultivateurs, propriétaires ou fermiers, ne possèdent pas les capitaux indispensables pour arriver à la création d'un établissement isolé de sucrerie annexe. Que cette association se fasse entre un nombre restreint de cultivateurs, ou entre tous ceux qui peuvent, dans un centre rural donné, faire croître de la betterave et élever du bétail, cette mesure peut seule combler l'immense lacune sociale qui sépare l'homme de travail de l'industriel ou du commerçant. C'est par l'association sérieusement comprise que les agriculteurs, dépourvus, le plus souvent, de ressources pécuniaires suffisantes, pourront, sans s'obérer, adjoindre la fabrication du sucre à leur culture, et se soustraire aux luttes de l'antagonisme et aux déceptions qu'ils éprouvent si souvent.

46

Petites sucreries. — L'opinion publique s'égare avec une telle facilité, sous la pression de certains meneurs et pour certains objets particuliers, que l'on se demande souvent comment il peut se faire qu'elle soit si rebelle aux saines idées déduites de l'expérience.

Nous n'avons nullement l'intention de faire le procès aux opinions bizarres qui se sont fait jour depuis quelques années; mais il y en a une, inhérente à notre sujet, qu'il nous est impossible de passer sous silence.

On va partout chantant les progrès de l'agriculture française. On vante les progrès qu'elle a faits, les résultats qu'elle a obtenus. Tout cela est vrai, lorsqu'on le considère sous un certain angle; tout cela nous paraît absolument faux sous un autre rapport.

Oui, certes, les gros faiseurs, les riches fermiers, les puissants seigneurs de l'agriculture, les gentlemen du sol ont fait et font de bonnes choses; ce n'est pas nous qui le contesterons. Mais on aura beau dire, ces messieurs ne sont qu'une fraction, et une fraction bien minime de la population agricole française, et nous en faisons abstraction en présence des résultats.

Tels et tels produisent des bœufs de 2,000 kilogrammes; soit. Nous ne rechercherons même pas quel est le prix qu'il leur en coûte; nous n'examinerons pas par quelle quantité de bétail maigre ils font payer au public sa naïve admiration; nous ne voyons que ceci :

Malgré les primes, malgré les réunions, malgré les discours, malgré les succès d'argent de quelques éleveurs spécialistes, nous n'avons pas, en France, assez de bétail pour fumer nos terres, ni pour faire manger de la viande à la totalité de notre population. Le trop absorbé par quelques-uns ne justifie pas le trop peu laissé à la masse des autres.

L'éducation du cheval est en progrès. On trouve de beaux produits dans certaines écuries, chez certains éleveurs; nous avons vu nous-même d'excellents résultats.

Les courses, les primes, les panégyriques n'empêchent pas que le cheval français perde son individualité, et ne font pas que le nombre des chevaux s'accroisse en due proportion pour fournir aux besoins. Qu'on vérifie, et l'on verra.

M. Tel a fait 2 millions de fortune avec les farines; cet autre a gagné de l'aisance avec les colzas; ceux-là se sont enrichis

avec la betterave, etc. Très-bien; mais a-t-on compté le nombre
de ceux qui végètent dans la misère, de ceux qui ne mangent
que de mauvais pain, qui ne connaissent la viande que de réputation et qui, cependant, travaillent plus que les nègres, auxquels notre société blanche a l'air de tant s'intéresser.

Les vrais nègres, les nègres blancs sont chez nous; ils forment la phalange des campagnes, l'armée de la petite culture,
dont le travail enrichit les autres et qui restent pauvres. C'est
à ceux-là que nous nous intéressons principalement, parce
que, à nos yeux, ils sont la cheville ouvrière du bâtiment social, parce qu'ils sont les travailleurs vrais, et que le produit
de leur travail reste stérile pour eux.

La petite culture et la moyenne exploitation souffrent en
France, parce qu'elles sont obligées d'en passer par les mains
des forts et des puissants du jour, lesquels récoltent sans peine
argent et réputation, sans qu'on se soucie du mode d'acquisition.

Un petit cultivateur ne peut élever le veau de son étable jusqu'à ce que la valeur en soit arrivée à son véritable point; il
ne peut garder son poulain jusqu'à ce qu'il soit transformé en
un cheval ardent et vigoureux; il ne peut garder son blé, son
colza, sa betterave, jusqu'à ce que le cours soit bien établi.

Il ne peut garder chez lui son fils pour en faire un aide et un
soutien, il ne saurait garder sa fille.

Cela peut paraître étrange aux gens qui ont des yeux pour
ne pas voir, mais cela est.

La cause de tout cela gît dans le manque d'argent, d'une
part, dans la nécessité de vivre moins misérablement, de l'autre.
C'est à cette dernière cause qu'il convient d'attribuer l'émigration des enfants des campagnes vers la fabrique ou la domesticité. C'est à la première qu'il faut remonter pour trouver
le mot de la détresse culturale.

Le *sans le sou*, banal et vulgaire comme expression, devient
parfois d'une vérité poignante et terrible.

Il faut de l'argent pour payer le fermage, les contributions,
le charron, le maréchal; il en faut pour tout et toujours. Le
petit cultivateur vivra donc de mauvais pain, de pommes de
terre et de lard rance; il se vêtira de toile et marchera en sa-
bots; il végétera, mais il lui *faut* de l'argent. Or, *il faut* est
impitoyable.

Il vendra son veau à l'éleveur en grand, et il en retirera 20 ou 30 francs, lorsque le produit pourrait être décuplé en deux ans. Il fera de même de son poulain, qui passera à vil prix entre les mains du maquignon ou du spécialiste, source de profits pour les uns et de perte pour l'autre.

Son blé ira, avant le bon moment, chez le gros meunier; son colza, chez le fabricant d'huile, auquel il rachètera des tourteaux; sa betterave prendra le chemin de la distillerie ou de la sucrerie; il faut bien vendre, puisqu'il ne peut attendre; il faut vendre au prix des acheteurs, et Dieu sait comme ceux-ci profitent de la nécessité.

Nous avons vu, étudié et observé la petite culture; nous savons quelle est sa pénible situation et les belles phrases à effet n'ont pas de prise sur nous. Aussi, persistons-nous à croire que l'argent est le premier besoin de notre petite exploitation rurale. Nous sommes convaincu de cette vérité, qu'à l'aide de ce levier la petite culture et la moyenne exploitation doivent décupler leurs produits en un temps très-rapproché, en multipliant la richesse agricole du pays.

Quel est donc le moyen pour le petit cultivateur de faire de l'argent et de pouvoir élever ou augmenter son bétail, garder ses produits pour ne les vendre qu'à bonne enseigne et en temps utile, conserver ses enfants en créant et en augmentant son bien-être?

Il n'y en a qu'un seul; il consiste dans l'annexion de l'industrie agricole à l'exploitation culturale grande ou petite.

Voici comment nous en exposions le principe fondamental, dans un petit ouvrage destiné aux hommes de la terre [1] :

« Comprenez le seul principe qui puisse vous aider contre la rapacité des maîtres Jacques, en toutes choses, vous faire créer de l'argent, vous conduire au progrès agricole et faire de vous la force imposante du pays, au lieu de la force écrasée que vous êtes aujourd'hui... Le voici :

« *Ne rien vendre à l'industrie manufacturière de ce que vous pouvez* MANUFACTURER *chez vous, à peu de frais...* MANUFACTURER *toutes les matières premières qui peuvent laisser chez vous des déchets, des résidus utilisables pour votre étable ou votre fosse à fumier ou à composts.* »

1. *Guide pratique de chimie agricole.*

Ce principe ne peut s'accomplir que par l'industrie agricole.

Or, la petite culture et la moyenne exploitation même ne peuvent sacrifier, comme la grande exploitation, des sommes relativement considérables en dépense d'organisation ; elles ne peuvent dépenser 25,000 francs pour courir les risques d'un système ou d'un autre, s'il s'agit de sucrerie ; elles ne peuvent même aborder les 20,000 francs d'une entreprise d'alcoolisation.

Comment faire cependant ?

Il reste aux petits cultivateurs deux voies pour sortir de l'ornière, deux moyens d'échapper à la pression de tous ceux qui les exploitent et de prendre part au mouvement dont quelques-uns paraissent avoir intérêt à les écarter, deux moyens d'annihiler les impôts forcés que l'on cherche à prélever sur eux, au nom des découvertes les plus imaginaires.

Ils ont l'*association*.

Ils pourraient même avoir le *petit outillage*, la *sucrerie des ménages*, dont les trop faibles bénéfices n'ont pas encore tenté nos créateurs de méthodes et d'engins.

Il peut se faire que l'*association* ne puisse se réaliser par la mauvaise volonté, le défaut d'union, ou même par la faute des circonstances.

Nous n'en dirons pas moins aux petits cultivateurs : vous faites du beurre et du fromage avec le lait de votre vache, vous faites du vin ou du cidre avec les fruits de votre vigne ou de votre verger ; faites du sucre avec le peu de betteraves que vous pouvez récolter ; cela n'ôtera rien à la nourriture de votre bétail et vous donnera un produit en argent qui ne vous coûtera que la peine de le ramasser.

Ceux qui, dans certaines provinces, s'occupent de l'engraissement du porc, passent leur temps, en hiver, à faire cuire le grain ou les pommes de terre qui servent à la nourriture de cet animal ; les femmes emploient les longues heures de la veillée au travail ingrat du rouet ou du tricot ; l'extraction du sucre ne demande pas plus de temps et rapporte plus. Tout le monde ne peut pas faire de l'alcool ; mais tout le monde peut faire du sucre et nous le ferons voir clairement, dans un chapitre spécial, en démontrant qu'il ne s'agit pas ici d'une opération plus difficile que la préparation des confitures de groseilles.

Or, quelle est la ménagère du village qui ne puisse arriver à ce problème élémentaire de cuisine bourgeoise?

Supposons donc un petit cultivateur, un simple habitant d'un hameau perdu, nourrissant, dans son étable, une vache, un porc et cinq ou six brebis... la petite propriété qu'il cultive n'est pas supérieure à 2 hectares, prairie naturelle et vignes non comprises.

Le nombre de ceux qui justifient ce programme est très-considérable; plus grand encore est le chiffre de ceux qui sont au-dessous de cette pauvre médiocrité; un certain nombre occupent une position intermédiaire entre les premiers et les gros fermiers, les cultivateurs de la grande exploitation; tous, ils peuvent s'appliquer, en raison de leur position particulière, les conséquences principales du raisonnement suivant, qui se rapporte à l'exemple que nous avons choisi.

Notre homme a adopté l'assolement de cinq ans.

Il cultive 40 ares en céréales d'automne, autant en céréales de printemps, en trèfle, en colza ou chanvre, et autant en betteraves.

Notons que cet assolement hypothétique, très-variable, n'offre de valeur qu'à titre d'exemple, et qu'il ne forme pas une condition nécessaire de la situation dont nous avons à parler, puisqu'il ne doit servir qu'à asseoir des chiffres.

Il faut tous les ans à ce cultivateur une demi-fumure à employer sur trèfle, avant la céréale d'automne et une fumure complète pour le colza ou le chanvre.

C'est un chiffre-fumier de 30,000 kilogrammes à produire, dont nous ne parlerons que pour mémoire, en renvoyant le lecteur à ce qui a été exposé plus haut. Nous savons, en effet, que, dans cet assolement, les déjections et les litières, celles-ci augmentées par les débris végétaux, suffiront grandement à fournir tout le fumier nécessaire.

La sole prairie artificielle et la prairie naturelle formeront la masse de nourriture utile au bétail et les pulpes y ajouteront un complément, un auxiliaire de haute valeur.

Les 40 ares de betteraves donneront une récolte d'autant plus abondante et des racines d'autant meilleures que les soins de culture auront été mieux appliqués; nous ne l'évaluerons cependant, sur le pied de 50,000 kilogrammes à l'hectare, qu'à un chiffre de 20,000 kilogrammes.

Or, ces 20,000 kilogrammes représentent 2,000 kilogrammes de sucre réel, soit un chiffre de 1,600 kilogrammes d'extraction possible, que nous réduirons à 1,400 kilogrammes.

A 50 francs seulement les 100 kilogrammes, il y a là une somme-argent de 700 francs, un produit sûr, vendable sur tous les marchés, au taux d'un cours journalier, d'une cote commerciale connue.

C'est plus d'argent que la ménagère n'en retire de son lait, de son beurre, de ses œufs et de tout son travail de l'année.

C'est presque la création de l'aisance.

Que l'on consulte les habitants des campagnes et l'on verra ce qu'ils consentiraient à faire pour une rente assurée de 2 francs par jour.

Que faut-il donc faire pour cela?

Il ne s'agit que de *traiter pour sucre*, tous les jours, pendant l'hiver, les 180 ou 200 kilogrammes de betteraves dont la pulpe servira de nourriture complémentaire à la vache et aux brebis, et de nourriture d'engraissement au porc ou même à la volaille.

C'est 160 ou 175 litres de jus à extraire, à déféquer, à concentrer, à mettre en cristallisation.

C'est un travail de deux à trois heures le matin. La purification des cristaux et le rapprochement des sirops d'égout peuvent très-bien ne se faire que deux fois ou même une fois par semaine. Les mélasses épuisées peuvent parfaitement être mises en réserve dans une barrique pour être distillées au printemps, ou lorsqu'on en aura le loisir.

Est-ce donc si difficile de traiter cette petite quantité de jus, et n'est-ce pas une besogne moins pénible en soi que le travail de la fabrication du beurre?

La seule difficulté réelle qui puisse se présenter et mériter une objection reposerait sur l'outillage exigu nécessité par une semblable fabrication et sur les répugnances des constructeurs à se déranger pour si peu.

Nous croyons que cette objection ne repose sur aucun fondement sérieux.

Nous avons acquis la certitude du concours de constructeurs consciencieux et intelligents, qui ne croiraient pas déroger en établissant de petits outillages pour traiter de 100 à 5,000 kilogrammes par jour, avec ou sans l'emploi de la vapeur. Ces petites fabrications seraient établies sur un mode nouveau et économique, tout différent de ce qui se passe en grande industrie, et nous donnons, à cet égard, les détails les plus complets, dans le chapitre que nous consacrons à la sucrerie agricole [1].

Si donc l'exiguïté de l'outillage n'est pas un obstacle insurmontable, quelle est donc l'allégation des adversaires de la petite sucrerie? La voici :

« L'intelligence des habitants de la campagne s'élèvera difficilement à toutes les idées qui servent de base à l'extraction du sucre. »

Ces grands mots ne nous paraissent pas mériter une bien grande attention par des motifs que nous recommandons à l'attention publique.

Et d'abord, beaucoup de fabricants de sucre ne sont guère plus instruits que ceux auxquels on voudrait interdire la préparation du sucre. Il y a des exceptions nombreuses et fort remarquables, sans doute ; mais ces exceptions confirment notre assertion.

Les fabricants dont nous parlons font du sucre, pour la plupart, par l'imitation plus ou moins tardive des progrès accomplis par ces exceptions; mais ils sont loin d'avoir en eux-mêmes les connaissances suffisantes pour prendre l'initiative.

D'un autre côté, est-il besoin, pour la petite sucrerie, de posséder à fond la question du sucre?

Cela serait mieux, sans contredit; mais l'expérience viendra aux cultivateurs et aux plus humbles ménagères, *comme elle est venue aux industriels*, dont toute la science n'est, le plus souvent, qu'un peu de pratique et d'habitude [2].

Elle leur viendra plus promptement et plus aisément, par la simple raison qu'ils pourront observer avec d'autant plus de soin qu'ils agiront par eux-mêmes, ce que ne font pas les industriels.

Enfin, que sont donc les ouvriers des sucreries dont le contremaître est le fabricant réel, dont chacun est très-souvent plus

1. Voy. le 2ᵉ volume.
2. Il faut lire, pour s'en convaincre, les *dires des sommités sucrières* devant la commission d'enquête (*'**). Il y a, dans ces dires, des choses impossibles, de nature à faire frémir d'impatience les plus humbles débutants en matière de sucrerie.

expérimenté que le chef de l'établissement, sinon des campagnards, des paysans?

Et, dans la fabrication exotique, qui fait le sucre, sinon le nègre, cette *négraille* pour laquelle le *maître* n'a pas assez de mépris, lorsqu'il est profondément incapable de faire ce qu'elle fait tous les jours, après les leçons d'un stupide commandeur? Il y a des contre-maîtres dans les sucreries de cannes, des chefs d'*ingenios*, qui ont un mérite réel, mais il ne s'agit pas de ceux-là, il est question des autres...

Nous ne croyons donc pas à l'importance d'une objection qui tombe d'elle-même devant les faits.

Sous ce rapport, notre conviction est complète. D'ailleurs, pour faire de *bon et beau sucre*, il n'est pas indispensable d'avoir des grades universitaires; il faut du bon sens, de l'attention, l'amour du travail, et les habitants des campagnes, qui possèdent ces qualités, peuvent faire du sucre chez eux, en s'astreignant à suivre une véritable *recette de cuisine*.

Ceci est tellement exact que, malgré la difficulté considérable que l'on rencontre à isoler le sucre, par la *méthode des fabriques*, en petite quantité, il nous est arrivé maintes fois de faire préparer, par des hommes étrangers à la sucrerie, le jus d'une betterave ou d'une canne, de leur faire exécuter, sous nos yeux, toutes les opérations industrielles de la sucrerie, et de les amener à obtenir des *masses cuites* de 100 à 150 grammes, dont la cristallisation s'opérait sans la moindre difficulté. Nous pourrions citer plusieurs personnes qui, sans avoir la moindre notion de l'industrie des sucres, sont parvenues, chez elles, en suivant *rigoureusement* une instruction sommaire d'une page, à extraire, purifier et cuire des quantités très-faibles, comme un demi-litre à un litre, de jus sucré, et à en obtenir des cristaux très-nets, parfaitement détachés et en bonne proportion, sans l'emploi d'aucun procédé de laboratoire.

Or, nous le répétons à dessein : il est très-difficile d'obtenir de bons résultats sur de petites quantités par les méthodes industrielles, et il est plus aisé à l'ouvrier le plus ignorant de produire de bon sucre, en bon rendement, avec deux ou trois mille litres de jus qu'il n'est facile à un homme instruit de faire cristalliser le sucre contenu dans un demi-litre. Pour arriver à cela, on a besoin d'attention et de l'*observation scrupuleuse* de la marche indiquée ; c'est là comme une sorte de con-

signe à exécuter, et notre expérience nous a fait voir que tout
le monde peut y réussir, sous la condition de ne pas substituer
la négligence au soin, ni la fantaisie à la règle.

Nous reviendrons plus tard sur cet objet si grave et si digne
d'attention, lorsque nous nous occuperons des procédés à suivre
et de l'outillage à établir dans les sucreries agricoles et dans
les plus petites sucreries. Il nous suffit d'avoir établi, dès maintenant, comme principe fondamental, que le traitement sucrier
des betteraves destinées au bétail peut concourir à l'accroissement du bien-être matériel au village, et nous espérons avoir
réussi à faire passer cette conviction dans l'esprit de nos lecteurs.

DOCUMENTS COMPLÉMENTAIRES

NOTES JUSTIFICATIVES

Nous avons exposé, dans notre premier livre, les *faits techniques* relatifs aux matières sucrières, en nous plaçant au point de vue des connaissances physico-chimiques indispensables à ceux qui veulent s'occuper des sucres ou des matières saccharifères. Le deuxième livre a été consacré à l'étude des plantes sucrières sous le rapport agricole, et nous avons cherché à grouper les *faits culturaux* dans l'ordre le plus logique, afin d'en mieux faire saisir toute l'importance.

Il nous reste à compléter cette première partie de notre ouvrage, en groupant ici, sous forme d'appendice, un certain nombre de faits et de renseignements dont l'utilité n'est pas contestable, mais auxquels nous n'avons pu donner, jusqu'à présent, la place convenable, en rapport avec leur valeur, sous peine d'entraver la marche rationnelle de ce travail.

A la vérité, les questions dont nous avons à nous occuper peuvent, sans un grand inconvénient, être renvoyées au second plan ; mais le lecteur en appréciera aisément le degré d'utilité, s'il admet la nécessité d'étudier complétement et dans tous ses détails un sujet aussi grave que l'industrie des sucres. Rien, en effet, de ce qui est relatif au sucre, ne doit être étranger au producteur de sucre, s'il veut juger en connaissance de cause les faits de son industrie, et pouvoir se prononcer rationnellement dans les discussions dont elle peut être l'objet, tant en pratique qu'en théorie.

NOTE A

Nous avons dit que la fermentescibilité est le caractère le plus saillant des sucres, celui qui leur appartient à tous sans exception (Liv. I, chap. I, p. 16), et nous admettons que la production d'alcool avec dégagement d'acide carbonique coïncide avec l'existence d'un sucre, qu'elle décèle et démontre.

Toute matière qui, soumise à l'action simultanée de l'eau et du ferment, sous des conditions convenables de température et d'aération, etc., produit de l'alcool et de l'acide carbonique, est un sucre, ou elle renferme du sucre. Ce principe est tel que nous ne lui connaissons pas d'exceptions et que nous en acceptons volontiers les conséquences. Or, on a dit avoir obtenu la fermentation alcoolique, par l'action du ferment, sur certaines matières que nous ne rangeons pas parmi les sucres...

Nous ne ferons pas d'objections puériles au fait; nous admettrons qu'il existe, que les expérimentateurs ne se sont pas trompés, que la matière essayée était pure et bien préparée; en un mot, nous acceptons l'affirmation sans prendre la peine de la contester. A-t-on bien réfléchi à ceci, que ce fait ne prouve absolument rien contre la fermentescibilité alcoolique, que nous attribuons comme caractère essentiel au genre sucre? Il prouverait seulement, ce que nous reconnaissons très-bien, que, dans les circonstances de l'opération faite, dans les conditions de l'expérience, la matière essayée était susceptible de se changer, *totalement ou partiellement*, en sucre. Voilà tout. Personne n'a songé à faire de la fécule un sucre, et cependant cette fécule fournit de l'alcool par fermentation, dans un grand nombre de circonstances. Un peu de gluten, de *diastase*, d'un acide quelconque; il n'en faut pas plus pour qu'il puisse se produire de l'alcool et de l'acide carbonique par l'action du ferment; mais ces produits ne seront pas les produits de la fécule; ils seront les produits du sucre dérivé de la fécule.

Cette réponse nous paraît concluante à tel point de vue que l'on se place, puisque nous reconnaissons, d'ailleurs, que nombre de matières peuvent se changer en sucre sous diverses influences.

Qu'on vienne dire, par exemple, que la *glycérine* $C^6 H^8 O^6$ a fourni, entre autres produits, de l'alcool et de l'acide carbonique, par l'action de l'eau et du ferment, à telle température, nous ne songerons même pas à nier le fait ou à le contester. Nous dirons seulement que la composition réelle de la glycérine peut très-bien ne pas être conforme aux chiffres du symbole $C^6 H^8 O^6$, mais en présenter un multiple quelconque, comme $C^{12} H^{16} O^{12}$, $C^{24} H^{32} O^{24}$, etc.; qu'elle peut parfaitement se décomposer en sucre fermentescible et autres produits sous certaines influences, et que l'action du ferment long-temps prolongée, à $+ 25°$ ou $+ 30°$, lui faisant subir une décomposition, dans laquelle Redtenbacher a reconnu la formation de l'acide acétique et de l'acide métacétonique, il n'y a rien d'étrange à ce qu'il se soit produit du sucre dans le cours de la réaction. Nous ajouterons encore que rien, jusqu'à présent, n'autorise à dire que l'on a obtenu de l'alcool par fermentation d'une autre matière que le sucre, et que personne n'a le droit de substituer des hypothèses de fantaisie à des faits.

Nous ne cherchons pas à contester et cela nous serait permis, en présence de bien des petites manœuvres de ce temps; nous disons que le fait est très-explicable, qu'un très-grand nombre de substances peuvent fournir du sucre dans les produits de leur décomposition partielle et que c'est dans la recherche des produits de ces décompositions que les amateurs de célébrité devraient puiser d'abord une explication rationnelle des phénomènes qui les frappent, plutôt que de soulever des discussions oiseuses.

NOTE B

CORPS DÉRIVÉS DU SUCRE ET ALTÉRATIONS DES MATIÈRES SACCHARIFÈRES.

Nous avons vu précédemment (liv. I, chap. I) que le sucre prismatique peut se changer en un grand nombre de corps dérivés, sous des influences très-diverses; la matière sucrée est susceptible d'éprouver des altérations multiples, et sa conservation exige des soins rationnels, que l'on n'apprécie pas toujours convenablement. Nous allons passer en revue ces différents objets, afin de pouvoir exposer plus tard, avec netteté, l'opinion que l'on doit se faire sur la valeur numérique de ces dérivés du sucre et sur les pertes proportionnelles qu'ils représentent.

Le sucre prismatique produit du *caramel*, sous l'influence d'une température égale à $+ 210°$ ou $+ 220°$. Les ferments, l'eau même, le transforment en *sucre de fruits*; si la matière levuricnne est altérée, si les ferments sont dans certaines conditions d'impureté ou de mélange, le sucre est changé en *mannite*, en *matière glaireuse*, ou bien il produit des acides *lactique* et *butyrique*.

Ces divers changements sont, en quelque façon, naturels, en ce sens qu'ils peuvent se produire sans l'intervention directe des agents chimiques proprement dits. Il en est encore d'autres qui peuvent se ranger dans cette catégorie et qui prennent également naissance sous l'influence de certains réactifs.

L'acide azotique change le sucre en *xyloïdine*, puis en acides *oxysaccharique* ou *oxalhydrique* et *oxalique*. L'acide sulfurique donne les acides *glucique, apoglucique, formique, ulmique, humique*, de l'*ulmine* et de l'*humine*; ces deux derniers corps et les acides ulmique et humique sont également produits par la voie de fermentation, ou par réaction naturelle. L'*acide chlorhydrique* agit aussi très-énergiquement sur le sucre.

Les alcalis, à chaud, transforment le sucre en acides *acétique, carbonique, formique, oxalique, mélassique, kalisaccharique*; ils le changent facilement en *glucose* et, si la température est assez élevée, il se produit de l'*acétone*, du *métacétone*, des *carbures d'hydrogène* gazeux ou liquides plus ou moins éclairants. Plusieurs de ces produits prennent naissance par la simple distillation sèche.

Les autres sucres fournissent les mêmes produits sous l'action des mêmes agents, et tous les sucres donnent de l'*alcool*, de l'acide *carbonique* et de l'acide *acétique*, par fermentation directe.

On voit, par ce qui précède et par ce que nous avons décrit antérieurement, que le sucre est susceptible de donner naissance à deux ordres de corps dérivés : 1° ceux qui se produisent sous l'influence d'agents naturels, sans l'intervention de l'art; 2° ceux qui sont fournis par l'action spéciale de certains agents chimiques. Nous n'avons pas à nous étendre maintenant sur ces derniers, mais nous croyons utile de faire, à l'égard des premiers, quelques observations que nous puisons dans l'expérience des faits de la fermentation, en rattachant seulement ces observations aux faits qui intéressent les producteurs de matières saccharines [1].

Les produits naturellement dérivés des sucres, sous la seule influence des agents physiques, ou de ceux-ci réunis à la fermentation, sont donc, en dehors du caramel, qui est dû à la décomposition produite par la chaleur :

1° Le sucre de fruits et le glucose qui en dérive;
2° L'alcool;
3° L'acide carbonique;
4° L'acide acétique;
5° La mannite;
6° La matière glaireuse;
7° L'acide lactique et l'acide butyrique;
8° L'acide ulmique et l'ulmine;
9° L'acide humique et l'humine.

Faisons remarquer, d'une manière générale, que tous les prin-

---

[1]. Nous aurons à nous occuper, plus tard, des dérivés du sucre sous le rapport de la fabrication. Nous ne voulons appliquer ici les généralités précédentes qu'aux faits qui intéressent la production agricole, en même temps que l'industrie sucrière.

cipes végétaux de la formule $C^{12} H^{10} O^{10}$ et tous les corps dérivés du saccharigène par voie d'hydratation sont susceptibles de donner *la plupart* de ces produits, à l'exception peut-être du sucre de fruits; l'observation attentive des lois de la fermentation démontre surabondamment cette proposition.

A. *Sucre de fruits et glucose.* — Sous l'action simultanée de l'eau, de l'air, des ferments et d'une certaine température, le sucre, contenu dans les cellules des végétaux saccharifères, change de nature et s'hydrate. Il passe à l'état de sucre incristallisable $C^{12} H^2 O^9$. 2HO, ou de glucose $C^{12} H^9 O^9$. 3HO, et s'il n'est pas perdu pour la distillerie, il l'est complétement pour la fabrique de sucre cristallisé, pour la portion qui a subi cette altération.

Or, les plantes à sucre renferment beaucoup d'eau, 75 à 85 0/0 de leur poids total; l'arrachage des racines ou la section des tiges met certaines parties en contact avec l'air, dont elles contiennent, d'ailleurs, une proportion considérable, le ferment, dans une phase d'activité très-considérable; y abonde, ainsi que les matières plastiques qui servent à son alimentation : pour peu que la température s'exalte, le travail fermentatif commence et, quels qu'en soient les résultats définitifs, la première action consiste dans la transformation du sucre prismatique en incristallisable.

On conçoit dès lors toute l'importance qui s'attache aux conseils pratiques, dépendant de l'observation scientifique, sur lesquels nous avons insisté, et pourquoi nous avons recommandé d'apporter tout le soin possible à la récolte et à la conservation des matières saccharifères.

On doit éviter avec soin toute lésion des racines; elles ne doivent pas être soumises à l'action d'une température suffisante pour provoquer la fermentation, et l'on doit s'entourer de toutes les précautions utiles pour enrayer l'action des globules transformateurs. En ce qui concerne les graminées saccharifères, on sent que ces précautions seraient illusoires, tant à cause de la section même, qu'on ne peut éviter, que de l'élévation de la température pour la canne, et de la préexistence d'une quantité notable de sucre incristallisable dans le sorgho et le maïs. Tout cela mérite l'attention la plus scrupuleuse de la part des producteurs et, pour la canne en particulier, la *coupe* ne doit se faire qu'à mesure du travail de l'usine.

B. *Alcool.* — Tout le monde sait que, lorsque le sucre prismatique est changé en sucre de fruits, l'action des ferments le transforme en alcool et acide carbonique; cette transformation a lieu, non-seulement dans les jus et vesous, mais encore dans les plantes elles-mêmes, lorsque la nature de leurs éléments ne s'y oppose pas.

Nous avons démontré, dans un de nos ouvrages, que l'odeur agréable des celliers à fruits dans lesquels s'opère la maturation des pommes, des poires, etc., provient de la fermentation alcoolique éprouvée par le sucre de ces fruits, bien que ce principe soit encore renfermé dans les tissus. C'est à cette altération qu'il convient également de rapporter la présence de l'acide carbonique qui vicie l'air de ces mêmes celliers.

La betterave n'est pas tout à fait dans les mêmes conditions que la canne, et l'altération de sa matière sucrée par les alcalis propres de la plante et par ses ferments donne très-rarement lieu à la production de l'alcool. Cela tient à la nature même des éléments de la betterave, parmi lesquels on voit dominer les sels alcalins, les matières grasses et azotées, les substances pectiques : toutes ces matières favorisent, par leur présence, la formation de la matière glaireuse, de la mannite, ainsi que les dégénérescences lactique et butyrique. On pourrait encore expliquer cette différence par cette raison que l'air pénètre plus difficilement dans le tissu plus dense de la betterave que dans le tissu spongieux de la canne; mais, à côté de cette observation, qui est loin d'être sans valeur, il convient surtout de voir les différences de composition immédiate des deux plantes. Les cannes conservées s'altèrent et fermentent alcooliquement; les betteraves se conservent plus longtemps et leur altération ne se fait que par degrés et par une série de transitions presque insensibles; mais les produits de cette altération appartiennent surtout à la dégénérescence mannitique ou glaireuse et, bientôt, la pourriture succède à cet ordre de phénomènes. Les pertes que l'on éprouve, en fabrication, lorsque l'on traite les betteraves conservées à une époque avancée de la campagne, tiennent à ces transformations successives du sucre prismatique en sucre incristallisable, mannite, matière glaireuse, acides lactique et butyrique, lesquelles peuvent être suivies de la décomposition totale des tissus altérés, sous l'influence du froid ou de la chaleur humides, et principalement des alternatives de ces deux causes. On comprend dès lors toute l'importance des précautions que nous avons recommandé de prendre pour la conservation des racines sacchariféres.

La canne à sucre, conservée dans le parc aux cannes, éprouve très-promptement un commencement de fermentation alcoolique bien caractérisée; l'odeur propre de la plante est fortement exaltée et, à son par fumaromatique, se joignent les odeurs de l'alcool, de l'acide acétique et de plusieurs composés éthérés. Les cannes plus ou moins avariées, qui parviennent en Europe, présentent les mêmes phénomènes, bien qu'une partie des composés volatils ait déjà disparu. Dans les colonies et les pays sucriers où l'on cultive la canne, il suffit parfois d'une heure de séjour dans le parc, pour que, dans nombre de cas, la production de l'alcool commence à se faire aux dépens du sucre, et cet effet est d'autant plus prompt à se manifester que la température est plus élevée et que les cannes sont amoncelées en plus grande quantité.

C. *Acide carbonique.* — Toutes les fois que le sucre se change en alcool, il se produit une masse considérable de gaz acide carbonique, lequel est formé de toutes pièces au détriment du sucre pour son carbone et, peut-être, de l'air atmosphérique, de l'eau et du sucre, pour son oxygène. Ce gaz est exhalé dans toutes les circonstances que nous avons indiquées pour l'alcool, c'est-à-dire que, lorsque les plantes elles-mêmes donnent lieu à la production de l'alcool, il se forme également de l'acide carbonique; mais il peut arriver fréquemment que ce gaz se produise en même temps que diverses dégénérescences, sans qu'il se forme un seul atome d'alcool.

D. *Acide acétique.* — Il se produit constamment de l'acide acétique, toutes les fois qu'une plante saccharine subit la fermentation alcoolique. L'alcool se transforme très-facilement en *aldéhyde*, que le simple contact de l'air amène à l'état d'acide acétique.

E. *Mannite.* — La mannite ne se rencontre que très-rarement dans les produits dérivés du sucre de la canne, mais elle existe à peu près constamment dans les betteraves altérées qui ont subi un commencement de fermentation. Nous avons déjà parlé de ce corps.

Quelques chimistes professent à l'égard de la mannite des opinions tranchées, dont quelques-unes paraissent assez rationnelles; voici comment le docteur Sacc s'exprime à ce sujet :

« Quand une solution concentrée de *sucre quelconque* est abandonnée à elle-même dans un endroit chaud, elle s'altère et bientôt il s'y forme de belles aiguilles satinées de mannite $C^6 H^7 O^6$, qu'on retrouve dans les *miellées* ou sucs extravasés des feuilles de la plupart des plantes. La majeure partie de la manne du commerce est formée de mannite; *elle diffère des sucres en ce qu'elle ne fermente pas.* Du reste, son histoire est loin d'être complète ; *ce pourrait être une combinaison dont on n'a pas réussi à séparer les éléments.* D'après sa formule, la mannite serait un oxyde de la glycérine $C^6 H^7 O^5$ ou sirop de sucre des corps gras, dans lesquels elle joue le rôle de base. Ces deux corps se ressemblent par leur saveur sucrée, leur inaltérabilité et leur grande diffusion dans la plupart des plantes, dans les feuilles desquelles ils semblent se former, en même temps que les sucres, les viandes et les graisses. ».

Quoi qu'on pense de cette hypothèse, la mannite est un produit dérivé du sucre qui semble être spécial à la betterave, et cette racine est une des matières saccharifères dans lesquelles on doit le plus craindre les dégénérescences.

47

F. *Matière glaireuse.* — La substance visqueuse, filante, analogue au frai de grenouille, que l'on désigne sous le nom de *matière glaireuse*, accompagne toujours la mannite; mais l'on ne sait encore que très-peu de chose sur sa véritable nature. Si nous nous en rapportons à un certain nombre d'expériences qui ont eu cette substance pour objet, nous serions tenté de croire que la matière glaireuse, telle que nous la connaissons, est un mélange de deux substances distinctes, dont l'une dériverait immédiatement du sucre et se changerait en mannite, tandis que l'autre serait un produit de décomposition de la mannite elle-même. Nous n'affirmons cependant rien à cet égard, et cette hypothèse a besoin d'être justifiée par une expérimentation plus précise et plus rigoureuse [1].

G. *Acides lactique et butyrique.* — Ces deux dérivés du sucre appartiennent plus spécialement aux racines saccharifères, dans les produits de décomposition desquelles on les trouve presque toujours. Ceci est de toute exactitude pour l'acide lactique dont le butyrique n'est qu'un dérivé, et l'on peut dire, en thèse générale, que l'acide lactique se produit, dans la plupart des plantes, lorsqu'elles commencent à éprouver le mouvement fermentatif en présence des alcalis, des matières grasses, des ferments altérés... Il y a peu de circonstances où la production de l'alcool ne soit pas accompagnée d'un peu de dégénérescence lactique; mais les plantes riches en alcalis, en matières grasses, en gluten, sont celles qui offrent le plus souvent ce phénomène. Nous avons cru remarquer également que la présence de l'albumine soluble favorise ces réactions, et que ce corps donne souvent naissance à un ferment globulaire particulier, agissant très-énergiquement sur le sucre prismatique et sur les autres sucres, mais *trop faible* pour déterminer leur séparation en alcool et acide carbonique.

H. I. *Acide ulmique et ulmine.* — *Acide humique et humine.* — Ces produits de l'oxydation des matières sucrées sont de très-peu d'importance, car on n'a presque jamais lieu de les rencontrer dans les matières premières, mêmes lorsqu'elles sont très-altérées; mais cependant il nous a paru rationnel d'attribuer *en partie* à ces corps la coloration que les sucres éprouvent, sous l'influence de la chaleur, en présence des alcalis et à l'air libre principalement. En tout cas, toutes les matières végétales, aussi bien celles qui sont sucrées que les autres, fournissent des acides ulmique et humique, de l'ulmine et de l'humine, dans les dernières phases de la décomposition fermentative. Le terreau, l'humus, la tourbe, le bois et les plantes pourries en sont des exemples journaliers.

Ainsi, pour nous résumer brièvement, nous avons dit que le sucre

---

1. On pourrait rapprocher de la matière glaireuse la *gomme* produite par le ferment globulaire du vesou.

pur est inaltérable à l'air sec, et cela est exact en principe et en fait; mais les matières saccharifères sont sujettes à un grand nombre d'altérations, dont nous venons de mentionner les principales.

Nous avons vu que la *betterave* subit rarement la fermentation alcoolique dans les magasins, caves, celliers ou silos; mais, en revanche, elle éprouve facilement les dégénérescences mannitique et lactique et des causes peu importantes, en apparence, en déterminent la putridité. A partir du moment où les racines sont extraites du sol, on peut distinguer plusieurs groupes de faits aisément reconnaissables : ou la betterave n'est soumise à aucune influence de froid exagéré ou de chaleur humide, à aucune alternative d'actions destructrices, ou bien elle peut se trouver exposée à diverses réactions susceptibles d'altérer son tissu. Dans le premier cas, elle suit les phases d'évolution dont nous avons indiqué les bases, et elle marche progressivement du troisième âge au quatrième, suivant les divers états que nous signalons ici : 1° la *période d'engourdissement*, qui dure tout le temps que la betterave est soumise à une température supérieure au point de congélation et inférieure à $+8°$: pendant cette période, qui est assez longue, heureusement pour la fabrication, les racines conservent leur maximum de sucre prismatique et fournissent de bons produits; 2° la *période d'évolution*, qui commence à la fin de l'hiver, lorsque la température moyenne s'élève au-dessus de $+8°$, et que la vie végétale reprend son mouvement vernal... A cette époque, les gemmes commencent à se développer aux dépens du sucre prismatique; il se forme de la pectosine et de la fécule, et la plante entre dans la seconde phase de son existence; elle reprend les fonctions assimilatrices de la vie et commence ces fonctions par la transformation radicale du principe sucré.

Lorsque cette période est arrivée, on n'a plus un instant à perdre; si l'on manque des moyens nécessaires pour en arrêter les développements, chaque jour de retard constitue une perte et la diminution progressive du principe sucré cristallisable devient de plus en plus sensible. Il peut arriver, dans certaines conditions atmosphériques, lorsque le printemps commence de bonne heure par des chaleurs inusitées, que des racines qui présentaient une richesse de 0,10 à 0,11 tombent, en deux ou trois semaines, au-dessous de 0,04 ou 0,05; mais ordinairement cette diminution est un peu plus lente.

Dans le second cas, sous l'influence de froids excessifs suivis de dégels, en présence de l'eau et de l'air, lorsque les racines n'ont pas été récoltées dans de bonnes conditions de maturité, qu'elles ont crû dans une saison froide et pluvieuse, sous l'action d'engrais trop azotés, etc., il peut se présenter, dès les premiers jours qui suivent la récolte, une série d'altérations que l'on peut rapporter à ce qui a été exposé précédemment. L'épiderme des racines se ride et se fane; le sucre se convertit en acide lactique, en mannite, etc., et les matières soumises à ces altérations progressives deviennent de plus en plus difficiles à traiter et donnent des produits de moins en moins abondants... On conçoit, dès lors, toute l'importance qu'il convient d'attacher aux recommandations que nous avons faites relativement à la conservation des betteraves. Nous y renvoyons le lecteur, en insistant sur l'absolue nécessité de soustraire les matières saccharifères à toutes les influences contre lesquelles on possède des moyens d'action.

La *canne à sucre* renferme des principes destructeurs de la plus haute énergie, qui réagissent violemment sur le sucre, principalement en présence d'une élévation donnée de la température. Il se produit rapidement, dans ce cas, la série des phénomènes qui appartiennent à la fermentation alcoolique. Lorsque les cannes subissent des successions de gel et de dégel, les parties atteintes éprouvent une sorte de décomposition putride dont les produits réagissent promptement sur la matière sucrée des parties saines; enfin, les parties vertes des cannes, les amarres, les portions non parvenues à maturité complète déterminent l'altération du reste avec la plus grande facilité. Nous avons souvent observé, dans ces deux dernières circonstances, outre une matière gommeuse particulière, les dégénérescences lactique et butyrique, et même un certain nombre des produits de la fermentation ammoniacale.

Le *sorgho* peut présenter les mêmes altérations que la canne à sucre, surtout dans les contrées où la température est élevée, comme en Afrique, par exemple. Sous une latitude moins rapprochée de l'équateur, cette plante est beaucoup moins altérable que la canne, ce qui tient à deux causes principales. Le sorgho est d'un tissu plus dense que la canne; sa partie spongieuse est ferme et résistante, tandis que, dans la canne à sucre, cette portion médullaire est comme celluleuse et réticulée, en sorte que l'air pénètre plus difficilement dans la substance du sorgho. D'autre part, les ferments du sorgho sont moins acides et moins actifs que ceux de la canne, ou, plutôt, pour être plus exact, ils sont moins disposés à l'acescence. En tout cas, le sorgho est susceptible d'une assez longue conservation, ce qui n'a pas lieu pour la canne à sucre; il est d'une dessiccation facile, et les altérations dont nous avons entretenu le lecteur ne l'atteignent que s'il est conservé en masses considérables et dans un état incomplet de dessiccation. Il *s'échauffe* alors, subit les phases de la fermentation, jusques et y compris la décomposition ultime ou la putridité.

Le *maïs* n'a pas été étudié sous le rapport des altérations qu'il peut éprouver; mais il est rationnel d'admettre, *à priori*, qu'elles sont les mêmes que celles de la canne et du sorgho, lorsqu'il se trouve placé dans des circonstances identiques.

Les pertes en sucre prismatique, en sucre de fruits et en glucose, résultant des altérations dont nous venons de parler, sont indiquées dans le tableau suivant, dont il sera utile de consulter les données, lorsqu'on voudra apprécier la valeur actuelle d'une matière saccharine altérée.

Tableau des pertes en sucre représentées par l'unité de diverses substances.

CORPS DÉRIVÉS.	Perte en sucre prismatique.	Perte en sucre de fruits.	Perte en glucose.
Sucre de fruits.......	0,95	»	1,10
Glucose............	0,8636	0,90909	»
Alcool............	1,85869	1,95652	2,15217
Acide carbonique.....	1,94318	2,04545	2,25
Acide acétique.......	1,425	1,50	1,65
Mannite...........	0,8636	0,90909	1,00
Matière glaireuse.....	1,05555	1,1111	1,2222
Acide lactique.......	0,475	0,50	0,55
Acide ulmique.......	1,62859	1,714275	1,88567
Ulmine............	1,54886	1,630375	1,793446
Acide humique.......	1,63792	1,724125	1,89657
Humine............	1,52001	1,60	1,76003

NOTE C

OBSERVATIONS SUR LES SUCRATES.

Nous avons dit que l'étude des sucrates est encore très-incomplète, et nous croyons qu'elle est entièrement à refaire. Rien n'égale, en effet, la facilité avec laquelle le sucre dissout un nombre considérable d'oxydes métalliques, et cette réaction n'est pas un des moindres obstacles que l'on rencontre dans la pratique industrielle. Les dissolutions des bases dans le sucre ne sont autre chose que des sucrates, très-solubles, souvent même déliquescents, et il arrive qu'on ne peut dégager les bases de ces combinaisons sans en substituer une autre. Si, par exemple, on avait affaire à un sucrate dont la base serait insoluble dans une liqueur ammoniacale, on pourrait précipiter la base par l'alcali volatil ou par le carbonate d'ammoniaque ; mais il resterait dans la liqueur un sucrate ammoniacal dont les effets nuisibles seront à étudier.

De même, certains sucrates n'éprouvent qu'une décomposition partielle sous l'action de plusieurs réactifs; une partie de la base se précipite à l'état de combinaison insoluble, et le reste demeure à l'état de sucrate moins basique, très-soluble, et rebelle aux réactions précédentes.

Ainsi, soit donnée une solution de sucrate de chaux; si, dans cette solution, on fait passer un courant d'acide carbonique *jusqu'à refus*, on constatera la précipitation d'une forte partie de la chaux à l'état de carbonate, mais la liqueur filtrée ne sera pas encore neutre aux réactifs; elle précipitera abondamment par le carbonate d'ammoniaque, les carbonates alcalins et l'oxalate d'ammoniaque : d'où l'on doit conclure que l'acide carbonique n'exerce pas *toujours* son action sur la *totalité* du sucrate de chaux.

En résumé, nous pensons que le sucre se combine avec la plupart des bases métalliques et avec l'ammoniaque aussi bien qu'avec plusieurs bases organiques, et nous nous proposons de faire un jour les recherches chimiques nécessaires pour apprécier la valeur théorique et pratique de ces diverses combinaisons. On doit comprendre, *à priori*, que les alcalis n'étant précipités par aucune base usuelle, leur action et celle de l'ammoniaque sur le sucre ne peut être modifiée qu'autant qu'ils sont transformés en sels fixes, indécomposables aux températures qu'on peut faire éprouver aux sirops. Il faut redouter la présence, dans les liqueurs sucrées, des sels décomposables vers $+ 100°$, parce que ces composés nuisent au sucre, et par leur acide devenu libre, et par leur base, qui reforme un sucrate à mesure qu'elle s'isole : c'est ici le cas du sulfate d'ammoniaque qui se rencontre souvent dans les jus traités par certains procédés.

Les sucrates peuvent être rationnellement divisés, comme les autres sels, en sucrates *acides, neutres* ou *basiques*, et il est fort probable que, dans les premiers et les derniers, on rencontrerait des variations très-notables.

Il y a des sucrates peu solubles, comme celui de plomb, qui restent en dissolution à la faveur d'un acide, comme l'acétique; d'autres sont plus solubles à froid qu'à chaud, et réciproquement. Quelques-uns sont doués d'une très-grande solubilité : tels sont les sucrates alcalins et le sucrate d'ammoniaque; d'autres, enfin, sont solubles à l'état neutre, par exemple, et peu solubles à l'état basique. Toutes ces différences sont à étudier avec soin dans leurs rapports possibles avec la pratique industrielle.

La saccharimétrie chimique pourrait acquérir un haut degré de précision par la connaissance des sucrates métalliques insolubles; il suffirait de précipiter le sucre d'une solution à l'état insoluble, de laver le précipité, de le sécher et de le peser, pour connaître rigoureusement la proportion du sucre contenu dans la liqueur. On pourrait également prendre certains sucrates solubles pour point de départ, et déjà plusieurs chimistes se sont basés sur la décomposition des sucrates pour doser le sucre.

Nous ne disons pas qu'il n'y a pas de *sucrates insolubles*, nous dirons seulement que :

Nous avons fait des sucrates avec toutes les bases de toutes les sections métalliques et nous n'en avons trouvé aucun ayant pour caractère absolu l'insolubilité dans l'eau!

Ainsi, il n'est pas un seul sucrate qui ne soit plus ou moins soluble dans l'eau. Le *sucrate de plomb* est le moins soluble. Le *sucrate de baryte* n'est insoluble que dans les liqueurs barytiques, etc.

La plupart des sucrates sont insolubles dans les liqueurs alcooliques dont la richesse en alcool dépasse 65 0/0, en moyenne.

Ce que nous venons d'exposer très-sommairement n'a d'autre but que de prémunir les intéressés contre les tentatives de certains charlatans ou même de quelques inventeurs de bonne foi, aussi dangereux les uns que les autres, qui parlent à tout propos de sucrates insolubles, de sucre transportable et conservable à l'état de sucrate, de fabrication agricole, en ferme, sans outillage, etc.

Ce n'est là qu'un rêve, auquel la réalité donne un éclatant démenti dans l'état actuel de la science. Il est évident, cependant, que tel ou tel mode de traitement chimique *peut* conduire à l'obtention d'un sucrate insoluble; nous ne regardons pas ce résultat comme *absolument impossible*, mais nous affirmons que ce *desideratum* n'a pas encore été trouvé (1872), malgré les belles promesses de tant de génies incompris, qui font annoncer, dans les journaux à réclames, les choses les plus extraordinaires.

En fait, on aurait tout à gagner à la découverte d'un *sucrate insoluble, sérieusement insoluble*; car, outre le moyen de retirer entièrement le sucre des résidus de la fabrication, on aurait ainsi la possibilité de faire, en ferme, l'extraction de tout le sucre, en laissant, au champ producteur et à l'étable, tout ce qui n'est pas du sucre. Les conséquences d'une telle découverte seraient incalculables, mais elle reste à faire...

NOTE D

DES FERMENTS GLOBULAIRES ET DE LA MATIÈRE GOMMEUSE.

Des observateurs très-sérieux ont apporté une grande attention aux ferments globulaires et à la matière gommeuse que l'on regarde comme produite spécialement par ces ferments : nous sommes entièrement d'accord avec eux au sujet de l'importance pratique qu'il convient d'attacher aux ferments globulaires dont la prodigieuse activité peut détruire en peu de temps des quantités considérables de sucre, mais nous différons d'opinion au sujet de la nature même de ce ferment, et nous croyons devoir exposer notre pensée à cet égard, la théorie pouvant ici jeter quelque lumière sur des points obscurs de la pratique.

i° Le ferment globulaire ne préexiste pas dans les séves des plantes et l'on n'en aperçoit pas la moindre trace par des observations microscopiques attentives, faites sur le jus ou vesou, au moment même de son extraction. Les seuls ferments complets que l'on puisse y constater souvent sont les matières albuminoïdes insolubles, telles que le gluten, dont la propriété sur le sucre ne se développe que par un commencement de décomposition. Les autres ferments sont solubles et l'albumine en est le type le plus remarquable. On n'observe pas de trace d'organisation.

2° Sous l'influence de l'air extérieur, en présence du sucre et, probablement, de quelques sels, les matières albuminoïdes solubles s'organisent avec une extrême rapidité, et les liqueurs les plus limpides ne tardent pas à se troubler, ce qui est dû à la présence d'une multitude de petits corps sphéroïdaux qui présentent les phases les plus élémentaires de l'organisation. Ce sont ces petits corps que nous regardons comme le *ferment à l'état naissant*, et que l'on a nommés improprement ferments globulaires. Ces petits corps sont des utricules fermés de toutes parts, beaucoup plus sphériques que les globules de levûre et dans lesquels il est très-probable que l'organisation est encore incomplète. Ils se forment dans toute liqueur qui renferme du sucre, ou un corps hydrocarboné, en présence d'un principe albuminoïde soluble, au contact de l'air, et sous l'action d'une température variable, et nous en avons observé la présence dans les liqueurs les plus différentes de composition.

3° Ces ferments à l'état naissant donnent lieu, la plupart du temps, à des dégénérescences différentes des produits de la fermentation alcoolique, mais les deux produits les plus fréquents sont la matière gommeuse et la substance glaireuse. On trouve encore parfois de la mannite dans les produits de ces fermentations.

4° On ne sait encore rien de bien précis sur la nature réelle des matières gommeuse et glaireuse; mais tout porte à croire qu'elles ne sont que des modifications isomériques de la substance hydrocarbonée, car on n'y rencontre pas d'azote, à moins que les matières n'aient pas été convenablement purifiées.

5° Il est infiniment probable que ces altérations de la matière sucrée sont le point de départ d'une série de dégénérescences qui n'ont pas été suffisamment observées, et il se pourrait que, dans les plantes mêmes, si la transformation des principes hydrocarbonés en sucre liquide ou en glucose a lieu sous l'action du ferment dia-

statique, la matière albuminoïde ne soit pas sans influence sur le retour du sucre à l'état gommeux ou féculent.

6° La matière productrice du ferment globulaire se coagulant
par la chaleur ou devenant insoluble par sa combinaison avec la
chaux, on comprend la méthode pratique à suivre pour enrayer la
production du ferment destructeur. Il faut porter rapidement les
jus à une température assez élevée (+ 80° à + 100°), aussitôt leur
extraction, ou les soumettre à une purification convenable. Il vaut
beaucoup mieux, en effet, perdre un peu de sucre par la chaleur
et la purification, que d'en laisser détruire une quantité considérable par voie fermentative.

7° En se reproduisant dans un liquide sucré contenant des matières protéiques, le ferment globulaire devient le plus souvent
apte à produire la fermentation alcoolique.

NOTE E

SUR LE POLARISTROBOMÈTRE.

Nous avions pensé que l'expérience aurait fait la lumière sur
l'instrument de M. H. Wild, et qu'il nous serait possible de donner
à nos lecteurs une appréciation exacte de cet appareil que des éloges plus ou moins enthousiastes ont accueilli à sa première apparition. Nous ne sommes, malheureusement, pas en mesure d'exécuter complétement notre promesse, car il paraît démontré qu'il
reste encore bien des difficultés à vaincre pour régulariser l'emploi
du polaristrobomètre dans son application à la saccharimétrie.

Malgré l'habileté de l'inventeur, des difficultés de nature très-
diverse conduisent à cette conclusion actuelle que l'erreur en plus
ou en moins, dans la détermination d'un titre saccharin, peut s'é-
lever à 0,01 avec le polaristrobomètre, comme avec le saccharimètre de M. Soleil.

Nous n'en ferons donc pas de description et nous attendrons, pour
entretenir nos lecteurs de cet instrument, avec les détails qu'il
comporterait, que sa valeur soit parfaitement établie, ce qui ne
peut, d'ailleurs, tarder à arriver. Les difficultés d'établissement du
polaristrobomètre Wild étant relatives à la construction même, plutôt qu'aux bases scientifiques sur lesquelles elle repose, les opticiens
n'ont pas dit leur dernier mot, et nous espérons que, bientôt, l'application de la découverte de Savart finira par doter la sucrerie
d'un nouvel appareil de mensuration, dont les indications seront
portées à un haut degré de précision.

Dans tous les cas, ce résultat est fort désirable ; car, dans la situation faite au sucre, on ne saurait avoir trop d'exactitude dans la détermination de la richesse d'une matière première de la sucrerie, ou d'un produit définitif de cette industrie.

NOTE F

OBSERVATIONS SUR LA SACCHARIMÉTRIE.

« Plusieurs personnes nous ont adressé des objections sur la valeur des indications saccharimétriques. Parmi ces objections, il y en a qu'il serait absolument oiseux de reproduire ; mais il en est une dont la haute valeur ne nous avait pas échappé et que nous croyons devoir étudier avec quelques détails, afin de prémunir les agriculteurs et les fabricants contre les dires souvent exagérés, en plus ou en moins, de certains chimistes, qui font métier d'analyser les sucres et les matières saccharifères.

« Il existe très-souvent dans les jus, et même dans les sucres bruts, des substances qui réduisent le tartrate de cuivre dissous dans les alcalis ou qui ont une action *dextrogyre* ou *lévogyre* sur le plan de polarisation du rayon lumineux. N'y a-t-il pas là une cause d'erreur notable ? »

L'objection est fondée et la question, qui en est la conséquence, mérite une solution.

On sait qu'un très-grand nombre de matières organiques peuvent décolorer la liqueur cupropotassique et réduire le cuivre du tartrate, bien qu'une étude chimique spéciale et complète n'ait pas encore été faite et que l'on soit loin d'avoir examiné tous les corps solubles relativement à leur action sur le réactif de Frommherz. Le fait est reconnu par tous les observateurs, et nous n'en citerons que deux exemples.

L'*acide parapectique* réduit le tartrate de cuivre avec la plus grande facilité, et il existe, dans le *jus des oranges, au moins* une matière qui jouit de la même propriété à un très-haut degré. Il sera donc absolument impossible de juger la valeur en glucose des jus qui proviendront de plantes altérées, ayant éprouvé les modifications plus ou moins profondes de la matière pectique, et il y aura, probablement, un grand nombre de circonstances dans lesquelles on se trouvera en présence de corps très-différents, jouissant de la même propriété.

De même, au point de vue de l'action des corps sur le plan de polarisation du rayon lumineux, on sait que la dextrine, la gomme, le glucose, plusieurs acides et plusieurs bases organiques, divers sels, produisent une déviation de ce plan. Or, il résulte de ces faits que les résultats de la saccharimétrie chimique ou optique sont nécessairement viciés et entachés d'erreurs, lorsqu'il se trouve, dans les matières examinées, des substances actives, qui réagissent sur le réactif de Frommherz dans un sens ou dans l'autre, ou qui offrent une action quelconque sur la direction du plan de polarisation. On est exposé à exagérer le chiffre du sucre prismatique ou du glucose, malgré les soins et l'attention apportés à l'observation.

Pour échapper à ces causes d'erreur, il nous paraît absolument indispensable de se reporter à ce que nous avons dit (p. 99) sur le procédé d'essai des matières sucrées par élimination. Cependant, pour que l'action dissolvante de l'alcool soit plus sûre et que l'on ne soit pas exposé à avoir dans la solution alcoolique des matières actives différentes du sucre, il serait bon de faire une purification du jus ou de la solution à essayer :

1º Par le tannin;

2º Par l'acétate de plomb.

Après avoir chassé l'excès de plomb à l'état de sulfure, on prendrait les notations de saccharimétrie chimique ou optique sur la solution aqueuse ou sur le jus purifié; puis on contrôlerait ces notations par la richesse en sucre prismatique, en employant le traitement alcoolique de M. Péligot. Ce n'est guère que par l'ensemble de ces précautions que l'on peut garantir l'exactitude des indications relatives au dosage du sucre.

Il importe donc extrêmement de n'accorder qu'une confiance très-limitée aux chiffres fournis à la légère par certains analystes, car leurs données peuvent causer souvent un tort considérable au vendeur ou à l'acheteur d'une matière saccharine.

Nous prenons un exemple pour faire saisir la situation qui en résulte.

On trouve, dans 100 parties de canne, 17 de sucre cristallisable et 2 de glucose, par la réaction de la liqueur cupropotassique et par la vérification au saccharimètre. Cent parties de cette même canne, épuisées par l'eau, donnent un jus que l'on purifie comme il vient d'être dit, et les observations n'accusent plus que 16,5 de sucre et 1 de glucose. Le traitement de M. Péligot n'isole que 16 de sucre réel... N'est-on pas en droit de conclure qu'il existait dans la canne essayée des substances actives, étrangères au sucre, présentant les mêmes réactions que le sucre ou le glucose, et n'y aurait-il pas une double erreur dans la première indication? Le chiffre 17 de sucre prismatique n'est, en réalité, que 16; le chiffre 2 du glucose n'est que 1 au lieu de 2. Il en résulte que l'acheteur ne doit pas compter sur 17 centièmes, mais sur 16 centièmes de sucre prismatique, et que, si 2 de glucose devaient représenter 4 de résidus (sucre engagé et glucose) sous forme de mélasse, ce chiffre doit être réduit de moitié, en sorte que la valeur industrielle de la canne essayée est de 14 de sucre extractible, en dehors de l'action des sels et de l'influence des opérations, et 2 de mélasse. L'écart est assez grand pour qu'on y fasse attention et ces observations s'appliquent, avec une égale justesse, à la betterave et aux autres matières saccharifères ainsi qu'aux dissolutions de sucre.

NOTE G

OBSERVATIONS RELATIVES A LA DENSIMÉTRIE.

Nous avons étudié (p. 106 et suiv.) les principales questions qui se rapportent au dosage des sucres et à l'appréciation des jus sucrés par la densimétrie et nous avons cru devoir conclure, dans un sens très-étendu, contre l'importance attachée à cette appréciation. Nous avons dit que l'emploi des aréomètres en sucrerie repose sur une base fausse, et que ces instruments ne peuvent être exacts que si l'on opère sur des dissolutions de sucre pur, ce qui est parfaitement inattaquable. Il ne sera pas inutile d'ajouter ici quelques observations sur divers points de densimétrie dont l'examen peut servir à rectifier certaines idées trop accréditées :

1º Les indications aréométriques ne pouvant présenter de valeur incontestable que si l'on agit sur des jus purs, on diminuera les chances d'erreur, en prenant la densité sur les liquides purifiés par tous les moyens usuels. Ils doivent, au moins, être débarrassés des matières précipitables par les agents physico-chimiques, avant que l'indication aréométrique puisse être prise pour base d'appréciation.

2º Quelques chimistes se sont émus, après coup, paraît-il, de la *variabilité* de l'échelle de Baumé. Nous avons indiqué la solution de cette question, comme de bons esprits ont pensé devoir la résoudre. L'établissement d'une échelle, *dite de Baumé*, partant de l'eau distillée, à $+15°$, et allant jusqu'à 1842 de densité, pour le point 66º, qui répond au poids spécifique de l'acide sulfurique monohydraté $SO^3 HO$, nous semble de nature à satisfaire les plus difficiles.

Ajoutons, pourtant, que, même avec cette correction, il semble préférable d'abandonner tout à fait un instrument aussi mal compris qu'inutile, surtout lorsque l'on peut se servir d'un appareil aussi précis que le *décimètre centésimal*.

3º Une autre observation, moins sérieuse, cette fois, et à peine digne d'être remarquée, si elle ne pouvait conduire à de fausses conséquences, repose sur les éloges que l'on a prodigués à la densimétrie allemande, représentée surtout par l'aréomètre de Balling et les corrections de Brix. Il n'y a pas, vraiment, en tout cela, de quoi faire brûler tant d'encens, et les journaux français, technologiques ou scientifiques, auraient dû garder un silence prudent à cet égard, pour ne pas mériter au moins une accusation d'ignorance. Qu'on se serve, en Allemagne, de l'aréomètre de Balling, rien de plus naturel, et nous comprenons toutes les choses patriotiques, même les erreurs, sans vouloir, pourtant, les reconnaître comme des vérités.

Pour nous, l'instrument de Balling n'a été fait que pour créer un instrument germanique, à opposer au densimètre et à l'aréomètre de Baumé... Nous faisons volontiers abandon de ce dernier, mais nous disons que, malgré une apparence trompeuse, l'appareil allemand ne vaut pas mieux. On sait que, dans une dissolution de sucre pur, l'instrument de Baumé annonce, pour 1° degré, 0, 01743 de sucre (0,0185 pour la moyenne de l'échelle), et que celui de Balling indique 0,01 de sucre. Le chiffre centésimal de Balling est plus commode, nous en convenons, et cela ne paraîtra pas étrange, en France, où nous avons adopté la division décimale des nombres depuis longues années, mais les deux valeurs sont aussi illusoires l'une que l'autre. Il ne s'agit pas, en effet, de savoir ce que l'instrument indique dans une solution de sucre pur, mais de l'indication qu'il fournit pour une matière donnée. Or, cette indication est fausse, de toute nécessité, aussi bien pour l'aréomètre de Baumé que pour celui de Balling, puisque ces appareils ne donnent aucun renseignement sur les matières étrangères au sucre.

Ces matières sont tellement variables, quant à leur nature et à leur proportion, que les corrections de Brix ne présentent pas la moindre valeur. On ne peut, en effet, adopter un *coefficient de correction* que sur des éléments connus, et M. Brix n'a pu se baser que sur des hypothèses.

C'est que, en effet, en matière d'observation, il faut bien que les Allemands acceptent les faits, comme tout le monde, quelle que soit l'explication germanique qu'ils en donnent. Or, le fait qui domine tout dans la question est celui-ci :

Des sols différents, ou des sols identiques, emblavés avec les mêmes graines, produiront des racines *plus ou moins* riches en matières étrangères au sucre, selon la nature et la proportion des principes solubles qu'ils renferment, selon le mode de culture, la nature et la proportion des amendements et des engrais, selon que l'année sera sèche ou pluvieuse, etc., ce qui est reconnu par tous les observateurs.

Pour peu que l'on ait examiné des betteraves, on sait encore que le

différences d'espèces et de variétés présentent une très-grande influence sur la quantité des matières solubles différentes du sucre,
en sorte qu'il est *absolument impossible* d'établir, *à priori*, des chiffres qui représentent une teneur suffisamment exacte, pour les
matières dont nous parlons. Tout *coefficient de correction* sera donc
toujours *faux*, en ce sens qu'il ne peut être considéré que comme
une appréciation.

Nous n'attachons donc pas la moindre importance aux corrections de Brix, parce qu'elles ne peuvent pas être exactes et nous
préférons de beaucoup prendre la densité des jus purifiés que de
raisonner d'après des suppositions. Nous avons au moins, de cette
manière, la certitude de n'avoir que les sels alcalins comme causes
d'erreur en présence.

Il est certain que le *densimètre*, lui-même, ne peut donner d'indications absolues sur la valeur-sucre d'un jus, et qu'il en serait de
même de tous les instruments aréométriques. La question n'est pas
là. Elle repose sur l'inanité de cette prétention à faire adopter des
facteurs, des *coefficients* sans valeur, sous le prétexte de corrections
à des données problématiques. Un aréomètre n'indique pas le
quantum du sucre ; il marque la densité du liquide dans lequel on
le plonge, densité qui est sous la dépendance de *toutes* les matières
solubles qui y sont dissoutes. Il ne faut pas sortir de cette idée, si
l'on veut rester dans le vrai.

3° *Influence de la température sur les indications aréométriques.* —
Il est bien entendu que, les corps se dilatant par la chaleur et se
contractant par le froid, si les aréomètres sont établis à une température fixe de $+ 15°$, il y aura lieu à une correction d'indications, puisque les instruments accuseront une densité apparente
trop considérable au-dessous de $+ 15°$ et un résultat trop faible au-
dessus de ce point.

Nous avons trouvé, expérimentalement, que le coefficient de correction égale, par degré de température au-dessus ou au-dessous
de $+ 15°$, la fraction $0°, 346613...$ pour les indications du densimètre et la fraction $0°,05$ pour l'échelle de Baumé. Il en résulte les
éléments de la table de correction suivante, qui a été établie
pour les diverses températures de $0°$ à $+ 105°$, et de $5°$ en $5°$ B de
densité[1].

---

1. La densité réelle est celle que présenterait la liqueur essayée à $+ 15°$ de température.

TABLE DE CORRECTION

des indications aréométriques de l'échelle de Baumé de 5° à 50° et de
0° à + 105° de température.

TEMPÉRATURES.	DENSITÉS APPARENTES.									
	5°	10°	15°	20°	25°	30°	35°	40°	45°	50°
	Densité réelle.	Densité réelle.	Densité réelle.	Densité réelle.	Densité réelle.	Densité réelle.	Densité réelle.	Densité réelle.	Densité réelle.	Densité réelle.
degrés.	0	0	0	0	0	0	0	0	0	0
0	4,25	9,25	14,25	19,25	24,25	29,25	34,25	39,25	44,25	49,25
5	4,50	9,50	14,50	19,50	24,50	29,50	34,50	39,50	44,50	49,50
10	4,75	9,75	14,75	19,75	24,75	29,75	34,75	39,75	44,75	49,75
15	5,00	10,00	15,00	20,00	25,00	30,00	35,00	40,00	45,00	50,00
20	5,25	10,25	15,25	20,25	25,25	30,25	35,25	40,25	45,25	50,25
25	5,50	10,50	15,50	20,50	25,50	30,50	35,50	40,50	45,50	50,50
30	5,75	10,75	15,75	20,75	25,75	30,75	35,75	40,75	45,75	50,75
35	6,00	11,00	16,00	21,00	26,00	31,00	36,00	41,00	46,00	51,00
40	6,25	11,25	16,25	21,25	26,25	31,25	36,25	41,25	46,25	51,25
45	6,50	11,50	16,50	21,50	26,50	31,50	36,50	41,50	46,50	51,50
50	6,75	11,75	16,75	21,75	26,75	31,75	36,75	41,75	46,75	51,75
55	7,00	12,00	17,00	22,00	27,00	32,00	37,00	42,00	47,00	52,00
60	7,25	12,25	17,25	22,25	27,25	32,25	37,25	42,25	47,25	52,25
65	7,50	12,50	17,50	22,50	27,50	32,50	37,50	42,50	47,50	52,50
70	7,75	12,75	17,75	22,75	27,75	32,75	37,75	42,75	47,75	52,75
75	8,00	13,00	18,00	23,00	28,00	33,00	38,00	43,00	48,00	53,00
80	8,25	13,25	18,25	23,25	28,25	33,25	38 25	43,25	48,25	53,25
85	8,50	13,50	18,50	23,50	28,50	33,50	38,50	43,50	48,50	53,50
90	8,75	13,75	18,75	23,75	28,75	33,75	38,75	43,75	48,75	53,75
95	9,00	14,00	19,00	24,00	29,00	34,00	39,00	44,00	49,00	54,00
100	9,25	14,25	19,25	24,25	29,25	34,25	39,25	44,25	49,25	54,25
105	9,50	14,50	19,50	24,50	29,50	34,50	39,50	44,50	49,50	54,50

4° En fait, la question de densité réglant l'assiette de l'impôt et
la plupart des appréciations pratiques reposant sur cette base, on
s'est appliqué à dresser une foule de tables, qui n'offrent, en somme,
que des approximations, puisque la proportion des sels solubles
varie considérablement dans les jus, ainsi que la teneur en substances solubles étrangères au sucre.

Les données des chiffres fournis n'ont rien d'absolu et l'on ne
saurait trop répéter qu'elles se rapportent aux dissolutions du sucre
dans l'eau, à une température précise, et que, hors de ces faits, on
tombe dans les approximations.

Nous reproduisons encore la table suivante que nos lecteurs pour
ront consulter avec intérêt, sous la réserve des observations précédentes relatives à l'influence de la température.

Table des densités et proportions de sucre dans des solutions
à + 15 degrés.

SUCRE.	EAU.	DENSITÉ.	DEGRÉS Baumé.	VOLUME.	SUCRE DANS	
					100 litres.	100 kilogr.
kil.	kil.			litres.	kil.	kil.
100	50	1345,29	37 »	111.40	89,68	66,60
»	60	1322,31	33,75	121 »	82,64	62,50
»	70	1297,93	32 »	134 »	76,35	58,80
»	80	1281,13	30,50	140,50	71,17	55,50
»	90	1266,66	29 »	150 »	66,66	52,60
»	100	1257,86	27,25	159 »	62,88	50 »
»	120	1222,22	25 »	180 »	55,55	45,40
»	140	1200 »	22,50	200 »	50 »	41,60
»	160	1187,21	21 »	219 »	45,66	38,40
»	180	1176,47	19,50	238 »	42 »	35,70
»	200	1170,72	18,50	256,25	39 »	33,30
»	250	1147,54	16 »	305 »	32,70	28,50
»	350	1111,11	12,50	405 »	24,60	22,20
»	450	1089,10	10,15	505 »	19,80	18,10
»	550	1074,38	8,50	605 »	16,50	15,30
»	650	1063.83	7,50	705 »	14,18	13,30
»	750	1055,90	6,50	805 »	12,42	11,70
»	945	1045 »	5 »	1000 »	10 »	9,50
»	1445	1030 »	3,50	1500 »	6,66	6,40
»	1945	1022,05	2,50	2000 »	5 »	4,80
»	2445	1018 »	2 »	2500 »	4 »	3,30
»	2945	1015 »	1,75	3000 »	3,33	3,20

NOTE II

COMPLÉMENT A L'ÉTUDE DES ENGRAIS. — DES MÉLANGES VILLE.

La saine théorie, d'accord avec l'expérimentation culturale, vient dire à l'agriculteur : « Ayez un sol sain, perméable, de bonne composition moyenne, *riche en humus*, contenant les sels minéraux solubles, ou pouvant devenir solubles, utiles ou nécessaires à la plante que vous voulez cultiver, et vous êtes en face des conditions normales du succès, sous la réserve des circonstances climatériques, auxquelles vous ne pouvez rien. »

Elle ajoute : « Le principe sur lequel vous devez vous baser, pour entretenir la richesse de votre sol, consiste à lui *restituer* ce que les récoltes lui enlèvent, et à le maintenir constamment dans le même état au point de vue de sa composition, de sa richesse en humus et de sa teneur en matières minérales utiles. »

Elle proscrit, dans les cultures spéciales, tout ce qui est nuisible aux qualités de la plante cultivée et à celles du produit qu'on veut en extraire...

Mais il paraît que toutes ces choses rationnelles sont des utopies, et que les marchands de poudres à tout faire sont seuls dans le vrai.

Nous ne nous opposons certes pas à ce qu'un individu quelconque se fasse duper; cependant, lorsque la chose dépend de nous, lorsque nous y voyons un devoir, nous l'avertissons du péril où il court, nous cherchons à lui démontrer son véritable intérêt et combien peu méritent de créance les inventeurs ou vendeurs de *quintessence d'engrais*. Nous n'y pouvons rien de plus; mais, comme nous ne vendons ni guano, ni engrais concentrés, ni phospho-guano, ni engrais salins, allemands, français, ou mixtes, nous ne cherchons que la vérité d'application, par tous les moyens possibles, et nous préférons le plus humble des fermiers aux plus bruyants de tous les chasseurs d'illustration.

Nous dirons donc encore la vérité sur quelques questions relatives aux engrais, sans nous soucier des diatribes et des haines que nos paroles pourront nous susciter. Lorsqu'on est parvenu à un âge assez avancé pour avoir l'expérience des hommes, on ne compte plus avec ces choses-là, qui sont, au fond, de peu d'importance. En un mot, nous ne parviendrions à convaincre qu'un seul agriculteur, cultivateur de plantes à sucre, et à lui faire sentir que les plus grands ennemis de la plante sucrière sont le *guano* et les *engrais alcalins* (?), que nous nous applaudirions du résultat, en dépit des rancunes de la potasse et de ses partisans.

C'est ici le lieu de nous occuper d'une doctrine bizarre qui a fait et qui fait encore trop de bruit, et dont la pernicieuse influence peut conduire à d'incalculables désastres. Nous voulons parler de ce qu'on a désigné sous le nom de *Méthode de M. G. Ville...*

Nous n'avons pas à faire l'histoire de M. Ville, ni des voies par lesquelles il est arrivé à une sorte de célébrité; ce serait là une question d'individualité qui ne nous regarde pas; mais nous avons le droit de dire, dans l'intérêt même de la sucrerie, que, dans le bagage de M. Ville, sa *doctrine des engrais* est ce qui lui appartient peut-être le moins, car elle n'est qu'une copie de certaines théories allemandes. C'est un emprunt fait au professeur de Giessen, à peu près comme les premières idées de M. G. Ville, sur l'absorption de l'azote par les végétaux, étaient la reproduction des premières théories de M. Boussingault, que le savant chimiste avait déclaré être erronées, après examen sérieux et vérification expérimentale. Ces assertions sont dures, peut-être; mais elles sont vraies et personne ne songera à les contester, si l'on prend la peine de vérifier l'his-

toire scientifique de ces questions, en remontant jusque vers 1852...
Nous devions les indiquer brièvement avant d'exposer les faits relatifs aux engrais potassiques.

D'autre part, l'expérience agricole et le bon sens nous avaient
fait croire : 1° que les fumiers d'étable forment l'*engrais complet* par
excellence, l'engrais restituant au sol la presque totalité des matières
soustraites ; 2° que les engrais azotés sont nuisibles aux plantes
sucrières ; 3° que les fumures directes nuisent également aux végétaux sacchariféres. Nous n'avions vu dans ces faits qu'une raison
déterminante pour donner au sol une forte fumure réparatrice, en
prenant la précaution d'éloigner cette fumure de l'année de culture
des plantes à sucre ; nous avions compris la nécessité même de
l'emploi des sels minéraux, *en due proportion*, dans le but de maintenir la couche arable dans une composition identique et nous pensions être ainsi dans le vrai pratique et rationnel.

Des milliers d'observateurs agricoles ont jugé et pensé de la
même manière.

M. Dubrunfaut, dont nous avons toujours reconnu le talent et le
mérite, bien que nous ne partagions pas toutes ses opinions, a dit,
quelque part, avec juste raison :

« Il est d'observation positive que les fumiers, qui sont l'un des
grands moyens de l'agriculture perfectionnée, augmentent prodigieusement la quantité des récoltes. Pour la vigne, pour la betterave à sucre, les fumiers, en augmentant la quantité, altèrent les
qualités du raisin et de la betterave considérés comme matières premières de la fabrication du vin et du sucre. Telles sont les observations qui ont justifié... la décision du congrès des vignerons de
Dijon, touchant la *proscription des engrais azotés*. Ce sont encore de
pareilles observations qui ont conduit à *proscrire les fumures directes* sur les terres assolées dans les années d'emblavement en betteraves à sucre... »

Voilà donc qui est bien entendu et M. Dubrunfaut est d'accord
avec la marche que nous avons toujours recommandée : point d'engrais azotés, pas de fumures directes sur les plantes sucrières !
Est-ce à dire pour cela que M. Dubrunfaut soit partisan des engrais
potassiques ? Non certes, car nous lisons dans une lettre adressée
par cet observateur à la *Sucrerie indigène* [1] :

« Il serait donc profondément erroné d'attribuer exclusivement,
comme on se plaît à le faire, le succès et les profits de ces nouvelles fabriques à leurs procédés ou à leur riche installation et, si
l'on en excepte les sucres blancs qui constituent un privilége tem-
poraire, le reste vient exclusivement de la *richesse* des *racines*, et
cette richesse est liée, *non pas à la présence de la potasse*, mais bien

---

1. 5 mai 1867.

au mode de culture, qui n'a pas encore exagéré les rendements agricoles par des engrais abondants.

« Je crois, en effet, pouvoir affirmer qu'*il est scientifiquement inexact d'expliquer la supériorité de richesse saccharine ci-dessus mentionnée par la potasse*. Cette potasse ne manque nullement aux racines du Nord ; le sol et les engrais leur en fournissent en abondance, et même *trop* pour leur valeur saccharine, ce qui est démontré par la *grande quantité de mélasses* produite et par le *titre en potasse* de ces mélasses, constaté par l'incinération des vinasses et par les transactions du commerce. *Les meilleures betteraves pour l'industrie sont celles qui sont les plus riches en sucre et les plus pauvres en potasse*, voilà la vérité ; il reste à savoir ce qui convient le mieux aux intérêts combinés de l'agriculture et de l'industrie. Quant au *nitre* qu'on a préconisé comme *engrais azoté pour la betterave à sucre*, c'est une autre *erreur* contre laquelle proteste la physiologie, l'analyse et l'expérience acquise de faits bien observés. »

Cette manière de voir de M. Dubrunfaut, que nous avons louée souvent, sans jamais chercher à le flatter, que nous avons critiquée parfois, lorsque la critique nous a paru juste, l'opinion de M. Corenwinder sur le guano, sur la potasse, etc., nous mettent plus à l'aise pour l'étude de ce que M. G. Ville appelle, bruyamment, sa méthode, son engrais complet, etc., puisque nous partageons cette manière de voir et cette opinion, que nous n'en avons jamais changé, et que, si nous nous trompons, ce sera en bonne compagnie. Mais nous sommes loin de nous tromper, comme nous allons le faire voir, et il vaudrait mieux, pour beaucoup d'aveugles, que nous fussions seul dans l'erreur.

Avant d'entrer dans l'examen de la question, disons que nous ne connaissons pas M. G. Ville, que nous ne l'avons entrevu qu'une seule fois, au jardin d'expériences du Muséum, lorsqu'il organisait ses expérimentations sur l'absorption de l'azote, et que nous n'avons jamais eu avec lui de rapports quelconques. Ceci a pour but d'établir que, de notre part, il n'y a pas de motif personnel en jeu et que, du moins, M. G. Ville ne pourra pas nous adresser les arguments dont il s'est servi contre un de ses critiques.

Nous avions résolu, pour des motifs de convenance et de dignité personnelle, par respect pour nous-même, en un mot, de ne pas nous occuper de M. G. Ville, ni de ses expériences, ni de ses engrais, ni de sa méthode, lorsqu'une circonstance vint, en avril 1867, nous forcer à sortir de ce rôle de spectateur silencieux et attentif. Il s'agissait d'empêcher l'introduction, à Maurice, par un marchand de l'île, retiré momentanément en France, des fatales doctrines de M. G. Ville et, sur la demande réitérée d'un de nos anciens élèves, fabricant de sucre et planteur de cannes à l'île Maurice même, nous publiâmes, dans les *Annales du Génie civil*, les appréciations suivantes que nous reproduisons textuellement :

« *Note sur l'engrais chimique de M. G. Ville.* — On s'entretient beaucoup dans les pays sucriers, à l'île Maurice en particulier, de l'engrais de M. G. Ville. Il est à craindre que les planteurs, abusés par les chatoyantes couleurs du prospectus à distance, ne prennent les affirmations de M. Ville pour des observations, et sa confiance en lui-même pour de la science. Le même résultat est à redouter pour les agriculteurs français eux-mêmes, pour ceux surtout qui s'adonnent à la culture de la betterave; car, ici, comme dans beaucoup d'autres lieux, il est rare que l'on fasse, en temps utile, l'examen critique, sérieux, de ces choses merveilleuses; on attend que leur auteur, que leur *inventeur* ait fait du *mal*, et l'on s'insurge contre le mal qui est fait. Ne vaut-il pas mieux le prévenir, ce mal, que de le laisser faire, et ne vaut-il pas mieux mille fois faire une petite peine d'amour-propre à un individu que de laisser compromettre les intérêts d'un grand nombre?

« Ces réflexions m'engagent à soumettre les observations suivantes à qui de droit sur l'engrais chimique, dit *complet*, dit de *M. Ville*; mais je dois à la vérité de dire avant tout combien je prise la manière de procéder de l'auteur, malgré toute mon aversion pour son produit. M. Ville, en effet, ne nous apporte pas un *phospho-guano* mystérieux, une *poudre noire* ou *jaune* en petits ou gros sacs; il nous dit ce qu'il emploie, il nous apprend son dosage, et jusqu'à un certain point, il va au-devant de la discussion.

« Tant mieux! cela met plus à l'aise, et l'on sait au moins à quoi s'en tenir.

« Voici ce que dit M. Ch. Feyt, ancien *négociant* à Maurice, dans une lettre adressée de Paris à M. le Président de la chambre d'agriculture de Port-Louis :

« ..... Le résumé de la théorie de M. Ville, *démontrée en grand* par la pratique à Vincennes, est celui-ci : que *l'on peut rendre toujours la terre fertile, cultiver toujours la même plante sans épuisement du sol* par l'emploi *judicieux* de l'*engrais* chimique suivant :

Pour un hectare :

Nitrate de soude........	500 kil. coûtant........		200 fr.
Phosphate de chaux.....	400	—	80
Potasse raffinée........	200	—	190
Chaux éteinte..........	200	—	2
	1,300 kil.		472 fr.

« Soit, 1,000 kilog. ou un tonneau, pour 363 francs. Nous avons déjà à Maurice le guano du Pérou, qui contient le sulfate d'ammoniaque et le phosphate de chaux ; en y ajoutant la potasse raffinée et la chaux éteinte, on aura parfaitement l'engrais chimique préconisé par M. Ville. Alors, pour en faire la quantité nécessaire à un hectare, il faudrait :

Guano du Pérou........	600 kil. coûtant.......	188 fr.
Potasse raffinée........	200 —	190
Chaux éteinte.........	200 —	2
	1,000 kil.	375 fr.

« Comme il est préférable de remplacer la potasse épurée par le nitrate de potasse (salpêtre), ne coûtant que 120 fr. les 200 kilog., on obtiendrait une économie de 70 fr. pour 1,000 kilog. d'engrais ; on dépenserait donc 75 piastres pour fumer un hectare, soit 10,000 mètres, ce qui donnerait 32 piastres 70 par arpent de Maurice, de 4,360 mètres, ou bien 61 p. seulement par hectare en employant le salpêtre. Ce sont des *prix élevés* à première vue, mais si l'on considère le rendement obtenu :

« Comme *en Égypte*, sur les cannes à sucre, 114,000 kilog. de cannes effeuillées, par hectare, contre 69,000 kilos,

« Comme *à Vincennes*, sur les blés plantureux, 46 hectolitres par hectare contre 11 hectolitres,

« Et la durée d'une telle *fumure* qu'on ne renouvelle en Europe que la troisième ou la quatrième année,

« On retrouvera que le prix de revient, par arpent, ne serait plus que de 11 piastres par année, pour trois années, ou de 8 piastres par année si son efficacité devait durer quatre ans... *Il paraît* qu'avec l'engrais de M. Ville on a obtenu de beaux résultats dans les landes de Bretagne et de Gascogne, et même ailleurs... »

« Je n'ai pas besoin de faire remarquer au lecteur la parfaite incompétence de M. Ch. Feyt dans une appréciation de ce genre ; personne, à Maurice, ne le prendra pour un agriculteur, et il ne suffit pas d'avoir de bonnes intentions en agriculture ; il faut savoir. Je ne mets pas en doute les bonnes intentions de M. Ville lui-même, bien que je sois en droit, comme tout bon lecteur attentif, de me demander ce qu'il sait réellement, en présence de cet *engrais fantastique* ; mais, à tout à l'heure et chaque chose en son temps.

« M. Ch. Feyt trouve encore que, si le guano ne donne plus à Maurice les résultats d'autrefois, s'il a même *appauvri le sol*, comme on le craint, c'est qu'il lui faut *absolument* une addition de potasse raffinée, ou de salpêtre et de chaux éteinte pour rendre les terres très-fertiles de nouveau.

« Il est impossible de ne pas trouver dans cette appréciation une absence peu commune de logique agricole.

« Enfin, d'un ensemble de questions posées à M. G. Ville par M. Ch. Feyt, toujours, il résulte des réponses *écrites* que j'analyse très-sommairement, afin de ne rien livrer à l'incertitude.

« Pour obtenir le splendide *résultat égyptien* cité plus haut, M. Georges Ville a employé l'engrais complet avec 50 kilogrammes d'azote ou 200 kilog de sulfate ammoniacal ; 2° cette expérience n'a qu'une année de date ; 3° quand on veut que l'*engrais soit effi-*

cace pendant plusieurs années, on le compose ainsi : phosphate *acide,* 600 kilog.; potasse raffinée, 300 kilog.; chaux, 300 kilog.; nitrate de soude, 300 kilog.; 4° le salpêtre, qui renferme 47 p. 100 de potasse et 14 p. 100 d'azote, peut remplacer la potasse épurée et le nitrate de soude ; 5° et 6° on achète le phosphate de chaux et la potasse raffinée *chez Bourdon,* 2, *place Royale,* à Paris ; 7° on peut utilement employer à la fabrication de ces deux agents les *bagasses,* leurs *cendres,* les *grosses mélasses* et les *résidus* de leur distillation ; 8° et 9° en ajoutant de la potasse et de la chaux éteinte au guano du Pérou, dans les proportions suivantes pour un hectare : guano, 600 kilog. ; potasse raffinée, 200 kilog ; chaux éteinte, 200 kilog., on aurait *l'engrais complet,* pour lequel il serait avantageux de remplacer la potasse épurée par le nitrate de potasse ; 10° la chaux, provenant de la calcination des coraux ou madrépores, peut servir *parfaitement* pour la composition de l'engrais complet ; 11° et 12° enfin, M. Ville ne saurait fixer le prix de revient d'un hectare de terre plantée en canne à sucre, en Égypte ; il ne donne pas non plus de raison pour l'évaluation du bénéfice *net* de 5,000 fr. par hectare, bien qu'il considère que la mélasse paye *presque* les frais de culture et d'exploitation.

« Le *presque* est joli, et je vais m'en défaire au plutôt, comme d'un non-sens embarrassant.

« Soit une récolte *accusée* de 114,000 kilog. de cannes ; le produit moyen à Maurice est de 5,4 de sucre p. 100 et 2,3 p. 100 environ de grosse mélasse ou l'équivalent en mélasse. Ce chiffre donne 2,622 kilog. de mélasse qui vaut, toujours à Maurice, de une piastre à 1 p. 2, soit 6 fr. les 100 kilog., ensemble 157 fr. En France, même au prix actuel de 10 fr., cette mélasse vaudrait 262 fr. 20.

« Je le demande à M. G. Ville, le savant professeur : deux ans de culture, nécessaires à la canne, comprennent déjà les 2/3 du prix de son *engrais,* soit 256 fr. 66. Au prix de la mélasse à Maurice, il serait déjà en déficit de 99 fr. 66, et il devrait ajouter à cette somme la main-d'œuvre, la nourriture des travailleurs, etc. ; au prix de la mélasse en France, il ne lui resterait en bonification que 5 fr. 54. Où a-t-il pu trouver cette fameuse considération que la mélasse paye *presque* les frais de culture et d'exploitation? Il a fort heureusement ajouté le correctif élastique *presque;* mais il n'en est pas moins vrai qu'en France il n'irait pas loin avec 5 fr. 54 d'actif, et qu'il irait moins loin encore à Maurice ou en Égypte avec un déficit de 99 fr. 66.

« Voilà bien les résultats de cette brutale question de chiffres, à laquelle nos savants expérimentateurs en vases clos ne me paraissent pas apporter une attention suffisante. Enfin, on peut commettre un *lapsus,* même très-gros, et M. G. Ville en a presque le droit. Voici maintenant quelque chose de plus sérieux, de plus anticultural encore que cette *mesquine* question de prix de revient.

« M. G. Ville appelle et fait appeler le mélange cité plus haut un engrais, le *sien*, un *engrais complet;* il le conseille pour *sucre* et pour autre chose encore dans les landes et ailleurs; il prétend que l'*emploi judicieux* de cette composition *rend toujours la terre fertile,* qu'il permet de *cultiver constamment la même plante sans épuiser* le sol; qu'on récolte avec cela 114,000 kilog. de cannes effeuillées *en Égypte,* et 46 *hectolitres* de froment *à Vincennes.* Il est vrai que je ne m'explique pas très-bien l'emploi du *sulfate d'ammoniaque* en Égypte, ni le pourquoi du *phosphate acide,* eu égard à son prix de revient et à autre chose que je dirai tout à l'heure; je ne saisis pas très-bien que l'on doive se procurer le phosphate et la potasse chez M. Bourdon, malgré toutes les excellentes qualités de cet honorable courtier de commerce; mais, de plus, ma tête est trop rebelle pour comprendre qu'il faille incinérer les *bagasses* et les *mélasses* ou les *résidus* plutôt que d'en faire directement de l'humus.

« Voilà l'ensemble. Je vais aborder maintenant les détails comme chimiste et comme enfant du sol, en priant M. Ch. Feyt de me pardonner, si je ne lui réponds pas immédiatement et personnellement au sujet de l'*appauvrissement* de la terre par le guano du Pérou et de la nécessité de la *refertiliser* par l'engrais Ville; la réponse scientifique se trouvera confondue dans les observations que j'ai à faire sur l'engrais de l'éminent professeur.

« Et d'abord, M. Ville appelle et fait appeler cela un *engrais.*

« J'avoue que, si je n'avais l'honneur d'être Français, j'aurais celui d'appartenir à une autre nation quelconque, ce qui est axiomatique; mais que, dans ce dernier cas, je ne pourrais me faire une idée bien large de la science française, en entendant un professeur du Muséum, un de nos illustres, donner le nom d'engrais à cette chose, à ce mélange. Comme je suis Français, j'aime mieux croire que M. Ville n'a jamais su la signification du mot *engrais,* et que surtout, depuis 1858, en raison des moyens d'action mis à sa disposition, il n'a pas eu le temps de l'apprendre.

« Je me vois donc forcé d'en dire un mot, pour atteindre mon but, lequel est d'apprendre aux planteurs, aux fabricants de sucre principalement, ce qu'ils doivent *craindre* ou *espérer* de la composition de M. Ville.

« Un engrais est une substance *assimilable* par le végétal, soit immédiatement, soit à la suite de certaines transformations qu'elle peut subir dans le sol.

« Tout est là, dans ce mot *assimilable,* transformable en l'essence même de la plante. Je le demande à M. Ville lui-même : croit-il, en conscience, que *ses* quatre sels soient assimilables ? Il me répondra affirmativement, par la raison que l'on trouve de la soude, de la potasse, de la chaux, du phosphore et de l'azote dans toutes les plantes, en proportion assez faible, il est vrai, mais qu'on en trouve. Je suis d'accord; il faut de la chaux, de la potasse, de la

soude, du phosphore aux plantes; mais il leur en faut comme il
nous faut de la chaux, du fluor, du phosphore, du soufre, du
fer, etc., à nous-mêmes, pour des besoins accessoires, des besoins
d'à côté, pour la formation de la portion résistante ou du squelette. C'est ainsi que la canne à sucre et toutes les graminées ont
besoin de silice. Cela est exact; mais, si jamais M. Ville a analysé
un sol, de composition moyenne, il y a trouvé la chaux, la potasse,
la soude, le phosphore, en quantité fort suffisante, puisque les
plantes s'en contentent. Chacun sait cela. Ces matières font partie
intégrante du sol; la chaux s'y trouve dans son carbonate et les
marnes calcaires; la potasse est formée par les argiles au moins,
la soude par son chlorure, le phosphore et même le soufre par les
débris organiques; ce dernier encore par les sulfates et les sulfures; les plantes y trouvent même du fer dont elles ont besoin
pour la *fabrication* de leur chlorophylle, — et que M. Ville a oublié
dans sa composition.

« Ce mélange n'est donc que l'addition d'un excès de *matières
minérales* ajoutées à un sol qui en contient déjà, qui en a peut-être
besoin, qui en a peut-être assez. Mis à part le sulfate d'ammoniaque, sur lequel je reviendrai, et l'acide nitrique des nitrates, lesquels fournissent de l'*azote*, tout cela est *minéral*. Que M. Ville
consulte tous ceux qui ont écrit sur l'agriculture, sans rire, dans
les époques sérieuses où nous avions des hommes forts, qui étu-
diaient la science des champs pour la connaître, et il verra que sa
composition est un *amendement minéral* et non pas un *engrais*.

« Il serait puéril d'en dire davantage à ce sujet. M. Ville a raison
d'appeler *sienne* cette composition, s'il applique ses paroles à son
dosage, et encore; pour tout le reste, elle est à tout le monde,
vient de tout le monde, a été essayée par tout le monde. Je ne sais
rien de plus intéressant à lire que les *expériences agronomiques* de
M. Kuhlmann; quelques écrivains agricoles plus anciens, les Chaptal, les Gasparin et autres, M. Mohl de notre temps, les écrits de
M. P. Joigneaux, ceux de Pierre Bujault, de MM. Isidore Pierre et
Malaguti, un peu de vraie chimie en sus et surtout de la pratique
et de l'observation culturales, voilà les sources où l'on apprend ce
que c'est qu'un engrais et si cet engrais est ou non une création
de M. Ville.

« Voici venir le grand mot des hommes d'engrais; M. Ville,
malgré sa science, ne l'a pas plus évité que les autres : la chose
en question, il l'appelle un *engrais complet*. On ne peut être plus
modeste.

« Un instant cependant, avant de se prononcer. Supposons que
la composition de M. Ville soit un engrais, ce qui n'est pas, et
voyons ce qu'il faut pour faire un *engrais complet*, c'est-à-dire *un
mélange tel de substances assimilables par les plantes qu'il restitue au
sol tout ce que la plante récoltée lui a enlevé*. Qu'on me permette de

prendre la canne à sucre pour exemple, puisque M. Ville veut bien donner ses conseils aux cultivateurs de plantes à sucre.

« La canne renferme, *en moyenne*, lorsqu'elle est mûre :

Eau de végétation		71, »
Sucre		18, »
Albumine, etc.		0,66
Matière grasse		0,40
Cellulose et congénères		9,56
Chlorure de potassium	0,048	
Sels : Sulfate de potasse	0,062	0,208
Sulfate d'alumine	0,098	
Silice		0,165
Oxyde de fer		0,007

sur 100 parties pondérales.

« Cette analyse veut dire : 1° que la canne prend de la potasse, du chlore, du soufre, de l'alumine, de la silice et de l'oxyde de fer ; mais *pas de chaux, pas de phosphore, pas de soude*, ce qui rend inutile d'autant l'*engrais complet* de M. Ville. Mais cette même analyse veut dire aussi autre chose. Elle signifie beaucoup même, avec le résultat égyptien de 114,000 kilog. Elle veut dire qu'une récolte de cannes, abstraction faite des feuilles et des flèches, dont je ne parle que pour mémoire, a enlevé en tout :

Eau de végétation	80,940^k.
Sucre	20,520
Matières azotées	752 40
Matière grasse	156
Cellulose et congénères	10,898 40
Chlorure de potassium	54 72
Sulfate de potasse	70 68
Sulfate d'alumine	111 72
Silice	188 10
Oxyde de fer	7 98
	113,700 00

« Soit, 80,940 kilog. d'eau et 32,760 kilog. de matières solides. En poussant plus loin l'investigation, je trouve que ces 32,760 kilog. de matières solides se composent ainsi :

Carbone du sucre	8,640^k. 00
Hydrogène du sucre	1,319 ,69
Oxygène du sucre	11,866 ,8031
Carbone de l'albumine	413 ,89524
Hydrogène de l'albumine	53 ,49564
Oxygène de l'albumine	176 ,814
Azote de l'albumine	117 ,82584
Carbone de la matière grasse [1]	127 ,6363
Hydrogène de la matière grasse	21 ,2727
Oxygène de la matière grasse	7 ,0909
Carbone de la cellulose	4,842 ,7456
Hydrogène de la cellulose	673 ,729
Oxygène de la cellulose	5,381 ,9254

1. Considérée comme $C^{48} H^{48} O^3$.

Chlore.	33ᵏ,0767
Potasse (en tout).	58 ,4823
Acide sulfurique.	116 ,4947
Alumine.	33 ,4833
Silice.	188 ,10
Oxyde de fer.	7 ,98

« En sorte que, s'il plaît à M. G. Ville, la récolte phénoménale qu'il nous promet dans la vallée du Nil, emportera au moins :

14,024 kil.	de carbone, en chiffres ronds,
761 —	d'hydrogène,
17,432 —	d'oxygène,
118 —	d'azote,
437 —	617 de sels minéraux divers.

« M. Ville nous donne bien de la *chaux* que la canne ne lui demande pas, de *quatre* à *six* fois plus de *potasse* qu'elle n'en réclame, de la *soude* inutile, nuisible parfois comme la potasse, du *phosphore* dont la canne ne veut pas, dont elle ne contient pas, sinon des traces dans la *phosphimide* de son albumine ; en revanche, il ne nous offre ni le *carbone*, dont il nous faut près de 15,000 kilogrammes, ni l'*hydrogène*, ni l'*oxygène*, ni l'*azote*, dans un état assimilable directement. Cet engrais si complet me paraît à peu près aussi incomplet que ce déjeuner dans lequel on servirait à un affamé, malgré ses besoins réels, quelques coquilles d'huîtres, un peu de sel et l'odeur des plats.

« J'ai dit que M. Ville ne donne pas l'azote dans un état directement assimilable, et je le maintiens. Que le professeur prenne la peine de lire les travaux si remarquables de l'illustre chimiste allemand, M. Liebig, qu'il médite une toute petite brochure du baron de Babo sur la nutrition végétale et veuille bien jeter un coup d'œil attentif sur les recherches de Kuhlmann, il verra que la plante ne se sert d'azote qu'à l'état d'ammoniaque plus ou moins carbonaté, ce que l'expérience directe pourra lui démontrer. Il comprendra alors que l'acide nitrique des nitrates dépose de l'azote dans le sol, il est vrai, mais que cette dépense reste sans valeur tout le temps que cet acide n'est pas réduit et que son élément haloïde ne s'est pas transformé en ammoniaque. Il est vrai d'ajouter que, pour sa canne égyptienne, il emploie 50 kilogrammes d'azote à l'état de sulfate ammoniacal, et ce, lorsqu'il nous en faut 118 kilogrammes ; la générosité me paraît d'autant plus remarquable et digne d'éloges qu'elle provient du représentant le plus ardent de l'église azotée.

« J'ai dit encore que la soude et la potasse sont parfois nuisibles ; cela est rigoureusement vrai pour les plantes sucrières, auxquelles les travaux de M. Ville n'ont pas dû lui permettre d'accorder une attention suffisante. Sans cela, il aurait vu que l'excès d'alcali, et c'est ce qu'il nous donne, détermine toujours dans ces plantes la formation d'une certaine proportion de *sucre incristallisable*, que ces mêmes alcalis, sous quelque forme qu'on les suppose, font perdre du sucre dans le travail, enfin, qu'on doit les éviter comme la peste dans les engrais destinés à ces végétaux.

« Je demande, en attendant, que M. Ville explique nettement où se trouvent les 15,000 kilogrammes de *carbone*, les 18,000 kilogrammes d'*oxygène*, les 761 kilogrammes d'*hydrogène* et les 118 kilogrammes d'*azote* dans son mélange. Je demande qu'il nous le fasse voir autrement que par des mots, car si l'air nous apporte un peu de carbone à l'état d'acide carbonique, il serait dérisoire de compter sur l'air et les nuages *tout seuls* pour suppléer à ce que n'a pas fait le professeur.

« De ce qui précède je tire la conclusion, forcée et irréfutable, que l'*engrais* de M. Ville n'est pas un engrais, que c'est le plus *incomplet* et le plus *mal compris* de tous les mélanges minéraux possibles, et que, *appliqué à la canne*, il représente le comble de la démence agricole.

« Les *nitrates* ont souvent de très-bons effets, la *potasse* peut être un excellent amendement, la *chaux* est d'une haute valeur, les *phosphates* sont indispensables dans nombre de cas; mais, pour Dieu, sachez discerner les cas où vous devez offrir à une plante ou à un sol l'un ou l'autre de ces agents, et ne faites pas une réédition de la formule célèbre : prenez mon camphre! Veuillez ne pas perdre de vue que, malgré tout votre désir de faire une panacée agricole, chaque sol a ses exigences, chaque plante ses besoins, et que l'analyse seule peut vous guider dans ce qu'il convient de faire. Je comprendrais votre potasse entrant dans un amendement destiné à la *vigne*, j'admettrais vos nitrates dans la culture du *tabac*, je réclamerais le phosphate pour le *froment* et les *céréales* destinées à fournir leurs graines; mais, fussiez-vous le parangon de la science infuse ou acquise, je prendrai toujours la liberté grande de croire la nature un peu plus que vous, sans la moindre intention de vous désobliger.

« Autre affaire, plus grave encore, parce que la promesse prend un ton et une forme qui peuvent induire en erreur. L'emploi judicieux de la composition Ville rend *toujours* la terre fertile et permet de cultiver *constamment* la même plante sans épuiser le sol. Voilà le prospectus.

« Si la *terre* dont parle M. G. Ville n'est *que* de la terre, soit un mélange en proportions variables de *sable*, d'*argile* et de *calcaire*, ce n'est pas beaucoup s'engager que de le mettre au défi le plus absolu d'exécuter sa promesse. La récolte aurait juste autant de chances que sur les dalles d'un trottoir.

« Si, au contraire, la terre de M. Ville contient, comme une brave et honnête terre, ses 8 à 10 0/0 d'*humus* et de *débris végétaux*, ou même de *charbon végétal*, oui, alors, M. Ville aura un peu raison. Sa composition *rendra* cette terre *fertile* en apparence en augmentant réellement la récolte, sous cette réserve formelle que, si l'on n'entretient pas le sol, *par des moyens étrangers à la composition Ville*, dans ce même état de richesse relativement à l'*humus*, la matière de M. Ville aura pour effet forcé la *stérilisation absolue et radicale* du sol. Je vais démontrer ceci par des faits connus, chimiques et agricoles, et j'aurai soin de laisser M. Ville sur son terrain, en Égypte, à Vincennes, ou rue de Buffon, pour lui donner toutes les facilités.

« Il est certain que, si M. Ville a affaire à un sol composé presque entièrement d'humus, la situation changera notamment; ce cas sera examiné : c'est celui de certains sols égyptiens et des *terres noires* de Russie; c'est celui des tourbières assainies et désacidifiées.

« Il est évident pour tout chimiste agriculteur, pour le praticien comme pour le théoricien et même peut-être pour M. Ville, que l'alcali de son mélange *dissoudra* et rendra *assimilables* les acides *humique* et *ulmique* de l'*humus*, ainsi que les matières *albuminoïdes* en présence; ceci ne me paraît pas contestable. La présence de la chaux tenant plus longtemps l'*alcali* dans l'*état caustique*, cette circonstance favorise la *dissolution de l'humus*, ou plutôt sa transformation en sels solubles, humates et ulmates, *directement absorbables* par la plante. C'est à cette cause qu'il convient d'attribuer l'action très-réelle des alcalis, lesquels favorisent le développement des végétaux aux dépens d'une *plus grande consommation d'humus*.

« C'est pour cela que j'ai dit tout à l'heure que, *en présence de l'humus*, la recette de M. Ville *rendrait la terre fertile en apparence*; j'aurais dû dire, pour être rigoureux, que cette recette augmenterait la récolte, mais stériliserait le sol, si on ne lui rendait pas l'*humus dépensé en plus grande proportion*. C'est dire que, par certains apéritifs et certains digestifs, on peut faire absorber par un animal une plus grande quantité de nourriture, le faire augmenter d'un poids notable, mais que les provisions alimentaires de sa consommation sont diminuées proportionnellement et qu'il faudra rétablir ces provisions sur un chiffre plus élevé.

« Or, M. Ville me fera faire, dans plusieurs circonstances, souvent même, des récoltes plus abondantes, je le veux bien, parce que cela est vrai; mais il aura diminué davantage la *provision d'humus* de mon champ; il l'aura *appauvri*. C'est ici que percent la fausseté et l'erreur flagrantes des deux adverbes *toujours* et *constamment*; le sol s'*épuisera* promptement, si sa provision n'est pas largement renouvelée et, malgré tous les beaux discours du monde, il faudra que M. Ville remplace l'*humus dépensé* à l'aide de fumures surabondantes, s'il ne veut conduire sa terre à la stérilisation. Tous ces faits sont d'observation.

« En résumé, dans un sol riche en humus et en débris végétaux, la préparation de M. G. Ville aura pour effet direct de faire absorber par les plantes une plus grande quantité de cette nourriture indispensable et, par suite, d'augmenter la récolte en haute proportion ; en revanche, l'emploi de cette préparation exigera une *restitution réelle* d'une proportion d'*humus* d'autant plus grande que l'effet de ce *dissolvant* aura été plus notable.

« Ceci revient à dire que la recette de M. Ville peut être très-avantageuse, à la condition que l'on puisse augmenter proportionnellement les fumures ; il y aura augmentation de récolte, mais il faudra plus de fumier.

« Et que M. Ville daigne remarquer encore que je me garde de dire une plus grande quantité de *guano*, de *poudrette*, de *sang desséché* ou d'un *engrais Bickés* quelconque ; j'ai dit plus de *fumier*, parce que, ce qu'il faut dans une terre, c'est de l'*humus*, et qu'il est impossible d'employer les drogues précitées à une dose suffisante pour fournir une due proportion d'humus.

« Si donc M. Ville a obtenu 114,000 kilogrammes de cannes effeuillées dans la vallée du Nil, ce que je veux bien croire, cela prouve que, par l'emploi de son mélange alcalin, il a rendu assimilable une proportion d'humus presque double de l'ordinaire, mais cela ne prouve pas que cette composition remplace l'humus. Les débris organiques sont tellement abondants, grâce aux alluvions du fleuve, dans la vallée égyptienne, que ce pays se passait très-bien de la composition Ville, sous les Romains en particulier, dont il était le plus riche pourvoyeur.

« Quant à l'affaire de Vincennes et aux 46 hectolitres de froment, cela est possible, et c'est ici que le phosphate était indiqué. Je demanderai pourtant une permission, celle de faire une petite question à M. G. Ville, aussi bas que possible : a-t-il analysé la terre qui a porté ce résultat splendide et peut-il nous donner sa contenance en *humus*, en *débris végétaux* et autres *matières organiques* ? Qu'il nous fasse la faveur de regarder cela comme très-important pour la pratique, laquelle ne saurait faire ses expériences sous cloche et qui a besoin de savoir à quoi s'en tenir.

« En supposant donc que M. Ville laissera les plantes à sucre tranquilles, qu'il n'emploiera dans son mélange que ce qu'il faudra pour un sol donné et une plante donnée, on doit admettre, en thèse générale, que la présence des alcalis libres ou carbonatés dans le sol, en proportion convenable, a pour effet de dissoudre à l'état de sel et de rendre assimilable une plus grande proportion d'humus ; il y a là une cause très-réelle d'augmentation des récoltes, pourvu que l'on maintienne la richesse en humus.

« Du fumier, M. Ville, du fumier, et encore du fumier, et votre recette sera la bien venue, pourvu qu'on en fasse un emploi *judicieux !* Le principe émis tout à l'heure de la solubilité de l'humus dans les alcalis rend compte des bons effets d'un chaulage modéré, de ceux du sel marin et des nitrates alcalins, dont on se sert depuis longtemps, sans avoir attendu le phénomène égyptien ou celui de de Vincennes ; mais comme la discussion chimique de ces faits m'entraînerait trop loin, je me contente de les citer et je reviens à M. Ville.

« En admettant une terre dont on n'entretiendra pas la richesse en *humus*, il me semble démontré que cette terre s'appauvrira plus rapidement sous l'action du mélange ; elle donnera des récoltes tout le temps qu'il lui restera de l'humus à dissoudre ; mais après? Il me semble encore démontré que, dans les sols où l'humus fait masse, comme dans certaines vallées, dans les Tschernoï-Zem, dans les tourbières mises en culture, comme dans les *hortillonnages* d'Amicns, les *marais de Reims*, certains marais normands, ceux de Hollande, l'emploi de la composition de M. Ville sera très-avantageux, mais seulement pour les plantes qui ne craignent pas la potasse. Elle sera évidemment toujours contre-indiquée pour les plantes sucrières, ce qui est prouvé par l'expérience la plus élémentaire. En effet, ce que l'on doit craindre, dans la culture de ces végétaux, c'est la production surabondante d'albumine, qui conduit à de mauvaises défécations, à des cuites folles ou difficiles, et à l'augmentation des mélasses. C'est pour cette raison que, le produit cherché étant essentiellement hydrocarboné, on doit éviter les engrais trop azotés pour la canne et la betterave ; c'est pour cela que la betterave craint les fumures fraîches, qui mettent trop d'ammoniaque en présence et qu'elle donne de meilleurs résultats sucriers sur une forte fumure de l'année précédente, parce que l'ammoniaque ayant à peu près disparu, l'humus reste seul ou peu s'en faut ; c'est encore pour la même raison que l'emploi du sang desséché et des engrais animaux, conseillé par un autre agriculteur de cabinet, a si mal réussi pour la canne ; c'est la raison qui doit faire repousser le guano de ces cultures, à moins qu'on ne l'emploie à très-faible dose et comme excitant seulement.

« Avant de terminer cette étude sommaire par quelques mots sur le guano, j'avoue très-franchement que je ne comprends pas le moins du monde comment M. Ville indique le phosphate acide de chaux dans la composition de son mélange pour l'Égypte. Aussitôt que ce sel rencontre un sel de chaux soluble, il devient du phosphate insoluble $3CaO\ PhO^5$ d'un côté et, de l'autre, en présence du nitrate de potasse ou de soude, il forme un phosphate alcalin et du nitrate de chaux. Si c'est cette dernière réaction que le savant professeur a eu en vue, elle ne me semble ni heureuse, ni économique.

« Il faut croire que l'humus ne semble pas d'une bien haute importance à Vincennes, ni en Égypte, puisque M. Ville conseille pour Maurice l'incinération des bagasses et résidus, c'est-à-dire la destruction d'une source féconde d'humus, dont son mélange ne saurait remplacer les propriétés nutrimentaires. Mystère ! mystère ou aberration.

« On fait, à Maurice et ailleurs, grande consommation de guano pour la canne. Si je juge d'après les documents qui me sont fournis sur la valeur des coupes, il s'en faut que l'on ait à se féliciter de l'usage de cette drogue malsaine.

« On a vu précédemment que M. Ch. Feyt attribue l'appauvrissement de la terre au guano. Cela n'est pas exact. Il est facile de concevoir cet appauvrissement forcé, non *par* le guano, mais *malgré* le guano, en dehors, d'ailleurs, de toutes les objections que soulève l'emploi de cet engrais pour la canne. La fumure, à Maurice et dans les colonies en général, est à peu près nulle ou insignifiante ; comment voudrait-on qu'un sol, auquel on enlève 18 à 20,000 kilog. de matière solide, ne s'appauvrît pas, lorsqu'on ne lui restitue que 500 kil., 1000 kil.. tout au plus, de guano ? N'y a-t-il pas, dans l'usage du guano, un simple palliatif contre une cause d'épuisement absolu, et ce palliatif qui ne comble qu'une dix-huitième ou un trente-sixième du déficit, peut-il suppléer à la dépense réelle ? Je soumets cette question à qui de droit, tout en faisant observer que la richesse ammoniacale du guano le rend nuisible à la canne, que son phosphate lui est inutile et que son véritable rôle serait partout ailleurs. »

Nous avions accompli notre devoir en publiant la *note* précédente. M. G. Ville, occupé à répondre à M. Rohart, qui l'attaquait après l'avoir trop loué, laissa passer nos observations sans nous poursuivre de ses foudres et, mise à part une toute petite insulte de son journaliste, nous n'en récoltâmes rien de désagréable.

Cependant, la discussion s'envenima entre les deux adversaires, M. Rohart critiquant violemment la doctrine de M. Ville et celui-ci répondant tout aussi violemment, avec esprit et à-propos souvent, sinon avec justesse et, bientôt, les journaux de sucrerie furent remplis de cette polémique bizarre, que le public impartial pouvait traduire par un intérêt de boutique, de part et d'autre. Nous ferons grâce au lecteur de ces tristes débats et nous nous contenterons d'analyser les idées de M. G. Ville, sur les données d'une petite brochure intitulée l'*École des engrais chimiques*, dans laquelle le professeur s'efforce de vicier l'intelligence et de fausser l'esprit des cultivateurs, afin d'assurer le succès de *son mélange*.

Extrait des opinions émises par M. G. Ville[1]. — Quelques vérités d'abord, ou à peu près, préparent le lecteur aux absurdités dont l'auteur ne se fera pas faute d'émailler son œuvre :

« Pendant la germination, la substance qui forme les plantes vient en *totalité* de la graine[2] ; plus tard elle a pour origine l'air, l'eau et le sol... L'air ne peut *jamais* suffire à la formation des

---

1. Nous plaçons entre guillemets les opinions de M. Ville, même lorsqu'elles ne son reproduites que par extrait....
2. Et de l'eau ?

plantes ; il lui faut de plus le concours des éléments que le sol contient seul et que seul il peut donner... Mais le sol manque souvent
des substances nécessaires à la végétation, et l'on ne peut obtenir
indéfiniment de belles récoltes d'une terre qu'on se borne à labourer et à préparer mécaniquement ; car, sous ce régime, les récoltes
diminuent rapidement et la terre perd peu à peu sa fertilité. Les
récoltes épuisent la terre... Il n'y a aucune différence entre une
terre naturellement stérile et une terre épuisée, parce qu'elles
manquent toutes deux des substances sans lesquelles les plantes ne
peuvent jamais prospérer...

« Pour que la terre conserve sa fertilité, il faut lui rendre *sous
certaines formes* les éléments enlevés par les récoltes et, pour rendre
fertile une terre qui ne l'est pas naturellement, il faut l'enrichir
des mêmes substances, c'est-à-dire la *fumer*, ce qu'on fait ordinairement en y répandant du *fumier de ferme*... »

Jusqu'ici, M. G. Ville dit ce que dit tout le monde ; mais voici
venir le côté réel de l'affaire, et ce qui suit serait du dernier co-
mique, si le sujet n'était si grave et ne touchait aux intérêts vitaux
de l'humanité.

« Le fumier, dit M. G. Ville, agit sur la terre, parce qu'il contient *de la matière azotée, du phosphate de chaux, de la potasse et de la
chaux* qui sont les agents par excellence de la fertilité et la matière
première de toutes les récoltes... Il contient au moins dix autres
substances, dont il n'est pas nécessaire de s'occuper, parce que les
plantes les trouvent toujours dans l'air et dans la terre... Les terres
stériles ou épuisées manquent de ces quatre corps, au moyen desquels on peut *toujours obtenir de belles récoltes*... mais il n'est pas
nécessaire que ces quatre corps soient à l'état de fumier de ferme
pour être efficaces, et leur mélange à l'état de produits chimiques
jouit des mêmes propriétés ; l'*engrais chimique* est même *plus efficace
que le fumier* dans la pratique ; cela est facile à comprendre. « *Dans
le fumier, les quatre substances fertilisantes sont mêlées à des matières
qui en ralentissent les bons effets, tandis que l'engrais chimique n'est
formé que de parties actives dont l'absorption par les plantes est plus
rapide et plus sûre...* »

Pour rappeler que l'efficacité de son mélange est *partout certaine*, M. G. Ville le nomme *engrais complet!* Il ajoute que «*l'engrais
complet, formé exclusivement de produits chimiques, est au fumier de
ferme ce que le métal est à son minerai... L'engrais chimique est du fumier dépouillé de toute matière inutile...* »

Et l'homme qui a osé émettre des absurdités aussi monstrueuses
et les présenter à la culture est professeur au Muséum d'histoire
naturelle de Paris ! Ou il est de bonne foi et profondément ignorant
de tout ce qu'il prétend enseigner aux autres, ou il sait quelque
chose, il a vu et observé, et il est sain d'esprit ; dans ces deux hypothèses, nous laissons au public agricole le soin d'apprécier des

théories aussi étranges que burlesques et d'en déduire les conséquences.

Nous estimons trop le bon sens et la raison de nos lecteurs pour faire une réputation quelconque de ce fatras ridicule, et nous continuons à extraire les trésors de doctrine agricole de l'*Ecole des engrais chimiques.*

« C'est une condition de rigueur que la terre renferme les *quatre* éléments de l'*engrais complet* ; si l'un des quatre fait défaut, on n'obtient que de mauvaises récoltes... L'expérience le démontre, et la prééminence de l'engrais complet est due à l'*action collective* qui naît de l'association des quatre substances qui le composent... Pour la facilité du discours, on appellera *engrais complet* le mélange des quatre éléments, et *engrais minéral*, la réunion du phosphate de chaux, de la potasse et de la chaux, sans matière azotée.

« L'engrais minéral ne jouit que d'une médiocre valeur sur la plupart des végétaux, parce qu'il manque de matière azotée ; mais il y a des plantes sur lesquelles il produit autant d'effet que l'engrais complet.

« Parmi ces plantes, les plus importantes sont les pois, les haricots, la luzerne, le trèfle, LA CANNE A SUCRE (!) etc., qui prennent leur azote à l'air, tandis que la plupart des végétaux ne jouissent pas de cette faculté, ou n'en jouissent qu'à un degré moindre, et à la condition que le sol renferme une matière azotée pour en assurer le premier développement... »

Le professeur donne des chiffres qui indiquent la part d'azote puisée dans le sol et dans l'air, et il apporte pour preuve l'expérience du laboratoire et l'expérience culturale. Malheureusement pour la doctrine, cette double preuve ne prouve rien, ou elle prouve tout aussi bien le contraire de ce qu'affirme M. G. Ville. Nous ne nous arrêterons pas à le réfuter en détail, quant à présent, et nous poursuivons notre analyse.

« Les engrais sont assimilables lorsque les plantes peuvent les absorber, et cela n'arrive que quand ils sont solubles... Ainsi, il y a des substances qui contiennent beaucoup d'azote et qui ne produisent presque pas d'effet à cause de leur peu de solubilité, comme la corne en gros fragments, ou le cuir... De même, il y a, dans la nature, des gisements considérables de phosphate de chaux, qu'on ne peut utiliser qu'après les avoir rendus assimilables par l'acide sulfurique, et les porphyres, les granites, malgré leur richesse en potasse et en chaux, ne peuvent être employés comme engrais, à cause de leur insolubilité... Une terre peut donc être stérile, bien qu'elle renferme les éléments de l'engrais complet, parce qu'ils y sont à l'état insoluble ; mais la présence de ces éléments non assimilables n'est pas inutile dans le sol, car l'action des agents atmosphériques leur fait subir une décomposition lente, qui les rend en partie solubles, mais non d'une manière assez complète

49

pour produire de bonnes récoltes. Cela explique l'utilité des jachères. »

Le lecteur a compris que, jusqu'ici, le professeur n'a fait que
préparer l'esprit de ses disciples par une sorte d'exposé de principes : la terre est dans de bonnes conditions ; le pauvre adepte
est suffisamment *idiotisé*, on peut risquer l'affaire commerciale ! Il
est clair qu'un individu à qui l'on vient de démontrer que le fumier
n'est que la gangue du minerai, tandis que les mélanges chimiques
sont le métal même, que le premier n'agit que lentement et
incomplétement, que les derniers dispensent de tout le reste, que,
désormais, il sera débarrassé d'une foule de soins désagréables, il
est clair, disons-nous, que cet individu, s'il est converti, n'a plus
qu'à acheter et à payer. Voici le prospectus :

« Les produits commerciaux qui contiennent l'azote assimilable
sont : le sulfate d'ammoniaque, avec 30 0/0 d'azote; le nitrate de
soude, à 15 0/0 d'azote ; le nitrate de potasse, avec 30 0/0 d'azote;
les matières animales...»

« Il n'y a rien à dire sur la teneur en azote des matières animales, parce que la fraude s'est tellement exercée sur ces matières,
que leur richesse n'a aucune fixité...»

Ceci est à l'adresse des compétiteurs commerciaux !

« Bien qu'on puisse employer indifféremment le sulfate d'ammoniaque ou les nitrates, la *pratique agricole* (de M. G. Ville !)
conseille ceux-ci pour la BETTERAVE et les pommes de terre et celui-
là pour le colza et les céréales... C'est le nitrate de potasse qu'il
faut préférer, parce qu'il est utile par l'azote et par la potasse, la
soude n'ayant aucune action sur les végétaux... Les matières
animales ne valent pas le sulfate ammoniacal et les nitrates, même
à richesse égale en azote, parce qu'elles perdent, en se décomposant, 30 0/0 environ de leur azote qui s'échappe dans l'air, le
reste seulement étant absorbé à l'état de nitrate ou de sel ammoniacal... »

« Les produits commerciaux qui contiennent le phosphate de
chaux sont la poudre d'os, à 60 0/0 environ, le noir de raffinerie,
variant entre 45 et 60 0/0, le phosphate acide ou superphosphate, à
40 0/0 environ de phosphate soluble... C'est sous cette dernière
forme que le phosphate de chaux produit les meilleurs effets... »

« Le produit commercial renfermant de la potasse, qu'on doit
employer de préférence à tous les autres, est le nitrate de potasse,
tenant 14 0/0 d'azote et 47 0/0 de potasse, son azote n'ayant jamais
d'inconvénient dans la pratique... Il y a bien encore la potasse des
cendres et la potasse épurée, mais il faut préférer le nitrate, parce
qu'il procure la potasse à 0,75, celle de la potasse épurée revenant
à 1,50 par 52 0/0 de richesse... Cela est vrai, même pour l'engrais
minéral, la faible quantité d'azote du nitrate ne pouvant être
nuisible... »

« Les matières qui contiennent la chaux à l'état assimilable sont le plâtre et la craie ; mais il faut préférer le premier, parce qu'il est plus soluble... »

« Les engrais du commerce ne doivent leurs effets qu'aux éléments de l'engrais complet, et il faut donner l'avantage aux engrais chimiques, parce qu'ils sont entièrement solubles et plus promptement absorbés et que, d'ailleurs, leur composition est fixe...

« Le professeur dit ensuite que chacun des termes de l'engrais complet exerce tour à tour une action prépondérante ou subordonnée, de telle sorte que le terme prépondérant devient le régulateur du rendement, en sorte que la *dominante* est celle des quatre matières dont la fonction l'emporte sur les autres par rapport à une plante donnée... Pour la *betterave*, c'est la matière azotée qui est la *dominante* et c'est le *phosphate de chaux* pour la *canne à sucre*... On doit réduire la dose des éléments subordonnées et forcer la dose de la dominante... »

Voici maintenant les formules des mélanges principaux pour l'hectare :

Engrais complet :

	Nº 1.	Nº 2.
Phosphate acide de chaux......	400 kil.	400 kil.
Nitrate de potasse............	200	200
Sulfate d'ammoniaque.........	250	»
Nitrate de soude.............	»	300
Sulfate de chaux.............	350	300

« C'est le numéro 2 qui convient le mieux à la betterave... »

« Mais comme les questions de chiffres sont difficiles à suivre dans un entretien, le professeur a *rassemblé toutes les formules que son expérience a consacrées* dans un appendice » où nous recueillons ce qui suit :

Betteraves, carottes, etc.:

« Leur donner l'engrais complet nº 2, dont le coût est de 299 fr. ou, mieux, pour pousser le rendement à une haute limite, employer les formules :

Engrais complet pour un hectare :

	Nº 2 bis.		Intensitif. Nº 2.	
Phosphate acide de chaux..	400ᵏ 64 fr.		600ᵏ 96 fr.	
Nitrate de potasse........	200 124	= 334 fr.	400 248	= 455 fr.
Nitrate de soude.........	400 140		300 105	
Sulfate de chaux.........	300 6		300 6	
	1300ᵏ		1600ᵏ	

« Pour la canne, le sorgho, le maïs, c'est l'engrais complet n° 5 qui est indiqué :

Phosphate acide de chaux........	600ᵏ	96 fr.	
Nitrate de potasse..............	200	124	= 228 fr.
Sulfate de chaux..............	400	6	

Après cette incursion dans le champ des *formules consacrées*, nous revenons au texte, afin d'en retirer encore quelques enseignements de haute science, de pratique et d'expérience.

« On peut, en général, appliquer les formules indistinctement; on le doit, au début... Plus tard, on tient compte de la teneur du sol, par rapport aux éléments, afin de réduire la dose de celui qui serait surabondant, ou même de le supprimer. — Mais on n'a pas besoin pour cela d'analyse chimique; il suffit d'établir un petit *champ d'expériences*. En face d'un champ d'expériences, les hommes pratiques sentent instinctivement qu'il y a là une puissance jusqu'ici méconnue ou mal appliquée; *ils comprennent qu'au lieu de ces engrais immondes, dont l'emploi est presque toujours une source de mécompte, il y a toutes sortes d'avantages à recourir à des substances plus simples, d'un titre constant, dont ils peuvent régler les doses...* »

Après avoir établi des comptes fantastiques, le professeur termine son cours par une série d'exclamations, de questions et d'affirmations, qui valent leur poids d'*engrais complet intensif,* et il les accompagne de la prophétie du bonheur universel par l'engrais complet G. Ville :

« Le moyen de s'enrichir en agriculture est tout trouvé. Il n'y a qu'à bien fumer la terre. Et lorsqu'on n'a pas de fumier? On emploie les engrais chimiques. Fumier et engrais chimiques, quinine et quinquina, c'est tout un. Lorsqu'on emploie les engrais chimiques, seuls, ou *associés au fumier,* on gagne de 200 à 300 fr. par hectare au moins. C'est là toute une révolution, qui doit doubler au moins le revenu de la France, lui permettre de réduire progressivement ses impôts, et de donner à sa population des conditions d'existence meilleures... »

Nous ne voulons pas discuter les formules d'assolement ou même l'absence d'assolement indiquées par M. G. Ville; mais, pour être juste, nous devons reconnaître qu'il fait au fumier de ferme la faveur de l'associer, ou de permettre qu'on l'associe aux engrais chimiques; il faut alors, selon l'oracle, l'enterrer dans les couches profondes et répandre les engrais chimiques à la surface du sol après le dernier labour.

Nos lecteurs, pour lesquels nous avons affronté la trop fastidieuse étude de l'œuvre de M. G. Ville, voudront bien reconnaître qu'après ce que nous avons exposé, dans ce volume, sur les principes qui doivent diriger l'agriculteur dans l'application des engrais, qu'après avoir mis l'expérience des hommes de pratique et la science des meilleures autorités agricoles au service de cette importante question, nous ne pouvons songer à discuter scientifiquement les rêveries excentriques de M. G. Ville. La note que nous avons reproduite nous paraît être, d'ailleurs, une réponse suffisante à de telles absurdités. Nous nous contenterons donc de faire la traduction libre des dires de M. Ville et d'y ajouter quelques observations en manière de réfutation sommaire. Voici ce que dit implicitement M. G. Ville :

« Le fumier ne vaut rien, parce que son action est trop lente ; les engrais des marchands d'engrais ne valent rien, parce qu'ils sont falsifiés ; il n'y a que l'engrais complet Ville, n° 1, n° 2, n° 2 bis, n° 2 intensitif, nos 3, 4, 5, etc., qui ait une valeur réelle ; prenez l'engrais Ville ! Vous ferez d'autant mieux que, sans azote, sans nitrate, sans potasse, sans phosphate acide, il n'y a pas de bonnes récoltes possibles et que, avec cela, on peut tout faire, même le bonheur de la France. Le fumier vous est toléré, par grande faveur, à condition de le forcer à travailler par une addition d'engrais chimique. »

Voilà le fond de la doctrine. M. Ville se soucie peu de l'humus, des débris végétaux, des fumiers, il ne voit que l'azote, le phosphore, la potasse, la chaux. A la plante à sucre comme aux autres, de l'azote et de la potasse, du salpêtre toujours, du phosphate acide, surtout pour la canne !

Nous ne repoussons pas l'emploi des engrais chimiques, pourvu qu'il reste dans de justes limites ; nous reconnaissons que la chaux est utile à toutes les plantes, que l'azote est un élément indispensable de la fertilisation du sol, que le phosphate de chaux est nécessaire à de nombreux végétaux, aux graminées surtout, que les alcalis, par leur action dissolvante, favorisent l'obsorption de l'humus et augmentent la production végétale. Tout cela est exact. Mais il y a autre chose, et des considérations tout aussi exactes viennent réduire à leur faible valeur les ambitieuses théories et la nullité prétentieuse de certains messies modernes. La plante est faite de carbone et d'eau, avec un peu d'azote, souvent avec un excès d'oxygène ou d'hydrogène, avec quelques millièmes de matière minérale. Elle ne peut puiser son carbone que dans l'acide carbonique de l'air ou du sol. Cet acide carbonique n'est produit et entretenu dans une proportion constante que par la décomposition des êtres organiques, donc, par le terreau, par l'humus, par le fumier. Donc le terreau, l'humus, le fumier, voilà la matière alimentaire du végétal... Il lui faut aussi de l'azote ; soit. Toutes ces matières d'origine végétale ou animale, cet humus, ce terreau, en renferment assez ; l'air en fournit largement, et si M. G. Ville n'a pas vu comment cet azote de l'air fournit du carbonate d'ammoniaque, c'est qu'il n'a pas voulu. L'oxygène et l'hydrogène proviennent de l'eau, des matières organiques, du terreau, de l'humus, etc. Qu'on fournisse donc aux plantes de l'humus en abondance, du terreau, du fumier ; on aura fait l'important. Si, *par hasard*, le terreau, le fumier, les débris organiques ne contenaient pas assez de telle ou telle matière minérale pour la culture de telle ou telle plante, selon les appétences révélées par l'analyse, selon la *dominante* du végétal à cultiver, pour employer la phraséologie de M. G. Ville, rien ne s'oppose à l'amendement du sol par un emploi modéré de matières minérales, judicieusement choisies et sagement dosées. Mais on ne forcera pas la dose d'azote ou de potasse pour les plantes à sucre, quoi qu'en dise l'*omniscience* de M. G. Ville, on consultera la pratique modeste, la science sans fracas, plutôt que des phrases charlatanesques. Nous aimons mieux, pour notre part, dix lignes de Chaptal, ou une expérience de M. Corenwinder, que la totalité de ce qu'a pu produire le professeur-expérimentateur de Vincennes.

NOTE I

EXPÉRIENCE SUR LA GERMINATION DE LA BETTERAVE.

A la date du 31 mai 1871, nous avons voulu nous rendre compte des faits relatifs à la germination des vieilles graines de betterave, et voici les faits qui résultent de notre expérience, consignée dans notre livre de notes.

« Nous avons fait tremper des graines de betterave dans l'eau acidulée par 5 0/0 d'acide sulfurique. La durée de la trempe a été de huit heures. Les graines essayées étaient de race russe et provenaient de la récolte de 1867, ce qui leur donnait un peu plus de 3 ans et demi.

« Ces graines sont égouttées, lavées, égouttées de nouveau et semées le 2 juin, en même temps que d'autres graines, non traitées, et de la même provenance. La température est extrêmement froide pour la saison. La profondeur du semis est à 1 centimètre ; la terre est d'assez mauvaise qualité, comme toutes les terres des jardins de Paris. Exposition du nord-est.

« La levée du semis commence le 12 juin, 10 jours après la semaille. Voici l'ordre dans lequel la levée s'est opérée sur 54 graines de chaque groupe :

DATES.	GRAINES acidulées.	GRAINES non acidulées.
12 juin................	10	1
13 juin................	55	34
14 juin................	130	129
15 juin................	154	158
16 juin................	159	165
17 juin................	161	167

« Il résulte de cette observation que l'acidulation hâte un peu la levée du plant, mais que les graines non acidulées ont rattrapé les autres le troisième jour de la levée et qu'elles les ont dépassées le quatrième jour. Il n'y a pas eu de manques et, dans les deux séries, les 54 graines ont levé, et elles ont fourni une moyenne de 3 jeunes plantes par graine. »

Quatre de ces jeunes plantes ont été réservées et laissées en pleine terre pendant l'hiver de 1871-1872 ; on s'est contenté de les couvrir d'une cloche de jardin, sans paillis. Ces jeunes plantes ont résisté, dans cet état, au froid rigoureux de cette année, froid qui n'a pas été dans les conditions habituelles du climat de Paris, puisqu'on a constaté un abaissement de 23° et que la Seine a été gelée. Aujourd'hui, 25 avril 1872, il reste deux de ces plantes, dont le développement se fait bien et qui sont destinées à donner des graines. Les deux autres avaient été mangées en partie par les oiseaux et on les a arrachées.

Nous pensons que ces plantes n'ont supporté un grand degré de froid que parce qu'elles étaient très-petites, presque fibreuses, et que, si elles avaient été mieux développées, plus aqueuses et plus grosses, elles n'auraient pas résisté à une température qui a fait périr 25 rosiers et un pied de vigne dans le même jardin. Ajoutons encore que des carottes et des panais, placés également sous une petite cloche, ont été entièrement gelés.

Au printemps de 1872, ce qui nous restait de ces graines de 1867 a été semé en avril, sans aucune préparation. Toutes ont germé et il n'y a pas eu de manques.

Nous en concluons que la graine de betterave conserve sa propriété germinative pendant quatre ou cinq ans au moins et que, si elle est de bonne qualité et qu'elle ait été bien nettoyée et bien conservée, il n'y a pas lieu de s'arrêter aux allégations qui ont été émises à ce sujet.

NOTE J

SUR LE SUCRE DU MAÏS ET DES CUCURBITACÉES.

Nous avons parlé du sucre prismatique qui existe dans les tiges du maïs et dans les fruits des cucurbitacées. Malgré l'intérêt puissant qui s'attache à la betterave, en France et dans toute l'Europe, au point de vue cultural et économique, il ne nous semble pas hors de propos de soumettre encore au lecteur quelques observations relatives à ces deux sources végétales de matière sucrée.

Nous avons essayé plusieurs fois le maïs sucré ou *sugar corn* et, jusqu'à présent, nos expériences, bien que faites en petit, ont contribué à nous démontrer deux faits principaux que nous livrons tels quels à l'attention des expérimentateurs.

1º Nous avons constaté que le maïs sucré parvient aisément à un développement normal et à une maturité très-convenable sous le climat de Paris. Il demande à être semé de bonne heure, en pots ou en lignes ; comme il craint assez peu le froid, nous l'avons semé vers la fin de mars, avec la seule précaution de recouvrir les graines de 4 centimètres de terre. Cependant la crainte des gelées tardives nous a fait adopter la précaution de mettre trois ou quatre graines dans chaque touffe, sauf à supprimer plus tard les plants les plus faibles et à ne laisser subsister que les plus vigoureux. Il redoute un excès d'humidité jusqu'à ce qu'il soit bien levé.

2º La densité du jus a varié de 6º à 10º B., et nous avons pu constater que la maturation des graines donne des jus moins riches à la vérité, mais que le moût est d'autant plus dense et plus sucré que la plante a crû dans un sol plus riche en carbone et qu'elle a reçu plus de chaleur. Pour arriver à ce résultat, nous avons mis au pied de chaque plante une poignée de *fraisil* ou poussier de charbon, dont la double propriété consiste à fournir du carbone au sol et d'augmenter la chaleur par l'absorption des rayons calorifiques et lumineux. Cette pratique nous a parfaitement réussi. Nous avons même pu, par ce moyen, élever en pleine terre des boutures de *canne à sucre*, dont une a fourni une tige de 1^m,20 du 6 avril au 10 octobre 1864. Nous regardons cet emploi du fraisil comme une des meilleures pratiques agricoles à exécuter, lorsque l'on veut essayer la culture de plantes sucrières ou de végétaux originaires des pays chauds, et nous l'avons déjà appliqué à une série d'essais sur le *cotonnier*.

Au fond, les terres *noires*, riches en humus et débris végétaux, jouissant d'une grande faculté d'absorption des rayons solaires, nous paraissent devoir être préférées pour des essais en grand de la culture du maïs sucré et des sous-variétés saccharifères de cette plante.

Ce serait, à notre avis, une grande inconséquence de repousser, *à priori*, au nom de la betterave, tous les essais sur les autres plantes saccharines, et nous nous croyons autorisé à regarder le *sugar corn* comme une conquête beaucoup plus précieuse pour l'industrie des sucres et des alcools que celle du sorgho. A toute la richesse de ce dernier, le maïs sucré ajoute des qualités précieuses qui consistent dans la facilité de sa culture, l'importance de son rendement et la possibilité de recueillir soi-même la graine dont on a besoin, ce qui n'a pas toujours lieu avec le sorgho, au moins pour les contrées du centre et du nord de la France.

Nous ajouterons à cela que le *sugar corn* peut très-aisément se croiser avec le *maïs géant* ou avec d'autres variétés plus rustiques. Nous étudierons ces croisements et nous chercherons un jour à en fixer la valeur. Il ne serait pas impossible non plus de croiser le maïs avec le sorgho...

Nous nous proposons donc de continuer nos expériences à ce sujet, afin d'étudier d'une manière définitive la question du rendement en sucre cristallisé, provenant de cette origine.

En ce qui concerne le *sucre des cucurbitacées*, il ne convient pas non plus de se montrer trop absolu dans l'exclusion que l'on serait tenté de prononcer contre ces plantes. Il nous paraît tout aussi imprudent de borner ses ressources sucrières à la betterave seule, qu'il le serait de confier ses capitaux à un seul banquier ou de les jeter dans une spéculation unique. Nous avons essayé le jus de deux variétés de *courge* reconnues pour les plus riches en sucre prismatique, savoir : la *courge de Valparaiso* et la *courge sucrière du Brésil*, et nous l'avons trouvé d'une densité égale à 9° B. Il fournit des cristaux bien détachés, secs et d'excellente saveur.

Nous reprenons, à ce sujet, une série d'expériences dont nous augurons les meilleurs résultats.

Au demeurant, l'idée de faire du sucre ou de l'alcool avec les cucurbitacées n'est pas chose nouvelle. Dès 1837, un industriel hongrois, M. Hoffmann, avait retiré de la *citrouille à soie* une quantité fort notable de produit manufacturier, parfaitement apte à subir les opérations du raffinage.

Selon cet observateur, la citrouille donnerait autant de sucre que la betterave ; elle fournit un produit double sur une superficie donnée ; elle croît volontiers dans tous les terrains ; le fruit donne une quantité considérable de graines, produisant 18 pour 100 de bonne huile à manger ; la fabrication peut commencer en juin pour finir en janvier ; le jus, très-facile à extraire, s'élève à 82 p. 100 du poids des fruits ; il se conserve beaucoup mieux que le moût de betteraves et se travaille aisément...

Un membre de la Société industrielle de Hanovre, M. F. Marquardt, appréciait ainsi, à cette époque, la méthode de M. Hoffmann :

« Depuis un certain temps, un fabricant hongrois s'est occupé avantageusement de l'extraction du sucre de citrouille. Cette plante est cultivée en grande abondance dans la localité qu'il habite [1], ainsi que dans beaucoup d'autres pays ; tous les lieux arides et les endroits inutiles des jardins, des champs, des forêts, etc., peuvent être employés à la culture des citrouilles. Les graines n'exigent pas d'être semées sur couche, ou dans des terres plus riches, ni avec des soins particuliers ; le fruit les produit en grande abondance. La culture ne demande presque pas de travail, ni de soin et, par sa croissance ou sa végétation vigoureuse, la plante a besoin d'une faible quantité d'engrais. L'inventeur de ce genre de fabrication et son associé ont déjà, depuis trois années, travaillé ce produit, et viennent d'obtenir un brevet pour l'établissement d'une grosse usine de ce genre, en Hongrie.

« Divers échantillons de sucre de citrouille ont été en même temps mis sous les yeux de la société industrielle, et voici les observations et les documents qu'on a pu recueillir à cet égard :

« Le sucre brut est très-peu coloré, et sa saveur est bien moins désagréable que celle du sucre brut ordinaire de betterave. Le sucre raffiné est d'une blancheur éclatante et d'une saveur parfaitement pure et franche ; il est doux, à grains fins et, en un mot, comparable au plus beau sucre raffiné, préparé avec le sucre brut des colonies.

« La citrouille paraît contenir du sucre en plus grande quantité que la betterave ; en faisant usage d'une simple presse à vis, on obtient facilement 6 pour 100 de sucre ; en employant les presses hydrauliques, on pourra compter sur une quantité sensiblement plus considérable. La citrouille, dans les provinces du nord de la Hongrie, contient la même quantité de sucre, tandis que, dans celles du midi, la pastèque en renferme davantage. D'après le témoignage de l'inventeur, la citrouille, dans les années ordinaires, et fumée à l'ordinaire, fournit constamment une quantité notable de sucre ; sur un *joche* d'Autriche (57 ares 5), on peut compter, en Bohême, sur une récolte de 450 quintaux métriques de citrouilles (45,000 kil.), tandis que sur la même surface, on peut à peine récolter 200 quintaux métriques de betteraves, et encore faut-il ajouter à cela que la production de la semence, chez la première de ces plantes, n'exige pas de sol, ni de travail particulier.

« Vingt citrouilles donnent une quantité de semence suffisante pour 87 ares et demi et, lorsqu'on veut utiliser le surplus à faire de l'huile, on obtient, de vingt-cinq livres de semence, quatre livres

1. Zombor.

d'une huile à manger fort agréable, qui paye presque la moitié des frais de culture. Ajoutez à cela que les manipulations, dans la fabrication du sucre de citrouille, paraissent devoir être beaucoup plus simples que dans celle du sucre de betterave; que cette plante n'exige pas non plus le même soin, ni la même attention; car, suivant l'inventeur, la pulpe râpée peut rester six jours, et le jus exprimé trois semaines, sans danger de les voir fermenter ou sans perte de sucre. A la cuite, le jus ne monte pas en écume, mais donne, comme on dit, une *cuite sèche*; en outre, il est moins sujet à brûler.

« Il est à peine nécessaire de dire que les résidus sont très-nutritifs et très-sains pour les bestiaux. Le sirop est d'une couleur vert noirâtre, et le sucre brut ressemble, pour l'aspect et la couleur, à du candi pilé. Le sirop et le sucre brut ont un léger goût assez agréable de melon, de façon que le sirop pourrait très-bien servir à la consommation, ce qui, comme on sait, ne peut avoir lieu avec le sirop de betterave, à cause de sa saveur désagréable et herbacée. »

Nous recommandons spécialement aux agriculteurs de tenter quelques expériences sur le maïs et les deux espèces de courges que nous avons indiquées; l'une de ces plantes peut fort bien entrer dans un assolement; les autres peuvent utiliser les coins perdus et les terrains inutiles, et si la culture fait du sucre, elle doit en faire avec tous les végétaux qui en contiennent.

Nous avons déjà fait observer qu'il nous a été impossible de retrouver la citrouille à soie, mais il n'est pas impossible de la *refaire*. Les cucurbitacées sont peut-être les plantes dont les variétés se croisent avec le plus de facilité, à ce point qu'il est presque impossible de conserver pures deux variétés qu'on laisse fleurir dans le même jardin, lorsque la distance n'est pas très-grande entre elles.

Nous essayons donc le croisement des courges sucrées et du melon avec les espèces rustiques et robustes, comme les potirons et les citrouilles, dans l'espérance d'obtenir des graines de nature peu délicate et peu sensibles au froid, mais riches en matière sucrée. Ce travail expérimental demande plusieurs années; mais nous pensons qu'il peut être suivi de résultats très-avantageux, et nous n'hésitons pas à l'entreprendre.

NOTE K

SUR LES CAUSES DE LA LOCALISATION DE LA SUCRERIE INDIGÈNE
DANS LES DÉPARTEMENTS DU NORD DE LA FRANCE.

On constate, avec un certain étonnement, que la fabrication indigène du sucre de betterave, en France, s'est localisée dans les départements du Nord, et que cette industrie, si puissante et si vivace, n'a pas réussi à s'implanter dans le Midi. Cette observation a conduit plusieurs personnes à rechercher les causes de cet état de choses, et l'on a invoqué, à ce sujet, toutes sortes de bonnes et de mauvaises raisons.

Les départements méridionaux seraient moins propres à la culture de la betterave; on y redouterait la sécheresse, les dégénérescences, etc. Il serait impossible de reproduire, même sommairement, tout ce qui a été dit sur ce thème, et nous nous contenterons d'exposer notre opinion personnelle sans chercher à donner à cette question plus d'importance qu'elle n'en mérite.

Lors de la création de l'industrie sucrière, les premiers efforts heureux à l'égard de la betterave furent tentés dans le Nord, dont la méthode culturale était déjà fort avancée relativement à celle du reste de la France. Les expérimentateurs du Midi s'occupaient de l'extraction du sucre de raisin qui semblait devoir mieux convenir à leur situation géographique, et, après quelques années, la fabrication indigène était établie dans les provinces du Nord et basée sur des améliorations agricoles incontestables. Elle y était passée à l'état de fait accompli, tandis que l'industrie passagère, créée dans le Midi par l'exploitation momentanée du sucre de raisin, disparaissait entièrement à l'époque de la Restauration. Il aurait fallu tenter de nouveaux efforts, incompatibles avec l'humeur et les habitudes des habitants du Midi, et les entraves suscitées à la sucrerie indigène par une politique rétrograde n'étaient pas de nature à encourager de nouvelles tentatives.

Le caractère instable des méridionaux, opposé à celui que l'on observe chez les habitants du Nord, l'aptitude moindre au travail en général et au travail des fabriques en particulier, plus d'apathie et de mollesse dans les mœurs, sont les raisons capitales de l'insuccès de la sucrerie indigène dans les pays situés au delà de la Loire. La distillation des betteraves n'a pu elle-même y pénétrer, malgré la bonne volonté spéculative de plusieurs personnes, qui n'en ont guère éprouvé que des déboires et des déceptions, et l'on peut dire, sans exagération, que les industries dont la pratique laborieuse exige un travail pénible, nocturne souvent, n'offrent que peu de chances dans le Midi. Les exceptions y sont très-peu nombreuses.

Ces départements ont d'ailleurs des branches particulières d'industrie attachées à leur position, telles que la préparation des vins et des eaux-de-vie de table, la sériciculture, la fabrication des huiles, etc., et l'on sait quelle est la difficulté que l'on rencontre partout à modifier des habitudes invétérées.

Quant à la qualité de la betterave dans le Midi et aux difficultés de sa culture, les raisons apportées sont diamétralement opposées à l'observation des faits. Nous avons analysé souvent des racines de provenance méridionale, et jamais nous n'avons constaté une aussi forte proportion de matière saccharine. On sait que la grosseur de la betterave est loin d'être un avantage, et nous croyons que cette racine offrira, dans le Midi, les qualités les plus précieuses pour la fabrication, lorsqu'on sera parvenu à y fonder quelques établissements sur des bases durables.

Il importe, à ce sujet, de se souvenir qu'un insuccès, dans ces contrées, suffirait à décourager tous ceux qui en seraient les témoins, et qu'une telle circonstance arrêterait toutes les tentatives pendant de nombreuses années.

Il y a, dans nos contrées méridionales, un groupe de faits moraux qui justifient notre proposition. Le qu'en-dira-t-on, la crainte d'un échec y règnent en maîtres, et les aiguillons de la vanité blessée semblent y être plus acérés que partout ailleurs. Légers et superficiels, nos méridionaux sont tout aussi prompts à se décourager qu'à s'enthousiasmer : pour le travail, l'industrie, la politique même, ils manquent à peu près totalement d'ordre, de fixité et de persévérance. Ils ne sont constants que dans leur légèreté, persévérants que dans leurs passions, bien que la haute considération qu'ils se portent à eux-mêmes leur fasse croire à leur propre infaillibilité, et les rende très-tenaces dans leurs opinions, même les plus inconsidérées.

En ce qui concerne le travail agricole, il est bien difficile de songer à la possibilité de le voir exécuter un jour dans le Midi avec le courage calme qu'on rencontre dans le Nord. La fougue insensée de la première heure est toujours suivie de prostration et d'apathie... Tout cela nous apparaît comme un obstacle que nous ne croyons pas insurmontable, mais qui peut s'opposer, pendant longtemps encore, à l'introduction de la sucrerie.

D'autre part, qu'un méridional, avec ses qualités et ses défauts, vienne à créer un établissement de ce genre, et que, par suite d'impéritie, d'ignorance, d'imprévoyance, ou par toute autre cause, il n'atteigne pas le succès qu'il a rêvé, il est sûr d'être l'objet d'un *tolle* général et de donner lieu au vacarme le plus étourdissant. Or, l'ennemi le plus cruel pour lui sera toujours ce qu'il croit être le ridicule...

Ce qui est vrai pour la Gascogne, le Languedoc et la Provence, cesse de l'être pour le centre de la France, où l'habitant des campagnes est plus travailleur et moins excitable, où les classes moyennes sont plus réfléchies et plus sérieuses. Nous ne comprenons donc pas pourquoi la sucrerie agricole ou la sucrerie industrielle ne s'y est pas franchement introduite, et nous ne voyons aucune raison plausible à cette abstention.

Nous avons entendu bien des propriétaires agriculteurs faire le projet d'organiser la sucrerie dans leurs domaines; plusieurs ont été jusqu'à s'instruire des choses de la sucrerie et sont arrivés à la conviction des immenses avantages attachés à cette industrie; mais, en présence d'objections soulevées par des relations, par des amis ou des parents, objections dont la plupart ne méritent pas souvent de réponse, ils s'arrêtent, hésitent et finissent par abandonner des idées dont, cependant, ils ont senti la justesse.

Nous nous contenterons de déclarer que le sucre peut se faire avantageusement *partout*, en France, en petite ou en grande exploitation; que, partout, sauf sur les bords de la mer, la betterave y est bonne, d'une culture facile, d'une élaboration aisée et d'un produit assuré; que ce côté de la question ne peut arrêter et que ce n'est pas la terre qui manque chez nous aux productions utilisables en sucrerie, mais que l'*homme* fait défaut dans le plus grand nombre des circonstances.

TABLE ANALYTIQUE
DES MATIÈRES

LIVRE I.
Étude des sucres.

CHAPITRE I. — DU SUCRE EN GÉNÉRAL.

La fermentescibilité est le caractère essentiel des sucres, 16. — Equivalents chimiques, leur définition, 18. — Equivalents de quelques corps simples, 19. — Formation des sucres dans les tissus végétaux, 21. — Tableau des modifications subies par la matière amylacée des plantes saccharines, 26. — Opinions de M. A. Richard sur ces modifications, 28. — Résultats obtenus par M. Biot, 30. — Observations, 32.

CHAPITRE II. — DES ESPÈCES DE SUCRES ET DE LEURS CARACTÈRES.

Les sucres sont des corps hydrocarbonés, 33. — Corps générateurs des sucres, ou saccharigènes, id. — Equivalents des sucres, 34.

I. — *Du sucre prismatique ou sucre de canne*, 35. — Sa composition, 36. — Ses caractères physiques, 37. — Action de la chaleur sur le sucre prismatique, 38. — Ses caractères chimiques, 39. — Action des acides, 40. — Action des alcalis, 45. — Sucrate de lithine, 46. — Sucrate de baryte, id. — Sucrate de strontiane, 47. — Sucrate monobasique de chaux, id. — Sucrate sesquibasique de chaux, id. — Sucrate d'hydrocarbonate de chaux, 48. — Sucrate de magnésie, 49. — Sucrate de manganèse, id. — Sucrate de fer, id. — Sucrate bibasique de plomb, id. — Sucrates divers, 50. — Sucrate de chlorure de sodium, 51. — Action des alcalis et de la chaux sur le sucre prismatique, 52. — Acide mélassique, 53.

II. — *Du sucre des fruits acides*, 53. — Sa composition, id. — Ses caractères physiques, id. — Action de la chaleur, 54. — Caractères chimiques, idem.

III. *Du sucre de champignons*, 55.

IV. — *Du sucre de fécule ou glucose*, 56. — Composition, 57. — Son existence dans toutes les plantes, id. — Caractères physiques du glucose, 60. — Action de la chaleur, id. — Action des acides, id. — Action des alcalis, etc., 61. — Acides glucique et apoglucique, 62. — Fermentation, 63.

CHAPITRE V. — DÉTERMINATION DES MATIÈRES DIFFÉRENTES DU SUCRE.

LIVRE II.

Culture des plantes saccharifères.

CHAPITRE I. — PRINCIPES GÉNÉRAUX.

CHAPITRE II. — CULTURE DE LA BETTERAVE.

CHAPITRE III. — CULTURE DES GRAMINÉES SACCHARIFÈRES.

SECTION. I. — CULTURE DE LA CANNE A SUCRE.

DOCUMENTS COMPLÉMENTAIRES

NOTES JUSTIFICATIVES

Paris. — Imprimerie Viéville et Capiomont, rue des Poitevins, 6.

TABLE DES CHAPITRES

DOCUMENTS COMPLÉMENTAIRES

NOTES JUSTIFICATIVES.